Der astronomische Bewegungsbegriff

Ernst Friedrich Maria Jochim

Der astronomische Bewegungsbegriff

Von Mesopotamien zur modernen Astrodynamik

Springer Spektrum

Ernst Friedrich Maria Jochim
Deutsches Zentrum für Luft- und Raumfahrt
Weßling, Bayern, Deutschland

ISBN 978-3-662-71039-5 ISBN 978-3-662-71040-1 (eBook)
https://doi.org/10.1007/978-3-662-71040-1

Die Deutsche Nationalbibliothek verzeichnet diese Publikation in der Deutschen Nationalbibliografie; detaillierte bibliografische Daten sind im Internet über https://portal.dnb.de abrufbar.

Springer Spektrum ist ein Imprint der eingetragenen Gesellschaft Springer-Verlag GmbH, DE und ist ein Teil von Springer Nature.
Die Anschrift der Gesellschaft ist: Heidelberger Platz 3, 14197 Berlin, Germany

εἰκὼ δ' ἐπενόει κινητὸν τινα αἰῶνος ποιῆσαι.
Πλάτων (Tim 37d)

Gewidmet in tiefer Dankbarkeit
drei Generationen außergewöhnlicher Frauen

Elisabeth Therese (Dipl. Math., Stud. Dir.)
Gertrud Elisabeth Cäcilie (Dr. med.)
Angela Maria (PD, Dr. med. habil.)

Geleitwort

Mit großer Bewunderung gedenke ich der ersten deutschen Professorin für Astronomie, Frau Prof. Dr. Waltraut Carola Seitter (* 13. Jan. 1930, Zwickau – † 15. Nov. 2007, Schalkenmehren). Mit hoher Begabung, unendlichem Fleiß, bewusster Zielstrebigkeit und Energie öffnete sie den astronomischen Olymp auch für zuvor verdrängte Astronominnen in aller wissenschaftlichen Breite.

Mit tiefer Hingabe und Dankbarkeit sei der wunderbaren einzigartigen Archäologin und Altertumswissenschaftlerin Frau Dr. phil. *Imma Kilian-Dirlmeier*[1] (29. Jan 1941 – 22. Nov. 2024) gedacht. Die wertvollen anregenden und tiefgehenden Diskussionen auf Augenhöhe zu Alter Geschichte, Klassischer Archäologie, Ur- und Frühgeschichte muss ich nach ihrem so unerwarteten viel zu frühem Abschied für immer so sehr vermissen.

[1] Dr. phil. *Imma Kilian-Dirlmeier*; https://sempub.ub.uni-heidelberg.de/propylaeum_vitae/de/wisski/navigate/30920/view

Vorwort

Die systematische Beobachtung von Himmelserscheinungen war die Grundlage zum Beginn der wissenschaftlichen Astronomie. Beobachtet wurden aus dem Alltag heraus wiederholte Ereignisse am Himmel, die systematische Wiederholung von Vollmonden etwa, feinere Beobachtungen waren der Wiederholung des Mondes beim Schnitt mit der Sonnenbahn gewidmet. Die Kombination der Zeitdauer zwischen solchen Ereignissen über eine Dauer von vielen Jahren führte um etwa 3350 v. Chr. bei den Sumerern, einem Volk in Mesopotamien am Unterlauf des Euphrat, auf die wohl erste astronomische Gesetzmäßigkeit, den 18-jährigen Finsterniszyklus.[2] Diese und die Beobachtung weiterer Gesetzmäßigkeiten führten zu keiner Erkenntnis, was sich zwischen den beobachteten Ereignisse vollzieht. Eine eigene Bewegung von Sonne, Mond oder gar der Erde war außerhalb der Vorstellungswelt. Ein Bewegungsbegriff wurde in Mesopotamien nicht gebildet. Das war auch nicht nötig. Denn die damaligen Astronomen wussten, nach dem jeweiligen Zyklus wiederholen sich die wechselseitigen Stellungen von Sonne und Mond zuverlässig, bis in alle Ewigkeit. Da interessieren Bewegungen nicht.

Aus heutiger Sicht sind die Zeitdauern zwischen den betrachteten Ereignissen mit einer Bewegung verknüpft. Wenn auch als solche nicht erkannt, sind die ersten astronomischen Gesetzmäßigkeiten ohne den Bewegungsbegriff im Hintergrund nicht denkbar.

Um etwa 500 v. Chr. wurde die mathematische Astronomie gebildet. Etwa zeitgleich gelang jedoch erst der griechischen Astronomie die Verknüpfung der mathematischen Astronomie mit einer Bewegungslehre der Himmelskörper.

Das Buch zeigt die weitere Entwicklung des astronomischen Bewegungsbegriffes auf. Basierend auf naturphilosophischen, d. h. physikalischen Überlegungen durch die griechischen Naturphilosophen wurde der Kreis als Basismodell für die Bewegung der Himmelskörper angenommen. Allerdings wurde oft nicht klar, ob der astronomische Bewegungsbegriff physikalisch oder mathematisch gedacht war. Die Verwirrung ist bisweilen bis heute beobachtbar. Die philosophische Durchdringung vor allem durch *Platon*

[2] Siehe etwa Neugebauer, Otto [1975], p. 589; Bialas, Volker [1998], p. 93; https://www.spektrum.de/lexikon/mathematik/babylonische-mathematik/2212, Details in Abschn. 1.1.1, Seite 7.

und *Aristoteles* wurde auf höchstem geistigem Niveau geführt. Große Fortschritte in der mathematischen Beschreibung gelangen durch die mathematisch richtige und im Rahmen der damaligen Messgenauigkeit zutreffende Kombination von Kreisen. Absoluter Höhepunkt der antiken astronomischen Bewegungslehre wurden die raffinierten innovativen Darstellungen durch den bedeutendsten mathematischen und beobachtenden Astronomen der Antike *Ptolemäus*.

Die verbesserte Beobachtungstechnik um 1600 n. Chr. erforderte eine neue mathematische Theorie. Sie wurde von *Johannes Kepler* gefunden. Die durch seine „Gesetze" beschriebenen Bahnen können auch in der modernen Astrodynamik zumeist als intermediäre Bahnen verwendet werden. Sie können als Anpassungsgleichungen zur hochgenauen Beschreibung von Bewegungen der Himmelskörper unter Berücksichtigung von inzwischen extrem aufwendig und umfangreich gewordenen Bahnmodellen dienen. Es wurden aber auch Satelliten-Bahnfamilien im Rahmen der Äquivalenzbahnen gefunden, die uneingeschränkt ungestört zumindest das dritte der Kepler'schen Planetengesetze in der Beschreibung von bestimmten Satellitenbewegungen verwenden.[3]

Eine erste physikalische Begründung der Bahnbewegungen der Himmelskörper lieferte im Rahmen der klassischen Mechanik *Isaac Newton* mit seiner Mechanik und der Entdeckung des Gravitationsgesetzes.

Die extrem lange Dauer über etwa 5 Jahrtausende und die teilweise widersprüchliche Entwicklung des astronomischen Bewegungsbegriffes ist Ursache für fehlerhafte Begriffe, vergessene Beiträge und überflüssige Entwicklungen. Ein zentrales Ziel dieses Buches ist es auch, auf solche falschen Tradierungen aufmerksam zu machen, zu berichtigen, vergessene Leistungen vorzustellen und Gerechtigkeit walten zu lassen.

Wolfgang Stegmüller schreibt[4]: *„Zu den wichtigsten Aufgaben jedes Wissenschaftlers gehört die Klärung von Begriffen und die Einführung neuer Begriffe in sein wissenschaftliches System."*

Ein wesentlicher Aspekt des vorliegenden Buches ist es eine einheitliche Begriffsbildung durchzuziehen. Obgleich die mathematische Astronomie eine Wissenschaft ist, in der im Wesentlichen weltweit eine einheitliche Terminologie und Symbolik das gemeinsame Arbeiten erleichtert, gibt es in der Astrodynamik als einen relativ neuen Spezialzweig der mathematischen Astronomie eine noch sehr widersprüchliche oder teilweise nur wenig durchdachte Terminologie. Diese erschwert das Arbeiten auf diesem Gebiet unnötig. Wer sich gezwungen sieht (oder glaubt, es nicht vermeiden zu können), in seiner Wissenschaft neuartige Gedanken zu entwickeln, sieht sich in der notwendigen Lage, auch neue Begriffe zu überlegen. Dies ist eine schwierige und höchst verantwortungsvolle Aufgabe. Schwierig, weil die Begriffe widerspruchsfrei und unverwechselbar eindeutig treffend wie ein Markenzeichen den Begriffsinhalt charakterisieren sollen. Es ist

---

[3] Näheres in der Monografie E. F. M. Jochim [2024]: Satellite equivalence orbits, Analysis of orbits combining different motions. Springer Nature, Space Technology Library 42. ISBN 978-3-031-58475-6.

[4] W. Stegmüller in: Fischer Lexikon der Philosophie, Frankfurt am Main, 1967, p. 334.

verantwortungsvoll, weil falsche oder oberflächlich definierte Begriffe auf falsche Fährten führen können, die Weiterentwicklung sogar behindern oder zumindest in überflüssiger Weise erschweren, falsche Zuweisungen provozieren können und sich hartnäckig halten.

Das Spiel von These, Antithese und Synthese bringt uns in unserem Zusammenhang – leider – gar nicht weiter. Das geht nur in einem abgeschlossenen System. In diesem ist eine Aussage als abgeschlossen festes Wissen bekannt, das als solches hinterfragt werden kann. Die Realität aber ist primitiver und undurchsichtiger. Wir wissen etwas nur bruchstückhaft, modellhaft, mit einem relativ einfachen, primitiven Modell. Ob es die (physikalische) „Wirklichkeit" wiederzugeben imstande ist, können wir nicht wissen, nur hoffen. Wir versuchen, das Modell, wenn wir etwas mehr über die „Realität" erfahren haben, an diese Realität anzupassen. Dieser Anpassungsvorgang kann ein mathematischer Vorgang sein, wenn es etwa darum geht, die Bewegung eines Himmelskörpers immer besser zu beschreiben, das heißt, mit den Beobachtungen immer besser in Übereinstimmung zu bringen.

Die zahlreichen Zitierungen im ersten Kapitel des vorliegenden Buches haben das Ziel, die Begriffsentwicklung und Begriffszuordnung präzise aufzuzeigen. Deshalb wurden auch die Übertragungen so wörtlich wie möglich durchgeführt. Elegante Übersetzungen, die freilich oft recht sinnentstellend ausfallen können, sollten anderswo nachgelesen werden.

Wer geschichtliche Fragestellungen aus seiner wissenschaftlichen Arbeit ausschließt, mag Geschichte als etwas Verstaubtes ansehen, etwas „für alte Männer". Wer aber in seiner täglichen Arbeit geschichtliche Aspekte nicht außer Acht lässt, wer also die Konfrontation mit dem, was früher gearbeitet und gedacht wurde, nicht scheut, wird eine überraschend reiche und durchaus aktuelle Gedankenwelt vorfinden. Sie kann Anregung und Bereicherung für das tägliche Arbeiten ermöglichen. Die Lektüre der Arbeiten großer Wissenschaftler und Denker früherer Zeiten ist die einzigartige Möglichkeit, mit diesen bewunderten Geistern gleichsam ins Gespräch zu kommen. Dies kann zu einer lebendigen und fruchtbringenden Auseinandersetzung der Jetztzeit mit dem seinerzeit Möglichen führen, das heutige Arbeiten beeinflussend. Das vorliegende Buch enthält keine systematische Geschichte der Bahnmechanik. Es werden nur Wissenschaftler in diesem Buch erwähnt, die im Zusammenhang mit den Entwicklungen der Bewegungslehre von Interesse sind. Damit kann die Darstellung auch nicht adäquat der allgemeinen wissenschaftlichen Bedeutung der betreffenden Personen erwartet werden.

Eine intensive Auseinandersetzung mit der Entwicklung des Bewegungsbegriffes und die gedankliche *Ermöglichung* einer mathematischen Beschreibung eines Bewegungsvorganges lässt vermuten, ohne die gedankliche Vorarbeit eines *Platon* hätte es vielleicht nie zu einer Satellitenbahnmechanik und damit überhaupt zur Raumfahrt kommen können.

Die Liebe zur mathematischen Astronomie verdanke ich meinem verehrten akademischen Lehrer Herrn Professor Dr. Ing. Dr. phil. habil.*Otto Volk,* Professor für Mathematik,

Astronomie und theoretische Mechanik an der Universität Würzburg.[5] Seine profunden und klärenden Darstellungen zur Geschichte der Himmelsmechanik haben auch Eingang in dieses Buch gefunden. Die *Volk*'sche Maxime, bei allen Recherchen für wissenschaftliches Arbeiten „ad fontes", zu den Quellen zurückzugehen, d. h. möglichst zu den Originalarbeiten, wird durch die neueren Möglichkeiten des Bibliothekswesens wesentlich erleichtert. Es ist erstaunlich, wie schnell und leichtfertig in der Sekundärliteratur Originalaussagen häufig entstellt, verfälscht und nicht mehr ausrottbar falsch tradiert werden.

Die Recherchen zur historischen Entwicklung wurden dankenswerterweise unterstützt von Prof. Dr. *H. J. Vollrath* (Universität Würzburg, dem Betreuer des *Otto-Volk*-Nachlasses), Prof. Dr. *W. Petri* (Universität München, Schliersee),[6] *Hartmut E. Sänger* (Stuttgart),[7] *R. Engel* (Sauerlach),[8] *F. Alber* (DLR-FZ Stuttgart), Prof. Dr. *H. H. Koelle* (TU Berlin),[9] Prof. Dr. Volker *Bialas* (TUM und *Kepler*-Kommission der Bayerischen Akademie der Wissenschaften), den Bibliothekaren des astronomischen Instituts der Universitätssternwarte der LMU München *Dr. R. Häfner* und *Prof. Dr. Harald Lesch.*

Besonders herzlicher Dank gebührt den Herren Professor Dr. rer. nat. *Bernd Häusler* (UniBw München), Professor Dr. Ing. *Otto Wagner* (Technische Universität München)[10] und Professor Dr. Ing. *Helmut Süß* (Universität Karlsruhe KIT, Uni BW München, DLR Institut für Hochfrequenztechnik und Radarsysteme, Oberpfaffenhofen) für die kritische Diskussion, Unterstützung und Bewertung von grundlegenden Gedanken dieses Buches.[11]

Anregende Diskussionen verdanke ich den Herren Dr. *M. C. Eckstein*[12] (vormals DLR Oberpfaffenhofen), Prof. Dr. rer. nat. *H. G. Walter* (vormals Uni Heidelberg, Astronomisches Recheninstitut Heidelberg),[13] Dr. Ing Dr. rer. nat. habil. *Walter Köhnlein* (vormals DLR Berlin Adlershof), Prof. Dr. rer. nat. habil. *Wilhelm Werner* (vormals Hochschule Heilbronn, Uni Heidelberg), Prof. Dr. Ing. habil. *Werner Enderle* (ESOC Darmstadt, Navigation Division), Dr. Ing. *Joachim Kehr* (vormals DLR-RM, JSOP).

[5] Prof. Dr. Ing., Dr. phil. Otto Volk (* 13. Juli 1892 in Neuhausen auf den Fildern; † 21. März 1989 in Würzburg).

[6] Prof. Dr. phil. Winfried Petri, LMU, Deutsches Museum (* 4. Sep. 1914 in Braunschweig – † 11. April 2000).

[7] Hartmut E. Sänger (* 11. Mai 1950–† 2.Okt. 2022), der Sohn von Eugen Sänger, https://www.raumfahrt-concret.de/.cm4all/mediadb/RC-91/RC-Nachruf.pdf

[8] Rolf Engel, Raketentechniker, Flugzeugbauer (* 10. August 1912 in Menz; † 23. November 1993 in München).

[9] Professor Dr. Ing. Heinz Hermann Kölle, TUB (* 22. Juli 1925 in Danzig; † 20. Februar 2011 in Berlin).

[10] Professor Dr. Ing. Otto Wagner, Flugmechanik, Flugsystemdynamik, TU München, (* 8. August 1936 – † 23. November 2016 in München).

[11] ISRN DLR-FB-2011-04.

[12] Dr. rer. nat. Martin C. Eckstein (geboren 17. März 1934).

[13] Prof. Dr. rer. nat. Hans-Georg Walter, Uni Heidelberg, ehemals Astronomisches Rechen-Institut (* 27. Feb. 1928 – † 5. März 2012).

Frau *Gertrud Merk* und den Herren *Rüdiger Dierstein* M. Sc.[14] und Dipl. Math. *K. Kretschel* vom Rechenzentrum Oberpfaffenhofen danke ich sehr herzlich für wesentliche Unterstützung beim Schreiben dieses Berichtes, insbesondere der Formeln mit GML-MFF. Nach dem vorzeitigen Tod des DLR-GML leisteten die Kollegen Professor Dr. Ing.*O. Wallrapp*, Dr. Ing. *Michael Kirschner*, gefördert durch Dr. rer. nat. *Franz Schlude,*[15] unschätzbare Hilfe bei der Übertragung großer Teile des vorliegenden Berichtes nach *MS-Word*.

In freundschaftlich-dankbarer Erinnerung darf des hochgeschätzten Luft- und Raumfahrtingenieurs und Wissenschaftlers Dipl. Ing. *Alfred E. Pietraß* gedacht werden.[16] *A. Pietraß* unterstützte mit großem Interesse die Entstehung des vorliegenden Buches. Er erstellte und bearbeitete große Teile des Textes im Schreibbüro seiner Frau. Alle Formeln mussten mit MathType neu geschrieben werden. Das ist nicht nur sehr mühsam, sondern erfordert einen fundierten wissenschaftlichen Hintergrund.

Außerordentliche Anregungen verdanke ich insbesondere Frau Professorin Dr. phil. habil. *Manuela Pietraß*. Diese weisen weit über den engeren Bereich der mathematischen Astronomie hinaus.[17] Sie sind verbunden mit der universellen Bedeutung großer Mathematiker und Logiker insbesondere *Georg Cantor* mit seiner Entdeckung der Mengenlehre, wie *Kurt Gödel* mit seinem Unvollständigkeitssatz.[18] Ihre grundlegenden Überlegungen beeinflussen weite Wissenschaftsgebiete wie die Sprachwissenschaft etwa durch *Rudolf Carnap* mit seiner Logischen Syntax der Sprache.

Mit besonderer Wehmut sei des hervorragenden Lageregelungsspezialisten Dr. Ing. *Uwe Feucht* (Head of the Flight Dynamics Division in the Ground Systems Engineering Department at ESOC) gedacht.[19] Mit ihm war auf eine Anregung eines Kollegen vom USNO hin eine Zusammenarbeit zur Übertragung der *Hansen*-Systeme auf Probleme der Lageregelung angedacht. Ein tragischer Verkehrsunfall hat diese Überlegungen zunichte gemacht.

In besonderer Weise bin ich Frau *Caroline Strunz* von Springer Nature dankbar für ihre sehr hilfreich-kritische und streng-konstruktive Begleitung dieser Arbeit. Das hat die Lesbarkeit des Buches wesentlich verbessert.[20]

---

[14] Rüdiger Dierstein M. Sc., Mathematiker, Leiter des DLR-RZ Oberpfaffenhofen (* 15. April 1930; † 26. November 2010 in Herrsching).

[15] Dr. rer. nat. Franz Schlude, DLR Oberpfaffenhofen (* 5. Juli 1938 in Kornwestheim – † 19. Dez. 2020 in Gauting-Hochstadt).

[16] Dipl. Ing. Alfred E. Pietraß (* 17. November 1936 in Upalten (Ostpreußen) – † 26. Mai 2022 in Rendsburg).

[17] Siehe in Abschn. 3.3.10 (ab Seite 527).

[18] Siehe in Abschn. 1.3.9.1 (Seite 64).

[19] Dr. Ing. Uwe Feucht, ESOC Darmstadt (25. Oktober 1962 – 28. Juli 2011).

[20] A. Fraenkel [1928] schrieb im 1. Vorwort zu seiner „Einleitung in die Mengenlehre":„*Ich verweise gegenüber der Forderung nach ‚Eleganz' auf ein Wort Boltzmanns: Man solle die Eleganz Sache der Schneider und Schuster lassen.*"

Zur Beschaffung der umfangreichen Literatur und der Beschaffung schwieriger Copyrights, ohne welche die vielseitigen unentbehrlichen Recherchen unmöglich gewesen wären, sei den Damen der Standortbibliothek DLR-Oberpfaffenhofen Frau *Lore Krumbholz,* Frau *Tatjana Sömen* und besonders Frau *Sylvia Wohofsky* herzlich gedankt.

Die eigenständige Weiterführung des Programmsystems zur Satelliten-Bahnanalyse in der Gruppe Systemtechnik des DLR-Instituts für Hochfrequenztechnik und Radarsysteme unter dem stets wohlwollenden und fördernden Abteilungsleiter Herrn Dr. Ing. *Thomas Neff* verdanke ich in erster Linie dem Raumfahrtwissenschaftler Herrn *Sebastien Tailhades* sowie anschließend den Herren Dipl. Ing. *Bastian Calaminus* und Dipl. Ing. *Simon Krebietke.* Die unentbehrliche Betreuung des Institutsrechners oblag Herrn Dipl. Ing. *Manfred Hager.*

Besonders herzlichen Dank darf ich meiner lieben Frau, Dr. med. *Gertrud Jochim*, geb. Schreiner, widmen. Ohne ihre Hilfe, Unterstützung und Betreuung hätte die jahrelange Arbeit an diesem Buch nie zum Abschluss gebracht werden können.

Die in diesem Bericht entwickelten Formelsysteme und Darstellungen wurden zum Teil bereits in Vorlesungen, Vorträgen, Einzelveröffentlichungen[21] und Seminarreihen[22] vorgestellt. Sie dienten zugleich als Grundlage eines missionsanalytischen Programmpaketes,[23] mit dem auch nahezu alle numerischen Beispiele dieses Berichtes gerechnet und gezeichnet wurden. Ergänzende Berechnungen wurden mit dem Formelmanipulatorprogramm MAPLE durchgeführt.

Das sehr ausführliche, notwendigerweise unvollständige Literaturverzeichnis dient als Referenz und als Anregung für die weitere Beschäftigung mit den angesprochenen Themenkreisen.

Das zutiefst bewunderte Gauß'sche ***„pauca sed matura“***[24] sollte primäre Maxime für jede wissenschaftliche Veröffentlichung sein. Dagegen spricht, dass über jedes Denken und Erarbeiten die Zeit hinweggeht. Keine Erkenntnis ist endgültig. Sie entwickelt sich

---

[21] ZfW 24 [1976], 101-108; Cel. Mech. 21 [1980], 149–153; DGLR 80-014 [1980]; AAS 83–334 [1983]; AAS 91–363 [1991]; AIAA 96-3659 [1996]; IAA-B-1002 [1996]; AA3598, (AA-D-09-00290) [2009]; AA-68 [2011] 1002–1014; Astr. Nachr./AN 333, No. 8, 774–783 (2012)/https://doi.org/10.1002/asna.202222711

[22] ‚Bahnmechanische Aspekte von Erderkundungssatelliten‘, Sommerschule Alpbach, 12. Aug. 1975; INPE, São José dos Campos, Brasilien, 9. – 30. Okt. 1978; ISRO – ISAC, Bangalore, Indien, 8. – 25. Okt. 1979; IAE-CTA, São José dos Campos, Brasilien, 25. Nov. – 5. Dez. 1991; for KARI, Mai 1996; IAE-CTA, São José dos Campos, Brasilien, 1. Okt. 1997; Bundesakademie Mannheim, 1997 und 1998; RESTEC, Tokyo, Japan, 23./24. Okt. 2002; DLR Neustrelitz, Seminar über Astrodynamik, 20. Juni 2003; QUT Brisbane, Australien, Lectures on Satellite Orbit Analysis, March 2006; TUM Lehrstuhl für Raumfahrttechnik WS 2009/2010.

[23] VENI – **V**isibility and **E**phemeris **C**omputations and **N**umerous other **I**nvestigations for Satellite Orbit Analysis, VIDI – **V**isibility **D**iagrams, VICI – Visibility and Coverage Images (Die Anwendung dieser Programme ist in ausführlichen DLR-RB-RD Program Manuals beschrieben.).

[24] Das meint: „Wenig veröffentlichen, aber was veröffentlicht wird, sollte ausgereift sein“. Das würde bedeuten, dass geschätzt etwa 95 % aller wissenschaftlichen Veröffentlichungen im Papierkorb verschwinden sollten. Das amerikanische „publish or perish“ ist gegenüber einer produktiven

weiter, kann in nahezu beliebiger Weise ergänzt, erweitert, vertieft werden. Wenn also trotzdem die einzelnen Kapitel und damit das ganze Buch zu einem (wenn auch unvollständigen) Abschluss gekommen sind, ist zu bedenken, dass hier nur der Zwischenstand einer Entwicklung, die in ständiger Bewegung ist, dokumentiert werden kann.

durchdachten und gereiften Arbeit absolut kontraproduktiv. Diese Kritik am gegenwärtig unproduktiven Wissenschaftsbetrieb muss allerdings Papiere auf ingenieurmäßiger Arbeitsebene ausschließen, die erforderlich sind, in gemeinsamer Anstrengung ein technisches Produkt, etwa eine Raumflugmission detailliert vorzubereiten und durchzuführen zu können. Solche Papiere sollten den wissenschaftlichen Publikationsbetrieb nicht belasten dürfen.

Begriffliche Dimensionierung der Bewegung

Unter unterschiedlichen Gesichtspunkten (Formalobjekten) können verschiedene Markpunkte in der Menschheitsentwicklung konkretisiert werden.[25] Dies betrifft insbesondere den Bewegungsbegriff, der kosmologisch und astronomisch geprägt, zu unterschiedlicher Verwendung führen kann. Vor diesem vielfältigen Hintergrund wird die konkrete Entwicklung der astronomischen Bewegungslehre geführt. Einige zentrale Aspekte werden in diesem vorgezogenen Abschnitt überblicksmäßig außerhalb der systematischen Entwicklung des Buches besonders betont. Sie werden als wichtig herausgegriffen. Auch ärgerliche Ideologie-erzwungene Fehlentwicklungen und Tradierungen werden notiert. Sie sollten – endlich – berichtigt werden. Dies wird im Folgenden und in den einzelnen Kapiteln dieses Buches ein wesentlicher Gegenstand besonderer und detaillierter Betrachtung sein.

Bereichernde revolutionäre kosmologische Verluste

- *Anaximander von Milet nimmt den Menschen den festen Boden unter den Füßen weg und hängt die Erde in die Luft im Inneren eines kugelförmigen Weltalls. Dies führt zum physikalischen Begriff der Kreisbewegung.*[26]
- *Nikolaus Kopernikus nimmt den Menschen die Mitte weg und drängt sie in die Peripherie.*[27]
- *Johannes Kepler nimmt den Menschen die Vorstellung von den Kreisen als Grundstruktur der Bewegung der Himmelskörper.*[28]

[25] In der Einführung zu philosophischen Lehrgängen ist der Gegenstand der Untersuchungen das Materialobjekt, der Gesichtspunkt, unter dem eine Wissenschaft den betreffenden Gegenstand betrachtet, wird als Formalobjekt bezeichnet (siehe zum Beispiel in Ody, H. J. [1955]).

[26] Abschn. 1.2.2, Seite 21.

[27] Abschn. 1.9 Seite 215.

[28] Abschn. 2.3 ab Seite 298.

- *Albert Einstein nimmt den Menschen die beruhigende Ansicht weg von den allumfassend existenten zeitunabhängigen physikalischen Wirkungen.*[29]
- *Georges Lemaître nimmt den Menschen endgültig den festen geschlossenen Raum weg und schickt sie auf eine ungewisse Reise in einen expandierenden Raum.*[30]

Ad fontes

- Der Epizykel nach *Apollonios* bewegt sich gegenläufig zum Deferenten. Seine Umlaufzeit steht in einer 1:1-Äquivalenz zur Umlaufzeit des Deferenten[31]
- Der Epizykel nach *Ptolemäus* bewegt sich rechtläufig wie der Deferent in einer 2:1 Äquivalenz[32]: $2 \times P_{Epizykel} \stackrel{\wedge}{=} 1 \times P_{Deferent}$.
- *Johannes Kepler* hatte (vermutlich) als Erster die Idee der Beschleunigung der Bewegung eines Himmelskörpers durch das $b_K \approx 1/r^2$-Gesetz (*Kepler*'sche Beschleunigung).[33]
- Die Kenntnis der *Kepler*'schen Beschleunigung r^{-2} führte *Isaac Newton* zu seinem Gravitationsgesetz und zur physikalischen Deutung einer der Ursachen für die Bewegung der Himmelskörper. Als ein physikalisches Gesetz benötigt es eine Proportionalkonstante, die Gravitationskonstante.[34]
- *Isaac Newton* definierte in seinem zweiten Bewegungsaxiom, lex secunda (1687), die Kraft[35] als „Veränderung der Bewegungsgröße Masse mal Geschwindigkeit". Es muss daher stets auch die Veränderung der Masse berücksichtigt werden. Die Kraft ist nach Newton eine gerichtete Größe, muss daher (implizit) als Vektor dargestellt werden. Falsch ist die übliche Aussage, Kraft sei gleich dem Produkt aus Masse und Beschleunigung.[36]
- *Gottfried W. Leibniz* hat zur mathematischen Astronomie zwei sehr wichtige Beiträge geleistet: die differentielle Form der radialen Beschleunigung (*Leibniz*- Gleichung)

---

[29] Abschn. 3.2.1 Seite 516.

[30] Abschn. 3.2.3 Seite 518.

[31] Definition und Beschreibung von Deferent und Epizykel in Abschn. 1.6.6.2 auf Seite 117.

[32] Vgl. in Jochen Kirchoff [1985], p. 60, das sehr hübsche, sorgfältig gezeichnete Bild die Bewegung der Himmelskörper mit Epizykeln, jedoch wegen der nicht beachteten bzw. unverstandenen mathematischen Äquivalenz völlig falsch darstellend. Dass die trillierende Bewegung auf Epizykeln schon seit langer Zeit wunderschöne künstlerische Werke hervorbrachte, zeigt etwa das einmalige Prachtwerk Sparrow, G. [2022], Der Himmelsatlas von Johann Gabriel Doppelmayr.

[33] Vgl. Abb. 2.14 und 2.15 in Abschn. 2.3.5 auf Seite 322.

[34] Siehe in Formel, Abschn. 2.4.2 auf Seite 333. Die Newton'sche Konstante f_N wird in der Astrodynamik, insbesondere in der Satellitenbahnmechanik mit der Masse des Zentralkörpers M zur zentrischen Gravitationskonstante $\mu = f_N$ M verknüpft. Im Rahmen einer Zweikörperbewegung.

[35] Abschn. 2.4.1 ab Seite 329, Abb. 2.19.

[36] Abschn. 2.9.2 auf Seite 438, sowie Abschn. 2.9.3 auf Seite 440.

und das begleitende Koordinatensystem, das *Leibniz*-System mit den Komponenten in radialer, transversaler und normaler Richtung.[37]

- Eine allgemeine Bewegungsgleichung kann nach *C. F. Gauß* im mitbewegten *Leibniz*-System mit den entsprechenden Beschleunigungskomponenten geschrieben werden.[38] Der Begriff „Kraft“ ist in diesem Zusammenhang nicht nur überflüssig, sondern auch sinnlos.

Qualitativ - quantitativ

Die saubere Unterscheidung zwischen einer qualitativen und einer quantitativen Aussage ist von entscheidender Bedeutung bei naturwissenschaftlichen Untersuchungen. Gleichwohl, die Trennung ist häufig schwierig und kann bei oberflächlicher Betrachtung zu Verwirrung führen. Beispiel:

- ***Kopernikus*** schreibt[39]: Qualitative Aussage: Die Himmelskörper bewegen sich nicht auf Kreisbahnen. Quantitative Aussage: Die Abweichung von der Kreisbahn ist sehr gering.[40]

Mathematische und physikalische Modelle

- Das Bewegungsmodell der Epizykel beschreibt die Bewegung der Himmelskörper (im Rahmen der damaligen Messgenauigkeit) genauso gut wie das Exzentermodell.[41] Aufgrund dieser Äquivalenz kann es sich hier nur um mathematische Modelle handeln.[42]
- Mathematische Modelle können etwa die ekliptikale Länge der Planeten in guter Näherung berechnen, die Distanzen zwischen den Himmelskörpern aber können in solchen Modellen durchaus falsch angegeben werden.[43]

[37] Leibniz, G. W. [1689]; siehe insbesondere in Abschn. 2.5 ab Seite 337.

[38] Formel in Abschn. 2.8.5 auf Seite 385.

[39] Abschn. 1.9.3.1 Seite 229, Abb. 1.58 auf Seite 233.

[40] Vertiefendes in Swerdlow, Noel M. and Otto Neugebauer [1984].

[41] Abschn. 1.6.6.2 auf Seite 117 mit Abb. 1.17 auf Seite 119.

[42] Siehe etwa 1.41 auf Seite 168 in Abschn. 1.7.6.4 ab Seite 167, Abb. 1.60 auf Seite 236, Abb. 1.61 auf Seite 238 und Abb. 1.62 auf Seite 241, sowie Formel in Abschn. 1.9.3.2 auf Seite 238 und Formel in Abschn. 2.3.3 ab Seite 317. Siehe auch in Abschn. 2.8.16 auf Seite 420.

[43] Abschn. 1.7.10 ab Seite 184; siehe auch in Abschn. 1.9.3.5 auf Seite 248.

- Die Beschreibung der Mondbahn als *Kepler*-Bewegung um die Erde ist ein rein mathematisches Modell. Physikalisch gesehen bewegt sich der Mond auf stets konkaver Bahn um die Sonne. Diese Bewegung des Mondes um die Sonne kann selbstverständlich auch mathematisch beschrieben werden.
- Die heliozentrische Bewegung der Erde um die Sonne sowie die geozentrische Bewegung der Sonne um die Erde folgen bis auf die ekliptikale Länge des aufsteigenden Knotens exakt identischen Bahnparametern mit Ausnahme der um 180° unterschiedenen Länge des aufsteigenden Knotens.

Missverständnisse

- ***Anaximenes***[44] nannte die Luft in großen Höhen „eisartig" auf Griechisch κρυσταλλοειδής[7]. Dieser Begriff wurde Jahrhunderte lang missbräuchlich auf materielle „kristalline" Sphären angewendet.[45]
- ***Schiaparelli, G. V.***[46] bezeichnete Strukturen auf der Marsoberfläche als „Gräben", „Rillen", „lange Vertiefungen" im Italienischen mit dem Wort „Canali", nicht als künstliche Kanäle (canals).[47]
- Es gibt keine physikalischen **„Störungen"**, „nur" physikalische Beschleunigungen auf die Bewegung der Himmelskörper. Können diese mathematisch formuliert werden, können sie als Störungen einer intermediären Bahn in den Bahnelementen oder im Zustandsvektor zur integrativen Anpassung an eine wahre Bahn verwendet werden
- Die **Bahn des Erdmondes** um die Sonne ist ausschließlich KONKAV zur Sonne gerichtet (concavus, lat. = hohl, ausgehöhlt, gekrümmt)[48].

Verdrängtes

- *Thales von Milet* kann niemals eine Finsternis, geschweige denn eine Sonnenfinsternis vorhergesagt haben.
- Das ptolemäische Weltbild ist nicht geozentrisch.

---

[44] Abschn. 1.2.7 auf Seite 30.

[45] Nachdem Tycho Brahe die kristallinen Sphären „zerschmettert" hatte, ist nicht überliefert worden, ob irgendwo kristalline Bruchstücke auf die Erde gefallen sind.

[46] Abschn. 2.8.16 auf Seite 420.

[47] „His observations of canali, mistranslated as canals", instead of the correct term „channels": aus: http://phys-astro.sonoma.edu/brucemedalists/giovanni-schiaparelli

[48] Lexikon der Astronomie [1990], Band 2, p. 10. Dort steht „konvex"! Hoffentlich ist das der einzige oberflächliche Fehler in diesen ansonsten sehr schönen, vor allem der Astrophysik gewidmeten Bänden.

- Das geozentrische Weltbild wurde nicht von *Ptolemäus* aufgestellt, sondern geht auf *Aristoteles* zurück.
- Die *Kepler*'sche Bewegung ist nicht ein Spezialfall des durch das *Newton*'sche Gravitationsgesetz beschriebenen Bewegungsgesetzes, sondern Voraussetzung.
- Die *Newton'*sche Bewegung ist nicht gleich der Zweikörperbewegung, sondern weist entscheidend darüber hinaus zum Mehrkörperproblem.
- Die Fluxionsrechnung *Newtons* (die Infinitesimalrechnung) wurde weder von *Newton* noch von einem seiner Schüler angewendet, um die *Kepler*-Bewegung aus dem Gravitationsgesetz abzuleiten.[49]
- *G. W. Leibniz* selbst wandte seinen *Calculus* (die *Leibniz*'sche Differentialrechnung) als Erster zur Lösung der aus der *Kepler*'schen Beschleunigung folgenden Bewegungsgleichung an,[50] danach vor allem *Johann I. Bernoulli, Pierre Varignon, Jakob I. Bernoulli, Jakob Hermann.*[51]
- *Leonhard Euler* formulierte das *Newton*'sche Kraftgesetz als erster in kartesischen Komponenten und erweiterte sie auf drei Dimensionen.[52]
- Die „*Euler-Newton*'schen Differentialgleichungen" wurden weder von *L. Euler* noch von *I. Newton* aufgestellt oder gelöst, sondern von *Jakob I. Bernoulli* aufgestellt und von *Jakob Hermann* gelöst.[53]
- Von *J. L. Lagrange* wurden nur zwei der sogenannten „*Lagrange*'schen" Librationspunkte gefunden, die drei geradlinigen Fälle schon vorher von *L. Euler*. Den Begriff Librationspunkte führte *Hugo Gyldén* ein.[54]
- Die „*Laplace*'schen" Vektoren bzw. der in ihnen ausgedrückte Sachverhalt wurden nicht von *P. S. Laplace* eingeführt.
- Die Tensorrechnung wurde nicht von *G. Ricci-Curbastro* und *T. Levi-Civita* gefunden, sondern von *E. B. Christoffel,* ausgehend von der linearen Ausdehnungslehre des *Hermann Günther Grassmann.*[55]

---

[49] Siehe etwa: Szebehely, V. [1989]: Adventures in Celestial Mechanics, University of Texas Press, Austin, TX, p.15.

[50] In Abschn. 2.5 auf Seite 337.

[51] Siehe: O. Volk [1975]: „Zur Geschichte der Himmelsmechanik: Johannes Kepler, Leonhard Euler und die Regularisierung", Mathematisches Institut der Universität Würzburg, Preprint No. 4; Volk, O. [1976]: „Miscellania from the History of Celestial Mechanics" Celest. Mech. 14., 365–382.

[52] In Abschn. 2.7 ab Seite 354.

[53] Abschn. 2.6 ab Seite 343.

[54] Siehe in Abschn. 2.8.2 auf Seite 371.

[55] Abschn. 2.8.13 auf Seite 418.

Ärgerliches

- Nicht akzeptierbar ist die Behauptung, *Ptolemäus* habe alle Sterne in seinem Sternkatalog nicht selbst beobachtet, wie er selber stolz behauptet. Diese nicht haltbare Meinung wiederlegende detaillierte Studien von exzellentem astronomischen und wissenschaftshistorischen Rang sollten endlich verstanden werden, auch wenn es manchem schwerfällt.[56]

[56] Näheres in Abschn. 1.7.11 ab Seite 188.

Inhaltsverzeichnis

1 Die astronomische Bewegungslehre in der Antike

Zusammenfassung

Beobachtungen der Bewegungen der Himmelskörper, Sonne und Mond, führten zur Entdeckung des 18 -jährigen Finsterniszyklus durch die Sumerer um etwa 4000 v. Chr.. Dies ist die wohl erste Entdeckung einer Gesetzmäßigkeit der himmlischen Bewegungsvorgänge. Die weitere systematische Beobachtung der diskontinuierlichen Bewegung auch anderer Himmelskörper, wie der Planeten, begründete schließlich die Entstehung der mathematischen Astronomie durch die babylonischen Astronomen. Die mathematische Astronomie darf sich als die älteste aller exakten Wissenschaften bezeichnen. Die griechischen Naturphilosophen erklärten die physikalischen kontinuierlichen Bewegungen der Himmelskörper zunächst als konzentrische Kreisbewegungen. Zur mathematischen Beschreibung dieser Bewegungen genügten die Kreisbewegungen allerdings nicht. Hierzu wurden exzentrische Kreisbewegungen erdacht oder entsprechend die aufwendige mathematische Kombination verschiedener Kreise. Unerreichter Meister dieser kombinierten mathematischen Bewegungsvorgänge war Claudios Ptolemäus. Er war auch ein hervorragender beobachtender Astronom und konnte seine Theorien durch die Praxis unterfüttern. Es war Kopernikus, der in seinen mathematischen Formulierungen von der Kreisbewegung abkam und andere geometrische Figuren vermutete. Auf der Basis gesteigerter Messgenauigkeiten in den Beobachtungen der Bewegungsvorgänge entdeckte Johannes Kepler die elliptische Bewegung der Himmelskörper. Diese wurde grundlegend für zunehmend anspruchsvolle mathematische Beschreibungen der Bewegungen der Himmelskörper und für zunehmend hochgenaue Berechnungen. Damit wurde die Beobachtung besonderer Ereignisse in den Bewegungen der Himmelskörper ermöglicht und vorausberechnet. Dies schließt als besonders wichtige Anwendung die Berechnung und Vorhersage der Bewegungen auch künstlicher Himmelskörper im Rahmen der Astrodynamik ein. Ihre

E. F. M. Jochim, *Der astronomische Bewegungsbegriff*,
https://doi.org/10.1007/978-3-662-71040-1_1

Kenntnisse sind eine wesentlich notwendige Komponente um Raumfahrt überhaupt durchführen zu können.

Wer die Entwicklung der Bewegungslehre der Himmelskörper in der Antike durchliest, kann viel lernen über die Entwicklung einer systematischen Beobachtung, einer verfeinerten Beobachtungskunst, und die Bildung einer raffinierten erfolgreichen Messtechnik, sodann über die geistige Erfassung und Verarbeitung der Beobachtungen, ihre Deutung und ihre Anwendung.

Als Vorstufe kann die systematische Beobachtung von speziellen Ereignissen der Himmelskörper von den mesopotamischen Astronomen und ihrer einzigartigen Beobachtungskunst angeführt werden. Die Griechen haben die Messergebnisse übernommen, soweit noch möglich verfeinert und verbessert. Darauf aufbauend haben sie theoretische Modelle als Grundlage für vertiefte Untersuchungen entwickelt.

Sodann lassen sich zwei getrennte Wege herauskristallisieren. Zum einen ist es die unmittelbare Beobachtung, die zu einer reflektierten physikalischen Modellbildung führt. Die Vorstellung von der flachen Erde und dem sich darüber wölbenden Himmel, wie in Ägypten oder etwa bei *Thales von Milet* zugeschrieben, sind physikalische Modelle. Das unübertroffen revolutionäre physikalische Modell wurde von *Anaximander von Milet* aufgrund von tiefgehenden physikalischen Überlegungen geschaffen. Ihm gelang es auf diesem Weg, eine physikalische Vorstellung der Bewegung der Himmelskörper zu erdenken: der Bewegung auf Kreisen.[1] Die Figur des Kreises als Basismodell zieht sich als prägend durch die gesamte antike Bewegungslehre.

[1] Abb. 1.1 auf Seite 23.

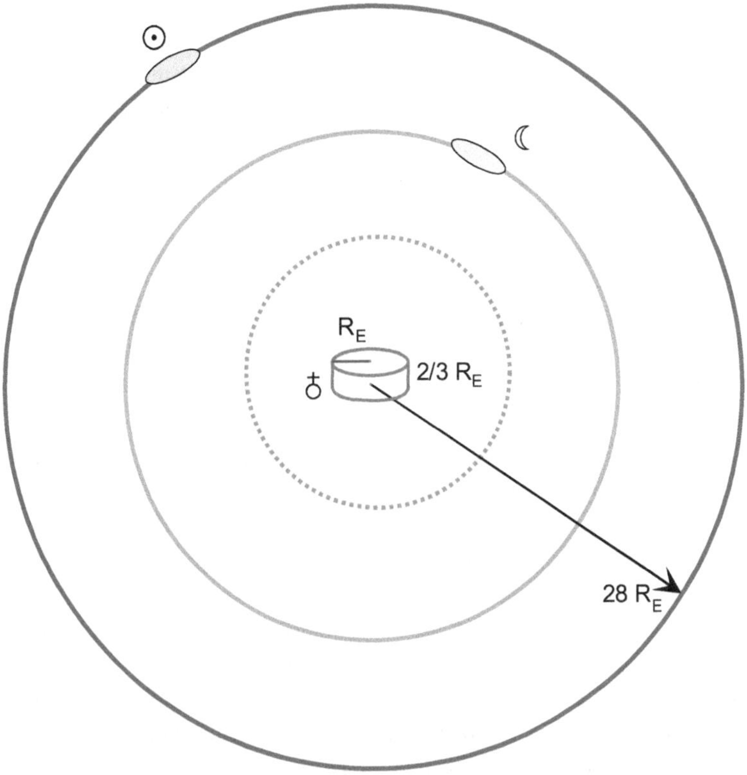

Abb. 1.1 Das Weltbild des Anaximander: Der freischwebende Erdzylinder (Durchmesser dreimal so groß wie Höhe), die Sphäre (Kugel) der Sterne (innen, blau gepunkteter Kreis), des Mondes (Mitte, grüner Kreis) und der Sonne (außen, roter Kreis). R_E = Erdradius = Radius der Erdscheibe

Interessanterweise sah *Platon* die Mathematik als logischen Kern seiner Überlegungen. Zu seiner Zeit war durch genaue Beobachtungen bekannt geworden, dass die Figur des Kreises allein nicht geeignet war, verfeinerte Beobachtungen der Bewegungen der Himmelskörper mit ihren Anomalien befriedigend zu beschreiben. *Platon* lud daher den zu seiner Zeit bedeutendsten Mathematiker *Eudoxos von Knidos* zu sich in die Akademie in Athen ein. Er stellte ihm die Aufgabe, die Modellvorstellungen so zu verbessern, dass "den Beobachtungen Genüge getan" werden konnte. *Eudoxos* ersann ein Modell mit verschiedenen Kreisen.[2] Damit war er wohl der Erste, der ein mathematisches Modell der Planetenbewegung entwickelte. Dieses führte von den physikalischen Modellen weg. Eine Rückkehr zu einem physikalischen Modell ist ausgeschlossen. Interessanterweise kann die

[2] Abb. 1.7 auf Seite 81.

Bewegung einer bestimmten Familie künstlicher Erdsatelliten mit dem mathematischen Modell des *Eudoxos* noch heute beschrieben werden.[3]

Wesentliche Schritte in der weiteren Entwicklung der mathematischen Modellbildung waren die äquivalenten Modelle des *Apollonios von Perge,* das Modell des exzentrischen Kreises und das Modell der Epizykel mit der kombinierten Bewegung zweier Kreise, dem Deferenten und dem Epizykel, dessen Mittelpunkt sich auf dem Deferenten bewegt.

Claudios Ptolemäus war es, der diese Modelle in genialer Weise kombinierte, verfeinerte und durch die Entdeckung des punctum aequans zu vollendeten rein mathematischen Modellen kam. Mit dem punctum aequans war *Ptolemäus* seiner Zeit weit voraus. Die Rechtfertigung des punctum aequans als Bezugspunkt für eine gleichförmige Bewegung konnte in mathematischer Weise erst im Rahmen der klassischen Bewegungslehre nachgewiesen werden. Im Rahmen der seinerzeitigen Messgenauigkeit war das mathematische Modell ausreichend.[4]

In den nachfolgenden Jahrzenten wurde versucht, das mathematische Modell des Ptolemäus zu überarbeiten und zu verbessern. Noch *Kopernikus* erarbeitete ein mathematisches Modell aus der Kombination von exzentrischem Kreis und Epizykeln.[5] Bekannt und in der Öffentlichkeit umstritten wurde *Kopernikus* allerdings nur mit seinem physikalischen Modell. Es dürfte eine spannende und lehrreiche Aufgabe sein, die Lektüre dieses Buches zu nutzen, kritisch zwischen physikalischen und mathematischen Weltmodellen zu unterscheiden.[6]

Die systematische Beobachtung der Erscheinungen und Ereignisse von Sonne, Mond – und soweit bekannt Planeten – brachte im Alltag der Menschen praktischen Nutzen, wurde aber, da scheinbar unveränderlich und erhaben, vom Menschen unbeeinflussbar, im allgemeinen täglichen Leben nicht hinterfragt. Der entsprechende astronomische Bewegungsbegriff in der Antike lautet:

- *Alle Bewegungen der Himmelskörper vollziehen sich unveränderlich für alle Zeiten. Die Beziehungen zwischen diesen Bewegungen sind konstant und wiederholen sich in unveränderlichen Relationen.*

Die kritisch spekulative Hinterfragung dieser beobachteten Ereignisse begann um 600 v. Chr. in der faszinierenden, an geistigen Höhepunkten überreichen, in der damaligen Zeit singulären Gedankenwelt der vorsokratischen Philosophen. Ihnen gelang die mythische Unbestimmtheit durch rationale Seinsergründung zu durchbrechen. Der Weg vom Mythos

[3] Abb. 1.11 auf Seite 86.

[4] Siehe vor allem in D. LELGEMANN [2010].

[5] Siehe Abb. 1.52 auf Seite 223 bis Abb. 1.66 auf Seite 260.

[6] Eine hübsche Zusammenstellung solcher physikalischen Weltmodelle hat *Athanasius Kircher* in Abb. 1.67 auf Seite 271 gefunden. Allerdings können in der Literatur noch andere Modelle gefunden werden. Auch das Modell des *Anaximander* ist ein solches physikalisches Modell.

über die Naturphilosophie zur Naturwissenschaft lässt sich im griechischen Denken exemplarisch verfolgen.[7] Wie sich die Erkenntnis von der Bewegung der Himmelskörper, von der vermuteten Kreisförmigkeit dieser Bewegungen und vom Bewegungsbegriff ganz allgemein seit jener Zeit entwickelte, wird im ersten Kapitel reflektiert.

1.1 Astronomie in Mesopotamien

Die Wiege der wissenschaftlichen Astronomie, die sich aus systematischen Beobachtungen der Himmelsereignisse über Jahrtausende entwickelte, kann in den verschiedenen Stadtstaaten Mesopotamiens gesehen werden. Neben der Erfindung der Schrift, welche die Sprachnachrichten für Jahrtausende fixierte, kann auch eine Entwicklung der Zahlen und damit der Mathematik beobachtet werden. Diese beiden Aspekte sind wesentliche Voraussetzungen für die Entstehung der mathematischen Astronomie. Ihre Bedeutung wirkt sich bis in unsere Zeit nachhaltig aus.

1.1.1 Entstehung der mathematischen Astronomie

In diesem Abschnitt wird eine Übersicht über die Entstehung der wissenschaftlichen Astronomie aus dem ältesten menschlichen Kulturkreis durch die Sumerer und Chaldäer in Mesopotamien bis zur Übernahme und parallelen Weiterführung durch die griechische Astronomie dargestellt.

Die Beobachtung der Ereignisse am Himmel führten seit alters her zur Strukturierung des Lebens auf der Erde, sicherlich in allen Völkern weltweit. Im Zweistromland wurde ab etwa 3350 v. Chr. weltweit erstmalig eine Schrift aus Bildzeichen für Wörter und Silben entwickelt, die zur Entstehung der Keilschrift führte.[8] *„Nirgendwo sonst außer in Mesopotamien entstand eine unabhängige Wissenschaft ... Dies geschah wahrscheinlich zu Beginn des zweiten vorchristlichen Jahrtausends."* In diesem Gebiet erschien erstmals abstraktes mathematisches Denken (Höhepunkt zwischen 1800 und 1650 v. Chr.). Erst Jahrhunderte später breitete sich dieses mathematische Denken auf Nachbar- und andere Völker aus.[9]

[7] Siehe etwa in BIALAS, VOLKER [1998].

[8] https://de.wikipedia.org/wiki/Sumer

[9] NEUGEBAUER, OTTO [1975], p. 559.

Gleichzeitig mit der Entstehung der Schrift wurden auch die Zahlensysteme eingeführt: Das sexagesimale 60er-System[10] wurde nur für wissenschaftliche Aufgabenstellungen verwendet. Das dezimale 10er-System war im Alltag im Gebrauch.[11]

Systematische astronomische Beobachtungen führten zu Einsichten über die Gesetzmäßigkeiten der Himmelserscheinungen. Damit wurden die Voraussetzungen für eine sich allmählich entwickelnde wissenschaftliche Astronomie gelegt. Eine sorgfältige Beobachtung der Gestirne, im Wesentlichen von Sonne und Mond, wurde im Alltag zur Aufzeichnung der Omina (Vorzeichen) benötigt.[12] An ihnen orientierte man sich in seinen Unternehmungen. Die Könige benötigten zudem die Divinationen, d. h. astrologische Vorhersagen, aufgrund der Gesetzmäßigkeiten der Gestirne. Ein schlechtes Omen waren die Finsternisse. Sie galt es besonders sorgfältig zu studieren.

Die Einführung des sexagesimalen Systems in die astronomische Forschung erfolgte erst in der Zeit der Perserkönige (539–331 v. Chr.). Damit erst wurde die **mathematische Astronomie** begründet.[13]

Die babylonische Mathematik war ausschließlich arithmetisch strukturiert, also nicht wie die griechische Mathematik auch und vor allem geometrisch.[14] Auch das Universum wurde arithmetisch verstanden.[15] Die babylonischen Astronomen waren daher nicht an einer Theorie der Sonnen-, Mond- und Planetenbewegung interessiert. Die grundlegende Methode des babylonischen astronomischen arithmetischen Interesses konzentrierte sich daher auf die Beobachtung spezieller Ereignisse.[16] Die Folge solcher isolierten Erscheinungen wurde mathematisch in der Konstruktion sogenannter „Ephemeriden" niedergelegt.[17]

Ein solches Ereignis ist der Vollmond. Die Zeit zwischen zwei aufeinanderfolgenden Vollmonden wird als eine *Lunation* oder auch als ein *synodischer Monat* $\left(P_{☾,S}\right)$ bezeichnet. Vollmond bzw. Neumond sind eine der Voraussetzungen für eine Finsternis. Die Sumerer, also in der Zeit um 3000 v. Chr., beobachteten die Wiederholung der Finsternisse und entdeckten als Erste den *18-jährigen Finsterniszyklus* mit der grundlegenden (näherungsweisen) Relation

$$\text{18 Jahre} \;\hat{=}\; \text{223 Lunationen} \quad . \tag{1.1}$$

[10] Also etwa 1000 Jahre, bevor die rechnerische Astronomie entstand: NEUGEBAUER, OTTO [1975], p. 589.

[11] BIALAS, VOLKER [1998], p. 93; https://www.spektrum.de/lexikon/mathematik/babylonische-mathematik/2212

[12] Omen, omina: Vorzeichen, Glaube an Vorzeichen („das ist ein gutes Vorzeichen ...").

[13] NEUGEBAUER , O. [1975], p. 601; BIALAS, VOLKER [1998], p. 106 .

[14] NEUGEBAUER, OTTO [1975], p. 3; https://explorable.com/babylonian-mathematics?gid=1595

[15] https://de.wikipedia.org/wiki/geschichte_der_astronomie – *Mesopotamien.*

[16] NEUGEBAUER, OTTO [1975], p. 363.

[17] NEUGEBAUER, OTTO [1975], p. 351–352; p. 373.

Nachdem es gelungen war, den Wert eines synodischen Monats sehr genau zu bestimmen, musste der Wert für die genaue Anzahl der Jahre eines 18-jährigen Finsterniszyklus korrigiert werden. Diese Korrektur war bereits Bestandteil in den Keilschrifttafeln. Sie wird heute als Spalte Φ in den Keilschrifttafeln bezeichnet.[18] Die verwendete Jahreszahl hängt von der Anzahl der Tage eines Jahres ab. Daher wird die Anzahl eines Finsterniszyklus in Tagen angegeben. Die entsprechende Relation zwischen (mittleren) synodischen Monaten und Tagen lautet

$$223\,\overline{P_{☾,S}} \;\hat{=}\; 6585^d + \Phi \quad . \tag{1.2}$$

In der Literatur findet sich etwa der Näherungswert $\Phi = 1/3$.

Damit hat der 18-jährige Finsterniszyklus in heutiger Schreibweise die Dauer

$$223\,\overline{P_{☾,S}} \;\hat{=}\; 6585^d + 8^h \quad . \tag{1.3}$$

Im Fall einer Finsternis befindet sich der Mond auf oder nahe der Sonnenbahn, also in einem Schnittpunkt mit der Sonnenbahn, einem auf- oder absteigenden Knoten. Der Umlauf des Mondes in Bezug auf einen Knoten wird als *drakonitischer Monat* $\left(\overline{P_{☾,D}}\right)$ bezeichnet. Systematische Beobachtungen der Finsternisse führten zu einer erweiterten Relation des 18-jährigen Finsterniszyklus. Sie kann als Verhältnis zwischen synodischen und drakonitischen Monaten beschrieben werden:[19]

$$223\,\overline{P_{☾,S}} \;\hat{=}\; 242\,\overline{P_{☾,D}} \quad . \tag{1.4}$$

Nach einem hierdurch festgelegten Zeitraum wiederholen sich gleichartige Finsternisse. Da diese Werte nicht ganz exakt sind, wird der Charakter aufeinanderfolgender Finsternisse allmählich verändert.[20] Eine verfeinerte Relation des 18-jährigen Finsterniszyklus wurde durch Beobachtungen über längere Zeiträume erhalten:

$$5458\,\overline{P_{☾,S}} \;\hat{=}\; 5923\,\overline{P_{☾,D}} \quad . \tag{1.5}$$

Die näherungsweise Übereinstimmung dieser beiden Relationen kann ersehen werden aus

$$223 : 242 = 0.9214876 \quad , \quad 5458 : 5923 = 0.9214925 \quad . \tag{1.6}$$

---

[18] Die sehr aufwendige Theorie zur Spalte Φ und weiteren Korrekturen siehe in NEUGEBAUER, OTTO [1975], pp. 497–513.

[19] NEUGEBAUER, OTTO [1975], p. 321.

[20] NEUGEBAUER, OTTO [1975], p. 1094. Diese Relation ist heutzutage unter dem Begriff „Saros-Zyklus“ bekannt, der von *Edmund Halley* 1691 eingeführt wurde. Der Begriff wird irrtümlicherweise auf den sumerischen Begriff SAR zurückgeführt, der die Zahl 3600 bedeutet oder „im Weltall“ (siehe auch in https://de.wikipedia.org/wiki/Saroszyklus). Der 18-jährige Finsterniszyklus wird gelegentlich auch als chaldäischer oder sogar als Halley'scher Finsterniszyklus bezeichnet.

Um 747 v. Chr. wurde in Babylon durch König *Nabonassar* die systematische tägliche Aufzeichnung aller wichtigen Ereignisse befohlen. Diese Aufzeichnungen wurden in den sogenannten Tagebüchern (diaries) niedergelegt.[21] Sie enthielten neben politischen, alltäglichen, kulturellen und anderen auch vorzügliche astronomische Beobachtungen. Auf diese Weise konnte durch tägliche Beobachtung des Ortes des Mondes vor dem Fixsternhintergrund vom Beobachter eine Variation der Geschwindigkeit des Mondes festgestellt werden.[22] Die Zeitdauer zwischen zwei aufeinanderfolgenden größten Geschwindigkeiten, den Perigäen, wird als *anomalistischer Monat* $\left(\overline{P_{☾,A}}\right)$ bezeichnet. Der *siderische Monat* $\left(\overline{P_{☾,sid}}\right)$ wird bei Bezug auf die aufeinanderfolgende Begegnung des Mondes mit einem ausgewählten Fixstern erhalten. In ähnlicher Weise kann auch die Länge eines (mittleren siderischen) Sonnenjahres $\overline{P_{\odot}}$, etwa durch die Länge der Zeitdauer zwischen zwei aufeinanderfolgenden Durchgängen der Sonne durch den Frühlingspunkt, bestimmt werden. Als Frühlingspunkt wird der Schnittpunkt der aufsteigenden Sonnenbewegung mit dem Äquator bezeichnet.[23]

In der Zeit ab etwa 539 v. Chr. fand das sexagesimale Zahlensystem allmählich Eingang in die Astronomie. Dies ermöglichte so den Beginn der mathematischen Astronomie.[24] Jetzt konnte mit den beobachteten Zahlenwerten von Sonnen-, Mond und Planetenbewegung gerechnet werden. Aus dieser Zeit sind namentlich drei Astronomen bekannt. Sie erarbeiteten in mathematischer Theorie kombiniert mit sorgfältiger Auswertung der Beobachtungen wesentliche astronomische Fortschritte.

Als der früheste namentlich bekannte babylonisch-chaldäische Astronom gilt *Nabu-rimannu* (vermutlich identisch mit *Naburianus*) (um 560–480 v. Chr.). Ihm wird vor allem die Erarbeitung einer Mondtheorie zugeordnet (System A).[25] Die Dauer des synodischen Monats hatte er zu 29.530641 Tagen berechnet.

Ein Nachfolger des *Nabu-rimannu* war (neben Berosus[26]) der chaldäische Astronomen *Kidinnu* (griechisch *Kidenas* oder *Cidenas*) (um 400–14. August 330 v. Chr.). Er wird als eine der bedeutendsten Personen in der Wissenschaftsgeschichte bezeichnet.[27] *Kidinnu* ist bekannt als beobachtender und mathematischer Astronom. Die Beobachtung der maximalen Elongation des Merkur zur Sonne mit 22° und der Venus zur Sonne mit

---

[21] NEUGEBAUER, OTTO [1975], pp. 351–352.

[22] NEUGEBAUER, OTTO [1975], p. 69.

[23] Der Frühlingspunkt ist der Ort, den die geozentrisch beobachtete Sonnenbewegung im Jahresverlauf beim Wechsel von südlichen zu nördlichen Breiten durchläuft und sehr genau beobachtet werden kann. Als Herbstpunkt wird der Schnittpunkt der absteigenden Sonnenbewegung mit dem Äquator bezeichnet. Die Punkte maximaler oder minimaler Breite lassen sich bei Weitem nicht so exakt vermessen.

[24] NEUGEBAUER, OTTO [1975], p. 601; BIALAS, VOLKER [1998], p. 106.

[25] NEUGEBAUER, OTTO [1975], p. 611; LENDERING, JONA [2016]; https://de.wikipedia.org/wiki/Kidinnu; https://de.wikipedia.org/wiki/Geschichte_der_Astronomie – Mesopotamien.

[26] Siehe in Tab. 1.1 auf Seite 10.

[27] LENDERING, JONA [2016].

46° wird ihm zugeordnet.[28] Er führte die Mondtheorie des *Nabu-rimannu* weiter. Auf ihn geht vermutlich System B zurück.[29] Dieses System beschäftigte sich vor allem mit der unterschiedlichen scheinbaren Geschwindigkeit des Mondes. Es wurde insbesondere zur Bestimmung des (mittleren) anomalistischen Monats $\left(\overline{P_{☾,A}}\right)$ benötigt. Seine Berechnung des synodischen Monats ergab 29.530594 Tage. Diese Zahl weicht gegenüber dem modernen Wert $\overline{P_{☾,S}} = 29^d.530589$ nur um 4.32 s ab, eine erstaunliche Genauigkeit. Die Länge des Sonnenjahres berechnete *Kidinnu* zu $\overline{P_{\odot,Kid}} = 365^d\,5^h\,44^m\,12^s.52$. Der Fehler gegenüber dem heute gültigen Wert beträgt etwa 4 min.[30] Mit diesen äußerst präzisen Daten konnte *Kidinnu* auch eine Kalenderreform unterstützen, deren Auswirkung bis in die heutige Zeit nachwirkt.[31]

Im Zusammenhang mit der Untersuchung von Äquivalenzbahnen[32] interessiert vor allem eine Relation zwischen dem (mittleren) synodischen Monat und dem (mittleren) anomalistischen Monat. Ihre Entdeckung wird *Kidinnu* zugeschrieben, der sie im Zusammenhang mit seinen Untersuchungen im Rahmen des Mondsystems B gefunden hat[33]

$$251\ \overline{P_{☾,S}} \mathrel{\hat{=}} 269\ \overline{P_{☾,A}} \quad . \tag{1.7}$$

Ein schlimmes Schicksal erfuhr *Kidinnu* nach der Eroberung Babylons durch *Alexander den Großen* 331 v. Chr. Er ließ *Kidinnu* (Aus welchen Gründen?, Hatte er als Astronom eine ungünstige astrologische Vorhersage für den Eroberer gemacht?) am 14. August 330 v. Chr. hinrichten.[34] Callisthenes of Olynthus, der wissenschaftliche Berater *Alexanders*, erkannte offensichtlich die enorme Bedeutung der chaldäischen Astronomie. Er befahl, die astronomischen Schriften und Zahlenwerke aus dem Chaldäischen ins Griechische zu übersetzen.[35]*Aristoteles* Schüler *Kallippos* und später vor allem *Hipparch* (um 150 v. Chr.) machten davon wichtigen Gebrauch. *Hipparch* war offenbar der

---

[28] NEUGEBAUER, OTTO [1975], p.804.

[29] NEUGEBAUER, OTTO [1975], p. 611; BIALAS, VOLKER [1998], p. 106.

[30] LENDERING, JONA [2016]; Die säkulare Änderung der mittleren großen Bahnhalbachse der Sonnenbahn (bzw. der astronomischen Einheit) wurde in dieser Vergleichsrechnung nicht berücksichtigt.

[31] https://www.livius.org/articles/person/kidinnu-the-chaldaeans-and-babylonian-astronomy/; https://de.wikipedia.org/wiki/Kidinnu;

[32] JOCHIM, E. F. M. [2024]: Satellite Equivalence Orbits, Analysis of orbits combining different motions.
Springer Nature. ISBN 978–3–031–58.475–6. Untersuchungen seit August 2019.

[33] NEUGEBAUER, OTTO [1975], p. 611.

[34] NEUGEBAUER, OTTO [1975], p. 622; https://de.wikipedia.org/wiki/Kidinnu

[35] https://www.livius.org/articles/person/kidinnu-the-chaldaeans-and-babylonian-astronomy/

Tab. 1.1 Versuch einer Darstellung der politischen und kulturellen Entwicklung in Mesopotamien mit besonderem Augenmerk auf die Entwicklung der babylonischen Astronomie[36]

Südliches Mesopotamien: Sumerische Stadtstaaten[37]	Ab etwa 3350 v. Chr	Sumerer: Übergang zur ersten Hochkultur. Älteste Schrift mit Bildzeichen für Wörter und Silben. Entwicklung der Keilschrift. Sexagesimales (60) und gleichzeitig dezimales (10) Zahlensystem.[38] Systematische astronomische Beobachtungen: Anwendung in Astrologie
Frühdynastische Zeit	2500–2350 v. Chr um 2050 v. Chr	1. Dynastie von Ur. Akkader, Akkadisch statt sumerisch 3. Dynastie von Ur: einheitlicher Staat, Zerstörung von Ur
König *Hammurabi*[39]	1792–1750 v. Chr	Babylon übernimmt die Vorherrschaft. Kulturelle Blütezeit 1800–1650 v. Chr.: Höhepunkt der babylonischen Mathematik[40]
Assyrer	um 1200–630 v. Chr	Um 1000 v. Chr.: Enuma Anu Enlil, Mit 700 astrologischen Omina auf 70 Keilschrifttafeln[41]
König *Nabu-Nasir* (Nabonassar)[42]	747–734 v. Chr	Beginn der lückenlosen Aufzeichnung aller Ereignisse einschließlich astronomischer Ereignisse (Keilschrift Tafeln: Diaries)
Neubabylonische Zeit	626–539 v. Chr	Chaldäer: höchste Blüte der Astronomie[43]

(Fortsetzung)

[36] Bialas, Volker [1998], pp. 93–118; Neugebauer, Otto [1975], p. 573; p. 601; p. 1066; https://de.wikipedia.org/wiki/Geschichte_der_Astronomie – *Mesopotamien;* Eine widerspruchsfreie Darstellung ist äußerst schwierig, da sich die Sekundärliteratur nicht nur in den Zeitangaben und geschichtlichen Zusammenhängen zum Teil erheblich widerspricht. Einheitlich steht aber fest: Schrift, sexagesimales System und damit arithmetische Mathematik sowie Grundlagen der systematischen astronomischen Forschung begannen im Zweistromland durch das Volk der Sumerer, also schon vor 3000 v. Chr.

[37] Bialas, Volker [1998], p. 94; https://de.wikipedia.org/wiki/Sumer;

[38] Bialas, Volker [1998], p. 93; https://www.spektrum.de/lexikon/mathematik/babylonische-mathematik/2212;

[39] Bialas, Volker [1998], p. 96; https://www.nationalgeographic.de/geschichte-und-kultur/wer-war-hammurabi;

[40] https://www.spektrum.de/lexikon/mathematik/babylonische-mathematik/2212

[41] Albani, Matthias [2014].

[42] Neugebauer, Otto [1975], p. 118; p. 320; p. 352; p. 387. era Nabonassar not attested in cuneiform sources, probably an invention of the Greek astronomers; p. 1066; https://en.wikipedia.org/wiki/Nabonassar

[43] Bialas, Volker [1998], p. 106.

Tab. 1.1 (Fortsetzung)

Südliches Mesopotamien: Sumerische Stadtstaaten	Ab etwa 3350 v. Chr	Sumerer: Übergang zur ersten Hochkultur. Älteste Schrift mit Bildzeichen für Wörter und Silben. Entwicklung der Keilschrift. Sexagesimales (60) und gleichzeitig dezimales (10) Zahlensystem. Systematische astronomische Beobachtungen: Anwendung in Astrologie
Zeit der Perserkönige	539–331 v. Chr	Einführung des sexagesimalen Systems in die Astronomie: Beginn der mathematischen Astronomie[44]: *Naburianos* (um 500 v. Chr.) *Berosus* (350–270 v. Chr.) *Kidinnu* (um 400–14. Aug. 330 v. Chr.)[45]
Alexander (der Große) erobert Babylon	331 v. Chr	Alexanders wissenschaftlicher Berater *Callisthenes von Olynthus* ordnet die Übertragung der astronomischen Tagebücher (diaries) ins Griechische an[46]
Seleukiden Zeit	312–64 v. Chr	Die babylonische mathematische Astronomie findet Eingang in die griechische Welt.[47] Babylonisches sexagesimales System zwischen 300 und 200 v. Chr. von den Griechen rezipiert[48]
Pompejus	64 v. Chr	Integriert das Seleukiden-Reich als Provinz Syria in das Römische Reich[49]

Erste, der die babylonischen Parameter in die griechische mathematische Astronomie einführte.[50] Nach heutigem Verständnis begann die eigentliche wissenschaftliche Astronomie mit *Hipparch.*[51]

In hinreichender Genauigkeit haben die vier bekannten Monate und das siderische Jahr folgende Zahlenwerte[52]

---

44 Neugebauer, Otto [1975], p. 601; Bialas, Volker [1998], p. 106.

45 Bialas, Volker [1998], p. 106; Lendering, Jona [2016]; https://de.wikipedia.org/wiki/Kidinnu.

46 Neugebauer, Otto [1975], p. 608; Lendering, Jona [2016].

47 Bialas, Volker [1998], p. 94; https://katholischglauben.info/lexikon/seleukiden/

48 Neugebauer, Otto [1975], p. 590.

49 Ueberschaer, Frank [2006].

50 Neugebauer, Otto [1975], p. 309.

51 Neugebauer, Otto [1975], p. 4.

52 Neugebauer, Otto [1975], p. 1084; der erste Zahlenwert ist jeweils im sexagesimalen System gegeben: $27;12,43,59,30 \triangleq 27 + 12/60 + 43/60^2 + 59/60^3 + 30/60^4$. Anmerkung: Hipparch unterschied das tropische Jahr vom siderischen Jahr. Ptolemäus begründete das tropische Jahr durch Bezug auf den Frühlingspunkt ebenso wie die ekliptikalen Längen der Sterne. Dazu interpretierte er

$$\begin{aligned}
\overline{P_{☾,D}} &= 27;\,12,43,59,30^d \mathrel{\hat{=}} 27^d.212219907 \\
\overline{P_{☾,sid}} &= 27;\,19,17,58,45^d \mathrel{\hat{=}} 27^d.321660880 \\
\overline{P_{☾,A}} &= 27;\,13,18,22,45^d \mathrel{\hat{=}} 27^d.555105324 \\
\overline{P_{☾,S}} &= 29;\,31,50,07,00^d \mathrel{\hat{=}} 29^d.530587963 \\
\overline{P_{\odot,\text{sid}}} &= 365;\,15,23,02,24^d \mathrel{\hat{=}} 365^d.2564 \quad .
\end{aligned} \tag{1.8}$$

Zur Zeit der Perser Könige zwischen 539 und 400 v. Chr. wurde in Babylon der *19-jährige Sonnenzyklus* entdeckt.[53] Er ist in der Anwendung schon etwa zwischen 502–490 v. Ch. nachweisbar. Etwa eine Generation später war er in Athen von *Meton* (um 431 v. Chr.) gefunden worden. Der Zyklus liefert eine Relation zwischen Jahren und Monaten:[54]

$$\begin{aligned}
19 \text{ Jahre} &\mathrel{\hat{=}} (12 \cdot 19 + 7) \text{ Monate} = 235\,\text{Monate} \;=\; 3,55 \text{ Monate} \\
&\mathrel{\hat{=}} (3 \cdot 60 + 55)\,\text{Monate}.
\end{aligned} \tag{1.9}$$

Die Zahl 7 bedeutet hier einen Einschubmonat. Ein *lunisolarer Kalender* soll im täglichen Leben angewendet werden können. Er soll daher nicht wissenschaftlichen Charakter haben. Für diesen Zweck müssen geeignete Zahlenwerte für das Jahr und den Monat ausgewählt werden. Diese Zahlenwerte müssen ganzzahlig sein.

Mit dem obigen Wert für den synodischen Monat erhält man

$$235 \cdot \overline{P_{☾,S}} \mathrel{\hat{=}} 6939^d.688156 \approx 6940^d \quad . \tag{1.10}$$

Wenn für das Jahr zu 365 Tagen angenommen werden, bleiben 5 Tage übrig, um diesen aus den Monaten erhaltenen Wert zu erreichen. Der 19-jährige Sonnenzyklus muss daher mit den 5 eingeschobenen Tagen in der Form

$$19 \cdot 365^d + 5^d = 6935^d + 5^d = 6940^d \tag{1.11}$$

angesetzt werden muss. Als Monat kann durch Annäherung an den synodischen Monat der Wert 29,5 Tage definiert werden. Um aber die Bedingung ganzer Zahlen zu erreichen, werden für den Zyklus „ganze Monate“ zu 30 Tagen und „ausgesparte Monate“ zu 29 Tagen ausgewählt. Damit wird das wichtige Hilfsmittel der Einschübe (intercalation) angewendet. Dieses ist in der Kalendertheorie von grundsätzlicher Bedeutung. Der

---

die Präzession (1° pro Jahrhundert) als „Bewegung“ aller Fixsterne in Bezug auf den Frühlingspunkt: NEUGEBAUER, OTTO [1975], p. 54.

53 Anwendung des Sonnenzyklus offenbar schon seit 502 v. Chr. im babylonischen Mondkalender: https://de.wikipedia.org/wiki/Kidinnu; *weiteres in* Abschn. 1.5.11 *auf Seite 105, sowie ausführlich im Rahmen der Kalenderrechnung in Abschn.* 1.11 *ab Seite 275.*

54 NEUGEBAUER, OTTO [1975], p. 354; der Zahlenwert 3,55 ist im sexagesimalen System geschrieben: $3 \cdot 60 + 55 = 235$.

19-jährige Zyklus umfasst dann 125 Monate zu 30 Tagen und 110 Monate zu 29 Tagen:[55]

$$19 \cdot 365^d = 125 \cdot 30^d \ + \ 110 \cdot 29^d = 6940^d \quad . \tag{1.12}$$

Wir haben somit wieder eine Relation zwischen Jahren, Monaten und Tagen, wie sie für den Alltag wichtig ist.[56]

Im Verlauf des 4. vorchristlichen Jahrhunderts wurde in Babylon ein 76-jähriger Sonnenzyklus eingeführt. Dieser war also bei der Eroberung Babylons schon bekannt und sein Wissen konnte nach Griechenland übertragen werden. Daher konnte *Kallippos*, ein Schüler des *Aristoteles,* bereits um das Jahr 330 v. Chr. den Zyklus übernehmen.[57] Kallippos bestand darauf, für das Jahr den Wert 365 ¼ Tage zu verwenden.[58] Dies führte auf den *Kallippos*-Zyklus mit 19-mal 4 = 76 Jahren:[59]

$$76 \text{ Jahre} \triangleq 76 \cdot 365^d.25 \triangleq 4 \cdot 235 \text{ Monate} = 940 \text{ Monate} \triangleq 27759^d \quad . \tag{1.13}$$

Wird die Relation (1.12) mit 4 multipliziert, um den *Kallippos*-Zyklus mit der Aufteilung in volle Monate mit 30 Tagen und ausgesparte Monate zu erhalten, ergibt sich für den Zyklus

$$76 \cdot 365^d.25 = 500 \cdot 30^d + 440 \cdot 29^d = 27760^d \tag{1.14}$$

In dieser Beziehung ist jedoch ein Tag überfällig. Dieser Fehler lässt sich umgehen durch eine angepasste Anzahl der Monate:

$$76 \cdot 365^d.25 = 499 \cdot 30^d + 441 \cdot 29^d = 27759^d \quad . \tag{1.15}$$

Das Jahr mit 365 Tagen wird als *ägyptisches Jahr* bezeichnet. Es fand neben Ägypten in Mesopotamien und vielen anderen Ländern Verwendung. Das im Rahmen des *Kallippos*-Zyklus verwendete Jahr 365,25 zu Tagen wurde erst unter *Kaiser Augustus,* durch den „julianischen Einschub“ von einem zusätzlichen Tag alle vier Jahre, als *alexandrinisches Jahr* in den offiziellen Kalender eingeführt. Es gibt dann 6 statt der sonst 5 eingeschobenen Tage, vgl. die Beziehung (1.11). Die erste Abweichung des alexandrinischen Jahres vom ägyptischen Jahr fand im Jahr 21 v. Chr. statt.[60] Das alexandrinische Jahr wird heute unter dem Namen julianisches Jahr verwendet.

---

55 Neugebauer, Otto [1975], pp. 615–616;

56 Anmerkung: Im Gegensatz zur Anwendung des 19-Jahres-Zyklus in Griechenland mit mittleren Monaten wurde der babylonische Zyklus in Verbindung mit den auf den wahren Mond bezogenen Monaten verwendet. Siehe in Neugebauer, Otto [1975], pp. 622.

57 https://www.livius.org/articles/person/kidinnu-the-chaldaeans-and-babylonian-astronomy/;

58 Neugebauer, Otto [1975], p. 623;

59 Neugebauer, Otto [1975], p. 622;

60 Neugebauer, Otto [1975], p. 1064;

Bezogen auf das alexandrinische Jahr nimmt der 18-jährige Finsterniszyklus (1.4) mit Ergänzung durch den mittleren anomalistischen Monat $\overline{P_{\leftmoon,A}}$ und den mittleren siderischen Monat $\overline{P_{\leftmoon,sid}}$ die Darstellung an.

$$\begin{aligned} 223\,\overline{P_{\leftmoon,S}} &\stackrel{\wedge}{=} 239\,\overline{P_{\leftmoon,A}} \stackrel{\wedge}{=} 242\,\overline{P_{\leftmoon,D}} \stackrel{\wedge}{=} \left(241+\frac{10°40'}{360°}\right)\overline{P_{\leftmoon,sid}} \stackrel{\wedge}{=} 6585^d\frac{1}{3} \stackrel{\wedge}{=} \\ &\stackrel{\wedge}{=} 18^Y.02966 = 18^Y\,10^d\,20^h \qquad \left(1Y = 365^d.25\right. \;. \end{aligned} \tag{1.16}$$

In dieser Form und mit diesen Zahlenwerten wurde der 18-jährige Finsterniszyklus von *Hipparchos* übernommen und weiterentwickelt.[61]

Anmerkungen zur Genauigkeit der relativen Zahlenwerte:

1. Die Relation (1.7) ergibt 251/269 = 0,933085502,
   die entsprechende Relation aus (1.16) 223/239 = 0,933054393.
2. Mit den Zahlenwerten in (1.8) ergeben sich Aussagen über die Genauigkeiten der einzelnen Relationen in (1.16):[62]

$$\begin{aligned} 223\,\overline{P_{\leftmoon,S}} &= 6585^d.32111575 \\ 239\,\overline{P_{\leftmoon,\mathrm{A}}} &= 6585^d.67017246 \\ 242\,\overline{P_{\leftmoon,\mathrm{D}}} &= 6585^d.35721749. \end{aligned}$$

Nach Beziehung (1.16) müsste sich in allen Fällen die Anzahl der Tage 6585,333333 ergeben. Der anomalistische Monat ist demnach am ungenauesten durch die Relation des 18-jährigen Finsterniszyklus wiedergegeben. Man muss aber bedenken, der 18-jährige Finsterniszyklus war ursprünglich nur als Relation aus 18 Jahren und der Anzahl der Lunationen (Relation (1.1) bzw. später in der Relation (1.4) zwischen dem mittleren synodischen und dem mittleren drakonitischen Monat bestimmt worden.[63]

---

[61] NEUGEBAUER, OTTO [1975], pp. 309–315; hier finden sich weitere Einzelheiten zu Vielfachen des 18-jährigen Finsterniszyklus „Exeligmus“ und Übernahme bzw. Erweiterung durch Hipparchus und Abschätzungen.

[62] Siehe auch https://de.wikipedia.org/wiki/Saroszyklus

$$\begin{aligned} 223\,\overline{P_{\leftmoon,S}} &= 6585^d.32111575 \\ 239\,\overline{P_{\leftmoon,\mathrm{A}}} &= 6585^d.67017246 \\ 242\,\overline{P_{\leftmoon,\mathrm{D}}} &= 6585^d.35721749. \end{aligned}$$

[63] Weiteres zur babylonischen Astronomie in Abschn 1.1.2 auf Seite 16.

Aus dem Begriff der Zeitdauer zwischen zwei aufeinanderfolgenden astronomischen Ereignissen wurde der Begriff des Umlaufs entwickelt, die Periode als Umlaufdauer (entwickelt aus dem Griechischen περὶ ὁδός = um, herum Weg). Damit war also endgültig der Begriff der Bewegung eingeschlossen.

Die verschiedenen Beispiele in diesem Abschnitt zeigen Verknüpfungen zwischen unterschiedlichen Darstellungen von Bewegungsarten wie allgemeine unterschiedliche Zeitsysteme, wie Sonnenjahre, Mondmonate und Sonnentage, und sind seit alters her bis in die Gegenwart von zentraler Bedeutung sowohl für wissenschaftliche mathematisch-astronomische Aufgaben als auch im alltäglichen Gebrauch. Wir wollen daher folgende These formulieren („These von den Äquivalenz in der mathematischen Astronomie"):

- *Ein wesentlicher Fortschritt in der mathematischen Astronomie wurde durch die Kopplung unterschiedlicher Bewegungsarten und Bewegungsbezüge erzielt.*

1.1.2 Vergleich babylonischer und griechischer Anfänge

Das Fundament der antiken Astronomie und ihrer Methoden wurde im Wesentlichen in der babylonischen und in der griechischen Astronomie gelegt. Der Beitrag anderer Kulturen ist verschwindend.[64] Im vierten oder vermutlich schon im fünften vorchristlichen Jahrhundert, d. h. erst nach dem Ende der assyrischen Epoche und auch nach den Anfängen der vorsokratischen Philosophie, scheint die Beschäftigung mit astronomischen Aufgabenstellungen in Mesopotamien einen raschen Aufschwung genommen zu haben. Nach systematischen Beobachtungen entwickelte sich von der persischen Epoche bis ins erste nachchristliche Jahrhundert eine theoretische Astronomie. Sie arbeitete methodisch vollständig unabhängig von der griechischen Astronomie.

Um 400 v. Chr. (vielleicht sogar noch später) waren in Mesopotamien numerische Methoden entwickelt worden. Mit diesen wurden präzise Vorhersagen von Erscheinungen der Mond- und Planetenbewegung möglich. Die Ephemeriden wurden ausschließlich mit schwierigen Differenzbildungen von Zahlenkolonnen erhalten. Zu den schon den Babyloniern bekannten numerischen Methoden gehören lineare und parabolische Interpolationen und die Verwendung von arithmetischen Reihen. Allerdings ist uns weder das mathematische noch das diesen Verfahren zugrunde liegende astronomische Konzept bekannt.[65]

Die älteste mathematische Astronomie arbeitete ausschließlich mit numerischen Verfahren. Das ist höchst beachtenswert. Die uns heute vertrauten geometrisch-kinematischen Überlegungen wurden erst von den Griechen entwickelt. Die babylonische theoretische Astronomie kam ohne ein Modell des sphärischen Universums, ohne Kreisbewegungen und all die anderen uns geläufigen Vorstellungen aus. Neben der philosophischen

[64] O. NEUGEBAUER [1975], p. 6.
[65] O. NEUGEBAUER [1975], p. 306.

Aufarbeitung sind die verfügbaren mathematischen Werkzeuge (ganz im Sinne *Platons* übrigens) von besonderem Einfluss auf die Entwicklung einer mathematischen Theorie.[66]

Die Grundlage der babylonischen astronomischen Methodik ist das Ziel bestimmte Ereignisse zu untersuchen. Solche sind, wie im ersten Abschnitt erwähnt, etwa der Neumond oder die beobachteten stationären Punkte der Planetenbewegung. Eine Bewegung des Himmelskörpers zwischen diesen Ereignissen ist unbekannt. Die Griechen dagegen hatten als Hauptziel die (ekliptikale) Länge des Himmelskörpers als *kontinuierliche* Funktion der Zeit zu bestimmen.[67] Zwischen den von den Babyloniern betrachteten isolierten Ereignissen befinden sich die sogenannten *synodischen Bögen.* Alle hier betrachteten Erscheinungen können im Wesentlichen durch feste Elongationen zur Sonne charakterisiert werden. Es handelt sich also etwas allgemeiner nicht nur um die synodische auf Konjunktionen bezogene Bewegung. Somit ist die unabhängige Variable im Grunde nur eine Ordnungszahl für die beobachteten Ereignisse. Der wahre Wert für den infrage kommenden synodischen Bogen schwankt um einen mittleren Wert. Die Babylonier verwendeten zwei Methoden: Im System *A* haben die synodischen Bögen konstante Werte. Sie werden an den Enden der Bögen diskontinuierlich variiert. Im System *B* werden die synodischen Bögen linear vergrößert bzw. verkleinert in Form von „Zickzack-Funktionen".

In folgenden Gebieten zeigt sich im Wesentlichen der babylonische Einfluss auf die griechische Astronomie:[68]

- Die Verwendung des sexagesimalen Systems (das noch heute auch bei uns in der Winkelrechnung und der Zeitrechnung üblich ist)
- Die numerischen Methoden in der elementaren mathematischen Astronomie, wie etwa die „schrägen Aufgänge"[69]
- Die Verwendung der orthogonalen ekliptikalen Koordinaten, der allgemeine mathematische Hintergrund, wie er in den Schriften des *Heron* (im ersten vorchristlichen Jahrhundert) und des *Diophantes* zum Ausdruck kommt
- Die Erkennung der wichtigsten Parameter der Mondbewegung und der Beziehungen der Umlaufzeiten, diese auch für die Planetenbewegung
- Die Grundlagen und die astronomischen Prinzipien der „Astrologie"

Die Sichtbarkeitsuntersuchungen der Gestirne waren in der babylonischen Astronomie von zentraler Bedeutung. Bei den Griechen waren sie ein nebensächliches Produkt der kinematischen Theorien der Planetenbewegung. Auch wenn die theoretische Astronomie in Babylon ihren Ursprung hat, bei den Griechen erhielt sie einen völlig neuen

[66] O. NEUGEBAUER [1975], p. 348.

[67] O. NEUGEBAUER [1975], p. 373–379.

[68] O. NEUGEBAUER [1975], p. 613.

[69] Siehe im Zusammenhang mit der ptolemäischen Schrift die *Phaseis* im Rahmen des Abschn. 1.7.9 ab Seite 175. Beschreibung der schrägen Aufgänge in Abschn. 1.6.10 auf Seite 139.

Gesichtspunkt, ohne Bezug auf die ursprüngliche Theorie. Vor allem *Hipparch* scheint diese Übertragung in eine neue Theorie erfolgreich vorgenommen zu haben.

Die Weiterentwicklung der Astronomie, etwa in Indien und in der islamischen Welt, geschah durch direkte Überlieferung der arithmetischen Methoden der Babylonier. Parallel dazu wurde auch das kinematische Modell der Griechen weitergegeben, im Wesentlichen in der durch *Ptolemäus* geprägten Form. Die Astronomie wurde abgesehen von einigen Verbesserungen in mathematischen und astronomischen Details bis in die späte Renaissance im Wesentlichen unverändert beibehalten.[70]

1.1.3 Ägyptische Weisheit und griechische Philosophie

Ägypten mit seiner 4000-jährigen Kultur, dem Land uralter Priesterweisheit,[71] mit einem trotz zahlreichen Umbrüchen geordneten Staatswesen, wurde für die Griechen unmittelbares kulturelles und wissenschaftliches Vorbild, Bezug, Richtschnur und Maß des Fortschritts. Dieser Zugriff war wesentlich unmittelbarer als zu dem später überlieferten Wissen aus Mesopotamien.

Schriftliche Aufzeichnungen durch die Priester sind im Alten Ägypten bereits ab 4000–3000 v. Chr. nachgewiesen. Wissenschaftliche Bemühungen sind seit dem Alten Reich ab etwa 2600 v. Chr. bekannt. Die ägyptische Astronomie entwickelte den Dekankalender, geteilt in 36 Dekansterne, welche der nächtlichen Zeiteinteilung dienten. Die Ägypter kannten keine Astrologie. Sie erkannten auch nicht die Planeten als solche.[72]

Die Entwicklung der Mathematik, d. h. der Geometrie, wurde infolge der Nil-Überschwemmungen notwendig vorangetrieben. Dreiecks- und Vierecksberechnungen waren nötig, um die Ländereien nach der Überschwemmung neu zu ordnen. Am wichtigsten aber waren für die Feldmesser mathematische Kenntnisse, um die Steuerveranlagungen zu erfassen. Die ägyptischen Mathematiker waren auch schon fähig, Abstraktion von Regeln und mathematischen Gesetzen zu entwickeln.[73]

Neben den Dreiecks- und Vierecksberechnungen hatten die Ägypter auch eine Formel zur Berechnung der Fläche eines Kreises gefunden: Vom Durchmesser des Kreises wurde 1/9 des Durchmessers abgezogen und die Differenz quadriert. Damit konnte eine für die damalige Zeit erstaunlich gute Näherung der Kreiszahl π erhalten werden:[74]

---

[70] Eine vergleichende Würdigung der Astronomie in den mittelamerikanischen Kulturen und bei indigenen Völkern ist hier nicht eingeschlossen. Hierzu kann einiges in V. BIALAS [1998] nachgelesen werden.

[71] VORLÄNDER, K. [1967] p. 87.

[72] WOLF, W. [1962], p. 84; Näheres siehe im Kapitel über die Kalenderrechnungen 1.11.2 auf Seite 276.

[73] Weiteres zur altägyptischen Astronomie in BIALAS, V. [1998], Kap. 4, pp. 75–92.

[74] WOLF, W. [1962], p. 85.

$$4\left(1-\frac{1}{9}\right)^2 = 3.16 \approx \pi \quad . \tag{1.17}$$

Die homerischen Gesänge, entstanden ungefähr um 1000–700 v. Chr., wurden nur mündlich überliefert. Erst um 1200 v. Chr. wurde bei den Griechen eine Schrift entwickelt, zunächst als Zeichen in der einfachen Linearschrift B,[75] einer Silbenschrift in der mykenischen Kultur. Eine Schrift in unserem Sinne wurde bei den Griechen erst um 800 v. Chr. aus der phönizischen Konsonantenschrift entwickelt. Diese beruht auf der protosinaitischen Schrift, die (offenbar) aus dem Alten Ägypten stammt.[76] Als eigenständige Leistung führten die Griechen in ihre Schrift erstmals auch eigene Buchstaben für die Vokale ein.

Der Pharao *Amenophis III.* (1405–1352 v. Chr.) erbaute am südlichen Nilufer von Luksor um 1391 v. Chr. den Luxor-Tempel (ursprünglich mit der alten Bezeichnung Waset-Tempel genannt). Durch einen Säulengang kommt der Besucher in einen allseits von schön geformten Papyrosbündelsäulen umstandenen Hof.[77] In diesem Hof soll sich eine Schule der ägyptischen (Priester-) Weisheit und Lehrgänge der ägyptischen Kultur und Wissenschaft von universeller Bedeutung befunden haben. Das sei quasi eine „Universität“ gewesen, wenn, dann vielleicht die erste weltweit.[78]

Eine Tatsache ist unbestritten: Viele Griechen reisten nach Ägypten, um zu lernen. Ob als „Studenten“ in der Waset-Universität, ist unsicher. Genannt werden *Thales von Milet, Platon, Aristoteles, Sokrates, Euklid, Pythagoras Hippokrates, Archimedes, Euripides*. Vergessen in dieser Aufzählung ist *Anaximander von Milet.* Er brachte den Gnomon (Sonnenzeiger, Sonnensäule) aus Ägypten mit nach Milet, also nach Griechenland.

Proklos[79] schreibt:[80] *„Wir sollten der allgemeinen Tradition folgend feststellen, dass die Ägypter die ersten Erfinder der Geometrie waren und Thales, als erster Grieche in Ägypten, diese Theorie nach Griechenland gebracht hat.“*

Platon formulierte in seinen Gesetzen das Ziel „die Polis und ihre Gesellschaft durch Erziehung zu erneuern“.[81] Um dies auch in den „Musenkünsten“ zu erreichen, verweist

---

[75] https://de.wikipedia.org/wiki/Linearschrift_B.

[76] https://de.wikipedia.org/wiki/griechisches_alphabet, https://de.wikipedia.org/wiki/Protosinaitische_Schrift.

[77] Ziock, H. (1961), pp. 295–298; Wolf, W. [1962], p. 102. Die anderen Gebäudeteile, der Vorhof mit Pylon von Ramses II, und die hinter dem Säulenhof sich anschließenden für die religiösen Riten wichtigen Kapellen interessieren in unserem Zusammenhang nicht.

[78] Diese interessante Aussage findet sich in Hemenway, Priya [2008], p. 34. Leider ohne Referenzen. Dem Autor des vorliegenden Buches ist es nicht gelungen, in aller ihm vorliegenden Literatur einen belastbaren Hinweis auf die Existenz der Universität in der Säulenhalle des Amenophis III. zu finden. Luxor-Tempel – Wikipedia.pdf.

[79] Abschn. 1.8.3.4, Seite 199.

[80] Zitiert aus Hemenway, Priya [2008], p. 14.

[81] Vorländer, K. [1967] p. 103.

Platon auf die Gesetze in Ägypten, die er für vorbildlich hält. Wir lesen zum Beispiel in den Gesetzen:

Nomoi (B, 656 d): (Kopie aus: PLATON [1991] it 1409)

> Νῦν δέ γε αὐτὸ ὡς ἔπος εἰπεῖν ἐν πάσας ταῖς πόλεσιν ἔξεστι δρᾶν, πλὴν κατ' Αἴγυπτον.
>
> Ἐν Αἰγύπτῳ δὲ δὴ πῶς τὸ τοιοῦτον φῂς νενομοθετῆσθαι;
>
> (Und doch ist gerade dies heutzutage wohl in allen Staaten gestattet mit Ausnahme von Ägypten.
>
> Und was bestehen denn in Ägypten hierüber für Gesetze?)

Wie das Zitat zeigt, hatte Platon die Gesetze in Ägypten studiert. Auf dieser Basis konnte er vorschlagen, welche der ägyptischen Gesetze auf die griechischen Staaten übertragen werden sollten.

1.2 Formung des Bewegungsbegriffs bei den Griechen

Eine Beschäftigung mit den Vorsokratikern zeigt, dass die Bewegungslehre der Himmelskörper und die ihr zugrunde liegende Kosmologie nur schwer und auf widersprüchlichen Wegen in einem Jahrhunderte dauernden Vorgang errungen werden musste. Dies trifft interessanterweise schon für den allgemeinen Bewegungsbegriff zu. Wir möchten heute meinen, der Begriff der Bewegung wenigstens sei die allernatürlichste Sache der Welt, schließlich bewegen sich die Menschen, die Tiere, die Blätter im Wind, die Wellen des Meeres, die Flüsse, so ungeheuer viele der unmittelbaren Beobachtung zugängliche Ereignisse. Dieser Begriff konnte erst im Verlauf von Jahrhunderten angestrengten Nachdenkens präzise und verwertbar gefasst werden. Wenn wir die Gedankenwelt der Vorsokratiker verfolgen und mit unseren heutigen Einblicken vergleichen, werden wir feststellen, die Inhalte ihrer Aussagen in ihrer faszinierenden Tiefe und Umfassendheit, aber oft auch absurden Widersprüchlichkeit, wie manches uns erscheinen mag, sind nur relativ zu verstehen. Relativ zur Um- und Erfahrenswelt, relativ dem möglichen Erfahrensstand, relativ zu einem irgendwie gerichteten Aussageziel, tastende Versuche, die Beobachtungswelt zu verstehen und zu erklären.

Gegenüber einer naiv empfindenden Vor- und Umwelt musste

- die spekulativ kritische und abstrahierende Hinterfragung der beobachteten Außenwelt errungen werden,
- das systematische, vorurteilsfreie, wissenschaftliche Denken, das allein produktive, geistige Fortschritte gewährende Wechselspiel von Theoretisieren, Falsifizieren und Verifizieren erarbeitet werden,
- eine präzise, abstrahierende und ordnende Begriffsbildung geschaffen werden.

Dieser ungeheure geistige Kraft erfordernde Vorgang, nicht so sehr die Inhalte der Aussagen also, ist es, was bis zu unserer heutigen Zeit ausstrahlt. Unser heutiges Denken und wissenschaftliches Arbeiten wäre ohne diese Grundlegung undenkbar.

Wir gehen von folgender Arbeitshypothese aus:

- Ein Begriff muss *vorgedacht* werden, ehe eine Entsprechung in der physikalischen Realität gefunden werden kann. Zuerst **ist,** wie *Platon* lehrte, die *„Idee"*, das *„Urbild"* (τὸ εἰδός). Mit dieser „Idee" erst ist der Mensch in der Lage, den Inhalt dieser Idee in der körperlichen Dingwelt zu *realisieren* oder als unsinnig, d. h. als *„unreal"* zu verwerfen. Der naive Mensch sieht, aber er erkennt nicht. Die Erkenntnis muss *vorgedacht* sein.

Mythische Vorstufen sind – wie *Aristoteles* lehrte – die ersten Schritte zur Philosophie.[82] Sie finden sich bei den Griechen einerseits in den Dichtungen *Homers* und *Hesiods.* In ihnen finden sich die Volksüberlieferungen niedergeschrieben und ausgeschmückt. Diesen Dichtern erschien die Seele noch materiell behaftet. Die später aufkommenden philosophischen Überlegungen wurden jedoch wesentlich tiefer beeinflusst durch die zweite mythische Tradition, den *Orphismus.* Dieser fasste die Seele als Geist auf, im Gegensatz zur ersteren Tradition. Die Seele stammt nach der orphischen Tradition aus einer anderen Welt. Sie ist strafweise nur in einen Körper eingebunden. Nach Läuterung, eventuell nach mehreren Wiedergeburten, kehrt sie in die eigentliche, die jenseitige Welt zurück. Die Welt entstand nach dieser Lehre aus dem in der Nacht gezeugten Weltei. Aus diesem gingen alle weiteren Zeugungen zur Weltbildung hervor.

1.2.1 Thales

Thales von Milet (Θαλῆς, um 640 v. Chr.) meinte, die flach angenommene Erdscheibe schwimme wie ein Stück Holz auf Wasser. Die Vorstellung von der flachen Erdscheibe ist etwa wunderschön ausgeprägt in bildnerischen Darstellungen im alten Ägypten zu finden. Aus Ägypten scheint also diese Vorstellung überliefert zu sein. Die Griechen nahmen die Erdscheibe vom Okeanos umflossen an, ergänzt durch den Himmel als Halbkugel. Auf dieser Halbkugel bewegen sich nach dieser Vorstellung Sonne, Mond und Sterne von Ost nach West. Sie kehren nach ihrem Untergang am Horizont hinter hohen Gebirgen, aber unsichtbar zum Anfang ihrer Bahn im Osten zurück. Als Gesetzmäßigkeit dieser Bewegungen wurde ihr ewiges Werden und Vergehen aufgefasst. *Thales* hatte aus heutiger

[82] Vgl. die präzise Mythos-Diskussion in J. PIEPER [1965], p. 20 ff., die im Platon-Kapitel (1.3, Mathematisierbarkeit der Bewegung, ab Seite 41) zitiert wird.

Sicht das Glück, eine Sonnenfinsternis angeblich mit Hilfe einer babylonischen Finsternistafel richtig vorausgesagt zu haben, vermutlich jene vom 6. April 648 v. Chr.[83] Wahrscheinlicher wurde ihm aber die „Vorhersage“ erst von der verklärenden Nachwelt zugeschrieben.[84] Vom Zusammenhang von Sonnen- und Mondfinsternissen hatte er noch nichts wissen können. Die Vorhersage einer Sonnenfinsternis für einen bestimmten Ort, selbst wenn nicht der Tag, sondern nur das Jahr angegeben wird, ist nur mit großem Rechenaufwand möglich. Dieser stand *Thales* keineswegs zur Verfügung. Wichtiger für unser naturwissenschaftliches Denken ist die Überlieferung, *Thales* habe wohl als Erster elementare mathematische Sätze bewiesen. So schuf er die Grundlage für die Mathematik als autonome Wissenschaft. Ohne diese wären die Physik und insbesondere auch die Himmelsmechanik nicht denkbar. *Thales* versuchte einfache Erklärungen, *wusste* aber auch, *„im Einfachsten wie dem Kreis ist etwas enthalten, das erstaunlich und zuverlässig zugleich ist“*.[85]

1.2.2 Anaximander

Anaximander von Milet (Ἀναξίμανδρος, ca. 610–545 v. Chr.) gilt als der erste wirkliche Philosoph und Systematiker. Er war im Wesentlichen Naturphilosoph und wird daher auch als erster Physiker bezeichnet. Auf *Anaximander* geht eine nur mit der kopernikanischen Wende vergleichbare geistige Revolution zurück. Im Grunde muss diese Revolution als wesentlich ungeheuerlichere Revolution betrachtet werden als die dem *Kopernikus* zugeschriebene.

Anaximander war auf der der Suche nach dem Anfang (ἀρχή = Ursprung, Urgrund, Prinzip) der Welt. Diese Problemstellung war von da an eine der wesentlichen Problemstellungen der ionischen Philosophie, die von *Platon* zu ihrem Höhepunkt gebracht wurde. *Anaximander* führte als Urgrund für den Ursprung der Welt das wesenhaft angenommene "Unbeschränkte, Unerschöpfliche" (ἄπειρον) an.[86]

83 Andere Zeitangaben bei J. L. E. DREYER [1953], p. 1 1: geboren um 640 v. Chr., mit 78 Jahren gestorben, Sonnenfinsternis von 58 v. Chr.

84 W. EKSCHMITT [1989], p. 17.

85 JAAP MANSFELD [1987], p. 42.

86 FRITZ KRAFFT [1971], p. 97 und [1972], p. 292 verwendet die dichterische Schreibweise ἀπείρων. Dort auch der weiterführende Hinweis auf die Auseinandersetzung und Gegenpositionierung *Anaximanders* mit *Hesiod*.

Die Originalschrift von *Anaximander* ist nicht erhalten.[87] Basierend auf der „Philosophiegeschichte" des Peripatetikers *Theophrastos* (Θεόφραστος)[88] schreibt der neuplatonische Wissenschaftler *Simplikios* (Σιμπλίκιος)[89] folgenden Text. Er wird als Kernaussage des Originalsatzes *Anaximanders* verstanden:[90]

> 'Ἀναξίμανδρος ... ἀρχὴν ... τῶν ὄντων ... λέγει ... μήτε ὕδωρ μήτε ἄλλοι τι τῶν καλουμένων εἶναι στοιχείων, ἀλλ' ἑτέραν τινὰ φύσιν ἄπειρον, ἐξ ἧς ἅπαντας γίνεσθαι τοὺς οὐρανοὺς καὶ τοὺς ἐν αὐτοῖς κόσμους· ἐξ ὧν δὲ ἡ γένεσίς ἐστι τοῖς οὖσι, καὶ τὴν φθορὰν εἰς ταῦτα γίνεσθαι κατὰ τὸ χρεών· διδόναι γὰρ αὐτὰ δίκην καὶ τίσιν ἀλλήλοις τῆς ἀδικίας κατὰ τὴν τοῦ χρόνου τάξιν, ποιητικωτέροις οὕτως ὀνόμασιν αὐτὰ λέγων.
>
> („Anaximander sagt über den Anfang des Seienden, dass weder Wasser noch irgendetwas anderes die Ursache sei, sondern dass es eine Art von Unerschöpflichem sei, aus dem alles am Himmel und im gesamten Kosmos geworden sei. Aus diesem geschah die Entstehung des Seienden, und die Vernichtung von alledem entsprechend ihrer Notwendigkeit (χρεών). Denn dies geschieht entsprechend Recht und wechselseitigem Unrecht nach der Perioden-Ordnung, die von der Zeit bewirkt wird. Darüber spricht er in diesen eher poetischen Worten.")[91]

Die Übertragung ins Deutsche ist als interpretierend nicht als wörtlich aufzufassen. *Anaximander* geht in diesem Satz weit über das vor ihm Gedachte hinaus: Das Wasser kann nicht der Ursprung von allem Seienden sein. Das Wasser als Ursprung wird mit *Thales von Milet* in Verbindung gebracht. Er wird gelegentlich als *Anaximander*s geistiger Vorfahre, vielleicht sogar Lehrmeister genannt. Allerdings wird in der Philosophiegeschichte bezweifelt, ob *Thales* überhaupt als ein Philosoph bezeichnet werden darf. Jedenfalls setzt sich *Anaximander* klar von der Idee eines „materialistischen" Urstoffes ab. Von *Anaximander* sind Prädikationen erhalten, mit denen er sein ἄπειρον verherrlicht: *„Es altert nicht, Tod und Verderben gibt es hier nicht im Gegensatz zu den gegenwärtig seienden Dingen"* (also in der physikalischen Welt, in der wir leben). *„Der ungeheure Gedanke* Platons, *das wirkliche Sein als οὐσία schlecht*hin zu *„hypostasieren, der gegenüber die Welt der γενέσεις* καὶ φθοραί (Werden und Vergehen, Schöpfung und Zerstörung) *zum Schein herabsinkt, ist also die geniale Vollendung dessen, was vorsokratische Philosophen erahnt*

---

[87] Die folgende Zitierung des Satzes des *Anaximander* und die Anmerkungen zu seiner Übertragung und Interpretation folgen dem Aufsatz FRANZ DIRLMEIERS [1938] und den ergänzenden Diskussionen in DIRLMEIER, F. [1940].

[88] *Theophrastos*, geb. um 371 v. Chr. in Eresos auf der Insel Lesbos, gest. 287 v. Chr. in Athen.

[89] *Simplikios,* geb. um 490 n. Chr., gest. um 560 n. Chr., ein Vertreter der athenischen Schule.

[90] http://de.wikipedia.org/wiki/Theophrastos_von_Eresos; http://de.wikipedia.org/wiki/Simplikios *Simplikios* hat einen der großen Aristoteles Kommentare verfasst. Er und *Damaskios* werden als die letzten großen athenischen Neuplatoniker bezeichnet und somit nicht dem Peripatos zugerechnet. Siehe hierzu auch: SCHÄFER, CHR. [2007], p. 350, und K. VORLÄNDER [1967], p. 193.

[91] Übersetzung nach DIRLMEIER, F. [1938/1940] und MANSFELD, J. [1987], Fragment *Anaximander* 15.

hatten".[92] Hier klingt in der Form des ἄπειρον auch schon der Gedanke vom unveränderlichen, ewigen und damit unbewegten Sein an. Eine weitere wichtige Aussage kommt in dem Satz des *Anaximander* zum Ausdruck: Es ist die Zeit (χρόνος). Diese ordnet durch den Wechsellauf von Werden und Vergehen die geschaffene Bewegung. Damit taucht wohl zum ersten Mal in der Geistesgeschichte der Begriff der *geordneten Bewegung* auf.

Aus dem ἄπειρον entstehen nach *Anaximander* die Elementarkräfte Feuer und Wasser, deren ständiger Kampf das Werden, Fortschreiten, Bewegen und Vergehen der Natur bewirkt. Diese Elementarkräfte entfernen sich voneinander so weit wie möglich: Das Feuer wird daher als *kreisförmiges* Gebilde in Radform gedacht, während in der Mitte dieses Feuerstreifens die Erde mit dem Wasser als erhärteter Kern in gleichbleibendem Abstand zu dem Feuerkreis zurückbleibt. *Anaximander* scheint der erste Denker zu sein, der sich die Erde freischwebend im Raum vorstellen kann. Die Anschauung, an der zu zweifeln er noch keinen Anlass sah, diktierte ihm eine flache Oberfläche der Erde: Er sah die Erde als Zylinder, dessen Höhe ein Drittel des Durchmessers sei. Auf nur einer der beiden Oberflächen wohnen die Menschen. Der Begriff Ober*fläche* erscheint hier in ursprünglicher Bedeutung.[93]

Anaximander nimmt drei Feuerringe an, die von dichter Luft umhüllt sind. Der äußerste Ring, 28-mal so groß wie der Erdradius, hat nur eine Öffnung: die Sonne. Der mittlere Ring hat eine sich regelmäßig verändernde Öffnung, den Mond mit seinen Phasen. Interessanterweise ist der innerste Ring der Ring der Sterne, weil hier das schwächste Feuer brennt. Die Planeten waren seinerzeit noch nicht als solche explizit bekannt. In der Annahme der *Kreisförmigkeit* dieser Feuerringe erscheint wohl zum ersten Mal in der Geistesgeschichte der Begriff der Kreisförmigkeit der Bahnen der Himmelskörper. Bei *Anaximander* finden sich somit die ersten Ansätze für das geozentrische Weltbild. Die Koinzidenz des Unendlichen (ἄπειρον) mit einer Krümmung des Raumes führte nachfolgend zum Begriff der Himmelskugel.[94] Von besonderer Bedeutung ist in der Folgezeit die Frage, ob die „Sphäre" der Sterne selbst rotiert. Eine Antwort des *Anaximander* ist nicht bekannt. Allerdings ist neben der Frage nach der Bewegung von Sonne, Mond (und später Planeten) insbesondere die Frage nach der Bewegung der Sterne auch philosophisch von eminenter Bedeutung. Sie müsste nämlich mit der Frage nach der Rotation der Erde gekoppelt werden. Indem *Anaximander* (heute nicht mehr exakt rekonstruierbare) Zahlen und Größenverhältnisse in seiner Kosmologie verwendet (es wird das Verhältnis 1:2:3 für den relativen Durchmesser der Sphären vermutet[95]), begründet er die begriffliche

---

[92] Dirlmeier, F. [1938], p. 381.

[93] Bei *Diogenes Laertius* [II 1.] findet sich eine Stelle, in der behauptet wird, dass *Anaximander* gelehrt hätte, dass *die Erde eine Kugel in der Mitte sei* (zitiert in Á. Szábo [1984], p. 498). Die Zylinderform der Erde wird so als logischer Zwischenschritt von der Erdscheibe zur Erdkugel interpretiert. Dieser Schritt war also vielleicht schon von *Anaximander* in seinen späten Jahren vollzogen worden.

[94] J. B. Skemp [1942], p. 31.

[95] C. D. Murray et al. [1999], p. 2.

mathematische Struktur des Universums. Seither ist wissenschaftliche Kosmologie ohne Mathematik nicht mehr vorstellbar. Nach dem Ende der Natur postuliert *Anaximander* eine Neuschöpfung der Natur aus dem Urstoff (Urgrund) der Welt, dem Unbeschränkten (ἄπειρον). So hält er die Existenz unendlich vieler Welten für möglich. Dieser Gedanke muss dem Menschen selbst nach zweieinhalb Jahrtausenden noch unerhört kühn erscheinen. Die Beschreibung der in geordnetem Nacheinander begriffenen Regelmäßigkeit des natürlichen Geschehens kann als ein erster Versuch zur Formulierung der Unausweichlichkeit der natürlichen Prozesse, also eines Naturgesetzes,verstanden werden. Mit der strengen Abfolge der kosmischen Prozesse findet *Anaximander* den physikalischen Zeitbegriff. Er ist in strenger Weise mit der physikalischen Kausalität verknüpft.

Auf *Anaximander* geht nicht nur die Idee der Kreisbahnen zurück. Neben der Idee der rotierenden Fixsternsphäre erscheint auch die zukunftsweisende Zerlegung der Bewegungen von Sonne und Mond in einzelne Teilbewegungen vor dem Hintergrund der täglichen Rotation der Fixsternsphäre. Dazu gehört dann auch die monatliche bzw. jährliche Bewegung in der geneigten Ekliptik. Die Schiefe der Ekliptik hatte *Anaximander* gemessen.[96]

Durch *Anaximander* wurde erstmals eine am Beginn des naturwissenschaftlichen Denkens stehende wissenschaftliche Theorie gebildet. Eine naturwissenschaftliche Fachsprache muss sich erst noch entwickeln. Doch auch hier weist *Anaximander* den Weg: Er hatte, wie *Themistios* schrieb,[97] als Erster der Griechen den Mut, eine Prosaschrift über die Natur des Weltalls zu veröffentlichen. Auch dadurch trat er in scharfem Gegensatz zu Mythos und Poetik. Bei *Anaximander* zeigte sich erstmals die Radikalität des Denkens. Sie entfernt sich von der Anschauung, um in der Abstraktion den vereinenden theoretischen Bau bilden zu können. Umgekehrt soll dieser dann die anschaulichen Tatsachen erklären. Die Theorie wird durch die Tatsachen verifiziert oder verworfen. Die befruchtende und allein Fortschritt bringende Wechselwirkung zwischen Theorie und Beobachtung wird so im Denken *Anaximanders* erstmals sichtbar. Sein Realitätsbezug zeigte sich in der von ihm hergestellten ersten griechischen Erdkarte. Er versuchte damit ein zusammenfassendes Bild der damals bekannten Erde als Ganzes in Ergänzung zu seiner Kosmologie zu geben. Angeblich führte er den aus Ägypten (Obelisk) bekannten Gnomon (Sonnenzeiger, Sonnensäule) in Griechenland ein. *Anaximander* wird auch die Konstruktion eines Himmelsglobus zugeschrieben. *Eratosthenes* hat ihn deshalb als den Schöpfer der wissenschaftlichen Geografie bezeichnet.[98] Ob *Anaximander* im Laufe seines Lebens auch zu Überlegungen zu einer Kugelform des Erdkörpers gekommen ist,

---

[96] Vgl. F. KRAFFT [1973], p. 56.

[97] Fr. R 1, DK 12 A 7: Die vorsokratischen Fragmente werden nach der Reclam-Ausgabe (J. M ANSFELD [1987]) zitiert: dort die Konkordanz zu *N. Diels* (siehe auch: DIELS, N. [1957], *Die Fragmente der Vorsokratiker,* rowohlts Klassiker Nr.10). "fr. R 1" bedeutet hier das erste bei Reclam zitierte Fragment von/über *Anaximander.* Die Konkordanz zu DIELS- KRANZ wird durch "DK 12A7" wiedergegeben.

[98] Siehe etwa in: LEXIKON DER ANTIKEN WELT [1995], Bd.1, p. 155.

wie gelegentlich vermutet wird, ist nicht belegbar. Nicht Gegenstand dieses Berichtes sollen die weiteren nicht im Zusammenhang mit der Kosmologie und der Bewegung der Himmelskörper stehenden Arbeiten *Anaximanders* sein.[99]

Die Überlegungen („Entdeckungen") des *Anaximander* stehen am Beginn der griechischen Geisteswelt. Seine Zitierung durch *Simplikios* steht an deren Ende.[100] *Franz Dirlmeier*[101] schreibt daher: *Wenn wir zu den Erkenntnissen der schöpferischen Jahrhunderte VI* „(v. Chr.) *bis III* (n. Chr.) *die sorgsame Auseinandersetzung des* Simplikios *nehmen, der am Ausgang der Antike mit fester Hand das gültig Gedachte noch einmal zusammenfasst, so haben wir damit ein Jahrtausend hellenischen Geistes überblickt."*

1.2.3 Pythagoras

Pythagoras von Samos (Πυθαγόρας, ca. 571–497 v. Chr.) war mathematisch logisch abstrahierender Denker (ἀριθμῷ δὲ τε παντ' ἐπέοικεν [„alles entspricht der Zahl"]).[102] Zugleich war er Gründer und absolute Autorität einer kultischen Lebensgemeinschaft mit geheimer Lehre. Er war politisch einflussreich, seine Schüler und Nachfolger über Jahrhunderte stark beeinflussender wundersamer Mystiker. In der orphischen Tradition glaubte er auch an die Wiedergeburt. Die kosmologischen Vorstellungen des *Anaximander* und *Anaximenes* fanden vornehmlich Eingang in die westgriechische Philosophie in Großgriechenland, es gab keine unmittelbare Fortsetzung in Ionien selbst. *Pythagoras* führte in die Kosmologie des *Anaximander* die offenbar von ihm in der Akustik entdeckten Proportionen ein. Durch die Bewegung von Sonne und Mond entsteht nach seiner Meinung ein gewaltiger Schall. Die Geschwindigkeiten aller bewegten Himmelskörper haben infolge der jeweiligen Abstandsverhältnisse die rationalen Verhältnisse musikalischer Harmonien. Somit ist auch der Klang der sich im Kreis bewegenden Gestirne harmonisch: Die erzeugten Klänge stimmen zusammen. Der Mensch, so meint *Pythagoras,* hört diesen Schall nicht, da er von Geburt an daran gewöhnt ist. Der Harmonie der Sphären zugrunde lag in der pythagoreischen Lehre die Tetraktys (τετρακτύς), die als zentrale Zahl die 10 als die Summe der ersten vier natürlichen Zahlen annahm. Die Tetraktys bildet ein gleichseitiges Dreieck aus diesen ersten vier Zahlen (Abb. 1.2). Bei der Tetraktys pflegten die Pythagoreer zu schwören.

Bei *Pythagoras* finden sich erstmals Gedanken über eine Gleichmäßigkeit der Bewegung der Himmelskörper. Die später sogenannten „Wagenradbahnen" des *Anaximander* fanden Eingang in die *Doppel-Bewegungsastronomie* des *Pythagoras*: Sonne und Mond bewegen sich gegenläufig zum Sternhimmel. Es ist zu vermuten, dass *Pythagoras* die

99 Weiteres siehe etwa in VORLÄNDER, L. K. [1967], *Philosophie des Altertums*, rde 183/184, Hamburg, pp. 13–15.

100 Weitere Text aus der antiken Literatur in HAMEL, J. [2004], p. 79.

101 DIRLMEIER, F. [1938], p. 382.

102 Reclam fr. R 30, keine Konkordanz bei DIELS- KRANZ.

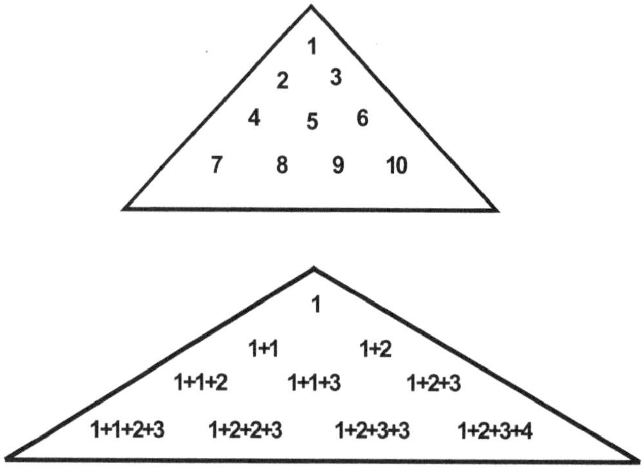

Abb. 1.2 Zur Erklärung der Tetraktys wird im oberen Teil des Bildes die Anordnung der pytagoreischen Grundzahlen in Dreiecksform dargestellt. Im unteren Bild werden dieselben Zahlen als maximale Summen aus den ersten vier Ziffern erklärt. Die 10 wird durch Summenbildung aus den ersten vier Zahlen erhalten. Sie repräsentiert für Pythagoras die Harmonie der Sphären.

Vermutungen der Milesier, vor allem des *Anaximenes,* die Annahme einer kristallenen Sphäre, über die Lehre vom Himmel und von der gegensätzlichen Bewegung der Sterne und Sonne, Mond (Planeten) kannte. Er gab dieser eine klare und endgültige Form als ein astronomisches Schema.

Die Erkenntnis einer festen Fixsternsphäre als Grenze für alle kosmischen Bewegungen, die durch ihre Rotation die Perioden von Tag und Nacht bestimmten, ist ein Meilenstein in der geistesgeschichtlichen Entwicklung. Sie ist vielleicht noch wichtiger als die Erkenntnis der Bewegung der beweglichen Körper (Mond, Sonne, (Planeten)) entgegengesetzt zu Sphäre der Sterne.[103] Damit gelingt *Pythagoras* der wesentliche Schritt vom Naturalismus der ionischen Philosophen, weg von der physikalischen Tatsache hin zum mathematischen Gesetz und zur geometrischen Darstellung. Vermutlich war es auch *Pythagoras,* der als Erster die Erde als Kugel (nicht wie *Anaximander* als Zylinder) auffasste. Jedenfalls ging auch er von einer im Raum freischwebenden Erde aus.

1.2.4 Alkmaion

Der Arzt **Alkmaion von Kroton** (’Αλκμαίων, ca. 500 v. Chr.) war ein jüngerer Zeitgenosse des *Pythagoras.* Er war mit diesem, der nach Kroton ausgewandert war, bekannt,

[103] J. B. Skemp [1942], p. 41.

aber kein Schüler.[104] Aus seiner medizinischen Erfahrung schloss er auf Paare von Gegensätzen (groß – klein, gut – schlecht) in allen menschlichen Angelegenheiten. Von denen gebe es beliebig viele. Ein Mensch ist gesund, wenn entgegengesetzte Kräfte im Gleichgewicht (ἰσονομία) sind.[105] Durch sein Schließen und damit Begreifen, also durch das Denken, unterscheidet sich der Mensch vom Tier. Die präzise Unterscheidung von Mensch und Kreatur schließt für *Alkmaion* in klarem Gegensatz zu den Pythagoreern die Wiedergeburt aus. Die philosophische Bedeutung *Alkmaions* liegt vor allem durch seine wesentliche Beeinflussung des Denken *Platons*. Umgekehrt fand *Platon* sein Denken im verwandtschaftlichen Denken *Alkmaions* vorbestätigt. Dies trifft unter anderem auch für die Bewegungslehre *Alkmaions* zu:

> κινεῖσθαι γὰρ τὰ θεῖα πάντα συνεχῶς ἀεί, σελήνην, ἥλιον, ἀστέρας καὶ τὸν οὐρανὸν ὅλον.
>
> *(„Alle göttlichen Wesen sind in ständiger Bewegung: Mond, Sonne, Sterne, der ganze Himmel.")*[106]

Vermutlich meinte *Alkmaion* schon unter der immerwährenden Bewegung (συνεχὴς κίνησις) die Kreisbewegung (κυκλοφορία).[107] Das Begreifen (σύνεσις) geschieht nach *Alkmaion* im Gehirn. Bei Tierversuchen hatte er offenbar das Gehirn eingehend untersucht. Dem Menschen gelingt es nicht „den Anfang und das Ende des Kreislaufs seines Lebens zusammenzubringen".[108] Daher ist der Mensch sterblich. Da aber *Alkmaion* nicht an die Wiedergeburt glaubte, nahm er (im Gegensatz zu *Platon*) an, der Mensch habe genau eine unsterbliche Seele. Weil die Seele in selbstständiger Bewegung ist, gleiche sie den unsterblichen Wesen. Die Analogie des vollkommenen Kreislaufs der Gestirne und der „Umläufe der Seele" gestatten in der Nachfolge *Alkmaions* nur in übertragenem Sinn die Annahme eines „Planetariums" im Gehirn des Menschen. So etwas wurde in materialistischer Manier bisweilen in *Platons* Timaios hineininterpretiert.

Alkmaions Interesse galt nicht astronomischen Details. Sein Interesse war auf die Gesetze gerichtet, welche die Bewegungen der Himmelskörper steuerten. Dazu versuchte er die makrokosmischen Gesetzmäßigkeiten, da er ja primär medizinisches Interesse hatte, auch im mikrokosmischen Rahmen des menschlichen Lebens zu finden. Es ist anzunehmen, dass *Alkmaion* die Lehre von der gegenläufigen Bewegung von Sonne und Mond (und wenn schon bekannt der Planeten) einerseits und des Sternhimmels andererseits

---

104 DIELS, N. [1957], *Die Fragmente der Vorsokratiker*, rowohlts Klassiker Nr.10, Hamburg, pp. 38, 39.
J. B. SKEMP [1942], pp. 36–51.

105 DIELS, fr. 4.

106 Aus: ARISTOTELES: De anima, A2,405a, 29ff.

107 Siehe hierzu die Untersuchungen bei J. B. SKEMP [1942], pp. 43, 44.

108 DIELS, fr.2, DK 24A2.

bereits kannte. Vielleicht war er sogar fähig sie zu erfinden. Den Körper der Sonne hatte er in der Tradition des *Anaximenes* als flache Scheibe angenommen.[109]

1.2.5 Xenophanes

Xenophanes von Kolophon (Ξενοφάνης, ca. 570–475 v. Chr.) war ein hervorragender Naturbeobachter. Seine Kosmologie diente wie alle seine naturwissenschaftlichen Theorien eigentlich nur der Unterstützung seiner Kritik an der herkömmlichen Gottesauffassung. Er knüpfte an Anaximenes an: Sonne, Mond und Gestirne sind glühende Wolken, die jeden Tag neu entstehen und verglühen. Interessant ist uns seine Annahme der Sonnenbewegung. Er stellte sie sich geradlinig bis ins Unermessliche vor:

> Ξενοφάνης ..... τὸν ἥλιον εἰς ἄπειρον μὲν προϊέναι, δοκεῖν δὲ κυκλεῖσθαι διὰ τὴν ἀπόστασιν.
>
> *(„Xenophanes ... sagt, die Sonne wandere ins Unendliche fort, durch ihre Entfernung würde sie aber als Kreisbewegung erscheinen.")*[110]

Xenophanes leitet aus der orphischen Tradition den Glauben an den einen Gott (εἷς θεός) den Weltgott ab. Das kugelförmige Weltall (Universum) erscheint als Modifikation des orphischen Welteis. In seiner körperlichen Beschaffenheit trägt es seine eigene Bewegung in sich.

1.2.6 Heraklit

Heraklit von Ephesos ('Ηράκλειτος, ca. 540–476 v. Chr.) brachte durch seine spekulativ kritische Hinterfragung (Λόγος) allen menschlichen Denkens die philosophische Durchdringung des menschlichen Daseins auf ein neues Niveau. Seine Gedanken waren schon in der Antike vielfach nur schwer nachvollziehbar. Alles, was es gibt, ist nach *Heraklit* einer kontinuierlichen Verwandlung unterworfen. Die Dinge entstehen, verändern sich und vergehen wieder. Was geschieht, weist in der fortwährenden Wiederholung der gleichen Momente eine gesetzmäßige Beständigkeit auf. Sogar die „Elemente" Feuer, Wasser, Erde verwandeln sich ständig ineinander, in der einen wie in der anderen Richtung. Dadurch ergibt sich „ein stetiger stehender Fluss" der Dinge.[111] Die „kontinuierliche Abwechslung der Gegensätze bildet deren Einheit". Alles ändert sich kontinuierlich und bleibt dennoch gleich. Nach *Heraklit* ist also das Universum **beständig** im Gleichgewicht".[112] Dies ist der Kern seiner Lehre von der Einheit der Gegensätze:

[109] J. Hamel [2004], p. 81.
[110] Fr. R 13, DK 21A41a.
[111] W. Ekschmitt [1989], p. 46.
[112] Vgl. J. Mansfeld [1987], p. 241.

εἰ μὴ ἥλιος ἦν, ἕνεκα τῶν ἄλλων ἄστρων εὐφρόνη ἂν ἦν.

(„Wenn es keine Sonne gäbe, dürfte es soweit es die anderen Gestirne betrifft, Nacht sein.“)[113]

Auch der Krieg wird im Rahmen der Gegensätze, die zusammen die Einheit bilden, als „göttlich“ bezeichnet. Das gewöhnlich falsch oder missverständlich interpretierte Zitat lautet:

ὁ θεὸς ἡμέρη εὐφρόνη, χειμὼν θέρος, πόλεμος εἰρήνη, κόρος λίμος – τἀναντία ἅπαντα, οὗτος ὁ νοῦς – ἀλλοιοῦται δέ, ὅκωσπερ < πῦρ >

(*„Der Gott ist Tag* – Nacht, Sommer – Winter, Krieg – Frieden, Sattheit – Hungersnot – alles Gegensätzliche, so ist der Sinn – es verwandelt sich so wie das Feuer ...“) [114]

Damit ist auch folgendes Zitat verknüpft:

... καὶ ἐκ πάντων ἓν καὶ ἐξ ἑνὸς πάντα.

(„... Somit aus allem eins und aus einem alles.“) [115]

Dieser Grundgedanke seiner Philosophie – im Original heißt es:

ποταμῷ γὰρ οὐκ ἔστιν ἐμβῆναι δὶς τῷ αὐτῷ καθ' Ἡράκλειτον σκίδνησι καὶ πάλιν συνάγει καὶ πρόσεισι καὶ ἄπεισι.

(„Man kann nicht zweimal in denselben Fluss steigen. Der Fluss zerstreut und bringt wieder zusammen und geht heran und geht fort.“)[116] – wurde von seiner Nachwelt in dem populären Satz „Alles fließt" (πάντα ῥεῖ), „Alles ist in Bewegung“ im Sinne von „Alles fließt, nichts wird mehr so sein wie es einmal war“ zusammengefasst.[117] Diese Simplifizierung wird aber der Philosophie *Heraklits* nicht gerecht. Sie stellt im Grunde ein völliges Missverständnis dar. Das Zitat taucht erstmals in *Platons* Dialog *Kratylos* in der bis heute überlieferten, aber die Philosophie *Heraklits* missverstehenden Form auf:

Λέγει που Ἡράκλειτος ὅτι πάντα χωρεῖ καὶ οὐδὲν μένει.

(„Heraklit sagt, dass alles fließt und nichts bleibt.“)[118]

---

[113] R 80, DK 22B99.

[114] Fr. R 45, DK 22B67.

[115] Aus fr. R 46, DK 22B10.

[116] Fr. R 96, DK 22 B 91.

[117] Siehe DIELS [1957], p. 26, auch: VORLÄNDER, L. K. [1967], *Philosophie des Altertums,* rde 183/184, Hamburg, p. 29, oder auch: *Herders philosophisches Wörterbuch,* Herder Bücherei Nr.10, 1958, Freiburg i. Breisgau, p. 106.

[118] PLATON: Kratylos 402a.

Das Feuer wird von *Heraklit* stofflich aufgefasst: Die Welt war, ist und wird immer ewig Feuer sein, ein lebendiges Feuer, „in Maßen erglimmend, in Maßen verlöschend“.[119] Das Feuer (der Begriff ist wohl aus der persischen Religion übernommen) ist für *Heraklit* der eigentliche Träger der kosmologischen Prozesse, das unmittelbare Substrat der Bewegung, dem göttliche Eigenschaften zukommen.[120] Wie bei allen Vorsokratikern hat auch bei *Heraklit* die Trennung in einen materiellen und einen geistigen Bereich noch nicht stattgefunden. So sagt *Heraklit* statt "Feuer"bisweilen auch „Seele“.[121] *Heraklit* fasst wie *Anaximenes* und *Xenophanes* die Erde weiterhin als Scheibe auf, darüber das Wasser, darüber das himmlische Feuer:

> πῦρ ἀείζωον („das ewiglebendige Feuer“).[122]

Das Feuer kann dem *Äther* gleichgesetzt werden. Der Begriff *Äther* taucht allerdings bei *Heraklit* nicht explizit auf. Bisweilen wird auch der Begriff „Gluthauch“ (πρηστήρ)[123] verwendet. Sonne, Mond und Sterne sind Feuer in Schalen am Himmelsgewölbe. Die Bewegung der Sonne wird als Fahren in einem Wagen über den Himmel aufgefasst. Die Sonne wird bei Nacht in einer von *Hephaistos* verfertigten Barke von Westen nach Osten gefahren und zur nächsten Fahrt über den Himmel vorbereitet. *Heraklit* kennt keine feste Himmelsmechanik dieser Sonnenbewegung. Nur die veränderliche Länge der Tage und Jahreszeiten erklärt er durch einen variablen Abstand der Sonnenbahn von der Erde.

Nachwirkungen des Bewegungsbegriffs bei *Heraklit* lassen sich bis zu *Platon* verfolgen. Das betrifft die rein mechanische Bewegung und insbesondere den „Hinein – und herausfließenden Leib“ (ἐπίρρυτον καὶ ἀπόρρυτον σῶμα).[124] Das ewiglebende Feuer ist Verstand und Wissen (λόγος καὶ σοφία). Es ist dagegen nicht imstande, die psychischen Kräfte zur Steuerung der Bewegungen der Körper zu beschreiben, wie von *Platon* gefordert wird. Die Seele hat ihre Umläufe, ein Gedanke, der den Einfluss des Himmelsbegriffs des *Pythagoras* widerspiegelt.[125]

1.2.7 Anaximenes

Nach der übermächtigen Gestalt des *Anaximander* hatten es die nachfolgenden Philosophen schwer, eigenständige Beiträge zu erbringen. **Anaximenes von Milet** (’Αναξιμένης,

[119] Fr. R 62, DK 22 B 30.
[120] Vgl. fr. R24, DK 22 B 66.
[121] Etwa in fr. R87, DK 22 B36.
[122] Fr. R 62, DK 22 B 30.
[123] In fr. R 62, DK 22 B 30.
[124] PLATON, Tim. 42a.
[125] J. B. SKEMP [1942], p. 32.

ca. 585–525 v. Chr.) ging von der Aufgabe aus, die Lehre des *Anaximander* zu vertiefen, zu verbessern und zu korrigieren, die Theorie der Erfahrung, der Beobachtung anzupassen. Freilich konnte er dies nur auf Kosten der theoretischen Geschlossenheit und unter Beseitigung der hochspekulativen Aspekte. Seine Annahme, die wieder als Scheibe akzeptierte Erde ruhe auf Luft, enttäuscht. Sie schließt eine einheitliche Bewegungslehre für die Himmelskörper aus. Die Himmelskörper werden als flache Scheiben angenommen, schwebend wie ein von der Luft getragenes Blatt. Eine Korrektur gegenüber *Anaximander* ist wesentlich: *Anaximenes* nimmt an, dass nicht die Sonne wie jener meinte, sondern die Sterne am weitesten von der Erde entfernt seien. Diese Vorstellung wurde dann auch in alle späteren Kosmologien übernommen. Den Himmel bezeichnete *Anaximenes* als „eisartig", was im Griechischen κρυσταλλοειδής heißt. Der später häufig verwendete Begriff der (missverständlich) als „kristallen" bezeichneten Himmelssphäre geht also offenbar auf *Anaximenes* zurück.

Für die frühen ionischen Philosophen waren in der mythischen Tradition Sonne, Mond und Sterne Götter als Wesen aus höchst bemerkenswerter Zusammensetzung, aus „Lebensstoff". Ihr wissenschaftliches Interesse war doch mehr auf die physikalische Beschaffenheit dieser Körper ausgerichtet. Somit können *Anaximander* und *Anaximenes* als Vorläufer der „unreligiösen" Auffassungen des *Anaxagoras* und *Archelaos* aber auch der Atomisten betrachtet werden.

1.2.8 Parmenides

Parmenides von Elea (Παρμενίδης, ca. 515–445 v. Chr.) gilt als Begründer (bzw. Vorläufer) von Ontologie und Erkenntnistheorie: „… denn dass man etwas erkennt ist dasselbe wie dass es ist",[126] sowie als Vorläufer der formalen Logik durch die Entdeckung des Satzes vom Widerspruch: „Denn niemals kann erzwungen werden, dass ist, was nicht ist."[127] Richtungsweisend blieb seine Lehre von der wissenschaftlichen Erkenntnis. Unerschütterliche Gewissheit darf es nach *Parmenides* nur für Aussagen der formalen Wissenschaft, also Mathematik und Logik, grundsätzlich geben, nie für solche der empirischen Wissenschaften wie Astronomie und Physik. *Parmenides* ist der erste Denker, der absolute Gewissheit für eine von ihm aufgestellte Theorie beansprucht. Er betont daher den Aspekt theoretischer Konsistenz auf Kosten der empirischen Korrespondenz. Für eine derartige Theorie ist also keine Verifizierung durch Erfahrungstatsachen möglich. Das Vollkommene ist begrenzt. Das Einzige zu Erkennende, also Seiende, ist vollkommen symmetrisch, gleichmäßig sich erstreckend, völlig bewegungslos, homogen und abgeschlossen, der Masse einer Kugel gleich: Somit kommt *Parmenides* zur Entdeckung des Begriffes der nicht sinnlichen mathematischen Figur. Das absolut Seiende ist das Einzige, das wirklich erkannt werden kann. Diese Gedanken übernahm *Platon*: Erkenntnis

[126] Fr. R7, DK 28 B 3.

[127] Fr. R10, DK 28 B 7.

gibt es nur vom Transzendenten, nicht von der physikalischen Welt. Aussagen über die empirische Welt können nach *Parmenides* also nie den Grad unerschütterlicher Gewissheit haben. Solche Aussagen sind vielmehr von anderer, nämlich von geringerer Gültigkeit als solche über das Seiende.

Parmenides verwendet (erstmals) explizit den Begriff "Äther"im Sinn von "reine, strahlende Himmelsluft (über den Wolken)“, dem Gebiet, in dem sich Sonne, Mond und Sterne befinden und wirken. *Parmenides* veröffentlichte seine Lehre in einem großen Lehrgedicht. In diesem verspricht ihm die nicht näher spezifizierte „Göttin“, ihn in die Geheimnisse des Weltalls einzuführen. So lautet das für unsere Betrachtungen interessante Fragment. Es wurde von *Clemens von Alexandria* überliefert:

εἴσῃ δ' αἰθερίαν τε φύσιν τά τ' ἐν αἰθέρι πάντα σήματα καὶ καθαρᾶς εὐαγέος ἠελίοιο λαμπάδος ἔργ' ἀίδηλα καὶ ὁππόθεν ἐξεγένοντο, ἔργα τε κύκλωπος

πεύσῃ περίφοιτα σελήνης καὶ φύσιν, εἰδήσεις δὲ καὶ οὐρανὸν ἀμφὶς ἔχοντα ἔνθεν ἔφυ τε καὶ ὥς μιν ἄγουσ(α) ἐπέδησεν 'Ανάγκη πείρατ' ἔχειν ἄστρων.

(„Du wirst erfassen die Natur der Himmelsluft (des 'Äthers') mit allen Sternzeichen, auch der kleinen Fackel der heiligen Sonne verderbliches (blendendes, blind machendes) Wirken und woher sie geworden sind. Du wirst erfahren das herumbewegte Wirken des rundäugigen (ein Zyklopenauge tragenden) Mondes und seine Beschaffenheit (Natur); du wirst auch erkennen, woher der rings umfassende Himmel gekommen ist und ihn so das führende Schicksal (Notwendigkeit, Zwang) band, das Seil (Band) der Gestirne zu tragen.“)[128]

Parmenides nimmt also oberhalb der irdischen Atmosphäre den Himmelsstoff-Äther mit Sonne, Mond und den Sternen an. Darüber ist der vermutlich feste "Himmel", wobei das Himmelsgewölbe als Abschluss der Welt ist. An diesem Himmelsgewölbe sind die Sterne gebunden mit einem Seil, bzw. mit einem Band. Aus einem weiteren Fragment[129]geht hervor, dieses Band könnte die Milchstraße sein. Der Einfluss dieser Gedanken des *Parmenides* in unterschiedlicher Weise auf *Platon* und *Aristoteles* ist bemerkenswert.

Die Himmelskörper erklärt *Parmenides* als aus „Licht“ und „Nacht“ gebildete Kränze.[130] In diesem Zusammenhang führt er den epochemachenden Begriff der Vermischung ein: Die Elemente, aus denen die Welt gebildet wird, können nicht ineinander übergehen. Sie können nur vermischt werden. Diese Mischung wird durch eine göttliche Kraft verursacht und beherrscht.

Parmenides wurden früher epochale jedoch allesamt nicht haltbar astronomische Erkenntnisse zugeschrieben: dass die Erde eine Kugel sei, wird manchmal schon *Pythagoras* zugeschrieben, dass das Mondlicht von der Sonne geborgtes Licht sei, hat erst später *Anaxagoras* erkannt, dass der Abend- und der Morgenstern identisch sind, war vermutlich schon den Babyloniern bekannt. Den Griechen waren die Planeten als solche

[128] Fr. R 12, DK 28 B 10.

[129] DK 28 B 11.

[130] Fr. R 14, DK 28 A 37, und fr. R 15, DK 28 B 12.

seinerzeit vermutlich noch gar nicht bekannt. Die Kosmogonie des *Parmenides* darf also nicht überschätzt werden. In einer Untersuchung über die Bewegung der Himmelskörper erscheint der Gedanke wichtig, das Sein des *Parmenides* sei vollkommen, unveränderlich, unbewegt. *Parmenides* leugnet also in seiner Theorie jede Bewegung. Zum Nachweis verwendete er die philosophisch logische Beweisführung der *reductio ad absurdum*.

1.2.9 Zenon

Zenon von Elea (Ζήνων., ca. 490–430 v. Chr.) war ein Schüler des *Parmenides*. Er ist bekannt als der Begründer der Dialektik. *Aristoteles* sagte,[131] die Methode der reductio ad absurdum wurde von *Zenon* in seinen berühmten Paradoxien zur Vollendung gebracht. In seinen Paradoxien versuchte *Zenon* scharf den Begriff der Bewegung (περὶ κινήσεως) auf der Grundlage der Seinslehre des *Parmenides* zu durchdenken. Über die Welt, d. h. über Erfahrungstatsachen, können nach *Zenon* keine kognitiv konsistenten Aussagen gemacht werden. Ausnahmen sind nur solche, welche auf ihre innere Widersprüchlichkeit Bezug nehmen. Die Kernaussage der Bewegungsparadoxien (die anderen von *Zenon* konstruierten Paradoxien interessieren im Zusammenhang mit einer Untersuchung des Bewegungsbegriffes nicht) ist: Bewegung lässt sich weder konsistent denken noch faktisch vollführen. Als Beweisführung verwendet *Zenon* neben der von *Parmenides* bekannten, bei ihm verfeinerten reductio ad absurdum noch den von ihm neu entdeckten *regressus infinitum*: Die Lösung eines Problems enthält in sich erneut dasselbe Problem, was sich bis ins Unendliche fortsetzt.

In der ersten Bewegungsparadoxie[132] geht es um den Läufer im Stadion. Er kann nie ans Ziel kommen, da er eine unendliche Folge immer kleiner werdender Teilstrecken, die *Zenon* sich jeweils halbiert denkt, zurücklegen muss. Hier taucht wohl zum ersten Mal in der Geistesgeschichte der Begriff des Infinitesimalen auf. Dieser Begriff war später von *Eudoxos von Knidos*[133] verwendet worden. Spätestens seit *G. W. Leibniz* und *I. Newton* ist das Infinitesimale einer der wesentlichen zentralen Begriffe der Mathematik.

Ähnliches gilt für die zweite Bewegungsparadoxie[134] von Achill und der Schildkröte: Achill, Inbegriff des schnellsten Menschen, kann in diesem Gedankenexperiment eine Schildkröte nie überholen. Er kommt nämlich stets gerade dort an, von wo die Schildkröte schon weg ist: Dies führt auf eine unendliche Folge sich proportional verringernder Strecken. Eine Folge dieser beiden Paradoxien ist: Es kann keine Messung geben, denn jede Messung verkleinert sich bis ins Unendliche.

[131] In fr. R 4, DK 29 A 10.

[132] Fr. R 17 – fr. R 20, DK 29 A 25.

[133] Abschn. 1.4.4 auf Seite 88.

[134] Fr. R 21, DK 29 A 26.

Die dritte Bewegungsparadoxie[135] handelt vom Pfeil, der im Flug stillsteht. Der fliegende Pfeil steht still, sobald man ihn mit Gedanken erfasst. Der Ort, an dem sich der Pfeil befindet, unterscheidet sich von dem Ort, an dem der Pfeil nicht ist. Der Ort, an dem der Pfeil gerade ist, ist genau so groß wie der Pfeil. Dieser Ort aber bewegt sich nicht fort. Also kann sich auch der Pfeil nicht fortbewegen.

Die vierte Bewegungsparadoxie[136] von den beiden Läufergruppen, die sich im Stadion aneinander vorbeibewegen, zeigt, dass die Zeit der halben Zeit gleich ist. Die eine Läufergruppe startet an einem Ende des Stadions, die andere in der Mitte. Sie bewegen sich mit der gleichen Geschwindigkeit aneinander vorbei. Der erste Läufer der einen Gruppe befindet sich einen endlichen Zeitraum neben dem ersten der entgegenkommenden Gruppe. Dies ist aber nur dann der Fall, wenn der entgegenkommende Läufer stillsteht. Da dies aber nicht der Fall sein soll, braucht der entgegenkommende Läufer nur die Hälfte der Zeit zum Passieren wie der erste Läufer. Somit ist es grundsätzlich fraglich, ob es Bewegung geben kann. Die dritte und vierte Paradoxie zeigen: Es gibt keine relative Messung.

Die antiken Widerlegungsversuche scheiterten an einer nicht ausreichenden Begriffsbildung, an falschen Voraussetzungen (wie etwa *Aristoteles*), an der Unmöglichkeit, sie mit umgangssprachlichen oder fachterminologischen Mitteln zu beseitigen. Erst der Konvergenzbegriff der modernen Analysis, wie er von *A. L. Cauchy* um 1820 eingeführt wurde,[137] die Theorie der transfiniten Zahlen von [138] und damit die exakte Definition unendlicher Mengen, haben eine Widerlegung der *Zenon*'schen Paradoxien ermöglicht.[139] Die dritte Paradoxie lässt sich vielleicht als Aussage über die Relativität der Bewegung verstehen: Es gibt keine absolute Bewegung. Der fliegende Pfeil bewegt sich gegenüber einem mitbewegten System. Die Transformation von diesem System zu einem umgebenden System ist eindeutig erklärbar. Die vierte Bewegungsparadoxie wird als Vorgriff auf die Relativitätstheorie verstanden.

Neuerdings wird vermutet, dass *Zenon* bestrebt war, den Begriff einer unendlich kleinen physikalischen Strecke und damit verbunden einer unendlich kleinen physikalischen Zeiteinheit ad absurdum zu führen.[140] Diese Frage wird im Rahmen der Quantenmechanik beantwortet: Es gibt eine kleinste physikalische Längeneinheit, die nicht unterschritten werden kann, ebenso gibt es eine kleinste physikalische Zeiteinheit, die nicht unterschritten werden kann.[141] *Zenon* war also seiner Zeit um Jahrtausende voraus.

---

[135] Fr. R 22 – fr. R 26, DK 29 A 27, DK 29 B 84.

[136] Fr. R 27, DK 29 A 28.

[137] Frühere Versuche, den Konvergenzbegriff exakt zu definieren, etwa durch *G. W. Leibniz*, waren erfolglos geblieben (siehe etwa KOWALEWSKI [1939], pp. 280–282).

[138] Etwa in CANTOR, GEORG [1932]; GÖDEL, KURT [1947]; FRAENKEL, ABRAHAM A. [1959]; LORENZEN, PAUL [1969]; ZERMELO, E. [1908].

[139] Siehe J. MANSFELD [1989], pp. 334–351 mit weiteren Literaturhinweisen.

[140] Siehe in: PAPINEAU, DAVID, (Hrsg.) [2011]: p. 41. Ferner in Abschn. 3.5 auf Seite 538.

[141] Siehe in Abschn. 3.2.2 auf Seite 517.

1.2.10 Empedokles

Empedokles aus Agrigent[142] (Εμπεδοκλῆς, 492–432 v. Chr.) knüpfte in seiner Naturlehre (περὶ φύσεως) mit selbstständiger Kritik an *Parmenides* und in seiner Ethik (καθαρμοί = Reinigungen) an *Pythagoras* an. Er übernahm dessen Lehre von der Seelenwanderung und Wiedergeburt. *Aristoteles* bezeichnet *Empedokles* als Erfinder der Rhetorik. *Empedokles* stellte die Lehre von den vier Elementen (Feuer, Wasser, Luft, Erde) auf. Sie treten für ihn an die Stelle des eleatischen Seins *(Parmenides)*. Diese vier Elemente sind für ihn ungeworden, unvergänglich, unwandelbar. Die Veränderungen in der Wirklichkeit, also Entstehen und Vergehen, bedeuten nichts anderes als Mischen und Entmischen der vier Grundelemente. Die Vorgänge des Mischens und Entmischens, somit alle Bewegunsgvorgänge in der Welt, werden durch die Wechselwirkung von Liebe und Streit (φιλότης, νεῖκος) in Gang gesetzt. Diese dachte er sich mit räumlicher Ausdehnung behaftet. Somit ist *Empedokles,* wie *Aristoteles* feststellte, der Erste, der nach der Ursache der Bewegung fragte. Im Gegensatz zu *Parmenides* verteidigt *Empedokles* die Realität der Bewegung: Sie geschehe nicht im Leeren, sondern im Vollen durch Verdrängung. *Empedokles* brachte so eine neue, mehr physikalische Qualität in die Überlegungen der Naturphilosophie. Für *Empedokles* ist das All der Zeit nach unendlich, dem Raum nach endlich. Die Welt (das All, das Universum) bildet in ihrem Urzustand eine kristalline Kugel, der „Sphairos, der allein seligmachende Gott" (σφαῖρος κυκλοτερής). In dieser Kugel sind alle Dinge vom Band der Liebe (φιλότης) vereinigt. Diese Vorstellung scheint dem Einen des *Parmenides* zu entsprechen. Doch der Streit (νεῖκος) setzte die Unordnung in Gang, das eigentliche Weltgeschehen im Durcheinander. Die Kugel scheint aber auch physikalische Realität zu haben: Die Welt wird von einer (materiellen) kristallinen Kugel umschlossen, außerhalb derer nichts ist. In der Mitte der Welt ruht die Erde, von Wasser umgeben, darauf die Schicht des Feuers, dann wieder Luft. Die Fixsterne sind mit dem Firmament verbunden, die Planeten sind freigegeben.[143] Über die Bewegung der Fixsterne findet sich bei *Empedokles* keine Aussage. Luft und Feuer geben nun ihre Schichtung auf und verteilen sich auf zwei Hemisphären, die eine warm und hell, die andere kalt und dunkel. Diese Ungleichverteilung bewirkt einen Druck, der das Firmament in immer rasendere Bewegung versetzt:[144] Entstehung von Tag und Nacht. Der Wirbel der (kreisförmig) rotierenden Hemisphären des Himmels hält die Erde in der Mitte der Welt fest. Die Erde kann sich nicht selbst bewegen.

Die Entstehung der physikalischen Wirbeltheorie ist also mit der Erkenntnis verknüpft, die äußerste Schale die Fixsternsphäre bewege sich (scheinbar) am schnellsten nämlich in nur einem Tag um die Erde herum („herumwirbeln"). Diese Bewegung reiße nun die Sphären der innen befindlichen Himmelskörper, und zwar umso weniger, je weiter "innen", d. h. näher zur Erde sich der betreffende Himmelskörper befindet. Damit wird das scheinbare Zurückbleiben des Mondes gegenüber der Sonne und dieser gegenüber den Fixsternen erklärt. Die

---

142 Agrigent = Akragas in Sizilien, das heutige Girgenti.

143 Fr. R 70, DK 31 A 54.

144 Fr. R 54, DK 31 A 30.

Wirbeltheorie wurde nicht mathematisch erfasst und damit abgesichert, blieb also rein spekulativ. Sie wurde später auch mit *Anaxagoras,* den Atomisten und *Archytas von Tarent* in Verbindung gebracht, von *Platon* letztlich überwunden.[145]

Der Begriff des „kristallenen Himmels" wird im Zusammenhang, mit der Beschreibung der Sonne angesprochen:

> εἰς τὸν ὄλυμπον τὸν κρυσταλλοειδῆ, συμπεριελκομένην τ ῇ κινήσει τοῦ πυρίνου.
>
> *(„... auf dem kristallenen Olymp (= Himmel) sich herumbewegend mit der feurigen (Sonne).")*[146]

1.2.11 Anaxagoras

Anaxagoras von Klazomenei in Ionien (᾿Αναξαγόρας), der etwa von 500–428 v. Chr. lebte, begründete die große philosophische Tradition in Athen. Als erster Philosoph postulierte er den Geist (νοῦς) als eigenes Prinzip[147] im Gegensatz zur unendlichen ungeschiedenen Urmischung der Materie, als Ursache (ἀρχή) aller Vorgänge und Bewegungen in der Welt sowie als oberem Ordnungsprinzip: „Der Geist ist unendlich, ungemischt, stark, herrschend (κρατῶν, ἀμιγής) allein, ganz für sich."

> ... πάντα διεκόσμησε νοῦς, καὶ τὴν περιχώρησιν ταύτην, ἥν νῦν περιχωρέει τὰ τε ἄστρα καὶ ὁ ἥλιος καὶ ἡ σελήνη καὶ ὁ ἀὴρ καὶ ὁ αἰϑὴρ οἱ ἀποκρινόμενοι.
>
> ἡ δέ περιχώρησις αὐτὴ ἐποίησεν ἀποκρίνεσθαι.
>
> *(„Über die gesamte Umdrehung hat der Geist die Herrschaft ergriffen, sodass er dieser Umdrehung den Anstoß gab. ... Alles ordnete der Geist, auch die Umdrehung, die jetzt die Sterne, die Sonne und der Mond vollziehen, und die Luft und der Äther, die sich trennten. Die Umdrehung selbst aber bewirkte die Trennung.")*[148]

Umstritten ist, ob der Geist (νοῦς) des *Anaxagoras* sich selbst bewegt, wie *Platon* in der Verkörperung des Geistes im Demiourgen andeutet, oder nicht, wie *Aristoteles* im „unbewegt Bewegenden" darstellt. Er behält Kraft, Stärke, Erkenntnisfähigkeit bei. Das hatte *Heraklit* schon dem Feuer beigelegt. Der Geist regiert alle Dinge und viele Dinge haben an ihm Anteil, auch wenn er stets unvermischt bleibt. Der welterschaffende Geist jedenfalls ist ein unmittelbares Vorbild für den Schöpfer Demiourgos *Platons.* In manchen Übersetzungen findet sich für περιχώρησις (= Herumschreiten) nicht „Umdrehung", sondern das interpretierende Wort „Kreisbewegung". Auch wenn schon vor *Anaxagoras* die Kreisbewegung behauptet wurde, ist es nur wahrscheinlich, aber nicht notwendig, dass

[145] vgl. W. E. KSCHMITT [1989], p. 74 und F. KRAFFT [1973], p. 56.

[146] Fr. R 58, DK 31 A 56, Aetios II 20,13.

[147] Nach manchen Deutungen immer noch mit körperlicher Ausdehnung gedachtes, nach anderen Deutungen bereits völlig unkörperliches Prinzip.

[148] Fr. R 38, DK 59 B 12 rb.

Anaxagoras selbst an der Kreisbewegung festhielt. Sein astronomisches Weltbild erscheint qualitativ nämlich außerordentlich unterschiedlich. Er nimmt wie *Anaximenes* die Erde als flache, freischwebende, von Luft getragene Scheibe an. Der Umlauf von Sternen, Sonne und Mond führt unter der Erde hindurch. Explizit wird bei ihm keine Kreisbewegung genannt. Sonne und Sterne sind feurige Steine, sie werden mit der Bewegung des Äthers um die Erde herumgeschleudert. Der Mond ist von erdiger Natur mit Ebenen und Schluchten. Sein Licht empfängt er von der Sonne. Eine Mondfinsternis entsteht durch Beschattung des Mondes durch die Erde, eine Sonnenfinsternis durch Schattenwurf des Neumondes. Diese realistischen astronomischen Vorstellungen stehen wohl in unmittelbarem Zusammenhang mit dem Meteoreinschlag im Jahr 456 v. Chr. bei Aigos Potamoi. Diesen Einschlag untersuchte *Anaxagoras* so intensiv, dass die Nachwelt ihm sogar die Vorhersage dieses Ereignisses andichtete. Dies relativiert dann auch die „Vorhersage" einer Sonnenfinsternis durch *Thales*. Zur Zeit des mit *Anaxagoras* befreundeten *Perikles* erreichten die bildende Kunst und die Dichtung in Athen eine Blüte. Von Philosophie und insbesondere Naturphilosophie oder gar naturwissenschaftlichen Bestrebungen war zu dieser Zeit jedoch nichts zu spüren. So musste die Auffassung des *Anaxagoras* seiner Umwelt unverständlich erscheinen, als er die Himmelserscheinungen rational zu erklären versuchte, nicht aber als Zeichen, die ein Gott den Menschen gab. Es wurde ein Gesetzesantrag eingebracht, dass „diejenigen, die in ihrem Unterricht theoretische Ansichten über die Himmelserscheinungen verbreiten, wegen Verletzung der Staatsordnung vor Gericht gebracht werden sollen" (fr. R 9, DK 59 A 17). *Anaxagoras* wurde verurteilt und aus Athen vertrieben. Das Schicksal des *Sokrates* blieb ihm erspart. Erwähnenswert sind in unserem Zusammenhang vielleicht die zwei Gesetze, durch die nach Meinung des *Anaxagoras* die Weltbildung zur Vollendung gebracht wird:

(1) In allem, soweit man es auch teilt, befindet sich immer etwas von allem.
(2) Gleiches gesellt sich zu Gleichem.

1.2.12 Leukipp

Für viele Denker ist Kritik an früheren Denkinhalten der erste Schritt zu einem eigenen originären Denken zu kommen. Für **Leukipp aus Milet** (Λεύκιππος, ca. 490–430 v. Chr.) war es ein Anliegen, die ionische Naturphilosophie und die eleatische Ontologie zu einer Synthese zu bringen. Dies gelang ihm wie zuvor schon *Anaxagoras*, jedoch mit völlig unterschiedlichen Aussagen. Von *Leukipp* wird nur über ein Werk berichtet, das leider wie die Publikationen auch aller anderen Vorsokratiker verlorengegangen ist. Dieses Werk ist die „große Weltordnung" (μακρὸς διάκοσμος), aus der sich unser Begriff "Makrokosmos" herleitet. *Leukipp* gilt als Schüler *Zenons*, zu dessen Bewegungslehre er eine klare und einsichtige Gegenposition bezieht. *Zenon* behauptete, es gebe keine Leere, Leere sei nicht denkbar, also sei auch Bewegung nicht denkbar, denn denkt man sich einen Körper nacheinander an zwei beliebig dicht beieinander gelegenen Punkten, so ist das keine Bewegung, sondern zweifaches Ruhen. *Leukipp* aber erhebt die nichtseiende Leere zu einem eigenen Sein: Die Leere ist das Nichtseiende. Es gibt keine Bewegung ohne die Leere. In diesem Leeren gibt es unendlich kleine Körper, diese sind das einzige Seiende, ewig und unteilbar, die Atome. Sie bewegen sich schnell im Leeren, bewirken „durch ihr Zusammentreten das Entstehen von Welten, durch Trennen Vergehen".[149] Das Sein ist nicht wie *Parmenides* lehrte, eines, sondern bei *Leukipp* unendlich vieles. Das Sein ist nicht in absoluter Ruhe, sondern das Seiende *Leukipps* ist in ständiger Bewegung. Diese Bewegung erscheint wie ein eigenes Prinzip. Die Bewegung ist nach *Leukipp* nicht entstanden, wie *Anaxagoras* lehrte. Die Bewegung ist vielmehr ewig, zunächst völlig unkoordiniert, konfus nach allen Seiten und rasend schnell. Oberbegriff der Bewegung (κίνησις) ist das Vibrieren und Schütteln (τὸ κατὰ πάλμον). Es gilt als Inbegriff der Urbewegung.[150] Aus dieser ungeordneten, ewigen Urbewegung entstand das All. Einige der Teilchen (Atome) häuften sich in einer bestimmten Zone an, gleich zu gleich, verflochten sich miteinander, hielten sich fest, bildeten einen gemeinsamen Strom. Atomschwärme aus dem All stießen darauf. Durch Übertragung des Bewegungsimpulses entstand eine Vorzugsrichtung der Bewegung dieser Atommasse. Dies führte aus rein mechanischen Gründen zu einem Wirbel (δίνη). Auf ihrer gemeinsamen Bahn bildeten diese Massen ein kugelförmiges Gebilde, das Körper aller Art in sich einschloss. Es wurde von einer Hülle (einer Art Membrane) zusammengehalten. Die zur Mitte des Wirbels getriebenen schwereren Körper bildeten die Erde, darüber das Meer, die leichteren an die Peripherie getriebenen die Luft. Die Hülle ergriff Besitz von allem, was sie berührte. Dadurch bildeten sich neue Körper wie Kontraktionen, die sich mit dem Wirbel um die Sonne bewegen. Diese bilden die Substanz der Gestirne, die wegen der Schnelligkeit ihrer Bewegung glühend wurden. Auf diese Weise können viele sehr unterschiedliche Welten mit Erden unterschiedlicher Größe und Gestalt entstehen. Durch Zusammenprall lösen sie sich wieder in ihre Bestandteile auf, die Welt vergeht, um durch Zusammenballung eine neue Welt zu bilden. Sonne und Mond aber sind durch Sonderwirbel entstanden, daher nicht notwendig in jeder der vielen Welten enthalten. Sie erst wurden glühend, als sie in den großen Strom einbezogen wurden und ihnen in diesem Feueratome zuflossen, also durch Erhitzung durch die Sterne.

Dieses Bild von der in einem Wirbel entstehenden Welt lässt in gewissem Sinne an die *Kant-Laplace*'sche Theorie der Kosmogonie des Sonnensystems erinnern.[151] Vergleiche etwa mit den Spiralnebeln (an sich oder als andere Welten) sollten freilich mit großer Vorsicht gezogen werden. In unserem Zusammenhang wichtiger sind Aussagen über die Bewegung der Himmelskörper. Je höher über der Erde sich ein Objekt befindet, umso schneller bewegt es sich. Nach unten, zur Erde zu, nimmt die Winkelgeschwindigkeit ab. Die Sonne ist also langsamer als die „Himmelszeichen" (Fixsterne), zu denen die

[149] Fr. R 3, DK 67 A 7.

[150] Demokrit fr. R 56, DK 48 A 47.

[151] Kant, Immanuel [1925].

Sonne scheinbar nur schnell zurückkehrt. In Wirklichkeit sind es die Himmelszeichen, so meint *Leukipp,* die sich rascher bewegen. Langsamer als die Sonne bewegt sich die Venus, die also „unterhalb" der Sonne ist. Mit dieser Aussage wurde erstmals bei den Griechen zwischen Planeten und Fixsternen klar unterschieden. Noch näher zur Erde, also noch langsamer bewegt, befindet sich der Mond. Die Schiefe der Ekliptik (ἡ λόξωσις τοῦ ζοδιακοῦ) ist durch Neigung der Erde nach Süden entstanden. Die Sonne wird selten, der Mond häufig verfinstert, weil ihre Umlaufbahnen ungleichförmig sind.[152]

1.2.13 Demokrit

Die Gedanken *Leukipps* wurden von seinem Schüler **Demokrit von Abdera** (Δημόκριτος, ca. 460–400 v. Chr.) übernommen, weitergeführt und vertieft. Es ist meist nicht mehr klärbar, welche Gedanken von welchem der beiden Philosophen stammen. Daher werden die meisten der Überlegungen heutzutage *Demokrit* zugeschrieben. *Demokrit* hinterließ unter allen Philosophen des klassischen Altertums vor *Aristoteles* die meisten Publikationen, darunter die „kleine Weltordnung" (μικρὸς διάκοσμος). Mit ihr wurde erstmals die Welt des Menschen als Mikrokosmos im Gegensatz zum Makrokosmos des Weltalls bezeichnet. *Demokrit* hatte auch vieles über Ethik und Erkenntnistheorie geschrieben. Nicht nur die Atome sind nach *Demokrit* ewig, auch ihre Bewegung ist ewig und die Zeit (eine präzise Definition scheint freilich zu fehlen) ist ewig. Nichts kann aus nichts entstehen, nichts in nichts vergehen. Die Atome sind homogen, unterscheiden sich aber in Form und Größe (σχῆμα, ῥυσμός), Anordnung (τάξις, τροπή) und Lage (θέσις, διαθιγῆ). Dies betont das Kinetische der *Demokritischen* Theorie, die Form die Gestaltung, die Anordnung die Berührung (Hinwendung), die Lage die Wendung (den Kontakt des sich Hindurchdrängens, der als Inbegriff der Urbewegung gilt):[153]

> *„Die beweglichste der Formen ist die Kugel."*[154]

Die Atomlehre lässt sich nicht mit der modernen Physik vergleichen. Die Atome sind bei *Demokrit* qualitätslos (ἄποια), unbestimmt, in gewissem Sinne vergleichbar mit *Anaximanders* (ἄπειρον). Die Verschiedenheit der aus Atomen und Leerem bestehenden Dinge ist eine Folge von Form, Position und Anordnung. Die vier Elemente des *Empedokles* werden nicht von *Demokrit* charakterisiert, außer den Feueratomen, die als rund und glatt aufgefasst werden. Wie schon bei *Anaxagoras* beherrscht das Gesetz „Gleiches zu Gleichem" die Welt der Atome. Als Zweites ist es das Gesetz der Kohärenz des einmal Kombinierten, als Gesetz der Strukturerhaltung: Auch verlorene Teilchen behalten für einige Zeit wenigstens die einmal eingenommene Struktur bei: Alles findet in begründeter

---

[152] DEMOKRIT fr. R66, DK 68 A 88.

[153] Fr. R53, DK 67 A 6.

[154] Fr. R82, DK 68 A 101.

Weise und zwangsläufig statt. Für das Denken der Nachwelt von besonderer Wichtigkeit ist die erkenntnistheoretische Aussage, der Mensch *glaubt* die Objekte der Wahrnehmung, während es in Wirklichkeit.

nur *„die Atome und das Leere"* gibt (ἐτεῇ δὲ ἄτομα καὶ κενόν).[155]

1.2.14 Philolaos

Die Kenntnis von den fünf (mit bloßem Auge sichtbaren) Planeten ist erst Mitte des 4. Jahrhunderts v. Chr. von den Babyloniern zu den Griechen gelangt. Der Pythagoreer **Philolaos von Kroton** (Φιλόλαος, um 400 v. Chr.) verarbeitete diese neue Kenntnis in seinem Weltmodell. Es stellt eine Fortentwicklung der früheren pythagoreischen Weltmodelle dar. Eine gewisse pessimistische Grundeinstellung bedeutete ihm, die Erde könne nicht der würdigste Körper des Weltalls und daher auch nicht dessen Mittelpunkt sein. Es ist dies das bekannt gewordene erste Mal, dass die Erde nicht der Mittelpunkt des Weltalls sei. Vielmehr sei sie mit eigener Geschwindigkeit auf einer Bewegung um einen fremden Mittelpunkt begriffen. Auf diesen damals fundamental neuen Gedanken hat sich dann auch später *Kopernikus* vermutlich ohne nähere Kenntnis des doch ziemlich andersartigen Weltbildes explizit bezogen. Das konkrete Weltmodell des *Philolaos* ist freilich neben dieser gedanklichen Erstleistung nicht von naturwissenschaftlicher Relevanz. Es ist vermutlich gar nicht als solches, sondern mythisch-religiös gedacht. Die Erde, so nahm *Philolaos* an, bewege sich um ein Zentralfeuer, das auf der von der bewohnten Erdhälfte abgewandten Seite liege. Es könne daher von den Menschen gar nicht gesehen werden. Die Erde bewegt sich in derselben Zeit um das Zentralfeuer, wie sie sich um ihre Achse dreht. Hier zeigt sich implizit erstmals der Begriff der *gebundenen Rotation*. Außerhalb der Erde bewegen sich Mond, Sonne und die fünf neu erkannten Planeten. Mit einer Gegenerde, die sich *Philolaos* jenseits des Zentralfeuers und daher ebenfalls nie einsehbar vorstellte, wurde die Zahl 10, die heilige Zahl der Pythagoreer (Tetraktys), erfüllt. Vielleicht auch führte er nur zu diesem Zweck die Gegenerde ein. Sonne und Mond sind die Inseln der Seligen. Sie werden von idealen Menschen bewohnt. Diese Körper, insbesondere die Sonne, reflektieren brennglasartig das Licht des Zentralfeuers auf die Erde. Die Himmelskörper bewegen sich rechtläufig (rechtssinnig) um das Zentralfeuer.

Die Lehre vom Zentralfeuer beeinflusste die Akademie in der Zeit nach *Platon*. *Platon* selbst lehnte diese Lehre ab, da sie seiner Auffassung vom Einfluss der alles lenkenden (Welt-) Seele widersprach. Später wurde die Lehre vom Zentralfeuer auch in der Akademie vermutlich unter dem Einfluss des Aristoteles verworfen. Ob die Lehre vom Zentralfeuer wirklich vom historischen *Philolaos* stammt, ist umstritten. Dies schmälert aber nicht ihre historische Evidenz.[156]

[155] Siehe auch fr. R 49, DK 68 A 57.

[156] J. B. SKEMP [1942], p. 72.

1.2.15 Archelaos

Archelaos aus Athen ('Αρχέλαος, etwa 480–410 v. Chr.) war ein Schüler des *Anaxagoras.*[157] Er vertrat die physikalische Lehre von „warm“ und „kalt“ als Prinzipien von Bewegung und Ruhe. Damit traf er einen wesentlichen modernen Aspekt von der Wärmebewegung der Teilchen. Von ihm stammt die Idee, dass die Erde keine glatte Scheibe sei, sondern eine Schale mit emporgezogenen Rändern.

1.2.16 Archytas

Archytas aus Tarent ('Αρχύτας, etwa 400–350 v. Chr.) war einer der bedeutendsten Pythagoreer der zweiten Generation nach *Pythagoras.* Er wurde auch als Staatsmann und Feldherr bekannt. Für uns wichtig ist er als ein Philosoph, der mit *Platon* befreundet war. Er beeinflusste *Platon* philosophisch ebenso wie auf mathematischem Gebiet. Auch *Euklid* scheint teilweise (in Buch VIII seiner Elemente) auf *Archytas* zurückgegriffen zu haben.

Archytas brachte eine Lösung des delischen Problems von der Verdopplung eines Würfels, indem er dreidimensionale (stereometrische) Modelle schuf. Er brachte sie zum Schnitt, was später *Menächmos* zu einer ersten Theorie der Kegelschnitte führte. *Archytas* gilt als Begründer der mathematischen Mechanik. In seiner Schule beschäftigte er sich vor allem mit der Akustik und der Harmonielehre. Die fortgesetzten Proportionen $a: b = b: c = c: d$, die nach *Hippokrates von Chios* (um 450–400 v. Chr.) in der Lösung des delischen Problems die zentrale Rolle spielen, wandte *Archytas* auf die musikalischen Harmonien an.[158]

Zu seiner Zeit war, wie auch aus den parallel entstandenen Schriften *Platons* erkennbar ist, die babylonische Lehre von den fünf Planeten im griechischen Einflussbereich bekannt geworden. *Archytas* gelang nun eine Verknüpfung der astronomischen Bewegungslehre mit der akustischen Harmonielehre, indem er die acht Himmelssphären (Mond, Sonne, fünf Planeten und Fixsternsphäre) den acht Tönen der diatonischen Skala zuordnete. Nach der auf *Empedokles* zurückgehenden astronomischen Wirbeltheorie wurde die ruhende Erde von Wirbeln umgeben, die nach außen hin immer schneller werden. In dieses Modell wurden jetzt auch die fünf neu erkannten Planeten einbezogen. Da ein schnell bewegter Körper einen hohen, ein langsam bewegter Körper einen tiefen Ton erzeugt, wurde der am schnellsten rotierenden Fixsternsphäre im Sinn der pythagoreischen Philosophie der höchste Ton der diatonischen Skala zugeordnet. Saturn mit seiner zugeordneten Sphäre bewegt sich danach am zweitschnellsten, er bleibt erst nach 30 Jahren um einen „Umschwung“ gegenüber der Fixsternsphäre zurück. Ihm wird daher der zweithöchste Ton

[157] Meyers Enzyklopädisches Lexikon, Bibliographisches Institut, Mannheim, 1973, p. 531.

[158] Encyclopaidia Britannica [1989], p. 532 und Brockhaus Enzyklopädie [1966], p. 392 und pp. 692, 693.

zugeordnet, dem Mond dagegen der tiefste Ton. Da die Pythagoreer die Verhältnisse der Töne und ihrer Harmonien zahlenmäßig erfasst hatten, gelang durch die Zuordnung der Planetensphären zu den Tönen auch die zahlenmäßige Bestimmung der relativen Abstände dieser Sphären entsprechend den Intervallen der acht Töne des Monochords.[159]

1.2.17 Sokrates

Sokrates (Σοκράτης, 470–399 v. Chr.), ein Schüler des *Archelaos*, erhielt von diesem Kenntnis von der ionischen Naturphilosophie. Er hatte aber auch Verbindung zu den Pythagoreern. *Sokrates* war enttäuscht über das Weltmodell des Anaxagoras, dessen Vorstellung über die flache Erde und des *Archelaos* Vorstellung von der Erde als einer Schale er nicht zu folgen vermochte. Wie *Platon* in seinem Dialog Phaidon[160] berichtet, nimmt *Sokrates* in Tradition des *Anaximander* die Erde freischwebend an, und zwar als eine freischwebende Kugel. Damit wurde das erste Mal in der Geistesgeschichte die Erde nachweisbar explizit als Kugel angesprochen. Diese Annahme ist daher in der Entwicklung der Weltvorstellung von fundamentaler Bedeutung. Die Verurteilung des *Sokrates* erfolgte mit demselben Gesetz, nach dem schon *Anaxagoras* verurteilt worden war.[161] Der dritte Punkt der Anklageschrift neben „Verführung der Jugend" und „Einführung neuer Götter" war, dass *Sokrates* zu erforschen suche, „was unter der Erde und am Himmel vor sich gehe". Das allgemeine Befremden, Nichtnachvollziehenkönnen oder gar Verfolgen ist Schicksal eines kreativen Denkens. Es droht dem kreativen Denker zu allen auch allen späteren Zeiten, auch wenn es nicht wie bei *Sokrates* notwendig zum Todesurteil führen muss.

Μηδεὶς ἀγεωμέτρητος εἰσίτω.[162]

1.3 Mathematisierbarkeit der Bewegung

Im vierten vorchristlichen Jahrhundert ereignete sich der Höhepunkt der griechischen Philosophie mit dem Auftreten *Platons* und *Aristoteles* in Athen. Beider Denken ruhte auf den Denkschulen der Vorsokratiker und führten sie zu einheitlichen und weiterführenden Systemen zusammen. Sie formten und begründeten, wenn auch in unterschiedlicher,

[159] Siehe F. Krafft [1973], p. 57.

[160] Platon, Phaidon 108E4 – 109B4.

[161] Zitat des „Gesetzes" in Abschn. 1.2.11 auf Seite 35.

[162] Zugangsbeschränkung *Platon*s für seine Akademie: „Wer nichts von Mathematik versteht, darf nicht eintreten", zitiert z. B. nach Titelblatt der Faksimile-Ausgabe des Nicolai Copernici Thorunensis, 1944, Oldenburg Verlag.

bisweilen gegensätzlicher Weise, das Philosophieren durch die gesamte Philosophiegeschichte bis in unsere Zeit. „Platon *erblickte wie etwa* Leibniz *und* Wilhelm von Humboldt *in der Sprache eine conditio sine qua non des abstrakten Denkens*".[163] Dies zeigt sich exemplarisch in den platonischen Dialogen, die alle Aspekte des menschlichen Lebens ansprachen. Platon gelang eine geradezu dichterische Vertiefung in der lebendigen Darstellung seiner Überlegungen mit der Hilfe eines abstrakten anregenden Gesprächspartners. Im Zusammenhang mit der Entwicklung des astronomischen Bewegungsbegriffs ist die wesentliche Konzentration auf die Verwendung präziser mathematischer Formulierungen zukunftsweisend. Die physikalisch-philosophische Kosmologie der Vorgänger wird in eine mathematisch-astronomische, fruchtbare Arbeitsweise überführt. Bemerkenswert ist die nahezu parallele Entwicklung der mathematischen Astronomie in Mesopotamien.[164]

1.3.1 Platon

Platon (Πλάτων, 427–347 v. Chr.), war des *Sokrates* Schüler, von diesem nachhaltig angeregt und beeinflusst, der „tiefste Denker des hellenischen Volkes".[165] Whitehead bezeichnet sogar die ganze abendländische Philosophie in ihrer Geschichte als nichts „als ein paar Fußnoten zu *Platon*".[166] Das Verfassen von Lehrschriften lehnte *Platon* grundsätzlich ab: „Kein ernster Mensch wird sich je entschließen, über ernste Dinge zu schreiben und seine Gedanken der Missgunst und Verständnislosigkeit preisgeben."[167] *Platon* lehrte an der von ihm 387 v.Chr. gegründeten Akademie (in einem Garten nahe des Heiligtums des Heros Akademos gelegen). Seine Dialoge, von denen 35 neben einigen Briefen und Epigrammen erhalten sind, wurden von ihm selbst als Kunstwerke, nicht als Lehrschriften verstanden. Die Echtheit einiger dieser Schriften, d. h. ob sie alle von *Platon* selbst oder von einem seiner Schüler verfasst wurden, ist umstritten. Dies ist in unserem Zusammenhang nicht relevant, da alle infrage kommenden Dialoge echtes platonisches Gedankengut haben. *Platon* ist der erste der antiken Philosophen, von dem wir das Glück haben, zumindest einen Großteil seines Werkes unverfälscht überliefert bekommen zu haben. Somit eröffnet sich ein weitgehend unmittelbarer Zugang zu seinem Denken. Das ist bei den Vorsokratikern, von denen nur die bekannten Fragmente überliefert sind, nicht unvoreingenommen möglich. Schon im Altertum waren das Verständnis und die Urteile über die Vorsokratiker widersprüchlich. An der widersprüchlichen Interpretation

[163] FRAENKEL, A. A. [1959], p. 346.

[164] Abschn. 1.1.1 ab Seite 7.

[165] W. NESTLE in *Platon, Hauptwerke*, A. Kröner Verlag, Stuttgart, 1973, p. XII.

[166] Zitiert nach C. F. v. WEIZSÄCKER [1994], „PLATON, Ein Versuch", in: ENNO RUDOLPH (Hrsg.), *Polis und Kosmos, Naturphilosophie und politische Philosophie bei Platon,* Wissenschaftliche Buchgesellschaft, Darmstadt, 1996.

[167] Aus: PLATONs Briefe VII, 344c (Auf diesen Brief berufen sich die Verfechter der „ungeschriebenen Lehre" *Platons*).

hat sich bis heute nichts geändert. Doch auch bei einem so gut erhaltenen Werk wie dem *Platons* ist das Verständnis nicht so eindeutig, wie man zunächst meinen möchte. Der Zugriff zur Sprache ist nicht wie bei den modernen Sprachen einigermaßen unmittelbar. Vielmehr müssen die einzelnen Wörter aus der Bedeutungsumgebung geschlossen werden. Die Wörterbücher bieten oft eine Bedeutungsvielfalt an, die mehr den Charakter einer Interpretation als einer Übersetzung haben. Jede Übertragung eines Textes in eine fremde Sprache ist wohl stets nicht nur Übersetzung, sondern notwendig auch Interpretation. Es ist grundsätzlich nicht möglich, den gesamten semantischen Kontext in die andere Sprache zu übertragen, alle die sprachspezifischen Farbnuancen, die Sprachmelodie, das ganze kulturelle Umfeld, das gerade durch die Sprache geprägt wird, die ironischen oder ärgerlichen Zwischentöne, die manchmal nur aus einer Andeutung bestehenden Darstellungsschattierungen auch nur einigermaßen adäquat wiederzugeben.[168] So ist bei allen (nicht nur) antiken Texten (und dies nicht nur beim NT) eine Interpretationshilfe, Kommentierung, Hinweise, Verständnishilfen, Berücksichtigung des neuesten Standes der Forschung des Textgegenstandes, aber auch der Sprachforschung unentbehrlich. Gleichwohl ist der eigene Zugang zum Urtext nicht zu ersetzen.

Über Jahrhunderte hinterfragte, durchdachte Begriffe unterliegen einer Entwicklungsgeschichte, die Bedeutungsinterpretation wird von einer Zeitvariabilität überlagert. Ein Begriff, ein scheinbar einfaches Wort, kann somit nur in der historischen Dimension verstanden werden. Es tut sich aber noch eine weitere vom fachlichen Hintergrund des Interpretierenden herrührende Interpretationsebene auf. Wenn schon die sprachwissenschaftliche Interpretation zu unterschiedlichen, ja widersprüchlichen Aussagen führen kann, wenn die philosophische Betrachtungsweise in oft nicht uneigennütziger Weise erfolgt – das eigene Denken wird nämlich in frühere Texte zurückprojiziert –, umso mehr muss es zu einer anderen, fachbezogenen, naturwissenschaftlichen, zu einer eigenen, dem Fach gemäße Aussage kommen. Diese Überlegungen treffen gerade für den Bewegungsbegriff zu, sei es für die Bewegung der Planeten, sei es für die Bewegung ganz allgemein. Mit einigem Erstaunen kommt die Erkenntnis, dass der Bewegungsbegriff einer der fundamentalen Begriffe der Geistesgeschichte ist. Um ihn wurde nachhaltig und gegensätzlich gerungen. Dies trifft insbesondere auch bei *Platon* zu, obgleich primär an Staatsphilosophie und Ethik interessiert, erkannte er nicht nur im Rahmen seiner Naturphilosophie dem Bewegungsbegriff eine zentrale Rolle zu. *C. F. von Weizsäcker*[169] bezeichnet den Bewegungsbegriff sogar als *das* zentrale Thema der letzten platonischen Dialoge.

Platons Dialoge sind eine lebendige geistige Auseinandersetzung mit einem *fiktiven* Gegenüber. Es geht in ihnen nicht darum, den Gesprächspartner als vielmehr sich selbst zu überzeugen. Deshalb kann der Gesprächspartner auch nur vergleichsweise der Sparringspartner sein. Seine Rolle ist nicht die des Mitdenkers, sondern lediglich des Angesprochenen. Er kann auch der Anreger zu einem Gedankengang sein, durch ein

---

[168] Vgl. ähnliche Gedanken bei PIEPER [1965], wo es in der Einführung zu dieser Schrift um die Vieldeutigkeit des Begriffes Mythos geht.

[169] C. F. v. WEIZSÄCKER [1981], p. 135.

Buch, einen Vortrag, durch eine Schrift, durch eine irgendwo und irgendwie geäußerte Meinung. Hier im „Dialog" nun kommt die Entgegnung. Und dazu ist der Anreger, der Partner, der Angesprochene stumm, reduziert auf die Rolle des Hörenden, vor dem die Entgegnung gleichsam in einem Selbstgespräch entfaltet wird. Der „Gesprächspartner", der durchaus einer realen Person entsprechen kann, muss also real körperlich gar nicht da sein. Die Aufgabe des Partners muss daher auf die des Zustimmenden, allenfalls auf die des Stichwortgebers reduziert sein. Ein solcher Dialog kann gar nicht ein echtes Gespräch sein, vielmehr ist es der Ausdruck der inneren Erarbeitung neuer Gedanken.[170]

Naturwissenschaftlichen Fragestellungen wendet sich *Platon* in zentraler Weise im Dialog *Timaios* zu, ergänzt durch den Anhang zu *Platons* letztem Dialog den Gesetzen. Ergänzt werden die Überlegungen in dem als unecht, d. h. nicht von *Platon* selbst geschriebenen, aber echte platonische Gedanken enthaltenden Dialog Epinomis. *Platon* hatte in den Dialogen seiner Werde- und Reifezeit *Kratylos, Phaidon, Theaitetos, Philebos, Parmenides*, vor allem aber im *Phaidros* und im *Staat* (Politeia) seine Ideenlehre entwickelt. Sie ist seine vornehmste und wichtigste Entdeckung.[171] Die platonische Bewegungslehre ist in den Rahmen der Ideenlehre eingebettet. Sie wird zum abschließenden Höhepunkt in einigen Abschnitten der *Gesetze* (Nomoi) geführt.

1.3.2 Die platonische Ideenlehre

Die Welt der Ideen ist die Welt der Urbilder. Diese Welt kann also nicht, wie vielfach behauptet, die Welt der Begriffe sein. Die Begriffe werden ja von den Menschen erfunden, erdacht, den beobachteten Dingen zugeordnet, um sie *begreifen* zu können. Vielmehr sind die „Ideen" die von der geschaffenen und dem Menschen unmittelbar zugänglichen Dingwelt völlig unabhängigen Urbilder. Nach deren Abbild wurde die physikalische Welt, in der wir leben, geschaffen. Die Welt der Ideen, der Urbilder, ist nach *Platon* das einzig Wahre. Die Ideen sind ewig. Das bedeutet „die Ideen sind charakterisiert durch Sein, im Unterschied zum Werden und Vergehen der geschaffenen Dingwelt". Die Ideen sind das Einzige, was der Mensch verstehen kann, nach *Heidegger* „unverborgen". Die Ideen sind ausgezeichnet durch „eins, gut, wahr, seiend".[172] Die Ideen sind nach *Platon* unbewegt. Nur im Dialog *Sophistes* lässt *Platon* auch eine Bewegung zu, diese aber gleichförmig und in einer Richtung.[173]

---

[170] Vgl. die gegensätzliche Position *C. F. von Weizsäckers* in seiner Kritik an der Einseitigkeit der platonischen Dialoge (C. F. von Weizsäcker [1986], p. 112). Die oben gegebene scharfe Verurteilung des Begriffes „Dialog" bei *Platon* trifft in allerster Linie für den *Timaios* zu, kann aber durchaus auch in den anderen Dialogen bestätigt werden.

[171] Vorländer, L. K. [1967], *Philosophie des Altertums,* rde 183/184, Hamburg, pp. 76–108.

[172] Zitiert nach C. F. von Weizsäcker [1981], p. 128.

[173] Der deutsche Begriff „Ideen", abgeleitet vom griechischen εἶδος, ist irreführend, da er zu missverständlichen Überschneidungen mit der deutschen philosophischen Schule des Idealismus führte.

1.3.3 Der Bewegungsbegriff in den frühen platonischen Dialogen

Der platonische Bewegungsbegriff bildete sich allmählich in den früheren Dialogen aus. In ihnen sind unmittelbare Einflüsse der ionischen Philosophie zu finden, vor allem im *Kratylos, Phaedros* und *Philebos*. Diese ihrerseits beeinflussten den *Timaios. Platon* griff A-priori-Annahmen seiner Bewegungslehre aus den vorsokratischen Schulen auf, die Synthese dieser verschiedenen Lehren aber steht in seiner persönlichen vollen Verantwortung. Die ersten Erwähnungen einer Bewegungstheorie (κίνησις) im Dialog *Kratylos* sind im Zusammenhang mit der ionischen Auffassung des Ursprungs (ἀρχή) zu sehen: Die Bewegung wird nicht als Umschwung, Umsturz, Umwälzung, Revolution (μεταβολή) und nicht als äußere Veränderungsvorgänge, sondern als Prinzip der Seele aufgefasst: die Seele als Quelle der Bewegung.

Platons Ablehnung der Götterwelt *Homers* und *Hesiods* wird im Dialog *Kratylos* mit deren Unbeständigkeit begründet. Diese sei im Grunde auf das „Alles fließt" des *Heraklit* zurückzuführen. Dem stellt *Platon* seine Ideenlehre entgegen:[174] Es kann nicht alles immer fließen und sich bewegen (ὡς ἰόντων ἁπάντων ἀεὶ καὶ ῥεόντων). In diesem Zusammenhang erklärt *Platon* am Begriff des „Schönen":

πῶς ἂν τοῦτό γε μεταβάλλοι ἢ κινοῖτο, μηδὲν ἐξιστάμενον τῆς αὑτοῦ ἰδέας.

(„Es bleibt immer gleich, es kann sich nicht verwandeln noch bewegen, nichts kann aus seiner eigenen Gestalt ("Idee") heraustreten.")[175]

Platon geht hier noch einen Schritt weiter: Es kann auch gar keine Erkenntnis geben, wenn die Dinge „sich verwandeln und nichts bleibt".

Im *Kratylos* macht sich *Platon* in der Gesprächsperson des *Sokrates* Gedanken über die Herkunft und Bedeutung verschiedener Wörter. Im Zusammenhang mit den Grundlagen von Physik und speziell der Bewegungslehre ist hier ein Auftauchen der Lehre von den 5 Elementen überraschend. Es sind dies die vier Elemente des *Empedokles:* Feuer, Luft, Wasser, Erde, nach deren Herkunft und etymologischer Bedeutung Sokrates forscht. Als 5. Element – wenn auch nicht als solches bezeichnet – erscheint hier der „Äther", der schon im Prinzip von *Heraklit* und dem Namen nach von *Parmenides* als das „himmlische Element" bekannt war. Der Äther wird hier als ein Element gedeutet, das in ständiger Bewegung ist:

τὸν δὲ αἰθέρα τῇδέ πῃ ὑπολαμβάνω, ὅτι ἀεὶ θεῖ περὶ τὸν ἀέρα ῥέων "ἀειθεὴρ" δικαίως ἂν καλοῖτο.

Im englischen wird der Begriff „form" verwendet (vgl. J. SKEMP [1942]). Der Begriff „Urbilder", wie er auch gewöhnlich bei *Platon* verwendet wird (παράδειγμα), trifft die Intention *Platons* wesentlich richtiger. Siehe hierzu auch die Diskussion in SCHÄFER, CHR. ed. [2007], pp. 157–165.

[174] Kratylos 439c – 440e.

[175] Kratylos 439e.

(„Den Äther aber fasse ich irgendwie so auf, dass er, weil er immer läuft um die Luft herum fließend, mit Recht als der Immerläufer bezeichnet werden könnte.")[176]

Im Dialog *Phaidros* zeigt sich *Platons* Versuch, mit der Bewegung als einem Prinzip des Universums zurechtzukommen: Das sich selbst Bewegende (αὐτοκινησία) hört niemals auf sich zu bewegen, es ist also unsterblich; es ist der „Ursprung der Bewegung". Das sich selbst Bewegende aber ist die Seele. Damit ist das Wesen der Seele und zugleich ihre Definition gegeben. Ein Körper, der seine Bewegung von außen erhält, ist nicht beseelt. Die Seele aber ist geschaffen und nicht sterblich. Hier zeigt sich die Vermengung des ionischen Ursprungs und der orphischen Seele in der Gestalt des Sich-selbst-Bewegens (τὸ ἑαυτὸ κινοῦν). Ohne Seele (ψυχή) muss das All („Himmel") und alles Geschaffene in ihm vergehen.

1.3.4 Der Bewegungsbegriff in den mittleren platonischen Dialogen

Platons Dialog ***Staat*** (πολιτεία) wird von vielen als der bedeutendste bezeichnet. In ihm geht es um die Schaffung des idealen Staates, also des idealen Zusammenlebens aller Menschen.[177] Uns interessiert im Zusammenhang mit den Ausführungen über die Erziehung der Jugendlichen lediglich der Abschnitt über die Astronomie.[178] Diese darf nach *Platon* nicht in utilitaristischem Zweckdenken, sondern sinnvollerweise nur zum Erreichen einer idealen, höheren Einsicht und Bildung im inneren Denken erfolgen. Es genügt also nicht, den Himmel anzusehen und zu beobachten, sondern der Mensch muss im Inneren darüber nachdenken und das Beobachtete verarbeiten. Es klingt hier bereits der dann später im *Timaios* ausgeführte Gedanke von der mathematisch erfassbaren Welt der Himmelskörper an, ein Gedanke, den wir als erstem, soweit uns bekannt ist, *Platon* verdanken. Allerdings sind die Himmelskörper körperhafte und sichtbare Gebilde, ihre wechselseitigen Bewegungen und daraus folgenden Verhältnisse von Tag und Nacht, Monat, Jahr können unmöglich immer in gleicher Weise geschehen.[179]

Die Bewegungen werden im *Staat* nach den Sinnesorganen unterschieden, mit denen sie vom Menschen aufgefasst werden können. Zum einen sind es die mit dem Auge wahrnehmbaren Bewegungen der Himmelskörper, zum anderen die mit den Ohren aufgenommenen harmonischen Bewegungen.[180] In diesem Zusammenhang beruft sich *Platon* explizit auf die Pythagoreer. Die detaillierte Klassifizierung der verschiedenen

---

[176] Kratylos 410b.

[177] Vgl. etwa K. VRETSKA [1958].

[178] Pol. 529a, pp.

[179] Pol. 530a p.

[180] Pol. 530d.

Bewegungsarten bezeichnet *Platon* als nur dem Fachmann möglich. Doch er selber unterscheidet viele Jahre nach Entstehung des *Staates* 10 verschiedene Bewegungsarten im Dialog *Gesetze.*[181]

Von besonderem Interesse und – wie aus heutiger Sicht erscheint – besonderer Wichtigkeit, man möchte geradezu meinen von prophetischer Einsicht, ist das von *Platon* im *Staat* gegebene *Höhlengleichnis.*[182] In diesem werden in einer Höhle an ihre Stühle gefesselte Lebewesen geschildert. Sie können nur die Bilder von Gegenständen an der Höhlenwand sehen, die hinter den Lebewesen, also von ihnen uneinsehbar, vorbeigetragen werden. Ein Feuer auf der gegenüberliegenden Seite der Höhle bewirkt diese Projektionen. Die Lebewesen, die nichts anderes sehen und nur den von der Wand zurückreflektierten Schall hören können, werden nur diese Bilder für wahr halten. Wenn diese Lebewesen gezwungen würden sich umzudrehen, die wahren Gegenstände und das Feuer sehen oder gar veranlasst würden, die Höhle zu verlassen, um die Sonne und die ganze Welt in ihrer Vielfalt kennenzulernen, würden sie geblendet sein, beunruhigt, verwirrt. Sie könnten dies alles nicht erfassen, sie würden sich zu dem für sie einzig wahren, aber primitiven Gefangenenzustand in der Höhle zurücksehnen. Für *Platon* sind diese Lebewesen ein Gleichnis für die Menschen. Sie sehen nur Abbilder in der Natur, die wahre Welt der Urbilder aber können sie nicht erfassen. Höchstens mit dem geistigen Auge, also nur mathematisch, können sie zu einer sinnlich nicht vorstellbaren Einsicht gelangen.

Eine interessante Variante hat es um 1880 der Mathematiker *Charles H. Hinton*[183] gegeben. Unter ausdrücklicher Berufung auf *Platons* Höhlengleichnis erfindet er eine Welt zweidimensionaler Wesen. Ihnen ist eine dritte Dimension unvorstellbar, durch einen Eingriff aus der dritten Dimension können sie in höchste Beunruhigung gebracht werden. Dies verallgemeinert, führt in konsequenter Weise zur dreidimensionalen Welt des Menschen. Sie könnte in eine nicht mehr für den Menschen vorstellbare vier- oder höherdimensionale Welt eingebettet sein. Nach dem Höhlengleichnis ist auch die Wahrheitsvorstellung der modernen Physik relativierbar. Es gibt viele nur mathematisch, aber nicht vorstellungsmäßig erfassbare Vorgänge. Das bekannteste Beispiel ist der Dualismus des Lichtes: Korpuskel- und Wellennatur, wie er in der Quantenmechanik beschrieben wird. Die „wahre" Natur des Lichtes und offenbar ganz allgemein der Materie entzieht sich der menschlichen Vorstellung. Ein anderes Beispiel ist die Raumkrümmung, eine mathematische Folgerung der allgemeinen Relativitätstheorie. Allgemein wird sie nur durch Experiment und Beobachtung bestätigt. Vorstellungsmäßig ist sie aber nicht mehr fassbar. Und gewiss trifft dies schon für die mathematische Vorstellung des Unendlichen zu. Viele strapazieren gerne den Begriff des „Unendlich Kleinen", obgleich keine physikalische Realität damit verbunden sein kann. Dass mathematisch gesehen oft lediglich

---

[181] Diese 10 Bewegungsarten werden in Abschn. 1.3.6 ab Seite 56 vorgestellt.

[182] Pol. 514 pp.

[183] Zitiert nach TH. BÜHRKE [1992], *Von gekrümmten, vierdimensionalen Räumen und Flachländern,* SUW **31,** 7/1992, pp. 444–450. Hier auch der Hinweis auf *E. A. Abbott* und weitere, die diese Ideen in ihren Geschichten verarbeiteten.

Stetigkeit, etwa die Variation einer Funktion gemeint ist, liegt außerhalb der Gedankenwelt *Platons.*

Platon übernahm im Schlussmythos der Politeia von seinem Zeitgenossen *Archytas von Tarent* dessen auf den harmonischen Intervallen der diatonischen Skala beruhendes Weltsystem, allerdings in modifizierter Form.[184] Da *Platon* die auf *Empedokles* zurückgehende astronomische Wirbeltheorie nicht anerkannte, legte er in seinem statischen Weltmodell den harmonischen Intervallen nicht die Geschwindigkeiten der Himmelskörper in der Wirbeltheorie, sondern die Umlaufzeiten ihrer Eigenbewegungen relativ zum Fixsternhimmel zugrunde. Der Fixsternhimmel überträgt nach *Platon* seine Bewegung als Grundton auf alle Planeten, die Geschwindigkeiten ihrer Eigenbewegungen ergeben somit die Tonintervalle. Dem Mond wurden in dieser Umkehrung der Geschwindigkeiten der höchste Ton und somit (wieder) das größte Intervall zum Fixsternhimmel zugeordnet. Auf jeder dieser Sphären „sitzt eine Sirene", die genau einen Ton singt, alle acht zusammen lassen eine „harmonische Symphonie" erklingen. *Platon* übernahm allerdings nicht vollständig die Zuordnung der Entfernungen der Sphären zu den Tonfrequenzen, sie seien nicht aus den „scheinbaren" Winkelgeschwindigkeiten abzulesen. In seinen späteren Dialogen vermeidet *Platon* jedoch jeden Hinweis auf „höhere Harmonien".[185]

Im **Dialog *Theaitetos*** beschreibt *Platon* zwei Arten von Bewegungen: die Veränderung (ἀλλοίωσις = Veränderung, etwas verändert sich, sein Aussehen, seine Gestalt, seine Farbe, seine Eigenschaft) und die Ortsveränderung (φορά = „rasche Bewegung", „Umlauf der Gestirne"). Die Ortsveränderung schließt auch die Rotation einer Kugel um ein festes Zentrum als eine spezielle Bewegung ein. Sie wird als Abbild der Vernunft angesehen. Durch eine solche Klassifizierung ist aber noch keine Ursache (αἰτία) der Bewegung herausgearbeitet.

Im **Dialog *Parmenides*** setzt sich *Platon* mit der Philosophie des *Parmenides von Elea* auseinander. *Platons* Ziel ist zu zeigen, dass Realität nicht notwendig Abwesenheit von Bewegung bedeutet. Vielmehr gehören Bewegung, Leben, Seele, Vernunft (κίνησις καὶ ζωὴ καὶ ψυχὴ καὶ φρόνησις) zum wahren Sein. Aus dem einen Seienden müssen nach *Platon* die unendliche Vielheit, Ausdehnung, Gestalt, Einförmigkeit und Unterscheidung, Ruhe und Bewegung abgeleitet werden. „Wenn *Parmenides* seine Kugel, so etwa behauptet *Platon,* voll von Seiendem postuliert, muss mit der Existenz dieser Kugel auch die Existenz von Bewegung gegeben sein. Das Wort unbeweglich (ἀκίνητον) ist willkürlich."[186] In diesem Zusammenhang wird aber Kritik an *Platon* geübt, da er das Sein des *Parmenides* offenbar physikalisch interpretiert. Für das Denken *Platons* ist jedoch wichtig, es werden hier verschiedene Arten von Bewegung aus der Annahme des „einen Seienden" geschlossen: das in das Sein-Kommen und das aus dem Sein-Vergehen, Verbindung und Trennung, Gleichheit und Ungleichheit, Anwachsen und Vermindern.

---

[184] Politeia 616a – 617b.

[185] KRAFFT, F. [1973], pp. 57–62.

[186] SKEMP, J. B. [1942], pp. 13,14.

Im **Dialog *Sophistes*** versucht *Platon,* einen Kompromiss im „gigantischen Streit" (γιγαντομαχία) zwischen den philosophischen Richtungen, wobei in unserem Zusammenhang nur der dritte Gegensatz interessiert: „Wer an universelle Bewegung und wer an bewegungslose Realität glaubt." Die alles durchdringende Idee von Bewegung und Ruhe schließt nicht ein, die Seele verlöre ihr Wesen und ihre Kraft als Ursache der Bewegung (αἰτία κίνησις). Das wahre Sein des Alls besteht aus einem Dualismus von Bewegung und Ruhe. Nach dem *Sophistes* hat man es einerseits mit Ideen zu tun, wie Mensch, Bewegung, Ruhe, Tun, Erleiden, andererseits aber mit Leben, Verstand, Seele. Sie können unter dem Begriff „Bewegung" zusammengefasst werden. Nicht alle Bewegung ist wirklich. So gibt es keine Bewegung des Raumes. Sonst aber wird Bewegung als nicht räumliche Aktivität durch die Seele verwirklicht. Bewegung ist etwas anderes als die Ideen, aber wie diese wirklich. Die Bewegung erhält so eine metaphysische Würde (ὄντως ὄν) in der Gestalt von Seele, Leben, Vernunft. Das „wahre Sein" ist mehr als die Ideen.

Im **Dialog *Politikus*** geht es *Platon* um den Begriff des Staatsmannes. Der astronomische Hintergrund rundet die eigentliche mythische Aussage des Dialogs ab und ist nicht als physikalische Realität zu interpretieren. Gleichwohl gelingt hier *Platon* eine Ausweitung des Bewegungsbegriffes im nicht räumlichen Wortsinn. Der bei *Platon* ständig durchscheinende Grundgedanke ist in der Nachfolge des *Anaxagoras* das Prinzip der „goldenen Herrschaft des Geistes" (νοῦς = Verstand, Vernunft). Das All (-Universum) kann, da mit einem Körper behaftet, nicht frei von Veränderung sein. Es wird mit genau einer Bewegung bewegt, aber möglichst an derselben Stelle gehalten und in denselben Beziehungen gelassen. Das All („die Himmelskugel") hat eine umgekehrte Bewegung erhalten, denn diese „ist die letzte mögliche Veränderung seiner Eigenbewegung".[187] Aus eigener Kraft umzulaufen ist nur dem „Herrn und Führer" aller bewegten Dinge möglich. Die Bewegung von einer Richtung zur anderen zu ändern, würde das Himmelsgesetz verhöhnen. Aufgrund der Deutung dieser Bewegung der Himmelskugel erhält es „Leben und Unsterblichkeit vom Demiourgen" (dem „Schöpfer"), solange es auf seinem Weg vom transzendenten Göttlichen begleitet ist. Zu den anderen Zeiten aber, wenn es sich selbst überlassen ist, dreht es sich in umgekehrter (= gegenläufiger) Richtung über zehntausende von Umläufen wegen seiner Größe, seiner perfekten Ausgeglichenheit und dem so kleinen Drehpunkt, um den es sich bewegt.[188] Einmal angestoßen, rotiert also die Himmelskugel weiter, ein physikalisch durchaus realistisches Bild. Die Rückkehr der Himmelskugel zu dem ihr natürlichen Sinn ihrer Bewegung ist von ihrer Seele diktiert, auch wenn eigentlich dem Demiourgen unterworfen und von ihm bewahrt. Hier zeigt sich eine Verbindung des orphisch-pythagoreischen Himmelsbegriffes und des *Einen* des *Parmenides.* Nur in der Bewegungslosigkeit gibt es Vollendung. Die Himmelssphäre bewegt sich selbst rotierend in einer Richtung (αὐτὸ ἑαυτό στρέφειν ἀεί). Hier bedeutet „drehen" (στρέφειν) die Bewegung durch den Demiourgen, im Gegensatz zum Sich-selbst-Bewegen (κινεῖν). Der

[187] SKEMP, J. B. [1942], pp. 23.

[188] Politikus 269d.

Demiourg zeigt sich als Beweger, als Verursacher für nicht räumliche Bewegung. Die Bewegung aller Körper im Raum wird dagegen durch die (Welt-) Seele verursacht.

Eine in diesem Dialog auf den Himmel projizierte irreguläre Bewegung des Himmels (ἀνακύκλησις) resultiert aus einer Wechselwirkung mit dem menschlichen Dasein. Sie stellt eine Entsprechung von Schöpfung, Aufblühen und Dekadenz in der menschlichen Entwicklung dar. Diese Übertragung auf eine irreguläre Bewegung des Himmels bedeutet bei *Platon* eine Übertragung ethischer Prinzipien auf den Kreislauf des Himmels, sie kann somit nicht als Rückfall in den Mythos von der Beeinflussung des Menschen durch den Kosmos gedeutet werden. Die Rotation ist die wirkliche dem angeborenen Begehren (σύμφυτος ἐπιθυμία) zukommende Bewegung.

Dieser Gedankengang wird im **Dialog *Philebos*** vertieft: Jeder Wunsch kommt aus der Seele. Es gibt kein körperliches Wünschen. Der Verstand, der König aller Dinge (νοῦς βασιλεύς) findet sich ausschließlich in einer Seele. Die Ursache der Bewegung, die Seele, manifestiert sich in allen Dingen und regiert alles.

1.3.5 Die Bewegungslehre des Timaios

Der Dialog *Timaios*[189] ist nach dem Pythagoreer *Timaios von Lokri* (Τίμαιος) benannt. Auch wenn *Timaios* der Hauptgesprächspartner des Dialogs ist, so ist die Aussage des Dialogs nicht pythagoreisch, sondern rein platonisch. *Platon* beschreibt den Schöpfergott (δημιουργός) nicht anthropomorph, aber auch sonst nicht näher, sondern nur durch seine Funktion. Der Schöpfergott ist keine Seele in einem Körper, er ist nicht abgeleitet, also nicht geschaffen. Er mag eine „beste Seele" (ἀρίστη ψυχή) sein, von der Vernunft in der Weise beherrscht, wie nur eine ungeschaffene Seele sein kann. Durch seine Schöpfertätigkeit schafft er zwei Bestandteile, aus denen er die sichtbare, materielle Welt schaffen kann. Zum einen ist es die Welt der *Urbilder* (παραδείγματα), die nur dem Denken, nicht der sinnlichen Wahrnehmung zugänglich ist. Dies ist die Welt der ewigen, unvergänglichen, unwandelbaren, stets sich identischen Ideen. In ihr kann es naturgemäß keine Bewegung geben. Diese Welt ist wohl dem unbewegten Sein des *Parmenides* vergleichbar:

> τὸ ὂν ἀεί, γένεσιν δὲ οὐκ ἔχον („Das Seiende, das kein Werden zulässt")[190]

[189] PLATON [1991] *Timaios,* griechisch und deutsch, Insel Taschenbuch 1408, Insel Verlag, Frankfurt am Main und Leipzig. Zitiert nach den Seitenzahlen der Pariser Ausgabe von *Stephanus* [1578], mit z. B. Tim. 27d. Im vorliegenden Buch interessiert primär der Bewegungsbegriff im Hinblick auf die Bewegung der Himmelskörper. Jedoch geht in der *Platon*-Forschung der Begriff der Bewegung weit darüber hinaus: Bewegung der Seele, des Geistes, im Denken (siehe dazu in: SCHÄFER, CHR. (Hrsg.) [2007], pp. 55–57). Ergänzend kann auf die neue Übersetzung des Timaios in PLATON [1992] hingewiesen werden.

[190] Tim. 27d.

die Welt des „Selbigen".[191]

Der zweite seit Ewigkeit existierende zur Schöpfung der (sichtbaren) Welt verwendete Bestandteil wird von *Platon* nur mit ungefähren Worten mehr angedeutet als beschrieben. Dieser Teil ist nicht der sinnlichen Wahrnehmung und sogar dem Denken selbst nur mit indirekten Schlüssen zugänglich („Bastardschlüsse"[192]): Es ist die „Gattung des Raumes" (χώρα), eigentlich eher das Raum Gewährende, das Aufnehmende (die "Amme"), das Formbare, das selber keine Gestalt haben kann. In der Gattung des Raumes werden die Urelemente in regelloser, fehlerhafter, ungeordneter Bewegung vom Demiourgen vorgefunden.[193] Sie werden von der „Aufnehmerin" durchgeschüttelt und dadurch in Bewegung gesetzt. Dadurch wird Ähnliches zu Ähnlichem gedrängt, bleibt aber gleichwohl in vollständiger Unordnung.[194]

Der Schöpfungsakt bestand nach *Platon* in der Schaffung des Abbildes, in der Nachahmung des Urbildes (μίμημα παραδείγματος). Es ist die Welt des „Werdenden, das niemals zum Sein gelangt",[195] das *„dem Entstehen unterworfene und sichtbare bewegte Abbild der Ewigkeit",*[196] die *„Welt des Anderen":*[197]

εἰκὼ κινητὸν αἰῶνος („Bewegte Abbild der Ewigkeit").[198]

Die Welt der Abbilder ist ein vollkommenes Abbild des vollkommenen Urbildes. Es kann somit nur **eine** Welt geben. Diese Meinung steht im Gegensatz zu den unendlich vielen Welten in der Vorstellung *Demokrits*.

Die Abbilder werden aus den ungeregelten Urelementen geformt, indem aus ihnen die nach Meinung *Platons* streng geometrisch zu verstehenden vier Elementarkörper geschaffen werden. Mit dieser Vorstellung geht *Platon* weit über die sonst bei den griechischen Naturphilosophen zu findende Elementelehre hinaus. *Platon* betrachtet das Dreieck als die einfachste in der Natur vorkommende Fläche und bestimmt die kleinsten Einheiten der Elemente als von Flächen umschlossene Körper (die Atome, ohne diesen Begriff als solchen zu gebrauchen). *Platon* führt die Dreiecke auf zwei rechtwinklige Dreiecke zurück, von denen das eine gleichschenklig ist, das andere die Innenwinkel 30°, 60°, 90° hat. *Platon* bezeichnet es als das Schönste.[199] Zwei dieser „schönsten" Dreiecke bilden ein gleichseitiges Dreieck. Die Atome des Feuers als die leichtesten der Elemente werden durch 4 gleichseitige Dreiecke geformt in Form eines Tetraeders, die der Luft

[191] Tim. 35a.
[192] Tim. 52b.
[193] Tim. 30a.
[194] Tim. 53a.
[195] Tim. 27d, 28a.
[196] Tim. 49a.
[197] Tim. 35a.
[198] Tim. 37d.
[199] Tim. 54a.

durch 8 gleichseitige Dreiecke in der Form eines Oktaeders, die des Wassers durch 20 gleichseitige Dreiecke in Form eines Ikosaeders. Da die Oberflächen dieser drei Körper aus derselben Art von Dreiecken gebildet werden, ist eine Umformung dieser Elemente ineinander geometrisch möglich. Anders ist es bei dem Element Erde, dessen Bestandteile *Platon* als Würfel deutet, dessen Seitenflächen aus je 4 gleichschenklig-rechtwinkligen Dreiecken zusammengesetzt sind. Die Elemente sind also von unterschiedlicher Qualität. Die wechselseitige Ausschließlichkeit, mit der wir heute rückblickend gerne die antike Elementauffassung belegen, trifft also keineswegs zu. Das Dodekaeder, der fünfte der regelmäßigen Körper, der aus 12 gleichseitigen Fünfecken zusammengesetzt ist und daher ebenfalls nicht mit einem der anderen vier genannten Körper verwandt ist, weist *Platon* im Timaios dem Weltganzen zu. Dieses wird als eine in sich ruhende Kugel gedacht. Die 5 von regelmäßigen Flächen gleichmäßig umgebenen Körper werden im Anklang an den Dialog Timaios als die „platonischen Körper“ bezeichnet.[200]

Die Bewegung in der geschaffenen Welt der Abbilder ist eine geordnete Bewegung, von einer Seele (ψυχή) gesteuert. Als Seele ist hier zunächst die Seele der Welt gemeint, geschaffen zum einen aus „aus der unteilbaren und immer sich gleich bleibenden Wesenheit“, also der ewigen Ideen, sodann aber auch aus einem Bestandteil der vergänglichen Körperwelt.[201] Die Seele ist die Herrin und Gebieterin der geschaffenen Welt.[202] Dazu bildete der Demiourg Vernunft in eine Seele, die Seele in einen Körper und fügte so das Weltganze zusammen.[203] Der Demiourg erschuf die Seele (der Welt) und ist somit selbst der letzte Urgrund der Bewegung (αἰτία κινήσεως). Die Seele ist nun für *Platon* das sich selbst Bewegende.[204] Sie ist also der der Welt innewohnende Urgrund der Bewegung im Großen, im Weltall, und im Kleinen, der Welt des Menschen und aller Lebewesen, der Garant für Werden und Vergehen. Der Welt im Großen ist die Gestalt angemessen, welche alle anderen Gestalten in sich fasst. Deshalb ist sie „kugelförmig geschaffen, kreisförmig gedrechselt in sich selbst gleicher Gestalt“.[205] Das Weltall (der Himmel, die sichtbare Himmelssphäre) bewegt sich im Kreis (κύκλω κινεῖσθαι), der sich in seiner Vollkommenheit selber genügt.

Die Erkenntnis des *Parmenides,* dass der Himmel die Perfektion einer Kugel zeigt, ermöglicht letztlich *Platon* im *Timaios* die Verschmelzung von Ontologie, Erkenntnistheorie und Astronomie. Die Kennzeichen des einen Seins misst *Platon* jedoch der Seele des Himmels zu, nicht den Ideen, insofern diese die „vollendete Rationalität der rotierenden Kugel erkennen lässt“. Infolgedessen kann unbewegt (ἀκίνητον) nicht ein Zeichen perfekter Realität in der geschaffenen Welt sein. Das Denken *Alkmaions von Kroton* brachte für

200 In POPPER, KARL R. [2005], pp. 351–353 wird auf die Übersetzungsprobleme bei der Beschreibung der „platonischen Körper“mit ihren geometrischen Formen hingewiesen.

201 Tim. 35a.

202 Tim. 34c.

203 Tim. 30b.

204 Tim. 37a.

205 Tim. 33b.

Platon die benötigten Verknüpfungen zwischen empirischer Psychologie und Astronomie, zwischen der menschlichen Seele und der Seele der Welt.[206]

Die chaotische Bewegung (σεισμός) musste von *Platon* eingeführt werden, um die Erscheinungen in Biologie und Physik, in der belebten und unbelebten Natur auf der Erde im Gegensatz zur vollkommenen und harmonischen Bewegung der Himmelskörper erklären zu können. Für *Platon* hat die Astronomie einen höheren Rang als Psychologie und Physik. Damit wurde freilich für die Folgezeit auch festgeschrieben, dass Physik „am Himmel" nichts zu suchen habe, ein Dogma das erst durch *J. Kepler* durchbrochen wurde.[207]

Umstritten ist, ob *Platon* die Rotation der Erde um die „Weltachse" annahm. Für diese Annahme spricht eine Aussage des *Aristoteles.*[208] Jedenfalls kommt für die Erde, dem „ersten und ältesten der vom Demiourgen geschaffenen Götter" nur die vollkommene Eigenbewegung, also die Kreisbewegung infrage. Das widersprüchlich übersetzte Zitat lautet:

Γῆν ... εἱλλομένην δὲ τὴν περὶ τὸν διὰ παντὸς πόλον τεταμένον.[209]

wörtlich übersetzt:

„Die Erde, die sich um die durch den Pol des Alls gerichtete Achse herumtreibt (herumwälzt)."

Die (Welt-) Seele ist in Potenzen von 2 und 3 geschaffen, wird in zwei Hälften gespalten, kreuzweise wie ein χ verknüpft und die beiden anderen Enden zu jeweils zwei Kreisen miteinander verbunden. Der äußere Kreis wird nach der Natur des „Selben", also der Welt der Urbilder als den einen Bestandteil der Seele benannt, der innere Kreis nach dem „Anderen" also dem körperlichen Bestandteil der Seele (τῆς ταὐτοῦ φύσεως, τὴν δ'ἐντὸς τῆς θατέρου).[210] Der äußere Kreis bleibt ungeteilt und erhält so ein Übergewicht. Seine Bewegung ist von Ost nach West. Damit umschreibt *Platon* in wunderbaren Begriffen die Himmelssphäre und den sie prägenden Kreis, nämlich den Äquator. Der zweite innere Kreis ist die Ekliptik, mit dem Äquator an zwei gegenüberliegenden Punkten verknüpft, also den Knoten (Frühlings- und Herbstpunkt). Die Ekliptik, also der Kreis des „Anderen", wird sechsmal gespalten, was sieben ungleiche Kreise ergibt. Diesen Kreisen werden ebenfalls Bewegungen zugeteilt, die in gleicher Weise oder in bestimmten Verhältnissen,[211] also in Gesetzmäßigkeiten ablaufen, übrigens im Gegensatz zur

[206] SKEMP, J. B. [1942], p. 42.

[207] GERLACH und LIST [1980], p. 61 pp.

[208] In Aristoteles *De caelo,* zweites Buch, 293b30.

[209] Aus: Tim. 40b.

[210] Tim. 36e.

[211] Tim. 36b.

Annahme der Pythagoreer völlig lautlos. Die „vollständige Zahl der Zeit macht das vollständige Jahr voll“, wenn alle acht Bewegungen bei Bezug auf die Fixsternsphäre (= den „Kreis des Selben“) ihre Umläufe (περίοδοι) vollendet haben und alle zu ihrem Ursprung zurückkehren.[212]

Nach diesen bemerkenswerten Gedankengängen *Platons* wurden erst die **Bahnen der Himmelskörper** geschaffen quasi als Bestandteil der (Welt-) Seele aus drei Wesenheiten, der Urbilder, der „Abbilder und einer eigenen Seelensubstanz, unsichtbar, aber der Vernunft und der Harmonie der Gedankenwelt und des ewig Seienden“,[213] somit der höchsten Vollkommenheit teilhaftig. Erst danach wurden die sich auf diesen Bahnen bewegenden Körper getrennt geschaffen.[214] Bahnen der Himmelskörper

Dem All (der Urbilder) nachgebildet wurde die Fixsternsphäre. Sie ist die Sphäre des Göttlichen, „wohlgerundet“ (εὔκυκλον) geschaffen mit den Sternen als ewige, feurige Götter. Das All erhielt zwei Bewegungen: eine gleichmäßige sowie die tägliche Bewegung (Umlauf) der gesamten Fixsternsphäre.[215] In die sieben (vorgeschaffenen) Bahnen der Ekliptik setzte der Demiourg Mond, Sonne und Planeten. Sie erhielten mit diesen Bahnen ihre Bewegung, „zur genauen Bestimmung und zum Schutz der Zahlen der Zeit“.[216] „Zur Ordnung wurde zugleich mit dem Weltall die fortschreitende Zeit als ein beständiges Abbild der immerwährenden Ewigkeit geschaffen.“[217] Die Zeit ist die Maßzahl der (geregelten) Bewegung. Dieser Gedanke *Platons* verdient im Zusammenhang mit Überlegungen zur Bewegung besondere Reflexion. Mit der Erschaffung der (sichtbaren) Welt (der Abbilder) wurde die geordnete Bewegung geschaffen, mit der geordneten Bewegung wurde die Zeit geschaffen. Die Zeit ist eine Folge der (geordneten) Bewegung, sie wird durch die Bewegung von Sonne, Mond und Planeten gemessen. Es ist aus den Formulierungen bei *Platon* nicht erkennbar, wie *Platon* an mehr als **eine** Zeit oder an eine Variabilität der Zeit dachte. Gleichwohl darf man aus heutiger Sicht annehmen, der Gedanke der relativistischen Zeitvariabilität wurde durch die Abhängigkeit der Zeit von

---

[212] Von dieser *Platon*-Stelle leitet sich der Begriff des platonischen Jahres ab. Allerdings verbindet sich mit diesem Begriff ein Bedeutungswandel. Das platonische Jahr bezieht sich heute auf den Umlauf der Erdachse, der durch die Präzession der Erdachse verursacht wird. Die Präzession, die von *Hipparch* um 150 v. Chr. entdeckte wurde, konnte *Platon* noch nicht kennen. Die Lehre vom „großen Jahr“, das wir heute „platonisches Jahr“ nennen, geht allerdings schon auf die Babylonier zurück. (vgl. etwa C. F. von Weizsäcker [1988], p. 136): die Körper des Sonnensystems Sonne, Mond und die bekannten Planeten nehmen wieder dieselben wechselseitigen Positionen wie zu einem Anfangszeitpunkt ein. Dann ist nach *Platon* (oder einem seiner Vorläufer) auch die Welt wieder so, wie sie damals war.

[213] Tim. 37a.

[214] Diese scharfe Trennung zwischen den Bahnen und den Himmelskörpern, Satelliten, Orbiter, Sonden, die sich auf diesen vordefinierten Bahnen bewegen können, ist im Rahmen einer Satellitenbahnanalyse von sympathischer Wichtigkeit.

[215] Nach Tim. 40b.

[216] Tim. 38c.

[217] Tim. 37d.

der Bewegung im Raum-Zeit-Kontinuum in der Gedankenwelt *Platons* bereits vorermöglicht, auch wenn dieser Gedanke erst mehr als 2000 Jahre nach *Platon* tatsächlich gedacht wurde.

Platon unterscheidet Ruhe und Bewegung: Ruhe wird auf Gleichförmigkeit zurückgeführt. Gleichförmigkeit erlaubt keine Bewegung. Etwas, das zu bewegen ist (das sich bewegen kann), muss durch etwas bewegt werden. Jede Bewegung hat also eine Ursache. Bewegung wird auf Verschiedenheit (Ungleichheit – ἀνωμαλία) zurückgeführt.[218] Ein Beispiel hierfür ist die Anordnung der Elemente im Raum. Der Umlauf des Alls (παντὸς περίοδος), das ja kugelförmig ist, drängt alles zusammen. Da bleibt kein leerer Raum übrig.[219] Die Elementarteilchen werden wegen ihrer unterschiedlichen Größe auf- oder abgetrieben, sie bleiben durch die fortdauernde Ungleichheit in Bewegung. *Platon* stellt ganz klar fest, ja er macht sich über gegenteilige Ansichten geradezu lustig, wegen der Kugelförmigkeit der Welt kann es kein Oben und kein Unten geben. Wenn ein Stein fällt, so fällt er nicht „nach unten“, sondern weil er aus Erde ist und alles, was aus Erde ist, zusammengehört, somit „seiner Natur gemäß“ zueinanderstreben muss. Jeder der vier Elementarkörper hat seinen angestammten Platz. Und so wird der Stein von der Erde angezogen, er *erscheint* uns „schwer“.[220] Diese Gedankengänge vermögen uns heute als gedankliche Wegbereitung zur Auffindung eines Attraktionsgesetzes zu dienen.

Die Bewegung des Alls hat nun ihre Entsprechung im menschlichen Bereich. „Dem Göttlichen in uns verwandt sind die Bewegungen der Gedanken des Alls und seiner Umläufe.“ „Von den Bewegungen ist die durch sich selbst verursachte die beste, denn sie ist dem Denken und der Bewegung des Alls (τοῦ παντὸς κινήσει) am meisten verwandt.“[221] Auch hier ist es eine den Lebewesen innewohnende Seele, die aus demselben Seelenstoff wie die Seele des Alls geschaffen ist, die bewegt. Die Bestandteile des Blutes sind gezwungen, die Bewegung des Weltalls nachzuahmen.[222] *Platons* Bewegungslehre ist Grundlage für das Verständnis der Atmung, des Wurfs von Körpern, der Entstehung und Übermittlung von Tönen, des Fließens des Wassers, der (nach *Platon* „scheinbaren“) Anziehung des Bernsteins (ἠλέκτρον) und des Magnets (Ἡρακλείων λίθων). Da es nach *Platon* keinen leeren Raum gibt, verursachen die Körper durch den Druck, den sie aufeinander ausüben, ihren Umlauf, die vergängliche Bewegung als ein Abbild der göttlichen Harmonie.[223]

Jeder Teil des menschlichen Körpers, insbesondere die drei Seelen, die *Platon* dem Menschen innewohnend denkt, hat seine eigene Bewegung. Diese Bewegungen, so meint *Platon,* der hier wieder zu seinem ethischen Grundanliegen zurückfindet, „müssen im

[218] Tim. 57e.
[219] Tim. 58a.
[220] Tim. 62c – 63e.
[221] Tim. 89a.
[222] Tim. 88d.
[223] Tim. 80b.

rechten Maß (συμμέτρους) zueinander gehalten werden".[224] Dazu muss man ihnen entsprechende Nahrung und Übung der Bewegung zukommen lassen, damit keine dieser Bewegungen verkümmere.

Da *Platon* im Gegensatz zu *Alkmaion* in der orphischen Tradition an die Wiedergeburt glaubte, hatte er drei Seelen im menschlichen Körper angenommen, im Gegensatz zu der einen Seele des *Alkmaion.* Im Timaios akzeptiert *Platon* die *heraklit*ische Auffassung von der Bewegung der physischen Körper in Bezug auf eine reine mechanische Bewegung, in Bezug auf den „zufließenden und abfließenden Körper" (ἐπίρρυτον καὶ ἀπόρρυτον σῶμα) der sterblichen Kreaturen. Die groben Materialisten, die mehr auf *Archelaos* als auf *Empedokles* oder *Demokrit* zurückgehen, sind für *Platon* naturgemäße Gegner. *Demokrits* Einfluss auf *Platon* ist umstritten und in *Platons* Werken zumindest nicht unmittelbar nachweisbar. Anzunehmen ist eine implizite Auseinandersetzung mit *Demokrits* Vorstellungen. *Platon* geht darin über alle seine Vorgänger hinaus, indem er den Ursprung in einen psychischen und einen physikalischen Bewegungsanteil aufspaltet.

Platon „spielt im *Timaios* mit Geheimnissen, die vollständig zu enthüllen offenbar nicht seine Absicht ist".[225] Was ist wohl der Grund dafür? *C. F. von Weizsäcker* folgt hier der Meinung, es könnte einen Bezug auf eine weitere Lehre *Platons* geben. Sie sei entweder nicht schriftlich fixiert oder deren schriftliche Abfassung verloren gegangen.

Wir wollen hier aber der tieferen Deutung *J. Piepers* folgen und uns damit zugleich der Frage zuwenden, ob die platonischen Dialoge für heutige Überlegungen historische oder aktuelle Relevanz haben. Diese Frage ist nämlich für die Betrachtung des *Timaios* von besonderer Bedeutung. *Josef Pieper*[226] schreibt, im Gegensatz zu den anderen Dialogen sei der *Timaios* „als Ganzes eine einzige mythische Erzählung, durchsetzt mit zahllosen Stücken nicht mythischen Charakters".[227] Doch zunächst: Was kann bei *Platon* unter Mythos verstanden werden? „Es ist eine Erzählung von der Entstehung des Kosmos, von der urzeitlichen Heils- und Unheilsgeschichte des Menschen, vom Schicksal der Toten, von Gericht und Vergeltung im Jenseits."[228] *Platon* spricht den Mythen eine über alle Zweifel erhabene Wahrheit zu. Die im eigentlichen Sinn mythischen Geschichten spielen zwischen dem göttlichen und dem menschlichen Bereich. Die Darstellung des Mythos wird geprägt durch die „Uneigentlichkeit der Rede, gründend in der Unmöglichkeit, jene inhaltlich sprachlich adäquat auszudrücken". Die Geschehnisse, die in den Mythen geschildert werden, „tragen sich außerhalb der uns fasslichen Geschichtswelt zu, jenseits von Hier und Jetzt. Darum kann nicht anders als in symbolischer Rede davon gesprochen werden". Warum ist trotzdem das in den Dialogen enthaltene Mythische als philosophisch zu bezeichnen? Die Antwort gibt *Platon* selbst im Dialog *Politikos* (277d):

---

[224] Tim. 90a.

[225] Weizsäcker, C. F. von [1981], p. 121.

[226] Pieper, J. [1965], p. 5 4.

[227] These Piepers, J. [1965], p. 58.

[228] Pieper, J. [1965], p. 20.

Weil „es schwer ist, höhere Dinge fasslich zu machen ohne sinnliches Bild". Mythen werden nacherzählt, sie sind überliefert (ἐξ ἀκοές vom Hören), sie sind schon da. Demnach ist nur ein Bruchteil des platonischen Werkes Mythos. Das Höhlengleichnis etwa ist **kein** Mythos. Die Geschichte von der Schöpfung der Welt im *Timaios* ist dagegen Mythos. Alles Mythische wie diese Erzählung ist nur Fragment, Bruchstück einer Überlieferung.

Die Beschreibung des Weltaufbaus ist, wenn auch mit den Mitteln der damaligen Zeit dargestellt, nur „das Gehäuse, in welchem das Eigentliche geschieht".[229] Die eigentliche Aussage des Mythos ist überzeitlich, sie ist Philosophie. In den Mythen werden die „der menschlichen Vorstellungskraft unzugänglichen, unerfahrbaren, außer der geschichtlichen Zeit sich zutragenden Ereignisse" geschildert. Auch die Welt der Urbilder bezieht sich auf außerzeitliches, außer der Bewegung Liegendes. Es definiert ihrerseits nach *Platon* die Zeit. Der Kern der platonischen Dialoge und der in ihnen enthaltenen Mythen ist also auch heute ungebrochen gültig wie seinerzeit bei der Abfassung. Der Aussagekern des *Timaios* ist: „Die Wirklichkeit, vom Demiourgen geschaffen, wobei so viel wie möglich gut und nicht schlecht sei, sei wegen dieses Ursprungs **eine** Welt und bleibe es auch."[230] Diese Aussage wäre keine Aussage, wenn sie nicht umkehrbar wäre. Eine Umkehrung findet sich bei *Nikolai Hartmann*: „Es ist sinnlos und eine Illusion von der Einheitlichkeit der Welt zu sprechen, nachdem der Glaube an den Creator geschwunden ist."[231] Eine weitere Umkehrung ist heute gelegentlich zu hören:

> „Die Welt ist nicht einheitlich, da sie nicht an einer Stelle entstanden ist, und somit kann es auch keinen Schöpfer geben."

Diese Volte erscheint allerdings als ein Missverständnis des platonischen Ansatzes. Aus der physikalischen Beobachtung kann gerade nicht auf Transzendentales geschlossen werden, das nur im Mythos nicht in der Rationalität erfasst werden kann. Für *Platon* ist ein Mythos als unmittelbar gültig zu akzeptieren, als eine wenngleich nicht absolute, so doch letztendlich erreichbare Gestalt von Wahrheit.[232] Der Mythos ist eine „Gabe der Götter an die Menschen".[233] Damit ist für *Platon* die äußerste Grenze des Sagbaren erreicht. Einer verloren gegangenen Lehre bedarf diese Deutung nicht. Die aktuelle Relevanz ist evident.

1.3.6 Ergänzende Bewegungslehre in den Gesetzen

Im letzten großen platonischen Dialog, den *Gesetzen* (νόμοι), interessieren im Zusammenhang mit der Bewegungslehre vor allem zwei Stellen, die als Vertiefung, aber auch

[229] PIEPER, J. [1965], p. 45.
[230] PIEPER, J. [1965], p. 55.
[231] Zitiert nach PIEPER, J. [1965].
[232] PIEPER, J. [1965], p. 66.
[233] Philebos, 16c5.

Ausschmückung der im *Timaios* dargestellten Bewegungslehre aufgefasst werden können. Zum Ersten ist es die Stelle im 7. Buch, in dem es (ähnlich wie schon im *Staat*) um die Astronomie als eines der wesentlichen Lehrfächer in der Erziehung junger Leute geht.[234] Hier setzt sich *Platon* mit der bisherigen Meinung, die Bewegungen von Sonne, Mond und Planeten könnten niemals in der jeweils selben Bahn erfolgen, klar ab

εἰς τὸν αὐτὸν δρόμον ἀλλὰ πάντῃ πλανωμένους.[235]

Vielmehr durchlaufe jeder dieser Körper stets dieselbe Bahn („denselben Pfad"), er legt also immer genau einen Kreis zurück. Nur scheinbar würden viele Bahnen durchlaufen

τὴν αὐτὴν γὰρ αὐτῶν ὁδὸν ἕκαστον καὶ οὐ πολλὰς ἀλλὰ μίαν ἀεὶ κύκλῳ διεξέρχεται.

(„Denn jeder von ihnen durchläuft dieselbe Bahn und nicht viele, sondern immer eine im Kreise.")[236]

Weiterhin *erscheine* der schnellste von diesen nur als der langsamste. Dies beruht wohl auf der Annahme, alle diese Himmelskörper würde sich gleich schnell bewegen, wie auf einem Rad seien die Bewegungen im Prinzip miteinander gekoppelt. Dieser Gedanke wird später in den *Gesetzen* näher untersucht. Hier kommt die Umkehrung der Geschwindigkeiten der Planeten gegenüber *Archytas*[237] zum Ausdruck: Nach *Platon* ist also Saturn der langsamste Planet, während *Archytas* ihn „als fast so schnell" wie den täglich rotierenden Himmel auffasste.

Im 10. Buch der Gesetze finden sich Untersuchungen über den Bewegungsbegriff im Rahmen des Beweises über die Priorität der Seele gegenüber dem Körper.[238] In diesem Abschnitt ist auch eine implizite Auseinandersetzung mit der Elementelehre des *Empedokles* sowie dem reinen Materialismus des *Demokrit* enthalten, allerdings ohne die Namen dieser Philosophen zu erwähnen. Für *Platon* ist die Seele ursprünglicher als alles, was sich in der physikalischen Natur findet.

Alles, was existiert (gemeint ist: physikalisch existiert), ist entweder in Ruhe oder in Bewegung.[239] Beides, das Ruhende und das sich Bewegende, befinden sich in einem Raum (χώρα). Das Bewegte befindet sich an einer Stelle oder durchläuft diesen Raum. Was in seiner Bewegung an einer Stelle verharrt, wird als Bewegung um einen festen Punkt gedeutet. Als Beispiel betrachtet *Platon* das Rad: in einer Umdrehung werden der kleinste und der größte Kreis so herumgeführt, dass eine derartige Bewegung mit ein

[234] Nom. 820e sup. – 822d init.
[235] Nom. 821c infr.
[236] Nom. 822a infr.
[237] Siehe in Abschn. 1.2.16 auf Seite 39.
[238] Nom. 891b supr. sqq.
[239] Nom. 893b.

und derselben Winkelgeschwindigkeit eine Geschwindigkeit verursacht, die mit der Größe (dem Radius) des Kreises anwächst. Das Rad ist für *Platon* die Quelle alles Wunderbaren:

διὸ δὴ τῶν θαυμαστῶν ἁπάντων πηγὴ γέγονεν.

(„Weshalb es (= das Rad) die Quelle aller wunderbaren (Dinge) wurde.")[240]

Eine Synthese zwischen *Herakliteanern* (Bewegung) und *Eleaten* (Ruhe) lässt sich im Symbol des Rades darstellen:

τὰ μὲν κινεῖταί που, τὰ δὲ μένει.

(„Das eine bewegt sich, das andere bleibt in Ruhe.")[241]

Ruhe kommt in der Natur in zweierlei Sinn vor:

(1) Die Beständigkeit des Himmels um seine Achse, der Himmelskörper um ihre Achsen
(2) Die Tatsache, dass ein bestimmter Körper bleibt, was er ist (z. B. Feuer, Wasser, Luft), auch wenn er in Bewegung ist.

Der Himmel (οὐρανός) vereinigt Bewegung (Rotation der Sphäre) und Ruhe (fester Mittelpunkt) in perfekter Weise in sich: Dies ist die Bewegung, die für *Platon* ein Abbild der Vernunft (νοῦς) ist. Nur die Sonne zeigt die Bewegung der Ekliptik („der Kreis des anderen") unverändert. Bei den anderen Planeten wirkt eine entgegengerichtete Kraft (ἐναντία δύναμις), die selbst verursacht ist, welche die Bewegung der Planeten beschleunigt oder verzögert relativ zur unveränderlichen Geschwindigkeit der Ekliptik. Denn sonst würden nach dem Modell des Rades alle Planeten ihre Umläufe wie die Sonne in genau einem Sonnenjahr vollenden müssen.

Platon unterscheidet „rollen" und „gleiten". Die Planeten gleiten in ihrer Bahn, sie rollen nicht, weil ihre Achsen fixiert sind. Die physikalische Möglichkeit des Rollens ist also bei den Bewegungen der Himmelskörper nicht realisiert.[242]

In den *Gesetzen* listet *Platon* 10 Bewegungsarten auf, die im Wesentlichen nicht über das im *Timaios* Gesagte hinausgehen, aber eine bequeme Wiederholung und Vertiefung sind. Wer an die pythagoreische Tetraktys zurückdenkt, möchte meinen, dass *Platon* in der Zusammenstellung von genau 10 Bewegungsarten durchaus von der heiligen Zahl der Pythagoreer beeinflusst gewesen sein könnte. Die zehn Arten sind:[243]

- (1) Die kreisförmige Bewegung (κυκλοφορία)

---

[240] Nom. 893d.

[241] Nom. 893c init.

[242] Vgl. Tim. 44d fin.

[243] Vgl. VRETSKA, K. [1958], p. 547.

- (2) Die geradlinig fortschreitende Bewegung (mit und ohne eigenen Umschwung) (ὅσα φορᾶ κινεῖται μεταβαίνοντα)[244]
- (3,4) Die Bewegungen des Zusammenstoßes, der Zerteilung oder Vermischung (διάκρισις καὶ σύγκρισις)
- (5,6) Wachstum und Abnehmen (mit neuer Bewegungsrichtung) (ἄυξη καὶ φθίσις)
- (7,8) Entstehen und Vergehen (γένεσις καὶ φθορά)
- (9) Die Bewegung, die sich selbst, aber nicht andere bewegt (ἔστω τοίνυν ἡ μὲν ἕτερα δυναμένη κινεῖν κίνησις, ἑαυτὴν δὲ ἀδυνατοῦσα).[245] Die neunte Bewegungsart ist quasi eine Zusammenfassung aller vorstehenden acht Bewegungsarten.
- (10) Die Bewegung, welche die Kraft hat, sich selbst und anderes zu bewegen, ist wirklich die sogenannte Veränderung und Bewegung aller seienden Dinge (καλουμένην τε ὄντως τῶν ὄντων πάντων μεταβολὴν καὶ κίνησιν)[246]

Die ersten neun Bewegungsarten beschreiben das *Wie* der Bewegungen, nicht das *Warum*. Sie sind eine Folge der Mitursache (συναιτία), die wie alle diese zweitgeschaffenen Bewegungen psychischen Ursachen unterliegen. Sie werden nämlich von einer Seele (oder mehreren Seelen) kontrolliert. Die Seele selbst aber lebt ihr eigenes Leben. Alle Bewegungen mit Ausnahme der zehnten Bewegung sind physikalische Bewegungen, die aber das allgemeine Werden und Vergehen aller seienden Dinge miteinschließen. Die Bewegungen müssen sich, indem sie stets auf eine Bewegungsursache zurückgeführt werden, letztlich aus einer Urbewegung herleiten lassen, welche die primäre und letzte Ursache aller Bewegungen ist. Die zehnte Bewegung ist die „Bewegung hinter allen Bewegungen". Hinter allem aber steht die Seele, sie arbeitet durch alles und in allem. Die Seele belebt die Körper, welche die Abbilder der Urbilder ausfindig machen. Dies bedeutet keinen Panpsychismus,[247] da die ersteren Bewegungen ihre Kräfte gemäß ihrer Erscheinung und Wahl von Ewigkeit her nutzen und zwar nach überphysikalischen Zielen. Die *Gesetze* gehen über den *Timaios* insofern hinaus, als in ihnen die Bewegung und ihr Zusammenhang mit der Seele als Ursache der Bewegung expliziter herausgestellt werden, als es im Rahmen der Kosmologie des *Timaios* möglich war. Der Ursprung aller Bewegung ist die Veränderung, die das sich selbst Bewegende mit sich selbst vornahm.[248]

> τὴν αὐτὴν ἑαυτὴν κινοῦσαν φήσομεν ἀναγκαίως εἶναι πρεσβυτάτην καὶ κρατίστην μεταβολὴν πασῶν.
>
> *(„Sie ist die erste aller Bewegungen, notwendigerweise die älteste und wichtigste Veränderung von allen.")*[249]

---

[244] Nom. 893d.

[245] Nom. 894b.

[246] Nom. 894c.

[247] vgl. SKEMP, J. B. [1942], p. 107.

[248] Nom. 895a.

[249] Nom. 895b.

Damit kommt *Platon* zur Äquivalenz der Begriffe „Seele“ und „das sich selbst Bewegende“: Die Seele zeigte sich als die Ursache aller Veränderung und Bewegung

μεταβολῆς τε καὶ κινήσεως ἁπάσης αἰτία ἅπασα.[250]

Daher ist die Seele ursprünglicher als der Körper und auch alles, was mit der Seele zu tun hat, ist ursprünglicher als alles, was mit dem Körper zu tun hat. Da eine Seele alle Bewegungen leitet und in ihnen innewohnt, leitet offenbar auch eine Seele das Weltall (den „Himmel“)

οὐρανὸν ἀνάγκη διοικεῖν φᾶσι.[251]

Es gibt daher mindestens zwei Seelen, die dem Weltall innewohnen. Die Seele, welche alles am Himmel, auf der Erde und auf dem Meer führt, hat selbst folgende eigene Bewegungen: Wollen, Erwägen, Sorgen, Freude, Trauer, Mut, Hass, Liebe usw. Dies sind die ursprünglichen (primären, erstrangigen) Bewegungen (πρωτουργοὶ κινήσεις). Zweitrangig sind die Bewegungen (δευτερεύουσαι κινήσεις) in den Körpern: Wachsen, Abnehmen, Trennen, Verbinden, und ihre Folgen, wie Wärme, Kälte, Schwere, Leichtigkeit, Härte, Weichheit, weiß, schwarz, herb, süß usw.[252] Hier kommt *Platon* auch zu einer moralischen Charakterisierung: Die Seele, welche die (göttliche) Vernunft befolgt, handelt richtig. Wenn aber die Bewegung der Seele ohne Sinn und Ordnung ist, handelt sie böse. Die Natur der Bewegung der Vernunft (νοῦ κίνησις φύσις) wird durch ein Bild (εἰκών) erklärt: ein Beispiel aus den geschilderten 10 Bewegungsarten, welche der Bewegung der Vernunft *ähnlich* ist: Die Bewegung der Vernunft und die Bewegung, die im selben Raum geschieht, stimmen überein, indem sie stets in der gleichen Art und Weise, unter den gleichen Bedingungen, stets um genau einen Mittelpunkt, in eine Richtung, nach einer Regel und nach einer Ordnung stattfinden. Die Vernunft mag daher einer „wohlgedrechselten Kugel“ *vergleichbar* erscheinen.[253] Die Seele, die alles führt, leitet auch den Umlauf des Weltalls.[254]

Eine Seele verursacht die Bewegungen von Sonne, Mond und Planeten. Jede dieser einzelnen Bewegungen hat noch eine eigene Seele, durch die sie verursacht wird. Als Beispiel für die Seele eines Himmelskörpers betrachtet *Platon* die Bewegung der Sonne. Die Seele, welche die Bewegung der Sonne verursacht, ist nicht der sinnlichen Wahrnehmung zugänglich, sie ist aber durch Vernunft und Nachdenken fassbar. Es sind drei Möglichkeiten denkbar, wie die Seele die Bewegung der Sonne steuert:

---

[250] Nom. 896b init.

[251] Nom. 896e.

[252] Nom. 897a pp.

[253] Nom. 898b.

[254] SUSEMIHL, F. [1856] übersetzt: „den ganzen Weltenkreis“ (πάσης τῆς περιόδου. (in: PLATON Nomoi [1991], Nom. 897b fin.).

- Die Seele ruht in der Sonne und lenkt die Bewegung der Sonne, wie auch die Seele im Menschen innewohnt und seine Bewegungen lenkt,
- die Seele wirkt von außen durch ein Medium wie Licht oder Luft auf den Sonnenkörper ein,
- die Seele ist unabhängig vom Sonnenkörper und selbst ohne eigenen Körper. Sie verfügt über andere Kräfte (δυνάμεις) um den Gang der Sonne zu lenken.[255]

Bemerkenswert für unser heutiges physikalisches Verständnis von der Bewegung der Himmelskörper ist Folgendes: Es ist nicht selbstverständlich, dass die Himmelskörper sich gleichförmig auf Kreisen bewegen. Vielmehr sind hier „lenkende" Kräfte nötig. Die ungelenkte, ungesteuerte Bewegung ist ohne Ordnung, ein wildes Durcheinander. Die ordnende Kraft ist also erforderlich. Der Begriff einer „natürlichen", unbeeinflussten Bewegung scheint *Platon* fremd zu sein.

1.3.7 Ergänzungen in der Epinomis

Platons Dialog Timaios wird ergänzt durch die *Epinomis* (ἐπινομίς). Dieser Dialog wurde als Anhang der Gesetze vermutlich nicht mehr von *Platon* selbst niedergeschrieben, sondern von seinem Schüler *Philippos von Opus*. Wenngleich deshalb als unecht bezeichnet, ist die Gedankenwelt doch echt platonisch und soll daher in unserem Zusammenhang kurz erwähnt werden. Nach der Kernaussage dieses Dialogs wurden jede Einsicht und alle anderen Güter zusammen mit der Zahl dem Menschen gegeben. Die Zahl ist das größte Gesche für den, der „den Umlauf des Alls darstellt",[256] d. h. die Umläufe der Gestirne, die Bewegung in ihren Bahnen. Ohne die Zahl, d. h. ohne die Lehre von der Zahl, ohne Mathematik, können die Menschen nicht verständig, klug und weise sein. Das Geschenk der Zahl kann nur von einem Gott stammen.[257] In der Epinomis wird ein fünftes Element, nämlich der Äther eingeführt,[258] der dem (platonischen) Körper Dodekaeder zugeordnet wird. Die Sterne, Fixsternhimmel, Sonne, Mond, Planeten bewegen sich als göttliche Wesen in vollkommener Ordnung. Das kann dann wieder als ein Beweis für ihre Vernunft angesehen werden. Die Bewegung dieser Körper kann also keine natürliche, gemeint ist materielle Eigenschaft, von diesen Körpern sein.[259] Sie werden vielmehr in stets gleicher Zeit in ihrer Bahn herumgetragen, was nur göttlichen Ursprungs sein kann.[260] Dies bedeutet die wichtige Aussage: Jeder der Himmelskörper durchläuft nur

[255] Nom. 898c – 899a init.

[256] Epinomis 977b.

[257] Von diesem Gedanken leitet sich wohl das später von Mathematikern stolz zitierte ὁ εὸς ἀρι μητίζει ab.

[258] Epinomis 981c.

[259] Epinomis 983d.

[260] Epinomis 983b.

Abb. 1.3 Das Emblem von Professor Dr. Ing. Dr. phil. *Otto Volk,* dessen stolze platonische Grundidee die vorliegende Monografie prägte: Mathematik ist nicht von dieser Welt, die Welt aber kann durch Geometrisierung beschrieben werden. [262] . Die stilisierte Skizze zeigt den Volkschen Geburtsort Neuhausen auf den Fildern als eine mittelalterliche Stadtlandschaft. In Hintergrund ist als Symbol für die Universitätsstadt Würzburg die mittelalterliche Burg zu erkennen, die Festung. Das Banner enthält auf Griechisch den auf Platon zurückgehenden Spruch: der Gott rechnet, als Wahlspruch des Mathematikers. Zirkel und Dreieck weisen auf den Geometer hin, die Sterne am Himmel auf den Astronomen. [262]

eine Bahn. Dies impliziert auch, da die Bahnen kreisförmig sind, dass sie in Ebenen verlaufen, eine Aussage von fundamentaler Wichtigkeit. Ebenso kommen wir zu der wichtigen Erkenntnis: Die „Vernunft der Bahnen", also ihre Entsprechung in der erhabenen, ewigen Ideenwelt, impliziert auch, dass die Bewegung der Himmelskörper mathematisch erfassbar sein muss. Was sich aber ohne Regel und Ordnung bewegt (ἀταξία κινούμενον), muss für unvernünftig gehalten werden (Abb. 1.3).[261]

Die Sonne wird in diesem Dialog als erheblich größer als die Erde angesehen, auch die Größe der Sterne, obgleich sie klein erscheinen, „übersteigt unser Vorstellungsvermögen".[263] Man möchte meinen, schon an dieser Stelle wurde die gedankliche Vorbereitung geschaffen, der Mensch und damit auch nicht die Erde können das Zentrum der Welt sein kann. Denn es gibt viel größere und viel bedeutendere Körper im All außerhalb der Erde.

Die Kenntnis der äußeren Planeten und damit auch ihrer Namen kommt nach Aussage der Epinomis aus dem Orient (Syrien, Ägypten). Neben *Hermes* und *Aphrodite,*

[261] Epinomis 982a.

[262] Kopie aus VOLLRATH, H.-J. ed. [1990], p. 12.

[263] Epinomis 983a.

welche schon den Griechen bekannt waren, sind dies *Ares, Zeus, Kronos*. Wir gebrauchen ja heute noch die latinisierte Version dieser Namen. Die Sommer in Griechenland, schreibt die Epinomis, seien nicht so klar wie in den orientalischen Ländern. Dort seien die Beobachtungsbedingungen besser.[264] Diese Feststellung schränkt die Aussage der Sphärenharmonik des *Pythagoras* beträchtlich ein. Zur Zeit des *Pythagoras* waren, wenn überhaupt welche, nämlich höchstens zwei Planeten in Griechenland als solche bekannt. Die Sterne (gemeint sind die Planeten)

> ἐπὶ δεξιὰ πορευομένων μετὰ σελήνης τε καὶ ἡλίου.
>
> *(„Bewegen sich mit Sonne und Mond nach rechts.")*[265]

In diesem Zusammenhang findet sich auch der stolze Satz:

> κάλλιον τοῦτο εἰς τέλος ἀπεργάζονται.
>
> *(„Alles, was die Griechen von fremden Völkern erhielten, haben sie zu schönerer Vollkommenheit gebracht.")*[266]

Den Bahnmechaniker erfreut in diesem Zusammenhang die Feststellung:

> ὅτι σοφώτατον ἀνάγκη τὸν ἀληθῶς ἀστρονόμον εἶναι, ... τὰς ἑπτὰ περιόδους,
>
> διεξιούσης τὸν αὐτὸν κύκλον ἑκάστης οὕτως ... θεωρῆσαι.
>
> *(„Der wahre Astronom, der beobachtet, wie jeder der sieben Himmelskörper seinen Kreis (seine Bahn) durchläuft, ist notwendigerweise der weiseste (Mensch)).“*[267]

1.3.8 *Platons* Weltbild

Platons Vorstellung vom Aufbau der Welt, die hier zusammenschauend dargestellt werden soll, gibt eine Dreiteilung in verschiedene Welten (siehe Abb. 1.4 auf Seite 61):

1. Die *Welt der Urbilder* (= die „Ideen des Vorbildes"), die unbewegt, in sich vollkommen und nur dem menschlichen Denken nicht der menschlichen Wahrnehmung zugänglich sind
2. Die *Welt der Urmaterie* (der „Raum", die „Amme", die „Aufnehmerin"), die aus völlig ungeordnetem, chaotisch bewegtem, amorphem Stoff besteht, deren Existenz nur durch indirekte Schlüsse („Bastardschluss") festgestellt werden kann

---

[264] Epinomis 987a.

[265] Epinomis 987b.

[266] Epinomis 987e.

[267] Epinomis 990a,b.

3. Die *Welt der Abbilder* („Nachahmung des Vorbildes") mit geordneter, durch das Einwirken von Kräften gesteuerter Bewegung.

Diese drei Welten sind klar voneinander getrennt, es gibt keine nichtleere Schnittmenge.

Durch diese Dreiteilung ist die heilige Zahl der Pythagoreer erfüllt, die Drei als Zahl des Vollkommenen.[268] Die Welt der Abbilder wird durch den Demiourgen aus der Urmaterie nach dem Vorbild der Urbilder geschaffen. Es gibt also außerhalb der dreigeteilten Welt noch den von *Platon* nicht näher beschriebenen, weil nicht beschreibbaren, Bereich des Göttlichen. Dieser greift in den ewigen Bereich der Urbilder und der Urmaterie ein. Er schafft die vergängliche bewegte Welt der Abbilder. Diese ist einem ewigen Kreislauf des Geschehens ausgesetzt.

Die Welt der Abbilder kann also keine Teilmenge der Urbilder sein, aber auch nicht der Welt der Urmaterie, aus der die Welt der Abbilder herausgenommen ist.

Die dreigeteilte Welt wird zusammengeknüpft durch den Bereich des Göttlichen. Dessen Wirken, da außerhalb aller erfahrbaren oder denkbaren Welt, kann nur im Mythos berichtet werden.

Der Teil der Welt der Abbilder, welcher der sinnlichen Wahrnehmung nicht zugänglich ist, kann durch mathematische Einsicht und nur dadurch erschlossen werden bzw. mathematisch formuliert werden.

Dagegen kann die Welt der Urbilder nur im Denken geschlossen werden: Man kann sich denken, es muss eine solche Welt geben. Man kann auf sie zurückschließen aus der Anschauung der erfahrbaren Umwelt. Wie diese Welt der Urbilder aussieht, kann nach der hier vorgestellten Deutung auch nicht durch mathematische Formulierung dargestellt werden.

Die Welt der Abbilder kann nach *Platon* zumindest in ihrem nicht wahrnehmbaren Teil durch mathematische Formulierung erfasst werden. Von der wahrnehmbaren Welt kann nach *Platon* auch der Bereich der himmlischen Bewegungen (Sonne, Mond, Planeten, der tägliche Kreislauf der Gestirne) mathematisiert werden.

Das hier beschriebene platonische Weltbild ist in seiner Komplexität und Vollkommenheit in der Antike einzigartig. Es musste auf Kritik stoßen, wobei die Kritik des *Aristoteles* am nachhaltigsten und über 2000 Jahre lang wirkte.

1.3.9 Der Platonismus in der Mathematik

Der Platonismus in der Mathematik wird durch Rückführung der Mathematik auf die Welt der Ideen begründet. Im folgenden Abschnitt wird die Bedeutung *Platon*s für die Entwicklung der Mathematik zusammengefasst. In der modernen Mathematik hat der Platonismus jedoch einen energischen Gegner bekommen. Der Platonismus wird in der modernen

---

[268] Vgl. ARISTOTELES, *De caelo*, 268a11.

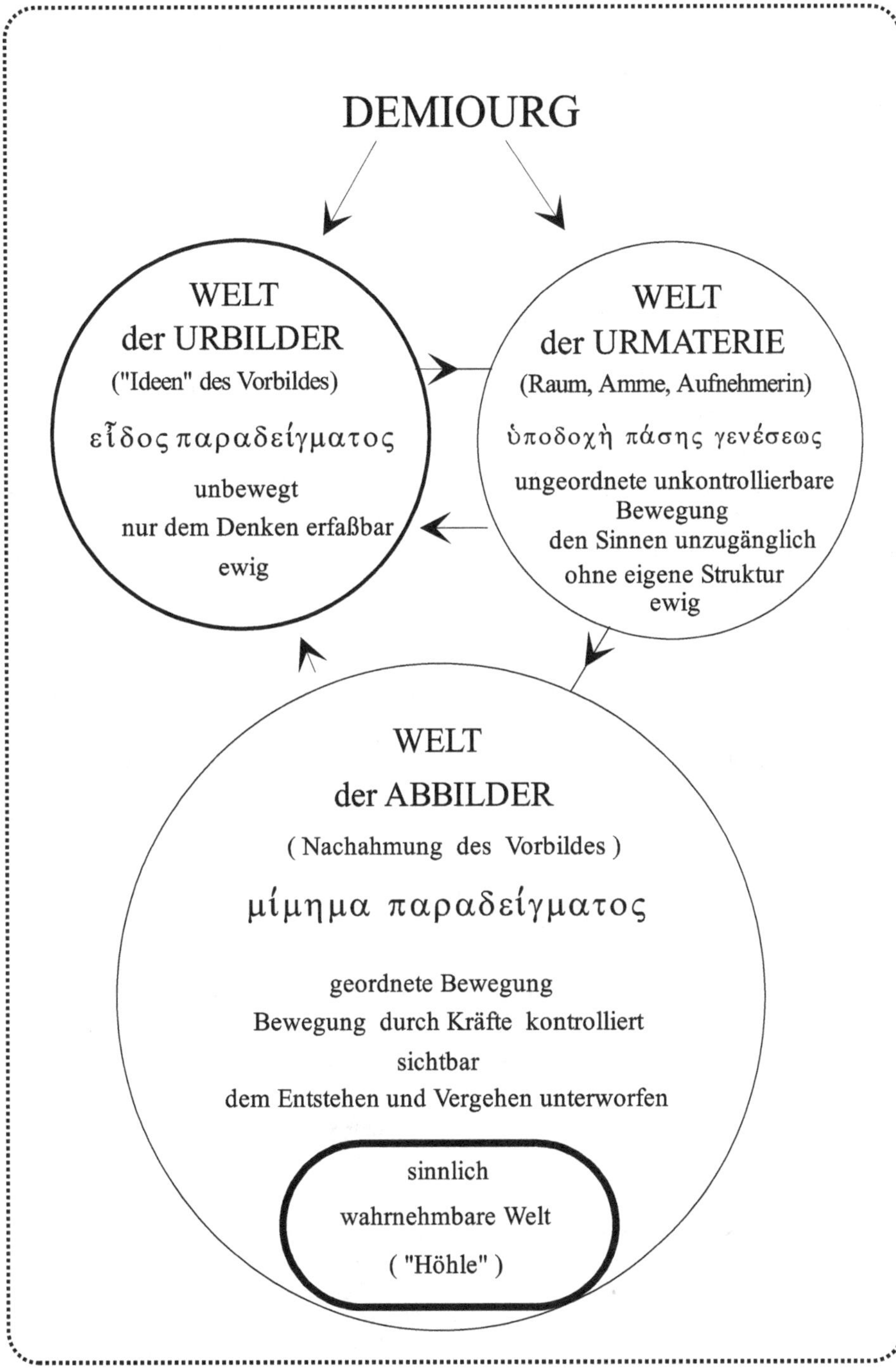

Abb. 1.4 *Pl atons*

Metamathematik zum Teil heftig bekämpft und ad absurdum geführt: Mathematik sei eine Erfindung des menschlichen Geistes, könne also nicht auf eine außermenschliche „Existenz" zurückgeführt werden.[269] Dazu folgen einige Bemerkungen im anschließenden Abschn. 1.3.9.2 (Seite 69).

1.3.9.1 Platon und die Geometrie

Dieser Abschnitt folgt zunächst im Wesentlichen dem 8. Kapitel in *Karl Poppers Die Welt des Parmenides, Der Ursprung des europäischen Denkens.*[270] In Parmenides diesem sehr bemerkenswerten Kapitel kann der Leser einen lebendigen und faszinierenden vertieften Einblick gewinnen, wie heute (und erst recht heute) um eine aktuelle Rezeption des grundlegenden Charakters der Philosophie *Platon*s gerungen wird, in seiner unverzichtbaren Bedeutung bis in unsere heutige Zeit. In diesem Kapitel fasst *Popper* seine Gedanken letztendlich zusammen in *„Platons Geometrisierung der Arithmetik, zu Kosmologie im Allgemeinen und zu seiner Ideenlehre".*[271]

Die erste Krise in der Mathematik war entstanden, als die bis dahin vorherrschende pythagoreische Zahlentheorie an ihre Grenzen geriet.[272] *Platon* schildert zunächst, wie die Griechen Länge, Breite und Höhe messen. Dann gibt es geometrische Figuren, die im Sinne der pythagoreischen Arithmetik nicht messbar sind. Wohl das erste Mal ist die Irrationalität als eine nicht messbare Größe bei der Diagonale eines Quadrates und dann bei der Diagonale eines Würfels aufgefallen. Sehr einfach ist die Herleitung durch Anwendung des Satzes des *Pythagoras.* Der war aber vermutlich weder *Pythagoras* noch *Platon* bekannt. Rechtwinklige pythagoreische Dreiecke konnten mit natürlichen oder rationalen Zahlen (Brüche aus ganzen Zahlen) berechnet werden. *Popper* entwickelte diese Formel

$$[2n+1] : [2n(n+1)] : [2n^2+2n+1] \quad \Big(n = 1, 2, 3, \cdots, n \in \mathbb{N} \tag{1.18}$$

Sie wird etwa erfüllt durch die bekannten Zahlentripel (3:4:5 für n = 1), (5:12:13 für n = 2), (7:24:25 für n = 3) usw. Ein solches rationales Zahlentripel kann aber nicht etwa für rechtwinklige Dreiecke gefunden werden, die in einem Quadrat der Kantenlänge 1 gebildet werden. Die Länge der Diagonale wird hier als nicht messbar mit der Quadratwurzel von 2 gedeutet. Damit ist sie die wohl als erste bekannte irrationale Zahl. In der platonischen Theorie spielen die irrationalen Zahlen $\sqrt{2}$ und $\sqrt{3}$ eine große Rolle. Sie sind wichtig, insbesondere in der Theorie der Dreiecke, mit denen die platonischen Körper („Primärkörper") zusammengesetzt konstruiert werden sollen (ausführlich und detailliert

[269] Bell, E. T. [1967], p. 538.

[270] Popper, Karl R. [1998/2005], pp. 326–353. Dieses Kapitel über *Platon und die Geometrie* ist wesentlich umfangreicher als die im vorliegenden Buch zitierten Aussagen und Ergebnisse. Die Lektüre kann sehr empfohlen werden. Faszinierend ist der Einblick, den *Popper* in sein Denken erlaubt: Sein Denken kommt nicht an ein Ende, es entwickelt sich weiter, neue Ideen kommen dazu, werden angelesen, verfestigen sich, werden hinterfragt, in folgenden Veröffentlichungen weitergegeben.

[271] Popper, Karl R. [1998/2005], p. 339.

[272] Fraenkel, A. A: [1959], p. 334.

im *Timaios* (53 a-e), Bedeutung ausführlich diskutiert bei *Popper*[273]). *Platon* wusste (etwa im *Theaitetos* 148b), es würde unendlich viele irrationale Zahlen geben.[274]

Im Dialog *Hippias Major* (und anderen früheren Dialogen) wählte *Platon* eine verklausulierte Bezeichnung für die irrationalen Zahlen. Der Begriff ἄῤῥητος (arrhetos – ungesagt, unausgesprochen, unbeschreiblich, geheimnisvoll, geheim) steht für das Geheimnis, das *Platon* mit der Entdeckung der irrationalen Zahlen noch für sich behält. In den Übertragungen wird ἄῤῥητος sowohl im Lateinischen wie in anderen Sprachen interpretatorisch als „irrational" wiedergegeben. Der von *Platon* zunächst gewünschte geheimnisvolle überraschende Charakter der irrationalen Zahlen wird dadurch verwischt.

Hippias Major (303 b/c, 43–47) (Kopien aus: *Edition Platonis Opera* [2005])

> … οὐδὲν κωλύει, ὥσπερ ἀρτίων τινῶν ἀμφοτέρων τάχα μὲν ἑκάτερα περιττὰ εἶναι, τάχα δ' ἄρτια, καὶ αὖ ἄρρητον ἑκατέρων ὄντων τάχα μὲν ῥητὰ τὰ συναμφότερα εἶναι, τάχα δ' ἄρρητα, καὶ ἄλλα μυρία τοιαῦτα, ἃ δὴ κἀγὼ ἔφημι ἐμοὶ προφάνεσθαι· …
>
> … Vel an nihil prohibet ita contingere, ut in paribus et irrationalibus accidit, ibi amo aliquando paria sunt, imparia utraque, etaliquando paria, necnon ubi utraque interdum irrationalia sunt, ambo rationalia, et interdum irrationalia: aliaque hujus generis plurima quae mihi occurrere dixeram? …
>
> ... Oder hindert nichts, dass es hiermit so stehe, wie bei den Zahlen, bei denen, wenn zwei zusammen gerade sind, jede für sich bald ungerade bald gerade sein kann, und andererseits, wenn jede für sich irrational ist, beide zusammen doch bald rational bald irrational sein können und Tausenderlei anderes der Art, was mir, wie ich seiner Zeit sagte, vorschwebte? (Übersetzung aus *Der größere Hippias,* in PLATON [1998]).

Hier gibt es Erklärungsbedarf: Rationale Zahlen sind charakterisiert durch gerade und ungerade. Wenn zwei Zahlen zusammen gerade sind (Addition oder Subtraktion), kann jede für sich gerade oder ungerade sein. *Platon* überträgt diese Eigenschaft auf die rationalen und irrationalen Zahlen: Wenn jede für sich irrational ist, könnten beide zusammen rational bald irrational sein. Diese Übertragung von gerade und ungerade auf rational und irrational ist nicht erlaubt. *Platon* ist sich offenbar der Ausschließlichkeit dieser beiden Zahlenarten (zunächst?) nicht bewusst. *Popper* versucht *Platon* mit folgender Annahme zu verstehen: „$2-\sqrt{2}$ ist irrational. Dagegen ist $2-\sqrt{2}+\sqrt{2}$ rational." Ob das wirklich so gemeint ist?

Um die Erkenntnis der irrationalen Zahlen bekannt zu machen, geht *Platon* in späteren Dialogen didaktisch voran: Bevor man die irrationalen Zahlen begreifen kann, muss man erst mal zählen lernen und gerade und ungerade Zahlen voneinander unterscheiden lernen. Der Schüler muss zunächst die Zahlenlehre (Arithmetik) beherrschen. Dies schreibt *Platon* wiederholt in verschiedenen Dialogen. Das weist darauf hin, dass die Entdeckung der Irrationalität *Platon* nachhaltig und als etwas ganz Besonderes beschäftigt hat. Im siebten Buch der Gesetze wird diese Problematik ausführlich und mit Nachdruck angesprochen:

---

273 POPPER, KARL R. [1998/2005], p. 333–334.

274 Vgl. POPPER, KARL R. [1998/2005], p. 332.

Nomoi (Z, 818c): (Kopie aus: PLATON [1991] it 1409)

πολλοῦ δ' ἂν δέησειεν ἄνθρωπος γε θεῖος γενέσθαι μήτε ἓν μήτε δύο μήτε τρία μήθ' ὅλως ἄρτια καὶ περιττὰ δυνάμενος γιγνώσκειν, μηδὲ ἀριθμεῖν τὸ παράπαν εἰδώς, μηδὲ νύκτα καὶ ἡμέραν διαριθμεῖσθαι δυνατὸς ὤν, σελήνης δὲ καὶ ἡλίου καὶ τῶν ἄλλων ἄστρων περιφορᾶς ἄπειρος ἔχων.

Und wie weit ist nun nicht ein Mensch davon entfernt in solcher gottähnlichen Weise zu wirken, der nicht weiß was Eins und Zwei und Drei und überhaupt was Gerade (ἄρτια) und Ungerade (περιττὰ) ist, der überall nicht zu zählen und Tag und Nacht nicht zu berechnen versteht und des Laufes der Sonne und des Mondes und der übrigen Gestirne unkundig ist.

Jetzt kommt *Platon* zu den im Sinn der pythagoreischen Arithmetik „nicht messbaren Größen“, also in unserer heutigen Sprechweise der irrationalen Zahlen:
Nomoi (Z, 820a – 820b): (Kopie aus: PLATON [1991] it 1409)

Μῆκος τε, οἶμαι πρὸς μῆκος, καὶ πλάτος πρὸς πλάτος, καὶ βάθος

ὡσαύτως δυνατόν εἶναι μετρεῖν φύσει. ... Εἰ δ' ἔστιν μήτε σφόδρα μήτε

ἠρέμα δυνατὰ ἔνια, ἀλλὰ τὰ μὲν, τὰ δὲ μή, σὺ δὲ πάντα ἡγῇ, πῶς οἴει πρὸς ταῦτα διακεῖσθαι; Δῆλον ὅτι φαύλως. Τί δ' αὖ μῆκος τε καὶ πλάτος πρὸς βάθος, ἢ πλάτος τε καὶ μῆκος πρὸς ἄλληλα; [ὥστε πῶς] ἆρ' οὐ διανοούμεθα περὶ ταῦτα οὕτως "Ἕλληνες πάντες. ὡς δυνατὰ ἔστι μετρεῖσθαι πρὸς ἄλληλα ἁμῶς γέ πως; ... Εἰ δ' ἔστιν αὖ μηδαμῶς μηδαμῇ δυνατά, πάντες δ', ὅπερ εἶπον, Ἕλληνες διανοούμεθα ὡς δυνατὰ, μῶν οὐκ ἄξιον ὑπὲρ πάντων αἰσχυνθέντα ....

Es dünkt dich nämlich, denke ich, dass es möglich sei Länge gegen Länge und Breite gegen Breite und auch die Tiefe (Höhe) ihrer Natur nach zu messen. ... Wenn es nun einige Fälle gibt, in denen dies nicht gar sehr, ja nicht einmal gar schwer, sondern überhaupt ganz und gar nicht möglich ist und es vielmehr nur in gewissen Fällen angeht, in anderen aber nicht und du dennoch von allen es glaubst, wie meinst Du dass es da mit dir in Bezug darauf bestellt sei? – Offenbar schlecht. – Und nun ferner, denken wir Griechen nicht alle, dass Länge und Breite gegen Tiefe (Höhe) oder Länge und Breite gegeneinander irgendwie messbar sei? ... Wenn dies nun aber wiederum auf keine Weise möglich ist und die Griechen doch, wie gesagt, alle denken, dass es möglich sei, hat man da nicht Grund, sich in ihrer aller Namen zu schämen ...? (Übersetzung: in PLATON [1991])[275]

Einige Verse danach kommt *Platon* nochmals sehr energisch darauf, den Unterschied zwischen messbaren und nicht messbaren geometrischen Größen präzise zu begreifen:
Nomoi (Z, 820c): (Kopie aus: PLATON [1991] it 1409)

Τὰ τῶν μετρητῶν τε καὶ ἀμέτρων πρὸς ἄλληλα ἥτινι φύσει γέγονεν.

Ταῦτα γὰρ δησκοποῦντα διαγιγνώσκειν ἀναγκαῖον ἢ παντάπασιν εἶναι φαῦλον, ...

[275] Interpretatorische Übersetzungen des Wortes βάςθος verwenden im Deutschen häufig den Begriff „Tiefe“. Jedoch ist nach dem Wörterbuch auch der Begriff „Höhe“ möglich, wodurch der dreidimensionale Ansatz *Platons* offensichtlich sinnvoller beschrieben werden kann.

> Welche Beschaffenheit etwas haben muß, um gegeneinander meßbar und welche es nicht zu sein. Denn entweder muss man Beides gründlich zu unterscheiden verstehen oder man ist durch und durch ein Pfuscher … (Übersetzung: in PLATON [1991]).

Mit dem „Nicht-Messbaren" ist das Irrationale angesprochen. Die Geometrie setzt also das Irrationale voraus: „*Platon* war einer der ersten, der eine spezifisch geometrische Methode entwickelte." *Popper* fasst diese Stelle in den Gesetzen in der Aussage zusammen: „Arithmetik setzt die Bedeutung von ‚gerade' und ‚ungerade' voraus, Geometrie die von ‚irrational.'"[276]

Hier kommt *Popper* zu einer sehr interessanten Einsicht:[277] Die Tafel am Eingang zur Akademie mit dem Ausspruch „Μηδεὶς ἀγεωμέτρητος εἰσίτω". Mit „Geometrie" wird hier die neue allgemeine Geometrie verstanden, welche die pythagoreische Arithmetik verdrängt. Wer also nur die pythagoreische Arithmetik beherrscht, braucht sich nicht einzubilden, in die Akademie aufgenommen zu werden.

Besonders wichtig ist folgende Aussage: Die geometrische Erkenntnis bezieht sich auf das ewig Seiende:

Politeia (527 b): (Kopie aus: PLATON [2023] it 1409)

> Ὡς τοῦ ἀεὶ ὄντος γνώσεως, ἀλλὰ οὐ τοῦ ποτὲ τι γιγνομένου καὶ ἀπολλυμένου .... τοῦ γὰρ ἀεὶ ὄντος ἡ γεωμετρικὴ γνῶσίς ἐστιν.
>
> Dass es dabei um die Erkenntnis des ewig Seienden geht, und nicht um das Werdende und Vergehende... Denn die Geometrie ist die Erkenntnis des ewig Seienden.
>
> (Übersetzung in PLATON [2023], p. 609)

Dies kann als eine zentrale Aussage der platonischen Auffassung der Mathematik gedeutet werden: Die Geometrie ist nicht von dieser Welt. Sie ist ewig seiend.

In der Erziehung der Jugend für einen gesunden Staat ist die Geometrie (also im antiken Sinn die Mathematik unter Berücksichtigung der irrationalen Zahlen) von fundamentaler Bedeutung. Als viertes Lehrfach zur Erziehung der Jugend folgt auf die Geometrie die Astronomie:

Politeia (528): (Kopien aus: *Edition Platonis Opera* [2005])

> ... ἑξῆς γὰρ οὖσαν τὴν βάθους αὔξησιν μέθοδον, ὅτι τῇ ζητήσει γελοῖος ἔχει, ὑπεράδας αὐτὴν μετὰ γεωμετρίαν ἀστρονομίαν ἔλεγεν, φορῶν οὖσαν βάθους.
>
> … Enimvero dum propero, inquam, celeriter omnia persequi, retardor potius; nam proxime positam eam, quae altitudinis incrementum tractat, quia ridicule tractat, disciplinam, quia ridicule tractaur, praetergressus post geometriam astrologiam posui, quae in altitudinis motu versatur. …

---

[276] POPPER, KARL R. [1998/2005], p. 329.

[277] POPPER, KARL R. [1998/2005], p. 330, 338.

> … Denn während eigentlich die Behandlung der Tiefenausdehnung folgen musste, übersprang ich sie doch, weil es da mit der Forschung noch so kümmerlich steht, und nannte gleich nach der Geometrie die Astronomie, die ja schon eine Bewegung in der Tiefendimension ist. … (Übersetzung ins Deutsche in PLATON [2023], p. 613).[278]

Mit „kümmerlich" bezieht sich Platon offenbar auf die noch dürftigen, unvollständigen, erst im Entwickeln befindlichen Forschungen zum Thema Irrationalität.

Vermutlich hat *Platon* auch die interessante Näherungsformel für die Kreiszahl gefunden:

$$\sqrt{2} + \sqrt{3} = 3.146264...... \approx \pi \quad . \tag{1.19}$$

Ein Nachweis zur Bestätigung dieser Vermutung lässt sich nicht direkt in den Dialogen finden. Die Hypothese scheint plausibel. Die oben zitierte Stelle aus dem Hippias Major zeigt das große Interesse *Platons,* auch irrationale Zahlen zu addieren. Allerdings war *Platon* offenbar nicht imstande herauszufinden, ob dieser Ausdruck nur eine Näherung ist.[279]

Popper ist zu der Einsicht gekommen, *Platon* hätte die beiden ihn brennend interessierenden irrationalen Zahlen $\sqrt{2}$, $\sqrt{3}$ nicht in seine kosmologische Theorie eingeführt, *„wäre er nicht darauf bedacht gewesen, gerade diese beiden Irrationalitäten als nicht weiter auflösbare Elemente in seine Weltanschauung einzubauen".*[280]

Popper gibt schließlich folgende Zusammenfassung der Bedeutung *Platons* für die Entwicklung der Geometrie (Mathematik):[281]

1. Die Entdeckung der Irrationalität der Quadratwurzel von 2, die den Zusammenbruch der pythagoreischen Vorstellungswelt bewirkte, wonach vermutlich alles Wissen in Geometrie und Kosmologie auf Arithmetik zurückzuführen sei, verursachte die erste Krise der Mathematik.
2. *Euklids* Elemente sind der letzte Vorstoß der platonischen Schule, die erste Krise der Mathematik zu meistern, indem sie die gesamte Mathematik und Kosmologie auf der Basis der Geometrie rekonstruierte, um das Problem der Irrationalität systematisch und nicht nur ad hoc zu behandeln, und damit die pythagoreische Vorstellungswelt der Arithmetisierung umkehrte.

---

[278] Auch an dieser Stelle wird βάθος mit „Tiefendimension" interpretiert. Gemeint kann doch nur sein, die Astronomie beschäftigt sich mit Objekten und Bewegungen in der Höhe, d. h. der 3. Dimension. Mit „kümmerlich" ist wohl gemeint, dass die Forschung um die irrationalen Zahlen zu dieser Zeit immer noch nicht genügend entwickelt war.

[279] POPPER, KARL R. [1998/2005], p. 334–335.

[280] POPPER, KARL R. [1998/2005], p. 331 und p. 334, Abb. 1.6 und 1.7.

[281] POPPER, KARL R. [1998/2005], p. 337–338.

3. Es war *Platon,* der zuerst das Lösungskonzept entwarf, das später von *Euklid* weiterentwickelt wurde. *Platon* ist von zentraler vermittelnder Bedeutung beim Übergang von der älteren überholten pythagoreischen Methode zu der des *Euklid.*
4. Es war *Platon,* der zuerst die Notwendigkeit der Rekonstruktion erkannte.
5. Es war *Platon,* der die Geometrie als Grundlage der Mathematik erwählte und die geometrische Methode der Verhältnisbildung als neue Methode.[282]
6. Es war *Platon,* der das Konzept der Geometrisierung der Mathematik entwarf, das Arithmetik, Astronomie und Kosmologie umfasste.
7. Es war *Platon,* welcher der Begründer des geometrischen Weltbildes war und damit zum Begründer der modernen Naturwissenschaft wurde – der Wissenschaft eines *Kopernikus, Galilei, Kepler* und *Newton.*[283]
8. Die kosmische Ordnung ist eine geometrische Ordnung.[284]

Ein zentraler Gedanke *Platons* ist das „rechte Maß", in seinen Gesetzen und in seiner gesamten Philosophie zu betonen. Zwei (willkürliche) Beispiele aus den Gesetzen zur Erläuterung:

> παρεῖς τὸ μέτριον
>
> Die richtigen Maßverhältnisse (Nomoi 691 c)
>
> τοῦτ' οὖν εὐλαβηθῆναι γνόντας τὸ μέτριον μεγάλων νομοθετῶν
>
> Dem (der falschen Anwendung) nach Erkenntnis des richtigen Verhältnisses vorzubeugen ist die Aufgabe großer Gesetzgeber (Nomoi 691 d).

Das richtige Maßverhältnis gilt nach *Platon* offenbar in allen Lebensbereichen: hier etwa bei der Ausrüstung eines Schiffes und der Beschränkung der Königsgewalt auf das rechte Maß,[285] in der Geometrie, in der Baukunst usw.. Das ideale Maß, oder wie es später genannt wurde, das goldene Maß (der Goldene Schnitt, die goldene Zahl), ist vermutlich seit langer Zeit bekannt. Eine explizite Stelle bei Platon ist nicht bekannt, in der er auf dieses goldene Maß verweist. Da *Euklid* erstmals eine mathematische Formulierung des Goldenen Schnitts gelungen ist,[286] er aber die geometrischen Vorstellungen *Platons* zur Vollendung gebracht hat, ist es naheliegend zu vermuten, *Platon* könne mit dem richtigen Maß u. a. auch den Goldenen Schnitt gemeint haben.

---

[282] Vgl. Formel (1.17).

[283] Leider fehlt in dieser Aufzählung *Leibniz* (siehe Abschn. 2.5 auf Seite 337).

[284] POPPER, KARL R. [1998/2005], p. 339, Zitierung nach Platons Dialog Gorgias (508a).

[285] PLATON [1991] Nomoi III, 2.3.3.4.1 (p. 231).

[286] Abschn. 1.6.4 auf Seite 110, siehe Formel (1.29).

Dazu sei auf Zahlenverhältnisse ähnlicher Art hingewiesen, wie sie *Platon* etwa im Timaios ausgeklügelt untersuchte.[287] Es seien drei Zahlen a, b, c gegeben, die aus verschiedenen Faktoren entstanden sein können, oder Quadratzahlen. *Platon* untersuchte die folgenden Proportionen mit gleichen mittleren Parametern:

$$a^2 : ab = ab : b^2 \text{ z. B. } 4 : 6 = 6 : 9 \text{ oder } 25 : 35 = 35 : 49 \tag{1.20}$$

Von hier ist es nicht weit zu der Proportion

$$b : a = a : (b - a) \quad . \tag{1.21}$$

Das ist aber nichts anderes als der Goldene Schnitt.[288] In der betreffenden Stelle im Timaios (Tim 23 a) untersuchte *Platon* noch die ähnliche, aber aufwendigere Proportion:

$$a^3 : a^2b = a^2b : ab^2 = ab^2 : b^3 \text{ z. B. } 8 : 12 = 12 : 18 = 18 : 27 \tag{1.22}$$

Diese Proportion kann abstrahiert werden:

$$A : B = B : C = C : D \quad . \tag{1.23}$$

Mit den geometrischen Figuren im Timaios[289] und den in den Gesetzen untersuchten Proportionen hat Platon offensichtlich den Weg zur mathematischen Modellierung gewiesen.

Anmerkung Im Zusammenhang mit der platonischen Geometrisierung der natürlichen Bewegungen, insbesondere in der Astronomie, soll auf Überlegungen *Popper*s im Rahmen seiner „Logik der Forschung“ aufmerksam gemacht werden.[290] Im Abschnitt „39. Die Dimension einer Kurvenklasse“ versucht *Popper* den Fortschritt des Wissens mit der Methode der Falsifizierung zu begründen. Ausgehend von der Geometrie der Kegelschnitte erwähnt *Popper,* der Kreis sei eine Form der Ellipse. Gewiss, aus der mathematischen Beschreibung einer Ellipse kann durch spezielle Wahl der geometrischen Parameter ein Kreis auf eine Ellipse zurückgeführt werden. Jedoch ist im Zusammenhang mit der Herleitung der *Kepler*'schen Planetengesetze die Zurückführung auf eine Falsifizierung der Kreishypothese methodologisch falsch. *Kepler* hatte die de revolutionibus der *Kopernikus* sorgfältig studiert. Dabei war ihm auch die kopernikanische Aussage, die Planeten bewegen sich nicht auf Kreisbahnen, bekannt.[291] *Kepler* ging „in seinem Kriegszug gegen den Mars“ mit systematischer Untersuchung der Beobachtungen und von den kopernikanischen

[287] Platon [1992] Timaios 23 a (Hinweis zur Interpretation p. 198, dort finden sich die hier zitierten Formeln und numerischen Beispiele).

[288] Siehe im *Euklid*-Abschnitt, Formel (1.29).

[289] Siehe Abschn. 1.3.5 ab Seite 49.

[290] Popper, Karl R. [1934/2005], pp. 100–114.

[291] Siehe in Abschnitt 1.9.3 ab Seite 227, insbesondere Abb. 1.60 auf Seite 236.

Ergebnissen aus, niemals also von der Kreisbewegung. Den ersten Durchbruch brachte die Entdeckung des Distanzgesetzes[292] und darauf aufbauend die systematische Erarbeitung der Planetentheorie. Eine erfolgreiche Methodik *Keplers* bestand im Erstellen einer Theorie, die er dann zu verifizieren oder zu falsifizieren suchte. Basierend auf dem Distanzgesetz war es die Annahme der Eikurve als Bahnkurve. Diese konnte *Kepler* dann falsifizieren. Das in der Literatur bekannteste Beispiel ist die von *Kepler* selbst sogenannte hypothesis vicaria (stellvertretende Hypothese). Wie wir heute wissen, ist es nicht möglich, aus einer („ungestörten, gleichförmigen") Kreisbewegung auf eine „wahre" zu kommen. Die Theorie der „Kreisbewegung" (Kreishypothese) ist also philosophisch nett, bahnmechanisch sinnlos: Eine Kreisbewegung kann nie als eine „Anpassungskurve" beliebiger Bewegungen gewählt werden.[293]

1.3.9.2 Platoniker in der modernen Mathematik

Etwa 2000 Jahre nach *Platon* (und *Aristoteles*) wurden manche der philosophisch-mathematischen Probleme und Lösungsansätze wieder (oder immer noch oder endlich) aufgegriffen und hinterfragt. Durch die Entdeckung der Mengenlehre durch *Georg Cantor* konnten viele mathematische Probleme auf eine neue Begründung gestellt werden.[294] Jedoch traten zunächst neue Antinomien auf, die mühsam geklärt werden mussten. Hier denken wir an *Zenon*s Paradoxien, mit denen offensichtliche Gewissheiten der pythagoreischen Arithmetik infrage gestellt worden waren. *„Zenon und Eudoxos stehen zeitlich nicht so fern zu Cantor und anderen, wie die zweieinhalb Jahrtausende, welche die heutige mathematische Welt vom alten Griechenland trennen, vermuten lassen könnten."*[295] Die einzigartige Bedeutung *Platon*s zeigt sich nach wie vor in der heutigen Mathematik. Aus Sicht der modernen Philosophie der Mathematik darf im Zusammenhang mit dem Weltbild *Platon*s erwähnt werden: Es gibt zwei (unversöhnliche) Metatheorien, welche die Grundlage der Mathematik beschreiben: Sie lassen sich schlagwortartig kurz charakterisieren:

1. Die Platoniker *entdecken* mathematische Formeln, Begriffe, Aussagen.
2. Die Intuitionisten *erfinden* mathematische Formeln, Begriffe, Aussagen.

Die Platoniker stützen sich auf das hier beschriebene Weltbild *Platon*s: Die Mathematik ist Teil der Welt der Ideen. Alle Mathematik ist dort vorhanden, sie muss „nur" gefunden

[292] Siehe Formel (2.2) in Abschnitt **2.3.2** auf Seite 305; detailliert auch in: Rectilinear Motion in JOCHIM, E. F. M. [2016-a].

[293] JOCHIM, E. F. M. [2015], 'The Circle will Now be Closed, finally (On the Inability to Adapt Circular Motions)'.

[294] CANTOR, GEORG [1932].

[295] BELL, E. T. [1967], p. 535.

werden. *Kurt Gödel* kann zu den Platonikern gezählt werden.[296] Für ihn *„beschreiben die Axiome der Mengenlehre eine gewisse Realität"*.[297] „Die Metamathematik führte zu dem Resultat (Gödel 1931), dass jedes Kalkül, das eine Formalisierung der Arithmetik enthält, unvollständig ist (d. h. für manche Formel A ist weder A noch Non-A ableitbar)."[298]

Wir wollen im Zusammenhang mit diesem Buch nur schlagwortartig einige Lösungen alter Probleme mit der Zahlentheorie zusammenstellten, die *Cantor* mit der Einleitung der Mengenlehre gelungen sind:[299]

Cantor:[300] 1. Die algebraischen (irrationalen) Zahlen sind wie die rationalen Zahlen abzählbar. 2. Die transzendenten Zahlen sind nicht abzählbar. 3. Transzendente Zahlen sind nicht konstruierbar.[301] 4. Positive Theorie der Unendlichkeit (unendliche Mengen).

Die Intuitionisten lehnen den Platonismus in der Mathematik vehement ab: Ein führender Intuitionist war *Henri Poincaré*: Mathematik kann erdacht, erfunden werden. Bezeichnend ist der Ausspruch des Intuitionisten *Leopold Kroneckers,* der als der erste moderne Intuitionist bezeichnet wird (um 1880):[302] *„Die natürlichen Zahlen hat der liebe Gott gemacht, alles andere ist Menschenwerk."* Der schärfste Vertreter des Neointuitionismus war *Luitzen Egbertus Jan Brouwer*.[303] Aufsehenerregend ist seine Ablehnung des aristotelischen Satzes vom ausgeschlossenen Dritten (tertium non datur). Dieser könne nur auf endliche Mengen angewandt werden. Er durchdenkt die Grundlagen von Mathematik und Logik kritisch (und provokativ). Für ihn ist Mathematik „gedankliche *Konstruktion. Die Rolle der Sprache wird ausdrücklich bagatellisiert*": *„... die Krücke der Sprache sei nur nötig zum Austausch von Gedanken und stelle ein vages und steten Missverständnissen ausgesetztes Hilfsmittel dar – auch in ihren symbolischen Formen, da jeder Symbolismus die Erklärung in einer natürlichen Sprache voraussetzt."*[304]

Die intuitionistischen Schulen werden von dem durch *David Hilbert* gegründeten Kreis *als destruktiv abgelehnt:*[305] *„Die Intuitionisten werfen den Hauptteil der modernen Mathematik über Bord."*[306]

---

296 Siehe etwa in dem schönen, fundierten Buch von GOLDSTEIN, REBECCA [2005].

297 Siehe in FRAENKEL, ABRAHAM A. [1959], p. 342.

298 LORENZEN, PAUL [1969], p. 2.

299 BELL, E. T. [1967], pp. 528–529; grundsätzlich in: FRAENKEL, ADOLF [1928].

300 CANTOR, GEORG [1932].

301 BELL, E. T. [1967], p. 529.

302 FRAENKEL, A. A: [1959], p. 343.

303 https://link.springer.com/chapter/10.1007/978-3-662-63714-2_8 in Einführung in die Philosophie der Mathematik von *Jörg Neuhäusener* [2011], https://link.springer.com/book/10.1007/978-3-662-61389-4 [2020] mit Arbeiten *L. E. J. Brouwers.* Siehe auch: BELL, E. T. [1967], p. 537.

304 FRAENKEL, A. A: [1959], p. 346.

305 FRAENKEL, A. A: [1959], p. 353.

306 FRAENKEL, A. A. [1959], p. 356; Hinweis auf die sehr umfangreiche Literatur zu diesem Themenkreis etwa in A. A. FRAENKEL [1959] und in zahlreichen Wikipedia-Artikeln zum Themenkreis Intuitionismus.

Wir können in diesem Zusammenhang schließlich einen Eindeutigkeitssatz vorschlagen: Erfinden könnte zu mehreren Ergebnissen führen. Aber Mathematik ist eindeutig. Ein wichtiges Hilfsmittel sind daher Sätze der Widerspruchsfreiheit.[307]

1.3.10 Würdigung der Bewegungslehre Platons

Die Nachwirkung *Platons* ist zwiespältig. Die von *Platon* gegründete Akademie ist mit ihrer über 1000-jährigen Kontinuität die je am längsten existierende Philosophenschule. Allerdings war eine schöpferische originäre philosophische Weiterentwicklung innerhalb dieser Schule nur beschränkt möglich. *Platons* bedeutendster Schüler *Aristoteles* verließ daher auch die Akademie, um in einer eigenen Schule sein eigenes Denkgebäude errichten zu können.

Platons Entdeckung der Welt der idealen Urbilder und ihre Auszeichnung gegenüber der physikalischen Bildwelt wurde in der Folgezeit als Geringschätzung der körperlichen Dingwelt missdeutet. Die daraus folgende Ablehnung der naturwissenschaftlichen Experimente wirkte bis ins 17. Jahrhundert nach Christus nach und wurde erst in der Zeit von *Tycho Brahe, Kepler, Galileo, Ch. Huygens* überwunden. Es ist bemerkenswert, dass *Kepler* und *Galileo* sich explizit auf *Platon* beriefen. Die durch sie begründete Physikalisierung der Bewegung darf durchaus als Naturphilosophie (im heutigen Sprachgebrauch Naturwissenschaft) im Sinne *Platons* verstanden werden. Die Auszeichnung der Gestirne als beseelte göttliche Wesen hatte indirekt die verhängnisvolle Einführung der Astrologie nach Griechenland zur Folge. Damit wurde allerdings auch die Ethik *Platons* vollständig pervertiert: Er forderte nämlich die Eigenverantwortlichkeit der Menschen.

Man darf die platonische Planetentheorie nicht damit abtun, *Platon* habe die Planeten als „Götter" bezeichnet. *Platon* steht ja in bekannter scharfer Ablehnung zu dieser allzu menschlichen Götterwelt *Homers*. Für *Platon* sind die Planeten wie die anderen Himmelskörper gewaltige (materielle) Körper. Wegen ihres übermenschlichen Charakters werden sie als „Götter" bezeichnet. Die Seelen dieser Körper haben nichts anderes als die Aufgabe, die Bewegungen dieser Körper anzuregen, zu erhalten und zu kontrollieren (*Platon* formulierte zum Beispiel: Der dem Merkur heilige Planet ...).

Platons Weltbild ist einzigartig durch seine in sich abgerundete Organik, seine Harmonie, der philosophische Höhepunkt der Antike, die bewundernswerte Synthese aller vorherigen Ideen und Tendenzen. Die Philosophie *Anaximanders*, der Urgrund des Seins, das Apeiron, wird von *Platon* auf das wahre Seiende, die ewig unveränderliche Welt der Ideen zurückgeführt. *Platon* integrierte die Ideen der Pythagoreer, Seinsbestimmung von Harmonie und Zahl. *Alkmaion* wurde der wahre Vorläufer des *Timaios*, ewiger Kreislauf der Gestirne, Analogie menschlicher Seele und Weltseele. *Platon* ersetzte die Überwindung des Gegensatzes von Sein und Werden der Eleaten durch Verbindung der materiellen

---

307 Lorenzen, Paul [1969], p. 2; Fraenkel, A. [1928], p. 356: *Über die Widerspruchsfreiheit eines Axiomensystems.*

mit der ideellen Welt. *Platon* integrierte *Empedokles* durch die Systematisierung der vier Elemente. Die Atomisten (Zufall und Wirbel) werden bei *Platon* durch den sinnvollen Plan nach idealen = geistigen Urbildern ersetzt, es kann nur eine Welt geben, der Kosmos ist ein beseeltes lebendiges Wesen. Schließlich findet der Geist [νοῦς] des *Anaxagoras* im Demiourgen *Platons* seine abschließende Verkörperung.[308]

Bemerkenswert an der Methodik *Platons* ist, es werden keine abgeschlossenen oder abschließenden Lehrgebäude errichtet. Vielmehr werden in den Dialogen die Probleme mit tiefem Verständnis durchdacht und Lösungswege bedacht. *Platon* präsentiert keine fertigen, zementierten Lösungen. Er sagt nicht, so ist es, er sagt vielmehr: Diese und jene Meinungen können falsch sein, er macht Gegenvorschläge zur Lösung eines so aufgeworfenen Problems. Er öffnet das Fundament zum eigenständigen Weiterdenken, die Freiheit und Offenheit des Geistes ist von höchster Priorität. Der Mensch ist in ständigem Suchen nach der wahren Erkenntnis, er muss in ständigem Suchen sein, denn seine Sinnesorgane sind nicht geeignet, die wahre Wirklichkeit zu erfassen. Doch in ständigem Nachdenken, durch die Kraft seines Geistes, kann er der Erkenntnis des Wahren immer näher kommen. Auch dies mag uns als ein Vorgang von Anpassung erscheinen.

Das Denken *Platons* über den Bewegungsbegriff ist von überraschender Aktualität und Wichtigkeit. Es erscheint konsequenter und innovativer als das Denken aller anderen griechischen Philosophen zu diesem Thema. Physikalische Erkenntnis setzt kreatives *Vordenken* voraus. Erst kommt die Idee, dann der Erkenntnisvorgang in der physikalischen Realität, welcher die Idee fixieren muss.

1.3.11 Folgerungen aus der Bewegungslehre Platons

Die Seele als das sich selbst Bewegende ist der Urgrund aller geordneten Bewegung. Die geordnete Bewegung ist der mathematischen Beschreibung offen. Durch *Platon* wird die Mathematik transzendiert. Die Bewegung der Himmelskörper ist dem scharfen mathematischen Denken und der der irdischen Erfahrung entstammenden Berechnungsweise zugänglich. Die transzendierte „höherdimensionale" Welt, wie im Höhlengleichnis geschildert, ist nur mit mathematischer Beschreibung fassbar, sinnlich nicht vorstellbar. Das physikalische Experiment ist *Platon* fremd, da es in der Körperwelt stattfindet, der mit ihrem Werden und Vergehen kein Sein im eigentlichen Sinn zukommen kann.

Im Zusammenhang mit Reflexionen über den Bewegungsbegriff bleibt es das einzigartige Verdienst *Platons,* die Mathematisierbarkeit der Bewegung der Himmelskörper ermöglicht zu haben.

Basierend auf der Ideenlehre können wir folgern: Die Dingwelt *erscheint* uns. Um die Welt in ihrer Wirklichkeit erfassen zu können, müssen wir versuchen, den Schein zu durchdringen, um zum wahren Sein vorzudringen. Letztlich, so wird *Platon* feststellen, kann das wahre Sein nur in abstrakter mathematischer Darstellung beschrieben werden,

[308] Nach EKSCHMITT, W. [1989], p. 113, und SKEMP, J. B. [1942], Ch. III.

als Formulierung einer Hypothese, ausgehend von den beobachteten Erscheinungen der physikalisch-realen Welt, aber doch gerade über diese hinausweisend. Somit ist es offenbar *Platon,* der die „griechische Tradition des Gegensatzes von Mechanik (= Kunst) und Natur, und von physikalischer Wissenschaft und mathematischer Kunst"[309] begründete. Das ist jenes Spannungsfeld, das plakativ als Gegensatz von Sein und Schein bezeichnet werden kann, in dem allein der, der diese Spannung aushält, wahren wissenschaftlichen Fortschritt bringen kann.

Platon wurde in der späteren Zeit und in manchen Kreisen offenbar bis heute falsch verstanden, als würde er nur die Welt der Ideen als reale Welt ansehen. Dies wird in elementarer Weise in der Bewegungslehre der Himmelskörper sichtbar. Wir sehen zwar die Bewegung der Himmelskörper, aber nur ihre *scheinbaren* Bewegungen. Auf die *wahren* Bewegungen müssen wir auf mathematischem Weg schließen. In diesem Zusammenhang gilt also die Aussage: „Physik ist allein über die Mathematik als Abbild erfassbare Ontologie der Ideen."[310] Die harmonischen (= wahren) Bewegungen der Himmelskörper existieren nur im ideellen mathematischen Bereich und können auch nur dort erkannt werden. Sie haben keine materielle Ursache, sie sind im stofflichen Bereich nicht erkennbar und nicht nachprüfbar. Die mathematische Darstellung betrifft einen übersinnlichen Bereich und dient der Erkenntnis, sie kann dann auch nicht von der empirischen Astronomie, welche der Praxis dient, widerlegt werden.

Da die Himmelskörper vollkommen sind, müssen sie sich nach *Platons* Meinung auch auf vollkommenen Bahnen bewegen. Die Vollkommenheit bedeutet, dass sie die einfachste = vollkommenste Bewegung ausführen, die möglich ist, nämlich die Kreisbewegung. Damit folgt eindeutig, dass sich *Platon* diese Bewegung vollständig gleichförmig vorstellte.[311] Damit nimmt *Platon* die Extremalprinzipien der Physik des 19. Jahrhunderts vorweg: Vorgänge in der Natur laufen möglichst einfach ab. Mit seinen Vorstellungen vom Urgrund der Bewegung der Himmelskörper kommt *Platon* der „wahren" Planetenbewegung erstaunlich nahe. Was *Platon* beunruhigte und er nicht in Einklang mit der Doppelbewegungsastronomie (Bewegung in der Ekliptik rechtläufig, Bewegung im Äquator rückläufig) bringen konnte, war die Bewegung der „umherirrenden" Körper, der Planeten , deren irreguläre Bewegung – sie bewegen sich zeitweise rückläufig. Das passte nicht in sein Konzept.

---

[309] F. KRAFFT [1973], p. 71.

[310] F. KRAFFT [1973], p. 59.

[311] Diese Aussage ist umstritten: F. KRAFFT [1973], p. 65, weist darauf hin, dass „*Platon* nirgends die Planetenbewegung auf gleichförmig durchlaufene Kreise zurückgeführt" hat. Auch wenn dieser Begriff nicht explizit bei *Platon* zu finden ist, scheint er implizit insbesondere im Dialog *Timaios* unbestreitbar enthalten. (vgl. Tim. 36b: An dieser Stelle werden die Geschwindigkeiten der Planeten verglichen: Drei werden an Geschwindigkeit als gleich angenommen. Dies kann nur so gedeutet werden, dass diese Geschwindigkeiten nicht nur gleich groß, sondern (selbstverständlich) auch als konstant, d. h. als *gleichförmig* aufgefasst werden müssen. Es lassen sich sicherlich noch andere indirekte Hinweise auf eine gleichförmige Annahme der Geschwindigkeiten der Himmelskörper bei *Platon* finden.)

Wir können den Versuch *Platons,* die Bewegung der Planeten mathematisch zu beschreiben, aus heutiger Sicht wohl auch positiv folgendermaßen interpretieren: Die gleichförmige Kreisbewegung ist die philosophische Grundlage für **mathematische Modelle,** um damit die wahre Bewegung der Himmelskörper zu beschreiben.[312] Die Anpassung wahre Bewegung, etwa die der Planeten, weicht von dieser „idealen" Bewegung durch den Einfluss

„entgegengerichteter Kräfte" (ἐναντίαι δυνάμεις).

ab.[313] Es lassen sich in den Dialogen *Platons* zumindest zwei Stellen zitieren, welche – unter Beachtung der nötigen Vorsicht, nicht voreingenommen an eine Deutung heranzugehen – diese Interpretation nahe legen:

(1) τὴν δὲ ἐναντίων εἱλκήσιος αὐτῷ δύναμιν. *(„Ihnen (= den Planeten Merkur und Venus) zugeteilt die ihr (= der Sonne) entgegengerichtete (entgegenwirkende) Kraft.")*[314]

An dieser Stelle werden die Planetenbewegungen im Vergleich zu den Bewegungen von Sonne und Mond beschrieben. Explizit für den „dem Merkur heiligen" Planeten und den „Morgenstern" wird geschildert, dass diesen Planeten eine „ihr (= der Sonne) entgegengerichtete Kraft zugeteilt" wurde. *Platon* kannte tatsächlich die (scheinbare) Umkehrung der Planeten in ihrer Bahn. Dies wird wenig später nach der soeben zitierten Stelle aus folgendem Zitat ersichtlich. Es geht um die Bewegung der Planeten im Gegensatz zur gleichförmigen Kreisbewegung der Fixsterne:

τὰ δὲ τρεπόμενα καὶ πλάνην τοιαύτην ἴχοντα.

(„Die sich umwenden und eine derartige Wanderung ausführen.")[315]

Besonders schön wird dieser Sachverhalt in folgender Stelle dargestellt:

χορείας δὲ τούτων αὐτῶν καὶ παραβολὰς ἀλλήλων, καὶ "περὶ" τὰς τῶν κύκλων πρὸς ἑαυτοὺς ἐπανακυκλήσεις καὶ προχωρήσεις...

*(„I*hre Reigentänze und wechselseitiges Nebeneinanderstellen (= *Begegnungen) sowie das im Kreisdrehen dieser Kreise gegen sich (= das Umwenden in ihren Bahnen) und ihr Vorrücken ... ")*[316]

[312] Hier darf wieder darauf hingewiesen werden, dass es allerdings nicht möglich ist, mit einer Kreisbewegung mathematisch beliebige Bewegungen anzupassen (nach JOCHIM, E. F. M. [2015]).

[313] vgl. SKEMP, J. B. [1942], p. 81.

[314] Tim. 38d.

[315] Tim. 40b.

[316] Tim. 40c.

(2) Als Zweites kann aus den *Gesetzen* die Stelle zitiert werden, in der in etwas mythischer Formulierung geschildert wird, dass die Seelen der Grund von allem, insbesondere auch von allem Entgegengesetztem (πάντων τῶν ἐναντίων)[317]seien. Dies gilt insbesondere für die Bewegung:

Δυοῖν μὲν γέ που ἔλαττον μηδὲν τιθῶμων, τῆς τε εὐεργέτιδος καὶ τῆς τἀναντία δυναμένης ἐξεργάζεσθαι.

(*„Es gibt mindestens zwei Seelen, die in allem, was sich bewegt, innewohnen, eine wohltätige und eine welche die Kraft hat, das Entgegengesetzte zu bewirken."*)[318]

Diese Interpretation der „entgegenwirkenden Kräfte", welche eine Bewegung verändern können, kann aus der Sicht der modernen Naturwissenschaft höchst bedeutsame Einsichten vermitteln:

- Es gibt zwar in den Vorstellungen *Platons* keine Bewegung nach einem Trägheitssatz. Jedoch wird die gleichförmige Kreisbewegung, welche von einer gewissen Kraft gesteuert wird, als der ideale Ausgangspunkt zur **Anpassung** beliebiger Bewegungen angesehen.[319]
- Die Veränderung der gleichförmigen Bewegung durch die einwirkende Kraft zeigt sich also in einer Veränderung der Geschwindigkeit des bewegten Körpers. Hier wird zumindest qualitativ das 2. *Newton*' sche Axiom der Mechanik vorweggenommen, das *I. Newton* etwa 2000 Jahre nach *Platon* aufstellte. Von *Platon* können wir zumindest entlehnen: Die auf einen Körper einwirkende Kraft übt eine **Beschleunigung** auf die Bewegung dieses Körpers aus.[320]

Wir müssen allerdings auch feststellen, nach *Platon* ist die **wahre** Bewegung der Planeten, die wir als solche nicht zu erkennen vermögen, so regelmäßig, um sie wie Sonne und Mond zur Zeitdefinition heranziehen zu können. Nur ist der Mensch nicht in der Lage, diese „Uhren richtig abzulesen".[321]

Die Seele als Ursache und Kontrolleur der Bewegung verursacht eine die Bewegung aufrechterhaltende Kraft.

Dies gilt bemerkenswerterweise auch für die Kreisbewegung und schließt sogar die gleichförmige Kreisbewegung mit ein. Auch die Kreisbewegung muss ständig aufrechterhalten werden, andernfalls wird sie ungeordnet. Ein Körper bleibt daher nicht „automatisch" auf einer Kreisbahn, auch wenn diese die vollkommene Kreisbewegung ist. Sie ist aber nur deshalb vollkommen, weil sie ein „Abbild der Bewegung der Vernunft"

---

[317] Nom. 896d.

[318] Nom. 896e.

[319] Siehe in Abschnitt **3.3.8** ab Seite 524.

[320] Abschnitt **2.4.1** **!** ab Seite 329.

[321] Vgl. Tim. 38c.

ist. Dass notwendig eine Kraft existieren muss, welche diese Bewegung aufrechterhält, weist bereits zu einer Vorstufe zur Physikalisierung bzw. Dynamisierung der Bewegung hin, wie sie erst durch *Galileo Galilei* und *J. Kepler* aufgegriffen und durch *I. Newton* geschaffen wurde. Das Vordenken dazu und damit die geistige Ermöglichung können wir also schon bei *Platon* finden.

Die von *Platon* angeregte mathematische Beschreibung durch *Eudoxos,* den Schöpfer der Theorie der konzentrischen Sphären, konnte *Platon* in ihrer Kompliziertheit nicht überzeugen. Es ist erstaunlich, wie nahe *Platon* damit gedanklich eigentlich schon am heliozentrischen Weltbild war, denn nur dieses ist imstande, die „irreguläre" scheinbare Bewegung der Planeten auf die einfachste Weise zu erklären. Allerdings wurde dieses System erst nach *Platon* durch *Aristarch von Samos* ersonnen. Die mit dem Namen des *Philolaos* verbundene Lehre vom Zentralfeuer, die mühsam in der späten Schule der Pythagoreer ersonnen wurde, ist für *Platon* jedenfalls keine akzeptable Alternative. Im *Timaios* war es für *Platon* durchaus bedenkenswert, die Erde als einen rotierenden Planeten anzunehmen und so die tägliche Rotation des Himmels abzuschaffen.[322]

1.4 Die Figur des Kreises als Anpassungsmodell

Die Idee der Kreisbewegung geht auf die physikalischen Überlegungen des *Anaximander von Milet* zurück.[323] Auf Anregung *Platon*s wird die Beschreibung der Bewegung der Himmelskörper nachhaltig mathematisch fixiert. Überraschenderweise kann mit dem mathematischen Modell des *Eudoxos* sogar die zur Erdoberfläche relative Bewegung kreisförmiger geostationärer Satellitenbewegungen beschrieben werden. Eudoxos hatte erkannt, dass mit einem Kreis allein keine Bewegung der Himmelskörper erklärt werden kann.[324] Er hatte die fruchtbare Idee, ein Modell mit der Kombination aus verschiedenen Kreisen zu entwickeln. Diese Idee setzte sich durch, bis verbesserte Beobachtungen ein neues Modell erforderlich machten. Dieses neue Modell prägte die klassische Bewegungslehre.[325]

1.4.1 Die zweite Anomalie - Eudoxos

Platon, der die Mathematik außerordentlich hoch schätzte, holte sich um 350 v. Chr. den zu seiner Zeit bedeutendsten Mathematiker, **Eudoxos von Knidos** (Εὐδόξως, um

[322] J. B. SKEMP [1942], p. 42.

[323] Abschn. 1.2.2 auf Seite 21.

[324] Wir wissen heute, auf mathematischem Weg kommt man nicht aus einem Kreis heraus: Die Anpassung einer beliebigen Bewegung mit einem Kreis ist nicht möglich (JOCHIM, E. F. M. [2015]).

[325] Das Modell der klassischen Bewegungslehre wird in Kap. 2 entwickelt (ab Seite 293).

408–355 v. Chr.),[326] an die Akademie. *Eudoxos* war auch als Astronom hochberühmt. Die Gründung der ersten griechischen Sternwarte (im ägyptischen Heliopolis) wird ihm zugeschrieben. *Platon* stellte ihm vermutlich selber die Aufgabe, eine mathematische Beschreibung der Planetenbewegung zu erstellen.[327]

Eudoxos löste die Aufgabe mit der Lehre von den konzentrischen Kugelschalen.[328] Er publizierte sie in seinem verloren gegangenen Buch περὶ τῶν ταχυτήων *(Über die Geschwindigkeiten). Aristoteles* überlieferte diese Lehre im 8. Kapitel des 12. Buches (das Buch H) seiner Metaphysik. Sie wird auch bei *Simplikios* im Kommentar zu *Aristoteles Über den Himmel* beschrieben. Diese Lehre, sie wurde später auch als *Theorie der konzentrischen Sphären* bekannt, ist das erste überlieferte mathematische Modell der Planetenbewegung.

Ausgangspunkt der Bewegungslehre des *Eudoxos* ist die bisweilen mit seinem Namen verknüpfte Entdeckung, dass dem siderischen Umlauf der Planeten ein synodischer Umlauf überlagert ist. Während der siderische Umlauf durch Projektion der Planetenbewegung auf den Fixsternhimmel erhalten wird, ist der synodische Umlauf auf die Sonne bezogen. Dieser ist definiert als die Zeitdauer zwischen zwei aufeinanderfolgenden Konjunktionen (Erde – Planet – Sonne oder Erde – Sonne – Planet) oder Oppositionen (Planet – Erde – Sonne). Daher muss also die synodische Bewegung mit der (scheinbaren) Schleifenbewegung der Planeten verknüpft sein.

Diese von Eudoxos behandelte *Anomalie* unter Anomalie wird die Abweichung von der *Norm,* in diesem Fall von der gleichförmigen Kreisbewegung verstanden – wurde in der späteren Astronomie als die *zweite Anomalie* bezeichnet: Es ist die scheinbare geozentrische Bewegung der Planeten, sie schließt auch scheinbaren Stillstand und scheinbare Rückläufigkeit ein (siehe als Beispiel die Schleifenbewegung der Venus in Abb. 1.5 und des Mars in Abb. 1.6). Diese Bewegung wurde also schon von *Eudoxos* als scheinbare Bewegung gedeutet. Diese Deutung weicht allerdings von dem später von *N. Kopernikus* vorgeschlagenen Sinne ab, die (zweite) Anomalie durch Rückführung auf die heliozentrische Bewegung aufzulösen.

Das Modell der konzentrischen Sphären basiert offensichtlich auf der platonischen Lehre von der Doppelbewegungsastronomie der zwei Bewegungen, der längs des Äquators und der längs der Ekliptik erfolgenden Bewegungen. Diese Lehre lässt sich, wie wir gesehen haben, bis zu *Alkmaion* und zu den Pythagoräern zurückverfolgen.

Eudoxos schuf darauf aufbauend ein mathematisches Modell zur Beschreibung der Bewegungen für jeden einzelnen (der damals bekannten) Körper des Sonnensystems.

---

[326] Andere Quellen geben als Lebenszeit 395–342 v. Chr. an (W. Ekschmitt [1989], p. 119).

[327] Diese Aufgabenstellung wurde lange Zeit durch eine offenbare Fehlinterpretation eines Zitats bei *Simplikios* als die Forderung nach der „Rettung der Phänomene" identifiziert. Diese darf aber erst der Stoa zur Zeit des *Poseidonios* zugeordnet werden. (siehe: F. Krafft [1973], p. 64; auch in Abschn. 1.8.2 auf Seite 195).

[328] Gelegentlich, vor allem in der englischsprachlichen Literatur, unpräzise auch als „homozentrische Sphären" bezeichnet, unpräzise deshalb, weil es sich nicht um ähnliche (ὁμοίος) Mittelpunkte handelt. Vielmehr haben die Sphären alle denselben Mittelpunkt, sind also **kon**zentrisch.

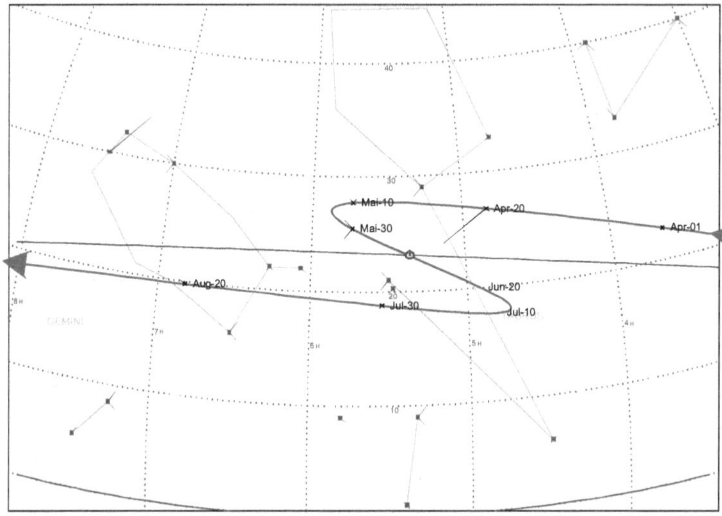

Abb. 1.5 Beispiel einer scheinbaren Rückläufigkeit der Venusbahn (Muster gerechnet für das Jahr 1996 A.D.)

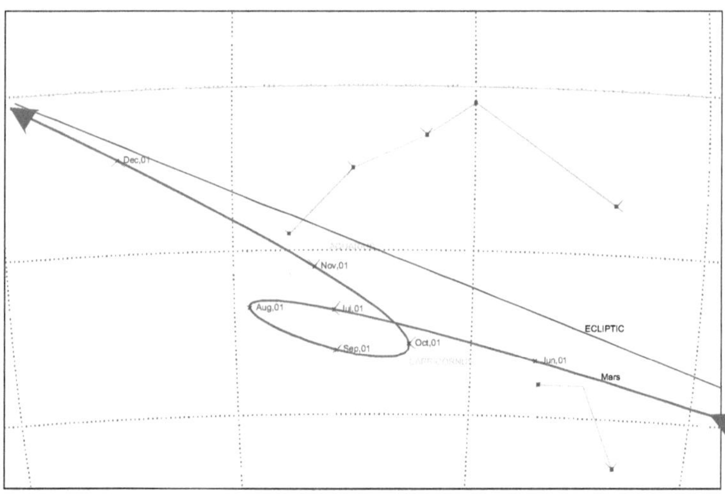

Abb. 1.6 Beispiel einer Schleifenbahn des Mars mit scheinbarer Rückläufigkeit und stationären Punkten (Muster gerechnet für das Jahr 2003 A.D.)

Er nahm 26 Kugelschalen an, je drei für Sonne und Mond, je vier für die 5 Planeten. Die Drehbewegungen dieser Kugelschalen erfolgen auf vollkommenen Kreisbahnen. Diese werden, wie die zitierte Aufgabenstellung forderte, gleichförmig durchlaufen. Die innerste der einem der Himmelskörper zugeordneten Sphären trägt fest verbunden diesen Himmelskörper. Die äußeren Sphären dienen nur dem Rechenmodell, sie sind sternlos. *Theophras* hatte das als ἀνάστροι benannt (sternenlos).[329] Die Geschwindigkeit auf jeder der einzelnen Kugelschalen ist prinzipiell eine andere. Die jeweils äußerste Schale bewegt sich in diesem Modell wie die Fixsternsphäre. Dies zeigt, dass es sich hier nur um ein Rechenmodell und nicht um ein Weltbild zur Beschreibung der mechanistisch-physikalischen Wirklichkeit handeln kann.[330] Daher ist es auch überflüssig zu überlegen, woraus diese Schalen bestehen und wie sie ineinander funktionieren. Diese Frage allerdings hat bekanntlich später zu außerordentlichen Verwirrungen Anlass gegeben.

Die äußerste Sphäre („Schale“) ist, da ihr Hauptkreis der Himmelsäquator ist, das äquatoriale System mit Nordpol N und Südpol S (siehe Abb. 1.7 auf Seite 79). Die Drehachse dieses Systems, die „Weltachse“, durch Nord- und Südpol geht durch den Mittelpunkt der Erde. Die Erde ist, wie *Aristoteles* den *Timaios* interpretiert, „um diese Achse herumgeballt“.[331] Die Drehung der Erde um diese Achse kann also nicht zwangsläufig aus dem *Timaios* abgeleitet werden. Die nächstinnere Schale beschreibt die Bewegung längs des Tierkreises, also der Ekliptik. Sie stellt also das ekliptikale System mit ekliptikalem Nordpol $\mathrm{N_E}$ und ekliptikalem Südpol $\mathrm{S_E}$ dar. Die Drehachse dieses Systems geht ebenfalls durch den Mittelpunkt der Erde. Sie ist gegenüber der Weltachse um die Schiefe der Ekliptik ε geneigt. Da die Ekliptik nahezu die Hauptebene des Planetensystems ist, deutet sich hier eine Korrelation zwischen Sonnen- und Planetenbewegung an. Im Altertum wurde dieser Zusammenhang im Allgemeinen nicht als etwas Besonderes herausgestellt.

Durch das Zusammenwirken der Bewegungen dieser Kugelschalen wird insgesamt die Bewegung des Mondes beschrieben. Es ist bemerkenswert, dass im Modell der konzentrischen Sphären des *Eudoxos* die Mondbewegung der Ausgangspunkt seiner Modellierung ist. Schließlich ist der Mond, wie wir heute wissen, als der einzige natürliche Erdsatellit gedeutet worden. Seine (scheinbare) Bewegung kann daher auf natürliche Weise als geozentrisch beschrieben werden. Da er zugleich die rascheste beobachtbare Eigenbewegung aller Himmelskörper hat, ist die Mondbewegung und nicht die Sonnenbewegung der natürliche Ausgangspunkt zur Aufstellung eines mathematischen Bewegungsmodells der Bewegung der Himmelskörper. Für Sonne und Mond führte *Eudoxos* noch eine dritte

---

[329] Vgl. J. L. E. Dreyer [1953], pp. 90.

[330] Vgl. hierzu etwa J. L. E. Dreyer [1953], pp. 87–107, sowie D. R. Dicks [1970], pp. 184 ff. Das System wurde im 19. Jahrhundert eingehend auf seine mathematische Plausibilität und Zuverlässigkeit untersucht, zunächst von E. F. Apelt [1849]: 'Die Sphärentheorie des Eudoxos und Aristoteles', in: Die Abhandlungen der Fries' schen Schule, 1. Heft, Leipzig; dann G. V. Schiaparelli [1875]: „Le sfere omocentriche di Eudoxo, di Callipppo e di Aristotele“, Publ. del. R. Oss. di Brera in Milano, No. IX, Milano (zit. nach J. L. E. Dreyer [1953], p. 89).

[331] Aristoteles, *De caelo*, B, 293 b 30 ff.

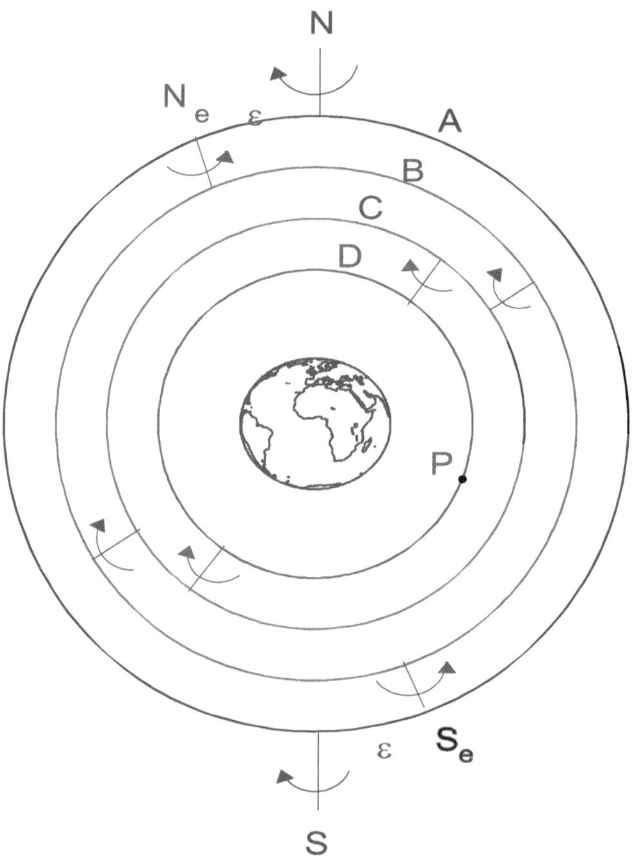

Abb. 1.7 Das System der konzentrischen Sphären des *Eudoxos von Knidos* zur mathematischen Beschreibung der Bewegung der Planeten:[332] A – Fixsternsphäre (äquatoriales System), N = äquatorialer Nordpol, S = äquatorialer Südpol, B – Tierkreissphäre (ekliptikales System), ε = Schiefe der Ekliptik, N_E = ekliptikaler Nordpol, S_E = ekliptikaler Südpol, C und D – Sphären zur Beschreibung der zweiten Anomalie der Planetenbewegung, P = Planetenort (angebliche Vorstellung des Systems des *Eudoxos*)

Sphäre ein. Für den Mond handelt es sich um das Bahnebenensystem des Mondes, dessen Drehachse um den Winkel $i_☾$, die Bahnneigung des Mondes gegenüber der Ekliptik, geneigt ist.

Die Mondbewegung wird nach *Eudoxos* im Einzelnen folgendermaßen erklärt:[333] Die äußere Schale, also der Fixsternhimmel oder genauer das äquatoriale System, bewegt sich rechtläufig, d. h. von Ost nach West in 24 h, also in einem Sonnentag, um ihre Achse. Die

[332] Nach J. L. E. Dreyer [1953], p. 90 und F. Krafft [1972], p. 431.

[333] Nach J. L. E. Dreyer [1953], pp. 91–92.

nächstinnere Sphäre, der Tierkreis oder genauer das ekliptikale System, bewegt sich rückläufig, also von West nach Ost, einmal in 18,5 Jahren, d. h. 223 Lunationen. Eine *Lunation* entspricht dem Zeitraum zwischen zwei aufeinanderfolgenden gleichartigen Stellungen zur Sonne, Konjunktion, also von Neumond zu Neumond, oder Opposition, also von Vollmond zu Vollmond. Dadurch wird die Rotation der zweiten Sphäre mit der synodischen Bewegung des Mondes gekoppelt. Die Bewegung der zweiten Sphäre der Mondbewegung beschreibt die rückläufige Bewegung des Mondbahnknotens. Diese war vermutlich schon 40 oder 50 Jahre vor *Eudoxos* entdeckt worden. Die dritte Sphäre, in deren Hauptebene (Bahnebene) der Mond starr befestigt ist, ist das Bahnebenensystem. Dieses dreht sich in etwas mehr als 27 Tagen um die Normale der Mondbahnebene und beschreibt somit die Bewegung des Mondes von aufsteigendem Knoten zu aufsteigendem Knoten, d. h. die Dauer eines drakonitischen Monats. Die Ungleichförmigkeit der Mondbewegung in der Mondbahn, also die Variabilität in der Geschwindigkeit des Mondes in seiner Bahn, war *Eudoxos* nicht bekannt. Somit genügte ihm die mathematische Annäherung der Mondbewegung mit drei konzentrischen Sphären.

Die im Rahmen der damaligen Messgenauigkeit richtige Anschauung von der Mondbewegung verführte nun dazu, auch für die anderen Himmelskörper ein geozentrisches mathematisches Modell zu postulieren. Dieses geozentrische Modell wurde offenbar nicht in naiver Weise auf die Beobachtung von der Erde zurückgeführt. Vielmehr werden durch die rascheste am Himmel beobachtete Bewegung, nämlich die eindeutig geozentrische tägliche Rotation der Fixsternsphäre, alle anderen beobachtbaren Bewegungen absolut dominiert. Diese große Geschwindigkeit reißt sozusagen alle anderen Bewegungen mit. Deswegen erscheinen sie in naheliegender Weise auch alle als in erster Linie geozentrisch. Die entsprechenden Himmelskörper wurden daher alle als „Erdsatelliten" gedeutet. Dass die Geschwindigkeiten der Himmelskörper für *Eudoxos* der Kernpunkt seiner theoretischen Überlegungen waren, zeigt sich schon am Titel seines Werkes: *Über die Geschwindigkeiten* (Abb. 1.9).

Platon scheint in dieser Frage, wie wir gesehen haben, nicht eindeutig festgelegt gewesen zu sein. Wenn nämlich die bekannte Stelle im *Timaios* von der um „die Achse herumgeballten Erde"[334] so gedeutet werden kann, *Platon* sei auch offen für eine Rotation der Erde um ihre Achse gewesen, fällt das Argument von der größten Geschwindigkeit der geozentrischen Fixsternsphäre weg, die tägliche Rotation der Fixsternsphäre und die Bewegung der Himmelskörper würden entkoppelt. Die Bewegungen müssten dann einsichtsmäßig nicht alle geozentrisch ablaufen. Dies Überlegung wurde vielleicht auch (wie von manchen später unterstellt wurde) kurze Zeit nach *Eudoxos* durch *Herkleides Pontikus* vorgeschlagen.

Eudoxos ging aber, offenbar durch den Erfolg seines Mondbewegungsmodells beflügelt, in eine andere Richtung weiter. Er übertrug in einem nächsten Schritt das Bewegungsmodell des Mondes auf die Sonne. Das ist im ersten Blick verwunderlich, da die Bewegung der Sonne im Tierkreis (Zodiakos) die Ekliptik definierte und damit Grundlage

[334] Tim. 40b (in der Übersetzung von F. SUSEMIHL [1856]).

für die alte Lehre von den zwei Bewegungen geworden war und nicht die Mondbewegung. Auch für die Deutung der Sonnenbewegung ist die äußere Sphäre die des Tierkreises, die eine langsame rechtläufige Rotation hat (also gegenläufig zur Drehung der zweiten Sphäre beim Mond), die dritte Sphäre ist leicht gegenüber der Ekliptik geneigt (es wurden in der Antike Neigungen zwischen $0^\circ.5$ und 1° angegeben) mit rechtläufiger Drehung in etwas mehr als einem Jahr. Die von *Meton* und *Euktemon* bereits 60 oder 70 Jahre vor *Eudoxos* entdeckte ungleichförmige Geschwindigkeit der Sonne wird von *Eudoxos* in seinem Bewegungsmodell aber nicht berücksichtigt.

Als Grundmodell setzte *Eudoxos* die gleichförmige Kreisbewegung voraus. Die zweite Sphäre dreht sich nun längs des Tierkreises. Ihre Umlaufzeit beträgt für die äußeren Planeten (Mars, Jupiter, Saturn) einen siderischen Umlauf des betreffenden Planeten, also einen Umlauf bei Bezug auf den Fixsternhimmel. Für die inneren Planeten (Venus, Merkur) beträgt die Rotation der zweiten Sphäre genau ein (mittleres) Sonnenjahr. Die Rotation der zweiten Sphäre erfolgt gleichförmig, eine Variabilität der Geschwindigkeit wird nicht zugelassen. Die Punkte auf dem Tierkreis, in denen aufeinanderfolgende Konjunktionen bzw. Oppositionen stattfinden, liegen also gleich weit voneinander entfernt. Die Pole der dritten von *Eudoxos* eingeführten Sphäre liegen in der Ekliptik. Die Rotationsperiode dieser Sphäre ist ein synodischer Umlauf dieses Planeten, also wieder die Zeit zwischen zwei aufeinanderfolgenden Konjunktionen (bzw. Oppositionen) dieses Planeten mit der Sonne gesehen von der Erde aus. Da die Pole der Sphäre in der Ekliptik liegen, ist es unerheblich, ob sich diese Sphäre zur Nord- oder zur Südhalbkugel der Ekliptik dreht, da sich nach einem halben Umlauf die Bewegungsrichtung ohnehin umkehrt.

Die Pole der vierten Sphäre eines Planeten liegen fest auf der Oberfläche der dritten Sphäre. Deshalb muss in der Tat jeweils eine komplette Sphäre gedacht werden. Die Pole der vierten Sphäre haben gegenüber den Polen der dritten Sphäre eine konstante Neigung i. Sie wird nach *Schiaparelli* als „Inklination" bezeichnet.[335] Auf dem Äquator der vierten Sphäre befindet sich der Planet und wird mit dieser Sphäre mitbewegt. Entscheidend ist nun, dass die Rotationsperiode der vierten Sphäre dieselbe wie die der dritten Sphäre also ein synodischer Umlauf ist, allerdings gegenläufig zur Rotation der dritten Sphäre. Werden nur die Rotationen der dritten und der vierten Sphäre betrachtet, vollführt der Planet als Kombination dieser beiden Rotationen die Bewegung auf einer Lemniskate (siehe Abb. 1.8 auf Seite 81).

Eudoxos, der diese Kurve sehr intensiv untersucht hat, nannte sie eine *Hippopede* (nach: ἵππου πέδη = Halfter eines Pferdes, Pferdefessel, Pferdespannstrick. Diese Kurve durchliefen Pferde beim Training, gehalten vom Trainer mit dem Spannstrick). Die Längsachse der Hippopede liegt in der Ekliptik, die also 4-mal während eines synodischen Umlaufs vom Planeten überschritten wird. Wird nun auch die Rotation der zweiten Sphäre mit der Ekliptik berücksichtigt, vollführt der Planet die Bewegung längs der Ekliptik mit langen rechtläufigen und kurzen rückläufigen Abschnitten. Die Breite der Hippopede ist

[335] Siehe etwa in Abschnitt 2.8.16 **f.** auf Seite 420.

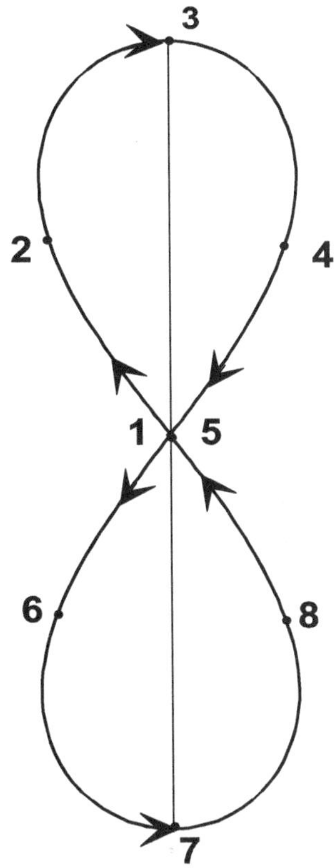

Abb. 1.8 Die Hippopede des *Eudoxos*

zugleich die maximale ekliptikale Breite des Planeten, also eigentlich die Bahnneigung der Planetenbahn gegenüber der Ekliptik.

Als „Elemente der Planetenbewegung“ nach *Eudoxos* gelten die Parameter:

- Epoche der oberen Konjunktion
- Die scheinbare Umlaufzeit
- Die Inklination der vierten zur dritten Sphäre

Die nach der klassischen Himmelsmechanik hier fehlenden Bahnelemente werden in der Theorie des *Eudoxos* nicht benötigt, sondern sind implizit vorbesetzt:

- Kreisförmigkeit der Bahnen (also keine Exzentrizität), damit
- Verschwinden der Punkte kleinster und größter Annäherung (keine Apsidenlinie), und
- der Winkel zur Epoche mit der zugehörigen Position des Planeten wird gleich null gesetzt.

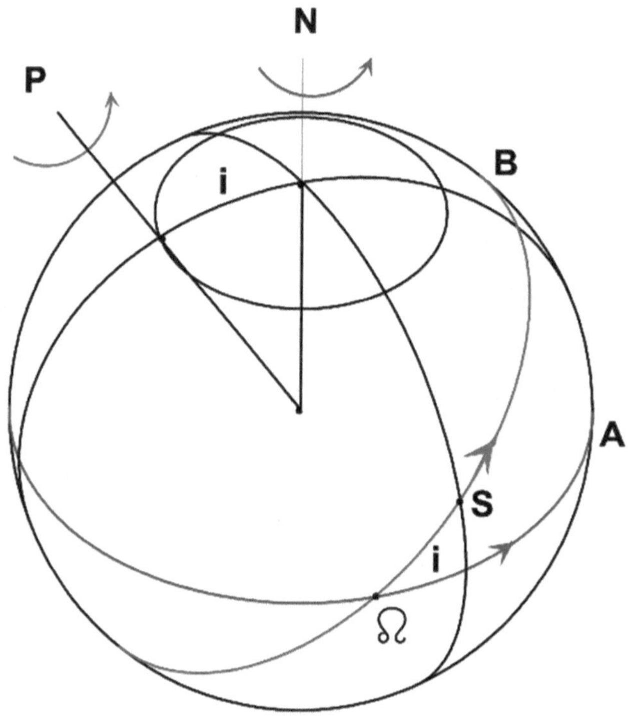

Abb. 1.9 Zur Berechnung einer Hippopede in der Satellitenbewegung. Die kreisförmige geosynchrone (und damit insbesondere geostationäre) Bewegung lässt sich (weitgehendst) vollständig durch das Sphärenmodell des *Eudoxos* beschreiben. *A* – Äquatorebene, *B* – Bahnebene, *N.* – Nordpol, *P* – Pol der Bahn, *i* – Neigung (Inklination) der Bahnebene bezüglich Äquators, *Ω* – aufsteigender Knoten der Bahnebene

Aus moderner Sicht (d. h. nach den Berechnungen von *G. V. Schiaparelli* (1875)) passte die Theorie recht gut für Jupiter, Saturn und Merkur, schlechter für Venus, ganz schlecht für Mars. Allerdings waren gerade für Mars die Beobachtungsdaten sehr schlecht. Wie bekannt, machte die Theorie für Mars gerade *Kepler* die größte Mühe.[336] Die Theorie des *Eudoxos* kann weder die unterschiedlichen Helligkeiten der Planeten erklären (es ist allerdings fraglich, ob diese seinerzeit überhaupt schon beobachtet wurden) noch die unterschiedlichen Längen des Jahres und die weitere Anomalien der täglichen Astronomie.

---

[336] Abschnitt **2.3.2** ab Seite 305.

1.4.2 Die Hippopede in der Satellitenbewegung

Das mathematische Modell der konzentrischen Sphären wurde mit verbesserten Beobachtungen modifiziert und zumindest als mathematisches Modell bereits von *Hipparch* verworfen. Trotzdem oder gerade deswegen ist es amüsant zu sehen, dass es eine Familie von Satellitenbewegungen gibt, deren scheinbare Bewegung wie durch das Modell der konzentrischen Sphären genau eine Hippopede (Lemniskate) beschreibt. Es handelt sich um die kreisförmigen geosynchronen Bahnen. In Abb. 1.10 stellt B die Bahn eines Satelliten dar, die gegenüber dem Äquator die Neigung i habe.

Nehmen wir an, dass sich der Äquator (also die „Äquatorsphäre") mit gleichmäßiger Geschwindigkeit von Ost nach West drehe, und zwar wie (weitgehendst) als richtig angenommen werden kann, mit völlig gleichförmiger Geschwindigkeit. Dagegen bewege sich der Satellit in seiner Bahn (das ist gleichbedeutend die „Bahnsphäre") mit **derselben** Geschwindigkeit, aber entgegengerichtet zur Drehung des Äquators.

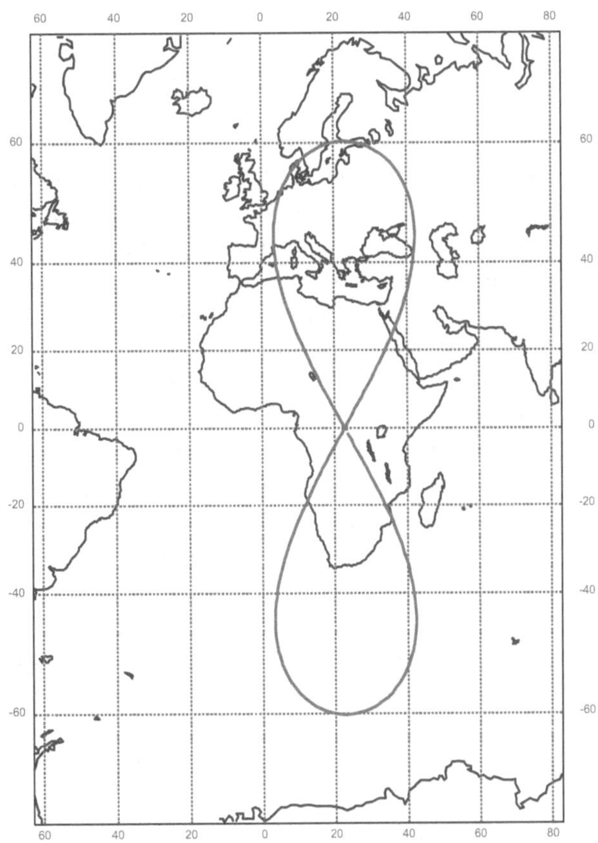

Abb. 1.10 (linkes Bild): Projektion der Hippopede (Lemniskate) geosynchroner Satellitenbahnen auf die Erdoberfläche („Fußpunktkurve"). Neigung der- Bahn gegenüber dem Äquator i=60°, Kreisbahn, feststehender Knoten geogr. Länge 22° Ost

Dann beschreibt der Satellit nach *Eudoxos* eine Hippopede (Lemniskate). Gehen wir von einem festen Beobachter auf der Erde aus, bewegt sich die „Äquatorsphäre“ tatsächlich in einem mittleren Sonnentag genau einmal von Ost nach West. Ein geosynchroner Satellit hat dieselbe (ebenfalls sehr weitgehend) gleichförmige Geschwindigkeit. Somit hat auch die „Bahnsphäre“ dieselbe Umlaufzeit wie die Äquatorsphäre, allerdings entgegengesetzt zur scheinbaren Bewegung des Äquators. Auf diese Weise kann die Lemniskate erklärt werden, die der Beobachter auf der Erdoberfläche bzw. bei Bezug auf die feste Erdoberfläche als (scheinbare) Bahn des Satelliten beobachtet (vgl. Abb. 1.10 auf Seite 84 und Abb. 1.11). Die wahre Bahn des Satelliten ist dagegen eine einfache Kreisbahn um die Erde. Sie könnte nach *Eudoxos* durch Hinzufügung einer weiteren Sphäre erhalten werden. Diese „Sphäre“ dreht sich längs des Äquators, aber gegenläufig zu dessen Rotation mit der synodischen Bewegung des Satelliten. In diesem Fall ist die Rotation einem mittleren Sonnentag gleich. Daher wird die Drehung der „Äquatorsphäre“ aufgehoben. Das einfache, aber aktuelle Beispiel zeigt, das *Eudoxos* der Unterschied zwischen wahrer und scheinbarer Bewegung vollständig klar gewesen war.[337]

1.4.3 Würdigung der Bewegungstheorie des Eudoxos

1. Durch seine Theorie von den konzentrischen Sphären schuf *Eudoxos* das erste mathematische Modell für die Beschreibung der Bewegung der Himmelskörper. Dieses genügte den seinerzeit möglichen Beobachtungen. Mit verbesserten Beobachtungen konnte dieses Modell modifiziert („verbessert“) werden. Mit der (ideologiefreien) Verknüpfung von Beobachtung der physikalischen Realität der Bewegung der Himmelskörper mit einem mathematischen Modell schuf *Eudoxos* eine wichtige Grundlage der wissenschaftlichen Astronomie.
2. Ausgehend von der Beobachtung der scheinbaren Bewegung beschreibt *Eudoxos* die wahre Bewegung durch sein mathematisches Modell.
3. *Eudoxos* unterscheidet die synodische von der siderischen Bewegung, er verwendet beim Mond auch die drakonitische Bewegung, kennt allerdings noch nicht den Unterschied von tropischer und siderischer Bewegung. Dieser Unterschied wird durch die später von *Hipparch* entdeckte Präzession beschrieben.
4. Durch die Besetzung der geozentrischen Kugeln (Sphären) mit aus der astronomischen Beobachtung erhaltenen Zahlenwerten und deren mathematischer Verarbeitung schuf *Eudoxos* zugleich die Grundlage der sphärischen Astronomie.
5. Die konzentrischen Sphären lassen sich aus heutiger Sicht als die Projektion der scheinbaren Bewegung der Himmelskörper auf die eine geozentrische „Himmelskugel“ deuten, wie wir sie auch heute in der sphärischen Astronomie üblicherweise

[337] Die geosynchronen Satellitenbahnen und damit auch mathematischen Eigenschaften der Lemniskate in der Satellitenbewegung werden in JOCHIM, E. F. M.[2023-A]: Kapitel 26 (Meridianbezogene Bewegung) näher untersucht.

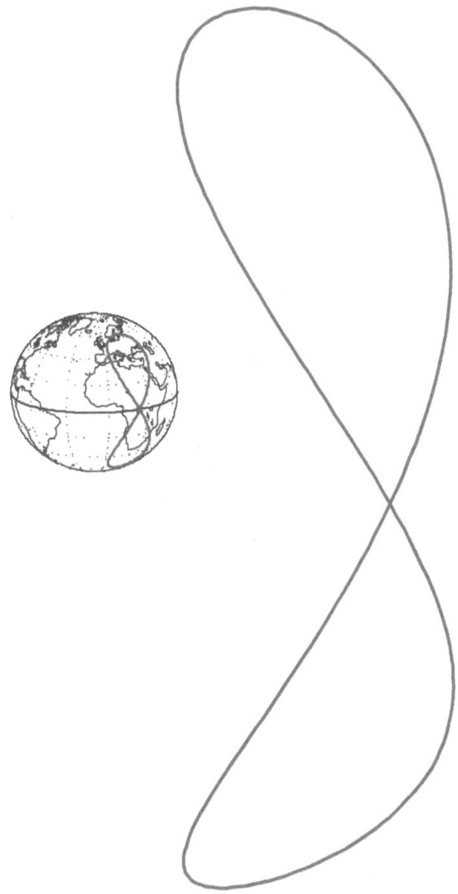

Abb. 1.11 (rechtes Bild): Die Hippopede (Lemniskate) kreisförmiger geosynchroner Satellitenbahnen in wahren Größenverhältnissen. Die Bahn wird an einem (mittleren Sonnen-) Tag durchlaufen (dieselben Bahndaten wie in Abb. 1.10)

verwenden. Über die Entfernungen der Körper des Sonnensystems und erst recht nicht darüber hinaus hatten weder *Eudoxos* noch irgendeiner seiner Nachfolger in der Antike auch nur annähernd eine Vorstellung. Das aus dem Sphärenmodell abgeleitete geozentrische Weltbild (vgl. *Aristoteles*) begründet sich auch aus dieser Unkenntnis der Entfernungen.

Rudolf Wolf versuchte mit der ernüchternden Feststellung zu provozieren, dass die Griechen, hier also *Eudoxos,* ganz einfach deshalb die Kreisbewegung zur Grundlage ihrer Beschreibung der Bewegung der Himmelskörper machten, weil sie gar keine andere geometrische Figur besser mathematisch kannten.[338] Dem muss entschieden widersprochen werden: *Eudoxos* hatte sich selbst sehr intensiv mit verschiedensten Arten geometrischer Figuren beschäftigt, nicht nur mit der (vielleicht von ihm sogar entdeckten Lemniskate, „Hippopede"). Er verfasste eine

[338] R. WOLF [1890], Abschn. 254.

„Lehre von den Kegelschnitten", die als solche schon vor ihm intensiv von den griechischen Mathematikern untersucht worden waren. Dieses Buch ist in die *Konica* des *Euklid* eingeflossen, das selbst wieder Grundlage der *Konica* des *Apollonios von Perge* geworden ist, dem antiken Standardwerk über Kegelschnitte.

Die ursprüngliche Intention *Platons,* der die Kreisbewegung als „vollkommenste Bewegung"[339] und als Bild der „vernünftigsten Bewegung" bezeichnet hatte,[340] hat sich zwar von dieser philosophischen Basis ausgehend nun aber zu einer sehr nüchternen mathematischen Modellierung verlagert. Der Wunsch nach einer mathematischen Beschreibung der Bewegung der Himmelskörper war (wenn auch aus heutiger Sicht mit eingeschränkter Genauigkeit) in Erfüllung gegangen, nicht aber der Wunsch nach einem Weltmodell, das die physikalische Wirklichkeit beschreiben könnte.

Es ist eine Intention dieses Buches, das Modell der Kreisbewegung auf das physikalische und nicht geometrische kosmologische Modell des Anaximander zurückzuführen. Als vollkommenste geometrische Figur wurde der Kreis ideologisch nicht geometrisch der Bewegung der Himmelskörper zugrunde gelegt. Die Kombination verschiedener Kreise kann als Kombination aus Ideologie und Geometrie gedeutet werden.

1.4.4 Eudoxos als Mathematiker und Astronom, die Beschreibung der Sternbilder

Eudoxos hatte die Exhaustionsmethode entwickelt, mit deren Hilfe er für eine Reihe von zuvor unbewiesenen Sätzen einen exakten Beweis führen konnte, etwa: Die Flächen zweier Kreise verhalten sich wie ihre Radien. Er bewies auch die Mehrzahl stereometrischer Sätze, die *Euklid* in seine Geometrie aufgenommen hat. Von *Eudoxos* war auch ein erstes Stetigkeitsaxiom gefunden worden. Auf ihn gehen wesentliche Vorstufen für die Entwicklung der Infinitesimalrechnung zurück. *Eudoxos* war also ein Mathematiker von sehr hohem Rang.

> *„Das Infinitesimale in diesen Sätzen ist mit einer Strenge behandelt, die seither nicht übertroffen worden ist, hinter der die neuere Mathematik bei der Bearbeitung neuer Gebiete aber oft lange zurückgeblieben ist."*[341]

Astronomische Beobachtungen dienten in der Antike seit den Babyloniern in erster Linie der praktischen Zeiteinteilung, zur Aufstellung eines Kalenders, Vorhersage von Finsternissen und zur Einteilung der Jahreszeiten. Deshalb interessierte im Allgemeinen der Sternhimmel nicht. Der war allenfalls für die Seefahrt von Bedeutung. Eine Orientierung am Himmel wurde nicht benötigt. Wichtig war die Bewegung von Sonne und Mond

---

[339] Tim. 33b.

[340] Tim. 34b.

[341] Lexikon der alten Welt [1995], Bd.1, p. 907.

sowie der tägliche Umschwung des Sternhimmels, die sämtlich auf scheinbar kreisförmigen Bahnen erfolgten. Von Bedeutung für das tägliche Leben war allenfalls der Tierkreis, dessen Bilder aus dem Orient (Babylon, Phönizier) tradiert worden und dessen zwölf Teile von dem griechischen Naturphilosophen *Kleostratos von Tenedos* (um 520 v. Chr.) in ein stimmiges Schema gebracht worden war. Damit und mit dem von *Anaximander von Milet* konstruierten Himmelsglobus war es möglich, den Klimawechsel im Jahresverlauf zu verstehen.[342]

Erst der Dichter *Aratos von Soloi* in Kilikien ('Αράτου Σολεοῦς) (geboren um 310 v. Chr.), welcher der Stoa anhing, schuf ein Lehrgedicht über die Sternbilder und in Verbindung damit über Wetterzeichen ('Αράτου Φαινόμενα, p. 110). Dieses Werk war stilbildend über Jahrhunderte und wurde in den Gymnasien gelehrt. Die Beschreibung der Sternbilder fußte nicht auf eigenen Beobachtungen des *Aratos*, vielmehr griff dieser ein früheres Werk auf, das vermutlich den Titel „Spiegel" (ἔνοπτρον, Aratos [2009], p. 122) trug und das dem *Eudoxos* zugeschrieben wird. Dieses Werk hatte mnemotechnischen Sinn, um sich am nächtlichen Sternhimmel leichter zurechtfinden zu können (also keine Spur von Mythos). *Hipparchos* hatte beide Werke, die ursprüngliche Lehrschrift und die dichterische Aufarbeitung, vorliegen, verglichen, eine nahezu totale Übereinstimmung festgestellt und vor allem fehlerhafte Darstellungen kritisiert. Dies war für ihn der Anlass, seinen Sternkatalog zu schaffen. Es bleibt die Frage, warum diese Schriften so fehlerhaft waren. Schließlich war *Eudoxos* ein Astronom von Rang, dem solche Fehler nicht unterstellt werden sollten. Neuere Überlegungen versuchen die Fehlerquelle zu verstehen: Der Autor benutzte nicht die Himmelsbeobachtung, sondern verwendete einen durch Umkonstruktion fehlerhaften Himmelsglobus, der aufgrund der Präzession den Himmel um 750 Jahre zurück ins Jahr 1035 v. Chr. transformierte, die Polhöhe entsprach nicht der in Griechenland, die Tabellen der gleichzeitigen Auf- und Untergänge wurden falsch interpretiert.[343] Es handelt sich also um Fehler, die einem hervorragenden Astronomen wie *Eudoxos* nicht hätten passieren dürfen. Es ist daher unwahrscheinlich, dass von diesem das ursprüngliche Werk wirklich stammen würde. Vielmehr dürfte es sich um ein Seemannshandbuch, einem Lernbuch für Seekadetten gehandelt haben, wie es etwa ein Schiffskapitän verfasst haben könnte.

1.4.5 Die erste Anomalie - Kallippos

Das System der konzentrischen Sphären des *Eudoxos* wurde als Erstem von **Kallippos aus Kyzikos** (Κάλλιππος, um 370–300 v. Chr.)[344] verfeinert. *Eudoxos* hatte in seinem Modell die ungleiche Länge der Jahreszeiten vernachlässigt, obgleich sie schon

[342] Siehe hierzu in ARATOS [2009], pp. 115–132.

[343] Nach ARATOS [2009], Anhang, pp. 127–131.

[344] https://de.wikipedia.org/wiki/Kallippos_von_Kyzikos.

lange vor *Eudoxos* von *Euktemon* um 430 v. Chr. zu 93:90:90:92 Tagen (im Verhältnis Frühling:Sommer:Herbst:Winter) angegeben worden waren.[345] *Kallippos* bestimmte die Längen der Jahreszeiten zu 94:92:89:90 Tagen. Dadurch wurde die ungleichförmige Bewegung der Sonne offenbar. Die hier beobachtete Abweichung von der Norm der gleichförmigen Kreisbewegung wurde in der Folge in der antiken Astronomie als die *erste Anomalie* oder auch als *Anomalie des Kallippos* bezeichnet. Diese Anomalie wird durch nichts anderes als die seit *Kepler* als „wahre" (bzw. „exzentrische") Anomalie bekannte und geläufige *Anomalie* beschrieben. *Kallippos* war über seinen Lehrer *Polemarchos,* der ein Schüler des *Eudoxos* war, mit der Theorie der konzentrischen Sphären bekannt geworden.[346] Etwa 30 Jahre nach der Entstehung dieses Bewegungsmodells gelang es nun *Kallippos,* die erste Anomalie durch Einführung von zwei zusätzlichen Kugelschalen für die Sonnenbewegung gegenüber dem ursprünglichen Modell der konzentrischen Sphären zu berücksichtigen. Damit gelang es ihm, das erste Argument gegen dieses Modell (nicht die Ungleichförmigkeit der Längen der Jahreszeiten erklären zu können) zu entkräften. Auch die (elliptische) Ungleichförmigkeit der Mondbewegung scheint *Kallippos* bewusst gewesen zu sein. Er führte auch für die Beschreibung der Mondbewegung zwei zusätzliche Sphären ein. Die Theorie der Marsbewegung, die durch genauere mittlerweile bekannt gewordene Beobachtungen notwendig wurde, versuchte er durch eine 5. Sphäre zu verbessern. Auch die Venus – und Merkurtheorie verbesserte er durch die Annahme je einer 5. Sphäre. Die Jupiter- und Saturntheorie waren bei *Eudoxos* so gut, dass *Kallippos* neben den genannten 7 zusätzlichen Sphären keine weiteren gegenüber *Eudoxos* benötigte.

Auch für *Kallippos* handelte es sich bei dem Kugelschalenmodell (Modell der konzentrischen Sphären) offensichtlich um ein reines Rechenmodell. Die Arbeiten des *Kallippos* sind ein Zwischenschritt zu denen des *Aristoteles,* der das Kugelschalenmodell philosophisch durchleuchten und ihm eine neue Qualität geben sollte.

1.5 Der Begriff der natürlichen Bewegung

Neben *Platon* gilt *Aristoteles* als der bedeutendste Philosoph Griechenlands. Durch seine systematische Zusammenstellung in der Beschreibung quasi aller Lebensbereiche lässt sich seine Nachwirkung über Jahrhunderte verfolgen. Die von Aristoteles begründete Philosophenschule nannte sich die Peripatetiker: Aristoteles hielt seine Vorlesungen im Umhergehen. Seine formale Logik prägte das präzise Denken wohl aller nachgeordneten Denker und Wissenschaftler. Sie wurde erst im 19. Jahrhundert ergänzt und weitergeführt. Seine Kosmologie prägte und verfestigte das geozentrische Weltbild. Es konnte erst durch die Beobachtungstätigkeit vor Einführung des Fernrohrs, also etwa um 1600 n Chr., geöffnet werden. Die aristotelische Physik prägte dominant das physikalische Denken. Eine

[345] Siehe etwa DICKS [1970], p. 191.

[346] Vgl. etwa O. NEUGEBAUER [1975], p. 676.

Überwindung und Neuordnung war erst *Isaac Newton* und anderen Forschern zu seiner Zeit gelungen. Die astronomische Bewegungslehre erfuhr durch Aristoteles prägende Impulse mit langer Nachwirkung.

1.5.1 Aristoteles

Aristoteles (Ἀριστοτέλης, aus Stagiros auf der Chalkidike, 384–322 v. Chr.) gilt nach seinem Lehrer *Platon* als der bedeutendste griechische Philosoph mit bedeutender Nachwirkung bis in unsere Zeit. Er stand der Philosophie *Platons* zunehmend kritisch gegenüber. Er modifizierte oder dachte sie um, wo es ihm nur nötig erschien. Dies bezieht sich auch auf die Bewegungslehre. Sie erfuhr durch *Aristoteles* gegenüber *Platon* eine bedeutende Umwandlung mit autoritativer Nachwirkung. Aussagen über seine Bewegungslehre insbesondere über die Bewegung der Himmelskörper finden sich vor allem in den Schriften *Über den Himmel* (Ἀριστοτέλους, περὶ οὐρανοῦ) (die allerdings keine Astronomie enthält, sondern die Lehre vom Aufbau der Welt, die Kosmologie des *Aristoteles*) und der *Metaphysik* (Ἀριστοτέλους, τῶν μετὰ τὰ φύσικα). Die aristotelische Physik wird sogar gelegentlich als „die Lehre von der Bewegung" (= Veränderung) bezeichnet.[347] Aussagen über den Bewegungsbegriff finden sich auch in dem Buch *Von der Seele* (περὶ ψυχή) vor allem im dritten Buch, sowie eine spezielle Untersuchung im Zusammenhang mit der Geschichte der Tiere über eine Beschreibung ihrer Fortbewegung (περὶ ζώων κινήσεως (698–704)).[348]

Aristoteles stand in seinem Denken in ständiger innerer Auseinandersetzung mit *Platon.*[349] Er trachtete danach, gegensätzlich zu *Platon* ein geschlossenes in sich widerspruchsfreies Weltbild (Kosmologie) zu schaffen. In diesem Weltbild ist der Bewegungsbegriff von zentraler Bedeutung. *Aristoteles* arbeitete definitorisch, d. h. mit streng definierten Begriffen, und zugleich streng empiristisch, von einer präzise beobachteten Anschaulichkeit aus. Er betonte den Einklang mit der alten Überlieferung, der Sprache und der Religion.[350]

Aristoteles ist der größte systematische Ordner des Altertums, er hatte die größte Bücherei seiner Zeit zusammengetragen. Somit konnte er die Gedanken früherer Denker zitieren, um diese dann mit seinen eigenen weiterführenden Überlegungen zu konfrontieren. Er nahm für sich in Anspruch, ähnlich dialogisch denkend wie *Platon,* aber nicht in

---

[347] Etwa in VORLÄNDER [1967], p. 167.

[348] Die hier bei den Zitierungen von *Aristoteles* verwendeten Zahlen beziehen sich wie üblich auf die Seiten der *Aristoteles*-Ausgabe von I. BEHR [Berlin, 1831].

[349] Nach FRANZ DIRLMEIER: „in Verbindung mit *Platon*, bis zuletzt", zit. bei F. SCHWARZ (Aristoteles [1991], p. 9).

[350] O. GIGON (in ARISTOTELES [1983], p. 12): „... wie Erforschung der gegebenen Realität und spekulative Konstruktion miteinander verschmelzen ...".

vergleichbarer kunstvoller Ausführung, weiter als alle früheren Philosophen gedacht zu haben:

„So können wir sagen, dass jene die Schwierigkeiten bis zu einem gewissen Punkt untersucht haben, aber nicht so weit, wie es möglich gewesen wäre. Denn wir stimmen darin überein, die Forschungen nicht nach der Sache zu führen, sondern gegen den, der dagegen redet. Und auch jeder für sich führt seine Forschungen nur solange, bis er sich selbst nicht mehr widerlegen kann.“[351]

Die Vermischung der gegebenen Realität mit der spekulativen Hinterfragung zeigt sich exemplarisch am Anfang der Schrift *Über den Himmel* bei der Begründung der Bedeutung der Zahl drei: Es gibt die drei räumlichen Dimensionen nach der Linie, der Fläche und dann im Körper. Also

οὐκ ἔστιν ἄλλο μέγεθος διὰ τὸ τὰ τρία πάντα εἶναι καὶ τὸ τρίς πάντη.

(„Gibt es über diese hinaus keine andere Größe, denn die Drei ist alles und das Dreifach gibt es überall.“)[352]

Die zustimmende oder ablehnende Auseinandersetzung mit den früheren Autoritäten ist für *Aristoteles* ein Kernpunkt seiner denkerischen Entwicklung. So kann er sich in der zentralen Bedeutung der Zahl *drei* auf die Pythagoreer berufen:

καθάπερ γὰρ φασι καὶ οἱ Πυθαγόρειοι, τὸ πᾶν καὶ τὰ πάντα τοῖς τρισὶν ὥρισται.

(„Denn ganz so wie auch die Pythagoreer sagen, das All und alles (Seiende) wird durch die Dreiheit (das Dreifache) definiert (bestimmt).“)[353]

1.5.2 Räumliche Bewegung bei Aristoteles

Es gibt für *Aristoteles* grundsätzlich drei Arten von Bewegungen: Zur Mitte hin, von der Mitte weg, um die Mitte herum, d. h. die geradlinige Bewegung und die Kreisbewegung. Ob *Aristoteles* der Erste war, der jede Bewegung als eine „Mischung“ aus geradliniger und kreisförmiger Bewegung darstellbar erkannte (wir sprechen heute manchmal vom translatorischen und rotatorischen Anteil der Bewegung), kann hier nicht weiter zurückverfolgt werden. Diese scharfe Präzisierung in der Beschreibung beliebiger Bewegungen hat sich in der mathematischen Formulierung bis heute erhalten. Wir lesen bei *Aristoteles*:

---

[351] De caelo B XIII, 294 b 6–10.

[352] De caelo A I, 268 a 9.

[353] De caelo A I, 268 a 11.

πᾶσα δὲ κίνησις ὅση κατὰ τόπον, ἣν καλοῦμεν φοράν, ἢ εὐθεῖα ἢ κύκλῳ ἢ ἐκ τούτων μικτή· ἁπλαῖ γὰρ αὗται δύο μόναί.

(„Denn jede räumliche Bewegung, die wir Dahintragen (Dahinbewegen, Tragen) nennen, ist entweder geradlinig oder kreisförmig oder aus diesen gemischt. Denn an einfachen (Bewegungen) gibt es nur diese beiden.")[354]

Aristoteles begründet diese Aussage:

αἴτιον δ'ὅτι καὶ τὰ μεγέθη ταῦτα ἁπλᾶ μόνον, ἥ τ'εὐθεῖα καὶ ἡ περιφερής.

(„Der Grund (dafür) liegt darin, dass nur diese Größen, das Geradlinige und das (im Kreis) Herumgetragene, einfach sind.")[355]

Zwei Begriffe fallen in dem Text auf: „im Kreis" (κύκλω) und „Herumtragen, Herumführen" (περιφερής) im Sinne von „Wiederzurückführen an den Ausgangsort". Dieses Herumführen lässt nämlich offen, ob nicht irgendeine periodische Bewegung, etwa eine elliptische, in diesem Begriff miteingeschlossen sein könnte. Allerdings gibt es weder bei *Aristoteles* noch anderen antiken Autoren (*Platon,* Vorsokratiker …) einen Hinweis auf eine andere Bahnform als die kreisförmige.

Aristoteles betonte, ihm sei der Unterschied zwischen physikalischer Realität und mathematischer Modellierung wohl bewusst.[356] Gleichwohl erlag auch er aus heutiger Sicht der Gefahr im Rahmen der philosophischen Ausdeutung und Kategorisierung das philosophische bzw. mathematische Modell zum Ausgangspunkt der Deutung der physikalischen Wirklichkeit zu machen. Wir dürfen nämlich prinzipiell nicht der Versuchung erliegen anzunehmen, alle realen Bewegungen könnten in einen geradlinigen und einen kreisförmigen Anteil zerlegt werden, nur weil es mathematisch erfolgreich ist die Beschreibung der Bewegungen auf diese Weise vorzunehmen. *Aristoteles* ging von der Grundannahme aus, alles noch so Komplizierte sei aus möglichst einfachen Bausteinen aufgebaut. Dies gilt nach ihm für alle Körper und auch für alle Bewegungen dieser Körper.

Aristoteles stellte fest:

πᾶσαν εἶναι κίνησιν ἢ κατὰ φύσιν ἢ παρὰ φύσιν.

(„Jede Bewegung entweder naturgemäß oder naturwidrig sei.")[357]

und eine Bewegung sei dem einen Körper naturgemäß dem anderen naturwidrig. Er kommt daher zu dem Schluss, jeder Körper habe eine ihm eigentümliche Bewegung. Je einfacher nun aber die Bewegung ist, umso einfacher ist auch der zugehörige Körper. Die geradlinige und die kreisförmige Bewegung sind die einfachsten, aus denen sich alle

[354] De caelo A II, 268b17.

[355] De caelo A II, 268b19.

[356] Siehe hierzu etwa im Buch Z der Metaphysik 1036 a pp. und im Buch M der Metaphysik.

[357] De caelo A II, 269 a 33.

Bewegungen zusammensetzen. Daher sind auch die zugeordneten Körper die einfachsten. Hier übernimmt *Aristoteles* zunächst die Elementelehre des *Empedokles*: Es gibt vier (irdische) Elemente, aus denen alle (physikalischen) Bausteine der Welt aufgebaut werden. Charakterisiert werden nun diese vier Elemente durch ihr ihnen eigentümliches Bewegungsverhalten: Alle diese vier Elemente haben als *natürliche Bewegung* eine geradlinige Bewegung. Die Erde hat als natürliche Bewegung die Bewegung zur Mitte hin, nach innen, das Feuer hat als natürliche Bewegung die Bewegung nach außen, also von der Mitte weg. Jede dieser Bewegungen führt an den „natürlichen" Ort dieses Körpers. Die Mitte der Erde ist zugleich die Mitte der Welt. Dies versucht *Aristoteles* im zweiten Buch seiner Schrift *über den Himmel* auf philosophischem Weg zu beweisen und kommt zu dem Schluss

> συμβέβηκε δὲ ταὐτὸ μέσον εἶναι τῆς γῆς καὶ τοῦ παντός.
>
> („Es trifft also zu, dass die Mitte der Erde und die Mitte des Alls dieselbe ist.") [358]

Die Begründung allerdings, warum es eine natürliche Bewegung geben muss, ist enttäuschend: es gäbe keine natürliche Bewegung, wenn es nicht auch eine widernatürliche gäbe. Die einander bedingenden Gegensätze erinnern an *Heraklit*. Eine tiefere Begründung für die Existenz der natürlichen Bewegung kann bei *Aristoteles* nicht gefunden werden.

1.5.3 Relatives und absolutes Gewicht

Interessanterweise kommt *Aristoteles* über den Bewegungsbegriff zu einem *absoluten Gewichtsbegriff*: Schwer ist etwas, das nach „unten", also zur Mitte hin bewegt wird, leicht ist etwas, das nach „oben", also von der Mitte weg bewegt wird.[359] Die geradlinige Bewegung ist begrenzt.

> *„Das Feuer wie die Erde werden getragen nicht ins Unbegrenzte, sondern in das Gegenüberliegende. Entgegengesetzt ist aber dem Orte nach das Oben dem Unten, sodass dieses die Grenzen der Bewegung sind."*[360]

Wenn der bewegte Körper an seinen natürlichen Ort angekommen ist, hört die Bewegung auf. Der Körper kommt zur Ruhe, wenn er nicht zu einer anderen als der natürlichen Bewegung gezwungen wird. Somit gibt es zwei Arten von Bewegungen: natürliche und erzwungene. Entsprechend gibt es auch zwei Arten von Ruhelagen: natürliche oder erzwungene:

---

[358] De caelo B XIV, 296 b 17.

[359] In *De caelo* A III.

[360] De caelo, A VIII, 277 a 20–23.

ἅπαντα γὰρ καὶ μένει καὶ κινεῖται βίᾳ καὶ κατὰ φύσιν.

(„Denn alles ruht, und wird bewegt gewaltsam (durch eine Kraft) und natürlicherweise (nach seiner Natur, natürlichen Beschaffenheit), und entsprechend der Natur wird es dorthin getragen (bewegt), wo es ohne Krafteinwirkung ruht, mit Gewalt, wohin es mit Gewalt getragen wurde, und wohin es mit Gewalt getragen wurde, dort bleibt es auch mit Gewalt.")[361]

Diese Aussagen beziehen sich zunächst auf die „entgegengesetzten" Elemente Erde und Feuer, später werden auch die zwei übrigen Elemente des *Empedokles*, Wasser und Luft, miteingeschlossen. Dies geschieht allerdings in dem Sinne, sie zwar als eigenständige Elemente aufzufassen, aber nicht als absolute wie Feuer und Erde in ihrer Gewichtseigenschaft, sondern relativ:

„Deshalb haben Luft und Wasser ein jedes Leichtheit und Schwere, und Wasser fällt unter alles mit Ausnahme unter die Erde, und Luft steigt über alles auf mit Ausnahme über das Feuer ...."[362]

Weiter ist auch *Aristoteles* bekannt, erhitztes Wasser kann in Form von Wasserdampf nach oben steigen, abgekühltes aber nach unten sinken. In diesem Zusammenhang zeigt sich nun eine vielleicht recht überraschende formale Parallele der Elementelehre und der ihr zugeordneten Gewichtseigenschaft zur *formalen Logik.* Sie war ja von *Aristoteles* begründet worden. Auch in der formalen Logik arbeitet *Aristoteles* mit gegensätzlichen Begriffspaaren: der starken Bejahung und Verneinung sowie der schwachen Bejahung und Verneinung.[363]

1.5.4 Die Kreisbewegung als die erste Bewegung

Besonderes Interesse beansprucht die Behandlung der Kreisbewegung bei *Aristoteles.* Von den drei grundlegenden einfachen Bewegungen, den beiden geradlinigen Bewegungen und der Kreisbewegung, nimmt die Kreisbewegung für *Aristoteles* den ersten Rang ein:

Ἀλλὰ μὴν καὶ πρώτην γε ἀναγκαῖον εἶναι τὴν τοιαύτην φοράν. τὸ γὰρ τέλειον πρότερον τῇ φύσει τοῦ ἀτελοῦς, ὁ δὲ κύκλος τῶν τελείων, εὐθεῖα δὲ γραμμὴ οὐδεμία.

(„Ferner aber ist eine derartige Bewegung (Lauf, Umlauf, Herumgetragenwerden) notwendigerweise die erste. Denn von Natur aus ist das Vollkommene (Vollendete, Vollständige, Fehlerlose) früher als das Unvollkommene, der Kreis aber gehört zu den vollkommenen (zu ergänzen: Dingen, Gegenständen, Figuren, Formen), die gerade Linie aber niemals.")[364]

---

[361] De caelo A VIII, 276 a 23–26.

[362] De caelo D V, 312 a 25 pp.

[363] Vgl. etwa P. LORENZEN [1958], Formale Logik, W. de Gruyter, Berlin, pp 14: (a) alle P sind Q, (i) Einige P sind Q, (o) Nicht alle P sind Q, (e) Kein P ist Q.

[364] De caelo A II, 269 a 19–21.

Die Kreisbewegung ist als einzige Bewegung „kontinuierlich und ewig".[365] Nun folgt ein faszinierender syllogistischer Schluss:

> Εἴπερ οὖν ἐστὶν ἁπλῆ κίνησις, ἁπλῆ α'ἡ κύκλῳ κίνησις, καὶ τοῦ τε ἁπλοῦ σώματος ἁπλῆ ἡ κίνησις καὶ ἡ ἁπλῆ κίνησις ἁπλοῦ σώματος, ..., ἀναγκαῖον εἶναί τι σῶμα ἁπλοῦν ὃ πέφυκε φέρεσθαι τὴν κύκλῳ κίνησιν κατὰ τὴν ἑαυτοῦ φύσιν.
>
> *(„Wenn es eine einfache (vollständige, absolute) Bewegung gibt, wenn die Bewegung im Kreis eine einfache ist, und wenn die einfache Bewegung einem einfachen Körper zugeordnet ist und (umgekehrt) ein einfacher Körper einer einfachen Bewegung, ..., dann muss es einen einfachen Körper geben, der so beschaffen ist, dass er gemäß seiner Natur auf einer Kreisbewegung herumgetragen wird (sich natürlicherweise im Kreis bewegt).")*[366]

In diesem Zusammenhang zeigt sich der – uns fragwürdig erscheinende – aristotelische Gewichtsbegriff. Denn dieser kreisbewegte physikalische Körper kann kein relatives noch ein – im aristotelischen Sinn – absolutes Gewicht also keine Schwere und keine Leichtheit haben.[367] Dieser Körper wird in der späteren Literatur häufig als das „5. Element" bezeichnet.[368] *Aristoteles* beruft sich darauf, dass dieses Element seit alters her überliefert ist und leitet es etymologisch in Anlehnung an den platonischen Dialog *Kratylos* ab:[369]

> Διόπερ ὡς ἑτέρου τινὸς ὄντος τοῦ πρώτου σώματος παρὰ γῆν καὶ πῦρ καὶ ἀέρα καὶ ὕδωρ, αἰθέρα προσωνόμασιν τὸν ἀνωτάτω τόπον, ἀπὸ τοῦ θεῖν ἀεὶ τὸν ἀίδιον χρόνον θέμενοιτὴν ἐπωνυμίαν αὐτῷ.
>
> *(„Deshalb, weil der erste Körper etwas anderes ist als Erde, Feuer, Luft und Wasser, nannten sie den höchsten Ort Äther und leiteten diesen Beinamen daraus ab, dass er bis in alle ewigen Zeiten stets läuft.")*[370]

Aristoteles schließt, dieser erste Körper ist „unentstanden und unvergänglich, nimmt nicht zu und ändert sich nicht". Auch ist er nicht unbegrenzt, denn „das Unbegrenzte kann sich unmöglich bewegen".[371]

Den Abschluss des Alls bildet eine Grenze, bisweilen als „Himmel" bezeichnet, außerhalb derer sich nichts befindet:

> ἅμα δὲ δῆλον ὅτι οὐδὲ τόπος οὐδὲ κενὸν οὐδὲ χρόνος ἐστὶν ἔξω τοῦ οὐρανοῦ.

---

[365] De caelo A II, 269 b 8.

[366] De caelo A II, 269 a 3–7.

[367] De caelo A III, 269 b 30.

[368] „Quinta essentia". Daraus leitet sich unser Begriff „Quintessenz" ab. Diese Begriffsbildung erscheint freilich nach dem aristotelischen Urtext reichlich willkürlich.

[369] Diese Herleitung ist aber aus heutiger Sicht etymologisch falsch. Vgl. etwa O. GIGON [1983], p. 17.

[370] De caelo A III, 270 b 21–24.

[371] De caelo A V, 272 a 22.

(„Zugleich ist einsichtig, dass es weder einen Ort noch Leere noch Zeit außerhalb des Himmels geben kann.“)[372]

Dies ist die (philosophische) Grenze des Weltalls, deren Sprengung das revolutionierende Ende des mittelalterlichen Denkens wurde und deren Auswirkungen auch um das Jahr 2000 noch so deutlich zu spüren sind.

Es kann auch keinen zweiten Himmel geben, wie *Aristoteles* zahlreiche Denker vor ihm zitiert, sondern hier gibt es für *Aristoteles* eine feste Grenze und mit ihr ist Schluss.

Aristoteles schuf so ein Weltbild, das – für uns heutige nicht mehr nachvollziehbar – nahezu 2000 Jahre Bestand hatte und wohl eher durch die Autorität seines Urhebers und seine philosophische denn seine physikalische Geschlossenheit überzeugte. Mit der physikalischen Beweiskraft hatten bekanntlich schon antike Kommentatoren vermutlich aber aus eigenem Unverständnis der Intentionen des *Aristoteles* ihre Schwierigkeiten. Etwa es gebe zur Kreisbewegung keine entgegengesetzte Bewegung, während es zu jeder geradlinigen Bewegung eine entgegengesetzte Bewegung gebe. Dies wird von *Aristoteles* selbst so gedeutet, der Kreiskörper sei ewig, Gegensätzlichkeit schließt dagegen Entstehen und Vergehen ein.[373] Das Zitat lautet:

„Auch wenn dem Kreis in gewisser Weise der Durchmesser entgegengesetzt ist, so gibt es im Grunde genommen doch nichts Entgegengesetztes.“[374]

Auch die Bewegung der Erde zur Mitte und das Ruhen der Erde in der Mitte wurde von *Aristoteles* in nüchterner Weise so gedeutet: Ein Stein (ein Stück Erde) wird nach oben geworfen, also mit Zwang bewegt, und bewegt sich dann entsprechend seiner natürlichen Bewegung zur Mitte hin, er fällt auf die Erde zurück und bleibt dort liegen, der Bewegungsvorgang geht in plötzliche Ruhe über. *Aristoteles* stellt sich die Erde als nicht bewegt, nicht rotierend, sondern raumfest in jeder Dimension vor. Wie steht es nun mit der Kreisbewegung und dem im Kreise bewegten Körper (τὸ σῶμα φέρεσθαι τὴν κύκλῳ κίνησιν) aus? Seiner Bedeutung nach sollte der Kreiskörper nicht wie üblich als das *5. Element* bezeichnet werden, was nur auf eine Erweiterung der 4 Elemente des *Empedokles* hinausliefe. Vielmehr ist seine Idee älter *(Parmenides)* und steht als offensichtlicher Gegenpart gleichberechtigt gegenüber den vier irdischen Elementen, die im Mittelalter der „sublunaren“ Welt angehörig bezeichnet wurden. Darüber hinaus schreibt *Aristoteles,* diese vier irdischen Elemente würden auseinander entstehen.[375] Dies steht im Gegensatz zu *Platon,* für den die Erde nicht aus demselben Stoff wie Feuer, Luft und Wasser besteht. Der kreisbewegte Körper ist dagegen das Element der „translunaren“ Welt. Dieser, das „5. Element“, der Äther, findet sich (wie wir schon gesehen haben) bei *Platon,*

[372] De caelo A IX, 279 a 12.
[373] De caelo A III, 270 a 22.
[374] De caelo A VIII, 277 a 24–25.
[375] De caelo C VI, 305 a 32.

und zwar in der *Epinomis* in der geometrischen Deutung des Dodekaeders, des 5. platonischen Körpers. Es kann hier nicht unterschieden werden, ob erst *Aristoteles* das Element Äther aus seiner Bewegungslehre folgerte und anschließend die Akademie die geometrische Deutung als Dodekaeder nachschob, oder ob *Aristoteles* mit seiner Bewegungslehre das Ätherelement im Gegensatz zu *Platon* zu begründen suchte. Auch wenn das 5. Element bekanntlich alt ist, ist doch die Begründung durch die Bewegungslehre offenbar die originäre Erfindung des *Aristoteles.* Aus diesem Element sind nun nach *Aristoteles* auch die „Himmelskörper" in Form von Hohlkugeln beschaffen. Sie sind also keine selbstständigen Körper. Diese Kugeln können keine „Laufwerkzeuge" haben (wie *Aristoteles* in *De caelo* B XVII, 290 a 30 schreibt). Sie werden vielmehr mit der Himmelsmaterie, dem Äther, mitbewegt:

λείπεται τοὺς μὲν κύκλους κινεῖσθαι, τὰ δὲ ἄστρα ἠρεμεῖν καὶ ἐνδεδεμένα τοῖς κύκλοις φέρεσθαι.

(„... es bleibt übrig, dass die Kreise sich bewegen, die Sterne aber (= Gestirne = Sonne, Mond, Planeten, Fixsterne) stillstehen und angebunden (gefesselt, festgebunden) an die Kreise herumgebogen (bewegt) werden.")[376]

Aus der Unveränderbarkeit der Anschauung des „Gesichtes" des Mondes schließt *Aristoteles:* Die Gestirne können sich nicht bewegen, zum Beispiel auch nicht durch Rollen.[377]

1.5.5 Das Sphärenmodell des Aristoteles

Die Bewegung der Himmelskörper geschieht auch bei *Aristoteles* auf Kreisen und zwar wie sie in den mathematischen Modellen des *Eudoxos* und *Kallippos* verlangt werden. Nur werden diese Kreise von *Aristoteles* jetzt materiell gedacht, nämlich aus dem Äther bestehend, der somit die verschiedenen Bewegungsmuster vollzieht. Für *Aristoteles* gibt es keinen Zweifel, dass Sonne, Mond und Planeten viele Bewegungen ausführen:

τῶν γὰρ πλανωμένων ἕν ὁτιοῦν πλείους φέρεται φορᾶς.

(„Denn jeder dieser herumwandernden Körper (= Gestirne; Sonne, Mond, Planeten) wird mit vielen Bewegungen (Umläufen, Läufen) herumgetragen (bewegt).“[378]

Diese Vielzahl der Bewegungen der Körper des Sonnensystems ist für *Aristoteles* ein Ausgleich für die alleinige Bewegung der Himmelskugel. Sie hat nämlich die Aufgabe

[376] De caelo B VIII, 289 b 31–33.

[377] De caelo B VII, 290 a 25.

[378] De caelo B XII, 293 a 1.

viele Körper nämlich die Fixsterne zu bewegen. In diesem Zusammenhang spricht *Aristoteles* von „Kugeln", welche ihre Drehbewegungen ausführen: „Jede Kugel ist eine Art von Körper", der nämlich aus dem Himmelsstoff-Äther besteht. Da die Kreise (Kugeln, Sphären) nun materiell angenommen werden, könnte es sein, die äußeren nähmen die inneren Kreise mit, vielleicht durch Reibung. Um dies zu vermeiden, muss es jeweils zu einem Kreis einen gegenläufigen Kreis geben, welcher dieses Mitgenommenwerden vermeidet. Dieser jeweilige zusätzliche Kreis ist nur beim innersten Kreis nicht erforderlich, der das Gestirn unmittelbar mitbewegt. *Aristoteles* vermehrt deshalb die Kreise des *Kallippos* um die gleiche Anzahl des dem betreffenden Körper zugeordneten Sphärenmodells weniger einem, Saturn und Jupiter erhalten also 7 statt vorher 4 Sphären und Sonne, Merkur, Venus und Mars 9 statt 5 Kreisen. Nur der innerste Körper, der Mond, bleibt wie bei *Kallippos* bei 5 Kreisen. Das Modell des *Aristoteles* hat also 55 Kreise.[379] Aus dem – platonischen – mathematischen Modell der Bewegung der Himmelskörper wurde nun das – aristotelische – physikalische Modell. Eine völlig neue Qualität war so geschaffen worden, in sich konsistent durch den alles einschließenden materiellen Abschluss des Weltalls. Dieses war zeitlich unbegrenzt, ohne Anfang und ohne Ende gedacht, räumlich also klar und begrenzt beschrieben.

Kritik an diesem Weltbild setzte schon kurz nach *Aristoteles* ein. Es entstand die Frage, warum die Gestirne leuchten und wie im Falle der Sonne sogar glühend heiß werden können. *Aristoteles* erklärte den Vorgang durch Reibung der Luft unter der jeweiligen Gestirnskugel erhitzt infolge der mitgenommenen Bewegung. Die Körper selbst würden nicht heiß.[380] Nun ist aber nicht die Luft, sondern das als leichtentzündliches Gas gedachte Feuer der oberste Körper, der an den Himmelsäther anschließt. Der Einwand lautet: Es sollte daher doch diese Art von Feuer entzündet werden. Aber dass hier in der translunaren Welt nicht alles und ewig in geordneten Bahnen verlaufen sollte, daran hatte keiner der Nachfolger des *Aristoteles* gezweifelt.

1.5.6 Die Ursache der Bewegung bei Aristoteles

Auch in dem Werk *Über den Himmel* finden sich Stellen, in denen der natürlichen Bewegung eine Ursache zugeordnet wird. Die „natürliche Bewegung" erfolgt also nicht von sich aus, nicht wegen „ihrer Natur", sondern weil es etwas geben muss, das auch die natürliche Bewegung garantiert. *Aristoteles* fragt:

> πρὸς δὲ τούτοις τί τῆς κινήσεως αἴτιον. („Darüber hinaus, was ist die Ursache der Bewegung?")[381]

[379] Die an anderer Stelle genannte Zahl von 47 Kugelschalen kann nicht erklärt werden. Vgl. W. Ekschmitt [1989], pp. 139, 140.

[380] In De caelo B VII, 289 a 30.

[381] De caelo D II, 309 b 27.

Die Antwort lautet:

πᾶν τὸ κινούμενον ὑπό τινος κινεῖται. („ … *alles Bewegte wird von irgendetwas bewegt.*“)[382]

Das erste Bewegende, das als unveränderlich, selbst unbewegt charakterisiert wird, wird in der *Metaphysik* des *Aristoteles* näher erläutert. Grundsätzlich spricht *Aristoteles* nur von **das** erste Bewegende, etwa in dem Zitat:

τὸ πρῶτον πάντων κινοῦν πάντα („ … ***das*** *Erste von allem alles Bewegende*“).[383]

Das erste Bewegende wird also nicht personifiziert, wie fälschlicherweise in manchen älteren Übersetzungen noch zu finden ist (*der* erste Bewegende). Das erste Bewegende bewegt nur das Höchste, nämlich die Fixsternsphäre, erst dadurch angeregt folgen die weiteren Bewegungen der Körper des Sonnensystems und die irdischen Bewegungen. Das erste Bewegende ist nur für die Kreisbewegung zuständig. Sie ist daher die erste (höchste) der Bewegungen.[384] Das erste Bewegende ist für *Aristoteles.*

ὅτι ἀνάγκη εἶναι ἀίδιον τινὰ οὐσίαν ἀκίνητον.

(„Notwendigerweise ein ewiges, unbewegliches Seiendes (Wesen)“).[385]

Die Art und Weise, wie dieses erste Bewegende bewegt, beschreibt *Aristoteles* vielleicht an *Empedokles* erinnernd durch.

κινεί δὲ ὡς ἐρώμενον, κινούμενα δὲ τἆλλα κινεῖ.

(„ … Es bewegt sich wie etwas, das geliebt wird, das andere aber bewegt als etwas, das selbst bewegt wird“).[386]

Das erste Bewegende denkt sich selbst und nur sich selbst, unveränderlich, ewig, ohne Materie, ohne Stoff, sein Ort ist außerhalb der Himmelskugel, d. h. der Fixsternsphäre. Es ist in dieser Art dem vollkommenen unbewegten und unbewegbaren Sein des *Parmenides* gleich. *Aristoteles* gelingt auf diese Weise eine großartige Synthese aller vorherigen Philosophien und begründet so auch seine eigene Arbeitsweise. Während *Aristoteles* sich sonst gerne auf „die Alten“ beruft, kommt er hier in überraschender Ablehnung der alten Mythen zu dem Ergebnis, es kann keine anthropomorphen Götter geben, sondern *das* Göttliche ist das Erhabene, Vollkommene, Ewige. Es kann also auch keinen Schöpfergott

[382] De caelo B VI, 288 a 28.

[383] Metaphysik Λ IV, 1070 b 35.

[384] Metaphysik Λ VII, 1072 a 20; 1072 b 10.

[385] Metaphysik Λ VI, 1071 b 5.

[386] Metaphysik Λ VII, 1072 b 3.

(Demiourg) geben, wie ihn *Platon* vorgeschlagen hatte. Das braucht es auch nicht, da nach *Aristoteles* die Welt ewig also ungeschaffen ist.

Im Widerspruch zur sonstigen Lehre des *Aristoteles* ist im 8. Kapitel des Buches Λ der Metaphysik jeder der Sphären des Systems der bewegten Himmelskörper ein dem ersten Bewegenden untergeordnetes Bewegendes zugeordnet. Es tauchen hier also 55 solche Beweger auf. Auffällig ist hier, mit der Quersumme der Zahl 55 wird die Summe der ersten vier natürlichen Zahlen also die Tetraktys des *Pythagoras* verwendet. Bekanntlich hat *Aristoteles* wohlwollend kritisch vieles aus der Philosophie des *Pythagoras* übernommen. Es wird allerdings vermutet, das 8. Kapitel des Buches Λ stamme gar nicht von *Aristoteles* selbst, sondern könne später eingeschoben worden sein. Wir wollen deshalb hier nicht weiter auf diesen etwas verwirrenden Sachverhalt eingehen.[387]

1.5.7 Der Zeitbegriff bei Aristoteles

Der Zeitbegriff ist für *Aristoteles* wie auch schon für *Platon* an die Bewegung von Körpern im Raum gekoppelt:

> χρόνος δὲ ἀριθμὸς κινήσεως· κίνησις δ᾽ἄνευ φυσικοῦ σώματος οὐκ ἔστιν.
>
> *(„Die Zeit ist die Zahl der Bewegung. Eine Bewegung kann aber ohne einen physikalischen Körper nicht existieren“).*[388]

Ein weiterer Zusammenhang der Zeit mit der Materie zeigt sich überraschenderweise in der Annahme einer kleinsten Zeit: So wie die Materie nicht beliebig klein geteilt werden kann, so kann auch die Zeit nicht beliebig klein geteilt werden. Auch dies begründet Aristoteles mithilfe des Bewegungsbegriffes:

> *„ ... Wenn ferner einer annimmt, dass es eine kleinste Zeit gibt, sodass es mit einer kleineren nicht möglich wäre, den Himmel einer Bewegung zu unterwerfen ...* “[389]

Aus der gleichmäßigen Bewegung des Himmels, welche die Zeit definiert, muss auf eine gleichmäßig ablaufende Zeit geschlossen werden. Diese hat daher weder Anfang noch Ende.[390] Es erscheint auch bemerkenswert, wie die Zeit im Zusammenhang mit der Kreisbewegung gebraucht wird:

> καὶ ἡ κίνησις ἄρα ὅυτω συνεχὴς ὥσπερ καὶ ὁ χρόνος. ἢ γὰρ τὸ αὐτὸ ἢ κινήσεώς τι πάθος. κίνησις δ᾽ οὐκ ἔστι συνεχὴς ἄλλ᾽ ἢ ἡ κατὰ τόπον, καὶ ταύτης ἡ κύκλῳ.

---

[387] Vgl. hierzu etwa W. EKSCHMITT [1989], pp. 137–141.

[388] De caelo A IX, 279 a 15.

[389] De caelo B VI, 288 b 31.

[390] Loc. cit.

(„Offenbar ist die Bewegung genauso zusammenhängend wie auch die Zeit. Sie ist nämlich dasselbe wie die Zeit oder ein Vorgang (Einwirkung, Ereignis, Geschenk, Begegnung, Erfahrung, Affekt) der Bewegung. Bewegung ist nicht zusammenhängend, wenn sie keine Ortsbewegung ist, eine Ortsbewegung ist nur zusammenhängend, wenn sie eine Kreisbewegung ist.")[391]

Ferner lesen wir:

„Die Bewegung hat eine gewisse Größe (Quantität) nicht, weil das bewegte Ding eine solche Größe ist, sondern das Medium, in dem die Bewegung erfolgt. Deshalb ist auch die Zeit eine gewisse Größe (hat Quantität)."[392]

1.5.8 Der aristotelische Kraftbegriff

Der aristotelische Kraftbegriff ist in logischer Weise in die aristotelische Kosmologie eingebunden. Auf dem Weg von der antiken zur klassischen Physik war es vor allem der aristotelische Kraftbegriff, dessen Überwindung größten Aufwand erforderte und der einer der Hauptkritikpunkte an der aristotelischen Physik war. Der aristotelische Kraftbegriff kann im Rahmen der Bewegungslehre der Himmelskörper an einigen Stellen der Schrift *Über den Himmel* abgelesen werden. So etwa am Beginn des 2. Buches bei der Entkräftung früherer Theorien etwa der des *Empedokles*: Hier wird gesagt, dass die Himmelsbewegung eine innewohnende Kraft habe. Verwendet wird der bis zu *Kepler* wichtige Begriff ῥοπή [393] (Sinken, Neigung <der Waagschale>, Gewicht, Anstoß, Anlass, Kraft, Einwirkung, Einfluss). Diese Kraft wird vom unbewegten Bewegenden ständig der Kreisbewegung des Himmels gleichmäßig, d. h. als konstante Größe, mitgeteilt. Da diese Kreisbewegung, als eine vollkommene Bewegung konstant ist, sind Kraft und Geschwindigkeit (hier der Kreisbewegung des Himmels) einander direkt proportional. Sei ***K*** die Kraft (vektoriell in moderner Schreibweise geschrieben), ***r*** der Richtungsvektor der durch diese Kraft verursachten Geschwindigkeit, ist nach *Aristoteles* (in vektorieller Schreibweise)

$$\mathbf{K} = \mu \, \dot{\mathbf{r}} \quad . \tag{1.24}$$

Der Faktor μ ist die „inertia". Das ist die von *Kepler* sogenannte träge Masse.[394] Folgendes Zitat drückt dies indirekt aus:

„Überdies, da alles Bewegte von irgendetwas bewegt wird, muss notwendigerweise die Unregelmäßigkeit der Bewegung (ἀνωμαλία τῆς κινήσεως) entweder durch das Bewegende oder

[391] Metaphysik Λ VI, 1071 b 9–12.

[392] Metaphysik Λ XIII, 1020 a 31–33.

[393] Vgl. NOBIS, H. M. [1971]: *Ropé und Nutus in Keplers Astronomie*, in: Kepler Festschrift 1971. Begriff in: *De caelo* B I, 284 a 24–27.

[394] H.J. TREDER [1975], p. 108.

das Bewegte oder Beides entstehen. Wenn nämlich das Bewegende nicht mit derselben Kraft (d.h. mit konstanter Kraft) (τῇ αὐτῇ δυνάμει) bewegen würde, oder das Bewegte würde sich verändern und nicht dasselbe bleiben, oder beides würde sich verändern, nichts würde dann verhindern, dass das Bewegte ungleichmäßig bewegt würde. Doch nichts von dem kann am Himmel geschehen.“[395]

Jedem bewegten Körper wohnt auf natürliche Weise eine Kraft inne:

εἰ δὲ μὴ ἕξει φύσει ῥοπὴν τὸ κινούμενον, ἀδύνατον.

(„Wenn aber das Bewegte nicht von Natur aus eine Kraft hätte, würde ... “)[396]

ἐπεὶ δὲ τό τε βάρος ἔχει τινὰ ἰσχὺν καθ’ ἣν φέρεται κάτω, ...

(„So hat etwa auch die Schwere eine Kraft, mit der sie sich nach unten, das heißt Richtung Erdmittelpunkt bewegt“).[397]

Diese Fallbewegung hat nach *Aristoteles* mit dem Luftwiderstand W die Geschwindigkeit[398]

$$\dot{\mathbf{r}}_A = \frac{\mathbf{r}}{W} \quad . \tag{1.25}$$

1.5.9 Ideenwelt und Modalität bei Aristoteles

Aristoteles versuchte die platonische Ideenwelt, also die Lehre von den Urbildern, realistischer als bei *Platon* weiterzuführen bzw. umzuformulieren.[399] „Abbild“ und „Urbild“ wie bei *Platon* sind bei *Aristoteles* nicht mehr getrennt. Die „Idee“ eines Gegenstandes ist seine Gestalt (englisch: *form*).[400] Dieser Begriff verallgemeinert einen Gegenstand zu einem Element aller derartigen Gegenstände. Die unbewegliche Idee (hier besser: der Begriff) kommt in den Bereich der materiellen Bewegung. Dadurch wird diese ein spezieller Gegenstand. Hier ist nicht nur „Ortsbewegung“, sondern auch Bewegung im Werden und Vergehen, im Wachsen und Kleinerwerden, in den Veränderungen und der Umwandlung der Dinge ineinander gemeint.[401] Dies spezifiziert *Aristoteles*:

---

395 De caelo B VI, 288.

396 De caelo Γ II, 301 a 25.

397 De caelo Δ VI, 313 b 17.

398 H.J. TREDER [1975], p. 108.

399 Vgl. dazu: Metaphysik A VI, 987 a 29 pp.

400 Etwa bei: J. B. SKEMP [1942]. Vielleicht an diesen Begriff anknüpfend wird bei Übertragungen von Aristoteles-Texten ins Deutsche statt „Idee“ (εἶδος) mit „Form“ wiedergegeben. Dies etwa in: Aristoteles, *Metaphysik*, übersetzt und herausgegeben von F.F. SCHWARZ [1991], Reclam, Stuttgart.

401 De caelo Γ I, 298 a 30 pp.

ἐπεὶ γὰρ εἰσὶ τρεῖς αἱ κινήσεις, ἡ μὲν κατὰ μέγεθος, ἡ δὲ κατ' εἶδος, ἡ δὲ κατὰ τόπον, ἐν ἑκάστῃ τούτων τὴν μεταβολὴν ὁρῶμεν γινομένην ἐκ τῶν ἐναντίων εἰς τὰ ἐναντία καὶ τὰ μεταξύ, καὶ οὐκ εἰς τοὺς τυχόντι μεταβολήν οὖσαν.

(„Da es nämlich drei Bewegungsarten gibt, nach der Größe, nach dem Aussehen (der Form, der Gestalt) und nach dem Ort, sehen wir in jeder dieser Bewegungen die Veränderung geschehen vom Entgegengesetzten in das Entgegengesetzte, also auch in das Dazwischenliegende, und nicht eine Veränderung vom Zufälligen ins Zufällige.")[402]

Die von der materiellen Welt völlig unabhängige Welt der Urbilder lehnt *Aristoteles* scharf ab. Er bezeichnet dies als „leeres Geschwätz", als nur „dichterischen Vergleich".[403] *Aristoteles* kommt als abstrakter Ersatz der Ideenwelt in vertiefter Weise zu den Modalkategorien: Möglichkeit (δύναμις), Wirklichkeit (ἐνέργεια) (Notwendigkeit):

„Materie ist reine Möglichkeit, welche durch die Form (Gestalt) die Bestimmtheit (Notwendigkeit) der Wirklichkeit erhält."[404]

Möglichkeit wird hier im Sinne Vermögen, Können, Kraft (δύναμις) gebraucht:

δύναμις λέγεται ἡ μὲν ἀρχὴ κινήσεως ἢ μεταβολῆς ἡ ἐν ἑτέρῳ ἢ ᾗ ἕτερον.

(„Vermögen wird der Anfang (das Prinzip) der Bewegung oder der Veränderung von etwas genannt, der in einem anderen Ding geschieht oder in ihm wie in einem anderen Ding ... ")[405]

Die Behandlung der Modalkategorien Vermögen – Verwirklichung (*Aristoteles* ist zu diesem Begriffspaar offenbar erst ziemlich spät gekommen) wird vor allem im Buch Θ der Metaphysik anknüpfend an Aussagen im Buch Δ durchgeführt. Ausgangspunkt ist für *Aristoteles* die Behandlung dieser Begriffe im Zusammenhang mit der Bewegungslehre, um von dort aus diese Begriffe weiterzuentwickeln:

ἐπὶ πλέον γὰρ ἐσιτν ἡ δύναμις καὶ ἡ ἐνέργεια τῶν μόνον λεγομένων κατὰ κίνησιν.

(„Denn Vermögen und Verwirklichung sagen mehr aus, als was nur über die Bewegung ausgesagt wird.")[406]

Das Vermögen wird hier als Prinzip (ἀρχή) einer Veränderung als einer speziellen Erscheinungsform der Bewegung dargestellt: Alles Werden ist Veränderung (Bewegung)

---

402 De caelo Δ III, 310 a 23.

403 Metaphysik A IX, 991 a 21,vgl. hierzu: „Vordringen zur Lehre von der übersinnlichen Substanz" bei W. SCHWARZ [1970], p. 14.

404 Vgl. K. VORLÄNDER [1967], p. 124.

405 Metaphysik Δ XII, 1019 a 15.

406 Metaphysik Θ I, 1046 a 1.

vom Möglichen zum Wirklichen. Was sich aber nicht vom Möglichen zum Wirklichen verändern kann, ist „unmöglich“. So schreibt *Aristoteles*:

> δοκεῖ γὰρ ἡ ἐνέργεια μάλιστα ἡ κίνησις εἶναι.
>
> *(„Es scheint nämlich Verwirklichung vornehmlich Bewegung zu sein.“)*[407]

Das diesen Übergang bewirkende Verwirklichende, ist die „Form“ (Gestalt). Ein von *Aristoteles* gewähltes Beispiel ist, wie aus einem Stück Marmor durch die Formgebung, Gestaltung, eine Statue wird. Auch dies ist ein Vorgang, der zum allgemeinen Begriff der Bewegung zählt. Dass aber diese Bewegung vollzogen wird, hat eine Ursache (αἰτία). Letztlich kann sie auf die erste bewegende Ursache (πρῶτον κινοῦν) zurückgeführt werden.

Diese Gedanken werden im Buch Λ der Metaphysik vertieft aufgenommen. *Aristoteles* präzisiert hier Aussagen über die „Mischung“ durch *Empedokles* und *Anaximander* sowie Äußerungen von *Demokrit*:

> ἦν ὁμοῦ πάντα δυνάμει, ἐνεργείᾳ δ’ οὔ.
>
> *(„Alles war beisammen der Möglichkeit nicht der Verwirklichung nach.“)*[408]

Weiter schreibt *Aristoteles*:

> πᾶν γὰρ μεταβάλλει τι καὶ ὑπό τινος καὶ εἴς τι. ὑφ’ οὗ μέν, τοῦ πρώτου κινοῦντος. ὃ δέ, ἡ ὕλη· εἰς δ’ ὅ, τὸ εἶδος.
>
> *(„Alles verändert sich nämlich als etwas, durch etwas und in etwas; wodurch ist durch das erste Bewegende; was ist die Materie (der Stoff); in was, das ist die Gestalt (Form, Aussehen).“)*[409]

Über die zeitliche Zuordnung, also über die Kausalität lesen wir:

> τὰ μὲν οὖν κινοῦντα αἴτια ὡς προγεγενηένα ὄντα, τὰ δ’ ὧς ὁ λόγος ἅμα.
>
> *(„Die bewegenden Ursachen existieren wie etwas, das schon vorher geworden ist, die Ursachen wie der Begriff existieren zugleich mit dem gewordenen Geschehen.“)*[410]

Und auch hier kommt *Aristoteles* zu dem Schluss:

> φανερὸν δὴ ὅτι οὐδὲν δεῖ διά γε ταῦτ’ εἶναι τὰς ἰδέας.

---

[407] Metaphysik Θ III, 1047 a 33.

[408] Metaphysik Λ II, 1069 b 22.

[409] Metaphysik Λ III, 1069 b 36–1070 a 2.

[410] Metaphysik Λ III, 1070 a 21.

(„Es ist nach diesen Überlegungen offenkundig, dass es keinen Grund für die Existenz der Ideen gibt.")[411]

Wir können an dieser Stelle der Nachüberlegungen der aristotelischen Gedankenwelt vielleicht folgende Vermutung formulieren: Für *Aristoteles* ist im Gegensatz zu *Platon* und (vielleicht bis auf *Parmenides*) allen früheren griechischen Denkern die Welt ewig, ungeschaffen. Konsequenterweise kann es keinen Schöpfer geben, dessen Aufgabe darin bestand, die ungeordnete amorphe Materie mit Hilfe der Ideen zu einer geordneten vollkommenen Welt zu schaffen. Das war, wie wir schon mehrfach gesehen haben, die Aufgabe des von *Platon* erdachten Demiourgen. Die Welt des *Aristoteles*, die nicht nur ewig, sondern notwendigerweise auch nur eine sein kann, hat keinen Platz für die totale Dreiteilung im platonischen Sinn. Stattdessen kommt *Aristoteles* notwendigerweise zu übergeordneten Prinzipien (= erste Ursachen) in Gestaltung und Werden der Welt:

(1) Das Mögliche ist die Materie (ὕλη).
(2) Die Gestaltung ist die Formursache (εἶδος), das Verwirklichende.
(3) Das Verbindende, das den Prozess in Bewegung setzt, ist die Bewegungsursache (ἡ ἀρχὴ τῆς κινήσεως) das Verwirklichende.
(4) Dann aber muss es ein Ziel, einen Zweck geben, weswegen der Übergang geschieht, geschehen muss, die Zweckursache, auf die notwendigerweise die Bewegung, die Veränderung hinausläuft.

Das erste Bewegende kann in einer solchen Vorstellung kein personaler, geschweige denn – wie in der griechischen Mythologie üblich – ein anthropomorpher Gott sein. Es ist vielmehr ein Prinzip, vielleicht geprägt mit *Anaxagoras* als Gedanke (νοῦς), der nur sich selbst denkt. Dadurch ist er das erste Bewegende. Die Vorgänge in der Welt aber wurden von *Aristoteles* formalisiert durch allgemeingültige Prinzipien. Die Vorstellungswelt des *Aristoteles* erscheint so nicht als Fortschritt gegenüber der platonischen, sondern als Alternative. Diese ist notwendig geworden durch den unterschiedlichen Ausgangspunkt, denkerisch ist sie aber eine wesentliche Bereicherung.

Die platonische Ideenwelt ist in ihrer letzten Konsequenz **keine** Welt der Begriffe oder Definitionen, sondern mathematischer Prinzipien. Wenn also *Aristoteles* die Welt der Ideen (der Urbilder) ablehnte, musste er zwangsläufig auch die Vorstellung des mathematischen Modells der Bewegung der Himmelskörper ablehnen. Dass *Aristoteles* für die Bewegung der Himmelskörper das physikalische Modell der Ätherkreise (bzw. Sphären) fand, könnte für ihn eine (willkommene) Bestätigung oder auch eine Konsequenz seiner Vorstellung von der ewigen und einen Welt sein.

[411] Metaphysik Λ III, 1070 a 28.

1.5.10 Würdigung der Bewegungslehre des Aristoteles

Aristoteles ist es gelungen, aufbauend auf den vorherigen Philosophien eine physikalische Bewegungslehre als seinen eigenständigen Beitrag zur Beschreibung der Welt (des Alls) und allen Geschehens in der Welt zu begründen. Dieses Weltbild ist von einmaliger philosophischer Geschlossenheit und genügte der Menschheit 2000 Jahre lang – eine einmalige Leistung. Die antike Bewegungslehre ist bei *Aristoteles* im Wesentlichen zur Vollendung gelangt. Als Ausgangspunkt für eine verbesserte Anpassung eines physikalischen Modells an die Wirklichkeit bei verbesserten Mess- und Beobachtungsmethoden war dieses Modell des *Aristoteles* wie wir heute wissen nicht geeignet. Der Grund liegt in der offenbar auch innerhalb der griechischen Philosophie einmaligen Annahme der Ewigkeit und Unveränderlichkeit der Welt als Ganzes. Sie erscheint bei *Aristoteles* als Vollendung des absoluten Seins des *Parmenides*. Eine Geringschätzung der Philosophie des *Aristoteles* wegen dieser physikalischen Unzulänglichkeit ist nach einem sorgfältigen Studium seiner Schriften nicht zulässig. Die Frage des *Aristoteles* nach dem Seienden als Seiendem, somit nach dem allem Seiendem Gemeinsamen, also dem Sein, was von *N. Hartmann*[412] als „klassische Fragestellung“ bezeichnet wird, muss sich auch der moderne Denker in unverminderter Heftigkeit stellen. Auch der moderne Physiker, der sich mit den Bewegungen im All, der Sterne und Galaxien wie im atomaren Bereich an vornehmer Stelle beschäftigen will, kommt nicht um die Frage herum, was unter Bewegung an sich überhaupt zu verstehen sein soll.

Die aristotelische Kosmologie stellt einen gewissen Abschluss einer geisteswissenschaftlichen Entwicklung der Antike dar. Dieser Abschluss wird versinnbildlicht durch die feste Himmelskugel, außerhalb derer sich nichts befindet. Das sinnbildliche Durchbrechen dieser Schale in der Zeit *Tycho Brahes, J. Keplers* und *G. Galileis*, das für eine Weiterentwicklung der denkerischen Erfassung der Welt, ihres Aufbaus, ihrer Entwicklung nötig wurde, war nur auf der Gedankenwelt *Platons* aufbauend möglich.

Weiterführend und wichtig für die Entwicklung des abendländischen Denkens wurde die Lehre von den Prinzipien, die logische Erschließung der Begriffswelt. So stammen von *Aristoteles* präzise Aussagen etwa, warum Unbegrenztes sich nicht bewegen kann, warum ein kreisbewegter Körper nicht räumlich unbegrenzt sein kann, warum es überhaupt keinen unbegrenzten Körper geben kann. Dazu gehört auch die Grundlegung für Aussagen darüber, warum ein Körper nur eine Bewegung haben kann, auch wenn diese mathematisch unterschiedlich beschrieben werden kann.

Aristoteles hat die Betrachtung der Welt mit einem scharfen Schnitt abgeschlossen: Hier ist die Grenze der Welt. Außerhalb ist nichts. Allerdings ist dieser Problemkreis nach der Endlichkeit oder der Unendlichkeit bis heute eine der (überflüssigen?) Grundfragen der Menschheit geblieben. Sie kann wohl nie beantwortet werden: Da der Mensch das Unendliche physikalisch nicht erfassen kann, darf nicht geschlossen werden, die Welt sei

---

[412] Vgl. W. STEGMÜLLER [1978], p. 256.

endlich. *Platon* ist da bescheidener: Wir können mathematisch eine Aussage **versuchen**, die uns physikalisch verwehrt ist.

1.5.11 Der *Meton*-Zyklus (*Kallippos*-Zyklus)

Für die Zeitmessung dienen seit alters die Maße des mittleren Sonnentages d, des (mittleren) tropischen Jahres $P_{\odot,T}$ und des (mittleren) synodischen Monats $P_{☾,S}$. Da diesen drei Einheiten unterschiedliche astronomische Bewegungsvorgänge zugrunde liegen, sind die entsprechenden Zahlenwerte nicht kommensurabel. Für die Zeitrechnung, die Abfolge der Jahre, die Notwendigkeit der Einführung von Schaltjahren, Schaltmonaten, Schalttagen ist die Relation zwischen diesen Zeiteinheiten von Bedeutung. Die Erkundung dieser Relation ist daher eines der ältesten Ziele der beobachtenden Astronomie. Der älteste bekannte Zyklus, d. h. eine ganzzahlige Relation zwischen Jahren und Monaten, welche die Grundperioden genau erkennen lässt, stammt aus der babylonischen Astronomie, wird aber in der griechischen Astronomie nach *Meton* benannt, der diesen Zyklus am 27. Juni -431 in Athen einführte:

$$\text{Meton - Zyklus}: \ 19P_{\odot,T} \Leftrightarrow 235P_{☾,S} \tag{1.26}$$

Wird das tropische Jahr als *julianisches Jahr* mit $P_{\odot,T} = 365^d.25$ angenommen, kann die Länge des synodischen Monats berechnet werden zu:

$$P_{☾,S} = \frac{19 \times 365^d.25}{235} = 29^d.530851 \quad . \tag{1.27}$$

Der nach *Kallippos* benannte Zyklus ist lediglich eine Modifikation des *Meton*'ischen Zyklus, wobei auch die Anzahl der entsprechenden (mittleren) Sonnentage als ganze Zahl eingeführt werden sollte. Dies wird erreicht, indem der *Meton*'ische Zyklus wegen des 1/4 Tages beim julianischen Jahr mit 4 multipliziert wird:

$$\text{Kallippos - Zyklus:}\ 76\,P_{\odot,T} \ \Leftrightarrow\ 940\,P_{☾,S} \ \Leftrightarrow\ 27759^d \quad . \tag{1.28}$$

Der *Kallippos*-Zyklus wurde also nicht durch eigene Beobachtungen des *Kallippos* erhalten.[413] Die Länge des synodischen Monats ist somit nicht aus Beobachtungen in den *Meton*-Zyklus und daher auch nicht in den *Kallippos*-Zyklus eingegangen.

[413] Vgl. O. Neugebauer [1975], p. 615–624.

1.6 Erste Einwände gegen die Vorstellung der geozentrischen Bewegung

Schon in der Antike können interessante Versuche gefunden werden, die das geozentrische Weltbild in der aristotelischen Darstellung kritisch hinterfragen. Es finden sich interessante physikalische und den Beobachtungen folgende Überlegungen. Sie konnten sich allerdings nicht gegen die Autorität des Aristoteles durchsetzen. Und sie scheiterten an ihren fehlenden mathematische Kenntnissen. *Kopernikus* hatte sich bewusst nicht auf *Aristarch* berufen.[414]

1.6.1 Teilweise heliozentrische Bewegung - Heraklides

Heraklides Pontikus (Ἡρακλείδης ὁ Ποντικός, ca. 385–310 v. Chr.) stammte aus Herakleia am Pontos, dem Schwarzen Meer. Er war Schüler von *Platon* und gehörte nach dessen Tod (347 v. Chr.) als eines der bedeutendsten Mitglieder der Akademie bis 338 v. Chr. an. Danach gründete er in seiner Heimatstadt eine eigene Schule.[415]

Heraklides führte in die Lehre *Platons* von den Bewegungen im Sonnensystem zwei wesentliche Verbesserungen ein. Sie lassen auf tiefes astronomisches Verständnis und sorgfältige Beobachtungstätigkeit schließen:

(1) Er übernahm die Lehre des *Timaios* von der Achsendrehung der Erde. Allerdings verneinte er im Gegensatz zu *Platon* die gegenläufige Umdrehung des Fixsternhimmels. Er hielt sie (vielleicht) für physikalisch sinnlos. Bekannt ist folgendes Zitat von *Simplikios*:

„*Heraklides Pontikus* nahm an, dass die Erde sich im Zentrum befindet und rotiert, während der Himmel in Ruhe ist, und dachte, durch diese Annahme die Beobachtungen zu retten."[416]

Heraklides lehnte auch die feste Fixsternsphäre des *Aristoteles* als Abschluss der Welt ab. Er nahm die Welt als unendlich an. Jeder Stern sollte seine eigene Erde mit eigener Atmosphäre eingebettet im unendlichen Äther haben, eine aus Sicht der Neuzeit erstaunlich „moderne" Auffassung. Sie konnte sich freilich in der Antike nicht durchsetzen.

(2) Die großen Helligkeitsschwankungen von Venus und Merkur, vor allem aber die Tatsache, beide Planeten sind nur nahe der Sonne zu beobachten, konnte durch die Lehre

---

[414] Vgl. Abschn. 1.9.4 auf Seite 263.

[415] Vgl. W. EKSCHMITT [1989], pp. 143–147.

[416] Simpl. De caelo 519, 9–11; fr. 106 Wehrli (siehe W. EKSCHMITT [1989], p. 144). Die Rotation der Erde war vor *Heraklides* auch schon von *Ekphantos* und *Hiketas* gelehrt worden (siehe J. L.E. DREYER [1953], p. 51).

des *Eudoxos* von den konzentrischen Sphären nicht beschrieben werden. Diese Tatsache veranlasste offenbar *Heraklides* zu der Annahme, dass sich diese beiden Planeten um die Sonne als Zentrum bewegen würden, die Sonne aber sollte sich um die Erde bewegen. Die übrigen Planeten würden sich aber nach wie vor um die Erde bewegen. Diese bemerkenswerte Vorstellung war eine teilweise Vorwegnahme des tychonischen Weltbildes. Auch sie hatte sich in der Antike nicht durchsetzen können. Sie zeigte aber eindrucksvoll, wie intensiv und kontrovers in der Antike um eine Bewegungsvorstellung im Weltall gerungen wurde.[417] Ähnlich wie die Pythagoreer nahm *Heraklides* die Planeten als erdähnlich mit Atmosphäre an.[418] Auch hier steht er in deutlichem Gegensatz zu *Aristoteles* und seiner Lehre vom Himmelsstoff-Äther, aus dem auch die Planeten bestehen sollten.

Die beiden Punkte gehören offenbar, wie wir gesehen haben, zusammen. Durch die Verneinung der Rotation des Fixsternsphäre um die Erde und damit Verneinung einer Dominanz der größten Geschwindigkeit um die Erde war der Weg frei, eine Bewegung um die Sonne zu fordern. Deren scheinbare Geschwindigkeit wird als klein angenommen. Sie kann aber nicht durch die große Geschwindigkeit der Fixsternsphäre quasi mitgerissen werden.

Es ist nicht bekannt, ob *Heraklides* eine Modifikation des Modells der konzentrischen Sphären des *Eudoxos* und des *Kallippos* auf sein Modell vornahm. Dadurch könnten einige wichtige Anomalien der beobachteten Planetenbewegung beschrieben werden. Vielleicht war also diese offenbare mathematische Unfähigkeit Ursache dafür, dass seine Ideen (leider) nur eine Episode waren.

1.6.2 Ansatz echter heliozentrischer Bewegung – Aristarch von Samos

Aristarch von Samos (Ἀρίσταρχος um 310–230 v. Chr.) war Schüler des *Straton*, des zweiten Nachfolgers des *Aristoteles*, und gehörte daher zum Peripatos.[419]

Straton aus Lampsakos, der „Physiker“, war von 287–269 v. Chr. der Leiter der peripatetischen Schule in Athen. Er war entschiedener Materialist und Pantheist, der den Dualismus und Spiritualismus des *Aristoteles* zu widerlegen suchte. Das erste Bewegende

[417] Diese Deutung der Kosmologie des *Heraklides Pontikus* ist in der neueren Literatur umstritten. O. NEUGEBAUER [1975], p. 694 lehnt sie grundsätzlich ab. In der antiken Literatur wurde dieses Modell auch nirgends referiert.

[418] J. L. E. DREYER [1953], pp. 123 ff.

[419] Die Schüler des *Aristoteles* wurden als „Peripatetiker“ bezeichnet, benannt nach der Wandelhalle, in der *Aristoteles* seine Schule abhielt, nicht danach, dass er im Herumgehen lehrte.

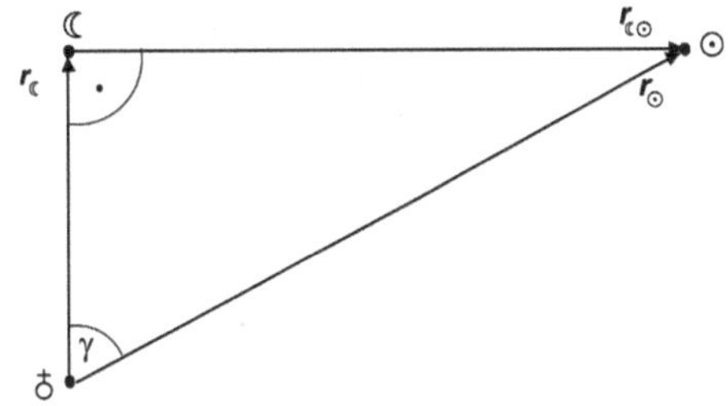

Abb. 1.12 Methode des Aristarch von Samos zur Bestimmung der Sonnenentfernung

des *Aristoteles* verlegte er in die Natur, die unbewusst wirkt. Die Welt entstand nach *Straton* zufällig, ihre Entwicklung erfolgt streng nach Naturgesetzen.[420]

Aristarch gilt als bedeutender Mathematiker und Astronom. Er brachte die astronomische Messtechnik voran, indem er eine Methode zur Bestimmung von Entfernung und Größe von Sonne und Mond entwickelte. Diese ist in der einzigen von ihm überlieferten Schrift enthalten. *Aristarch* war offenbar der Erste, der einen Zugang zu den wahren Größen im Sonnensystem fand, auch wenn alle Zahlenwerte verglichen mit den heute bekannten Werten viel zu klein sind. So errechnete er für die Entfernung des Mondes von der Erde (in Erdradien R_E)

$$r_{☾} = 9.5\,R_E \quad (heute\ richtig:\ 30.2\,R_E),$$

für den Durchmesser des Mondes

$$D_{☾} = 0.36\,R_E \quad (heute\ richtig:\ 0.27\,R_E),$$

für die Entfernung der Sonne von der Erde

$$r_{\odot} = 180\,R_E \quad (heute\ richtig:\ 11726\,R_E),$$

für den Durchmesser der Sonne

$$D_{\odot} = 6.75\,R_E \quad (heute\ richtig:\ 108.9\,R_E) \quad .$$

Aristarch hatte als Methode für seine Messung der Sonnenentfernung den Moment des Halbmondes gewählt. In diesem Moment steht der Richtungsvektor $\mathbf{r}_{☾}$ von der Erde zum Mond senkrecht auf dem Richtungsvektor vom Mond zur Sonne $\mathbf{r}_{☾\odot}$. Jetzt konnte er den Winkel γ zwischen $\mathbf{r}_{☾}$ und dem Vektor $\mathbf{r}_{\odot}$ von der Erde zur Sonne zu messen (siehe Abb. 1.12).

[420] Nach K. Vorländer [1967], p. 134.

Aristarch bestimmte den nicht leicht direkt messbaren Winkel zu $\gamma = 87°$, während der heute bekannte Wert $\gamma = 89°51'$ beträgt.[421] Entsprechend fiel also der Wert für die Distanz der Erde zur Sonne erheblich zu klein aus, entsprechend auch die Angabe über den wahren Durchmesser der Sonne. Eine Kritik an diesen Zahlenwerten verbietet sich, denn zum ersten fehlte bislang überhaupt eine Methode für derartige Messungen. Außerdem fehlten genaue Messinstrumente. Darüber hinaus erschienen diese Ergebnisse schon so ungeheuer groß, dass dem damaligen Beobachter eine Verbesserung völlig überflüssig erscheinen musste.

Bemerkenswert ist aber die richtige Tendenz dieser Ergebnisse. Schon *Platon* und auch *Aristoteles* hatten davon gesprochen, die Erde sei wohl klein im Vergleich zur Sonne und anderen Himmelskörpern. Doch erst *Aristarch* hatte konkrete Vorstellungen von der Größenordnung. Dies ermöglichte es *Aristarch,* sich von der aristotelischen Vorstellung, die Himmelskörper bestünden nur aus dem Himmelsstoff-Äther, freizumachen. Er sah die Sonne als physikalischen Körper, also aus einem der „irdischen" Elemente bestehend, mit großem Gewicht an. Deshalb müsste die Sonne zwangsläufig der Mittelpunkt der Welt zu sein und nicht die „leichtere" Erde. Wahrscheinlich kannte *Aristarch* auch das Weltmodell des *Heraklides Pontikus.* So kam er im nächsten Schritt zu seinem heliozentrischen Weltbild des Sonnensystems. In einer Schrift des *Archimedes* wird überliefert, dass *Aristarch* Folgendes annahm:

- Die Sonne ruht im Zentrum der Welt.
- Die Erde bewegt sich wie die Planeten auf einer Kreisbahn um die Sonne.
- Der Fixsternhimmel ruht.
- Der Fixsternhimmel sei unermesslich weit entfernt.

Diese Theorie hatte folgende Nachteile:

- Es fehlte offenbar eine Aussage über die Bewegung des Mondes um die Erde, dessen geringe Entfernung zur Erde im Vergleich zur Sonne *Aristarch* doch selber bestimmt hatte.
- *Aristarch* versäumte es in seinem System, die Bewegung der Himmelskörper mathematisch einwandfrei im Einklang mit den Beobachtungen zu beschreiben. Vielleicht hielt er es nicht für nötig oder er hielt das heliozentrische System selbst für eine nicht weiter zu vertiefende Hypothese oder es fehlten ihm vielleicht doch die hier erforderlichen mathematischen Kenntnisse. Denn auch dieses heliozentrische System stand nicht im Einklang mit den Beobachtungen. Auch nach *Kopernikus* waren nämlich die Bewegungen im Sonnensystem nur durch eine aufwendige Übertragung der Epizykeltheorie im Anschluss an *Ptolemäus* gut zu beschreiben.[422]

---

[421] Siehe: W. EKSCHMITT [1989], pp. 148–154, auch: O. NEUGEBAUER [1975], p. 601 ff.

[422] Abschn. 1.9.3.2 auf Seite 238.

Es scheint also auch bei *Aristarch von Samos* ähnlich wie bei *Heraklides Pontikus* gerade dieser mathematische Mangel ursächlich dafür, warum sich das heliozentrische Modell nicht in der Fachwelt und damit auf Dauer auch nicht in der Nichtfachwelt durchsetzen konnte.

1.6.3 Mathematische Formulierung der antiken Bewegungslehre

Der ersten mathematischen alexandrinischen Schule werden drei der bedeutendsten und wichtigsten Mathematiker aller Zeiten zugeordnet:[423] *Euklid, Archimedes, Apollonius von Perge.* Ihre bis heute fundamentale Bedeutung in der Mathematik ist auch von wesentlicher Bedeutung für die Entwicklung des astronomischen Bewegungsbegriffes.

1.6.4 Geometrische Grundlagen - Euklid

Euklid aus Alexandria (Εὐκλείδης, etwa 325 v. Chr. – 270 v. Chr.)[424] gilt als einer der bedeutendsten griechischen Mathematiker des dritten vorchristlichen Jahrhunderts aus der ersten alexandrinischen Schule, dem Museion. Vermutlich hatte er an der Akademie *Platons* gelernt. Er gilt als Vater der Geometrie und soll deshalb im Zusammenhang mit der Satellitenbewegung erwähnt werden. Saubere geometrische Formulierungen erst ermöglichen die mathematische Beschreibung der Bewegung der Himmelskörper. Erst seit dem 19. Jahrhundert wurden wesentliche Fortschritte durch eine Erweiterung der von *Euklid* geprägten Geometrie ermöglicht: Die nicht euklidische Geometrie durch N. I. Lobatschewski und die Riemann'sche Geometrie. *J. Kepler* und *I. Newton* arbeiteten in ihren himmelsmechanischen Beiträgen rein geometrisch.

Die *euklid*ische Geometrie wird nach den Erklärungen der geometrischen Größen wie Punkt, Linie, Gerade, Fläche, Winkel und den Grundaufgaben (Postulate) der Konstruktion mit Zirkel und Lineal (1. Gerade durch zwei Punkte, 2. Verlängerung einer Strecke, 3. Kreis durch einen gegebenen Punkt) durch die berühmten 12 Axiome definiert, die wie *Euklid* erkannt hatte, nicht beweisbare Grundlagen (seiner) der Geometrie sind:[425]

- Was einem und demselben gleich ist, ist einander gleich.
- Gleiches und Gleiches vermehrt gibt Gleiches.
- Gleiches und Gleiches vermindert gibt Gleiches.
- Ungleiches und Gleiches vermehrt gibt Ungleiches.
- Ungleiches und Gleiches vermindert gibt Ungleiches.

---

[423] G. KOWALEWSKI [1939], pp. 23,

[424] PICKOVER, CLIFFORD A. [2020], p. 56.

[425] Vgl. G. KOWALEWSKI [1939], pp. 23–26. Siehe auch: B. L. VAN DER WAERDEN in "The New Encyclopaedia Britannica" [1987], pp. 589,590.

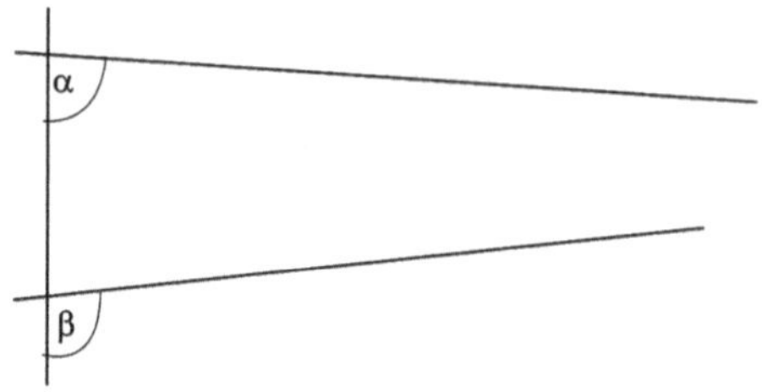

Abb. 1.13 Zum Parallelenaxiom *Euklid*s

- Gleiches verdoppelt gibt Gleiches.
- Gleiches halbiert gibt Gleiches.
- Kongruentes ist gleich.
- Das Ganze ist größer als ein Teil.
- Alle rechten Winkel sind einander gleich.
- Zwei Gerade, die von einer dritten Gerade so geschnitten werden, dass die beiden inneren auf derselben Seite liegenden Winkel zusammen kleiner als zwei rechte Winkel sind, treffen auf dieser Seite der dritten Gerade zusammen.
- Zwei Gerade schließen keinen Raum ein. (Abb. 1.13)

Euklid stütze sich vermutlich auf die Arbeiten von *Eudoxos von Knidos* und von *Theardios*, dessen Lehrbuch an der Akademie benutzt wurde. Dort dürfte er es auch kennengelernt haben. Die Arbeiten des *Eudoxos* über die Kegelschnitte fanden in das *euklid*ische Werk *Konika* (über die Kegelschnitte) Eingang. Schließlich sei noch das Werk *Über die Erscheinungen* (φαινόμενα) erwähnt. In ihm beschäftigte sich *Euklid* stützend auf ein Werk des *Antolykos von Pitane* („die sich bewegende Kugel") mit der Kugelgeometrie, wie sie insbesondere in der Astronomie (nicht nur in der sphärischen) verwendet wird. Hier darf noch mal die Beurteilung *Poppers* mit dem Rückgriff auf *Platons* Geometrisierung und ihrer Vollendung bei *Euklid* zitiert werden:[426] „Euklid*s Elemente sind der letzte Vorstoß der platonischen Schule, die erste Krise der Mathematik zu meistern, indem sie die gesamte Mathematik und Kosmologie auf der Basis der Geometrie rekonstruierte, um das Problem der Irrationalität systematisch und nicht nur ad hoc zu behandeln.*"

Da ist der Hinweis auf das Geheimnisvolle der irrationalen Zahlen. *Platon* sieht den Übergang von der pythagoreischen Methode der Arithmetik mit natürlichen Zahlen durch notwendige Einbindung irrationaler Zahlen in einer umfassenderen Geometrie zur axiomatischen rein mathematischen Methodik *Euklid*s von wesentlicher Bedeutung: Jetzt ist die Trennung einer physikalischen Modellbildung zu einer rein mathematischen Modellbildung vollends vollzogen.

Euklid gelang (vermutlich) die erste schriftliche Fassung des Goldenen Schnitts:[427] Er verwendete die Proportionen: Die äußere Relation ist gleich der inneren Relation. Die

[426] Karl R. Popper [1998/2005], p. 338, siehe in Abschn. 1.3.9.1 ab Seite 64.

[427] Hemenway, Priya [2008], pp. 14–20.

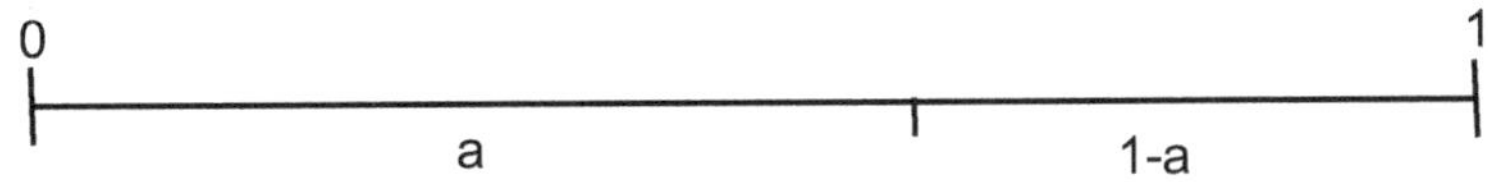

Abb. 1.14 Zur Herleitung des Goldenen Schnitts: Φ = 1:a = a: (1-a)

Einheitsstrecke werde im Verhältnis des Goldenen Schnitts geteilt: 1:a = a: (1-a). Dann kann a berechnet werden. Der Goldene Schnitt wird mit der Zahl Φ bezeichnet Abb. 1.14:

$$a = \frac{1}{2}\left(-1+\sqrt{5}\right) = 0.618033989.... \quad \Rightarrow \quad \Phi = \frac{1}{a} = \frac{1}{2}\left(1+\sqrt{5}\right) = 1.618033989\ldots \quad . \tag{1.29}$$

Hier tritt mit der Quadratwurzel $\sqrt{5}$ eine weitere algebraische irrationale Zahl auf. Sie war vermutlich *Platon* noch nicht bekannt. *Platon* hatte sich in seinem Weltbild sehr intensiv mit den Quadratwurzeln $\sqrt{2}$ und $\sqrt{3}$ beschäftigt und damit die Bedeutung der algebraischen Irrationalzahlen bekannt gemacht.

1.6.5 Die Kreiszahl - Archimedes

Archimedes aus Syrakus (Ἀρχιμήδης) ca. 287–212 v. Chr.) ist als hervorragender Mathematiker und Physiker bekannt. Mit seinem Namen kann offenbar die erste systematische Bestimmung der Kreiszahl π verknüpft werden. Deren Entdeckung kann bis auf das Jahr 1600 v. Chr. zurückverfolgt werden. Das Symbol π wurde erst von *L. Euler* eingeführt.[428]

Es sind drei Ergebnisse seiner Arbeiten über den Kreis bekannt:[429]

- 1. Der Flächeninhalt eines Kreises mit Radius r ist gleich dem Produkt aus Umfang U und dem halben Radius

$$F_0 = U\,\frac{r}{2} \quad \left(= 2\,r\,\pi\,\frac{r}{2} = r^2\,\pi\right) \tag{1.30}$$

- 2. Der Flächeninhalt eines Kreises verhält sich zum Flächeninhalt des umschriebenen Quadrates wie

$$\frac{F_0}{F_Q} \approx \frac{11}{14} = 0.7857142 \quad \left(genauer: \quad \frac{r^2\,\pi}{4\,r^2} = \frac{\pi}{4} = 0.7853981\right) \quad . \tag{1.31}$$

428 Abschnitt 2.7. . auf Seite 354.

429 Vgl. G. Kowalewski [1939], p. 28.

- Diese Aussage impliziert eine Näherung für die Kreiszahl π, die allerdings erst in der dritten Aussage explizit eingeführt wird:

$$\pi \approx 4 \times \frac{11}{14} = 3.1428571 \quad . \tag{1.32}$$

- 3. Die Kreisfläche unterscheidet sich vom Quadrat des Radius um einen konstanten Faktor, der zwischen $3\frac{1}{7}$ und $3\frac{10}{71}$ liegt. Damit ist π eingeführt und zugleich seine Grenzen festgelegt:

$$3.140845 < \pi < 3.142857 \quad .$$

Die Kenntnis des tropischen Jahres, also des Zeitintervalls, in dem sich die scheinbare Sonne von Frühlingspunkt zu Frühlingspunkt bewegt, war die wesentliche Voraussetzung zur Durchführung der Bahnbestimmung der Sonne. *Hipparch*, dem diese erste in der Geschichte bekannt gewordene Bahnbestimmung geglückt ist, beruft sich explizit auf *Archimedes*. Der hatte die Länge des tropischen Jahres hinreichend genau bestimmt. *Archimedes* kommt so ein wichtiger Platz in der Geschichte der Entwicklung der mathematischen Beschreibung der Bewegung der Himmelskörper zu.[430] Von besonderem mathematischen Interesse sind Methoden, die *Archimedes* zur Lösung bestimmter Probleme anwandte. Diese Methoden entsprechen Methoden der Integral- und der Differentialrechnung, wie sie erst Jahrtausende später systematisiert wurden.[431] Dass die Kreiszahl π eine irrationale Zahl ist, wurde schon in der Antike vermutet. Der Beweis ihrer Transzendenz, wonach π nicht als Lösung einer algebraischen Gleichung mit konstanten Koeffizienten dargestellt werden kann, wurde erst 1882 von *Ferdinand von Lindemann* erstellt.

1.6.6 Apollonios, exzentrische und epizyklische Bewegung

Apollonios von Perge in Pamphylia – Anatolien (Ἀπολλώνιος, ca. 240–170 v. Chr.)[432] schuf bzw. vollendete die mathematischen Voraussetzungen, um letztendlich die Grundlagen des aristotelischen kosmologischen Weltbildes überwinden zu können. Von ihm ist ein Werk über die Kegelschnitte ("Konika") bekannt. Es führte das gleichnamige Werk des *Euklid* weiter. In diesem Buch führte er die Bezeichnungen *Ellipse*, *Parabel* und *Hyperbel* ein. Das Werk umfasst acht Bücher, von denen sieben überliefert sind.[433] Die ersten beiden Bücher schließen an die Arbeiten von *Euklid*, *Aristäus* (etwa 320 v. Chr.)

[430] O. NEUGEBAUER [1975], p. 277.

[431] G. KOWALEWSKI [1939], p. 28; E. T. BELL [1967], p. 40.

[432] O. NEUGEBAUER [1975], pp. 262 ff.

[433] APOLLONIOS [1990].

und *Menächmos* (etwa 350 v. Chr.) an. Die anderen Bücher sind im Wesentlichen eigenständig. Von besonderer Bedeutung für die Bewegungslehre der Himmelskörper sind die beiden neuen und als unabhängige Alternativen auffassbaren Systeme der *exzentrischen* und der *epizyklischen* Bewegung. Diese beiden Modelle waren vermutlich schon vor *Apollonios* bekannt. Jedoch scheint ihre brillante mathematische Behandlung als ebenbürtige kinematische Modelle der Planetenbewegung das eigenständige Werk des *Apollonios* zu sein. Diese beiden Modelle stellen gegenüber der physikalisch geozentrischen Bewegungslehre des *Aristoteles* etwas revolutionär Neues dar. Diese wieder rein mathematisch aufzufassenden Modelle trennen nämlich erstmals den Mittelpunkt der gleichförmigen Kreisbewegung vom Erdmittelpunkt. Zwar spricht auch in diesen Modellen nach wie vor nichts dagegen, die Erde als fest anzunehmen. Die Bewegung der Himmelskörper wird aber auf der Basis der gleichförmigen Kreisbewegung nicht mehr geozentrisch aufgefasst. Somit stellen diese Modelle den ersten wesentlichen Schritt zur Überwindung der geozentrischen Bewegungslehre der Himmelskörper dar. Die Kenntnis dieser Modelle ist über *Hipparch* an *Ptolemäus* überliefert worden, in dessen XII. Buch des Almagest sie niedergeschrieben und für die Nachwelt erhalten wurden.

Inwieweit *Apollonios* diese beiden Modelle selbst praktisch auf die Planetenbewegung anwandte, ist nicht überliefert. Nicht geklärt ist auch, ob er, wie von manchen vermutet wird, die Trigonometrie geschaffen hat. Diese beiden Modelle stellen eine echte zukunftsträchtige Alternative zum Kugelschalenmodell des *Eudoxos* dar. Viele Begriffe der *Kepler*'schen Bewegungslehre lassen sich hier schon finden. Anstelle der ursprünglichen geometrischen Schreibweise wird im Folgenden die auch in der klassischen Himmelsmechanik übliche analytische Darstellungsweise und Begriffswelt gewählt.

1.6.6.1 Die exzentrische Bewegung

In Abb. 1.15 werde die Position der Erde durch ♁ bezeichnet. Der Mittelpunkt der gleichförmigen Kreisbewegung sei M_d. Der Himmelskörper bewege sich um M_d auf einem Kreis mit Radius a. M_d habe von ♁ den Abstand $a\,e_A$. Dieser wird als *lineare Exzentrizität* bezeichnet. Die Größe e_A wird hier wie auch in der klassischen Himmelsmechanik als *numerische Exzentrizität* bezeichnet. Allerdings besteht hier ein wesentlicher Unterschied, wie sich zeigen wird. Der Punkt A ist der erdfernste Punkt, das *Apogäum*, der offenbar von ♁ den Abstand

$$\overline{\text{♁}A} =: r_A = a + a\,e_A = a(1-e_A) \tag{1.33}$$

hat,[434] B der erdnächste Punkt, das *Perigäum*, im Abstand

$$\overline{\text{♁}\mathrm{P}} =: r_B = a - a\,e_A = a(1-e_A) \quad . \tag{1.34}$$

434 Hier bedeutet = : eine Definition des Ausdrucks auf der Seite des :- Zeichens.

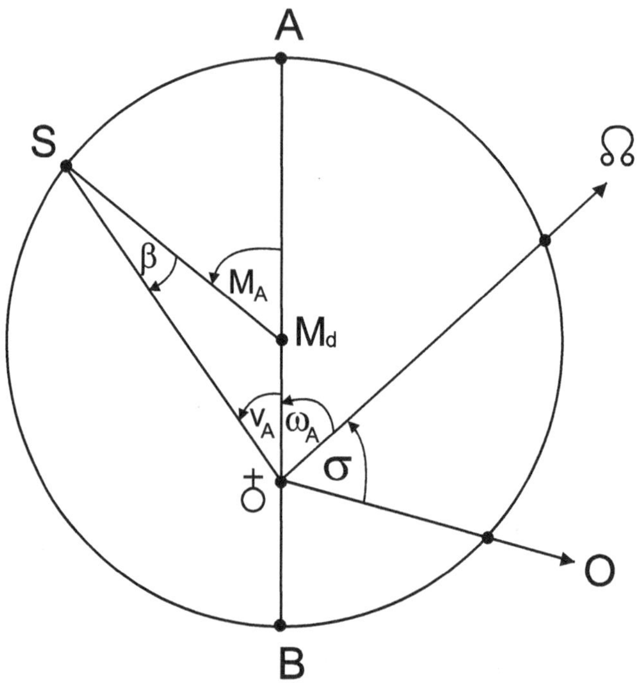

Abb. 1.15 Zur Erläuterung der exzentrischen Kreisbewegung, υ_A – wahre exzentrische Anomalie, M_A – mittlere exzentrische Anomalie, β – Mittelpunktsgleichung (= Prostaphäresis), Bezug der Anomalien auf das Apogäum *A*, *O* – beliebige Anfangsrichtung, B – Perigäum, ☊ – aufsteigender Knoten der Planetenbahn (Schnittpunkt Bahnebene mit der mittleren Sonnenbahnebene = Ekliptik), σ – Länge des aufsteigenden Knotens in der Bahn, ω_A – Argument des Apogäums

Apogäum und Perigäum heißen die *Apsiden*, die Verbindungslinie durch *A* und *B* die *Apsidenlinie*. Da die Bewegung um M_d gleichförmig, also direkt proportional zur Zeit erfolgen soll, hat der Winkel M_A zwischen der Apsidenlinie, der wie in der antiken Himmelsmechanik üblich von der Richtung zum Apogäum gezählt wird, und der Richtung zur momentanen Position *S* des Himmelskörpers zum Zeitpunkt *t* und bezogen auf eine Anfangszeit t_0 den Wert

$$M_A =: M_{A,0} + n(t - t_0) \quad . \tag{1.35}$$

$M_{A,0}$ ist der Wert für den Zeitpunkt t_0. *n* wird als konstante Größe aufgefasst, die *mittlere Bewegung*. Diese Größe garantiert also die gleichförmige Bewegung.

Nach einem („Kreis") Umlauf ist nach der letzten Formel

$$M_{A,360} - M_{A,0} = 360° = nP \quad . \tag{1.36}$$

Die Größe $P := t_{360} - t_0$ ist die Umlaufzeit (Periode). Kann diese beobachtet werden, ist aus dieser Beziehung auch die mittlere Bewegung berechenbar. Der Winkel M_A ist im Wesentlichen nichts anderes als die aus der klassischen Himmelsmechanik bekannte *mittlere Anomalie M*, die allerdings vom Perigäum aus gerechnet wird. Es gilt die Relation $M = M_A + 180°$. Um den Bezug zur 1. Anomalie auszudrücken, welche eine Folge der Exzentrizität der Bahn ist, wird diese Anomalie in der Antike allerdings als *mittlere exzentrische Anomalie* bezeichnet. Ist diese durch die Beziehung (1.35) vorgegeben, kann zu jedem Zeitpunkt t der Radius $r = \overline{♁S}$ der momentanen Position des Himmelskörpers berechnet werden. Im Dreieck $♁M_dS$ gilt

$$r = a\sqrt{1 + e_A^2 + 2\,e_A \cos M_A} \ . \tag{1.37}$$

Der Winkel zwischen der geozentrischen Richtung (= Radius) zu dem Himmelskörper und der Apsidenlinie in Richtung zum Apogäum A ist die *wahre exzentrische Anomalie* υ_A (in der klassischen Himmelsmechanik wird die wahre Anomalie υ allerdings vom Perigäum aus gerechnet und es gilt $\upsilon = \upsilon_A + 180°$). Sie wird in moderner Darstellung berechnet aus

$$\sin \upsilon_A = \frac{a}{r} \sin M_A \quad , \quad \cos \upsilon_A = \frac{a}{r}(e_A + \cos M_A) \ . \tag{1.38}$$

Dafür werden der Sinussatz und der Kosinussatz der ebenen Trigonometrie angewendet. Der Winkel β beim Himmelskörper S ist gerade der Unterschied zwischen wahrer und mittlerer Anomalie (er wird später von *Ptolemäus* als "Prostaphäresis"bezeichnet werden, im Mittelalter als Mittelpunktsgleichung und ist daher von großer Bedeutung in der Entwicklung der Himmelsmechanik)

$$\beta = M_A - \upsilon_A \ . \tag{1.39}$$

Der Sinussatz im Dreieck $♁M_d$ liefert

$$\sin \beta = e_A \sin \upsilon_A \ , \tag{1.40}$$

die Beziehung (1.39)

$$\sin \upsilon_A = \sin M_A \cos \beta - \cos M_A \sin \beta \ ,$$

somit

$$\sin \beta \,(1 + e_A \cos M_A) = e_A \sin M_A \cos \beta$$

bzw.

$$\tan \beta = \frac{e_A \sin M_A}{1 + e_A \cos M_A} \tag{1.41}$$

oder unter Vermeidung des Tangens

$$\begin{aligned} \sin\beta &= \frac{a\,e_A}{r}\sin M_A &= \frac{e_A\,\sin M_A}{\sqrt{1+e_A^2\,+\,2\,e_A\,\cos M_A}} \\ \cos\beta &= \frac{a^2+r^2-a^2\,e_A^2}{2\,a\,r} &= \frac{1\,+\,e_A\cos M_A}{\sqrt{1+e_A^2\,+\,2\,e_A\,\cos M_A}} \quad . \end{aligned} \tag{1.42}$$

Damit ist die Berechnung des Winkels β ebenfalls auf die mittlere exzentrische Anomalie M_A zurückgeführt. Das ist deshalb wichtig, weil die mittlere exzentrische Anomalie als Ausdruck der gleichförmigen Bewegung über die Beziehung (1.35) auf Seite 113 direkt auf die Zeit bezogen ist. Die Berechnungen können somit für jeden gewünschten Zeitpunkt t durchgeführt werden. In Abb. 1.15 auf Seite 114 ist ω_A das *Argument des Apogäums* als der Winkel, der ab dem aufsteigenden Knoten ☊ längs der Bahn zum Himmelskörper S gezählt wird. Dieser Punkt war auch schon in der Antike als Schnittpunkt mit der Ekliptik, der mittleren Sonnenbahnebene, bekannt. Der Winkel

$$u := \omega_A + \upsilon_A \tag{1.43}$$

ist unter der Bezeichnung *Argument der Breite* bekannt, der entsprechende Wert

$$\overline{u} := \omega_A + M_A \tag{1.44}$$

als das *mittlere Argument der Breite*. Es gilt für diese Argumente offenbar die Beziehung

$$u = \overline{u} - \beta \quad . \tag{1.45}$$

Schließlich werde noch der aufsteigende Knoten Ω auf einen beliebigen Ursprung O durch Drehung um den Winkel σ bezogen, der als *Länge des aufsteigenden Knotens in der Bahn* benannt werden kann. Dann ist

$$\zeta := \upsilon_A + \omega_A + \sigma \tag{1.46}$$

die *Länge des Himmelskörpers in seiner Bahn*.

$$L := M_A + \omega_A + \sigma \tag{1.47}$$

Ist die *mittlere Länge in der Bahn* mit der Beziehung

$$\zeta = L - \beta \quad . \tag{1.48}$$

Es ist an der hier vorgestellten Begriffsbildung amüsant zu sehen, dass viele der aus der *Kepler*-Bewegung bekannten Begriffe der Bewegung der Himmelskörper schon lange vor

Kepler galten. Sie haben also gar nichts Charakterisierendes mit der *Kepler*-Bewegung zu tun.

1.6.6.2 Die epizyklische Bewegung

Die epizyklische Bewegung benötigt in ihrer Grundform nach *Apollonios* (oder unbekanntem Vorgänger) zwei Kreise. Der erste Kreis mit Mittelpunkt ♁ (= Erde) wird als *Deferent* bezeichnet. Auf diesem befindet und bewegt sich der Mittelpunkt des zweiten Kreises, des *Epizykels* (des „nachgeordneten Kreises") (vgl. Abb. 1.16).

Der Deferent habe den Radius $r_d = a$. Auch mit dieser Konstruktion kann ein erdfernster Punkt A und ein erdnächster Punkt B erhalten werden. Das Apogäum A habe vom Deferenten den Abstand $a\,e_{\mathrm{A}}$. Dann muss auch das Perigäum B vom Deferenten den

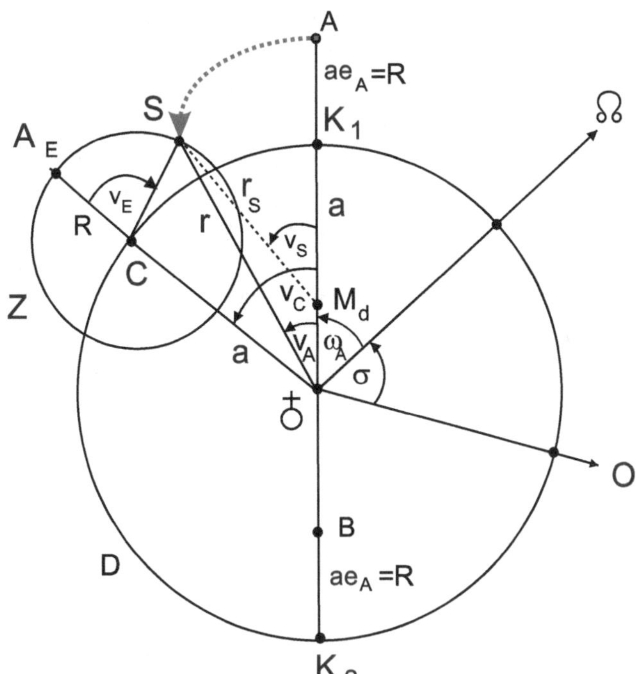

Abb. 1.16 Der Epizykel Z bei beliebiger Bewegung, υ_A – wahre exzentrische Anomalie, υ_E- epizyklische Anomalie, υ_C – wahre exzentrische Anomalie des Epizykelmittelpunktes C: $\upsilon_E \neq \upsilon_C$, S – Planet (Satellit), υ_S – wahre exzentrische Anomalie des Planeten S, ω_A – Argument des Apogäums, A – Apogäum, B – Perigäum, υ_S – wahre zentrische Anomalie des Planeten, M_d – Mittelpunkt zwischen A und B, r – geozentrische Distanz des Planeten, a – Radius des Deferenten D, R – Radius des Epizykel, O – beliebiger Anfangspunkt, σ – Hansen-Länge des aufsteigenden Knotens ☊, r_S – Entfernung des Planeten S vom Mittelpunkt M_d, ♁ – Erdmittelpunkt = Mittelpunkt des Deferenten D, e_A – numerische Exzentrizität, A_E – maximale geozentrische Distanz auf Epizykel, K_1 , K_2 – Durchstoßpunkte der Apsidenlinie mit dem Deferenten

Abstand $a\,e_{\mathrm{A}}$ haben. Dieser Abstand ist somit gleich dem Radius des Epizykels $R = a\,e_A$. Darüber hinaus gibt es einen Mittelpunkt M_{d} der Strecke von B nach A, der vom Erdmittelpunkt ebenfalls den Abstand $a\ e_A$ hat. Die Größe e_A, die lineare Exzentrizität, ist hier also das Verhältnis der Radien des Epizykels und des Deferenten:

$$e_A = \frac{R}{a} \quad . \tag{1.49}$$

Der Himmelskörper S, der sich auf dem Epizykel bewegt, habe vom Erdmittelpunkt die Entfernung r. Wenn sich S gegenüber der Stellung im Apogäum A um den Winkel υ_E auf dem Epizykel bewegt hat, hat diese Distanz den Betrag

$$r = a\sqrt{1 + e_A^2 + 2\,e_A\,\cos\upsilon_E} \quad . \tag{1.50}$$

Dieser stimmt also formal mit dem Radius (1.37) auf Seite 114 im Fall der exzentrischen Bewegung überein. Die wahre exzentrische Anomalie υ_{A} zwischen den geometrischen Richtungen zum Apogäum A und zum Himmelskörper S ist im Allgemeinen nur insofern an die epizyklische Anomalie υ_{E} gekoppelt, wenn bei $\upsilon_{\mathrm{A}} = 180°$ auch $\upsilon_{\mathrm{E}} = 180°$ angenommen werden muss. Dann kann, wie es die Beobachtungen lehren, der Himmelskörper den erdnächsten Punkt im Perigäum B auch wirklich durchlaufen. Wie aber die beiden Winkel υ_{A} und υ_{E} in der Zeit variieren, ist zunächst nicht ausgesagt.

Der Fahrstrahl $\overline{♁C}$ des Mittelpunktes C des Epizykels schließt im allgemeinen Fall nach Abb. 1.16 mit der geozentrischen Richtung des Apogäums den Winkel υ_{C} ein. υ_{S} sei der Winkel im Punkt M_{d} zwischen den Richtungen zum Himmelskörper S und dem Apogäum. Mit bekannten Winkeln υ_{A} und υ_{E} können die Winkel υ_{S} und υ_{C} berechnet werden. Der Abstand $r_S = \overline{M_d S}$ kann berechnet werden aus

$$r_S = \sqrt{r^2 + a^2 e_A^2 - 2a\,r\,e_A\,\cos\upsilon_A} \quad . \tag{1.51}$$

Der Winkel υ_S folgt eindeutig mit Hilfe des Sinus- und Kosinussatzes der ebenen Trigonometrie aus

$$\sin\upsilon_S = \frac{r}{r_S}\sin\upsilon_A \quad , \quad \cos\upsilon_S = \frac{r\,\cos\upsilon_A - a\,e_A}{r_S} \quad , \tag{1.52}$$

der Winkel $\upsilon_C - \upsilon_A$ aus

$$\sin(\upsilon_C - \upsilon_A) = \frac{a\,e_A}{r}\sin\upsilon_E \quad , \quad \cos(\upsilon_C - \upsilon_A) = \frac{r^2 + a^2 - a^2\,e_A^2}{2\,r\,a} \tag{1.53}$$

und damit schließlich auch υ_{C}.

Es werde jetzt der Spezialfall angenommen, in dem sich υ_C gleichförmig mit der Zeit ändert. υ_C kann dann im Wesentlichen wieder als mittlere exzentrische Anomalie (vgl. Formel (1.35) auf Seite 113) aufgefasst werden. Beide Winkel υ_E und M_A sind wie in der Antike üblich auf das Apogäum bezogen. Die exzentrische Anomalie kann mit dem

Ausdruck

$$\upsilon_E := M_A = M_{A,0} + n(t - t_0) \tag{1.54}$$

berechnet werden. Der Mittelpunkt des Epizykels bewegt sich gleichförmig um die Erde (siehe Abb. 1.17 auf Seite119).

In diesem Fall ist auch $\upsilon_C = \upsilon_E$, d. h. die Strecke $\overline{CS}$ ist parallel zu $\overline{♁A}$ und es wird auch $\upsilon_S = \upsilon_E$. Dann ist $r_S = a$ und die wahre exzentrische Anomalie υ_A kann auf die mittlere exzentrische Anomalie $M_A = \upsilon_E$ mit den Formeln (1.51) und (1.52) bezogen werden:

$$\sin\upsilon_A = \frac{a}{r}\sin M_A \; \cos\upsilon_A = \frac{a}{r}(e_A + \cos M_A)\left[\upsilon_C = \upsilon_S = \upsilon_E = M_A = M - 180°\right]. \tag{1.55}$$

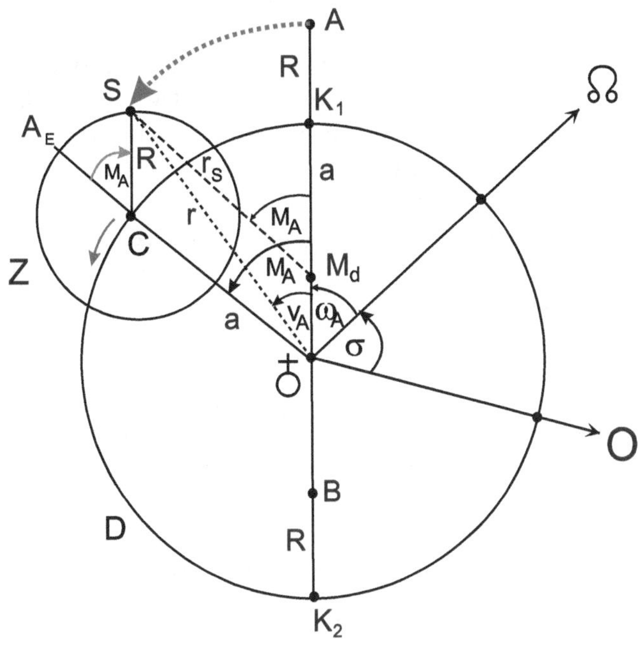

Abb. 1.17 Der Epizykel Z bei gleichförmiger Bewegung, M_A – mittlere epizyklische Anomalie, S – Planet (Sonne, Mond, Satellit), ω_A – Argument des Apogäums, A – Apogäum, B – Perigäum, υ_S – wahre Anomalie des Planeten, M_d – Mittelpunkt zwischen A und B, C – Mittelpunkt des Epizykels im Abstand a zum Mittelpunkt des Deferenten, r – geozentrische Distanz des Planeten, a – Radius des Deferenten D, R – Radius des Epizykel, O – beliebiger Anfangspunkt, σ – *Hansen*-Länge des aufsteigenden Knotens ☊, r_S – Entfernung des Planeten S vom Mittelpunkt M_d, ♁ – Erdmittelpunkt = Mittelpunkt des Deferenten D, A_E – maximale geozentrische Distanz auf Epizykel, K_1 , K_2 – Durchstoßpunkte der Apsidenlinie mit dem Deferenten

Entsprechend ergibt sich die Prostaphäresis $\beta = M_A - \upsilon_A$ nach Formel (1.39) auf Seite 115 mit $\upsilon_C = \upsilon_E = M_A$ aus den Formeln (1.53)

$$\begin{aligned} \sin\beta &= \sin(M_A - \upsilon_A) = \frac{a\,e_A}{r}\,\sin M_A \\ \cos\beta &= \cos(M_A - \upsilon_A) = \frac{r^2 + a^2 - a^2\,e_A^2}{2\,r\,a}\,\left[\,\upsilon_C = \upsilon_S = \upsilon_E = M_A = M - 180^\circ\,\right]\,. \end{aligned} \tag{1.56}$$

in Analogie zu den Formeln (1.42) auf Seite 115. Das Ergebnis lautet:

- *Im Fall gleichförmiger Bewegung auf dem Epizykel sind epizyklische und exzentrische Bewegung identisch („Äquivalenz von exzentrischer und epizyklischer Bewegung“).*

Diese Äquivalenz von exzentrischer und epizyklischer Bewegung war *Apollonios* noch nicht bekannt gewesen, wie *Ptolemäus* in einer Aussage vermuten lässt. Vielmehr hat der Peripatetiker *Adrastas von Aphrodisias* (um das Jahr 0) die geometrisch-kinematische Identität dieser beiden Bewegungsmodelle bewiesen. Das hatte *Theon von Smyrna* geschrieben. Die Umformung der Lehrsätze von der Epizykel- zur Exzentertheorie scheint von *Ptolemäus* selbst zu stammen.[435] Die epizyklische Bewegung in ihrer allgemeinen Formulierung lässt jedoch mehr Freiheit zur mathematischen Anpassung an eine wahre beobachtete Bewegung als das Modell der exzentrischen Bewegung, ein Sachverhalt, den sich später *Ptolemäus* in genialer Weise zunutze machte.[436]

Auch in der epizyklischen Bewegung kann die wahre exzentrische Anomalie υ_A mit dem Argument des Perigäums ω und der Länge in der Bahn σ des aufsteigenden Knotens auf die Länge in der Bahn

$$\zeta = \upsilon_A + \omega_A + \sigma \;(+\;180^\circ)$$

bezogen werden (da ζ auf das Perizentrum bezogen ist, υ_A jedoch auf das Apozentrum, muss im Vergleich zur modernen Himmelsmechanik der Winkel noch um 180° gedreht werden). Es zeigt sich, dass

- die Bewegung auf dem Deferenten als Bewegung in Länge
- die Bewegung auf dem Epizykel als Bewegung in Anomalie

gedeutet werden kann.

Apollonios war wie seine Vorgänger als Mathematiker mehr an reiner Mathematik denn an numerischer Übereinstimmung mit den Beobachtungstatsachen interessiert. So

---

435 Nach: F. KRAFFT [1973], p. 61

436 Der Grund für die größere Allgemeinheit des Epizykelmodells liegt darin, dass die Epizykel als erste Glieder einer Fourierentwicklung der betreffenden Bewegung aufgefasst werden können. Mit einer Fourierentwicklung kann eine periodische Bewegung beliebig genau angepasst werden (siehe hierzu etwa in Abschn. 2.2).

ist seine Theorie zwar außerordentlich elegant, fordert aber dort periodische Wiederholungen der Erscheinungen, wo es in der empirischen Realität keine gibt.[437] Allerdings kann der Radius des Epizykels der äußeren Planeten größenordnungsmäßig auch in dem einfachen Epizykelmodell des Apollonios bestimmt werden. Das wurde vielleicht erst durch *Hipparch* durchgeführt.[438] Auch bei *Apollonios* zeigt sich also die völlig unzureichende Vorstellung von den interplanetaren Entfernungen, wie sie in der gesamten Antike vorherrschend blieb.

Gleichwohl schuf *Apollonios* mit diesen Modellen die wahre mathematische Grundlage der Himmelsmechanik, auch wenn er sie selbst offenbar gar nicht auf die Bewegung der Himmelskörper anwandte. So blieb sein Werk naturgemäß unvollkommen. Die Orientierung der Bahnebenen im Raum und dann auch die Bestimmung des Argumentes des Apogäums ω_A sowie die Länge in der Bahn σ des aufsteigenden Knotens, somit auch die Länge ζ des Himmelskörpers in seiner Bahn, waren in der ursprünglichen Theorie des *Apollonios* nicht bekannt. Den Fortschritt brachte die Verbesserung der Beobachtungstechnik durch *Hipparch.*

1.6.7 Hipparchos

Hipparch war der große Praktiker unter den Astronomen seiner Zeit. Er war ein hervorragender Beobachter, dem sogar die Beobachtung einer Nova gelang. Er war ein konsequenter Systematiker, er erstellte einen Sternkatalog, vermutlich basierend auf einem Sternkatalog des Timocharis aus Alexandria (um 300 v. Chr.). Hipparch verwendete die aus Babylon überlieferten Beobachtungsdaten der Himmelskörper und verbesserte sie. Mit den von den früheren Theoretikern erarbeiteten Modellen führte er wohl erstmalig eine Bahnbestimmung der Bewegung der Sonne durch, beschäftigte sich intensiv mit der Bewegung des Mondes sowie der Planeten. Die Entdeckung der Präzession war eine seiner hervorragendsten Leistungen. *Hipparch* war der große Vorbereiter des *Claudios Ptolemäus.* Dieser knüpfte bewusst an die Leistungen des *Hipparch* an.

1.6.7.1 Hipparchs Sternbeobachtungen

Hipparch von Nikäa in Bithynien (Ἵππαρχος, ca. 190–120 v. Chr.) ist der große systematische Beobachter. Er brachte die astronomische Beobachtungskunst der Antike zu ihrem Höhepunkt. Von seinen Schriften ist nur der Kommentar zu den „Phänomenen" des *Aratos* erhalten.[439] Durch seine eigenen präzisen Beobachtungen gelang es *Hipparch,*

---

[437] O. NEUGEBAUER [1975], p. 271.

[438] O. NEUGEBAUER [1975], pp. 271–273.

[439] Siehe in Abschn. 1.4.4 auf Seite 88.

die Beschreibung der Sternbilder des *Aratos* zu korrigieren. Dadurch erstellte *Hipparch* seinen uns noch bekannten Sternkatalog[440].

Hipparch gelang eine Verbesserung der Angaben über die Sternaufgänge bezogen auf Rhodos und damit auch eine Verbesserung der Zeitmessung. Die Länge des tropischen (also auf den Frühlingspunkt) bezogenen Sonnenjahres in mittleren Sonnentagen bestimmte er zu

$$P_{\odot,t} = 365 + \frac{1}{4} - \frac{1}{300} = 365^d.2466667 \quad . \tag{1.57}$$

Durch seine Beobachtungen stellte er fest, dass es nicht genau einen Polarstern gibt. Dort ist Leere. Das bedeutet, der „Durchstoßpunkt" der Achse der täglichen Umdrehung des Firmamentes ist nicht ein physikalisch erkennbarer Punkt. Das hätte sonst der aristotelischen Vorstellung von der festen Himmelssphäre entsprochen.

Zwei Entdeckungen *Hipparchs* wären geeignet gewesen, den Grundpfeiler der aristotelischen Kosmologie von der Unveränderlichkeit der supralunaren Welt zu stürzen und so den beobachtungstechnischen Ausgangspunkt für eine Kosmologie über die des *Aristoteles* hinaus zu liefern:

- **Die Entdeckung der Präzession**. Durch Vergleich seiner Beobachtungen mit den überlieferten Beobachtungen des *Timocharis* konnte *Hipparch* feststellen, dass in den 170 Jahren seit den Beobachtungen des *Timocharis* bestimmte Sterne um 2° längs der Ekliptik, also in ekliptikaler Länge vorgerückt waren. Die ekliptikale Breite war unverändert geblieben. *Hipparch* deutete dies in vorsichtiger Weise als ein Vorrücken („Präzession") eines Bandes längs des Tierkreises pro Jahr um mindestens 1° pro Jahrhundert[441] (vgl. Abb. 1.18). *Hipparch* hatte die Drehung des gesamten Sternhimmels um die Pole der Ekliptik noch nicht erkannt. Dies hat erst *Ptolemäus* herausgefunden. *Hipparch* vermutete dagegen eine Eigenbewegung der Sterne längs der Ekliptik wie die der Planeten. Jedoch sei dieser Bewegung der Sterne wesentlich langsamer als die der Planeten.[442] *Hipparch* entdeckte auf diese Weise jedoch mit Hilfe der Präzession den Unterschied zwischen der tropischen und der siderischen Bewegung der Sonne, somit auch den Unterschied zwischen tropischem und siderischem Jahr. Er ließ allerdings die Möglichkeit offen, ob diese Länge des tropischen Jahres nicht veränderlich sei, vielleicht periodischen Variationen („Zittern") unterworfen sei. *Ptolemäus* war auf diese Gedanken *Hipparchs* nicht eingegangen.

---

[440] Die zuvor durchgeführten *Beschreibungen* der Sternbilder können vermutlich im Allgemeinen nicht als Sternkatalog bezeichnet werden vielleicht abgesehen von dem Sternkatalog des Timocharis aus Alexandria, siehe: https://www.encyclopedia.com/science/dictionaries-thesauruses-pictures-and-press-releases/timocharis)

[441] O. NEUGEBAUER [1975], p. 54 und pp. 292–298.

[442] O. NEUGEBAUER [1975], p. 280 und pp. 296.

Abb. 1.18 Zur Entdeckung der Präzession durch Hipparch

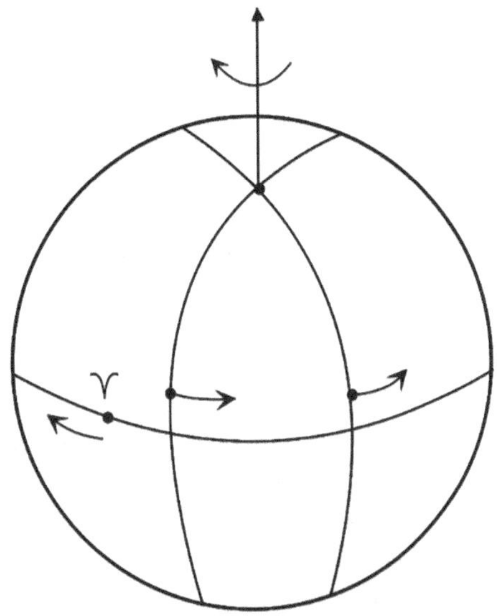

- *Hipparch* entdeckte vermutlich einen **„neuen Stern"** (eine Nova, vielleicht sogar eine Supernova). Der war in China im Jahr -133 beobachtet und als Nova Scorpii (β, π, ρ Sco) identifiziert worden.[443]

Hipparch ging es aber nicht um kosmologische Konsequenzen, sondern um die präzise in erster Linie astrometrische Beobachtung. In seinem Fixsternkatalog beschrieb er wahrscheinlich nicht mehr als 850 Sterne[444] in 45–47 Sternbildern in ihren relativen Positionen zueinander (astrometrisch) sowie in ihrer Erscheinung, der Helligkeit (astrophysikalisch). Die Himmelssphäre mit einem Gradnetz einzuteilen war ihm nicht bekannt. Er konnte also nur die relativen Positionen der Sternörter angeben.

Die babylonische mathematische Astronomie hatte ekliptikale Koordinaten benutzt wie später auch *Ptolemäus* im Almagest. Vor *Ptolemäus* wurden bei den Griechen also auch von *Hipparch* keine rechtwinkligen sphärischen Koordinaten benutzt. Bei *Hipparch* finden sich viele Deklinationen (bzw. Poldistanzen) der Sternörter.[445]

---

443 O. NEUGEBAUER [1975], p. 284.

444 O. NEUGEBAUER [1975], p. 285. Auch in neuerer Literatur wird gerne noch behauptet, dass der Sternkatalog des *Hipparch* 1080 Fixsterne in 49 Sternbildern enthalte. Hier wird zudem die Behauptung aufrechterhalten, dass der Katalog des *Ptolemäus* aus einem Katalog des *Hipparch* hergeleitet wurde (durch Umrechnung der ekliptikalen Längen der Sternörter mit Hilfe der Präzession um 2°,2/3), und die ungefähre Anzahl von Sternen aus dem ptolemäischen Katalog auf den des *Hipparch* zurückübertragen. Siehe auch: J. EVANS [1987], p. 156. Siehe insbesondere die Anmerkungen in Abschn. 1.7.11 auf Seite 188.

445 O. NEUGEBAUER [1975], p. 277–280.

Der Originalkatalog des *Hipparch* ist nicht erhalten. Jedoch war es *H. Vogt*[446] gelungen, den Katalog aus dem *Hipparch*ischen Kommentar zu *Aratos* herauszukristallisieren. Durch Umrechnen der so erhaltenen Zahlenwerte auf ekliptikale Koordinaten und Vergleich mit dem Sternkatalog des *Ptolemäus* im Almagest gelang *H. Vogt* auch der wichtige Nachweis, dass *Ptolemäus* sicher nicht den Katalog des *Hipparch* übernommen hat. Der Katalog des *Ptolemäus* enthält 1022 Sterne, die er auch wirklich aus eigenen Beobachtungen erhalten hat, so wie er es auch selbst behauptet. Nahezu alle Sternörter bei *Hipparch* weichen von denen des *Ptolemäus* auffällig ab. Ein Vergleich der Werte des *Hipparch* und des *Ptolemäus* zeigt ferner, die Beobachtungen des *Ptolemäus* in ekliptikaler Breite sind mehr als doppelt so gut wie die des *Hipparch*, in ekliptikaler Länge etwa 1,5-mal so gut. Ein weiterer Vergleich mit Messergebnissen, die anfangs des 20. Jahrhunderts erhalten wurden, zeigt geringe Abweichungen der ptolemäischen Beobachtungen in Breite, jedoch größere Abweichungen in Länge. Das kann auf die nur ungenaue Beobachtung des Frühlingspunktes zurückgeführt werden.[447]

Die mathematischen Kenntnisse des *Hipparch* sind umstritten. Die Trigonometrie, die er für seine Berechnungen benötigte, scheint nicht er, sondern schon lange vor ihm *Apollonios von Perge* gefunden zu haben.[448] Die trigonometrischen Kenntnisse des *Hipparch* scheinen recht elementar gewesen zu sein. Er verwendete Tafeln für die trigonometrische Funktion des Sinus von Winkeln, wie sie später von den Indern übernommen wurden. Die durch *Apollonios* geprägte Exzentertheorie und Epizykeltheorie waren *Hipparch* vertraut.

Die Kenntnis über weitere Bücher des *Hipparch* neben dem genannten Kommentar wird im Wesentlichen durch *Ptolemäus* vermittelt.[449] Es handelt sich vor allem um folgende Bücher:

- *Über die Veränderungen der Sonnenwenden (Solstitien) und der Tag- und Nachtgleiche* (περὶ τῆς μεταπτώσεως τῶν τροπικῶν καὶ ἰσημερινῶν σημείων)
- *Über die Jahreslänge (περὶ τοῦ ἐνιαυσίου χρόνου βιβλίου ἕν)*
- *Über die Schaltmonate und die Schalttage*
- *Abhandlung über die gleichzeitigen Aufgänge (Ἡ τῶν συνανατολῶν πραγματεία)*

---

446 Heinrich Vogt [1925], *Versuch einer Wiederherstellung von Hipparchs Fixsternverzeichnis*, A.N. **224**, Nr. 5354–5355, cols. 17–54; *Heinrich Vogt* [1890–1968), Heidelberg, Mitentdecker des *Vogt-Russell*-Theorems [1926], wonach der Aufbau eines Sterns bei vorgegebener chemischer Zusammensetzung eindeutig durch seine Masse bestimmt ist (siehe: W. Pfaff [2006], SUW, 11/2006, pp. 45–52).

447 Es wird gelegentlich behauptet, dass Hipparch noch einen Sternkatalog herausgegeben hat, der über den Kommentar zu *Aratos* hinausgeht, der aber leider völlig verloren gegangen sei. Diese Aussage scheint nicht fundiert.

448 In O. Neugebauer [1975] pp. 299–308 wird die Trigonometrie und sphärische Astronomie bei *Hipparch* nach heutigem Kenntnisstand beschrieben.

449 O. Neugebauer [1975], pp. 292.

Vielleicht gab es noch weitere Bücher, auf die aus der Sekundärliteratur indirekt geschlossen werden kann:

- *Über die monatliche Bewegung des Mondes in Breite* (d. h. über die drakonitische Bewegung des Mondes)
- *Über die Finsternisse*
- *Über die Parallaxe (παραλλακτικά)*
- *Über die Größen und Entfernungen*

Die Theorien über das Bewegungsverhalten der Himmelskörper brachte *Hipparch* offenbar durch die Bestimmung der exzentrischen Bahnen von Sonne und Mond voran, soweit aus den Berichten des *Ptolemäus* herauskristallisiert werden kann.

Hipparch war, soweit bekannt, der Erste, der die babylonischen Beobachtungen in die griechische Astronomie einführte und sie mit seinen eigenen Beobachtungen verglich. *Apollonios* hatte sich in seinen Untersuchungen auf geometrisch-kinematische Aufgabenstellungen konzentriert, die in der Ausarbeitung des exzentrischen und des epizyklischen Bewegungsmodells gipfelten. *Hipparch* verglich nun diese theoretischen Modelle mit den babylonischen und seinen eigenen Beobachtungen. Die von ihm festgestellten Abweichungen bei der Mond- und vor allem der Planetenbewegung konnte aber nicht er selbst, sondern erst *Ptolemäus* mathematisch in den Griff bekommen.

1.6.7.2 Die Bestimmung der Sonnenbahn durch Hipparch

Die Ungleichförmigkeit der Jahreszeiten sind der Ausgangspunkt für die Bestimmung der Bahnelemente der (scheinbaren) Sonnenbahn um die Erde (Abb. 1.19). Neben der Länge von zwei aufeinanderfolgenden Jahreszeiten in (mittleren) Sonnentagen wird dazu noch die Länge des tropischen Jahres, also bei Bezug auf den Frühlingspunkt, ebenfalls in (mittleren) Sonnentagen benötigt. Die Bewegung der Sonne wird auf einem exzentrischen Kreis mit Mittelpunkt F angenommen, während die Erde ♁ fest ist und den Abstand ae vom Mittelpunkt F hat. Die Jahreszeiten beziehen sich auf die Erde. Daher ist von der Erde aus gesehen der Bogen der Sonne auf ihrer Bahn pro Jahreszeit genau ein rechter Winkel. Da die Bewegung der Sonne bezogen auf den Mittelpunkt des exzentrischen Kreises gleichförmig ist, erscheinen die Jahreszeiten für den Beobachter auf der Erde folgerichtig unterschiedlich lang. Ein Maß für diese Länge sind die mittelpunktbezogenen Winkel α_S, β_S, γ_S, δ_S, die den Jahreszeiten zugeordnet sind.

Im Dreieck Frühlingspunkt (♈), Krebspunkt (♋), Exzentermittelpunkt (F) gilt

$$\alpha_s + 2\delta_1 = 180^\circ$$

und somit

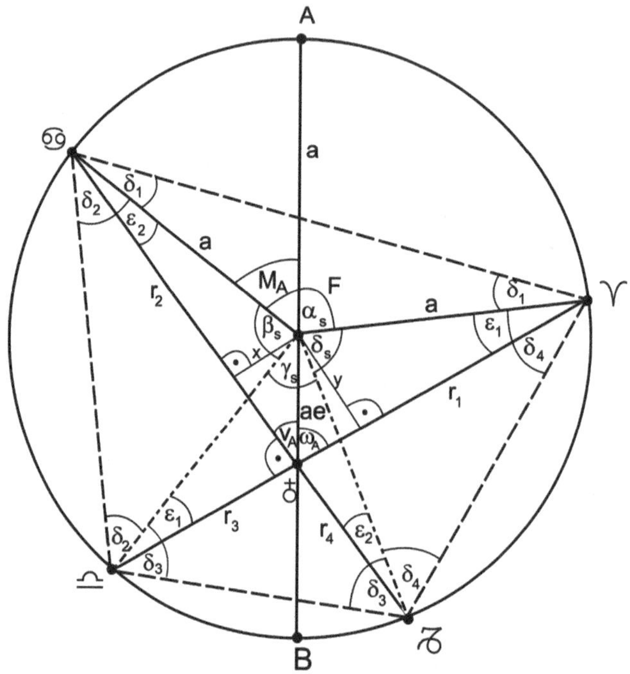

Abb. 1.19 Zur Bestimmung der Sonnenbahn durch Hipparch

$$\delta_1 = 90^\circ - \frac{\alpha_S}{2}\,,\ \delta_2 = 90^\circ - \frac{\beta_S}{2}\,,\ \delta_3 = 90^\circ - \frac{\gamma_S}{2}\,,\ \delta_4 = 90^\circ - \frac{\delta_S}{2}\quad . \tag{1.58}$$

Da offenbar

$$\gamma_S + \delta_S = 360^\circ - (\alpha_S + \beta_S) \tag{1.59}$$

wird

$$\varepsilon_1 = 90^\circ - \frac{\gamma_S + \delta_S}{2} = \alpha_S + \beta_S - 90^\circ \quad . \tag{1.60}$$

Ferner gilt im Dreieck Frühlingspunkt (♈), Krebspunkt (♋), Steinbockpunkt (♑)

$$2\,\varepsilon_2 + \beta_S + \gamma_S = 180^\circ \quad ,$$

somit

$$\varepsilon_2 = 90^\circ - \frac{\beta_S + \gamma_S}{2} \quad . \tag{1.61}$$

Da in einem Vierteljahr von der Erde aus gesehen die Sonne um genau 90° weiterwandert, ist für das Argument der Breite u in Bezug auf wahre Anomalie v und Argument des Perigäums ω in diesem Fall

$$u = \upsilon_A + \omega_A = 90° \quad .$$

Da außerdem

$$\delta_1 + \varepsilon_1 + \delta_1 + \varepsilon_2 = 90° \quad ,$$

wird schließlich

$$\varepsilon_2 = 90° - \varepsilon_1 - 2\,\delta_1 = \frac{\alpha_S + \beta_S}{2} \quad . \tag{1.62}$$

Die Hilfsgrößen x und y werden eingeführt mit den Beziehungen

$$x = a \, \sin \varepsilon_1 \quad , \quad y = a \, \sin \varepsilon_2 \quad . \tag{1.63}$$

Für das Argument des Perigäums ω gelten die Beziehungen

$$\frac{y}{a\,e_A} = \sin \omega_A \quad , \quad \frac{x}{a\,e_A} = \cos \omega_A \tag{1.64}$$

und somit

$$\sin \varepsilon_1 = e_A \, \sin \omega_A \quad , \quad \sin \varepsilon_2 = e_A \, \cos \omega_A \quad . \tag{1.65}$$

Die Exzentrizität e_A folgt aus

$$e_A = \sqrt{\sin^2 \varepsilon_1 + \sin^2 \varepsilon_2} \quad . \tag{1.66}$$

Bei nicht verschwindender Exzentrizität kann das Argument des Perigäums schließlich aus

$$\sin \omega_A = \frac{\sin \varepsilon_1}{e_A} \quad , \quad \cos \omega_A = \frac{\sin \varepsilon_2}{e_A} \tag{1.67}$$

berechnet werden. Damit ist die Form der Sonnenbahn bekannt. Da es sich um die Ekliptik handelt, ist die Orientierung der Bahnebene im Raum gegeben. Ihre Neigung gegenüber der Äquatorebene, also die Schiefe der Ekliptik, war schon in der Antike vor *Hipparch* gemessen worden. Von *Hipparch* ist der Wert ε = 23° 50' überliefert. Die Länge in der Bahn Ω wird für die Sonne gleich null gesetzt. Die Position der Sonne in der Bahn zu einem Epochezeitpunkt, etwa dem Frühlingsanfang, ist daher ohne Weiteres bestimmbar. Es fehlt als sechstes Element der Radius bzw. der Durchmesser der Bahn, in der modernen Terminologie also die große Bahnhalbachse a. Für eine zuverlässige Angabe dieser fundamentalen Größe reichten die Messmethoden in der Antike nicht aus. An eine formelmäßige Erfassung (etwa in Form des 3. *Kepler*'schen Gesetzes) war nicht zu denken. *Hipparch* nahm hierfür aus Beobachtungen der Äquatorial-Horizontal-Parallaxe der Sonne[450] die Größe an

$$\cos p_{HAS} = R_E/r_s \quad \Rightarrow \quad r_S \approx 490\,R_E \ (= 3125288.6 \text{ km}) \quad .$$

Dieser Wert liegt zwar deutlich über dem entsprechenden Wert des *Aristarch*, ist aber doch noch weit von der uns heute geläufigen Realität entfernt. Aus diesem Grund musste also die Bahnbestimmung des *Hipparch*, so genial sie in ihrer Durchführung auch war, unvollständig bleiben. Gleichwohl erfüllte diese Bahnbestimmung eine wesentliche Aufgabe einer Bahnbestimmung, nämlich eine Bahnvorhersage zu machen. Das Formelsystem erlaubt bei Bezug auf eine Epoche, die Position der Sonne zu einem beliebigen Zeitpunkt vorauszuberechnen. Vor *Hipparch* gab es dazu offenbar keine Möglichkeit.

Numerisches BEISPIEL: *Hipparch* verwendete folgende Zahlenwerte, die er durch eigene Beobachtungen verbessert gegenüber früheren Zahlenwerten erhalten hatte:
(tropische) Länge des Jahres: $P_{\odot,t} = 365^d.24667$
Länge des Frühlings: $D_F = 94^{\mathrm{d}}.5$, Länge des Sommers: $D_S = 92^{\mathrm{d}}.5$
Damit ergeben sich die Winkel:

$$\alpha_S = \frac{D_F}{P_{\odot,t}} 360^\circ = 93^\circ.39825 \quad , \quad \beta_S = \frac{D_S}{P_{\odot,t}} 360^\circ = 91^\circ.17126 \quad .$$

$$\alpha_S + \beta_S = 184^\circ.56951 \, \varepsilon_1 = \frac{\alpha_S + \beta_S}{2} - 90^\circ = 2^\circ.28476 \, \varepsilon_2 = \frac{\alpha_S - \beta_S}{2} = 1^\circ.11349$$

$$\sin\varepsilon_1 = 0.03987 \ , \ \sin\varepsilon_2 = 0.01943 \ , \ e_A = \sqrt{\sin^2\varepsilon_1 + \sin^2\varepsilon_2} = 0.04435 \ , \ \omega_A = 64^\circ.013.$$

Die hier errechneten Zahlenwerte sind nach modernem Verständnis als Folge der Beobachtungsgenauigkeit ungenau. Nach *Hipparch* verwendete *Geminus*[451] für die Jahreslänge das alexandrinische Jahr $P_{\odot,T} = 365^d.25$. Damit ergeben sich die folgenden Zahlenwerte für die Sonnenbahn:[452]

$$\alpha_S = \frac{D_F}{P_{\odot,t}} 360^\circ = 93^\circ.142 \ , \ b_S = \frac{D_S}{P_{\odot,t}} 360^\circ = 91^\circ.170 \ ,$$

$$\alpha_S + \beta_S = 184^\circ.312 \ , \quad \varepsilon_1 = \frac{\alpha_S + \beta_S}{2} - 90^\circ = 2^\circ.156 \quad , \quad \varepsilon_2 = \frac{\alpha_S - \beta_S}{2} = 0^\circ.986 \quad ,$$

$$\sin\varepsilon_1 = 0.03762 \ , \ \sin\varepsilon_2 = 0.01721 \ , \ e_A = \sqrt{\sin^2\varepsilon_1 + \sin^2\varepsilon_2} = 0.04140 \ , \ \omega_A = 65^\circ.420 \quad .$$

(Der heute akzeptierte Wert für e_A wird erst bei *Ptolemäus* hergeleitet)

---

450 Das ist der Winkel, unter dem der Erdradius von der Sonne (Mittelpunkt der Sonne) aus zu sehen ist.

451 Abschn. 1.6.8 auf Seite 136.

452 Für den Vergleich mit modernen Werten siehe K. STUMPFF [1956], p. 19–22.

1.6.7.3 Über die Theorie der Mondbewegung bei Hipparch

Eine Bestimmung der Bahnparameter der Mondbahn war für *Hipparch* nur bei Kenntnis der "Sonnenbewegung" möglich. Er hatte Tabellen mit Sonnenephemeriden berechnet. Aus ihnen konnten die ekliptikalen Längen der Sonne zu vorgegebenen Zeitpunkten abgelesen werden. Wenn der Mond denselben Ort wie die Sonne an der Himmelssphäre einnahm, war somit auch die ekliptikale Länge des Mondes bekannt. Dies trifft bei den Mond- und Sonnenfinsternissen zu, die deshalb den Ausgangspunkt bei der Untersuchung der Mondbewegung bildeten. *Hipparch* konnte für seine Mondtheorie von drei Grundlagen ausgehen:

- Die über einen Zeitraum von 600 Jahren angesammelten babylonischen Beobachtungen, die *Hipparch* offenbar als Erster in die griechische Astronomie einführte[453]
- Die theoretischen Bewegungsmodelle des *Apollonios*
- Eigene Beobachtungen

Entscheidend für die Durchführbarkeit der Bahnbestimmung des Mondes wurde die auch in der modernen Bahnanalyse wichtige Trennung der einzelnen Bewegungsarten, wie sie auch der Mondbewegung zugeordnet werden kann. Es handelt sich zunächst um die tropische $P_{\odot,T}$ bzw. siderische $P_{\odot,sid}$ Bewegung der Sonne. Sodann um die synodische Bewegung $P_{☾,S}$ des Mondes, also den Bezug der Bewegung des Mondes auf die Sonne. Um seine anomalistische Bewegung $P_{☾,A}$, also seine Bewegung in Bezug auf die Apsiden (= Perigäum, Apogäum). Um seine drakonitische Bewegung $P_{☾,D}$, also seine Bewegung in Bezug auf die Schnittpunkte seiner Bahn mit der Sonnenbahn, der Ekliptik. Die weiteren Bewegungen des Mondes, die tropische Bewegung $P_{☾,T}$ bei Bezug auf den Frühlingspunkt, und die siderische Bewegung $P_{☾,sid}$ bei Bezug auf die Fixsterne waren in diesem Zusammenhang von untergeordneter Rolle. Den *Meton*- bzw.. *Kallippos*-Zyklus, der eine Verknüpfung zwischen der (mittleren) tropischen Bewegung der Sonne und der (mittleren) synodischen Bewegung des Mondes herstellte, hatte *Hipparch* verbessert zu

$$304\, P_{\odot,T} \quad \Leftrightarrow \quad 3760\, P_{☾,S} \quad \Leftrightarrow \quad 111035^d \quad . \tag{1.68}$$

Diese Beziehung ist allerdings in den antiken Rechnungen nicht zur Anwendung gekommen.[454]

Der älteste bekannte Zyklus, der die verschiedenen Arten der Mondbewegung zusammenfasst, ist der von den Babyloniern überlieferte 18-jährige Finsterniszyklus:[455]

$$223\, P_{☾,S} = 239\, P_{☾,A} = 242\, P_{☾,D} = 241\, P_{☾,T} + 10°40' = 6585^d \frac{1}{3} \quad . \tag{1.69}$$

---

[453] Vgl. hierzu O. NEUGEBAUER [1975], pp. 308–329. Auf den engen Zusammenhang der Parameter und Tabellen *Hipparchs* mit der indischen, insbesondere tamilischen Astronomie, weist O. NEUGEBAUER [1975] mehrfach hin, insbesondere auf p. 299 und p. 312.

[454] O. NEUGEBAUER [1975], p. 297.

[455] Siehe in Abschn. 1.1.1 auf Seite 7.

Multiplikation mit 3 führt auf die "Exeligmos"genannte Beziehung, die jetzt eine ganze Anzahl von Tagen enthält:

$$669\,P_{☾,S} = 717\,P_{☾,A} = 726\,P_{☾,D} = 723\,P_{☾,T} + 32^\circ = 19756^d \quad . \tag{1.70}$$

Wegen der Kenntnis der Tage können aus diesen Beziehungen die Länge der einzelnen Perioden der Mondbewegung, also der Monate abgeleitet werden. *Hipparch* verbesserte diese Zahlen, wie *Ptolemäus* schreibt. Allerdings scheinen die verbesserten Zahlenwerte, wie inzwischen nachgewiesen werden konnte,[456] auch schon von den Babyloniern gefunden worden sein:

$$4267\,P_{☾,S} = 4573\,P_{☾,A} = 4612P_{☾,S} - 7^\circ 30' = 345\,P_{\odot,S} - 7^\circ 30' = 126007^d\,1^h \quad . \tag{1.71}$$

Hierher stammen wohl die Werte, die *Hipparch* in seiner Mondtheorie verwendete:

$$\text{synodischer Monat}: \; P_{☾,S} = 29^d.5305939, \tag{1.72}$$

sowie die Relation zur Berechnung des anomalistischen Monats

$$251\,P_{☾,S} = 269\,P_{☾,A} \quad . \tag{1.73}$$

Weiter babylonischen Ursprungs ist die Relation zur Berechnung des drakonitischen Monats

$$5458\,P_{☾,S} = 5923\,P_{☾,D} \quad . \tag{1.74}$$

Aus Beziehung (1.71) folgt übrigens für den mittleren synodischen Monat

$$P_{☾,S} = 29^d.530585,$$

eine Abweichung von dem Wert in dem Ausdruck (1.72), die vermutlich erst *Kopernikus* entdeckt hat.[457] Aus den letzten drei Beziehungen ergeben sich die mittleren Monatslängen

$$\text{anomalistischer Monat } P_{☾,A} = 27^d.554568 \quad ,$$

$$\text{drakonitischer Monat } P_{☾,D} = 27^d.212218 \quad .$$

Sei $n_{☾,S} := 2\pi/P_{☾,S}$ die mittlere synodische Bewegung des Mondes, $n_{☾,T} := 2\pi/P_{☾,T}$ die mittlere tropische Bewegung des Mondes, $n_{\odot,T} := 2\pi/P_{\odot,T}$ die mittlere tropische Bewegung der Sonne, so muss die synodische Mondbewegung, da sie auf die Sonne

[456] O. NEUGEBAUER [1975], pp. 310, 311.

[457] O. NEUGEBAUER [1975], p. 312.

bezogen ist, die Relation

$$n_{☾,S} = n_{☾,T} - n_{\odot,T} \qquad (1.75)$$

erfüllen. Daraus kann die tropische Umlaufzeit des Mondes berechnet werden:

$$P_{☾,T} = \frac{P_{☾,S} \cdot P_{\odot,T}}{P_{☾,S} + P_{\odot,T}} \quad . \qquad (1.76)$$

Es kann somit, wenn wieder wie in der Beziehung (1.57) (auf Seite 122) $P_{\odot,T} = 365^d.24667$ gesetzt wird, der Wert für den tropischen Monat erhalten werden:

$$P_{☾,T} = 27^d.321657 \quad .$$

Die heute gültigen Zahlenwerte[458]

$$\begin{aligned} P_{☾,S} &= 29^d.530589 \\ P_{☾,T} &= 27^d.321582 \\ P_{☾,sid} &= 27^d.321662 \\ P_{☾,A} &= 27^d.554550 \\ P_{☾,D} &= 27^d.212221 \end{aligned} \qquad (1.77)$$

zeigen die vorzügliche Qualität der *Hipparch* zur Verfügung stehenden Beobachtungsdaten.

Die unterschiedlichen Monatslängen schließen ein, dass die Bezugspunkte bzw. -achsen selbst langsame Bewegungen ausführen:

Eine **Drehung der Mondapsiden** wird durch den Unterschied des anomalistischen Monats zum tropischen Monat nahegelegt. Sei $n_{☾,AP}$ die mittlere Bewegung der Mondapside, gilt offenbar

$$n_{☾,A} = n_{☾,AP} + n_{☾,T} \quad . \qquad (1.78)$$

Daraus kann die mittlere Bewegung der Apsiden berechnet werden, die nichts anderes als die säkulare Drift des Argumentes des Apogäums der Mondbahn ist:

$$n_{☾,AP} = \dot{\omega}_{\mathbf{2},s} = 360^\circ \left(\frac{1}{P_{☾,T}} - \frac{1}{P_{☾,A}} \right) = 0^\circ 6' 40''.9 \, \frac{1}{d} \quad . \qquad (1.79)$$

Die Apsiden umrunden die Erde demnach rechtläufig in knapp 9 Jahren.

Die **Wanderung der Mondknoten** zeigt sich im Unterschied des drakonitischen Monats zum tropischen Monat. Sei $n_{☾,KN}$ die mittlere Bewegung der Mondknoten, gilt

---

[458] Etwa nach AA1995, D2.

$$n_{☾,D} = n_{☾,KN} + n_{☾,T} \quad . \qquad (1.80)$$

Daraus kann die mittlere Bewegung der Knoten berechnet werden, die gleich der säkularen Drift der (ekliptikalen) Länge des aufsteigenden Knotens der Mondbahn ist:

$$n_{☾,KN} = \dot{\Omega}_{☾,s} = 360^\circ \left(\frac{1}{P_{☾,T}} - \frac{1}{P_{☾,D}} \right) = -0^\circ 3' 10''.8 \, \frac{1}{d} \quad . \qquad (1.81)$$

Die Knoten umrunden die Erde demnach rückläufig in etwa 18,6 Jahren.

Für die **mittlere Entfernung des Mondes von der Erde** errechnete *Hipparch* abgeleitet aus der mittleren Distanz der Sonne $r_\odot = 490\,R_E$ den Wert

$$r_☾ = 67\,\frac{1}{3}\,R_E \quad (= 429661.42\,\text{km}) \quad , \qquad (1.82)$$

für den Radius des Mondes mit Hilfe des scheinbaren Radius, der dem der Sonne gleichgesetzt wurde

$$\rho_☾ = 16'37'' \quad , \qquad (1.83)$$

den Wert

$$R_☾ = 0.325\,R_E \quad (= 2072.9\,\text{km}) \quad . \qquad (1.84)$$

Ferner benötigte *Hipparch* den **Halbmesser des Erdschattens im (mittleren) Mondabstand**

$$r_S = 0.8123\,R_E \quad (= 5182.2\,\text{km}) \quad . \qquad (1.85)$$

Die **Inklination der Mondbahn** bezüglich der Ekliptik nahm *Hipparch* an zu

$$i_☾ = 5^\circ \qquad (1.86)$$

Dieser Wert erschien für die Berechnung einer Ephemeride (d. h. einer Serie von Beobachtungsdaten über einen bestimmten Zeitraum) der (ekliptikalen) Länge des Mondes vernachlässigbar klein.

Im einfachen von *Hipparch* verwendeten Mondmodell kann der Deferent der Mondbewegung ähnlich wie bei der Sonne aus drei Örtern berechnet werden. Sie werden beim Mond jeweils zu einer Mondfinsternis gewählt.[459] Dazu wird mit der Beziehung (1.49) (auf Seite 118) wegen der Äquivalenz des Exzenter- und des (einfachen) Epizykelmodells die Exzentrizität $e_☾$ berechnet und schließlich das Argument des Perigäums[460] $\omega_☾$. Da die Berechnungen bei einer Finsternis angestellt wurden, bei denen sich der Mond notwendigerweise in der Ekliptik befindet, konnte aus der ekliptikalen Länge der Sonne

[459] Die stark ortsabhängigen Sonnenfinsternisse sind hierfür nicht geeignet.

[460] Die formelmäßige Herleitung kann bei K. STUMPFF [1959], p. 22–34, sowie O. NEUGEBAUER [1975], pp. 68–84 nachgelesen werden.

auch die ekliptikale Länge des aufsteigenden Knotens $\Omega_☾$ berechnet werden. Die sechs Bahnparameter der Mondbewegung sind somit gefunden.

Die hier geschilderte Bestimmung der Mondbewegung war allerdings nur in den Syzygien, d. h. bei Voll- oder Neumond, gültig. In den Quadraturen, also im ersten oder letzten Viertel, konnte *Hipparch* bisweilen erhebliche Abweichungen der beobachteten Mondörter gegenüber denjenigen beobachten, die sich aus der angenommenen einfachen Mondtheorie berechnen ließen. Diese Abweichungen konnte *Ptolemäus* mathematisch als *zweite Ungleichheit* (im Wesentlichen die *Evektion*) erfassen.

1.6.7.4 Zur Deutung von *Hipparchs* Mondtheorie

Um die (einfache) *Hipparch*ische Mondtheorie aus der Sicht der klassischen Himmelsmechanik zu beleuchten, betrachten wir in Abb. 1.20 das Dreieck ♁C☾ (= Erde – Mittelpunkt des Epizykels – Mond). Der Mond bewege sich auf dem Epizykel, der den Radius R habe. $a = r_d$ sei der Radius des Deferenten. Beide Größen wurden in der Antike als konstant vorausgesetzt (Dogma von der gleichförmigen Bewegung!). Der Winkel M, der gleichförmig durchlaufen werde, entspricht im einfachen Epizykelmodell der mittleren exzentrischen Anomalie[461] (wie in der Antike üblich auf das Apogäum bezogen). Diese Anomalie variiert in gleicher Weise wie der Mittelpunkt C des Epizykels sich um die Erde bewegt. Die Strecke C☾ ist also in diesem Modell stets parallel zur Apsidenlinie PA. Die wahre exzentrische Anomalie v_A zwischen der geozentrischen Richtung zum Apogäum und dem geozentrischen Mondort definiert bei Projektion der Bahnebene in die Ekliptik die (wahre) ekliptikale Länge des Mondes (das Argument des Apogäums $\omega_☾$ ist hier auch auf das Apogäum der Mondbahn um die Erde bezogen)

$$l = v_A + \omega_{A,☾} + \Omega_☾ \quad . \tag{1.87}$$

Dies bestätigt die Aussage, die Bewegung im Deferenten definiere die Bewegung in Länge, die Bewegung im Epizykel definiere die Bewegung in Anomalie. Im Dreieck ♁C☾ liefert der Sinussatz der ebenen Trigonometrie

$$\sin(M_{A,☾} - v_A) = \frac{R}{a} \sin v_A \quad . \tag{1.88}$$

Da $M_{A,☾} - v_A$ (einigermaßen) klein angenommen werden kann, gilt näherungsweise

$$v_A = M_{A,☾} - \frac{R}{a} \sin v_A + .. \ .$$

oder auch bei nochmaliger Anwendung der Näherung, da wieder $M_{A,☾} - v_A$ als klein angenommen werden kann,

$$v_A = M_{A,☾} - \frac{R}{a} \sin M_{A,☾} + .. \ . \tag{1.89}$$

461 Vgl. hierzu Abschn. 1.6.6.2 Die epizyklische Bewegung ab Seite 117.

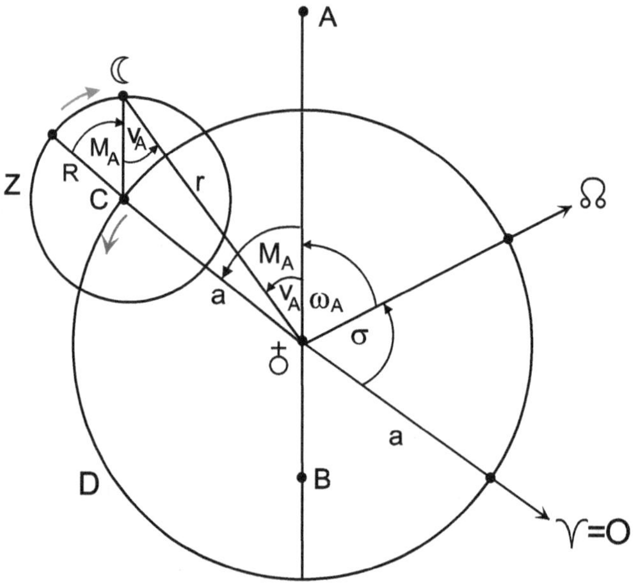

Abb. 1.20 Zur „modernen" Deutung der Mondtheorie Hipparchs, Projektion der Mondbahnebene in die Ekliptik: Es wird $\sigma = \Omega$, $R = e_A a$ = lineare Exzentrizität nach *Apollonios, D* – Deferent, Z – Epizykel, ♁ – Mittelpunkt des Deferenten (Erdmittelpunkt), C – Mittelpunkt des Epizykels, M_A – mittlere Anomalie von C, ν_A – wahre Anomalie des Mondes ☾, r – geozentrischer Radius des Mondes, A – Apogäum, B – Perigäum, a – Radius des Deferenten, R – Radius des Epizykels, ♈ – Frühlingspunkt, ☊ – aufsteigender Knoten, ω_A – Argument des Apogäums, $\sigma = \Omega$ – ekliptikale Länge des aufsteigenden Knotens (hier wird der Frühlingspunkt als der Anfangspunkt eines *Hansen*-Systems betrachtet)

Der Ausdruck

$$\Delta l_1 \;:=\; \frac{R}{a}\,\sin M_A \;=\; M_A \;-\; \upsilon_A - \;\; .. \; . \tag{1.90}$$

ist in der klassischen Himmelsmechanik als erstes Glied der *Mittelpunktsgleichung* bekannt.

Diese lautet in moderner Schreibweise (allerdings bei Bezug der mittleren exzentrischen Anomalie auf das Apogäum) mit der numerischen Exzentrizität e der elliptischen Bewegung

$$\begin{aligned}\upsilon_A \;=\; & M_A \;-\; 2\,e\,\sin M_A \;+\; \frac{5}{4}\,e^2\,\sin 2M_A - \\ & -\frac{e^3}{12}\,(13\,\sin 3M_A - 3\,\sin M_A) \;+\; \frac{e^4}{96}\,(103\,\sin 4M_A - 44\,\sin 2M_A) \;+\; \ldots . \end{aligned} \tag{1.91}$$

Die Exzentrizität kann berechnet werden aus

$$e = \frac{1}{2}\frac{R}{a} \quad . \tag{1.92}$$

Nach Formel (1.49) auf Seite 116 ist aber

$$e_A = \frac{R}{r_d} = \frac{R}{a} \quad .$$

Die in der Exzenter- bzw. Epizykeltheorie auf *Apollonios* zurückgehende „apollonische“ Exzentrizität e_A des exzentrischen Kreises ist also doppelt so groß wie die „*Kepler*'sche“ Exzentrizität der elliptischen *Kepler*-Bewegung

$$e = \frac{1}{2}e_A \quad . \tag{1.93}$$

Die hier untersuchte Darstellung der Mondtheorie *Hipparchs* ist bemerkenswert: Die epizyklische Beschreibung der Mondbewegung liefert nichts anderes als die geometrische Beschreibung des ersten Gliedes (der „ersten Ungleichheit“ = „große Ungleichheit“) einer Entwicklung der (wahren ekliptikalen) Länge (bzw. der wahren Anomalie) der Mondbewegung. Mit zunehmender Beobachtungsgenauigkeit wurde sie im Laufe der Jahrhunderte um sehr viele Hunderte solcher Terme ergänzt. Eine „Deutung“, „warum“ sich der Mond so und nicht anders bewegt, konnte mit dieser Beschreibung nicht gegeben werden. Jedoch befand sich *Hipparch* auf dem richtigen Weg: Spätere Beobachtungen konnten seine Theorie verbessern und ergänzen (was vor allem *Ptolemäus* gelungen ist), aber nicht prinzipiell berichtigen.

Hipparch hatte für die „apollonische“ Exzentrizität den Wert[462]

$$e_A = \frac{1}{11.54} = 0.0866551 \Leftrightarrow 4°57'.9 = 297'.9 \tag{1.94}$$

gefunden, *Ptolemäus* den Wert[463]

$$e_A = \frac{1}{11.42} = 0.087557 \Leftrightarrow 5°1'.0 = 301'.0 \quad . \tag{1.95}$$

Das liegt innerhalb der antiken Beobachtungsgenauigkeit von sicher nicht besser als 5' oder schlechter.[464] Dieser Wert darf mit dem modernen Wert allerdings nicht verglichen werden, da er wegen der höheren Terme in der Entwicklung der ekliptikalen Länge des

---

462 Siehe K. STUMPFF [1959], p. 33.

463 Siehe O. NEUGEBAUER [1975], p. 80.

464 Siehe etwa in Tab. 3.1 in Kap. 3.

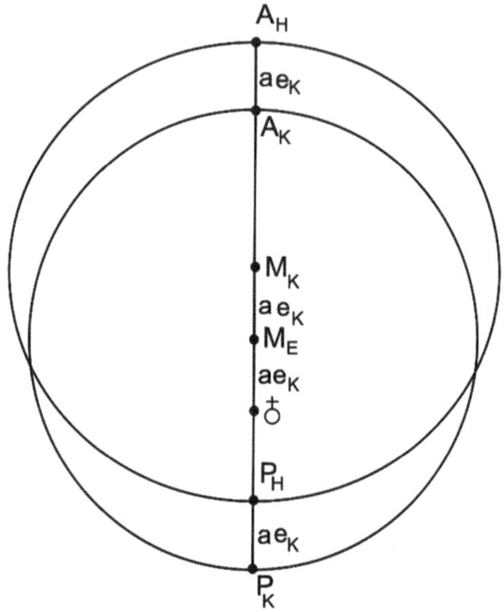

Abb. 1.21 Vergleich des exzentrischen Kreises nach *Hipparch* und der *Ellipse* nach *Kepler*: M_E = Mittelpunkt der Ellipse, M_K = Mittelpunkt des exzentrischen Kreises, ♁ = Ort der Erde (= ein Brennpunkt der Ellipse), A_K, P_K – *Kepler*'sche Apsiden, A_H, P_H – *Hipparch*ische Apsiden,

Mondes stark modifiziert werden muss. Dies hatte *Hipparch* schon bemerkt, aber wegen Unkenntnis der zweiten Ungleichheit nicht realisieren können.[465]

Noch ein zweiter Aspekt kann aus den vorstehenden Betrachtungen geschlossen werden: Das Epizykelmodell ist kein kosmologisches Modell vom Aufbau des Sonnensystems, vielmehr ist es nur als ein geometrisch begründetes Rechenschema aufzufassen, das die (ekliptikale) Länge des Mondes zu beschreiben gestattet. Dies zeigt sich in der Beschreibung des (geozentrischen) Radius der Mondbahn. Er kann durch dieses Epizykelmodell nicht beschrieben werden. Dazu werde das von *Hipparch* verwendete (einfache) mit der entsprechenden (*Kepler*'schen) Ellipse in Abb. 1.21 verglichen. Die Entfernungen des Mondes von der Erde werden danach falsch wiedergegeben, was sich vor allem in den Apsiden mit einer beträchtlichen Variation des scheinbaren Monddurchmessers auswirken müsste. Diese Tatsache wurde aber von *Hipparch* und seinen Nachfolgern (darunter vor allem auch *Ptolemäus*) nicht reflektiert.

Bei Reduktion der Mondbewegung in die Ekliptik nahm *Hipparch* an, dass infolge der Inklination der Mondbahn von $i_☾ = 5°$ nur ein geringer Fehler auftreten würde, der bei Berechnung der Länge des Mondes vernachlässigbar sei. Wir wissen heute, dass die Amplitude dieses Fehlers etwa 6'.9 beträgt, was tatsächlich unter der Genauigkeitsgrenze der antiken Mondbeobachtungen liegt.

[465] Siehe in Abschn. 1.7.2 auf Seite 144.

1.6.7.5 Die Planetenbewegung bei Hipparch

Auch in der Theorie der Bewegung der Planeten ging *Hipparch* von den grundlegenden Parametern der Beobachtungsergebnisse der Babylonier aus. Er nahm an, die Bahnparameter und die Bewegungstheorie der Planeten seien ähnlich der der Mondbewegung. Auch stellte er Abweichungen seiner Beobachtungen der Bewegung der Planeten zu den bestehenden Planetentheorien fest. Wie *Ptolemäus* berichtet, scheint *Hipparch* Unregelmäßigkeiten der Planetenbewegung, die eine beschrieben durch die epizyklische Bewegung (die „zweite Anomalie"), die andere beschrieben durch die exzentrische Bewegung (die „erste Anomalie"), gekannt zu haben. Allerdings hatte weder *Hipparch* selbst noch einer seiner Zeitgenossen eine mathematische Theorie, welche die Ergebnisse der Beobachtungen der Planetenbewegung adäquat aufzubereiten ermöglicht hätten. Das Hauptinteresse *Hipparchs* lag auf dem Beobachten, an das er kritisch und unbeeinflusst von vorherrschenden Theorien heranging. So erscheint eine Überlegung *Hipparchs* besonders bemerkenswert, wonach er eine sehr langsame Eigenbewegung der Fixsterne, zumindest derer längs der Ekliptik, in östlicher Richtung nicht ausschloss. Diese dürfte im Zusammenhang mit der Entdeckung der Präzession gesehen werden. Auch überlegte sich *Hipparch* Aussagen über den Durchmesser und damit über die Größenklasse (= Helligkeit) der Planeten: Den scheinbaren Durchmesser der Venus nahm er zu 1/10 des Durchmessers der Sonne an, den des schwächsten Sterns als 1/30 der Sonne. Sterne der ersten Größenklasse setzte er dem Mars gleich mit 1/20 des Sonnendurchmessers. Ob diese Überlegungen eine Erfindung des *Hipparch* sind, kann nach heutiger Quellenlage nicht beurteilt werden.[466]

Das heliozentrische Modell des *Aristarch von Samos* bringt für *Hipparch* keine rechnerischen Vorteile. So sieht er auch keinen Grund, nicht das geozentrische Weltbild des *Aristoteles* zu übernehmen. Als der größte Beobachter der Antike hatte *Hipparch* die Autorität, das philosophische kosmologische Weltbild über Jahrhunderte zu festigen. Dies ist verwunderlich, da seine wichtigsten Beobachtungsergebnisse die ernsthaftesten Einwände gerade gegen dieses Weltmodell zu liefern vermochten. Da *Hipparch* jedoch mehr an astronomischen und beobachtungstechnischen Problemen als an philosophisch kosmologischen Problemstellungen interessiert war, beschäftigte ihn die Diskrepanz zwischen Rechenmodell und Kosmologie offenbar nicht. Wenn von einer Verzahnung von Beobachtung (Messtechnik) und theoretischem Fortschreiten gesprochen werden kann, ist *Hipparch* der Messtechniker, dessen Messergebnisse allerdings erst lange, nachdem sie erhalten wurden, auch wirklich zur Auswirkung kamen, dann nämlich, als die geistige (= philosophische) Aufarbeitung der Begriffswelt die Zeit dafür reif machte.

---

466 Vgl. hierzu O. NEUGEBAUER [1975], pp. 329–331.

1.6.8 Die Isagoge des Geminus

Geminus (ca. 50 n.Chr.) vertiefte die Lehre des *Heraklides Pontikus*, es könne keine feste Fixsternsphäre geben, wie dies *Aristoteles* gelehrt hatte. Er nahm eine räumliche Staffelung der Fixsterne an, die somit nicht auf einer Sphäre befestigt sein konnten. *Geminus* hatte eine *Einführung in die (Himmels-) Erscheinungen* (Εἰσαγογὴ εἰς τὰ φαινόμενα) geschrieben. Sie übte unter dem Namen „Isagoge" großen Einfluss aus.[467] Das Werk ist im Wesentlichen von *Hipparch* beeinflusst, zeigt direkte Einflüsse aus der babylonischen Astronomie, griechische Quellen können bis zu 230 v. Chr. (*Kleanthes*) zurückverfolgt werden. So übernahm *Geminus* die Längen der Jahreszeiten von *Hipparch*, allerdings nur qualitativ den Exzenter der Sonnenbahn. Für die Länge des Jahres nahm er den alexandrinischen Wert 365.25 mittlere Sonnentage. Damit errechnete er den

$$\text{synodischen Monat} = 29\frac{1}{2}\frac{1}{33} \text{ mittlere Sonnentage} \; .$$

Der Wert für den

$$\text{anomalistischen Monat} = 27\frac{1}{2}\frac{1}{18} \text{ mittlere Sonnentage}$$

entspricht genau dem aus der babylonischen Astronomie bekannten Wert. Die Bedeutung des *Geminus* im Rahmen der Bewegungslehre liegt also in der Tradierung der Beobachtungs- und Rechenergebnisse des *Hipparch* auf *Ptolemäus* unter gründlichem und kritischem Studium früherer, vor allem babylonischer Quellen.

Die Isagoge beschäftigte sich hauptsächlich mit sphärischer Astronomie. Ein weiteres Werk des *Geminus* über „Planetentheorien" ist verlorengegangen.

Von besonderem Einfluss war das Werk des ***Theon* von Smyrna** (um etwa 100 n.Chr., kurz vor *Ptolemäus*) mit dem Titel

> *„Darlegung von mathematischen Prinzipien, die zur Beschäftigung mit Planeten nützlich sind."*

Theon von Smyrna stützte sich hauptsächlich auf den Peripatetiker *Adrastas* und den Platoniker *Derkyllides* ab. Für *Ptolemäus* war also neben dem fundamentalen wissenschaftlichen Werk des *Hipparch* das Wissen seiner Zeit und eine breite philosophische Grundlegung gut vorbereitet.[468]

[467] Näheres bei O. NEUGEBAUER [1975], p. 584.

[468] J.L.E. DREYER [1953], pp. 150,151.

1.6.9 Die Sphärik des Menelaos

Die uns heute selbstverständlichen trigonometrischen Funktionen wurden erst von den Arabern in die Mathematik eingeführt. Bei den Griechen wurde das Rechnen mit Winkelfunktionen durch das Rechnen mit Sehnen ersetzt, die den Winkeln zugeordnet waren. Nach Abb. 1.22 auf Seite 137 sei s die Sehne, die im Einheitskreis dem Winkel α zugeordnet ist.

Dies führt auf die Beziehungen

$$\frac{1}{2}s(\alpha) = \sin\frac{\alpha}{2} \quad , \tag{1.96}$$

sowie

$$\frac{1}{2}s(180° - \alpha) = \cos\frac{\alpha}{2} \tag{1.97}$$

und

$$\frac{s(\alpha)}{s(180° - \alpha)} = \tan\frac{\alpha}{2} \quad . \tag{1.98}$$

Damit können alle wesentlichen trigonometrischen Funktionen im modernen Sinn erklärt werden. Es genügte in der Antike, eine Tafel $s(\alpha)$ mit $\alpha \in [0°, 180°]$ – im Prinzip also eine Tafel der Sinusfunktion – aufzustellen, um alle infrage kommenden Winkelfunktionen und ihre Werte abdecken zu können. Eine solche Tafel findet sich in der antiken Astronomie insbesondere in vollendeter Form bei *Ptolemäus*. Sie war mit der

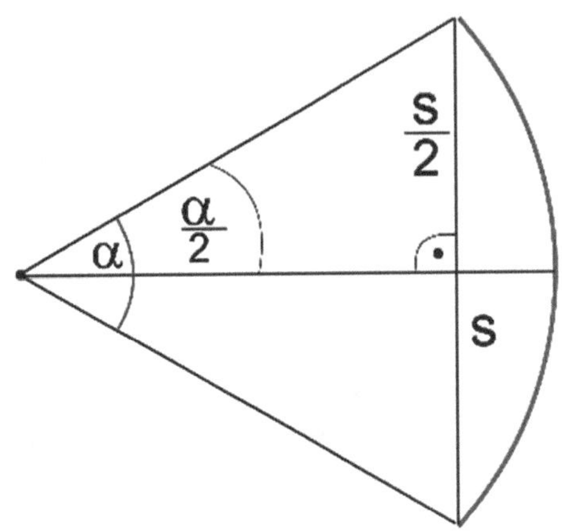

Abb. 1.22 Das Rechnen mit Sehnen in der ebenen Trigonometrie

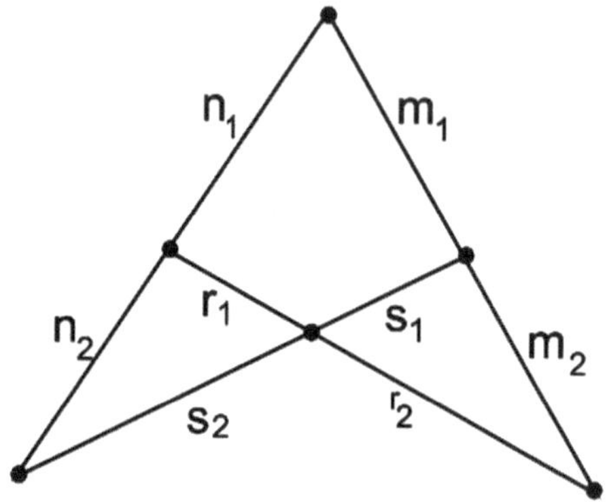

Abb. 1.23 Die *Menelaos*-Konfiguration

Schrittweite von 0°.5 gerechnet worden, die Werte dafür waren aus den dem Einheitskreis einbeschriebenen Vielecken sowie durch Berechnung von Summen und Differenzen durch Dreiecksbeziehungen erhalten worden.[469]

Der Schritt von der ebenen zur sphärischen Trigonometrie war in mathematisch überzeugender Weise erst ***Menelaos*** (ca. 98 n.Chr., in Rom) gelungen. Er hatte seine Ergebnisse in dem Buch „Sphärik" veröffentlicht.[470] *Menelaos* übertrug das zunächst in der Ebene gültige „*Menelaos*-Theorem", das von den Arabern als „Regel der sechs Größen" bezeichnet wurde, auf die Kugel. Damit ließen sich die Beziehungen im rechtwinkligen sphärischen Dreieck beschreiben. Eine *Menelaos*-Konfiguration besteht nach Abb. 1.23 aus „Außenteilen" m_1, m_2, n_1, n_2 und „Innenteilen" r_1, r_2, s_1, s_2. Hier bestehen, wie sich elementar beweisen lässt, das

$$\text{Theorem I}: \quad \frac{m_1+m_2}{m_1} = \frac{r_1+r_2}{r_1}\cdot\frac{s_2}{s_1+s_2}, \tag{1.99}$$

in dem zwei äußere Teile durch die inneren ausgedrückt werden, und

$$\text{Theorem II}: \quad \frac{r_2}{r_1} = \frac{m_2}{m_1}\cdot\frac{n_1+n_2}{n_2}, \tag{1.100}$$

in dem zwei innere Teile durch die äußeren ausgedrückt werden. Die Übertragung auf die Kugel geschieht mit Hilfe der Sehnen und führt mit der Schreibweise

$$(m) := 2\cdot\sin m =: s(2m) \tag{1.101}$$

auf die *Menelaos*-Theoreme der sphärischen Trigonometrie

[469] Einzelnes kann dazu bei O. NEUGEBAUER [1975], pp. 21–30 nachgelesen werden.

[470] Siehe O. NEUGEBAUER [1975], pp. 27. Hier auch, dass *Menelaos* sicherlich keinen eigenen Sternkatalog aufstellte. Das Datum 98 p. Ch. stammt aus dem Almagest im Abschnitt mit der Diskussion einer Beobachtung des *Menelaos*.

$$
\begin{aligned}
(I) \quad \frac{(m_1 + m_2)}{(m_1)} &= \frac{(r_1 + r_2)}{(r_1)} \cdot \frac{(s_2)}{(s_1 + s_2)} \\
(II) \quad \frac{(r_2)}{(r_1)} &= \frac{(m_2)}{(m_1)} \cdot \frac{(n_1 + n_2)}{(n_2)}
\end{aligned}
\tag{1.102}
$$

bzw. auch

$$
\begin{aligned}
(I) \quad \frac{(n_1 + n_2)}{(n_1)} &= \frac{(r_2)}{(r_1 + r_2)} \cdot \frac{(s_1 + s_2)}{(s_1)} \\
(II) \quad \frac{(s_2)}{(s_1)} &= \frac{(m_1 + m_2)}{(m_2)} \cdot \frac{(n_2)}{(n_1)} \quad .
\end{aligned}
\tag{1.103}
$$

In unserem Zusammenhang genügen die dem *Menelaos*-Theorem äquivalenten Schreibweisen (vgl. Abb. 1.24 auf Seite 139), wenn α, β, γ = 90° die Innenwinkel, *a, b, c* die Seiten des sphärischen Dreiecks sind:

$$\sin\alpha = \frac{\sin a}{\sin c} \tag{1.104}$$

$$\cos\alpha = \frac{\tan b}{\tan c} \tag{1.105}$$

$$\tan\alpha = \frac{\tan a}{\sin b} \tag{1.106}$$

$$\cos c = \cos a \ \cos b \quad . \tag{1.107}$$

Aus der ersten dieser Beziehungen folgt sofort im allgemeinen sphärischen Dreieck durch Aufteilung in je zwei rechtwinklige Dreiecke der Sinussatz im allgemeinen sphärischen Dreieck

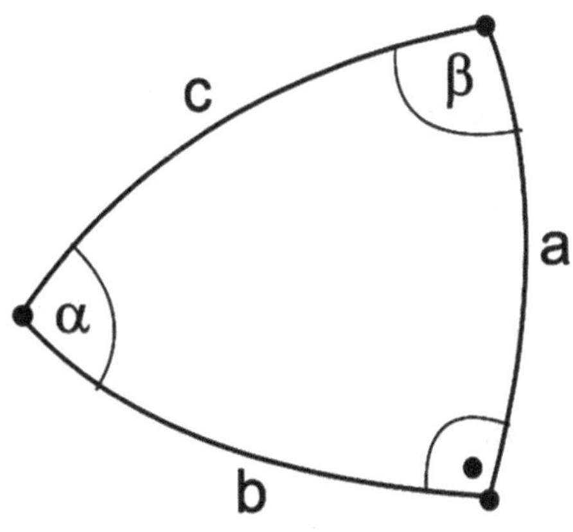

Abb. 1.24 Beziehungen im rechtwinkligen sphärischen Dreieck

$$\sin\alpha \ : \ \sin\beta \ : \ \sin\gamma \ = \ \sin a \ : \ \sin b \ : \ \sin c \quad . \tag{1.108}$$

Präzise Beziehungen der sphärischen Trigonometrie standen in der antiken Astronomie also erst *Ptolemäus* zur Verfügung.

1.6.10 Gerade und schräge Aufgänge

Gerade Aufgänge sind in der aktuellen Himmelsmechanik als üblich bekannt (Rektaszension). Schräge Aufgänge sind heute unbekannt. Deshalb werden die beiden Begriffe im Rahmen der antiken mathematischen Formulierung hier kurz einander gegenübergestellt.

Die Zeit wird wegen des täglichen Umschwungs der Himmelssphäre längs des Äquators gemessen. Als Maß der Zeit wird ein Bogen längs des Äquators angegeben, der vom Frühlingspunkt a aus gezählt wird. Der Frühlingspunkt war schon in der Antike als Schnittpunkt der Sonnenbahn (Ekliptik) mit dem Erdäquator bekannt: Die Sonne überschreitet die Äquatorebene von der Süd- zur Nordhälfte. Soll nun der Zeitpunkt für einen bestimmten Punkt S_2 auf der Ekliptik (Sonne, Planet, irgendein anderer Ekliptik naher Himmelskörper wie Mond, bestimmte Sterne) gefunden werden, muss der zugehörige Bogen auf dem Äquator berechnet werden. S_2 wird in den Punkt B_2 auf dem Äquator projiziert (vgl. Abb. 1.25 auf Seite 140). Dem Bogen $l = \sphericalangle(\Upsilon\ S_2)$ auf der Ekliptik entspricht der Bogen $\alpha = \sphericalangle(\Upsilon\ B_2)$ auf dem Äquator, der mit Hilfe des *Menelaos*-Theorems berechnet werden kann.

Gerade Aufgänge Die Aufgabe, für einen Ort auf der Ekliptik die zugehörige Zeit zu bestimmen, muss für beliebige Orte auf der Erdoberfläche, also verschiedene geografische Breiten φ gelöst werden. Dies wurde in der Antike zunächst in einem ersten Schritt so gelöst, als ob der Beobachtungsort die Breite $\varphi = 0°$ habe, also auf dem Äquator liege (siehe in Abb. 1.25).

In diesem Fall geht der Äquator A durch den Zenit Z des Beobachtungsortes, der Nordpol N liegt in der Horizontebene H. Dieser Fall wurde in der Antike als der Fall der „rechten Kugel" (*sphaera recta*) bezeichnet.[471] Da der Äquator senkrecht auf dem Horizont steht, wurde in der Antike in diesem Fall der Bogen $\alpha = \sphericalangle(\Upsilon\ B_2)$ als gerader (= rechter = rechtwinkliger) Aufgang (*ascensio recta*) bezeichnet. Davon kommt der Begriff „Rektaszension", mit dem der Bogen α auch in der heutigen sphärischen Astronomie bezeichnet wird, ohne allerdings etwas über die Herkunft dieses Begriffes auszusagen.

Schräge Aufgänge Im allgemeinen Fall eines Beobachtungsortes mit nicht verschwindender geografischer Breite φ schneidet der Äquator den Horizont nicht senkrecht (rechter

[471] Siehe O. NEUGEBAUER [1975], pp. 31, 32.

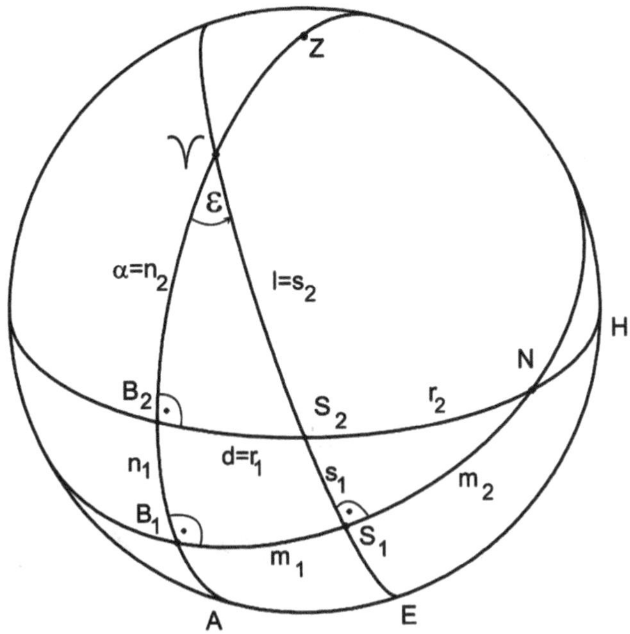

Abb. 1.25 Zur Definition der „rechtläufigen" Aufgänge („Rektaszension") α und ihrer Berechnung mit Hilfe des *Menelaos*-Theorems, A – Äquator, E – Ekliptik, H – Horizont, Z – Zenit, ♈ – Frühlingspunkt, ε – Schiefe der Ekliptik

Winkel), sondern in einem schrägen Schnitt. Der Bogen $\alpha = \sphericalangle(\Upsilon\ B_3)$ vom Frühlingspunkt zum Schnitt B3 des Horizontes mit dem Äquator wird in diesem Fall deshalb als „schräger" oder „schiefer" Aufgang (ascensio obliqua) bezeichnet (siehe Abb. 1.26).

Im *Menelaos*-Theorem II in Formel (1.100) (auf Seite 138)

$$\frac{(r_2)}{(r_1)} = \frac{(m_2)}{(m_1)} \frac{(n_1 + n_2)}{(n_2)}$$

ist nach Abb. 1.25

$$m_1 = \varepsilon \ , \ m_2 = 90^\circ - \varepsilon \ , \ n_1 + n_2 = 90^\circ \ , \ r_1 = \delta \ , \ r_2 = 90^\circ - \delta \quad .$$

Die Schiefe ε der Ekliptik ist bekannt, die Deklination δ eines Punktes auf der Ekliptik ist als Funktion der ekliptikalen Länge $l = s_2$ tabellarisch aufgezeichnet. Damit kann die zugehörige „Rektaszension" $\alpha = n_2$ berechnet werden aus

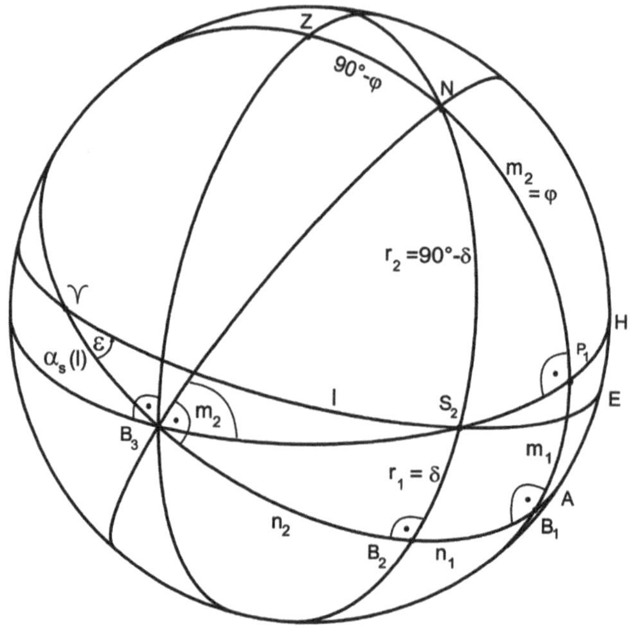

Abb. 1.26 Die „schrägen" Aufgänge $\alpha_s = \alpha_s(l)$ (= Aufgangszeiten). A – Äquator, E – Ekliptik, H – Horizont, Z – Zenit, N – Nordpol

$$\sin\alpha = \frac{\cos\varepsilon}{\sin\varepsilon}\,\frac{\sin\delta}{\cos\delta} \quad . \tag{1.109}$$

Wenn die Deklination δ nicht aus Tabellen bekannt ist, kann sie mit Hilfe des *Menelaos*-Theorems (I) aus den Formeln (1.102) berechnet werden:

$$\frac{(m_1 + m_2)}{(m_1)} = \frac{(r_1 + r_2)}{(r_1)}\,\frac{(s_2)}{(s_1 + s_2)} \quad .$$

Nach Abb. 1.25 ist

$$m_1 = \varepsilon \ , \ r_1 = \delta \ , \ s_2 = l \ , \ m_1 + m_2 = r_1 + r_2 = s_1 + s_2 = 90^\circ \ ,$$

somit

$$\sin\delta = \sin\varepsilon\,\sin l \quad . \tag{1.110}$$

Ferner ist bekannt: $\cos\delta = \sin(90^\circ - \delta)$, womit das Problem vollständig gelöst ist.

Der Ort S_2 auf der Ekliptik, dessen schräger Aufgang $\alpha_s(l) = \alpha_s(s_2)$ berechnet werden soll, hat die Deklination δ, die entsprechend der *Menelaos*-Konfiguration ♈ B_1NS_2 aus Formel (1.110) eindeutig berechnet werden kann. Entsprechend ist der gerade Aufgang

(„Rektaszension") $\alpha = \alpha(l) = \sphericalangle(\Upsilon\, B_2)$ aus Formel (1.109) berechenbar. Um den schiefen Aufgang $\alpha_s(l)$ zu berechnen, wird die *Menelaos*-Konfiguration $B_3B_1NS_2$ betrachtet, in der das Theorem (II) die Formulierung

$$\frac{(r_2)}{(r_1)} = \frac{(n_1+n_2)}{(n_2)}\,\frac{(m_2)}{(m_1)}$$

annimmt. Nach Abb. 1.26 ist hier

$$n_1 + n_2 = 90^\circ \ , \ m_1 = \varphi \ , \ m_2 = 90^\circ - \varphi \ , \ r_1 \ = \ \delta \ , \ r_2 = 90^\circ - \delta \ ,$$

sowie

$$n_2 = \alpha - \alpha_s \quad .$$

Somit kann der schräge Aufgang α_s aus der Beziehung

$$\sin n_2 = \sin(\alpha - \alpha_s) = \frac{\sin\delta}{\cos\delta}\,\frac{\cos\varphi}{\sin\varphi}$$

berechnet werden. Damit ist auch der Zeitpunkt des schrägen Aufganges eines Punktes der ekliptikalen Länge l auf der Ekliptik bekannt.

1.7 Die Vollendung der antiken Bewegungslehre - Ptolemäus

In der antiken griechischen Astronomie ist *Ptolemäus* ohne Zweifel die zentrale und bedeutendste Gestalt. Um dies zu unterstreichen, werden in diesem Kapitel detailliert die wesentlichsten der mathematischen Bewegungsmodelle des Ptolemäus vorgestellt und kritisch betrachtet. Sie beruhen auf Verknüpfung der vor seiner Zeit entwickelten Modelle, die er in genialer mathematisch perfekter Weise anwandte und weiterentwickelte. *Ptolemäus* war jedoch auch an der praktischen Astronomie interessiert und bereitete seine Kenntnisse zur Unterweisung der Öffentlichkeit auf. Er war ein hervorragender kritischer Beobachter, der offenbar seine eigenen Beobachtungen gegen bekannte frühere Beobachtungen anderer Astronomen aufbereitete. *Ptolemäus* war umfassend über die Astronomie hinaus interessiert, was sich in vielseitiger Schriftstellerei manifestierte.

1.7.1 Einordnung und wichtigste Entdeckungen des Ptolemäus

Ptolemäus (Πτολεμαίος, ca. 100–178 n. Chr.) vollendete die in der Antike (offenbar) mögliche mathematische Beschreibung der Bewegung der Himmelskörper. Er konnte sich vor allem auf die etwa 300 Jahre alten Arbeiten *Hipparchs* stützen. Dessen Ergebnisse würdigte er kritisch in seinem Hauptwerk, dem Almagest,[472] bevor er seine eigene Theorie weiter ausbaute. Nachdem durch *Heinrich Vogt*[473] nachgewiesen worden ist, dass der Sternkatalog des *Hipparch* nicht von dem des *Ptolemäus* im Almagest zurückgerechnet werden kann, sollte die seit *J. Delambre* (um 1817) vorgebrachte Kritik an der Arbeitsmethodik[474] des *Ptolemäus* wieder verstummen. *Ptolemäus* scheint also selber ein hervorragender Beobachter gewesen zu sein, nicht nur ein brillanter Mathematiker. Seine „theoretische Geschicklichkeit wird mitunter vom Hauch des Genialen gestreift“.[475] *O. Neugebauer* gebraucht sogar den (allerdings mit gebotener Vorsichtigkeit zu gebrauchenden) Vergleich der antiken Dreiheit.[476]

Apollonios - Hipparch - Ptolemäus .

mit der klassischen Dreiheit

Kopernikus - Tycho Brahe - Kepler .

Beim Vergleich des *Ptolemäus* mit *Kepler* bleibt aber zu beachten, dass *Ptolemäus* in etwa am Ende der antiken mathematischen Astronomie steht, *Kepler* jedoch am Anfang der klassischen. Auch werden wir im *Kopernikus*-Abschnitt[477] sehen, dass vom Standpunkt der Bewegungslehre diese Parallelität irreführend ist.

Ptolemäus hatte mit dem Almagest ein gewaltiges Werk geschaffen, das bis zu *Kepler*, d. h. fast über 1500 Jahre ***das*** Standardwerk zur Beschreibung der Bewegung von Sonne, Mond und Planeten blieb, für ein Lehrbuch eine einmalige Erscheinung. In seinen Formelsystemen und mit zahlreichen Tabellen erlaubte es die Berechnung der Positionen der Himmelskörper, Planeten, Sonne und Mond in Länge und Breite. Die Distanzen der bewegten Körper im Sonnensystem wurden wegen ihrer schlechten Beobachtbarkeit und vielleicht auch geringeren Bedeutung für das alltägliche Leben nicht adäquat dargestellt.

Es sind vor allem zwei Entdeckungen, die als des *Ptolemäus* größte eigenständige wissenschaftliche Leistungen bezeichnet werden können:

- Die zweite Ungleichheit in der Lehre der Mondbewegung

---

[472] Das Wort *Almagest* leitet sich vom ursprünglichen Titel μαθηματικὴ σύνταξις ab, der um 500 n. Chr. von *Eutocius* offenbar fälschlich als μαθηματικὴ σύνταξις wiedergegeben wurde, woraus im Arabischen dann „al-majasti“ wurde. Daraus wurde in der westlichen Rückübersetzung *Almagest*. Es scheint also falsch zu sein, dass das nur im griechischen vorkommende μαθηματικὴ σύνταξις das erstmals bei *Symeon Seth* um 1080 n. Chr. auftaucht, zu dem halbarabischen Wort *Almagest* wurde (nach O. NEUGEBAUER [1975], pp. 836,837).

[473] Vgl. hierzu Abschn. 1.6.7, auf Seite 121.

[474] Etwa bei W. EKSCHMITT [1989], p. 173 ff.

[475] K. STUMPFF [1959], p. 42.

[476] O. NEUGEBAUER [1975], p. 309.

[477] Siehe in Abschn. 1.9.2 *(De revolutionibus)* auf Seite 218.

- Die Entdeckung des *punctum aequans* in der Lehre der Planetenbewegung.

Ptolemäus hat offenbar auch als Erster herausgefunden, dass die Präzession durch langsame Bewegung der gesamten Himmelssphäre um die Pole der Ekliptik verursacht wird, und nicht nur durch Bewegung der zodiakalen Sterne, was *Hipparch* vermutet hatte.[478]

1.7.2 Die zweite Ungleichheit in der Theorie der Mondlänge bei Ptolemäus

Die schon von *Hipparch* beobachteten, aber mathematisch nicht erfassten Abweichungen der wahren Mondbewegung von der durch das einfache Epizykelmodell beschriebenen Mondbewegung untersuchte *Ptolemäus* sehr intensiv mit großem Rechenaufwand. Er fand heraus:

- In den Syzygien (Neu-, Vollmond) gibt es keine Abweichungen.
- In den Quadraturen (Mond im 1. bzw. 3. Viertel) gibt es keine bzw. nur geringe Abweichungen, wenn der Mond in der Nähe des Apogäums bzw. Perigäums des Epizykels steht, wenn also die mittlere epizyklische Anomalie einen der Werte $v_E = 0°$, $v_E = 180°$ annimmt.
- In den Quadraturen gibt es maximale Abweichungen, wenn der wahre Mond die maximale Abweichung vom mittleren Mond hat, also die mittlere epizyklische Anomalie einen der Werte $v_E = 90°$, $v_E = 270°$ annimmt.

Dieser Effekt könnte durch einen variablen Radius des Epizykel erklärt werden. Dann nähme er in den Quadraturen seinen maximalen, in den Syzygien seinen minimalen Wert an. Ptolemäus hält jedoch an den konstanten Radien von Deferent und Epizykel fest. Er löste das Problem auf geometrischem Weg durch einen neuen genialen Kunstgriff: Er verknüpft das Exzenter-fl und das Epizykelmodell zu einem neuen komplizierteren Epizykelmodell. Als „einfaches Epizykelmodell“ wollen wir dagegen das von *Hipparch* verwendete Epizykelmodell bezeichnen. In ihm liegt der Mittelpunkt des Deferenten in der Erde und die gleichförmige Bewegung des Epizykelmittelpunktes erfolgt um den Mittelpunkt der Erde.

Bei diesem neuen Epizykelmodell des *Ptolemäus* (Abb. 1.27 auf Seite 146) befindet sich der Mittelpunkt M_d des Deferenten außerhalb des Erdmittelpunktes im Abstand *ea*. Der konstante Radius des Deferenten sei a und e die numerische Exzentrizität des Deferenten. Der Mittelpunkt M_d des Exzenters bewegt sich mit konstanter mittlerer Geschwindigkeit um die weiter als fest angenommene Erde. Damit bewegt sich aber der ganze Exzenter. Auf ihm markiert ein fester Punkt A das Apogäum des Deferenten im Abstand a(1 + e) vom Erdmittelpunkt, B sein Perigäum im Abstand a(1-e).

---

[478] OTTO NEUGEBAUER [1975], p. 34; siehe auch in Abschn. 1.6.7 auf Seite 121.

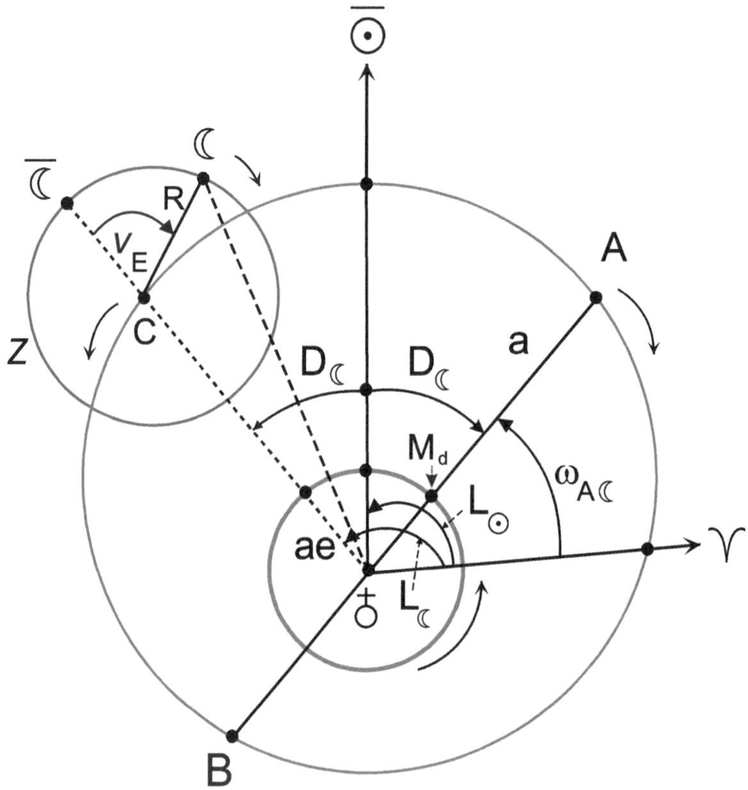

Abb. 1.27 Epizykelmodell zur Beschreibung der zweiten Ungleichheit durch Ptolemäus. a – Radius des Deferenten, e – numerische Exzentrizität des Deferenten, M_d – Mittelpunkt des Deferenten, A – Apogäum des Deferenten, B – Perigäum des Deferenten, R – Radius des Epizykels, C – Mittelpunkt des Epizykels Z, υ_E – (mittlere) epizyklische Anomalie, $\omega_{A,☾}$ – Argument des Apogäums des Mondes

Die Bewegung soll folgendermaßen erfolgen: Wenn sich der mittlere Mond $\overline{☾}$ bezüglich der mittleren Sonne $\overline{☉}$ in einer Quadratur befindet $D_☾ = 90°$ (270°), soll der Mittelpunkt C des Epizykels jedes Mal im Perigäum B des Deferenten stehen. In diesem Zustand erscheint der Epizykel von der Erde aus am größten. In Übereinstimmung mit den Beobachtungen kann dann nämlich die Abweichung des wahren vom mittleren Mond den größten Betrag annehmen, wie Abb. 1.27 zeigt. Da dies zweimal pro Umlauf des Mondes bezüglich der Sonne also zweimal während eines synodischen Umlaufs passiert, muss sich der Deferent mit doppelter Geschwindigkeit um die Erde drehen, als sich der Mond bezüglich der Sonne bewegt.

Um dies zu erreichen, bewegt sich nach *Ptolemäus* das Apogäum A des Deferenten gegenläufig zum Epizykel. Dann tritt die (mittlere) geozentrische synodische Länge $D_☾$ zwischen mittlerem Mond und mittlerer Sonne auch zwischen der mittleren Sonne und dem Apogäum

A auf. Der Winkel zwischen mittlerem Mond $\overline{☾}$ und A beträgt also stets $2D_{☾}$. In den Syzygien, also bei Voll- und Neumond, verschwindet er, in den Quadraturen beträgt er 180°. Nach der Beobachtung ist die Abweichung in den Quadraturen nur dann am größten, wenn der wahre Mond die größte Elongation gegenüber dem mittleren Mond hat. Nicht aber, wenn er im Apogäum A_e oder Perigäum P_e des Epizykels steht. Der Effekt hängt also vom Winkel υ_E ab, der die Bewegung des Mondes im Epizykel beschreibt. υ_E soll sich als gegebene Größe gleichförmig ändern. Sie entspricht also wieder im Wesentlichen der mittleren exzentrischen Anomalie $M_{A,☾}$ wie schon im einfachen Epizykelmodell.

Der beobachtete Effekt hängt somit ab von dem Winkel

$$2D_{☾} - \upsilon_E \approx 2D_{☾} - M_{A,☾}$$

Das negative Vorzeichen vor $M_{A,☾}$ charakterisiert den Durchlaufsinn der Bewegung im Epizykel. In der klassischen Himmelsmechanik wird die mittlere Anomalie ab dem Perigäum gerechnet. Daher lautet der periodische Term, der die zweite Ungleichheit beschreibt,

$$E^* \sin(2D_{☾} - M_{A,☾})$$

Der Wert E^* der Amplitude wird durch Beobachtung gefunden. *Ptolemäus* fand offenbar aus einer größeren Serie von Beobachtungen, dass der wahre Mond in den Syzygien vom mittleren Mond, wie durch die große Ungleichheit beschrieben wird, maximal um etwa 5°, in den Quadraturen maximal um etwa 7°40' abweicht. Für die zweite Ungleichheit konnte daher die Amplitude 2°40' bestimmt werden. Wenn nun entsprechend der Mondtheorie des *Hipparch* der Term der großen Ungleichheit in Formel (1.93) auf Seite 133 mit dem Term der zweiten Ungleichheit kombiniert würde, müsste sein

$$\Delta l = M_{A,☾} - \upsilon_A = \underbrace{-5° \sin M_{A,☾}}_{\textit{erste Ungleichheit}} - \underbrace{2°40' \sin(2D_{☾} - M_{A,☾})}_{\textit{zweite Ungleichheit}} . \tag{1.111}$$

Dann ergäbe sich in den Syzygien bei $D_{☾} = 0°$ die maximale Abweichung 5°-2°40' = 2°20' im Gegensatz zu den beobachteten 5° (vgl. Abb. 1.28 auf Seite 148). *Ptolemäus* hat diese Schwierigkeit umgangen, indem er die Hälfte der Amplitude der zweiten Ungleichheit zur Amplitude der großen Unglcichheit addierte. Die Differenz zwischen der Länge des wahren und des mittleren Mondes kann dann aus der Beziehung

$$\Delta l = \underbrace{-6°20' \sin M_{A,☾}}_{\textit{Mittelpunkts-gleichung}} - \underbrace{1°20' \sin(2D_{☾} - M_{A,☾})}_{\textit{Evektion}} \tag{1.112}$$

berechnet werden. Hier wurde $\upsilon_E \approx M_{A,☾}$ gesetzt.

Wenn der Mond in den Quadranten seiner elliptischen Bahn ist, wird im Fall der Syzygien (vgl. auch Abb. 1.28 auf Seite 148) die maximale Abweichung.

$$|\Delta l\,[D_{☾} = 0° \text{ oder } 180°\,,\ M_{A,☾} = 90° \text{ oder } 270°]| = 5°,$$

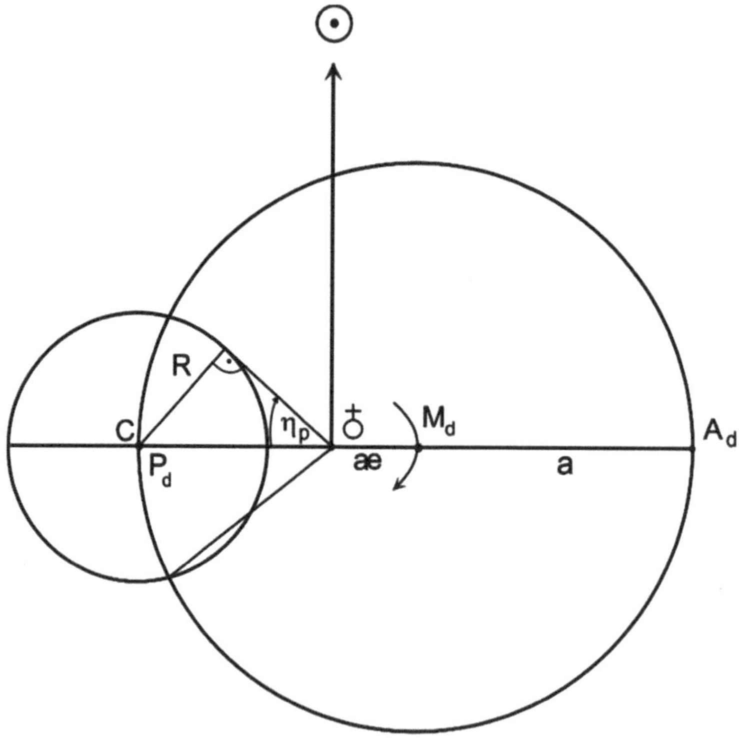

Abb. 1.28 Maximale Abweichung des Mondepizykels in den Quadraturen: Der Mittelpunkt C des Epizykels fällt mit dem Perigäum P_d des Deferenten zusammen

in den Quadraturen

$$|\Delta l\,[D_☾ = 90° \text{ oder } 270°\,,\; M_{A,☾} = 90° \text{ oder } 270°]| \;=\; 7°40',$$

erhalten. Damit sind die Beobachtungen erfüllt. Diese Beziehung wurde auch für die Zwischenwerte als richtig beobachtet. Die auf diese heuristische Weise erhaltene Größe wird in der klassischen Himmelsmechanik als *Evektion* bezeichnet: $1°20'\,\sin\bigl(2\,D_☾ - M_{A,☾}\bigr)$.

Die Abhängigkeit von der Sonnenlänge lässt eine Abhängigkeit von der Sonne folgern. In der Tat kann diese Größe in der klassischen Mechanik im Rahmen des Dreikörperproblems Erde – Mond – Sonne mathematisch hergeleitet werden. Wenn *Ptolemäus* als Entdecker der *Evektion* bezeichnet wird, ist dies im wesentlichen Sinn der Aussage richtig. Aber die Evektion ist offenbar nicht identisch mit der zweiten Ungleichheit, sondern wie gezeigt, durch die notwendige Kombination mit dem Term der großen Ungleichheit modifiziert. Der neue von *Ptolemäus* gefundene Amplitudenwert 6°20' entspricht jetzt wirklich dem Hauptterm der Mittelpunktsgleichung (1.91) auf Seite 133. Über die Hipparchische Mondtheorie entspricht er

$$2\,e_{☾} = 6°20' \qquad (e_{☾} = 0.055\ )$$

eine Exzentrizität $e_{☾}$ der Mondbahn, die tatsächlich die mittlere Exzentrizität der Mondbahn um die Erde ist. Der moderne Vergleichswert lautet[479] $e_{☾} = 0.05490$.

Die Verhältnisse in der Mondtheorie werden weiterhin durch eine ebenfalls *Ptolemäus* gelungene Beobachtung verkompliziert. Das Apogäum A_e des Epizykels, von dem aus die mittlere exzentrische Anomalie gezählt wird, kann nicht auf der Geraden durch Erdmittelpunkt ♁ und Epizykelmittelpunkt C, also im Punkt A_e (siehe Abb. 1.30 auf Seite 150), liegen. Vielmehr ist der Mittelpunkt $\overline{A}_e$, das „mittlere Apogäum des Epizykels", um einen Winkel η gegenüber A_e verschoben. Deshalb schneidet die Verbindungslinie $\overline{A_eC}$ die Apsidenlinie $\overline{AP}$ des Deferenten im Punkt B. Dieser Punkt liegt im Radius ea bezüglich der Erde auf der dem Mittelpunkt M_d des Deferenten gegenüberliegenden Seite.

Die Erde halbiert also die Strecke $\overline{BM_d}$. B liegt stets auf dem Kreis, den der Mittelpunkt M_d des Deferenten um die Erde beschreibt. Das mittlere Apogäum $\overline{A}_e$ des Epizykels bewegt sich somit auf dem Epizykel während eines Umlaufs des Mondes um die Erde. Mit diesem Modell war es *Ptolemäus* gelungen den Beobachtungen zu genügen. *Ptolemäus* bezeichnet diese Abweichung von $\overline{A}_e$ zu A_e als πρόσνευσις („Nicken", siehe Abb. 1.30).[480]

Es ist relativ einfach, die bisher besprochenen Größen zu berechnen.[481] Als Erstes sollen die Exzentrizität e des Exzenters und der Radius R des Epizykels berechnet werden. Dazu wird der Radius a des Deferenten als gegebene Norm vorausgesetzt, wie dies *Ptolemäus* getan hat. Als Beobachtungsgrößen seien bekannt die Abweichung η_P des wahren vom mittleren Mondort in den Quadraturen nach Abb. 1.28 sowie die Abweichung η_A in den Syzygien nach Abb. 1.29. Dann gelten die einfachen Beziehungen

$$\sin\eta_P = \frac{R}{a\,(1-e)} \quad , \quad \sin\eta_A = \frac{R}{a\,(1+e)} \quad . \tag{1.113}$$

Die Exzentrizität des Deferenten kann damit berechnet werden aus

$$e = \frac{\sin\eta_A - \sin\eta_P}{\sin\eta_A + \sin\eta_P} \quad . \tag{1.114}$$

Das Verhältnis aus Epizykel- und Deferentenradius beträgt

$$\frac{R}{a} = \frac{2\,\sin\eta_A}{\sin\eta_A + \sin\eta_P} \quad . \tag{1.115}$$

Als Einheitenparameter bleibt der Radius a des Deferenten offen.

---

479 Etwa aus SEIDELMANN ed. [1992], p. 701.

480 Siehe O. NEUGEBAUER [1975], p. 88. Vorsicht: Im Englischen wird „Nicken" als „inclination" übersetzt.

481 Etwa nach K. STUMPFF [1959], pp. 34–37.

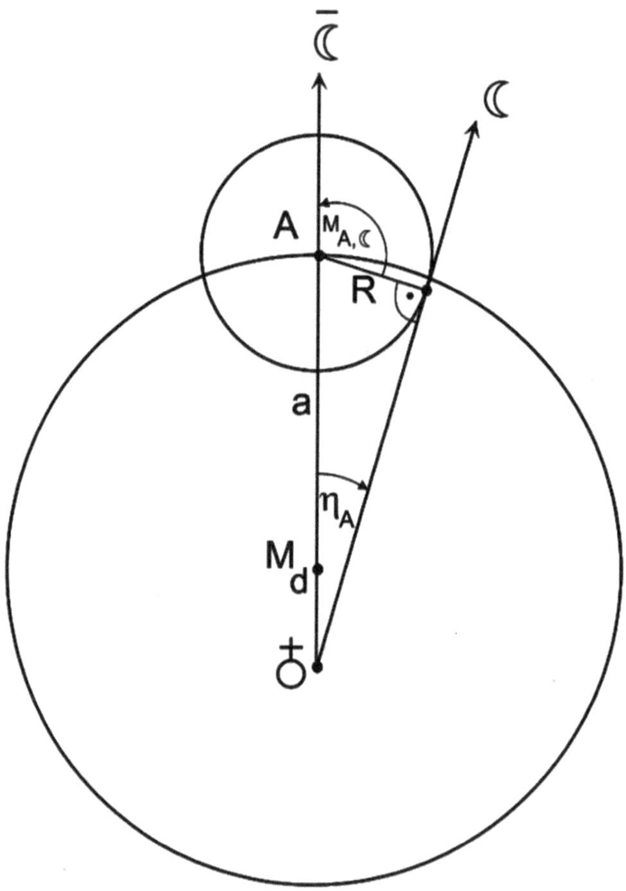

Abb. 1.29 Neumond

Um die Bewegung des wahren Mondes zu beschreiben wird zunächst die geozentrische Distanz ρ des Epizykelmittelpunktes nach Abb. 1.31 im Dreieck Δ(P M C) berechnet: Die Hilfsstrecke h (= Höhe im Dreieck Δ(C ♁ M_d)) beträgt

$$h = a\,e\,\sin 2D_{☾},$$

damit der Winkel ε_e bei C

$$\sin\varepsilon_\varepsilon = e\,\sin 2D_{☾}\cos\varepsilon_e = \sqrt{1-\sin^2\varepsilon_e}\;. \tag{1.116}$$

Die Hilfsstrecken ρ_1, ρ_2 können aus

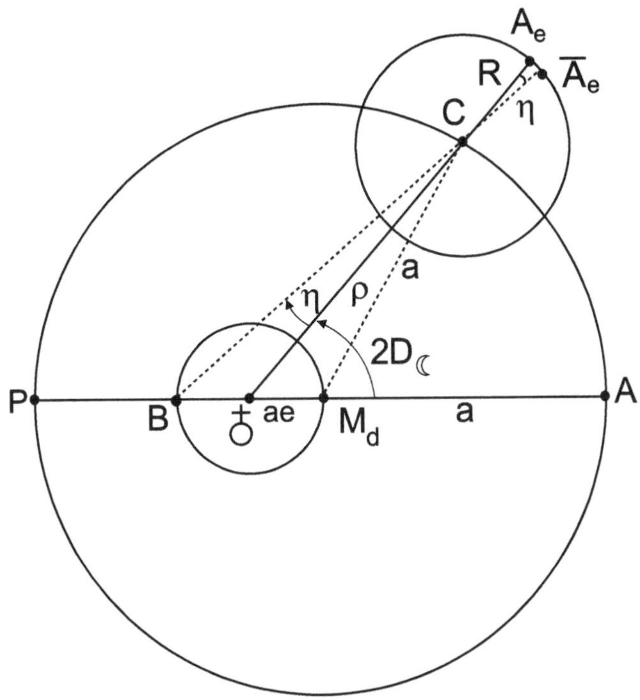

Abb. 1.30 Das „Nicken“ des Epizykels in der Mondtheorie des *Ptolemäus*

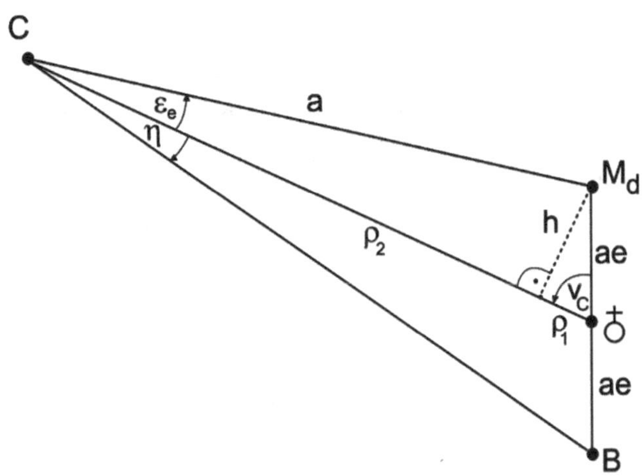

Abb. 1.31 Zur Berechnung der geozentrischen Distanz $\rho = \rho_1 + \rho_2$ des Epizykelmittelpunktes *C*

$$\rho_1 \;=\; r\,e\,\cos 2D_{☾}\rho_2 \;=\; r\,\cos 2D_{☾}$$

berechnet werden. Die Distanz $\rho = \overline{C♁}$ des Epizykelmittelpunktes C zum Erdmittelpunkt ♁ folgt aus

$$\rho \;=\; \rho_1 + \rho_2 \;=\; a\left(e\,\cos 2D_{☾} + \cos \varepsilon_e\right)\ . \tag{1.117}$$

Bei fest vorgegebenen Größen des Deferenten hängt die Entfernung des Epizykelmittelpunktes von der Erde nur von der doppelten Elongation des mittleren Mondes von der mittleren Sonne ab. Dies folgt aus Formel (1.116). Die als gleichförmig angenommene Veränderung dieses Winkels hängt somit ab von der synodischen Bewegung des Mondes

$$n_{☾,syn} = \frac{2\pi}{P_{☾,syn}}\ . \tag{1.118}$$

Bezogen auf eine Anfangsepoche beträgt die Elongation des Mondes von der Sonne

$$D_{☾}(t) \;=\; D_{☾}(t_0) \;+\; n_{☾,syn}\,(t - t_0)\ . \tag{1.119}$$

Für das Nicken η des Epizykels gilt im Dreieck Δ(B♁C) nach dem Sinussatz

$$\rho\,\sin\eta \;=\; a\,e\,\sin(\upsilon_C - \eta)\qquad . \tag{1.120}$$

Damit folgt dieser Winkel aus

$$\tan\eta \;=\; \frac{a\,e\,\sin\upsilon_C}{\rho + ae\,\sin\upsilon_C}\qquad . \tag{1.121}$$

Um nun die Länge l (in der Bahn) des wahren Mondes aus der Länge $L_{☾}$ des mittleren Mondes zu erhalten, wird die Differenz Δl nach Abb. 1.32 im Dreieck Δ(♁☾C) berechnet. Die mittlere epizyklische Anomalie $M_{☾}$ zwischen dem wahren Mondort und dem mittleren Apogäum des Epizykels wird mit der mittleren anomalistischen Bewegung

$$n_{☾,a} \;=\; \frac{2\,\pi}{P_{☾,a}} \tag{1.122}$$

berechnet

$$M_{☾}(t) \;=\; M_{☾}(t_0) + n_{☾,a}\,(t - t_0)\ . \tag{1.123}$$

Für den Hilfswinkel δ bei ☾ gelten die Beziehungen

$$\delta \;=\; M_{☾} + \eta - \Delta l \tag{1.124}$$

und

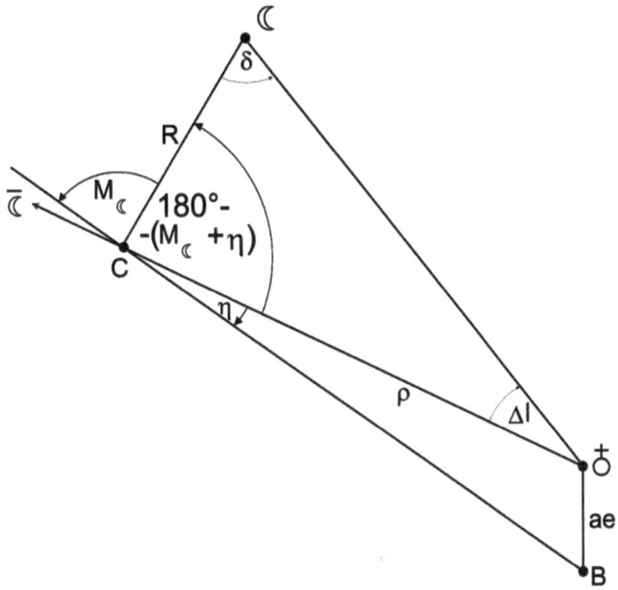

Abb. 1.32 Die Differenz von wahrer und mittlerer Mondlänge in der Mondtheorie des *Ptolemäus*

$$\rho \sin \Delta l = R \sin \delta \quad . \tag{1.125}$$

Daraus folgt schließlich

$$\tan \Delta l = \frac{R \sin(M_☾ + \eta)}{\rho + R \cos(M_☾ + \eta)} \quad . \tag{1.126}$$

Dieser Ausdruck kann mit den Mitteln der (modernen) Funktionentheorie in eine Reihe entwickelt werden. Deren größte Terme stellt genau den von *Ptolemäus* gefundenen Ausdruck über die große und zweite Ungleichheit in Formel (1.111) auf Seite 147 dar.[482] In der klassischen Himmelsmechanik wird übrigens die Amplitude der Evektion beschrieben[483] durch den Ausdruck

$$E^* = \frac{15}{4} e_☾ \frac{n_{\mathbf{0},sid}}{n_{☾,sid}} \quad . \tag{1.127}$$

[482] K. Stumpff [1959], *J. Kepler* identifizierte das punctum aequans mit dem leeren Brennpunkt AF einer Ellipse (Abb. 1.3). Von diesem Punkt aus erscheint ein Himmelskörper S unter der antifokalen Anomalie w als dem Winkel zwischen der Hauptachse der Ellipse und der Richtung zu S. Zwischen der wahren Anomalie, der antifokalen Anomalie w und der exzentrischen Anomalie E besteht die Beziehung pp. 38–42.

[483] Siehe hierzu etwa A.H. Cook [1988], p. 71.

1.7.3 Der Äquant

Der Begriff „Äquant“ hat in der Himmelsmechanik seit *Ptolemäus* eine besondere Bedeutung: Von einem Äquant (punctum aequans) aus scheint in einem mathematischen Bahnmodell die Bewegung im Durchschnitt gleichförmig zu sein. Diesen Punkt hat *Ptolemäus* zuerst in seiner Mondtheorie entdeckt. Um das Planetenmodell zu verfeinern, hat Ptolemäus diesen Punkt auf die Bewegung der Planeten übertragen.[484] *Ptolemäus* machte in seinen Bewegungsmodellen neben der souveränen Verwendung des Exzenter- und des Epizykelmodells mehrfach von dieser Eigenschaft Gebrauch.[485]

J. Kepler identifizierte das punctum aequans mit dem leeren Brennpunkt AF einer Ellipse[486] (Abb. 1.33). Von diesem Punkt aus erscheint ein Himmelskörper S unter der antifokalen Anomalie w als dem Winkel zwischen der Hauptachse der Ellipse und der Richtung zu S. Zwischen der wahren Anomalie υ, der antifokalen Anomalie w und der exzentrischen Anomalie E besteht die Beziehung[487]

$$\begin{aligned} s &= 2a - r \\ s\ \cos w &= 2ae + r\cos\upsilon = a(\cos E + e) \\ s\ \sin w &= r\ \sin\upsilon \ = a\ \sqrt{1-e^2}\ \sin E \quad . \end{aligned} \tag{1.128}$$

Daraus folgen für das (ungestörte *Kepler*-Problem) mit dem Flächenparameter G die Differentialbeziehungen

$$s\dot{w} = r\dot{\upsilon} = \frac{G}{r} \quad \Rightarrow \quad r s \dot{w} = G \quad . \tag{1.129}$$

Die Entwicklungen der Variationen der wahren Anomalie υ und der antifokalen Anomalie w in Abhängigkeit von der exzentrischen Anomalie E lauten[488]

$$\begin{aligned} \frac{a^2\,\dot{\upsilon}}{G} &= 1 + 2e\,\cos E + 3e^2\cos^2 E + \cdots \\ \frac{a^2\,\dot{w}}{G} &= 1 + e^2\,\cos^2 E + e^4\cos^4 E + \cdots \end{aligned} \tag{1.130}$$

Die Messgenauigkeit in der antiken Astronomie erlaubte, das Quadrat der Exzentrizität und höhere Potenzen zu vernachlässigen. Der lineare Wert der Exzentrizität erscheint

[484] NEUGEBAUER, O. [1975], p. 1102; STUMPFF, KARL [1959], pp. 13–62.

[485] NEUGEBAUER, O. [1975], p. 171; pp. 175–177; STUMPFF, KARL [1959], pp. 52–59.

[486] NEUGEBAUER, O. [1975], p. 172.

[487] Aus STUMPFF, KARL [1959], pp. 73–74.

[488] STUMPFF, KARL [1959], p. 74.

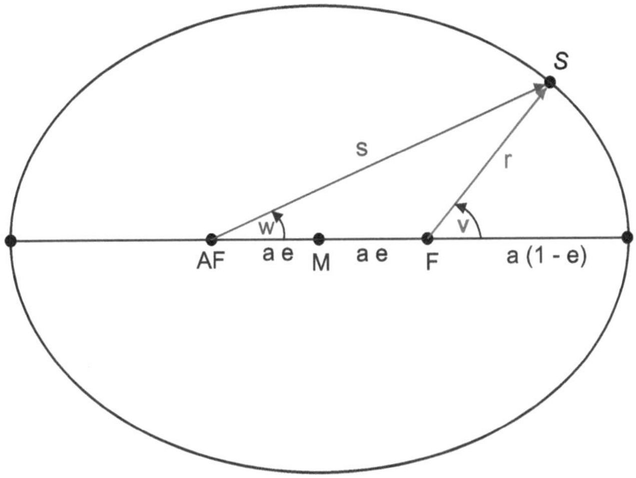

Abb. 1.33 Die antifokale Anomalie w einer Ellipse mit großer Bahnhalbachse a und Exzentrizität e, Mittelpunkt M, Brennpunkt F, punctum aequans (leerer Brennpunkt) AF, υ – wahre Anomalie des Himmelskörpers S (Sonne, Mond, Planet, Satellit), r – Radius, Abstand des Punktes S zum Brennpunkt F, w – antifokale Anomalie, s – antifokaler Abstand vom leeren Brennpunkt AF zu S

nicht in der Entwicklung der antifokalen Anomalie w und ihrer Variation.[489] Somit ermöglicht die Verwendung der antifokalen Anomalie in erster Näherung den Eindruck von Gleichförmigkeit einer jeden exzentrischen Bewegung.

1.7.4 Über die Theorie der Mondbreite bei Ptolemäus

Die bisher skizzierte Theorie der Mondbewegung bei *Ptolemäus* ist im Wesentlichen nichts anderes als die Theorie der Mondlänge, und zwar der Länge l in der Bahn. Aus diesem Grund wird die Theorie gelegentlich auch als *kinematisches Mondmodell* bezeichnet. Es handelt sich also nicht um die ekliptikale Länge$l_☾$, die für die Beobachtung benötigt wird. Ist hier u das Argument der Breite, wird für die Projektion auf die Ekliptik l_1 erhalten (vgl. Abb. 1.34)

$$\tan l_1 = \cos i_☾ \tan u \quad . \tag{1.131}$$

Die wahre ekliptikale Länge $l_☾$ lautet mit der Länge Ω des aufsteigenden Knotens der Mondbahn

$$l_☾ = \Omega + l_1 \tag{1.132}$$

489 Neugebauer, Otto [1975], p. 1102; Stumpff, Karl [1959], pp. 13–62.

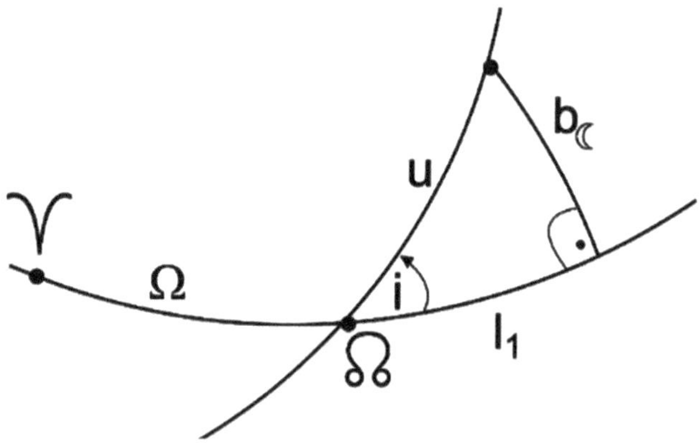

Abb. 1.34 Ekliptikale Länge und Breite des Mondes

Die Projektion von u auf die Ekliptik um die Mondneigung $l_☾$ um l_1 zu erhalten, wird die *Reduktion auf die Ekliptik* genannt. Sie wird in der modernen Mondtheorie durch den Korrekturfaktor

$$-6'.9 \sin 2l_1 \tag{1.133}$$

dargestellt. *Ptolemäus* wusste um diesen Korrekturterm, glaubte aber, ihn vernachlässigen zu können. Die (wahre) ekliptikale Breite $b_☾$ des Mondes wird nämlich nach Abb. 1.34 (auf Seite 154) mit bekanntem Argument der Breite u aus[490]

$$\sin b_☾ = \sin u \sin l_☾ \tag{1.134}$$

berechnet. *Ptolemäus* berechnete diese Größe durch Anwendung des *Menelaos*-Theorems. Der Fehler in der Mondbreite[491] bei *Ptolemäus* liegt gegenüber modernen Werten unter 1'.

Eine wesentliche Voraussetzung dieser Berechnung der Mondbreite ist die Annahme, die Bewegung erfolge in **einer** Bahnebene und der Epizykel liege vollständig in der Ebene des Deferenten. Diese Annahme schien *Ptolemäus* (im Almagest) beim Mond erfüllt, aber nicht bei den Planeten.[492]

Ptolemäus berechnete die wahre Länge $l_☾$ des Mondes aus seiner mittleren Länge $\bar{l}$ mit derselben Korrektur Δl aus Formel (1.111) (auf Seite 147) wie das wahre Argument der Mondbreite u aus dem mittleren $\bar{u}$:

490 Aus diesem Zusammenhang wird auch der tiefere Sinn des Begriffes *Argument der Breite* sichtbar: Diese Größe ist nötig, um die Breite zu berechnen.

491 O. Neugebauer [1975], p. 83.

492 Noch im Almagest, aber später nicht mehr in den Planeten Hypothesen, siehe in Abschn. 1.7.9, Nr. 10.

$$u = \overline{u} + \Delta l \quad . \tag{1.135}$$

Da Δl bereits aus der Theorie der Mondlänge bekannt ist, wird hier das mittlere Argument der Breite (das in der Antike übrigens ab der nördlichen Wende und nicht ab dem aufsteigenden Knoten gezählt wurde) benötigt

$$\overline{u} = \overline{u}_0 + n_{☾,d}(t - t_0) \tag{1.136}$$

Dafür musste ein guter Wert für die mittlere drakonitische Bewegun $n_{☾,d}$ des Mondes sowie ein zuverlässiger Wert $\overline{u}_0$ zu einer geeigneten Epochezeit t_0 gefunden werden.

Die erste dieser Aufgaben löste *Ptolemäus* durch den Vergleich mit gleichartigen Mondfinsternissen. Sie sollen charakterisiert sein durch dieselbe Größe und denselben Knotentyp: aufsteigend oder absteigend, durch Verfinsterung des Mondes von derselben Seite: Nord oder Süd. Und sie sollen jeweils dieselbe geometrische Distanz des Mondes aufweisen. Es konnte also bei jeder derartigen Mondfinsternis dasselbe wahre Argument der Breite des Mondes angenommen werden. Dies traf dann auch für das mittlere Argument der Breite des Mondes zu. Infolgedessen war die mittlere drakonitische Bewegung $n_{☾,d}$ des Mondes sehr genau bekannt. Auch die Bestimmung des Epochewertes $\overline{u}_0 = \overline{u}(t_0)$ gelang *Ptolemäus* durch Vergleich zweier gleichartiger Mondfinsternisse im vorherigen Sinn. Allerdings sollten dazu die Mondfinsternisse in unterschiedlichen Knoten (aufsteigend die eine und absteigend die andere) stattfinden. Diese Lösungen des *Ptolemäus* zur fundamentalen Bestimmung der Mondbreite brachten einen bedeutenden methodischen Fortschritt in der Mondtheorie gegenüber allen seinen Vorläufern (insbesondere gegenüber *Hipparch*). Allerdings erforderten sie einen gewaltigen numerischen Aufwand durch den Vergleich der verschiedenen über Jahrhunderte beobachteten und dokumentierten Mondfinsternisse.

Für die Berechnung des Argumentes der Breite legte *Ptolemäus* Tafeln an. Durch Vorgabe von Länge und Breite konnte somit für jeden Zeitpunkt der zu beobachtende Mondort berechnet werden.

1.7.5 Die Theorie der Mondparallaxe nach Ptolemäus

Die Entfernung des Mondes (entsprechend wie auch der Sonne) von der Erde wird aus der Parallaxe p in Einheiten des (mittleren) Erdradius R_{E} berechnet. Sei z nach Abb. 1.35 die Zenitdistanz des Mondes (der Sonne) im topozentrischen Beobachtungsort T, γ der geozentrische Zentralwinkel zwischen Beobachtungsort und Mondmittelpunkt, ergibt sich die Parallaxe aus

$$p = z - \gamma \quad . \tag{1.137}$$

Die zugehörige geozentrische Distanz des Mondes errechnet sich aus

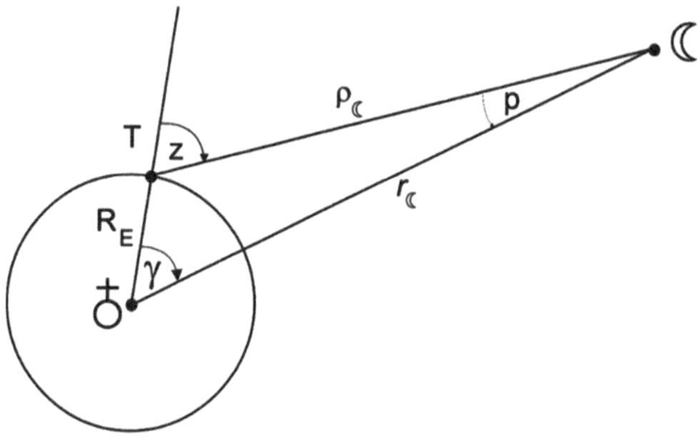

Abb. 1.35 Parallaxe p des Mondes, geozentrische Distanz $r_☾$ und topozentrische Distanz $\rho_☾$ des Mondes, z = Zenitdistanz, γ = Zentralwinkel zwischen Beobachtungsort T und Mond ☾, R_E = Erdradius, für $\gamma = 90°$ ist p die Äquatorial-Horizontal-Parallaxe

$$r_☾ = R_E \frac{\sin z}{\sin p} = R_E \frac{\sin z}{\sin(z-\gamma)}, \tag{1.138}$$

entsprechend die topozentrische Distanz

$$\rho_☾ = R_E \frac{\sin \gamma}{\sin p} = R_E \frac{\sin \gamma}{\sin(z-\gamma)} \ . \tag{1.139}$$

Der Zentralwinkel γ ist gleich der Zenitdistanz, wenn keine Parallaxe besteht bzw. wenn sich der Beobachter unter der geografischen Breite φ befinden würde. Dann wäre nach Abb. 1.36 (auf Seite 156) bei Beobachtung in oberer Kulmination (also genau im Süden)

$$\gamma = \varphi - b_* - \delta \ . \tag{1.140}$$

Die einzelnen Größen sind *Ptolemäus* bekannt: die geografische Breite[493] φ, die ekliptikale Breite $b_☾$ des Mondes[494] und die Deklination δ des zugehörigen Ortes auf der Ekliptik.[495]

Für die Berechnung des Mondortes in ekliptikaler Länge $l_☾$ wird die Theorie der ekliptikalen Länge des Mondes, also das kinematische Modell, verwendet: δ und $b_☾$ werden aus den entsprechenden Tafeln abgelesen, und so γ und mit der beobachteten Zenitdistanz z die Parallaxe p berechnet.

493 Siehe hierzu die Anmerkungen zur *Geographie des Ptolemäus* in Abschn. 1.7.9 ab Seite 175.

494 Nach Abschn. 1.7.4 auf Seite 153.

495 Nach Abschn. 1.7.2 auf Seite 144.

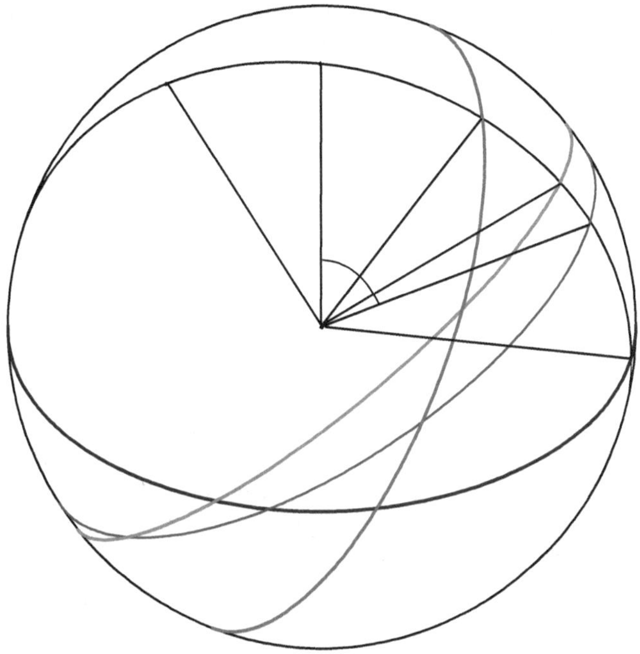

Abb. 1.36 Zur Berechnung des Zentralwinkels γ für die Mondparallaxe, H = Horizont, A = Äquator, E = Ekliptik, M = Mondbahnebene, δ = Deklination des Bezugspunktes zur Berechnung der ekliptikalen Länge $l_☾$ des Mondes, $b_☾$ = ekliptikale Breite des Mondes. Die Differenz zwischen Zenit Z und Nordpol N ist zu $90° - \varphi$ aus der sphärischen Astronomie bekannt. Mittelpunkt des Bildes ist der Erdmittelpunkt

Ptolemäus rechnete über das kinematische Modell auf die Syzygien zurück und erhielt für die mittlere Entfernung Erde – Mond den Wert

$$r_☾ = 59\,R_E \quad , \qquad \text{moderner Wert: } 60\,R_E \quad ,$$

also ein recht überzeugender Wert.[496] Die Werte stimmten in den Mondfinsternissen, die für die antike Mondtheorie von besonderer Bedeutung waren, recht gut. Da es aber *Ptolemäus* nicht gelungen war, eine eigene Theorie der Mondparallaxe weiter zu treiben, sondern sie mit dem kinematischen Modell verknüpfte, kam er in den Quadraturen auf eine Entfernung von etwa 38.72 R_{E}. Dieser Wert ist um etwa 67 % falsch. Auch zeigt eine detaillierte Analyse der Berechnung der Mondparallaxe, dass die Ergebnisse in den Syzygien nur deshalb so gute Werte annehmen, weil sich verschiedene Beobachtungs- und Rechenfehler (zufällig?) gegenseitig aufheben.

[496] Auch der Wert für den Mondradius, den *Ptolemäus* zu $R_{\mathrm{M}} = 1807$ km bestimmt hatte (moderner Wert: $R_{\mathrm{M}} = 1738.390$ km), war recht gut (vgl. O. NEUGEBAUER [1975], pp. 100–118).

Die Parallaxe der Sonne kann mit denselben Formeln berechnet werden. Die Exzentrizität der Sonnenbahn hat keinen wesentlichen Einfluss auf die Parallaxe der Sonne, wie *Ptolemäus* herausgefunden hatte. Er nahm daher in diesem wesentlich einfacheren Fall die Sonnenentfernung als konstant zu

$$r_{\odot} = 1210 R_E$$

an. Die Äquatorial-Horizontalparallaxe mit $r_{\odot} = 90^{\circ}$ beträgt nach *Ptolemäus*

$$p_{\odot,A} = 2'51''$$

Dieser Wert ist etwa 19-mal zu groß. Auch dieser Wert wirkte sich negativ auf die Mondparallaxe aus.

Die Theorie der Mondparallaxe gehört zu den am wenigsten überzeugenden Abschnitten des Almagest. Umso verwunderlicher ist es, das es vor *J. Kepler* war niemandem gelungen war, eine verbesserte Theorie der Mondparallaxe aufzustellen. Übrigens war *Ptolemäus* der Meinung, es sei über die Messung der Parallaxe nicht möglich, die absolute Entfernung des Mondes zu bestimmen. Dies legt die Vermutung nahe, *Ptolemäus* vertraute wie auch schon *Hipparch* der Bestimmung des Erddurchmessers durch Eratosthenes wenig.[497]

1.7.6 Über die Theorie der Planetenlänge bei Ptolemäus

Ptolemäus gestaltete seine Theorie von der Bewegung der Planeten nach dem Vorbild seiner Mondtheorie durch Verknüpfung des Epizykelmodells mit dem Exzentermodell. Die Theorie von der Sonnenbewegung übernahm er vollständig von *Hipparch*. Verbesserungen gegenüber *Hipparch* sind nur von nicht relevanter numerischer Art. Die Theorie der Planetenbewegung des *Ptolemäus* wurde nicht möglich ohne sehr umfangreiche und präzise Beobachtungen. Ausgehend von den kurz zuvor begonnenen Beobachtungen des zeitgenössischen *Theon von Smyrna*, hat *Ptolemäus* die benötigten Beobachtungen im Wesentlichen sicherlich selbst angestellt.[498]

1.7.6.1 Kopplung der Planetenbewegung mit der Bewegung der Sonne

Die Bewegung der Planeten ist eng an die Bewegung der Sonne gekoppelt, eine schon vor *Ptolemäus* höchst bemerkenswert erkannte Tatsache. Dies kommt im Modell des *Ptolemäus* besonders klar zum Ausdruck.

Wie in der Mondtheorie nahm *Ptolemäus* auch in der Planetentheorie den Deferenten als exzentrischen Kreis zur Beschreibung der ersten Anomalie an. Der Radius $r_{\rm d}$

[497] O. NEUGEBAUER [1975], p. 100.

[498] O. NEUGEBAUER [1975], p. 158.

des Deferenten ist konstant. Die Bewegung des Epizykelmittelpunktes erfolgt gleichförmig. Diese Gleichförmigkeit kann sich nicht auf die Erde beziehen, da die Variation des geozentrischen Winkels v_c zwischen Apsidenlinie und geozentrischer Richtung zum Epizykelmittelpunkt C als ungleichförmig beobachtet wurde. Auch die Beobachtungen des Bezugs auf den Mittelpunkt M_{d} des Deferenten ergab im Gegensatz zur Sonnen- und Mondtheorie keine gleichförmige Bewegung. *Ptolemäus* fand einen Punkt F, von dem aus diese Bewegung, also die Änderung eines Winkels M_{A} vollständig gleichförmig erfolgt. Dies trifft für alle Planeten zu. Der Punkt, von dem aus die Bewegung gleichförmig erscheint, wird deshalb als das „punctum aequans" bezeichnet.

Nach *Ptolemäus* hat dieser Punkt vom Mittelpunkt M_{d} des Deferenten denselben Abstand wie dieser von der Erde ♁. Der Mittelpunkt M_{d} des Deferenten halbiert also die Strecke $\overline{♁F}$. Diese Bewegung im Deferenten entspricht der Bewegung in Länge l_c, sie ist somit die auf den Tierkreis bezogene tropische Bewegung. Diese gleichförmige Bewegung um das punctum aequans wird als *Ausgleichsbewegung* bezeichnet.[499]

Die *Bewegung im Epizykel*, die bei den Planeten im Gegensatz zur Mondbewegung rechtläufig erfolgt, dient wie schon bei *Apollonios von Perge* zur Erklärung der zeitweise rückläufigen Bewegung der Planeten, also zur Beschreibung der zweiten Anomalie. Auch der Radius des Epizykels wird von *Ptolemäus* als konstant angenommen. Durch die Exzentrizität des Deferenten *erscheint* der Epizykel unterschiedlich groß, maximal im Perigäum, minimal im Apogäum. Gesehen vom Mittelpunkt C des Epizykels aus durchläuft der Himmelskörper den Epizykel gleichförmig. Diese Bewegung im Epizykel wird durch den Winkel M_E beschrieben, der von Apogäum zu Apogäum gezählt wird. Dieser Winkel beschreibt die *epizyklische Anomalie* der Planetenbewegung, genauer die zweite Anomalie. Er enthält also den Bezug der Bewegung zur Sonne und ist somit verantwortlich zur Beschreibung der „synodischen" Erscheinungen der Planetenbewegung.[500]

Ptolemäus bezieht die epizyklische Anomalie M_E auf die mittlere Sonne $\overline{☉}$. Dies ist eine Folge des (philosophischen) Grundsatzes von der Gleichförmigkeit der Kreisbewegung. Auch *Kopernikus* hält an diesem Grundsatz und damit am Bezug auf die mittlere Sonne fest. Erst *Kepler* bezog alle Beobachtungen auf die wahre Sonne.[501] Allerdings ist auch bei *Kepler* und mit ihm in der gesamten klassischen Bewegungslehre der Himmelskörper eine Kreisbewegung auch stets als gleichförmig angenommen.[502] M_E ist die *mittlere epizyklische Anomalie*, da sie auf das Apozentrum A_{F} des Äquanten (das „punctum aequans") bezogen ist. Der entsprechende auf das Apogäum A_{E} bezogene Winkel würde als die *wahre epizyklische Anomalie* bezeichnet werden können.

---

499 Etwa nach: F. KRAFFT [1973], p. 62.

500 Siehe hierzu: O. NEUGEBAUER [1975], p. 150, Abschn. 1.1 C1, 4. „parameters of mean motion".

501 Siehe hierzu O. NEUGEBAUER [1975], p. 171.

502 In der klassischen Bewegungslehre hat die Bewegung auf einem Kreis vom Radius a die Geschwindigkeit $V = \sqrt{\mu/a}$. μ ist in der klassischen Bewegungslehre eine die Dynamik der Bewegung beschreibende Konstante (siehe hierzu etwa in JOCHIM[2018], E. F. M., Kapitel 10).

Physikalisch gesehen gab es keinen zwingenden Grund, eine einheitliche Bewegungstheorie für die Bewegung der Himmelskörper aufzustellen. Ein einheitliches Bewegungsgesetz war in der Antike nicht bekannt. Die unterschiedliche Qualität der Beobachtungen der Bewegung der Himmelskörper war die Ursache für unterschiedliche mathematische Bewegungsmodelle. Diese waren zwar einander ähnlich, aber eben doch zueinander verschieden.

1.7.6.2 Die Bewegung der inneren Planeten in Länge

Das **Bewegungsmodell des Merkur** stimmte am wenigsten. Das kann mit der schlechten Beobachtbarkeit des Merkur infolge der Sonnennähe und deshalb schlechter Beobachtbarkeit von Referenzsternen entschuldigt werden. Dieses Modell wich auch am meisten von den anderen Modellen ab. Es verhinderte so vermutlich am nachhaltigsten die Suche nach einem einheitlichen Bewegungsmodell.[503]

Bei der **Bewegung der Venus** (vgl. Abb. 1.37 auf Seite 160) ist wie auch bei Merkur die mittlere Bewegung des Epizykelmittelpunktes C gleich der mittleren Bewegung der Sonne. Der geozentrische Ortsvektor zur Sonne verläuft also stets parallel zum Strahl vom punctum aequans F der Venusbewegung zum Epizykelmittelpunkt; die mittlere Länge L_C des Epizykelmittelpunktes C ist daher gleich der mittleren Länge $L_\odot$ der Sonne. Die Umlaufzeit des Epizykelmittelpunktes ist genau ein tropisches Jahr $P_{\odot,t}$. Sei $n_{\odot,t} = 360/P_{\odot,t}$ die mittlere tropische Bewegung der Sonne, also bei Bezug auf den Frühlingspunkt Υ gilt für die inneren Planeten

$$M_A = M_{A,0} + n_{\odot,t}\,\Delta t \quad . \tag{1.141}$$

Die Apsidenlinie $\overline{AB}$ wird bezüglich der Sonne als raumfest angenommen wird, also

$$n_{\odot,t} = \dot{M} = \dot{L}_C = \text{const} \ . \tag{1.142}$$

Entsprechend gilt für die mittlere Länge die Beziehung

$$L_C = L_{C,0} + n_{\odot,t}\,\Delta t \tag{1.143}$$

$n_{♀,t} = 360/P_{♀,t}$ sei die mittlere tropische Bewegung der Venus und $L_♀$ sei die mittlere tropische Länge der Venus mit

$$L_♀ = L_{♀,0} + n_{♀,t}\,\Delta t \quad . \tag{1.144}$$

Damit folgt für die mittlere synodische Länge der Venus bezogen auf die (mittlere) Sonne

$$L_S = L_♀ - L_C = L_{S,0} + n_{♀,syn}\,\Delta t \quad . \tag{1.145}$$

[503] Wie K. STUMPFF [1959], pp. 59–62, vermutet.

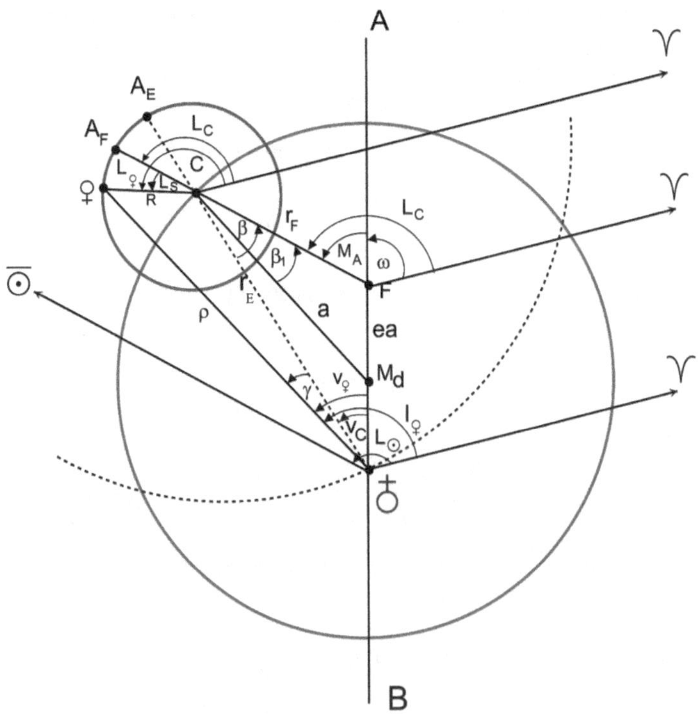

Abb. 1.37 Bewegung der inneren Planeten nach Ptolemäus (Beschreibung der Bezeichnungen im Text. Der gestrichelte Kreis durch die Erde wird in Abb. 1.38 erklärt)

Die **mittlere synodische Bewegung der Venus** lautet

$$n_{♀,S} = n_{♀,t} - n_{⊙,t}, \tag{1.146}$$

Nach diesem Ausdruck ist die mittlere Bewegung für die inneren Planeten größer als die mittlere Bewegung der Sonne. Die (mittlere) synodische Umlaufzeit lautet entsprechend

$$P_{♀,S} = \frac{P_{⊙,t} \cdot P_{♀,t}}{P_{⊙,t} - P_{♀,t}} \ . \tag{1.147}$$

Die von *Ptolemäus* gefundenen Werte der mittleren Bewegungen in Anomalie ($n_{♀,syn}$) und Länge ($n_{♀,t}$) stimmen mit den heute bekannten Werten abgesehen von Sekundenbruchteilen völlig überein. Die (sehr geringen) Abweichungen rühren von der fehlerhaften Annahme der Präzession her. *Ptolemäus* hatte sie zu 36“ pro Jahr bestimmt statt zu 50“ wie heute bekannt ist.[504] Der Radius R des Epizykels entspricht in der heliozentrischen

[504] Vgl. hierzu O. NEUGEBAUER [1975], pp. 292–298, auch p. 318.

Vorstellung genau der großen Bahnhalbachse der Venus (Entsprechendes gilt für Merkur), wie Abb. 1.38 zeigt. $a_♀$ sei die große Bahnhalbachse der Venus, $a_♁$ der Erde und a der Radius des Deferenten ist. Damit gilt die Beziehung

$$\frac{a_♀}{a_♁} = \frac{R}{a} \quad \prec \quad \text{für innere Planeten.} \tag{1.148}$$

Wird $a_♁ = 1\text{AE} = 1$ Astronomische Einheit angenommen, wird im Fall der Venus

$$a_♀ = \frac{R}{a} \quad [A.E.] \quad \prec \quad \text{für innere Planeten.} \tag{1.149}$$

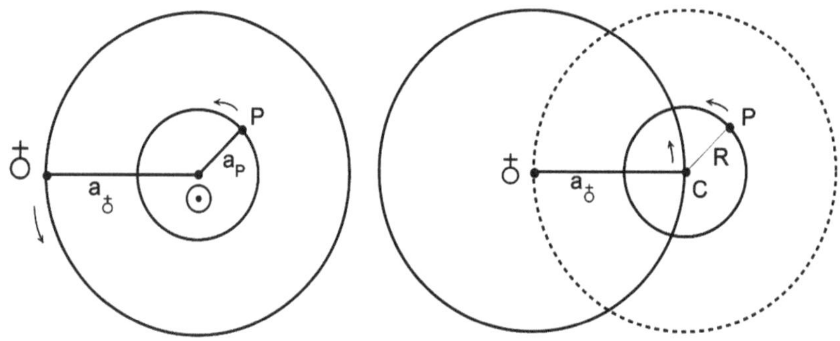

Abb. 1.38 Epizykelradius und große Bahnhalbachse der inneren Planeten P, links heliozentrisches Modell, rechts geozentrisches Modell, R = Epizykelradius, $a_P = a_♀$ große Bahnhalbachse der Venus, $a_♁$ = große Bahnhalbachse der Erde = 1 astronomische Einheit[505]

Die Sonne werde mit dem Epizykelmittelpunkt identifiziert, mit dem sie ohnehin nach *Ptolemäus* die identische Bewegung verbindet. Die Bewegung im Epizykel kann daher als wahre heliozentrische Bewegung der Venus gedeutet werden. Ob dann die Erde sich auch um die Sonne bewegt, ist mathematisch ohne Belang. *Ptolemäus* kann somit als direkter Vorläufer unseres heutigen Verständnisses von der Planetenbewegung angesehen werden. Wegen der geringen Exzentrizität der Venusbahn kann eine Exzentrizität ihres Epizykels mit der antiken Messgenauigkeit nicht nachgewiesen werden. Dieses (kinematische) Modell passte also in den Rahmen der antiken Himmelsmechanik sehr genau.

Die **Bahnbestimmung der Venus** wurde aus der maximalen östlichen und westlichen Elongation bezüglich der Sonne durchgeführt.[506] Sie ergab den Epizykelradius R

[505] Nach: O. NEUGEBAUER [1975], p. 1246, Fig. 128.

[506] Die historische Durchführung der Bahnbestimmung der Venus durch *Ptolemäus* kann bei K. STUMPFF [1959], pp. 46–59, nachgelesen werden. Vgl. auch O.NEUGEBAUER [1975], pp. 152–158, sowie die „Theorie der Bewegung des Merkur" pp. 158–169.

entsprechend[507]

$$a_{♀} = 0.71944\,AE \quad , \quad (\text{aktueller Wert: } a_{♀} = 0.72333\,AE) \quad ,$$

sowie die Exzentrizität e des Exzenters. Wird der Radius a des Deferenten als Einheit genommen, kann der Abstand des punctum aequans zum Mittelpunkt des Deferenten berechnet werden, den *Ptolemäus* zu ea bestimmt hatte. M_d halbiert also nach *Ptolemäus* die Strecke $\overline{♁F}$, wie schon oben bei Einführung des punctum aequans gefordert wurde.

Die **Berechnung der wahren Länge eines inneren Planeten** P kann nach Abb. 1.37 auf Seite 160 mit Hilfe elementarer trigonometrischer Beziehungen durchgeführt werden. Dazu müssen die Bahnparameter r = Radius des Deferenten, R = Radius des Epizykels, ω_A = Argument des Apogäums, e = Exzentrizität des Deferenten, $n_\odot$ = mittlere tropische Bewegung der Sonne und n_P = mittlere tropische Bewegung des Planeten bekannt sein. Außerdem werden Anfangswerte $L_{C,0} = L_{\odot,0}$ der mittleren tropischen Länge der Sonne und $L_{P,0}$ der mittleren tropischen Länge des Planeten zu einem Epochezeitpunkt t_0 benötigt. Zu einem Zeitpunkt t beträgt der Winkel M_A, die mittlere exzentrische Anomalie des Epizykelmittelpunktes C in Bezug auf das Apogäum A des Deferenten,

$$M_A = L_C - \omega_A = L_{C,0} + n_\odot\,(t - t_0) - \omega_A \quad . \tag{1.150}$$

Die epizyklische Anomalie des Planeten (das ist der Winkel zwischen der epizyklischen Richtung des Planeten und dem vom punctum aequans am weitesten entfernten Punkt A_F auf dem Epizykel, dem „Apoaequans“).

$$L_S = L_{♀} - L_C = L_{♀,0} - L_{\odot,0} + \left(n_{♀} - n_\odot\right)\left(t - t_0\right) \quad . \tag{1.151}$$

β_1 sei der parallaktische Winkel, unter dem von C aus gesehen die Strecke $\overline{M_d F} = e\,a$ gesehen wird. Dieser Winkel wird nach Abb. 1.37 berechnet aus der Beziehung

$$\sin\beta_1 = e\,\sin M_A \quad . \tag{1.152}$$

Damit beträgt die Distanz r_F von C zum Äquanten F

$$r_F = a\sqrt{1 + e^2 - 2\,e\,\cos(M_A - \beta_1)} \quad . \tag{1.153}$$

Der parallaktische Winkel β, unter dem von C aus die Strecke $\overline{♁F} = 2ea$ gesehen wird, kann erhalten werden aus

$$\sin\beta = \frac{2\,e\,\sin M_A}{r_F} \tag{1.154}$$

[507] Moderner Wert aus AA1995, E3: Am 22. Juli 1995, 0^h ist $a_!$ = 0.7233318 AE.

Die wahre geozentrische Anomalie des Epizykelmittelpunktes C, also der sich jetzt ungleichförmig verändernde Winkel zwischen Apsidenlinie AB und der geozentrischen Richtung zum Epizykelmittelpunkt, beträgt

$$v_C = M_A - \beta \ . \tag{1.155}$$

Die wahre geozentrische tropische Länge des Epizykelmittelpunktes ist

$$l_C = v_C + \omega_A = M_A - \beta + \omega_A = L_\odot - \beta \ . \tag{1.156}$$

Der geozentrische Radius r_E des Epizykelmittelpunktes beträgt

$$\begin{aligned} r_E &= r_F \frac{\sin M_A}{\sin v_C} \text{ wenn } \sin v_1 \neq 0 \\ r_E &= r_F + e\,r \text{ wenn } \sin v_1 = 0. \end{aligned} \tag{1.157}$$

Die geozentrische Distanz des Planeten kann damit berechnet werden aus

$$\rho = \sqrt{R^2 + r_E^2 + 2\,r_E \cos(L_S + \beta)} \ . \tag{1.158}$$

Die geozentrische Parallaxe γ des Epizykelradius R ist bekannt aus

$$\sin\gamma = \frac{R}{\rho} \sin(L_S + \beta) \tag{1.159}$$

Die wahre geozentrische Länge $l_♀$ der Venus (des inneren Planeten) lautet daher

$$l_♀ = L_♀ - \beta + \gamma \ . \tag{1.160}$$

Hier ist β die erste Anomalie (Exzentrizität der Bewegung), der von β abhängige Winkel γ repräsentiert die zweite Anomalie (Bewegung um die Sonne).

1.7.6.3 Die mittlere Bewegung der äußeren Planeten in Länge

Ein modifiziertes Epizykelmodell mit Exzenter und ebenfalls unter der Annahme eines punctum aequans entwickelte *Ptolemäus* für die **äußeren Planeten**[508] (siehe Abb. 1.39). Der Bezug zur Sonne wird durch den Strahl $\overline{CP}$ vom Epizykelmittelpunkt zum Planeten hergestellt, der stets parallel zum geozentrischen Radiusvektor der Sonne angenommen wird. Dadurch wird erreicht, dass:

- der Planet im Apogäum A_e des Epizykels steht, wenn er sich mit der Sonne in Konjunktion befindet,
- der Planet im Perigäum P_e des Epizykels steht, wenn er sich in Opposition zur Sonne und zugleich im Mittelpunkt der Rückläufigkeitsstrecke befindet,

508 Bild nach O. NEUGEBAUER [1975], p. 1257, Fig. 161.

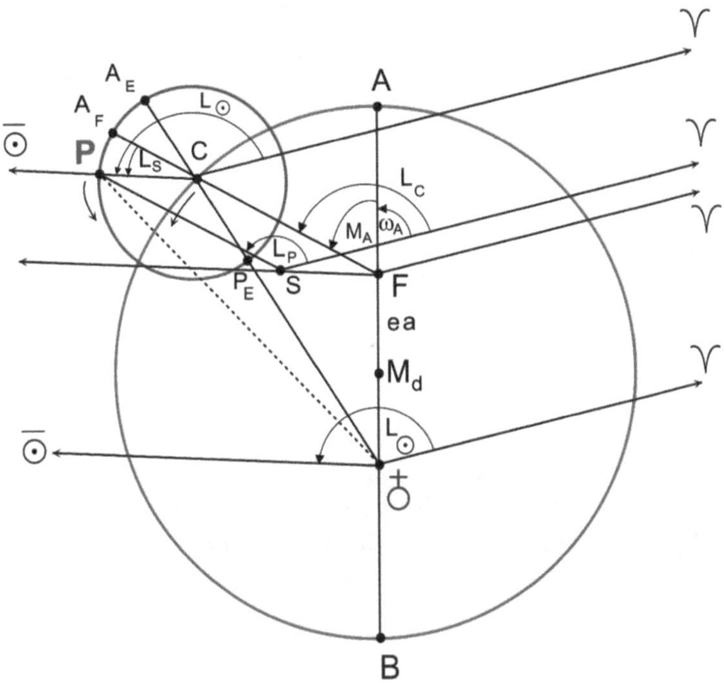

Abb. 1.39 Bewegung der äußeren Planeten nach Ptolemäus: ♁ = Erde, M_d = Mittelpunkt des exzentrischen Deferenten, F = punctum aequans, A = Apogäum des Deferenten, B = Perigäum des Deferenten, C = Mittelpunkt des Epizykels, P = Planetenort, $L_{\odot}$ = wahre geozentrische Anomalie des Planeten, $L_S = \upsilon_E$ = mittlere epizyklische Anomalie (synodische Bewegung) des Planeten, M_A = mittlere (exzentrische) Anomalie des Planeten

- die Bewegung im Epizykel wie schon bei der Venus auch für die äußeren Planeten gleich der synodischen sonnenbezogenen Bewegung des Planeten ist.

L_C sei die mittlere tropische Länge des Epizykelmittelpunktes, die sich mit gleichförmiger Geschwindigkeit $\dot{L}_C = n_C$ um den Äquanten bewegt:

$$L_C = L_{C,0} + n_C\,(t - t_0) \quad . \tag{1.161}$$

Nach Abb. 1.39 ist $\overline{CP}$ stets parallel zu $\overline{♁\overline{\odot}}$ und auch ebenso zu$\overline{F\overline{\odot}}$. Die mittlere Sonne $\overline{\odot}$ kann hierfür als unendlich weit entfernt angenommen werden. Wenn $\overline{SF} = \overline{PC}$ ist, wird das Parallelogramm $SFCP$ mit der Bewegung des Planeten mitgeführt. Bezogen auf den Punkt S, der als Pseudosonne bezeichnet werden kann, hat der Strahl $\overrightarrow{SP}$ die mittlere tropische Länge L_P, die somit in diesem Fall L_C gleich ist:

$$L_P = L_C = L_{P,0} + n_P (t - t_0) \quad . \tag{1.162}$$

Die mittlere tropische Bewegung n_P des Planeten ist also im Fall der äußeren Planeten der mittleren tropischen Bewegung n_C des Epizykelmittelpunktes gleich. $L_\odot$ ist die tropische Bewegung der mittleren Sonne

$$L_\odot = L_{\odot,0} + n_\odot(t - t_0) \quad . \tag{1.163}$$

Sie beschreibt auch im Epizykel die Richtung des Planeten gesehen vom Epizykelmittelpunkt C aus. Somit ist die synodische mittlere Länge L_S des Planeten bei Bezug auf die (mittlere) Sonne

$$L_S = L_\odot - L_P = L_\odot - L_C \quad . \tag{1.164}$$

Die tropische mittlere Bewegung beschreibt auch für die äußeren Planeten wie bei den inneren Planeten die Bewegung im Deferenten als die Bewegung in Länge. Sie ist somit kleiner als die mittlere tropische Bewegung der Sonne. Somit beträgt die synodische Bewegung, also die Bewegung in epizyklischer in Anomalie,

$$n_{P,S} = n_{\odot,t} - n_{P,t} \quad . \tag{1.165}$$

Die (mittlere) synodische Umlaufzeit errechnet sich aus

$$P_{P,S} = \frac{P_{P,t} \cdot P_{\odot,t}}{P_{P,t} - P_{\odot,t}} \tag{1.166}$$

Damit ist auch die Kopplung der Bewegungen im Deferenten und im Epizykel der äußeren Planeten erfasst.

Unter der Annahme der tropischen mittleren Bewegung der Sonne $n_{\odot,t} = 0°.985/d$ ergeben sich die tropische und die synodische mittlere Bewegung der Planeten in Tab. 1.2 Im Vergleich zu den ptolemäischen Zahlenwerten zeigen die *Newcomb*'schen Werte[509] die vorzügliche Qualität der antiken Rechnungen.

Um bei den äußeren Planeten den Epizykelradius R in Relation zur mittleren großen Bahnhalbachse a_p zu setzen, werden in Abb. 1.40 das heliozentrische und das geozentrische Modell verglichen. Dies führt unmittelbar auf die Beziehung

$$\frac{a_P}{a_♁} = \frac{a}{R} \prec \quad \text{äußere Planeten} \quad , \tag{1.167}$$

mit der Erdbahnhalbachse $a_♁ = 1 AE$ auch zu

$$a_P = \frac{a}{R}[A.E.] \quad \prec \quad \text{äußere Planeten} \tag{1.168}$$

509 NEWCOMB, S. [1898], Tabelle aus: K. STUMPFF [1959], p. 45.

Tab. 1.2 Die mittlere tropische und die mittlere synodische Bewegung pro Tag der Planeten nach *Ptolemäus* und *Newcomb*[510]

	Mittlere tropische Bewegung nach		Mittlere synodische Bewegung nach	
	Ptolemäus	*Newcomb*	*Ptolemäus*	*Newcomb*
Merkur		14.723“.42	11.184“.12	11.184“.23
Venus		5767“.67	2219“.43	2219“.48
Mars	1886“.61	1886.66	1661“.67	1661“.67
Jupiter	299“.24	299“.27	3249“.05	3249“.06
Saturn	120“.56	120“.60	3427“.73	3427“.73

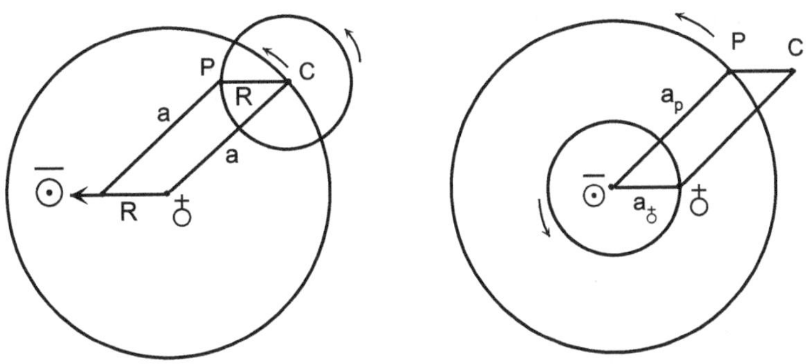

Abb. 1.40 Epizykelradius und große Bahnhalbachse der äußeren Planeten: rechts heliozentrisches Modell, links geozentrisches Modell. a – Radius des Deferenten, R – Epizykelradius, a_p – große Bahnhalbachse des äußeren Planeten, $a_♁$ – große Bahnhalbachse der Erde = 1 astronomische Einheit[511]

Ptolemäus verwendete den konstanten Radius a des Deferenten als mathematische Norm. Die Epizykelradien wurden mit dieser Norm bei *Ptolemäus* im sexagesimalen System üblicherweise mit $a = 60$ berechnet. Sie können den mittleren Halbachsen a_p der Planetenbahnen zugeordnet werden. Die Tab. 1.3 zeigt die Werte des *Ptolemäus*. Sie sind hier aber auf astronomische Einheiten, also den Radius des Epizykels als Norm umgerechnet worden. Im Vergleich mit den modernen Werten zeigen sie eine sehr gute Übereinstimmung. Nach Abb. 1.40 entspricht übrigens auch bei den äußeren Planeten deren Epizykel der Erdbahn um die Sonne im heliozentrischen System.

Die Bahnbestimmung der äußeren Planeten erfolgte durch Beobachtung der Opposition der Planeten zur mittleren Sonne. Dazu wurden an verschiedenen Oppositionen die ekliptikalen Längen der Planeten gemessen. Das ist ähnlich, wie die Länge des Mondes

---

510 Aus: K. STUMPFF [1959], p. 45.

511 SWERDLOW, NOEL M. and OTTO NEUGEBAUER [1984], p. 613, ch. 5, Fig. 1.

Tab. 1.3 Die Halbachsen der Planetenbahnen nach *Ptolemäus* im Vergleich mit modernen Werten[512]

	Ptolemäus	Modern
Merkur	0.3750 AE	0.3871 AE
Venus	0.7194 AE	0.7233 AE
Mars	1.5190 AE	1.5237 AE
Jupiter	5.2174 AE	5.2028 AE
Saturn	9.3208 AE	9.5386 AE

zu den Mondfinsternissen bestimmt wurde, bei den Planeten jedoch unter Berücksichtigung des punctum aequans. In der Mondtheorie war ein punctum aequans nicht bekannt: Es war mit dem Exzentermittelpunkt identisch. Die Durchführung der Bahnbestimmung erfolgte mit einer Art Hypothesenrechnung.[513]

1.7.6.4 Die wahre geozentrische Längenbewegung der äußeren Planeten

Zur Berechnung der wahren geozentrischen Länge wird Abb. 1.41 (auf Seite 168) zunächst die mittlere exzentrische Anomalie M_{A} berechnet. Sie folgt wegen $L_{\mathrm{P}} = L_{\mathrm{C}}$ mit Beziehung (1.162) (auf Seite 164) aus

$$M_A = L_{P,0} + n_P\,(t - t_0) - \omega_A \quad . \tag{1.169}$$

Die mittlere epizyklische Anomalie L_{S} ergibt sich aus

$$L_S = L_\odot - L_P = L_{\odot,0} - L_{P,0} + (n_\odot - n_P)(t - t_0) \quad . \tag{1.170}$$

Mit diesen Größen kann die wahre geozentrische Länge l des Planeten berechnet werden. Dies geschieht analog den Formeln (1.150) – (1.160) im Fall der inneren Planeten. Dazu müssen nur die wahren auf den Frühlingspunkt Υ bezogenen Längen modifiziert werden. Die geozentrische tropische Länge des Epizykelmittelpunktes C ergibt sich nach Abb. 1.41 aus

$$l_C = v_C + \omega_A = M_A - \beta + \omega_A = L_P - \beta \tag{1.171}$$

und die wahre geozentrische Länge l aus

$$l = v_C + \gamma - \omega_A = L_P - \beta + \gamma \quad . \tag{1.172}$$

[512] Nach Otto Neugebauer [1975], p. 146.

[513] Die Bahnbestimmung ist nicht das zentrale Thema des vorliegenden Berichtes. Es wird deshalb nicht weiter darauf eingegangen. Näheres zur Bahnbestimmung der äußeren Planeten bei *Ptolemäus* kann bei K. Stumpff [1959], pp. 52–59 nachgelesen werden.

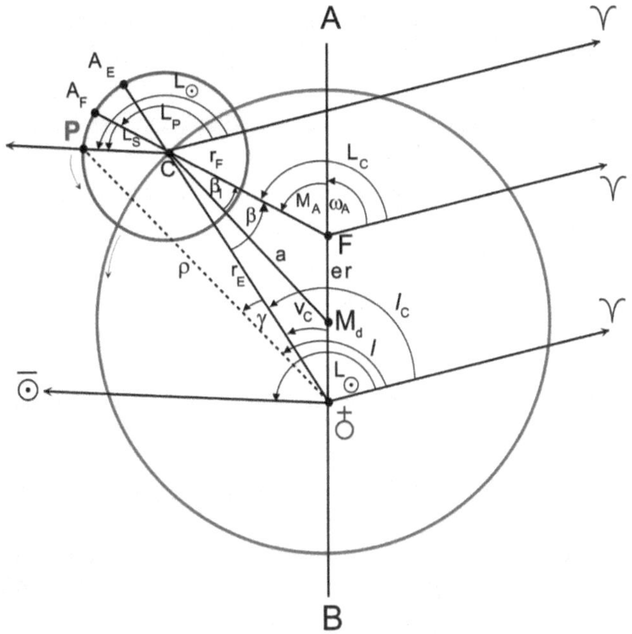

Abb. 1.41 Zur Berechnung der wahren geozentrischen Länge l eines äußeren Planeten: l_C = wahre Länge des Epizykelmittelpunktes C, ρ = geozentrische Distanz des Planeten, r_F = Distanz Epizykelmittelpunkt zum punctum aequans F

Hier kommt also der für die äußeren Planeten gültige Sachverhalt $L_C = L_P$ zum Tragen.

1.7.7 Das Theorem des Apollonios

Die Entdeckung der zweiten Anomalie war eine bedeutsame Leistung der antiken Astronomie. Sie beschreibt die scheinbare Abweichung der Planetenbewegung von der als gleichförmig angenommenen Kreisbewegung und zeigt sich in scheinbar stationären und rückläufigen Bahnabschnitten. Sie war in der Antike zu einem zentralen Ausgangspunkt geworden, sich intensiv mit der Planetenbewegung und damit allgemein mit himmelsmechanischen Problemstellungen zu beschäftigen.

Das Sphärenmodell, das *Eudoxos* zur Beschreibung dieser Anomalie entwickelt hatte, genügte nur sehr eingeschränkt, um die mittlerweile entdeckte erste Anomalie als Folge exzentrischer Bewegungen beschreiben zu können. Es sollte zumindest in der mathematischen Astronomie durch das Exzenter- bzw. das Epizykelmodell des *Apollonios* ersetzt werden.

Das Epizykelmodell ist geeignet, nicht nur die erste, sondern auch die zweite Anomalie in einfacher Weise zu beschreiben. Dies ist der Gegenstand in diesem Abschnitt.

Dazu wird hier nur der Fall ohne Exzentrizität behandelt, also Epizykelmittelpunkt und punctum aequans sollen mit dem Erdmittelpunkt zusammenfallen. Es wird in den Untersuchungen dieses Abschnitts also nicht zwischen wahrer und mittlerer Länge unterschieden. Der allgemeine Fall unter Einschluss der Exzentrizität kann auf diesen einfachen Fall zurückgeführt werden.[514]

In Abb. 1.42 (auf Seite 169) sei ♁ der Beobachter (= Erdmittelpunkt = Mittelpunkt des Deferenten), C der Mittelpunkt des Epizykels. Die Richtung ♁C mit $\overline{♁C}=r$ bewegt sich in Bezug auf eine beliebige Anfangsrichtung, in der modernen Astronomie wird üblicherweise die Richtung zum Frühlingspunkt ♈ gewählt. Die Bewegung erfolgt mit dem Winkel (der „Länge“) L_C rechtläufig um den Erdmittelpunkt ♁ mit der hier als gleichförmig angenommenen Geschwindigkeit: $\dot{L}_C = n_C$, mit $n_C = \text{const.}$ n_C ist die geozentrische tropische mittlere Bewegung des Mittelpunktes des Epizykels. Dann ist zu einem beliebigen Zeitpunkt t:

$$L_C = L_C(t_0) + \dot{L}_C\,(t - t_0) = L_C(t_0) + n_C\,(t - t_0) \quad . \tag{1.173}$$

Der Planet P bewegt sich auf dem Epiykel längs des Winkels γ um den Epizykelmittelpunkt C mit der ebenfalls als gleichförmig angenommenen Geschwindigkeit $\dot{\gamma} = \text{const.}$. Somit gilt zu einem beliebigen Zeitpunkt t

$$\gamma = \gamma(t) = \gamma(t_0) + \dot{\gamma}\,(t - t_0) + \ldots \quad . \tag{1.174}$$

Die scheinbare (= geozentrische) Bewegung des Planeten unter dem Ortswinkel

$$L_a := \beta + L_C \tag{1.175}$$

wird daher durch die Variation

$$\dot{L}_a = \dot{\beta} + \dot{L}_C \tag{1.176}$$

beschrieben. Die Variation $\dot{\beta}$ muss als variabel angesetzt werden. Dies kann in sehr einfacher Weise aus einer allgemeingültigen Beziehung ersehen werden. Sie war in dieser allgemeinen Form vielleicht in der Antike noch nicht bekannt:

Im Dreieck PCT hat die Strecke $\overline{PT}$ mit $PT \perp CT$ ($\overline{CT} =: R_0$) den Betrag

$$\sigma := R \sin\delta \quad . \tag{1.177}$$

Hier ist R der Radius des Epizykels ($R = \text{const.}$) und δ ein Hilfswinkel, der aus

$$\delta = 90^\circ - (\beta + \gamma) \tag{1.178}$$

berechnet werden kann. Ferner ist im Dreieck ♁ CT (wegen $r=\overline{♁C}$)

---

[514] Dieser allgemeinere Fall kann in O. NEUGEBAUER [1975], pp. 190–206 nachgelesen werden.

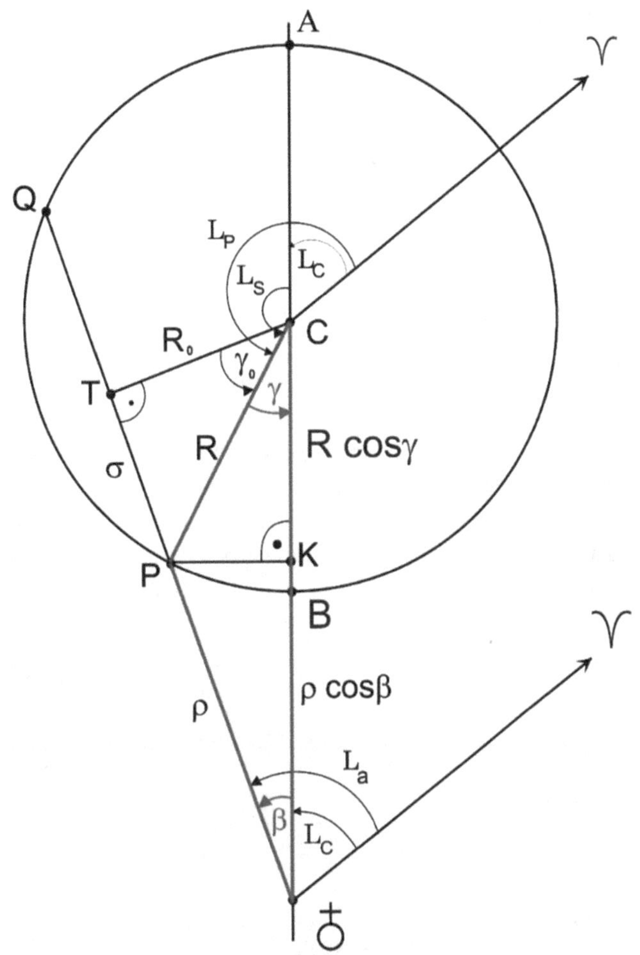

Abb. 1.42 Das Theorem des *Apollonios* zur Berechnung stationärer Punkte und rückläufiger Bahnabschnitte und die Verallgemeinerung des Theorems, P – Ort des Planeten

$$\sigma + \rho \;=\; r\cos\beta \;. \tag{1.179}$$

In den Dreiecken PCT und ♁CT gelten die Beziehungen

$$R_0 \;=\; R\cos\delta \;=\; r\sin\beta \tag{1.180}$$

mit den Variationen (da $\dot{r} = 0\,,\; \dot{R} = 0$)

$$-\dot{\delta}\,R\,\sin\delta \;=\; \dot{\beta}\;r\;\cos\beta \;. \tag{1.181}$$

Da δ die Variation

$$\dot{\delta} = -\dot{\beta} - \dot{\gamma} \tag{1.182}$$

hat, folgt mit $\sigma = R \sin\delta$ und $r \cos\beta = \sigma + \rho$ unmittelbar die interessante Beziehung

$$\frac{\dot{\beta}}{\dot{\gamma}} = \frac{\sigma}{\rho} \ . \tag{1.183}$$

Diese Beziehung gilt stets, wenn sich ein Punkt P um einen Punkt C in einem festen Abstand R bewegt und diese Bewegung von einem Punkt ♁, der einen festen Abstand r zum Kreismittelpunkt C hat, beobachtet wird. In diesem Ausdruck muss die Bewegung von P um C nicht einmal gleichförmig sein. Wenn dies aber der Fall ist, d. h. wenn $\dot{\gamma}$ konstant ist, verändert sich das Verhältnis σ/ρ und $\dot{\beta}$ muss variabel sein. Die hier gefundene Beziehung stellt einen interessanten Zusammenhang zwischen Geschwindigkeiten und einer elementaren geometrischen Beziehung dar.

Die Variation der scheinbaren geozentrischen Länge $L_a = \beta + L_C$ eines Planeten gibt ein unmittelbares Kriterium über die scheinbare geozentrische Bewegung eines Planeten, ob rechtläufig, rückläufig oder stationär. Es gilt offensichtlich:

$$\begin{aligned} \dot{L}_a &= \dot{\beta} + \dot{L}_C = 0 \Leftrightarrow \text{stationär} \\ \dot{L}_a &= \dot{\beta} + \dot{L}_C > 0 \Leftrightarrow \text{rechtläufig} \\ \dot{L}_a &= \dot{\beta} + \dot{L}_C < 0 \Leftrightarrow \text{rückläufig.} \end{aligned} \tag{1.184}$$

Im stationären Fall ist

$$\dot{\beta} = -\dot{L}_C = -n_C \,(\text{stationär}) \ . \tag{1.185}$$

n_C ist die gleichförmige Bewegung des Epizykelmittelpunktes um die Erde. Nach den Formeln (1.146) (auf Seite 161) und (1.165) (auf Seite 165) ist

$$\begin{aligned} n_C &= n_{P,t} = \text{trop. mittlere Bewegung des Planeten für äußere Planeten)} \\ n_C &= n_{\odot,t} = \text{(trop.)mittlere Bewegung der Sonne für innere Planeten.} \end{aligned} \tag{1.186}$$

Wenn L_P die epizyklische Länge des Planeten ist, lautet die synodische Länge

$$\begin{aligned} L_S &= L_P - L_{\overline{\odot}} = L_{S0} + n_S\,(t - t_0)\,\text{für die inneren Planeten}\,(n_S = n_P - n_\odot). \\ L_S &= L_{\overline{\odot}} - L_P = L_{S0} + n_S\,(t - t_0)\,\text{für die äußeren Planeten}\,(n_S = n_\odot - n_P). \end{aligned} \tag{1.187}$$

Sie erfüllt nach Abb. 1.42 (auf Seite 169) die Beziehung $L_S = 180° - \gamma$. Es folgt also die bei gleichförmigen Kreisbewegungen auf dem Epizykel gültige Variation

$$\dot{\gamma} = -\dot{L}_S = -n_S\,[= \text{const.}] \ . \tag{1.188}$$

Werden die Variationen $\dot{\gamma}$ und die im stationären Fall gültige Beziehung für $\dot{\beta}$ in das verallgemeinerte Theorem (1.183) eingesetzt, folgt die in der Antike unter dem Namen *Theorem des Apollonios* bekannte Beziehung

$$\frac{\sigma_s}{\rho_s} = \frac{n_C}{n_S}\left(\dot{l}_a = 0\right) . \tag{1.189}$$

Das Verhältnis n_C/n_s wird als eine aus den Beobachtungen bekannte Konstante angenommen. Mit den Abschätzungen (1.184) (auf Seite 171) kann daher beurteilt werden, wann ein Planet scheinbar rechtläufig und wann er rückläufig ist

$$\begin{aligned} \frac{\sigma}{\rho} &< \frac{n_C}{n_S} \text{ scheinbar rechtläufig} \\ \frac{\sigma}{\rho} &> \frac{n_C}{n_S} \text{ scheinbar rück.} \end{aligned} \tag{1.190}$$

Im „unteren“ Teil des Epizykels (d. h. in dem zur Erde näheren Teil) ist die Geschwindigkeit des Planeten größer als die Geschwindigkeit, mit der sich der Epizykel um die Sonne bewegt. Der Planet ist daher scheinbar rückläufig. Im Perigäum B ist $\rho_B = R - r$ und $\sigma_B = r$. Fällt der stationäre Punkt in das Perigäum B, wird keine (scheinbar) rückläufige Bewegung stattfinden können. Somit besteht folgende Unterscheidung (da offenbar auch $\rho_s \geq \rho \geq R - r$, $\sigma_s \leq \sigma \leq r$):

$$\begin{aligned} (r-R)\frac{n_C}{n_S} &\geq R \Leftrightarrow \frac{r}{R} - 1 \geq \frac{n_S}{n_C} \Leftrightarrow \text{ Bewegung stets rechtläufig} \\ (r-R)\frac{n_C}{n_S} &< R \Leftrightarrow \frac{r}{R} - 1 < \frac{n_S}{n_C} \Leftrightarrow \text{ Rück läufigke it mö glich.} \end{aligned} \tag{1.191}$$

Das Theorem kann zur Berechnung von Länge und Zeitdauer des rückläufigen Bahnbogens angewendet werden. Im Fall stationärer Punkte mit $\rho = \rho_s$, $\sigma = \sigma_s$, $\beta = \beta_s$, $\gamma = \gamma_s$ gilt in den Dreiecken ♁CP und ♁CT die Beziehung

$$R \cos\gamma_S = \frac{r^2 + R^2 - \rho_S^2}{2r} . \tag{1.192}$$

Mit Relation (1.179) (auf Seite 170) ($\sigma_S + \rho_S - r\cos\beta_S = 0$) werde diese Beziehung in

$$r = R\cos\gamma_S + \rho_s \cos\beta_S \tag{1.193}$$

eingesetzt. Daraus folgt die auf *Euklid* zurückgehende Beziehung

$$\rho_S\,(\rho_S + 2\,\sigma_S) = r^2 - R^2 = (r+R)\,(r-R) . \tag{1.194}$$

Aus dem Theorem des *Apollonios* (1.189) wird

$$\frac{\rho_s + 2\,\sigma_s}{\rho_s} \;=\; 1 + 2\,\frac{\sigma_s}{\rho_s} \;=\; 1 + 2\,\frac{n_C}{n_S} \;\; (=: Z) \tag{1.195}$$

und mit den vorhergehenden Beziehungen zusammen

$$\rho_S \;=\; \sqrt{\frac{r^2 - R^2}{1 + 2\,\frac{n_C}{n_s}}} \quad . \tag{1.196}$$

Die geozentrische Distanz ρ_S des stationären Punktes ist daher mit den Radien des Deferenten r und des Epizykels R und dem Verhältnis aus der Geschwindigkeit in synodischer Länge n_S und in Länge n_C bekannt. Damit können auch die epizyklische Länge γ_S aus

$$\cos\gamma_S \;=\; \frac{R^2 + r^2 - \rho_S^2}{2\,r\,R} \tag{1.197}$$

und die geozentrische Elongation β_s mit $\sin\gamma_S \;=\; \sqrt{1 - \cos^2\gamma_S}$ aus

$$\sin\beta_s \;=\; R\,\frac{\sin\gamma_s}{\rho_s} \tag{1.198}$$

berechnet werden. Da die beiden stationären Punkte symmetrisch zu ♁C liegen, hat der gesamte Bogen, in dem der Planet scheinbar rückläufig ist, die Länge *2* γ_S. Da die mittlere (synodische) Geschwindigkeit n_S ist, beträgt die Zeitdauer der Rückläufigkeit

$$T_R \;=\; \frac{2\,\gamma_s}{n_S} \quad . \tag{1.199}$$

Während dieser Zeitspanne wandert der Epizykel um den geozentrischen Winkel

$$\Delta L_C \;=\; T_R\,n_C \;=\; 2\,\gamma_S\,\frac{n_C}{n_S} \tag{1.200}$$

weiter. In der Variation der scheinbaren Länge

$$\dot{L}_a \;=\; \dot{\beta} + n_C \tag{1.201}$$

ist nach den Beziehungen (1.183) im Fall des rückläufigen Bahnabschnitts $\dot{\beta} < -n_C$, da $n_C > 0$ ist dann also $\dot{\beta}$ negativ und der Bogen im Zeitraum T_R, also zwischen den beiden stationären Punkten, hat die Länge

$$\Delta\beta \;=\; -2\,\beta_s \quad .$$

Somit beträgt der gesamte (scheinbar) rückläufige Bahnbogen (Tab. 1.4)

Tab. 1.4 Bedingung zur Rückläufigkeit der Planetenbahnen mit modernen mittleren Zahlenwerten R = Epizykelradius (⇔ Bahnradius für die inneren Planeten, ⇔ Erdbahnradius für die äußeren Planeten), r = Deferentenradius (⇔ Erdbahnradius für die äußeren Planeten, ⇔Bahnradius für die inneren Planeten) (Planeten in Klammern: in der Antike nicht bekannt):[515] Ergebnis: Für alle Planeten des Sonnensystems ist nach Abschätzung (1.191) die Bedingung für Rückläufigkeit erfüllt

Planet	Merkur	Venus	Mars	Jupiter	Saturn	(Uranus)	(Neptun)	(Pluto)
R[AE]	0.3871	0.7233	1.0	1.0	1.0	1.0	1.0	1.0
r[AE]	1.0	1.0	1.52368	5.20760	9.55491	19.2184	30.1104	39.5447
$\dot{\gamma}_s = -n_S$ [1/d]	3°.10.673	0°.61.652	0°.46.158	0°.90.252	0°.95.215	0°.97.388	0°.97.963	0°.98.167
$\dot{\beta}_s = -n_C$[1/d]	0°.98.564	0°.98.564	0°.52.407	0°.08.313	0°.00.350	0°.00.118	0°.00.060	0°.00.039
n_S / n_C	3.15197	0.6255	0.8813	20.4728	28.4606	82.8738	163.522	245.944
$r/R-1$	1.5833	0.3826	0.5237	4.2038	8.5388	18.161	29.025	38.361
Z(1.195)	1.63452	4.19745	3.26948	1.09770	1.07028	1.02413	1.01223	1.00813
ρ_s[AE]	0.72120	0.33705	0.63580	4.87427	9.16954	18.9081	29.8265	39.1893
γ_s	35°.5719	12°.9934	16°.795	55°.274	65°.510	73°.8996	77°.614	79°.394
β_s	18°.1942	28°.8488	27°.030	10°.057	5°.6957	2°.9126	1°.877	1°.437
T_R	22^d.8999	42^d.1507	72^d.753	117^d.641	137^d.597	151^d.760	158^d.461	161^d.764
$T_R\, n_C$	22°.5712	41°.1507	38°.116	9°.803	4°.603	1°.783	0°.949	0°.646
Δl_a	13°.8172	16°.1519	15°.944	10°.311	6°.788	4°.042	2°.805	2°.228

$$\Delta L_a = -2\,\beta_s + T_R\, n_C \quad . \tag{1.202}$$

Nach Abb. 1.42 auf Seite 169 verändert sich β im rückläufigen Bahnbogen entgegen L_C

Als weiteres Beispiel wollen wir die heliozentrische Bewegung des Erdmondes betrachten: „Kann der Mond von der Sonne aus gesehen rückläufig werden?“ Der Mond bewegt sich (näherungsweise) auf einem Kreis um die Erde, während sich die Erde (näherungsweise) auf einem Kreis um die Sonne bewegt. Daher entspricht die Erdbahn dem Deferenten mit Radius $r = 1\text{AE} = 149.6{*}10^6$ km, die Mondbahn dem Epizykel mit Radius $R = r_{☾} = 384.400$ km. Die Erde bewegt sich um die Sonne mit der mittleren Geschwindigkeit

$$n_C = n_\odot = \frac{360°}{365.2422\,d} = 0°.985647\,\frac{1}{d} \quad ,$$

während der Mond um die Erde die mittlere synodische Bewegung hat

$$n_S = \frac{360°}{29.53059\,d} = 12°.190749\,\frac{1}{d} \quad .$$

[515] Zahlenwerte aus: SEIDELMANN, P. K. [1992], Explanatory Supplement.

Die Relation zur Anwendung des Theorems des *Apollonios* lautet daher

$$\frac{n_S}{n_C} = 12.368266 \ .$$

Dagegen ist

$$\frac{r}{R} - 1 = \frac{149.6 \cdot 10^6}{384400} - 1 = 388.178 \ .$$

Die Bewegung des Mondes ist von der Sonne aus gesehen nach Bedingung (1.191) stets rechtläufig. Es gibt daher bei dieser Bewegung keine stationären Punkte und keine rückläufigen Abschnitte.

1.7.8 Über die Theorie der Planetenbreite bei Ptolemäus

Die Erde liegt nicht in der Bahnebene der Planeten. Dies erschwert eine Theorie zur Berechnung der ekliptikalen Breite der Planeten im Rahmen der antiken Himmelsmechanik. Die Breite sollte doch geozentrisch dargestellt werden. Bei Sonne und Mond ist es wesentlich einfacher. Die scheinbare Sonnenbahn ist die Ekliptik mit der Erde als Mittelpunkt. Deshalb ist die Berechnung der Deklinationen der Sonnenörter, die schon von *Hipparch* durchgeführt worden war, relativ einfach. Die Erde liegt auch in der Mondbahn, die geozentrisch gedeutet werden kann. Somit befindet sich die Erde zudem stets in der Knotenlinie, also der Schnittlinie von Mondbahnebene und Ekliptik. Die Mondbahnebene hat (im Rahmen der antiken Messgenauigkeit) eine feste Inklination bezüglich der Ekliptik.

Besonders in der Theorie der Planetenbreite hat der heliozentrische Ansatz entscheidende Vorteile gegenüber dem geozentrischen Modell. *Ptolemäus* selbst war mit seiner im Almagest vorgestellten Breitentheorie am wenigsten zufrieden. Auch nach der Veröffentlichung des Almagest suchte er sie zu verbessern. Die in seinem Spätwerk, den *Planetenhypothesen*, vorgestellte Breitentheorie brachte dann auch eine wesentliche Verbesserung mit erheblich geringeren Abweichungen zu modernen Ergebnissen.[516]

Beim Erarbeiten des Almagest hatte *Ptolemäus* herausgefunden, zur Berechnung der Breiten müsse der Epizykel der Planetenbewegung zum Deferenten geneigt angenommen werden. Die Verhältnisse werden erheblich durch die Exzentrizitäten von Sonnenbahn und der Bahn der Planeten verkompliziert. Zudem waren unterschiedliche Theorien für die Beschreibung der Bewegung in Breite für die inneren und für die äußeren Planeten erforderlich geworden.

Für die **äußeren Planeten** nahm *Ptolemäus* eine feste erste Inklination i_0 (genannt ἔγκλισις) des Deferenten in Bezug auf die Ekliptik an. Die Ebene des Epizykels ist gegenüber der Ebene des Deferenten um die zweite Inklination i_1 (genannt λόξωσις) derart geneigt. Der Epizykel ist parallel zur Ekliptik gerichtet, wenn sich der Epizykelmittelpunkt in der Knotenlinie befindet. Die Epizykelebene bleibt nach dem Almagest

[516] O. NEUGEBAUER [1975], pp. 206–230.

immer „ungefähr" zu sich, d. h. auch zur Ekliptik parallel. Wenn sie dies exakt bliebe, würde sie dann die Inklination $i_1 = i_0$ haben, wenn der Epizykelmittelpunkt den Punkt maximaler ekliptikaler Breite des Deferenten erreicht hat. Diesen letzteren Fall errechnet *Ptolemäus* in den *Planetenhypothesen.* Im Almagest hatte er jedoch noch $i_1 > i_0$ gefunden. Er hatte dafür eine sinusförmige Bewegung der Epizykelebene über dem zur Knotenlinie des Deferenten parallelen Durchmessers des Epizykels angenommen.

Für die **inneren Planeten** musste *Ptolemäus* auch eine Bewegung der Deferentenebene in Abhängigkeit vom Ort des Epizykelmittelpunktes M_e annehmen: Die volle Inklination i_0 des Deferenten wird erreicht, wenn M_e um 90° von der Knotenlinie des Deferenten entfernt ist, die zudem senkrecht auf der Apsidenlinie des Deferenten steht. Die Inklination des Deferenten führt in diesem Fall eine sinusförmige Variation durch. Sie erreicht beim Knotendurchgang den Wert null, um dann wieder bis i_0 anzuwachsen. Auch die Bewegung der Epizykelebene der inneren Planeten erfolgt nicht ganz zu sich parallel. Es wird daher nötig, zwei zweite Inklinationen i_q und i_2 anzunehmen, die in senkrecht zueinander stehenden Durchmessern des Epizykels ihren jeweils maximalen Wert annehmen.

Als mechanisches Modell für die sinusförmigen Variationen der Inklinationen stellte sich *Ptolemäus* die Rotation einer senkrechten Scheibe vor, welche mit ihrem Umkreis einen Punkt der Bahnebene auf und ab führt. *Ptolemäus* bemerkte ausdrücklich, es handle sich hierbei nur um ein (mathematisches), in Wirklichkeit nicht existierendes Modell.

Das (aristotelische) Prinzip von der größtmöglichen Einfachheit liege nach *Ptolemäus* allen Bewegungen im Kosmos zugrunde. Gleichwohl vertritt er die Meinung, die menschliche Aufnahmefähigkeit könne keine zuverlässige Grundlage dafür sein zu unterscheiden, was im Kosmos einfach ist oder nicht. *Ptolemäus* versuchte so dem Vorwurf, seine Theorie der planetaren Breiten sei „zu kompliziert", zu entgegnen: Auch wenn die Himmelskörper in Ewigkeit eine unveränderliche Bewegung ausführen, so sei für den Menschen ewige Unveränderlichkeit nur schwierig oder gar nicht zu erreichen.[517]

Eine tabellarische Darstellung erlaubte die Berechnung der planetaren Breiten in relativ einfacher Weise als Funktion der epizyklischen Anomalie v_2 sowie des Argumentes der Breite.

1.7.9 Bibliografische Anmerkungen zu *Ptolemäus*

Der Almagest ist vermutlich das erste Werk des *Ptolemäus.* Er bezieht sich auf Beobachtungsdaten zwischen 124 und 141 n. Chr. Nach dem Almagest verfasste *Ptolemäus* noch viele zum Teil kleinere Werke,[518] die ebenfalls von bedeutender Nachwirkung waren:

1. Die Analemma

[517] O. NEUGEBAUER [1975], p. 217.

[518] O. NEUGEBAUER [1975], pp. 834–941

Die Analemma befassen sich mit Methoden der „beschreibenden Geometrie“, in der Astronomie speziell mit der Konstruktion von Bögen und Winkeln, um einen Punkt auf der Himmelssphäre zu bestimmen. Eine Anwendung dieser Untersuchungen war eine Theorie von Sonnenuhren.

2. Die Kanobusinschrift

Die Kanobusinschrift gibt den Text auf einer Säule wieder, die *Ptolemäus* im Jahr 146/7 p. Chr., also nach Beendigung des Almagest, in der Stadt Kanobus, einer Hafenstadt an der Mündung des westlichen Nilarms, also nahe Alexandria, hat aufstellen lassen. In der Inschrift sind die grundlegendsten astronomischen Parameter im Wesentlichen mit den Ergebnissen aus dem Almagest zusammengestellt.[519]

- Die Schiefe der Ekliptik

$$\varepsilon = 23^\circ\, 51'\, 20''$$

- Die Länge des mittleren Sonnentages

$$1^d = 360^\circ\, 58'\, 8'' + \frac{17}{60} + \frac{13}{60^2} + \frac{12}{60^3} + \frac{31}{60^4} \quad ,$$

- Die Verhältnisse der Exzentrizitäten, beginnend mit der Fixsternsphäre ($e = 0$) bis zum Mond
- Die mittleren Bewegungen von Fixsternsphäre = Präzession

$$p = \left(\frac{5}{60^3} + \frac{55}{60^4} + \frac{4}{60^5} + \frac{7}{60^7}\right) \frac{Grad}{d}$$

und der Planeten sowie die mittleren Bewegungen des Mondes.

Die mittleren Bewegungen des Mondes weichen von den entsprechenden Werten im Almagest ab und stammen offenbar von Überarbeitungen, wie sie später von *Ptolemäus* in den Planetenhypothesen veröffentlicht wurden. *Ptolemäus* arbeitete ständig weiter an seinen Ergebnissen und suchte sie im Laufe seines Lebens zu verbessern. Der Almagest war also keineswegs sein letztes Werk in Astronomie. So gibt er auch schon die Distanzen in Länge von Sternen und der aufsteigenden Knoten der Planetenbahnen in Bezug auf den nahezu in der Ekliptik gelegenen Regulus ($\beta = 10'$) an, während er im Almagest noch den Sirius als den hellsten sichtbaren Fixstern genommen hatte, ein wesentlicher Fortschritt also.[520] Verwirrung bereiten allerdings die Angaben über die mittlere Entfernung des Mondes ($\overline{r}_☾ = 64R_E$, dagegen $\overline{r}_☾ = 64.16667\, R_E$ im Almagest) und insbesondere der Sonne ($\overline{r}_\odot = 729R_E$ statt $\overline{r}_\odot = 1210R_E$ im Almagest und $\overline{r}_\odot = 1160R_E$ in den Planetenhypothesen).

---

[519] O. NEUGEBAUER [1975], p. 901 und pp. 913–917, sowie W. EKSCHMITT [1989], pp. 178–179.

[520] O. NEUGEBAUER [1975], pp. 890, 891.

$64 = (2^3)^2 = (2^2)^3$ und $729 = (3^3)^2 = (3^2)^3$ sind die ersten Zahlen, die zugleich Quadratzahlen und Kubikzahlen von natürlichen Zahlen sind. Man hat daher die Vermutung, dass *Ptolemäus* im Zusammenhang mit der Kanobusinschrift den Versuch einer kosmologischen Deutung unternahm, um seine himmelsmechanischen Theorien zu liefern. Dies ist ein nicht abwegiger Gedanke, wenn bedacht wird, derartige Versuche wurden auch von *J. Kepler* angestellt. *Kepler* konnte sich ja als legitimer Nachfolger des *Ptolemäus* verstehen. Eine einheitliche physikalische Gesetzmäßigkeit zur Beschreibung der Planetenbewegung und damit auch der Distanzen wurde erst auf der Basis der *Kepler*'schen Gesetze von *I. Newton* gefunden. Dies schmälert weder die gedankliche Leistung eines *Ptolemäus* noch eines *Kepler*.

3. Das Planisphärium

Das Planisphärium (der griechische Titel lautete vermutlich ἐξάπλωσις ἐπιφανείας σφαίρας = „Projektion von sphärischen Oberflächen") befasste sich mit der stereografischen Projektion. Vorarbeiten hatte schon *Apollonios von Perge* geleistet. Diese Projektion war also schon lange vor *Ptolemäus* entdeckt worden. Von besonderem Interesse sind hier zwei Eigenschaften der stereografischen Projektion:

- Die schon in der Antike entdeckte Invarianz der Kreise
- Die viel später entdeckte Konformität der stereografischen Abbildung (der erste Beweis scheint 1696 von *E. Halley* angegeben worden zu sein), die in der Theorie der komplexen Zahlen von großer Bedeutung ist.

Das Hauptinteresse an der stereografischen Projektion dürfte in der Antike die Möglichkeit gewesen sein, mit ihrer Hilfe Probleme der sphärischen Trigonometrie in der Ebene zu behandeln. Dies wirkte sich allerdings negativ auf die Fortentwicklung der sphärischen Trigonometrie aus. Eine spätere Anwendung der stereografischen Projektion ist die Konstruktion des Astrolab. Das Buch Planisphärium befasst sich im Wesentlichen mit folgenden Aufgaben:

- Die Konstruktion von Bildern der Hauptkreise der Himmelskugel mit Hilfe der stereografischen Projektion
- Die Bestimmung von Aufgangszeiten der Gestirne ohne Gebrauch der sphärischen Trigonometrie

4. Die Geografie

Die Geografie (γεωγραφικὴ ὑφήγησις) ist der mathematischen Geografie, also im Wesentlichen der Kartografie gewidmet.[521] In diesem Werk wurde erstmals eine rein mathematische

[521] O. NEUGEBAUER [1975], pp. 879–892 und pp. 934–940.

Theorie der geografischen Projektionen geboten. *Ptolemäus* konnte an das Werk des *Marinus von Tyrus* anknüpfen, der um 100 p. Chr. die *Marinus-Projektion* entwickelt hatte. Diese Projektion verwenden wir heute als „lineare Projektion" auch in der Theorie der Satellitenbewegung, insbesondere zur Darstellung von polnahen erdnahen Bahnen.[522] Die Projektion ist mathematisch anspruchslos. Längen- und Breitengrade werden in gleichen Abständen orthogonal dargestellt. Soll etwa das Bild eine Gesamtbreite von 28 cm haben, ergeben sich mit der geografischen Länge λ und der geodätischen Breite φ bei Eingabe dieser Winkel im Gradmaß die Bildkoordinaten in cm nach $x = 28\,cm\ \lambda/360^\circ \quad , \quad y = 28\,cm\ \varphi\,/360^\circ \quad .$

Während aber in der modernen Satellitentheorie der Äquator die Bezugslinie ist, sodass zu den Polen hin alle Längen zunehmend groß dargestellt werden (die Pole sind dann keine Punkte, sondern eine Strecke, die ebenso lang wie der Äquator ist), bezog *Marinus* alle Längenangaben auf die Breite von Rhodos. Daher sind alle Längen nördlich von Rhodos zu groß dargestellt, südlich zu klein. *Marinus* hatte wie später dann auch *Ptolemäus* das Bestreben, den bekannten bewohnten Teil der Erdoberfläche darzustellen, die „Oikumene": Der Titel einer früheren Abhandlung über die Abbildungen des bewohnten Erdteiles des *Ptolemäus* lautete: ἔκϑεσις τῶν πινάκων τῆς οἰκουμένης. Für *Ptolemäus* erstreckte sich der bewohnte Teil der Erde über 180 Längengrade von den Glückseligkeitsinseln („Fortunate Islands") bis nach China, in Breite von der Insel Thule ($\varphi = 63^\circ$) bis ins südliche Afrika ($\varphi = -16^\circ\,25'$).

Die beiden von *Ptolemäus* angegebenen Kegelprojektionen sind wesentliche Verbesserungen gegenüber der Projektion des *Marinus*: die erste Projektion erhält die Entfernungen auf allen Meridianen sowie den Breitenkreis durch Rhodos. Auch die Verhältnisse auf dem Breitenkreis durch Thule und auf dem Äquator werden richtig wiedergegeben. Der Bereich südlich des Äquators wird gegenüber dem Bereich nördlich des Äquators verzerrt dargestellt. Diese Verzerrung kommt in der zweiten Projektion des *Ptolemäus* nicht vor. Sie bewahrt mehr die Natürlichkeit der Abbildung, mathematisch ist sie aber komplizierter als die erste. Die Meridiane werden als Kreisbögen dargestellt und auf den Breitenkreisen $\varphi = 63^\circ$ (Thule), $\varphi = \varepsilon = 23^\circ\ 50'$ (Assuan) und $\varphi = -16^\circ\ 25'$ (Anti Meroe) werden die Entfernungen unverzerrt wiedergegeben.

Mit der Einführung dieser Projektionen hatte es *Ptolemäus* erstmals erreicht, die Abbildung eines wesentlichen Teils der Erdkugel als mathematisches Problem zu formulieren. Dadurch begründete er die („moderne") Kartografie. Im Zusammenhang damit war es *Ptolemäus* auch gelungen, in konsequenter Weise ein geografisches Koordinatensystem mit Längen- und Breitengraden einzuführen. In der Zeit vor *Ptolemäus* war die Länge durch seine Ortszeit in Bezug auf den Meridian durch Alexandria angegeben worden (Beispiel: Tanger $\Delta t = +\ 3^h\ 36^m$, moderner Wert: $+\ 2^h\ 21^m$, Babylon: $\Delta t = -1^h\ 12^m$, moderner Wert: $-0^h\ 58^m$). Die Breite war bis dahin durch die Anzahl *M* der Stunden des längsten Sonnentages im Jahresverlauf bestimmt worden (Beispiel: $M = 12^h\ 15^m$ entspricht $\varphi = 4^\circ\ 15'$, $M =$

[522] Siehe in JOCHIM, E. F. M.[2013], Abschn. 32.13.1.

$13^h\ 15^m$ entspricht $\varphi = 20°\ 14'$). Auf *Ptolemäus* gehen auch die Nordrichtung der Karten und die kartografische Zeichensprache zurück.[523]

Vor diesen gedanklichen, mathematischen und begriffsbestimmenden Erstleistungen muss die manchmal vorgebrachte Kritik an der Genauigkeit der konkreten geografischen Daten angesichts der beobachtungstechnischen Schwierigkeiten und der komplizierten Informationsvermittlung verblassen. „Es gibt wenige Bücher, die einen so nachhaltigen Einfluss auf die menschliche Zivilisation ausgeübt haben wie die Geografie des *Ptolemäus.*“[524]

5. Die Optik

Es wird gerne von einer wechselseitigen Befruchtung von Theorie und Praxis gesprochen. In der Astronomie bedeutet dies von mathematischer Astronomie und Kosmologie einerseits, von Beobachtungstechnik andererseits. In diesem Zusammenhang dürfen Arbeiten über die Optik der Seite der Beobachtungstechnik zugerechnet werden. Schon um 300 v. Chr. hatte *Euklid* ein Werk über die Optik ("Katoptik") geschrieben. Es beschreibt eine rein geometrische Optik. Ein gleichartiges Werk des *Archimedes* über „Katoptik“ ist verloren. Vermutlich hat auch *Geminus* über optische Probleme gearbeitet.

Auch *Ptolemäus* beschäftigte sich in einem Werk mit der Optik. Dieses Werk brachte einen wesentlichen Fortschritt in theoretischer Optik **und** Experiment, und zwar nicht nur auf dem Gebiet der geometrischen Optik. Es ist besonders auch für die physiologische Optik höchst bedeutsam, also für die Beobachtung mit dem bloßen Auge.[525] Durch arabische und lateinische Übersetzungen übte dieses Buch vor allem im späten Mittelalter großen Einfluss aus.

Ptolemäus beschäftigte sich in seiner experimental-empirischen Methode mit zwei völlig neuartigen optischen Aufgabenstellungen:

- Eigenschaften des binokularen Sehens,
- mit dem Ursprung des Farbensehens und optischen Illusionen, wie der scheinbaren Vergrößerung von Objekten am Himmel nahe dem Horizont (Refraktion).

---

523 H. v. MZIK [1938], *Des Klaudios Ptolemaios Einführung in die darstellende Erdkunde,* dt. Übersetzung u. Komm. Klotho 5, Wien, zitiert bei W. EKSCHMITT [1989], p. 177; die Geografie des Ptolemäus wurde aufbereitet in: KLEINBERG, A., MARX, C., KNOBLOCH, E., LELGEMANN, D. [2011]: *Germania und die Insel Thule, Entschlüsselung von Ptolemaios' „*Atlas der Oikumene“ WGB, Darmstadt; KLEINBERG, A., MARX, C., LELGEMANN, D. [2012]: *Europa in der Geographie des Ptolemaios, Die Entschlüsselung des Atlas der Oikumene, Zwischen Orkney, Gibraltar und den Dinariden,* WGB, Darmstadt; KLEINBERG, A., MARX, C., LELGEMANN, D. [2012]: *Europa in der Geographie des Ptolemaios, Die Entschlüsselung des „Atlas der Oikumene“, Zwischen Newa, Don und Mittelmeer,* WGB, Darmstadt.

524 O. NEUGEBAUER [1975], p. 934.

525 O. NEUGEBAUER [1975], pp. 892–896.

Von besonderer Bedeutung wurde der Versuch des *Ptolemäus,* ein Gesetz über die Refraktion zu finden. Dazu beschrieb er eine experimentelle Anordnung zur Messung der Winkel der Refraktion. Allerdings war es *Ptolemäus* nicht gelungen, zum wahren Gesetz der Refraktion vorzudringen. Dies kann darauf zurückgeführt werden, offenbar weil die Messung der Refraktion bereits an die Genauigkeitsgrenzen der damaligen Messinstrumente stieß.

Während das Werk über die Optik positiv auf die Entwicklung der Optik einwirkte, kamen allerdings die „Entdeckungen des *Ptolemäus* auf allen Gebieten der Optik zu spät, um Einfluss auf die astronomische Theorie und Beobachtungstechnik nehmen zu können".[526]

6. Das Tetrabiblos

Das *Tetrabiblos* (lateinisch *Quadripartitum*) beschäftigt sich mit astrologischen Fragestellungen. Es wurde nach dem *Almagest,* aber vor der *Geografie* geschrieben, Querverbindungen gibt es weitestgehend keine. Für die mathematische Astronomie gibt das Tetrabiblos wenig her. Wie typisch für die astrologische Literatur bis in die jüngste Zeit ist auch dieses Buch eine *„unterschiedslose Mischung aus relevanten astronomischen Daten mit völlig trivialen Zahlen, womit eine im Grunde sinnwidrige Schablone errichtet wird*".[527] Im späten Mittelalter war *Ptolemäus* vor allem durch dieses Werk bekannt. Das 2013 begonnene und auf 25 Jahre angelegte Projekt der Bayerischen Akademie der Wissenschaften *„Ptolemaeus Arabus et Latinus*" hat zum Ziel zu untersuchen, *Aufschluss über die Rezeption der Arbeiten* des *Ptolemäus* zu untersuchen, die das *herrschende* geozentrische *Weltbild in der islamischen und europäischen Kultur bis ins 17. Jahrhundert prägten.*[528] Damit soll das einmalige Werk des *Ptolemäus* und sein Einfluss auch auf dem Gebiet der Astrologie gerecht und wissenschaftlich fundiert gewürdigt werden.[529]

7. Die Phaseis

---

526 O. NEUGEBAUER [1975], p. 896.

527 O. NEUGEBAUER [1975], p. 900.

528 Akademie Aktuell. Zeitschrift der Bayerischen Akademie der Wissenschaften, Ausgabe 03/ 2013, ISSN 1436-753X.

529 DAG NIKOLAUS HASSE, DAVID JUSTE UND BENNO VAN DALEN: *Ptolemaeus Arabus et Latinus*; ALEXANDER JONES: *Claudius Ptolemäus – einflussreicher Astronom und Astrologe aus Alexandria*; PAUL KUNITSCH: *Ptolemäus und die Astronomie: der Almagest*; CHARLES BURNETT: *Ptolemäus und die Astrologie: der Tetrabiblos*; BENNO VAN DALEN: *Ptolemäus in der islamischen Welt*; DAVID JUSTE: *Horoskope: Blick in Vergangenheit und Zukunft*; N. M. SWERDLOW: *Ptolemäische Astronomie in der Renaissance*; DAG NIKOLAUS HASSE: *Ptolemäische Astrologie in der Renaissance.* Der Versuch einer gerechten Beurteilung der Tetrabiblos findet sich J. HAMEL [2004] auf Seite 118.

DAG NIKOLAUS HASSE, DAVID JUSTE UND BENNO VAN DALEN: *Ptolemaeus Arabus et Latinus*; ALEXANDER JONES: *Claudius Ptolemäus – einflussreicher Astronom und Astrologe aus Alexandria*; PAUL K: *Ptolemäus und die Astronomie: der Almagest*; CHARLES BURNETT: *Ptolemäus und die Astrologie: der Tetrabiblos*; BENNO VAN DALEN: *Ptolemäus in der islamischen Welt*; DAVID JUSTE: *Horoskope: Blick in Vergangenheit und Zukunft*; N. M. SWERDLOW: *Ptolemäische Astronomie in der Renaissance*; DAG NIKOLAUS HASSE: *Ptolemäische Astrologie in der Renaissance.* Der Versuch einer gerechten Beurteilung der Tetrabiblos findet sich J. HAMEL [2004] auf Seite 118

Als Phaseis – „Phasen" – von Planeten oder Fixsternen werden Erscheinungen bezeichnet, welche auf die Grenzen zwischen ihrer Sichtbarkeit und Unsichtbarkeit als Folge ihrer Stellung zur Sonne bezogen sind.[530] Ein Beispiel ist der „heliakische Aufgang" der Sirius. Das ist der Zeitpunkt, zu dem Sirius erstmals im Morgengrauen beobachtbar wird. Dies war der Zeitpunkt, da in Ägypten die alljährliche Nilüberschwemmung begann. Die Beobachtung des heliakischen Aufgangs des Sirius war somit für das alltägliche Leben von eminenter Bedeutung. Die „Phasen" bestimmter Sterne oder Planeten dienten auch als gewisse Indikatoren für das Wetter. Dies war schon systematisch seit *Meton* und *Euktemon* untersucht worden. Diese Erscheinungen geschehen alle im Zusammenhang mit der Sonnenbewegung. Sie hätten also einfach auf den Sonnenkalender zurückgeführt werden können. Allerdings wurden seinerzeit nur verschiedene Mondkalender benutzt. Diese Kalender taugten nicht für eine zuverlässige Vorhersage des Jahresverlaufs und der damit gekoppelten Erscheinungen. Auf diese Unkenntnis der Sonnenrevolution und ihres Ersatzes durch die Phasen von Mond, Planeten und Fixsternen lässt sich ohne Zweifel auch der astrologische Glaube an den Einfluss der Gestirne zurückführen: als eine Folge der Unkenntnis der wahren Bewegung der Himmelskörper.

Ptolemäus scheint nicht unbedingt von der Richtigkeit des Einflusses der Phasen auf das Wettergeschehen überzeugt gewesen zu sein. In seinem Buch *Phaseis* (*Phasen der Fixsterne und Sammlung von Wettervorhersagen*) war er aber bestrebt, die Berechnung wenigstens auf eine solide astronomische Basis zu stellen.[531] *Ptolemäus* hatte statt der üblicherweise vielen Sterne pro Sternbild nur 30 Sterne der 1. und 2. Größenklasse ausgewählt und exakte numerische Werte ihrer Phasen ausgerechnet. Dieses Buch steht somit außerhalb der üblichen astronomischen Tradition als ein eigenständiger Beitrag des *Ptolemäus.* Er ordnete im Unterschied zu den früheren Arbeiten den Phasen bestimmter Planeten oder Sterne die entsprechende Stellung der Sonne zu. Er konnte sie aus der ihm geläufigen kinematischen Sonnentheorie berechnen. Auf diese Weise berechnete er das Datum der Phasen im Rahmen des alexandrinischen Jahres. Er war auch imstande, die Phasen für verschiedene Breitenbereiche, „Klimazonen" genannt, vorherzusagen. Es ist allerdings anzunehmen, viele der von *Ptolemäus* angegebenen 480 Phasen wurden nicht exakt trigonometrisch berechnet, was seinerzeit eine extrem aufwendige Arbeit war. Vielmehr wurden sie auf einer Kugel, dem Astrolabium, abgelesen. Gewisse mathematische Widersprüche zu vergleichbaren Rechnungen im Almagest und in den Planeten lassen sich wohl nicht aufklären. Vermutlich stammen sie nicht original von *Ptolemäus*, sondern wurden in späteren Auflagen des Werkes eingeschleift.

In diesem Zusammenhang spielen die Aufgangszeiten bestimmter Bögen der Ekliptik eine zentrale Rolle. *Ptolemäus* hatte für sie Tabellen für verschiedene geografische Breiten berechnet. Die Aufgangszeiten werden mit Hilfe der „schrägen Aufgänge" (obliqua ascensio) berechnet.[532]

---

530 O. NEUGEBAUER [1975], p. 1090.

531 O. NEUGEBAUER [1975], pp. 926–931.

532 Die schrägen Aufgänge werden in Abschn. 1.6.10 auf Seite 139 besprochen.

8. Die Harmonien

Vermutlich hielt *Ptolemäus* sein dreibändiges Werk "Über die Harmonien" für sein bedeutsamstes Werk. Es bedeutete für ihn den tiefsten Einblick in den Aufbau der Welt durch systematische Untersuchung der Harmonienlehre der (hörbaren) Musik und deren Übertragung auf die Harmonien des Planetensystems.[533] Dies in offenkundiger Nachfolge des *Pythagoras*. Was die musikalische Harmonienlehre betrifft, so hatte dieses Buch außergewöhnliche Bedeutung für die griechische Musiktheorie. Dagegen wird der mathematische Teil zur Beschreibung der kosmischen Harmonien, auf den *Ptolemäus* so stolz war, als „einfacher Unsinn, von demselben öden Charakter. wie er die Tetrabiblos und die gesamte astrologische Literatur durchdringt", abgetan.[534] Auch *J. Kepler*, der in seinen Werken *Mysterium Cosmographicum* und vor allem in seiner *Harmonice Mundi* an dieses Werk des *Ptolemäus* anknüpfte, hatte manche der ptolemäischen Spekulationen im Zusammenhang mit den Harmonien als „Träume" bezeichnet.

Auf die drei hauptsächlichen Begriffe der Planetenbewegung, wie sie in der Harmonie des *Ptolemäus* verwendet werden, sei explizit hingewiesen:

- Die Bewegung in Länge (μῆκος), d. h. die ekliptikale Länge l
- Die Variation in „Tiefe" (βάθος), gemeint ist die Anomalie v
- Die Variation in „Breite" (πλάτος), gemeint ist hier die Deklination δ, also die Breite bezüglich des Äquators

9. Die Handtafeln

Die Handtafeln[535] des *Ptolemäus* setzen die Arbeiten des *Almagest* systematisch fort. Sie wurden sicher von *Ptolemäus* verfasst, auch wenn die heute zugängliche älteste Ausgabe von *Theon aus Alexandria* um 400 n. Chr. herausgegeben wurde. Die Tafeln gehören zu den bedeutendsten astronomischen Werken der Antike.[536] Sie sind eine Sammlung von Tabellen, deren Grundlagen die im *Almagest* entwickelten Methoden sind. Da *Ptolemäus* ständig am Werk war, seine Methoden modifizierte und seine Interessengebiete ausweitete,[537] wundert es nicht, dass auch die Tafeln ständig überarbeitet wurrden. Es waren daher verschiedene unterschiedliche Versionen von ihnen im Umlauf.

Die Tafeln liefern die praktischen Grundlagen zur Ephemeridenrechnung und zur Vorhersage von Finsternissen in besser handhabbarer Anordnung und numerischer Ausführlichkeit

[533] O. NEUGEBAUER [1975], pp. 931–934.

[534] O. NEUGEBAUER [1975], pp. 932.

[535] In deutscher Übersetzung werden die Tafeln bei B.L. VAN DER WAERDEN als „handliche Tafeln" wiedergegeben, etwa in: *Bemerkungen zu den handlichen Tafeln des Ptolemaios*, Sitzungsberichte der mathematisch-naturwissenschaftlichen Klasse der Bayerischen Akademie der Wissenschaften zu München, Jahrg. 1953, pp. 261–272.

[536] Vgl. O. NEUGEBAUER [1975], pp. 969–1028.

[537] Vgl. O. NEUGEBAUER [1975], pp. 973.

als die entsprechenden im Text des *Almagest* verstreuten Tabellen. Die Handtafeln des *Ptolemäus* waren überall dort von großem Einfluss, wo die ptolemäische Astronomie verwendet wurde. Auch waren die Handtafeln neu berechnet worden, wie aus der in ihnen verwendeten Epoche zu ersehen ist: Bezug auf die Ära des *Philipp* an Stelle der Ära des *Nabonassar* im *Almagest*. Die zeitliche Datierung der Handtafeln dürfte in die Nähe der *Planetenhypothesen* zu setzen sein. Die Handtafeln sind also lange nach dem *Almagest* erarbeitet worden.

Während die numerischen Werte im Almagest mit großer, allerdings nur theoretisch interessierender Genauigkeit angegeben werden, ist die Genauigkeit in den Handtafeln erheblich reduziert. Das erleichtert die Handhabung, beeinträchtigt jedoch durch Rundungsfehler die Ergebnisse in unnötiger Weise. Möglicherweise wurde diese geringe im Bogenminutenbereich liegende Genauigkeit erst durch *Theon* eingeführt. *Ptolemäus* selbst scheint offenbar eine recht gute Vorstellung über die Genauigkeit seiner Rechnungen gehabt zu haben. Es gibt auch einige Tabellen, die unter dem gewohnten Niveau des *Ptolemäus* liegen und daher spätere Einfügungen zu sein scheinen.

Neu in den Handtafeln ist das verstärkte Interesse an geografischen Aufgabenstellungen. Das zeigt sich u. a. in einer Tabelle mit der Konkordanz von längstem Tageslicht und geografischer Breite. Bemerkenswert ist im Gegensatz zur mittelalterlichen Praxis das Fehlen jedweder für astrologische Fragestellungen relevanter Tabellen. Der Fortschritt in der Weiterentwicklung der Himmelsmechanik durch *Ptolemäus* selbst gegenüber dem *Almagest* zeigt sich in den Handtafeln im Wesentlichen in der Theorie der (ekliptikalen) Breiten der Planeten. Da die Handtafeln jedoch nur als Rechenhilfen dienen sollten, wurde dieser bedeutende Fortschritt in der späteren Zeit nach *Ptolemäus* übersehen. Allerdings „spielte die Theorie der Planetenbreiten eine zentrale Rolle im Übergang von der ptolemäischen zur *Kepler*'schen Theorie".[538] Die Handtafeln enthalten keine Theorie. Sie muss also aus den numerischen Werten der Tabellen zurückgeschlossen werden.[539] *Ptolemäus* geht danach in dieser Theorie wieder von einer festen Inklination aus. Dadurch kann eine Teilbreite β_0 aus den Tafeln als Funktion der epizyklischen Anomalie v_2 berechnet werden. Eine zweite Teilbreite β_1 ist Folge der Inklination i_1 des Epizykels bezüglich des Deferenten, auch dies als Funktion der epizyklischen Anomalie. Die endgültige Breite ist dann $\beta = \beta_0 + \beta_1$. Ein Vergleich der numerischen Ergebnisse nach dieser Theorie mit modernen Ergebnissen zeigt die wesentliche Verbesserung der Handtafeln gegenüber dem *Almagest*. Dies auch dann, wenn der fehlerhafte Wert der Präzession in Rechnung gestellt wird. Entsprechend den planetaren Breiten wurden in den Handtafeln auch die Angaben über die Sichtbarkeiten der Planeten (die „Phasen") verbessert (siehe hierzu den folgenden Abschnitt). Diese waren allerdings für die Entwicklung der Himmelsmechanik unbedeutend.

---

[538] O. NEUGEBAUER [1975], p. 1002.

[539] Siehe B. L. VAN DER WAERDEN [1953]: *Bemerkungen zu den handlichen Tafeln des Ptolemaios*, Sitzungsberichte der mathematisch-naturwissenschaftlichen Klasse der bayerischen Akademie der Wissenschaften zu München, Jahrg. 1953, pp. 261–272, sowie: B. L. VAN DER WAERDEN [1958]: *Die handlichen Tafeln des Ptolemaios*, Osiris **13**, pp. 54–78 [zitiert nach O. NEUGEBAUER [1975], p. 1006 und p. 1201].

Tab. 1.5 Die Inklinationen der äußeren Planeten nach *Ptolemäus*, i_0 = Inklination des Deferenten zur Ekliptik, i_1 = Inklination des Epizykels zum Deferenten, im Vergleich mit modernen Werten, die auf die Epoche 100 n. Chr. zurückgerechnet wurden[541]

	Almagest		Planetenhypothesen	Moderne Werte
	i_0	i_1	$i_0 = i_1$	Epoche: 100 n. Chr
Mars	1° 0′	2°15′	1°50′	1°50′
Jupiter	1°30′	2°30′	1°30′	1°25′
Saturn	2°30′	4°30′	2°30′	2°33′

10. Die Planetenhypothesen

Die Planetenhypothesen sind vermutlich das letzte Werk des *Ptolemäus*.[540] Für die Beschreibung der Bewegungen von Sonne, Mond und der Planetenlängen sind im Wesentlichen die im *Almagest* enthaltene Theorie und ihre Zahlenwerte enthalten. Diese sind hier jedoch, wie schon in den Handtafeln auf die Ära *Philipp* beginnend, im ersten Jahr nach dem Tode Alexanders des Großen bezogen. Modifikationen an manchen Zahlenwerten scheinen jedoch später hinzugefügte Verfälschungen zu sein. *Ptolemäus* führte in den Planetenhypothesen auffällige Änderungen gegenüber dem *Almagest* aufgrund von neuen Beobachtungen durch. Er scheint also den gesamten *Almagest* einer kritischen Revision unterzogen zu haben. Die Planetenhypothesen waren in der arabischen Welt unter dem Namen *kitāb al – manshūrāt* erhalten worden. Von der griechischen Originalversion ist nur ein Teil überliefert worden.

Einen völlig neuen Zugang scheint er, wie schon in den Handtafeln dokumentiert, in der Theorie der Planetenbreiten gefunden zu haben. Bei den äußeren Planeten werden in dieser neuen Theorie die Neigung i_0 des Deferenten zur Ekliptik und i_1 des Epizykels zum Deferenten gleichgesetzt $i_0 = i_1$. In Folge davon wird die Ebene des Epizykels stets zu sich selbst parallel bewegt. Dies ist wegen der Exzentrizität der Planetenbahnen nicht ganz richtig. Für die Berechnung hat das keine praktische Folge. Die jetzt erreichte erhebliche Verbesserung der Zahlenwerte zeigt Tab. 1.5.

Für die inneren Planeten nimmt *Ptolemäus* (statt der im Almagest vorgeschlagenen sinusförmigen Variation) eine konstante Inklination i_0 des Deferenten bezüglich der Ekliptik an. Sie müsste theoretisch genau $i_0 = 0°$ sein. *Ptolemäus* bestimmte für Merkur und Venus jedoch zu den je völlig unerheblichen Wert $i_0 = 10'$. Die zweiten Inklinationen für den Epizykel bezüglich des Deferenten werden jetzt gleichgesetzt: $i_1 = i_2$. Tab. 1.6 zeigt die vorzügliche Qualität der neuen Ergebnisse im Vergleich zu modernen Rechnungen.

Nach den Planetenhypothesen hat die ptolemäische Planetentheorie folgende Eigenschaften:[542]

---

540 Vgl. O. NEUGEBAUER [1975], pp. 900–926.

541 Nach O. NEUGEBAUER [1975], p. 908.

542 Vgl. O. NEUGEBAUER [1975], pp. 909 ff.

Tab. 1.6 Die Inklinationen der inneren Planeten nach *Ptolemäus*[543]

	Almagest		Planetenhypothesen	Moderne Werte
	i_1	i_2	$i_1 = i_2$	Epoche: 100 n. Chr
Merkur	6°15′	7° 0′	6°30′	6°58′
Venus	2°30′	3°30′	3°30′	3°33′

- Die Erde befindet sich in der Knotenlinie des Deferenten eines jeden Planeten. Die Linie zum nördlichsten Punkt des Deferenten, von dem aus das Argument der Breite gezählt wird, steht senkrecht auf der Knotenlinie.
- Die Linie von der Erde zum punctum aequans bestimmt auch das Apogäum A_d des Exzenters.
- Der nördlichste Punkt des Deferenten und sein Apogäum zeigen keine Bewegung vor den Hintergrundsternen (siderisch fixiert).
- Die Ebenen der Epizykel bewegen sich im Wesentlichen zu sich selbst parallel. Im Fall der inneren Planeten steht die Knotenlinie des Epizykels stets senkrecht auf der Knotenlinie des Deferenten. Bei den äußeren Planeten ist die Knotenlinie des Epizykels parallel zur Knotenlinie des Deferenten.
- Auch auf dem Epizykel kann ein nördlichster Punkt definiert werden, dessen Verbindungslinie zum Mittelpunkt des Epizykels senkrecht auf der Knotenlinie des Epizykels steht. Von diesem Punkt aus kann jetzt auch im Epizykel ein Argument der Breite definiert werden. Wenn der Winkel zwischen Apogäum und dem nördlichsten Punkt bekannt ist, ersetzt das Argument der Breite in der neuen Breitentheorie des *Ptolemäus* die mittlere Anomalie v_2 im Epizykel. *Ptolemäus* hat für all diese Werte Tabellen berechnet.

1.7.10 Die mechanistische Deutung der Planetenbewegung in den Planetenhypothesen

Im ersten Teil des ersten Buches der Planetenhypothesen findet sich kein Hinweis auf einen Zusammenhang der einzelnen Bewegungsmodelle der Planeten mit der Vorstellung der sich anschmiegenden (ineinander gefügten) Sphären. Es handelt sich hierbei um den allein in griechischer Sprache überlieferten Teil I,1. Der in Mitteleuropa lange unbekannte zweite Teil I,2 des ersten Buches war nur in arabischer Übersetzung erhalten. Dieser Teil enthält das als „ptolemäische System“ überlieferte System der ineinander geschmiegten Sphären wie erst 1967 festgestellt worden war.[544] Dieses System war in der bislang bekannten Literatur erstmals anonym bei *Proklos* in seinem Werk *Hypotyposis* erwähnt worden. Es war also bis vor Kurzem nicht bekannt, dass das ptolemäische System

[543] Nach O. Neugebauer [1975], p. 909.

[544] Siehe in B. R. Goldstein [1967], pp. 3–12.

tatsächlich von *Ptolemäus* selbst stammte. Bei dieser Vorstellung wirkte sich ein „numerischer Zufall“[545] aus. Der größte (geozentrische) Radius der Mondbahn nach *Ptolemäus* war genau gleich dem kleinsten Radius der Merkurbahn, dessen größter Radius gleich dem kleinsten Radius der Venusbahn und deren größter Radius gleich dem kleinsten Radius der Sonnenbahn. Dies veranlasste *Ptolemäus* im Gegensatz zu seiner im *Almagest* geäußerten Vorstellung Venus und Merkur zwischen Mond und Sonne einzufügen. Somit konnte er auch wie für Sonne und Mond eine Parallaxe für Venus und Merkur annehmen, die er zuvor noch nicht gekannt hatte. In gleicher Weise wurde das System dann fortgesetzt: äußerer Radius der Sonnenbahn gleich kleinstem Radius der Marsbahn, entsprechend bei Jupiter und Saturn. Der äußere Radius des Saturn könnte nach *Ptolemäus* die untere Grenze für die Fixsternsphäre sein, sodass er hier eine Schätzung für die Entfernung der Fixsterne gefunden zu haben glaubte: 20.000 Erdradien als untere Grenze.

Ptolemäus hatte alle Entfernungen in Erdradien angegeben, dann aber auch in einem absoluten Maß (Stadien). In ähnlicher Weise, nach Aussagen über die wahre Größe von Sonne und Mond, war *Ptolemäus* auch zu Aussagen über die wahren Größen der Planeten und Fixsterne gekommen. Nach heutigem Wissensstand handelte sich hierbei um Überlegungen, die sich in der uns bekannten Realität allerdings nicht bestätigen ließen.

Die Verknüpfung von präziser Beobachtung und rechnerischer Auswertung in realitätsbezogener Theorie mit philosophischer Spekulation, d. h. mit Nachdenken über das Gefundene und Spekulieren über den größeren Zusammenhang, ist wie ein Grundgedanke dieses Berichtes behauptet, zwingend notwendig, um erkenntnismäßig fortschreiten zu können. Dieses philosophisch orientierte Nachdenken ist also durchaus legitim. Es ist etwa charakteristisch für die Arbeits- und Denkweise *J. Keplers*, in gewissem Sinn aber auch für seinen großen Vorgänger *Ptolemäus*. Vor diesem Hintergrund darf vielleicht auch das vielfach umstrittene Buch II der *Planetenhypothesen* des *Ptolemäus* gesehen werden. Es wurde offenbar von vielen falsch verstanden.[546]

Ptolemäus unternahm hier anscheinend den Versuch, das Bewegungsmodell, das von *Hipparch* entwickelt worden war und das er in seinen eigenen Theorien weiterentwickelt hatte, mit dem materialistisch gedachten Modell der konzentrischen Sphären nach *Eudoxos* und *Aristoteles* in Einklang zu bringen. Dazu übernahm er den von *Parmenides* eingeführten *Äther*, der von *Aristoteles* als 5. Element der supralunaren Welt zugeordnet worden war, als materiellen Träger der Himmelskörper und ihrer Bewegung. Innerhalb der als beträchtlich dick angenommenen Sphären der Himmelskörper nahm er eigene Sphären für die Epizykel an, von denen wie im Modell des *Aristoteles* zum Ausgleich der äußeren Bewegung zwei angenommen werden mussten. *Ptolemäus*[547] kommt zu 43 Sphären. Wenn der Sonne nur eine Sphäre zugeordnet wird, kommt er nur zu 41 Sphären.

Ptolemäus verwies in diesem Buch auf das im Almagest vorgestellte Bewegungsmodell. Er bemühte sich hier, sein Bewegungsmodell mit dem materialistisch gedachten

---

[545] Vgl. O. NEUGEBAUER [1975], p. 918.

[546] Vgl. O. NEUGEBAUER [1975], pp. 922–926.

[547] Falls dieser Teil der Planetenhypothesen wirklich von *Ptolemäus* selbst stammt.

mechanischen Bewegungsmodell **in vereinfachter Weise,** also ohne die auf das punctum aequans bezogene Ausgleichsbewegung, zu veranschaulichen. Im Sinne einer „Mechanik“, die in der Antike als eine *„Kunst“* verstanden wurde, *„deren Erzeugnisse der Natur nicht entsprechen“*, sollte dieses Bewegungsmodell *„im Gegensatz zu den üblichen Planetarien sichtbar machen, wie die einzelnen Bewegungskomponenten der mathematischen Theorie zusammenwirken, und damit auch in die Handhabung astronomischer Tafeln einführen“*.[548] Das Modell enthielt Vorschriften zum Bau der beträchtlich dicken Kugelschalen mit hohlen Gängen für die Epizykel. Diese bestehen aus Vollkugeln oder aus ausgesägten Stücken von Sphären, um so die jeweilige Breitenbewegung darstellen zu können (vgl. Abb. 1.43). Wie im Sphärenmodell des *Eudoxos* ließ sich aus diesem mechanischen Modell nur jeweils die Bewegung eines einzelnen Planeten beschreiben. In den *Planetenhypothesen*, Buch II, schreibt *Ptolemäus*:

> κἂν μὴ πάσας οἷόν τῇ τῆς εἰρημένης προθέσεως ἀξίως συμπλέκειν, ἀλλὰ χωρὶς
>
> ἑκάστην οὕτως ἔχουσαν ἐπιθεικνύειν.
>
> *(„Auch wenn es nicht möglich ist, das besagte Modell im Ganzen gleichwertig zu verflechten, sondern jeden (Himmelskörper) für sich allein auf diese Weise darzustellen“).*[549]

In einem längeren aufschlussreichen Abschnitt beschäftigt sich *Ptolemäus* im Buch II der Hypothesen in einer mehr philosophischen Diskussion mit den Ursachen der Bewegung der Planeten. *Ptolemäus* lehnt die Mechanik des aristotelischen Systems der konzentrischen Sphären ab, welche alle ihre Bewegung von der Bewegung der äußersten Sphäre (und diese vom „ersten Bewegenden“) erhalten. Die Bewegung eines jeden Planeten wird nach *Ptolemäus* vom Planeten, den er sich (offenbar ähnlich wie *Platon*) wie ein lebendes Wesen mit Seele vorstellt, selbst kontrolliert:

> *„Jedes Gestirn hat eine Lebenskraft, bewegt sich selbst und teilt den Körpern, die durch ihre Natur mit ihm verbunden sind, eine Bewegung mit, deren Anfang in dem ihm nächstgelegenen ist ..., wie es selbst die Bewegung zunächst dem Epizykel, dann dem exzentrischen Kreis, dann dem zur Weltmitte konzentrischen Kreis gegeben hat, wobei diese von ihr mitgeteilte Bewegung an verschiedenen Orten verschieden ist ...“* [550]

Diese Vorstellung hatte *Aristoteles* übrigens zunächst selbst vertreten, bevor er zur Annahme der zurückrollenden Sphären gekommen war.

Im Buch I,2 der *Planetenhypothesen* scheint *Ptolemäus* den Boden mathematischer Hypothetik zu verlassen und physikalisch zu argumentieren, die lückenlose Anordnung der Sphären sei deshalb sinnvoll ist, weil

---

[548] Aus: F. KRAFFT [1973], pp. 69–70.

[549] PTOLEMAIOS: Hypotheses, p. 72, 3–5, HEIBERG. Zitiert nach O. NEUGEBAUER [1973], p. 70.

[550] PTOLEMAIOS: Hypotheses II, 7, p. 120, HEIBERG. Zitiert nach: nach F. KRAFFT [1973], p. 71.

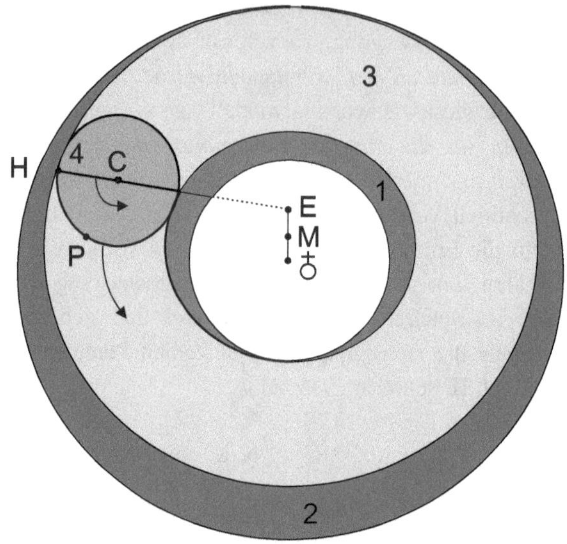

Abb. 1.43 Zur mechanistischen Deutung der Planetenbewegung nach *Ptolemäus* in den Planetenhypothesen.[551] ♁ ist der feste Beobachter (= Erde) im Mittelpunkt des inneren leeren Kreises (in dem sich die inneren Planeten befinden sollen). *M* ist der Mittelpunkt des sphärischen Körpers 3, der sich um *M* so dreht, dass der Mittelpunkt *C* des sphärischen Körpers 4 (der Epizykel) gleichförmig um den Äquanten (das punctum aequans) *E* bewegt wird. (Dadurch wird aber das Prinzip der gleichförmigen Bewegung um die Achse eines sphärischen Körpers verletzt.) Der Epizykel dreht sich gleichförmig um seinen Mittelpunkt *C*. Mit diesem Körper bewegt sich der Planet *P* gleichförmig in Bezug auf den Punkt *H*, der eine Inklination (πρόσνευσις) in Bezug auf den Äquanten *E* hat. Die massiven Körper 1 und 2 ergänzen das System so, dass insgesamt die sphärische Anordnung des gesamten Systems bezüglich *O* erhalten bleibt

„... es undenkbar ist, dass in der Natur eine Leere vorkommt oder irgendetwas Sinnloses und Nutzloses“.[552]

Dies ist eine Folge des (zufälligen?!) Ineinanderpassens der Planetensphären, womit aber nicht von einer festen Sphärenwelt gesprochen werden kann. *Ptolemäus* ist sich offenbar voll der Spannung zwischen mathematischer Hypothese und physikalisch-astronomischer Realität bewusst.

Ein einheitliches Bewegungsmodell, eine Verknüpfung der Bewegungen der Himmelskörper miteinander, wie es *Platon* angedacht hatte, oder gar eine gemeinsame (vielleicht sogar physikalische) Gesetzmäßigkeit hatte *Ptolemäus* nicht erkennen können.

---

[551] Vergleiche SWERDLOW, NOEL M und O. NEUGEBAUER [1984], p. 615, Fig. 5.

[552] PTOLEMAIOS: Hypotheses I b, 4, p. 8d, GOLDSTEIN. Zitiert nach: nach F. KRAFFT [1973], p. 71.

Dieser künstliche Deutungsversuch mit ineinander verknüpften Sphären bleibt ein **mathematisches** Modell. Bis zu *Kopernikus* blieb dieses Modell weitgehend unangefochten Grundlage für die Berechnung der Bewegungen der Himmelskörper.

In späteren Zeiten jedoch, vor allem im Umfeld der arabischen Marāgha-Schule, wurde das physikalische Modell des *Ptolemäus* als – missglückter – Versuch gewertet, die **physikalische** Realität zu beschreiben. Dies scheint den Intentionen des *Ptolemäus* zu widersprechen. Es darf wohl angenommen werden, *Ptolemäus*, der im Laufe seines wissenschaftlichen Wirkens zu wiederholter Verbesserung, d. h. Verfeinerung und Erweiterung der mathematischen Modellierung kam, war stets offen für eine weitere (iterative) Verbesserung des mathematischen Modells. So ist es nicht erst heute Ausdruck jeden wissenschaftlichen Arbeitens. Schließlich arbeitete er zeitlebens an einer Verbesserung seiner Theorien, wie es die erfolgreiche Verbesserung seiner Theorie der planetaren Breiten zeigt. Man darf also davon ausgehen, *Ptolemäus* war auch weiter offen für eine Verbesserung der mathematischen Modelle. Er versuchte deshalb, ein solches mathematisches Modell nur zu veranschaulichen. Er wollte es keineswegs in ein Realität beanspruchendes physikalisches Modell pressen, das kompakt, ausschließlich, unveränderbar, nicht verbesserungsfähig, also endgültig hätte sein müssen.

1.7.11 Anmerkungen zum Sternkatalog des *Ptolemäus*

Das gewaltige Werk, das *Ptolemäus* hinterlassen hat, hat nicht nur Bewunderung verursacht. Es hat auch die Frage aufgeworfen, ob er mehr der große Systematiker ist, der das bisher erarbeitete Wissen ordnete, aufbereitete und in seiner Systematik weiterführte. Es wurde angezweifelt, ob er auch die praktischen Arbeiten dazu selber durchführte, d. h. die Messungen, die Beobachtungen des Sternhimmels und der Bewegungen von Sonne, Mond und Planeten. Die Frage war, ob er für seine lehrbuchartigen Darstellungen „Simulationsdaten" verwendete, die von den Endergebnissen ausgingen. Die sind ja bekanntlich im Vergleich mit „modernen" Zahlenwerten erstaunlich genau.[553] Aber ob diese Messdaten wirklich von *Ptolemäus* selber stammen, wurde lange Zeit bezweifelt (manchmal sogar bis ins 21. Jahrhundert). Dies betrifft vor allem seinen Sternkatalog, von dem er selber stolz behauptet, ihn durch eigene sorgfältige Beobachtungen erhalten zu haben. An dieser Behauptung zweifelte offenbar bereits *Tycho Brahe.* Fast alle Sternkataloge (einzige Ausnahme ist vermutlich der Katalog des *Ulugh Beg* in Samarkand) bis zu *Tycho*s Zeit basierten auf dem Katalog des *Ptolemäus.* Sie waren durch Berücksichtigung der Präzession auf ein aktuelles Datum umgerechnet worden. So hatte es auch noch *Kopernikus* gemacht. Die einfachste Schlussfolgerung war somit, dass *Ptolemäus* selber es auch so gemacht habe. Er habe entgegen seiner Behauptung seinen Sternkatalog nicht selber beobachtet. Vielmehr habe er einfach die gegenüber der Zeit des *Hipparch* aufgelaufene Präzession $2^o 40'$ zu den Längenangaben im (angeblichen)

[553] Siehe etwa in D. LELGEMANN [2010], p. 20.

Katalog des *Hipparch* aufaddiert sowie die Breitenangaben einfach übernommen. Somit könne der „verlorengegangene Katalog" des *Hipparch* in einfacher Weise erhalten werden durch Subtraktion der Längenangaben um diesen Wert der Präzession. In allen diesen Überlegungen wird übrigens nicht diskutiert, dass *Ptolemäus* ein anderes Verständnis der Präzession hatte als *Hipparch* (siehe in der Einführung zu *Ptolemäus* in Abschn. 1.7 ab Seite 143: Ursache der Präzession ist die Drehung der Erdachse um den Pol der Ekliptik). Dadurch sollte *Ptolemäus* doch zu besonderer Sorgfalt im Umgang mit der Präzession angeregt worden sein. Insbesondere *J. B. J. Delambre*[554] hatte die negative Ansicht zu *Ptolemäus* tradiert und auch sonst kein gutes Haar an *Ptolemäus* gelassen, *„mainly due to Delambre's preference for any theory which would detract from Ptolemy's merits*", wie *O. Neugebauer*[555] dazu bemerkte. *Heinrich Vogt*[556] hatte in seinem „Versuch der Wiederherstellung von *Hipparchs* Fixsternverzeichnis" die mühselige Arbeit auf sich genommen (an der *Delambre* gescheitert war), die an verschiedenen Stellen überlieferten Anmerkungen des *Hipparch* zu *Aratos* aufzubereiten und einer exakten Fehleranalyse zu unterwerfen. Mit dieser konnte nachgewiesen werden, dass die relativen Fehler in den beiden Katalogen deutlich unterschiedlich sind. Für die individuellen Fehler ergeben sich die folgenden Werte:[557]

	eklipt. Breite	eklipt. Länge.
Hipparch	$\pm 0.71°$	$\pm 0.88°$
Ptolemäus	$\pm 0.31° \pm$	$0.58°$

Anders sieht es bei den systematischen Fehlern aus. Verglichen mit modernen Werten sind nach *Neugebauer* die systematischen Fehler in den Breiten in beiden Katalogen vernachlässigbar, in den Längen sind die Werte von *Hipparch* ($\pm 0.16°$) genauer als die des *Ptolemäus* ($\pm 1.23°$), was auf die falsche Präzession und Schwierigkeiten bei der Bestimmung des Frühlingspunktes hinweist. *H. Vogt* konnte seine Ergebnisse zusammenfassen:[558] *„Der nunmehr ermöglichte direkte Vergleich vieler ptolemäischer Koordinaten mit den* Hipparch*ischen beweist, dass nur im Mittelwert, nicht im Einzelnen, Ptolemäus' Breiten den Hipparchischen gleichen, und nur im Mittelwert seine Längen die Hipparchischen um 2°40' übertreffen, und lässt den Fixsternkatalog als eigene Arbeit erscheinen, als welche* Ptolemäus *selbst ihn mit aller Bestimmtheit bezeichnet.*" Diese Ansicht übernahm *O. Neugebauer*: *H. Vogt* habe *„convincingly demonstrated that Ptolemy's assertion that his catalogue was based on his own observations was actually true"*. Diese positive Würdigung

[554] J. B. J. DELAMBRE [1817], *Histoire de l'Astronomie Ancienne*, Paris (zitiert nach H. VOGT [1925], p. 18).

[555] O. NEUGEBAUER [1975], in: Kap. E, pp. 280–284.

[556] H. VOGT [1925], O. NEUGEBAUER [1975].

[557] Nach O. NEUGEBAUER [1975], HAMA, p. 284.

[558] H. VOGT [1925], p. 44.

konnte sich nicht überall durchsetzen. Das Argument, dass der Katalog des *Hipparch* vermutlich nur 850 Sterne enthalten haben kann, während der Katalog des *Ptolemäus* doch etwa 170 Sterne mehr enthält, sodass *Ptolemäus* doch wenigstens diese Anzahl von Beobachtungen habe selber durchführen müssen, wird mit folgendem merkwürdigen Argument gekontert: Dann hat er eben einen anderen Katalog abgeschrieben. Ein solcher Katalog ist allerdings nicht bekannt und es findet sich auch nirgendwo ein Hinweis darauf. Und außerdem ist nach wie vor nicht gesichert, ob es einen Katalog des *Hipparch* gibt, der von seinem Kommentar zu *Aratos* unabhängig ist. *H. Vogt* hatte sich auch sorgfältig mit den Bruchteilen der Koordinatenangaben beschäftigt, die die Ablesegenauigkeit und die Graduntereinteilung der Mess- und Beobachtungsinstrumente widerspiegeln.

Die systematische Untersuchung der Bruchteile in den Gradangaben wurde von *R. R. Newton*[559] aufgenommen. Er beobachtete in den Bruchteilen in den Gradangaben der ekliptikalen Längen eine auffällige Häufung bei 40 Bogenminuten. Er kam zu dem naheliegenden und überzeugenden Schluss ist, dass den am häufigsten im (angeblichen) ursprünglichen Katalog vorkommenden ganzzahligen Gradangaben die neuen durch Addition der 2° 40′ im Sternkatalog des *Ptolemäus* erhalten wurden. Wird dieser Betrag an den Längendaten des ptolemäischen Sternkatalog als Berücksichtigung der Präzession seit *Hipparch* angebracht, wird man in die Zeit des *Hipparch* zurückgeführt. Also läge es nahe, einen Sternkatalog zu vermuten, den *Hipparch* erstellt habe. Diese Argumentation fand etwa *B. L. Van der Waerden*[560] allerdings so überzeugend, dass er sie in seinem Buch über die Astronomie der Griechen übernahm. Ergänzende Überzeugungsarbeit leistete *D. Rawlins* mit statistischen Methoden und der Erkenntnis, dass bei Beobachtung von Alexandria (*Ptolemäus*) aus mehr südliche Sterne hätten beobachtet werden müssen als von Rhodos (*Hipparch*) aus. Die würden aber bei *Ptolemäus* „fehlen".

Diese beiden Argumentationen wurden neben anderen von *James Evans* [1987] systematisch und kritisch in einer astronomische und historische Qualitätsstandards hervorragend erfüllenden ausführlichen Studie untersucht. Die zugrunde liegende Idee war: Wenn die *R.R. Newton*'sche Annahme für den Katalog des *Ptolemäus* richtig ist, muss sie auch für **alle** anderen Kataloge zutreffen. Nach *J. Evans* trifft diese Annahme tatsächlich für Kataloge zu, deren Herkunft aus dem Katalog des *Ptolemäus* bekannt ist. Sie trifft aber auch für Kataloge zu, von denen bekannt ist, dass sie ausschließlich eigenständigen Beobachtungen entstammen. Sie können also sicherlich nicht von *Ptolemäus* oder einem sonstigen früheren Katalog übernommen worden sein. Dies trifft insbesondere auf den Katalog des *Ulugh Beg* in Samarkand zu, der auf die Epoche 1437 n. Ch. bezogen ist. Dies lässt den Schluss zu: Mit der Methode von *R. R. Newton* kann man weder beweisen,

---

[559] R. R. NEWTON [1977]: *The Crime of Claudius Ptolemy*, John Hopkins University Press, Baltimore/London (zitiert nach D. LELGEMANN [2010], p. 263). In dieser Arbeit wurde *Ptolemäus* als „Verbrecher" und „Plagiator" bezeichnet. Das sind Begriffe, die einer wissenschaftlichen Diskussion nicht angemessen sind.

[560] B. L. VAN DER WAERDEN [1988]: *Die Astronomie der Griechen*, Wissenschaftliche Buchgesellschaft, Darmstadt (zitiert nach D. LELGEMANN [2010], p. 264).

der Sternkatalog sei nicht von *Ptolemäus* selber beobachtet, aber auch nicht, er sei von ihm selber beobachtet. Die Methode ist also wertlos.

Durch Vergleich mit der Entstehung der tychonischen Kataloge auf der Insel Hven konnte *J. Evans* die Argumentation mit den fehlenden südlichen Sternen als nicht stichhaltig zeigen. In einer sorgfältigen Analyse untersuchte *J. Evans*, wie *Ptolemäus* wohl seine Beobachtungen mit seiner Armillarsphäre anstellte. Dabei dürfen nicht alle Sterne gleich gewichtet werden. Wie auch in der modernen Astrometrie gibt es bei *Ptolemäus* einige Fundamentalsterne, auf welche die anderen Sterne relativ bezogen werden. Diese sind bei *Ptolemäus* die vier Sterne [561] Aldebaran (Länge im Almagest $l = 42°40'$), Regulus ($l = 122°30'$), Spica ($l = 176°40'$) und Antares ($l = 222°40'$). Es fällt auf, dass drei dieser vier Stern den Bruchteil 40′ aufweisen. Dieser Wert kann auch der Präzession seit *Hipparch* zugewiesen werden. Die Häufung dieses Wertes, die *R.R. Newton* als Hauptargument gegen *Ptolemäus* dient, kann also durchaus eine andere sehr plausible Ursache haben.[562] Außerdem hat *James Evans* in Zusammenarbeit mit Universitäten im Mittelmeerraum die Extinktionen in verschiedenen Gegenden, nördlich für Rhodos undsüdlich für Alexandria, untersucht, um so den Einfluss der unterschiedlichen Extinktionen auf die Beobachtung der Helligkeiten der Sterne abschätzen zu können. Das Ergebnis ist: „*Auf jeden Fall ist es unwahrscheinlich, dass die Sterngrößen (magnitudines) des Katalogs des* Ptolemäus *auf Beobachtungen in Rhodos beruhen.*“[563] Die vorsichtige Schlussfolgerung lautet:[564] „*Wenn aber plausible Erklärungen vorliegen, die weniger drastisch sind als der Vorwurf der Täuschung und des Plagiats, ist eine gewisse Mäßigung des Urteils angebracht*“ und schließlich in der Zusammenfassung:[565] „*Alles in allem scheint es keinen zwingenden Grund zu geben, an* Ptolemäus’ *Aussage zu zweifeln, dass er die Sterne selbst beobachtet hat.*“

Im Übrigen ist auch die Frage nicht beantwortet, wie *Hipparch* in seinem angeblichen Sternkatalog plötzlich wesentlich präziser beobachten konnte, als er (zuvor?) im Rahmen des Katalogs zur Beschreibung der Sternbilder nach *Aratos* zu tun fähig war.

Anmerkungen zur kontroversen Diskussion um den Sternkatalog des Ptolemäus

R. R. Newton hat sich als Geophysiker mit der Berechnung von Love-Zahlen aus Satellitendaten einen Namen gemacht.[566] In diesen Arbeiten ging es um die Parameter der Gezeiten und

[561] James Evans [1987]: part. II, p. 247.

[562] Vielleicht kommt hier auch noch die persönliche Konstante hinzu, die kein noch so geübter Beobachter bei Beobachtungen mit dem unbewaffneten Auge vermeiden kann.

[563] J. Evans [1987]: part II, p. 267: *In any case, it is unlikely that the star magnitudes of the catalogue are based on observations made at Rhodes.*

[564] James Evans [1987]: part I, p. 165: *But when plausible explanations less drastic than imputations of deception and plagiarism are available, some temperance of judgement is called for.*

[565] J. Evans [1987]: part II, p. 267: *In balance, there appears to be no compelling reason to doubt Ptolemy's statement that he observed the stars himself.*

[566] R. R. Newton [1968].

damit verbunden die Auswirkung auf die Abnahme der Erdrotation. Auch der Zunahme der Mondrotation und ihrem physikalischen Ursprung widmete er eine Arbeit.[567] Diese Arbeiten führten ihn dazu, nach entsprechenden Messungen in der Antike zu forschen. Damit kam er zu Aussagen über die Genauigkeiten der antiken Messungen, welche ihn offensichtlich in die Irre führten. In Artikeln über *R. R. Newton* wird er als Astronom, Physiker und Wissenschaftshistoriker vorgestellt.[568]

Die Diskussion zwischen den beiden Pro- und Gegen-*R.-R.-Newton*-Lagern wurde und wird immer noch mit harten Bandagen geführt. Bedauerlicherweise behauptet noch im Jahr 2000 JONSSON C. O. [2000]: *„Most of these critics, though, are historians without particular expertise in the field of Greek astronomy.“* In dieser Arbeit stellte *Jonsson* systematisch Arbeiten für und gegen *„The crime of Ptolemy“* zusammen. Die hier angegriffenen Wissenschaftshistoriker sind jedoch im Gegensatz zu *Jonssons* Behauptung einige der besten derzeitigen Spezialisten der griechischen Astronomie in Theorie und Praxis. Etwa SWERDLOW, NOEL M., THOREN, VICTOR E., GINGERICH, OWEN J. [1979]: *Scientific American*, March 1979, p. 93, sie schließen aus ihren Überlegungen: His case (*R. R. Newton*) collapses because *„it is based on faulty statistical analysis and a disregard for these“*. Oder: GRASSHOFF, GERD [1990]: wird als Zeuge für die zumindest teilweise Richtigkeit der Aussagen von *R. R. Newton* zitiert.[569] Allerdings schreibt *Grasshoff* in dieser Arbeit eindeutig: „*(R.R.) Newtons* Argumente gegen *Ptolemäus* sind ‚oberflächlich‘ und ‚ungerechtfertigt‘.“ Merkwürdigerweise wird in der *Jonsson*'schen Zusammenstellung von 2000 die grundlegende und astronomisch und historisch vorbildliche Studie von J. EVANS [1978] überhaupt nicht zur Kenntnis genommen.

Es ist total verstörend, wie *Lucio Russo* sich auf den „verlorenen Sternkatalog des *Hipparchos*“ im Zusammenhang mit dem Sternkatalog des *Ptolemäus* bezieht. Leider hat *Russo* vergessen mitzuteilen, woher er von der Existenz eines solchen Katalogs weiß. Das heißt nicht, dass es einen solchen Katalog nicht gegeben hat. Aber es gibt in der antiken Literatur keinen Hinweis, keine erhaltenen Bruchstücke, nichts, was auf die Existenz eines solchen Katalogs, der unabhängig von der Beschreibung der Sternbilder durch den Dichter *Aratos*[570] und die entsprechende Beobachtung durch Hipparch, hingewiesen hätte. Dies ist absolut ungewöhnlich und widerspricht der historischen Erfahrung.[571] Die Argumentation von *(R.R.) Newton*, eine Berücksichtigung der Präzession der ekliptikalen Längen der Sterne im Katalog des Ptolemäus Katalog mit seiner Häufung der Längen um den Bruchteil 40‘, ist doch recht dünn. Dieses Argument scheint unastronomisch, da es nicht auf die beobachtungstechnischen Randbedingungen, wie etwa die unterschiedliche Extinktion im nördlichen

---

[567] R. R. NEWTON [1979-a].

[568] https://en.wikipedia.org/wiki/Rober_Russell_Newton.

[569] RUSSO, LUCIO [2005], p. 325.

[570] ARATOS [2009].

[571] EVANS, JAMES [1987], part I, p. 158.

und südlichen Bereich des Mittelmeeres, eingeht,[572] die unterschiedliche Beobachtungsqualität von Rhodos mit tiefer Kimm und Alexandria mit nur möglicher Mindesthöhe der Sternbeobachtung infolge der flirrenden Hitze über der Wüste südlich von Alexandria mit etwa der Höhe 6°, die unterschiedlichen Messgenauigkeiten der antiken Instrumente, der unterschiedlichen persönlichen Konstante. *Lucio Russo* zitiert in seinem bewundernswerten monumentalen Werk sehr häufig *Otto Neugebauer* als zuverlässigsten mathematischen Astronomen mit Kenntnissen der antiken Astronomie der Gegenwart. Warum aber *Lucio Russo* die Kompetenz von *Otto Neugebauer* im Zusammenhang mit dem Katalog des *Ptolemäus* bezweifelt, warum er die einzigartige Studie von *James Evans*, die zum Zeitpunkt der Entstehung von *Russo*s Werk längst erschienen war, gar nicht zur Kenntnis nimmt, bleibt sein Geheimnis. Leider wirft dies einen erheblichen (und unnötigen) Schatten auf *Russo*s eigentlich grandioses Werk.

James Evans fällte zusammenfassend ein vernichtendes Urteil:[573] „(R. R.) Newtons *Argumente basierten auf scheinbar nüchternen statistischen Untersuchungen, aber die Schlussfolgerungen des Buches waren von einer persönlichen Feindseligkeit von überraschender Intensität gegenüber* Ptolemäus *geprägt, einem Mann, der seit fast zweitausend Jahren tot war.* (R.R.) Newton *denunzierte* Ptolemäus *als Lügner und Plagiator und stellte [dadurch] seine [eigene] Kompetenz [*R. R. Newton oder Ptolemäus ??*] als Astronom und Mathematiker infrage.*" „*Es ist sehr schade, aber man kann sich des Eindrucks nicht erwehren, dass* (R. R.) Newton *sein beträchtliches Talent vergeudet hat.*"

1.7.12 Würdigung der Bewegungslehre des *Ptolemäus*

Die Lehre des *Ptolemäus* von der Bewegung der Himmelskörper wurde zum Höhepunkt der antiken Astronomie. Sie erfüllte in hervorragender Weise die Beobachtungen bis in die Zeit *Tycho Brahes* und *J. Keplers*. Besonders gelungen war die Theorie der ekliptikalen Länge und in den späteren Versionen auch die Theorie der Breiten. Nur unbefriedigend gelang die Theorie des geozentrischen Radius sowohl in der Mond- als auch in der Planetentheorie. Dagegen stimmten die mittleren Entfernungen, also die großen Halbachsen, hervorragend. Die Bedeutung der ptolemäischen Bewegungslehre liegt in einer rein mathematischen Theorie. Zaghafte Versuche, dieses mathematische Modell in eine physikalische Anschauung einzubinden, wie sie später in kosmologischen Vorstellungen üblich wurden, scheiterten. Kritikpunkte müssen verblassen, wie etwa der, *Ptolemäus* hätte durch Vergleich seiner Beobachtungen mit früheren Beobachtungen die Apsidendrehung der Sonne erkennen können müssen.

[572] EVANS, JAMES [1987], part II, p. 259 pp, see here Fig. 12: The distribution of magnitudes of high-altitude stars in the Ptolemaic catalogue; p. 267: appendix I: calculation of atmospheric extinction.

[573] EVANS, JAMES [1993-b], *J. Evans* veröffentlichte diese kritische Bemerkung zu *R. R. Newtons* Lebenswerk abschließend nach dessen Tode: *Robert. R. Newton* (* 7. Juli 1918; † 2. Juni 1991) https://www.cosmos-indirekt.de/Physik-Schule/Robert_Russell_Newton

- „Astronomie nach dem **Almagest**, der zum Beginn seiner Kariere geschrieben wurde, und Geografie nach der **Geografie**, die zu seinen letzten Werken gehört, waren von völlig neuem wissenschaftlichen Charakter und beeinflussen das wissenschaftliche Denken bis in die heutige Zeit.“[574]
- „Der **Almagest**, die **Geografie**, die **Tetrabiblos** sind ohne Zweifel Schriften, die jede in ihrer Weise den größten Einfluss in der Geschichte der Zivilisation ausgeübt haben.“[575]
- „Die Weite der Interessen des **Ptolemäus**, die Kraft seiner geistigen Durchdringung und seine praktische Erfindungsgabe machen ihn in der Tat zu einem der größten Vertreter der Wissenschaftsgeschichte.“[576]

Ptolemäus ist der antike Hauptvertreter der „mathematisch-hypothetischen Astronomie“, der sich *„keine großen Gedanken über die physikalischen Bewegungsvorgänge“* gemacht hat.[577] Von besonderem Interesse sind für uns die im Grunde auf *Platon* zurückführenden Überlegungen, die Bewegung der Himmelskörper mit möglichst einfachen mathematischen Bewegungsmodellen anzupassen, die auch zur Beschreibung komplizierterer Bewegungsvorgänge verwendbar bleiben. *Ptolemäus* schreibt:[578]

> *„... Man muss allerdings versuchen, so weit wie möglich die einfacheren Hypothesen den Bewegungen am Himmel anzupassen; erst wenn das nicht gelingt, soll man die jeweils anpassungsfähigen Hypothesen heranziehen ...“*

Die ohne Kenntnis einer einheitlichen physikalischen Gesetzmäßigkeit erfolgte geistige und mathematische Durchdringung der Kinematik der Planetenbewegung erfordert auch im Zeitalter der Bewegungen künstlicher Satelliten und Raumflugkörper höchste Bewunderung.

1.8 Die antike Bewegungslehre nach *Ptolemäus*

Otto Neugebauer erarbeitete das derzeitige Standardwerk über die mathematische Astronomie der Antike. Er vertritt darin die Meinung,[579] die griechische Philosophie stelle kein frühes Stadium der Naturwissenschaften dar. Das wahre „griechische Wunder“ bestünde darin, dass sich die wissenschaftliche Methodik entwickeln und überleben konnte, obwohl

---

574 O. NEUGEBAUER [1975], p. 934

575 O. NEUGEBAUER [1975], p. 931.

576 O. NEUGEBAUER [1975], p. 873.

577 Vgl. F. KRAFFT [1973], pp. 67–69.

578 Aus: PTOLEMAIOS, Mathematike Syntaxis XIII 2, Teil 2, p. 532; enthalten in: Claudii Ptolemaei opera quae exstant omnia, edidit J. L. HEIBERG, Leipzig 1898–1903; zitiert in: F. KRAFFT [1973], p. 68.

579 O. NEUGEBAUER [1975], p. 572.

es eine weithin bewunderte dogmatische Philosophie gab. Dies ist die vielleicht etwas einseitige Meinung eines Mathematikers. Es ist zwar richtig, dass keiner der großen Philosophen des Altertums (von *Anaximander* über *Parmenides*, auch von *Platon* bis zu *Aristoteles*, inwieweit hier auch *Pythagoras* zu nennen ist, bliebe zu diskutieren) zugleich ein großer Mathematiker war. Umgekehrt haben die großen Mathematiker (*Eudoxos*, *Euklid*, *Archimedes*, *Apollonios*, *Ptolemäus*) nichts besonders Philosophisches geleistet. Gleichwohl sollte in dem bisherigen Kapitel gezeigt werden, dass **philosophisches Vordenken** der Begriffe und somit ihre gedankliche **Ermöglichung** wesentliche Voraussetzung einer Naturwissenschaft und somit für die naturwissenschaftliche Methodik unerlässlich ist. Der Bewegungsbegriff auch in seiner mathematischen Ausformulierung wäre nicht anders möglich geworden. Das Verdikt der „bewunderten dogmatischen Philosophie" scheint sich, wenn auch bei *O. Neugebauer* nicht explizit genannt, vor allem gegen *Aristoteles* zu richten. Dessen Philosophie blieb in eigenartiger Weise, alle Gebiete des menschlichen Denkens und Arbeitens überdeckend, bis in den Beginn der Neuzeit bestimmend. Gleichwohl gelang die Überwindung des aristotelischen Weltbilds nicht den Mathematikern, sondern wurde neben dem Fortschreiten der Messtechnik und damit der Beobachtungskunst erst durch die gedankliche Vorarbeit durch *Nikolaus von Kues*, *N. Kopernikus* und anderer vorbereitet.

Im folgenden Abschnitt werden einige Aspekte der mathematischen Astronomie in der Zeit nach *Ptolemäus,* soweit für die Theorie der Satellitenbahnen von Interesse, überblicksmäßig behandelt.

1.8.1 Mathematische Astronomie der griechisch-hellenistischen Zeit

Die griechische Astronomie scheint sich in ihren Anfängen möglicherweise völlig unabhängig von der babylonischen entwickelt zu haben. Dies trifft zumindest für das 5. – 4. vorchristliche Jahrhundert zu. Um etwa 430 v. Chr. kann mit *Meton* und *Euktemon* und ihrer Schule der Beginn der nachweisbaren wissenschaftlichen griechischen Astronomie definiert werden. Sie führten Beobachtungen über die Länge des Sonnenjahres durch und formulierten den *metonischen 19-Jahreszyklus* vermutlich unabhängig[580] von der babylonischen Entdeckung dieses Zyklus. *Meton* hatte diesen Zyklus am 27. Juni des Jahres -431 in Athen eingeführt. Kalendarische Probleme blieben dann auch bis *Eudoxos* die vorherrschende Aufgabenstellung für die Astronomie. Damit verbunden war die Beobachtung der Variation der Tageslicht- und der Schattenlänge. Ebenso wichtig waren die Beziehungen des Auf- und Unterganges der Gestirne zu den Jahreszeiten, was für Wettervorhersagen genutzt wurde. Diese sind in den „Parapegmata" enthalten.[581]

[580] Siehe in Abschn. 1.5.11 auf Seite 105.

[581] Siehe hierzu auch das Buch *Phaseis* des *Ptolemäus* in Abschn. 1.7.9 ab Seite 175.

Mit einer mathematischen Beschreibung des Bewegungsverhaltens der Gestirne hatte sich erstmals *Eudoxos von Knidos* befasst. Trotz beträchtlicher mathematischer Kenntnisse führte er nur sehr einfache mathematische Methoden zur numerischen Beschreibung der Bewegungen der Himmelskörper ein. Er beachtete sicherlich das platonische Verdikt, die „vernünftigsten“ und „heiligsten“ Bewegungen, wie sie den himmlischen Objekten zukommen, sollten die einfachsten sein. *Eudoxos* öffnete allerdings den Weg zur geometrisch-kinematischen Darstellung des Sonnensystems. Sie erfuhr ihre endgültige Grundlegung in der mathematischen Theorie der exzentrischen und epizyklischen Bewegung, die von *Apollonios von Perge* entwickelt worden war.

Bei *Eratosthenes* (283-200 v. Chr.) zeigt sich ein erster Einfluss der babylonischen wissenschaftlichen Methodik durch seine Verwendung des sexagesimalen Zahlensystems. Entscheidend wird der Einfluss der babylonischen Astronomie allerdings erst bei *Hipparch* (um 150 v. Chr.) sichtbar: die Verwendung des sexagesimalen Systems sowie die Übernahme der babylonischen Beobachtungsdaten und der numerischen Methoden. *Hipparch* war jedoch sogleich einen entscheidenden Schritt weitergegangen durch die Aufstellung eines neuartigen geometrisch-kinematischen Modells der Sonnen-, Mond- und Planetenbewegung. Dazu konnte er auf die Mathematik des *Apollonios* zurückgreifen. Durch seine sorgfältige Beobachtungstechnik und Begriffsbildung gilt er als Begründer der wissenschaftlichen Astronomie und damit insbesonders der Himmelsmechanik als exakte Wissenschaft.

Mit dem Einfluss der babylonischen Astronomie kam auch die babylonische Astrologie in die hellenistische Welt, wo sie ihr Zentrum in Alexandria fand. Dort wurde die Astrologie, die sich „auf altes Wissen“ oder sogar auf „Gottheiten“ berief, mit ihren antiquierten Methoden und willkürlich zusammengewürfelten häufig widersprüchlichen Parametern zu einem Hindernis für den astronomischen Fortschritt.

1.8.2 Das Bewegungsmodell der Stoa

Während der hellenistischen Epoche und später während des römischen Kaiserreiches (*Seneca, Marc Aurel*) war die Stoa zur bedeutendsten philosophischen Schule geworden. Sie soll deshalb auch im Zusammenhang mit der Entwicklung des Bewegungsbegriffes kurz erwähnt werden. Begründet wurde die Schule kurz vor 300 v. Chr. von *Zenon* (um 336–264 v. Chr.) aus Kition (auf Cypern) in der Athener Stoa Poikile (στοὰ ποικίλη) auf der Athener Agora. Vornehmlich an ethischen Fragen interessiert (Tugend, Selbstzucht, sittenstrenges Leben) und pantheistisch orientiert, spielen die anderen philosophischen Themen, Logik und Physik (Naturphilosophie) die geringere Rolle in der stoischen Philosophie. Unter den stoischen Philosophen ist außer *Poseidonios* von Apamea (um 135–51

v. Chr.)[582] keiner in der Geschichte der Naturwissenschaften vertreten. Bedeutende Naturwissenschaftler, wie etwa *Eratosthenes* in Alexandria, standen der Stoa geistig nahe, ohne ihr anzugehören.

Auf die Stoa zur Zeit des *Poseidonios* geht die Forderung nach der „Rettung der Phänomene" zurück. Sie wird etwa bei *Simplikios* in seinem Kommentar zu des *Aristoteles De caelo* formuliert:

> τίνον ὑποτεϑεισῶν ὁμαλῶν καὶ τεταγμένων κινήσεων διασωϑῇ τὰ περὶ τῆς κινήσεως τῶν πλανωμένων φαινόμενα.
>
> *(„Die Erscheinungen über die Bewegung der herumschreitenden (Himmelskörper) in Bezug auf die zugrunde gelegte wohlgeordnete und regelmäßige Bewegung zu retten.")*[583]

Durch die kritischen Arbeiten des *Poseidonios* war in der Stoa die aristotelische Physik gegenüber manchen Abschwächungen durch *Theophrastos* von Eresos erneuert und ausgebaut worden. Dadurch war in der Stoa das Studium der aristotelischen Schriften, hier also insbesondere die Lehre von den konzentrischen Sphären als Bewegungsmodell der Planeten, angeregt worden. Kurz vor *Poseidonios* war aber die Beschreibung der Planetenbewegung durch die Exzenter- und die Epizykeltheorie des *Apollonios von Perge*[584] bekannt geworden. Sie ist zur aristotelischen Anschauung gegensätzlich. Die „Rettung der Phänomene" hatte in der Stoa somit das Ziel, die Lehre von der gleichmäßigen Kreisbewegung zu bewahren. Es galt also die aristotelische und nicht die platonische Bewegungslehre zu „retten". *Aristoteles* selbst hatte in der Metaphysik vom „Imstandesein (der Theorie) zum Wiedergeben der (Himmels-) Erscheinungen" gesprochen:

> τὰ φαινόμενα εἰ μέλλει τισ ἀποδώσειν.[585]

Das heißt, für *Aristoteles* war die physikalische Theorie das Primäre. Sie müsse eingerichtet werden, um die physikalischen Erscheinungen daraus folgern zu können. Hier hatte sich *Aristoteles* offenbar im Widerspruch zu *Platon* gesehen. Er unterstellte ihm, alles zu tun, um die Hypothesen, d. h. die Theorie (= die mathematischen Formeln) zu retten:

> οἱ δὲ οὐδὲ τὸ αἰσϑη τὸν ἅπαν συγχωροῦσι διὰ το βούλεσϑαι σώζειν τὴν
>
> ὑπόϑεσιν.

---

[582] Siehe etwa in: F. HEINEMANN, ed. [1959], *Die Philosophie im XX. Jahrhundert, pp. 112 ff.*

[583] Zitiert nach dem Kommentar des *Simplikios* über des *Aristoteles De caelo* 293 a 4. *Simplikios* beruft sich hier auf eine Schrift von *Eudemos*. Siehe J.B. SKEMP [1942], p. 70 und J.L.E. DREYER [1953], p. 89. Von dem Wort πλανωμένων (Herumschweifende, Herumirrende, Herumbewegende) leitet sich bekanntlich der Begriff *Planet* ab.

[584] Siehe in Abschn. 1.6.6 auf Seite 113.

[585] ARISTOTELES, Metaphysik Λ 8, 1073b, 38.

(„Sie aber gestehen allem Wahrnehmbaren nichts zu aus dem Wunsch heraus, die Hypothese zu retten.")[586]

Hier zeigt sich das seit *Platon* bestehende Spannungsfeld zwischen mathematischer Theorie und physikalischer inklusive astronomischer Realität. Zur Zeit des *Poseidonius* wird sie in positivistischem Sinn zu einem σώζειν τὰ φαινόμενα: Die Erscheinungen sind das Primäre. Sie gilt es zu retten. Das Anliegen der mathematischen Astronomie sei das Vorhersagen dieser Erscheinungen ist. Jedoch sei die Hauptsache die Phänomene richtig zu beschreiben, gleichgültig mit welcher Theorie. Diese Auffassung wird später von *Proklos*[587] unter Berufung auf *Platon* scharf bekämpft werden.

In der Physik vertraten die Stoiker die zentrale Annahme von der alles durchdringenden Ursubstanz. *Kleanthes* aus Troas (um 331–230 v. Chr.), ein ehemaliger Faustkämpfer und nach *Zenon* aus Kition der zweite Vorstand der Stoa, nahm diesen Urstoff identisch mit dem Feuer an. Deshalb setzte er die alles kontrollierende Urkraft in die Sonne:[588] das Ἡγεμονικόν. Gleichwohl veröffentlichte *Kleanthes* eine Streitschrift gegen *Aristarch* von Samos. Er bezeichnete *Aristarch* als gottlos, weil dieser die Erde nicht im Mittelpunkt der Welt belassen wollte.[589]

Spätere Vertreter der stoischen Schule nahmen die Weltkraft in der Himmelssphäre bestehend aus dem Himmelsstoff-Äther an. Er sei eins mit der Gottheit, die somit überall wirkt, also das pantheistische Grundkonzept. Die Himmelskörper sind in dieser Lehre von feuriger Natur und „ernähren" sich von den „Ausdünstungen" der Erde. Die Sonne bewegt sich nach dieser Vorstellung im Verlauf eines halben Jahres von Süd nach Nord über den bewohnten Gebieten der Erdoberfläche. Das ist zwischen dem südlichen und nördlichen Wendekreis: Dort holt sie sich ihre Nahrung. Davon abgesehen hat die Sonne keine Eigenbewegung. Sie nimmt lediglich an der täglichen Rotation des Himmels wie alle Sterne auch teil.

Auch die Planeten haben nach dieser Lehre keine eigene Bahnbewegung. Sie bewegen sich etwas langsamer als der Sternhimmel von Ost nach West in schräger Richtung mit sinusförmigen Variationen zwischen extremalen südlichen und nördlichen Deklinationen. Im Vergleich zu den gleichzeitig entwickelten physikalischen und mathematischen Theorien von der Bewegung der Himmelskörper handelt es sich um einen eklatanten geistigen Rückschritt. Bei den Römern war die Stoa die wesentliche Philosophierichtung. Dieser geistige Rückschritt ist wohl hauptsächlich schuld daran, dass die Stoa und damit die Römer nicht an der Weiterentwicklung der Naturwissenschaften Anteil nehmen konnten.

---

[586] ARISTOTELES, *De caelo* Γ 306a, 29, 36.

[587] Siehe in Abschn. 1.8.3.4 auf Seite 199.

[588] J. L. E. DREYER [1953], pp. 157–160.

[589] W. EKSCHMITT [1989], pp. 150.

1.8.3 Mathematische Astronomie in der spätrömischen Zeit

Das Werk des *Ptolemäus* war bereits von seinen Zeitgenossen in seiner Bedeutung erkannt und akzeptiert worden. Dies führte allerdings auch – soweit nicht von *Ptolemäus* selbst tradiert – zu einer weitestgehenden Verdrängung der gesamten vorptolemäischen Astronomie im gesamten hellenistisch-römischen Bereich, damit in der gesamten westlichen Welt. Lediglich im östlichen Bereich, vor allem in Indien, wurden im frühen 2. Jahrhundert, also noch vor *Ptolemäus*, die hellenistische Astrologie und mit ihr die babylonischen arithmetischen Methoden eingeführt und – wie kürzlich erst entdeckt – bewahrt.[590] Erst etwas danach wurde die griechische kinematische Methodik auch dort eingeführt. Beide Traditionen wurden in Indien weitergeführt.

1.8.3.1 Sosigenes

Bemerkenswert sind die Modifikationen an der Ätherphysik des *Aristoteles*, die ***Sosigenes***, einem Zeitgenossen des *Ptolemäus*, nötig erschienen waren. *Sosigenes* war vermutlich als Vorstand der peripatetischen Schule in Athen der Vorgänger des *Alexander von Aphrodisias*. Dieser war der Schule von 198 bis 211 n.Chr. vorgestanden.[591] *Sosigenes* hatte in Athen die ringförmige Sonnenfinsternis des Jahres 164 n. Chr. beobachtet. Der Äther des *Aristoteles* und somit das gesamte aus Äther bestehende System der homozentrischen Sphären sollten unveränderlich sein. Eine ringförmige Sonnenfinsternis, welche eine Veränderung des Abstandes von Sonne und Mond von der Erde und somit eine Variabilität deren scheinbarer Größe voraussetzt, hätten danach nicht möglich sein dürfen. In seiner Schrift „über die zurückrollenden Sphären" versuchte *Sosigenes* das aristotelische Axiom, wonach jeder Körper sich gleichmäßig um das Zentrum der Welt bewegen solle, zu modifizieren. Diese Schrift ist allerdings nur in Auszügen bekannt, die *Alexander von Aphrodisias* angefertigt hatte. Sie wird in dem berühmten Kommentar des *Simplikios von Cilicien* (um 530 n. Chr.) über *De caelo* des *Aristoteles* wiedergegeben. *Alexander von Aphrodisias* und *Simplikios* waren allerdings wieder strenge Aristoteliker. Beide lehnten den Vorschlag des *Sosigenes* zu einer neuen Himmelsphysik rigoros ab.[592]

Sosigenes hatte im Anschluss an *Eudemon aus Rhodos* einen kritischen Überblick über die ältere Astronomiegeschichte gegeben. Er wies auf die neueren mathematischen hypothetischen Theorien zur „Rettung der Phänomene" hin. Der Name seines Zeitgenossen *Ptolemäus* (vielleicht auch erst in der Zitierung bei *Simplikios*) wird nicht erwähnt.

[590] O. NEUGEBAUER [1975], pp. 6–7.

[591] Siehe F. KRAFFT [1973], pp. 66–68. Nicht zu verwechseln mit dem *Sosigenes*, der im ersten vorchristlichen Jahrhundert in Alexandria die julianische Kalenderreform durchgeführt hatte. Hierzu: O. NEUGEBAUER [1975], p. 1064, auch: in Abschn. 1.11, Kalenderrechnung, ab Seite 275.

[592] *Simplikios* wird gelegentlich auch als Neuplatoniker angesehen, vgl. etwa SCHÄFER, CHR. [2007], p. 350.

Auch wird hier das theoretische Werk des *Ptolemäus* nicht näher beschrieben. *Sosigenes* schreibt:[593]

> *„Als mathematische Hypothesen erschienen Epizykel- und Exzentertheorie brauchbarer denn homozentrische und zurückrollende Sphären. Diese (neuen) Hypothesen sind erstens einfacher als die früheren, weil sie nicht so viele Himmelskörper künstlich ersinnen müssen, und zweitens retten sie die Phänomene, und zwar sowohl die anderen alle als auch besonders diejenigen, welche die Tiefe betreffen (d. h. die variablen Distanzen zur Erde) und der Ungleichförmigkeit (ἀνωμαλία) (der Bewegung). Jeder der kreisförmig bewegten Körper soll sich (nach Aristoteles) um das Zentrum des Weltalls bewegen. Ein größerer Wahrheitsgehalt dürfte allerdings dem Axiom zukommen, das besagt, dass jeder kreisförmig bewegte Körper sich um sein eigenes Zentrum bewegt (ἀληθὲς οὖν ἂν μᾶλλον ἀξίωμα εἴη τὸ λέγον, ὅτι πᾶν κυκλοφορητικόν σῶμα περὶ τὸ ἑαυτοῦ κέντρον κινεῖται) weil es von allen Himmelskörpern, welche die Mitte des Weltalls zum Zentrum haben, richtig ist zu sagen, dass sie sich um die Mitte der Welt bewegen, und weil das, was von ihnen mehr abgesondert außerhalb der Mitte liegt, um ein* ***eigenes*** *Zentrum kreist, wie die Gestirne, Epizykel und Exzenter,* ***wenn es überhaupt derartiges als Körper*** *am Himmel gibt."*

Sosigenes erhebt für diese Meinung keinen absoluten Wahrheitsanspruch. Er meint nur, sie sei „eher richtig" (μᾶλλον ἀληθές) Es gelingt aber nicht, die neuen mathematischen Theorien (des *Ptolemäus*) physikalisch einzuordnen, obgleich sie „einfacher" als die alten und daher wahrscheinlicher und physikalisch „richtiger" seien.

Die Unvereinbarkeit von mathematischer Theorie und physikalischer Realität blieb also über *Simplikios* und *Thomas von Aquin,*[594] der die „reine Lehre des Aristoteles" im christlichen Abendland prägte, bis zu *Kopernikus* bestehen.

1.8.3.2 Pappus

Ptolemäus fand keinen Nachfolger, der sein Werk weiterentwickeln oder weiter verbessern konnte. Allein schon daran zeigt sich die singuläre Bedeutung des ptolemäischen Werkes. Von ***Pappus*** (um 320 n. Chr.) sind umfassende Kommentare zum *Almagest* und zu den Handtafeln überliefert. *Pappus* greift auch auf antiquierte Methoden aus der Zeit vor *Ptolemäus* zurück. Diese Methoden sind auf diese Weise bekannt geblieben. Doch für die astronomische Entwicklung sind sie unbrauchbar. Sie waren deshalb von *Ptolemäus* nicht mehr verwendet worden.[595]

1.8.3.3 Theon von Alexandria - Hypatia

Etwa 40 Jahre nach *Pappus* veröffentlichte ***Theon*** **von Alexandria** seine Kommentare zu denselben Werken des *Ptolemäus*. Auch seine Tochter ***Hypatia*** arbeitete als Mitarbeiterin

---

[593] SIMPLIKIOS: in Aristotelis de caelo libros commentaria, editit, J. L. HEIBERG, Berlin 1894 (Commentaria in Aristotelem Graeca, Bd. 7), p. 509,16 – p. 510,3; zitiert bei: F. KRAFFT [1973], p. 66.

[594] Vor allem in seinem *De-caelo*-Kommentar, vgl. F. KRAFFT [1973], p. 67.

[595] O. NEUGEBAUER [1975], p. 5, p. 749, pp. 965–969.

ihres Vaters. Später arbeitete sie eigenständig an einer Kommentierung des ptolemäischen Werkes. *Hypatia* ist eine der ersten Frauen, die wegen ihrer hohen und produktiven Bildung in die Geschichte eingingen. Sie geriet in sie Auseinadersetzungen zwischen Alexandria und der aufstrebenden Kaiserstadt Konstantinopel. Übel verleumdet wurde sie im Jahr 415 von der Gosse brutal ermordet.

Diese spätalexandrinischen Arbeiten zeichnen sich nicht durch eigenständiges Weiterarbeiten der ptolemäischen Werke aus. Sie sind vielmehr wichtig durch ihr Bewahren, Kommentieren und das Ausarbeiten der Handtafeln und die Weitergabe der ptolemäischen Arbeiten in einer zunehmend wissenschaftsfeindlichen Umwelt. Das Zentrum der wissenschaftlichen Welt verlagerte sich von Alexandria, wo die Schule des *Aristoteles* noch bis ins 6. Jahrhundert vorherrschend war, neben Athen, in dem noch die Akademie des *Platon* bis zu ihrem Verbot durch *Justinian* im Jahre 529 existierte, allmählich nach Konstantinopel in die Umgebung des oströmischen Kaiserhofes, .

1.8.3.4 Proklos

Proklos (geb. 412 in Konstantinopel, gest. 485 in Athen) war der bedeutendste Vertreter der späten Akademie, Schüler des *Syrian* und dessen Nachfolger als Direktor der Akademie. Er repräsentierte das in beiden Schulen vorhandene Interesse an astronomischen und astrologischen Lehren. Er selber verfügte über hervorragende Kenntnisse der ptolemäischen Theorien.[596]

Von seinen Schriften ist nur die ὑποτύπωσις (*Lehre von den Abbildungen*) erhalten. Diese stellt eine gute Einführung in die ptolemäische Astronomie dar, die „erste und letzte Zusammenfassung des Almagest in der Antike".[597] Im Übrigen sind nur Manuskripte (= Notizen nach seinen Vorlesungen ἀπὸ φωνῆς τῶν πράξεων) erhalten. Sie offenbaren einen unterschiedlich tiefen Einblick des *Proklos* in die frühe griechische Naturwissenschaft. So ist etwa im Zusammenhang mit astrologischen Berechnungen die Bemerkung zu verstehen, *Platon* habe die Unregelmäßigkeiten der Planetenbewegung nicht mit Hilfe von so „künstlichen" Hilfsmitteln wie den Epizykeln erklärt. *Proklos* jedoch erkannte deren Nützlichkeit durchaus an.

In der das wissenschaftliche Denken seit *Platon* beherrschenden Auseinandersetzung zwischen mathematischer Theorie und physikalischer Realität bezieht *Proklos* unter Berufung auf *Platon* Stellung in dem Sinne, die Wahrheiten „hinter den Dingen" nicht zugunsten vordergründiger Erscheinungen übersehen zu wollen. Er schreibt:[598]

> *„Der große* Platon*, mein Freund, fordert von dem wahren Philosophen (Physiker), die sinnlichen Wahrnehmungen und das gesamte sich unstet wandelnde Sein beiseite zu lassen und jenseits des < sichtbaren > Himmels Astronomie zu treiben (ὑπεραστρονομεῖν) und dort die*

[596] O. NEUGEBAUER [1975], pp. 1031–1037.

[597] O. NEUGEBAUER [1975], pp. 1036.

[598] In Procli Diadochi hypotyposis astronomicarum positionum, griech.-deutsch ed. K. MANITIUS, Leipzig 1909, p. 2 ff.; zitiert bei: F. KRAFFT [1973], pp. 64, 65.

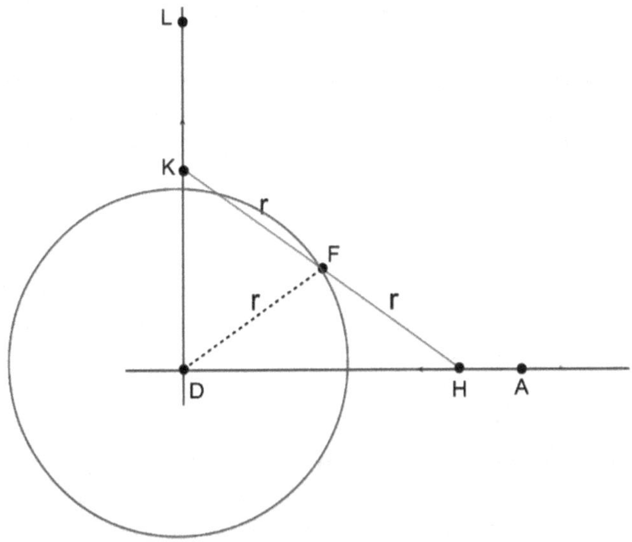

Abb. 1.44 Das Theorem des *Proklos*: Kreisbewegung des Punktes F um D, zurückgeführt nach *Proklos* auf zwei geradlinige Bewegungen der Punkte H und K auf zwei senkrecht aufeinander stehenden Achsen: Es ist $\overline{DF} = \overline{HF} = \overline{FK} = r$ Radius des Kreises[600]

> *wahre Langsamkeit und Schnelligkeit an sich in ihren wahren Zahlenverhältnissen zu betrachten. Von diesem Schauen willst du uns, wie mir scheint, wieder herabziehen zu den Umläufen am sichtbaren Himmel und zu den Beobachtungen jener Astronomen und den Hypothesen, die von ihnen aus diesen künstlich konstruiert wurden (καὶ τὰς ἐκ τούτων αὐτοῖς μεμηχανημένας ὑποθέσεις). und die ein Aristarchos, Hipparchos, Ptolemaios und andere solche Leute ständig im Munde zu führen pflegen.“*

Diese Überlegungen des *Proklos* und seine eigenen mathematischen Arbeiten zeigen, dass auch er in diesem (vielleicht tatsächlich unlösbaren) Spannungsfeld von Schein und Sein eingebunden war.

Von Bedeutung für die Nachwelt ist die mathematische Beschreibung komplizierter Bewegungen durch *Proklos*. Er setzte sie aus einfachen Bewegungen zusammen. Das ist ein Gedanke, den wohl *Aristoteles* als Erster klar formuliert hatte.[599] *Proklos* erwähnt, dass eine *spiralförmige Bewegung* auf einem Zylinder durch Kombination aus einer Rotation und einer axialen Bewegung erzeugt werden kann. Eine *diagonale Bewegung* setzt sich aus zwei (geradlinigen) Bewegungen in verschiedenen Richtungen zusammen. Auch eine elliptische oder kreisförmige Bahn kann als die Bewegung eines Punktes auf einem Geradenstück gedeutet werden, dessen Enden sich auf zwei senkrechten Achsen bewegen. Das zeigt Abb. 1.44.

---

599 Vgl. Abschn. 1.5.2 auf Seite 92.

600 Nach O. Neugebauer [1975], p. 1431.

Dieses Theorem wurde später in der Planetentheorie des *At* – *Tūsī*[601] und dann bei *Kopernikus* von zentraler Bedeutung. Der Mittelpunkt F der Strecke HK beschreibt nach Abb. 1.44 einen Kreis um den Mittelpunkt D, wenn die Endpunkte H und K auf den Achsen wandern: A ist der Extremalpunkt auf der einen Achse (der „x-Achse"), L der Extremalpunkt auf der zweiten Achse (der „y-Achse"), da offenbar auch **stets** $\overline{DF} = r$ ist.

In der astronomischen Anwendung erscheint das Theorem des *Proklos* in etwas erweiterter Form. Nach Abb. 1.45 wird der Mittelpunkt F der gegebenen Strecke, der sich auf einem Kreis um D bewegt, selbst als Mittelpunkt eines Kreises mit Radius r aufgefasst. Dieser Kreis geht durch D sowie die Endpunkte H und K der gegebenen Strecke sowie durch den Punkt G auf der Geraden durch D und F. G bewegt sich wie F um D auf einem Kreis, der jetzt den Radius $2\ r$ hat.

Der Punkt H bewegt sich geradlinig ungleichförmig auf der Strecke AB und der Punkt K in gleicher Weise auf der Strecke LN. Zwei gleichförmige Bewegungen um die Punkte D und F werden so auf eine einfache harmonische Bewegung eines Punktes auf einer Strecke zurückgeführt. In der modernen Physik denkt man in diesem Fall an den harmonischen Oszillator. Im Sinn der antiken philosophisch untermauerten Bewegungslehre wird hier also die endliche geradlinige Bewegung des *Aristoteles* mit der Kreisbewegung mathematisch verknüpft.

In einer kleinen Abhandlung *Elemente der Physik* (στοιχείωσις φυσική, im Mittelalter unter dem Titel *elementatio physica* oder auch *de motu* ins Lateinische übertragen) beschäftigte sich *Proklos* u. a. mit den Grundlagen der Zeit, der Bewegung und der Kontinuität unendlicher Teilbarkeit. Insbesondere ordnete er hier allen bewegten Körpern in natürlicher Weise unendliches Leben auf ihren Kreisbahnen zu.

1.8.4 Mathematische Astronomie in der islamischen Zeit

Die islamische Welt erhielt ihre ersten astronomischen Kenntnisse aus Indien. Erst später nahm sie die griechischen Quellen des ptolemäischen Systems direkt auf. Beide Einflüsse lassen sich durch die astronomische Geschichte in der islamischen Welt insbesondere der Schulen von Bagdad (gegründet 762 n. Chr.) und Damaskus verfolgen.[602] Basis der astronomischen Arbeiten in der islamischen Welt waren der *Almagest* sowie die Handtafeln des *Ptolemäus* bzw. ihre späteren Überarbeitungen. Die waren im Verlauf des 9. Jahrhunderts ins Arabische übersetzt worden. Wichtig ist insbesondere der zweite Teil I,2 des ersten Buches der Planetenhypothesen. Die griechische Fassung war verlorengegangen und nur in arabischer Übersetzung überliefert worden ist. Es entwickelte sich auf dieses Werk des *Ptolemäus* aufbauend eine große und weitreichende astronomische Literatur. Sie war

[601] Vgl. Abschn. 1.8.4.2 ab Seite 205.

[602] Vgl. O. NEUGEBAUER [1975], pp. 7–13.

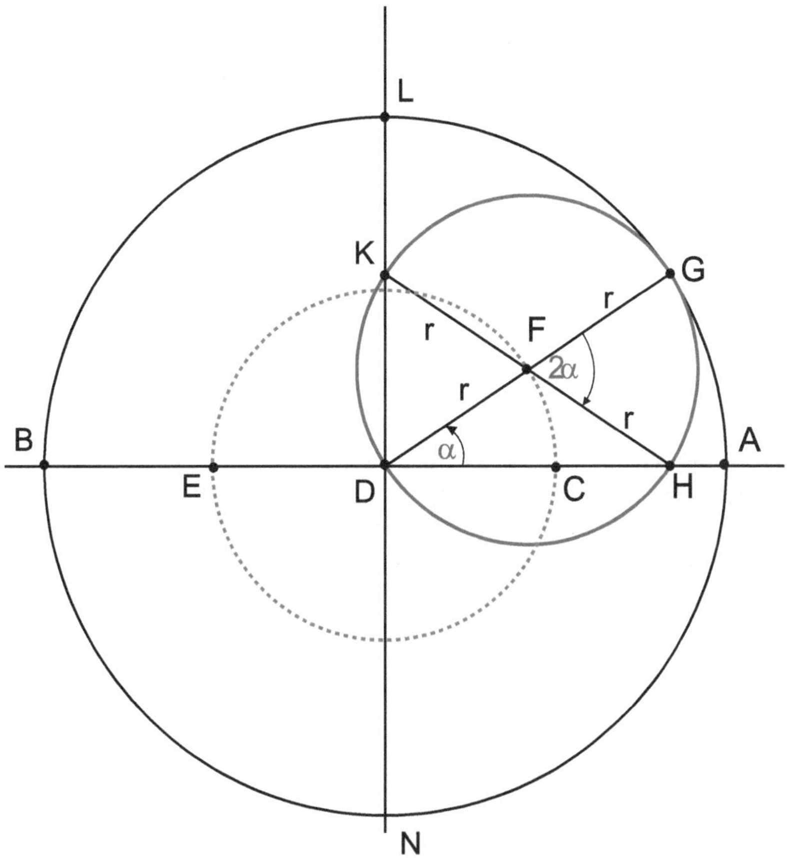

Abb. 1.45 Das erweiterte Theorem des *Proklos* („*Tūsī*'s Kunstgriff")[603]

umfangreicher als die gesamte griechische und mittelalterliche lateinische astronomische Literatur.

Es können zwei wesentliche Gruppen in der islamischen Literatur unterschieden werden. Sie wurden auf die mittelalterliche europäische Welt und in dieser besonders auf *Kopernikus* von großem Einfluss.[604]

1.8.4.1 Die erste Gruppe arabischer Astronomen

Als erste Gruppe können die Autoren angeführt werden, deren Werke vor allem im 12. Jahrhundert ins Lateinische übersetzt worden waren. Sie wurden so Bestandteil der mittelalterlichen europäischen Astronomie. Eine Neubestimmung der Basisgrößen der

[603] Zeichnung nach: COPERNICUS, *De revolutionibus*, Nuremberg ed, f.67.v; siehe auch: O. NEUGEBAUER [1975], p. 1491, Fig. 137.

[604] Siehe hierzu: SWERDLOW, NOEL M. und O. NEUGEBAUER [1984], pp. 41–48.

ptolemäischen Astronomie war im 9. Jahrhundert durchgeführt worden. Gegenüber den Zahlenwerten des *Ptolemäus* hatte sich ergeben: die Schiefe der Ekliptik, die Länge des tropischen Jahres und die Exzentrizität der Erdbahn hatten abgenommen. Die Präzession der Apsidenlinie der Sonnenbahn hatte zugenommen.

Ptolemäus hatte diese Größen über die drei Jahrhunderte seit *Hipparch* als konstant angenommen. Zu den Astronomen des 9. Jahrhunderts gehören *Thābit ibn Qurra* (836–901) in Bagdad, der vermutlich das Buch *de anno solis* geschrieben hat, und *az – Zarqāl* (gestorben um 1100), der in Toledo und Cordoba wirkte. Sie nahmen – fälschlicherweise – an, dass *Ptolemäus* nicht irrte, sondern diese Größen langperiodischen Schwankungen unterliegen. Diese Annahme beeinflusste die mittelalterliche Astronomie und damit wieder *Kopernikus* nachhaltig. Es wurden zu dieser Zeit zwei sehr bekannte Werke geschrieben, die sich mit den langperiodischen Variationen beschäftigten: *Über die Bewegung der achten Sphäre* (de motu octavae sphaerae) und die Tafeln von Toledo. Es ist nicht bekannt, wer der oder die Verfasser dieser beiden Werke waren. Die Tafeln von Toledo enthalten auch eine Tafel für eine veränderliche Exzentrizität der Sonnenbahn. Auf diesen Werken bauen die *Alfonsini*schen Tafeln auf. In ihnen weist die Präzession eine gleichförmige und eine periodische Komponente auf.

Al – Battānī, der in Raqqa lebte, war im Vergleich zu anderen Astronomen, vor allem zu *al – Bīrūnī* (973–1048), von geringerem astronomischem Können. Die „Tafeln des Battani" waren ohne eigenständige astronomische Leistung konsequent auf der Basis des Almagest erstellt worden. Diese Tafeln dienten gleichwohl im Mittelalter und bis in die Renaissance als eines der bedeutendsten astronomischen Werke. In diesen Tafeln wird erstmals eine Bewegung des Sonnenapogäums also der Apsidenlinie aufgezeigt. Diese war *Ptolemäus* nicht aufgefallen, obgleich seine Daten dazu hätten ausreichen können.[605]

Al – Battānī wie auch *Thābit ibn Qurra* hatten angenommen, wie es auch in den Tafeln von Toledo und den Alfonsinischen Tafeln dargestellt wurde, dass das tropische Jahr wächst, während das siderische Jahr fest ist. Infolgedessen wächst bei ihnen die Präzession, welche für den Unterschied von tropischem und siderischem Jahr verantwortlich ist, beträchtlich schneller als bei *Ptolemäus*. Die hier verwendeten Modelle für den nicht gleichförmigen Anteil in einer Variation von Präzession und der Sonnenexzentrizität haben keine Entsprechung im Werk des *Ptolemäus*. Gleichwohl sind diese Methoden, mit denen diese Variationen entdeckt wurden, keine eigenständige Erfindung der arabischen Astronomen. Sie sind nichts als eine Anwendung der ptolemäischen Verfahren zur Ableitung von Parametern mit neuen Beobachtungen der Sonne und von Ekliptik-nahen Sternen. Folgerichtig weichen die Ergebnisse von den entsprechenden Werten im Almagest ab. Diese Methodik muss kritisiert werden.[606] Sie deckt nur die Beobachtungen zur Zeit des *Hipparch* bzw. des *Ptolemäus* ab, sowie die der neuen Beobachtungen, nicht aber

---

[605] Vgl. O. NEUGEBAUER [1975], p. 6, p. 307. Bei K. STUMPFF [1959], p. 19, wird die latinisierte Sprechweise *Albategnius* verwendet.

[606] SWERDLOW, NOEL M. und OTTO NEUGEBAUER [1984], p. 43.

die Zeiten davor, dazwischen und danach. Die Methode des *Ptolemäus,* aus den Beobachtungen die mathematischen Modelle abzuleiten, wurde hier allerdings nicht verwendet. So finden sich in den Tafeln von Toledo und den Alfonsinischen Tafeln die unmöglichen Aussagen, die Präzession in späterer Zeit (nämlich um das Jahr 2000 bzw. 3000) würde negativ sein. Das tropische Jahr wäre dann größer als das siderische Jahr.

Im Zusammenhang mit der Entwicklung der Bewegungslehre der Himmelskörper kann in gewissem Sinn *Abū'al Wafā u'l Wafa* (940–998) in Bagdad erwähnt werden. Ihm war eine Modernisierung der sphärischen Trigonometrie gelungen. Er ersetzte das *Menelaos*-Theorem[607] durch den Sinussatz der sphärischen Trigonometrie. Dagegen war der Ersatz der Sehnenfunktion durch die halbe Sehne, d. h. die Sinusfunktion, erst Jahrhunderte später in Indien geglückt. Auch *Kopernikus* hatte die Sinusfunktion als solche noch nicht gekannt.

1.8.4.2 Die Schule von Marāgha

Im Zusammenhang mit dem Bewegungsbegriff ist unter den vielen hervorragenden Astronomen (und Astrologen) des islamischen Kulturbereiches vor allem *Nasīr ad – Dīn at – T̥ūsī* (gest. 1274) zu erwähnen. Unter seinem Direktorat war 1259 eine Sternwarte in *Marāgha* südlich von Tabriz erbaut worden. *At – T̥ūsī* war ein „weltberühmter Mann" („von Byzanz bis China").[608] Seine Arbeiten waren der Astronomie, Astrologie, Mathematik und dem Konstruieren von astronomischen Instrumenten gewidmet.

Er führte das Theorem des *Proklos* in die Himmelsmechanik ein, um die Bewegung des Merkur zu beschreiben. Dadurch war ihm eine wesentliche Verbesserung der ptolemäischen Merkur-Theorie gelungen. *At – T̥ūsī's* Arbeiten wurden von *Mūlaqqad ad – Dīn al –' Urdī* (gest. 1266) sowie *At – T̥ūsī* s bedeutendstem Schüler *Qutb ad – Dīn ash – Shīrāzī* (1236–1311), und dann von *Ibn ash – Shātir* (1304–1375/76) in Damaskus fortgesetzt. Diese Arbeiten wurden von *Kopernikus* aufgegriffen, der das Theorem des *Proklos* in der Bezeichnungsweise des *At – T̥ūsī* verwendete.[609]

Die Schule von Marāgha ist der zweite arabische Vorläufer der kopernikanischen Astronomie. Sie unterschied sich von den Schulen von Bagdad und Damaskus. In Marāgha standen nicht die ptolemäischen Zahlenwerte, sondern die physikalischen Probleme im Vordergrund des Interesses. So waren sie schon von *Ptolemäus* als Modell im Buch I,2 der Planetenhypothesen dargestellt worden.

Schon etwa 200 Jahre vor *At – T̥ūsī* hatte sich *Ibn al-Haytham* (965–1040, hauptsächlich in Kairo) über „den Aufbau der Welt" (*Hay'at al –' ālam*) mit der Anordnung und der Bewegung der Planetensphären zunächst noch im ptolemäischen Sinn beschäftigt.

---

[607] Abschn. 1.6.9 auf Seite 137 sowie ausführliche Beispiele zur Anwendung in Abschn. 1.6.10

[608] Siehe auch in: B. DuMont [2002], p. 41.

[609] Vgl. O. Neugebauer [1975], p. 10,11, p. 1035.

Später aber veröffentlichte er eine Kritik am physikalischen Modell des *Ptolemäus* in seinem Werk *Zweifel an Ptolemäus* (*Al – Shukūk alā Batlamyūs*). In diesem Werk wies er auf Widersprüche und Unmöglichkeiten im Almagest und den Planetenhypothesen (und auch in der Optik) hin. Jedoch zeigte er im Wesentlichen nur sein Unverständnis für die Gedankenwelt des *Ptolemäus*. Das war typisch für viele Astronomen nach *Ptolemäus*.

Die mathematische Beschreibung der Planetenbewegung des *Ptolemäus* war als einwandfrei und daher kritikfrei anerkannt worden. Allerdings war von manchen Astronomen die Notwendigkeit einer Verbesserung der Zahlenwerte der mittleren Bewegungen erkannt worden. Diese war infolge einer Aufsummierung von fehlerbehafteten Werten notwendig geworden, insbesondere auffällig für die Sonnenbewegung. Die viel zu große Variation des scheinbaren Durchmessers des Mondes infolge der unzureichenden ptolemäischen Mondtheorie war bislang nicht hinreichend erkannt worden. Die Kritik entzündete sich an der physikalischen Modellierung. Sie sollte neu formuliert werden. Dies führte in der Folge dann auch zur bedeutendsten Verbesserung der Theorie der Planetenbewegung im Verlaufe des Mittelalters.

Es wird problematisch, wenn die ptolemäische Planetentheorie physikalisch mit kompakten Sphären gedeutet wird. Dann muss sich der Epizykel gleichförmig um das punctum aequans und daher ungleichförmig um die Achse der Sphäre bewegen. Es gilt daher, die Struktur des physikalischen Mechanismus verstehen zu lernen. Sie muss aus rotierenden kugelförmigen Körpern aufgebaut sein, welche die Planeten auf ihren scheinbaren Bahnen bewegen. In der Marāgha-Schule wurde dazu die Bewegung in Bezug auf das punctum aequans des ptolemäischen Modells in zwei oder mehrere Teilbewegungen zerlegt. Sie sollten gleichförmig und kreisförmig erfolgen.

Mit dieser neuen Idee kann die physikalische (also reale) gleichförmige Rotation der Kugelschalen erhalten werden. Die Planeten nehmen nahezu dieselben Örter wie im ptolemäischen Modell ein. Sie führen sogar die gleichförmige Bewegung in Bezug auf das punctum aequans aus. Mathematisch wird dazu der Kunstgriff von *At – Ṭūsī* verwendet. Dieser ist – wie in Abb. 1.45 auf Seite 203 gezeigt – eine Verallgemeinerung des erweiterten Theorems des *Proklos*. *Ṭūsī* s Kunstgriff bezieht sich sowohl auf ebene wie auf sphärische Bewegungen: Auf der Kugel beschreibt er die (kleine) oszillierende Bewegung auf einem Großkreis. Das spielt in der Theorie der Planetenbreiten eine Rolle. Hier wird der Kunstgriff auf „*verschieden große und sogar auch nicht verbundene Kreise*“[610] angewendet. In der heutigen Mathematik kann diese Methode durch Vektoraddition beschrieben werden.

Planetenbewegung nach *At – Ṭūsī*

[610] „Unequal and even unconnected circles“, in: SWERDLOW, NOEL M. und OTTO NEUGEBAUER [1984], p. 46.

Verschiedene Modelle aus der Marāgha-Schule können nach den Bildern Abb. 1.46 auf Seite 205 bis Abb. 1.49 auf Seite 212 mit dem ursprünglichen Modell des *Ptolemäus* verglichen werden.[611] Um den Vergleich durchführen zu können, zeigt Abb. 1.46 zunächst die Grundzüge des ptolemäischen Modells: ♁ ist der Mittelpunkt der Erde, M_d der Mittelpunkt des Deferenten im Abstand $\overline{♁M_d} = ea$ mit Radius r, F das *punctum aequans* im Abstand $\overline{♁F} = 2ea$, $\overline{M_dF} = ea$,, $\overline{M_dF} = ea$ C den Mittelpunkt des Epizykels mit Abstand $\overline{CM_d} = a$, P den Ort des Planeten, dessen Ort (bei den äußeren Planeten) auf dem Epizykel mit Radius R liegt. Der Mittelpunkt C des Epizykels bewegt sich um das punctum aequans mit der mittleren „exzentrischen Anomalie" M, die gleichförmig in der Zeit anwächst. Dies entspricht mathematisch der gleichförmigen Bewegung des Punktes C' auf dem „Äquant-Kreis" um F als Mittelpunkt mit Radius r. Entsprechend bewegt sich der Planet gleichförmig auf dem Epizykel, das bedeutet, die „epizyklische Anomalie" $L_S = \sphericalangle(PCA_F)$ wächst gleichmäßig in Bezug auf das Apo-punctum aequans A_F des Epizykels.[612]

Abb. 1.47 zeigt im Vergleich das Modell nach $At - \underset{\circ}{T}\,\bar{u}s\bar{i}$. Hier bewegt sich der Punkt C'' längs der Geraden FC', wobei $a = \overline{FC'}$ ist, nach $At - \underset{\circ}{T}\,\bar{u}s\bar{i}$'s Kunstgriff durch Überlagerung von Kreisbewegungen um C' mit Radius *ea/2* und einen zweiten Kreis mit Mittelpunkt C_2 auf dem ersten Kreis ebenfalls mit Radius *ea/2*. Die Bewegung von C_2 um C' erfolgt mit doppelter mittlerer Anomalie M und die Bewegung von C'' um C_2 mit vierfacher mittlerer Anomalie. C'' führt dadurch eine oszillierende Bewegung der Länge $\pm\, ea$ längs der Geraden $C'F$ um C' herum aus. Zum Vergleich ist C der Mittelpunkt des Epizykels nach *Ptolemäus*, der von M_d den Abstand $a = \overline{CM_d}$ hat, sich aber ungleichförmig um M_d bewegt.[613]

Planetenbewegung nach *al –' Urd$\bar{i}$* **und** *ash – Sh$\bar{i}$r$\bar{a}$z$\bar{i}$*

In Abb. 1.48 auf Seite 210 ist das Modell von *al –' Urd$\bar{i}$* und *ash – Sh$\bar{i}$r$\bar{a}$z$\bar{i}$* dargestellt. In diesem Modell wird im Vergleich zum ptolemäischen Modell der Mittelpunkt M des Exzenters um die halbe lineare Exzentrizität $r_2 = 0.5\, e\, a$ längs der Apsidenlinie AB in Richtung zum punctum aequans in den Punkt M' verschoben. Der hat damit bezogen auf die Erde D die lineare Exzentrizität $r_1 = 3/2\; e\, a$. M' ist der Mittelpunkt des Kreises (des Deferenten) mit konstantem Radius a. Auf diesem Kreis bewegt sich der Mittelpunkt C_1 eines Epizykels mit gleichförmiger Geschwindigkeit um M'_d.

Die gleichförmige Bewegung erfolgt in diesem Modell um den Mittelpunkt M'_d des Deferenten, nicht um einen davon verschiedenen Punkt, etwa das punctum aequans des *Ptolemäus*. Dennoch spielt das punctum aequans auch in diesem Modell eine wichtige Rolle. Die mittlere exzentrische Anomalie M_a, welche diese gleichförmige Bewegung beschreibt,

611 Nach Swerdlow, Noel M. und Otto Neugebauer [1984], pp. 46–47, Fig. 4 auf p. 566, basierend auf einer Darstellung von E. S. Kennedy [1966]: *Late medieval Planetary Theory*, *Isis* **57,** pp. 365–378.

612 Dieses wird gelegentlich fälschlich als „Apogäum" bezeichnet, das „richtige Apogäum" ist aber auf den Erdmittelpunkt D bezogen und nicht auf das punctum aequans F; vgl. auch Abb. 1.37 auf Seite 160.

613 Nach Swerdlow, Noel M. und Otto Neugebauer [1984], pp. 46,47.

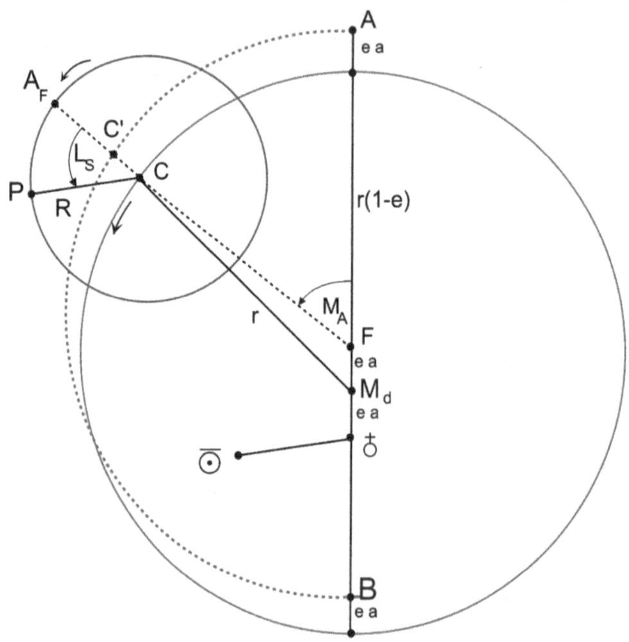

Abb. 1.46 Modell des *Ptolemäus* für die Bewegung der äußeren Planeten: $\overline{CF}$ bewegt sich gleichförmig um das punctum aequans F, während sich der Mittelpunkt C des Epizykels auf einem Kreis (Exzenter) um seinen Mittelpunkt M_d bewegt. ♁ = Mittelpunkt der Erde, L_S – epizyklische Anomalie, $\overline{♁F}=\overline{M_dF}=ea$ (= lineare Exzentrizität). Es ist $\overrightarrow{CP}=\overrightarrow{♁☉}$ [614]

ist somit auch der Zeit direkt proportional:

$$M_A = M_{A,0} + \dot{M}\,(t - t_0) \quad . \tag{1.203}$$

Ein Kreis (= erster Epizykel) um C_1 mit Radius $r_2 = 0.5\,e\,a$ wird zu einer Parallele zur Apsidenlinie AB in den Punkten C' und Q geschnitten. Da $\overline{M_d'F} = \overline{C_1Q} = r_2$ ist $\overline{C_1M_d'FC'}$ ein Parallelogramm, es gilt für die Strecke $\overline{C_1M_d'} = \overline{C'F}$ mit $C_1M_d' \,||\, C'F$. Die Strecke $\overline{C'F}$ schneidet den ersten Epizykel im Punkt C''. Dieser ist Mittelpunkt des zweiten Epizykels mit Radius R, auf dem sich der Planet P bewegt. Dabei ist $C''P \| ♁☉$. Allerdings ist C'' im Allgemeinen, abgesehen von den Positionen im Apogäum und Perigäum, nicht identisch mit C. C'', das bei allen Planeten nur wenig vom ptolemäischen Mittelpunkt C (mit $a = \overline{CM_d}$) abweicht, ist in allen arabischen Modellen der Mittelpunkt des Epizykels mit Radius R, auf dem sich der (wahre) Planet P bewegt.

[614] Nach Swerdlow, Noel M. und O. Neugebauer [1984], Fig. 5.4 auf p. 615, auch: O. Neugebauer [1968], p. 91.

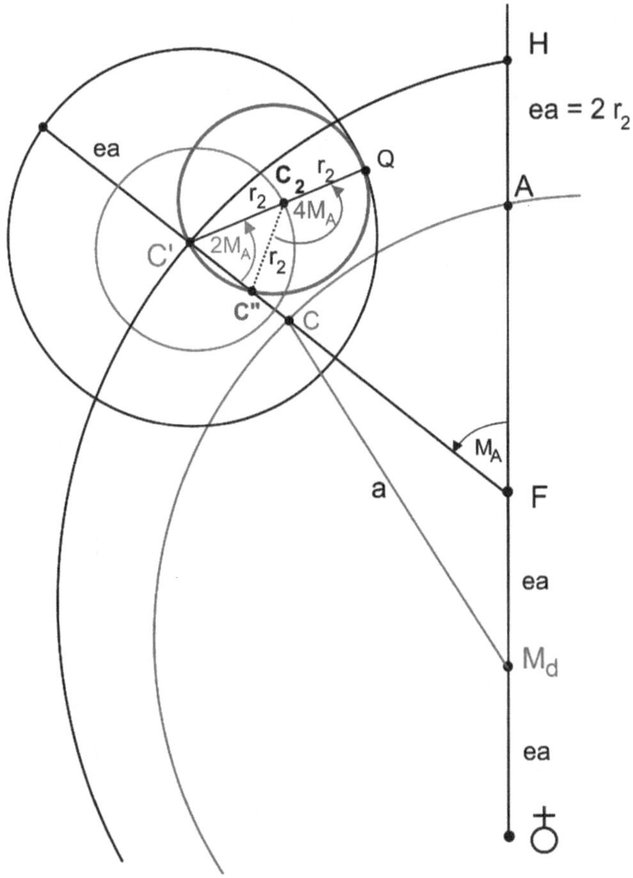

Abb. 1.47 *At* − *T̥ūsī* s Modell: C'' oszilliert um C' längs der Geraden durch *FC'* über die Strecke $\pm er$, wenn sich der Kreis um *C'* mit Radius $r_2 = ea/2$ und wenn sich um C_2 auf diesem Kreis als Mittelpunkt ein weiterer Kreis mit Radius r_2 bewegt. Es ist $a = \overline{FC'} = \overline{M_d C}$. Zum Vergleich: *C* liegt auf dem Deferenten um M_d nach dem Modell von *Ptolemäus* (Zeichnung zur Veranschaulichung nicht maßstabsgetreu)

Planetenbewegung nach *Ibn ash* − *Shātir*

Abb. 1.49 zeigt schließlich das Modell von *Ibn ash* − *Shātir*. In seiner Schrift *Kitāb Nihāyat as*−*Sul fi Tas̥h̥īb al*−*Us̥ūl* (*ein Text zur abschließenden Untersuchung in der Verbesserung der Elemente*) hatte er sich vollständig vom exzentrischen Deferenten des *Ptolemäus* gelöst und durch Einführung eines zweiten Epizykels ersetzt.[615] Dessen Mittelpunkt C_1 bewegt sich gleichförmig um die Erde ♁. Auch in diesem Modell liegt der Punkt *C*" auf der Geraden durch *C'* und das punctum aequans *F*. Er bewegt sich mit gleichförmiger

[615] V. ROBERTS [1957].

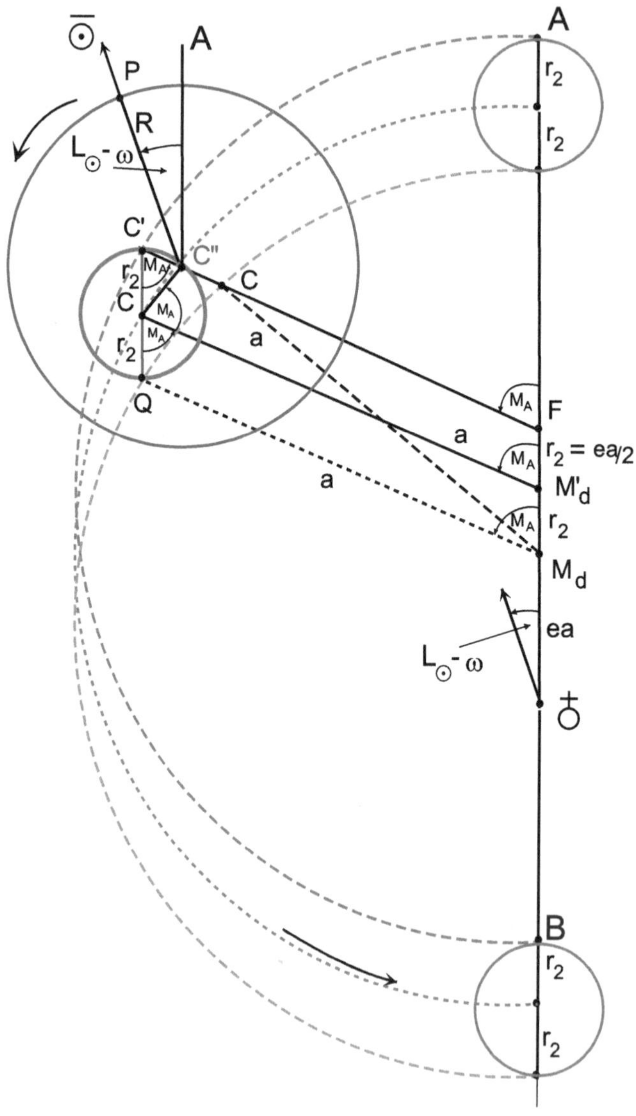

Abb. 1.48 Das Modell von *al −' Urdī* und *ash − Shīrāzī*

Geschwindigkeit mit der mittleren exzentrischen Anomalie M_{A} um den Epizykelmittelpunkt C_3. Dieser bewegt sich wiederum auf einem Epizykel mit Radius $r_1 = 3/2\,e\,a$ um seinen Mittelpunkt C_1. C_1 bewegt sich auf einem Kreis mit Radius $a = \overline{C'F} = \overline{C_1 ♁}$ um den Beobachter ♁, also den Erdmittelpunkt. Auch diese Bewegung erfolgt mit gleichförmiger

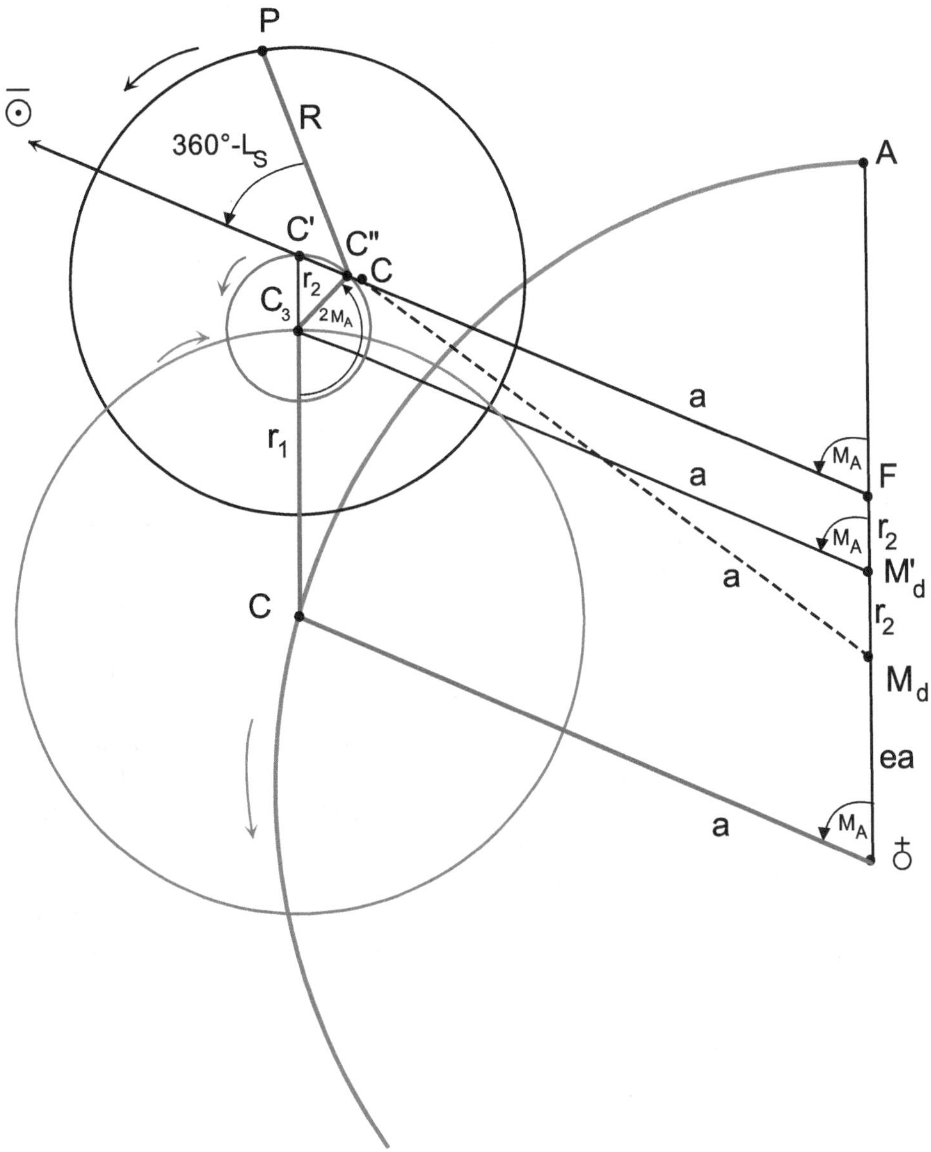

Abb. 1.49 Die Planetentheorie von *Ibn ash – Shātir*

Geschwindigkeit um den Winkel M_A. *Ibn ash – Shātir* ist so die Rückführung der gleichförmigen Bewegung auf das Geozentrum gelungen, wobei die gleichförmige Bewegung um das punctum aequans erhalten blieb.

Auf diese Weise war der Erhalt des mathematisch-geometrischen Modells des *Ptolemäus* und aller daraus folgender wesentlicher Parameter gelungen. Dieses neue Modell war nun physikalisch „sinnvoller“: Jetzt konnte die Bewegung, wie die Erfinder dieses Modells wenigstens glaubten,[616] physikalisch, also real, mit kompakten Sphären dargestellt werden, die sich gleichförmig um ihre jeweiligen Achsen bewegten. Voraussetzung blieb, dass der ptolemäische Epizykelmittelpunkt C nicht stark von dem neuen arabischen Epizykelmittelpunkt C'' abwich.

Mondbewegung nach *Ibn ash – Shātir*

Die Anwendung des Modells des *Ibn ash – Shātir* hatte in der Mondtheorie den größten Fortschritt gegenüber *Ptolemäus* gebracht. Das Modell des *Ptolemäus* für die zweite Ungleichheit der Mondbewegung in Abb. 1.27 auf Seite 146 hat den Nachteil, dass sich die geozentrischen Entfernungen des Mondes zwischen Konjunktion und Opposition unterscheiden um die halbe Distanz unterscheiden. Das widerspricht aber bekanntlich den Beobachtungen. Das neue Modell von *Ibn ash – Shātir* hält den Mond in der Entfernung von der Erde, wie es tatsächlich den Beobachtungen entspricht. Da dieses Modell für die Theorie der Mondlänge und Mondparallaxe im Wesentlichen unverändert von *Kopernikus* übernommen worden ist, soll es in Abb. 1.50 besprochen werden. Die Bewegung des (wahren) Mondes ☾ wird auf die mittlere Sonne ⊙ bezogen. Die Theorie der wahren Sonne muss hier also noch überlagert werden, was aus Gründen einfacher Veranschaulichung hier unterbleibt.

Der Mittelpunkt M_{d} des Deferenten fällt in diesem Modell mit dem Erdmittelpunkt ♁ zusammen. Der Deferent habe den normierten Radius $r_{\mathrm{d}} = 1.0$. Auf dem Deferenten bewegt sich der Mittelpunkt M_{e1} des ersten Epizykels mit Radius $r_{\mathrm{e1}} = 6.5833$. Er veranschaulicht somit die Mittelpunktsgleichung in der ptolemäischen Theorie (vgl. Formel (1.112) auf Seite 147). Auf diesem ersten Epizykel bewegt sich der Mittelpunkt M_{e2} eines zweiten Epizykels mit Radius $r_{\mathrm{e2}} = 1.4167$, der somit die Evektion beschreibt. Die Richtung von M_{d} zu M_{e1} stellt die Richtung zum mittleren Mond $\overline{☾}$ dar. Gegenüber der (mittleren) Sonne hat er die synodische Länge $D_{☾}$. Der wahre Mond bewegt sich aber auf dem zweiten Epizykel mit doppelter synodischer Länge. Er hat also gegenüber den Syzygien (Konjunktion K, Opposition O) die Länge $2D_{☾}$. Damit weicht in den Syzygien der wahre Mond gegenüber dem mittleren Mond um die beobachteten $\approx 7°40'$ ab. Die Variation der Distanz des Mondes zur Erde wird durch dieses Modell erheblich realistischer wiedergegeben als bei *Ptolemäus*.

1.8.4.3 Weitergabe der arabischen Himmelsmechanik nach Europa

Die Arbeiten der Mārāghā-Schule finden sich teilweise in Arbeiten, die ins Griechische (Byzantinische) übersetzt wurden. Ein Beispiel ist um 1300 n. Chr. die Übersetzung eines arabischen Originals durch *Gregor Chioniades*. In ihr ist das Mondmodell des *At – Ṭūsī* enthalten. Sie enthält auch den Kunstgriff des *At – Ṭūsī* zur Erzeugung einer geradlinigen

616 Swerdlow, Noel M. und Otto Neugebauer [1984], p. 294.

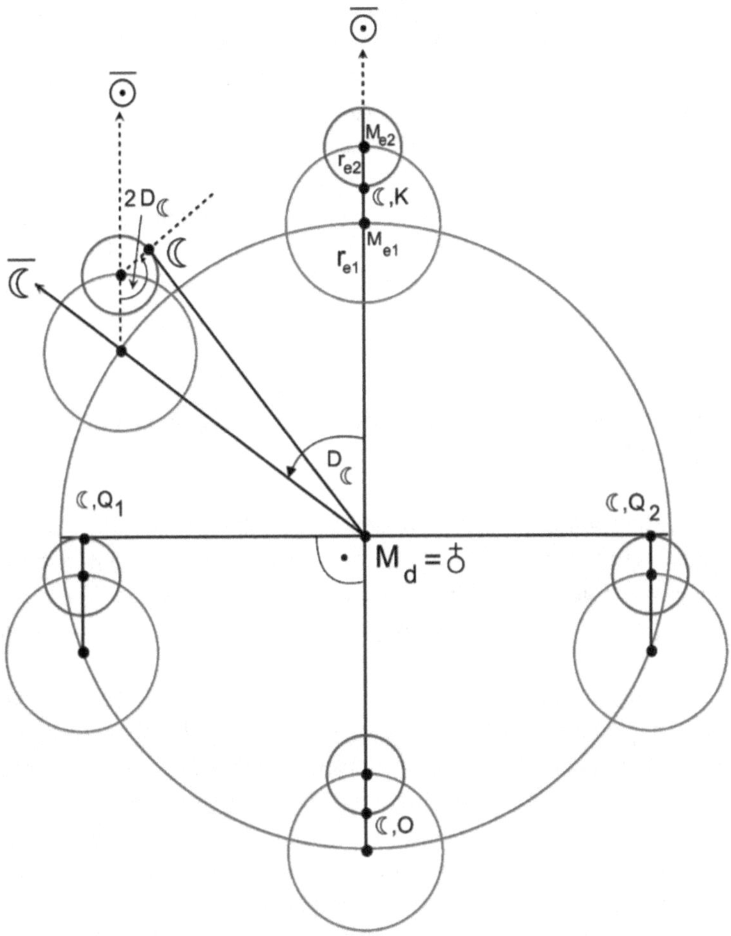

Abb. 1.50 Die Mondtheorie nach *Ibn ash – Shātir*[617]

Oszillationsbewegung. Vermutlich auf ähnlichem Weg sind auch andere der Mārāghā - Arbeiten in Europa und dort vor allem in Italien bekannt geworden. Das geschah zwar erst im 15. Jahrhundert, jedoch noch vor den Planetenhypothesen des *Ptolemäus* selbst, deren erste lateinische Übersetzung durch *J. Bainbridge* 1620 in London erschienen war. Diese Übersetzungen hatten den unmittelbaren Anlass für die Suche nach einer physikalisch realistischen Beschreibung der Planetenbewegung gegeben.[618]

---

[617] Nach V. ROBERTS [1957], p. 431 und SWERDLOW, NOEL M. und OTTO NEUGEBAUER [1984], p. 591, ch. 4, Fig. 2.

[618] OTTO NEUGEBAUER [1975], p. 900, und SWERDLOW, NOEL M. und OTTO NEUGEBAUER [1984], p. 475.

Es lassen sich noch viele andere Vorläufer des *Kopernikus* in der arabischen Welt finden. Erwähnt sei noch der aus Spanien stammende *Maimonides* (1135–1204). Er unterwies seine Glaubensbrüder in der ptolemäischen Mondlehre, um die Sichtbarkeit des ersten Aufgangs nach Neumond berechnen zu können. Die philosophischen Theorien des *Ptolemäus* lehnte er jedoch ab, da sie nicht ausschließlich auf Kreisbewegung aufbauten. Zu gleicher Zeit hatte $al - Bitr\bar{u}j\bar{i}$ (gest. 1204) eine Lehre von der Bewegung der Himmelskörper entwickelt. Sie beruhte (wieder einmal) auf konzentrischen Kugeln, die sich um geneigte Achsen drehten. Dieses Werk war 1217 in Toledo unter dem Titel *De motibus celorum* ins Lateinische übersetzt und so der westlichen Welt zugänglich gemacht worden. *Regiomontanus* sah sich veranlasst, eine Zurückweisung dieser Lehre zu verfassen.

1.8.5 Die astronomische Bewegungslehre in Europa vor Kopernikus

Die praktische Hauptaufgabe der Astronomen der östlichen wie der westlichen Welt bestand darin, Tafeln für den täglichen Gebrauch zu berechnen. Damit verbunden waren die Berechnung von Sonnen- und Mondfinsternissen. Es wurden auch Vorschläge für eine Kalenderreform gemacht, so etwa durch *Nikolaus von Kues* (1401–1464) (*Cusanus*). Diese kamen aber nur schwer voran.[619]

Eine eigenständige astronomische Tradition begann in Europa (abgesehen vom unmittelbaren arabischen Einfluss in Spanien) erst im 12. und 13. Jahrhundert. Sie basierte auf Übersetzungen aus dem Arabischen von Werken wie dem Almagest, den Tafeln von Toledo, den Arbeiten von $Al - Batt\bar{a}n\bar{i}$, von $Th\bar{a}bit\,ibn\,Qurra$ u. a. Sowie vor allem auch astrologischen Werken wie *In iudiciis astrorum*. Zur gleichen Zeit wurde auch *Ibn al-Haytham*'s Werk ins Lateinische übertragen. Dieses Werk machte erstmals mit dem physikalischen Modell der zusammengesetzten Sphären bekannt.[620]

Zu den ersten astronomischen Werken, die im mittelalterlichen Europa geschrieben wurden, gehörten die *Theoricae Planetarum* des *Campanus von Novara*. Außerdem entstanden die *Almagesti Minori Libri VI* eines heute nicht mehr bekannten Autors. Sie enthielten die ersten sechs Bücher des Almagest mit zusätzlichem Inhalt aus den Tafeln von Toledo und anderen arabischen Quellen. Um 1272 waren am Hofe *Alfonso X* in Toledo die Alfonsinischen Tafeln aus verschiedenen älteren und neueren Quellen, darunter auch die Tafeln von Toledo, erstellt worden. Diese Tafeln gerieten über ganz Europa in populären Gebrauch. Sie bildeten wie auch die vor allem in Mittel- und Nordeuropa eingeführten Tabulae Resolutae die praktische Grundlage für die astronomischen Arbeiten des *Kopernikus*.

Georg von Trebizond veröffentlichte 1451 (im Druck erst 1528 erschienen) die erste Übersetzung des Almagest direkt aus dem Griechischen. Damit begründete er eine neue

619 R. Wolf [1890/1973], pp. 598–631, siehe auch Abschn. 1.11 ab Seite 275.

620 Swerdlow, Noel M. und Otto Neugebauer [1984], p. 48–52.

Ära der Beschäftigung mit der ptolemäischen Astronomie. Diese zeigte sich in zahlreichen Einführungen und Kommentaren, so etwa in den *Flores Almagesti* des *Giovanni Bianchini* aus Ferrara in der Mitte des 16. Jahrhunderts. Dieser hatte auch ausführliche Tabellen zur sphärischen Astronomie herausgebracht sowie Tafeln zur Planetentheorie, die zwar auf den Alfonsinischen Tafeln aufbauten, jedoch völlig neu aufbereitet waren.[621]

1.8.6 Georg Peurbach

Besonders einflussreich war das Wirken des ***Georg Peurbach*** (1423–1461) an der Universität Wien. Sein erstes bedeutendes und wohl auch sein populärstes Werk war *Theoricae novae planetarum.* Es wurde erstmals 1454 veröffentlicht und später mit einer Beschreibung der Bewegung der achten Sphäre nach *Thābit ibn Qurra* erweitert. Das Buch enthielt ausführliche Beschreibungen physikalischer Sphärenmodelle im Anschluss an *Ibn al-Haytham,* anschließend geometrische Beschreibungen mit Kreisen, um so den Gebrauch der Tabellen zu erläutern. Die Tabulae Eclipsium mit umfangreichen Tafeln zur Finsternisberechnung veröffentlichte *Peurbach* 1459 (erstmals gedruckt 1514 in Wien). Er hatte dafür alle Berechnungen eigenständig ausgeführt basierend auf der Sonnen- und Mondtheorie, wie sie den Alfonsinischen Tafeln zugrunde lagen. Entscheidend für die Weiterentwicklung der Astronomie und insbesondere der astronomischen Bewegungslehre der Himmelskörper war ein Besuch des Kardinals *Johannes Bessarion*, der als überzeugter Platoniker von *Peurbach* eine Neuübersetzung sowie einen Abriss des Almagest erbat. Damit sollte die Übersetzung des *Georg von Trebizond* ersetzt werden, der ein Aristoteliker war.[622]

1.8.7 Regiomontanus

Die Arbeit an dieser „Epitome Almagesti" (ἡ ἐπιτομή = Abriss, Auszug, Verkürzung) wurden nach *Peurbach*s Tod von seinem Schüler ***Regiomontanus*** (Johannes Müller [1436–1476], aus Königsberg in Unterfranken) basierend auf dem griechischen Urtext vollendet. *Regiomontanus* gelang die erste wirklich klare und verstandene Darstellung der gesamten ptolemäischen mathematischen Astronomie. Damit erreichte er im Grunde genommen eine Wiedergeburt der mathematischen Astronomie des *Ptolemäus.* Viele Darstellungen waren pädagogisch klarer als im ursprünglichen Werk des *Ptolemäus.* Sie wurden ergänzt durch Beispiele und spätere Arbeiten, vor allem *Jābir ibn Aflah, Thābit ibn Qurra, Al – Battānī, az – Zarqāl*, die Tafeln von Toledo und dem Almagestum Minor. Mit den Epitome konnte die Theorie der Bewegung der Himmelskörper dort wieder aufgenommen werden, wo sie *Ptolemäus* 1400 Jahre vorher abgeschlossen

[621] SWERDLOW, NOEL M. und OTTO NEUGEBAUER [1984], p. 41–52.
[622] SWERDLOW, NOEL M. und OTTO NTTOEUGEBAUER [1984], insbesondere p. 48–54.

hatte. *Regiomontanus* zählte zu den bedeutendsten Astronomen seiner Zeit. Er hatte auch ein klares und praxisbezogenes Verständnis dafür, was zur Verbesserung der Astronomie dienen konnte. Neben seinen bedeutenden Arbeiten zur Kalenderreform stammen von ihm die *Tabulae Directionum* zur sphärischen Astronomie und zu astrologischen Fragen. Das bedeutendste Buch über Trigonometrie wurde seine *De Triangulis Omni Modis Libri quinque*, die erstmals 1533 gedruckt worden war. Neben seinen eigenen Werken betätigte sich *Regiomontanus* von 1474 an als Herausgeber alter (wie der Almagest) und moderner astronomischer Literatur, wie den Werken von *Peurbach* und seine eigenen. Von den geplanten 50 Titeln erschienen die meisten. Das wurde zu einer äußerst wichtigen Grundlage für das spätere astronomische Arbeiten. Seine und *Peurbach*s astronomische Beobachtungstätigkeit wurde nach seinem Tode über 30 Jahre von *Bernhard Walther* (~1430–1504) und anderen weitergeführt. Ohne diese Beobachtungen und ohne diese wissenschaftliche und publizistische Tätigkeit wäre das Werk des *Kopernikus* undenkbar'[623]

1.9 Heliozentrische Bewegung – Kopernikus

Die antike Bewegungslehre von der Bewegung der Himmelskörper erlebte in der Bewegungslehre des ***Nikolaus Kopernikus*** (1473–1543) ihren letzten Höhepunkt. *Kopernikus* schuf zugleich wichtige begriffliche Vorstufen zur Schaffung der klassischen Bewegungslehre. Er wurde zum entscheidenden Mann des Übergangs, auch wenn seine Bewegungslehre selbst noch ganz im antiken Denkmuster verharrte.

1.9.1 Commentariolus

Kopernikus war in *Peurbach*s *Theorica Novae Planetarum* mit der physikalischen Darstellung des ptolemäischen Bewegungsmodells der vollständigen Kugelschalen vertraut gemacht worden. Er lehnte allerdings aus physikalischen Gründen dieses Modell ab. Die ptolemäische Methodik zur Berechnung der Bewegung der Himmelskörper sah er jedoch als richtig an. Er richtete deshalb, seit er sich mit astronomischen Fragestellungen beschäftigte, sein Augenmerk auf dieselben physikalischen Probleme, wie sie die Astronomen der Marāgha -Schule formuliert hatten. Sein Interesse galt nicht der Problematik der astronomischen Beobachtungen und auch nicht der numerischen Genauigkeit, wie sie etwa in den Alfonsinischen Tafeln und den daraus abgeleiteten Tabellenwerken zu finden waren. *Kopernikus* war mit den Arbeiten aus Marāgha während seines Aufenthaltes in Italien (1496–1503), insbesondere in Padua (1501–1503), bekannt geworden. Er verwendete für seine Überlegungen die von der Marāgha Theorie her bekannten mathematischen Lösungen. In großem Unterschied zu den Arabern und allen anderen Vorläufern nahm er die

[623] SWERDLOW, NOEL M. und OTTO NEUGEBAUER [1984], insbesondere p. 48–54.

Lösung nicht geozentrisch, sondern heliozentrisch an. Überlegungen des *Kopernikus* zur heliozentrischen Theorie lassen sich bis in die Zeit vor dem Jahr 1510 zurückverfolgen (eventuell bis ins Jahr 1508[624]). *Kopernikus* schrieb seine Überlegungen bis 1514 in einem Manuskript nieder, das unter dem Namen Commentariolus bekannt wurde. Dieses Werk geriet zunächst anonym und nicht sehr weit verbreitet in Umlauf.[625] Der ausführliche Titel dieser Arbeit lautet:[626]

> *„Nicolai Copernici de hypothesis motuum coelestium a se constitutis commentariolus"* (des Nikolaus Kopernikus kurzer Bericht über die von ihm aufgestellten Hypothesen über die himmlischen Bewegungen).

Es sind drei Kopien dieses Werkes erhalten, die alle auf die Ausgabe zurückgehen, die *Tycho Brahe* besaß. Bei *Kopernikus* selbst ist kein Exemplar erhalten, auch erwähnte er diese Arbeit nirgends in den *De revolutionibus*. Im *Commentariolus* hatte *Kopernikus* die Theorie der planetaren Längen im Wesentlichen von *Ibn ash – Shātir* übernommen und auf das heliozentrische Modell übertragen. Die numerischen Werte dazu stammen aus den Alfonsinischen Tafeln. Die Theorie der planetaren Breiten ist völlig neu. Allerdings war sie nicht völlig befriedigend direkt durch Übertragung aus dem ptolemäischen Modell entstanden, wie sie *Kopernikus* in der klaren Darstellung der Epitome des *Regiomontanus* kennengelernt hatte. Der *Commentariolus* enthielt bereits die grundlegenden Prinzipien der heliozentrischen Theorie in einer Art erster Niederschrift. Allerdings war diese Theorie noch unausgereift, bedurfte der Vertiefung und vor allem überzeugender Argumentation. *Kopernikus* hatte selbst auf die fehlende mathematische Darstellung verwiesen. Die sollte in einer späteren Ausgabe dieser Schrift geboten werden. Er ahnte damals wohl nicht, wie viel Mühe ihm dies bereiten sollte.

Im *Commentariolus* stellte *Kopernikus* die heliozentrische Theorie und die damit begründete Eigenbewegung der Erde zwar in einer Reihe von 7 Thesen dar. Ohne Zweifel erachtete er allerdings das heliozentrische Weltbild als wahr, das heißt physikalisch real. *Kopernikus* hatte nicht nur die Zahlenwerte der Alfonsinischen Tafeln übernommen, sondern auch den Einklang seiner neuen Theorie mit diesen Zahlen und den Beobachtungen zeigen können. Zumindest seine Theorie konnte also nicht falsch sein. Ihm selbst war sie physikalisch sinnvoller erschienen, da sie das **Prinzip der gleichförmigen Kreisbewegung** (einigermaßen) erfüllte. *Kopernikus* hatte im *Commentariolus* geschrieben, das sein Interesse an der Planetentheorie gewesen sei, die scheinbaren Bewegungen der Planeten durch *gleichförmige Kreisbewegungen* darzustellen. Die Modelle des *Ptolemäus* hätten diesen Grundsatz ja verletzt.

---

624 SWERDLOW, NOEL M. und OTTO NEUGEBAUER [1984], p. 7.

625 SWERDLOW, NOEL M. und OTTO NEUGEBAUER [1984], pp. 54–64.

626 Nach: PASCUAL JORDAN [1974], Nikolaus Kopernikus, in: *Die Großen der Weltgeschichte*, Bd. IV, her. K. Fassmann, Kindler, Zürich, pp. 672–687.

Es lässt sich an Hand seiner schriftlichen Notizen zurückverfolgen, wie *Kopernikus* ausgehend von der Beschreibung der zweiten Anomalie durch ein exzentrisches Modell, wie sie *Regiomontanus* gegeben hatte und der die entsprechende Beschreibung durch *Ptolemäus* wesentlich vertieft hatte, zu seinem heliozentrischen Modell fand. *Ptolemäus* hatte geschrieben (Almagest XII,1), das exzentrische Modell sei nur für die oberen (=äußeren) Planeten möglich. Doch *Regiomontanus* hatte in den Epitome (XII,2) ein entsprechendes Modell auch für die inneren Planeten entwickelt. Dieses Modell ließ sich nun in das heliozentrische Modell der inneren Planeten durch *Kopernikus* übertragen. Es konnte aber in gleicher Weise in das Modell der oberen Planeten von *Tycho Brahe* transformiert werden. *Kopernikus* hatte nicht nur angenommen, die einzelnen Sphären würden gleichförmig um ihre Achsen rotieren. Vielmehr würden sie, der physikalischen Realität wegen, sich nicht durchdringen können. Dieses letztere Prinzip war im Modell des *Tycho Brahe* verletzt, dessen Marsbahn die Sonnenbahn schneiden solle.[627] Das war deshalb nur möglich, da es nach *Tycho Brahe* keine materiell festen Sphären geben könne. *Kopernikus* war das aber nicht sinnvoll erschienen. Nach sorgfältiger Untersuchung verschiedener Planetenbahnmodelle war ihm deshalb das heliozentrische System als die einzige Alternative erschienen.

Nach der Anordnung der Planeten bezüglich der Sonne und ihren Umlaufzeiten um die Sonne beschreibt *Kopernikus* die drei Bewegungen der Erde:

- Den jährlichen Umlauf (Revolution) der großen Kugel („Orbis magnus“)
- Die tägliche Rotation
- Als dritte Bewegung die Präzession („motus declinationibus“ = „Bewegung der Neigung“)

Die siderische Drehung der großen Kugel sowie der Planetensphären nimmt *Kopernikus* als die wahren Bewegungen an. Die auf den Frühlingspunkt bezogenen Bewegungen sieht er jedoch als zufällig an.

Für das Mondmodell übernimmt *Kopernikus* direkt das Modell der zwei Epizykel von *Ibn ash – Shātir*. Dieses Modell legte er ebenfalls der Theorie der Planetenlängen, allerdings in heliozentrischer Übertragung, zugrunde. Hier widmete er sich sehr ausführlich einer Beschreibung der zweiten Anomalie, der Einflüsse von recht- und rückläufigen Bewegungen, der stationären Punkte und der relativen Größe der Anomaliegleichung. Damit hatte *Kopernikus* ein zentrales Argument für die heliozentrische Theorie gefunden.

In der Theorie der Breiten der äußeren Planeten hatte er das ptolemäische Modell direkt auf das heliozentrische Modell übertragen. Die Oszillationen der Bahnebenen der Planeten, die mit einem synodischen Umlauf bezüglich der Erde stattfinden, versuchte er mit Hilfe von *At – Ṭūsī*s Kunstgriff auf Kugeln mit geneigten Achsen anzuwenden. Da diese Oszillationen auf die wahre (= siderische) nicht die synodische Bewegung bezogen

[627] Siehe in Abschn. 1.10 ab Seite 264, insbesondere Abb. 1.67 auf Seite 271.

sind, musste er notwendigerweise das Prinzip der gleichförmigen Drehung der Kugelschalen verletzen. Noch größere Schwierigkeiten bereitete ihm die Übertragung der Theorie der Breiten der inneren Planeten. Eine befriedigende Lösung war ihm im *Commentariolus* nicht gelungen.[628]

Der *Commentariolus* ist eine Niederschrift der heliozentrischen Theorie, bald nachdem sich *Kopernikus* zu ihr durchgerungen hatte. Er lässt sich als Arbeitsgrundlage für das weitere Erarbeiten der Theorie bezeichnen. Auch wenn wesentliche Grundzüge der Theorie bereits erfasst sind, so enthält diese Schrift noch Fehlerhaftes, Unausgereiftes. Vor allem fehlt der gesamte mathematische Apparat und damit der überzeugende Beweis für die Richtigkeit dieser Theorie.

Das neue heliozentrische System konnte aber dann physikalisch nicht in Ordnung sein, wenn es nicht auch richtige Zahlenwerte lieferte. So unternahm *Kopernikus* die schwierige Aufgabe, neue Bahndaten durch Beobachtungen zu erhalten, die er insbesondere von 1512 bis 1529 durchführte. Von den offenbar sehr zahlreichen Beobachtungen, die *Kopernikus* aufstellte, die freilich die außerordentliche Qualität der Beobachtungen des *Tycho Brahe* oder auch anderer Beobachter nicht erreichten, verwendete er in den *De revolutionibus* offenbar nur sehr wenige. Diese aber, so sagte er, habe er mit großer Sorgfalt durchgeführt. Gleichwohl konnten ihm relativ große Beobachtungsfehler nachgewiesen werden, bei der Mars-Beobachtung etwa Fehler in der Größenordnung von 1°.25 bis 2°.25.[629] Die durchgeführten Beobachtungen betrafen Finsternisse, allerdings nur Mondfinsternisse, weiter Zenitdistanzen bzw. Höhen längs des Ortsmeridians, also Messungen der oberen Kulmination von Sonne, Planeten, Sternen, aus welchen Rektaszension und Deklination der betreffenden Himmelskörper berechnet werden können, dazu aber auch ekliptikale Längen und Breiten. Insbesondere konnte so aus mehreren Beobachtungen in der Nähe der Tag- und Nachtgleichen deren Zeitpunkt, also Frühlings- bzw. Herbstpunkt, genau bestimmt werden. Ferner beobachtete *Kopernikus* die Oppositionen der äußeren Planeten, um daraus ihre Bahnexzentrizität und die ekliptikale Länge ihrer Apsidenlinie zu bestimmen. Bei all diesen Messungen war das große Problem die Zuordnung zu einer Zeitangabe. Daraus sind die Fehler in den beobachteten Örtern zu erklären. Die vierte Gruppe von Beobachtungen betreffen nahe Vorübergänge von Sternen und Planeten, Konjunktionen und Sternbedeckungen. Damit konnten die Koordinaten der inneren und äußeren Planeten erhalten werden.

Die einzige Veröffentlichung des *Kopernikus* über ein astronomisches Thema nach dem *Commentariolus* war eine kritische Kommentierung von *Johann Werner*s (1468–1522) *De motu octavae sphaerae*, die 1522 in Nürnberg veröffentlicht worden ist. Auch *Werner*s Arbeiten waren für *Kopernikus* zu einer wichtigen Quelle geworden.

---

[628] SWERDLOW, NOEL M. und OTTO NEUGEBAUER [1984], p. 62 unten.

[629] SWERDLOW, NOEL M. und OTTO NEUGEBAUER [1984], p. 66.

1.9.2 De revolutionibus caelestibus

Nach Abschluss der Vorarbeiten, die vor allem die Ableitung der Zahlenwerte aus den Beobachtungen betrafen, was auf das Jahr 1535 datiert werden kann, begann *Kopernikus* dann Schritt für Schritt sein Werk zu entwickeln. Ein Teil des Werks baut auf Ergebnissen der vorhergehenden Teile auf. *Kopernikus* kam so in notwendiger Weise zu einer Anordnung in den *De revolutionibus*, die der Ordnung im Almagest und den Epitome des *Regiomontanus* entsprach. Eine Ausnahme bildet der Sternkatalog am Ende des zweiten Buches, den er von *Ptolemäus* ohne eigene ergänzende Beobachtungen übernahm. Er hatte lediglich 6°40' von den ekliptikalen Längen abgezogen, um eine siderische Länge mit Bezug auf γ Arietis zu erhalten.[630] In den *De revolutionibus* verfolgte *Kopernikus* das Ziel nachzuweisen, seine Theorie könne dieselben Ergebnisse wie der Almagest liefern, die gesamte Himmelsmechanik könne heliozentrisch und damit physikalisch plausibler als im geozentrischen Modell beschrieben werden.

In der Faksimile-Ausgabe des kopernikanischen Werkes lautet der Titel.

Opus De Revolutionibus Caelestibus,

während in der gedruckten Ausgabe der heute allgemein bekannte Titel verwendet wird (Abb. 1.51):

Nicolai Copernici Thorunensis De Revolutionibus Orbium Caelestium Libri Sex.

Letzterer aber stammt vermutlich nicht von *Kopernikus*, sondern wurde vom Herausgeber, dem Nürnberger Reformator *Andreas Osiander*, verwendet. Dieser hatte auch dem kopernikanischen Werk ein verfälschendes Vorwort vorangestellt, in dem er die Lehre des *Kopernikus* als rein mathematisches Modell erklärte, während die Erde selbstverständlich nach wie vor der Mittelpunkt der Welt sei. *Kopernikus* selbst hatte auf der physikalischen Richtigkeit seiner Erkenntnisse beharrt. Diese Diskrepanz, *Osiander* hatte seine Einleitung nicht mit seinem Namen gekennzeichnet, hatte in der Folgezeit zu erheblichen Verwirrungen Ursache gegeben.[631] Die eklatante Widersprüchlichkeit zwischen der Einleitung des *Osiander* und der *Kopernikan*ischen Zielsetzung war bereits von *Michael Mästlin* und *Giordano Bruno* aufgedeckt worden.[632]

[630] Näheres hierzu in SWERDLOW, NOEL M. und OTTO NEUGEBAUER [1984], pp. 70–85.

[631] Das Vorwort *Osiander* ist in HAMEL, J. [2004], p. 173 im übersetzten Originaltext wiedergegeben.

[632] Siehe etwa in SHEA, W. [2003], pp. 38–47.

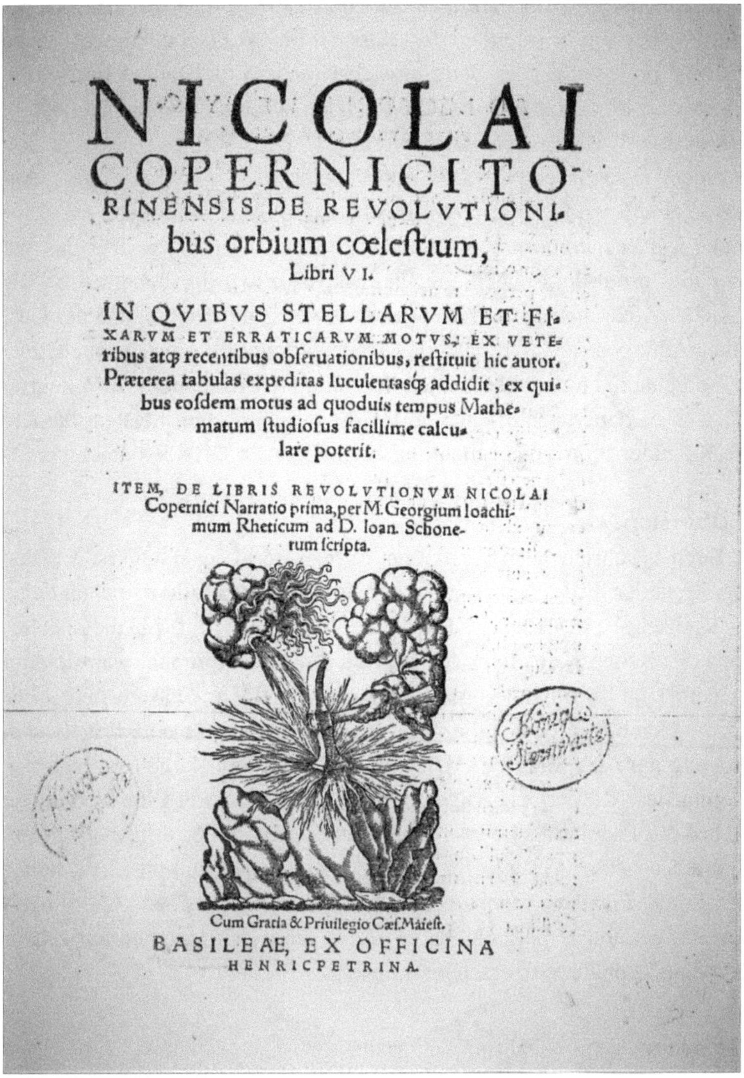
NICOLAI
COPERNICI TO-
RINENSIS DE REVOLVTIONI-
bus orbium cœleſtium,
Libri VI.

IN QVIBVS STELLARVM ET FI-
XARVM ET ERRATICARVM MOTVS, EX VETE-
ribus atq; recentibus obſeruationibus, reſtituit hic autor.
Præterea tabulas expeditas luculentasq; addidit, ex qui-
bus eoſdem motus ad quoduis tempus Mathe-
matum ſtudioſus facillime calcu-
lare poterit.

ITEM, DE LIBRIS REVOLVTIONVM NICOLAI
Copernici Narratio prima, per M. Georgium Ioachi-
mum Rheticum ad D. Ioan. Schone-
rum ſcripta.

Cum Gratia & Priuilegio Cæſ. Maieſt.
BASILEAE, EX OFFICINA
HENRICPETRINA.

Abb. 1.51 Frontispiz der Ausgabe der *De revolutionibus orbium coelestium*[633]

633 Aus der Bibliothek des astronomischen Instituts der LMU. Kopie mit Erlaubnis des astronomischen Instituts der LMU München.

Die Veröffentlichung[634] der *De revolutionibus* fand 1543 statt. Um der historischen Gerechtigkeit halber soll erwähnt werden, dass die physikalische heliozentrische Aussage des Buches auf protestantischer Seite zunächst mehrheitlich abgelehnt wurde. *Luthers* Ablehnung wird in den nicht originalen wertenden Worten zusammengefasst: „*Der Narr will mir die ganze Kunst Astronomiae umkehren*!" Dies soll hier ohne zu polemisieren erwähnt werden.[635] Denn erst etwa 60 Jahre später 1616 wurde das Werk durch katholische Eiferer auf den Index gesetzt, obwohl katholische Würdenträger, wie etwa der einflussreiche Kardinal *Bellarmin* SJ die verschiedenen Ansichten über das Weltbild auf katholischer und protestantischer Seite für diskussionswürdig befanden.[636] Und bereits vier Jahre später, 1620, wurde der Index auch teilweise aufgehoben und der Gebrauch des Buches unter Auflagen von Kritikpunkten weiter erlaubt.[637] Im Gegenteil: Bereits 1582 waren die Berechnungen des *Kopernikus* der geplanten Kalenderreform zugrunde gelegt worden.[638] Und es dauerte Jahrhunderte, bis die evangelischen Staaten die astronomisch begründete Kalenderreform nicht mehr aus theologischen Gründen ablehnten.[639]

1.9.2.1 Übersicht

Im ersten Buch beschrieb *Kopernikus* den Aufbau des Universums sowie den Ort und die Bewegungen der Erde. Von diesen verteidigte er vor allem die tägliche Rotation gegen (aristotelische) physikalische Einwände. Sein neues und für die spätere Entwicklung der physikalischen Vorstellung höchst bedeutsames Argument war die Annahme der Erde als einem kugelförmigen Körper mit einem einzigen Zentrum der Größe und der Schwere. Eine gleichförmige Rotation um die Körperachse für eine Kugel sei eine natürliche Bewegung ganz im Sinne des *Aristoteles*. Wegen ihrer kugelförmigen Form sei die Erde ein „einfacher" Körper. Als Folge der natürlichen Rotation gäbe es keine gewaltsame Bewegung auf der Erdoberfläche oder dem Wasser oder in der umgebenden Luft.

Er beschrieb so seine Gründe für seine Annahme (Vermutung), das heliozentrische System würde das Planetensystem in richtiger Weise beschreiben. Allerdings fehlte der stichhaltige Beweis und er befürchtete, er würde seine Zeitgenossen nur schwer von der Richtigkeit seiner Annahme überzeugen können.

---

[634] https://de.wikipedia.org/wiki/De_revolutionibus_orbium_coelestium;
https://www.ecosia.org/images?q=de%20revolutionibus%20Kopernikus&addon=chromegpo#id=2873A997EBA2D159124CB4A281CA66D9B8871804;
https://link.springer.com/referenceworkentry/10.1007/978–3-476–05728-0_10227–1

[635] *Luthers* Originaltext ist in Übersetzung in Hamel, J. [2004], p. 174 wiedergegeben.

[636] https://www.jesuiten.org/news/robert-bellarmin-der-vorkaempfer.

[637] https://de.wikipedia.org/wiki/De_revolutionibus_orbium_coelestium#Zeitgenössische_Rezeption.

[638] https://www.welt.de/kultur/article152954236/Warum-Kopernikus-wirklich-auf-den-Index-kam.html;
https://www.watson.ch/wissen/schweiz/673864942-koperni-kus-der-ketzer.

[639] https://www.geschichte-der-zeit.de/kalenderreform-gregorianischer-kalender.html; https://de.wikipedia.org/wiki/Gregorianischer_Kalender.

Die Abschnitte über trigonometrische Fragestellungen handelte *Kopernikus* im Anschluss an die Epitome des *Regiomontanus* kurz aber weitgehend vollständig ab. Hier stellte er lediglich die notwendigen Hilfsmittel zusammen, die er zur Durchführung seiner Himmelsmechanik benötigte.

Den ersten Teil des dritten Buches widmete *Kopernikus* der Untersuchung der ungleichförmigen Variation der Präzession und der Abnahme der Schiefe der Ekliptik seit *Ptolemäus*. *Kopernikus* konnte hier an die Behandlung in dem Buch „de motu octavae sphaerae“ von *Johann Werner* (aus dem Jahre 1522) anknüpfen. Der hatte sich wieder auf *Regiomontanus* berufen. In diesen und früheren Abhandlungen war die Schwierigkeit aufgetreten, Bewegungen der Kugelachsen in kleinen Kreisen anzunehmen. Diese beeinflussen gleichmäßig die Variationen der Präzession und der Schiefe der Ekliptik in komplizierter Weise. *Kopernikus* konnte jedoch auf *At – Ṭ ūsī* s Kunstgriff[640] zurückgreifen, den er schon in der Theorie der planetaren Breiten im *Commentariolus* verwendet hatte. Danach werden die Oszillationen annähernd entlang von Großkreisen erzeugt. Als Anwendung davon gelang es die Variation der Schiefe der Ekliptik und die Ungleichförmigkeit der Präzession durch zueinander senkrechte Oszillationen des Erdäquators zu beschreiben. Die eine ist tangential zu dem Kreis der Präzessionsbewegung der Erde, welche die Ungleichförmigkeit der Präzession erzeugt. Die zweite steht senkrecht auf der ersteren, welche für die Variation in der Schiefe der Ekliptik verantwortlich ist. Die Periode der Variation der Schiefe der Ekliptik sollte nach *Kopernikus* doppelt so groß wie die der Ungleichförmigkeit der Präzession sein. Der Zeitpunkt der maximalen Schiefe sollte mit dem Zeitpunkt der langsamsten Bewegung der Präzession zusammenfallen. Die Bestimmung der Zahlenwerte für die Variation der Schiefe der Ekliptik und die Ungleichförmigkeit der Präzession müssen als unvollständig kritisiert werden. Geleichwohl sind die Werte für die Periode der mittleren Präzession mit 25.816 ägyptischen Jahren (zu je 365 mittleren Sonnentagen) und für die Variation der Schiefe der Ekliptik zwischen den Grenzwerten 23° 52’ und 23° 28’ sehr gute Ergebnisse im Vergleich mit den heute bekannten Zahlenwerten.

Aufbauend auf der Theorie der ungleichförmigen Variation von Präzession und der Schiefe der Ekliptik konnte *Kopernikus* sich im 2. Teil des 3. Buches der *De revolutionibus* mit der hauptsächlichen Problemstellung der Sonnenbewegung beschäftigen. Diese zeigte sich in den langperiodischen nicht gleichförmigen Variationen der Sonnenbewegung. *Kopernikus* untersuchte zunächst die Veränderungen in der Länge des tropischen Jahres, welche sich in der Beobachtung des Frühlingspunktes durch *Hipparch*, *Ptolemäus*, *Al – Battānī* und in seinen eigenen Beobachtungen zeigen. *Thābit ibn Qurra* nahm das siderische Jahr als konstant an, da die Variationen des tropischen Jahres und der Präzession in einem festen Verhältnis zueinander verlaufen. *Kopernikus* nahm dagegen neben der Variation der Präzession noch zwei weitere Ungleichförmigkeiten an, die Verringerung der Exzentrizität der Erdbahn und eine ungleichförmige Bewegung der Apsidenlinie

[640] Abb. 1.45 auf Seite 202.

der Erde. Allerdings ist in Wirklichkeit die scheinbare rückläufige tropische Bewegung der Apsidenlinie die Folge einer Verwechslung der siderischen und der tropischen Längen in den Epitome (des *Regiomontanus*), die für *Kopernikus* die Informationsquelle über *Al – Battānī* und *az – Zarqāl* sind.

1.9.2.2 Bewegung der Erde

Kopernikus hatte für die Bewegung der Erde das geometrische Modell in Abb. 1.52 mit Berufung auf *az – Zarqāl* entwickelt: Die mittlere Sonne $\overline{\odot}$, welche der Mittelpunkt der Erdbahn ist und damit der feste Mittelpunkt der Welt, bewegt sich auf einem kleinen Kreis mit Radius (= linearer Exzentrizität) $r_2 = e_2\,a$ um einen Mittelpunkt G, der von der wahren Sonne um eine mittlere Exzentrizität $r_1 = e_1\,a$ entfernt ist. Dadurch kann eine Variation der Exzentrizität und eine Ungleichförmigkeit in der Bewegung der Apsidenlinie beschrieben werden.

Diese relativ komplizierte Geometrie findet sich nicht bei *Ptolemäus. Kopernikus* musste daher auf die sonst bequeme mathematische Richtschnur verzichten. Die Herleitung der entsprechenden Zahlenwerte bereitete ihm deshalb auch erhebliche Probleme. Die Hauptschwierigkeit bestand in der Variation der Zahlenwerte über die langen Zeiträume seit *Hipparch* und *Ptolemäus,* vor allem weil die bekannten Zahlenwerte recht ungenau waren. So versuchte *Kopernikus* die Lösung entweder mit recht komplizierten mathematischen Methoden mit „einer Art sukzessiver" Verbesserung oder aber durch Vernachlässigungen, um die Problematik zu vereinfachen. Trotz dieser Schwierigkeiten genügte die neue endgültige Theorie sehr gut den Beobachtungen von *Hipparch, Ptolemäus* und seinen eigenen, allerdings weniger gut denen des *Al – Battānī* . Die Zwischenzeiten zwischen den ihm vorliegenden Beobachtungen ließ *Kopernikus* also weitgehendst aus. Wegen des Mangels an zuverlässigen Beobachtungen war das vermutlich auch die vernünftigste Lösung.

Es kommt in dieser Theorie klar zum Ausdruck, dass für *Kopernikus* **die mittlere Sonne $\overline{\odot}$ das Zentrum der Welt** ist, und **nicht die wahre Sonne** $\odot$. Die zweite Anomalie in der Bewegung der Planeten wird durch die Bewegung der Erde um die mittlere Sonne erklärt und nicht um die wahre Sonne. Entsprechend wird auch die zweite Anomalie durch ein Modell dargestellt, in dem die Exzentrizität und die Apsidenlinie der Planetenbahnen auf die mittlere Sonne bezogen werden. Unter Berufung auf die Planetentheorie des *Kopernikus* kann die wahre Sonne nicht lokalisiert werden. Das Zentrum der Welt kann durch diese Theorie mit der wahren Sonne nicht bestimmt werden.

Das historische Modell des *Kopernikus* zur Bewegung der Erde kann in der Literatur im Einzelnen nachgelesen werden.[641] Bemerkenswert und für die Weiterentwicklung der Himmelsmechanik von großer Wichtigkeit ist die Tatsache, das *Kopernikus* alle Ungleichförmigkeiten der Bewegungen, die ausnahmslos als periodisch angesehen wurden, durch Kreise (Epizykeln) beschrieb.

[641] Etwa in: SWERDLOW, NOEL M. und OTTO NEUGEBAUER [1984], pp. 127–192.

1.9.2.3 Bewegung des Mondes

Das Buch IV ist der Mondtheorie, insbesondere der ersten und der zweiten Ungleichheit der Mondbewegung, den Entfernungen und damit der Parallaxe sowie dem wahren und dem scheinbaren Durchmesser von Sonne und Mond gewidmet, dem Erdschatten und schließlich der Finsternisberechnung. Das Buch ist vor allem deshalb bedeutsam, weil es eine konzentrierte Zusammenstellung von den Methoden und Zahlenwerten ist, die aus griechischen, indischen, arabischen und mittelalterlich lateinischen Quellen stammen und ihren Weg in die Alfonsinischen Tafeln, die Epitome des *Regiomontanus* und damit auch in *De revolutionibus* gefunden haben. *Kopernikus* bemerkt, die Bewegung des

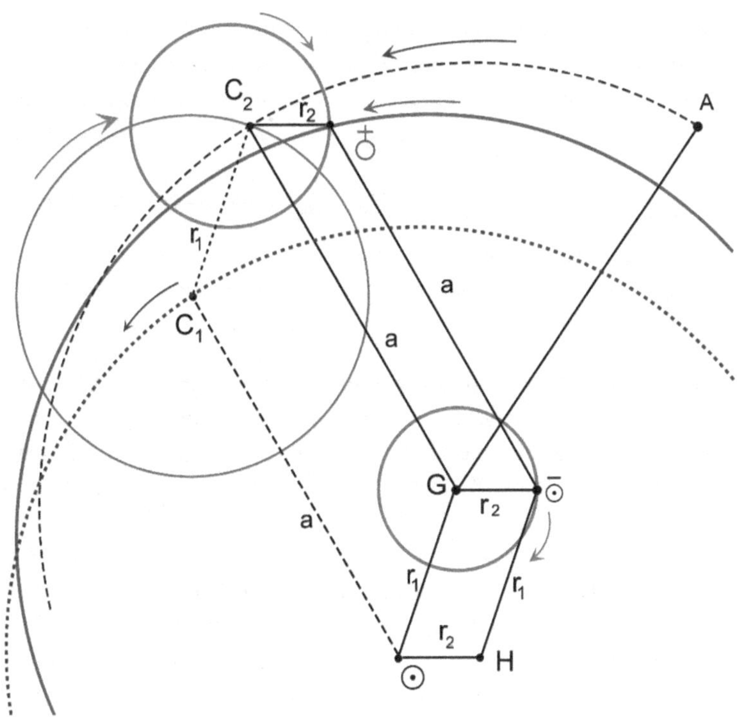

Abb. 1.52 Zur Beschreibung der Variation der Exzentrizität der ungleichförmigen Bewegung der Apsidenlinie der Erdbahn nach *Kopernikus*:[642] Modell für die zweite Ungleichheit der Sonnenbewegung als Folge der Variation der Exzentrizität und der ungleichförmigen Bewegung der Apsidenlinie, a – mittlerer Radius der Erdbahn in Bezug auf die mittlere Sonne (= astronomische Einheit), $r_1 = ae_1$, $r_2 = ae_2$

[642] Nach: SWERDLOW, NOEL M. und OTTO NEUGEBAUER [1984], p. 587, Fig. 3.16, zugehöriger Text auf p. 159 ff.

Mondes sage überhaupt nichts über die Bewegung der Erde aus. Insbesondere weiche er keineswegs von der Meinung der „Alten" ab, der Mond sich bewege um die Erde.[643]

Eine langperiodische Variation der Mondbewegung hält *Kopernikus* nicht für gegeben. Die ptolemäischen Zahlenwerte seien im Vergleich zu denen in den Alfonsinischen Tafeln sowie zu seinen eigenen Berechnungen zu ungenau. Außerdem hält er diese Zahlenwerte wegen der falschen Monddistanzen bei *Ptolemäus,* also Mondentfernung bzw. Parallaxe und scheinbarer Durchmesser, für falsch. In Wirklichkeit trifft dies allerdings nicht notwendig und nicht für alle Zahlenwerte auch tatsächlich zu.

Nach Abb. 1.27 auf Seite 146 bewegt sich der wahre Mond im Modell des *Ptolemäus* um das Zentrum C des Epizykels und gleichförmig um den Mittelpunkt der Erde ♁ und daher ungleichförmig um den (geometrischen) Mittelpunkt M_d des Exzenters, d. h. längs des exzentrischen Kreises. Dies widerspricht völlig der Auffassung des *Kopernikus,* nicht die **scheinbare,** sondern die **wahre** (= physikalische) Bewegung solle gleichförmig erfolgen. Einen guten Einblick in das Denken des *Kopernikus* gibt das folgende bekannte Zitat:[644]

> *„Doch was sollen wir auf das Grundprinzip (Axiom), dass die Bewegung der Himmelskörper gleichförmig sei mit der Ausnahme, dass sie ungleichförmig erscheine, entgegnen, wenn es sich so verhielte, dass die scheinbare gleichförmige Bewegung des Epizykels in Wirklichkeit ungleichförmig sei, und genau das Gegenteil von dem stattfinden sollte, was außer Frage steht und akzeptiert ist?"*

Eine zweite Verletzung der gleichförmigen Kreisbewegung sieht *Kopernikus* in der Bewegung des Mondes auf dem Epizykel. *Ptolemäus* hatte nämlich angenommen, dass diese Bewegung (nach Abb. 1.30 auf Seite 150) gleichförmig in Bezug auf den Punkt F erfolge, der in Opposition zu dem Punkt $\overline{A}_e$ steht, und nicht in Bezug auf den Punkt A_e, der in Opposition zur Erde steht.

Als Drittes kritisierte *Kopernikus* die Variation der Monddistanz zwischen 64.166 R_E und 33.55 R_E, was eine Variation der Parallaxe um den Faktor 2 verursache. Das aber widerspreche den Beobachtungen. Schließlich übernahm *Kopernikus* noch einen Einwand, den bereits *Regiomontanus* in seinen Epitome gebracht hatte: Wenn die Mondentfernung um den Faktor 2 variiere, müsste die scheinbare Größe des Mondkörpers um den Faktor 4 variieren, im Widerspruch zu den Beobachtungen.

Kopernikus schlug als Lösung wie schon im *Commentariolus* das Modell des *Ibn ash–Shātir* vor. Abb. 1.53 auf Seite 226 zeigt diese Bewegung in Bezug auf die mittlere Sonne. Der Mittelpunkt C_1 des ersten Epizykels mit Radius r_1 bewegt sich rechtläufig mit der mittleren Elongation $D_☾$, der Mittelpunkt C_2 des zweiten Epizykels mit Radius r_2 bewegt sich rückläufig auf dem ersten Epizykel. Der Mond schließlich bewegt sich

[643] Nach Swerdlow, Noel M. and Otto Neugebauer [1984], p. 139 pp.

[644] Aus: Nicolai Copernici Torinensis De revolutionibus orbium coelestium Libri VI, Norimbergae apud Joh. Petreium, Anno MDXLIII, cit. Nach Swerdlow, Noel M. and Otto Neugebauer [1984], p. 86.

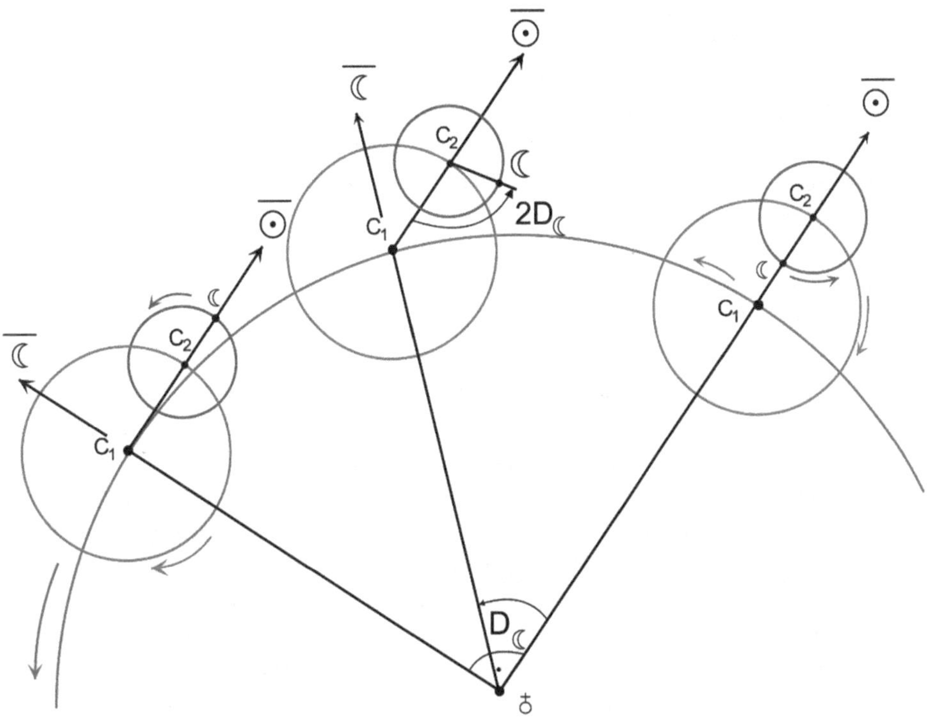

Abb. 1.53 Das von *Kopernikus* verwendete Bewegungsmodell des Mondes, das auf *Ibn ash – Shātir* zurückgeht. Hier die Darstellung der relativen Bewegung in Bezug auf die mittlere Sonne

rechtläufig auf dem zweiten Epizykel und hat von der Geraden C_1C_2 als Winkelabstand die doppelte Elongation, also $2D_☾$ Wird diese Bewegung absolut, also bezogen auf das Apogäum A_e betrachtet, muss die mittlere exzentrische Anomalie $M_{A,☾}$ des Mittelpunktes C_2 vom Apogäum in Bezug auf C_1 eingeführt werden. Dann bewegt sich der Mond auf einer Ellipse um C_1, deren große Halbachse r_1+r_2 und kleine Halbachse r_1-r_2 beträgt.[645] Damit kann dann auch die zweite Ungleichheit $2D_☾ - M_{A,☾}$ beschrieben werden.[646]

Die Mondtheorie des *Kopernikus*, d. h. die Theorie der ekliptikalen Länge des Mondes, gab die Beobachtungen sehr gut wieder, Fehler waren klein und nicht systematisch.

In der Theorie der Mondparallaxe, also der geozentrischen Distanz des Mondmittelpunktes und des scheinbaren Durchmessers von Sonne und Mond, wurde durch die kleinere Variation der geozentrischen Monddistanz eine realistischere Mondtheorie möglich. Gleichwohl ist gerade dieser Abschnitt einer der verwirrendsten im gesamten Werk, voll von Fehlern und Widersprüchen. Diese setzen sich auch bei der Herleitung und der

---

645 Näheres hierzu bei SWERDLOW, NOEL M. and OTTO NEUGEBAUER [1984], pp. 196,197, siehe auch in SALIDA, G. [2004].

646 Siehe in Abschn. 1.7.2

Erstellung der Tabellen für die Variationen des scheinbaren Durchmessers von Sonne und Mond und den Erdschatten fort. Trotzdem fand *Kopernikus* brauchbare Werte für die Schwankungen der geozentrischen Entfernung des Mondes in den Syzygien zwischen 55 R_E und 65.5 R_E, in den Quadraturen zwischen 52 R_E und 68 R_E.

Die Finsternistheorie ist ein harter Test für alle zuvor behandelten Gebiete, die sphärische Astronomie, den Sternkatalog, die Präzession, die Sonnentheorie, die Mondtheorie und die Theorie der Mondparallaxe. Die Ergebnisse, die *Kopernikus* vorweisen konnte, waren außerordentlich gut.[647]

Ein entscheidender Test für die Mondtheorie sowie die gesamte bisher entwickelte Himmelsmechanik war die Berechnung von Sternbedeckungen durch den Mond. Die Berechnungen von *Kopernikus* zu diesem Themenkreis waren umfangreich, mühsam und mit vielen Fehlern behaftet. Eine Aussage über die Güte der Theorie im Vergleich zu früheren oder gar zur modernen Himmelsmechanik ist nicht möglich. Auch passte *Kopernikus* in manchen Fällen die Beobachtungen mit kleinen Korrekturen der Theorie an. Es hatte hier allerdings auch der Zufall geholfen: Fehler von *Kopernikus* in der Berechnung der Mondbreite gleichen sich gegen Fehler des *Ptolemäus* in der Angabe von Fixsternpositionen aus.[648] So erhielt er als Ergebnis die im Wesentlichen richtige Mondparallaxe. Andererseits hatte *Kopernikus* seine Zahlenwerte in recht sorgloser Weise gerundet. Sein Zahlenwert für die Sonnenparallaxe (1179 R_E) war noch schlechter als der ptolemäische (1219 R_E).[649] Bei den Berechnungen zu den Sternbedeckungen hatte *Kopernikus* sehr gute Ergebnisse erzielt. Mit Stolz konnte er schreiben:[650] Die Berechnungen

> *„stimmen mit den Beobachtungen vollständig überein, sodass es überhaupt keinen Zweifel geben kann, dass unsere Hypothesen und ihre Folgerungen richtig sind".*

1.9.2.4 Heliozentrische Bewegung

Die heliozentrische Theorie des *Kopernikus* kommt im Wesentlichen erst in Buch V der *De revolutionibus* zum Tragen, in dem die Theorie der Längen der Planetenbewegung behandelt wird. Bereits im *Commentariolus* hatte *Kopernikus* sein erstes Ziel erreicht, die aus physikalischen Grundsätzen geforderte wahre gleichförmige Rotation aller der Sphären herzuleiten, deren komplizierte Bewegungen die scheinbare Bewegung der Planeten beschreiben. Diese scheinbare Bewegung entspricht genau derjenigen, welche durch die Theorie des *Ptolemäus* mathematisch beschrieben wird, an deren Richtigkeit *Kopernikus* auch gar keinen Zweifel hegte. Seit der Abfassung des *Commentariolus* verfolgte *Kopernikus* als zweite Aufgabe, neue Parameter für die Planetenbewegung abzuleiten. Das

[647] Swerdlow, Noel M. and Otto Neugebauer [1984], p. 232 und p. 270.

[648] *Kopernikus* hatte die Okkultation des Aldebaran (α Tau) durch den Mond im Jahr 1497 von Bologna aus beobachtet.

[649] Siehe hierzu O. Neugebauer [1968], pp. 100 ff.

[650] Aus: *De revolutionibus* IV,27; zitiert nach Swerdlow, Noel M. and Otto Neugebauer [1984], p. 270.

Ergebnis dieser äußerst mühsamen Arbeiten wurde von den Zeitgenossen als gleichwertig zu den Ergebnissen des *Ptolemäus* anerkannt, was sicherlich das höchste Lob für einen Astronomen bedeutete.[651]

Der Vorzug der kopernikanischen Elemente bestand darin, dass sie gegenüber den ptolemäischen frei von den aufsummierten Fehlern in den mittleren Bewegungen waren. Diese Fehler sind bei einem direkten Gebrauch der Tafeln des Almagest zu erwarten. Das machte bereits den Gebrauch der ungefähr 300 Jahre alten Alfonsinischen Tafeln schwierig. Um das Ziel zu erreichen, die zu seiner Zeit gültigen Parameter der Planetenbewegung zu berechnen, musste *Kopernikus* alle nur denkbaren Variationen dieser Parameter seit *Ptolemäus* berücksichtigen. *Kopernikus* sah allerdings keine Notwendigkeit dazu, ein eigenes Modell der Planetentheorie zu entwickeln, wie es seinerzeit *Ptolemäus* getan hatte, und wie es später *J. Kepler* für unausweichlich gehalten hatte. *Kopernikus* hatte nicht mehr als dies tun können, zumal ihm die sonst benötigten hochpräzisen Beobachtungen nicht zur Verfügung standen. So hatte er beispielsweise nicht herausfinden können, dass die Apsidenlinien und die Exzentrizitäten der Planeten auf die wahre und nicht auf die mittlere Sonne zu beziehen sind.

1.9.3 Die Theorie der Planetenbewegung bei *Kopernikus*

Der Hauptvorteil der heliozentrischen gegenüber der ptolemäischen Modellierung der Planetenbewegung war die Elimination der zweiten Anomalie (also der scheinbar ungleichförmigen Bewegung der Planeten mit rechtläufigen, stationären und rückläufigen Phasen). Wie in Abb. 1.40 auf Seite 166 gezeigt, kann die geozentrische Bewegung um den Beobachter ♁ mit Epizykelmittelpunkt *C* und Planetenort *P* sowie die Richtung zur mittleren Sonne $\overline{\odot}$ durch einfache Parallelverschiebung in eine heliozentrische Bewegung um den Ort der mittleren Sonne $\overline{\odot}$ transformiert werden. Für die äußeren Planeten wird dabei der Epizykel durch die Erdbahn ersetzt, der Deferent durch die Bahn der Planeten. Für die inneren Planeten beschreibt der Epizykel die Bahn des Planeten um die (mittlere) Sonne, der Deferent die Erdbahn (vgl. Abb. 1.38 auf Seite 161).

Wesentlich aufwendiger bleibt auch im heliozentrischen Modell die Beschreibung der ersten Anomalie. Der Weg von der ptolemäischen zur kopernikanischen Vorstellung zur Beschreibung der ersten Anomalie in der Planetenbewegung kann in Abb. 1.54 (auf Seite 228) nachvollzogen werden. Danach bewegt sich der Mittelpunkt C des Epizykels auf dem Deferenten um den Mittelpunkt Md des Deferenten, während die gleichförmige Bewegung mit der mittleren „exzentrischen" Anomalie M_A (sie wird in *De revolutionibus* als „anomalia eccentri" bezeichnet[652]) in Bezug auf das punctum aequans F erfolgt. Wenn aber der Epizykelmittelpunkt eine gleichförmige Kreisbewegung durchführen soll, müsste

---

[651] Swerdlow, Noel M. and Otto Neugebauer [1984], pp. 77–82, pp. 289 ff.

[652] Vgl. die lateinischen Bezeichnungen zitiert in Swerdlow, Noel M. and Otto Neugebauer [1984], p. 300.

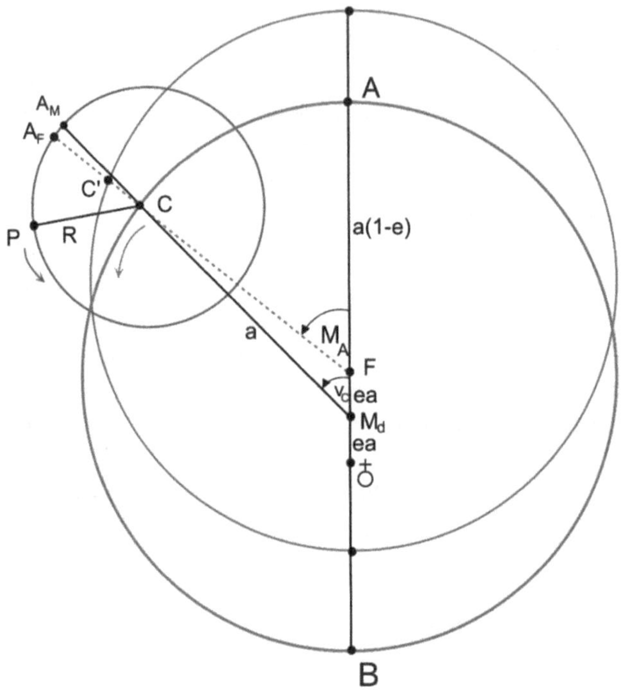

Abb. 1.54 Zur kopernikanischen Kritik an der ptolemäischen Vorstellung der Planetenbewegung[653]

diese physikalisch realistisch (d. h. wirklich so, wie die Bewegung in der Natur auch tatsächlich abläuft) um den Mittelpunkt M_d des Exzenters erfolgen. Der Planet P bewegt sich auf dem Epizykel gleichförmig in Bezug auf den Gegenpunkt A_F (den „Apoäquanten") auf der Geraden durch C und F. Die gleichförmige Bewegung des Planeten müsste aber auf den Gegenpunkt A_M auf der Geraden durch C und M_d bezogen sein. Nach *Ptolemäus* bewegt sich A_M aber nicht gleichförmig.

1.9.3.1 Theorie der Längen der äußeren Planeten

Kopernikus hatte als Lösung des Problems der ungleichförmigen Teilbewegung bei *Ptolemäus* zur Beschreibung der Bewegung der äußeren Planeten im *Commentariolus* das Modell des *Ibn ash – Shātir* gewählt (vgl. Abb. 1.48 auf Seite 210), in den *De revolutionibus* aufgrund von neu berechneten Parametern dagegen das Modell von *Mūlaqqad ad – Dīn al –' Urdī* und *Qutb ad – Dīn ash – Shīrāzī*. In diesem Modell (siehe neben Abb. 1.48 den ganzen Abschn. 1.8.4.2 ab Seite 206) wird ein Mittelpunkt M_d' im Abstand $r_1 = 1.5\, e\, a$ zum Beobachter eingeführt. M_d' ist der Mittelpunkt des

[653] Nach: SWERDLOW, NOEL M. and OTTO NEUGEBAUER [1984], p. 615, Abb. 5.4 und 5.5.

Exzenters, auf dem sich der Mittelpunkt C_1 mit der mittleren exzentrischen Anomalie M bewegt. Der erste Epizykel hat den Radius $r_2 = 0.5\, e\, a$, auf dem Epizykel bewegt sich der Mittelpunkt C'' wieder mit der mittleren exzentrischen Anomalie M. Die Strecke $\overline{C''F}$ ist stets parallel zu $\overline{M_d' C_1}$.

Die Gerade durch C'' und F schneidet den ersten Epizykel im Punkt C'. Die Gerade durch C' und C_1 ist stets parallel zur Apsidenlinie ♂$M_d M_d' F A$. Auf der Geraden $C''F$ befindet sich im Abstand r zu M_d der Mittelpunkt C des Epizykels im ptolemäischen Modell. C'' liegt nahe bei C, sodass sich der Planet P, der sich auf dem zweiten Epizykel mit Radius r bewegt, in beiden Modellen nahezu gleichartig bewegt. Aufgrund der geometrischen Konstruktion des Mittelpunktes C'' bewegt sich dieser auch gleichförmig um das punctum aequans, wie sich der Mittelpunkt C_1 des ersten Epizykels gleichförmig um M_d' jeweils mit der mittleren exzentrischen Anomalie M_A bewegt. Es wird also gegenüber *Ptolemäus* keine neuartige Planetenbewegung eingeführt, sondern lediglich anders gedeutet. Diese neue, wie es scheint, sinnvollere Deutung der ersten Anomalie übernahm *Kopernikus* in sein heliozentrisches Modell (vgl. Abb. 1.55 auf Seite 230).

Aufgrund der Transformation durch die bekannte Parallelogrammkonstruktion (siehe Abb. 1.40 auf Seite 166) vom Erdzentrum in das Sonnenzentrum befindet sich der Planet P nun an der Stelle des Mittelpunktes C'' des zweiten Epizykels. Die Erde bewegt sich dann auf einem Kreis ($\cong$ dem zweiten Epizykel) mit Radius $R = 1$ astronomische Einheit um die Sonne. Wie diese Transformation zustande kommt, wird in Abb. 1.56 gezeigt. *Kopernikus* bewahrt also implizit die gleichförmige Bewegung bezüglich des punctum aequans und er verwendet sie auch bei der Herleitung der Exzentrizitäten der äußeren Planeten, auch wenn er diese Eigenschaft nicht explizit erwähnt.

Bezogen auf die mittlere Sonne $\overline{\odot}$ (= „centrum orbis terrae annui") hat der Planet die „wahre exzentrische Anomalie" υ_A (= „Anomalia eccentri aequata" = korrigierte exzentrische Anomalie). Sie unterscheidet sich von der mittleren exzentrischen Anomalie M_A (= „anomalia eccentri") um die Mittelpunktsgleichung (sie wird von *Kopernikus* mit den Begriffen „prostaphaeresis eccentri", „aequatio eccentri" verwendet)

$$\beta = M_A - \upsilon_A \; . \tag{1.204}$$

Sie kann nach Abb. 1.57 berechnet werden, wenn zu einem Zeitpunkt t bei Bezug auf eine Epoche t_0 die mittlere exzentrische Anomalie

$$M_A = M_{A,0} + \dot{M}\,(t - t_0), \tag{1.205}$$

Die numerische Exzentrizität e der Planetenbahn, ihr (mittlerer) Radius a, sowie der Radius $r_1 = 1.5\, e\, a$ des ersten Epizykels und der des zweiten Epizykels $r_2 = 0.5\, e\, a$ als bekannt (bzw. bestimmt) angenommen werden können.

M_d' ist der Mittelpunkt des Exzenters (= „centrum circuli eccentri", „centrum eccentri"). Um ihn bewegt sich C_1 mit der mittleren Geschwindigkeit $\dot{M}$. Das Dreieck $C_1\, P\, C'$ ist gleichschenklig, also sind die beiden Innenwinkel bei P und C' jeweils M_A. Damit

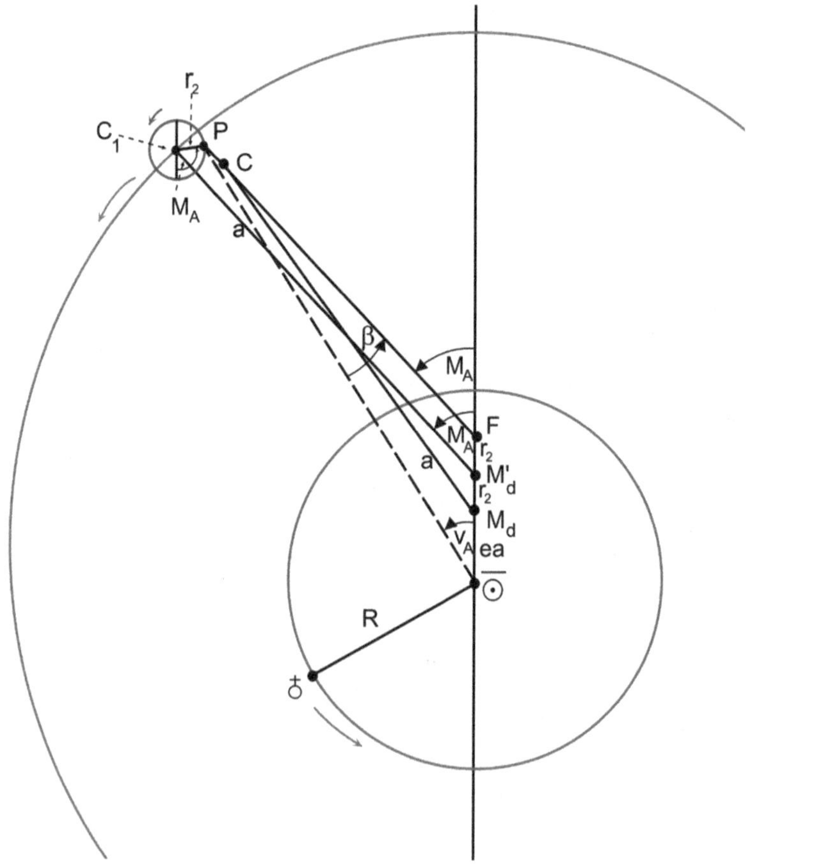

Abb. 1.55 Die heliozentrische Bewegung der äußeren Planeten nach *Kopernikus* zur Beschreibung der ersten Anomalie: ♁ = Beobachter (= Erde), bewegt sich auf einer Kreisbahn mit Radius R um die Sonne, M_{d} = Mittelpunkt des Exzenters nach *Ptolemäus*, e = ptolemäische Exzentrizität, $M_{\mathrm{d}}{}'$ = Mittelpunkt des Exzenters nach *al –' Urdī* und *ash – Shīrāzī*, $r_1 = 1.5\,e\,a$ = lineare Exzentrizität nach *al –' Urdī* und *ash – Shīrāzī*, F = punctum aequans, M = exzentrische Anomalie, a = Radius des Exzenters, C_1 = Mittelpunkt des Epizykels, $r_2 = 0.5\,e\,a$ = Radius des Epizykels, P = Ort des Planeten nach *Kopernikus*, C = Ort des Planeten nach *Ptolemäus*.[654] C_1 bewegt sich gleichförmig auf einer Kreisbahn um M_d', P bewegt sich gleichförmig auf einer Kreisbahn um C_1

kann die Strecke $r_3 = \overline{C'P}$ berechnet werden:

$$r_3 = 2\,r_2 \cos M_A = e\,a \cos M_A \tag{1.206}$$

und der Abstand r_F des Planetenortes vom punctum aequans F ist

[654] Nach: SWERDLOW, NOEL M. and OTTO NEUGEBAUER [1984], p. 616, Fig. 5.7, p. 620, Fig. 17, sowie OTTO NEUGEBAUER [1968], p. 93.

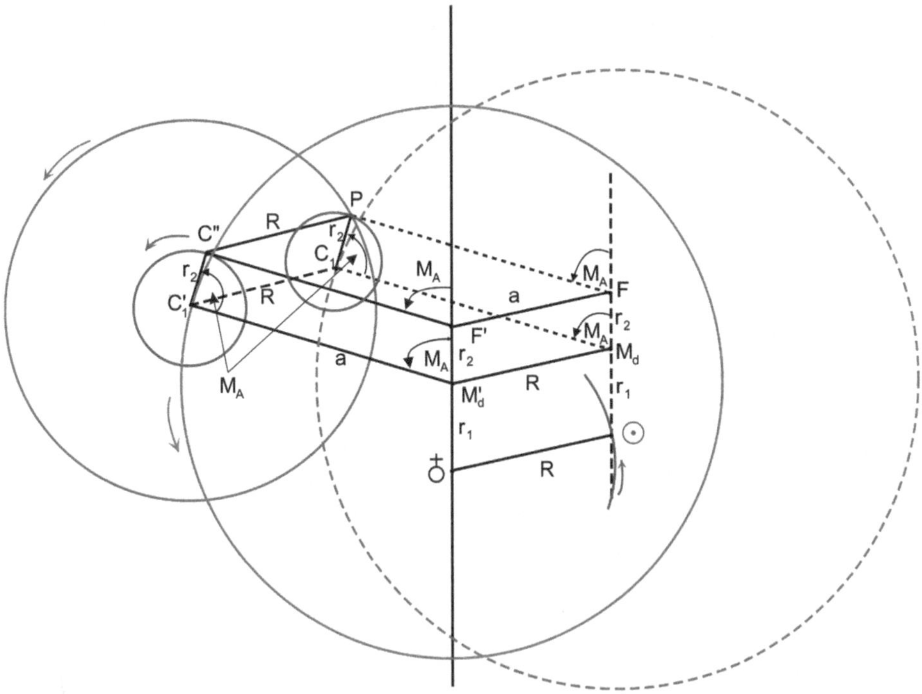

Abb. 1.56 Die Bewegung der äußeren Planeten nach *Kopernikus* in geozentrischer Deutung:[655] ♁ = Beobachter (= Erde), C_1 = Mittelpunkt des ersten Epizykels im heliozentrischen System, C_1' = Mittelpunkt des ersten Epizykels im geozentrischen System, M_d = Mittelpunkt des Deferenten im heliozentrischen System, M'_d = Mittelpunkt des Deferenten im geozentrischen System, $\overline{\odot}$ = „mittlere" Sonne, C'' = Mittelpunkt des Epizykels des Planeten P, C'' bewegt sich auf dem zweiten Epizykel um C_1', F = punctum aequans, M = mittlere exzentrische Anomalie („anomalia eccentri")

$$r_F \;=\; a - r_3 \;=\; a\,(1 - e\,\cos M_A)\ . \tag{1.207}$$

Mit

$$r_1 + r_2 \;=\; 2\,e\,a \tag{1.208}$$

hat der Planet von der mittleren Sonne den Abstand

$$r \;=\; a\sqrt{(1 + e\,\cos M_A)^2 + 4\,e^2\,\sin^2 M_A}\ . \tag{1.209}$$

Somit kann die Mittelpunktsgleichung β im Dreieck $\overline{\odot}FP$ mit Hilfe des Sinussatzes berechnet werden aus

[655] Nach: SWERDLOW, NOEL M. and OTTO NEUGEBAUER [1984], p. 616, Fig. 5.13 und OTTO NEUGEBAUER [1968], p. 93.

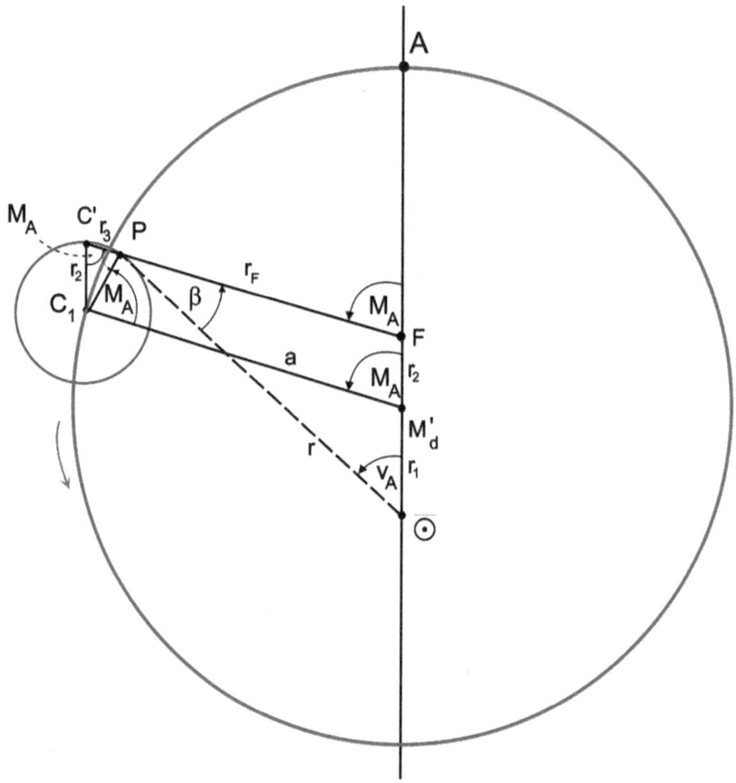

Abb. 1.57 Beschreibung der ersten Anomalie der äußeren Planeten nach *Kopernikus*, υ_A = wahre exzentrische Anomalie („anomalia eccentri aequata"), M_A – mittlere exzentrische Anomalie („anomalia eccentri") (Erklärung der weiteren Parameter im Text)

$$\sin\beta = \frac{2\,e\,a\,\sin M_A}{r} \tag{1.210}$$

und daher

$$\sin\beta = \frac{2\,e\;\sin M_A}{\sqrt{(1+2\,e\,\cos M_A)^2 + 4\,e^2\,\sin^2 M_A}}\;. \tag{1.211}$$

Da e^2 klein, gilt der Näherungsausdruck

$$\sin\beta \approx \frac{2\,e\,\sin M_A}{\sqrt{1+4\,e\,\cos M_A}} = 2\,e\,\sin M_A - 2\,e^2\,\sin 2M_A + O\big(e^2\big)\;. \tag{1.212}$$

Da auch β recht klein zu erwarten ist, bleibt

$$\sin\beta \approx \beta = M_A - \upsilon_A = 2\,e\,\sin M_A + \ldots. \tag{1.213}$$

Die wahre exzentrische Anomalie hat somit die bekannte Form (das Minuszeichen vor dem ersten Korrekturterm ist eine Folge des Bezugs auf das Apogäum)

$$v_A = M_A - 2e \sin M_A + \ldots \quad . \tag{1.214}$$

In dieser Form wurde die Mittelpunktsgleichung von *Kopernikus* mehrere hunderte Male verwendet. Vergleich mit der in der klassischen Himmelsmechanik verwendeten Form der Mittelpunktsgleichung

$$v_A = M_A - 2e \sin M_A + \frac{5}{4} e^2 \sin 2M_A + \ldots \, . \tag{1.215}$$

zeigt den Fehler bei Vernachlässigung der quadratischen und höheren Terme von der Ordnung 5/4 e^2 ist. Der Planet, dessen Bahn die größte Exzentrizität hat, ist der Mars[656] mit $e_{♂} = 0.0934$. Dann ist

$$\frac{5}{4} e_{♂}^{\,2} \approx 38'$$

Von besonderem Interesse ist die Eigenschaft der nach dem kopernikanischen Modell erfolgenden Bewegung der Planeten, nicht auf einem Kreis, sondern auf einer **kreisnahen Kurve** zu verlaufen. *Kopernikus* stellt fest: (Abb. 1.58)[657]

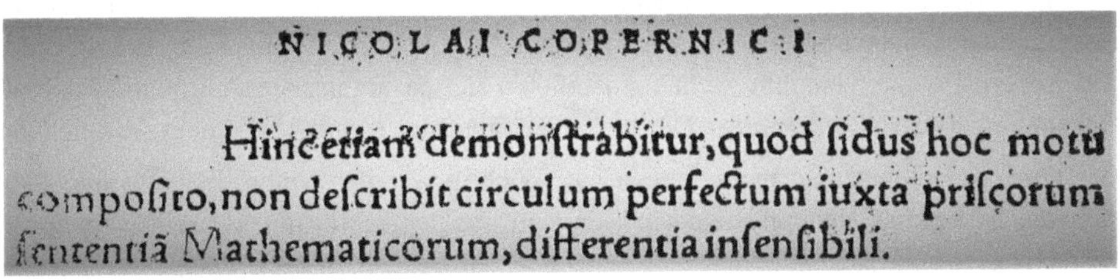
NICOLAI COPERNICI

Hinc etiam demonſtrabitur, quod ſidus hoc motu compoſito, non deſcribit circulum perfectum iuxta priſcorum ſententiã Mathematicorum, differentia inſenſibili.

Abb. 1.58 Die exakte Unterscheidung zwischen der qualitativen und der quantitativen Aussage über die Beschreibung der Bewegung der Himmelskörper bei *N. Kopernikus*
(Infolge dieser zusammengesetzten Bewegung beschreibt der Stern keinen perfekten Kreis, in Übereinstimmung mit der Meinung früherer Mathematiker, jedoch ist die Abweichung von der Kreisbahn unmerklich).[658]

656 Zahlenwert aus Kap 30.3.

657 *De revolutionibus* 142V10–12; siehe Originalzitat aus der handschriftlichen Ausgabe der *De revolutionibus coelestium* in Abb. 1.60; folgende Kopie aus Ausgabe von 1616; zitiert nach SWERDLOW, NOEL M. and OTTO NEUGEBAUER [1984], p. 296, n.17. Diese bemerkenswerte Ansicht ist allerdings vor *Kopernikus* bis jetzt aus der Literatur nicht nachweisbar. Es darf aber vermutet werden, dass mit den „früheren Mathematikern" die arabischen gemeint waren, welche *Kopernikus* aus irgendwelchen (?) Gründen nicht erwähnen wollte oder durfte. (Kopie mit Erlaubnis aus dem Exemplar der *De revolutionibus* in der Bibliothek der Universitätssternwarte München).

658 Kopie mit Erlaubnis aus Exemplar der *De revolutionibus* in der Bibliothek der Universitätssternwarte der LMU München.

Tab. 1.7 Abweichung der kopernikanischen Bewegung des Mars von der echten Kreisbewegung

M_A	0°	45°	90°	135°	180°	225°	270°	315°
r / a	1.0934	1.0742	1.0173	0.9433	0.9066	0.9433	1.0173	1.0742
r_F / a	0.9066	0.9340	1.0000	1.0660	1.0934	1.0660	1.0000	0.9340
M_P	0°.0	43°.043	87°.326	133°.166	180°.0	226°.834	272°.674	316°.951
r_M / a	0.9533	0.9675	1.0011	1.0335	1.0467	1.0335	1.0011	0.9675
β_d	0°.0	1°.8924	2°.6767	1°.8924	0°.0000	-1°.8924	-2°.6767	1°.8924
M_K	0°.0	43°.108	87°.323	133°.108	180°.0	226°.892	272°.677	316°.892
r_K / a	0.9533	0.9664	0.9989	1.0325	1.0467	1.0325	0.9989	0.9664
r_Q / a	1.1401	1.1064	1.0162	0.9100	0.8599	0.9100	1.0162	1.1064
υ_K	0°.0	38°.143	79°.413	126°.650	180°.0	233°.350	280°.587	322°.063
υ_A	0°.0	37°.934	79°.418	126°.954	180°.0	233°.046	280°.582	323°.360
$\upsilon_A - \upsilon_K$	0°.0	12'.568	+0'.345	+18'.245	0°.0	-18'.245	-0'.345	+12'.408

Wie unmerklich diese Abweichung von der Kreisbewegung ist, wird von *Kopernikus* nicht bewiesen. Sie ist in Tab. 1.7 (auf Seite 240) für den Planeten Mars berechnet. Die Tabelle zeigt die größten Abweichungen in den Oktanten, welche vor *Kepler* allerdings offenbar nicht eigens beachtet wurden. Auf welche früheren Astronomen sich *Kopernikus* beruft, welche ebenfalls eine Abweichung der wahren Bewegung von einer Kreisbewegung gefunden haben sollen, ist nicht bekannt. Aus heutiger Sicht ist es naheliegend, das *Kopernikus* die von ihm nicht namentlich zitierten arabischen Astronomen meint. Bekannt ist etwa, das $Nas\bar{i}r\ ad - D\bar{i}n\ at - \underset{\circ}{T}\bar{u}s\bar{i}$ in seiner Mondtheorie eine Abweichung von einer Kreisbewegung angenommen hat. Wichtig war für *Kopernikus* also nur, dass sich die Bewegung sich physikalisch „sinnvoll“ aus gleichförmigen Kreisbewegungen zusammensetzen lässt.

Ob diese Aussage von *Kopernikus* selbst stammt, der wegen der revolutionierenden Aussage sich auf „frühere“ beruft, um sich abzusichern, oder ob er diesen Sachverhalt nicht für wichtig erachtet hat, kann heute leider nur Gegenstand von Spekulationen sein. Allerdings war sich *Kopernikus* der Besonderheit dieser Aussage vermutlich deshalb nicht bewusst, weil er diese Tatsache im Rahmen der ihm zur Verfügung stehenden Beobachtungen für vernachlässigbar halten konnte. Damit konnte er nämlich glauben, sein Ziel erreicht zu haben, die Bewegung eines Planeten auf die Überlagerung gleichförmiger Kreisbewegungen zurückführen zu können. Der Weg war, wie wir heute wissen, durchaus richtig, auch wenn er von fast allen Nachfolgern nicht erkannt worden ist.

Um einen Eindruck zu bekommen, wie die wahre Bahn eines äußeren Planeten nach *Kopernikus* von einer Kreisbahn abweicht, werden die Verhältnisse hier für die Bahn des Planeten Mars untersucht. Die Kreisbahn wird durch den mittleren Radius a (= große Bahnhalbachse) um den fiktiven Mittelpunkt M_d' beschrieben.

Nach Abb. 1.59 bewegt sich der Punkt K auf einem Kreis um M'_d mit Radius a, wobei die Bewegung gleichförmig um den Äquanten F mit der mittleren Anomalie M_{A} erfolgen soll. Auch der „wahre" Planetenort P bewege sich gleichförmig um F mit M_{A}. Die Distanz des Planetenortes vom Äquanten $r_F = \overline{PF}$ ist aus Formel (1.207) auf Seite 234 bekannt, die Distanz $r = \overline{PM'_d}$ aus Formel (1.208). Es genügt in allen Fällen die relativen Distanzen mit der großen Bahnhalbachse a als Einheit zu berechnen:

$$\begin{aligned} \frac{r}{a} &= \sqrt{(1 + e\cos M_A)^2 + 4e^2\sin^2 M_A} \\ \frac{r_F}{a} &= 1 - e\cos M_A . \end{aligned} \tag{1.216}$$

P hat von M'_d die Distanz $r_M = \overline{PM'_d}$ mit

$$\frac{r_M}{a} = \sqrt{1 + \frac{e^2}{4} - e\cos M_A} \quad . \tag{1.217}$$

Die mittlere zentrische Anomalie M_{P}, unter der P von M'_d aus gesehen wird, kann aus

$$\sin M_P = \frac{r_F}{r_M}\sin M_A \tag{1.218}$$

berechnet werden.

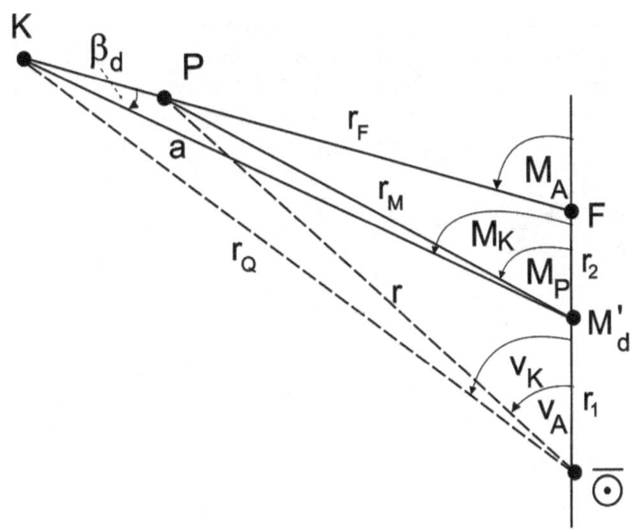

Abb. 1.59 Zur Berechnung der Abweichung einer Kreisbewegung (K liegt auf Kreis) von der Bewegung eines (äußeren) Planeten nach *Kopernikus* (Erklärung der Parameter im Text)

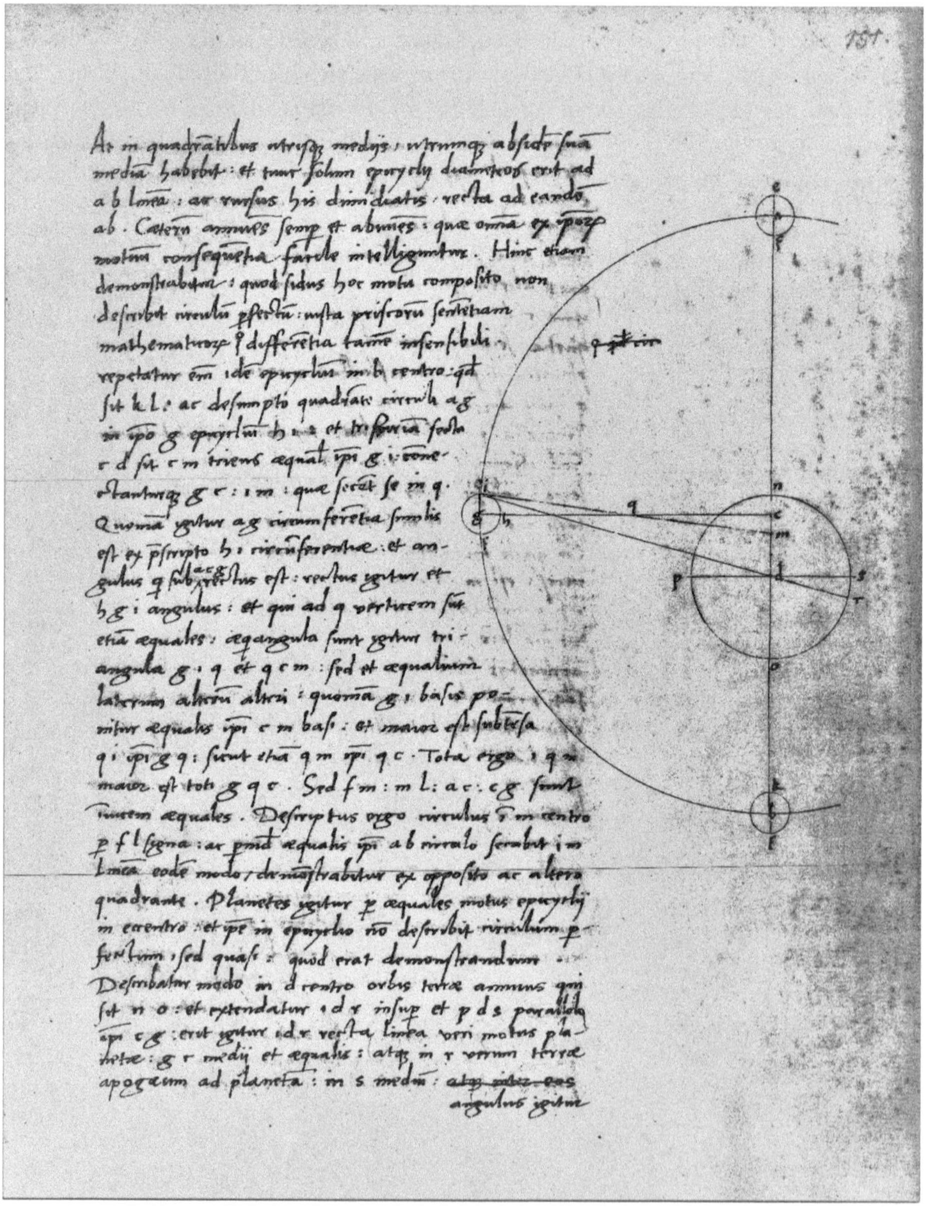

Abb. 1.60 Kopie aus der Faksimile-Ausgabe von des *Kopernikus De revolutionibus* von 1944, Seite mit Hinweis auf die nicht kreisförmige Bewegung der Planeten[659]

[659] Kopie mit Erlaubnis des astronomischen Instituts der LMU München aus der Faksimile-Ausgabe von 1944.

Der Kreispunkt K sieht die Strecke Äquant F zu Mittelpunkt M_d' unter dem Parallaxenwinkel β_d mit

$$\sin\beta_d \;=\; \frac{e}{2}\,\sin M_A \quad . \tag{1.219}$$

Somit beträgt die mittlere zentrische Anomalie M_K des Kreispunktes K

$$M_K \;=\; M_A \,-\, \beta_d \tag{1.220}$$

und der Abstand des Kreispunktes K vom Äquanten beträgt

$$\frac{r_K}{a} \;=\; \sqrt{1 + \frac{e^2}{4} - e\cos M_K} \quad . \tag{1.221}$$

Während der „wahre" Planet P von der mittleren Sonne $\overline{\odot}$ den Radius r hat, beträgt der Abstand $r_Q = \overline{K\overline{\odot}}$ des Kreispunktes von der mittleren Sonne

$$\frac{r_Q}{a} \;=\; \sqrt{\frac{r_K^2}{a^2} + 4e^2 + 4e\,\frac{r_K}{a}\cos M_A} \quad . \tag{1.222}$$

Die „wahre" Anomalie υ_A des Planeten, gesehen von der mittleren Sonne aus, beträgt

$$\sin\upsilon_A \;=\; \frac{r_F}{r}\,\sin M_A \quad , \tag{1.223}$$

dagegen die „wahre" Anomalie υ_K des Kreispunktes

$$\sin\upsilon_K \;=\; \frac{r_K}{r_Q}\,\sin M_A \quad . \tag{1.224}$$

Eine Aussage über die Abweichung der „wahren" Planetenbewegung von der „echten" Kreisbewegung gibt die zentrische Distanz $r_M = \overline{PM_d'}$ sowie der Unterschied der wahren Anomalien υ_A und υ_K.

Beispiel

Für Mars mit der Exzentrizität $e_♂ = 0.0934$ ergeben sich die Werte in Tab. 1.7, die ähnlich wie es später *J. Kepler* getan hat, für die Syzygien ($M_\mathrm{A} = 0°$, $180°$), Quadranten ($M_\mathrm{A} = 90°$, $270°$) und Oktanten ($M_\mathrm{A} = 45°$, $135°$, $225°$, $315°$) gerechnet wurde. Der heliozentrische „Fehler" liegt unter 19',◄

1.9.3.2 Heliozentrische Bewegung der äußeren Planeten in der Bahnebene

Für die Weiterentwicklung der Himmelsmechanik, wie sie durch verbesserte Beobachtungsmethoden erforderlich wurde, ist eine Koordinatendarstellung der Bewegung der äußeren Planeten nach der Methodik des *Kopernikus* von besonderem Interesse. Es sei in der Bahnebene eines Planeten ein rechtwinkliges x, y-Koordinatensystem mit Mittelpunkt in der „mittleren" Sonne $\overline{\odot}$, also dem Mittelpunkt der Erdbahn, gegeben.

Die x-Achse sei zum Aphel A der Bahn, die y-Achse dazu in positiver Drehrichtung orientiert. Die heliozentrische Distanz $r = \overline{\overline{\odot}P}$ und die wahre Anomalie $\upsilon_A = \sphericalangle(P\overline{\odot}A)$ können als Polarkoordinaten

$$x_A = r \cos \upsilon_A \, y_A = r \sin \upsilon_A \tag{1.225}$$

aufgefasst werden (man beachte wieder die in der antiken Himmelsmechanik übliche positive Orientierung zum Aphel, nicht wie in der späteren klassischen Himmelsmechanik üblich zum Perihel).

Nach Abb. 1.61 auf Seite 241 lauten dann die rechtwinkligen Koordinaten nach der Methode des *Kopernikus* (in der Nachfolge des geozentrischen Modells von $M\bar{u}laqqad\ ad - D\bar{i}n\ al -'\ Urd\bar{i}$ und $Qutb\ ad - D\bar{i}n\ ash - Sh\bar{i}r\bar{a}z\bar{i}$)

$$\begin{aligned} x_A &= r \cos \upsilon_A = \frac{3}{2} a\, e + a \cos M_A - \frac{1}{2} a\, e \cos 2M_A \\ y_A &= r \sin \upsilon_A = a \sin M_A - \frac{1}{2} a\, e \sin 2M_A \quad . \end{aligned} \tag{1.226}$$

Eine der elliptischen Bewegung[660] zeigt, dass die ersten drei Glieder in Beziehung (1.226) genau diese der von *Kopernikus* beschriebenen Bewegung der äußeren Planeten sind. *Kopernikus* hatte also im Rahmen der ihm zur Verfügung stehenden Beobachtungsgenauigkeit bereits die elliptische Bewegung der Planeten gefunden, wenn auch noch nicht als solche erkannt.

Von Interesse sind in diesem Zusammenhang auch die Aphel- und Periheldistanzen des Planeten in diesem Modell, die mit den bekannten Größen aus der klassischen Himmelsmechanik übereinstimmen:

$$\begin{aligned} r_A &= \overline{P_A\overline{\odot}} = a + \frac{3}{2} a\, e - \frac{1}{2} a\, e = a\,(1 + e) \\ r_B &= \overline{P_B\overline{\odot}} = a - \frac{3}{2} a\, e + \frac{1}{2} a\, e = a\,(1 - e). \end{aligned} \tag{1.227}$$

[660] Es war vermutlich *G. V. Schiaparelli* in der Mitte des 19. Jahrhunderts, der erstmals die Einsicht gewann, dass es sich bei dieser Darstellung um die ersten Glieder einer *Fourier*entwicklung handelt (siehe etwa in BOCCALETTI and PUCACCO [1996, p. 4]. Die *Fourier*entwicklung der elliptischen Bewegung wird explizit in Abschnitt 2.3.3, Seite 317, Formeln (2.27). untersucht.

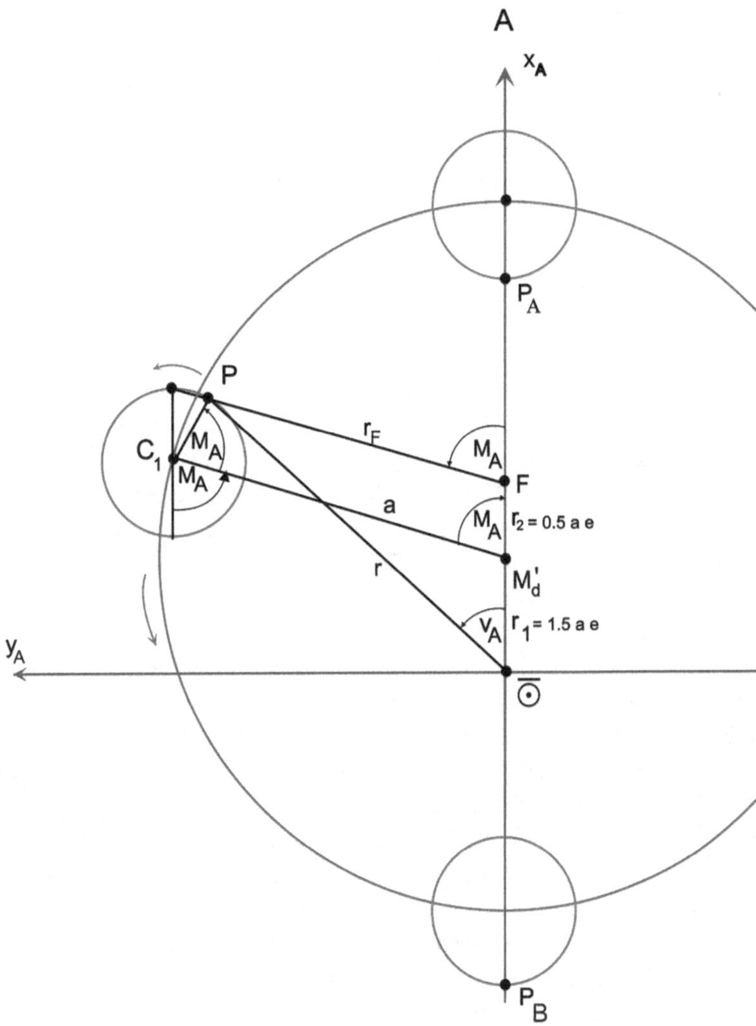

Abb. 1.61 Die Bewegung der äußeren Planeten in ihrer Bahnebene nach *Kopernikus*: x_A, y_A – Bahnebenensystem bei Orientierung auf das Aphel, P_A – Aphel, P_B – Perihel, v_A = wahre exzentrische Anomalie, M_A – mittlere exzentrische Anomalie, M_d' – Mittelpunkt des Deferenten nach *al –' Urdī* und *ash – Shīrāzī/Kopernikus*, *F* – punctum aequans: Modell zur Darstellung der Bewegung der äußeren Planeten in Bezug auf die mittlere Sonne

Das vollständige Modell des Kopernikus der geozentrischen Länge der äußeren Planeten

Zur Beobachtung eines äußeren Planeten von der Erde aus wird von *Kopernikus* im Rahmen des heliozentrischen Modells nach Abb. 1.62 die siderische scheinbare Länge $l^*_{P,a}$ (sie wird bei *Kopernikus* als „locus apparens" oder auch als „locus verus" bezeichnet) auf γ Arietis (die Richtung Γ in Abb. 1.62) bezogen (nicht wie in der klassischen Himmelsmechanik üblich als tropische Länge l_{Pa} auf den Frühlingspunkt ♈). $L^*_{\overline{\odot},a}$ ist die scheinbare mittlere siderische Länge der mittleren Sonne (= „locus solis medius"), sie unterliegt der mittleren siderischen Bewegung $n^*_{\overline{\odot}}$, bezeichnet als „medius solis motis"). Zu ihrer Berechnung wird zunächst auf der (hier kreisförmig angesetzten) Erdbahn der Punkt *V* als Bezugspunkt ausgewählt. Er liegt von der mittleren Sonne aus gesehen in Opposition zum wahren Planetenort *P*. (Dieser Punkt wurde von *Kopernikus* als „verus apogaeus orbis" bezeichnet. Er entspricht dem wahren Apogäum im Modell des *Ptolemäus.*) Von diesem Punkt um die Mittelpunktsgleichung β entfernt liegt der Punkt *T* (= „apogaeus commutationis", „apogaeus orbis"), auf einer Parallelen zur Geraden durch den Mittelpunkt M'_d des Deferenten (= „centrum circuli eccentri", „centrum eccentri") und dem Mittelpunkt C_1 des Epizykels. Der Punkt *T* entspricht dem mittleren Apogäum auf dem Epizykel des *Ptolemäus*. Der Punkt *U* (= „perigaeus orbis") auf der Geraden durch *T* und den Ort der mittleren Sonne $\overline{\odot}$ entspricht dem ptolemäischen mittleren Perigäum.[661]

Die Apsidenlinie einer Planetenbahn wird bei *Kopernikus* durch die Richtung von der mittleren Sonne zum Apogäum *A* (= „summa apsis", „apogaeus eccentri", „apogaeus") bzw. zum Perigäum B (= „infima apsis", „perigaeus") bestimmt. Die heliozentrische Richtung zu *U* hat von der Apsidenlinie den Winkelabstand *M*, also die sich gleichförmig verändernde mittlere exzentrische Anomalie. Auch für den heliozentrischen Winkelabstand der Erde zum wahren Apogäum *V* verwendete *Kopernikus* den Begriff „Anomalie". Es sei $M_{A,♂}$ der Winkel zwischen dem mittleren Apogäum *T* und der Erde, die mittlere Anomalie der Parallaxe (= „anomalia commutationis"[662]). Sie entspricht der epizyklischen Anomalie bei *Ptolemäus*. Dieser Winkel variiert mit der mittleren Bewegung der Parallaxe n_S (= „motus commutationis"). Die wahre Anomalie $\upsilon_{A,♂}$ (= „anomalia commutationis aequata",[663] „anomalia commutationis coaequata") unterscheidet sich von der mittleren Anomalie wieder um die Mittelpunktsgleichung.

$\upsilon_{A,♂} = M_{A,♂} - \beta = M_{A,♂,0} + n_S(t - t_0) - \beta$ (1.228)

L^*_P ist die mittlere siderische Länge des Planeten (= „locus medius", „locus aequalis"). Sie verändert sich mit der (gleichförmigen) mittleren siderischen Bewegung n^*_P (= „medius motus", „motus proprius")

661 Es müsste richtiger „Aphel", „Perihel" heißen. Diese Begriffe hat jedoch erst *J. Kepler* erfunden und konnten daher *Kopernikus* noch nicht bekannt sein.

662 Bei *Kopernikus* bedeutet „commutationis" = παράλλαξις. Siehe: SWERDLOW, NOEL M. and OTTO NEUGEBAUER [1984], p. 301.

663 Aequata bedeutet hier „korrigiert".

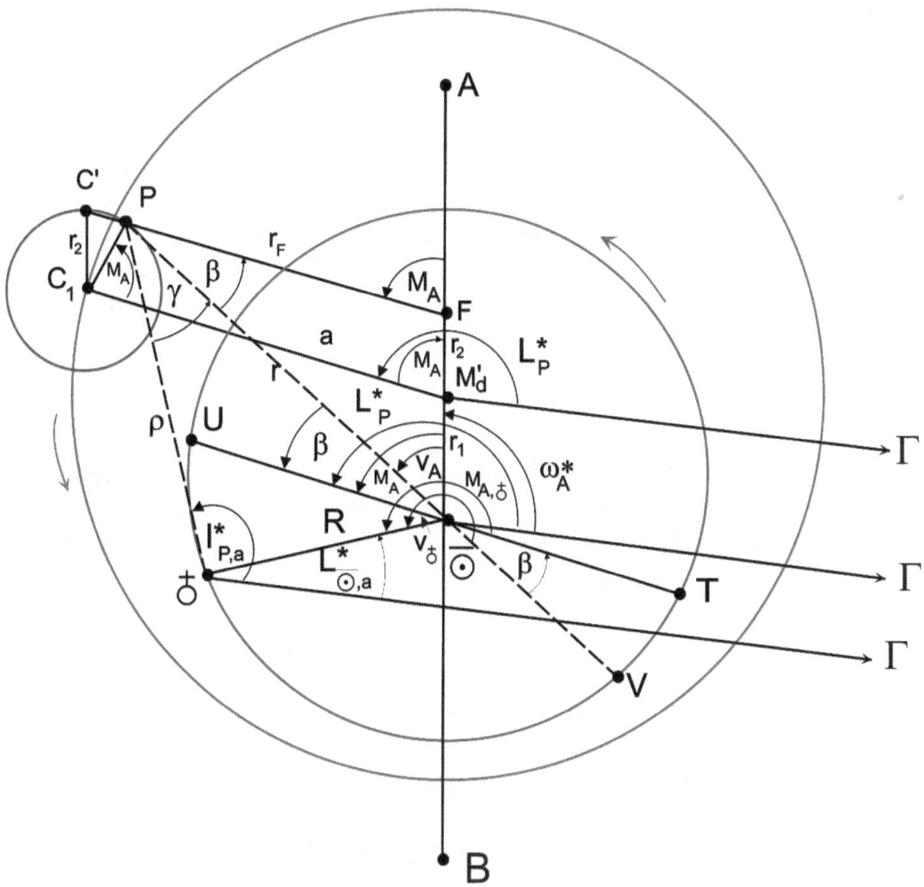

Abb. 1.62 Zur Berechnung der wahren geozentrischen Länge eines äußeren Planeten nach *Kopernikus*

$$L_P^* \;=\; L_{P,0}^* + n_P^*\,(t - t_0) \;\;. \tag{1.229}$$

Die mittlere Sonne hat von der Erde aus gesehen die scheinbare mittlere siderische Länge

$$L_{\bar\odot,a}^* \;=\; L_{\bar\odot,a,0}^* \;+\; n_{\bar\odot}^*\,(t - t_0) \;\;. \tag{1.230}$$

Die mittlere Anomalie M_{D} der Parallaxe ist unabhängig vom Bezug der Längen, ob siderisch oder tropisch:

$$M_{A,♁} = L_{\bar\odot,a}^* - L_P^* = L_{\bar\odot,a} - L_P = L_{\bar\odot,a,0} - L_{P,0} + \left(n_{\odot} - n_P\right)\left(t - t_0\right) \;\;, \tag{1.231}$$

wenn $L_{\bar{\odot},a}$, L_P die tropischen Längen von Sonne und Planet bedeuten. Die wahre siderische Länge des Planeten ist mit Hilfe der Mittelpunktsgleichung β bekannt:

$$l_P^* = L_P^* - \beta \ . \tag{1.232}$$

Um die scheinbare wahre siderische Länge $l_{P,a}^*$ des Planeten gesehen also von der Erde aus (= „locus verus", „locus apparens") zu berechnen, wird die Parallaxe γ benötigt (= „prostaphaeresis commutationis", „commutatio", „parallaxis orbis", in der Antike auch als *Gleichung der Anomalie* bekannt). Unter diesem Winkel erscheint vom Planeten aus gesehen die Erdbahn. Er stellt also die zweite Anomalie dar. Im Dreieck ♁$\bar{\odot}P$ (siehe in Abb. 1.62 auf Seite 244) ist

$$\sphericalangle\left(♁\bar{\odot}P\right) = M_{A,♁} + \beta - 180° \ . \tag{1.233}$$

Da die Distanz r Sonne – Planet aus Beziehung (1.209) bekannt ist und die heliozentrische Entfernung R der Erde von der mittleren Sonne als bekannt angenommen werden kann (wegen des Bezugs auf die mittlere Sonne ist $R = \text{const.}$), ergeben sich für die geozentrische Distanz des Planeten

$$\rho = \sqrt{r^2 + R^2 + 2rR\cos\left(M_{A,♁} + \beta\right)} \tag{1.234}$$

und für die Gleichung der Anomalie (Parallaxe)

$$\sin\gamma = -\frac{R}{\rho}\sin\left(M_{A,♁} + \beta\right) \ . \tag{1.235}$$

Damit kann die scheinbare wahre siderische Länge des Planeten berechnet werden aus

$$l_{P,a}^* = l_P^* + \gamma \ . \tag{1.236}$$

In Bezug auf die mittlere siderische Länge des Planeten unter Berücksichtigung der 1. und der 2. Anomalie, also von Mittelpunktsgleichung β und Gleichung der Anomalie γ, beträgt die wahre siderische Länge des Planeten

$$l_{P,a}^* = L_P^* + \gamma - \beta \ . \tag{1.237}$$

Diese Gleichung gilt in formaler Weise auch für die tropischen Längen

$$l_{P,a} = L_P + \gamma - \beta \ . \tag{1.238}$$

Dies ist der Fall, weil die Präzession p, um die sich tropische und siderische Längen unterscheiden, in gleicher Weise auf die wahre und die mittlere Länge angewandt werden muss:

$$L_P = L_P^* + \gamma \quad , \quad l_{P,a} = l_{P,a}^* + \gamma \ . \tag{1.239}$$

Die Berechnung der wahren geozentrischen Länge eines Planeten nach *Kopernikus* stimmt also formal mit der des *Ptolemäus* überein. Es gibt aber einen Unterschied, dessen Entdeckung *Kopernikus* zugeschrieben wird. Das ist die Eigenbewegung der Apsiden. Sei ω^* (wie im Modell des *Ptolemäus*) die siderische Länge des Apozentrums, so gibt es eine säkulare Variation $\dot{\omega}_s^*$, sodass für einen Zeitpunkt t die Länge der Apside berechnet werden kann aus

$$\omega_A^* = \omega_A^*(t) = \omega_{A,0}^* + \dot{\omega}_s^* (t - t_0) \ ; \ \omega_{A,0}^* = \omega_A^*(t_0) \ . \tag{1.240}$$

Dann gilt für die mittlere exzentrische Anomalie M_A, wenn ω die tropische Länge der Apside ist,

$$M_A = L_P^* - \omega_A^* = L_P - \omega_A \ . \tag{1.241}$$

Somit ist auch die mittlere exzentrische Anomalie M_A unabhängig vom Bezug der Längen.

Zur Herleitung der Bahnelemente

Die Herleitung der Bahnelemente der äußeren Planeten war für *Kopernikus* die mühsamste Anstrengung im Rahmen des gesamten Werkes. Mehr als tausend Rechengänge nahm er in das Buch auf, wahrscheinlich sind tausende von fehlerhaften Rechenversuchen unberücksichtigt geblieben.

Bei den Bahnelementen der äußeren Planeten hatte *Kopernikus* herausgefunden, dass die Exzentrizitäten von Saturn und Jupiter seit *Ptolemäus* unverändert waren, die des Mars hatten jedoch leicht abgenommen. Von besonderer Wichtigkeit ist die Entdeckung des *Kopernikus* einer beträchtlichen Veränderung der Apsidenlinie der Planetenbahnen.

Die Methode, die *Kopernikus* anwandte, um die Bahnparameter der äußeren Planeten zu berechnen, war anspruchsvoll, aber erfolgreich. Er scheint seit *Ptolemäus* der erste Astronom gewesen zu sein, der dieses gewaltige Werk auf sich genommen hat. Wenn vielleicht auch nicht sein bedeutendster Beitrag zur Himmelsmechanik, so war diese Arbeit ohne Zweifel seine schwierigste.

Was aber die Radien der von *Ptolemäus* untersuchten Epizykeln der Planetenbahnen betrifft, scheint *Kopernikus* als Erster erkannt zu haben, dass diese Radien nur deshalb verschieden waren, weil für jeden Planeten der Radius seines Deferenten als Einheit genommen wurde. Wird dagegen die astronomische Einheit einheitlich als Bezug für die Berechnung der Radien der Planeten zugrunde gelegt, ergibt sich aus den Radien der Epizykel die mittlere heliozentrische Distanz der Planeten. *Kopernikus* hatte diesen Wert explizit für den Planeten Mars berechnet:[664]

$a_♂ = 1.520\ AE \qquad (heute\!: \ a_♂ = 1.540\ AE)$.

[664] Vgl. Tab. 1.3 auf Seite 167.

1.9.3.3 Theorie der Längen der inneren Planeten

Kopernikus tat sich mit einer Theorie für die inneren Planeten wesentlich schwerer, vor allem, da ihm die benötigten Beobachtungen nicht zur Verfügung standen. Er musste daher auf die Beobachtungen zurückgreifen, die im Almagest aufgeführt waren. Für die inneren Planeten stimmt die Richtung von der Erde zum Mittelpunkt des Epizykels im ptolemäischen Modell stets mit der Richtung zur mittleren Sonne überein. Daher kann zum Ausgleich der zweiten Anomalie eine Transformation auf die heliozentrische Bewegung den Deferenten der Bewegung zur Bahn der Erde um die Sonne und den Epizykel zur Bahn des Planeten um die Sonne machen, wie Abb. 1.38 auf Seite 161 zeigt. Die Erde bewegt sich dann um die mittlere Sonne. Dies entspricht einer gleichförmigen Bewegung des Zentrums C des Epizykels.[665]

Die Darstellung der ersten Anomalie der inneren Planeten bei einer direkten Transformation ins heliozentrische Modell wird allerdings erheblich kompliziert. Ursache ist die exzentrische Bewegung und damit die Mittelpunktsgleichung, also die Differenz aus der mittleren exzentrischen Anomalie M am punctum aequans und dem Winkel an der Erde zwischen Apsidenlinie und der Richtung zum Mittelpunkt des Epizykels (vgl. Abb. 1.27 auf Seite 146) hängt nicht von der Bewegung des inneren Planeten, sondern dann von der Bewegung der Erde ab. Dies führt bei einer gemeinsamen Darstellung der Sonnenbewegung (wahre um mittlere Sonne) und der heliozentrischen Darstellung der Merkur-, Venus- und Erdbewegung zu erheblichen Widersprüchen.

Kopernikus verwendete zur Beschreibung der Bewegung der Venus unter Vernachlässigung der Exzentrizität der Erdbahn, d. h. bei Bezug auf die mittlere Sonne, das Modell des *Ibn ash – Shātir* (siehe Abb. 1.50 auf Seite 213). Zur heliozentrischen Darstellung der Bewegung der Venus verlagerte er den Bezugspunkt von der Erde ♁ in den Mittelpunkt C_1 des ersten Epizykels. Den sah er mit der mittleren Sonne $\overline{\odot}$ besetzt an (vgl. Abb. 1.63). Aufgrund der Parallelkonstruktion bei der Übertragung der geozentrischen in die heliozentrische Bewegung bewegt sich die (mittlere) Erde um die mittlere Sonne mit der mittleren exzentrischen Anomalie

$$M_A = M_{A,0} + n_{\odot}(t - t_0) \quad . \tag{1.242}$$

Der Mittelpunkt M_d des zweiten Epizykels auf der Apsidenlinie (Richtung zum Apozentrum A) entspricht dem Punkt M_d' auf der durch die Erde gelegten Parallele zur Apsidenlinie. M_d hat von der mittleren Sonne den Abstand

$$r_1 = \overline{M_d\overline{\odot}} = \overline{M_d'♁} = \frac{3}{2}ea \quad . \tag{1.243}$$

Hier sind a der Abstand der Erde von der mittleren Sonne und e die (numerische) Exzentrizität der Venusbahn. M ist der Mittelpunkt eines Epizykels mit Radius

[665] Nach Swerdlow, Noel M. and Otto Neugebauer [1984], p. 396 pp.

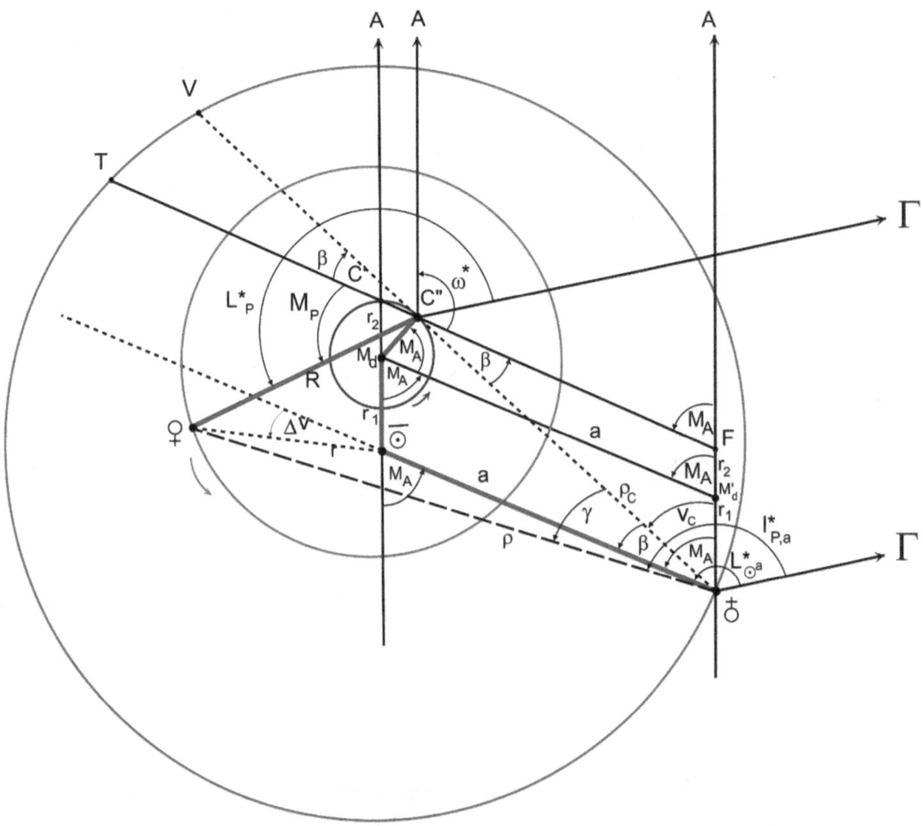

Abb. 1.63 Das Bewegungsmodell der Venus nach *Kopernikus:* $\overline{\odot}$ – mittlere Sonne, M – Mittelpunkt des ersten Epizykels, C'' – Mittelpunkt des zweiten Epizykels, ♀ – Ort der Venus, ♁– Beobachter (Erde) im Abstand R zur mittleren Sonne, F – punctum aequans, A – Apsidenlinie, $r_2 = 0.5\,e\,a$ – Radius des ersten Epizykels.[666] (Erklärung der weiteren Parameter im Text)

$$r_2 = \frac{1}{2} e\,a = \overline{M'_d F} \tag{1.244}$$

Auf diesem Epizykel bewegt sich der Mittelpunkt C'' eines Kreises mit der Anomalie $2M_A$. Auf diesem Kreis mit Radius R, dem mittleren Radius der Venusbahn, bewegt sich die wahre Venus ♀ mit gleichförmiger Geschwindigkeit um den Winkel

$$M_P = M_{P,0} + n_♀\left(t - t_0\right) \quad . \tag{1.245}$$

Dieser Winkel ist auf das „Apo – punctum aequans“ T bezogen.

[666] Nach Otto Neugebauer [1968], Fig. 6, p. 95, und Swerdlow, Noel M. and Otto Neugebauer [1984], Fig. 5.56, p. 648, Fig. 58, P. 650.

Nach der Parallelogrammkonstruktion entspricht die gleichförmige Bewegung um C'' genau der gleichförmigen Bewegung um das punctum aequans F im ptolemäischen Modell. *Kopernikus* erwähnt das punctum aequans in seiner Theorie allerdings nicht.

Von C'' aus gesehen erscheint die Strecke $\overline{♁F}$ unter der Mittelpunktsgleichung β wie umgekehrt von der Erde aus gesehen die Strecke $\overline{\odot C''}$. Somit unterscheiden sich auch das Apogäum V und das „Apo – punctum aequans“ T um die Mittelpunktsgleichung β. Damit folgt die wahre Anomalie der Richtung V bzw. der geozentrischen Richtung zum Punkt C''

$$\upsilon_C = M_A - \beta \ . \tag{1.246}$$

Die Mittelpunktsgleichung wird ähnlich wie im Fall der äußeren Planeten berechnet. Es ist

$$r_3 := \overline{C'C''} = 2\,r_2 \cos M_A \ , \ r_2 = \frac{1}{2}\,e\,a \ , \tag{1.247}$$

somit

$$r_F := \overline{C''F} = a - r_3 \tag{1.248}$$

und

$$\rho_C := \overline{C''♁} = r\sqrt{(1+2e\cos M_A)^2 + 4e^2\sin^2 M_A} \ . \tag{1.249}$$

Auch in diesem Fall kann die Mittelpunktsgleichung errechnet werden aus

$$\sin\beta = \frac{2\,e\,\sin M_A}{\sqrt{(1+2\,e\,\cos M_A)^2 + 4\,e^2\,\sin^2 M_A}} \tag{1.250}$$

mit der Näherung (positives Vorzeichen wieder wegen des Bezugs auf das Apogäum)

$$\beta = e\,\sin M_A + \,.. \ . \tag{1.251}$$

und dem Fehler

$$\Delta\beta = \frac{5}{4}e^2\,\sin 2M_A + \ldots \ .$$

Die numerische Exzentrizität der Venus beträgt $e_♀$=0.00677. Somit entspricht der Fehler etwa dem Winkel

$$\Delta\beta_♀ = \frac{5}{4}e_♀^{\,2}\,\sin 2M_A \cong 11''.8 \ .$$

Um auch im Fall der inneren Planeten die zweite Anomalie zu berücksichtigen, wird diese durch den Winkel γ ausgedrückt, unter dem von der Erde aus gesehen der mittlere

Radius r der Planetenbahn erscheint. Dazu wird zunächst die geozentrische Distanz ρ im Dreieck ♀♁$\overline{\odot}$ berechnet

$$\rho = \overline{♁\overline{\odot}} = \sqrt{r^2 + \rho_C^{\,2}\ 2r\,\rho_C \cos\left(M_P + \beta\right)}\ , \tag{1.252}$$

Die benötigten Größen ρ_C, M_P und β sind aus den Beziehungen (1.245), (1.249) und (1.250) bekannt. Die zweite Anomalie ergibt sich dann aus

$$\sin\gamma \;=\; \frac{a}{\rho}\,\sin(M_P + \beta) \quad . \tag{1.253}$$

Die geozentrische wahre Anomalie kann wie bei *Ptolemäus* auch bei *Kopernikus* im Fall der äußeren Planeten berechnet werden aus

$$\upsilon_A \;=\; M_A - \beta + \gamma \quad . \tag{1.254}$$

Sei ω_A^* die siderische Länge der Apsidenlinie, können statt der Anomalien υ_A, υ_C, υ_P, M_A, M_P auch die entsprechenden siderischen Längen verwendet werden, wie dies *Kopernikus* getan hat. Oder mit der tropischen Länge ω_A der Apsidenlinie können die entsprechenden Längen bei Bezug auf den Frühlingspunkt wie bei *Ptolemäus* verwendet werden.

Bei der Berechnung der Bewegung der inneren Planeten tritt der Bezug auf den Beobachtungsort ♁ wesentlich stärker in den Vordergrund als bei den äußeren Planeten. Es werde mit υ_P die wahre heliozentrische Anomalie des Planeten mit Bezug auf die mittlere Sonne $\overline{\odot}$ bezeichnet.

Zu ihrer Berechnung wird die heliozentrische Distanz r des Planeten benötigt

$$r^2 \;=\; (a - r_3)^2 + \rho^2 - 2\,\rho\,(a - r_3)\,\cos(\gamma - \beta) \tag{1.255}$$

mit $r_3 = 2r_2 \cos M_A$ aus Beziehung (1.247). Dann ergibt sich der Hilfswinkel $\Delta\upsilon$ aus

$$\sin\Delta\upsilon \;=\; \frac{\rho}{r}\,\sin(\gamma - \beta) \tag{1.256}$$

und es wird

$$\upsilon_P \;=\; M_A + \Delta\upsilon \quad . \tag{1.257}$$

Die Merkurtheorie versuchte *Kopernikus* durch Einführung des Hilfsmittels von *Nasīr ad – Dīn at – Ṭ ūsī* zu verbessern, wodurch die Variation der Distanz des Zentrums des Epizykels im Modell des *Ptolemäus* ersetzt wird.[667]

Die Zahlenwerte der Bewegungsparameter hatte *Kopernikus* von *Ptolemäus* übernommen. Er hatte dessen Parameter für dessen Zeit als fehlerfrei angesehen. Für seine eigene

---

667 Näheres bei SWERDLOW, NOEL M. and OTTO NEUGEBAUER [1984], pp. 403–460 ff.

Zeit stellte *Kopernikus* eine Abnahme der Exzentrizität der Venus fest, für Merkur eine beträchtliche Wanderung der Apsidenlinie. In den Tafeln für die Korrekturen für die Berechnung der Längen der inneren Planeten stützte er sich nicht allein auf die entsprechenden Tabellen in den Alfonsinischen Tafeln und im Almagest, sondern hatte sie besonders bei Mars und Venus, und zum Teil bei Merkur nach seinem Modell völlig neu berechnet.

1.9.3.4 Vergleich zu Ptolemäus

Das kopernikanische kinematische System weicht zumindest scheinbar in vielen Punkten vom Ptolemäischen ab. Übereinstimmungen sind daher häufig nur versteckt zu erkennen. *Kopernikus* etwa verwendete siderische Längen ab γ *Ari* anstelle der tropischen Längen in Bezug auf den Frühlingspunkt wie es *Ptolemäus* tat. Die von *Kopernikus* verwendete mittlere Sonne $\overline{\odot}$ rotiert um ein anderes Zentrum mit fester Distanz zur wahren Sonne. Hier führte *Kopernikus* in die Sonnentheorie einen Mechanismus ein, den er aus philosophischen Gründen in der ptolemäischen Mondtheorie verurteilte. Auch „Rechenfehler, Ungenauigkeiten, Inkonsequenzen, häufiges Wechseln zwischen dem sexagesimalen und dem Dezimalsystem“[668] erschwerten den Vergleich mit dem *Almagest* bzw. den Handtafeln. Gleichwohl liefern die kopernikanischen Tafeln im Wesentlichen dieselben Ergebnisse wie die ptolemäischen. Sogar die Anzahl der Rechenschritte zur Berechnung der (ekliptikalen) Länge eines Planeten stimmen überein.

Wie im *Almagest* wurde auch in *De revolutionibus* die Theorie der Länge der Planetenörter von einer Untersuchung der Breiten unter Vernachlässigung der Bahninklinationen getrennt.

Ptolemäus hatte die Bahnbestimmung der Planetenbahnen iterativ durchgeführt. Im Sinn einer Hypothesenrechnung hatte er das punctum aequans zunächst in die Erde gelegt und dann nach zwei bzw. drei Schritten den Abstand 2ea des punctum aequans von der Erde so genau bestimmt, wie es die Beobachtungsgenauigkeit erforderte. Auch im heliozentrischen Modell des *Kopernikus* hatten sich für die äußeren Planeten gleiche relative Orientierungen von Sonne, Erde und Planeten ergeben. *Kopernikus* wandte denselben iterativen Rechenprozess wie *Ptolemäus* an. Er kam daher auch zu denselben Ergebnissen. Damit aber hatte *Kopernikus* den einen wesentlichen Vorteil des heliozentrischen Systems gegenüber dem geozentrischen übersehen. Der hätte in einer Verbesserung in der Theorie der planetaren Breiten gelegen. Die Sonne liegt in der Bahnebene aller Planeten, wenn sie als Mittelpunkt der Bewegungen genommen wird. Auf diese Weise können die enormen rechnerischen Nachteile umgangen werden, welche durch die Annahme entstehen, der Erdmittelpunkt liege im Rahmen der ptolemäischen Breitentheorie in der Ebene des Deferenten. Der Exzentrizitätsvektor der ptolemäischen Theorie liegt deshalb weder in der Bahnebene noch in der Ekliptik. Das verursacht die „Vibrationen“ in der Berechnung der planetaren Breiten. Genau diese Vibrationen treten aber auch in der kopernikanischen Theorie auf. Sie stellt also im Grunde nichts anderes als eine exakte Übertragung des

[668] O. NEUGEBAUER [1968], p. 96

ptolemäischen Ansatzes auf den heliozentrischen Ansatz dar. Für *Kopernikus* war eine jede Bewegung eines Himmelskörpers durch Kombination aus gleichmäßigen Kreisbewegungen zu beschreiben. Daher nahm *Kopernikus* zur Beschreibung der planetaren Breiten einen kleinen Kreis senkrecht zu der jeweiligen Bahnebene an, in dem ein zweiter Kreis rotiert. Mit diesem bewegen sich die Bahnen in einer einfachen harmonischen Bewegung auf und ab.

1.9.3.5 Zur Theorie der planetaren Distanzen bei Kopernikus

Wie *Ptolemäus* (vgl. in Abschn. 1.7.6 ab Seite 157 und die Formeln (1.158) auf Seite 163 im Fall der inneren und äußeren Planeten) hatte auch *Kopernikus* keine eigene Theorie der Planetendistanzen. Diese war Bestandteil seiner Theorie der planetaren Längen. Nach Formel (1.209) auf Seite 234 bzw. (1.255) auf Seite 248 kann die heliozentrische Distanz r (aber nur in Bezug auf die mittlere Sonne $\overline{\odot}$) des Planeten, mit Formel (1.234) auf Seite 245 bzw. (1.252) auf Seite 248 seine geozentrische Distanz ρ erhalten werden. Allerdings wurden diese Distanzen weder von *Ptolemäus* noch von *Kopernikus* explizit berechnet. Sie wurden nicht zur Berechnung der Örter der Planeten, also der Winkeldaten benötigt, unter denen die Beobachtung eines Planeten zu einem bestimmten Zeitpunkt erfolgen kann. Hierzu werden nämlich nur die Verhältnisse der Radien des Deferenten und des Epizykels benötigt. *Ptolemäus* hatte diese auch im modernen Vergleich schon außerordentlich genau bestimmt.

Kopernikus war in diesem Zusammenhang einen entscheidenden Schritt über *Ptolemäus* hinaus weitergegangen. Er bezog den Radius einer jeden der Planetensphären (die *Kopernikus* noch als materiell angesehen hatte) auf den Radius der großen Sphäre der Erde. In der heutigen Sprechweise stellte er sie also in astronomischen Einheiten dar. Diese Darstellungsweise ist eine Folge des heliozentrischen Systems.[669] Gleichwohl verwendete *Kopernikus* diese Darstellungen nicht zu einer allgemeinen Beschreibung der Größe des Planetensystems. Die Entfernungen von Sonne und Mond hatte schon *Ptolemäus* in Erdradien angegeben. Dazu hatte er die tägliche Parallaxe des Mondes direkt gemessen und die tägliche Parallaxe der Sonne mit Hilfe der Mondparallaxe indirekt aus den Finsternis Beobachtungen geschlossen.

Die tägliche Parallaxe der Planetenörter, also die scheinbare Verschiebung der Örter der Planeten an der Himmelssphäre infolge der täglichen Rotation der Erde hatte *Kopernikus* als zu klein bzw. die Theorie als zu ungenau angenommen. Er vernachlässigte daher ihre Berechnung in einheitlichem Bezug auf Erdradien. Allerdings ist es nur mit einer heliozentrischen Theorie möglich, die Anordnung der Planeten und ihre Entfernungen voneinander und von der Sonne konsequent darzustellen. Das ist in keiner geozentrischen Darstellung, weder ptolemäisch[670] noch tychonisch,[671] in einheitlicher Weise möglich.

[669] Vgl. Swerdlow, Noel M. and Otto Neugebauer [1984], pp. 472–479.

[670] Siehe im 10. Abschnitt von Abschn. 1.7.9

[671] Siehe in Abschn. 1.10.1 ab Seite 264.

Kopernikus war sich dieses entscheidenden Vorteils der heliozentrischen Theorie voll bewusst. Er wies in den *De revolutionibus* auch mehrfach auf diesen Sachverhalt hin.

Die Idee einer physikalischen, d. h. real möglichen Anordnung der Planetenbahnen, wie sie *Kopernikus* von den arabischen Astronomen der *Marāgha*-Schule übernommen hatte, geht, wie wir bereits gesehen haben, auf *Ptolemäus* zurück. Der hatte am Ende des I. Buches der Planetenhypothesen, das in der griechischen Fassung und damit in der westlichen Welt nicht überliefert worden war, ein solches Modell begründet und im II. Buch der Planetenhypothesen mechanistisch ausgearbeitet.

Die arabischen Astronomen, am wichtigsten in diesem Zusammenhang *Al – Battānī*, hatten nach der Methode des *Ptolemäus* die Distanzen im Sonnensystem berechnet. Überraschend ist nun bei einem Vergleich, dass die Größen im Sonnensystem nach der Methodik des *Ptolemäus* weit über jenen des *Kopernikus* liegen. Nach *Ptolemäus* (in der Rechnung des *Al – Battānī*) hat etwa Saturn als größte Distanz von der Sonne den Wert 18.094 Erdradien, nach *Kopernikus* nur 11.073 Erdradien. Das Sonnensystem des *Kopernikus* ist also gegenüber seinem Vorgänger beträchtlich geschrumpft.

Völlig anders verhält es sich jedoch bei der Anordnung der Fixsternsphäre. Nach *Ptolemäus* (Buch I,2 der Planeten Hypothesen) schließt die Fixsternsphäre unmittelbar an die äußere Saturnsphäre an. Sie hat also einen Radius von etwa 19.000 Erdradien. *Kopernikus* nimmt jedoch als Konsequenz seiner Theorie von der jährlichen Bewegung der Erde um die Sonne an, dass die Fixsternsphäre extrem weit entfernt sei. Ihre jährliche Parallaxe sei daher nicht beobachtbar. *Tycho Brahe* errechnete als Beispiel mit einer nicht beobachtbaren jährlichen Parallaxe von 30" als Radius der Fixsternsphäre den Wert 7.851.814 Erdradien. Danach bliebe ein leerer Raum zwischen Saturn- und Fixsternsphäre, der 700-mal größer als der Radius der äußeren Saturnsphäre wäre. Dies war seinerzeit unvorstellbar und *Tycho Brahe* hatte genau diese Überlegung als einen entscheidenden Einwand gegen die heliozentrische Lehre vorgebracht.

Beobachtungstechnisch lieferte erst *Galileo Galilei* einen Hinweis auf die Richtigkeit der heliozentrischen Lehre (abgesehen von der Entdeckung der Phasen der Venus). *Galileo* entdeckte im Fernrohr nämlich unzählige mit dem bloßen Auge nicht sichtbare Sterne. Bei keinem Stern beobachtete er eine Zunahme des Sternbilddurchmessers gegenüber dem Eindruck mit unbewaffnetem Auge. Als Durchmesser der Sterne war seinerzeit der (wahre) Durchmesser der Sonne modellhaft angenommen worden. Damit konnte auf den scheinbaren Durchmesser der Sterne in bestimmten Entfernungen geschlossen werden. Da aber auch im Fernrohr die Durchmesser der Sterne nicht größer wurden, mussten die Sterne in „der Unergründlichkeit des Raumes“[672] liegen. *Tycho Brahe*s Einwand gegen *Kopernikus* mit der unvorstellbar großen Entfernung der Fixsternsphäre verkehrte sich ins Gegenteil: Dieser Wert, den *Tycho Brahe* errechnet hatte, ist im Vergleich zur Realität noch viel zu klein. Die Grundidee des *Kopernikus* wurde also voll bestätigt.

[672] SWERDLOW, NOEL M. and OTTO NEUGEBAUER [1984], p. 479.

1.9.3.6 Stationäre und rückläufige Bewegungsabschnitte im Rahmen des heliozentrischen Systems

Die Einführung des heliozentrischen Bewegungsmodells hat die zweite Anomalie der antiken Himmelsmechanik eliminiert oder besser "erklärt" als Folge einer Kombination von Planeten- und Erdbewegung. *Kopernikus* bezeichnete die zweite Anomalie als die „Parallaxe infolge der Bewegung der großen Sphäre der Erde".[673] Gleichwohl muss auch das heliozentrische Modell in der Lage sein, die scheinbare Bewegung der Planeten, also auch die „scheinbar" stationären Bahnpunkte und die „scheinbar" rückläufigen Bewegungsabschnitte der Planetenbewegungmathematisch zu beschreiben. *Kopernikus* führte dies in derselben Weise wie *Ptolemäus* in seinem Modell durch Anwendung des Theorems des *Apollonios* durch[674].

1) Innere Planeten

Kopernikus bewies das Theorem des *Apollonios* über die Anordnung der scheinbar stationären Punkte, welche die scheinbar recht- und rückläufigen Bewegungsabschnitte trennen, unter Vernachlässigung der ersten Anomalie nur für die inneren Planeten. Damit konnte er sich eng an den Beweis des *Ptolemäus* anlehnen. Die Bahn der inneren Planeten konnte nämlich als ein Epizykel aufgefasst werden.

Die Anordnung für die inneren Planeten, ist, wie Abb. 1.64 zeigt, dieselbe wie im ptolemäischen System nach Abb. 1.37 auf Seite 160. Der Mittelpunkt C des Epizykels wird hier durch die (mittlere) Sonne $\overline{\odot}$ ersetzt. Dann ist $L_{\odot}$ die geozentrische (ekliptikale) Länge der (mittleren) Sonne. Sie kann aus der heliozentrischen (ekliptikalen) Länge $L_{♁}$ der Erde zu

$$L_{\odot} = L_{♁} - 180° \tag{1.258}$$

berechnet werden. L_P sei die heliozentrische (ekliptikale) Länge des (inneren) Planeten P, die synodische (heliozentrische) Länge des Planeten in Bezug auf die Sonne lautet daher

$$L_S = L_P - L_{♁} \quad . \tag{1.259}$$

Werden nur die mittleren Anteile in den Längen betrachtet, ist

$$\begin{aligned} L_P &= L_{P0} + n_P\,(t - t_0) + \ldots \\ L_{\odot} &= L_{\odot 0} + n_{\odot}\,(t - t_0) + \ldots \\ L_S &= L_{S0} + n_S\,(t - t_0) + \ldots . \end{aligned} \tag{1.260}$$

Es bleibt wie in der ptolemäischen Theorie

---

[673] Swerdlow, Noel M. and Otto Neugebauer [1984], p. 461.

[674] Siehe in Abschn. 1.7.7 auf Seite 168 das über das „physikalische Modell" im 2. Buch der Planetenhypothesen Gesagte.

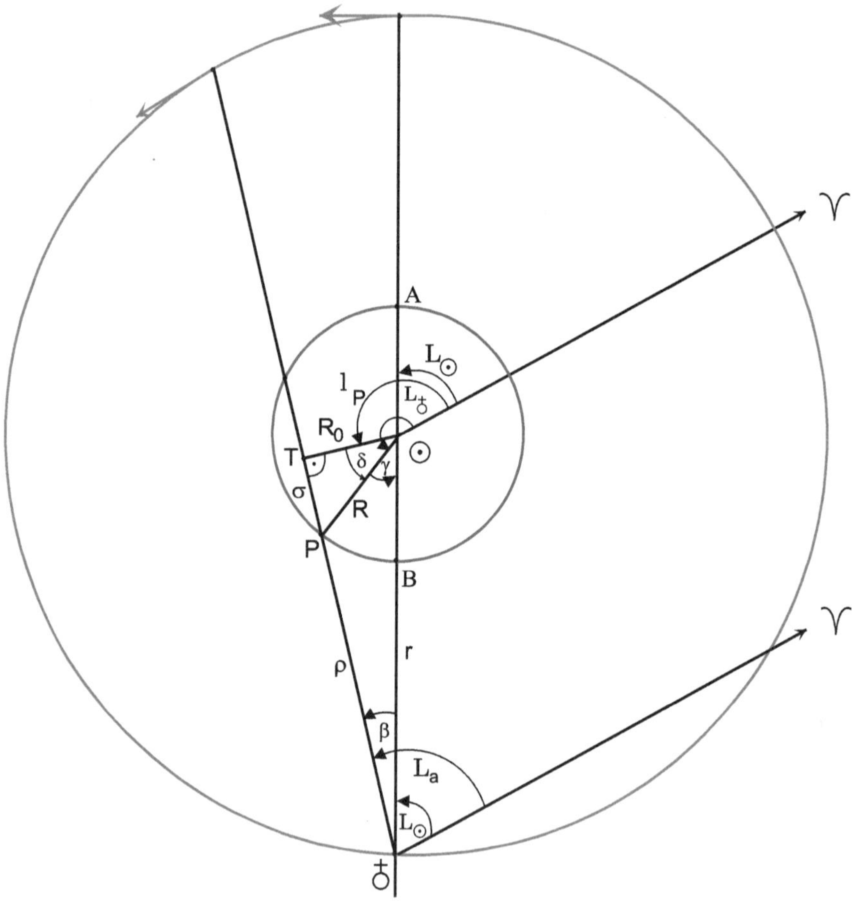

Abb. 1.64 Zur Berechnung stationärer Punkte und rückläufiger Bahnabschnitte bei der Bewegung der inneren Planeten im heliozentrischen Bewegungsmodell

$$n_S = n_P - n_{\odot} \quad . \tag{1.261}$$

Die scheinbare geozentrische Länge des Planeten ist

$$L_a = L_{\odot} + \beta \quad . \tag{1.262}$$

Die heliozentrische synodische Länge L_S des Planeten bezüglich der Erde ist

$$L_S = L_P - L_{\text{♁}} = -\gamma \quad .$$

Im Fall gleichförmiger Kreisbewegung wird daher

$$\gamma = -n_S = -\left(n_P - n_{\text{♁}}\right) = -\left(n_P - n_\odot\right) \tag{1.263}$$

wie im ptolemäischen Fall (vgl. Formel (1.188) auf Seite 171). Die Parallaxe β hat nach Formel (1.262) die Variation

$$\dot{\beta} = \dot{L}_a - n_\odot \ . \tag{1.264}$$

Wie im ptolemäischen Fall gilt daher die Unterscheidung:

$$\begin{array}{llll} \dot{L}_a = 0 & \Leftrightarrow \quad \dot{\beta} = -n_\odot & \Leftrightarrow & \text{scheinbar stationärer Punkt} \\ \dot{L}_a > 0 & \Leftrightarrow \quad \dot{\beta} > -n_\odot & \Leftrightarrow & \text{scheinbar rechtläufige Bewegung} \\ \dot{L}_a < 0 & \Leftrightarrow \quad \dot{\beta} < -n_\odot & \Leftrightarrow & \text{scheinbar rückläufige Bewegung.} \end{array} \tag{1.265}$$

Somit kann das verallgemeinerte Theorem des *Apollonios* wie bei *Ptolemäus* hergeleitet werden. Mit

$$\begin{aligned} R_0 &= R \cos\delta = r \sin\beta \\ \sigma &= R \sin\delta \\ \delta &= 90^\circ - (\gamma + \beta) \\ \sigma + \rho &= r \cos\beta \end{aligned} \tag{1.266}$$

wird, wenn wieder $\dot{r} = \dot{R} = 0$ wegen der Vernachlässigung der ersten Anomalie (keine Exzentrizität) angenommen werden kann,

$$\begin{aligned} -\dot{\delta}\ R\ \sin\delta &= \dot{\beta}\ r\ \cos\beta \\ -\dot{\delta} &= \dot{\gamma} + \dot{\beta} \end{aligned} \tag{1.267}$$

und es gilt

$$\frac{\dot{\gamma}}{\dot{\beta}} = \frac{\rho}{\sigma} \ . \tag{1.268}$$

Wegen der Beziehung (1.263) $\dot{\gamma} = -n_S$ und im Fall des scheinbar stationären Punktes nach Bedingung (1.264) $\dot{\beta} = \dot{\beta}_s = -n_\odot$ folgt das Theorem des *Apollonios* als Bedingung für scheinbar stationäre Punkte der inneren Planeten:

$$\frac{n_S}{n_\odot} = \frac{\rho_s}{\sigma_s} \ . \tag{1.269}$$

Aus der allgemeinen Beziehung (1.268) ergibt sich mit den Abschätzungen (1.265) die Unterscheidung

$$\frac{\dot{\beta}}{\dot{\gamma}} = \frac{-\dot{\beta}}{n_S} = \frac{\sigma}{\rho}\,\frac{n_\odot}{n_S} \quad \Leftrightarrow \quad \text{rechtläufig}$$

$$\frac{\sigma}{\rho} \quad \frac{n_\odot}{n_S} \quad \Leftrightarrow \quad \text{rückläufig} \quad . \tag{1.270}$$

Wie bei *Ptolemäus* kann im Fall einer Vernachlässigung der ersten Anomalie, also bei Annahme von Kreisbewegung über das Perigäum B, das von der Erde den Abstand

$$\rho_{\min} = r - R = r_{\male} - r_P$$

hat, während dann $\sigma = \sigma_\Pi = R$ ist, die Bedingung aufgestellt werden:

$$\begin{aligned} \frac{R}{r-R} &= \frac{r_P}{r_{\male} - r_P} > \frac{n_\odot}{n_S} = \frac{n_{\male}}{n_S} \quad \Leftrightarrow \quad \textit{Rückläufigkeit möglich} \\ \frac{R}{r-R} &= \frac{r_P}{r_{\male} - r_P} \leq \frac{n_\odot}{n_S} = \frac{n_{\male}}{n_S} \quad \Leftrightarrow \quad \textit{keine Rückläufigkeit möglich} \quad . \end{aligned} \tag{1.271}$$

Damit kann der Bogen der scheinbar rückläufigen Bewegung und die Zeitdauer in diesem einfachen Fall wie in Abschn. 1.7.7 (auf Seite 168) hergeleitet werden. Die Berechnung der Länge 2β des rückläufigen Bahnbogens sowie die zu seinem Durchlaufen benötigte Zeitdauer T_R wird wie im ptolemäischen Fall (siehe die Formeln (1.192) – (1.202)) berechnet.

Für die zum Perigäum B symmetrischen beiden stationären Punkte seien wie im ptolemäischen Fall $\rho = \rho_S$, $\sigma = \sigma_S$, $\beta = \beta_S$, $\gamma = \gamma_S$ gesetzt. Die Schrägentfernung ρ_S Erde – Planet wird wie im ptolemäischen Fall berechnet. Es ist (vgl. die Formel (1.196))

$$\rho_s = \sqrt{\frac{r^2 - R^2}{1 + 2\,\frac{n_\odot}{n_S}}} \quad . \tag{1.272}$$

Die heliozentrische synodische Länge des Planeten in Bezug auf die Erde kann dann aus

$$\cos\gamma_s = \frac{R^2 + r^2 - \rho_s^2}{2\,r\,R} \tag{1.273}$$

und die geozentrische Elongation des Planeten von der Sonne aus

$$\sin\beta_s = R\,\frac{\sin\gamma_s}{\rho_s} = R\,\frac{\sqrt{1-\cos^2\gamma_s}}{\rho_s} \tag{1.274}$$

berechnet werden. Da der Planet die synodische mittlere Bewegung n_S hat, beträgt die Zeitdauer der Rückläufigkeit (durch den doppelten Bogen γ_S)

$$T_R = \frac{2\,\gamma_s}{n_S} \quad . \tag{1.275}$$

Während dieser Zeit ist die Erde um den Bogen

$$\Delta L_{\male} = L_{\odot 2} - L_{\odot 1} = T_R \cdot n_\odot = 2\gamma_s\,\frac{n_\odot}{n_S} \tag{1.276}$$

weitergewandert, sodass der scheinbar rückläufige Bahnbogen des inneren Planeten

$$\Delta L_a = -2\,\beta_s + T_R\, n_{\odot} \tag{1.277}$$

beträgt, in formaler Übereinstimmung mit dem ptolemäischen Modell.

2) Äußere Planeten

Der Fall der äußeren Planeten kann ähnlich wie im ptolemäischen Modell im Wesentlichen einheitlich wie der Fall der inneren Planeten mathematisch behandelt werden. Gleichwohl wollen wir ihn hier getrennt behandeln, um vor allem den Unterschied in der Begriffsbildung herausstellen zu können.

Nach Abb. 1.65 sind in diesem Fall die Positionen von Erde und Planet vertauscht. Sei L_P die heliozentrische ekliptikale tropische Länge des Planeten, $L_{♁}$ der Erde, beträgt die heliozentrische synodische Länge der Erde bei Bezug auf den Planeten (die Erde bewegt sich schneller als der äußere Planet, deshalb $n_{♁} > n_P$)

$$L_S = L_{♁} - L_P = -\gamma \quad . \tag{1.278}$$

Da $n_P = \dot{L}_P$ die mittlere tropische Geschwindigkeit des Planeten, $n_{♁} = n_{\odot} = \dot{L}_{♁}$ die der Erde ist, beträgt die mittlere (also konstante) synodische Bewegung des Planeten

$$\dot{L}_S = n_S = -\dot{\gamma} = n_{♁} - n_P \quad . \tag{1.279}$$

Die scheinbare geozentrische (tropische) Länge des Planeten ist

$$L_a = L_P + \beta \ , \tag{1.280}$$

wenn β die planetozentrische Elongation der Erde zur Sonne ist. Die Variation lautet dann

$$\dot{L}_a = n_P + \dot{\beta} \quad . \tag{1.281}$$

Somit ist auch im kopernikanischen Modell wie im ptolemäischen Modell einheitlich $n_C = n_{\odot}$ für die inneren, $n_C = n_P$ für die äußeren Planeten gefunden. Für die äußeren Planeten kann nun die folgende Unterscheidung für ihr scheinbares Bewegungsverhalten hergeleitet werden:

$$\begin{aligned} \dot{L}_a &= 0 \Leftrightarrow \dot{\beta} = -n_p \Leftrightarrow \text{scheinbar stationär} \\ \dot{L}_a &= 0 \Leftrightarrow \dot{\beta} = -n_p \Leftrightarrow \text{scheinbar rechtläufig} \\ \dot{L}_a &= 0 \Leftrightarrow \dot{\beta} = -n_p \Leftrightarrow \text{scheinbar rückläufig.} \end{aligned} \tag{1.282}$$

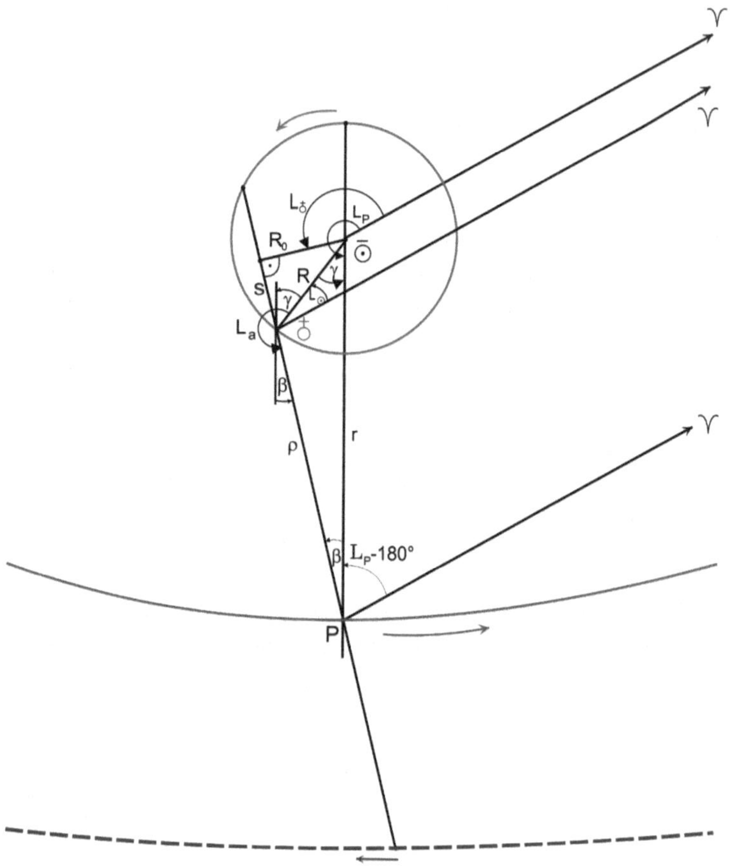

Abb. 1.65 Zur Berechnung stationärer Punkte und rückläufiger Bahnabschnitte bei der Bewegung der äußeren Planeten P im heliozentrischen Bewegungsmodell

Wie im ptolemäischen Fall[675] gelten auch hier die elementaren Beziehungen (wegen r = const., R = const., R ist die mittlere Entfernung Erde – Sonne, also die astronomische Einheit)

$$R_0 = R\cos\delta = r\sin\beta\ ,\ \sigma = R\sin\delta\ ,\ \sigma+\rho = r\cos\beta$$
$$\delta = 90^\circ-(\beta+\gamma)\ ,\ \dot\delta = -(\dot\beta+\dot\gamma)\ ,\ -\dot\delta R\sin\delta = \dot\beta\, r\cos\beta$$

und somit wieder die schöne Beziehung

$$\frac{\dot\gamma}{\dot\beta}=\frac{\rho}{\sigma} \quad . \tag{1.283}$$

[675] Vgl. die Formeln (1.177) – (1.182) auf Seite 170.

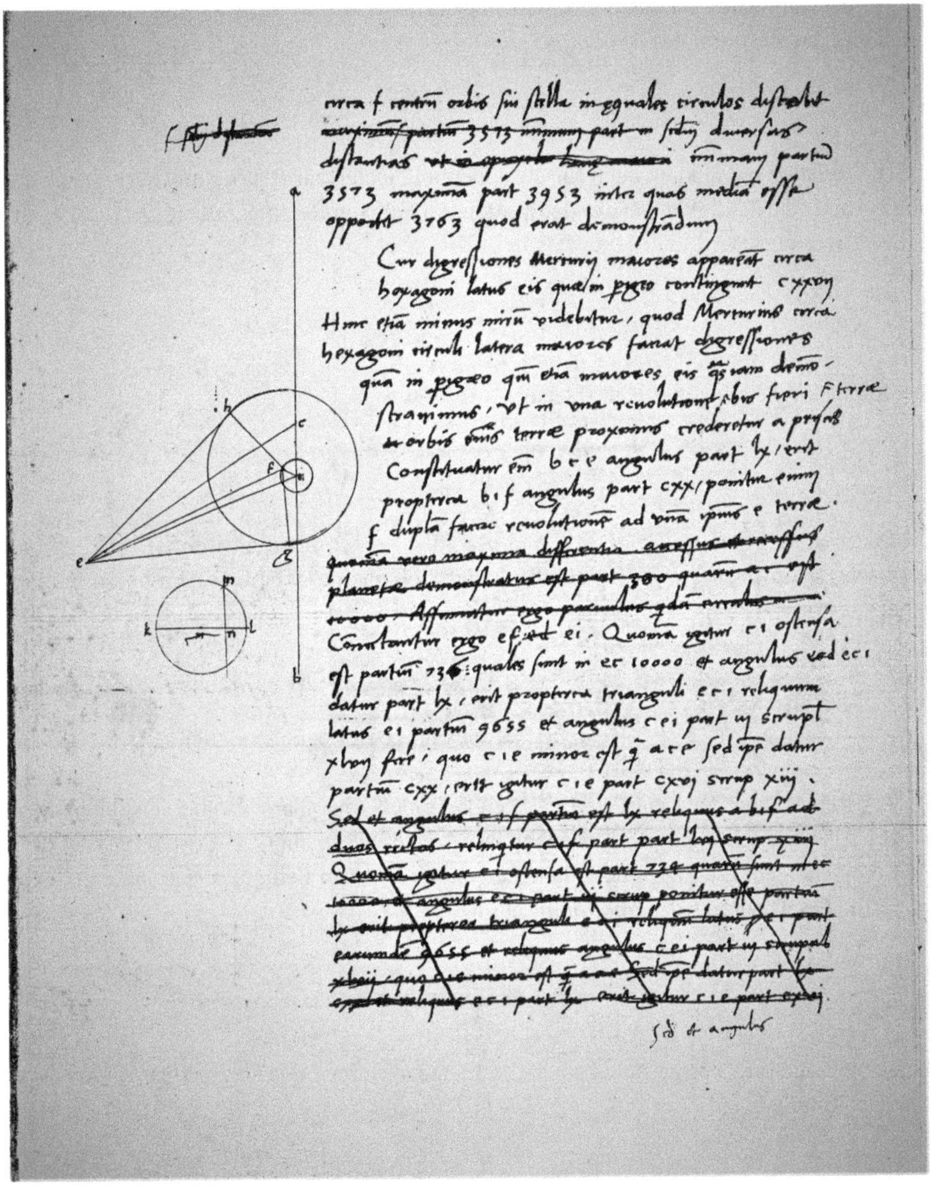

Abb. 1.66 Seite aus der Faksimile-Ausgabe von der *De revolutionibus von Kopernikus* mit intensiven Korrekturen[676]

676 Kopie mit Erlaubnis des astronomischen Instituts der LMU München aus der Faksimile Ausgabe von 1944.

Für die stationären Punkte ergibt sich wegen $\dot{L}_a = 0$, $\dot{\beta} = -n_P$ und mit $\dot{\gamma}_s = -n_S$ auch hier das Theorem des *Apollonios*

$$\frac{n_S}{n_P} = \frac{\rho_s}{\sigma_s} \quad . \tag{1.284}$$

Die Relation n_S/n_P kann auch für die äußeren Planeten zur Beurteilung der scheinbaren Recht- und Rückläufigkeit verwendet werden. Im Fall von Rechtläufigkeit ist $\dot{L}_a > 0$, also $-\dot{\beta} < n_P$ und es wird

$$\frac{\sigma}{\rho} = \frac{\dot{\beta}}{\dot{\gamma}} = -\frac{\dot{\beta}}{n_S} < \frac{n_P}{n_S} \qquad \left(\dot{L}_a > 0\right) \quad , \tag{1.285}$$

bei Rückläufigkeit wegen $\dot{L}_a < 0$, also $-\dot{\beta} > n_P$

$$\frac{\sigma}{\rho} = \frac{\dot{\beta}}{\dot{\gamma}} = -\frac{\dot{\beta}}{n_S} > \frac{n_P}{n_S} \qquad \left(\dot{l}_a < 0\right) \quad . \tag{1.286}$$

Da offenbar $\rho_s \geq \rho \geq r - R$ und $\sigma_s \leq \sigma \leq R$, beurteilt werden kann, ob eine beobachtete Bewegung stets rechtläufig ist oder ob auch rückläufige Abschnitte möglich sind:

$$\begin{aligned} \frac{r}{R} - 1 \geq \frac{n_S}{n_P} = \frac{\rho_s}{\sigma_s} &\Leftrightarrow \text{Bewegung immer rechtläufig} \\ \frac{r}{R} - 1 \geq \frac{n_S}{n_P} = \frac{\rho_s}{\sigma_s} &\Leftrightarrow \text{rückäufige Bewegung möglich.} \end{aligned} \tag{1.287}$$

Zur Berechnung der Länge und der Zeitdauer des scheinbar rückläufigen Bahnbogens wird wieder wie schon im ptolemäischen Fall (vgl. die Formeln (1.192) – (1.196) auf Seite 172 die Schrägentfernung ρ_s des Planeten von der Erde im Fall eines stationären Punktes mit Hilfe des Theorems des *Apollonios* aus

$$\rho_s = \sqrt{\frac{r^2 - R^2}{1 + 2\,\frac{n_P}{n_S}}} \tag{1.288}$$

berechnet. Die zugehörige heliozentrische Längendifferenz des stationären Punktes vom Planeten folgt aus

$$\cos\gamma_s = \frac{R^2 + r^2 - \rho_s^2}{2\,r\,R} \quad ,$$

die planetozentrische Elongation der Erde von der Sonne aus

$$\sin\beta_s = R\,\frac{\sin\gamma_s}{\rho_s} \quad .$$

Der Bogen $2\,\gamma_s$, von dem aus die Bewegung des Planeten rückläufig erscheint, wird in der Zeitdauer

$$T_R \;=\; \frac{2\,\gamma_s}{n_S}$$

durchlaufen. Der Planet hat sich in dieser Zeit allerdings um den Bogen

$$\Delta L_P \;=\; T_R \cdot n_P$$

weiterbewegt. Da im rückläufigen Bahnabschnitt $\dot{\beta} < 0$, hat der Bogen scheinbarer Rückläufigkeit die Länge

$$\Delta L_a \;=\; -2\,\beta_s + T_R \cdot n_P \quad . \tag{1.289}$$

Wegen der mathematischen Übereinstimmung können wir auch für das kopernikanische Modell die im ptolemäischen Fall hergeleiteten Beispiele für die Planeten heranziehen.[677]

Beispiel

Als weiteres BEISPIEL wollen wir die Bewegung des Mondes um die Erde gesehen von einem Beobachter auf der Erdoberfläche aus untersuchen. Der Mond kann dann als ein äußerer Planet betrachtet werden. Der Beobachter bewegt sich um den Erdmittelpunkt (ähnlich) wie die Erde sich um die Sonne bewegt. Deshalb kann das Modell der äußeren Satelliten nach Kopernikus zum Tragen kommen. Die mittlere tropische Bewegung des Mondes um die Erde beträgt

$$n_t \;=\; \frac{360^\circ}{27^d.32158} \;=\; 0^\circ.549017\,\frac{1}{h} \quad ,$$

die (tropische) Rotation der Erde um ihre Achse

$$n_B \;=\; \dot{\Theta} \;=\; \frac{360^\circ}{23^h56^m04^s.0989} \;=\; 15^\circ.041067\,\frac{1}{h} \quad .$$

Der Mond hat daher bezogen auf einen Beobachter B auf der Erdoberfläche die synodische Bewegung

$$n_S \;=\; \dot{\Theta} - n_t \;=\; 14^\circ.492051\,\frac{1}{h} \;=\; \frac{360^\circ}{P_S} \quad ,$$

seine synodische Umlaufzeit beträgt also

$$P_S \;=\; \frac{360^\circ}{n_S} \;=\; 24^h50^m28^s.34 \quad .$$

677 Siehe Tab. 1.4 auf Seite 173.

Dies ist der Zeitraum, nach dem der Mond am folgenden Tag wieder aufgeht. Damit ergibt sich nun die Relation

$$\frac{n_S}{n_t} = 26.396 \quad .$$

Der Mond hat vom Erdmittelpunkt die (mittlere) Entfernung r = 384.400 km. Wird die Erde als kugelförmig angenommen, wie es für die hier gegeben grobe Abschätzung erlaubt ist, wird

$$\frac{r}{R} - 1 = 59.268 \quad .$$

Nach Bedingung (1.287) ist der Mond für einen Beobachter auf der Erdoberfläche stets rechtläufig. (Die vorstehende Abschätzung ist stark vereinfacht, da sie die Inklination der Mondbahn gegenüber dem Erdäquator und die Breitenabhängigkeit des Beobachters nicht berücksichtigt. Gleichwohl genügt sie dem Ziel einer solchen Überlegung.)◄

1.9.4 Die astronomisch wissenschaftlichen Leistungen des Kopernikus

Die größten geistigen Anstrengungen widmete *Kopernikus* offenbar einer Verbesserung der mathematischen Bewegungslehre des *Ptolemäus.* Gleichwohl ist die bedeutendste Nachwirkung auf allgemein astronomischem und philosophischem Gebiet zu sehen. *Kopernikus* gilt als einer der bedeutendsten Astronomen seiner Zeit, nicht als Beobachter, sondern als einer, der imstande war, das astronomische Weltbild neu zu durchdenken.

1. Unter den **wissenschaftlichen Leistungen** des *Kopernikus* ist auch nach seiner eigenen Einschätzung mit am bedeutendsten die Entdeckung der Drehung der Apsiden der Planetenbahnen (also des sonnennächsten Punktes, dem Perihel, bzw. des sonnenfernsten Punktes, dem Aphel). Deshalb wurde sein berühmtes Buch *De revolutionibus orbium coelestium libri VI* genannt, d. h. *Sechs Bücher über die Umdrehungen der Himmelsbahnen.*[678] *Kopernikus* hält am Prinzip der Kreisbewegung als Grundbewegung fest. Er

[678] Die üblicherweise wiedergegebene Übersetzung: *Über die Kreisbewegung* ... oder *Über die Umläufe* ... und ähnliche meinen die Bewegung der Himmelskörper, während *Kopernikus* doch offenbar die Bewegung der *Bahnen* der Himmelskörper meinte, ein seinerzeit völlig neuartiger Begriff, der amüsanterweise vielfach bis heute noch nicht verstanden ist. Zum Titel des Buches gibt es bereits eine umfangreiche Literatur (zitiert bei SWERDLOW. N. M. and NEUGEBAUER, OTTO [1984], p. 39). Danach hat *Kopernikus* selbst entweder den Titel *De revolutionibus orbium mundi*

Tab. 1.8 Monddistanzen im Vergleich[681]

	Ptolemäus	*Kopernikus*	Heute
Größte Monddistanz	64 R_E	65.5 R_E	63.8 R_E
Kleinste Monddistanz	33.5 R_E	55.2 R_E	56.9 R_E

beschreibt die Bewegung der Himmelskörper zusammengesetzt aus Deferent und Epizykeln, wobei er diese zusammengesetzte Bewegung vermutlich als Erster als kreisnah und nicht kreisförmig erkannte.[679] So gibt es auch in seiner Theorie einen sonnennächsten und einen sonnenfernsten Punkt einer Planetenbahn. Durch Rückgriff auf das heliozentrische Weltbild war es *Kopernikus* zumindest philosophisch-gedanklich gelungen, die ptolemäischen Theorien zu vereinfachen. Er hatte sich allerdings explizit auf *Philolaos von Kroton* mit dessen Zentralfeuertheorie berufen sowie auf *Ekphantos* und *Hiketas*. Die Zitierung des *Aristarch von Samos* mit dessen erstmals echter heliozentrischer Lehre hatte *Kopernikus* in seinem Manuskript getilgt.[680] Mit eigenen Beobachtungen hatte er sie sogar verbessern können. In den heute üblich gewordenen äußerst simplifizierenden und vorurteilsbehafteten Schwarz-weiß-Darstellungen der *„Kopernikanischen Wende"* werden die wesentlichen astronomischen Leistungen des *Kopernikus* leider nicht zur Kenntnis genommen. Wir müssen bedenken, dass *Kopernikus* beispielsweise für die Drehung des Perihels der Erdbahn um die Sonne den größenordnungsmäßig richtigen, für die damalige Messgenauigkeit unvorstellbar kleinen Wert von 24′′.3 pro Jahr durch Vergleich seiner Beobachtungen mit denen des *Hipparch* und anderer früherer Astronomen fand. Dies erreichte er mit vom heutigen Standpunkt relativ einfachen Hilfsmitteln, nämlich durch Beobachtungen mit einem Parallaxenlineal. Das Fernrohr war seinerzeit noch unbekannt. Wir werden daher seine Leistung umso höher einschätzen müssen (moderne Messungen führen auf 11′′.4 pro Jahr) (Tab. 1.8).

2. Zusammenstellung der **astronomischen Leistungen** des *Kopernikus:*[682]

- Verbesserung der Mondbahntheorie des *Ptolemäus* und Einführung der kleinsten Monddistanz von 55.2 Erdradien
- Entdeckung der Drehung der Apsiden aller heliozentrischen Planetenbahnen[683]

---

oder noch einfacher *De revolutionibus* vorgeschlagen, in beiden Fällen hätte *Osiander* auf „orbium coelestium" geändert bzw. ergänzt.

679 Vgl. Abschn. 1.9.3.1

680 Vgl. W. EKSCHMITT [1989], p. 154; vor allem auch: F. KRAFFT [1973], p. 76.

681 Siehe etwa in: G. WOLFSCHMIDT [1994], p. 38.

682 Nach HORST-BURKARD BRENSKE [1973].

683 Entdeckung des Apsidendrehung der Sonnenbahn durch *Albategnius* (= Al-Battani), (siehe dazu in Abschn. 1.8.3 ab Seite 197).

Tab. 1.9 Die Apsidendrehung der Planeten bei *Kopernikus* im Vergleich mit modernen Werten[685]

Planet	*Kopernikus*	Heute
Saturn	36"	16".8
Jupiter	12"	6".4
Mars	28"	16".0
Erde	24".3	11".4
Merkur	57"	5".7

- Die Entdeckung der Bewegung der Erde um die Sonne mit zugehöriger Apsidendrehung (aus der scheinbaren Bewegung der Sonne hergeleitet)
- Die Entdeckung der fast gleichbleibenden Lage der Erdachse im Raum während der Revolution um die Sonne
- Die Feststellung der Fortdauer der von arabischen Astronomen entdeckten Abnahme der Schiefe der Ekliptik bis in seine Zeit
- Die Entdeckung der Unermesslichkeit des Weltraumes („ … die Erde verhält sich zum Himmel wie ein endlich Großes zu einem unendlich Großen … ")

Zur mathematischen Darstellung der Planetenbewegungen stand *Kopernikus*, wie im vorangehenden Abschnitt dargestellt wurde, das antike Modell der Epizykeltheorie zur Verfügung. Es musste gegenüber den früheren Modellen allerdings noch mehr verfeinert werden. Dadurch wurden die vorstellungsmäßigen Vereinfachungen des heliozentrischen Systems verschüttet. Auch die Berechnungen der Planetenbewegung wurden dadurch nicht vereinfacht. *Kopernikus* hatte, wie aus seinem Manuskript hervorgeht,[684] die Idee einer elliptischen Bewegung erwogen. Doch entweder hatte er zur Durchführung nicht die entsprechenden mathematischen Kenntnisse oder er sah keinen Grund, an der seit Jahrtausenden etablierten Methode der Kreisbewegung und damit der Deferenten und Epizykel zu zweifeln. Vielleicht war ihm der Kreis als Ausgangsbahn auch noch heilig, wie ein Zitat aus den *De revolutionibus* gedeutet werden kann. Oder die Beobachtungsdaten waren nicht so genau, dass sie mit der Epizykeltheorie nicht hätten beschrieben werden können. Jedenfalls verwarf er den Gedanken der elliptischen Bewegung wieder, wie aus dem Streichen im Manuskript zu erkennen ist. Wichtig erscheint der Hinweis, dass *Kepler* sicherlich nicht der Erste war, der eine elliptische Planetenbewegung für möglich dachte (Tab. 1.9).

Es ist auf den ersten Blick vielleicht überraschend zu sehen, wie *Kopernikus* zu seinem Weltbild, das manchem als revolutionär erscheint, durch überzeugtes Festhalten an der antiken Bewegungslehre von der gleichmäßigen kreisförmigen Bewegung als der natürlichen Bewegung der Himmelskörper im aristotelischen Sinn kam. Ausgangspunkt war

[684] R. Wolf [1890/1973], Abschn. 260.

[685] Siehe etwa in: G. Wolfschmidt [1994], p. 38.

für *Kopernikus* eine Kritik an der Bewegungstheorie des *Ptolemäus*. Dieser hatte im Rahmen der geozentrischen Weltdarstellung das Prinzip der gleichförmigen Kreisbewegung nur dadurch aufrechterhalten können, indem er die Bewegung des Epizykelmittelpunktes auf dem Deferenten zu erfolgen dachte. Dadurch erscheint die Bewegung nicht vom Zentrum dieses Kreises als gleichförmig, sondern von einem Punkt außerhalb des Mittelpunktes, dem *punctum aequans*, also exzentrisch. Die Bewegung auf dem Kreis erscheint also vom Zentrum aus gesehen ungleichförmig. In gleicher Weise erscheint sie auch von der Erde aus, die sich weder im Mittelpunkt des Exzenters noch im punctum aequans befindet. Vom geozentrischen Weltbild war bei *Ptolemäus* eigentlich nur die raumfeste Erde als starrer Mittelpunkt des Weltalls übriggeblieben. Das mochte weltanschaulich-philosophisch von Interesse sein. Vom Standpunkt der mathematischen Behandlung des Bewegungsproblems war das völlig unbedeutend. Die Bewegungslehre des *Ptolemäus* war also **nicht geozentrisch**. Darauf bezieht sich nun *Kopernikus*, wenn er in *De revolutionibus* schreibt:

> *„Man gestattet also, dass hier eine gleichförmige Kreisbewegung um einen fremden, nicht eigenen, Mittelpunkt existieren könne. ... Dieses und ähnliches hat uns darauf geführt, eine Bewegung der Erde und eine andere Ableitungsart anzunehmen, bei welcher die Gleichmäßigkeit und die Grundlage der Wissenschaft erhalten und die Ursache der Ungleichmäßigkeit in der Erscheinung zuverlässiger gestaltet wird.“*[686]

Für *Kopernikus* ist also die gleichmäßige Kreisbewegung eine unumstößliche Voraussetzung seiner theoretischen Untersuchungen. Sein Ziel war daher, die Lehre des *Ptolemäus* zu berichtigen. Dazu führte er die Planetenbewegung wieder auf eine wahre gleichmäßige Kreisbewegung zurück. Dies war eine Leistung, die ihm in Fachkreisen spätere Anerkennung sicherte.[687] Es brachte wohl die Grundlage für den partiellen Durchbruch auch seines Systems in der Zeit vor *J. Kepler*.

Kopernikus gelang dieser Nachweis bekanntlich durch Einführung der Bewegung der Erde um die Sonne und die Annahme, diese Kreisbewegung erfolge um den Sonnenmittelpunkt. Diese Annahme schien die Berechnung der Planetenbewegung zunächst zu vereinfachen. *Kopernikus*, der in Italien *Platon* im Urtext studiert hatte, glaubte, ganz im Sinne *Platons,* die Naturvorgänge könnten durch möglichst einfache mathematische Beschreibungen dargestellt werden. Deshalb war er selbst wohl zu der Überzeugung gekommen, seine Planetenbeschreibung sei nicht nur ein mathematisches Modell, wie im Grunde genommen die ptolemäische Theorie, sondern sie gäbe tatsächlich die Wirklichkeit wieder. Die Ungleichmäßigkeiten der Planetenbewegung gegenüber der gleichmäßigen Kreisbewegung, abgesehen von der jetzt erklärten Schleifenbildung, also

---

686 Aus: NICOLAUS COPPERNICUS, *Über die Kreisbewegungen der Weltkörper.* Übersetzt und mit Anmerkungen versehen von Dr. C.L. Menzzer, Thorn 1879, p. 268. Zitiert nach P. TEN BRUGGENGATE [1943].

687 P. TEN BRUGGENGATE [1943], p. 13.

der nun gelösten zweiten Anomalie, beschrieb *Kopernikus* im antiken Sinne wieder durch eine Reihe überlagerter Epizykeln. Er schrieb dazu:[688]

> „... *Denn der Kreis kann allein das Vergangene zurückführen, wie denn die Sonne sozusagen uns durch ihre aus Kreisen zusammengesetzte Bewegung die Ungleichheit der Tage und Nächte und die vier Jahreszeiten zurückführt, woran mehrere Bewegungen erkannt werden können, weil es nicht geschehen kann, dass die einfachen Himmelskörper sich in einem einzigen Kreis ungleichmäßig bewegen; denn dies müsste geschehen entweder wegen einer Unbeständigkeit in der Natur des Bewegenden, oder wegen einer Ungleichheit des bewegten Körpers. Da aber der Verstand sich gegen beides sträubt und es unwürdig ist, so etwas bei demjenigen anzunehmen, welches nach der besten Ordnung eingerichtet ist, so muss man zugeben, dass die gleichmäßigen Bewegungen uns ungleichmäßig erscheinen, entweder wegen der Verschiedenheit der Pole jener Kreise, oder weil die Erde nicht im Mittelpunkt der Kreise sich befindet, in welchen jene sich bewegen* . . . “

Kopernikus Ziel war eine Verbesserung der mathematischen Beschreibung der Planetenbewegung, ohne physikalische Eigenschaften der translunaren Welt zu erwägen. Auch hält er an den festen (= materiellen) Bahnen in Form von Kreisscheiben bzw. mitbewegten Kugelschalen („Sphären“) fest. So schreibt er im Jahre 1512:

> „*Was wir von der Bewegung der Sonne sehen, das ist nicht eine Folge ihrer Bewegung, sondern rührt her von der Bewegung der Erde und ihrer Sphäre.*“[689]

Bereits im Jahre 1510 hatte *Kopernikus* in seiner Schrift *Commentariolus* seine Grundgedanken über die heliozentrische Darstellung des Planetensystems niedergeschrieben. Sein Interesse an einer Begründung dieser Darstellung hatte ihn zu einem breiten Studium der ihm zugänglichen einschlägigen Literatur veranlasst. So konnte er die Idee, es gäbe mehrere Zentren im Weltall, aus den Kritikern des *Aristoteles*, schon bei *Sosigenes* und der stoischen Kosmologie, bei *Plutarch* und den Neuplatonikern finden. Im *Commentariolus* steht:

> „Secundo petitio: Centrum terrae non esse centrum mundi, sed tantum gravitatis et orbi lunae.“ *(„Zweite These: Der Mittelpunkt der Erde sei nicht der Mittelpunkt der Welt, sondern lediglich der Schwere und der Bahn des Mondes.“)*[690]

Uns interessiert in diesem Zusammenhang vor allem, zu welcher Ursache der Bewegung *Kopernikus* im Gegensatz zu *Aristoteles* findet. In *De revolutionibus* I 9 schreibt *Kopernikus*:

---

[688] P. TEN BRUGGENGATE [1943], p. 13–15.

[689] Zitiert nach P. TEN BRUGGENGATE [1943], p. 13, aus: LEOPOLD PROWE, *Nikolaus Coppernicus*, 1. Band, 2. Theil, Berlin 1882, p. 291.

[690] Zitiert nach F. KRAFFT [1975] p. 65.

„... Da es also mehrere Mittelpunkte gibt ...“[691]

Kopernikus sieht sich also gezwungen, zu einer Modifikation der nicht kreisförmigen „natürlichen“ Bewegung zu kommen. Das betrifft die geradlinige Bewegung der vier Grundstoffe zu ihrem „natürlichen“ Ort. Den kann es nämlich gar nicht geben, wenn es mehrere Mittelpunkte gibt:

„Die schweren Körper in den Himmelskörpern sind eine körperhafte Ansammlung gleichartig verwandter Stoffe als teleologisches Ziel ihrer ***natürlichen*** *Bewegungen.“*[692]

Dies wird explizit in der vierten Schlussfolgerung dargestellt:

„Utrum loca naturalia gravium et levium sunt causae suorum motuum“

(„Die natürlichen ***Örter*** *der schweren und leichten Körper sind die Ursachen ihrer Bewegungen.“)*[693]

Das Ziel dieser Bewegungen ist die Einheit und Ganzheit der Kugel: Sie eignet sich am meisten, alles zu umfassen und zu bewahren (comprehensorum omnia et conservaturam). Wir haben schon gesehen, dieser Gedankengang über *Aristoteles* und *Platon* lässt sich bis zu *Parmenides* zurückverfolgen.

Aus der Sicht der späteren Physik lässt sich implizit auf *Kopernikus* notwendig die Idee vom relativen Raum und damit auch die Relativität aller Bewegungen zurückführen.[694] Mit *Kopernikus* wird auch klar, dass wahre und scheinbare Bewegung unterschieden werden muss. Diese Einsicht war schon von *Platon* angedeutet und von *Ptolemäus* herausgearbeitet worden. Der kopernikanische Ansatz führt zu einer kinematischen Relativität. Jede wahrgenommene Bewegung eines Körpers kann eine Eigenbewegung des Körpers sein oder eine Bewegung des Beobachters oder beider. Bei gleicher Bewegung von beobachtetem Körper und Beobachter *scheint* sogar keine Bewegung zu bestehen. Dies wird als „kinematische Reziprozität“ aller Bewegungen bezeichnet.[695] *Kopernikus* gibt auf diese Weise, vielleicht ohne dies explizit zu wollen, den Anstoß zu einer Entwicklung einer neuen physikalischen Theorie der Bewegung: Durch die Bewegungsgesetze der Körper werden Bezugssysteme physikalisch ausgezeichnet. Für die subjektive Wahrnehmung sind jedoch alle Bezugssysteme gleichberechtigt als Folge der kinematischen Reziprozität. Nach *Kopernikus* ist das

---

691 Zitiert nach F. KRAFFT [1975] p. 65.

692 Zitiert nach F. KRAFFT [1975] p. 67.

693 KOPERNIKUS, LI, liber 3, quaestio 7.

694 Vgl. H.J. TREDER [1968], p. 53.

695 Vgl. H.J. TREDER [1975], p. 105–150.

„wahre physikalische Bezugssystem dasjenige, in dem die wahrgenommenen Bewegungen der Körper denjenigen Bewegungen entsprechen, die den Körpern als natürliche Bewegungen zukommen“.[696]

Durch *Kopernikus* wird eine Revision der gesamten (auf *Aristoteles* zurückgehenden) Bewegungstheorie erforderlich:

- Die „natürliche Bewegung“ der Erde um die Sonne ist die gleichförmige Kreisbewegung der Erde um die Sonne.
- Die „natürliche“ (geradlinige) Fallbewegung der Körper ist die Bewegung zu den Mittelpunkten der Himmelskörper (Erde, Mond, Sonne, Planeten).

Damit wurde der Unterschied zwischen natürlichen und erzwungenen Bewegungen relativiert: Auch die irdischen Körper sind zu „natürlichen“ Bewegungen fähig. Eine Bewegung, die eine Ortsveränderung ist, erfordert nicht, wie von *Aristoteles* postuliert, eine Kraft.

1.9.5 Würdigung der mathematischen Bewegungslehre des *Kopernikus*

Alternativüberlegungen, die *Kopernikus* zur Bewegungslehre des *Ptolemäus* anstellte, sind alle mathematische Überlegungen zur Verbesserung des Rechenvorganges. Sie haben keinen physikalischen Bezug. Insbesondere hier trifft des *Osianders* Vorwort zu den *de revolutionibus* zu, die *"kinematischen Modelle in diesem Werk sind ausschließlich hypothetischer Natur“.*

Das kopernikanische System ist in Bezug auf die mathematische Bewegungslehre eine exakte Wiedergabe des ptolemäischen Systems in allerdings komplizierterer mathematischer Form. Dies zeigt etwa die Einführung des zweiten Epizykels als Ersatz für die Verwendung des punctum aequans in Übernahme der Methode des $M\bar{u}laqqad\ ad - D\bar{i}n\ al -{}'\,Urd\bar{i}$ und $Qutb\ ad - D\bar{i}n\ ash - Sh\bar{i}r\bar{a}z\bar{i}$ bzw. der Methode des $Ibn\ ash - Sh\bar{a}tir$. Die Sonnentheorie ist sogar ein Schritt in die falsche Richtung. Es ist irgendwie eine Ironie der Wissenschaftsgeschichte, dass die einzige Stelle, in der *Kopernikus* imstande war, die kinematische Theorie der „Alten“, d. h. im Wesentlichen des *Ptolemäus,* zu verbessern, die Mondtheorie war. Diese hat zumindest aus der damaligen Sicht überhaupt nichts mit dem heliozentrischen Modell und der Bewegung der Erde um die Sonne zu tun. Sie wurde vielmehr rein geozentrisch aufgefasst.

In seiner Theorie der planetaren Längen versuchte *Kopernikus* die ungleichförmige Bewegung eines Planeten auf einer exakten Kreisbahn, wie *Ptolemäus* vorgeschlagen hatte, durch eine Kombination von gleichförmigen Kreisbewegungen darzustellen. Die

[696] Vgl. H.J. TREDER [1975], p. 111.

ursprüngliche Idee zu dieser Vorstellung war auf *Ptolemäus* selbst zurückgegangen. Bemerkenswert ist, dass die resultierende Planetenbewegung bei *Kopernikus* keine gleichförmige Kreisbewegung ist. Sie verläuft ungleichförmig auf einer Bahnkurve, die leicht von einer Kreiskurve abweicht. *Kopernikus* wusste ob dieser Tatsache, auch wenn er über die Quantität dieser Abweichung offenbar keine Vorstellung hatte. Er wusste nur, diese Abweichung war klein. Hier konnte also *Kepler* anschließen mit der Suche nach der mathematischen Darstellung einer wahren nicht kreisförmigen Bewegung. Über Anordnung und räumliche Größenverhältnisse im Planetensystem hatte *Kopernikus* aufgrund seiner heliozentrischen Theorie realistischere Vorstellungen als seine Gegner, die das geozentrische System verteidigten.

Die mathematischen Kenntnisse des *Kopernikus* waren beträchtlich. Andernfalls hätte er sein gewaltiges Werk nicht schaffen können.[697]

Ohne *Tycho Brahe* und *Johannes Kepler* wäre das kopernikanische System abgesehen von seinem philosophischen Hintergrund zumindest in mathematischer Hinsicht lediglich eine Fortführung des Ptolemäischen Systems gewesen. *J. Kepler* kritisierte (nicht ganz zu Recht), „*das Werk des Kopernikus gibt eher als Ptolemäus die Natur wieder*".[698] Jedoch erkannte *Kepler* durchaus die Fortschritte an, die *Kopernikus* unbewusst – wie *Kepler* meinte – vor allem in der Theorie der planetaren Breiten gelungen waren. Auf diese bezog sich *Kepler*, als er schrieb:[699] „Kopernikus *wusste gar nicht, wie reich er war.*"

Es ist vermutlich gerecht, wenn diese Aussage *Kepler*s relativiert wird: Es darf vermutet werden, dass *Kopernikus* mit seinem Buch noch lange nicht fertig war. Darauf deutet auch sein Zögern zu einer Veröffentlichung hin. Er war sich wohl bewusst, seine Arbeit war nicht abgeschlossen, vieles bedürfe noch einer intensiven Bearbeitung. Das betrifft vor allem die Theorie der planetaren Breiten. Zu dieser mangelte es ihm nicht am mathematischen Rüstzeug, wohl aber an der benötigten Lebenszeit.[700]

[697] Siehe hierzu näheres bei MENSO VOLKERTS [1994]: *Copernicus als Mathematiker*, in G. WOLFSCHMIDT [1994], pp. 129–138.

[698] Siehe SWERDLOW, NOEL M. and OTTO NEUGEBAUER [1984], p. 85.

[699] in: KEPLER Werke, Band III, p. 141,3; zitiert nach: OTTO NEUGEBAUER [1968], p. 103

[700] Diese Vermutung wird auch durch ERNST ZINNER bestätigt in seiner Arbeit *Entstehung und Ausbreitung der Copernicanischen Lehre.* Zum 200jährigen Jubiläum der Friedrich-Alexander-Universität zu Erlangen. Sitzungsberichte der Physikalisch-medizinischen Sozietät zu Erlangen. 74. Bd. 1943. Komm.-Verlag Max Mencke. Erlangen 1943

1.10 Die letzten bedeutenden Vertreter der antiken Bewegungslehre

1.10.1 Beobachtungskunst und Kritik: *Tycho Brahe*

Der antiken Astronomie wird sehr häufig der Vorwurf gemacht, viele Beobachtungen waren nötig, um mathematische Theorien der Bewegung der Himmelskörper aufstellen zu können. Aber diese mathematischen Theorien wurden dann nicht in hinreichendem Maß gegen neue verbesserte oder modifizierte Beobachtungen getestet, überprüft, verbessert oder verworfen. So, wie es in der neuzeitlichen Naturwissenschaft selbstverständlich sei. *O. Neugebauer*[701] rechtfertigt diese Vernachlässigung der Verifikation der mathematischen Theorien gegenüber den Beobachtungen. Sie konnten seinerzeit nur mit einer Genauigkeit von maximal 10 Bogenminuten gemacht werden.[702] Die antiken Beobachter seien sich durchaus bewusst gewesen, es gäbe für individuelle Beobachtungsdaten so viele Quellen von Ungenauigkeiten. Deshalb könne ihre Qualität auch durch weitere Beobachtungen nicht verbessert werden. Darüber hinaus konnten seinerzeit die von verschiedenen Beobachtern zu verschiedenen Zeiten gemachten Beobachtungen von unterschiedlichen Parametern nur unzureichend korreliert werden. Andererseits konnten Beziehungen, die mit den Umläufen von Sonne, Mond und Planeten zusammenhingen, wie etwa die Opposition der Planeten, die siderischen Umlaufzeiten, die Finsternisse, also Parameter, die keine kontinuierlichen Beobachtungen erforderten, in relativ kurzer Zeitspanne sehr genau bestimmt werden. Eine Beschränkung auf diese Daten und ihre mathematische Erfassung war also durchaus sinnvoll.

Die Astronomie war daher in erster Linie *„mathematische Astronomie"*. Erst als ***Tycho Brahe*** (1564–1601)[703] mit seinem umfassenden und präzisen Beobachtungsprogramm begann, benannte er es selbst als Begründung einer „neuen Astronomie". Dieser Begriff wurde dann von *J. Kepler* weitergeführt. *Tycho Brahe* kann als einer der „größten beobachtenden Astronomen aller Zeiten bezeichnet" werden.[704] Er verbesserte die Beobachtungskunst mit großen, verbesserten oder wie dem Sextanten neu erfundenen Beobachtungsinstrumenten für das unbewaffnete Auge. Das war noch vor der Erfindung des Fernrohrs. Allerdings brachten auch die späteren Fernrohrbeobachtungen lange keine Verbesserung der Beobachtungsgenauigkeit.[705] Auf der Sundinsel Hven, die *Tycho Brahe* 1576 vom dänischen König zu Lehen bekommen hatte, hatte er auch die von keiner buchhalterischen Engstirnigkeit gehemmte finanziell großzügig geförderte Möglichkeit zum Bau einer schlossartigen Sternwarte. Sie gilt als der „erste europäischen Zweckbau einer

[701] In Otto Neugebauer [1975], p. 14.

[702] Otto Neugebauer [1968], p. 90; vgl. auch Tab. 3.1 auf Seite 3–1.

[703] 14. Dez. 1546, Knudstrup/Schonen – 24. Okt. 1601, Prag. Zu Tycho siehe bei Swerdlow, Noel M. and Otto Neugebauer [1984], p. 271.

[704] Fritz Krafft [1974], p. 301.

[705] Vgl. hierzu in Jochim, E. F. M.[2016 b] Tab. 3.1.

Sternwarte“, genannt Uraniborg, dem „ersten europäischen Forschungsinstitut“.[706] *Tycho* führte die aufwendigen Beobachtungen in professioneller Weise mit der Unterstützung etlicher Gehilfen durch: zur Beobachtung, zum Ablesen der Uhrzeit, zum Aufschreiben der Daten, zur Kontrollbeobachtung an verschiedenen Instrumenten. Zur Reduktion der Beobachtungen bemühte sich *Tycho* erstmals um eine Bestimmung der höhenabhängigen Refraktion. Eine systematische Vermessung der Fixsterne hatte nach *Ptolemäus* nicht mehr stattgefunden. Erst *Bernhard Walther* (1430–1504) hatte in Nürnberg eine Verbesserung der antiken Methode gefunden. *Walther* war Schüler des *Regiomontanus*, mit dem er zusammen eine systematische Erneuerung des Beobachtungsmaterials der Antike plante. Er hatte sie nach 1476 erstmals unter Benutzung von Uhren weitergeführt. Diese Beobachtungen wurden neben *Tycho Brahe* von *Wilhelm IV.* von Hessen-Kassel wieder aufgenommen. *Tycho* hatte mit seinen ersten Beobachtungen 1564 begonnen. *J. Kepler* bezeichnete dieses Jahr daher als Beginn der Erneuerung der beobachtenden Astronomie. *Tycho* hatte 8 Fixsterne als Hauptsterne („Fundamentalsterne“) ausgewählt und weitere 12 Ekliptik nahe Sterne, an die er mit Distanz- und Höhenmessungen alle anderen, insgesamt 777 Sterne anschloss.[707] Durch sorgfältige Reduktion der beobachteten Örter um Präzession und Refraktion (weitere Reduktionen wie Nutation oder Aberration waren zur Zeit *Tycho*s noch nicht bekannt) konnte er die Beobachtungsgenauigkeit auf vorher ungeahnte ½ Bogenminuten reduzieren: Die Fundamentalsterne hatten einen wahrscheinlichen Fehler[708] in Rektaszension von $\Delta\alpha = \pm 24''.1$, in Deklination $\Delta\delta = 25''.9$. *Tycho Brahe* hatte auch herausgefunden, dass die unregelmäßige Bewegung der Äquinoktien, ihr „Zittern“ (Trepidation), wie es *Hipparch* vorsichtig genannt hatte, nur auf Beobachtungsfehlern beruhte Die Äquinoktien bewegen sich also völlig gleichmäßig.

Sonnen- und Mondbewegung bei Tycho Brahe

Wie in der Antike seit der babylonischen Astronomie üblich beobachtete *Tycho* Sonnen- und Mondfinsternisse, um verbesserte Parameter zur Beschreibung der Sonnen- und Mondbewegung herleiten zu können. Allerdings beobachtete er die Mondbewegung auch außerhalb der Syzygien und der Quadraturen, was noch *Ptolemäus* durchgeführt hatte. *Tycho* kam so zu einem ersten wirklich grundsätzlichen Schritt über die Theorie der Mondlänge bei *Ptolemäus* hinaus. Es waren ihm die Entdeckungen der „Variation“ der Mondbewegung (die „Mondanomalie“) mit Amplitude von 39’.5 und zum zweiten der "jährlichen Gleichung" mit einer Amplitude von 11’.2 gelungen. Die Variation ist ähnlich wie die Evektion des Mondes

[706] Fritz Krafft [1974], p. 312.

[707] Veröffentlicht in *Astronomiae instauratae progymnasmata*, Prag 1602, hrsg. von Johannes Kepler; enthalten in: *Tychonis Brahe Dani Opera Omnia*, Bd. 2 [1915] und Bd. 3 [1916]; zit. bei F. Krafft [1974], p. 343. *Tycho Brahe* hatte den Katalog ursprünglich für 1000 Sterne geplant (um mit dem Katalog des *Ptolemäus* konkurrieren zu können).

[708] Nach J. L. E. Dreyer [1890, 1963]: *Tycho Brahe, A Picture of Scientific Life and Work in the Sixteenth Century*, Edinburgh 1890, Nachdruck: New York, 1963; deutsch: Karlsruhe 1894, Nachdruck Wiesbaden 1972; zit. bei F. Krafft [1974], p. 344.

vom Argument der synodischen Mondbewegung bzw. dem (mittleren) "Mondalter“ abhängig, die jährliche Gleichung nur von der mittleren Bewegung der Sonne, also von deren mittlerer Anomalie $M_{\odot}$. In der Berechnung der Länge des wahren Mondes in seiner Bahn konnte also der Näherungsausdruck[709] des *Ptolemäus* um zwei weitere Glieder erweitert werden:[710]

$$\begin{aligned} l & & \text{wahre Länge} \\ = L & & \text{mittlere Länge} \\ & + 377'.3 \sin M_{☾} & \text{Mittelpunktsgleichung} \\ & + 76'.4 \sin(2D_{☾} - M_{\odot}) & \text{Evektion} \\ & + 39'.5 \sin(2D_{☾}) & \text{Variation} \\ & + 11'.2 \sin M_{\odot} & \text{jährliche Gleichung} \\ & + \ldots . & \end{aligned} \tag{1.290}$$

Mit der Erneuerung der Mondtheorie hatte *Tycho* seinen Gehilfen *Longomontanus*[711] beauftragt. Er selbst hatte wegen der vielen benötigten Epizykel keine befriedigende Lösung gefunden.

Auch die Sonne beobachtete *Tycho Brahe* außerhalb der Solstitien und Äquinoktien in den Oktanten. Mit diesen Beobachtungen und den Zeiten der Frühlings- und Herbstäquinoktien konnte er den Ort des Apogäums der (scheinbaren) Sonnenbahn sowie des Äquanten (punctum aequans) bestimmen. Analog zu *Ptolemäus* nahm *Tycho Brahe* den Mittelpunkt der (kreisförmigen) Sonnenbahn im Äquanten an. Trotz dieses (von *J. Kepler* nachgewiesenen) Fehlers ergab die tychonische Theorie die heliozentrische (ekliptikale) Länge der Erde korrekt wieder.[712]

Tycho Brahe hatte 1584 von seiner Sternwarte Uraniborg aus die wohl erste wissenschaftliche Expedition zu reinen Forschungszwecken gestartet.[713] Ziel war eine Nachprüfung der geografischen Breite von Frauenburg, von wo aus *Kopernikus* seine Sonnenbeobachtungen durchgeführt hatte. *Kopernikus* hatte für die Breite $\varphi = 54°19'30''$ herausgefunden, mit den besseren Instrumenten *Tycho Brahe*s konnte *Tycho*s Gehilfe *Elias Olsen* (er arbeitete von 1588 bis 1597 bei *Tycho*) diesen Wert auf $\varphi = 54°22'15''$ verbessern (genauer Wert heute: $\varphi = 54°21'34''$). Damit konnte die Fehlerhaftigkeit der Sonnentheorie des *Kopernikus* wenigstens teilweise erklärt werden.

Neue astronomische Erkenntnisse

Zwei Ereignisse prägten das Leben *Tychos Brahe*s als Astronomen in besonderer Weise:

---

709 Vgl. die Formel (1.112) auf Seite 147.

710 Siehe etwa in K. Stumpff [1959], pp. 38–42.

711 *Christen Soerensen Ljongberg*, er arbeitete von 1583 bis 1597 und dann ab 1600 bei *Tycho Brahe*.

712 In: C. Wilson [1968], pp. 7–8.

713 Siehe in F. Krafft [1974], p. 323.

1. Im Jahre 1572 hatte *Tycho* im Sternbild Cassiopeia einen „neuen Stern“ (Nova) entdeckt. Er untersuchte diesen Stern systematisch mit seinem neuen Sextanten. Auch über längere Zeiten konnte *Tycho* nicht die Spur einer Parallaxe beobachten – vor *Tycho* hatte niemand die Gelegenheit einer Parallaxenmessung an einer Nova vornehmen können. *Tycho* vermutete, dieses Objekt müsse sich weit außerhalb der Mondsphäre, ja sogar weit außerhalb der Saturnsphäre befinden. Damit wurde auf beobachtungstechnischem Gebiet erstmals die Lehre des *Aristoteles* widerlegt, wonach im translunaren Bereich nichts Neues entstehen und es keine Veränderung geben könne.
2. Das zweite Ereignis war die erstmalige Beobachtung eines Kometen durch *Tycho Brahe* im Jahre 1577. Der arabische Astronom *Al – Battānī* (*Albategnius*, *Albumasar*) hatte behauptet, die Kometenbahnen innerhalb der Planetensphären verlaufen würden. *Tycho*s Parallaxenmessungen bestätigten die Richtigkeit dieser Behauptung: Der beobachtete Komet musste sich zwischen der Mond- und der Venussphäre befinden. Weitere Kometenbeobachtungen – *Tycho* beobachtete bis 1596 noch 5 weitere Kometen – zeigten, die Kometenbahnen mussten die Planetensphären durchdringen. Diese Sphären konnten daher nicht fest (etwa aus „Kristall“) sein. Für *Tycho* war damit eine zweite Grundaussage der mit dem Namen *Aristoteles* verknüpften Kosmologie von festen („kristallinen“) Sphären der Planeten infrage gestellt: Es könne keine festen Äther-festen oder kristallinen Sphären geben. Diese Ansicht wurde seiner Zeit offenbar in Verkennung der antiken ursprünglich auf *Anaximenes* zurückgehenden Vorstellung[714] allgemein noch angenommen. Damit bereitete Tycho wesentlich die Überwindung der antiken Bewegungslehre vor.[715] In einer ersten Veröffentlichung (von mehreren geplanten Arbeiten über seine Kometenbeobachtungen) schrieb *Tycho Brahe*:[716]

> *„... In Wirklichkeit gibt es keine Kugelschalen (Sphären) am Himmel ... diejenigen, die gewisse Autoren, um den Schein zu wahren, erfunden haben, existieren nur in der Phantasie und zu dem Zweck, damit die Bewegungen der Planeten vom Geist verstanden und (nach einer geometrischen Interpretation) mit Hilfe der Arithmetik in Zahlen aufgelöst werden können. Deshalb dürfte es ein müßiges Unterfangen sein, eine wirkliche Kugelschale entdecken zu wollen, an der der Komet befestigt wäre, sodass beide zusammen kreisten ...“*

und er schloss daraus:

> *„... Deshalb kann die aristotelische Philosophie hierin nicht richtig sein, wenn sie lehrt, dass am Himmel nichts Neues entstehen könne und alle Kometen sich in der oberen Region der Luft befänden ...“*

---

714 Siehe in Abschn. 1.2.7 auf Seite 30.

715 Vgl. etwa J.L.E. DREYER [1953], pp. 345–371.

716 Aus: *Tychonis Brahe Dani De Mundi aetherei recentioribus phaenomenis Liber secundus, qui est de illustri stella caudata ab elapso fere Nouembris anno MDLXXVII usque in finem Januaris sequentis conspecta,* Uraniborg 1588 (= Opera Omnia, Bd. 4, S. 387 f.); cit. bei G. WOLFSCHMIDT (Hrsg.) [1974], p. 52, sowie F. KRAFFT [1974], p. 341.

Systematische Beobachtungen von Planetenbahnen führte *Tycho Brahe* erst in Wandsbek bei Hamburg ab 1597 und in Benatky bei Prag ab 1600 durch. Er hatte zuvor nur gelegentlich Konjunktionen und Oppositionen beobachtet, sowie zum Anschließen der Fixsternörter an die Sonne über die Venus (nach der Methode von *Bernhard Walther*). Die Auswertung der Marsbeobachtungen vertraute *Tycho* seinem seit 1600 bei ihm arbeitenden Gehilfen *Johannes Kepler* an. Diesem gab er die Aufgabe, die Bewegung des Mars geozentrisch zu beschreiben.

Tycho Brahe schätzte *Kopernikus* außerordentlich hoch ein, vor allem wegen der Sinnfälligkeit seines mathematischen Bewegungsmodells. *Tycho* erachtete dieses Modell dem des *Ptolemäus* für überlegen. *Tycho* war es aber gelungen, die Folgerungen des *Kopernikus* auch vollkommen geozentrisch zu erklären. Als der weitaus bessere Beobachter konnte er beobachtungstechnisch keinen Hinweis für Erdrotation und ebenso wenig für eine Revolution der Erde um die Sonne finden. Er sah sich daher berechtigt, das heliozentrische Modell des *Kopernikus* als reine Hypothese abzulehnen. Auf diese Weise konnte *Tycho* entgegen seinen sonstigen Erfahrungen noch einmal der aristotelischen Physik huldigen. *Tycho* sagte dazu in seiner Antrittsvorlesung an der Universität Kopenhagen:[717]

> *„Zu unserer Zeit fand aber Nicolaus Copernicus, den man gerade einen zweiten Ptolemaios genannt hat, auf Grund seiner Beobachtungen, dass bei Ptolemaios etwas falsch ist. Er meinte, dass die von ihm eingeführten Hypothesen gegen mathematische Axiome verstießen, und bemerkte, dass keine der Berechnungen der Alfonsinischen Tafeln mit den Bewegungen am Himmel übereinstimmte. Er gab deshalb seinen eigenen Hypothesen mit bewunderungswürdigem Geschick eine andere Anordnung und erneuerte damit die Wissenschaft von den himmlischen Bewegungen in einem solchen Maße, dass er den Lauf der Himmelskörper genauer als alle vor ihm wiedergeben konnte; denn obgleich er gewisse Dinge annahm, die den physikalischen Prinzipien widersprechen – wie: dass die Sonne in der Weltmitte ruht, dass die Erde sich mit ihren Elementen und mit dem sie umkreisenden Mond in dreifacher Bewegung um die Sonne bewegt und dass die achte Sphäre unbeweglich verharrt –, so ließ er doch nichts bezüglich der mathematischen Axiome Widersprüchliches zu. Und wenn wir die Sache gründlich untersuchen, dann muss man wirklich die gegenwärtigen ptolemäischen Hypothesen darin tadeln; denn sie setzen die Bewegungen der Himmelskörper in ihren Epizykeln und Exzentern als ungleichförmig bezüglich ihrer Mittelpunkte an. Das ist absurd, und mit einer Ungleichförmigkeit retten sie mit unpassenden Mitteln die gleichförmige Bewegung der Himmelskörper. – So ist alles, was wir heute über die Umläufe der Gestirne wissen und für richtig halten, von diesen beiden Meistern, Ptolemaios und Copernicus, errichtet und uns überlassen worden."*

Tycho Brahe entwickelte dann die Bewegung der Himmelskörper *„im Sinne des Copernicus und mit seinen numerischen Daten, aber alles wird auf eine ruhende Erde bezogen"*.

---

[717] Veröffentlicht in: *Tychonis Brahei de Disciplinis mathematicis oratio publice recitata in Academia Haffniensi anno 1474*, posthum publiziert 1610 (= Opera Omnia, Bd. 1, S. 143–173); zit. bei F. Krafft [1974], pp. 309–310.

Tycho vertraute also wie *Kopernikus* auf das Grundprinzip der antiken Himmelsmechanik, wonach die Bewegungen der Himmelskörper aus der Kombination gleichmäßiger Kreisbewegungen zu erklären sein sollen. Er glaubte, auf diese Hypothese angewiesen zu sein, um die Periodizität der Anomalien wiedergeben zu können. Die Astronomie beruhe nämlich auf numerischen Daten und Messungen, und da die Anomalien periodisch seien, könnten die erscheinenden Planetenbewegungen nur durch solche Kreise wiedergegeben werden. Allerdings hatte *Tycho* schon frühzeitig durch seine eigenen Beobachtungen erkannt, dass die kopernikanische Astronomie als numerisches System nicht richtig sein konnte. Somit mussten einer theoretischen Erneuerung genauere Beobachtungen vorangehen, als sie *Kopernikus* zur Verfügung gestanden hatten. *Kopernikus* hatte noch allzu sehr der Qualität der antiken Beobachtungen vertraut.

Tycho Brahe war in diesem Zusammenhang wesentlich moderner, indem er das Wechselspiel von verbesserter Messtechnik und theoretischer Weiterentwicklung betonte.[718] Dies hatte *Tycho Brahe* auch zur Kritik an *Johannes Kepler* angeregt, dessen mathematisches Genie er sah, dessen Manko an Beobachtungskunst er ebenso klar durchschaute: deshalb seine Kritik an *Kepler*s *Mysterium Cosmographicum*, das *Kepler* 1596 veröffentlicht hatte, und von dem ein Exemplar zu *Tycho* zur Beurteilung („Review“) gelangt war.

Tycho Brahe hatte 1583 ein Weltmodell geschaffen, das die kopernikanische Kritik an der Notwendigkeit der Ausgleichsbewegung mit Hilfe des punctum aequans ebenso berücksichtigte, wie es die antike Lehre von der gleichmäßigen Kreisbewegung fortführte.

Er nahm die Erde als fest an. Mond und Sonne bewegen sich um die Erde. Die Sonne wiederum ist das Zentrum aller Planetenbewegungen. Dieses Modell wird in Fig. IV der berühmten Übersicht aus *Athanasius Kircher*s S.J. Werk *Iter exstaticum coeleste* dargestellt. Es war in 2. Auflage mit Kommentierung durch *Kaspar Schott* S.J. 1660 in Würzburg veröffentlicht worden. Dort befindet es sich in einem Exemplar in der Universitätsbibliothek. Das Blatt (reproduziert in Abb. 1.67 auf Seite 274) zeigt sechs verschiedene Weltmodelle, wobei die ersten 5 geozentrische Modelle und nur das sechste das heliozentrische Modell des *Kopernikus* ist.

Das erste und zweite Modell sind nach *Ptolemäus* bzw. nach *Platon* benannt. In beiden Modellen sind alle Bahnen geozentrisch, allerdings ist nach *Ptolemäus* die Sonnensphäre zwischen Venus- und Marssphäre angeordnet. In dem nach *Platon* benannten Modell ist die Sonne nach dem Mond und unterhalb der Venusbahn angeordnet. Die Merkurbahn folgt dann nach außerhalb erst nach der Venus.

Im tychonischen Modell[719] (Fig. IV) kreuzt die Bahn des Mars die Bahn der Sonne um die Erde. Dieses Durchdringen von „Planetensphären“ störte *Tycho* nicht, da er ja durch seine Kometenbeobachtungen nachgewiesen hatte, es kann keine festen („kristallenen“) Sphären geben.

---

[718] Vgl. Tab. 3.1 auf Seite 514.

[719] Ein Vorläufer dieses Modells wurde von *Scotus Eriugera* vorgestellt (siehe in: G. WOLFSCHMIDT [1994], p. 17).

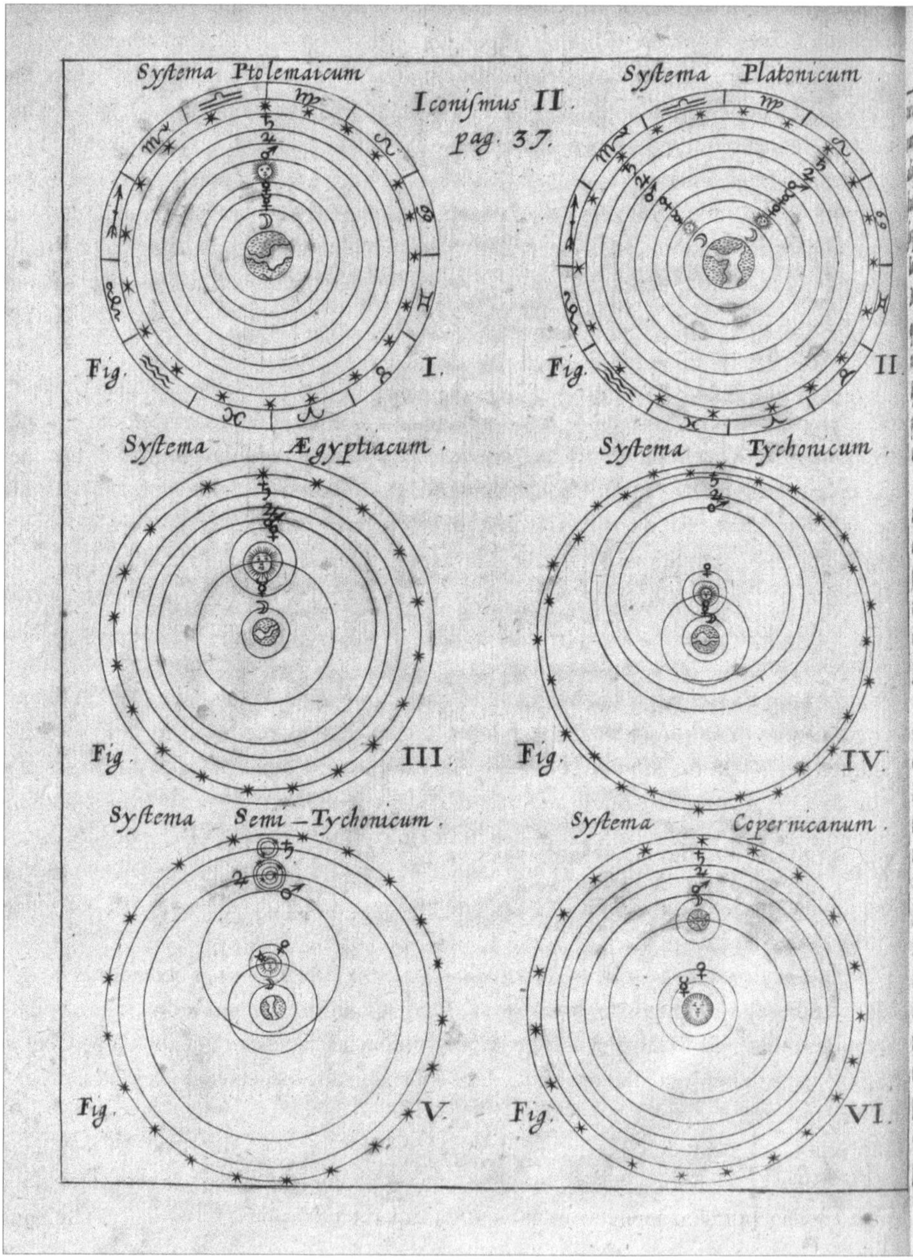

Abb. 1.67 Die Weltbilder von *Platon* bis *Tycho Brahe* sowie *Kopernikus*. Aus: ATHANASIUS KIRCHER [1660]: Iter Exstaticum Coeleste, Universitätsbibliothek Würzburg[720]

[720] UB Würzburg, 52/Rp, 24,3461, € 80.00.

Die Bahnen sind also ideelle Figuren ohne jedweden materiellen Bezug, allerdings wieder wie bei *Ptolemäus* und *Kopernikus* als Kombination von Deferent und verschiedenen Epizykeln, die jeweils gleichmäßig zu durchlaufen seien. Auch *Galileo Galilei* war zunächst Anhänger des tychonischen Systems gewesen, da auch in diesem System alle mit dem Fernrohr gemachten Entdeckungen der Planetenerscheinungen (Satelliten von Jupiter und Saturn, Phasen von Venus und Merkur) wie im kopernikanischen System erklärbar waren.

Später hatte um 1654 in Bologna *Giovanni Battista Riccioli* S.J.[721] in seinem *Almagestum Novum* das semitychonische System erfunden, bei dem (siehe Fig. V. in Abb. 1.67 auf Seite 274) die Marsbahn wie bei *Tycho* um die Sonne verläuft, während sich aber Jupiter und Saturn geozentrisch bewegen sollen.[722] Dieses System ist eine Abwandlung des sogenannten ägyptischen Systems (siehe Fig. III), bei dem sich nur die Sonne mit den inneren Planeten Venus und Merkur geozentrisch bewegen. Dieses geoheliozentrische „ägyptische Modell" war von *Martianus Capella* im 5. Jahrhundert A.D. überliefert worden.[723]

Tycho Brahe kann als einer der letzten prominenten Vertreter der antiken (mathematischen) Bewegungslehre angesehen werden, weil er an der antiken Lehre der gleichmäßigen Kreisbewegungen streng festgehalten hat, aus deren Kombination jede Bewegung der Himmelskörper zusammengesetzt werden können soll.

1.10.2 Mathematisierung der irdischen Bewegungen, Galileo Galilei

Die klassische Bewegungslehre, damit die klassische Entwicklung von Physik und Astronomie und ihrer allmählichen Verknüpfung, wurde im Rückgriff auf den Lösungsansatz *Platons* möglich. ***Galileo Galilei*** (1564–1642) war wohl der Erste oder seinerzeit einer der Ersten, der sich im Gegensatz zur vorherrschenden aristotelischen Tradition auf *Platon* und *Pythagoras* berief. Es ist *Galileos* Verdienst, die qualitative Naturwissenschaft des *Aristoteles* durch den mathematischen Ansatz *Platons* abgelöst zu haben. Während *Platon* die Mathematisierbarkeit der Himmelskörper ermöglicht hatte, übertrug *Galileo* das Prinzip der Mathematisierbarkeit auch auf die irdischen physikalischen Vorgänge. Damit ermöglichte *Galileo* den Entwurf eines rein abstrakten mathematischen Modells von Bewegungsvorgängen auf der Erde. Mit Hilfe dieses Modells wird das „*Wesentliche vom Unwesentlichen im Naturphänomen unterscheidbar gemacht*". Damit wird auch das „Unwesentliche", d. h. die Abweichung von einem mathematischen „Gesetz" einer weiteren mathematischen Behandlung zugeführt. Auf diese Weise wird das wesentliche mathematische Prinzip der klassischen Naturwissenschaft charakterisiert. Die „Kontrolle der

---

721 Siehe etwa in: EBERHARD KNOBLOCH [1994]: *Jesuitenastronomie im Zeitalter des Copernicus*; in G. WOLFSCHMIDT (Hrsg.) [1994], pp. 209–217.

722 Als Vorläufer dieses Systems wird gelegentlich *Herakleides Pontikus* genannt, was aber umstritten ist. Darauf wurde bereits in Abschn. 1.6.1 auf Seite 106 hingewiesen.

723 In seinem Buch *De Nuptiis Mercurii et Philologiae*, siehe in G. WOLFSCHMIDT [1994], p. 17.

Wahrheit der Thesen, die durch die mathematische Formulierung ausgedrückt werden, bedarf der sinnlichen, begrifflich geordneten Erfahrung“.[724]

Galileo beschäftigte sich bereits nach Antritt seiner ersten Professur an der Universität von Pisa im Jahr 1589 mit Problemen der Bewegung und begann eine philosophische Schrift über die Bewegung („*De motu*“) zu erarbeiten, die allerdings unveröffentlicht blieb.[725]

Am wichtigsten für die Entwicklung des klassischen Bewegungsbegriffs wurde die Entdeckung des *Trägheitsgesetzes*:

„Ein Körper bewegt sich gleichförmig und geradlinig, sofern keine Kraft auf ihn einwirkt.“

Es ist zwar kein Körper bekannt, der sich geradlinig und gleichförmig bewegt. Gleichwohl ist mit diesem abstrakten Begriff der gleichförmig geradlinigen Bewegung als Ausgangsbegriff zur Untersuchung von Bewegungen der erste entscheidende Schritt über den platonischen Bewegungsbegriff hinaus gelungen. Der Begriff der „natürlichen Bewegung“ erfährt so eine gegenüber dem von *Platon* vorgedachten und von *Aristoteles* fixierten antiken Bewegungsbegriff vollständig neue Dimension. *Galileo* selbst stellte nie ein universelles Gesetz auf: Er verwarf die traditionelle Physik seiner Zeit vor allem wegen ihres Hanges, universelle Gesetze zu postulieren, ohne den Gegebenheiten der tatsächlichen Welt genügend Rechnung zu tragen.[726] Die Verallgemeinerung und begriffliche Fassung des Trägheitsgesetzes gelang *René Descartes* (1596–1650), über den dieses Gesetz zu *I. Newton* gelangte. Der erwähnte die Referenz *Descartes* allerdings nicht. *Newton* selbst berief sich direkt auf *Galileo.* In dessen *Dialog* findet sich folgendes Zitat im Zusammenhang mit der Beschreibung eines Körpers, der von einem Menschen an einem Seil herumgeschleudert und dann losgelassen wird:[727]

1. *„Die vom Schleudernden aufgeprägte Bewegung kann nur geradlinig sein.“*
2. *„Ein geschleuderter Körper bewegt sich längs der Tangente der früheren Kreisbahn im Trennungspunkt.“*
3. *„Ein schwerer geschleuderter Körper beginnt gleich nach der Trennung von dem Schleudernden eine abweichende Richtung einzuschlagen.“*

Eine diesem Dialog beigefügte Zeichnung (reproduziert in Abb. 1.68) sagt darüber hinaus, dass *Galileo* diese geradlinige Bewegung gleichförmig annimmt. Der dritte der zitierten Sätze bedeutet, eine Kraft, nämlich das „Gewicht“ verändert infolge der „Schwere“ des Körpers die Bewegung. *Galileo* machte diese Feststellungen für den Wurf von Körpern auf der Erde.

---

[724] Nach C.F. von Weizsäcker [1981], pp. 114–117.

[725] Siehe in Jürgen Renn [2008], p. 35.

[726] Nach Stillman Drake [1990], p. 121.

[727] Nach Stillman Drake [1990], p. 120.

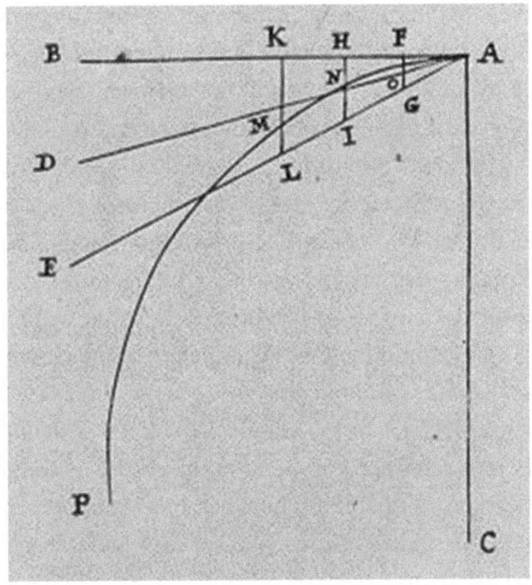

Abb. 1.68 *Galileos* Zeichnung aus dem Dialog zur Erklärung der Wurfbewegung[728]

Verbunden damit und basierend auf seine Fallversuche ist die klare Definition des Begriffs der Beschleunigung. Wie wichtig eine saubere Definition dieses Begriffes für die weitere Entwicklung der Himmelsmechanik ist, wurde erst später im Zusammenhang mit der Einführung der Infinitesimalrechnung in die Himmelsmechanik durch *G. W. Leibniz* erfahrbar. Durch seine Experimente und vor allem den Begriff der Beschleunigung gelang *Galileo* der erste Durchbruch zur Überwindung der aristotelischen Physik.

Eine Universalisierung oder gar Übertragung dieser auf irdische Vorgänge bezogenen physikalischen Aussagen auf außerirdische Vorgänge wie etwa die Bewegung der Himmelskörper oder gar deren physikalische Eigenschaften lag *Galileo* fern. Die Universalisierung dieser beiden Aussagen formuliert zu haben, ist das Verdienst *I. Newtons* in seinen beiden ersten Axiomen zur Grundlegung der Mechanik (genauer: der Dynamik der Bewegungen). Diese wäre allerdings ohne die Arbeiten *Galileos*, wie *Newton* selbst betonte, wahrscheinlich nicht möglich gewesen. Der entscheidende den beiden Axiomen zugrunde liegende Gedanke, findet sich – wie wir schon gesehen haben – bei *Platon*: Es bedürfe einer Kraft, um die Himmelskörper auf ihren (Kreis-)Bahnen zu halten. Nur ist keine Aussage *Platons* darüber bekannt, was passiert, wenn keine Kraft mehr die Bewegung beeinflusst. Auf diese Frage erstmals eine Antwort gegeben zu haben ist offenbar das Verdienst *Galileos*: die gleichförmig geradlinige Bewegung. Was jedoch die Bewegungen im Sonnensystem angeht, so verharrt *Galileo* noch in der aristotelischen Tradition: Für *Galileo* gibt es keinen Zweifel, dass die von den Planeten auf ihren Bahnen zurückgelegten Wege auf Kreisbahnen als allein natürliche Bewegung erfolgen müssen.[729] Aus

[728] Kopie aus: STILLMAN DRAKE [1990], p. 120. Copyright dankenswerterweise über CCC Marketplace, € 78,67.

[729] Siehe etwa F. KRAFT [1971], p. 135.

diesem Grund muss *Galileo* im Zusammenhang mit der Entwicklung der Bewegungslehre noch ganz der antiken Lehre zugeordnet werden. *Galileos* Intention war also nicht, die „Physik an den Himmel" zu bringen. Seine Leistung bestand vielmehr darin, „irdische physikalische" Gesetzmäßigkeiten mathematisch zu formulieren.

Es muss allerdings festgehalten werden, dass es keineswegs *Galileo* allein war, der die *Transformation des Wissens* von der Antike zur Klassik und damit insbesondere den Umbruch von der antiken zur klassischen Bewegungslehre erarbeitete. Vielmehr *„ist das Zeitalter der wissenschaftlichen Revolution, das sich mit Galileis Namen verbindet, ein Zeitalter der Parallelentdeckungen*[730] *"*. Die wissenschaftliche Entwicklung war jetzt so weit vorangekommen, eine Neuinterpretation der physikalischen Grundbegriffe wurde möglich und nötig. In ähnlicher Weise wie durch *Galileo,* aber von diesem unabhängig, war dies zum Beispiel von *Thomas Harriot* in England durchgeführt worden. Dieser hatte auch bereits ein Teleskop benutzt, um Beobachtungen des außerirdischen Weltraums, etwa des Mondes mit detailreichen Zeichnungen, durchzuführen. Wesentlichen Anteil an der neuen Begriffsbildung hatte neben vielen anderen *Giordano Bruno* und gleichzeitig mit *Galileo* vor allem *Johannes Kepler*[731]

1.11 Kalenderrechnung

1.11.1 Die grundlegenden Zeiteinheiten

Die antike Bewegungslehre von der gleichmäßigen Kreisbewegung ist in Form der Kalenderrechnung für alle Zeiten in täglichem Gebrauch. Für die Berechnung eines *lunisolaren Kalenders*, wie er im Nahen Osten und in Europa seit den Zeiten der ägyptischen Hochkultur in Gebrauch ist, sind 3 Zeiteinheiten grundlegend:

- Der Sonnentag d, wie er sich dem naiven Betrachter anbietet und dessen Verlauf mit einem Gnomon („Mittagsstab") oder der Sonnenuhr gemessen werden kann,
- dem synodischen Monat $P_{☾,S}$, im Altertum auch „Lunation" bezeichnet, wie er aus der Abfolge der Phasen des Mondes und somit als Maßeinheit der Zeitdauer von Neumond zu Neumond beobachtet werden kann,
- der Revolution $P_{\odot,T}$ der (scheinbaren) Sonne um die Erde, die aus der Abfolge der Jahreszeiten erfahrbar ist. Sie kann beobachtet werden, etwa als der Zeitraum zwischen gleichartigen Tag- und Nachtgleichen. Dazu mussten jedoch schon aufwendigere Hilfsmittel ersonnen werden.

[730] JÜRGEN RENN [2008], pp. 32–42.

[731] Diese Entwicklungen werden im Rahmen der klassischen Bewegungslehre im nächsten Kapitel untersucht.

Diese drei Zeiteinheiten geschehen voneinander völlig unabhängig. Für eine Kalenderrechnung müssen sie aber in einem ganzzahligen Verhältnis in Einklang gebracht werden.

Schon frühzeitig war eine Variabilität der Tageszeit beobachtet worden, ebenso eine Variabilität des Monats und der Jahreslänge. So wurden die wahren Längen durch mittlere Zeiteinheiten ersetzt. Der wahre Mond und die wahre Sonne wurden durch einen „Kalendermond" und eine „Kalendersonne" ersetzt. Diese werden angenommen, sich mit einer mittleren Geschwindigkeit gleichförmig zu bewegen.

Mit dem tropischen Kalenderjahr $P_{\odot,T,K}$, dem synodischen Kalendermonat $P_{☾,S,K}$ und dem mittleren Sonnentag d sollte also nach der ursprünglichen Forderung die Beziehung

$$A \cdot P_{\odot,T,K} = B \cdot P_{☾,S,K} = C \cdot d \tag{1.291}$$

mit ganzen Zahlen *A, B, C* erfüllbar sein.[732] Je genauer die drei Zeiteinheiten im Laufe der Geschichte bekannt wurden, umso größer mussten diese Verhältniszahlen *A, B, C* gewählt werden.

1.11.2 Das ägyptische Jahr

Die scheinbare Bewegung der Sonne um die Erde war aus jahrhundertelangen Aufzeichnungen bekannt. Diese reichen bis in die Zeit des Alten Reiches zurück, in der die Blüte wissenschaftlicher Bemühungen einsetzte.[733] Zu dieser Zeit wurde der Dekankalender entwickelt, der dann in den Deckeln von Särgen des früheren Mittleren Reiches eingezeichnet war. Die Dekansterne wurden von den Ägyptern als die „36 Götter des Himmels" bezeichnet. Es handelt sich dabei um Sterne oder Sterngruppen, die den Himmmelsäquator in 36 Teile ordnen. Diese entsprechen den 36 Dekaden des Rumpfjahres von 360 Tagen. Mit diesen Sternen konnten die Nachtstunden bestimmt werden: Der gerade im Osten aufgehende Dekanstern bestimmte die Nachtstunde.

Offenbar schon vor der Mitte des ersten vorchristlichen Jahrtausends wurde die Bewegung relativ zum Frühlingspunkt als der Schnittpunkt zwischen Sonnenbahn (Ekliptik) und der Erdäquatorebene gemessen. Sie konnte aus dem täglichen Umlauf gefolgert werden.

Das Rumpfjahr des Dekankalenders diente als das reine Mondjahr zu 12 Monaten à 30 Tagen. Es hat mit dem Sonnenjahr nichts gemein, allerdings auch wenig mit der Bewegung des „wahren" Mondes. Allerdings gelang den Ägyptern (offenbar erstmals) eine Kombination aus Mondjahr und Sonnenjahr. Sie nahmen das Mondjahr zu 360 Tagen an (hier spiegelt sich das sexagesimale System wider) und ergänzten es mit 5 Zusatztagen zu 365 Tagen. Das ist die erste realistische Angleichung eines (mittleren) Sonnenjahres.

---

[732] Der Index „K" bezieht sich auf „Kalender".

[733] W. Wolf [1962], p. 84.

Allerdings behielten die Ägypter den Mondkalender beim Kalender ihrer religiösen Feste bei. In ähnlicher Weise übernahm die christliche Osterfestrechnung bis in die heutige Zeit das Basisprinzip des babylonischen zyklischen Mondkalenders.[734]

Die große kulturelle Leistung der Ägypter bei der Einführung ihres Kalenders bestand darin, politische Zyklen (d. h. die Regierungszeit der einzelnen Herrscher: „Die Ära des …") und religiöse Zyklen durch ein unabhängiges, neutrales fortlaufendes Zählsystem zu ersetzen. Das erleichterte sowohl die Zählung der Zeiten wesentlich, aber auch die Zuordnung geschichtlicher Ereignisse oder ermöglichte sie erst.

Die Beobachtungen des Sonnenverlaufs zeigten eine Abweichung des ägyptischen (Kalender-) Jahr vom wahren Sonnenjahr. Eine Übereinstimmung mit dem beobachteten Sonnenjahr stimmte erst nach 1460 ägyptischen Jahren wieder überein. Dieser Zyklus von 1460 ägyptischen Jahren wird als Sothis-Zyklus bezeichnet.[735] Mit „Sothis" war im alten Ägypten der Sirius bezeichnet worden, dessen heliakischer Aufgang (= erste Sichtbarkeit im Morgengrauen, die Sichtbarkeit verschiebt sich dann in die Nacht zurück) die regelmäßig stattfindende Nilflut ankündigte. Der heliakische Aufgang des Sirius leitete daher die Abfolge der drei ägyptischen Jahreszeiten (Bewässerung, Sichtbarwerden des Landes nach der Überflutung, Trocknung) zu je vier Monaten ein.

Die 1460 Jahre des Sothis-Zyklus entsprachen genau 365 Vierteltagen. Daraus folgt die verbesserte Jahreslänge von 365.25 Tagen. Diese neue Jahreslänge wurde aber in der ägyptischen Zeitrechnung nicht berücksichtigt. In ihr wurde an der ganzzahligen Tageszählung festgehalten. Die Menschen in der damaligen Zeit hatten noch keine Idee, wie mit Bruchteilen eines Tages umgegangen werden könnte.

Die Anpassung der Jahreslänge an die beobachtete wurde erst in Mesopotamien im 6. Jahrhundert v. Chr. bewältigt. Hier wurden dazu unregelmäßig erfolgende Schaltjahre eingeführt.

Nach 500 v. Chr. wurde in Mesopotamien der 19-Jahres-Zyklus entdeckt. Der sicherlich unabhängig von den Babyloniern entdeckte Zyklus war von *Meton* (vielleicht) um 431 v. Chr. in Athen eingeführt worden. Die Ursprünge dieses Zyklus sind bis heute unbekannt.[736]

Nach diesem Zyklus entsprechen 19 (Kalender – Sonnen) Jahren genau 235 (synodische) Monate

$$19 \cdot P_{\odot,T,K} = 235 \cdot P_{☾,S,K} \quad . \tag{1.292}$$

Wahres, mittleres und Kalenderjahr konnten seinerzeit noch nicht unterschieden werden. Mit dieser Relation war eine erste ganzzahlige Beziehung für zwei der drei grundlegenden Zeiteinheiten gefunden worden. Bezogen auf das Mondjahr bestehend aus 12 Monaten bedeutet diese Relation

---

[734] Siehe in O. NEUGEBAUER [1975], pp. 353 ff.

[735] O. NEUGEBAUER [1975], p. 560.

[736] O. NEUGEBAUER [1975], p. 354.

$$235 = 19 \cdot 12 + 7 \ , \tag{1.293}$$

also 7 Schaltmonate im Verlauf eines 19 Jahreszyklus.

Lunisolare Zyklen, wie der babylonische bzw. *Meton*-Zyklus und seine Abarten nach *Kallippos* und *Hipparch* hatten die primäre Aufgabe, den bürgerlichen Kalender zu ordnen und die unregelmäßige Folge von Schaltjahren, Schaltmonaten und Schalttagen zu systematisieren. Diese Zyklen dienten dazu, den Kalender an die astronomischen Beobachtungen anzupassen, aber nicht dazu, sie exakt wiederzugeben. Wenn etwa in dem *Meton*-Zyklus

$$19 \cdot P_{\odot,T,K} = 235 \cdot P_{☾,S,K}$$

die in Ägypten gefundene Jahreslänge zu $P_{\odot,T} = 365.25\ d$ als Länge des Kalenderjahres eingesetzt wird, folgt aus Beziehung (1.292) die Länge des synodischen (Kalender-) Monats zu $P_{☾,s,K} = 28.53085106d$. Dieser Wert interessierte allerdings in der Antike überhaupt nicht.[737] Bedeutungsvoll war für die Antike allein, die Abfolge von 29 bzw. 30 Tagen als Monatslänge zu ordnen, wozu später als mittlere Monatslänge der Wert 29.5 d akzeptiert wurde.[738]

Die Bedingung ganzzahliger Verhältnisse konnte der *Meton*-Zyklus nicht mehr erfüllen, als mit Hilfe der Sothis-Periode die Länge des Jahres zu 365.25 d erkannt worden war. Das Problem war mit Hilfe des *Kallippos*-Zyklus gelöst worden,[739] da 4-mal 0,25 = 1, gilt in diesem Zyklus

$$4 \cdot 19\, P_{\odot,T,K} = 4 \cdot 235\, P_{☾,S,K} = 27759\, d \quad . \tag{1.294}$$

Damit wird die Bedingung (1.291) der ganzzahligen Verhältnisse $A{:}B{:}C$ erfüllt.

Der Versuch des ägyptischen Königs *Ptolemäus III. Euergetes* mit dem Dekret von Kanopus im Jahre 238 v. Chr. regelmäßig alle vier Jahre einen Schalttag einzuführen, scheiterte am bürgerlichen Leben der damaligen Zeit.[740] Erst als es den Römern gelungen war, die Oberhoheit über den gesamten Mittelmeerraum zu erringen, konnte auch der Kraftakt einer allgemein verbindlichen Kalenderreform vollzogen werden. *Gaius Julius Cäsar* hatte bei seinen Ägyptenaufenthalten von dem alexandrinischen Astronomen *Sosigenes* (um 50 v. Chr.) die ägyptischen Überlegungen über eine Kalenderreform kennengelernt. Er plante, den komplizierten römischen Kalender durch diesen alexandrinischen Kalender zu ersetzen. *Augustus* setzte diesen Kalender dann auch durch und nannte ihn zu Ehren *Cäsars* den „julianischen Kalender". Die erste Abweichung des (neuen)

[737] Siehe hierzu etwa in O. NEUGEBAUER [1975], p. 616.

[738] Nach O. NEUGEBAUER [1975], p. 584

[739] Siehe hierzu auch in Abschn. 1.4.5 auf Seite 89.

[740] Siehe etwa in R. BIEN [1988], pp. 710–713.

julianischen (= alexandrinischen) Kalenders vom alten ägyptischen Kalender trat im Jahre 21 v. Chr. auf.[741]

1.11.3 Der julianische Kalender

Im Folgenden werden einige Begriffe der Kalenderrechnung am Beispiel des julianischen Kalenders erläutert, da sie hier relativ einfach sind, und ihre Erweiterungen im gregorianischen Kalender so leichter begreiflich werden.

(1) Die charakteristischen Parameter des Kalenderjahres im julianischen Kalender
Im julianischen Kalender durchläuft die Kalendersonne ein tropisches Jahr in genau[742]

$$P_j \;:=\; P_{\odot,T,j} \;=\; 365.25\,d \qquad . \tag{1.295}$$

Auch in der heutigen astronomischen Kalenderrechnung wird dieser Zahlenwert eines julianischen Jahres verwendet. Ein julianisches Jahrhundert[743] umfasst dann 36525 d. Die Korrektur gegenüber dem ägyptischen Jahr von 365 d definiert den *Schaltzyklus* des julianischen Kalenders. Dieser ergibt sich direkt aus der Beziehung

$$P_{\odot,T,j} \;=\; \left(365 + \frac{s}{p_s}\right) d \qquad . \tag{1.296}$$

Im julianischen Kalender ist offenbar $s = 1$, $p_s = 4$: Das bedeutet, mit der *Schaltperiode* $p_s = 4$ (julianische) Jahre wird um $s = 1$ *Schalttage* geschaltet. Die Bedingung $P_{\odot,T,j} \cdot p_s$ ganzzahlig ist mit der *Schaltperiode* in Formel (1.296) erfüllt. Es gilt

$$p_s \cdot P_{\odot,T,j} \;=\; 4 \cdot 365\,d \;=\; 1461\,d \qquad .$$

Da eine Woche 7 (mittlere Sonnen-) Tage umfasst, wiederholen sich im julianischen Kalender die Wochentage nach genau $7 \cdot p_s = 28$ Jahren. Der Kalendermonat wird im julianischen Kalender nicht geschaltet. Er bleibt über den *Meton*-Zyklus starr an die (julianische) Kalendersonne gekoppelt.

(2) Die Schaltregel des julianischen Kalenders
Als Schaltregel wird die aufsummierte Anzahl von Schalttagen im Jahre Y bezeichnet. Im julianischen Kalender lautet sie

$$JS(Y) \;:=\; INT\left(\frac{Y}{4}\right) \qquad . \tag{1.297}$$

[741] Siehe in O. Neugebauer [1975], p. 1064.

[742] Der Index „j“ bezieht sich auf den julianischen Kalender.

[743] Siehe in Jochim, E. F. M.[2013], Anhang F.

Da es im bürgerlichen Kalender kein Jahr 0 gibt, muss in dieser Regel für Jahreszahlen v. Chr. Y (mit Y<0) durch Y + 1 ersetzt werden. Z. B. gilt für das bürgerliche Jahr -1 die Jahreszahl Y = 0. Dieses Jahr ist somit ein Schaltjahr, ebenso das bürgerliche Jahr -5 mit Y = -4.

(3) Die Sonntagszahl im julianischen Kalender

Die Sonntagszahl ist ein interessantes und in der Kalenderrechnung wichtiges Beispiel für die Anwendung der Schaltregel im Rahmen der Kalenderrechnung. Als *Sonntagszahl* wird im Rahmen der Kalenderrechnung das Datum bezeichnet, das ein bestimmter Sonntag im Verlauf eines Jahres hat. Fällt zum Beispiel der erste Sonntag im März eines Jahres auf den ersten März, lautet die Sonntagszahl $SZ = 1$. Sei allgemein im Jahre Y_0 die Sonntagszahl eines bestimmten Sonntags $SZ(Y_0) = S_0$, kann die Sonntagszahl des entsprechenden Sonntags im Jahre Y bei Berücksichtigung der Schaltregel (1.297) des julianischen Kalenders berechnet werden. Wenn *MOD* als Funktion die Modulobildung einer Zahl bezüglich einer anderen Zahl bedeutet,[744] gilt

$$SZ(Y) \;=\; SZ(Y_0) \;-\; MOD[Y + JS(Y) - Y_0 - JS(Y_0)\,,\,7] \quad . \tag{1.298}$$

Bei Bezug auf das (fiktive) Jahr $Y_0 = 0$ mit $SZ(Y_0 = 0) = S_0$, ist dann

$$SZ(Y) \;=\; S_0 \;-\; MOD\left[Y \;+\; INT\left(\frac{Y}{4}\right),\,7\right] \quad . \tag{1.299}$$

Für eine übersichtliche Rechnung wird

$$SZ(Y) \;=\; 7 \;-\; MOD\left[7 \;-\; S_0 \;+\; Y \;+\; INT\left(\frac{Y}{4}\right),\,7\right] \quad . \tag{1.300}$$

gesetzt. Der erste Sonntag im März des Jahres -1 (d. h. astronomisch im Jahr $Y_0 = 0$) hat im julianischen Kalender die Sonntagszahl $S_0 = SZ(0) = 7$. Damit ist (allgemein im Rahmen des julianischen Kalenders)

$$SZ(Y) \;=\; 7 \;-\; MOD\left[\;Y \;+\; INT\left(\frac{Y}{4}\right),\,7\right] \quad . \tag{1.301}$$

Der erste Sonntag im März des Jahres 1582 hat nach dieser Formel die Sonntagszahl $SZ(1582) = 7–3 = 4$ und fällt somit auf den 4. März.

Anmerkung: Da der 29. Februar Schalttag ist, müssen Daten im Januar und Februar eines Jahres auf das vorherige Jahr $(Y – 1)$ bezogen werden.

(4) Der Sonnenzirkel

---

744 Modulo-Bildung = Teilen mit Rest: seien A, B, T, R ganze Zahlen. Wird A durch T geteilt, kommt T in A B-mal vor. Es bleibt der Rest R: A = B T + R. Der Rest interessiert: R = MOD (A,T). Es ist notwendig R < T.

Als *Sonnenzirkel* wird der Zeitraum bezeichnet, nach dem sich die Verteilung der Wochentage im Verlauf eines Jahres wiederholt. Im julianischen Kalender beträgt der Sonnenzirkel $4 \cdot 7 = 28$ Jahre. Der Sonnenzirkel des julianischen Kalenders ist ein global gültiger Zyklus.

(5) Der Wochentag zu einem bestimmten Datum im julianischen Kalender
Ist der Wochentag eines bestimmten Datums im Jahr Y_0 bekannt, kann der Wochentag (Wd) im Jahr Y berechnet werden. Dazu wird die Differenz der Jahre mit 365 multipliziert und der Unterschied der aufsummierten Schalttage (d. h. die Schaltregel) der beiden Jahre hinzugefügt. Sei also $Wd(Y_0)$ bekannt, lautet der Wochentag des Jahres Y im julianischen Kalender:

$$Wd(Y) \;=\; MOD\,[Wd(Y_0) + (Y - Y_0) \cdot 365 + JS(Y) - JS(Y_0)\,,\, 7] \qquad (1.302)$$

bzw.

$$Wd(Y) \;=\; MOD\left[Wd(Y_0) + (Y - Y_0) \cdot 365 + INT\left(\frac{Y}{4}\right) - INT\left(\frac{Y_0}{4}\right),\, 7\right] \;. \qquad (1.303)$$

Ein Wochentag wird durch eine Kennzahl bezeichnet. Üblicherweise ist.

0 – Montag, 1 – Dienstag, 2 – Mittwoch, 3 – Donnerstag, 4 – Freitag, 5 – Samstag, 6 – Sonntag.

Der letzte Tag des Jahres -1 (31. Dez. -1, mit $Y_0 = 0$) ist ein Freitag, also $Wd(Y_0 = 0) = 4$. Bezug auf das (kalendarisch fiktive) Jahr Y_0 liefert daher die im julianischen Kalender allgemeingültige Wochentagsformel

$$Wd(Y) \;=\; MOD\left[4 + Y \cdot 365 + INT\left(\frac{Y}{4}\right),\, 7\right] \;. \qquad (1.304)$$

Beispiel

Der letzte Tag des Jahres 1581 hat die Kennzahl

$$Wd(31.Dez.1581) \;=\; MOD\,[4 + 1581 \cdot 365 + 395\,,\, 7] \;=\; 6 \;,$$

dieser Tag ist also ein Sonntag.◀

(6) Die goldene Zahl des julianischen Kalenders
Die goldene Zahl g gibt die Stellung eines bestimmten Jahres in einem Mondzirkel von 19 Jahren wieder. Sie hat im julianischen Kalender somit die Aufgabe des „Mondzeigers“.[745] Im Mondzeiger julianischen Kalender wiederholen sich die Phasen des Mondes nach dem

[745] Die Begriffe aus der alten Literatur sind heute kaum noch bekannt: Mondzirkel von 19 Jahren ist die Aussage des *Meton*-Zyklus. Nach 19 Jahren hat der Mond wieder (etwa bei Jahresbeginn) relativ

Meton-Zyklus genau nach 19 Jahren. Es genügt also, die goldene Zahl zu kennen, um dann die Abfolge des Mondverlaufs in dem betreffenden Jahr zu kennen.

Die goldene Zahl des Jahres Y lautet[746]

$$g = MOD(Y,\ 19) + 1 \quad . \tag{1.305}$$

Im Jahr -1 ($Y = 0$) fiel Neumond auf den Jahresanfang. Durch Addition mit 29.5 d werden dann alle Neumonde dieses Jahres bestimmt, von diesen Tagen um 15 d entfernt die Vollmonde, und jeweils um 7 d von diesen Tagen entfernt die Quadraturen.

Der Tag des ersten Neumondes des Jahres Y kann dann aus

$$NM(Y) = 1 + MOD\left[19\,(g-1),\ 30\right] \tag{1.306}$$

berechnet werden, der Tag des ersten Vollmondes aus

$$VM(Y) = 1 + MOD\left[19\,(g-1) + 15,\ 30\right] \tag{1.307}$$

Beispiel

Im Jahr 1 lautet die goldene Zahl $g = 2$, der erste (Kalender-) Neumond fiel auf den 20. Januar.◀

Mit Hilfe der goldenen Zahl können auch noch heute mit einem „lokalen" Gültigkeitszeitraum von einigen hundert Jahren die Daten für den Kalenderneumond (mit einer Genauigkeit von etwa einem Tag) berechnet werden:

Im Jahr $Y = 1995$ beträgt die goldene Zahl $g(1995) = 1$. Der Neumond fiel also auf den ersten Januar. Mit dem Jahr 1995 beginnt daher ein neuer Mondzirkel. Da $g(1998) = 4$, ist nach Formel (1.306) NM(1998) = 28, der erste Neumond im Jahr 1998 fällt also auf den 28. Januar, der Tag des ersten Vollmondes ist daher VM(1998) = 13. Allerdings verzeichnet der Kalender den 12. Januar 1998 als Tag des Vollmondes. Die hier angegebene Regel mit Hilfe der goldenen Zahl kann also Ergebnisse liefern, die geringfügig von dem astronomisch „richtigen" Datum abweichen. Gleichwohl ist die mittlere Gültigkeit über lange Zeiträume erstaunlich zuverlässig. Addiert man im vorstehenden Beispiel zum 13. Januar jeweils 29.5d, erhält man die folgenden Daten im Jahresverlauf (Abweichungen vom Kalender sind in Klammern angefügt):

11. Feb, 13. März, 11. (12.) April, 11. Mai, 9. (10.) Juni, 9. Juli, 7. (8.) Aug., 6. Sep., 5. Okt., 4. Nov., 2. (3.) Dez. Im darauffolgenden Jahr liefert die Formel VM(1999) = 2, also den („richtigen") 2. Januar 1999, während auf den 2. Dez. 1998 der 1. Jan. 1999 folgen würde. Die Formel (1.307) gleicht also einen Fehler über den Jahreswechsel aus.

---

zur Sonne dieselbe Stellung. Mondzeiger: Welche Phase (wie „zeigt [sich] der Mond") hat der Mond von Jahr zu Jahr zu einem bestimmten Datum, hier: bei Jahresanfang.

[746] Etwa nach R. WOLF [1890/1973], p. 599.

(7) Die Periode des julianischen Kalenders

Der julianische Kalender ist ein lunisolarer Kalender, da die Bewegung des Kalendermondes an die der Kalendersonne über den *Meton*-Zyklus gekoppelt ist. Im Fall des julianischen Jahres von 365.25 d kann ein ganzzahliges Verhältnis zwischen tropischen Kalenderjahren, synodischen Kalendermonaten und mittleren Sonnentagen allerdings erst über den *Kallippos*-Zyklus

$$76\, P_{\odot,T,K} \;=\; 940\, P_{☾,S,K} \;=\; 27759\, d \tag{1.308}$$

hergestellt werden. Diese Gleichungen werden gelegentlich auch als die „Grundgleichungen des julianischen Kalenders“ bezeichnet.[747]

Ein Neumond wiederholt sich in diesem Zyklus nach 27.759 mittleren Sonnentagen (d). Da die Zahl 76 nicht durch 7 teilbar ist, trifft nach einem Kallippos kursiv der Kalenderneumond nicht auf denselben Wochentag. Dies ist erst nach 7 Kallippos kursiv der Fall. Die Zeitspanne

$$532\, P_{\odot,T,K} \;=\; 6580\, P_{☾,S,K} \;=\; 194313\, d \tag{1.309}$$

ist daher die Periode des julianischen Kalenders. Diese Zeitspanne ist daher auch der Osterzyklus des julianischen Kalenders, wie er bei *Beda Venerabilis* (672/3–735 a. D.) beschrieben wird.[748]

(8) Die Osterformel für den julianischen Kalender

Die Kenntnis des Datums des ersten Sonntags im März eines Jahres Y aus der Sonntagszahl $SZ(Y)$ in Formel (1.301) und des Vollmonds nach Formel (1.307) erlaubt im Rahmen des julianischen Kalenders die Berechnung des Osterdatums als das Datum des ersten Sonntags nach dem ersten Vollmond im Frühling. Da der Frühlingsanfang auf den 21. März fällt, kann der Ostervollmond nach Formel (1.307) zu

$$OG \;=\; 21 + MOD\big[19\,(g-1) \,+\, 15,\; 30\big] \tag{1.310}$$

berechnet werden. Die Größe OG wird in der Kalenderrechnung als „Ostergrenze“ bezeichnet: Die Ostergrenze ist der früheste Termin für Ostern. Nach *C. F. Gauß* wird an Stelle der goldenen Zahl der „Mondparameter“

$$A \;:=\; g - 1 \;=\; MOD(Y,\, 19) \tag{1.311}$$

verwendet. Die „Osterentfernung“ ist die Anzahl in Tagen des ersten Sonntags seit dem Ostervollmond:

$$OE \;=\; 7 \,-\, MOD(OG - SZ,\, 7) \quad . \tag{1.312}$$

---

[747] Etwa bei H. Lichtenberg [1994], p. 200.

[748] Siehe bei H. Lichtenberg [1994], p. 201.

Damit ergibt sich das Osterdatum aus dem $(OG + OE)$ten März, wenn $OG + OE > 31$, fällt der Ostersonntag auf den $(OG + OE\text{-}31)$ ten April.

(9) Die Länge des synodischen Kalendermonats im julianischen Kalender
Die exakte Länge des synodischen Kalendermonats spielte in den bisher vorgestellten Rechnungen des julianischen Kalenders wie auch schon in den älteren Kalendern keine explizite Rolle. Die genaue Größe kann aber aus dem *Meton*-Zyklus berechnet werden:

$$P_{☾,S,K} = \frac{19}{235}\, P_{\odot,T,K} = \frac{19}{235} \cdot 365.25\, d = 29.53085106\, d \quad . \tag{1.313}$$

Diese Größe wurde jedoch im Rahmen des julianischen Kalenders nicht verwendet. Vielmehr kam der Näherungswert 29.5 d zur Anwendung. In der Osterregel genügt in der Berechnung der Ostergrenze OG in Formel (1.310) der aufgerundete Wert 30. Dann können die weiteren Syzygien innerhalb eines Kalenderjahres hinreichend genau mit dem Wert 29.5 d gerechnet werden.

1.11.4 Der gregorianische Kalender

Das Konzil von Nikäa hatte im Jahre 325 a. D. festgesetzt, der Frühlingsbeginn solle mit dem Frühlingsäquinoktium stets am 21. März eines Jahres stattfinden. Allerdings war von den Ägyptern die Grundgeschwindigkeit der Kalendersonne relativ zum Frühlingspunkt bestimmt worden. Außerdem war eine erste Feineinstellung des Laufs der Kalendersonne an den Lauf der (beobachteten) mittleren Sonne durch Einführung der julianischen Schaltregel gefunden worden. Daher wurde im Lauf der Zeit nach dem Konzil von Nikäa allmählich durch Beobachtungen des Laufs der Sonne festgestellt, dass der Frühlingsbeginn am 21. März auf Dauer mit dem etwas zu großen julianischen tropischen Jahr nicht in Übereinstimmung gehalten werden konnte. Erste Vorschläge, die Schaltregel des julianischen Kalenders zu modifizieren, wurden seit dem 8. Jahrhundert (*Beda Venerabilis)* gemacht und seit dem 13. Jahrhundert (durch *Roger Baco*, auf dem Konzil von Konstanz (durch *Pierre d'Ailly* 1414) und dem Basler Konzil (durch *Nikolaus von Cues*, 1436) mit neuen Vorschlägen aufgegriffen.

Inzwischen erhielten die bedeutendsten Himmelsmechaniker ihrer Zeit den Auftrag zu einer Kalenderreform, nämlich 1475 *Regiomontanus*, der aber bald nach seiner Ankunft in Rom verstarb, dann *Kopernikus* und *Stöffler* (1518) und schließlich der bedeutende Algebraiker *Michael Stifel* (1545).

Bemerkenswerterweise hatte ein „Amateur", der Arzt *Luigi Lilio* (latinisiert *Aloysius Lilius*, geboren ungefähr 1520 in Cira in Kalabrien, gestorben 1576 in Rom) die entscheidenden Gedanken zu einer erfolgreichen Kalenderreform. Diese Grundgedanken wurden nach seinem Tod von seinem Bruder *Antonio Lilio* weiter ausgearbeitet (*Compendium novae rationis restituendis Calendarium*, 1577).[749] Sie wurden dann von dem bedeutenden Mathematiker und Himmelsmechaniker *Christoph Clavius S.J.* (1537–1612) in seinem Buch *Romani Calendarii a Gregorio XIII P.M. restituti Explicatio* (Rom, 1595) vollendet.[750]

Der gregorianische Kalender wurde durch *Papst Gregor XIII.* mit der päpstlichen Bulle *Inter gravissimas* 1582 eingeführt. Es dauerte aber Jahrhunderte, bis dieser Kalender in den meisten Ländern akzeptiert wurde.[751]

Zur Zeit der Einführung des julianischen Kalenders war die Tag- und Nachtgleiche, also der Frühlingsbeginn, am 25. März. Deshalb fällt auch das Weihnachtsfest auf das Datum des damals kürzesten Tages im Jahreskreis, den 25. Dezember.[752] Durch den „Fehler" im julianischen Kalender war der Frühlingsbeginn somit zur Zeit des Konzils von Nikäa um 4 Tage verschoben. Die Festlegung des Frühlingsbeginns auf den 21. März durch dieses Konzil stellt somit eine erste Korrektur des julianischen Kalenders dar. Die Korrektur des Kalenders im Jahr 1582 um 10 Tage bezieht sich also nicht auf die Zeit der Einführung des julianischen Kalenders, sondern auf das Konzil von Nikäa. Sonst hätte um 14 Tage korrigiert werden müssen.

Bemerkenswerterweise musste es weitere 200 Jahre nach *Clavius* dauern, bis es *Carl Friedrich Gauß* gelungen war, die dem gregorianischen Kalender angemessene Osterformel zu finden. Gauß beschäftigte sich wie *Leonhard Euler* mehr mit der mathematischen Beschreibung der Bewegung als mit ihrer physikalischen Ergründung. Er ließ sich daher auch nicht durch die *Newton*'sche Physik ablenken. Dabei war selbst dem genialen *Gauß* ein Fehler unterlaufen. Er korrigierte ihn selbst aber 16 Jahre nach seiner Erstveröffentlichung (was manche Autoren bis zum Ende des 20. Jahrhunderts allerdings noch nicht gemerkt haben).[753]

Es dauerte bis kurz vor Beginn des 21. Jahrhunderts, also wieder nahezu 200 Jahre, bis es gelang, die Allgemeingültigkeit des gregorianischen Kalenders und seine Anpassungsfähigkeit an eine Neueineinstellung von Kalendersonne und Kalendermond zu zeigen. Damit gelang es auch, die *Gauß*'sche Osterformel so umzuformulieren, dass

---

[749] Siehe: R. WOLF [1890/1973], p. 608.

[750] H. LICHTENBERG et al. [1998], p. 332.

[751] http://de.wikipedia.org/wiki/gregorianischer_kalender

[752] Siehe SuW **11**/2000, p. 294, dort auch Hinweis auf: O. CULLMANN [1994], *Die Entstehung des Weihnachtsfestes*, Quell Verlag, Stuttgart, 4. Aufl., S. 18, 32 ff.

[753] GAUSS, C. F. [1800], *Berechnung des Osterfestes, Monatl. Correspondenz zur Beförderung der Erd- und Himmelskunde*, August 1800, pp. 121–130 (= Werke, Bd. VI, pp. 73–79, Göttingen, 1874).

GAUSS, C. F. [1816], „Berichtigung zu dem Aufsatz: Berechnung des Osterfestes Monatl. Corr. 1800, Aug., S. 121", *Zeitschrift für Astronomie u. verwandte Wissenschaften*, Bd. I, Jan./Feb. 1816, p. 158 (=Werke, Bd. XI/1, S. 201, Göttingen, 1927); zit. in: LICHTENBERG, H. et al. [1998].

ihre Wirkungsweise leicht ersichtlich und ihre Anpassung an eine Verbesserung des gregorianischen Kalenders leicht vollziehbar wird[754].

Die Einschätzung von *Ch. Clavius*, mit dem gregorianischen Kalender sei ein „calendarium perpetuum“ (ein immerwährender Kalender) geschaffen, ist also nach den neuesten Überlegungen als völlig richtig erkannt.

Die wesentlichen Fortschritte des gregorianischen Kalenders bestanden

I. in der verbesserten Feineinstellung des Kalenderjahres an das mittlere tropische Jahr, dargestellt durch einen verbesserten Schaltzyklus,
II. in der Feineinstellung des Kalendermonats an den Lauf des mittleren Mondes über die Epaktenschaltung. Die Epakte ersetzt die goldene Zahl des julianischen Kalenders. Durch Einführung der Epaktenschaltung wird die feste Kopplung des synodischen Kalendermonats an die Kalendersonne durch den *Meton*-Zyklus aufgegeben und durch eine anpassbare Korrektur des *Meton*-Zyklus ersetzt. Die Epaktenschaltung zeigt sich somit als die Kernidee der gregorianischen Kalenderreform. Es ist also gar nicht der modifizierte Schaltzyklus des Kalenderjahres. Er war so oder lange vorher ähnlich schon vorgeschlagen worden. Allein hatte er nicht zu einer tragfähigen Reform geführt.

Die Grundbegriffe und Eigenschaften des gregorianischen Kalenders werden im Folgenden kurz erläutert:[755]

(1) Die charakteristischen Parameter des Kalenderjahres im gregorianischen Kalender

Das gregorianische Kalenderjahr ist um 3/400 kürzer als das julianische Kalenderjahr. Es gilt also[756]

$$P_{\odot,T,g} = 365.2425\,d = P_{\odot,t,j} - \frac{3}{400}\,d = \left(365 + \frac{1}{4} - \frac{3}{400}\right)d = \left(365 + \frac{97}{400}\right)d \quad . \tag{1.314}$$

Damit ist wieder die allgemeingültige Korrekturformel (1.296) auf Seite 282 erhalten

$$P_{\odot,t,g} = \left(365 + \frac{s}{p_s}\right)d \quad . \tag{1.315}$$

[754] Ausführlich wird dies dargestellt und hergeleitet in den Arbeiten von HEINER LICHTENBERG [1994] und H. LICHTENBERG et al. [1998].

[755] Eine ausführliche Untersuchung etwa in H. LICHTENBERG [1994] und H. LICHTENBERG et. al. [1998].

[756] Der Index „g“ bezieht sich auf den gregorianischen Kalender.

Jetzt betragen die charakteristischen Parameter im Fall des gregorianischen Kalenders die Schaltperiode $p_s = 400$ Jahre und die Anzahl der zugeordneten Schalttage $s = 97$ Tage. Die Schaltperiode umfasst dann

$$p_s \cdot P_{\odot,t,g} \;=\; 400 \cdot 365.2425\,d \;=\; 146097\,d \;. \qquad (1.316)$$

(2) Die Schaltregel des Kalenderjahres im gregorianischen Kalender
Die Schaltregel des gregorianischen Kalenders, also die aufsummierte Anzahl von Schalttagen im Jahr Y – es wird dazu angenommen, dass der gregorianische Kalender ab dem (mathematischen) Jahr 0 gilt – beträgt dann

$$GS(Y) \;=\; INT\left(\frac{Y}{4}\right) - INT\left(\frac{Y}{100}\right) + INT\left(\frac{Y}{400}\right) \quad . \qquad (1.317)$$

(1) Die Sonntagszahl im gregorianischen Kalender
Als Sonntagszahl wird auch im gregorianischen Kalender das Datum bezeichnet, auf das ein bestimmter Sonntag trifft. Ist in einem bestimmten Jahr Y_0 die Sonntagszahl $SZ(Y_0)$, geht die Sonntagszahl im nächsten Jahr um 1 zurück, wenn ein gewöhnliches Jahr dazwischen liegt, um 2 bei einem Schaltjahr. Um also die entsprechende Sonntagszahl eines Jahres Y zu berechnen, muss die Differenz der aufgelaufenen Schalttage der Jahre Y und Y_0 berücksichtigt werden:

$$SZ(Y) \;=\; SZ(Y_0) - MOD[Y + GS(Y) - Y_0 - GS(Y_0),\, 7] \quad . \qquad (1.318)$$

Wir wollen auch hier (im Hinblick auf die Herleitung der Osterformel) die Sonntagszahl des ersten Sonntags im Monat März eines Jahres Y berechnen. Der erste Sonntag im März des Jahres 1998 fiel auf den 1. März. Es ist also $SZ(1998) = 1$. Das Jahr -1 ($Y_0 = 0$) hat demnach für den ersten Sonntag im März im Rahmen des gregorianischen Kalenders wegen der Schaltregeln

$$GS(1998) \;=\; 484 \quad \text{und} \quad GS(Y_0 = 0) \;=\; 0$$

die Sonntagszahl

$$SZ(Y_0 = 0) \;=\; 1 + 4 \;=\; 5 \;.$$

Im gregorianischen Kalender hat also der erste Sonntag im März des Jahres -1 das Datum 5. März -1. (Zum Vergleich: Im julianischen Kalender fiel der erste Sonntag im März auf das Datum 7. März -1). Es ist nun möglich, die Sonntagszahl für den ersten Märzsonntag stets auf das Jahr -1 zu beziehen. Da 5 = 7–2, kann für den ersten Sonntag im März eines Jahres Y die Sonntagszahl aus der Beziehung

$$SZ(Y;\ \text{erster Märzsonntag}) \;=\; 7 - MOD[2 + Y + GS(Y),\, 7] \qquad (1.319)$$

ermittelt werden.

Beispiel

Der erste Märzsonntag des Jahres 2000 hat das Datum 5. März 2000.◀

(4) Der Sonnenzirkel

Die Schaltperiode des gregorianischen Kalenders von 400 Jahren umfasst genau 146.097 *d*. Da diese Zahl (zufällig!) durch 7 teilbar ist, trifft also nach einer Schaltperiode von 400 Jahren ein bestimmtes Datum wieder auf denselben Wochentag. Die Schaltperiode von 400 Jahren ersetzt somit den Sonnenzirkel des julianischen Kalenders. Der Sonnenzirkel von 28 Jahren des julianischen Kalenders ist im Rahmen des gregorianischen Kalenders nur ein (zeitlich) lokaler Zyklus.

(5) Der Wochentag zu einem bestimmten Datum

Sei $Wd(Y_0)$ der Wochentag, auf den ein bestimmtes Datum im Jahr Y_0 fällt. Um den entsprechenden Wochentag $Wd(Y)$ im Jahr Y zu berechnen, muss die Differenz in Tagen berechnet werden. Dazu muss auch die Differenz der jeweils aufgelaufenen Schalttage hinzugefügt werden. Ähnlich der Formel (1.302) im julianischen Kalender lautet mit der Schaltregel (1.317) des gregorianischen Kalenders die entsprechende Formel

$$Wd(Y) = MOD[Wd(Y_0) + (Y - Y_0) \cdot 365 + GS(Y) - GS(Y_0),\ 7] \quad . \tag{1.320}$$

Der letzte Tag des Jahres 1998 ist ein Donnerstag, also ist *Wd* (31.12.1998) = 3 (wenn der Montag wieder wie üblich – vgl. vor Formel (1.304) – die Kennzahl 0 hat). Dann fällt im Rahmen des gregorianischen Kalenders der letzte Tag des Jahres -1 ($Y_0 = 0$) wegen der Schaltregel $GS(1998) = 484$ auf

$$Wd(31.12. - 1) = MOD[3 - 1998 \cdot 365 - 484,\ 7] = 6 \quad ,$$

somit auf einen Sonntag. Mit dieser Kenntnis kann der Wochentag des letzten Tages eines beliebigen Jahres Y berechnet werden aus

$$Wd(31.Dez.Y) = MOD[6 + 365 \cdot Y + GS(Y),\ 7] \quad . \tag{1.321}$$

Das Jahr 2001 hat nach der Schaltregel *GS* (2001) = 485, somit fällt der letzte Tag dieses Jahres auf *Wd* (31.Dez.2001) = 0, also auf einen Montag.

Da ein Schalttag auf den 29. Februar eines Schaltjahres fällt, müssen zur Berechnung eines Wochentages an Daten vor dem 29. Februar eines bestimmten Jahres die aufsummierten Schalttage auf das Vorjahr bezogen werden. In diesem Fall wird der Wochentag berechnet aus

$$Wd(Y; vor\,29.Feb) = MOD[Wd(Y_0) + (Y - Y_0) \cdot 365 + GS(Y-1) - GS(Y_0 - 1),\ 7] \quad . \tag{1.322}$$

Beispiel

Der 1. Jan. 1998 fiel auf einen Donnerstag: *Wdf* (1. Jan. 1998) = 3. Dann errechnet sich der Wochentag des 1. Jan. 2000 aus

$$Wd(1.Jan.2000) = MOD[3 + 2 \cdot 365 + 484 - 484,\ 7] = 6$$

ein Samstag, ferner ist

$$Wd(1.Jan.2001) = MOD[3 + 3 \cdot 365 + 485 - 484,\ 7] = 0 \quad ,$$

ein Montag.◀

(6) Die Epakte

Als Epakte eines Jahres wird die Anzahl der vollen Tage bezeichnet, die bei Beginn dieses Jahres seit dem letzten Dezember Neumond des vorherigen Jahres vergangen sind. Die Epakte ist somit das Alter des Mondes am 1. Januar. Mit Kenntnis dieser Größe ist der Kalendermondverlauf dieses Jahres bekannt. Dafür wird wieder der synodische Kalendermonat zu 29,53 *d* angenommen. Die Epakte ersetzt also im gregorianischen Kalender die goldene Zahl des julianischen Kalenders. Der Begriff Epakte[757] wurde vermutlich von *A. Lilius*, dem Erfinder des gregorianischen Kalenders, eingeführt. Die Epakte kann die Zahlenwerte 0, …, 29 annehmen. Der synodische Kalendermonat war noch im julianischen Kalender durch den *Meton*-Zyklus starr an das tropische Kalenderjahr gekoppelt. Allerdings sind die den Monat definierende Mondbewegung, die das Jahr definierende Erdbewegung um die Sonne und die den Tag definierende Erdrotation (vermutlich) völlig entkoppelte Bewegungen. Diesen Sachverhalt berücksichtigte nun *Lilius* in seinem Kalender: Er führte in den *Meton*-Zyklus ein Korrekturglied ein. Dieses kann an eine verbesserte Kenntnis der Bewegungen von Kalendermond und Kalendersonne angepasst werden. Diese Korrektur wird durch Schaltungen der Epakte vollzogen. Die Epaktenschaltung ist daher die wesentliche Neuerung des gregorianischen Kalenders und begründet durch die Anpassbarkeit der Relationen zwischen Monat, Jahr und Tag die Allgemeingültigkeit eines (wie der gregorianische Kalender aufgebauten) lunisolaren Kalenders. In diesem (und nur in diesem Sinn, nicht jedoch, was die speziellen Zahlenwerte betrifft) kann *Ch. Clavius* den gregorianischen Kalender als ein „calendarium perpetuum“ charakterisieren.

Die Epaktenschaltung wird folgendermaßen durchgeführt:

Die Epakte wird an allen Jahrhundertgrenzen, an denen der Schalttag ausfällt, um 1 vermindert („aequatio solaris anni“ = „Sonnenangleichung“). Dieser Vorgang hat also eine Periode von 400 Jahren. Die entsprechende Schaltregel lautet:

---

[757] Von: ἐπάγω – hinzuführen, herbeibringen, ἐπακτός – eingeführt, eingeschleppt, hinzuerworben.

$$GM_1(Y) \;=\; INT\left(\frac{Y}{100}\right) - INT\left(\frac{Y}{400}\right) \quad . \tag{1.323}$$

Die Epakte wird in einem 2500-jährigen Zyklus 7-mal nach jeweils 300 Jahren und 1-mal nach weiteren 400 Jahren um 1 erhöht („aequatio lunae" = „Mondangleichung"). Die erste Schaltung dieses Zyklus nach Einführung des gregorianischen Kalenders im Jahr 1582 erfolgte nach dieser Regel im Jahr 1800. Mit diesem beginnt daher der Zyklus von 2500 Jahren. Die zweite Schaltregel der Epaktenschaltung wird durch die Schaltregel

$$GM_2(Y) \;=\; INT\left[\frac{8 \cdot INT\left(\frac{Y}{100}\right) + 13}{25}\right] \tag{1.324}$$

in dem Sinn erfüllt, ab dem Jahr 1800 mit $GM_2(1800) = 6$ beginnt ein neuer Zyklus von 7-mal 300 und 1-mal 400 Jahren.

Für die gesamte Epaktenschaltung gilt somit die Beziehung

$$GM(Y) = INT\left(\frac{Y}{100}\right) - INT\left(\frac{Y}{400}\right) - INT\left(\frac{8 \cdot INT\left(\frac{Y}{100}\right) + 13}{25}\right) \quad . \tag{1.325}$$

Die beiden Zyklen der Epaktenschaltung haben als gemeinsamen Oberzyklus 10.000 Jahre. Da die Sonnenangleichung mit 400 Jahren Zyklus in 10.000 Jahren 25-mal enthalten ist mit jeweils 3 Schaltungen, wird die Epakte in 10.000 Jahren um 25-mal 3 = 75 Tage vermindert. Da die Mondangleichung mit 2500 Jahren Zyklus in 10.000 Jahren 4-mal enthalten ist mit jeweils 8 Schaltungen, wird die Epakte um 4-mal 8 = 32 Tage erhöht. Im Zyklus von 10.000 Jahren beträgt die Gesamtminderung der Epakte daher 43 Tage.

(7) Die Anpassung des Meton-Zyklus

Wird die Epakte vermindert, wird der Mond dadurch „verjüngt", der erste Vollmond des neuen Jahres kommt also später. Wird die Epakte dagegen erhöht, wird der Mond „älter", der erste Vollmond des neuen Jahres kommt dann früher. Die im julianischen Kalender (implizit) verwendete Länge des synodischen Monats ist etwas zu groß. Ein etwas kürzerer Monat würde daher ein früheres Eintreten des Vollmondes bedingen. Dazu müsste also die Epakte erhöht werden. Allerdings ist im gregorianischen Kalender die Jahreslänge verkleinert worden. Würde der *Meton*-Zyklus als feste Relation beibehalten, würde mit der gregorianischen Jahreslänge

$$P_{\odot,T,g} \;=\; 365.1425\,d$$

der *Meton*-Zyklus auf den viel zu kleinen synodischen Monat

$$P_{☾,S,g} \;=\; 19 \cdot P_{\odot,T,g}\,/\,235 \;=\; 29.53024468\,d$$

führen. Der Fehler wäre also noch größer als im julianischen Kalender. Die Versuche aller früheren Kalenderreformer, durch eine auch noch so raffinierte Schaltregel des Solarzyklus eine Kalenderreform herbeiführen zu können, waren also zum Scheitern verurteilt. Sie konnten nämlich die Verschlechterung der Länge des synodischen Monats nicht verhindern. Erst *Aloysius Lilius* war auf die Idee gekommen, den *Meton*-Zyklus anzutasten, um dem synodischen Monat seine Unabhängigkeit zu geben. Da der synodische Monat nach dem unangepassten *Meton*-Zyklus zu klein war, kam ein Vollmond nach diesen Berechnungen zu bald. Eine Verminderung der Epakte wird den Vollmond daher nach später verschieben, der synodische Monat wird größer, es wird also weniger Lunationen (= synodische Monate) in einem Zyklus von 10.000 Jahren geben. Die Anzahl der Lunationen im angepassten *Meton*-Zyklus muss also kleiner sein als im unangepassten Zyklus. Verminderung der Epakte um einen Tag bedeutet Kürzung der Lunation um 1/30 synodischen Monat, die Kürzung um 43 Tage somit um 43/30 synodische Monate. Der angepasste *Meton*-Zyklus lautet nach den vorstehenden Überlegungen

$$10000\, P_{\odot,T,g} = \left(\frac{235 \cdot 10000}{19} - \frac{43}{30}\right) P_{☾,S,g} \quad . \tag{1.326}$$

Der verallgemeinerte *Meton*-Zyklus hat die allgemeine strukturelle Darstellung

$$P_{\odot,T} = \left(\frac{235}{19} + \frac{e_p}{p_m} \cdot \frac{1}{30}\right) P_{☾,S} \quad . \tag{1.327}$$

Hier bedeutet e_p die Anzahl der Epaktenschaltungen im Zyklus von p_m Jahren.

Im heute verwendeten gregorianischen Kalender lauten dann die charakteristischen Zahlen zusammen mit den entsprechenden Zahlenwerten des Solarzyklus nach Ausdruck (1.314) auf Seite 288.

$$e_p = -43,\ p_m = 10000,\ s = 97, p_s = 400 \ \Big\langle \ \text{gregorianischer Kalender.} \tag{1.328}$$

Der verallgemeinerte *Meton*-Zyklus nach Formel (1.327) ist allgemeingültig. Im speziellen Fall aller früheren Kalender (vor dem gregorianischen Kalender, wie julianischer Kalender, ägyptischer Kalender usw.) ist offenbar.

$$e_p = 0,\ p_m = 1,\ s = 1, p_s = 4 \ \Big\langle \ \text{julianischer Kalender.}$$

Auch alle anderen Lunisolarkalender können mit dieser Beziehung beschrieben werden.

Im originalen Kalender wird nicht einfach 43-mal die Epakte geschaltet, sondern 75 + 32 = 107-mal. Dies zeigt die große gedankliche Schwierigkeit, die mit der Einführung der Epaktenschaltung verknüpft war. Der angepasste *Meton*-Zyklus (1.326) mit den speziellen Zahlen e_p = -43, p_m = 10.000 charakterisiert den speziellen gregorianischen Kalender, die allgemeingültige Formel (1.327) den allgemeinen gregorianischen Kalender. Der Begriff „gregorianischer Kalender“ wird also heute in zweierlei Sinn verwendet.[758]

(8) Die Periode des gregorianischen Kalenders
Aus dem angepassten *Meton*-Zyklus (1.326) folgt

$$10000\,P_{\odot,T,g} \;=\; \left(123682 + \frac{443}{19\cdot 30}\right) P_{☾,S,g} \;.$$

Da die Zahlen 443 und 19-mal 30 = 570 teilerfremd sind, kann die Bedingung[759] (1.291) für eine ganzzahlige Relation zwischen den (Kalender-) Zeiteinheiten nur durch die folgende Grundgleichung des (speziellen) gregorianischen Kalenders erreicht werden:

$$5700000\,P_{\odot,T,g} \;=\; 70499183\,P_{☾,S,g} \;=\; 2081882250\,d \;. \tag{1.329}$$

Die Anzahl der Tage ist durch 7 teilbar. Somit gibt diese Relation die Periode des gregorianischen Kalenders wieder: Nach 5.700.000 Jahren wiederholt sich im gregorianischen Kalender die Bewegung des Kalendermondes wieder exakt auf demselben Datum.

Ob sich der wahre Mond an diese Vorschrift hält, ist eine andere Frage, denn im gravitativen Wechselspiel des Sonnensystems kann sich in einem so riesigen Zeitraum einiges (Unvorhersehbares) ereignen.

(9) Die Länge des synodischen Monats im gregorianischen Kalender
Aus dem angepassten *Meton*-Zyklus (1.326) ergibt sich für den synodischen Kalendermonat im gregorianischen Kalender

$$P_{☾,S,g} \;=\; \frac{10000\,\cdot\,365.2425}{\frac{235000}{19} - \frac{43}{30}} \;=\; 29.5305869\,d \;. \tag{1.330}$$

Dieser Wert ist gegenüber dem heute bekannten Wert für den (mittleren) synodischen Monat etwas zu klein.[760] Im Vergleich zum unangepassten *Meton*-Zyklus kann aus Formel (1.330) die Größe der Korrektur durch die Anpassung im Rahmen des gregorianischen Kalenders berechnet werden. Es ist offenbar:

$$19\,P_{\odot,T,g} \;=\; \left(235 - \frac{817}{300000}\right) P_{☾,S,g},$$

der Korrekturterm lautet also

---

[758] Siehe hierzu: H. LICHTENBERG [1994], p. 200.

[759] Abschn. 1.11.1 auf Seite 275.

[760] Eine mögliche Verbesserung des originalen Wertes im gregorianischen Kalender wird in H. LICHTENBERG [1994], p. 198 vorgeschlagen.

$$\frac{817}{300000} \cdot 29.5350869\,d \;=\; 0.080421632\,d \;=\; 1^h55^m48^s.3 \quad . \tag{1.331}$$

(Zum Vergleich: Für den heute bekannten Wert des (mittleren) synodischen Monats lautet der Korrekturterm: $2^h4^m23^s$).

(10) Die Osterformel für den gregorianischen Kalender

Die Osterformel des gregorianischen Kalenders wurde von *C.F. Gauß* [1800, 1816] aufgestellt und von *H. Lichtenberg* et al. [1998] in eine durchsichtige und an verbesserte Kalenderdaten anpassbare Form gebracht.

Die Berechnung des Osterdatums für das Jahr Y geschieht in den folgenden Schritten:

(1) Berechnung des Ostervollmonds als Datum für den frühesten Termin von Ostern (= Ostergrenze). Nach *Gauß* wird die modifizierte goldene Zahl (1.305)

$$A \;=\; g - 1 \;=\; MOD(Y, 19) \tag{1.332}$$

zugrunde gelegt. Zur Berechnung der Lunationen, um das Datum eines Vollmonds VM zu erhalten, muss die Epaktenschaltung (1.325) berücksichtigt werden. Hier wird zunächst die Größe

$$D \;:=\; MOD(19A \,+\, GM \,+\, 15, 30) \tag{1.333}$$

und die aus der Osterberechnung im julianischen Kalender übernommenen Randbedingungen (kein Ostersonntag am 25. oder 26. April, sondern dann jeweils eine Woche vorher) in der Korrekturgröße

$$R \;:=\; INT\left(\frac{D}{29}\right) + \left[INT\left(\frac{D}{28}\right) - INT\left(\frac{D}{29}\right)\right] \cdot INT\left(\frac{A}{11}\right) \tag{1.334}$$

zusammengefasst. Der Ostervollmond fällt daher auf den Tag („Ostergrenze"; Bezug ist wieder der

$$OG \;=\; 21 + D - R \quad . \tag{1.335}$$

(2) Der erste Sonntag im März des Jahres Y fällt nach Formel (1.319) auf Seite 289 auf den Tag SZ.

(3) Somit lautet die Osterentfernung, d. h. die Anzahl der Tage zwischen dem Ostervollmond und dem darauffolgenden Sonntag,

$$\mathrm{OE} = 7 - \mathrm{MOD(OG - SZ, 7)}. \tag{1.336}$$

Tab. 1.10 Die *Gauß*'sche Osterformel in der Modifikation nach *Lichtenberg* [1994]

A) Berechnung des Ostervollmondes im Jahr Y	
1. $A = MOD(Y, 19)$	Mondparameter (= modifizierte goldene Zahl)
2. $GM(Y) = INT\left(\frac{Y}{100}\right) - INT\left(\frac{Y}{400}\right) - INT\left(\frac{8 \cdot INT\left(\frac{Y}{100}\right) + 13}{25}\right)$	Epaktenschaltung
3. $D := MOD(19A + GM + 15, 30)$	Basis für Ostergrenze
4. $R := INT\left(\frac{D}{29}\right) + \left[INT\left(\frac{D}{28}\right) - INT\left(\frac{D}{29}\right)\right] \cdot INT\left(\frac{A}{11}\right)$	Korrekturgröße
5. $OG = 21 + D - R$	Ostergrenze
B) Erster Sonntag im März	
1. $GS(Y) = INT\left(\frac{Y}{4}\right) - INT\left(\frac{Y}{100}\right) + INT\left(\frac{Y}{400}\right)$	Schalttage
2. $SZ(Y;$ erster Märzsonntag$) = 7 - MOD[2 + Y + GS(Y), 7]$	Sonntagszahl
C) Ostersonntag	
1. $OE = 7 - MOD(OG - SZ, 7)$	Osterentfernung
2. *(OG + OE)* ter März, wenn *OG + OE > 31, (OG + OE-31)* ter April	Datum des Ostersonntags

Die (modifizierte) *Gauß*'sche Osterformel wird in Tab. 1.10 zusammengefasst.

Bei einer Anpassung des gregorianischen Kalenders an verbesserte Zahlenwerte werden die Epaktenschaltung *GM* unter Abschnitt A)2. und die Schalttage *GS* unter Abschnitt B)1. in vorstehender Tabelle durch angepasste Ausdrücke ersetzt. Alle übrigen Formeln der Osterberechnung bleiben auch im allgemeinen Fall erhalten.

Bei der Durchführung der Kalenderreform zum gregorianischen Kalender fiel die Entscheidung zugunsten der hier geschilderten zyklischen Methode an Stelle den Ostertermin mit Hilfe von astronomischen Tafeln zu bestimmen. Diese wurden zur damaligen Zeit immer noch als zu unsicher angesehen. Diese zyklische Methode hat ihren Höhepunkt in der *Gauß*'schen Osterformel gefunden. Die Richtigkeit der Anwendung der zyklischen Methode fand von prominenter astronomischer Seite volle Unterstützung: *Johannes Kepler* meinte dazu, Ostern sei ja nicht ein Planet, sondern ein Fest.[761] Diese Aussage sollte

[761] Vgl. G. WOLFSCHMIDT [1994], p. 46.

auch noch zu Beginn des 21. Jahrhunderts a.D. Bestand haben, da sogar von kirchlicher Seite wieder einmal der Vorschlag gemacht wird, den Ostertermin jetzt mit den „exakten“ himmelsmechanischen Methoden zu bestimmen.[762]

1.11.5 Unregelmäßigkeiten im modernen Kalender

Die vorstehenden Überlegungen basieren auf der Konstanz der drei grundlegenden Zeitgrößen eines lunisolaren Kalenders, des tropischen Jahres, des synodischen Monats und des Sonnentages. Alle drei Größen sind jedoch langfristigen Schwankungen unterworfen, die langfristig in einer Anpassung der charakteristischen Größen der Kalenderparameter berücksichtigt werden. In diesem Zusammenhang muss etwa die Variabilität der Länge eines Sonnentages gesehen werden, die unregelmäßig von Zeit zu Zeit die Einführung einer Schaltsekunde erforderlich macht. Einen Einfluss auf die langfristig angelegte Kalenderrechnung gibt es dadurch aber (vorläufig) nicht.

1.11.6 Relationen in einer Satellitenbahnanalyse

Umlaufzeiten eines Satelliten um seinen Zentralkörper können in unterschiedlichem Bezug, auf das Perizentrum, auf den Äquatorüberflug, auf den Überflug eines bestimmten Meridians des umflogenen Bezugskörpers (der Erde), auf den Bezug zur Sonne oder einen anderen Himmelskörper usw. definiert werden. Mittlere Werte dieser Umlaufzeiten können in der Auswahl einer Satellitenbewegung langfristig in eine Relation mit ganzzahligen Verhältnissen gesetzt werden, zum Beispiel, um eine bestimmte Reproduzierbarkeit der Bewegung zu erreichen. Dabei kann die Bewegung eines Satelliten im Einzelnen nicht interessieren. Wichtig ist ausschließlich das langfristige Verhalten, so als wäre auch hier noch die antike Anschauung einer Kreisbewegung grundlegend. Eine Satellitenbewegung, die einer solchen Relation genügen muss, kann nur durch das langfristige, also das mittlere Bewegungsverhalten kontrolliert werden. Dieses entspricht einer gleichmäßigen Kreisbewegung. Man kann daher aus den Überlegungen dieses Kapitels auf eine Satellitenbewegung übertragen, dass langfristiges Bewegungsverhalten nur durch geeignete Mittelungsbetrachtungen überwacht und erhalten werden kann.[763]

---

[762] Siehe dazu den Kurzbericht ‘Förderung der Kircheneinheit durch Kulturzerstörung?‘, in SuW 1998/5, p. 413.

[763] Allgemeineres hierzu in JOCHIM, E. F. M.[2018], Kap. 19, Näheres außerdem im Kapitel über die drakonitische Bewegung (JOCHIM, E. F. M.[2023-A]: Kap. 23) und über die sonnenbezogene synodische Bewegung (JOCHIM, E. F. M.[2023-B], Kap 28).

Die klassische Bewegungslehre 2

2.1 Vorstufen, Überblick

In der Wissenschaftsgeschichte darf man keine harten Schnitte machen. Es hilft also nicht weiter zu behaupten, die antike Bewegungslehre etwa gehe von diesem Wissenschaftler bis zu jenem. Oder jener habe die klassische Bewegungslehre begründet, somit die antike abgelöst. So als sei etwas völlig Neues geschaffen worden und das Alte könne nur noch historisches Interesse verdienen. Die Übergänge sind fließend, die entsprechenden Ideen lassen sich über Jahrhunderte oder gar Jahrtausende zurück verfolgen. Durch irgendwelche Umstände kamen sie zum Durchbruch. Doch auch dann kann sich das Neue nicht wirklich als Neues herausstellen. Vielmehr kann das Neue nur Vertiefung und Verbesserung des Alten, eine erweiterte umfassendere Darstellung, vielleicht eine mathematisch einfachere, aber nicht wirklich „neue" Darstellung sein. Sie mag etwa die Folge einer verbesserten Messtechnik mit der Notwendigkeit zu erweiterter vertiefter mathematischer Beschreibung sein.[1]

Mittlerweile haben wir jedoch gelernt, dass die Antike nur thesenartig von der klassischen Bewegungslehre unterschieden werden kann. Vieles an Begriffen und Begriffsinhalten wurde aus der Antike als selbstverständlich übernommen. Es lebt noch heute allerdings in etlichen Fällen begriffsverschoben weiter. Bekannte Bewegungsvorgänge mögen verfeinert mit neuartigen mathematischen Methoden eleganter und umfassender beschrieben werden. Gleichwohl gestatten es mathematische Methoden, wie im ersten Kapitel zu sehen war, gewisse kinematische Vorgänge in der Untersuchung langfristigen Bewegungsverhaltens auch heute noch adäquat zu beschreiben. Wenn wir zu Beginn des 21. Jahrhunderts den Beginn einer nachklassischen Bewegungslehre vermuten,

[1] Siehe Vertiefendes etwa in LELGEMANN, D. [2010]; LELGEMANN, D. [2011].

E. F. M. Jochim, *Der astronomische Bewegungsbegriff*,
https://doi.org/10.1007/978-3-662-71040-1_2

ist es notwendig, die Grundprinzipien der klassischen Bewegungslehre schlagwortartig zu präzisieren. Darauf basierend können charakteristische Unterscheidungen in der Fortentwicklung dieser Begriffswelt gefunden werden. Erst dann ist eine konsequente Weiterentwicklung der Bewegungslehre auch zu rechtfertigen.

Die antike Lehre von der Bewegung der Himmelskörper kann in einer ersten Hauptthese auf das einfache Prinzip der gleichförmigen Kreisbewegung reduziert werden. Diese wurde mathematisch gesehen die Grundlage für eine Anpassung der „wahren" (gemeint ist damit der physikalischen) Bewegung. Schon von Anfang an, nämlich schon zu *Platons* Zeiten, war man sich der Schwierigkeiten bewusst, die Anpassung mit der Kreisbewegung zu beginnen. Dies führte später zu dem mathematisch äußerst raffinierten, höchst bewundernswerten Gebilde der kombinierten Exzenter- und Epizykeltheorie. *Georg Christoph Lichtenberg*[2] bezeichnete die Epizykeltheorie

> *„als das feinste, künstlichste und dabei sonderbarste Gewebe aus Scharfsinn, Spitzfindigkeit und Verblendung".*

Mit dieser lustigen aphoristischen, aber im Grunde genommen oberflächlichen Aussage wurde er den Leistungen der antiken Himmelsmechanik und Beobachtungskunst sicherlich in keiner Weise gerecht. Eine systematische Kontinuität von der antiken zur klassischen Himmelsmechanik konnte er nicht erkennen. Eine präzise Unterscheidung zwischen mathematischem und physikalischem Modell war ihm verwehrt.

Womit lässt sich nun die klassische Bewegungslehre charakterisieren? In der antiken Himmelsmechanik wurde zur Beschreibung der Bewegung der verschiedenen Himmelskörper trotz des einheitlichen Ausgangspunktes von der zusammengesetzten gleichförmigen Kreisbewegung jeweils ein eigenes je recht unterschiedlich aufwendiges mathematisches Modell benötigt. Eine für alle Himmelskörper gemeinsame Gesetzmäßigkeit war unbekannt. Der klassische Ansatz, der auf der gedanklichen Fundierung von *G. Galilei* und *J. Kepler* erarbeitet wurde, bestand in der Herleitung einer allgemeingültigen Gesetzmäßigkeit. Diese gestattet, die Bewegung aller Himmelskörper zu beschreiben. Sie erlaubt außerdem eine Determinierung dieser Bewegung aus der Vergangenheit in alle Zukunft. Es wird jetzt das Ziel der Beobachtung dieser Bewegungen sein, diese Gesetzmäßigkeit immer besser zu erfassen. Sie mathematisch so gut darstellbar werden zu lassen, um als Fernziel die absolute Determinierung zu erreichen. Dieses Ziel wurde mit einem zunehmend aufwendigen und beeindruckenden mathematischen Apparat angestrebt. In der Relativitätstheorie wurde der Höhepunkt der klassischen Bewegungslehre und im Wesentlichen ihr Abschluss erreicht.

---

[2] Zitiert nach: P. TEN BRUGGENGATE [1943], p. 8; Georg Christoph Lichtenberg (* 1. Juli 1742 in Ober-Ramstadt bei Darmstadt; † 24. Februar 1799 in Göttingen), https://www.ecosia.org/search?tt=mzl&q=Georg%20Christoph%20Lichtenberg.

2.2 Gedankliche Vorbereitungen

Der Aufbau der physikalischen Welt ist, wie es *Platon* vermutlich als Erster formulierte, mit dem Begriff der Bewegung verknüpft.[3] Dieser Zusammenhang ist bei dem Umbruch vom antik-mittelalterlichen zum klassisch-neuzeitlichen Denken von zentralem Gehalt. Er findet sich daher im Denken der bedeutenden Philosophen und Astronomen dieser Zeitenwende an prominenter Stelle.

2.2.1 Nikolaus von Kues

Der Neuplatoniker *Nikolaus von Kues* (genannt *Cusanus*) (1401–1464)[4] kann als einer derjenigen bezeichnet werden, die den gedanklichen Weg für *Kopernikus* und damit sogar auch für *Kepler*s neue Astronomie vorbereiteten. *Alexander von Humboldt* schreibt:[5]

> *„Ein deutscher Cardinal, Nicolaus de Cuß, hatte zuerst die Geistesfreiheit und den Muth, fast hundert Jahre vor Copernicus, unserem Planeten zugleich wieder die Achsendrehung und die fortschreitende Bewegung zuzuschreiben."*

Diese Aussage bezieht sich auf die neue Kosmologie (*ista prius inaudita,* „dies ist früher nicht gehört worden"[6]), mit der *Cusanus* sich bewusst von den früheren Vorstellungen absetzte. Er ging in seinen kühnen Gedankengängen philosophisch weit über *Kopernikus* hinaus. Es findet sich in der neueren Literatur sogar die Aussage:[7]

> *Wenn Cusanus jemanden vorweggenommen hat, dann war es nicht Kopernikus, sondern Einstein.*

Mit seiner Methode der *Coincidentia Oppositorum* (das Zusammenfallen der gegensätzlichen Extreme) führte er den Bewegungsbegriff wie auch den Begriff des Unendlichen weiter. Das Zusammenfallen der Gegensätze im Unendlichen kann der Mensch nur durch

---

[3] Vgl. etwa das Zitat über die Welt als das bewegte Abbild der unbeweglichen Ewigkeit aus PLATON, Timaios 37d.

[4] *Nikolaus von Kues,* latinisiert *Nicolaus Cusanus* oder *Nicolaus de Cusa* (* 1401 in Kues an der Mosel, heute Bernkastel-Kues; † 11. August 1464 in Todi, Umbrien). https://www.ecosia.org/search?tt=mzl&q=Nikoalus%20Cusanus; ENRICO PEROLI [2023], *Nikolaus von Kues, Ein Handbuch zu Leben und Werk Meiner Verlag.*

[5] ALEXANDER VON HUMBOLDT [2005], p. 242.

[6] *De docta ignorantia,* Band II, 11 156,3.

[7] W. D. P. WIGHTMAN, *Science and the Renaissance,* Oliver and Boyd, Edinburgh/London 1962, Bd. 1 S. 36 (zitiert nach E. PEROLI [2023], p. 154).

ein über die Verstandesbegriffe hinausgehendes *„wissendes Nichtwissen“ (Docta Ignorantia)*[8] erfassen. So versuchte er etwa das Wesen Gottes als Zusammenfallen der Gegensätze zu kennzeichnen. Für den Verstand gilt das Entweder-oder, das Gesetz des Widerspruchs. Hier kommt der platonische Gedanke zum Tragen: Was dem Verstande unzugänglich bleiben muss, kann sich einer Einsicht, die sein Nichtwissen (ignorantia) durchschaut, mit Sinn erfüllen. In diesem Sinn fallen auch das Größte und das Kleinste im Unendlichen zusammen. In christlichem Sinne etwa bezieht sich dieses Zusammenfallen auf die unendliche **Entfaltung** Gottes im Universum, die eins ist mit seiner **Einfaltung** in die individuelle Existenz. *Johannes Kepler* knüpfte an diese Überlegungen des *Nikolaus von Kues* an.

Auch im Zusammenhang mit dem Bewegungsbegriff kommt *Nikolaus von Kues* zu einer Sprengung der antiken Weltvorstellung:[9]

> *„Es gibt also keine schlechthin größte Bewegung, da sie mit der Ruhe zusammenfällt. Keine Bewegung ist deshalb absolut, da die absolute Bewegung Ruhe und Gott ist. ... Der Mittelpunkt der Welt fällt also mit ihrem Umfang zusammen. Die Welt hat demnach keinen Umfang; denn hätte sie einen Mittelpunkt, so hätte sie auch einen Umfang und hätte somit in sich ihren Anfang und ihr Ende.“*

Vorausschauend ist die folgende Aussage:[10]

> *„Es kann somit auch die Erde, die das Zentrum nicht sein kann, nicht ohne alle Bewegung sein* (terra igitur, quae centrum esse nequit, mota omni carere non posset).“

Mehrmals betont *Cusanus:*

> *„Wie die Erde nicht das Zentrum der Welt ist, so ist es auch nicht die Sphäre der Fixsterne oder ein anderer Umkreis derselben, wiewohl die Erde, im Verhältnis zu dem Himmel mehr der Peripherie ähnlich zu sein scheint. Die Erde ist also nicht das Zentrum, auch nicht für die erste oder irgendeine andere Sphäre.“*

Cusanus scheint nicht nur stolz auf seine überraschende Einsicht zu sein. Selbst überrascht betont er mehrmals:

> *„Aus dem Gesagten geht klar hervor, dass die Erde sich bewege.“*

Und im anschließenden 12. Kapitel des zweiten Buches beginnt *Cusanus* nochmals mit einer Plausibilitätsüberlegung, die seinen Prioritätsanspruch unterstreicht:

---

[8] Dies der Titel des Hauptwerkes des NIKOLAUS CUSANUS [1440]: *De docta ignorantia.*

[9] Zitiert nach W. NEUSER [1994], p. 184, aus Cusanus, *De docta ignorantia* Buch II. S. 11 und S. 12.

[10] NICOLAUS CUSANUS [1862/2005], *De docta ignorantia,* Buch II, elftes Kapitel, p. 116 (Hinweis auch bei P. JANLE [2006], p. 38, II 157).

> *„Das eben Ausgeführte kannten die Alten nicht, weil ihnen die Wissenschaft des Nichtwissens fehlte. Uns ist es jetzt ganz klar, dass die Erde sich wirklich bewegt, wenn wir es gleich nicht bemerken, da wir die Bewegung nur durch die Vergleichung mit etwas Unbeweglichem wahrnehmen.“*

Hier klingt schon ein Grundgedanke der Relativitätstheorie an.

Bemerkenswerterweise wird in diesem Zusammenhang die hochscholastische Syllogistik nach *Aristoteles* wieder durch eine geometrische Betrachtungsweise ersetzt. Ein in bahnmechanischem Zusammenhang faszinierendes Beispiel ist der Kreis: Geht dessen Radius gegen unendlich, geht der Kreis in eine Gerade über: im Unendlichen fallen die Gegensätze (geradlinige und kreisförmige Bewegung) zusammen. Mehr noch: Durch das Zusammenfallen der Gegensätze wird das Unendliche definierbar. Besonders bemerkenswert ist der Gedankengang des *Cusanus* im Zusammenhang mit der Entdeckung der Expansion des Weltalls durch *Georges Lemaitre.* Auf Grund der Expansion ist der Mittelpunkt der Welt überall, also auch im Umfang. Es gibt nach *Cusanus* keinen Mittelpunkt also auch keinen Umfang. *Cusanus* hat die moderne Kosmologie vorgedacht (Abschn. 3.2.3).

2.2.2 Giordano Bruno

Cosimo Medici hatte 1459 in Florenz die platonische Akademie neu begründet. Diese führte zu einer Renaissance der platonischen und neuplatonischen Philosophie in Italien. Als deren glänzendster Denker wird *Giordano Bruno* (1548–1600) bezeichnet.[11] *G. Bruno* knüpfte an *Nikolaus von Kues* (Cusanus) an. Er führte dessen Philosophie wesentlich weiter. *Bruno* versuchte, die – wie er schreibt – *„physikalischen, mathematischen und metaphysischen Probleme, die sich aus der Vorstellung eines homogenen Universums ergeben, einer konsequenten philosophischen Lösung zuzuführen“*.[12]

Bruno vertiefte (auch hier ganz Platoniker) die geometrische Begründung einer Reflexionslogik. Dies bestand darin, der Zahl und ihrem Repräsentanten, der geometrischen Figur, eine zentrale Rolle zuzuweisen. Er sah von *Kopernikus* das Tor aufgestoßen für den unendlichen Raum und die unendliche Welt. Damit vollzieht er einen entscheidenden Schritt von der „mittelalterlich ‚geschlossenen‘ Welt zu dem modernen ‚unendlichen‘

---

[11] H. KNITTERMEYER [1959], *Philosophie der Neuzeit: von Cusanus bis Nietzsche,* in: F. HEINEMANN, ed. [1959]: *Die Philosophie im 20. Jahrhundert,* Klett Verlag, Stuttgart.

[12] Siehe hierzu vor allem die Frankfurter Schriften [1591]: *De triplici minimo et mensura ad trium speculativarum scientarum et multarum activarum artium principia,* Opera I,3; *De monade, numero et figura, secretioris nempe physicae, mathematicae et metaphysicae elementa,* Opera I,2; *De immenso et innumerabilibus seu de universo et mundis,* Opera I,1; Opera I,2. In: BRUNO, GIORDANO: opera Bruni Nolani opera Latine conscripta recensebat F. Fiorentino, Bd. I ff. Neapel/Florenz 1879–1891. Zitiert nach: G. WOLFSCHMIDT (Hrsg.) [1994], p. 184 und p. 317.

Universum"[13] mit seinen ‚unendlich vielen' Sonnensystemen. Als Bausteine dieser unendlichen Welt bezeichnet *G. Bruno* die *Monaden*, mathematische Punkte, physikalische Atome, metaphysische Ganzheiten. Die Monaden spiegeln (im Sinne der coincidentia oppositorum) die Einheit des Maximum auch im Minimum. So erhält der Punkt eine doppelte Bedeutung: Er ist der „kleinste Teil von etwas" und zugleich „fehlende Quantität". Der Punkt ist die Einheit, die Maß und Begrenzung von allem ist. „Für den zwischen ‚kleinstem Teil' und ‚Begrenzung' oszillierendem Punkt steht der Kreis mit Peripherie und Zentrum als den beiden **Bestimmungen** für den Punkt."[14] *G. Bruno* schreibt:[15]

> *„So können wir mit Sicherheit behaupten, dass das Universum ganz Zentrum oder das Zentrum des Universums überall ist, und dass der Umkreis nicht in irgendeinem Teil, sofern derselbe vom Mittelpunkt verschieden ist, sondern vielmehr, dass er überall ist; aber ein Mittelpunkt als etwas von jenem Verschiedenes ist nicht vorhanden."*

In derartigen Äußerungen könnte auch die moderne Idee vom Urknall und der Expansion des Weltalls vorgedacht sein (nach *Alexander Friedmann,* veröffentlicht:[16] 1922, und *Georges Lemaître,* veröffentlicht:[17] 1927).

Giordano Bruno steht in der platonischen Tradition und dennoch an der Schwelle der Neuzeit. *W. Neuser* schreibt: *„So seine Vorstellung von der Unendlichkeit der Welt, die Vorstellung, dass der Mensch im Zentrum der Welt stehe, die Vorstellung, dass die Mathematik als Basis der Naturwissenschaft diene, und dass empirische Befragung der Natur unabdingbar sei."*[18] Das Denken *Giordano Brunos* ist entscheidend für die Atomtheorie und die Anfänge der Infinitesimalrechnung geworden. Er beeinflusste *Kepler, Leibniz, Huygens* und viele andere. *„Ein angemessenes Verständnis der physikalischen und mathematischen Theorien dieser Autoren ist ohne eine angemessene Berücksichtigung der* Bruno*'schen Philosophie kaum möglich."*[19]

Das Denken *Giordano Bruno*s weist aber auch über die antike Bewegungslehre und allgemeiner über die Zeit der klassischen Naturwissenschaft mit ihrer exakten Mathematisierung eines *Galileo Galilei, Johannes Kepler, René Descartes, Isaac Newton, Gottfried Leibniz* hinaus. *Giordano Bruno* nimmt die *„Gestirne als kosmische Großorganismen an,*

[13] H. KNITTERMEYER [1959], *Philosophie der Neuzeit: von Cusanus bis Nietzsche* p. 196 f., in: F. HEINEMANN, ed. [1959]: *Die Philosophie im 20. Jahrhundert,* Klett Verlag, Stuttgart.

[14] W. NEUSER [1994], p. 185.

[15] In: G. BRUNO [1983]: *Von der Ursache, dem Prinzip und dem Einem,* übersetzt von *Adolf Lassen,* L. Heimann's Verlag [1872].

[16] *Alexander Friedmann* [1888–1925], http://en.wikipedia.org/wiki/Alexander_Friedmann.

[17] *Georges Lemaître* [1894–1966], http://de.wikipedia.org/wiki/Georges_Lema%C3%AEtre; siehe etwa auch in Abschn. 3.2.3 auf Seite 518.

[18] Nach W. NEUSER [1994], p. 181.

[19] W. NEUSER [1994], p. 181.

deren Bewegung sich einer exakten Mathematisierung entzieht".[20] So kann sogar *R. Abraham*, der als einer der Gründerväter der Chaostheorie bezeichnet wird, *Giordano Bruno* als deren Vorläufer bezeichnen. *Bruno* öffnete, in der Nachfolge *Platons*, das Denken für das Unendliche, für das Unermessliche. Unter den unmittelbaren Nachfolgern kann vielleicht *J. Kepler* am ehesten in geistiger Verwandtschaft zu *Bruno* gesehen werden.

Kopernikus diskutierte den Gedanken der räumlichen Endlichkeit oder Unendlichkeit der Welt als Ganzes. Er konnte sich aber nicht auf den einen oder anderen Standpunkt festlegen. In diesem Zusammenhang knüpfte er an die im Mittelalter häufig gestellte Frage nach der Bewegung der äußeren Sphäre an. *Kopernikus* musste bei der Aufstellung seines heliozentrischen Systems die Fixsternsphäre beibehalten. Sonst hätte er Schwierigkeiten beim Verständnis der Bewegung eines unendlichen Universums nicht vermeiden können. Er schreibt:[21]

> *„Nach jenem physischen Grundsatze: dass das Unendliche weder durchlaufen werden, noch sich aus irgendeinem Grunde bewegen kann, müsste doch der Himmel notwendig stillstehen. Aber man sagt, dass außerhalb des Himmels kein Körper, kein Ort, kein leerer Raum, und überhaupt gar nichts existiere, und deshalb nichts da sei, über welches der Himmel hinausgehen könnte; denn es ist doch recht wunderbar, dass etwas von nichts umschlossen werden kann. Wenn jedoch der Himmel unendlich, und nur an der inneren Höhlung begrenzt wäre, so bestätigt sich vielleicht umso mehr, dass außerhalb des Himmels nichts ist, weil jedes Ding, ... innerhalb desselben ist, dann aber wird der Himmel unbeweglich bleiben. Das Vorzüglichste nämlich, worauf man sich beim Beweise von der Endlichkeit der Welt stützt, ist die Bewegung. Ob nun die Welt endlich oder unendlich sei, wollen wir dem Streite der Physiologen überlassen."*

2.3 *J. Kepler*, Physik der Bewegung der Himmelskörper

In seiner *Narratio* vom 11. Sep. 1610 war es *Johannes Kepler* (1571–1630), der Begründer der klassischen Himmelsmechanik, der wohl als Erster den Begriff „Satellit" verwendete. *Kepler* hatte als kaiserlicher Hofmathematiker den Auftrag erhalten, Stellung zum *„Sidereus Nuncius"* (Sternenbote) des *Galileo Galilei* zu nehmen. In dem dieser von seiner Entdeckung der Jupitermonde berichtete, die er „Medicaea Sidera" (die mediceischen Sterne) genannt hatte. *Kepler* hatte mit einem geliehenen Fernrohr eigene Beobachtungen angestellt. Er verfasste darüber den *Bericht (narrativ) über die eigene Beobachtung der*

[20] J. KIRCHHOFF [2000], in: *Giordano Bruno und die Kosmologie der Unendlichkeit,* SuW 2–3, 2000, pp. 134–141.

[21] Aus: *N. Kopernikus* in der Übersetzung von M. MENZNER [1879], *Über die Kreisbewegung der Weltkörper*, Thorn, Bd. I, S. 8; zitiert nach W. NEUSER [1994], *„Infinitas infinitatis et finitas finitatis, Zur Logik der Argumentation im Werk Giordano Brunos"*, in: G. WOLFSCHMIDT, HRSG. [1994], pp. 181–189.

vier den Jupiter umlaufenden Satelliten. Mit diesem neuen Begriff „satelles" meinte er in neutraler Weise „Trabanten", „Begleiter", „Leibeigene" des Hauptplaneten.[22]

Mit den von *Kepler* gefundenen Bewegungsgesetzen wurde es möglich, nicht nur die Bewegung der Planeten, sondern auch dieser „Satelliten" in Bezug auf ihren Zentralkörper zu beschreiben und vorherzusagen. Auf der Suche nach der physikalischen *Ursache* der Bewegung der Himmelskörper wurde das *Newton'*sche Attraktionsgesetz in der Folgezeit als das zentrale physikalische Gesetz bewertet. Es gelang *Newton,* die *Kepler'*schen Gesetze aus dem *Newton'*schen Gravitationsgesetz herzuleiten. Allerdings setzt die Herleitung des *Newton'*schen Attraktionsgesetzes das wesentlich allgemeinere $1/r^2$-Gesetz bereits voraus. In seiner Grundidee war dieses Gesetz als radiale Beschleunigung im Rahmen eines Zweikörperproblems bereits von *Kepler* angedacht worden.[23]

Seit *A. Einstein* kann das *Newton'*sche Gesetz als Grenzfall einer viel allgemeineren Gesetzmäßigkeit angesehen werden. Aus der Bewegung der künstlichen Himmelskörper wissen wir auch, es gibt neben der Gravitation noch eine Menge weiterer Bewegungseinflüsse, etwa den Luftwiderstand, Sonnenstrahlungsdruck, Solarwind, Gravitationsanomalien, Mascons, reflektierte Strahlung (vom Mond, von der Erde), Ausgasungen, Bahnmanöver, Lagemanöver usw. Diese können sehr effizient eine Satellitenbahnbewegung formen.

Die Bahnparameter, die nach der *Kepler'*schen Bahnmechanik im Zweikörperproblem Konstante sein sollten, sind jetzt keine mehr, sie werden – in der üblichen (früheren) Bezeichnungsweise – „gestört". Diese Sichtweise wird der Beschreibung der Bewegung von Satelliten und künstlichen Raumflugkörpern nicht notwendig gerecht. Wird etwa die Bahn einer interplanetaren Raumflugsonde betrachtet, ein besonders gutes Beispiel hierzu ist die am 26. Oktober 1989 gestartete Jupitersonde GALILEO. Beim Abflug von der Erde ist diese der Zentralkörper (oder besser formuliert: der „erste Körper"), während die Sonne höchstens als „Störkörper" betrachtet werden darf. Beim Verlassen des erdnahen Raums wird die Sonne zum ersten Körper, die Erde zum „Störkörper". Beim Vorbeiflug an einem anderen Körper des Sonnensystems (bei GALILEO einmal die Venus, zweimal die Erde) wird dieser zum ersten Körper, die Sonne allenfalls zum „Störkörper", beim Eintritt in das Jupitersystem wird Jupiter zum ersten Körper, die Sonne und abwechselnd einer oder mehrere der Jupitermonde zum zweiten mitunter recht effektiven „Störkörper" (Abb. 2.1).

Das Wechselspiel zwischen erstem Körper und „Störkörper" etwa führt den Störbegriff im klassischen Sinn ad absurdum. Allgemein ist ein physikalischer Störbegriff unsinnig. Nur mathematisch ist dieser Begriff gerechtfertigt. Dann nämlich, wenn mit der „Störungsrechnung" als einer bestimmten mathematischen Methode ein bestimmter

[22] Siehe Gerlach, W. und List, M. [1980], *Johannes Kepler, Leben und Werk,* Serie Piper, München, pp. 74–83.

[23] Näheres in den Abschn. 2.3.5.

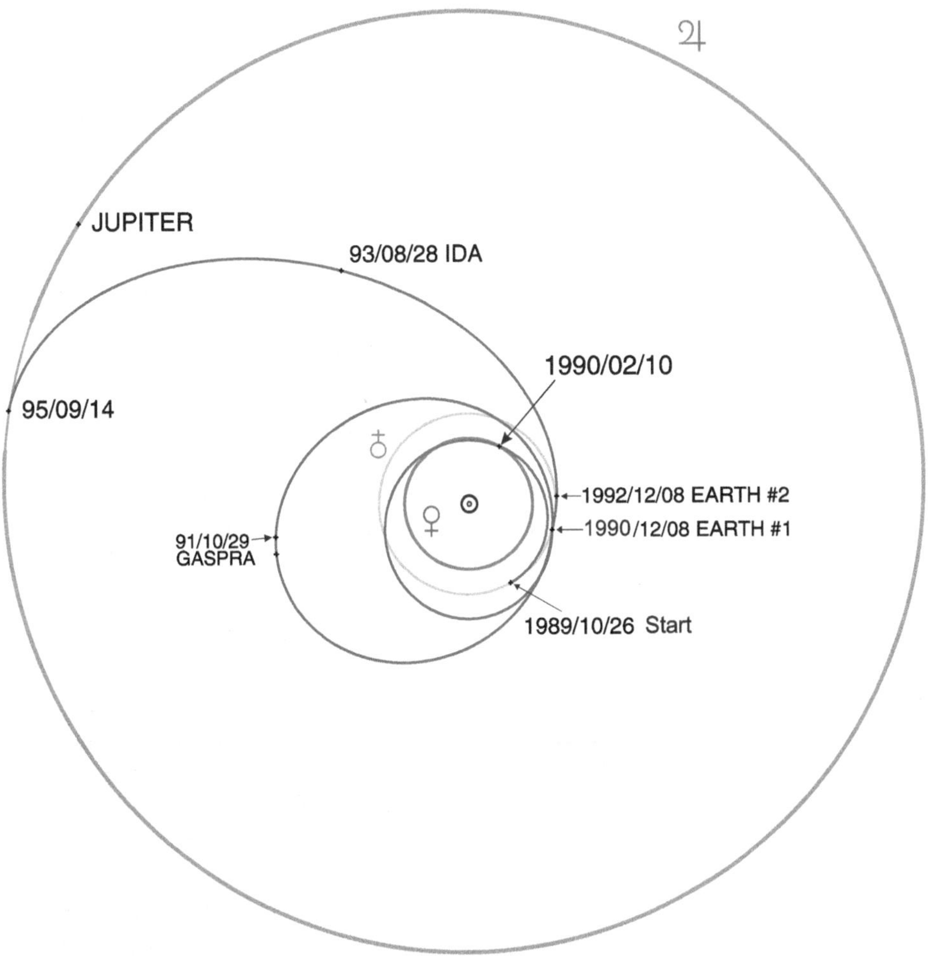

Abb. 2.1 Die interplanetare Transferbahn der Galileo-Sonde von der Erde zum Jupiter mit Swing-by-Manövern an Venus und zweimal an der Erde und Vorbeiflügen an den Kleinen Planeten Gaspra und Ida. Richtige Größenverhältnisse

Typus von Differentialgleichungen zu lösen versucht wird.[24] Auch der Begriff der „Variation der Konstanten" sollte vergessen werden. Schließlich gelingt es, durch primäre Annahme der Variabilität **aller** in den *Kepler*'schen Gesetzen vorkommenden Parameter die Variationsgleichungen der Satellitenbewegung in vollständiger und notwendiger Allgemeinheit herzuleiten. Das wollen wir unter dem Begriff der „allgemeinen *Kepler*-Bewegung" zusammenfassen. Die *Kepler*-Bewegung ist kein Spezialfall der aus den

[24] Siehe in JOCHIM, E. F. M. [2018], Kap. 18.

Newton'schen Gesetzen folgenden Bewegung. Vielmehr vermag das *Newton*'sche Attraktionsgesetz einen Fall von Bewegungen zu begründen, der einen Spezialfall der viel allgemeingültigeren und universelleren allgemeinen *Kepler*-Bewegung darstellt. Diese kann darüber hinaus als Spezialfall einer vollständig allgemeinen mathematischen Darstellung der Bewegungen durch einen Vorgang beschrieben werden, der in diesem Zusammenhang als *Anpassung* mit Aufstellung einer *Anpassungsgleichung* bezeichnet werden soll.[25]

Künstliche Erdsatelliten, Planetenorbiter, interplanetare und interstellare Raumflugsonden bewegen sich wie alle Himmelskörper auf Bahnen, die sich mathematisch als Raumkurven darstellen lassen. Diese Raumkurven sind selbst Veränderungen, Bewegungen unterworfen. Das vorliegende Buch weist auf die Beschreibung dieser Bahnbewegungen hin. Ausgehend von der mathematischen Anpassung einer beliebigen Bewegung können verschiedenartige vor allem bahngeometrische Gesichtspunkte der Bahnbewegungen untersucht werden. Sie ermöglichen eine Bahnanalyse und die Untersuchung von Beobachtungsbedingungen. Dies ist derzeit vor allem für erdnahe Bahnen („Low Earth Orbits“ = LEO) (z. B. von Erderkundungssatelliten) und geostationäre Bahnen („Geostationary Orbits“ = GEO, z. B. von Kommunikationssatelliten oder Wettersatelliten) aktuell. In den letzten Jahren erschienen dazu eine Fülle von Studien und Einzeluntersuchungen. Frühere Lehrbücher über Satellitenbahnmechanik können nur noch als sehr unvollständig angesehen werden. Wegen der mittlerweile immens angewachsenen Fülle und Breite des Gesamtgebietes der Satellitenbahnmechanik kann und will auch dieses Buch kein modernes Lehrbuch ersetzen. Vielmehr hat es das Ziel, im Stil einer Monografie verschiedenartige Aspekte der Satellitenbewegung auszuloten, zu hinterfragen und zu durchdenken, und auf breiter Grundlage darzustellen. Das Buch möchte als Einführung, Vertiefung, Nachschlagewerk und Anregung verstanden werden.

Das kinematische Werkzeug zur Untersuchung der Satellitenbewegung geht auf ***Johannes Kepler*** (1751, Weil der Stadt – 1630, Regensburg) zurück. Er kristallisierte seine Gesetze der Planetenbewegung (*Astronomia Nova,* 1609; *Harmonice Mundi,* 1619) zur mathematischen Beschreibung der *Tycho Brahe*'schen Beobachtungen vor allem der Bewegung des Planeten Mars heraus. Wenn wir vom heutigen Standard der uns sehr einfach erscheinenden analytischen Formulierung der *Kepler*'schen Gesetze ausgehen, erscheint es fast unvorstellbar, wie *Kepler* seine Erkenntnisse durch rein geometrische Überlegungen unter Ablehnung der damals modernen Algebra von *M. Stifel* und *F. Viète* gewann. Seine Darstellungsweise war somit sehr kompliziert und schwer nachvollziehbar. Das verwischte manche seiner originären Leistungen, etwa seine Überlegungen zur Infinitesimalrechnung (also lange vor *Leibniz* und *Newton*), die Einführung der Logarithmen in die Himmelsmechanik, seine Beiträge zur Theorie der Kegelschnitte, die implizite Verwendung der exzentrischen Anomalie als einer regularisierenden Variablen und die Suche

[25] Ansatz in Kap. 2, Ausführung in JOCHIM, E. F. M. [2016b] Kap. 5.

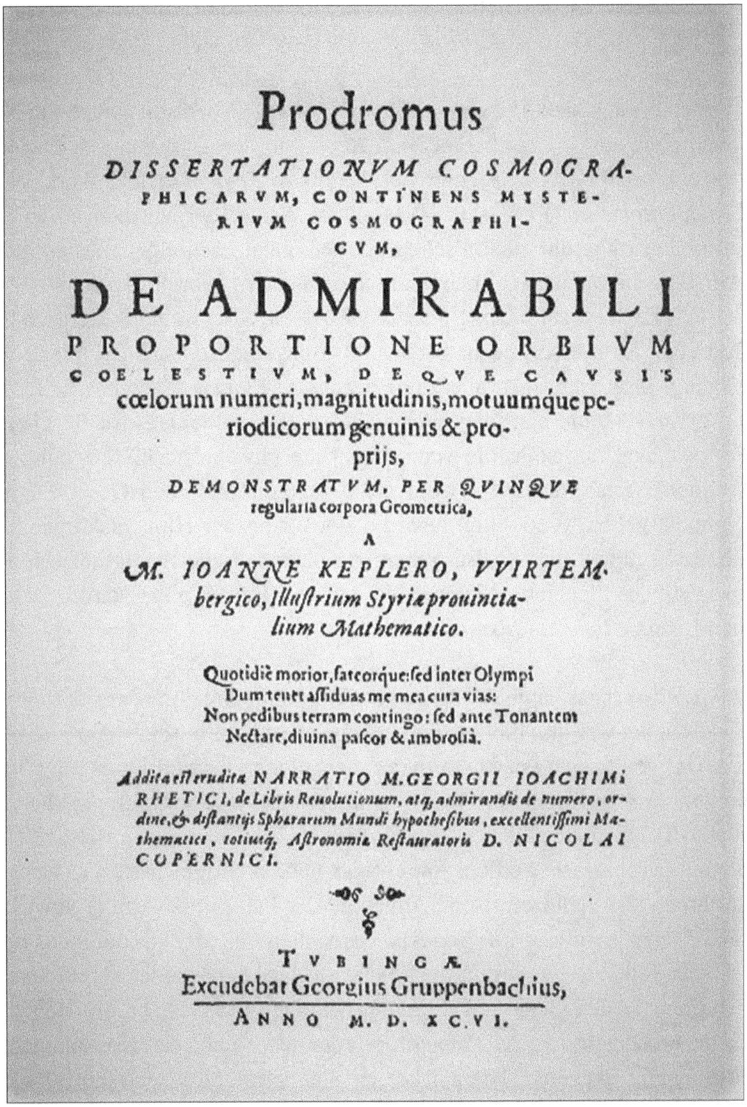

Prodromus
DISSERTATIONVM COSMOGRAPHICARVM, CONTINENS MYSTERIVM COSMOGRAPHICVM,
DE ADMIRABILI
PROPORTIONE ORBIVM COELESTIVM, DEQVE CAVSIS cœlorum numeri, magnitudinis, motuumque periodicorum genuinis & proprijs,
DEMONSTRATVM, PER QVINQVE regularia corpora Geometrica,
A
M. IOANNE KEPLERO, VVIRTEMbergico, Illustrium Styriæ prouincialium Mathematico.

Quotidie morior, fateorque: sed inter Olympi
Dum tenet assiduas me mea cura vias:
Non pedibus terram contingo: sed ante Tonantem
Nectare, diuina pascor & ambrosiâ.

Addita est erudita NARRATIO M. GEORGII IOACHIMI RHETICI, *de Libris Reuolutionum, atq; admirandis de numero, ordine, & distantijs Sphærarum Mundi hypothesibus, excellentissimi Mathematici, totiusq; Astronomiæ Restauratoris* D. NICOLAI COPERNICI.

TVBINGÆ.
Excudebat Georgius Gruppenbachius,
ANNO M. D. XCVI.

Abb. 2.2 Frontispiz zu *Keplers Mysterium Cosmographicum*[27]

nach einem Kraftgesetz, das der durch die Gesetze beschriebenen Bewegung zugrunde liegt[26] (Abb. 2.2).

[26] VOLK [1973], siehe auch GERLACH-LIST [1980], STEPHENSON [1987].

[27] Kopie mit Genehmigung aus dem astronomischem Institut der LMU München.

Keplers wissenschaftliches Lebenswerk war im Wesentlichen auf zwei Ziele ausgerichtet[28]:

1. Mit der Suche nach den Harmonien der Welt, die sich insbesondere in der Planetenbewegung zeigen sollten, befand sich *Kepler* in der Tradition des *Ptolemäus* und weiter zurück bis *Platon*. Dies zeigt sich bereits in *Keplers* erstem Werk, dem *Mysterium Cosmographicum*. In diesem Werk schien *Kepler* der Versuch zu gelingen, den Planetensphären die fünf platonischen Körper einzubeschreiben. *Tycho Brahe* hatte diese Arbeit als mathematisch interessant anerkannt. Als ein kritischer Wissenschaftler lehnte er es jedoch wegen mangelnder physikalischer Begründung letztlich ab.
2. Sein Bestreben nach einer mechanischen, also physikalischen Begründung der Planetenbewegung, lässt sich ebenfalls auf *Ptolemäus* (*Planetenhypothesen*, I, 2) zurückführen. *Kepler* verstand hierunter aber nicht nur die mathematische Beschreibung der Planetenbewegung, sie solle die wahre, also die physikalische Bewegung wiedergeben. Vielmehr verlangte *Kepler* wohl als Erster, die irdischen Gesetze sollten auch „am Himmel" gelten. Sie sollten also die Bewegung der Himmelskörper begründen. Als frühestes Zeugnis für sein Bestreben, ein physikalische Kraftgesetz zu finden, um die Bewegung der Planeten zu begründen, gilt ein Brief *Keplers* vom 3. Oktober 1595 an seinen Lehrer *Michael Mästlin* in Tübingen.

Nikolaus Kopernikus hatte lange gezögert, sein Werk zu publizieren, vermutlich weil er es als unfertig ansah. Es war ihm nicht gelungen, alle seine theoretischen Ansätze konsequent umzusetzen. Das zeigte sich vor allem in der mangelnden Durchdringung der Theorie der Planetenbreiten. *Kepler* scheint das Werk des *Kopernikus* sehr sorgfältig studiert zu haben. Dies kann aus der bekannten Bemerkung *Keplers* im Zusammenhang mit der Theorie der Planetenbreiten geschlossen werden, *Kopernikus* habe nicht gewusst, wie weit er eigentlich schon durch seine heliozentrische Annahme der Planetenbewegung gewesen sei. Es erscheint aber wahrscheinlicher, *Kopernikus* war sich dieses Mankos durchaus bewusst. Er konnte nur nicht vollenden, was ihm noch vorschwebte. *Kepler* aber konnte hier ansetzen und weiterführen. So darf auch angenommen werden, *Kepler* habe die Bemerkung des *Kopernikus* bewusst gelesen, die Planeten würden sich nicht auf Kreisbahnen, sondern kreisnahen Bahnen bewegen.[29] Hierauf bezieht sich vermutlich auch die Bemerkung[30] *I. Newtons*

> *„Kepler knew ye Orb to be not circular but oval & guest it to be Elliptical."*

---

[28] Siehe etwa in: HOYER, U. [1979]: *Kepler's Celestial Mechanics*, Vistas in Astronomy, Vol. **23,** pp. 69–74, Pergamon Press Ltd., Great Britain.

[29] Siehe in Abschn. 1.9.3.1 auf Seite 229.

[30] Zitiert nach C. WILSON [1968], p. 5, aus: H. W. TURNBULL ed. The Correspondence of Isaac Newton, Vol. II (Cambridge, published for the Royal Society at the University Press, 1960, p. 436, Letter 288, Newton to Halley, 20 June 1686).

Die Suche nach der Bahnform führte *Kepler* auch auf die Frage nach dem Warum, also der physikalischen Begründung einer solchen nicht kreisförmigen Bewegung. Eines war *Kepler* klar: Nur die Sonne als der größte Körper des Sonnensystems konnte – wie schon *Platon* vermutet hatte[31] – das Kraftzentrum der Planetenbewegung sein, nur sie konnte diese Bewegungskraft ausüben. Das heißt, aus physikalischen Gründen musste nach *Kepler* das heliozentrische System richtig sein und darauf baute er alle seine folgenden Überlegungen auf.

2.3.1 *Keplers* „Aufgabenstellung"

Jede mathematische Beschreibung eines physikalischen Vorgangs basiert auf Beobachtung und Auswertung eben dieses physikalischen Vorgangs. Die 1609 und 1619 von *Johannes Kepler* veröffentlichten Gesetze, die später nach ihm benannt wurden, sind die mathematische Beschreibung der physikalischen Bewegung des Planeten Mars auf Grund der Beobachtungen des *Tycho Brahe*[32] (Abb. 2.3).

Spätere Beobachtungen zeigten eine weitgehende Gültigkeit dieser Gesetze auch für die anderen Planeten und andere Himmelskörper im Sonnensystem, wie etwa den Kometen auf parabolischen oder hyperbolischen Bahnen. Somit bilden sie die mathematische Grundlage für die Theorie der Planetenbewegung, und – wie präjudiziert werden darf und mittlerweile durch die Beobachtung bestätigt ist – auch der Satellitenbahnbewegung.

Kepler hatte sich folgende Aufgabe gestellt:[33]

1. Nachzuweisen, dass alle früheren Theorien der Planetenbewegung nicht imstande waren, die bis dahin unerreicht genauen Beobachtungen der Bahnbewegung des Planeten Mars durch *Tycho Brahe* adäquat zu beschreiben
2. Zu zeigen, dass seine neue mathematische Theorie imstande sei, die Grenzen der Genauigkeit der *tycho*nischen Beobachtungen zu erfüllen
3. Zu zeigen, dass seine Theorie auch wirklich die wahren physikalischen Bewegungen der Himmelskörper. beschrieb

Von den früheren Theorien der Planetenbewegung konnte *Kepler* die Erfahrungen übernehmen, dass

1. der Mittelpunkt der Bewegung nicht im Mittelpunkt des Systems liegt,

---

[31] Siehe in Abschn. 1.3.71.3.7 auf Seite 60 mit Hinweis auf Epinomis 983 a.

[32] JOHANNES KEPLER [1609]: *Astronomia nova* ΑΙΤΙΟΛΟΓΗΤΟΣ , *seu physica coelestis, tradita comentariis de motibus stellae Martis, ex observationibus G. V. Tychonis Brahe.* (siehe Abb. 2.3 auf Seite 304).

[33] Siehe STEPHENSON, B. [1987], p. 22.

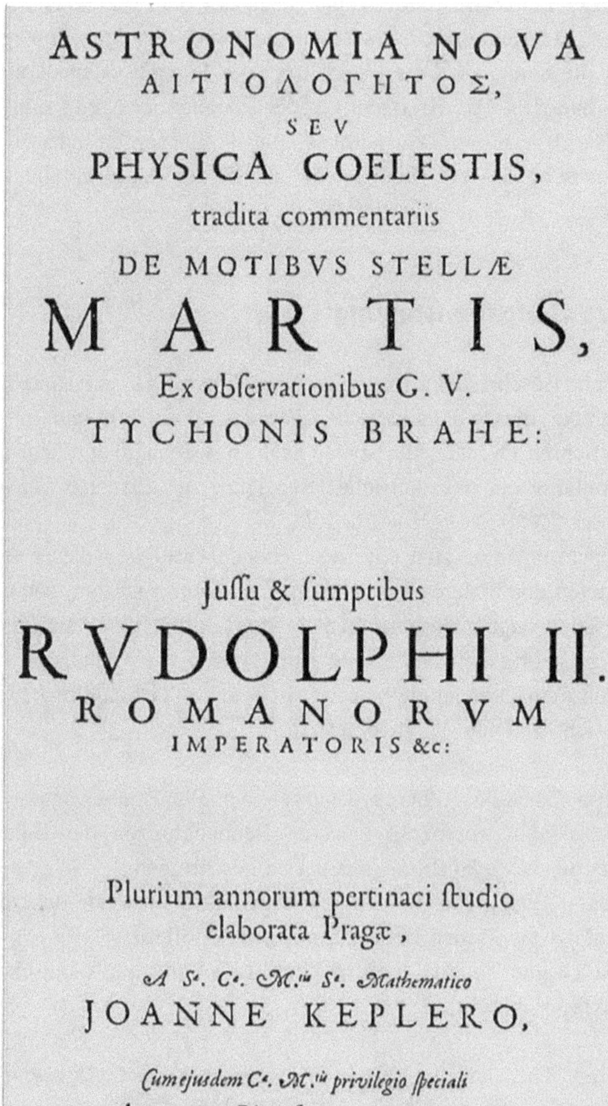

ASTRONOMIA NOVA
ΑΙΤΙΟΛΟΓΗΤΟΣ,
SEV
PHYSICA COELESTIS,
tradita commentariis
DE MOTIBVS STELLÆ
MARTIS,
Ex obſervationibus G. V.
TYCHONIS BRAHE:

Juſſu & ſumptibus
RVDOLPHI II.
ROMANORVM
IMPERATORIS &c:

Plurium annorum pertinaci ſtudio
elaborata Pragæ,
A S. C. M. S. Mathematico
JOANNE KEPLERO,

Cum ejusdem C. M.tis privilegio ſpeciali
ANNO æræ Dionyſianæ cIɔ Iɔc IX.

Abb. 2.3 Johannes Kepler veröffentlichte in diesem Buch voller Stolz das Ergebnis seiner mühevollen Berechnungen. Er hatte sie aus den präzisen Beobachtungen des Planeten Mars durch seinen Vorgänger Tycho Brahe erarbeitet. Kepler war sich sicher, mit einer neuen Lehre der Bewegungen der Himmelskörper eine neue Astronomie (Astronomia Nova) und damit die Physik am Himmel gefunden zu haben. Als kaiserlicher Hofmathematiker widmete Kepler dieses Buch seinem Gönner, dem deutschen Kaiser Rudolf II. in Prag.[34]

[34] Kopie mit Genehmigung aus dem astronomischem Institut der LMU München.

2. die Planeten auf ihrer Bahn einen sonnennächsten und einen sonnenfernsten Punkt durchliefen,
3. die Bewegung eines Planeten in einer Ebene erfolgt.

2.3.2 *Keplers* „Kriegszug gegen den Mars"

Das Vorgehen *Kepler*s zur Erforschung der Gesetze der Planetenbewegung wird im Folgenden angedeutet. *Kopernikus* hatte im Anschluss an *Ptolemäus* die Planetenbewegung auf die „mittlere Sonne" bezogen. Als mittlere Sonne hatte er den (mathematischen) Mittelpunkt der Erdbahn um die Sonne bezeichnet. Auch *Tycho Brahe* hatte seine Beobachtungen der Planetenbewegung von seinen Mitarbeitern („Gehilfen") auf diese „mittlere Sonne" reduzieren lassen. Für *Kepler* stand aber auf Grund seiner physikalischen Überlegungen fest, die „wahre Sonne" als das Kraftzentrum des Planetensystems müsse der Bezugspunkt der Planetenbewegung sein. Deshalb reduzierte er vor Beginn seiner Untersuchungen alle Beobachtungsdaten auf die wahre Sonne.[35] Damit hatte *Kepler* vorausgesetzt, die Erdbahn verlaufe exzentrisch. Allerdings hatte er noch nicht herausgefunden, dass die Erdbahn keine Kreisbahn sei. Der Schritt zum Bezug auf die wahre Sonne war eine wesentliche Voraussetzung, um zu den Gesetzen der Planetenbewegung vordringen zu können.

Kepler fand die Gesetze der Planetenbewegung durch den Vergleich vorgegebener Hypothesen mit den Beobachtungen, die *Tycho Brahe* von der Marsbewegung gemacht hatte. Dieser Vorgang war außerordentlich mühsam und *Kepler* bezeichnete ihn in der Astronomia Nova als seinen „Kriegszug gegen den Mars". Diesen Kriegszug führte er in sieben Phasen, bis er ein ihn befriedigendes Resultat erreicht hatte:[36]

1. Phase Die Beschreibung der ekliptikalen Koordinaten der Planeten, ekliptikale Länge l und ekliptikale Breite b, war gegenüber der Darstellung bei *Kopernikus* durch Bezug auf die wahre Sonne wesentlich verbessert worden. *Kepler* ging wie auch seine Vorgänger von einer ebenen Bewegung der Planeten aus. Auch die Sonne als Kraftzentrum müsse in dieser Ebene liegen. *Kepler* fand heraus, diese Bahnebene müsse jeweils eine konstante Neigung gegenüber der Erdbahnebene, also der Ekliptik, haben. Die Neigung der Marsbahnebene gegenüber der Ekliptik konnte unmittelbar aus der ekliptikalen Breite abgelesen werden, wenn folgende Bedingungen erfüllt sind: 1. Eine Beobachtung des Mars müsste gefunden werden, wenn sich die Erde in einem Bahnknoten der Marsbahn (Schnittpunkt der Marsbahnebene mit der Ekliptik) befindet. 2. Der geozentrische Winkel zwischen Sonne und

---

[35] Siehe hierzu auch: ANNA MARIA LOMBARDI [2000]: *Johannes Kepler Einsichten in die himmlischen Harmonie,* Spektrum der Wissenschaften, Biografie 4/2000, Heidelberg.

[36] Siehe hierzu u. a. in: C. WILSON [1968]: C. WILSON [1990]: B. STEPHENSON [1987], A. KAMLAH [1971].

Mars sollte genau 90° betragen. Auf diese Weise fand *Kepler* für den Mars die ekliptikale Neigung

$$i_{♂} = 1°50' .$$

Die so erarbeitete wesentliche Vereinfachung der Breitentheorie war für *Kepler* eine Bestätigung für die Richtigkeit seiner Hypothese, die Sonne sei der Bezugspunkt jeder Planetenbewegung.

2. Phase *Kepler* versucht eine Hypothese für die Längenbewegung des Mars aufzustellen. Er untersuchte dazu die Projektion seiner Bewegung in die Ekliptik. *Kepler* konnte sich auf die vorzügliche Sonnenephemeride des *Tycho Brahe* stützen. Die ekliptikale Länge der Sonnenbahn ist identisch der heliozentrischen Länge der Erdbahn. Das vereinfacht die Untersuchungen wesentlich. *Kepler* konnte daher nach einem synodischen Umlauf des Mars in Bezug auf die Erde die ekliptikale heliozentrische Länge der Marsbahn derjenigen der Erde gleichsetzen. Somit erhielt er die Zeit zwischen zwei aufeinanderfolgenden Oppositionen des Mars in Bezug auf die Erde.

Ptolemäus hatte angenommen, die Strecke Erde (hier = mittlere Sonne) zu Ausgleichspunkt (Äquant) würde vom Mittelpunkt der Planetenbahn (hier der Marsbahn) halbiert. *Kepler* dagegen stellte diese Annahme als Hypothese des *Ptolemäus* in Frage. Er versuchte den Mittelpunkt der Marsbahn aus den Beobachtungen und darauf basierenden Rechnungen zu bestimmen. Dazu verwendete *Kepler* eine Annahme, die sich zur Beschreibung der Bewegung längs der Bahn als mathematisch zuverlässig, später aber als physikalisch nicht relevant herausstellte. Sie wurde deshalb von *Kepler* als eine „stellvertretende Hypothese" (*hypothesis vicaria*) bezeichnet. Er nahm die Bewegung des Planeten auf einem Kreis an. Dessen Mittelpunkt M'_d liege exzentrisch zu Sonne und Ausgleichspunkt F (punctum aequans), ähnlich wie es im kopernikanischen Modell der Bewegung der äußeren Planeten vorgezeichnet war. *Kepler* verwendete jedoch im Gegensatz zu *Kopernikus* die folgende Relation (siehe Abb. 2.4 auf Seite 303):

$$\frac{\overline{\odot M'_d}}{\overline{\odot F}} = \frac{r_1}{r_1 + r_2} = 0.61 \quad .$$

Diese Hypothese erlaubte eine zufriedenstellende Berechnung der ekliptikalen Längen $l_{♂} = l(t)$ der Planeten zum Zeitpunkt t mit einer Genauigkeit in der Größenordnung zwischen $50''$ und $2'12''$. Die zugrunde liegende Beobachtungsgenauigkeit des *Tycho Brahe* lag bei etwa $2'$. Die Hypothese erlaubte allerdings keine zufriedenstellende Berechnung der Distanzen (der Radien bzw. der Bahnverhältnisse).[37]

Diese Hypothese verhielt sich also ähnlich wie die mathematischen Modelle bei *Ptolemäus.* Sie lieferten jeweils für eine Aufgabe richtige Ergebnisse, jedoch nicht für das

[37] BIALAS, VOLKER [2004], pp. 165–167.

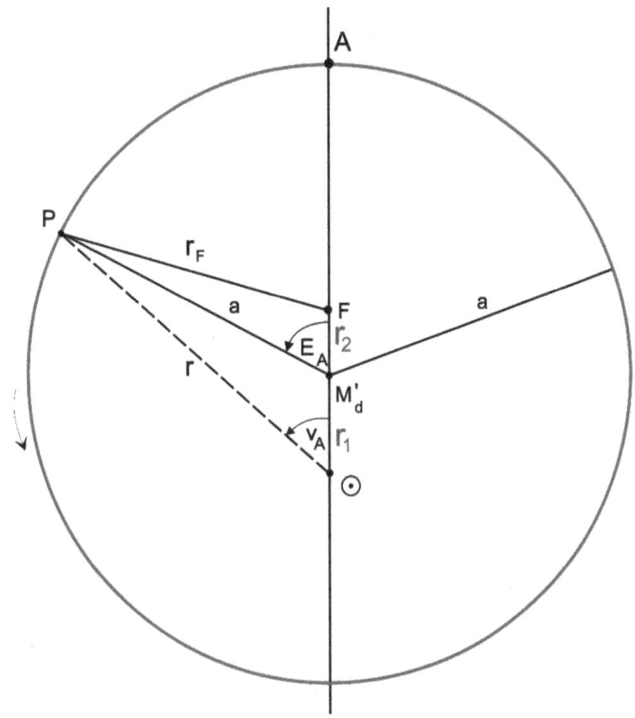

Abb. 2.4 Die Grundannahme der stellvertretenden Hypothese („hypothesis vicaria"): Bewegung des Planeten auf Kreis mit Radius a um Mittelpunkt M'_d, der nicht die Strecke Sonne zu Ausgleichspunkt (punctum aequans) F halbiert, sondern ähnlich wie bei *Kopernikus* in unterschiedlichen linearen Exzentrizitäten zu Sonne und Ausgleichspunkt liegt. r_1 – Strecke (wahre) Sonne zu Mittelpunkt M'_d des exzentrischen Kreises, r_2–M'_d zu punctum aequans F

Gesamtsystem. *Kepler* stütze sich bei der *hypothesis vicaria* qualitativ nicht auf das kopernikanische Modell ab (*Kopernikus* hatte den Wert $r_1 : (r_1 + r_2) = 0{,}75$ berechnet). Er verwendete einen von *Kopernikus* abweichenden physikalischen Ansatz. Diesen begründete er in der *Astronomia Nova:*

> *„Weiter unten wird in Teil IV gezeigt, dass bei dem Zusammentreffen zweier in einfacher Weise wirkenden Kräfte auf den zu bewegenden Planeten der Planet notwendigerweise ein wenig vom Kreis abweicht, allerdings nicht nach außen, wie in der copernicanischen Hypothese, sondern in die entgegengesetzte Richtung auf den Mittelpunkt zu."*[38]

Kepler erhielt die Parameter dieser Anordnung aus vier beobachteten Positionen des Planeten. Die Annahme war für die Positionierung des Kreismittelpunktes auf der Strecke Sonne zu *punctum aequans* aus physikalischen Erwägungen erfolgt (vgl. Abb. 2.4). *Kepler*

[38] KGW III, p. 75, Zeile 22–26, zitiert nach BIALAS, VOLKER (Brief vom 26.10.2005).

hatte die *hypothesis vicaria* zunächst für die Berechnung der Erdbahn um die Sonne entwickelt. Er wandte sie dann als Arbeitshypothese auf die Marsbewegung an. Für die Distanzen berechnete er im Falle der Marsbahn die folgenden Werte[39]:

$$\text{Sonne}-\text{Mittelpunkt des exzentrischen Kreises}: r_1 = 0.11332 \quad .$$

$$\text{Sonne}-\text{punctum aequans}: \quad r_1 + r_2 = 0.18564 \quad .$$

Der Abstand von der Sonne zum Mittelpunkt der Strecke Sonne – *punctum aequans* (also dem Mittelpunkt der Bahnellipse) beträgt nach *Kopernikus*

$$\frac{2}{3} r_1 = 0.075547$$

bei *Kepler*

$$\frac{r_1 + r_2}{2} = 0.09282 \quad .$$

Zwischen den beiden Modellen kann also nur eine qualitative Tendenz, aber keine quantitative Übereinstimmung gefunden werden.

Unter Berücksichtigung der Sonnenbeobachtungen und Berechnungen des *Tycho Brahe* musste *Kepler* die für den Mars entwickelte Theorie korrigieren. Das Zentrum der Marsbahn muss die Strecke (wahre) Sonne – Äquant halbieren. Die Folge war eine gute Übereinstimmung zwischen Theorie und Beobachtung in den Apsiden und Quadranten. In den Oktanten traten jedoch Fehler in der Größenordnung von $8'$ auf. Bei der Beobachtungsgenauigkeit von $2'$ dürfen diese Abweichungen natürlich nicht vernachlässigt werden (siehe Abb. 2.5). *Kepler* musste also nach einer neuen Theorie suchen:

> *Diese acht Bogenminuten haben also den Weg gewiesen zur Erneuerung der ganzen Astronomie.*[40]

Kepler ging zunächst von der Tradition des *Ptolemäus* aus, die Bewegung der Planeten durch eine Kombination aus Kreisbewegungen und mit gleichförmiger Bewegung darzustellen. Damit stellte sich für *Kepler* das Problem, die Kreisförmigkeit oder das Äquantenprinzip fallen zu lassen. Er entschied sich zunächst, das Äquantenprinzip aufzugeben.[41]

3. Phase *Kepler* untersuchte jetzt die Geschwindigkeiten in den Apsiden. Bei *Ptolemäus* und *Kopernikus* wird für die Erdbahn (bzw. die scheinbare Sonnenbahn) angenommen,

[39] Siehe etwa in B. STEPHENSON [1987], p. 44.

[40] *J. Kepler* in der *Astronomia Nova,* A. 4, 19. Kapitel; zitiert nach A. KAMLAH [1971], p. 70, Fußnote 30.

[41] C. WILSON [1990], p. 67.

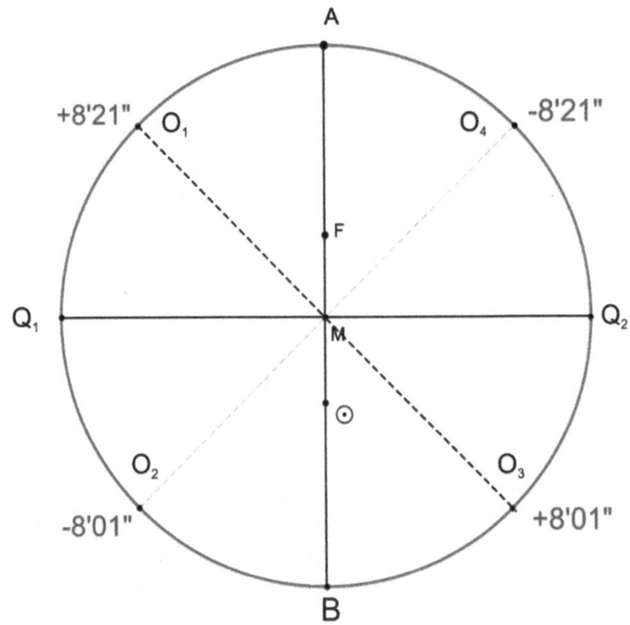

Abb. 2.5 Die Fehler der stellvertretenden Hypothese[42] für die Marsbahn: A – Aphel, B– Perihel, Q_1, Q_2 – Quadranten, O_1, – O_4 – Oktanten

Äquant und Kreismittelpunkt würden zusammenfallen. Für die sonstigen Planeten würde der Kreismittelpunkt die Strecke Sonne – Äquant halbieren. Auf Grund des Äquantenprinzips müssen in der Nähe der Apsiden in gleichen Zeiten Δt gleiche Winkel β durchlaufen werden (siehe Abb. 2.6). Dann folgt aus den Beziehungen

$$\frac{\beta}{\overline{\mathrm{AC}}} \approx \frac{2\pi}{2\,r_P\,\pi} = \frac{1}{r_P}, \quad \frac{\beta}{\overline{\mathrm{BP}}} \approx \frac{1}{r_A},$$

Die in gleichen Zeiten durchlaufenen Strecken verhalten sich umgekehrt proportional wie die heliozentrischen Distanzen der Apsiden:

$$\frac{\overline{\mathrm{AC}}}{r_P} = \frac{\overline{\mathrm{BP}}}{r_A} \quad .$$

Im Aphel werden in der Zeiteinheit kleine Strecken, im Perihel große Strecken durchlaufen. Damit ergibt sich für die Geschwindigkeiten V_{A} im Aphel, V_{P} im Perihel die Relation, sich umgekehrt proportional wie die heliozentrischen Entfernungen in den Apsiden zu verhalten.

---

42 Nach C. Wilson [1990], p. 68.

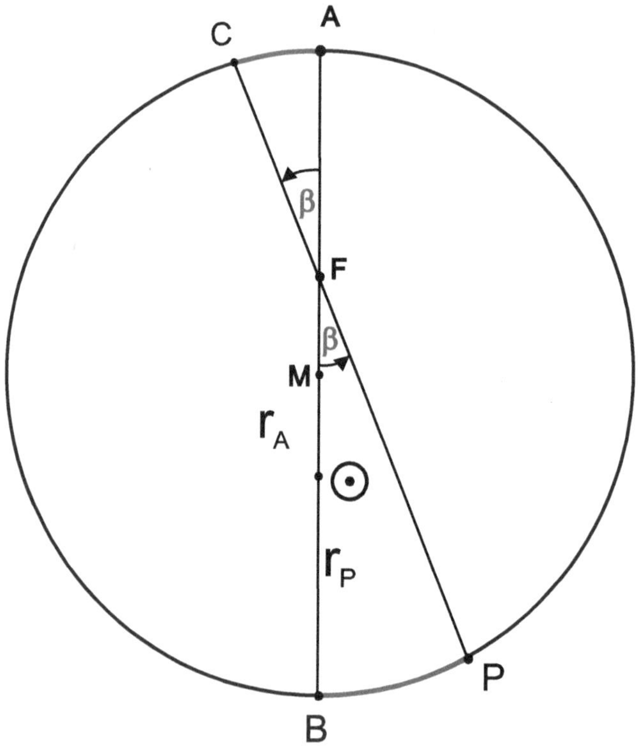

Abb. 2.6 Zur Berechnung der heliozentrischen Geschwindigkeiten in den Apsiden: Apheldistanz, $r_A = \overline{A\odot} = \overline{\mathrm{FB}}$ Periheldistanz $r_P = \overline{\odot B} = \overline{\mathrm{AF}}$

$$\frac{\frac{\overline{AC}}{\Delta t}}{\frac{\overline{BP}}{\Delta t}} = \frac{V_A}{V_P} = \frac{r_P}{r_A} \quad . \tag{2.1}$$

Wie schon *Kopernikus*, der seine Entwicklungen damit begründete, sie seien physikalisch sinnvoller als die Theorie des *Ptolemäus*, hatte auch *Kepler* das Ziel, seine Theorien physikalisch zu begründen. Er zielte aber über *Kopernikus* hinaus durch seine Suche nach einer einheitlichen Himmelsphysik, welche die Bewegungen aller Planeten (und Himmelskörper) auf eine einheitliche Basis für alle geltenden Gesetzmäßigkeiten zurückzuführen gestattet. Das war bei *Kopernikus* noch nicht der Fall.

Kepler hatte somit geschlossen, dass die Geschwindigkeiten der Planeten in den Apsiden umgekehrt proportional zu ihrer heliozentrischen Distanz seien:

$$V \sim 1/r \quad . \tag{2.2}$$

Dies ist sicherlich eine physikalische Aussage. *Kepler* verwendete dieses Gesetz[43] bei seiner Suche nach den Gesetzmäßigkeiten der Planetenbewegung. Es darf nicht, wie *Kepler* später erkannte,[44] auf die gesamte Bahn angewandt werden. Es ist aber allgemein richtig in der modifizierten Form für die transversale Geschwindigkeit V_T. In dieser Form ist es auch heute richtig und für die Untersuchung beliebiger Bewegung grundsätzlich:

$$V_T = \frac{G}{r} \quad . \tag{2.3}$$

Der Faktor G muss (zunächst) als eine (Proportionalitäts-) Konstante angesehen werden.

Kepler schloss ferner aus dieser physikalischen Gesetzmäßigkeit, eine immaterielle Kraft („virtus") würde auf sonnennahe Planeten stärker wirken. Das würde sich in der größeren Geschwindigkeit zeigen im Vergleich zur geringeren Geschwindigkeit von Planeten auf sonnenferneren Bahnen. Damit war es *Kepler* erstmalig gelungen, die Kraft der Sonne auf die Planeten zu quantifizieren. Durch *Platon* war diese Kraft qualifiziert worden. Schließlich konnte *Kepler* auch nachweisen, dass der Mittelpunkt der Erdbahn die Strecke Sonne – Äquant halbiert Das ist ein wesentlicher Schritt zur angestrebten Vereinheitlichung der Planetentheorie für alle Planetenbahnen.

Die aus dem in der Nähe der Apsiden gültigen Abstandsgesetz folgende Beziehung

$$V_A\, r_A = V_P\, r_P$$

ist dem Flächensatz zumindest für die Apsiden äquivalent. Werden nämlich die Bögen $\overline{\mathrm{AC}}$ bzw. $\overline{\mathrm{BP}}$ durch Kreisbögen auf Kreisen mit den Radien r_A bzw. r_P angenähert, ergeben sich für die Geschwindigkeiten mit den heliozentrischen Innenwinkeln β_A und β_P die Beziehungen (siehe Abb. 2.7)

$$V_A = \frac{\overline{\mathrm{AC}}}{\Delta t} \approx \frac{\beta_A\, r_A}{\Delta t}, \quad V_P = \frac{\overline{\mathrm{BP}}}{\Delta t} \approx \frac{\beta_P\, r_P}{\Delta t} \quad . \tag{2.4}$$

Für die beiden Flächen folgt

$$2\,F_P = r_P^2\, \beta_P, \quad 2\,F_A = r_A^2\, \beta_A \quad . \tag{2.5}$$

Mit den Beziehungen (2.1) und (2.4) folgt damit in Bezug auf dieselbe Zeiteinheit Δt die Gleichheit der beiden Flächen

$$\frac{F_A}{\Delta t} = \frac{F_P}{\Delta t} \quad . \tag{2.6}$$

[43] Eine für jeden Bewegungsvorgang gültige Modifikation dieses Gesetzes wird in Jochim, E. F. M. [2016b], Section 5.2.6 vorgestellt.

[44] In den *Astronomia Nova,* Ch. 59 und in den *Epitome* KGW (*Kepler* Gesammelte Werke) VII, pp. 597–598, zitiert bei E. J. Aiton [1969], p. 90.

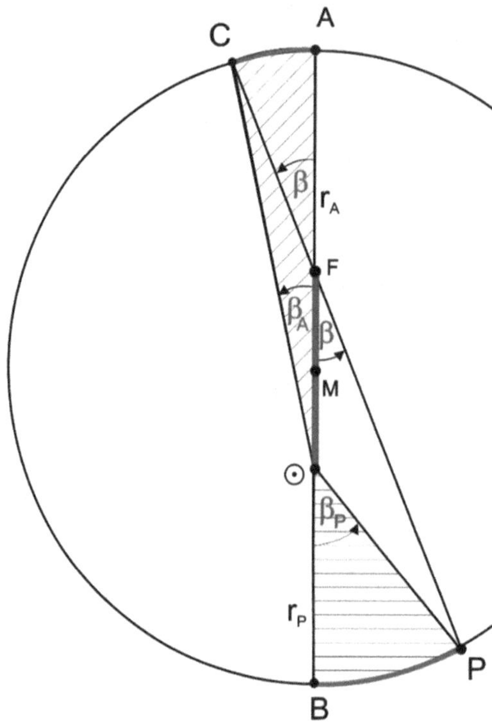

Abb. 2.7 Der Flächensatz in den Apsiden (A – Sonne, B – Perihel, M – Mittelpunkt der Ellipse, F – Antifocus, r_P – Periheldistanz, r_A – Apheldistanz, BP und AC – Bahnbogen des Planeten im jeweils gleichen Zeitintervall)

Kepler versuchte diesen Satz auf die gesamte Planetenbewegung zu erweitern. Dazu berechnete er über einen Bogen von 180° im Abstand von je 1° jeweils die Flächen zwischen den Radiusvektoren und fand mit Hilfe der *tycho*nischen Messungen eine Bestätigung für die Allgemeingültigkeit dieses Gesetzes. Für kleine heliozentrische Winkeländerungen Δv – wir führen jetzt die heliozentrische wahre Anomalie v ein – gilt nach den letzten beiden Gleichungen die Beziehung

$$r^2 \frac{\Delta v}{\Delta t} = \text{const.} =: G \quad . \tag{2.7}$$

Die hier auftretende Proportionalitätskonstante wird allgemein als Flächenkonstante bezeichnet. Nach *Ch. Delaunay* werde sie im vorliegenden Bericht mit G gekennzeichnet.[45] Die Größe $r^2\,\Delta v =: 2\,\Delta F$ kann als Flächenelement gedeutet werden. Daraus folgt die häufig verwendete Interpretation des zweiten Gesetzes als Konstanz der in einer Zeiteinheit Δt vom Radiusvektor („Fahrstrahl") überstrichenen Fläche:

---

[45] Abschn. 2.8.11 auf Seite 416.

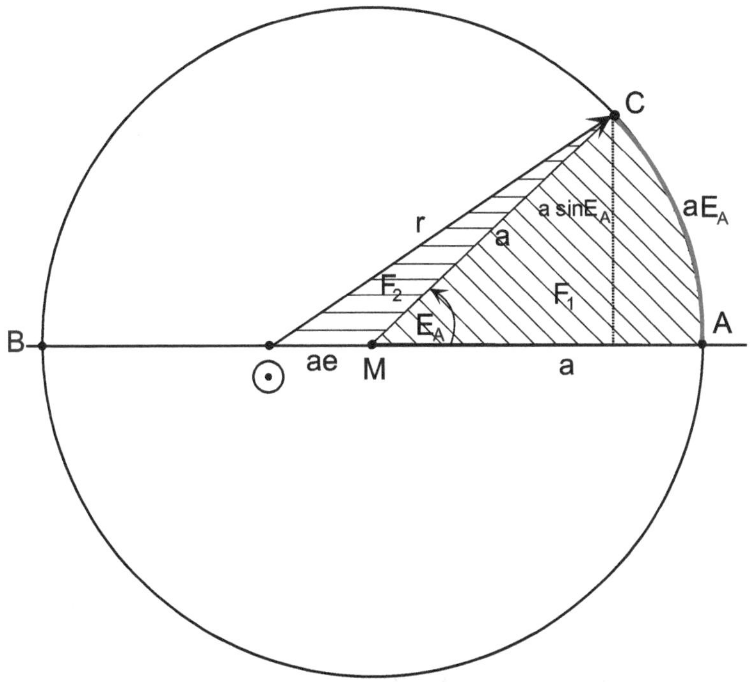

Abb. 2.8 *Kepler*s erster Ansatz für den Flächensatz bei Bezug auf den Exzenter: Die Fläche $F_1 + F_2$ wird in Proportion zur Zeit gesetzt, mit welcher der Bogen AC durchlaufen wird

$$\Delta F = \frac{1}{2} r^2 \, \Delta \upsilon = \frac{1}{2} G \, \Delta t \quad . \tag{2.8}$$

Diese Beziehung ist der Flächensatz. Im Fall der Erdbahn beträgt der maximale Fehler gegenüber der *Brahe*'schen Sonnenbahntheorie 34″.

Kepler hatte aber noch nicht die wahre Anomalie verwendet, sondern in Bezug auf den exzentrischen Kreis die exzentrische Anomalie *E*. Der Flächensatz kann in Bezug auf den exzentrischen Kreis angewandt werden, um eine Beziehung zwischen der exzentrischen Anomalie und der Zeit herzustellen. Nach Abb. 2.8 ist bezogen auf den exzentrischen Kreis um den Mittelpunkt *M* und mit Radius *a* die vom Apogäum *A* ausgehende vom Radius *r* in der Zeiteinheit Δt überstrichene Fläche bei Bezug auf den exzentrische Anomalie genannten Winkel E zusammengesetzt aus dem Kreissegment

$$F_1 = \frac{1}{2} a^2 \, E_A \tag{2.9}$$

und der Dreiecksfläche

$$F_2 = \frac{1}{2} a^2 \, e \sin E_A \quad . \tag{2.10}$$

Die Gesamtfläche

$$F = F_1 + F_2 = \frac{1}{2}\, a^2\, (E_A + e\, \sin\, E_A) \tag{2.11}$$

ist gleich der Fläche eines Referenzkreises, der mit Radius a gleichförmig mit der mittleren Bewegung $n = 2\pi/U$ durchlaufen wird. U ist die Umlaufzeit, die zum Umlaufen des ganzen Kreises (mit der Fläche $a^2\,\pi$) benötigt wird. Dieser Kreis wird in der klassischen Himmelsmechanik als Synonym für „exzentrischer Kreis" verwendet. Er wird üblicherweise als *Exzenter* bezeichnet. Sein Mittelpunkt ist von der (wahren) Sonne um die Strecke ea entfernt.[46] Es sei Δt der Zeitbedarf, den der Planet zum Durchlaufen des Bogens $\overset{\frown}{AS}$ benötigt. Damit ergeben sich die Relationen[47]

$$\frac{F}{\Delta t} = \frac{a^2\,\pi}{U} = \frac{a^2\, n}{2} \quad . \tag{2.12}$$

Sie führen unmittelbar auf die Beziehung

$$E_A + e\, \sin E_A = n\, \Delta t \quad .$$

Den hier zuständigen Proportionalitätsfaktor, wir wollen ihn mit n bezeichnen, gilt es noch zu bestimmen. Ausgehend von der gleichförmigen Kreisbewegung ist die in der exzentrischen Bewegung als Rechengröße aufzufassende mittlere Anomalie

$$M_A := n\, \Delta t \tag{2.13}$$

ein Maß für den durchlaufenen Ellipsenbogen. Dies ist die hier nur mit geometrischen Mitteln hergeleitete *Kepler*-Gleichung

$$E_A + e\, \sin E_A = M_A \quad . \tag{2.14}$$

Mit ihr ist der Bezug auf den exzentrischen Kreis unabhängig von der wahren Bahnform sowie der Bezug zur Zeit hergestellt. Es zeigte sich dann auch, dass diese Gleichung für alle Punkte einer geschlossenen Bahnkurve gilt. In der klassischen Himmelsmechanik war es mindestens bis zu *L. Euler* üblich, die Planetenbewegung auf das Aphel zu beziehen. Da nach der vorstehenden Herleitung die wahre Anomalie die Dimension eines Winkels hat, kann der Bezug auf das Perihel durch die Transformation $E_A = E + 180°,\ M_A = M + 180°$ hergestellt werden. Dies ergibt die *Kepler*-Gleichung in der heutzutage bekannten Form (Abb. 2.9)

$$M = E - e\, \sin E \quad . \tag{2.15}$$

[46] E ist die numerische Exzentrizität. Man vergleiche in diesem Zusammenhang den Parameterraum der elliptischen *Kepler*-Bewegung (E. F. M. Jochim [2018], Section 14.1).

[47] Siehe etwa auch E. J. AITON [1969], p. 79.

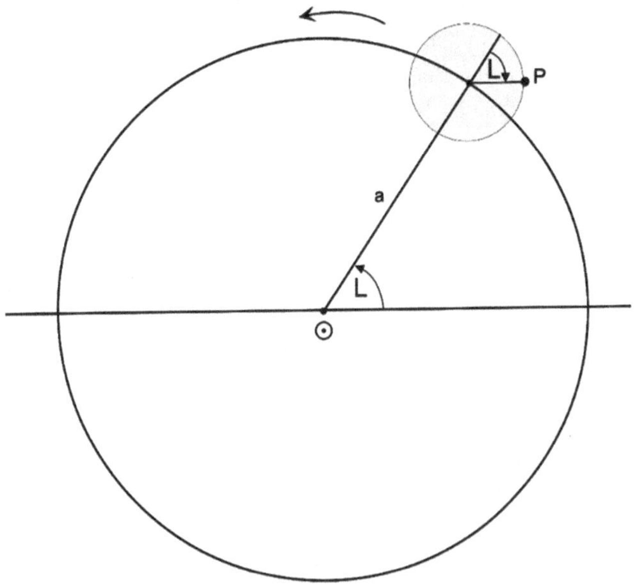

Abb. 2.9 Epizykelansatz zur Berechnung der exzentrischen Marsbahn

4. Phase Als Ergebnis der 3. Phase bewegt sich der Planet auf einem exzentrischen Kreis. Er wird, wie *Kepler* annahm, durch eine von der Sonne ausgehenden Kraft („virtus") bewegt. Diese Kraft wirkt umso stärker auf den Planeten, je näher er an der Sonne ist. Das drückt sich durch seine Geschwindigkeit aus. Entsprechend der antiken Bewegungslehre konnte nach *Apollonios von Perge* die exzentrische Bewegung des Planeten um die Sonne als Bewegung auf einem Epizykel beschrieben werden. Sein Radius ist gleich der linearen Exzentrizität ea des exzentrischen Kreises. Der Winkel L, unter dem der Mittelpunkt des Epizykels von der Sonne aus gesehen wird, ist gleich dem Winkel des Planeten P im Epizykel.[48]

Wird jetzt der Flächensatz angewendet, ergibt sich keine gleichförmige Drehung des Winkels im Deferenten, unter dem sich der heliozentrische Radiusvektor des Epizykelmittelpunktes bewegt. Deshalb bewegt sich auch der entsprechende Winkel des Planetenortes auf dem Epizykel nicht gleichförmig. Eine Berechnung der heliozentrischen Länge nach dem Flächensatz ergab im Vergleich zur Ersatzhypothese (hypothesis vicaria) eine Übereinstimmung in den Apsiden und in den Quadranten. In den Oktanten (wieder) ergab sich eine Abweichung von etwa $8'$, und zwar war der Planet im Vergleich zur Ersatzhypothese in zwei Oktanten zu früh, in den zwei anderen zu spät. Das wurde durch die Beobachtungen bestätigt. Die Bahngeschwindigkeit ergab bei Annahme einer Kreisbahn **und** Gültigkeit des Flächensatzes in den Apsiden einen zu großen Wert, in den Quadranten einen zu niedrigen. Wenn der Flächensatz richtig war, musste infolgedessen die Kreishypothese fallengelassen

[48] Vgl. Abb. 1.16 auf Seite 118 in Abschn. 1.6.6.1.

werden. In diesem Fall müsste die Bahn in den Quadranten innerhalb der Kreisbahn verlaufen, um so kleinere Flächen in der Zeiteinheit überstreichen zu müssen. Dies war der erste Hinweis darauf, dass die wahre Bahn des Mars oval sei. Das wurde durch Auswertung der Beobachtungen der Marsbahn bestätigt.

5. Phase *Kepler* hatte festgestellt, dass die wahre Bahn eines Planeten innerhalb des exzentrischen Kreises verläuft. Zunächst hatte er deshalb eine ovale Bahn angenommen. Diese Idee ist naheliegend. Nach den Beobachtungen bewegt der Planet sich im Perihel ersichtlich viel schneller als im Aphel. Daher könnte die Bahnkurve im Perihel wesentlich mehr gekrümmt sein als im Aphel. Die Spitze des „Eis“ liegt danach im Perihel. Als Ersatzhypothese für diese ovale Bahn wählte er allerdings eine elliptische Bahn. Für elliptische Kurven waren nämlich für diese aus der Literatur bessere mathematische Untersuchungen und detaillierte Formelsysteme bekannt. Auch hier bezog *Kepler* seine Untersuchungen auf die Ersatzhypothese. Jetzt erhielt er wieder Abweichungen in den Oktanten, allerdings mit umgekehrten Vorzeichen als in Bezug auf den exzentrischen Kreis. Als Folge musste er eine schmalere elliptische Bahnform als die zunächst als Ersatz für die angenommene ovale Bahn gewählte Ersatzellipse annehmen. Somit hatte *Kepler* die Ellipse als Bahn der Planeten gefunden. Das veranlasste ihn, diesen Nachweis als den Beginn der neuen Astronomie *(Astronomia Nova)* feiern zu können.

6. Phase Es kann nur eine Bahnform geben, die entsprechend den Beobachtungen dem Flächensatz genügt: Diese Bahn kann entsprechend der 5. Phase nur unmerklich von der dort gefundenen mittleren Ellipse abweichen. *Kepler* hatte aber noch nicht entdeckt, dass die Sonne in einem Brennpunkt (Begriff von *Kepler*) dieser Ellipse stehen würde. Den Fehler in den Distanzen bestimmte er zu 0,001–0,002 astronomischen Einheiten (A.E.) (Abb. 2.11).

7. Phase Kepler bestimmte die (numerische) Exzentrizität der Marsbahn mit

$$e_{\male} = 0.0934 \quad . \tag{2.16}$$

.

Für die Abplattung erhielt er daher

$$f_{\male} = 1 - \sqrt{1 - e_{\male}^2} = 0.00437 \quad . \tag{2.17}$$

.

Andererseits erhielt er im Quadranten Q mit zentrischem Winkel 90° die Beziehung (siehe Abb. 2.10)

$$\frac{\overline{Q\odot}}{\overline{QM}} = \sqrt{1 + e^2} \approx 1.00439 \quad . \tag{2.18}$$

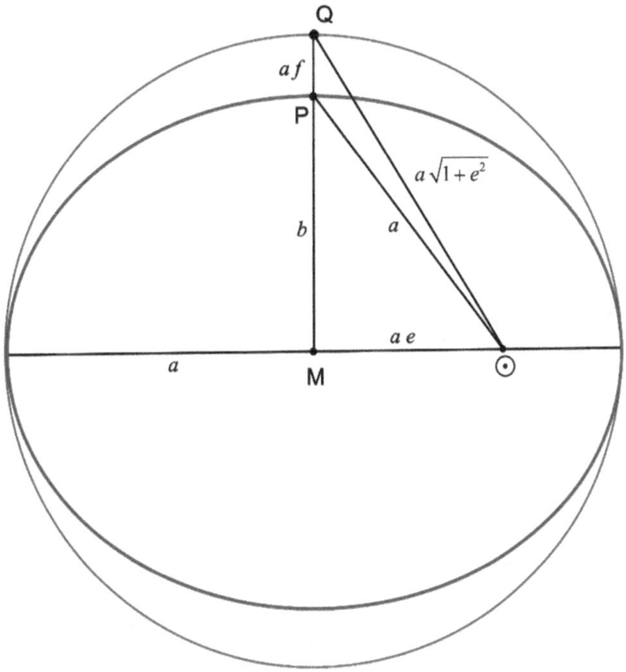

Abb. 2.10 Abstandsverhältnisse in den Quadranten

Ferner ist für den Planeten P im Quadranten auf der Ellipse

$$\frac{\overline{P\odot}}{\overline{PM}} = \frac{a}{b} = \frac{1}{\sqrt{1-e^2}} \approx 1 + \frac{1}{2}e^2 + \ldots = 1.00436 \quad . \tag{2.19}$$

Im Anschluss an diese Überlegungen vermutete *Kepler*, die Distanz Sonne ⊙ zu Planet P dürfe nicht direkt zu einem Punkt auf dem Kreis erhalten werden (dies wäre die *„distantia circumferentialis"*). Vielmehr wird diese Distanz durch Projektion auf die Strecke durch den Mittelpunkt M des exzentrischen Kreises und den entsprechenden Punkt P' auf dem Kreis erhalten. Dieser Punkt ist der Schnittpunkt durch eine Strecke senkrecht zum Hauptdurchmesser der Ellipse auf dem Kreis. Dies bedeutet die Relation

$$r = a - e\,a\,\cos E = a\,(1 - e\,\cos\,E) \quad . \tag{2.20}$$

Diese Strecke bezeichnete er als *„distantia diametralis"* (siehe Abb. 2.11). Nach dieser Formel erfährt der Planet eine sinusförmige (Cosinus!) Schwankung um die Einheit (= Radius a des Exzenters). Dies „entspricht, so *Kepler*, der (physikalischen) Wirkweise der Natur". Dass die hier wirkende Kraft von *Kepler* mit der gerade zuvor (im Jahre 1600) veröffentlichten Theorie des Magnetismus durch *William Gilbert* (1540–1603) identifiziert

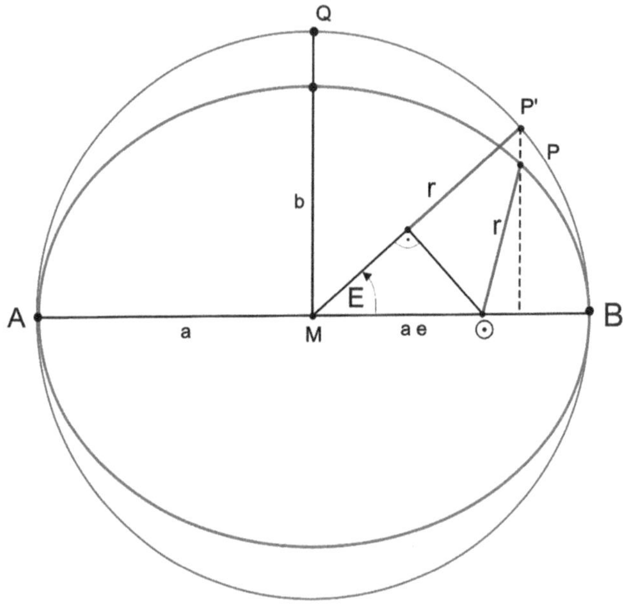

Abb. 2.11 Zur Berechnung des Radius r in Abhängigkeit von der auf das Perihel B bezogenen exzentrischen Anomalie E

wurde, muss in unserem Zusammenhang nicht belasten. Wichtig ist hier nur, dass *Kepler* eine physikalische Theorie über eine Kraft entwickelte, die den Planeten abwechselnd zur Sonne hinzieht und wieder wegbewegt. Damit ist die (im Grunde genommen oberflächliche und historische nicht begründete) physikalische Vorstellung einer Bewegung auf einem Epizykel überholt, nicht aber die wesentlich tiefer gehende und historische begründete mathematische Vorstellung von der Beschreibung der Planetenbewegung mit Hilfe von Epizykeln. Die mangelhafte präzise Unterscheidung in eine physikalische und mathematische Betrachtungsweise scheint bis zum heutigen Tage vielerorts eine objektive Beurteilung der historischen Entwicklung der Beschreibung der Planetenbewegung zu erschweren.

2.3.3 Ergänzendes zu den ersten beiden *Kepler*'schen Gesetzen

1. Wie in der antiken Epizykeltheorie war *Kepler* bei der Herleitung der elliptischen Bewegung von einer Librationsbewegung des Planeten in Bezug auf den exzentrischen Kreis ausgegangen. Diese Librationsbewegung verläuft nicht längs des Radiusvektors, wie er erkannt hatte, sondern auf einer Strecke senkrecht zur Apsidenlinie (siehe Abb. 2.12

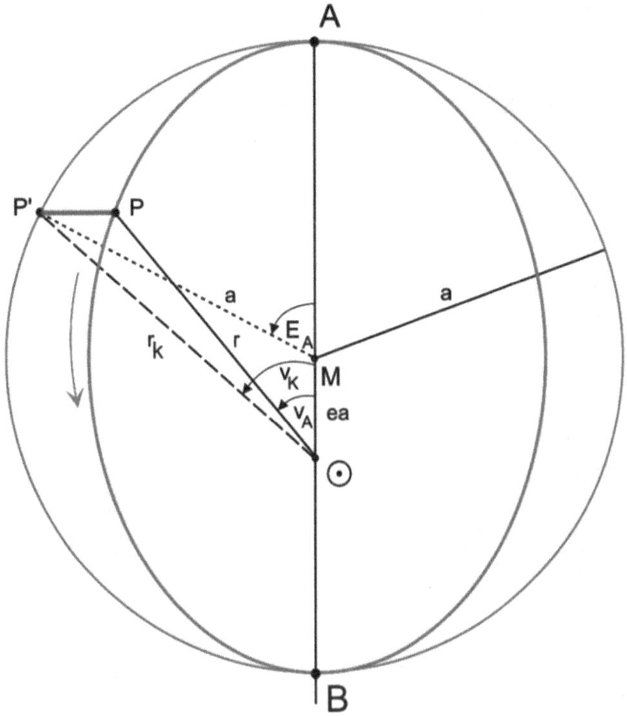

Abb. 2.12 *Kepler*s Durchbruch zur elliptischen Bewegung: Die Librationsstrecke $\overline{P'P}$ wird senkrecht zur Apsidenlinie $\overline{AB}$ angenommen. P ist der Planetenort auf der Ellipse, P' der zugehörige Ort auf dem exzentrischen Kreis („Exzenter"). Der Unterschied der Winkel υ_K bei Bezug auf den exzentrischen Kreis und υ_A bei Bezug auf die Ellipse beträgt in den Oktanten etwa $8'$ (siehe in Abb. 2.13)

auf Seite 314).[49] Der wahre Planet P bewegt sich danach auf der Ellipse, während der zugeordnete fiktive Planet P' sich auf dem exzentrischen Kreis bewegt. Damit kam *Kepler* zu einer modifizierten Definition der exzentrischen Anomalie E und ihrer Beziehung zur wahren Anomalie υ_A. Die entsprechenden Beziehungen lauten in dem in der modernen Himmelsmechanik üblichen Bezug auf das Perihel B

$$r\cos\upsilon = a\,(\cos E - e), \quad r\sin\upsilon = a\sqrt{1-e^2}\,\sin E,$$
$$a\cos E = r\cos\upsilon + a\,e, \quad a\sin E = \frac{r\sin\upsilon}{\sqrt{1-e^2}}\;. \tag{2.21}$$

49 Siehe etwa in E. J. Aiton [1969], p. 84.

Allerdings verwendete *Kepler* nicht die Polargleichung der Ellipse.[50] Er berechnete den Radius mit der exzentrischen Anomalie entsprechend Gl. (2.20). Die Gl. (2.21) werden in der Himmelsmechanik gelegentlich als *Kepler*-Formeln bezeichnet.[51]

Um die Richtigkeit dieser Hypothese zu testen, kann bei Annahme der elliptischen Bewegung die wahre Anomalie υ_K des fiktiven Planeten P' auf dem exzentrischen Kreis mit der wahren Anomalie υ_A des Planeten P auf der Ellipse verglichen werden. Dieser Vorgang soll hier unter Vorgabe der (auf das Aphel bezogenen) wahren Anomalie $\upsilon_A = \upsilon + 180°$ durchgeführt werden.

Aus den Formeln (2.21) ist dann $E_A = E + 180°$ bekannt und der Radius der Kreispunktes ergibt sich aus

$$r_K = a\sqrt{1 + 2e\,\cos E_A + e^2}\ . \tag{2.22}$$

Die Kreisanomalie wird aus

$$\cos\upsilon_K = \frac{r_K^2 - a^2\left(1 - e^2\right)}{2\,e\,a\,r_K}, \quad \sin\upsilon_K = \frac{a\,\sin E_A}{r_K} \tag{2.23}$$

und nach Einsetzen von r_K aus

$$\cos\upsilon_K = \frac{\cos E_A + e}{\sqrt{1 + 2e\,\cos E_A + e^2}}, \quad \sin\upsilon_K = \frac{\sin E_A}{\sqrt{1 + 2e\,\cos E_A + e^2}} \tag{2.24}$$

berechnet. Dazu wird also nur die Exzentrizität des Planeten benötigt, im Fall des Mars

$$e_{♂} = 0.0934\ . \tag{2.25}$$

.

Damit können wieder die Beobachtungen des *Tycho Brahe* verifiziert werden. Die so berechnete Differenz

$$\Delta\upsilon = \upsilon_A - \upsilon_K \tag{2.26}$$

ist in Abb. 2.13 aufgetragen. Das Bild zeigt eine maximale Abweichung von knapp $8'$ in den Oktanten (also für die wahren Anomalien $\upsilon_A = 45°, 135°, 225°, 315°$). Damit ist eine gegenüber der *Kepler*'schen Originalrechnung modifizierte Berechnung durchgeführt. Sie bestätigt nicht nur die Beobachtungen des *Tycho Brahe*. Sie liefert auch den endgültigen Nachweis, dass sich die Planeten nicht auf Kreisen bewegen. Das war auch schon

[50] Die Polargleichung wurde in die Himmelsmechanik angeblich erst durch *Lacroix* 1798 eingeführt (zitiert nach U. HOYER [1976] unter Berufung auf JOHANNES TROPFKE [1924], *Geschichte der Elementar-Mathematik,* 6. Bd, Berlin, Leipzig, 2. Aufl, p. 169). Allerdings hatte schon der 1748 verstorbene *Johann I. Bernoulli* die Polarkoordinaten in die Himmelsmechanik eingeführt (siehe O. VOLK [1976], p. 372).

[51] Diese Formeln sollten, da sie im Grunde genommen auf *Kepler* zurückgehen, nach O. VOLK [1976], p. 366 eigentlich *Kepler*'sche Formeln genannt werden.

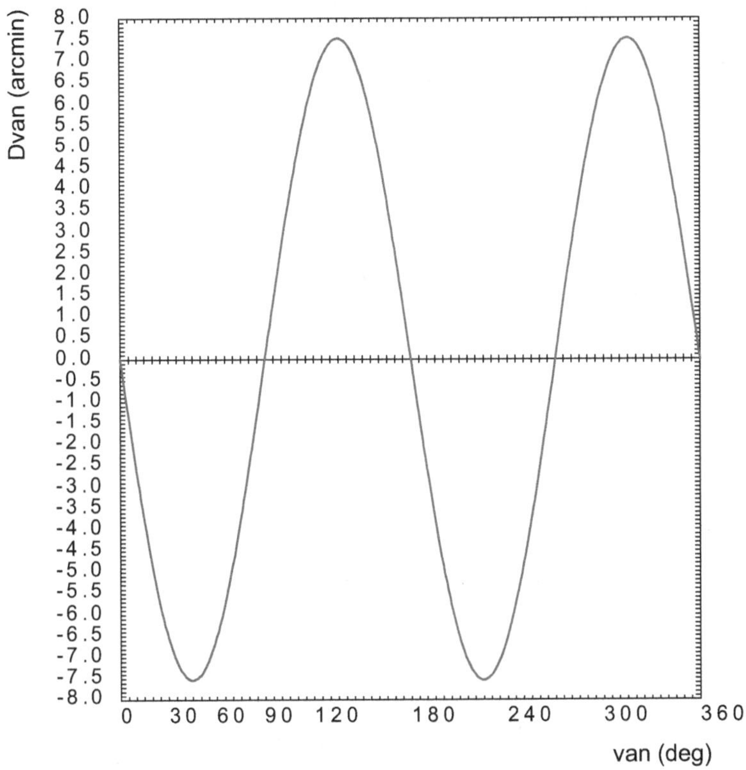

Abb. 2.13 Die Differenz aus wahrer Anomalie in der *Kepler*'schen Ellipse und bezogen auf die wahre Anomalie auf dem exzentrischen Kreis für den Planeten Mars ($e_{♂} = 0.0934$) zeigt die größten Abweichungen in den Oktanten mit $|\Delta\upsilon| = 7'.530217$

die Aussage des *Kopernikus*.[52] Die Übereinstimmung der Abweichungen $\Delta\upsilon$ in allen vier Oktanten liefert darüber hinaus die Erkenntnis, die Bahn könne kein Oval sein, sondern eine Ellipse. Bei einem Oval müssten diese Abweichungen nämlich unterschiedlich ausfallen.

Kopernikus hatte in seinem mathematischen Modell der Planetenbewegung zumindest für die äußeren Planeten das Epizykelmodell bis zur ersten Ordnung als mathematisch äquivalent nachweisen können. Die von *Kepler* geforderte Genauigkeit geht darüber um mindestens eine Größenordnung hinaus. Es stellt sich daher die Frage, ob diese Genauigkeitsanforderung durch ein Epizykelmodell höherer Ordnung befriedigt werden kann. Um dies zu untersuchen, gehen wir von der jetzt bekannten elliptischen Bewegung aus

[52] Abschn. 1.9.3.2 auf Seite 238.

und entwickeln die Perihel bezogenen ebenen rechtwinkligen Ortskoordinaten in *Fourier*-Reihen.[53] Die Entwicklung ergibt bis zur 5ten Ordnung in der Exzentrizität die in den Ausdrücken (2.27) entwickelten Gleichungen.

$$\begin{aligned} x = a\Big[&-\frac{3\,e}{2} + \left(1 - \frac{3\,e^2}{8} + \frac{5\,e^4}{192} - + \ldots\right) \cos M + \\ &+ \left(\frac{e}{2} - \frac{e^3}{3} + \frac{e^5}{16} - + \ldots.\right) \cos 2M + \\ &+ \left(\frac{3\,e^2}{8} - \frac{45\,e^4}{128} + \ldots\right) \cos 3M + \\ &+ \left(\frac{e^3}{3} - \frac{2\,e^5}{5} + \ldots\right) \cos 4M + \\ &+ \left(\frac{125\,e^4}{384} - + \ldots\right) \cos 5M + \ldots\ldots\ldots\ldots\Big] \end{aligned} \tag{2.27}$$

$$\begin{aligned} y = a\Big[&\left(1 - \frac{5\,e^2}{8} + \frac{11\,e^4}{192} - + \ldots\right) \sin M + \\ &+ \left(\frac{e}{2} - \frac{5e^3}{12} + \frac{e^5}{24} - + \ldots.\right) \sin 2M + \\ &+ \left(\frac{3\,e^2}{8} - \frac{51\,e^4}{128} + \ldots\right) \sin 3M + \\ &+ \left(\frac{e^3}{3} - \frac{13\,e^5}{30} + \ldots\right) \sin 4M + \\ &+ \left(\frac{125\,e^4}{384} - + \ldots\right) \sin 5M + \ldots\ldots\ldots\ldots\Big]. \end{aligned}$$

Die ersten Glieder in den jeweiligen Klammern haben dieselben Zahlenwerte. Sie können also wieder als (überlagerte) Epizykel aufgefasst werden. Allerdings haben in der jeweils ersten Klammer der Koeffizientenreihen bei den sin$M$ bzw. cos$M$ bereits das Glied zweiter Ordnung mit 3/8 bzw. 5/8 unterschiedliche Zahlenwerte. Die Epizykeldarstellung ist also bereits bei Näherungen der zweiten Ordnung in der Exzentrizität grundsätzlich nicht mehr möglich. *Kepler* hat also eine allgemeingültigere Beschreibung der Planetenbewegung gefunden. Erst diese Beschreibung kann den gesteigerten Genauigkeitsansprüchen der aktuellen Messtechnik mathematisch genügen.

[53] Vgl. die Entwicklung im Gleichungssystem in Abschn. 1.9.3.2 auf Seite 238, hier jedoch auf das Perihel bezogen.

2.3.4 Das dritte *Kepler*'sche Gesetz und seine allgemeingültige Darstellung

Kepler hatte sein drittes Gesetz der Planetenbewegung am 15. Mai 1618 entdeckt und ohne weitere Herleitung 1619 in den *Harmonices Mundi* veröffentlicht.[54] Seien P_1 die Umlaufzeit eines Planeten mit großer Bahnhalbachse a_1, P_2 und a_2 entsprechend eines zweiten Planeten, gilt die Relation

$$\frac{P_1^2}{a_1^3} = \frac{P_2^2}{a_2^3} \quad . \tag{2.28}$$

Diese Beziehung wurde für alle Planeten des Sonnensystems als richtig erkannt. Es musste daher eine allgemeingültige Konstante geben, mit der auch das Gesetz $P^2/a^3 = \text{const}$. für die Umlaufzeit P eines beliebigen Planeten mit der großen Bahnhalbachse a geschrieben werden kann. Mit der mittleren Bewegung $n := 2\pi/P$ folgt

$$\frac{4\pi^2}{\text{const.}} = n^2 a^3 \quad . \tag{2.29}$$

Der konstante Ausdruck auf der linken Seite der Gleichung werde formal mit dem Faktor μ bezeichnet. Dann bleibt für das dritte Gesetz die Schreibweise

$$\mu = n^2 a^3 \quad . \tag{2.30}$$

In dieser Form wird das dritte Gesetz am häufigsten verwendet. Der Parameter μ wurde in der Gravitationstheorie *I. Newton*s physikalisch interpretiert.[55] Das dritte Gesetz kann aber schon als Vorstufe auf die *Newton*'sche Dynamik angesehen werden. Darauf arbeitete *Kepler* schon im vierten Buch der Epitome hin.[56]

Die *Kepler*'schen Gesetze in der bisher beschriebenen Weise sind nur für elliptische Bewegungen gültig. Im Grunde genommen sind sie aber für alle Kegelschnittbahnen gültig, wie sich zeigte. Dazu muss aber eine modifizierte Darstellung gewählt werden. Da die exzentrische Anomalie E nur für elliptische Bahnen gilt, für die auch ein exzentrischer Kreis als Bezug genommen werden kann. Für eine allgemeingültige Formulierung muss die später eingeführte wahre Anomalie gewählt werden. Mit ihr kann die zu formulierende Polargleichung in der verallgemeinerten Form der *Kepler*'schen Gesetze zur Formulierung des ersten Gesetzes verwendet werden:

$$r = \frac{p}{1 + e \cos \upsilon} \quad . \tag{2.31}$$

---

[54] Siehe etwa U. HOYER [1979], p. 72.

[55] Abschn. 2.4.2 auf Seite 333, Formel.

[56] Siehe auch hierzu in U. HOYER [1979], p. 72 und H. J. TREDER [1973].

Für das zweite Gesetz wurde in der Formulierung von Gl. (2.8) bereits die wahre Anomalie eingeführt. Wird die Integration jetzt als bereits bekannt vorausgesetzt, ergibt sich aus der Variation der überstrichenden Fläche F

$$\frac{dF}{dt} = \dot{F} = \frac{G}{2} \tag{2.32}$$

durch Integration über einen Umlauf P

$$F = \frac{G}{2} P \ . \tag{2.33}$$

In der brennpunktbezogenen Ellipse ist die *kleine Halbachse* b durch

$$b = a\sqrt{1 - e^2} \tag{2.34}$$

und der Flächeninhalt durch

$$F = \pi\, a\, b \tag{2.35}$$

gegeben. Mit dem Parameter p eines Kegelschnittes, für den in der Ellipse die Beziehung

$$p = a\left(1 - e^2\right), \quad e < 1 \tag{2.36}$$

gilt, ist somit

$$F = \pi\sqrt{a^3}\,\sqrt{p} \ . \tag{2.37}$$

Dies mit Formel (2.33) gleichgesetzt und mit P aus dem dritten *Kepler*'schen Gesetz (2.30) folgt

$$\mu\, p = G^2 \ . \tag{2.38}$$

In dieser Formulierung ist das dritte Gesetz für alle Kegelschnitte gültig und wird später für Erweiterungen verwendet. Es stellt so auch eine Verknüpfung des Parameters p des ersten Gesetzes mit dem Parameter G des zweiten Gesetzes über den dynamischen Parameter μ dar.

2.3.5 Die *Kepler*'sche Bewegungsgleichung

Kepler vermutete auf Grund eines Analogieschlusses mit dem von der Sonne ausgehenden Strahlungsfluss, die schon von *Platon* postulierte von der Sonne auf die Planeten wirkende und ihre Bewegung ermöglichende Kraft nimmt mit dem Quadrat des Abstandes von der Sonne ab. Bereits in seiner Schrift *Ad vitellionem paralipomena, quibus* ***Astronomiae pars optica*** *traditur* (1604) hatte er seine Entdeckung publiziert, dass die Intensität I des Lichtes

Quae est similitudo inter species lucis et hujus virtutis prensandi?

Similitudo absolutissima est in ipsa genesi et conditionibus speciei vtriusque: vtriusque descensus de luminoso corpore, fit in momento, vtraque transit medium magnum et parvum sine jactura, non vectigalis, nihil perit in itinere ex fonte suo, nihil inter fontem et illuminabile vel mobile dispergitur.

Effluxus igitur vterque immateriatus est, non qualis odorum, cum diminutione substantiae, non qualis caloris ab aestuante fornace, et si quid est simile, quibus media implentur: nec enim vspiam est species illa, nisi in opposito et occurrente corpore, lucis quidem in ejus superficie opaca; virtutis verò motoriae in tota corpulentia: in spacio verò intermedio inter Solem et superficiem, non est, sed fuit. Quod si occurreret sphaerica superficies concava corporis opaci; species vtraque Solaris, totis copijs, quibus egressa erat è corpore Solis, in id concavum dispergeretur, sic vt tantundem ejus esset in ampla et remotiori aliqua sphaerâ hujusmodi, quantum in angusta et propinqua. Ac cum proportio orbium convexorum sit dupla ad proportionem diametrorum: duplo igitur tenuior efficeretur species ista in orbibus inaequalibus, quàm remotior: et rursum, quia circulorum est eadem simpla proportio, quae et diametrorum: in longum igitur species eâdem proportione est tenuior, quâ et à fonte remotior.

Abb. 2.14 Das Zitat aus dem Epitome IV, 2, KGW Bd. VII, p. 304 mit der Vermutung des $1/r^2$ Gesetzes[58]

mit dem Quadrat der Entfernung von der Lichtquelle abnimmt

$$I \sim \frac{1}{r^2} \quad . \tag{2.39}$$

Dieses $1/r^2$ Gesetz versuchte *Kepler* auf die Kraft zu übertragen, die von der Sonne aus die Bewegung der Planeten um die Sonne steuert. Da dieser Gedanke im Widerspruch zu früheren Überlegungen stand, die noch im Bann der aristotelischen Physik verharrten, stellte er ihn hier nur zur Diskussion in Worten und in Fragestellung. Er verwendete dieses Gesetz daher nicht in seiner mathematischen Formulierung.[57] Die entsprechenden Zitate sind in Abb. 2.14 und Abb. 2.15 wiedergegeben.

[57] Epitome IV,2, KGW Bd. VII, p. 304, auch: Brief vom 1. Okt. 1602, KGW XIV,280, Zeile 653–657, siehe auch U. Hoyer [1976], p. 199, U. Hoyer [1979], p. 71, Bialas, Volker [2004] p. 91.

[58] Kopie mit Genehmigung aus dem astronomischem Institut der LMU München.

Nam in prioribus imaginatus sum lineam circularem et fontem virtutis in illam effluentis punctum Mathematicum: in his dixi consistere mensuram graduum motricis virtutis, ex Sole egredientis. At virtus jam concinnius fingitur non ex solo centro Solis, sed ex toto corporę egredi. Hoc posito dupla efficitur proportio virtutum, ad proportionem distantiarum. Nam sit jam planissimè (· quod prius tantùm in parte usurpaveram ·) eadem ratio lucis et virtutis, ex Sole egredientis. Quaeritur, si quis duplo propius ad Solem veniret, quanta sit apparitura Solis diameter: fere dupla, prius sub angulo CAD, jam sub CBD. At quia Sol non est diameter sed circulus, ergo cum dupla sit proportio figurarum ad proportionem diametrorum, fuerit igitur Solis area visibilis quadrupla prioris.

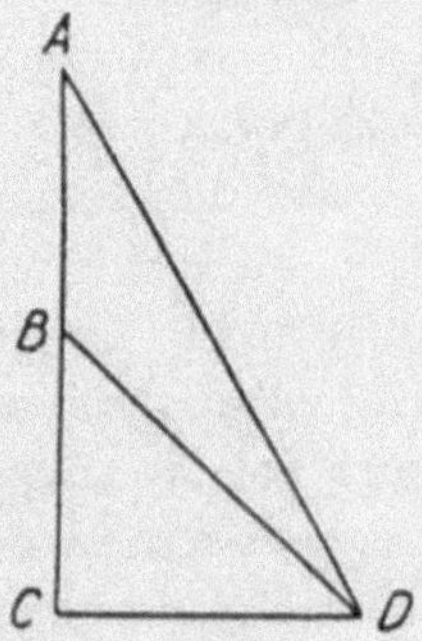

Abb. 2.15 Das Zitat aus Brief vom 1. Okt. 1602, KGW XIV, 280, Zeile 653–657 mit der Vermutung des $1/r^2$ Gesetzes[59]

In der aristotelischen Physik wird die Kraft gleich der Bewegungsgröße Masse mal Geschwindigkeit gesetzt. Das Zitat aus *Kepler*s Epitome hat die Auseinandersetzung *Kepler*s mit der aristotelischen Physik zum Hintergrund. Es lautet:[60]

> *Wenn aber das Licht in der doppelten Potenz der Abstände abnimmt, d. h. im Verhältnis der Oberflächen, warum nimmt dann nicht auch die bewegende Kraft in der doppelten statt in der einfachen Potenz ab?*

Kepler kam an dieser Stelle nicht weiter. Dies war erst *Leibniz* und *Newton* gelungen. Beide konnten aber bereits von der Annahme der Existenz des $1/r^2$ Gesetzes ausgehen. Bevor die Bewegungsgleichung der *Kepler*-Bewegung endgültig aufgestellt werden konnte, musste der Begriff der Kraft neu definiert werden. Vor allem aber musste die Art der Berechnung der Beschleunigung gefunden werden. Das wurde erst im Rahmen der Infinitesimalrechnung möglich.

Für *Kepler* lagen diese Begriffe und Rechnungsarten noch nicht ausgereift vor. Erst dann konnte die *Kepler*'sche Bewegungsgleichung aufgestellt werden. Damit wurde es dann auch möglich, umgekehrt die *Kepler*-Bewegung, also die drei Gesetze und die durch sie beschriebene Bewegung, einheitlich herzuleiten.

---

[59] Kopie mit Genehmigung aus dem astronomischem Institut der LMU München.

[60] In der Übersetzung von U. Hoyer [1976], p. 199.

2.3.6 Das *Kepler*'sche Paradoxon

Das bekannteste Beispiel eines paradoxen Sachverhalts in der Raumflugbahndynamik ist die Abbremsung eines Satelliten in der höheren Atmosphäre. Das führt zu höheren Geschwindigkeiten, der Satellit wird beschleunigt (***Kepler*'sches Paradoxon**). Der Vorgang kann bekanntlich mit dem dritten *Kepler*'schen Gesetz beschrieben werden: ine infolge der Bahnabsenkung geringere Bahnhalbachse a führt zu einer geringeren Umlaufzeit P mit $a^3 \approx P^2$ und damit zu einer höheren Umlaufgeschwindigkeit $V \approx \sqrt{\mu/a}$ des Satelliten als Folge des erhöhten gravitativen Einflusses bei Annäherung an den Zentralkörper.

2.3.7 Bibliografische Anmerkungen zu *Kepler*

J. Kepler hatte eine überaus fruchtbare Publikationstätigkeit. Diese umfasste sowohl seine originären Entdeckungen und Ergebnisse, wie zusammenfassende Überblicke, Schriften zu einem breiten Spektrum übergreifender Themen sowie eine umfangreiche Korrespondenz, die zum Teil weiterführende und vertiefende Gedanken enthält. Die Herausgabe der gesammelten Werke *Kepler*s wurden schon in der Mitte des 19. Jahrhunderts begonnen. Seit 1937 werden die gesammelten Werke in einem Umfang von 22 Bänden im Auftrag der Deutschen Forschungsgemeinschaft von der *Kepler*-Kommission der Bayerischen Akademie der Wissenschaften herausgegeben.[61]

1. **Mysterium Cosmographicum** (Tübingen, 1596) *(„Prodromus dissertationem cosmographicum, continens Mysterium Cosmographicum")*, 2. Auflage: Frankfurt, 1621
2. Ad vitellionem paralipomena, quibus **Astronomiae pars optica** traditur (Frankfurt, 1604)
   *Kepler*s Grundlagen der geometrischen Optik
3. **De Stella Nova** (Prag – Frankfurt, 1606)
4. **Astronomia Nova** αιτιολογητόσ seu physica coelestis (Heidelberg, 1609)
   Die ersten zwei der „*Kepler*'schen Gesetze"
5. **Tertius interveniens** (Frankfurt, 1610)
   „Warnung an etliche Theologos, Medicos vnd Philosophos"
6. **Dissertatio cum nuncio sidereo** (Prag 1610, Florenz 1610, Frankfurt 1611)
   Antwort auf *Galileo Galileis* „De stellis Medicis"
7. **Strena seu di nive sexangulo** (Frankfurt, 1611): Über die Sechseckform des Schnees (Abb. 2.16)
8. **Dioptrice** (Augsburg, 1611)
9. **Bericht vom Geburtsjahr Christi** (Straßburg, 1613)

[61] Aus: M. List [1971], pp. 266–273.

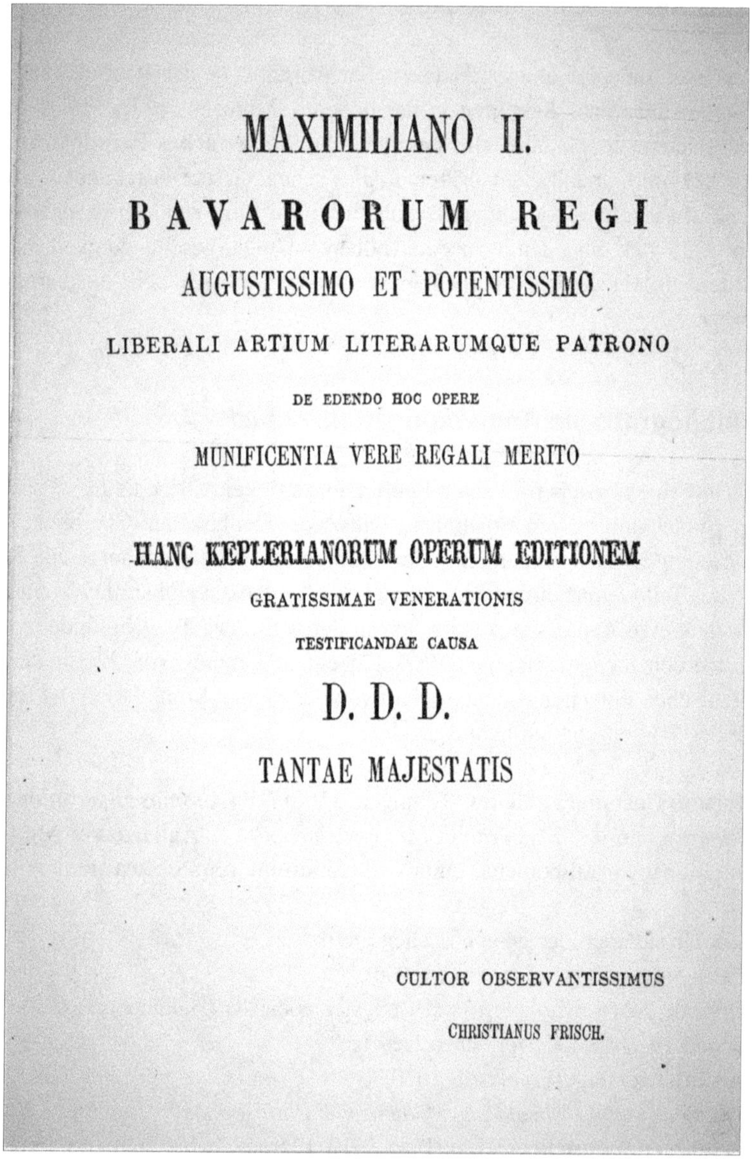

MAXIMILIANO II.

BAVARORUM REGI

AUGUSTISSIMO ET POTENTISSIMO

LIBERALI ARTIUM LITERARUMQUE PATRONO

DE EDENDO HOC OPERE

MUNIFICENTIA VERE REGALI MERITO

HANC KEPLERIANORUM OPERUM EDITIONEM

GRATISSIMAE VENERATIONIS

TESTIFICANDAE CAUSA

D. D. D.

TANTAE MAJESTATIS

CULTOR OBSERVANTISSIMUS

CHRISTIANUS FRISCH.

Abb. 2.16 Frontispiz der Ausgabe der gesammelten Werke *Keplers* [1858][62]

---

[62] Kopie mit Genehmigung aus der Bibliothek des astronomischen Instituts der LMU München.

10. **Nova Stereometria doliorum vinariorum** (Linz, 1615)
    Neue Stereometrie der Fässer
11. **Außzug auß der uralten Messekunst Archimedis** (Linz, 1616)
12. **Ephemerides Novae Motuum Coelestium für 1617–1620** (Linz, 1617/19)
13. **Epitome Astronomiae Copernicanae** (Lib. I-III, Linz, 1618; Lib. IV, Linz, 1620; Lib. V-VII, Frankfurt, 1621)
    Lehrbuch im Frage-Antwortstil
14. **Harmonices Mundi Libri V** (Linz, 1619)
    Das dritte der „*Kepler*'schen Gesetze"
15. **De Cometis Libelli Tres** (Augsburg, 1619)
16. **Glaubensbekenntnis** vnd Ableinung allerhand desthalben entstandener vngütlichen Nachreden (Straßburg, 1623)
17. **Chilias Logarithmorum** (Marburg, 1624)
18. **Supplementum Chilias Logarithmorum** (Marburg, 1625)
19. **Tabulae Rudolphinae** (Ulm, 1627)
20. **Somnium** seu Opus Posthumum de Astronomia Lunari (Sagan – Frankfurt, 1634)
21. Joannis Keppleri de Calendario Gregoriano Liber Singularis (Frankfurt – Leipzig, 1726)

2.3.8 Anmerkungen zur Würdigung der wissenschaftlichen Leistungen *Keplers*

*Kepler*s Bedeutung für die Entwicklung der astronomischen und damit allgemeiner der physikalischen Forschung liegt in erster Linie in der neuartigen Methodologie, die von *Kepler* in die himmelsmechanische Forschung eingeführt wurde: Diese Methodik zeigt sich in der Preisgabe des Dogmas von der Überlagerung von Kreisen zur Beschreibung der Planetenbewegung. Es zeigt sich auch „in der allmählichen Genese des Kraftbegriffes", der unter Berufung auf *Kepler* bei *Newton* zum Abschluss gebracht wurde. Deshalb spricht *J. Mittelstrass* von der „*Kepler*'schen Wende", die (bedeutsamer als die „kopernikanische Wende") durch Bruch mit der herkömmlichen Begrifflichkeit eine „fundamentale, nämlich nunmehr wissenschaftstheoretisch bestimmte Veränderung vollzog".[63]

Es ist verständlich, dass *Kepler* damit gegenüber der bisherigen Lehrmeinung auf Unverständnis stoßen musste. *Tycho Brahe* vertritt exemplarisch die antike Bewegungslehre, wenn er etwa in seinem Brief vom 9. Dez. 1599 an *Kepler* schreibt (Abb. 2.17):

> *„Man muss die Umläufe der Planeten (astrorum circuitus) ausnahmslos aus Kreisbewegungen konstruieren, sonst könnten sie auf beständige Weise gleichförmig und in gleicher Art (uniformiteret aequabiliter) nicht in sich zurückkehren, eine ewige Dauer wäre unmöglich;*

---

[63] J. MITTELSTRASS [1973], p. 6.

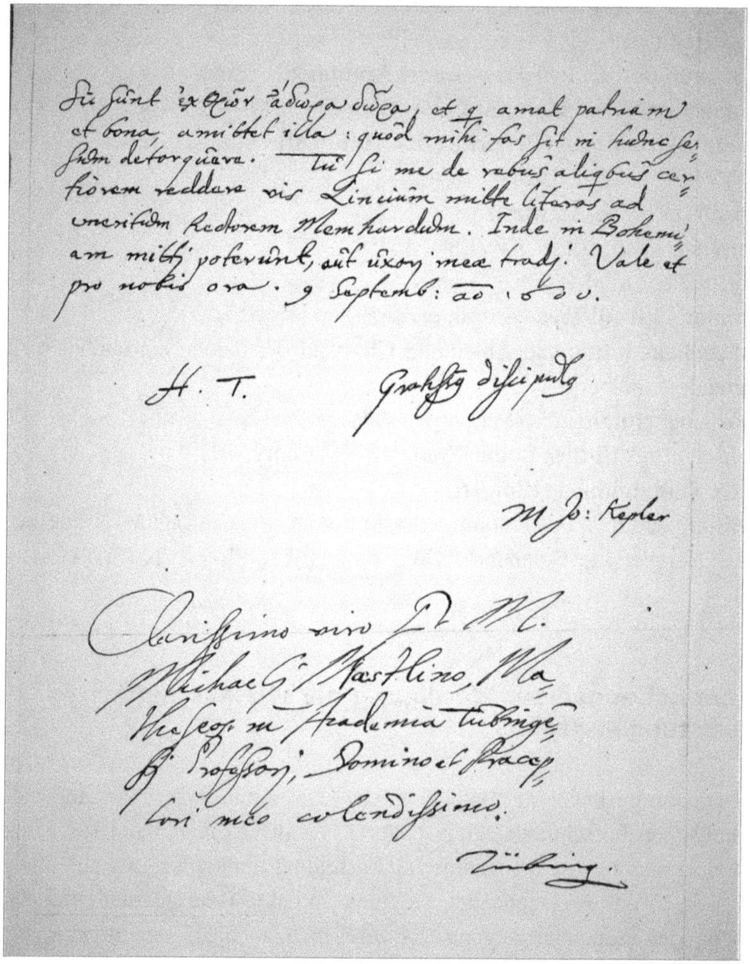

Abb. 2.17 Kopie der letzten Seite eines vierseitigen Briefes *Kepler*s an seinen Lehrer *Michael Mästlin* vom 9. Sep. 1600 mit der Originalunterschrift *Kepler*s[65]

außerdem wären die Umläufe weniger einfach, von größerer Unregelmäßigkeit, und auch für eine wissenschaftliche Behandlung und Praxis (doctrinae et usus) nicht geeignet. "[64]

Von besonderer und zukunftsweisender Bedeutung wurde der Versuch *Kepler*s, die irdische Physik auf die Himmelsphysik zu übertragen, somit auf die Einheitlichkeit der Welt als ein großes Ganzes vorzubereiten. Die Unterscheidung in irdische Elemente (die

[64] Zitiert nach J. MITTELSTRAß [1973], p. 9, aus KGW XIV.

[65] Kopie aus der Faksimile-Ausgabe der Briefe *Kepler*s mit Genehmigung aus dem astronomischem Institut der LMU München.

vier irdischen Elementarbausteine) und ein für die Objekte am „Himmel" zuständiges Element (das fünfte Element des *Aristoteles*, der Äther) hatte für die *Kepler*'sche Physik keine Bedeutung mehr. Die Auseinandersetzung über diese Neuerung zeigt ein Brief des Tübinger Mathematikers *Michael Maestlin*s, der *Kepler* zu seinen Schülern zählen durfte und der als bedeutender Anhänger der kopernikanischen Lehre gilt, an *Kepler* vom 21. Sep. 1616:

> *„Ich verstehe das nicht. Ich glaube vielmehr, dass man hier von physikalischen Gründen absehen und astronomische Dinge auf astronomische Weise, durch astronomische, nicht physikalische Gründe und Hypothesen, behandeln sollte. Die Berechnung (*calculus*) verlangt astronomische Grundlagen aus der Geometrie und Arithmetik, nicht physikalische Mutmaßungen* (conjecturas physicas).*"*[66]

Folgendes Zitat aus der Einleitung zur Astronomia Nova zeigt, wie weit *Kepler* schon in seinen Überlegungen war, indem er qualitativ bereits das Gravitationsgesetz von der gegenseitigen Anziehung zweier Körper formulierte:

> *„Die Schwere (*gravitas*) besteht in einem gegenseitigen körperlichen Bestreben zwischen verwandten Körpern in Richtung auf eine Vereinigung oder Verbindung (affect*io corpora, mutua inter cognata corpora ad unitionem seu comjunctionem) ... *sodass die Erde den Stein viel stärker anzieht (*trahat*), als der Stein zur Erde strebt (*petit Terram*) ... Wenn zwei Steine an irgendeinen Ort der Welt versetzt würden, nahe zueinander, aber außerhalb des Kraftbereichs eines dritten verwandten Körpers* (extra orbem virtutis tertii corporis), *so würden diese beiden Steine wie zwei magnetische Körper an einem zwischen gelagerten Ort zusammenkommen* (coirent loco intermedio), *wobei sich einer dem anderen um eine solche Strecke nähern würde, die der Masse* (moles) *des anderen proportional ist."*[67]

Für unser heutiges Arbeiten scheint folgender methodologischer Gesichtspunkt, den wir aus der Arbeit *Kepler*s folgern können, von besonderer Bedeutung: Um einen theoretischen Fortschritt erzielen zu können, der etwa aus der Verfeinerung der Beobachtungstechnik erforderlich wird, ist es nötig, das gesamte theoretische Gebäude neu und verallgemeinerter aufzubauen. Das ist nicht möglich durch eine Erweiterung des bisherigen Ansatzes. Der neue Ansatz muss den alten mit einschließen. Er kann also keineswegs aus dem alten hergeleitet werden.

Kepler hatte die Entwicklung der Infinimesitalrechnung mit vorbereitet. Erst deren Einführung in die Himmelsmechanik durch *Leibniz* in der Form seines Calculus und der darauf basierenden Herleitung der *Kepler*'schen Bewegungsgleichung offenbarte sich die volle Bedeutung der *Kepler*'schen Bewegungslehre. In ähnlicher Weise erweiterte *A.*

[66] Zitiert nach J. MITTELSTRAß [1973], p. 8, Brief *Michael Maestlins* an *Kepler* vom 21 Sep. 1616, aus KGW XVII, 187.

[67] Zitiert nach J. MITTELSTRAß [1973], p. 10, aus KGW III, 25, Einleitung zur Astronomia Nova.

Einstein die klassische Mechanik durch einen neuen Ansatz, der durch Einführung schiefwinkliger Koordinatensysteme im Rahmen der neu entwickelten Tensorrechnung möglich wurde.

2.4 *I. Newtons* physikalische Interpretation der Bewegung der Himmelskörper

Schon *J. Kepler* hatte – wie wir gesehen haben – vermutet, es gebe eine von der Sonne ausgehende Kraft, die in Wechselwirkung mit dem Planeten Ursache für dessen Bewegung sei. Das entsprechende Kraftgesetz als Grundlegung der Planetenbewegung wurde von ***Isaac Newton*** (1643–1727) aufgestellt. Er stellte so die von *Galileo Galilei* (1564–1642) formulierte terrestrische Mechanik und die von *Kepler* begründete physikalische Himmelsmechanik auf eine einheitliche Basis. Ohne diese wären wir nicht imstande, die Vorgänge der Satellitenbewegung physikalisch zu verstehen.

Um 1680 war in der Royal Society diskutiert worden, auf welcher Bahnkurve sich ein Planet bewege, wenn es eine zentrale anziehende Kraft gäbe. Diese solle umgekehrt proportional mit dem Quadrat der Entfernung auf diesen Körper wirken. Inwieweit diese Fragestellung auf die Überlegungen *Keplers* zurückgeht, scheint schwer nachzuweisen zu sein. Sie zeigt aber, wie die Frage nach der mit dem Quadrat der Entfernung abnehmenden Kraft der Ausgangspunkt für die *Newton*'schen Überlegungen war und nicht ihr Ergebnis. In einem Brief vom 6. Januar 1680 (gregorianischer Kalender) stellte *Robert Hooke* genau diese Frage an *Newton.* Dieser errechnete eine Ellipse als Bahnkurve und veröffentlichte seinen Beweis noch vor dem 10. Dezember 1684 in einer Arbeit mit Titel *„de motu“*[68] und später ausführlich in den *„principia“*. Diese Aufgabenstellung wurde in der späteren Literatur, als das inverse *Newton'sche Problem* bezeichnet, sofern dieses Problem auf dem *Newton*'schen Attraktionsgesetz beruht.[69]

Newton ging interessanterweise in seinem Werk *Philosophiae Naturalis Principia Mathematica* (1687) in der Darstellungsweise rein geometrisch deduktiv vor. Er verwendete die von ihm selbst begründete Fluxionsrechnung – also seine Form der Differential- und Integralrechnung – nicht direkt, wohl aber bei den Herleitungen. Deshalb konnte er auch die Aufgabe, welche Bahn ein Planet unter Annahme eines gegebenen Kraftgesetzes hat, nur unvollständig behandeln. *Newton* war sich der hypothetischen Annahme seines Kraftgesetzes voll bewusst. Er beschrieb die Bewegung der Planeten so, **als ob** es die Gravitationskraft gäbe. Dies bedeutet für uns im Gegensatz zur dynamischen Idee die

---

[68] Nach I. B. COHEN [1989], pp. 14–17.

[69] Hinweis bei O. VOLK [1976], p. 368 auf I. NEWTON's *Principia,* Lib I, Sectio III, Prop. 17, die Aufgabenstellung, aus dem *Newton*'schen Attraktionsgesetz die *Kepler*-Gesetze herzuleiten, wurde von *Johann I. Bernoulli* als inverses *Newton'sches Problem* bezeichnet, verallgemeinert und in speziellen Fällen und mit dem Calculus von *G. W. Leibniz* gelöst (siehe in Abschn. 2.6.1 auf Seite 344)

Betonung der geometrisch-kinematischen Idee. So wurde sie mehr als 200 Jahre später dann auch von *A. Einstein* betont.[70]

2.4.1 Die *Newton*'schen Bewegungsaxiome

I. Newton stellte die mathematische Behandlung von Problemen in der Mechanik auf eine axiomatische Grundlage. Er postulierte in seinen *Principia Mathematica* (1687) ausgehend von Vorarbeiten *Galileo Galileis* und *René Descartes*:

1. Ein Körper verharrt in Ruhe oder bewegt sich gleichförmig und geradlinig, sofern keine Kraft von außen auf ihn einwirkt (Trägheitsgesetz, lex prima) (Abb. 2.18[71]).
2. Ein Körper erfährt eine gerichtete Bewegungsänderung durch eine Kraft, die der zeitlichen Variation seiner Bewegungsgröße proportional ist. (Definition der Kraft, lex secunda) (Abb. 2.19 auf Seite 327).
3. Die Kräfte, die zwei Körper aufeinander ausüben, sind gleich groß und einander entgegengerichtet („Actio et reactio sunt aequales", lex tertia)

Lex Prima Die Bestätigung des Trägheitssatzes als physikalisches Gesetz konnte erst im Rahmen der Relativitätstheorie gegeben werden.

Lex Secunda Wir wollen die *Newton*'schen Axiome in vektorieller Schreibweise formulieren, was ihrem Inhalt auch entspricht. Sei $m\,\dot{\mathbf{r}}$ die Bewegungsgröße (physikalisch Impuls, Momentum) eines Körpers der Masse m mit dem Geschwindigkeitsvektor $\dot{\mathbf{r}}$. Eine Kraft $\mathbf{F}$ verändert diese entsprechend der Beziehung

$$\mathbf{F} = \frac{d(m\,\dot{\mathbf{r}})}{dt} \quad . \tag{2.40}$$

Die Kraft ist also eine dynamischer Begriff (δύναμις): „Kraft wirkt." Sie ist außerdem nach der *Newton*'schen Formulierung (Abb. 2.19) ein Vektor: Sie wirkt in die Richtung, in der sie auf den Körper der Masse m einwirkt.

Anmerkung „Die inertiale Masse m eines Objektes misst den Widerstand gegen die Abweichung vom vorgegebenen Zustand einer gleichförmigen Bewegung längs einer geraden Linie, bei Bezug auf einen inertialen Raum. Das zweite Newton'sche Axiom (2.40) gilt nur in einem inertialen Raum Das Axiom (2.40) kann nur als ein Gesetz gelöst werden, wenn es einen unabhängigen Ausdruck für Kraft gibt, d. h. ein Kraftgesetz."[72]

[70] Siehe etwa K. STUMPFF [1965], p. 17.

[71] Kopie mit Genehmigung aus dem astronomischem Institut der LMU München.

[72] Fitzpatrick, Richard [2012], p. 11.

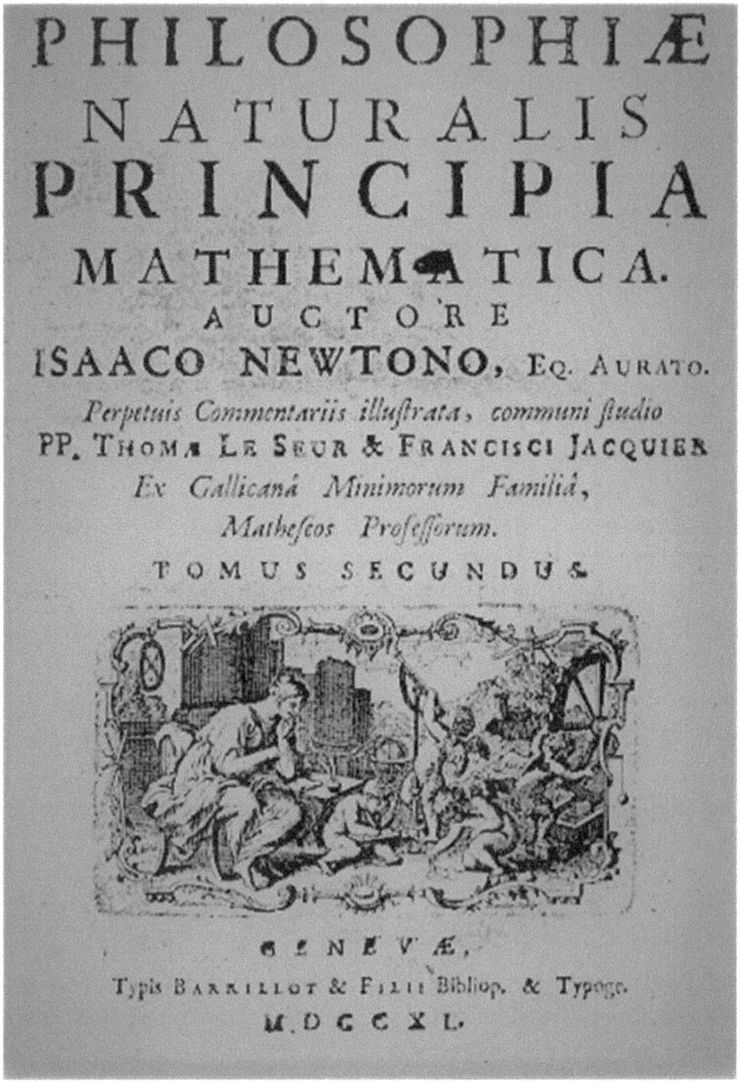

PHILOSOPHIÆ
NATURALIS
PRINCIPIA
MATHEMATICA.
AUCTORE
ISAACO NEWTONO, Eq. Aurato.
Perpetuis Commentariis illustrata, communi studio
PP. Thomæ Le Seur & Francisci Jacquier
Ex Gallicanâ Minimorum Familiâ,
Matheseos Professorum.
TOMUS SECUNDUS.

GENEVÆ,
Typis Barrillot & Filii Bibliop. & Typogr.
M.DCCXL.

Abb. 2.18 Frontispiz zu *Newtons Philosophiae Naturalis Principia Mathematica,* Ausgabe 1740

Ein Körper setzt einer Änderung seiner Bewegung einen umso größeren Widerstand entgegen, je größer seine Masse ist. Wir bezeichnen diese Eigenschaft seiner Masse als *„träge Masse" m.* Sie ist eine dem Körper innewohnende wesentliche Eigenschaft. Auch ihre Änderung (etwa bei Raketen oder Kometen) trägt zur Wirkung einer Kraft auf den betreffenden Körper wesentlich bei. Das zweite Newton'sche Axiom hat die allgemeingültige differentielle Form

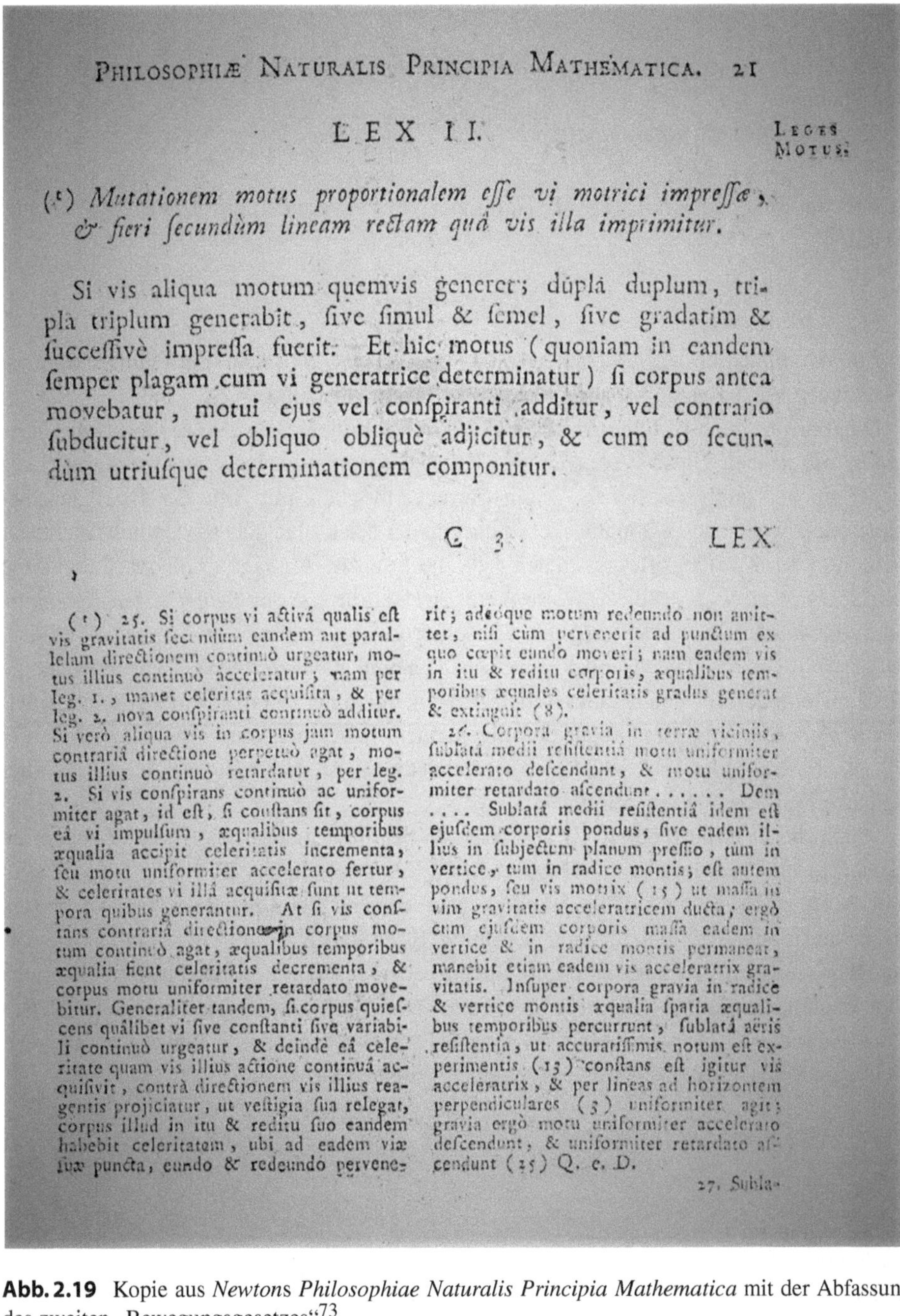

PHILOSOPHIÆ NATURALIS PRINCIPIA MATHEMATICA. 21

LEX II. LEGES MOTUS.

(ᵗ) *Mutationem motus proportionalem eſſe vi motrici impreſſæ, & fieri ſecundùm lineam rectam quâ vis illa imprimitur.*

Si vis aliqua motum quemvis generet; duplâ duplum, triplâ triplum generabit, ſive ſimul & ſemel, ſive gradatim & ſucceſſivè impreſſa fuerit. Et hic motus (quoniam in eandem ſemper plagam cum vi generatrice determinatur) ſi corpus antea movebatur, motui ejus vel conſpiranti additur, vel contrario ſubducitur, vel obliquo obliquè adjicitur, & cum eo ſecundùm utriuſque determinationem componitur.

C 3 LEX

(ᵗ) 25. Si corpus vi activâ qualis eſt vis gravitatis ſecundùm eandem aut parallelam directionem continuò urgeatur, motus illius continuò acceleratur; nam per leg. 1., manet celeritas acquiſita, & per leg. 2. nova conſpiranti continuò additur. Si verò aliqua vis in corpus jam motum contrariâ directione perpetuò agat, motus illius continuò retardatur, per leg. 2. Si vis conſpirans continuò ac uniformiter agat, id eſt, ſi conſtans ſit, corpus eâ vi impulſum, æqualibus temporibus æqualia accipit celeritatis incrementa, ſeu motu uniformiter accelerato fertur, & celeritates vi illâ acquiſitæ ſunt ut tempora quibus generantur. At ſi vis conſtans contrariâ directione in corpus motum continuò agat, æqualibus temporibus æqualia fient celeritatis decrementa, & corpus motu uniformiter retardato movebitur. Generaliter tandem, ſi corpus quieſcens quâlibet vi ſive conſtanti ſive variabili continuò urgeatur, & deindè eâ celeritate quam vis illius actione continuâ acquiſivit, contrà directionem vis illius reagentis projiciatur, ut veſtigia ſua relegat, corpus illud in itu & reditu ſuo eandem habebit celeritatem, ubi ad eadem viæ ſuæ puncta, eundo & redeundo pervenerit; adeóque motum redeundo non amittet, niſi cùm pervenerit ad punctum ex quo cœpit eundo moveri; nam eadem vis in itu & reditu corporis, æqualibus temporibus æquales celeritatis gradus generat & extinguit (8).

26. Corpora gravia in terræ viciniis, ſublatâ medii reſiſtentiâ motu uniformiter accelerato deſcendunt, & motu uniformiter retardato aſcendunt...... Dem.... Sublatâ medii reſiſtentiâ idem eſt ejuſdem corporis pondus, ſive eadem illius in ſubjectum planum preſſio, tùm in vertice, tum in radice montis; eſt autem pondus, ſeu vis motrix (15) ut maſſa in vim gravitatis acceleratricem ducta; ergò cùm ejuſdem corporis maſſa eadem in vertice & in radice montis permaneat, manebit etiam eadem vis acceleratrix gravitatis. Inſuper corpora gravia in radice & vertice montis æqualia ſpatia æqualibus temporibus percurrunt, ſublatâ aëris reſiſtentia, ut accuratiſſimis notum eſt experimentis (13) conſtans eſt igitur vis acceleratrix, & per lineas ad horizontem perpendiculares (5) uniformiter agit; gravia ergò motu uniformiter accelerato deſcendunt, & uniformiter retardato aſcendunt (25) Q. e. D.

27. Subla-

Abb. 2.19 Kopie aus *Newtons Philosophiae Naturalis Principia Mathematica* mit der Abfassung des zweiten „Bewegungsgesetzes"[73]

[73] Aus I. NEWTON [1740], Kopie mit Genehmigung des astronomisches Instituts der Universität München (LMU).

$$\mathbf{F} = m\ddot{\mathbf{r}} + \dot{m}\,\dot{\mathbf{r}} \quad . \tag{2.41}$$

Im Zeitalter der Raumfahrt darf im Allgemeinen die Masse nicht ohne spezielle Begründung
als zeitunabhängig vorausgesetzt werden.

Lex Tertia Sind zwei Kräfte ($\mathbf{F}_1$, $\mathbf{F}_2$) im Gleichgewicht, ist nach dem dritten *Newton*'schen Axiom[74]

$$\mathbf{F}_1 = -\mathbf{F}_2 \quad . \tag{2.42}$$

Eine Kombination des zweiten und des dritten Newton'schen Bewegungsaxiom ist wesentliche Voraussetzung zur Herleitung der Raketengleichung.[75]

Die *Newton*'schen Axiome wurden von *Newton* selbst als *Gesetze der Bewegung (leges motus)* bezeichnet. Diese Bezeichnung wird dem axiomatischen Charakter dieser Sätze nicht gerecht. Durch das zweite Axiom wurde es möglich, mit Hilfe des Bewegungsbegriffes eine, wenn auch axiomatische, so doch in der Nachfolge außerordentlich fruchtbare Definition des Kraftbegriffes zu finden (vgl. die kritische Aussage in obiger Anmerkung nach *R. Fitzpatrick*). Auf diese Weise wurde der Schritt von der *Kepler'schen Kinematik* zur *Newton'schen Dynamik* möglich. Diese Sichtweise vermag der Trennung in *Newton*'sche Gravitationstheorie und *Newton*'sche Dynamik nicht zu folgen.[76] Die vollständige Beschreibung der Bewegung eines Teilchens ist nämlich nur mit den Mitteln der allgemeinen *Kepler*-Bewegung bzw. sogar der allgemeinen Bewegungslehre möglich.[77] Was hier als „*Newton*'sche Gravitationstheorie" bezeichnet wird, ist „Vor-*Newton*isch", also mit der Gedankenwelt *Keplers* verknüpft.

Durch die Definition der Kraft als Variation der Bewegungsgröße gibt *I. Newton* die mathematische Begründung der klassischen Physik. Diese liefert die (natur-) philosophische Begründung, dass nichts unveränderlich ist, ewig sich bewegend sei, es sei denn (lex prima), es bewege sich gleichförmig geradlinig. Es ist stets eine Kraft nötig, um eine beliebige Bewegung aufrecht zu erhalten, ein Gedanke, der auf *Platon* zurückgeht, dort allerdings noch ohne mathematische Begründung. Wenn keine Kraft einwirkt, kann es keine Bewegungsänderung weder nach Größe noch nach Richtung geben, eine Bewegung auf einer nicht geradlinigen Bahn (dort außer im gleichförmigen Fall) kostet Kraft.

[74] Die Kräfte sind entgegengerichtet, daher das Minuszeichen.

[75] Herleitung in den Abschn. 2.9.2 auf Seite 438 sowie 2.9.3.

[76] Wie sie etwa bei FALK [1966], p. 23 ff. vorgeschlagen wird.

[77] Eine Diskussion der Bedeutung der „Bewegungsgesetze" lässt sich marginal bereits bei F. R. MOULTON [1914], ch. 1, vor dem Hintergrund der Arbeiten *E. Machs* und *A. Einsteins* finden.

2.4.2 Das *Newton*'sche Gravitationsgesetz

Aus der *Kepler*-Bewegung folgt: Auf einen Planeten wirkt die Beschleunigung

$$b_K \sim \frac{1}{r^2}, \tag{2.43}$$

die dem Quadrat des Abstandes des Planeten von der Sonne umgekehrt proportional ist. Wie diese Beschleunigung gerichtet sei, war zunächst umstritten.

Während *Chr. Huygens* und *René Descartes* von einer *Zentrifugalbeschleunigung* sprachen, kam *Robert Hooke* wohl als Erster auf die Idee einer *Zentripetalbeschleunigung*. Nach seiner Meinung setzt sich die Planetenbewegung aus einer inertialen Komponente und einer zentripetalen Komponente zusammen: „... *einer direkten tangentialen Bewegung und einer anziehenden Bewegung in Richtung des Zentralkörpers.*“[78]

Die spezielle *Kepler*-Bewegung genügt danach der Beschleunigung

$$\ddot{\mathbf{r}} = -\frac{\mu}{r^3}\,\mathbf{r} \quad . \tag{2.44}$$

Hier kann $\mu = \mu_\odot$ als ein die Masse der Sonne enthaltender Proportionalitätsfaktor aufgefasst werden. Er ist aus dem dritten *Kepler*'schen Gesetz noch unvollständig, also nur als physikalisch nicht gedeuteter Proportionalitätsfaktor bekannt. Ein allgemeines Gesetz, dem diese Bewegung genügen würde, konnte *Hooke* nicht finden. Er regte aber *Newton* in einem berühmten Briefwechsel an, nach einem solchen Gesetz zu suchen.

Die Planeten bewegen sich in der speziellen so um die Sonne, als ob eine zur Sonne gerichtete (zentripetale) Beschleunigung auf sie wirken würde. Unter der wesentlichen Annahme der Konstanz der (trägen) Massen der Sonne $m_\odot$ wie m_P der Planeten kann daher nach dem zweiten *Newton*'schen Axiom (2.41) die Kraft

$$\mathbf{F} = m_P\,\ddot{\mathbf{r}} = -\frac{m_P\,\mu}{r^3}\mathbf{r} \quad \langle \dot{m}_P \equiv 0 \tag{2.45}$$

angenommen werden. Hier ist m_P die (träge) Masse des Planeten, auf den von der Sonne im Abstand r die zentripetale Beschleunigung $\ddot{\mathbf{r}}$ ausgeübt wird.

Nach dem 3. *Newton*'schen Axiom treten Kräfte immer paarweise auf. Es muss also eine Kraft geben, die vom Planeten auf die Sonne wirkt und vom Betrag her gleich der von der Sonne auf den Planeten wirkenden Kraft ist, aber entgegengerichtet. Wir setzen also formal mit dem jetzt die Masse m_P des Planeten enthaltenden Proportionalitätsfaktor μ_P als Gegenkraft die vom Planeten auf die Sonne wirkende Kraft an

$$\mathbf{F}_P = -\mathbf{F} = m_\odot \frac{\mu_P}{r_P^3}\mathbf{r}_P \quad . \tag{2.46}$$

Wenn $\mathbf{r}_P$ der vom Planeten zur Sonne gerichtete Ortsvektor ist, ist

[78] Zitiert nach I. B. COHEN [1990], p. 126.

$$\mathbf{r} = -\mathbf{r}_P, \quad r = |\mathbf{r}| = |\mathbf{r}_P| = r_P$$

und wegen

$$|\mathbf{F}_P| = |\mathbf{F}|$$

ist auch

$$m\,\mu = m_\odot\,\mu_P \quad .$$

Es folgt die konstante Relation

$$\frac{\mu}{m_\odot} = \frac{\mu_P}{m} =: G_N \quad . \tag{2.47}$$

I. Newton postulierte, diese Beziehung bestehe zwischen *allen* Körpern, G_N sei daher eine universelle Konstante. Sie wird (genannt. Damit ist

$$\mu = G_N\, m_\odot, \quad \mu_P = G_N\, m \quad . \tag{2.48}$$

Bei konstanten Massen $m_\odot$, m sind dann auch die μ, μ_P konstante Größen, die bei Bezug auf die Sonne als *heliozentrische Gravitationskonstante* (gewöhnlich mit $\mu_\odot$ bezeichnet) und bei Bezug auf einen Planeten als *planetozentrische Gravitationskonstante*(*geozentrische, selenozentrische* usw.) genannt werden. Die von den Körpern aufeinander ausgeübte Kraft wird, wenn irgend zwei Körper der konstanten Massen m_1, m_2 im Abstand r aufeinander wirken, durch

$$\mathbf{F} = -G_N\,\frac{m_1\,m_2}{r^3}\,\mathbf{r} \quad \langle \dot{m}_1 = \dot{m}_2 = 0 \tag{2.49}$$

dargestellt. Diese Beziehung ist als *Newton'sches Gravitationsgesetz (Attraktionsgesetz)* bekannt. Die Anziehung zwischen beliebigen (materiellen) Körpern wird als *allgemeine Gravitation* (*Schwerkraft*) bezeichnet (Abb. 2.20).

Das *Newton*'sche Gravitationsgesetz hat gegenüber der speziellen *Kepler*-Bewegung, wie sie durch Formel (2.44) repräsentiert wird, eine neue Qualität erhalten. Sie wurde durch Einführung des Kraftbegriffs im 2. *Newton*'schen Axiom und durch Anwendung des dritten *Newton*'schen Axioms möglich. Mit Hilfe des Kraftbegriffs kann die allgemeine *Kepler*-Bewegung auf die Einwirkung von gewissen Kräften zurückgeführt werden. Das Gravitationsgesetz liefert die Möglichkeit, einige derartige Kräfte zu modellieren.

Es muss beachtet werden, dass entsprechend der lex secunda (2.41) auch die Variabilität der Masse als ein wesentlicher Effekt berücksichtigt werden muss. Dies ist im Gravitationsgesetz nach Newton **nicht** berücksichtigt. Das zeigt die obige Herleitung. In dieser kommt eine Zeitabhängigkeit lediglich im Radius bzw. der Distanz r zum Tragen. Eine Äquivalenz von allgemeinem Kraftbegriff in Beziehung (2.41) und Gravitationsgesetz ist also nicht vollkommen möglich.

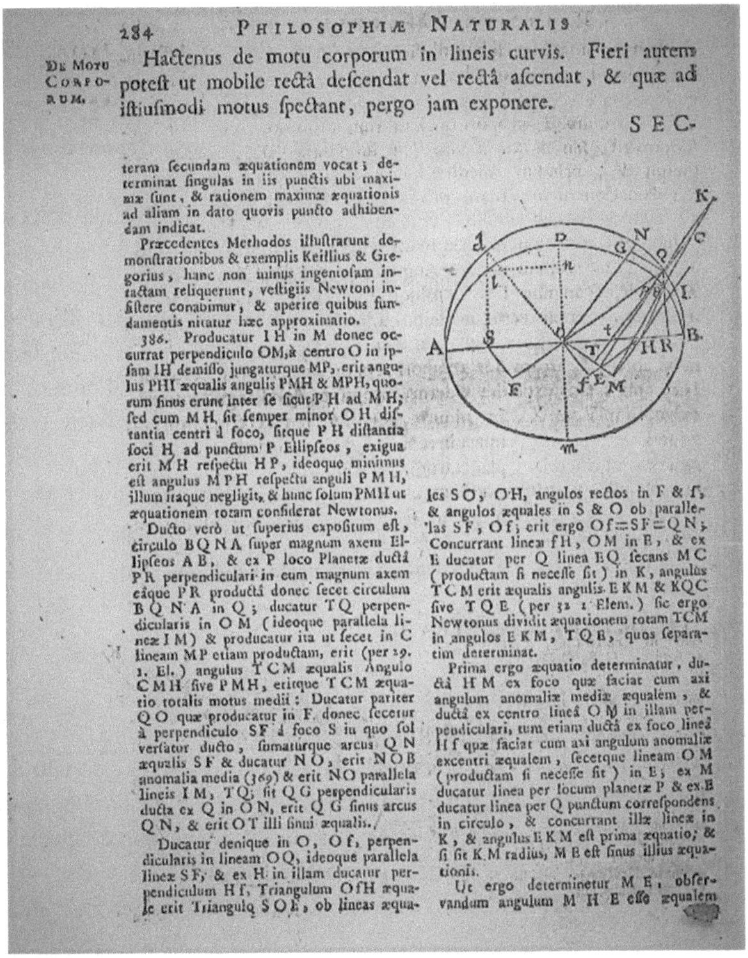

284 PHILOSOPHIÆ NATURALIS

DE MOTU CORPORUM.

Hactenus de motu corporum in lineis curvis. Fieri autem potest ut mobile rectà descendat vel rectâ ascendat, & quæ ad istiusmodi motus spectant, pergo jam exponere.

SEC-

teram secundam æquationem vocat; determinat singulas in iis punctis ubi maximæ sunt, & rationem maximæ æquationis ad aliam in dato quovis puncto adhibendam indicat.

Præcedentes Methodos illustrarunt demonstrationibus & exemplis Keillius & Gregorius, hanc non minus ingeniosam intactam reliquerunt, vestigiis Newtoni insistere conabimur, & aperire quibus fundamentis nitatur hæc approximatio.

386. Producatur IH in M donec occurrat perpendiculo OM, à centro O in ipsam IH demisso jungaturque MP, erit angulus PHI æqualis angulis PMH & MPH, quorum sinus erunt inter se sicut P H ad M H; sed cum M H, sit semper minor O H distantia centri à foco, sitque P H distantia foci H ad punctum P Ellipseos, exigua erit M H respectu H P, ideoque minimus est angulus M P H respectu anguli P M H, illum itaque negligit, & hunc solum PMH ut æquationem totam considerat Newtonus.

Ducto verò ut superius expositum est, circulo B Q N A super magnum axem Ellipseos A B, & ex P loco Planetæ ductâ P R perpendiculari in eum magnum axem eâque P R productâ donec secet circulum B Q N A in Q; ducatur T Q perpendicularis in O M (ideoque parallela lineæ I M) & producatur ita ut secet in C lineam M P etiam productam, erit (per 29. 1. El.) angulus T C M æqualis Angulo C M H sive P M H, eritque T C M æquatio totalis motus medii: Ducatur pariter Q O quæ producatur in F donec secetur à perpendiculo SF à foco S in quo sol versatur ducto, sumaturque arcus Q N æqualis S F & ducatur N O, erit N O B anomalia media (369) & erit NO parallela lineis I M, T Q; sit Q G perpendicularis ducta ex Q in O N, erit Q G sinus arcus Q N, & erit O T illi sinui æqualis.

Ducatur denique in O, O f, perpendicularis in lineam O Q, ideoque parallela lineæ S F, & ex H in illam ducatur perpendiculum H f, Triangulum O f H æquale erit Triangulo S O F, ob lineas æquales S O, O H, angulos rectos in F & f, & angulos æquales in S & O ob parallelas S F, O f; erit ergo O f = S F = Q N; Concurrant lineæ f H, O M in E, & ex E ducatur per Q linea E Q secans M C (productam si necesse sit) in K, angulus T C M erit æqualis angulis E K M & K Q C sive T Q E (per 32 1 Elem.) sic ergo Newtonus dividit æquationem totam TCM in angulos E K M, T Q E, quos separatim determinat.

Prima ergo æquatio determinatur, ductâ H M ex foco quæ faciat cum axi angulum anomaliæ mediæ æqualem, & ductâ ex centro lineâ O M in illam perpendiculari, tum etiam ductâ ex foco lineâ H f quæ faciat cum axi angulum anomaliæ excentri æqualem, secetque lineam O M (productam si necesse sit) in E; ex M ducatur linea per locum planetæ P & ex E ducatur linea per Q punctum correspondens in circulo, & concurrant illæ lineæ in K, & angulus E K M est prima æquatio; & si sit K M radius, M E est sinus illius æquationis.

Ut ergo determinetur M E, observandum angulum M H E esse æqualem

Abb. 2.20 Aus Newtons *Philosophiae Naturalis Principia Mathematica:* geometrische Beschreibung der Bewegung[79]

Dies ist nur möglich, wenn die Massen als konstant angenommen werden können. Im Rahmen der klassischen Himmelsmechanik konnte die Konstanz der Massen bei der Berechnung der Beziehungen zwischen den Planeten vorausgesetzt werden. Eine zweite wesentliche Einschränkung dieses Gesetzes besteht in der Zeitunabhängigkeit seiner Wirkung: Das Gesetz postuliert die Omnipräsenz der Gravitationskraft. Sie ist da. Sie wirkt gleichförmig überallhin. Sie benötigt keine Zeit um sich auszubreiten,

[79] Aus I. NEWTON [1739], Kopie mit Genehmigung des astronomischen Instituts der Universität München (LMU).

um wirken zu können. Hier setzte die Kritik *Einsteins* an. Er erweiterte die Gravitation um die Zeitabhängigkeit: Ausbreitung der Gravitation durch Gravitationswellen mit Lichtgeschwindigkeit.

Das *Newton*'sche Gravitationsgesetz geht über den Rahmen der speziellen *Kepler*-Bewegung hinaus. Sie ist ein erster Schritt zu einer allgemeinen *Kepler*-Bewegung. Dies ist physikalisch begründet.

Das *Newton*'sche Gravitationsgesetz wurde zunächst nur als Postulat angesehen. Die physikalische Gesetzmäßigkeit musste erst durch Beobachtung und Experiment erwiesen werden. Das Gesetz war 1687 erstmals publiziert worden. Die physikalischer Gesetzmäßigkeit wurde im Labor erst 1798 von *H. Cavendish* mit der Torsionswaage[80] nachgewiesen. Astronomisch gelang der Nachweis ab 1803 durch *Wilhelm Herschel* mit der Beobachtung der Bewegung von Doppelsternsystemen. Dies wird gerne als Triumph der mathematischen Deduktion und des genialen Weitblicks *I. Newtons* gedeutet. Die Äquivalenz von träger und schwerer Masse konnte 1905 durch *Einsteins Äquivalenzprinzip* von der Äquivalenz von Gravitation und Trägheitsfeldern im Rahmen der speziellen Relativitätstheorie begründet werden.

2.4.3 Mondbewegung bei *Newton*

Ptolemäus hatte durch die Entdeckung der Evektion[81] als Erster beobachtet, dass die Bewegung des Mondes wesentlich durch die Sonne beeinflusst wird. Dies wurde von *Tycho Brahe* durch Entdeckung der von der Sonnenanomalie abhängigen jährlichen Gleichung vertieft.[82] Wenn also *Newton* sich mit der Bewegung des Mondes befasste, konnte er nicht von der in seinem Attraktionsgesetz formulierten Zweikörperbewegung ausgehen. Er musste die Bewegung der Sonne mit einschließen, effektiv also den ersten Schritt zum Mehrkörperproblem gehen. Dieses Problem konnte *Newton* aber nicht mehr lösen[83] (Abb. 2.21).

---

[80] Siehe etwa FALK [1966], p. 61.

[81] Siehe in Abschn. 1.7.2 ab Seite 144.

[82] Siehe in Abschn. 1.10.1 ab Seite 264.

[83] Siehe etwa in I. PETERSON [1994], p. 152.

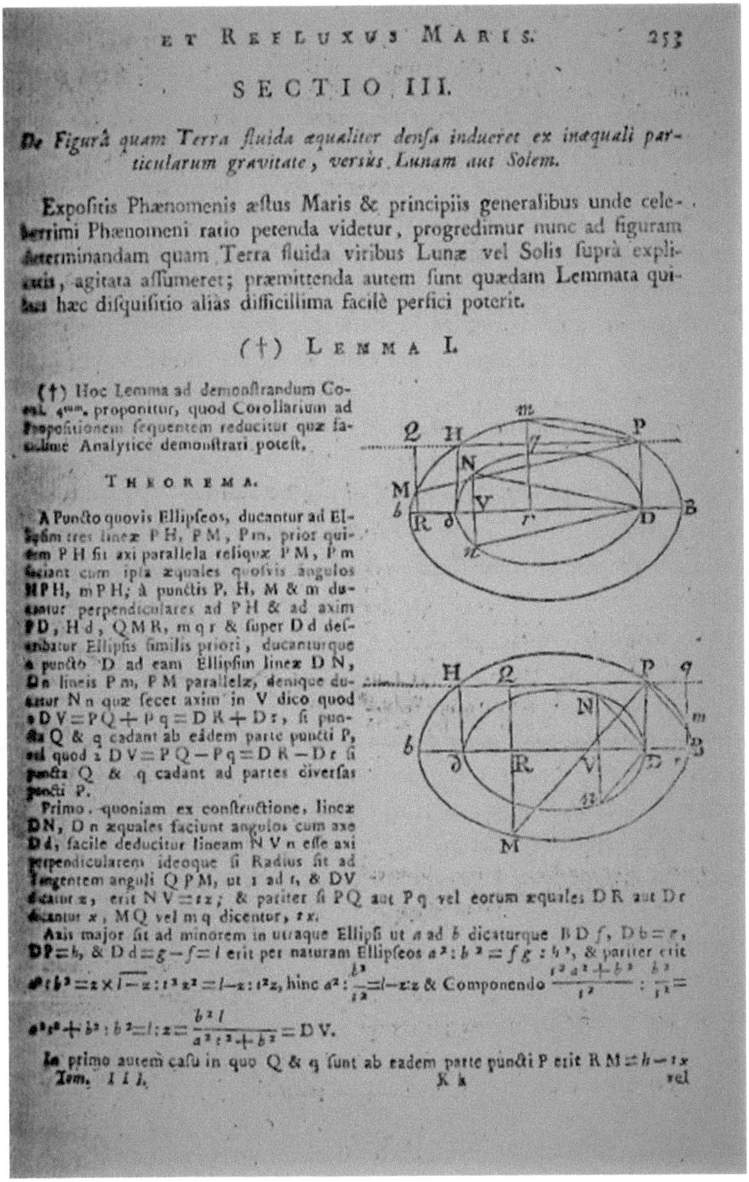

ET REFLUXUS MARIS. 253

SECTIO III.

De Figurâ quam Terra fluida æqualiter denſa indueret ex inæquali particularum gravitate, verſus Lunam aut Solem.

Expoſitis Phænomenis æſtus Maris & principiis generalibus unde celeberrimi Phænomeni ratio petenda videtur, progredimur nunc ad figuram determinandam quam Terra fluida viribus Lunæ vel Solis ſuprà explicatis, agitata aſſumeret; præmittenda autem ſunt quædam Lemmata quibus hæc diſquiſitio aliàs difficillima facilè perfici poterit.

(†) LEMMA I.

(†) Hoc Lemma ad demonſtrandum Coroll. 4um. proponitur, quod Corollarium ad Propoſitionem ſequentem reducitur quæ facillime Analytice demonſtrari poteſt.

THEOREMA.

A Puncto quovis Ellipſeos, ducantur ad Ellipſim tres lineæ PH, PM, Pm, prior quidem PH ſit axi parallela reliquæ PM, Pm faciant cum ipſa æquales quoſvis angulos MPH, mPH; à punctis P, H, M & m ducantur perpendiculares ad PH & ad axim PD, Hd, QMR, mqr & ſuper Dd deſcribatur Ellipſis ſimilis priori, ducanturque a puncto D ad eam Ellipſim lineæ DN, Dn lineis Pm, PM parallelæ, denique ducatur Nn quæ ſecet axim in V dico quod 2DV = PQ + Pq = DR + Dr, ſi puncta Q & q cadant ab eâdem parte puncti P, vel quod 2DV = PQ − Pq = DR − Dr ſi puncta Q & q cadant ad partes diverſas puncti P.

Primo, quoniam ex conſtructione, lineæ DN, Dn æquales faciunt angulos cum axe Dd, facile deducitur lineam NVn eſſe axi perpendicularem ideoque ſi Radius ſit ad Tangentem anguli QPM, ut 1 ad t, & DV dicatur z, erit NV = tz; & pariter ſi PQ aut Pq vel eorum æquales DR aut Dr dicantur x, MQ vel mq dicentur, tx.

Axis major ſit ad minorem in utraque Ellipſi ut a ad b dicaturque BD f, Db = g, DP = h, & Dd = g − f = l erit per naturam Ellipſeos $a^2 : b^2 = fg : h^2$, & pariter erit

$a^2 : b^2 = z \times \overline{l-z} : t^2z^2 = l-z : t^2z$, hinc $a^2 : \frac{b^2}{t^2} = l-z : z$ & Componendo $\frac{t^2a^2+b^2}{t^2} : \frac{b^2}{t^2} =$

$a^2t^2 + b^2 : b^2 = l : z = \frac{b^2 l}{a^2t^2+b^2} = DV.$

In primo autem caſu in quo Q & q ſunt ab eadem parte puncti P erit RM = h − tx

Tom. III. Kk vel

Abb. 2.21 Aus *Newtons Philosophiae Naturalis Principia:* die Gezeiten als Folge der überlagerten Attraktion der Meere durch Sonne und Mond[84]

---

[84] Aus I. NEWTON [1740], Kopie mit Genehmigung des astronomischen Instituts der Universität München (LMU).

2.5 Die *Leibniz*'sche Gleichung

Gottfried Wilhelm Leibniz (geb. 1. Juli 1646 in Leipzig, gest. 14. November 1716 in Hannover), hatte unabhängig von *I. Newton* die Infinitesimalrechnung gefunden. Er nannte sie *Calculus* und veröffentlichte sie in den Jahren 1684 und 1686 in den *Acta Eruditorum.*[85] *Leibniz* wandte diese neue Rechenmethode selber als Erster zur Untersuchung von Bewegungsproblemen der Planeten an (Abb. 2.22).

Seine Ergebnisse veröffentlichte er 1689 unter dem Titel *Tentamen de motuum coelestium causis* in den *Acta Eruditorum.*[86] Er fasste sie, wie er selber und sicherlich glaubhaft[87] versicherte, ohne vorherige Kenntnis der *Newton*'schen Principia ab.

Diese *Leibniz*'schen Beiträge zur Himmelsmechanik waren bereits von seinen Zeitgenossen in ihrer Bedeutung nicht erkannt worden und in der Folge vergessen worden. Erst durch eine Serie von kritischen Veröffentlichungen gelang es in den 60er-Jahren des 20. Jahrhunderts *E. J. Aiton*[88] auf die Bedeutung der *Leibniz*'schen Arbeiten hinzuweisen und die Ursachen für die mangelhafte Rezipienz zu erarbeiten. Die auf *Leibniz* zurückgehenden himmelsmechanischen Beiträge sind für die in der vorliegenden Arbeit hergeleitete Methodik von grundlegender Natur.[89] Daher soll der Bezug zu ihnen im Folgenden kurz hergestellt werden.

Auf *Leibniz* gehen die folgenden beiden wesentlichen Beiträge zur Bahnmechanik zurück:

1. *Leibniz* stellt die Bewegung der Planeten in einem mitgeführten Koordinatensystem dar. Es ist orientiert in heutiger Terminologie in radialer Richtung mit Einheitsvektor $\mathbf{r}_0$ und transversaler Richtung (von *Leibniz* als „trans-radiale" Richtung bezeichnet) $\mathbf{q}_0$. Der normale Einheitsvektor $\mathbf{c}_0 = \mathbf{r}_0 \times \mathbf{q}_0$ spielt bei *Leibniz* keine Rolle, da die Bahnebene eines Planeten als fest und unveränderlich angenommen wird. Wir wollen dieses $(\mathbf{r}_0, \mathbf{q}_0, \mathbf{c}_0)-$ System in der astrodynamischen Anwendung als *Leibniz*-System bezeichnen.
2. Durch Anwendung seines Calculus gelang es *Leibniz,* die radiale Beschleunigung der Planetenbewegung in der Formel

$$\ddot{r} = \frac{G^2}{r^3} - \frac{G^2}{p\,r^2} \tag{2.50}$$

---

[85] Siehe E. J. AITON [1960] p. 67 und E. J. AITON [1965] p. 111.

[86] Die Zeitschrift *Acta Eruditorum* wurde 1682 in Leipzig gegründet und wurde unter dem inzwischen neuen Titel *Nova Acta Eruditorum* 1782 eingestellt. Sie war seinerzeit die bedeutendste wissenschaftliche Zeitschrift. https://de.wikipedia.org/wiki/Acta_Eruditorum.

[87] Vgl. E. J. AITON [1964] p. 31.

[88] E. J. AITON [1960], [1964], [1965], [1966], [1969].

[89] Siehe JOCHIM, E. F. M. [2016 b] Kap. 4 bis 6.

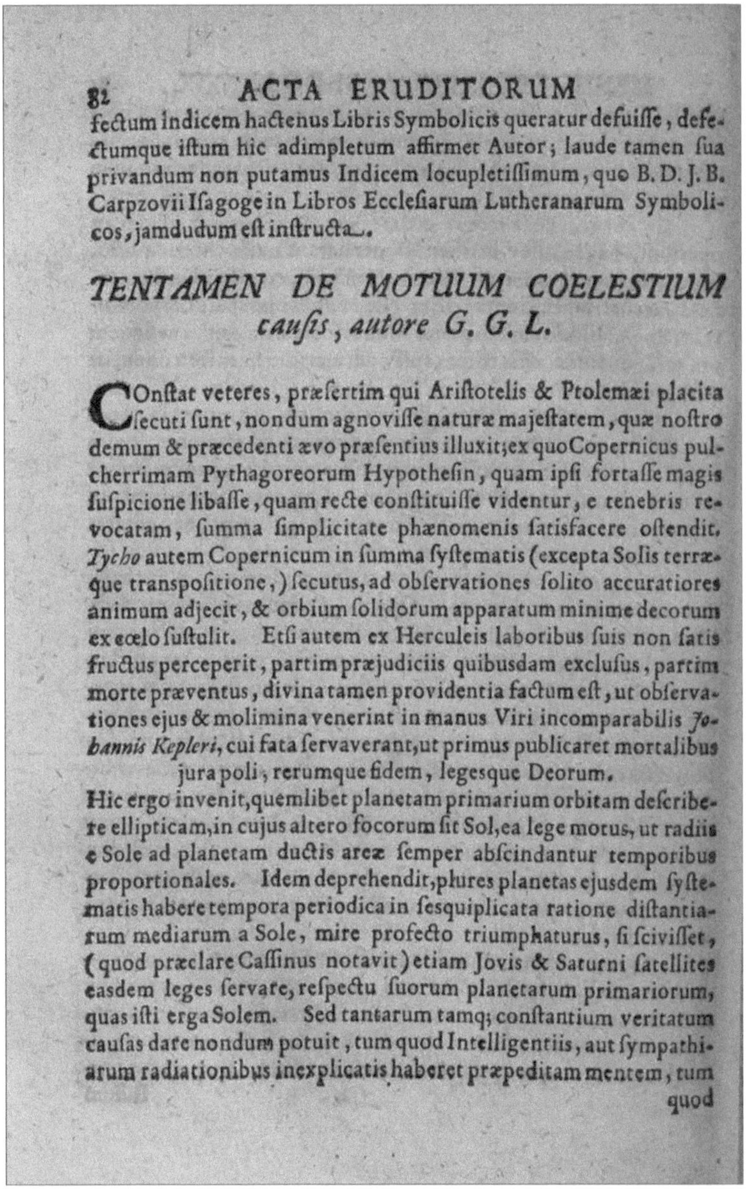

82 ACTA ERUDITORUM

fectum Indicem hactenus Libris Symbolicis queratur defuiſſe, defectumque iſtum hic adimpletum affirmet Autor; laude tamen ſua privandum non putamus Indicem locupletiſſimum, quo B. D. J. B. Carpzovii Iſagoge in Libros Eccleſiarum Lutheranarum Symbolicos, jamdudum eſt inſtructa.

TENTAMEN DE MOTUUM COELESTIUM cauſis, autore G. G. L.

COnſtat veteres, præſertim qui Ariſtotelis & Ptolemæi placita ſecuti ſunt, nondum agnoviſſe naturæ majeſtatem, quæ noſtro demum & præcedenti ævo præſentius illuxit; ex quo Copernicus pulcherrimam Pythagoreorum Hypotheſin, quam ipſi fortaſſe magis ſuſpicione libaſſe, quam recte conſtituiſſe videntur, e tenebris revocatam, ſumma ſimplicitate phænomenis ſatisfacere oſtendit. *Tycho* autem Copernicum in ſumma ſyſtematis (excepta Solis terræque transpoſitione,) ſecutus, ad obſervationes ſolito accuratiores animum adjecit, & orbium ſolidorum apparatum minime decorum ex cœlo ſuſtulit. Etſi autem ex Herculeis laboribus ſuis non ſatis fructus perceperit, partim præjudiciis quibusdam excluſus, partim morte præventus, divina tamen providentia factum eſt, ut obſervationes ejus & molimina venerint in manus Viri incomparabilis *Johannis Kepleri*, cui fata ſervaverant, ut primus publicaret mortalibus

jura poli, rerumque fidem, legesque Deorum.

Hic ergo invenit, quemlibet planetam primarium orbitam deſcribere ellipticam, in cujus altero focorum ſit Sol, ea lege motus, ut radiis e Sole ad planetam ductis areæ ſemper abſcindantur temporibus proportionales. Idem deprehendit, plures planetas ejusdem ſyſtematis habere tempora periodica in ſesquiplicata ratione diſtantiarum mediarum a Sole, mire profecto triumphaturus, ſi ſciviſſet, (quod præclare Caſſinus notavit) etiam Jovis & Saturni ſatellites easdem leges ſervare, reſpectu ſuorum planetarum primariorum, quas iſti erga Solem. Sed tantarum tamq; conſtantium veritatum cauſas dare nondum potuit, tum quod Intelligentiis, aut ſympathiarum radiationibus inexplicatis haberet præpeditam mentem, tum

quod

Abb. 2.22 Anfang der *Leibniz'*schen Arbeit über den „Versuch über die Ursachen der himmlischen Bewegungen", p. 82[90]

[90] Der verwirrende Name G. G. L. kann als „Gottfried Guillaume Leibniz" gedeutet werden. Kopie rechtefrei aus Acta eruditorum. 1689: Acta eruditorum.: Free Download, Borrow, and Streaming: Internet Archive.

darzustellen. *Aiton* [1960] schlug vor diese Gleichung wegen ihrer Bedeutung und in Referenz zu ihrem Entdecker als *Leibniz'sche Gleichung* zu bezeichnen.

Da diese Formel in der vorliegenden Arbeit in verallgemeinerter Form grundlegenden Charakter hat, wollen wir dieser Empfehlung folgen. Auch die allgemeine Form soll unter diesem allgemeinen Namen verwendet werden.[91] Im Rahmen der (speziellen) *Kepler*-Bewegung kann die Herleitung in moderner Terminologie aber mit den *Leibniz* zur Verfügung stehenden Hilfsmitteln folgendermaßen durchgeführt werden:

Das erste *Kepler*'sche Gesetz (in der Form elliptische Bewegung) wird nach Formel (2.20) in Bezug auf das Perihel und in Abhängigkeit von der exzentrischen Anomalie E $(= E_{\mathrm{A}} + 180°)$ gegeben

$$r = a(1 - e \cos E) \quad . \tag{2.51}$$

Daraus ergibt sich die radiale Geschwindigkeit

$$\dot{r} = a\, e\, \dot{E} \cos E \quad . \tag{2.52}$$

Das zweite *Kepler*'sche Gesetz in der Form (2.7) lautet im Rahmen der Infinitesimalrechnung

$$\lim_{\Delta t \to 0} r^2 \frac{\Delta \upsilon}{\Delta t} = r^2\, \dot{\upsilon} = G \tag{2.53}$$

und ergibt die Beziehung[92]

$$a\, \dot{E} = \frac{r\, \dot{\upsilon}}{\sqrt{1 - e^2}} = \frac{G}{r\sqrt{1 - e^2}} \quad . \tag{2.54}$$

Somit wird

$$\dot{r} = \frac{e\, G}{\sqrt{1 - e^2}} \frac{\sin E}{r} \quad . \tag{2.55}$$

Daraus folgt die radiale Beschleunigung in der Form

$$\ddot{r} = \frac{e\, G}{\sqrt{1 - e^2}} \frac{r\, \dot{E} \cos E \; - \; \dot{r} \sin E}{r^2} \quad . \tag{2.56}$$

Sie kann mit den Beziehungen (2.54) und (2.55)

---

[91] Die Herleitung dieser Formel in der allgemeinen Form wird in der Veröffentlichung JOCHIM, E. F. M. [2016 b] in den Sectionen 4.4.2, 5.1 und 5.6 behandelt.

[92] Diese Beziehung ist erklärt, da die exzentrische Anomalie E nur für den elliptischen Fall $(e^2 < 1)$ definiert ist.

$$\ddot{r} = \frac{e\,G}{\sqrt{1-e^2}}\,\frac{1}{r^2}\left(\frac{r\,\cos E}{a}\,\frac{G}{r\,\sqrt{1-e^2}} - \frac{e\,G\,\sin^2 E}{r\,\sqrt{1-e^2}}\right)$$

und mit dem Radius aus Beziehung (2.51) umgeformt werden

$$\ddot{r} = \frac{e\,G^2}{a\left(1-e^2\right)}\,\frac{1}{r^3}\,\left(r\,\cos E\, -\, a\,e\,\sin^2 E\right) = \frac{e\,G^2}{a\left(1-e^2\right)}\,\frac{1}{r^3}\,\left(a\,\cos E\, -\, a\,e\right)$$

Mit der für die elliptische Bewegung gültigen Beziehung $p = a\left(1-e^2\right)$ folgt schließlich die *Leibniz*-Gleichung

$$\ddot{r} = \frac{G^2}{p\,r^3}\left(a - r - a\,e^2\right) = \frac{G^2}{r^3} - \frac{G^2}{p\,r^2}\quad. \tag{2.57}$$

Im Falle einer Kreisbewegung ist $p = a$ und es wirkt keine Radialbeschleunigung. *Leibniz* deutete den zweiten Teil seiner Beziehung als Gravitationsbeschleunigung im *Newton*'schen Sinne. Mit Stolz war es ihm gelungen, das $1/r^2$ Gesetz allein aus den ersten beiden *Kepler*'schen Gesetzen hergeleitet zu haben.[93] Verwenden wir jetzt das dritte *Kepler*'sche Gesetz in der Form (2.38) der allgemeinen (elliptischen) *Kepler*-Bewegung

$$G = \sqrt{\mu\,p},$$

kann die *Leibniz*-Gleichung im Rahmen der *Kepler*-Bewegung auch in der Form geschrieben werden

$$\ddot{r} = \frac{G^2}{r^3} - \frac{\mu}{r^2}\quad. \tag{2.58}$$

Als *Kepler*'sche Beschleunigung wird die Größe

$$b_K := -\frac{\mu}{r^2} \tag{2.59}$$

bezeichnet. Die physikalische Interpretation des Parameters μ, der bei *Kepler* nur ein Proportionalitätsfaktor ist, geschah durch *Newton*. Für die mathematische Behandlung der *Kepler*-Bewegung spielt die physikalische Interpretation keine Rolle.

Leibniz deutete den ersten Teil seiner Gleichung als Zentrifugalbeschleunigung. Dies gab zu erheblichen Zweifeln an der Richtigkeit dieser Gleichung Anlass. Letztlich wurde ihre Wichtigkeit in der Folge deshalb nicht erkannt. Sie geriet als solche in Vergessenheit. *Newton* bezeichnete als Zentrifugalkraft diejenige Kraft, die auf Grund seines dritten Bewegungsaxioms *(actio = reactio)* genau die der Gravitationskraft entgegen gerichtete Kraft sei. *Newton* führte seine Untersuchungen in den Principia ausschließlich in einem festen (= „inertialen“) Bezugssystem durch (*Newton*-System). Die *Leibniz*'sche Gleichung besteht dagegen in einem mitbewegten System. In einem mitbewegten System ist

[93] Siehe in E. J. Aiton [1960].

die Zentrifugalbeschleunigung, wie wir heute wissen, eine Scheinbeschleunigung.[94] Der Streit zwischen *Newton* und *Leibniz* beruhte also auf Missverständnissen und gegensätzlichen Begriffsbildungen.[95] Hinzu dürfte aus heutiger Sicht noch die unsaubere Trennung der Begriffe Kraft und Beschleunigung kommen, die (leider in manchen Kreisen) bis heute beobachtet werden kann. Das zweite *Newton*'sche Bewegungsaxiom wird dabei als Kraft proportional der Beschleunigung aufgefasst, die mögliche Variation der Masse wird vergessen. Um mathematische Darstellungen „klarer" und „eleganter" zu machen, wird gerne die Masse gleich der Einheit gesetzt und das „Kraftgesetz" der *Kepler*-Bewegung in der „einfachen" Form $\varphi(r) = 1/r^2$ angesetzt.[96] Philosophisch gesehen ist auch grundsätzlich zu fragen, ob ein dynamischer Begriff (Kraft) mit einem geometrischen Begriff (Beschleunigung) verglichen werden darf. So ist es auch grundsätzlich nicht möglich, die Bewegungsgleichung der Himmelskörper aus einer Kraftbeziehung (etwa dem Gravitationsgesetz) herzuleiten. Dies ist auch nicht nötig und sogar historisch unrichtig, wie im folgenden Abschnitt gezeigt wird.

In Abb. 2.23 (Seite 336) ist die *Leibniz*'sche Gleichung mit den von *Leibniz* verwendeten Parametern zu erkennen, deren Bedeutung in dem Paper nachgelesen werden kann:

$$ddr = bba\theta\theta - 2aaqr\theta\theta : bbr^3 \quad . \tag{2.60}$$

2.6 Die Himmelsmechanik nach *Leibniz* und *Newton*

Newtons Prinzipien waren für die wissenschaftliche Öffentlichkeit etwas völlig neues. Sie konnten sich nur sehr schwer gegen die seinerzeit gültige Wirbeltheorie des *René Descartes*[97] durchsetzen, veröffentlicht in *Principia Philosophiae* (1644). An sie „glaubten" die gebildeten Zeitgenossen zur Erklärung der Planetenbewegung. Mit der Ablehnung seiner Forschungsergebnisse erlitt *Newton* zunächst das gleiche Schicksal wie posthum *Kopernikus*. Genauso wie vor allem auch *Kepler*. Sogar *Descartes* selbst, der aus Frankreich seiner Ideen wegen nach Holland hatte fliehen müssen. *Galileo*, dem die Rolle des wissenschaftlichen Märtyrers aus nicht uneigennützigen Gründen auf den Leib geschrieben wird, war also keineswegs der erste und freilich auch nicht der letzte, dem dieses Schicksal der Ablehnung seiner wissenschaftlichen Leistung durch eine inkompetente Öffentlichkeit widerfuhr. *Galileis* astronomische Erkenntnisse konnten sich wegen

[94] Dieser Sachverhalt wird vor allem deutlich im Zusammenhang mit der gleichförmigen geradlinigen Bewegung, in der überhaupt keine Kräfte auftreten. Siehe in JOCHIM, E. F. M. [2016 b] Kapitel 5.

[95] Siehe die ausführliche Untersuchung in E. J. AITON [1964].

[96] Ein Beispiel ist in J. O. FLECKENSTEIN [1946], p. 101

[97] *René Descartes* (* 31. März 1596 in La Haye en Touraine; † 11. Februar 1650 in Stockholm). https://de.wikipedia.org/wiki/Ren%C3%A9_Descartes.

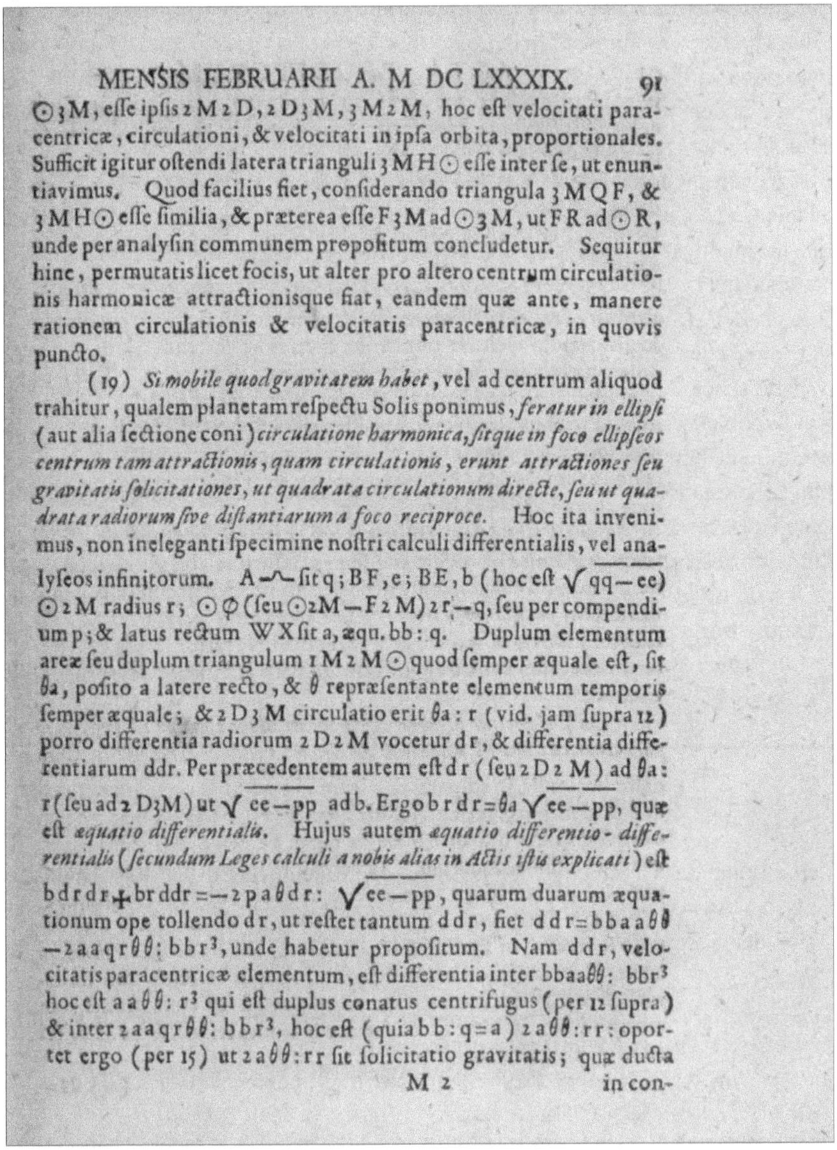

MENSIS FEBRUARII A. M DC LXXXIX. 91

⊙3M, eſſe ipſis 2M2D, 2D3M, 3M2M, hoc eſt velocitati paracentricæ, circulationi, & velocitati in ipſa orbita, proportionales. Sufficit igitur oſtendi latera trianguli 3MH⊙ eſſe inter ſe, ut enuntiavimus. Quod facilius fiet, conſiderando triangula 3MQF, & 3MH⊙ eſſe ſimilia, & præterea eſſe F3M ad ⊙3M, ut FR ad ⊙R, unde per analyſin communem propoſitum concludetur. Sequitur hinc, permutatis licet focis, ut alter pro altero centrum circulationis harmonicæ attractionisque fiat, eandem quæ ante, manere rationem circulationis & velocitatis paracentricæ, in quovis puncto.

(19) *Si mobile quod gravitatem habet*, vel ad centrum aliquod trahitur, qualem planetam reſpectu Solis ponimus, *feratur in ellipſi* (aut alia ſectione coni) *circulatione harmonica, ſitque in foco ellipſeos centrum tam attractionis, quam circulationis, erunt attractiones ſeu gravitatis ſolicitationes, ut quadrata circulationum directe, ſeu ut quadrata radiorum ſive diſtantiarum a foco reciproce.* Hoc ita invenimus, non ineleganti ſpecimine noſtri calculi differentialis, vel analyſeos infinitorum. A∿ ſit q; BF, e; BE, b (hoc eſt $\sqrt{qq-ee}$) ⊙2M radius r; ⊙φ (ſeu ⊙2M − F2M) 2r − q, ſeu per compendium p; & latus rectum WX ſit a, æqu. bb : q. Duplum elementum areæ ſeu duplum triangulum 1M2M⊙ quod ſemper æquale eſt, ſit θa, poſito a latere recto, & θ repræſentante elementum temporis ſemper æquale; & 2D3M circulatio erit θa : r (vid. jam ſupra 12) porro differentia radiorum 2D2M vocetur dr, & differentia differentiarum ddr. Per præcedentem autem eſt dr (ſeu 2D2M) ad θa : r (ſeu ad 2D3M) ut $\sqrt{ee-pp}$ ad b. Ergo $b\,r\,dr = \theta a\sqrt{ee-pp}$, quæ eſt *æquatio differentialis.* Hujus autem *æquatio differentio-differentialis* (*ſecundum Leges calculi a nobis alias in Actis iſtis explicati*) eſt $b\,dr\,dr + br\,ddr = -2pa\theta dr : \sqrt{ee-pp}$, quarum duarum æquationum ope tollendo dr, ut reſtet tantum ddr, fiet $ddr = bbaa\theta\theta - 2aaqr\theta\theta : bbr^3$, unde habetur propoſitum. Nam ddr, velocitatis paracentricæ elementum, eſt differentia inter $bbaa\theta\theta : bbr^3$ hoc eſt $aa\theta\theta : r^3$ qui eſt duplus conatus centrifugus (per 12 ſupra) & inter $2aaqr\theta\theta : bbr^3$, hoc eſt (quia $bb : q = a$) $2a\theta\theta : rr$: oportet ergo (per 15) ut $2a\theta\theta : rr$ ſit ſolicitatio gravitatis; quæ ducta

M 2 in con-

Abb. 2.23 Ausschnitt aus der *Leibniz*'schen Arbeit über den „Versuch über die Ursachen der himmlischen Bewegungen" mit der Herleitung der *„Leibniz*'schen" Gleichung[98]

[98] Kopie aus: LEIBNIZ, G. W. [1689]: *Tentamen de Motuum Coelestium Causis, Acta Eruditorum,* Feb. 1689, pp. 82–96, rechtefrei kopiert aus: Acta eruditorum. 1689: Acta eruditorum.: Free Download, Borrow, and Streaming: Internet Archive, p. 91. *Leibniz* hat seinen Vornamen in Französisch angegeben: Guillaume.

ihrer leichten Nachvollziehbarkeit durch Fernrohrbeobachtungen in Astronomen Kreisen rasch durchsetzen. In philosophischen und theologischen Kreisen stießen auf prinzipielles Unverständnis. Den *Newton'*schen Prinzipien erging es genau umgekehrt. Sie kamen in hervorragenden mathematischen und elitären philosophischen Zirkeln relativ rasch zum Durchbruch. Die *Newton'*sche „rätselhafte Fernwirkung" wurde von Astronomen zunächst jedoch nicht akzeptiert. Etwa *Bernhard le Bouvier de Fontenelles*[99] vertrat den Kartesianismus noch in der Auflage von 1742 seiner die astronomische Bildung seiner Zeit am nachhaltigsten beeinflussenden *Entre Tiens sur la pluralité des mondes.* Dieses Buch war erstmals 1686 erschienen. Auch der vielleicht bedeutendste praktische Astronom seiner Zeit *Christian Huygens*[100] lehnte die *Newton'*schen Prinzipien zugunsten der *Descartes*schen Prinzipien ab. Wer sich wie *Pierre Varignon*[101] in Frankreich mit den *Newton'*schen Arbeiten beschäftigte, musste sich zunächst mit einem Hinweis auf den rein hypothetischen und unbewiesenen Charakter dieser Arbeiten entschuldigen. Der große Aufklärer und scharfsinnige Philosoph *Francois Marie Arouet de Voltaire*[102] setzte sich ohne eigenständigen wissenschaftlichen Beitrag unter der Beratung der bedeutenden Mathematiker *Pierre Louis Moreau de Maupertuis*[103] und *Alexis Claude Clairaut*[104] vehement für die Verbreitung der *Newton'*schen Ideen ein. Dies tat er vor allem in seinem Werk *Elemens de la Philosophie de Neuton, Mis à la portée de tout le Monde,* Amsterdam 1738. Damit trug er entscheidend zur Überwindung des Kartesianismus in Frankreich bei.[105] Doch auch *Voltaire* musste bekanntlich bei seinen Aufenthalten in Frankreich stets fluchtbereit sein.

2.6.1 Johann I. Bernoulli, Pierre Varignon

Es ist eine Ironie der Geschichte, den *Newton'*schen Ideen verhalf auf dem Kontinent seit 1689 erst die Anwendung der *Leibniz'*schen Version der Differential- und Integralrechnung, also der *Calculus* („Analysis des Unendlichen"), durch *Gottfried Wilhelm Leibniz*

[99] *Bernard le Bovier de Fontenelle* (* 11. Februar 1657 in Rouen; † 9. Januar 1757 in Paris). https://de.wikipedia.org/wiki/Bernard_le_Bovier_de_Fontenelle.

[100] *Christian Huygens* (* 14. April 1629 in Den Haag; † 8. Juli 1695 in Den Haag). https://de.wikipedia.org/wiki/Christiaan_Huygens.

[101] *Pierre Varignon* (* 1654 in Caen; † 23. Dezember 1722 in Paris) https://de.wikipedia.org/wiki/Pierre_de_Varignon.

[102] *Francois Marie Arouet de Voltaire* (*21. November 1694 in Paris; † 30. Mai 1778 in Paris) https://de.wikipedia.org/wiki/Voltaire.

[103] *Pierre Louis Moreau de Maupertuis* (*28. September 1698[1] in Saint-Jouan-des-Guérets (Saint-Malo); † 27. Juli 1759 in Basel) https://de.wikipedia.org/wiki/Pierre_Louis_Moreau_de_Maupertuis.

[104] *Alexis Claude Clairaut* (* 3. Mai 1713 in Paris; † 17. Mai 1765 in Paris) https://de.wikipedia.org/wiki/Alexis-Claude_Clairaut.

[105] Zitiert in: O. VOLK [1970].

selbst, sowie durch die Basler Mathematiker zum Durchbruch. *Johann I. Bernoulli*[106] formulierte das inverse *Newton'*sche Problem 1710, verallgemeinerte und löste es in speziellen Fällen. In Frankreich führte Pierre Varignon,[107] der in engem Briefwechsel mit *G. W. Leibniz* wie auch mit *Johann I. Bernoulli* stand, den Calculus ein. Er bereitete den später zu äußerst heftigen Auseinandersetzungen führenden Übergang vom Cartesianismus zum *Newton'*schen Weltbild vor. Auf *Varignon* und *J. Hermann* geht der Begriff Zentralkraft („Zentralbewegung"?) zurück.[108]

2.6.2 Jakob Hermann

Der mit *Leibniz* befreundete *Jakob Hermann*[109] formulierte als Erster das System von Differentialgleichungen zweiter Ordnung. Diese werden bisweilen als „*Newton'*sche Differentialgleichungen", manchmal sogar als „*Newton*" bezeichnet. Sie sind seither die Basis aller analytischen und numerischen Berechnungen von Planeten- und Satellitenbahnen. Wir wollen sie in der vorliegenden Arbeit unter dem Begriff *Kepler'sche Bewegungsgleichung* verwenden. Sie soll im Folgenden in vektorieller Darstellungsweise jedoch mit dem seinerzeit allein zur Verfügung stehenden mathematischen Rüstzeug hergeleitet werden.

Der Radiusvektor habe mit Radius r und radialem Einheitsvektor $\mathbf{r}_0$ die Darstellung

$$\mathbf{r} = r\,\mathbf{r}_0 \quad \langle r := |\mathbf{r}|\,, \;\; \mathbf{r}_0^2 = 1 \;\; . \tag{2.61}$$

Der zugehörige Geschwindigkeitsvektor lautet dann

$$\dot{\mathbf{r}} = \dot{r}\,\mathbf{r}_0 + r\,\dot{\mathbf{r}}_0 \;\; . \tag{2.62}$$

Die Vektoren $\mathbf{r}\,,\ \dot{\mathbf{r}}$ werden in der Satellitenbahnmechanik als Zustandsvektoren bezeichnet. Die Variation des radialen Einheitsvektors $\mathbf{r}_0$ ergibt einen Vektor, der in der Bahnebene liegt, welche durch die Vektoren $\mathbf{r},\ \dot{\mathbf{r}}$ aufgespannt wird. Er steht senkrecht auf $\mathbf{r}_0$, also in transversaler Richtung. Um den Betrag dieses Vektors zu berechnen, werde ein fest auf das Perizentrum bezogenes Koordinatensystem mit dem Perizentrumseinheitsvektor $\mathbf{d}_0$ und einem dazu in der Bahnebene liegenden orthogonalen Einheitsvektor $\mathbf{f}_0$ eingeführt. Da vom Perizentrum aus die Bewegung eines Himmelskörpers auf die wahre Anomalie υ bezogen ist, erhalten wir die Darstellung

---

[106] *Johann I. Bernoulli* (* 27. Juli$^{\text{jul.}}$/6. August 1667$^{\text{greg.}}$ in Basel; † 1. Januar 1748 in Basel). https://de.wikipedia.org/wiki/Johann_I_Bernoulli.

[107] Siehe etwa in J. O. Fleckenstein [1948]; auch O: Volk [1976], p. 372.

[108] Siehe O. Volk [1976], p. 380.

[109] *Jakob Hermann* (* 16. Juli 1678 in Basel; † 11. Juli 1733 in Basel) https://de.wikipedia.org/wiki/Jakob_Hermann_(Mathematiker).

$$\mathbf{r}_0 = \mathbf{d}_0 \cos \upsilon + \mathbf{f}_0 \sin \upsilon \quad . \tag{2.63}$$

Wegen der in der speziellen *Kepler*-Bewegung gültigen Bedingung

$$\dot{\mathbf{d}}_0 = \dot{\mathbf{f}}_0 = 0, \tag{2.64}$$

wird

$$\dot{\mathbf{r}}_0 = \dot{\upsilon}(-\mathbf{d}_0 \sin \upsilon + \mathbf{f}_0 \cos \upsilon) \quad . \tag{2.65}$$

Der Variationsvektor des radialen Einheitsvektors hat also als Betrag die Variation der wahren Anomalie (alles bei Bezug auf die spezielle *Kepler*-Bewegung)

$$|\dot{\mathbf{r}}_0| = \dot{\upsilon} \quad \left(\text{wenn}\, \dot{\mathbf{d}}_0 = \dot{\mathbf{f}}_0 = 0\right) \quad . \tag{2.66}$$

Wir wollen den transversalen Einheitsvektor in Gl. (2.65) bezeichnen mit

$$\mathbf{q}_0 := -\mathbf{d}_0 \sin \upsilon + \mathbf{f}_0 \cos \upsilon \quad . \tag{2.67}$$

Dies ist der transversale Einheitsvektor des von *Leibniz* in die Himmelsmechanik eingeführten mitgeführten Koordinatensystems. Die Variationen der beiden Basisvektoren lauten

$$\dot{\mathbf{r}}_0 = \dot{\upsilon}\, \mathbf{q}_0, \quad \dot{\mathbf{q}}_0 = -\, \dot{\upsilon}\, \mathbf{r}_0 \quad \left(\text{wenn}\, \dot{\mathbf{d}}_0 = \dot{\mathbf{f}}_0 = 0\right) \quad . \tag{2.68}$$

Damit kann der Geschwindigkeitsvektor (2.62) mit dem zweiten *Kepler*'schen Gesetz in der Form (2.53) geschrieben werden

$$\dot{\mathbf{r}} = \dot{r}\, \mathbf{r}_0 + \frac{G}{r}\, \mathbf{q}_0 \quad . \tag{2.69}$$

Der zugehörige Beschleunigungsvektor lautet

$$\ddot{\mathbf{r}} = \ddot{r}\, \mathbf{r}_0 + \dot{r}\, \frac{G}{r^2}\, \mathbf{q}_0 - \frac{G^2}{r^3}\, \mathbf{r}_0 - G \frac{\dot{r}}{r^2}\, \mathbf{q}_0 = \left(\ddot{r} - \frac{G^2}{r^3}\right) \mathbf{r}_0 \quad .$$

Wird hier die *Leibniz*'sche Gleichung in der Gestalt (2.58) eingesetzt, folgt die bekannte Bewegungsgleichung der *Kepler*-Bewegung

$$\ddot{\mathbf{r}} = -\frac{\mu}{r^2}\, \mathbf{r}_0, \quad b_K = -\frac{\mu}{r^2} \quad . \tag{2.70}$$

Jakob Hermanns Buch *Phoronomia sive de viribus et motibus corporum solidorum et fluidorum, libri duo* (Amsterdam, 1716) war seinerzeit eines der Hauptwerke der Mechanik. Es übte großen Einfluss u. a. auch auf *Euler* aus. Die *Hermann*'sche Lösung des Zweikörperproblems erschien bereits 1710 unter dem Titel *Metodo d'investigare l'Orbite de' Pianeti, nell' ipotesi che le forze centrali o pure le gravitá degli stessi Pianeti sono in*

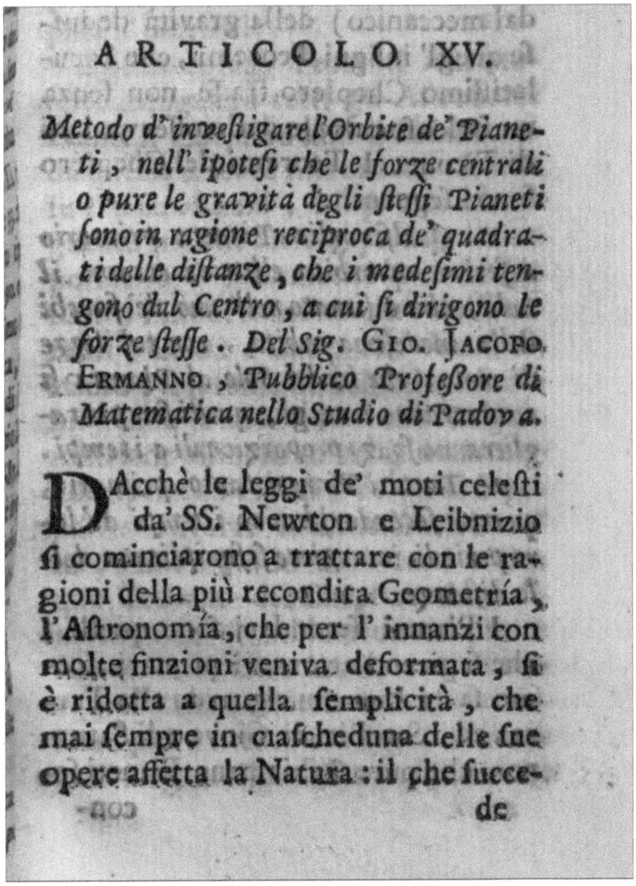

ARTICOLO XV.

Metodo d'inveſtigare l'Orbite de' Pianeti, nell' ipoteſi che le forze centrali o pure le gravità degli ſteſſi Pianeti ſono in ragione reciproca de' quadrati delle diſtanze, che i medeſimi tengono dal Centro, a cui ſi dirigono le forze ſteſſe. Del Sig. GIO. JACOPO ERMANNO, *Pubblico Profeſſore di Matematica nello Studio di Padova.*

DAcchè le leggi de' moti celeſti da' SS. Newton e Leibnizio ſi cominciarono a trattare con le ragioni della più recondita Geometría, l'Aſtronomía, che per l' innanzi con molte finzioni veniva deformata, ſi è ridotta a quella ſemplicità, che mai ſempre in ciaſcheduna delle ſue opere affetta la Natura: il che ſucce-

de

Abb. 2.24 Anfang der *Hermann*'schen Arbeit über eine Methode zur Herleitung der Bewegung unter einer Zentralkraft, die mit dem Quadrat der Entfernung abnimmt. Kopie rechtefrei aus: *#2 – Giornale de' letterati d'Italia. v. 2 1710.* – Full View | HathiTrust Digital Library, Articolo XV [#473 (p. 447) bis #495 (p. 467)]

*ragione reciproca de'quadrati delle distanze, che i medesimi tengono dal Centro, a cui si dirigono le forze stesse (in: Giornale de Letterati d' Italia,***2***, Venecia 1710)* (siehe Abb. 2.24 auf Seite 342). Sie ist an Eleganz nicht zu überbieten. Gleichwohl wurde sie als solche bis vor kurzem weitgehend vergessen.[110] In manchen bekannten Lehrbüchern, wie etwa *Dziobeks*[111] (1888) *Theorien der Planetenbewegungen,* wird sie jedoch in übersichtlicher Weise verwendet.

[110] O. VOLK [1975/1976].

[111] *Otto Dziobek* (1856–1919), deutscher Mathematiker, Ingenieur und Hochschullehrer. https://de.wikipedia.org/wiki/Dziobek.

Die in der Regel komplizierte Lösung des Anomalieintegrals, also die Berechnung eines Bahnwinkels über der Zeit, wurde von *J. Hermann* durch Einführung einer Größe wesentlich erleichtert, die nach unserem heutigen Verständnis als Perihel-gerichteter Vektor gedeutet werden kann.

Dieser Vektor wird in der Literatur manchmal als *„Laplace'scher Vektor"*, gelegentlich auch als *„erster Laplace'scher Vektor"* bezeichnet, in der neueren Literatur sogar als *„Runge-Lenz-Vektor"*. Eigentlich müsste er seinem Entdecker *Jakob Hermann* zugeschrieben werden.[112]

Die *Hermann*'sche Lösung der Bewegungsgleichung der *Kepler*-Bewegung lautet in vektorieller Schreibweise:[113]

Basierend auf der *Kepler*'schen Bewegungsgleichung (2.70) führt im Fall einer Zentralbeschleunigung $\ddot{\mathbf{r}} = A\,\mathbf{r}$ (A eine beliebige skalare Größe)

$$\mathbf{r} \times \ddot{\mathbf{r}} = 0 \tag{2.71}$$

auf das zweite *Kepler*'sche Gesetz in vektorieller Form

$$\mathbf{r} \times \dot{\mathbf{r}} = \mathbf{c} = G\,\mathbf{c}_0, \quad G := |\mathbf{c}|, \quad \mathbf{c}_0^2 = 1 \ . \tag{2.72}$$

Der Normalenvektor $\mathbf{c}$ wird gelegentlich als *„erster Laplace'scher Vektor"* bezeichnet. Dieser Vektor könnte wegen seines Bezugs zum Flächensatz jedoch direkt mit dem Namen *Keplers* in Verbindung gebracht werden unter der Bezeichnung *„Kepler'scher Vektor"*. Dieser Vektor vektoriell mit der Bewegungsgleichung multipliziert führt auf

$$\ddot{\mathbf{r}} \times \mathbf{c} = -\frac{\mu}{r^3}\,\mathbf{r} \times \mathbf{c} = -\frac{\mu}{r^3}\left[\mathbf{r}\,(\mathbf{r}\cdot\dot{\mathbf{r}}) - \dot{\mathbf{r}}\,r^2\right] = -\frac{\mu}{r^2}\,(\dot{r}\,\mathbf{r} - r\,\dot{\mathbf{r}}) \ .$$

Integration dieses Ausdrucks ergibt

$$\dot{\mathbf{r}} \times \mathbf{c} = \frac{\mu}{r}\,\mathbf{r} + \mathbf{d}, \tag{2.73}$$

Hier taucht als Integrationskonstante der *Hermann*'sche Vektor[114] $\mathbf{d}$ auf. Wird dieser Ausdruck mit dem Radiusvektor multipliziert, folgt die vektorielle Form des ersten *Kepler*'schen Gesetzes

---

[112] Der Bahnnormalenvektor, der gelegentlich als zweiter *Laplace*'scher Vektor bezeichnet wird, heißt in physikalischem Zusammenhang bisweilen auch Drehimpulsvektor oder Drallvektor. Dieser Vektor könnte wegen seines Bezugs zum Flächensatz jedoch auch direkt mit dem Namen *Keplers* in Verbindung gebracht werden.

[113] Siehe die *Hermann*'sche Herleitung direkt in J. HERMANN [1710] bzw. nachvollzogen in O. VOLK [1976], pp. 368–371

[114] In der älteren Literatur als *Laplace*'scher Vektor, bisweilen auch als erster *Laplace*'scher Vektor bezeichnet. BATTIN [1987], p. 116 empfiehlt stattdessen die Bezeichnung „Exzentrizitätsvektor". Diese Bezeichnung ist jedoch auch irreführend, da in der Praxis der Satellitentechnik mit diesem Begriff häufig der ebene Vektor $(e\ \cos\omega, e\ \sin\omega)$ bezeichnet wird. Neuerdings spielt der

$$\mathbf{c}^2 = r\,\mu + \mathbf{r} \cdot \mathbf{d} \quad . \tag{2.74}$$

Den Betrag des *Kepler'*schen Vektors wollen wir in der Terminologie von *Ch. E. Delaunay* mit

$$G := |\mathbf{c}| \tag{2.75}$$

bezeichnen. Für den Betrag des *Hermann'*schen Vektors wollen wir die Größe

$$\mathbf{d} := e\,\mu\,\mathbf{d}_0 \quad \left(\mathbf{d}_0^2 = 1\right) \tag{2.76}$$

einführen. Dann hat der Radius mit Hilfe des Richtungsvektors $\mathbf{r}_0$ und $\mathbf{r} = r\,\mathbf{r}_0$ die Form

$$r = \frac{\frac{G^2}{\mu}}{1 + e\,\mathbf{r}_0 \cdot \mathbf{d}_0} \quad . \tag{2.77}$$

Dies ist die allgemeine Polargleichung eines Kegelschnittes mit dem Kegelschnittparameter p in

$$G = \sqrt{\mu\,p} \quad . \tag{2.78}$$

Der Winkel zwischen Radiusvektor und *Hermann'*schem Vektor kann als wahre Anomalie gedeutet werden, womit sich die Polargleichung in der Gestalt

$$r = \frac{p}{1 + e\,\cos\upsilon} \tag{2.79}$$

ergibt. Im Fall einer elliptischen Bewegung ($e < 1$) ist

$$p = a\left(1 - e^2\right) \quad . \tag{2.80}$$

Aus Beziehung (2.74) folgt mit den *Kepler*-Formeln (2.21)

$$G^2 = \mu\,[r + e\,r\,\cos\upsilon] = \mu\,[r + e\,a\,(\cos E - e)] \quad .$$

Mit dem Flächenparameter G aus (2.78) und p (2.80) aus folgt der Radius für elliptische Bewegungen in Bezug auf die (Perizentrum-orientierte) exzentrische Anomalie E ($= E_\mathrm{A} + 180°$)

$$r = a\,(1 - e\,\cos E) \quad . \tag{2.81}$$

Diese Form des Radius ist also nur für elliptische Bahnen erlaubt, während die Polargleichung (2.79) für alle Arten von Kegelschnitten geeignet ist.

---

*Hermann'*sche Vektor unter dem Namen *Laplace-Runge-Lenz*-Vektor in physikalischen Anwendungen eine große Rolle (siehe z. B.: https://www.sciencedirect.com/science/article/pii/S2405428323000035).

Führen wir hier wieder das Perizentrum-orientierte rechtwinklige Koordinatensystem mit den Einheitsvektoren $\mathbf{d}_0$, $\mathbf{f}_0$ ein, auf das die wahre Anomalie υ bezogen wird. Hier sei $\mathbf{d}_0$ jetzt der dem *Hermann*'schen Vektor $\mathbf{d}$ zugeordnete Einheitsvektor. Dann hat der Einheitsvektor in radialer Richtung die Darstellung

$$\mathbf{r}_0 = \mathbf{d}_0 \cos \upsilon + \mathbf{f}_0 \sin \upsilon \tag{2.82}$$

und in transversaler Richtung

$$\mathbf{q}_0 = -\mathbf{d}_0 \sin \upsilon + \mathbf{f}_0 \cos \upsilon \quad . \tag{2.83}$$

Die Vektoren $\mathbf{r}_0$, $\mathbf{q}_0$, ergänzt durch den Normalen-Einheitsvektor $\mathbf{c}_0 := \mathbf{r}_0 \times \mathbf{q}_0$, definieren das von *Leibniz* in die Himmelsmechanik eingeführte mitgeführte Bewegungssystem. Wir können dieses nach Leibniz benannte Systeme auch als *das begleitende Dreibein der Bahnmechanik* bezeichnen. Auch wenn wie in der speziellen *Kepler*-Bewegung üblich, die Vektoren $\mathbf{d}_0$, $\mathbf{f}_0$ als fest angenommen werden können, variiert das begleitende Dreibein und es ist

$$\dot{\mathbf{r}}_0 = \dot{\upsilon}\,(-\mathbf{d}_0 \sin \upsilon + \mathbf{f}_0 \cos \upsilon) = \dot{\upsilon}\,\mathbf{q}_0, \quad \text{mit } |\dot{\mathbf{r}}_0| = \dot{\upsilon} \quad . \tag{2.84}$$

Werden die Größen

$$\begin{aligned} \mathbf{r} &= r\,\mathbf{r}_0 \\ \dot{\mathbf{r}} &= \dot{r}\,\mathbf{r}_0 + r\,\dot{\mathbf{r}}_0 = \dot{r}\,\mathbf{r}_0 + r\,\dot{\upsilon}\,\mathbf{q}_0 \\ \mathbf{c}_0 &= \mathbf{r}_0 \times \mathbf{q}_0\,, \quad \mathbf{c} = G\,\mathbf{c}_0 \end{aligned} \tag{2.85}$$

in (2.72) eingesetzt, folgt wieder die skalare Form des zweiten *Kepler*'schen Gesetzes

$$G = r^2\,\dot{\upsilon} \quad . \tag{2.86}$$

Mit den jetzt bekannten Formeln kann aus der zweiten Gl. (2.85) die Geschwindigkeit $V = |\dot{\mathbf{r}}|$ des bewegten Körpers berechnet werden

$$V^2 = \dot{\mathbf{r}}^2 = \dot{r}^2 + (r\dot{\upsilon})^2 \quad . \tag{2.87}$$

Aus der Kegelschnittpolargleichung (2.79) folgt die radiale Geschwindigkeit mit Gl. (2.78)

$$V_R = \dot{r} = \frac{r^2\,e\,\sin \upsilon}{p}\,\dot{\upsilon} = \frac{G\,e\,\sin \upsilon}{p}\,, \tag{2.88}$$

somit wegen (2.86)

$$V^2 = \frac{G^2\,e^2\,\sin^2 \upsilon}{p^2} + \frac{G^2\,(1 + e\,\cos \upsilon)^2}{p^2} \quad .$$

Schließlich folgt mit dem dritten *Kepler*'schen Gesetz in der Form (2.78) die Geschwindigkeitsbeziehung

$$V^2 = \mu \left(\frac{2}{r} - \frac{1 - e^2}{p} \right) \ . \tag{2.89}$$

Im Fall der seinerzeit ausschließlich betrachteten elliptischen Bewegung ist $p = a\left(1 - e^2\right)$, somit

$$V^2 = \mu \left(\frac{2}{r} - \frac{1}{a} \right) \ . \tag{2.90}$$

Diese Gleichung wurde auch unter der Bezeichnung „*equatio elegantissima*" bekannt.

Aus den *Kepler*-Formeln 2.21 folgt durch Differentiation (hier Bezug auf das Perizentrum mit $\upsilon = \upsilon_A + 180°$)

$$r\,\dot{\upsilon} = a\,\dot{E}\,\sqrt{1 - e^2} \ . \tag{2.91}$$

Mit dem zweiten *Kepler*'schen Gesetz in der Form 2.86 folgt sofort

$$G = a^2\,\sqrt{1 - e^2}\,(1 - e\,\cos E)\,\dot{E} \ . \tag{2.92}$$

Integration ergibt

$$G\,(t - t_0) = a^2\,\sqrt{1 - e^2}\,(E + e\,\sin E) \tag{2.93}$$

Im Fall einer Ellipse (e < 1) ergibt sich mit G aus (2.78)

$$\frac{G}{a\sqrt{ap}} = \sqrt{\frac{\mu}{a^3}} =: n \ . \tag{2.94}$$

Die Größe n wird als mittlere Bewegung bezeichnet. Daraus ergibt sich die *Kepler*-Gl. 2.78)

$$M := n\,(t - t_0) = E + e\,\sin E \ . \tag{2.95}$$

In ihr wird die Größe M als mittlere Anomalie bezeichnet, die den Zusammenhang zur Zeit herstellt. Über einen vollen Umlauf ergibt sich mit der (*Kepler*'schen) Umlaufzeit $P = t(E + 2\pi) - t(E)$

$$n\,P = 2\pi \ . \tag{2.96}$$

Mit der mittleren Bewegung n aus (2.94) wird schließlich

$$P = \frac{2\pi}{n} = \frac{2\pi}{\sqrt{\mu}}\,\sqrt{a^3} \ . \tag{2.97}$$

Das ist das dritte *Kepler*'sche Gesetz in der speziellen Form für elliptische Bewegungen.

Damit sind die grundlegenden Formeln des Zweikörperproblems aus dem *Hermann*'schen Ansatz hergeleitet. Eine grundlegende Verallgemeinerung bei Bezug auf ein fest an die Bahnebene gekoppeltes System geht auf die von *P. A. Hansen* eingeführten idealen Koordinaten zurück.[115]

P. Varignon war über das *Kepler*-Problem bereits hinausgegangen. Wie er um 1700 entdeckte, führt eine Zentralbeschleunigung, die mit der dritten Potenz der Entfernung abnimmt $(b \sim 1/r^3)$, auf eine Bewegung längs einer hyperbolischen oder logarithmischen Spirale.[116]

Von besonderer Bedeutung für die Fortentwicklung der Himmelsmechanik wurden folgende Beiträge *Johann I. Bernoulli*s, der die Ergebnisse *J. Hermann*s kritisch kommentiert hatte:

1. Die Einführung der Polarkoordinaten Radius r und der wahren Anomalie υ
2. Die Verwendung der exzentrischen Anomalie E bzw. der regularisierenden Raum-Zeit-Variablen τ durch die differentielle Beziehung $d\tau = \sqrt{a}\, dE$ mit $\sqrt{\mu}\, dt = r\sqrt{a}\, dE = r\, d\tau$
3. Die Herleitung der beiden Integrale

$$dt = \frac{r\,dr}{\sqrt{hr^2 - G^2 - r^2 \int R\,dr}}, \quad d\upsilon = \frac{G\,dr}{r\sqrt{hr^2 - G^2 - r^2 \int R\,dr}},$$

   wobei h/2 die Energiekonstante und $R = R(r)$ eine willkürliche Zentralbeschleunigung (hier: = Zentripetalbeschleunigung) ist.[117]
4. Der erstmalige Nachweis, dass das Beschleunigungsgesetz („Kraftgesetz") mit $1/r^2$ ausschließlich Kurven zweiten Grades also Kegelschnitte als Bahnkurven liefert[118]

[115] Abschn. 2.8.7 ab Seite 389.

[116] Siehe in O. VOLK [1976]. p. 368. In diesem Zitat wird der Bezug auf die Kraft und nicht auf die Beschleunigung gelegt, was aber nach den im vorliegenden Bericht vorgestellten Überlegungen zu Missverständnissen führen kann. Siehe auch in J. O. FLECKENSTEIN [1946], p. 101 ff. Danach scheint der Begriff „hyperbolische Spirale" auf *Varignon* zurückzugehen. Ausführlicheres zum Beschleunigungsgesetz für spiralartige Kurven in allgemeinerem Rahmen siehe in der Veröffentlichung JOCHIM, E. F. M. [2016 b] Abschn. 5.5

[117] Nach O. Volk [1976], p. 372. Diese Beziehungen werden in Abschn. 2.7 über *L. Euler* näher untersucht.

[118] Siehe in J. O. FLECKENSTEIN [1946], p. 101.

Eine Verallgemeinerung der *Hermann*'schen Differentialgleichungen auf die Bewegung eines Körpers unter Einfluss externer Kräfte veröffentlichte *C. Maclaurin*[119] in seinem Buch *Treatise of Fluxions,* publiziert im Jahr 1742. Mit diesem Buch versuchte er in England der *Newton*'schen Fluxionsrechnung mit Anwendungen in Geometrie und Mechanik zum Durchbruch zu verhelfen. Den *Leibniz*'schen Calculus allerdings hatte er als „Illusion" bezeichnet.

Es muss an dieser Stelle wiederholt darauf hingewiesen werden, *Newton* selbst hatte vermutlich als Erster die elliptische Bewegung auf Grundlage des $1/r^2$ Gesetzes errechnet.[120] Bemerkenswert an den in diesem Abschnitt dargebotenen Herleitungen der *Kepler*'schen Bewegungsgleichung wie der umgekehrt daraus berechneten *Kepler*-Bewegung ist: Es musste hierfür **nicht** das *Newton*'sche Gravitationsgesetz zugrunde gelegt werden. Vielmehr kann die Bewegungsgleichung der *Kepler*-Bewegung mit Hilfe des *Leibniz*'schen Calculus direkt aus den *Kepler*'schen Gesetzen hergeleitet werden.

Was ist nun aber die Bedeutung des *Newton*'schen Gravitationsgesetzes für die Himmelsmechanik? Die wesentlichen Ergebnisse von *I. Newtons Philosphiae Naturalis Principia* liegen nicht in mathematischen Methoden, sondern in physikalischen Aussagen. Grundlegend ist zunächst die *lex secunda.* Die drei als „Bewegungsgesetze" bekannten Axiome sind im einleitenden Text der *Principia* zu finden, sind also kein eigentlicher Bestandteil dieses Buches. Dieses Gesetz bildet den Durchbruch gegen die aristotelische Physik durch eine präzise Neudefinition des Kraftbegriffs als Variation der Bewegungsgröße $m\,\dot{\mathbf{r}}$. Diese war, wie schon erwähnt, in der aristotelischen Physik noch als Kraft aufgefasst worden. Die lex tertia (actio = reactio) lässt sich in der gedanklichen Entwicklung bis auf *Platon*s „entgegengerichtete Kräfte" (ἐναντίαι δυνάμεις)[121] und sogar noch weiter zurück bis zum Vorsokratiker *Alkmaion*[122] zurückverfolgen. Das dritte *Newton*'sche Axiom hat letztlich den Durchbruch zur gedanklichen Erfassung des Gravitationsgesetzes geliefert. Es liefert die physikalische Begründung von der wechselseitigen Anziehung zweier Körper. Mit diesem Gesetz war es *Newton* gelungen, den in *Kepler*s drittem Gesetz vorkommenden Proportionalitätsfaktor μ physikalisch zu interpretieren. Damit konnte *Newton* auch die Grundlage für ein echtes Zweikörperproblem mit

$$\mu = f_N\,(m_1 + m_2) \tag{2.98}$$

(f_N– *Newton*'sche Gravitationskonstante, m_1, m_2 – Massen der beiden Körper) schaffen.

Was ist nun der Unterschied der *Newton*'schen Physik zu der von *Kepler* geforderten Physikalisierung der Planetenbewegung? Für *Kepler* bedeutete „physikalisches

[119] *Colin Maclaurin* (* Februar 1698 in Kilmodan, Argyllshire, Schottland; † 14. Juni 1746 in Edinburgh) https://de.wikipedia.org/wiki/Colin_Maclaurin. schottischer Mathematiker, Geodät und Geophysiker.

[120] Siehe in Abschn. 2.4.

[121] Abschn. 1.3.6 ab Seite 56.

[122] Abschn. 1.2.4 auf Seite 26.

Gesetz", die Bewegung verläuft genau nach der in diesem Gesetz formulierten mathematischen Beschreibung. Das betrifft etwa sein Abstandsgesetz, die drei Gesetze der Planetenbewegung. Diese Gesetze entsprechen also genau der physikalischen Realität. Das trifft nicht zu für eine Näherungshypothese, die *Hypothesis Vicaria* etwa, oder die Näherungsbeschreibung durch die antiken Epizykeltheorien, wie *Kepler* sie sah.

Bei *Newton* dagegen bedeutet „physikalisch" eine physikalische Interpretation des Gesetzes: Die Bewegung erfolgt, „als ob" (oder vielleicht auch: „weil") sich die beiden Körper infolge ihrer wechselseitigen Gravitation anziehen. Wie *Newton* selbst schon erkannte, muss die wechselseitige Anziehung notwendig auf alle Körper des Sonnensystems angewendet werden. Damit öffnete er den Weg zum Mehrkörperproblem, letztlich zu dem neuen Zweig der Himmelsmechanik, der später unter dem (unpräzisen, aber allgemein akzeptierten) Begriff „Störproblem" bekannt wurde.

Die Ansätze von *Leibniz* und *Newton* wurden in der Folge auf Grund von Missverständnissen und unterschiedlichen bzw. widersprüchlichen Definitionen gegeneinander ausgespielt. Ein Beispiel ist die völlig unterschiedliche Definition der Zentrifugalkraft. Letztendlich führte das zum Vergessen der *Leibniz*'schen Arbeiten.[123] Es kommt aber eine bisher offenbar zu wenig beachtete Missinterpretation auf Grund einer unscharfen Trennung der Begriffe „Kraft" und „Beschleunigung" hinzu. Sie ist bis in die modernste Literatur zu beobachten. Die Zentrifugalkraft interpretierte *Newton* – wie wir schon gesehen haben – als Gegenkraft der Gravitationskraft entsprechend seiner *lex tertia.* Zudem betrachtete *Newton* in seinen *Principia* Bewegungen ausschließlich in einem festen („inertial") System. *Leibniz* dagegen, dem wie schon *Kepler* noch die präzise Kraftdefinition der *lex secunda* fehlte, ging es im Grunde genommen um Beschleunigungen. *Leibniz* interpretierte den ersten Faktor G^2/r^3 der *Leibniz*'schen Gl. (2.50) als Zentrifugalbeschleunigung (in seiner Arbeit jedoch als „Zentrifugalkraft" bezeichnet). Diese ist hier jedoch, da in einem mitgeführten Koordinatensystem betrachtet, ganz klar als eine Scheinbeschleunigung zu deuten. Das Gravitationsgesetz, das eine Kraft beschreibt, also die Änderung der Bewegungsgröße des bewegten Körpers mit konstanter Masse, kann nicht unmittelbar zur Beschreibung einer Bewegung herangezogen werden. Dies ist nur dann möglich, wenn die Veränderung der Masse des bewegten Körpers außer Acht gelassen wird. Das ist beispielsweise bei der Untersuchung der Bewegung der Planeten oder künstlichen Himmelskörper gerechtfertigt. Die Weltraumfahrt, die ohne eine wesentliche Änderung der Masse des bewegten Körpers („Rakete") nicht möglich ist, deutet auf die Grenzen dieses Verfahrens hin. So ist es auch nicht verwunderlich, wenn die *Leibniz*'schen Grundgedanken im Hinblick auf das Beschleunigungsverhalten der Himmelskörper jetzt wieder zum Tragen kommen.

---

[123] Siehe in E. J. AITON [1964].

2.6.3 Französische Geniezeit: Clairaut, d'Alembert

In der französischen Mathematik wurde das kartesische 17. Jahrhundert des Rationalismus als das „Heroenzeitalter" der *Descartes*, *Fermat*, *Pascal* genannt, im Gegensatz zum *Newton*'schen 18. Jahrhundert der Aufklärung mit der „Geniezeit" der *Clairaut*, *d'Alembert*, *Lagrange*.[124]

Insbesondere *Clairaut* und *d'Alembert* trugen zu einem wesentlichen Fortschritt in der Himmelsmechanik vor *Euler* durch Erweiterung des *Newton*'schen Ansatzes zur Mondtheorie bei (Abb. 2.25).

Schon nach *Newtons* Erkenntnis kann mit seinem Gravitationsgesetz bei Vernachlässigung der Variation der Massen der beteiligten Körper allein die damals schon als sehr kompliziert bekannte Mondbewegung nicht beschrieben werden. Es werden zusätzliche Terme benötigt werden, der erste Schritt zu einer Störungsrechnung.

Clairaut hatte zunächst mit seinem Werk *Théorie de la figue de la terre* (1743) als Erster das Werk *Newtons* weiter vorangetrieben. Er führte die Formel zur Berechnung des Gravitationsfeldes der Erde als Funktion der geografischen Breite mit Zahlenwerten ein. Diese konnten erst im 19. Jahrhundert durch umfangreiche irdische Messungen, dann aber wesentlich durch die Beobachtung der Bewegung der künstlichen Erdsatelliten verbessert werden.[125] Auch in seiner *Théorie de la lune* (1748 begonnen, veröffentlicht 1754) ging er erstmals über *Newton* hinaus. Er erkannte die gemischten Säkularterme, somit das Problem der kleinen Teiler und damit von Unstetigkeitsstellen. Dabei erweiterte er die *Newton*'sche Theorie um den Faktor $1/r^3$, den schon *Varignon* untersucht hatte. Damit versuchte *Clairaut* offenbar erstmals eine Erweiterung des Gravitationsgesetzes. Auch scheint *Clairaut* der Erste zu sein, der eine *intermediäre Bahn* in die Himmelsmechanik einführte. Das ist eine Bahn, deren Bewegungsgleichung durch analytische Funktionen gelöst werden und als eine gute Näherung für die wahre also physikalische Bahn angesehen werden kann. *Clairaut* verknüpfte Theorie und Beobachtung und leitete so den praxisorientierten Zweig der Bahnmechanik ein. Dieser ist heute mit seine umfangreichen numerischen Berechnungen grundlegend für die praktische Durchführung der Weltraumfahrt und unentbehrlich.

Jean le Rond d'Alembert (1717–1783) war mehr theoretisch analytisch und mathematisch interessiert. Er betonte den Vorrang der mathematischen Methoden gegenüber den numerisch erhaltenen Ephemeriden. Auch er schrieb ein Buch über die Bewegung des Mondes unter dem Titel *Théorie de la lune* (1754). Hier stellte er die oskulierenden Bahnelemente durch trigonometrische Reihenentwicklungen dar, deren Argumente Linearkombinationen der Winkelelemente der Bahnen sind. Ein dreibändiges Werk über die Himmelsmechanik *Recherches sur différents points importants du*

[124] J. O. FLECKENSTEIN [1948], p. 77, siehe auch: J. LÉVY [1968], pp. 381–393.
[125] J. LÉVY [1968], p. 382.

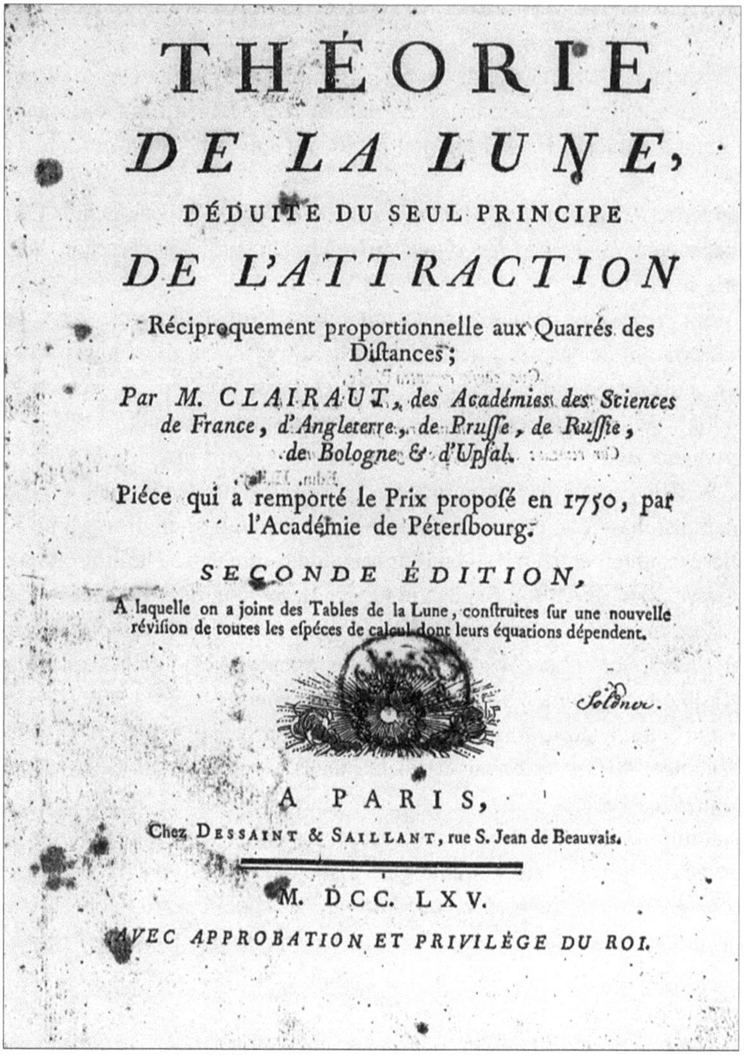

THÉORIE
DE LA LUNE,
DÉDUITE DU SEUL PRINCIPE
DE L'ATTRACTION
Réciproquement proportionnelle aux Quarrés des Diſtances;
Par M. CLAIRAUT, des Académies des Sciences de France, d'Angleterre, de Pruſſe, de Ruſſie, de Bologne & d'Upſal.
Piéce qui a remporté le Prix propoſé en 1750, par l'Académie de Péterſbourg.
SECONDE ÉDITION,
A laquelle on a joint des Tables de la Lune, conſtruites ſur une nouvelle réviſion de toutes les eſpéces de calcul dont leurs équations dépendent.
A PARIS,
Chez DESSAINT & SAILLANT, rue S. Jean de Beauvais.
M. DCC. LXV.
AVEC APPROBATION ET PRIVILÉGE DU ROI.

Abb. 2.25 Frontispiz zu *Clairauts Théorie de la lune* [1765][126]

système du monde veröffentlichte er 1754 zum Abschluss seiner mathematischen Betätigungen.[127] Auf *d'Alembert* geht somit die analytisch orientierte Richtung in der späteren Himmelsmechanik zurück.

[126] Kopie mit Genehmigung aus dem astronomischen Institut der LMU München.
[127] G. Kowalewski [1939], p. 162.

2.7 L. Euler, die mathematische Begründung einer allgemeinen Bewegungslehre

Auf dem Kontinent wurden die *Hermann'*schen Arbeiten von ***Leonhard Euler*** (1707–1783)[128] weitergeführt. *Euler* hat unter allen Mathematikern das umfangreichste Werk hinterlassen. Dieses gewaltige Werk ist bis heute noch nicht vollständig aufgearbeitet.[129] *Euler* gilt mit seiner konsequenten Verwendung des *Leibniz'*schen Calculus als der eigentliche Vater der analytischen Mechanik und damit auch der analytischen Himmelsmechanik. Er schloss die analytische Behandlung des Zweikörperproblems ab. Dazu verwendete er Polarkoordinaten, also Distanz und wahre Anomalie. Er fasste die Kepler-Formeln zur Umrechnung der wahren in die exzentrische Anomalie analytisch.[130] Damit regularisierte er das Zweikörperproblem. Er führte die zyklometrischen Funktion in die Himmelsmechanik ein, das sind die Reihenentwicklungen der Umkehrungen der trigonometrischen Funktionen (arcsin, arctan usw.). Er gebrauchte *Fourier-Reihen* bereits 75 Jahre vor *Fourier* (Abb. 2.26).

Besondere Aufmerksamkeit widmete *Euler* Untersuchungen der Bewegung des Mondes und der Kometen, letzteren etwa in der Arbeit *Determinatio orbitae Cometae A. 1742 observati.*[131] Sein Lehrbuch über die Bewegung der Planeten und Kometen (*Theoria motuum planetarum et cometarum,* Berlin 1744) war lange Zeit das Standardwerk über Planetenbewegung. Die Bewegungen der Planeten werden nicht, wie *Euler* erkannte, exakt durch die *Kepler'*schen Gesetze beschrieben. Seine Folgerung Kraftgesetze annehmen zu sollen, die geringfügig vom *Newton'*schen Gesetz abweichen und so zu Lösungen nahe den *Kepler*-Lösungen zu kommen, bedeutet den nächsten entscheidenden Schritt zur Beschreibung der Bewegungen der Himmelskörper nach *Kepler.* Indem *Euler* die *Kepler'*schen Bahnelemente als variabel betrachtete (1748), begründete er die mathematische Störungstheorie. Diese ist eine entscheidende Grundlage auch für jede Beschreibung von Satellitenbewegungen ist. So gelangte *Euler* zu der *„entscheidenden Einsicht, dass es für die Bahnbestimmung der Himmelskörper nur Approximationslösungen gibt“.*[132] Die Methode der *Variation der Konstanten* geht somit auf *Euler* zurück.

Euler war auch der Erste, der sich dem allgemeinen Dreikörperproblem zuwandte. Dazu erweiterte er entsprechend die *Hermann'*schen Differentialgleichungen.[133] Vor ihm hatte man sich, vor allem *d'Alembert* und *Clairaut*, nur mit dem speziellen Dreikörperproblem Sonne-Erde-Mond beschäftigt. *Euler* erkannte bereits 1764, das allgemeine

---

[128] *Leonhard Euler* (Basel 15, April 1707 – St. Petersburg 7. Sep. 1783).

[129] O. Volk [1983].

[130] Siehe die Formeln in Abschn. 2.3.3 auf Seite 317.

[131] Misc. Berol. VII von 1743; zitiert aus R. Wolf [1892/1973] p. 364.

[132] Volk, O. [1983].

[133] Die wie schon erwähnt häufig als *Newton'*sche oder als *Newton-Euler'*sche Differentialgleichungen bekannt sind.

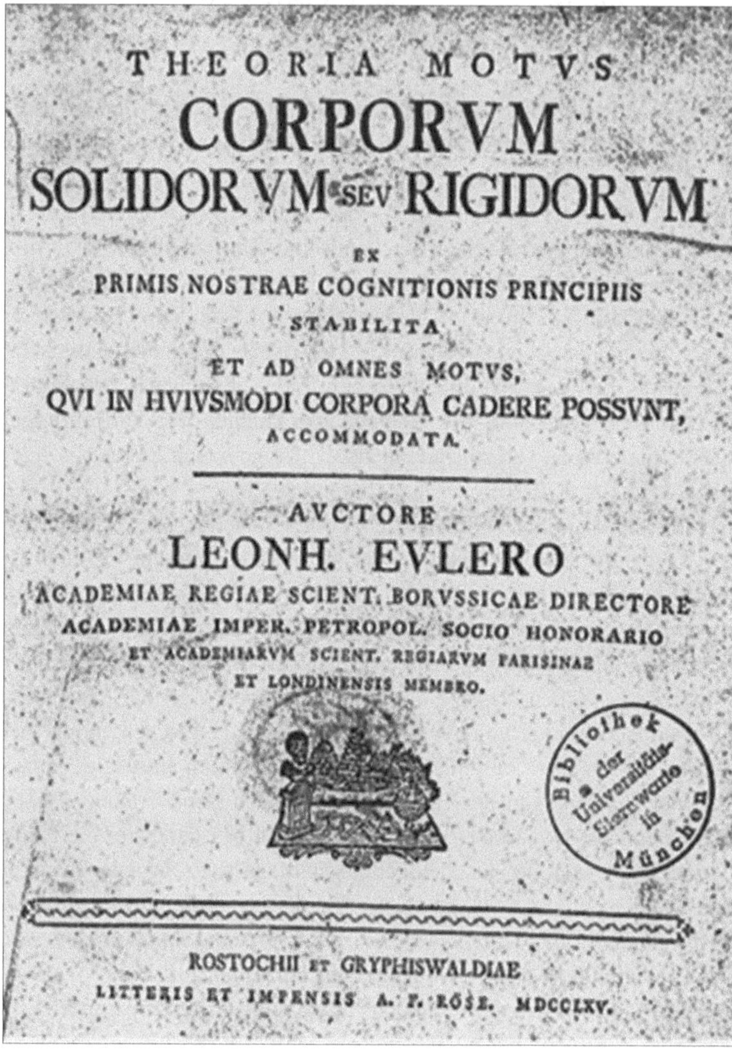

THEORIA MOTVS
CORPORVM
SOLIDORVM SEV RIGIDORVM
EX
PRIMIS NOSTRAE COGNITIONIS PRINCIPIIS
STABILITA
ET AD OMNES MOTVS,
QVI IN HVIVSMODI CORPORA CADERE POSSVNT,
ACCOMMODATA.

AVCTORE
LEONH. EVLERO
ACADEMIAE REGIAE SCIENT. BORVSSICAE DIRECTORE
ACADEMIAE IMPER. PETROPOL. SOCIO HONORARIO
ET ACADEMIARVM SCIENT. REGIARVM PARISINAE
ET LONDINENSIS MEMBRO.

ROSTOCHII ET GRYPHISWALDIAE
LITTERIS ET IMPENSIS A. F. RÖSE. MDCCLXV.

Abb. 2.26 Frontispiz zu *Eulers Theoria Motus* [1765][134]

Dreikörperproblem ist abgesehen von den 10 Integralen, die er als Erster löste, analytisch nicht vollständig lösbar. So wandte er sich dem *Zwei-Zentren-Problem* zu (*De motu corporis ad duo centra virium fixa attracti,* 1767[135]). Dieses spielt in der Satellitenbahntheorie eine interessante Rolle.[136] Ferner führte er als Erster das eingeschränkte

[134] Kopie mit Genehmigung aus dem astronomischen Institut der LMU München.

[135] *Euler* gesammelte Werke E. 328.

[136] SCHULZ, W. [1978].

Dreikörperproblem *(problema restrictum)* ein. Bei diesem wird die Masse des dritten Körpers gegenüber den beiden anderen vernachlässigt (in: *Considerationes de motu corporum coelestium,* 1764). Dieser Gedanke, die Masse eines Körpers zu vernachlässigen und trotzdem damit zu rechnen, musste einem Außenstehenden befremdlich erscheinen. In der Folge erwies sich diese Idee jedoch als außerordentlich fruchtbar. Noch heute beschäftigen sich viele Himmelsmechaniker mit dem eingeschränkten Dreikörperproblem auf sehr hohem Niveau. Ein wichtiges Arbeitsthema ist insbesondere die Suche nach Familien periodischer Bewegungen. Im Grunde ganz ähnlich wird in der Satellitenbahnmechanik wie in einem *„eingeschränktes Zweikörperproblem"* gearbeitet: Zentralkörper Erde, Satellit masselos.

In der Satellitenbahnmechanik sind die Bedingungen des eingeschränkten Dreikörperproblems beispielsweise bei der Bahn einer Raumsonde von der Erde zum Mond in nahezu idealer Weise erfüllt. *Euler* fand 1765 die Gleichung 5. Grades zur Berechnung der kollinearen exakten Lösungen des Dreikörperproblems mit den Librationspunkten[137] L_1, L_2, L_3, die auf einer Geraden durch die beiden Hauptkörper liegen.[138] Diese geradlinige Lösung erlangte erstmals am 20. Nov. 1978 praktische Bedeutung in der Satellitenbahnmechanik. Damals wurde der *International Sun-Earth Explorer Satellite* ISEE-3 nach 100-tägigem Transfer in eine periodische Bahn um den L_1 des Erde-Sonne-Systems eingeschossen. Dieser Punkt liegt etwa 1,5 Mio. km ($\approx$ 0,01 astronomische Einheiten) von der Erde in Richtung Sonne.[139] Die genaue ISEE-3 Bahn ist eine Lösung des eingeschränkten Dreikörperproblems Erde-Sonne-Satellit. ISEE-3 wurde mittlerweile Ende 1983 wieder aus dieser Librationsbahn genommen, um durch den Schweif des Kometen P/Giacobini-Zinner zu fliegen.[140]

2.7.1 Die Entwicklung der „Störungstheorie"

P. Varignon hatte ausgehend vom *Leibniz*'schen Calculus 1710 erkannt,[141] wie die Beschleunigung eines bewegten Körpers durch die zweite Ableitung der Ortskoordinaten dieses Körpers beschrieben werden kann. In der *Leibniz*'schen Schreibweise lauten dann Geschwindigkeit V und Beschleunigung b, wenn s eine Strecke sei (vgl. Abb. 2.23 auf Seite 336),

---

[137] Der Begriff „Librationspunkte" wurde von *Hugo Gyldén* (1841–1896) eingeführt, siehe auch Abschn. 2.8.2 auf Seite 371.

[138] L. EULER [1765]: *De motu rectilineo trium corporum se mutuo attrahentium*; L. EULER [1776]: *De motu trium corporum se mutuo attrahentium super eadem linea recta* zitiert nach O. VOLK [1983]: *Eulers Beiträge zur Theorie der Bewegungen der Himmelskörper*, in: L. Euler, Beiträge zu Leben und Werk Basel 1983, pp. 345–362.

[139] FARQUHAR u. a., [1979], [1986].

[140] KUZNIK [1985].

[141] Siehe etwa in E. J. AITON [1960], p. 82.

$$V = \frac{ds}{dt}, \quad b = \frac{dds}{dt^2} \quad . \tag{2.99}$$

Leibniz selbst hatte diese Erkenntnis verwendet, um die radiale Beschleunigung im Fall der *Kepler*-Bewegung im Rahmen der später als *Leibniz*-Gleichung bezeichneten Beziehung (2.50) zu berechnen.

Euler legte in seiner Arbeit *Recherches sur le mouvement des corps célestes général* (vorgestellt am 8. Juni 1747 in der Berliner Akademie der Wissenschaften)[142] erstmals die allgemeinen Differentialgleichungen der Mechanik seinen himmelsmechanischen Überlegungen zugrunde. Er stellte die Beschleunigungsgleichungen der Planetenbewegung als allgemeine Bewegungsgleichungen basierend auf der *Newton*'schen Kraftdefinition auf. Dies geschah ohne wesentliche Unterscheidung der Begriffe Kraft und Beschleunigung, d. h. konstante Massen m der bewegten Körper annehmend. *Euler* geht darin von der Bewegungsgleichung[143]

$$\ddot{\mathbf{r}} = \frac{\mathbf{R}}{m}, \quad (m = \text{const.}) \tag{2.100}$$

aus. $\mathbf{R}$ ist die auf den bewegten Körper (mit konstanter Masse m) einwirkende ***Kraft.***

Euler löste als Erstes den Fall, wenn die Bewegung ohne Einwirkung einer Kraft ($\mathbf{R} = \mathbf{0}$) erfolgt, in dem schon von *I. Newton* verwendeten inertialen Koordinatensystem

$$\mathbf{r} = \mathbf{a}\, t + \mathbf{b} \quad (\mathbf{a},\, \mathbf{b} = \text{const.}), \tag{2.101}$$

also eine geradlinige gleichförmige Bewegung. Als nächste Spezialisierung nahm *Euler* eine Zentralkraft

$$\mathbf{R} \simeq \mathbf{R}_Z =: -m\, R(r)\; \mathbf{r}_0, \quad (\mathbf{r}_0^2 = 1) \tag{2.102}$$

mit der Bewegungsgleichung

$$\ddot{\mathbf{r}} \;=\; -R(r)\, \mathbf{r}_0 \;=\; -R(r)\, \frac{\mathbf{r}}{r} \tag{2.103}$$

an. Ein erstes Integral dieser Bewegungsgleichung ist wegen der Beziehung

$$\ddot{\mathbf{r}} \times \mathbf{r} = 0 \tag{2.104}$$

das Flächenintegral

---

142 Veröffentlicht in den *Mémoires de l'Académie des Sciences de Berlin,* **3,** 1749, pp. 93–143; zitiert nach O. VOLK [1983], p. 346 ff. Auf diesen Artikel stützt sich das folgende *Euler*-Kapitel in wesentlichen Teilen.

143 *Euler* stand der Formalismus der Vektorrechnung noch nicht zur Verfügung. Um mit den späteren Entwicklungen des vorliegenden Berichtes konsistent zu sein, wollen wir hier den *Euler*'schen Vorgang soweit möglich komplett in vektorieller Schreibweise und unter Verwendung der im vorliegenden Bericht verwendeten Bezeichnungsweise einheitlich nachvollziehen.

$$\dot{\mathbf{r}} \times \mathbf{r} = \mathbf{c}\,, \quad \mathbf{c} = \text{const.} \tag{2.105}$$

Damit ist bereits die sehr wichtige und allgemeingültige Aussage hergeleitet:

- *Unter dem Einfluss einer Zentralbeschleunigung verläuft eine Bewegung stets in einer Ebene.*

Euler versuchte die Integration in der durch den Normalenvektor **c** bestimmten Bahnebene durch Einführung von Polarkoordinaten[144] r,ζ und damit implizit durch Einführung eines mitbewegten Bahnsystems durchzuführen. Dies ist eigentlich möglich im Sinne von *Leibniz*, ohne allerdings auf diesen Bezug hinzuweisen.

Bezogen auf ein in der Bahnebene liegendes festes (= unbewegtes = inertiales) und orthonormiertes $\mathbf{p}_i$-Koordinatensystem (inertiales *Newton*-System) hat der Ortsvektor die Darstellung (vgl. hierzu auch Beziehung (2.63))

$$\mathbf{r} = r\,(\mathbf{p}_1 \cos\zeta + \mathbf{p}_2 \sin\zeta) = r\,\mathbf{r}_0 \quad . \tag{2.106}$$

Der (allgemeine) Geschwindigkeitsvektor lautet mit dem transversalen Einheitsvektor (2.67)

$$\dot{\mathbf{r}} = \dot{r}\,\mathbf{r}_0 + r\,\dot{\mathbf{r}}_0 = \dot{r}\,\mathbf{r}_0 + r\,\dot{\zeta}\,\mathbf{q}_0, \quad \left(\dot{\zeta} = |\dot{\mathbf{r}}_0|,\ \mathbf{q}_0^2 = 1,\ \dot{\mathbf{p}}_i \ \equiv \ 0\right) \tag{2.107}$$

mit dem transversalen Richtungsvektor

$$\mathbf{q}_0 = -\mathbf{p}_1 \sin\zeta + \mathbf{p}_2 \cos\zeta \quad . \tag{2.108}$$

Wegen der Variation des transversalen Richtungsvektors in Bezug auf das inertiale Basissystem

$$\dot{\mathbf{q}}_0 = (-\mathbf{p}_1 \cos\zeta - \mathbf{p}_2 \sin\zeta)\,\dot{\zeta} = -\,\dot{\zeta}\,\mathbf{r}_0, \quad (\dot{\mathbf{p}}_i \ \equiv \ 0) \tag{2.109}$$

lautet der Beschleunigungsvektor

$$\ddot{\mathbf{r}} = \left(\ddot{r} - r\,\dot{\zeta}^2\right)\mathbf{r}_0 + \left(2\,\dot{r}\,\dot{\zeta} + r\,\ddot{\zeta}\right)\mathbf{q}_0\,, \quad (\dot{\mathbf{p}}_i \ \equiv \ 0) \quad . \tag{2.110}$$

Im Spezialfall einer Zentralbeschleunigung wird notwendig

$$2\,\dot{r}\,\dot{\zeta} + r\,\ddot{\zeta} = 0 \quad . \tag{2.111}$$

Diese Differentialgleichung kann sofort integriert werden und es folgt der Flächensatz in der skalaren Form

144 In der Originalarbeit verwendete *Euler* den Buchstaben φ für den hier benötigten allgemeinen Bahnwinkel.

$$r^2\,\dot{\zeta} = G, \quad (G = const.) \quad . \tag{2.112}$$

- *Der Flächensatz mit konstantem Flächenparameter gilt für jede Zentralbewegung.*

Im Fall einer Zentralbewegung bleibt somit die Differentialgleichung

$$\ddot{r} - r\,\dot{\zeta}^2 = -R(r), \tag{2.113}$$

Sie lässt sich wegen der Beziehung (2.112) auch in der Form einer (verallgemeinerten) *Leibniz*-Gleichung

$$\ddot{r} - \frac{G^2}{r^3} = -R(r) \tag{2.114}$$

umschreiben. Es folgt

$$\dot{r}\,\ddot{r} - \frac{\dot{r}}{r^3}\,G = -\dot{r}\,R(r)$$

und nach Integration

$$\dot{r}^2 + \frac{G^2}{r^2} = -2\int R(r)\,dr + h, \quad (h = \text{const.}) \quad . \tag{2.115}$$

Im Spezialfall der *Kepler*-Beschleunigung $R(r) = b_K = -\frac{\mu}{r^2}$ lautet nach Vergleich mit Gl. (2.89) die Konstante

$$h = \frac{\mu}{p}\left(e^2 - 1\right), \tag{2.116}$$

im elliptischen Fall $p = a\left(1 - e^2\right)$

$$h_{ell} = -\frac{\mu}{a} \quad . \tag{2.117}$$

Im Fall der allgemeinen Zentralbeschleunigung $R(r)$ liefert Gl. (2.115) die Beziehung

$$r\,\dot{r} = \sqrt{r^2\,h - G^2 - 2\,r^2\int R(r)\,dr} \quad .$$

Damit erhält man die schon von *Johann I. Bernoulli* gefundenen Integrale zur Berechnung der Zeit aus

$$dt = \frac{r\,dr}{\sqrt{r^2\,h - G^2 - 2\,r^2\int R(r)dr}} \tag{2.118}$$

und zur Berechnung des Bahnwinkels

$$d\zeta = \frac{G\,dr}{r\sqrt{r^2\,h - G^2 - 2\,r^2\,\int R(r)dr}} \quad . \tag{2.119}$$

Euler untersuchte in dieser Arbeit auch ausführlich das Planetenproblem (mit der *Kepler*-Beschleunigung $R(r) = b_K = -\frac{\mu}{r^2}$) und verwendete wohl als Erster die nur für die elliptische Bewegung gültigen *Kepler*-Formeln (2.21) in der allgemeinen Schreibweise[145]

$$\begin{aligned} \cos\upsilon &= \frac{\cos E\, -\, e}{1 - e\,\cos E}\,, \quad \sin\upsilon = \frac{\sqrt{1-e^2}\,\sin E}{1 - e\,\cos E}\,, \\ \cos E &= \frac{\cos\upsilon + e}{1 + e\,\cos\upsilon}, \quad \sin E = \frac{\sqrt{1-e^2}\,\sin\upsilon}{1 + e\,\cos\upsilon}\,, \end{aligned} \tag{2.120}$$

sowie für den Radius

$$r = a\,(1 - e\,\cos E) = \frac{a\big(1 - e^2\big)}{1 + e\,\cos\upsilon} \quad . \tag{2.121}$$

Aus der Beziehung

$$d\upsilon = \frac{\sqrt{1-e^2}}{1 - e\,\cos E}\,dE \tag{2.122}$$

kam *Euler* auf die Reihenentwicklung, bei der es sich um eine handelt,

$$\upsilon = A_0 + E + 2f\,\sin E + \frac{2}{2}f^2\,\sin 2E + \frac{2}{3}f^3\,\sin 3E + \ldots \quad . \tag{2.123}$$

mit $A_0 = const$. und Anwendung der Abplattung einer Ellipse

$$f = \frac{1\, -\, \sqrt{1-e^2}}{e}\,\left(= \frac{e}{1 + \sqrt{1-e^2}} \right) \quad . \tag{2.124}$$

Aus der Differentialgleichung (2.118), welche die Beziehung zwischen Radius und Zeit herstellt, schloss *Euler* auf eine Näherungslösung

$$r = a\,(1 - e\,\cos E) + S \quad . \tag{2.125}$$

Durch spezielle Wahl der „Störgröße“ S seien Lösungen nahe der *Kepler*-Lösung ($S = 0$) zu finden.[146] Damit kam *Euler* zu einer Entwicklung seiner Störungstheorie, die er zunächst im Jahr 1748 im Rahmen einer Preisschrift der Pariser Akademie auf die Bewegung von Jupiter und Saturn anwandte: *„Une Théorie de Saturne et Jupiter, par laquelle*

[145] Hier bei Bezug auf das Perihel, im Original bei *Euler* auf das Aphel bezogen.

[146] O. VOLK [1983], p. 350.

on puisse expliquer les inégalités que ces deux Planètes paroissent se causer mutuellement, principalement vers le temps de leur conjonction.“[147] In dieser Arbeit hatte *Euler* erstmals das *Newton*'sche Attraktionsgesetz auf die Berechnung gegenseitiger Planetenstörungen angewandt.

Die Gleichungen für die speziellen Elementestörungen stellte *Euler* in der Arbeit *De motu corporum coelestium a viribus quibuscumque perturbato* auf.[148] Diese Arbeit wurde von *Euler*s Sohn *Johann Albrecht Euler* unter dem Titel *Meditationes de perturbatione motus cometarum ab attractione planetarum orta* (St. Petersburg, 1762) fortgesetzt.

In der Arbeit *Nouvelle méthode de déterminer les dérangemens dans le mouvement des corps célestes, causés par leur action mutuelle*[149] bestimmte *Euler* erstmals die Störung der einzelnen Bahnelemente einer Ellipsenbahn durch sukzessive Iteration und übertrug diese Methode auf die Bestimmung der Bewegung von drei Körpern unter gegenseitiger Attraktion.

Im folgenden Zitat wird *Euler*s Beschreibung seiner Methode der Variation der Konstanten wiedergegeben[150]:

„A l'aide de ces formules on pourra, pour chaque petit intervalle de tems, déterminer les variations causées 1. dans le demiparametre der l'orbite p, *2. dans l'excentricité* q, *3. dans la position de la ligne des absides, 4. dans la position de la ligne des noeuds, 5. dans l'inclinaison de l'orbite, c'est à dire, dans élémens qui demeureroient constans dans le mouvement régulier. Ensuite, pour le mouvement même du corps, on a d'abord l'angle élémentaire* dφ *avec le changement de la distance* dV, *& ensuite aussi l'accroissement de l'argument de latitude* σ. *Tout revient donc à l'intégration de ces formules par des approximations convenables.“*

In dieser Formulierung werden die sechs nach *Kepler* benannten Bahnparameter („*Kepler*-Elemente“) explizit erwähnt: die große Bahnhalbachse (heute üblicherweise mit a bezeichnet, siehe auch Abb. 2.27), die Exzentrizität *(e)*, das Argument des Perizentrums (ω) (hier als „Ort der Apsidenlinie“ bezeichnet), die Rektaszension des aufsteigenden Knotens (Ω) (hier: „Ort der Knotenlinie“) und die Bahninklination *(i)*. Dies sind die in der „ungestörten“ Bewegung vorkommenden konstanten Elemente („die Elemente, die in der regulären Bewegung konstant sind“). Den Bahnwinkel (υ) bezeichnet *Euler* als „Elementewinkel“. Damit können dann auch die „Distanz“ (also der Radius) und das Argument der Breite ($u = \upsilon + \omega$) berechnet werden (vgl. auch Abb. 2.37 auf Seite 391 zur Beschreibung der räumlichen Elemente i und Ω).

[147] *Recherches sur la question des inégalités du mouvement de Saturne et Jupiter, sujet proposé pour le prix de l'année 1748, par l'Académie Royale des Sciences de Paris;* E. 120/O,II.25, pp. 45–157.

[148] [1752/53], veröffentlicht 1758 in den *Novi Commentarii academiae scientiarum Petropolitanae,* **4,** pp. 161–196.

[149] E.398; veröffentlicht am 8. Juli 1762.

[150] Zitiert nach O. VOLK [1983], p. 360, unter Bezug auf p. 177 in *L. Euler*s Veröffentlichung *Considérations sur le Problème des Trois Corps,* Mémoires acad. roy. sci. et belles-lettres **19,** 1770, pp. 194–220.

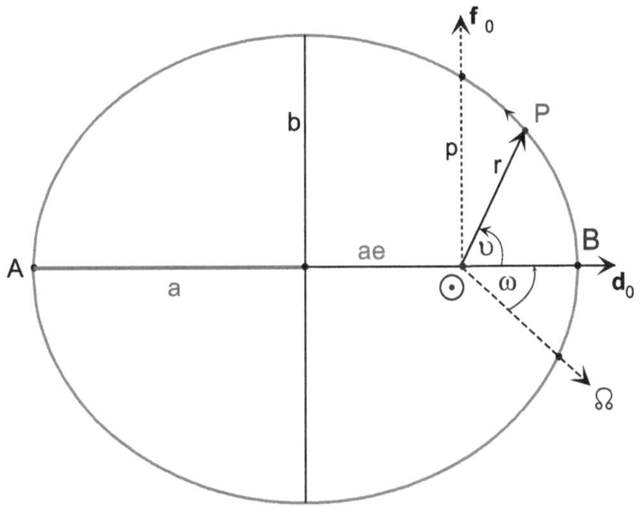

Abb. 2.27 Die *Kepler*'sche Bewegung in der *Kepler*'schen Ellipse, die *Kepler*'schen Bahnelemente

2.7.2 Absolute und relative Zweikörperbewegung

Die spezielle *Kepler*-Bewegung in der Form (2.70)

$$\ddot{\mathbf{r}} = -\mu \frac{\mathbf{r}}{r^3} = b_K \, \mathbf{r}_0 \tag{2.126}$$

beschreibt die Bewegung eines Körpers beliebiger Masse relativ zu einem Körper mit der zentrischen Gravitationskonstante μ. Diese kann nach *I. Newton* als Produkt aus (*Newton*'scher) Gravitationskonstante G_N und Masse m des Bezugskörpers (Zentralkörper) gedeutet werden $\mu = G_N \, m$. Der *Newton*'sche Ansatz erlaubt die wichtige Erweiterung auf die absolute Zweikörperbewegung. Dazu soll die Bewegung zweier Körper der Massen m_1 und m_2 unter der gegenseitigen Attraktion untersucht werden. Im Gegensatz zu *Newton* betrachten wir hier nicht die Kraft, sondern das Beschleunigungsverhalten der beiden Körper. Dann erfährt der Körper mit der Masse m_1, wenn $\mathbf{r}_1$ dessen Ortsvektor in Bezug auf einen beliebigen Bezugspunkt O ist (Abb. 2.28), infolge der Anziehung durch einen zweiten Körper mit der Masse m_2 die Beschleunigung

$$\ddot{\mathbf{r}}_1 = -G_N \, m_2 \, \frac{\mathbf{r}_1 - \mathbf{r}_2}{r_{12}^3} , \qquad r_{12} := |\mathbf{r}_1 - \mathbf{r}_2| , \tag{2.127}$$

der Körper der Masse m_2 infolge der Attraktion durch m_1

$$\ddot{\mathbf{r}}_2 = -G_N \, m_1 \, \frac{\mathbf{r}_2 - \mathbf{r}_1}{r_{21}^3} , \quad r_{21} = r_{12} \ . \tag{2.128}$$

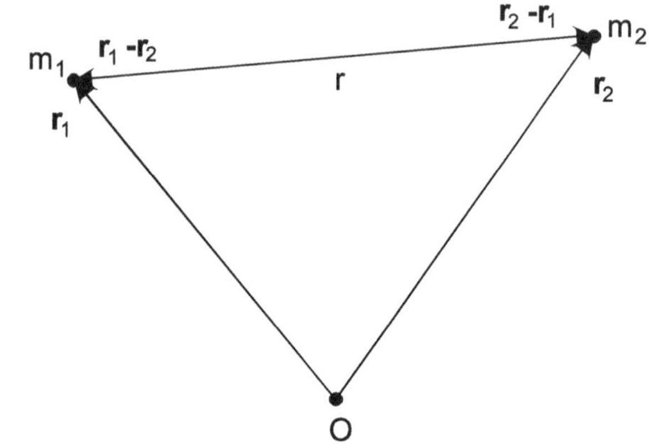

Abb. 2.28 Das absolute Zweikörperproblem

Die relative Bewegung von m_1 um m_2 hat dann die Bewegungsgleichung

$$\ddot{\mathbf{r}}_1 - \ddot{\mathbf{r}}_2 \ := \ddot{\mathbf{r}}_{12} = -G_N\,(m_1 + m_2)\,\frac{\mathbf{r}_1 - \mathbf{r}_2}{r_{12}^3} \ = -G_N\,(m_1 + m_2)\,\frac{\mathbf{r}_{12}}{r_{12}^3}, \tag{2.129}$$

die von m_2 um m_1

$$\ddot{\mathbf{r}}_2 - \ddot{\mathbf{r}}_1 \ := \ddot{\mathbf{r}}_{21} = -G_N\,(m_1 + m_2)\,\frac{\mathbf{r}_2 - \mathbf{r}_1}{r_{21}^3} \ = -G_N\,(m_1 + m_2)\,\frac{\mathbf{r}_{21}}{r_{21}^3} \ . \tag{2.130}$$

Hier kann wieder

$$\mu := G_N\,(m_1 + m_2) \tag{2.131}$$

gesetzt werden, Die Lösung dieser beiden Bewegungsgleichungen kann mit den Methoden der *Kepler*-Bewegung als relatives Zweikörperproblem erfolgen. Da für beide Bewegungen dieselbe zentrische Gravitationskonstante μ zuständig ist, bewegt sich m_1 um m_2 auf der gleichen Ellipse wie m_2 um m_1.

In manchen physikalischen Überlegungen spielt der sogenannte Energiesatz eine gewisse Rolle. Er kann im Zusammenhang mit dem relativen Zweikörperproblem aus einer der beiden (im Grunde genommen identischen) Gl. (2.129) oder (2.130) erhalten werden. Aus

$$\ddot{\mathbf{r}}_{12} \cdot \dot{\mathbf{r}}_{12} = -\mu \frac{\mathbf{r}_{12} \cdot \dot{\mathbf{r}}_{12}}{r_{12}^3} = -\mu \frac{\dot{r}_{12}}{r_{12}^2}$$

wird durch Integration

$$\frac{1}{2}\,\dot{\mathbf{r}}_{12}^2 = \frac{\mu}{r_{12}} + \frac{1}{2}\,\mu\,h \ . \tag{2.132}$$

Dies ist aber nichts anderes als die Geschwindigkeitsbeziehung einer Kegelschnittbewegung:

$$V^2 = \dot{\mathbf{r}}_{12}^2 = \mu\left(\frac{2}{r_{12}} + h\right) \quad . \tag{2.133}$$

Der konstante Term h steht hier für dir Integrationskonstante. Ein Körper m_1 bewegt sich um den Körper m_2 mit derselben Geschwindigkeit wie m_2 um m_1. Im Rahmen eines Zweikörperproblems ist es also (zumindest mathematisch gesehen!!) völlig irrelevant, ob der Körper 1 oder der Körper 2 „in der Mitte" steht (Beispiel: ob die Sonne oder die Erde „im Mittelpunkt der Welt" steht).

Als kinetische Energie des Körpers der Masse m_{i} wird der Ausdruck

$$T_i = \frac{1}{2} m_i \dot{\mathbf{r}}_{12}^2, \quad (i = 1, 2) \tag{2.134}$$

bezeichnet, als potenzielle Energie des Körpers der Masse m_{i} in Bezug auf den Körper der Masse $m_j(i \neq j;\ i, j = 1, 2)$ der Ausdruck

$$U_i = \mu \frac{m_i}{r_{12}} = G_N \frac{m_i\,(m_1 + m_2)}{r_{12}} \quad . \tag{2.135}$$

Die Integrationskonstante h wird jetzt als die (konstante) Gesamtenergie h des Zweikörpersystems aufgefasst. Sie errechnet sich aus

$$T - U := T_1 + T_2 - U_1 - U_2 = \frac{1}{2}(m_1 + m_2)\dot{\mathbf{r}}_{12}^2 - f_N \frac{(m_1 + m_2)^2}{r_{12}} = h \quad . \tag{2.136}$$

Die gesamtkinetische Energie im relativen Zweikörperproblem lautet

$$T = \frac{1}{2}\left(m_1 \mathbf{r}_1^2 + m_2 \mathbf{r}_2^2\right), \tag{2.137}$$

die gesamtpotenzielle Energie

$$U = G_N \frac{(m_1 + m_2)^2}{r_{12}} \quad . \tag{2.138}$$

Werden die beiden Massen m_1 und m_2 als (momentan) konstant angesehen, folgt aus den Gl. (2.127) und (2.128)

$$m_1\,\ddot{\mathbf{r}}_1 + m_2\,\ddot{\mathbf{r}}_2 = 0\langle \dot{m}_i \equiv 0 \ , \ \mathbf{a} = \text{const.} \tag{2.139}$$

und nach Integration der Impulssatz

$$m_1\,\dot{\mathbf{r}}_1 + m_2\,\dot{\mathbf{r}}_2 = \mathbf{a} \ , \quad \langle \dot{m}_i \ \equiv \ 0, \ \mathbf{a} = \text{const..} \tag{2.140}$$

- *Der Gesamtimpuls eines (unbeeinflussten) Zweikörpersystems ist konstant.*

Nach weiterer Integration folgt

$$m_1\,\mathbf{r}_1 + m_2\,\mathbf{r}_2 = \mathbf{a}\,t + \mathbf{b}, \quad (\dot{m}_i \equiv 0\,, \;\; \mathbf{a}, \mathbf{b} = \text{const.}) \;. \tag{2.141}$$

Dies ist der Schwerpunktsatz mit

$$m_1\,\mathbf{r}_1 + m_2\,\mathbf{r}_2 = (m_1 + m_2)\,\mathbf{S}\,, \quad (\dot{m}_i \equiv 0\,, \;\; \mathbf{S} = \text{const.}) \;. \tag{2.142}$$

- *Der Schwerpunkt eines Zweikörpersystems, das keinen sonstigen physikalischen Einflüssen unterliegt, bewegt sich geradlinig und gleichförmig.*

Mit diesem Satz ist bei Annahme des Koordinatenursprungs im Schwerpunkt S (vgl. Abb. 2.30 auf Seite 360)

$$\mathbf{R}_1 := \mathbf{r}_1 - \mathbf{S} = -\frac{m_2}{m_1}\,\mathbf{R}_2, \quad \mathbf{R}_2 := \mathbf{r}_2 - \mathbf{S} = -\frac{m_1}{m_2}\,\mathbf{R}_1, \quad \mathbf{S} \;\equiv\; 0\,, \;(\dot{m}_i \;\equiv\; 0) \;. \tag{2.143}$$

In einem Schwerpunkt bezogenen System lauten deshalb die absoluten Bewegungsgleichungen

$$\begin{aligned} \ddot{\mathbf{R}}_1 &= -G_N\,(m_1 + m_2)\frac{\mathbf{R}_1}{r_{12}^3} \\ \ddot{\mathbf{R}}_2 &= -G_N\,(m_1 + m_2)\frac{\mathbf{R}_2}{r_{12}^3}, \quad (\mathbf{S} \equiv 0). \end{aligned} \tag{2.144}$$

Diese Bewegungsgleichungen können umgeschrieben werden, um leichter weitere Aussagen zu ermöglichen: $\mathbf{R}_1 := \mathbf{r}_1 - \mathbf{S}$, $\mathbf{R}_2 := \mathbf{r}_2 - \mathbf{S}$. Mit $R_1 := |\mathbf{R}_1|$, $R_2 := |\mathbf{R}_2|$ und $r_{12} = R_1 + R_2$ wird

$$r_{12} = R_1\,\frac{m_1 + m_2}{m_1} = R_2\,\frac{m_1 + m_2}{m_2} \tag{2.145}$$

somit (Abb. 2.29)

$$\begin{aligned} \ddot{\mathbf{R}}_1 &= -G_N\,\frac{m_2^3}{(m_1 + m_2)^2}\,\frac{\mathbf{R}_1}{R_1^3} \\ \ddot{\mathbf{R}}_2 &= -G_N\,\frac{m_1^3}{(m_1 + m_2)^2}\,\frac{\mathbf{R}_2}{R_2^3}. \end{aligned} \tag{2.146}$$

Skalare Multiplikation mit $\dot{\mathbf{R}}_i$ (i = 1,2) und Integration mit den Integrationskonstanten h_1, h_2 ergibt

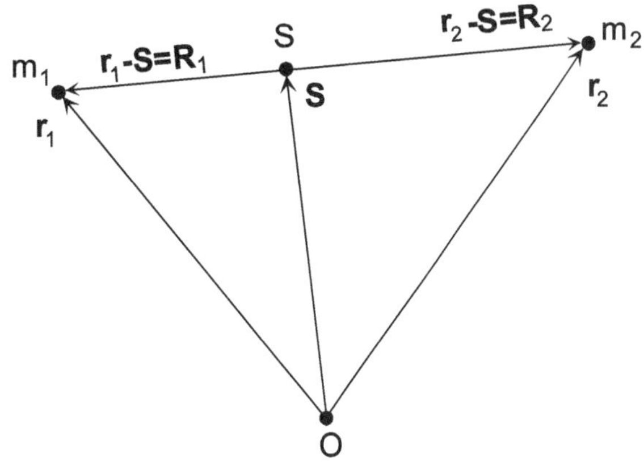

Abb. 2.29 Der Schwerpunktsatz im absoluten Zweikörperproblem

$$\frac{1}{2}\dot{\mathbf{R}}_1^2 = G_N \frac{m_2^3}{(m_1+m_2)^2}\frac{1}{R_1} + h_1$$
$$\frac{1}{2}\dot{\mathbf{R}}_2^2 = G_N \frac{m_1^3}{(m_1+m_2)^2}\frac{1}{R_2} + h_2. \tag{2.147}$$

Da wegen (2.145)

$$\frac{1}{m_1+m_2}\left(\frac{m_2^2}{R_1^2}+\frac{m_1^2}{R_2^2}\right) = \frac{1}{r_{12}},$$

folgt der Energiesatz der absoluten Zweikörperbewegung

$$\frac{1}{2}\left(m_1\,\dot{\mathbf{R}}_1^2 + m_2\,\dot{\mathbf{R}}_2^2\right) = G_N\,\frac{m_1 m_2}{r_{12}} + E \quad . \tag{2.148}$$

Die konstante Gesamtenergie dieses Systems wird mit E bezeichnet.[151] Als gesamte kinetische Energie wird der Ausdruck

$$T := \frac{1}{2}\left(m_1\,\dot{\mathbf{R}}_1^2 + m_2\,\dot{\mathbf{R}}_2^2\right) \tag{2.149}$$

bezeichnet und als potenzielle Energie (gelegentlich auch als „Potenzial") des absoluten Zweikörperproblems der Ausdruck

$$U := G_N\,\frac{m_1 m_2}{r_{12}} \quad . \tag{2.150}$$

Damit hat der Energiesatz, der in manchen physikalischen Überlegungen von gewissem Interesse ist, die formale Schreibweise (vgl. Formel (2.136))

[151] Nicht zu verwechseln mit der exzentrischen Anomalie E.

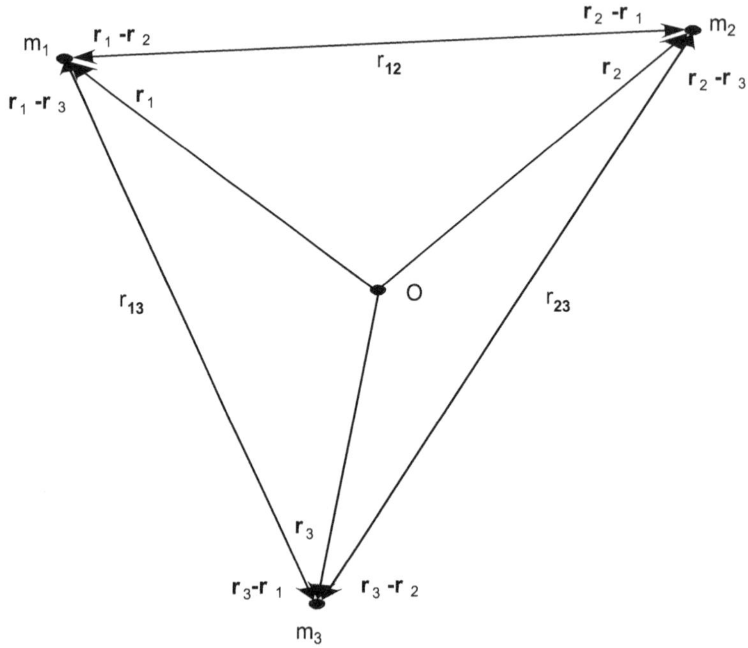

Abb. 2.30 Das absolute Dreikörperproblem

$$h = T - U \quad \langle \text{wenn} \quad \dot{m}_i \equiv 0 \ . \tag{2.151}$$

2.7.3 Absolute und relative Drei- und N-Körperbewegung

Nach *Euler* ist das absolute Zweikörperproblem, also die Bewegung zweier Körper um ihren gemeinsamen Schwerpunkt unter dem Einfluss ihrer wechselseitigen Anziehung nach dem *Newton*'schen Attraktionsgesetz, vollständig lösbar. Er führte das absolute Zweikörperproblem auch zum Abschluss. Das allgemeine Dreikörperproblem ist aber, wie er erkennen musste, nicht exakt lösbar („*maxime difficile*" in der 1730 erschienenen Arbeit[152] *De trium corporum mutua attractione*). Deshalb versuchte er Spezialfälle zu lösen bzw. Näherungslösungen herzuleiten.

Die Bewegungsgleichungen des Dreikörperproblems können, ohne auf das *Newton*'sche Attraktionsgesetz zurückgreifen zu müssen, durch mehrmalige Anwendung der Beschleunigungsgleichung (2.70), die der *Kepler*'schen Bewegungsgleichung zugrunde liegt, abgeleitet werden. Entsprechend Abb. 2.30 gelten für die Ortsvektoren der drei

[152] Aus: Archiv der sowjetischen Akademie der Wissenschaften in Leningrad, Nr. 136.1.216. 3 Seiten.

Körper die folgenden absoluten Beschleunigungsgleichungen, also Bewegungsgleichungen

$$\begin{aligned}
\ddot{\mathbf{r}}_1 &= -\mu_2 \frac{\mathbf{r}_1 - \mathbf{r}_2}{|\mathbf{r}_1 - \mathbf{r}_2|^3} - \mu_3 \frac{\mathbf{r}_1 - \mathbf{r}_3}{|\mathbf{r}_1 - \mathbf{r}_3|^3} \\
\ddot{\mathbf{r}}_2 &= -\mu_1 \frac{\mathbf{r}_2 - \mathbf{r}_1}{|\mathbf{r}_1 - \mathbf{r}_2|^3} - \mu_3 \frac{\mathbf{r}_2 - \mathbf{r}_3}{|\mathbf{r}_2 - \mathbf{r}_3|^3} \\
\ddot{\mathbf{r}}_3 &= -\mu_1 \frac{\mathbf{r}_3 - \mathbf{r}_1}{|\mathbf{r}_1 - \mathbf{r}_3|^3} - \mu_2 \frac{\mathbf{r}_3 - \mathbf{r}_2}{|\mathbf{r}_2 - \mathbf{r}_3|^3}.
\end{aligned} \tag{2.152}$$

Für die zentrischen Gravitationskonstanten kann nach *I. Newton* mit der *Newton*'schen Gravitationskonstanten G_{N} und den drei Massen m_{i}

$$\mu_i = G_N \; m_i \quad \langle i = 1, 2, 3 \tag{2.153}$$

gesetzt werden.

Euler versuchte (vermutlich) als Erster das Dreikörperproblem für beliebige Körper unter speziellen Einschränkungen zu behandeln. In seiner Arbeit *Considerationes de motu corporum coelestium*[153] führte er 1764 das eingeschränkte Dreikörperproblem (*problema restrictum*) in die Himmelsmechanik am Beispiel des Sonne-Erde-Mond-Systems ein, indem er die Masse des dritten Körpers, in diesem Fall des Mondes, vernachlässigte. Außerdem behandelte er den Fall linearer Anordnung der drei Körper, wobei sich zwei Körper nach den Gesetzen des Zweikörperproblems bewegen und der dritte sich mit beliebig kleiner Masse stets auf der geraden Linie durch die beiden Hauptkörper befindet. In beiden Fällen stieß er auf eine algebraische Gleichung der 5. Ordnung.

In einer weiteren Arbeit aus dem Jahr 1765 unter dem Titel *De motu rectilineo trium corporum se mutuo attrahentium*[154] behandelte *Euler* das geradlinige Dreikörperproblem mit beliebigen Massen der drei Körper. Auch hier findet er eine Gleichung 5. Grades, die mindestens eine reelle Lösung hat.

Im Jahre 1765 hatte sich *Euler* in der Arbeit *Considérations sur le problème des trois corps*[155] ausführlich mit dem allgemeinen Dreikörperproblem beschäftigt. Nach seiner Meinung könne der allgemeine Fall nur gelöst werden, wenn das lineare Problem gelöst sei. In dieser allgemeinen Arbeit hatte *Euler* am Beispiel des Vierkörperproblems die 10 lösbaren Integrale des allgemeinen N-Körperproblems aufgestellt.

[153] Veröffentlicht in: Novi Commentarii academiae scientiarum Petropolitanae, **13,** 10 [1764], 1766, pp. 544–548; E 304/O,II.25. pp. 246–257.

[154] Novi Commentarii academiae scientiarum Petropolitanae, **13,** 11 [1765], 1767, pp. 144–151; E.327/O.II.25. pp. 281–289; Summarium O.II.**6.** pp. 247–248.

[155] Mémoires acad. roy. sci. et belles-lettres, **19,** 1770, pp. 194–220.

Aus dem Attraktionsgesetz (2.49)[156] und dem zweiten *Newton*'schen Bewegungsaxiom folgt für n Körper[157] der Masse m_i, die hier nicht notwendig konstant angenommen werden muss,

$$\sum_{i=1}^{n} \mathbf{F}_i = \dot{m}^i \dot{\mathbf{r}}_i + m^i \ddot{\mathbf{r}}_i = 0\,, \tag{2.154}$$

somit der Impulssatz

$$m^i\, \dot{\mathbf{r}}_i \;= \mathbf{a}, \quad (\mathbf{a} \,= \text{const.}) \;\;. \tag{2.155}$$

Im Sonderfall konstant angenommener Massen m_i hat der Schwerpunktsatz mit dem Schwerpunktvektor $\mathbf{S}$ die Darstellung

$$\int m^i \dot{\mathbf{r}}_i\, dt = m^i\, \mathbf{r}_i \;= \mathbf{a}\, t \;+\, \mathbf{b} = \mathbf{S} \sum_{i=1}^{n} m_i, \quad (\mathbf{a},\, \mathbf{b} = \text{const.}\,,\; \dot{m}_i \,\equiv\, 0) \;\;. \tag{2.156}$$

Aus Gl. (2.154) folgt wegen $\mathbf{r}_i \times \mathbf{r}_j = -\mathbf{r}_j \times \mathbf{r}_i$

$$\sum_{i=1}^{n} \mathbf{r}_i \times \mathbf{F}_i = 0,$$

somit

$$\dot{m}^i\, \mathbf{r}_i \;\times\; \dot{\mathbf{r}}_i + m^i\, \mathbf{r}_i \;\times\; \ddot{\mathbf{r}}_i = 0 \;\;. \tag{2.157}$$

Nach Integration ergibt sich der Flächensatz (= Drehimpulssatz = Satz von der Erhaltung des Drehimpulses des Gesamtsystems) (m_i ist hier wieder nicht notwendig als konstant angenommen)

$$m^i\, \mathbf{r}_i \;\times\; \dot{\mathbf{r}}_i = \mathbf{c}, \quad (\mathbf{c} = \text{const.}) \;\;. \tag{2.158}$$

- *In einem unbeeinflussten N-Körpersystem, das keinen sonstigen physikalischen Einflüssen unterliegt, ist der Gesamtdrehimpuls konstant.*

Aus Gl. (2.154) ergibt sich ferner die Beziehung

$$m^i\, \dot{\mathbf{r}}_i \cdot \ddot{\mathbf{r}}_i \;= -G_N\, m_1\, m_2\, \frac{(\dot{\mathbf{r}}_1 - \dot{\mathbf{r}}_2)\, \cdot\, (\mathbf{r}_1 - \mathbf{r}_2)}{|\mathbf{r}_1 \,-\, \mathbf{r}_2|^3} \,-\, G_N\, m_1\, m_3\, \frac{(\dot{\mathbf{r}}_1 - \dot{\mathbf{r}}_3)\, \cdot\, (\mathbf{r}_1 - \mathbf{r}_3)}{|\mathbf{r}_1 \,-\, \mathbf{r}_3|^3} -$$

[156] In Abschn. 2.4.2 ab Seite 333.

[157] Hier unter Verwendung der *Einstein*'schen Summationskonvention geschrieben. m_i ist hier nicht notwendig konstant angenommen.

$$- G_N\, m_2\, m_3\, \frac{(\dot{\mathbf{r}}_2 - \dot{\mathbf{r}}_3) \cdot (\mathbf{r}_2 - \mathbf{r}_3)}{|\mathbf{r}_2 - \mathbf{r}_3|^3} - \; \ldots$$

und daraus durch Integration als das 10. Integral des *N-Körperproblems* der Energiesatz

$$\frac{1}{2} m^i\, \dot{\mathbf{r}}_i^2 = \sum_{i<k}^{n} G_N\, m_i\, m_k\, \frac{1}{|\mathbf{r}_i - \mathbf{r}_k|} + h, \quad (h = \text{const.},\; \dot{m}_i \;\equiv\; 0) \;\; . \tag{2.159}$$

h ist hier die Energiekonstante.[158] Die kinetische Energie wird in der theoretischen Mechanik häufig mit

$$T := \frac{1}{2} m^i\, \dot{\mathbf{r}}_i^2, \tag{2.160}$$

das Potenzial mit

$$U := \sum_{i<k}^{n} G_N\, m_i\, m_k\, \frac{1}{|\mathbf{r}_i - \mathbf{r}_k|}, \tag{2.161}$$

die Größe $-U$ wird auch als „potenzielle Energie" bezeichnet. Der Energiesatz lautet mit dieser Schreibweise auch im Fall eines Dreikörperproblems

$$T - U = h \quad (= \text{const.}), \quad (\dot{m}_i \equiv 0) \;\; . \tag{2.162}$$

- *In einem unbeeinflussten N-Körpersystem, das keinen sonstigen physikalischen Einflüssen unterliegt und in dem die Massen der einzelnen Körper unveränderlich sind, ist die Gesamtenergie konstant.*

Noch ein drittes Mal behandelte *Euler* 1776 das lineare Dreikörperproblem *(„Le cas le plus simple du fameux problème des trois corps")* in der Arbeit *De motu trium corporum se mutuo attrahentium super eadem linea recta.*[159] Die hierbei auftretende Gleichung 5. Grades untersuchte *Euler* in dieser Arbeit sehr ausführlich.

Euler wendete seine Methoden der Störungsrechnung auf den Fall der Störungen der Erdbahn durch die Venus unter der Annahme an, die Massen dieser beiden Körper seien ungefähr gleich groß. Hierzu gibt es drei Veröffentlichungen: *De perturbatione motus Terrae ab actione Veneris oriunda,*[160] *Réflexions sur les inégalités dans le mouvement de la Terre causées par l'action de Venus,*[161] *Investigatio perturbationum, quae in motu Terrae ab*

[158] Nicht zu verwechseln mit der Höhe h eines Sterns bei topozentrischer Beobachtung.

[159] E.626. Nova acta Acad. Sci. Imp. Petrop. **3,** 1788, pp. 126–141; Sommaire pp. 180–182.

[160] Veröffentlicht in *Euler*s gesammelte Werke E.425, Novi Commentarii academiae scientiarum Petropolitanae, **16,** [1772], 99.33–35, 426–467.

[161] E.511, Acta Acad. Sci. Imp. Petrop. [1778:I] 1780,pp. 279–307.

actione Veneris producuntur.[162] In der Arbeit *De variis motuum generibus, qui in satellitibus planetarum locum habere possunt*[163] wendete *Euler* seine Methoden der Störungsrechnung auf die Bewegung der Satelliten der Planeten an. *Euler* kann damit abgesehen von der grundlegenden Entdeckung der allgemeinen Methode der Variation der Konstanten auch in gewisser Hinsicht als „Vater der Satellitenbahnmechanik" angesehen werden (allerdings mit $\dot{m} \equiv 0$). *Euler* hatte auch darauf hingewiesen, dass neben den Störungen durch das N-Körperproblem zusätzliche Störungen durch die nicht sphärische Gestalt der störenden Körper auftreten können. Er hatte allerdings auch angenommen, dass außer diesen beiden Störeinflüssen keine weiteren auftreten können. Weitere etwa nicht gravitative Einflüsse wurden erst etwa hundert Jahre nach *Euler* entdeckt.[164]

Im Hinblick auf die Bahnbestimmung von Kometen veröffentlichte *Euler* 1743 seine Arbeit[165] *Determinatio orbitae cometae qui mense Martio huius anni 1742 potissimum fuit observatus,* in der er ein Theorem für eine parabolische Bewegung aufstellte, das später unabhängig von *Lambert* wiederentdeckt wurde.[166]

2.7.4 Die *Euler*'sche Identität, Quaternionenalgebra

Eine Transformation von einem (x_1, x_2)-Raum in einen Parameterraum wurde von *Franciscus Vieta* (1540–1603) durch die Formeln

$$x_1 = a\,p \mp b\,q, \quad x_2 = b\,p \pm a\,q \tag{2.163}$$

gegeben. *Vieta* hatte diese Formeln bei geometrischen Untersuchungen erhalten.[167] Diese Formeln führten *Vieta* auf den Ausdruck

$$x_1^2 + x_2^2 = \left(a^2 + b^2\right)\left(p^2 + q^2\right), \tag{2.164}$$

der seither als *Vieta*'sche Identität bekannt ist. *Euler* war es („nonnisi divinando") gelungen, diese Identität auf den Faktor 4 zu erweitern. Der so gefundene Ausdruck, der unter der Bezeichnung *Euler*'sche Identität bekannt ist, hat für die Himmelsmechanik große Bedeutung:

$$x_1^2 + x_2^2 + x_3^2 + x_4^2 = \left(a^2 + b^2 + c^2 + d^2\right)\left(p^2 + q^2 + r^2 + s^2\right) \ . \tag{2.165}$$

162 E.512, Acta Acad. Sci. Imp. Petrop. [1778:I] 1780, pp. 308–316.

163 E.548, Acta Acad. Sci. Imp. Petrop. [1780:I] 1783, pp. 225–279.

164 *F. W. Bessel* [1836], siehe in Abschn. 2.8.6 auf Seite 388.

165 In: Miscellanea Berolinensia **7,** 1743, pp. 16–21 Leonhardi Euleri Opera Omnia II, **28,** pp. 37–42; zitiert nach: O. VOLK [1980], p. 240.

166 Weiteres zu den exakten Lösungen des Dreikörperproblems zum Beispiel in JOCHIM, E. F. M. [2018], Kapitel. 10.

167 Siehe etwa in O. VOLK [1981].

Die zugehörenden vierdimensionalen Transformationsformeln lauten

$$\begin{aligned} x_1 &= ap + bq + cr + ds \\ x_2 &= aq - bp - cs + dr \\ x_3 &= ar + bs - cp - dq \\ x_4 &= as - br + cq - dp. \end{aligned} \tag{2.166}$$

Offensichtlich handelt es sich hier um eine Erweiterung der *Vieta*'schen Ausdrücke. *Euler* hatte seine Ergebnisse in einer Arbeit von 1770 veröffentlicht.[168] Hier behandelte er auch den Spezialfall

$$a = p\,, \quad b = -q\,, \quad c = -r\,, \quad d = s, \tag{2.167}$$

der auf die Transformation

$$\begin{aligned} x_1 &= p^2 - q^2 - r^2 + s^2 \\ x_2 &= 2(pq + rs) \\ x_3 &= 2(pr - qs) \\ x_4 &= 0 \end{aligned} \tag{2.168}$$

führt. Mit dieser Transformation kann der dreidimensionale physikalische Raum (x_1, x_2, x_3) in den vierdimensionalen Parameterraum (p, q, r, s) übergeführt werden. Diese Transformation ist heute aus der (später gefundenen) Quaternionenalgebra, aber auch aus der (noch später gefundenen) KS-Transformation bekannt.[169] Für diese Transformation ist somit die Identität

$$\sqrt{x_1^2 + x_2^2 + x_3^2} = p^2 + q^2 + r^2 + s^2 \tag{2.169}$$

erfüllt.

O. Volk [1981] bemerkt hierzu: „*Damit hat* Euler *die Theorie der Quaternionenalgebra inauguriert, die fast 100 Jahre später* W. R. Hamilton *(1805–1865),* A. Cayley *(1821–1895) und ihre Schüler aufgebaut haben, die* Eulers *Erfindung wohl nicht kannten, wie das auch heute vielleicht bei vielen der Fall ist.*“

Die *Vieta*'sche und die *Euler*'sche Identität sind ein Spezialfall der allgemeinen Beziehung

---

[168] *Problema algebraicum ob affectiones prorsus singulares memorabile*, Nov. Comm. Sci. Imp. Petr. *15* [1770] 1771, 75–106, Summarium ibidem, pp. 13–15, Leonhardi Euleri, Opera omnia I, 6, pp. 287–315. zitiert nach O. VOLK [1981], p. 118.

[169] Vgl. die Abschn. 2.8.8 auf Seite 405, 2.8.9 auf Seite 409, 2.8.29 auf Seite 433.

$$\sum_{i=1}^{n} x_i^2 = \sum_{i=1}^{n} y_i^2 \sum_{i=1}^{n} z_i^2 \ . \tag{2.170}$$

Bereits 1817 hatte *C. F. Degen* in St. Petersburg die Gültigkeit des Falles n = 8 zeigen können.[170] Man darf in diesem Zusammenhang an die *Cayley*'schen Zahlen denken, die *A. Cayley* durch Erweiterung der Quaternionen auf die Zahl 8 erhalten hatte. Von besonderem Interesse für die Suche nach geeigneten Parameterräumen dürften die beiden Arbeiten von *A. Hurwitz*[171] sein. Nach dem Nachweis in diesen Arbeiten existiert die Identität (2.170) ausschließlich für die Dimensionen n = 2, 4, 8.

Anmerkungen

1. Werden in der Transformation (2.168) die Parameter r = s = 0 gesetzt, wird die Transformation von *Levi-Cività* erhalten, die in der Himmelsmechanik den zweidimensionalen physikalischen Raum (in der oskulierenden Bahnebene) in einen zweidimensionalen Parameterraum überführt.[172]
2. *Euler* nutzte die Identität, um den Satz von der Zerlegung einer beliebigen ganzen positiven Zahl in vier Quadrate zu bearbeiten, den er als den *Fermat*'schen Satz bezeichnete. Der verallgemeinerte Vier-Quadrate-Satz lautet: „Jede positive rationale Zahl ist die Summe von (höchstens) vier Quadraten rationaler Zahlen.“ *Euler* legte die algebraischen Hilfsmittel bereit, mit denen dieser Satz dann von *Lagrange* bewiesen wurde.[173] Das von *Euler* selber gegebene Beispiel ist: 7 = 1 + 1 + 1 + 4. Bei *O. Volk* [1981] finden sich alle Zerlegungen der Zahl $105 = 3 \cdot 35 = 5 \cdot 21 = 7 \cdot 15$ in einer Summe von höchstens vier Quadraten, als eine Anwendung der *Euler*'schen Identität (2.165)

$$105 = 10^2 + 2^2 + 1^2 = 9^2 + 4^2 + 2^2 + 2^2 = 8^2 + 6^2 + 2^2 + 1^2 = 8^2 + 5^2 + 4^2 = \\ = 8^2 + 4^2 + 4^2 + 3^2 = 7^2 + 6^2 + 4^2 + 2^2 .$$

2.8 Verfeinerungen

Auf der Basis vor allem von *Leibniz, Newton, Euler* wurden die mathematischen Formulierungen und damit auch die Methoden der Himmelsmechanik weiterentwickelt und vertieft und im Hinblick auf erfolgreiche Anwendungen in Ephemeridenrechnung und

[170] Degen, C. F. [1817/18].
[171] Hurwitz, A. [1898] und Hurwitz, A. [1923].
[172] Abschn. 2.8.22 auf Seite 428, sowie in Jochim, E. F. M. [2018], Kapitel 15.
[173] O. Volk [1981], p. 120.

Bahnbestimmung der Himmelskörper vorangetrieben. Diese erfolgreichen Bemühungen lassen sich bis ins 20. Jahrhundert verfolgen.

2.8.1 Johann Heinrich Lambert

Johann Heinrich Lambert (Mühlhausen im Elsass 1728 – Berlin 1777) hat neben bedeutenden Beiträgen zu Mathematik und Philosophie durch Entdeckung des *Lambert*'schen Theorems, das bisweilen auch Euler-Lambert'sches Theorem genannt wird, einen wesentlichen Beitrag zur Himmelsmechanik geleistet. Er veröffentlichte diese 1759 fertiggestellte Arbeit unter dem Titel *Insigniores orbitae Cometarum proprietates* (Augsburg, 1761). Diese Arbeit hatte *Lambert* selbst als *„Traktätchen"* bezeichnet. Nach diesem Theorem ist das Zeitintervall $(t_2 - t_1)$, die ein Himmelskörper zum Durchlaufen eines parabolischen Bahnbogens, also zwischen zwei Bahnpunkten, benötigt, von der Sehne ρ und der Summe der Radien dieser beiden Punkte abhängig:

$$6\sqrt{\mu}\,(t_2 - t_1) = \sqrt[3]{r_1 + r_2 + \rho} \mp \sqrt[3]{r_1 + r_2 - \rho} \ . \tag{2.171}$$

Das obere Vorzeichen wird verwendet, wenn der Zentralkörper (die Sonne) außerhalb des parabolischen Segmentes liegt, das untere Vorzeichen, wenn er innerhalb des Segmentes liegt. *Lambert* hatte dieses Theorem, das für den parabolischen Fall von *Euler* entdeckt worden war, vermutlich völlig unabhängig von *Euler* neu entdeckt, auf alle Kegelschnitte erweitert und in geschickter Weise auf die Bahnbestimmung von Kometen angewandt. Letzteres war *Euler* nicht geglückt.[174] Mit diesem Theorem steht *Lambert* in der fruchtbaren Tradition, geometrische mit bewegungsbeschreibenden Parametern zu verbinden. Später hat *Gauß* dieses Verfahren mit dem Sektor zu Dreiecksverfahren in seiner Bahnbestimmung wieder aufgenommen. In der aktuellen Satellitenbahnmechanik wird das *Lambert*'sche Problem mit der Aufgabe verknüpft, durch zwei vorgegebene Ortsvektoren einen Bahnbogen hindurchzulegen, der in einem vorgegebenen Zeitintervall durchlaufen werden soll.[175] Von besonderem Interesse im Zusammenhang mit der Bahnmechanik der Himmelskörper ist *Lamberts* Beweis der Irrationalität der Kreiszahl.[176]

---

[174] Siehe in O. VOLK [1980], pp. 240–243. siehe auch R. H. BATTIN [1987], wo die Ausführungen von *O. Volk* zum Teil wörtlich wiedergegeben werden, ohne auf sie allerdings hinzuweisen.

[175] Siehe etwa in: R. H. BATTIN [1987], pp. 295–342.

[176] http://de.wikipedia.org/wiki/Irrationale_Zahl

2.8.2 Joseph-Louis Lagrange

Joseph-Louis Lagrange (Turin 1736 – Paris 1813) führte die Arbeiten *Eulers* zur theoretischen Mechanik und speziell zur Himmelsmechanik fort, verbesserte und vervollkommnete sie. Dies betrifft etwa seine Arbeit zu den exakten Lösungen des Dreikörperproblems. Zu den drei von *Euler* gefundenen geradlinigen Lösungen L_1, L_2, L_3 (ohne auf *Euler* zu verweisen) entdeckte er die Eckpunkte eines gleichseitigen Dreiecks als weitere Lösungen L_4, L_5. Er datierte seine diesbezügliche Arbeit auf das Jahr 1772, veröffentlichte sie jedoch erst 1777. Die Punkte $L_1, \ldots L_5$ werden nach *H. Gylden* häufig als Librationspunkte bezeichnet, in Unkenntnis der *Euler*'schen Lösung manchmal auch als *Lagrange-Punkte.*[177]

In seiner Arbeit *Essai d'une nouvelle méthode pour résoudre le problème des trois corps*[178] zeigte *Lagrange*, dass das System der Ordnung 18 zur Lösung des Dreikörperproblems durch Einführung relativer Koordinaten in Bezug auf den Schwerpunkt des Systems auf die Ordnung 12 reduziert werden kann. Von diesem System sind nämlich dann vier Integrale bekannt, nämlich die drei von der Erhaltung des Drehimpulses und das Energieintegral. Es bleibt also ein System der 8. Ordnung zu lösen. Eine Reduktion auf ein System der 7. Ordnung wird noch möglich. Nach *Lagrange* wäre sogar „eine vollständige Lösung des Dreikörperproblems möglich, wenn es gelänge, die von der speziellen Wahl des Koordinatensystems unabhängigen Bestimmungsstücke der Bewegung als Funktionen der Zeit zu bestimmen".[179] Ein solches System wird nach *Otto Hesse* als „reduziertes Dreikörperproblem" bezeichnet.

Lagrange hatte (vermutlich als Erster) die Singularitäten in den *Kepler*'schen Bahnelementen Argument des Perigäums ω und Rektaszension des aufsteigenden Knotens Ω durch Einführung singularitätenfreier Parameter

$$\begin{aligned} p_x &:= \tan i \ \cos\Omega, \quad p_y := \tan i \ \sin\Omega \\ q_x &:= e \ \cos(\omega + \Omega), \ q_y := e \ \sin(\omega + \Omega) \end{aligned} \tag{2.172}$$

zu vermeiden versucht. Diese Parameter ersetzen die Elemente Inklination i, Exzentrizität e sowie Ω und ω. Die Verwendung geeigneter Bahnparameter zur Lösung der Bewegungsgleichungen im Fall von Bewegungen, die wie im Dreikörperproblem von einer *Kepler*-Bewegung abweichen, ist in der Geschichte der Himmelsmechanik und Satellitenbahnmechanik von immenser Bedeutung. Die *Kepler*'schen Elemente sind zur

[177] Die Bedeutung des Begriffes „Libration" wird erst durch die Arbeiten *H. Gyldén*ss deutlich, der die relative Bewegung (kleiner) Körper in der Nähe dieser Punkte untersuchte. *Gyldén* war es auch, der die Bezeichnung „Librationszentren" und die Kennzeichnung mit den Buchstaben $L_1, \ldots L_5$ für diese 5 exakten Lösungen des Dreikörperproblems einführte (siehe K. STUMPFF [1965], Himmelsmechanik II, pp. 111,112).

[178] Oeuvres de Lagrange VI, pp. 229 pp; zitiert nach O. DZIOBEK [1888], p. 80.

[179] K. STUMPFF [1965], Himmelsmechanik II, p. 80.

geometrischen Beschreibung der *Kepler*-Bewegung wichtig, für sonstige allgemeine bahnmechanische Untersuchungen sind sie nicht geeignet. Die hier eingeführten Parameter werden in modifizierter Form auch in der modernen Satellitenbahnmechanik unter den Bezeichnungen Inklinationsvektor $(p_x\,,\,p_y)$ und Exzentrizitätsvektor $(q_x\,,\,q_y)$ verwendet.

Lagrange äußerte in seiner 1780 erschienen Arbeit *Théorie de la libration de la lune et des autres phénomènes qui dépendent de la figure non sphérique de cette planète*[180] die Ansicht, der Mond sei asphärisch und seine Hauptachse auf die Erde zu gerichtet.

Besondere Bedeutung erlangte der Ausbau der analytischen Mechanik durch *Lagrange.* Damit sind Begriffe wie *Lagrange*-Funktion, *Lagrange*-Klammern und *Lagrange*'sche Planetengleichungen verknüpft. Letztere waren lange Zeit für die Entwicklung der Himmelsmechanik von großer Bedeutung. Sei U eine sogenannte Störfunktion. Als solche wird eine Potenzialfunktion in Bezug auf konservative Störbeschleunigungen (im Zusammenwirken mit konservativen Kräften) gewählt. Wird in der Zweikörperbewegung die Beschleunigung auf einen ersten Körper infolge der Attraktion durch den zweiten Körper als eine „Störung" aufgefasst, ist das Potenzial dieser Bewegung durch

$$U_{2B} := \frac{\mu}{r}$$

gegeben. Die *Kepler*'sche Bewegungsgleichung ergibt sich daraus durch[181]

$$\ddot{\mathbf{r}} = \nabla U_{2B} = -\frac{\mu}{r^2}\mathbf{r}_0 \quad .$$

Die *Lagrange*'sche Theorie geht jedoch wie in der klassischen Himmelsmechanik üblich von einer „gestörten" *Kepler*-Bewegung aus

$$\ddot{\mathbf{r}} + \frac{\mu}{r^3}\mathbf{r} = \nabla U \quad . \tag{2.173}$$

Hier wird U jetzt als konservatives „Störpotenzial" aufgefasst. Die Aufstellung dieser Funktion und die geeignete Integration dieser Bewegungsgleichung war die Hauptaufgabe der klassischen Himmelsmechanik. Die Variationsgleichungen für die *Kepler*-Elemente als *Lagrange*'sche Planetengleichungen lauten, wenn die in der Planetentheorie häufig verwendeten modifizierten *Kepler*-Elemente Länge des Perigäums

$$\tilde{\omega} := \omega + \Omega \tag{2.174}$$

und mittlere Länge in der Bahn zur Epoche t_0

$$L_0 := M_0 + \omega + \Omega \tag{2.175}$$

---

[180] Mém. Berl.; zitiert aus: R. WOLF [1890/1973], p. 504.

[181] Das Symbol ∇f wird als Gradient einer Funktion grad(f) verwendet. Näheres z. B. in https://de.wikipedia.org/wiki/Gradient_(Mathematik), z. B. $f(x_1, x_2) \Rightarrow \nabla f = \frac{\partial f}{\partial x_1}\mathbf{p}_1 + \frac{\partial f}{\partial x_2}\mathbf{p}_2$.

eingeführt werden:

$$
\begin{aligned}
\dot{a} &= \frac{2}{na}\frac{\partial U}{\partial L_0} \\
\dot{e} &= -\frac{\sqrt{1-e^2}}{n a^2 e}\left(1-\sqrt{1-e^2}\right)\frac{\partial U}{\partial L_0} - \frac{\sqrt{1-e^2}}{n a^2 e}\frac{\partial U}{\partial \tilde{\omega}} \\
(i)^{\cdot} &= -\frac{\tan\frac{i}{2}}{n a^2\sqrt{1-e^2}}\left(\frac{\partial U}{\partial L}+\frac{\partial U}{\partial \tilde{\omega}}\right) - \frac{1}{n a^2\sqrt{1-e^2}\sin i}\frac{\partial U}{\partial \Omega} \\
\dot{L} &= -\frac{2}{na}\frac{\partial U}{\partial a} + \frac{\sqrt{1-e^2}}{n a^2 e}\left(1-\sqrt{1-e^2}\right)\frac{\partial U}{\partial e} + \frac{\tan\frac{i}{2}}{n a^2\sqrt{1-e^2}}\frac{\partial U}{\partial i}\,. \\
(\tilde{\omega})^{\cdot} &= \frac{\sqrt{1-e^2}}{n a^2 e}\frac{\partial U}{\partial e} + \frac{\tan\frac{i}{2}}{n a^2\sqrt{1-e^2}}\frac{\partial U}{\partial i} \\
\dot{\Omega} &= \frac{1}{n a^2\sqrt{1-e^2}\sin i}\frac{\partial U}{\partial i}
\end{aligned}
\tag{2.176}
$$

In Ergänzung lauten die Variationsgleichungen für einige *Kepler*'sche Elemente:[182]

$$
\begin{aligned}
(i)^{\cdot} &= \frac{\cos i}{n a^2 \sin i\sqrt{1-e^2}}\frac{\partial U}{\partial \omega} \\
\dot{\omega} &= -\frac{\cos i}{n a^2 \sin i\sqrt{1-e^2}}\frac{\partial U}{\partial i} + \frac{\sqrt{1-e^2}}{n a^2 e}\frac{\partial U}{\partial e} \\
\dot{M} &= n - \frac{1-e^2}{n a^2 e}\frac{\partial U}{\partial e} - \frac{2}{n a}\frac{\partial U}{\partial a}\,.
\end{aligned}
\tag{2.177}
$$

Diese Gleichungen enthalten die bekannten Singularitäten für $e \to 0$ bzw. $i \to 0$. In der Folgezeit wurden die Singularitäten durch Transformation etwa auf die *Lagrange*'schen Elemente oder andere Parametersätze zu vermeiden getrachtet.

Im Fall eines relativ auf einen Hauptkörper (im Sonnensystem die Sonne) bezogenen *N-Körperproblems* führte *Lagrange* 1774 in seiner von der Pariser Akademie preisgekrönten Arbeit *Sur l'équation séculaire de la lune*[183] die spezielle „Störungsfunktion"

$$
U_{3B} = \frac{1}{d} + \frac{d^2 - r^2 - \rho^2}{2\rho^3}
\tag{2.178}
$$

ein. Hier ist d der Abstand des gestörten Körpers der Masse m_2 vom störenden Körper mit der Masse m_3, r der Abstand des gestörten Körpers vom Zentralkörper mit der Masse m_1 und ρ der Abstand des Störkörpers vom Zentralkörper (Abb. 2.31). Die Bewegungsgleichung des gestörten Körpers lautet dann in relativen Koordinaten bei Bezug auf den Zentralkörper m_1 (mit $\mathbf{r}_{12} := \mathbf{r}_1 - \mathbf{r}_2$ usw.) (Abb. 2.32)

[182] Etwa nach MOULTON, F. [1914], *Celestial Mechanics,* MacMillan (zit. in: JENSEN, J. et al. [1962], p. 128).

[183] Veröffentlicht 1776 im Mém. Sav. étr.; zitiert aus: R. WOLF [1892/1973], pp. 325–326.

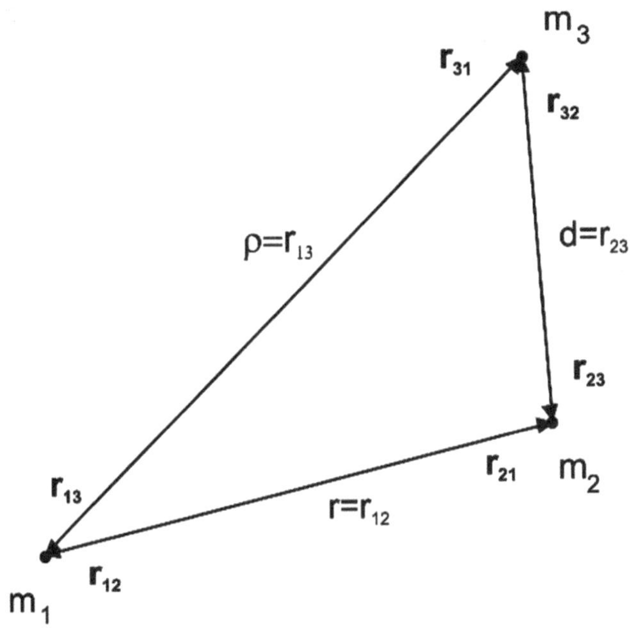

Abb. 2.31 Bezeichnungen im relativen Dreikörperproblem

$$\ddot{\mathbf{r}}_{12} = -f_N \frac{m_1 + m_2}{r_{12}^3} \mathbf{r}_{12} + f_N m_3 \nabla U_{3B} \quad . \tag{2.179}$$

Ausführlich lautet diese Bewegungsgleichung

$$\ddot{\mathbf{r}}_{12} = -f_N \frac{m_1 + m_2}{r_{12}^3} \mathbf{r}_{12} - f_N m_3 \left[\frac{\mathbf{r}_{13}}{r_{13}^3} + \frac{\mathbf{r}_{32}}{r_{32}^3} \right] \quad . \tag{2.180}$$

Entsprechend kann in der „Störfunktion“ R_{nB} ein N-Körperproblem behandelt werden. Die entsprechende Bewegungsgleichung lautet

$$\ddot{\mathbf{r}}_{12} = -f_N \frac{m_1 + m_2}{r_{12}^3} \mathbf{r}_{12} + \sum_{i=3}^{n} f_N m_i \nabla U_{iB} \quad . \tag{2.181}$$

Die aus der absoluten N-Körperbewegung 10 bekannten Integrale reduzieren sich im Fall der relativen N-Körperbewegung auf 4 Integrale, da der Schwerpunktsatz in diesem Fall wegfällt. Um die restlichen beiden Integrale herzuleiten, wird der Ausdruck (2.180) umgeschrieben. Für den Fall der Dreikörperbewegung werden durch zyklische Vertauschung die relativen Bewegungsgleichungen erhalten:

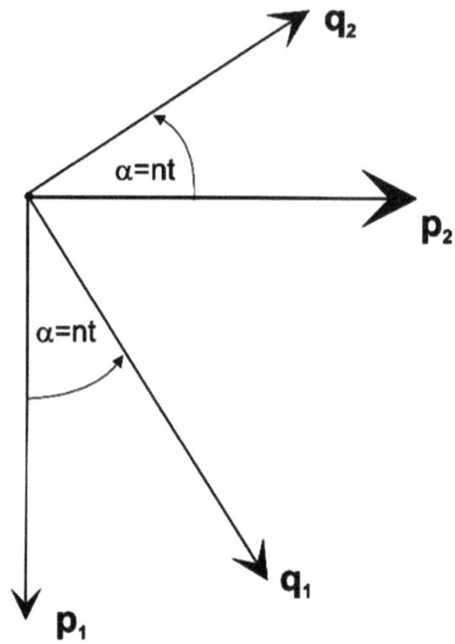

Abb. 2.32 Rotation eines ebenen $\mathbf{q}_j-$ Systems in Bezug auf ein festes $\mathbf{p}_i-$ System

$$
\begin{aligned}
\ddot{\mathbf{r}}_{12} &= -f_N \frac{m_1+m_2+m_3}{r_{12}^3}\mathbf{r}_{12} - f_N\, m_3\left[\frac{\mathbf{r}_{21}}{r_{21}^3}+\frac{\mathbf{r}_{13}}{r_{13}^3}+\frac{\mathbf{r}_{32}}{r_{32}^3}\right]\\
\ddot{\mathbf{r}}_{23} &= -f_N \frac{m_1+m_2+m_3}{r_{23}^3}\mathbf{r}_{23} - f_N\, m_1\left[\frac{\mathbf{r}_{32}}{r_{32}^3}+\frac{\mathbf{r}_{21}}{r_{21}^3}+\frac{\mathbf{r}_{13}}{r_{13}^3}\right]\\
\ddot{\mathbf{r}}_{31} &= -f_N \frac{m_1+m_2+m_3}{r_{31}^3}\mathbf{r}_{12} - f_N\, m_2\left[\frac{\mathbf{r}_{13}}{r_{13}^3}+\frac{\mathbf{r}_{32}}{r_{32}^3}+\frac{\mathbf{r}_{21}}{r_{21}^3}\right].
\end{aligned}
\tag{2.182}
$$

Da

$$
\frac{\mathbf{r}_{12}\times\ddot{\mathbf{r}}_{12}}{m_3}+\frac{\mathbf{r}_{23}\times\ddot{\mathbf{r}}_{23}}{m_1}+\frac{\mathbf{r}_{31}\times\ddot{\mathbf{r}}_{31}}{m_2} = f_N\,(\mathbf{r}_{12}+\mathbf{r}_{23}+\mathbf{r}_{31})\left[\frac{\mathbf{r}_{21}}{r_{21}^3}+\frac{\mathbf{r}_{13}}{r_{13}^3}+\frac{\mathbf{r}_{32}}{r_{32}^3}\right]=0
$$

folgt unmittelbar der Flächensatz („Drehimpulssatz“)

$$
\frac{\mathbf{r}_{12}\times\dot{\mathbf{r}}_{12}}{m_3}+\frac{\mathbf{r}_{23}\times\dot{\mathbf{r}}_{23}}{m_1}+\frac{\mathbf{r}_{31}\times\dot{\mathbf{r}}_{31}}{m_2} = \mathbf{c}^* \tag{2.183}
$$

Um Singularitäten bei kleinen Massen zu vermeiden, hat der Flächensatz die Form

$$
m_1\,m_2\,(\mathbf{r}_{12}\times\dot{\mathbf{r}}_{12}) + m_2\,m_3\,(\mathbf{r}_{23}\times\dot{\mathbf{r}}_{23}) + m_3\,m_1\,(\mathbf{r}_{31}\times\dot{\mathbf{r}}_{31}) = m_1\,m_2\,m_3\,\mathbf{c}^* =: \mathbf{c}\ . \tag{2.184}
$$

Entsprechend erfolgt die Herleitung des Energiesatzes für das relative Dreikörperproblem aus

$$\frac{\dot{\mathbf{r}}_{12}\cdot\ddot{\mathbf{r}}_{12}}{m_3}+\frac{\dot{\mathbf{r}}_{23}\cdot\ddot{\mathbf{r}}_{23}}{m_1}+\frac{\dot{\mathbf{r}}_{31}\cdot\ddot{\mathbf{r}}_{31}}{m_2}+f_N\,(m_1+m_2+m_3)\left[\frac{\mathbf{r}_{12}\cdot\dot{\mathbf{r}}_{12}}{m_3\,r_{12}^3}+\frac{\mathbf{r}_{23}\cdot\dot{\mathbf{r}}_{23}}{m_1\,r_{23}^3}+\frac{\mathbf{r}_{31}\cdot\dot{\mathbf{r}}_{31}}{m_2\,r_{31}^3}\right]=$$

$$=f_N\,(\dot{\mathbf{r}}_{12}+\dot{\mathbf{r}}_{23}+\dot{\mathbf{r}}_{31})\left[\frac{\mathbf{r}_{12}}{r_{12}^3}+\frac{\mathbf{r}_{31}}{r_{31}^3}+\frac{\mathbf{r}_{23}}{r_{23}^3}\right]=0$$

nach Integration

$$\frac{1}{2}\left[\frac{\dot{\mathbf{r}}_{12}^2}{m_3}+\frac{\dot{\mathbf{r}}_{23}^2}{m_1}+\frac{\dot{\mathbf{r}}_{31}^2}{m_2}\right]-f_N\,(m_1+m_2+m_3)\left[\frac{1}{m_3\,r_{12}}+\frac{1}{m_1\,r_{23}}+\frac{1}{m_2\,r_{31}}\right]=:T^*-U^*=h^*\ . \tag{2.185}$$

Zur Vermeidung von Singularitäten kann auch dieser Ausdruck umgeschrieben werden. Dann lautet die kinetische Energie

$$T=\frac{1}{2}\left(m_1\,m_2\,\dot{\mathbf{r}}_{12}^2+m_2\,m_3\,\dot{\mathbf{r}}_{23}^2+m_3\,m_1\,\dot{\mathbf{r}}_{31}^2\right)=m_1\,m_2\,m_3\,T^* \tag{2.186}$$

und die potenzielle Energie

$$U=f_N\,(m_1+m_2+m_3)\left[\frac{m_1m_2}{r_{12}}+\frac{m_2m_3}{r_{23}}+\frac{m_3m_1}{r_{31}}\right]=m_1m_2\,m_3\;U^*\ . \tag{2.187}$$

Mit $m_1\,m_2\,m_3\,h{*}=:h$ erhält der Energiesatz wieder die bekannte Form

$$T-U=h\ . \tag{2.188}$$

In formal analoger Weise können der Flächensatz und der Energiesatz für das N-Körperproblem hergeleitet und formuliert werden.

Als *Lagrange*'sche Funktion wird im Rahmen des relativen Dreikörperproblems der Ausdruck

$$J:=\frac{r_{12}^2}{m_3}+\frac{r_{23}^2}{m_1}+\frac{r_{31}^2}{m_2}+\cdots=\sum_{\substack{j>i\\k\neq i\neq j}}^{n}\frac{r_{ij}^2}{m_k} \tag{2.189}$$

bezeichnet. Die Ableitungen der *Lagrange*'schen Funktion der Zeit sind

$$\frac{1}{2}\dot{J}=\frac{r_{12}\,\dot{r}_{12}}{m_3}+\frac{r_{23}\,\dot{r}_{23}}{m_1}+\frac{r_{31}\,\dot{r}_{31}}{m_2}+\cdots$$

$$\frac{1}{2}\ddot{J}=\frac{\dot{r}_{12}^2}{m_3}+\frac{r_{12}\,\ddot{r}_{12}}{m_3}+\frac{\dot{r}_{23}^2}{m_1}+\frac{r_{23}\,\ddot{r}_{23}}{m_1}+\frac{\dot{r}_{31}^2}{m_2}+\frac{r_{31}\,\ddot{r}_{31}}{m_2}+\cdots\ .$$

Da

$$\left(\mathbf{r}^2\right)^{\cdot}=\left(r^2\right)^{\cdot}=2\,\mathbf{r}\cdot\dot{\mathbf{r}}=2r\dot{r}$$

wird

$$(\mathbf{r}^2)^{\cdot\cdot} = 2\dot{r}^2 + 2r\ddot{r} = 2\dot{\mathbf{r}}^2 + 2\mathbf{r}\cdot\ddot{\mathbf{r}}$$

und somit (unter Berücksichtigung der Beziehungen für T^*, U^*, h^* aus) (2.185) im Fall von drei Körpern (analog auf N Körper erweiterbar)

$$\begin{aligned}
&\frac{\mathbf{r}_{12}\cdot\ddot{\mathbf{r}}_{12}}{m_3} + \frac{\mathbf{r}_{23}\cdot\ddot{\mathbf{r}}_{23}}{m_1} + \frac{\mathbf{r}_{31}\cdot\ddot{\mathbf{r}}_{31}}{m_2} = \\
&= -f_N(m_1+m_2+m_3)\left[\frac{\mathbf{r}_{12}^2}{m_3 r_{12}^3} + \frac{\mathbf{r}_{23}^2}{m_1 r_{23}^3} + \frac{\mathbf{r}_{31}^2}{m_2 r_{31}^3}\right] - f_N(\mathbf{r}_{12}+\mathbf{r}_{23}+\mathbf{r}_{31})\left[\frac{\mathbf{r}_{21}}{r_{21}^3} + \frac{\mathbf{r}_{13}}{r_{13}^3} + \frac{\mathbf{r}_{32}}{r_{32}^3}\right] = \\
&= -f_N\sum_{i=1}^{3} m_i\left(\frac{1}{m_3 r_{12}} + \frac{1}{m_1 r_{23}} + \frac{1}{m_2 r_{31}}\right) = -U^*.
\end{aligned}$$

Schließlich ergibt sich die interessante Beziehung

$$\frac{1}{2}\ddot{J} = 2T^* - U^* = T^* + h^* \quad . \tag{2.190}$$

Mit dieser kann eine Aussage über die Stabilität des Drei- bzw. N-Körper-Systems gemacht werden. Da stets $T^* \geq 0$, kann für $h^* \geq 0$ J nicht negativ beschleunigt werden, J wächst also über alle Grenzen, das System wird instabil. Auch im Fall $0 < |h^*| < 1/2\ U_0^*$, wenn $h^* < 0$ und $0 < U_0^* < U^*$ bleibt das System instabil.[184]

Von besonderer Bedeutung für die Entwicklung der analytischen Mechanik ist die ***Lagrange*'sche Bewegungsgleichung.**[185] Sie war vonLAGRANGE, J. L. *Lagrange*'sche Bewegungsgleichung *Lagrange* im Zusammenhang mit der Einführung generalisierter Koordinaten gefunden worden. Seien die x_j kartesische Koordinaten in einem orthonormierten $\mathbf{p}_j$-Basissystem, so werden sie als Funktionen von generalisierten Koordinaten y_k dargestellt: $x_j = x_j(y_k)$. Damit ergeben sich die Abhängigkeiten

$$\begin{aligned}
\mathbf{r}_i &= x_i^j\,\mathbf{p}_j = x_i^j(y_k;t)\mathbf{p}_j \\
\dot{\mathbf{r}}_i &= \dot{x}_i^j(y_k;t)\mathbf{p}_j + x_i^j\,\dot{\mathbf{p}}_j = \frac{\partial x_i^j}{\partial y_k}\,\dot{y}^k\,\mathbf{p}_j + x_i^j\,\dot{\mathbf{p}}_j \quad (i = 1, 2, ..., n) \\
\ddot{\mathbf{r}}_i &= \frac{d}{dt}\left(\frac{\partial x_i^j}{\partial y_k}\,\dot{y}^k\right)\mathbf{p}_j + 2\frac{\partial x_i^j}{\partial y_k}\,\dot{y}^k\,\dot{\mathbf{p}}_j + x_i^j\,\ddot{\mathbf{p}}_j.
\end{aligned} \tag{2.191}$$

Es bestehen die folgenden Beziehungen:

$$\dot{x}_i^j = \sum_k \frac{\partial x_i^j}{\partial y_k}\dot{y}_k + \frac{\partial x_i^j}{\partial t} \tag{2.192}$$

---

[184] Siehe hierzu K. STUMPFF [1965], pp. 34–37.

[185] J. L. LAGRANGE [1788], *Mécanique Analytique,* (2 Vols.), Edition Albert Blanchard, Paris.

somit

$$\frac{\partial \dot{x}_i^j}{\partial \dot{y}_k} = \frac{\partial x_i^j}{\partial y_k} \tag{2.193}$$

und daher auch

$$\frac{\partial \dot{\mathbf{r}}_i}{\partial \dot{y}_k} = \frac{\partial \dot{x}_i^j}{\partial \dot{y}_k}\mathbf{p}_j = \frac{\partial x_i^j}{\partial y_k}\mathbf{p}_j = \frac{\partial \mathbf{r}_i}{\partial y_k} \quad . \tag{2.194}$$

Die kinetische Energie

$$T = \frac{1}{2} m^i \dot{\mathbf{r}}_i^2 \qquad \langle i = 1, 2, \ldots, n$$

hat die partiellen Ableitungen

$$\frac{\partial T}{\partial y_k} = m^i\, \dot{\mathbf{r}}_i \cdot \frac{\partial \dot{\mathbf{r}}_i}{\partial y_k}, \qquad \frac{\partial T}{\partial \dot{y}_k} = m^i\, \dot{\mathbf{r}}_i \cdot \frac{\partial \dot{\mathbf{r}}_i}{\partial \dot{y}_k} = m^i\, \dot{\mathbf{r}}_i \cdot \frac{\partial \mathbf{r}_i}{\partial y_k} \quad . \tag{2.195}$$

In letzterem Ausdruck wurde die Beziehung (2.194) berücksichtigt. Ohne eine Variation der Masse zuzulassen ($\dot{m}_i \equiv 0$), wird die Kraft nach Definitionsgleichung (2.41) in der Form $\mathbf{F}_i = m_i\, \ddot{\mathbf{r}}_i$ verwendet. Multiplikation mit $\partial \mathbf{r}_i / \partial y_k$ und Summation ergibt

$$m^i\, \ddot{\mathbf{r}}_i \cdot \frac{\partial \mathbf{r}_i}{\partial y_k} = \mathbf{F}^i \cdot \frac{\partial \mathbf{r}_i}{\partial y_k} =: R_k \ , \ \ (i = 1, ..., n;\ k = 1, ..., 3n) \quad . \tag{2.196}$$

Die zweite Beziehung (2.195) ergibt

$$\frac{d}{dt}\left(\frac{\partial T}{\partial \dot{y}_k}\right) = \frac{d}{dt}\left(m^i \dot{\mathbf{r}}_i \cdot \frac{\partial \mathbf{r}_i}{\partial y_k}\right) = m^i \ddot{\mathbf{r}}_i \cdot \frac{\partial \mathbf{r}_i}{\partial y_k} + m^i \dot{\mathbf{r}}_i \cdot \frac{d}{dt}\left(\frac{\partial \mathbf{r}_i}{\partial y_k}\right) \quad . \tag{2.197}$$

Ferner ist wegen (2.192)

$$\frac{\partial \dot{x}_i^j}{\partial y_k} = \sum_l \frac{\partial^2 x_i^j}{\partial y_k \partial y_l}\dot{y}_l + \frac{\partial^2 x_i^j}{\partial y_k \partial t} = \frac{d}{dt}\left(\frac{\partial x_i^j}{\partial y_k}\right) \tag{2.198}$$

somit

$$\frac{\partial \dot{x}_i^j}{\partial y_k}\mathbf{p}_j = \frac{d}{dt}\left(\frac{\partial x_i^j}{\partial y_k}\mathbf{p}_j\right) = \frac{d}{dt}\left(\frac{\partial \mathbf{r}_i}{\partial y_k}\right) = \frac{\partial \dot{\mathbf{r}}_i}{\partial y_k} - \frac{\partial x_i^j}{\partial y_k}\dot{\mathbf{p}}_j \quad . \tag{2.199}$$

Der letzte Term musste wegen der zweiten der Beziehungen (2.191) berücksichtigt werden. Hier zeigt sich nun eine weitere Einschränkung in den Herleitungen der ursprünglichen analytischen Mechanik (neben der Vernachlässigung einer Variation der Massen): Der letzte Term wird vernachlässigt:

$$\frac{\partial x_i^j}{\partial y_k}\dot{\mathbf{p}}_j \equiv 0 \ . \tag{2.200}$$

Das läuft auf die Annahme eines inertialen Basissystems hinaus, wenn $\dot{\mathbf{p}}_j \equiv 0$. Wenn aber dieser ganze Ausdruck verschwindet, kommt man zu einem *Hansen*-System.[186] Werden nun die letzten beiden Beziehungen in den ersten Ausdruck (2.195) eingesetzt, führt (2.197) auf die *Lagrange*'schen Bewegungsgleichungen

$$\frac{d}{dt}\left(\frac{\partial T}{\partial \dot{y}_k}\right) - \frac{\partial T}{\partial y_k} = R_k \ . \tag{2.201}$$

Die Größen R_k, welche die Kräfte enthalten, die die Bewegung prägen, können aus einem konservativen $R_k^{(P)}$ und einem nicht konservativen Anteil $R_k^{(N)}$ bestehen. Mit dem konservativen Anteil $R_k^{(P)}$ erfolgt die dadurch geprägte Bewegung in einem konservativen Kraftfeld. Das bedeutet, die Arbeit, die in diesem Feld aufgewendet werden muss, um von einem Punkt zu einem anderen zu kommen, ist von der Verbindungskurve unabhängig. (Man sagt auch: Das Kraftfeld ist wirbelfrei: $\nabla \times \mathbf{F}_i = 0$). In diesem Fall gibt es ein Potenzial U, mit dem die konservativen Kräfte als Gradient dieses Potenzials in Bezug auf das $\mathbf{p}_j$-Basissystems dargestellt werden können:[187]

$$\mathbf{F}_i^{(P)} = \nabla U = \sum_{j=1}^{3} \frac{\partial U}{\partial x_i^j}\mathbf{p}_j = U^{,j}\mathbf{p}_j \ . \tag{2.202}$$

Der konservative Anteil lautet

$$R_k^{(P)} = \sum_{i=1}^{n} \mathbf{F}_i \cdot \frac{\partial \mathbf{r}_i}{\partial y_k} = \sum_{i=1}^{n}\left(\sum_{j=1}^{3}\frac{\partial U}{\partial y_i^j}\mathbf{p}_j \cdot \sum_{l=1}^{3}\frac{\partial x_i^l}{\partial y_k}\mathbf{p}_l\right) = \sum_{i=1}^{n}\sum_{j=1}^{3}\frac{\partial U}{\partial x_i^j}\frac{\partial x_i^j}{\partial y_k} = \frac{\partial U}{\partial y_k} \ . \tag{2.203}$$

Wird hier die Bezeichnung

$$S := T + U \tag{2.204}$$

eingeführt und

$$\frac{\partial U}{\partial \dot{y}_k} \equiv 0, \tag{2.205}$$

berücksichtigt, kann die *Lagrange*'sche Bewegungsgleichung auch die Form

[186] An dieser Stelle soll nur auf diesen Sachverhalt hingewiesen werden. Er verdient es, weiter untersucht zu werden. Siehe über *Hansen*-Systeme in Abschn. 2.8.7.2 auf Seite 392.

[187] Wegen der Schreibweise der partiellen Ableitung mit Komma siehe JOCHIM, E. F. M. [2016 b]: 7.2.

$$\frac{d}{dt}\left(\frac{\partial S}{\partial \dot{y}_k}\right) = \frac{\partial S}{\partial y_k} + R_k^{(N)} \tag{2.206}$$

erhalten. Hier bedeutet $R_k^{(N)}$ den nicht konservativen Anteil an Bewegungseinflüssen. Man beachte: Bei der Herleitung wurde keine Massenvariation zugelassen. Außerdem wird der Geschwindigkeitsanteil (2.200) vernachlässigt.

Die *Lagrange*'schen Bewegungsgleichungen (bisweilen auch *Euler-Lagrange*'schen Bewegungsgleichungen genannt) sind in der Entwicklung der Himmelsmechanik und allgemeiner in der analytischen Mechanik von großer Bedeutung.[188] Dies soll an einem für manche Probleme der Himmelsmechanik besonders wichtigen, aber analytisch übersichtlich einfachen Beispiel erläutert werden:

Beispiel

Es wird die gleichförmige Rotation eines Systems in einer Ebene in Bezug auf ein festes System untersucht.

Bezüglich eines festen (inertialen) $\mathbf{p}_i-$ Systems (mit $\dot{\mathbf{p}}_i \equiv 0$) werde ein mit konstanter Winkelgeschwindigkeit n rotierendes $\mathbf{q}_j-$ System angenommen. Nach einem gewissen Zeitintervall t unterscheiden sich die beiden Systeme um den Winkel $\alpha = n\,t$. Somit haben die beiden Systeme die Beziehungen

$$\begin{aligned}
\mathbf{q}_1 &= \mathbf{p}_1 \cos\alpha + \mathbf{p}_2 \sin\alpha \\
\mathbf{q}_2 &= -\mathbf{p}_1 \sin\alpha + \mathbf{p}_2 \cos\alpha \\
\mathbf{q}_3 &= \mathbf{p}_3 \\
\mathbf{p}_1 &= \mathbf{q}_1 \cos\alpha - \mathbf{q}_2 \sin\alpha \\
\mathbf{p}_2 &= \mathbf{q}_1 \sin\alpha - \mathbf{q}_2 \cos\alpha .
\end{aligned} \tag{2.207}$$

Die Eigenbewegung des $\mathbf{q}_j-$ Systems lautet wegen $\dot{\alpha} = n$

$$\begin{aligned}
\dot{\mathbf{q}}_1 &= n\,\mathbf{q}_2 \\
\dot{\mathbf{q}}_2 &= -n\,\mathbf{q}_1 \\
\dot{\mathbf{q}}_3 &= 0.
\end{aligned} \tag{2.208}$$

Der Eigenbewegungsvektor[189] dieses Systems $\mathbf{D}_q = D_q^j\,\mathbf{q}_j$ kann aus den Beziehungen $\dot{\mathbf{q}}_j = \mathbf{D}_q \times \mathbf{q}_j$ berechnet werden. Mit den Koeffizienten $D_{q1} = D_{q2} = 0,\;\; D_{q3} = n$ wird

[188] Sie lassen sich auch direkt auf krummlinige Systeme erweitern (JOCHIM, E. F. M. [2016 b]: 7.1).

[189] Genau genommen handelt es sich hierbei um den relativen Eigenbewegungsvektor, der auf das $\mathbf{p}_i-$ System bezogen ist. Da dessen Eigenbewegung vernachlässigt wird ($\dot{\mathbf{p}}_i \equiv 0$], ist der relative dem absoluten Eigenbewegungsvektor des $\mathbf{q}_j-$ Systems gleich.

$$\mathbf{D}_q = n\,\mathbf{q}_3 \quad . \tag{2.209}$$

In diesem rotierenden System werde untersucht, wie die relative Bewegung eines Massenpunktes der Masse m mit der Koeffizientendarstellung

$$\mathbf{r} = x^i \mathbf{p}_i = y^j \mathbf{q}_j$$

bei Einfluss von „Störbeschleunigungen" berechnet werden kann. Die kinetische Energie in diesem relativen Zweikörperproblem bei Bezug auf den Koordinatenursprung, in dem die Bezugsmasse angenommen wird, ist (siehe Formel (2.134))

$$T = \frac{1}{2} m \dot{\mathbf{r}}^2 = \frac{1}{2} m \Big(\dot{y}^j \mathbf{q}_j + y^j \dot{\mathbf{q}}_j \Big)^2 = \frac{1}{2} m \big(\dot{y}_1^2 - 2\,n\,\dot{y}_1 y_2 + n^2 y_2^2 + \dot{y}_2^2 + 2n\dot{y}_2 y_1 + n^2 y_1^2 \big) \quad . \tag{2.210}$$

Die partiellen Variationen sind

$$\begin{aligned} \frac{\partial T}{\partial y_1} &= m\left(n\dot{y}_2 + n^2 y_1\right), \frac{\partial T}{\partial y_2} = m\left(-n\dot{y}_1 + n^2 y_2\right), \\ \frac{\partial T}{\partial \dot{y}_1} &= m\left(\dot{y}_1 - n y_2\right), \frac{\partial T}{\partial \dot{y}_2} = m\left(\dot{y}_2 + n y_1\right) \quad . \end{aligned} \tag{2.211}$$

Die potenzielle Energie lautet nach Formel (2.135), wenn die Masse im Ursprung mit m_0 bezeichnet wird

$$U = f_N \frac{m\,(m_0 + m)}{r_{12}} = f_N \frac{m\,(m_0 + m)}{\sqrt{y_1^2 + y_2^2}} \,, \tag{2.212}$$

die zugehörenden partiellen Ableitungen

$$\begin{aligned} \frac{\partial U}{\partial y_1} &= -f_N\, m(m_0 + m) \frac{y_1}{\sqrt{y_1^2 + y_2^2}^{\,3}}, \quad \frac{\partial U}{\partial y_2} = -f_N\, m(m_0 + m) \frac{y_2}{\sqrt{y_1^2 + y_2^2}^{\,3}}, \\ \frac{\partial U}{\partial \dot{y}_1} &= \frac{\partial U}{\partial \dot{y}_2} = 0, \end{aligned} \tag{2.213}$$

Diese Ausdrücke in die *Lagrange*-Gl. (2.201) auf Seite 373 eingesetzt, ergibt die Differentialgleichungen der relativen Bewegung unter Einfluss einer konservativen und einer nicht konservativen Beschleunigung $R_i^{(N*)}$, $(i = 1, 2)$ mit $m_i R_i^{(N*)} := R_i^{(N)} m_i R_i^{(N*)} := R_i^{(N)}$

$$\ddot{y}_1 - 2n\dot{y}_2 = n^2 y_1 - f_N\,(m_0 + m) \frac{y_1}{\sqrt{y_1^2 + y_2^2}^{\,3}} + R_1^{(N*)}$$

$$\ddot{y}_2 + 2n\dot{y}_1 = n^2 y_2 - f_N\,(m_0 + m)\frac{y_2}{\sqrt{y_1^2 + y_2^2}^{\,3}} + R_2^{(N*)} \quad . \tag{2.214}$$

Gelegentlich wird hier die Funktion

$$\Phi := \frac{f_N(m_0 + m)}{\sqrt{y_1^2 + y_2^2}} + \frac{1}{2}n^2\left(y_1^2 + y_2^2\right) \tag{2.215}$$

verwendet. Damit können die Variationsgleichungen (2.214) auch in der Schreibweise

$$\begin{aligned} \ddot{y}_1 - 2n\dot{y}_2 &= \frac{\partial \Phi}{\partial y_1} + R_1^{(N*)} \\ \ddot{y}_2 + 2n\dot{y}_1 &= \frac{\partial \Phi}{\partial y_2} + R_2^{(N*)} \quad . \end{aligned} \tag{2.216}$$

dargestellt werden.

Lagrange beschäftigte sich auch (unabhängig von *Laplace*) mit einem Anfangswertproblem in der Beschreibung der Bewegung der Himmelskörper. Dies führte zu Überlegungen für eine Erstbahnbestimmung aus Anfangswerten. Weiter führten diese Überlegungen zur Einführung der als *Lagrange*-Koeffizienten bezeichneten F- und G-Funktionen. Mit diesen Funktionen können Orts- und Geschwindigkeitsvektor durch Reihenentwicklung in Bezug auf Anfangswerte $\mathbf{r}_A,\ \dot{\mathbf{r}}_A$ dargestellt werden:

$$\begin{aligned} \mathbf{r} &= F\,\mathbf{r}_A + G\,\dot{\mathbf{r}}_A \\ \dot{\mathbf{r}} &= F_t\,\mathbf{r}_A + G_t\,\dot{\mathbf{r}}_A \quad . \end{aligned} \tag{2.217}$$

Die Koeffizienten F, G, F_t, G_t, sind unendliche Reihen in der Zeit $(t - t_A)$ bzw. Funktionen eines Zwischenwinkels in der Bahn. Bei *Lagrange* wird als Zwischenwinkel eine Differenz in der wahren Anomalie $\Delta\upsilon = \upsilon - \upsilon_A$ gewählt.[190]◀

2.8.3 Pierre Simon Laplace

Pierre Simon Laplace (Beaumont-en-Auge 1749 – Paris 1827), der das seinerzeit bedeutendste zusammenfassende Werk über die Himmelsmechanik schrieb (siehe Abb. 2.33), gilt im Gegensatz zu *Lagrange,* der als reiner Mathematiker angesehen wird und als solcher „der Eleganz und Allgemeingültigkeit seiner Methoden den größten Wert beimaß“,[191] als mathematischer Physiker, der die Methoden der Mathematik anwandte, um

[190] Eine geschlossene Form der F- und G-Funktionen hat *K. Stumpff* gefunden (siehe in Abschn. 2.8.27 auf Seite 431, sowie in JOCHIM, E. F. M. [2018], Kap. 13).

[191] So *Poisson,* zitiert nach BELL [1967], p. 182.

Probleme der Physik, hier der Astronomie eingeschlossen, zu lösen. Eine wichtige bis in die jüngste Zeit nachwirkende Arbeit betrifft die Stabilität des Sonnensystems, die *Laplace* glaubte bewiesen zu haben. Allerdings betrifft dies nur das „ideale" Sonnensystem, also ein mathematisches Modell des Sonnensystems, das die komplexe Wirklichkeit nicht vollständig zu beschreiben gestattet. Dies ist vermutlich ohnehin ein unlösbares Problem. Die Störungen in den Bahnelementen hatte *Laplace* als Funktionen der Elemente dargestellt.[192]

Von großem Interesse im Zusammenhang mit der Untersuchung der Bewegung von künstlichen Erdsatelliten ist der Bewegungseinfluss durch das Gravitationsfeld eines anisotropischen Zentralkörpers. *Laplace* hat das Gravitationspotenzial eines rotationssymmetrischen Zentralkörpers aufgestellt (in der Schreibweise nach *Tisserand*[193])

$$U = \frac{\mu}{r}\left[1 + \sum_{\nu=2}^{\infty} \frac{B_\nu\ P_\nu(\sin\delta)}{r^\nu}\right]. \tag{2.218}$$

Hier ist μ die zentrische Gravitationskonstante (*Newton*'sche Gravitationskonstante mal Gesamtmasse des Zentralkörpers), B_ν ein Faktor, der von der Massenverteilung und damit den Trägheitsmomenten im Zentralkörper abhängt, P_ν steht für die *Legendre*'schen Polynome (zonale Kugelfunktionen):

$$\begin{aligned} P_2(x) &= \frac{1}{2}\left(3x^2 - 1\right) \\ P_3(x) &= \frac{1}{2}\,x\left(5x^2 - 3\right) \\ P_4(x) &= \frac{1}{8}\left(35x^4 - 30x^2 + 3\right) \\ P_5(x) &= \frac{1}{8}\,x\left(63x^4 - 70x^2 + 15\right) \\ P_6(x) &= \frac{1}{16}\left(231x^6 - 315x^4 + 105x^2 - 5\right) \\ P_7(x) &= \frac{1}{16}\,x\left(429x^6 - 693x^4 + 315x^2 - 35\right) \\ &\dots \end{aligned} \tag{2.219}$$

Im aktuellen Fall wird

$$x =: \sin\delta \tag{2.220}$$

gesetzt, wenn δ die Deklination („Breite") über dem Zentralkörper bedeutet. Eine Erweiterung auf eine beliebige Massenverteilung wird durch das allgemeine Potenzial beschrieben (hier werden abweichend von der klassischen Formulierung an Stelle der B_ν die vor allem

[192] Siehe in O. VOLK [1957], p. 212.

[193] TISSERAND, F. [1890], Tome II, p. 320.

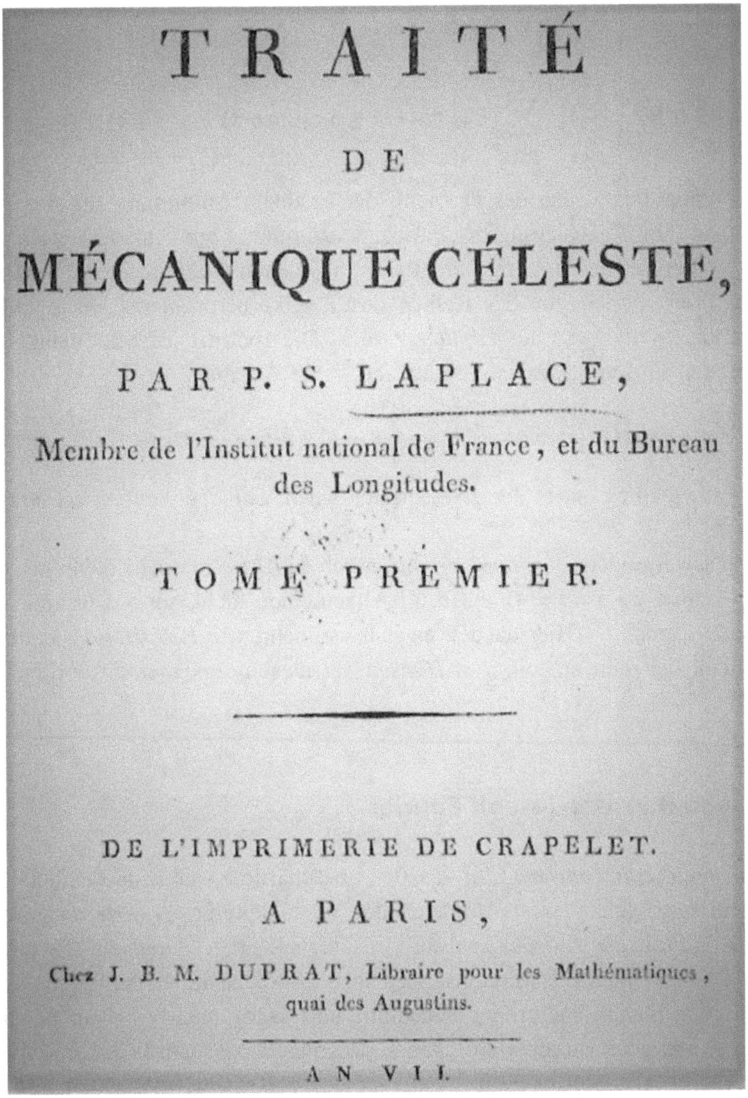

TRAITÉ

DE

MÉCANIQUE CÉLESTE,

PAR P. S. LAPLACE,

Membre de l'Institut national de France, et du Bureau des Longitudes.

TOME PREMIER.

DE L'IMPRIMERIE DE CRAPELET.

A PARIS,

Chez J. B. M. DUPRAT, Libraire pour les Mathématiques, quai des Augustins.

AN VII.

Abb. 2.33 Frontispiz zum ersten Band der *Laplace*'schen Himmelsmechanik,[194] Druck im Revoutionsjahr 7

bei geodätischen Anwendungen verwendeten C_{n0} gesetzt):

$$U = \frac{\mu}{r} +$$

[194] Kopie mit Genehmigung aus dem astronomischem Institut der LMU München.

$$+\ \frac{\mu}{r}\sum_{n=1}^{\infty}\left(\frac{R_E}{r}\right)^n C_{n0}\,P_n(\sin\delta)\ +$$

$$+\ \frac{\mu}{r}\sum_{n=1}^{\infty}\left(\frac{R_E}{r}\right)^n \sum_{m=1}^{n}(C_{nm}\cos m\lambda + S_{nm}\sin m\lambda)\ P_{nm}(\sin\delta) \quad . \tag{2.221}$$

Laplace hatte die Lösung des Problems der Erstbahnbestimmung aus Anfangswerten vorgeschlagen. Die Realisierung der Erstbahnbestimmung aus Anfangswerten war allerdings erst viel später durch *Harzer* und damit lange nach *Gauß* geglückt.[195] Die Bestimmung des Konvergenzradius der Reihen des Zweikörperproblems bei Entwicklungen nach der Exzentrizität geht auf *Laplace* zurück. Dies betrifft die Mittelpunktsgleichung (Reduktion der mittleren Anomalie M auf die wahre Anomalie υ)

$$\upsilon = M + 2e\sin M + \frac{5}{4}e^2\sin 2M + \frac{13}{12}e^3\sin 3M + \frac{103}{96}e^4\sin 4M + \frac{1097}{960}e^5\sin 5M + \dots \ . \tag{2.222}$$

Diese Entwicklung nach der Exzentrizität nach *Laplace* konvergiert nur für $e < 0.662743\ldots$.[196]

Bemerkenswerterweise war *Laplace* vermutlich der Erste mit der Erkenntnis, die Variable ζ im Flächensatz $r^2\,\dot{\zeta} = G$ dürfe im Allgemeinen nicht mit der wahren Anomalie gleichgesetzt werden.[197] Hier handelt es sich vielmehr, wie *P. A. Hansen* entdeckte, um einen Winkel, der sich auf ein von *Hansen* als ideal bezeichnetes Koordinatensystem bezieht.[198]

2.8.4 Jean-Baptiste-Joseph Fourier

Jean-Baptiste-Joseph Fourier (1768–1830)[199] beschäftigte sich hauptsächlich mit Randwertproblemen ausgehend von Aufgaben der Wärmeleitung *(Théorie analytique de la chaleur).* Er führte die *Fourier*-Analyse ein und vollendete damit die Theorie der trigonometrischen Reihen. Sie werden seither nach ihm benannt. Diese Reihen sind in der mathematischen Physik von großer Bedeutung und damit auch bei Untersuchungen von periodischen und auch quasiperiodischen Bewegungen von natürlichen und künstlichen Himmelkörpern. Als *Fourier*-Reihen einer Funktion $f(x)$ einer Variablen x über einem System von Funktionen $\Phi_k(x)$, die orthonormal in einem Intervall (a,b) sind, werden die

195 Siehe in K. STUMPFF [1959], pp. 352.

196 Dagegen konvergiert die Entwicklung dieser Reihe nach der mittleren Anomalie für alle Exzentrizitäten e<1. Weiteres in JOCHIM, E. F. M. [2018]: 10.2.3.

197 YAROV-YAROVOI, M. S. [1961], p. 854. Allerdings hat sich diese Erkenntnis über Jahrhunderte nicht in den meisten Kreisen von Bahnmechanikern herumgesprochen.

198 Siehe in Abschn. 2.8.7 ab Seite 389 sowie Satz H9 in JOCHIM, E. F. M. [2016 b] Abschn. 4.3.16.

199 *Jean-Baptiste-Joseph Fourier* (Auxerre 1768 – Paris 1830); Siehe auch in BELL [1967], pp. 187–206; bei R. H. BATTIN [1987], p. 206.

Reihen

$$f(x) =: \sum_{k=0}^{\infty} c_k\,\Phi_k(x) \tag{2.223}$$

bezeichnet. Die als *Fourier*-Koeffizienten bezeichneten Koeffizienten c_k sind durch die Integrale

$$c_k = \int_a^b f(x)\,\Phi_k(x)\,dx \tag{2.224}$$

bestimmt. Für ihre Anwendungen in der Himmelsmechanik sind die *Fourier*-Reihen im trigonometrischen System wichtig. Für jede Funktion f(x), die im Intervall (0, 2π) integrierbar ist, sind dies Serien der Form

$$f(x) =: \frac{a_0}{2} + \sum_{k=1}^{\infty} (a_k\ \cos kx\ +\ b_k\ \sin kx) \tag{2.225}$$

mit den *Fourier*-Koeffizienten

$$a_k = \frac{1}{\pi}\int_0^{2\pi} f(x)\,\cos kx\,dx\ ,\ (k = 0, 1, 2, \cdots),\ \ b_k = \frac{1}{\pi}\int_0^{2\pi} f(x)\,\sin kx\,dx\,,\ \ (k = 1, 2, \cdots)\ . \tag{2.226}$$

Die Theorie der *Fourier*-Reihen wurde wesentlich weiterentwickelt vor allem durch *F. W. Bessel* und *D. S. Poisson*, Untersuchungen zur Konvergenz der *Fourier*-Reihen erfolgten durch *P. G. L Dirichlet* im Jahre 1829, *R. Lipschitz* um 1864, das *Dini*-Kriterium, durch *H. L. Lebesgue* im Jahr 1905, das *Hardy-Littlewood*-Kriterium (1932) und viele andere.[200]

2.8.5 Carl Friedrich Gauß

Carl Friedrich Gauß (1777–1855)[201] hatte die Bahnbestimmung der Planetenbahnen durch Lösung der Aufgabe als Randwertproblem auf eine solide Basis gestellt (veröffentlicht in seinem Buch *Theoria Motus Corporum Coelestium in sectionibus conicis solem ambientium, auctore Carolo Friderico Gauss* (Hamburg, 1809)).[202] *Gauß* war es

[200] Siehe etwa in *Encyclopaedia of Mathematics* [1991], Volume 7, pp. 74–78.

[201] *Carl Friedrich Gauß* (latinisiert Carolus Fridericus Gauss; * 30. April 1777 in Braunschweig, Fürstentum Braunschweig-Wolfenbüttel; † 23. Februar 1855 in Göttingen, Königreich Hannover); https://de.wikipedia.org/wiki/Carl_Friedrich_Gau%C3%9F

[202] Die ursprünglich deutsch geschriebene Abhandlung wurde von *Gauß* auf Bitten seines Verlegers ins Lateinische übertragen. Eine deutsche Übersetzung erschien erst 1865 (durch Carl Haase,

auch, der in der Störungsrechnung die Begriffe allgemeine Störungsrechnung und spezielle Störungsrechnung einführte. Dabei steht der Begriff *allgemeine Störungsrechnung* für Untersuchungen mit analytischen Hilfsmitteln insbesondere Reihenentwicklungen, um einen allgemeinen Einblick in die Bewegungsmechanismen zu erhalten. Die Störungsfunktion wird hierbei durch explizite Formeln für alle Zeiten dargestellt. Der Begriff *spezielle Störungsrechnung* steht für die numerische sukzessive Berechnung der Störungen mit Lösung der Bewegungsgleichungen durch „mechanische" Quadratur.[203]

Grundlegend für die Berechnung komplizierter Bewegungen wie etwa die der künstlichen Satelliten und Planeten-Orbiter wurde die Erweiterung der *Lagrange*'schen Variationsgleichungen auf beliebige „Störeinflüsse". *Gauß* verwendete Beschleunigungseinflüsse in dem von *Leibniz* eingeführten mitbewegten Koordinatensystem mit den orthonormierten Richtunsgvektoren $(\mathbf{r}_0, \mathbf{q}_0, \mathbf{c}_0)$. Seien $b_{\mathrm{R}2}$ die Beschleunigungskomponente in radialer Richtung (bezogen auf das als intermediäre Bewegung angenommene Zweikörperbewegung), b_{T} in transversaler Richtung und b_{N} in normaler Richtung, kann der Beschleunigungsvektor angesetzt werden in der Form

$$\ddot{\mathbf{r}} = b_R\,\mathbf{r}_0 + b_T\,\mathbf{q}_0 + b_N\,\mathbf{c}_0, \quad b_R := -\frac{\mu}{r^2} + b_{R2} = b_K + b_{R2} \ . \tag{2.227}$$

Die Variationsgleichungen der *Kepler*-Elemente in der *Gauß*'schen Form lauten[204]

$$\begin{aligned}
\dot{a} &= \frac{2}{n\sqrt{1-e^2}}\left(e\,\sin v\; b_{R2} \;+\; \frac{p}{r}\; b_T\right)\\
\dot{e} &= \frac{\sqrt{1-e^2}}{n\,a}\left[\sin v\; b_{R2} \;+\; (\cos u \;+\; \cos v)\; b_T\right]\\
(i)^{\cdot} &= \frac{1}{n\,a\sqrt{1-e^2}}\;\frac{r}{a}\;\cos u\; b_N\\
\dot{\Omega}\;\sin i &= \frac{1}{n\,a\sqrt{1-e^2}}\;\frac{r}{a}\;\sin u\; b_N\\
(\tilde{\omega})^{\cdot} &= \frac{\sqrt{1-e^2}}{n\,a\,e}\left[-\cos v\; b_{R2} \;+\; \left(\frac{r}{p} \;+\; 1\right)\,\sin v\; b_T\right] + 2\,\sin^2\frac{i}{2}\;\dot{\Omega}\\
\dot{L}_0 &= -\frac{2\,r}{n\,a^2}\,b_{R2} + \frac{e^2}{1+\sqrt{1-e^2}}\,(\tilde{\omega})^{\cdot} + 2\sqrt{1-e^2}\;\sin^2\frac{i}{2}\;\dot{\Omega}\ .
\end{aligned} \tag{2.228}$$

erschienen bei Karl Meyer, Hannover). Zuvor waren bereits Übersetzungen ins Englische, Französische und Russische erschienen (O. VOLK [1957], p. 209). Die englische Ausgabe von 1857 wurde 1963 bei Dover Publications als Faksimile-Ausgabe nachgedruckt.

[203] Siehe in O. VOLK [1957], pp. 211–212.

[204] Die Herleitung dieser Gleichungen kann etwa in BROUWER AND CLEMENCE [1961] pp. 300–301 nachgelesen werden.

Hier sind υ die wahre Anomalie, u das Argument der Breite, n die mittlere Bewegung, $\tilde{\omega} = \omega + \Omega$, $L_0 = M_0 + \omega + \Omega$ die mittlere Epochelänge.[205] Mit den „Störbeschleunigungen" gelingt es auch, die zur Zeit von *Lagrange* noch unbekannten nicht gravitativen „Störeinflüsse" zu berücksichtigen. In seiner Originalarbeit verwendete *Gauß*[206] die Beschleunigungsgrößen.

$$b_{\mathrm{R2}} =: \mu T,\ b_{\mathrm{T}} =: \mu V,\ b_{\mathrm{N}} =: \mu W,$$

die er (offenbar in der *Euler*'schen Tradition) als Kräfte bezeichnete. Hier ist $\mu: = f_{\mathrm{N}}\ (m_1 + m_2)$ die Gravitationskonstante des Zweikörperproblems m_1 und m_2. Durch geeignete Wahl der Zeiteinheit kann die *Newton*'sche Gravitationskonstante die Einheit annehmen. In der *Gauß*'schen Notation wird „μ" durch „m" wiedergegeben. Anstelle der Exzentrizität steht in der Originalarbeit von *Gauß* aus rechentechnischen Gründen der Exzentrizitätswinkel φ, definiert durch $e = :\sin\varphi$. Für diesen leitete er entsprechend die Variationsgleichung $\mathrm{d}\varphi/\mathrm{d}t$ her:

$$\dot{\varphi} = n\,a^2 \sin\upsilon\, b_{R2} + \frac{n}{e}\left(\frac{a^3\left(1-e^2\right)}{r} - a\,r\right) b_T \quad . \tag{2.229}$$

Um die Singularität für $e \to 0$ zu vermeiden, berücksichtigte *Gauß* die für die elliptische Bewegung gültige Beziehung mit der exzentrischen Anomalie E

$$\frac{a\left(1-e^2\right)}{r} - \frac{r}{a} = e\left(\cos\upsilon + \cos E\right) \tag{2.230}$$

und erhielt

$$\dot{\varphi} = n\,a^2\left[\sin\upsilon\, b_{R2} + \left(\cos\upsilon + \cos E\right) b_T\right] \quad . \tag{2.231}$$

Als Alternative zur Variationsgleichung der großen Halbachse bekommt er über das dritte *Kepler*'sche Gesetz $n = \sqrt{\mu/a^3}$ die Variationsgleichung für die mittlere Bewegung

$$\dot{n} = -\frac{3}{2}\frac{n}{a}\,\dot{a}, \tag{2.232}$$

somit

$$\dot{n} = -3\left(\frac{e\sin\upsilon}{a\sqrt{1-e^2}}\, b_{R2} + \frac{\sqrt{1-e^2}}{r}\, b_T\right) \quad . \tag{2.233}$$

Der Kegelschnittparameter p hat die Variationsgleichung

---

[205] In BROUWER AND CLEMENCE [1961], p. 282 mit ε bezeichnet.

[206] In: GAUSS [1810/1906], pp. 439–460.

$$\dot{p} = 2\,r\sqrt{\frac{p}{\mu}}\;b_T \quad . \tag{2.234}$$

Besonders aufwendig ist die Variationsgleichung für die mittlere Länge

$$L := M + \omega + \Omega = M + \tilde{\omega} \quad . \tag{2.235}$$

Sie ergibt sich zu

$$\dot{L} = n + (1 - \cos i)\,\dot{\Omega} - \frac{1}{\sqrt{a\,\mu}}\left[2\,r + \frac{2\,a\sqrt{1-e^2}\,\cos\upsilon}{1+\sqrt{1-e^2}}\right] b_{R2} + \frac{1}{\sqrt{a\,\mu}}\,\frac{e\,r\,\sin\upsilon\,(2 + e\,\cos\upsilon)}{\sqrt{1-e^2}\left(1+\sqrt{1-e^2}\right)}\,b_T \quad . \tag{2.236}$$

Von Interesse ist auch, welche Größe *Gauß* als Bahnwinkel verwendet. Es handelt sich um die wahre Länge

$$\ell = \upsilon + \omega + \Omega = \upsilon + \tilde{\omega} \quad . \tag{2.237}$$

Damit ersetzt er die wahre Anomalie $\upsilon = \ell - \tilde{\omega}$ und das Argument der Breite $u = \ell - \Omega$. Diesen wahren Bahnwinkel erhält er aus der skalaren Form des zweiten *Kepler*'schen Gesetzes,[207] indem er annimmt

$$\dot{\ell} \approx \frac{\sqrt{\mu\,p}}{r^2} \quad . \tag{2.238}$$

Das ist deshalb bemerkenswert, da es sich bei diesem Winkel nach Integration

$$\ell \approx \int_{t_0}^{t} \frac{\sqrt{\mu\,p}}{r^2}\,dt \approx \upsilon + \omega + \Omega \tag{2.239}$$

um einen „Knickwinkel“ handelt, der im aufsteigenden Knoten Ω um die Inklination i „geknickt“ wird (Abb. 2.34).

Der im zweiten *Kepler*'schen Gesetz (2.238) $r^2\,\dot{\zeta} = G$ auftretende Bahnwinkel ζ wird nach *Hansen* auf einen Ursprung O in der Bahnebene bezogen.[208] Dieser Ursprung O ist willkürlich, muss aber für einen bestimmten Zeitpunkt („Epoche“) im Gegensatz zur Länge Ω des aufsteigenden Knotens eingefroren werden. Hat er aber den Abstand Ω zum Knoten, entspricht der auf ihn bezogene Bahnwinkel genau der in der klassischen Himmelsmechanik verwendeten wahren Länge. Somit kann die von *Gauß* angewendete Notation nur zu einem gewissen Umstand in die von *Hansen* erkannte Verallgemeinerung eingeordnet werden. Wie wir heute wissen,[209] ist damit das von *Hansen* entdeckte „ideale

---

207 Formel (59) in GAUSS [1810/1906], p. 449. Man beachte, dass *Gauß* die wahre Länge mit dem Buchstaben υ bezeichnet, der in den meisten heutigen bahnmechanischen Arbeiten die wahre Anomalie bezeichnet. Dies hat (vielleicht) in der Folge zu einiger Verwirrung beigetragen.

208 Siehe im nächsten Abschn. 2.8.7.

209 Siehe Satz H10 in JOCHIM, E. F. M. [2016 b]: 4.3.16.

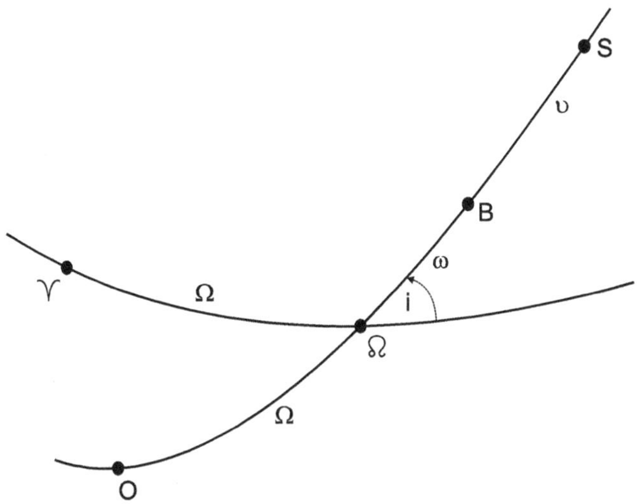

Abb. 2.34 Der Bahnwinkel bei *Gauß* als die wahre Länge $\upsilon + \omega + \Omega$, bezogen auf den Frühlingspunkt a bzw. alternativ auf den Anfangspunkt O eines *Hansen*-Systems (was allerdings nur zu einer bestimmten Epoche erlaubt ist), B – Perizentrum

System" von *Gauß* bereits unbewusst, aber nicht in voller Konsequenz verwendet worden. Die Variationsgleichung der wahren Länge zeigt allerdings, diese von *Gauß* getroffene Annahme ist nur in dem Fall zulässig, in dem keine normalen Beschleunigungen auf einen Bewegungsvorgang einwirken. Die wahre Länge in der Bahn hat mit den obigen Variationsgleichungen die Variation

$$\dot{\ell} = \dot{\upsilon} + \dot{\omega} + \dot{\Omega} = \frac{\sqrt{\mu p}}{r^2} + b_N \frac{r \sin u}{G} \tan \frac{i}{2} \quad . \tag{2.240}$$

2.8.6 Friedrich Wilhelm Bessel

Friedrich Wilhelm Bessel (22. Juli 1784 – 17. März 1846) war Mathematiker und Direktor der Sternwarte in Königsburg (Ostpreußen). Er war der erste Astronom, dem die Beobachtung einer Fixsternparallaxe geglückt war. Mit Hilfe eines Heliometers konnte er im Jahr 1838 die Eigenbewegung von 61 Cygni nachweisen. Durch seine sorgfältigen Beobachtungen der Bahnbewegungen von Kometen gelang ihm die Entdeckung von nicht gravitativen Kräften. Diese können die Bewegung der Himmelskörper entscheidend beeinflussen.[210] Auf deren Existenz hatte *Bessel* aus den Beobachtungen des Kometen von 1744 sowie des *Halley*'schen Kometen geschlossen. Zuvor war die Meinung vertreten

[210] F. W. Bessel [1836].

worden (etwa durch *Encke*), bei den beobachteten Abweichungen, einer Beschleunigung der Umläufe, d. h. einer Abnahme der Umlaufzeit, handle es sich um einen gravitativen Einfluss. Dieser sei nämlich verursacht durch den Widerstand eines Mediums. *Bessel* glaubte einen gewaltigen Ausstoß von Materie aus einem Kometen beobachtet zu haben. Dessen Rückstoß („Rückwirkung“) würde die Bewegung des Kometen nachhaltig beeinflussen. Der seinerzeit noch vermutete Lichtäther jedenfalls durchdringt den Kometen nach *Bessel*s Meinung, ohne einen Widerstand zu verursachen. Vielleicht kann man in den Überlegungen *Bessels* bereits eine gedankliche Vorbereitung der Entdeckung der Raketengleichung durch *Ziolkovsky* erkennen.

Von mathematischem Interesse ist *Bessel*s Lösung der *Kepler*-Gleichung mit Hilfe von *Fourier*-Reihen. Deren Koeffizienten sind unendliche Reihen in der numerischen Exzentrizität.[211] Derartige Reihen hatte schon *Lagrange* verwendet. *Bessel* hatte sich in seiner Arbeit auf *Lagrange* berufen, der auf diese Entwicklungen hingewiesen, sie aber nicht ausgearbeitet hatte. Die Ausarbeitung erfolgte durch *Laplace, Oriani, Schubert* und andere. Da aber vor allem *Bessel* diese Reihen sehr intensiv untersuchte, werden sie heute üblicherweise als bezeichnet:[212]

$$J_n(ne) = \frac{1}{\pi}\int_0^{\pi} \cos[n(\varphi - e\sin\varphi)]\,d\varphi$$

$$J_n(x) = \frac{1}{\pi}\int_0^{\pi} \cos[n\varphi - x\sin\varphi]\,d\varphi = \sum_{k=0}^{\infty}(-1)^k\left(\frac{x}{2}\right)^{n+2k}\frac{1}{k!\,(n+k)!}\ . \qquad (2.241)$$

Anwendungen finden diese Reihen insbesondere in den Reihenentwicklungen des Zweikörperproblems.[213] Als Geodät trug *Bessel* entscheidend zur Verbesserung des Erdmodells bei (*Bessel*-Ellipsoid, 1841) durch Neubestimmung des mittleren Äquatorradius und der Abplattung der Erde.

2.8.7 Peter Andreas Hansen

Nach *Gauss* war es vor allem *Hansen,* der die Methoden der Himmelsmechanik mit raffinierten Methoden für Vorhersagen und Anwendungen weiterführte und ausarbeitete. Die Bedeutung manche seiner theoretischen Einfälle wurden erst in letzter Zeit erkannt und ausgearbeitet.

---

[211] F. W. BESSEL [1818].

[212] R. H. BATTIN [1987], pp. 191–192; ausführliche Herleitung der Eigenschaften der *Bessel*-Funktionen in K. STUMPFF [1959], p. 296 ff.

[213] Mathematische Formulierung siehe in JOCHIM, E. F. M. [2018], Kap.10.

2.8.7.1 Historische Einordnung

Peter Andreas Hansen (Tondern in Schleswig 1795 – Gotha 1874) war Direktor der Seeberg Sternwarte in Gotha. Er wird als einer der bedeutendsten Astronomen und Himmelsmechaniker des 19. Jahrhunderts angesehen. *Hansen* war einer der wichtigsten Vertreter der deutschen Schule der Himmelsmechanik nach *Euler, Gauß* und *Jacobi,* neben Letzterem er gleichbedeutend genannt wurde, in Alternative zur französischen Schule nach *Lagrange, Laplace, Poisson,* gleichzeitig zu *Delaunay* und danach *Tisserand* und *Poincaré.*[214] Engen Kontakt und Austausch hielt er mit den größten Vertretern der angewandten Himmelsmechanik seiner Zeit *Bessel, Gauß, Encke, Olbers, W. Struve.*[215]

R. H. Battin schrieb in seiner *„An Introduction to the Mathematics and Methods of Astrodynamics"*[216]: *„Peter Andreas Hansen (1795–1874) was the leading German theoretical astronomer of the mid-nineteenth century. In 1825 he was invited to succeed Johann Franz Encke as the director of the private observatory of the Duke of Mecklenburg at Seeberg, near Gotha. From there until the end of his life, Hansen's contributions to astronomy and celestial mechanics were so numerous and enriched so many branches of those fields that he was considered among the foremost astronomers of his time."*

Hansen baute die *Gauß*'sche Erstbahnbestimmung der Kleinen Planeten aus.[217] Er beschäftigte sich intensiv mit den Störungen bei der Berechnung der Bahnen der Kleinen Planeten.[218] Bereits in seiner ersten Veröffentlichung im Jahre 1829 hatte er den Grundstein für seine Methoden gelegt. Zeit seines Lebens wandte er diese Methoden auf die Beschreibung der Bewegung des Mondes, der Kleinen Planeten und Kometen an.[219] Die von ihm geschaffene Methode der Lösung der Bewegungsgleichungen der gestörten Bewegung gilt als eine der effektivsten Methoden.[220]

---

[214] Siehe etwa in: MÜLLER, FRANZ J: [1918]: *Studien zur Geschichte der theoretischen Geodäsie,* Augsburg, pp. VIII + 203 (cit. nach: DE VORKIN, D. H. [1982]. no. 897).

[215] Siehe in: BRUHNS, C. [1869]: *Johann Franz Encke,* Leipzig, E.J. Gunther, pp VIII + 350 (cit. nach: DE VORKIN, D. H. [1982]. no. 1255).

[216] R. H. BATTIN [1987], p. 320.

[217] P. A. HANSEN: *Über die Bestimmung der Bahn eines Himmelskörpers aus drei Beobachtungen,* Ostwalds Klassiker, Nr. 141.

[218] P. A. HANSEN: *Auseinandersetzung einer zweckmäßigen Methode zur Berechnung der absoluten Störungen der Kleinen Planeten,* Mémoires de la Société Royale de Saxe, tome V, VI, VII (cit. nach: K. Stumpff [1974], p. 163 und Tisserand [1896], Tome IV, p. 325); auch in: Abh. Vol. V, pp. 1–148 (cit. nach E. W. Brown [1896/1960], p. 161).

P. A. HANSEN [1843]: *Ermittlung der absoluten Störungen in Ellipsen von beliebiger Excentricität und Neigung, erster Theil,* Gotha (cit. nach: Tisserand [1896], Tome IV, p. 375).

[219] P. A. HANSEN [1829]: *Disquisitiones circa Theoriam Perturbationum quae Motum Corporum Coelestium afficiunt,* Astronomische Nachrichten, No. 166–168 (cit. nach: Tisserand [1896], Tome IV, p. 375).

[220] So etwa in BROUWER, D. and CLEMENCE, G. M. [1961], p. 416.

Zu *Hansens* wichtigsten Beiträgen zur angewandten Himmelsmechanik gehört seine Mondtheorie.[221] Dazu veröffentlichte er seine Mondtafeln.[222] Sie waren von 1862 bis 1922 in Gebrauch,[223] ab 1883 mit Korrekturen durch *S. Newcomb.*[224] Durch sie erreichte *Hansen* die größte Nachwirkung. In einer Art Zusammenschau würdigte *E. W. Brown* 1920 in seiner zusammenfassenden Arbeit *The Problem of the Moon's Motion*[225] *Hansen* als den einzigen Himmelsmechaniker, der in seinen Arbeiten über die Mondtheorie *„to have accomplished the whole of it with any degree of completeness"*.

In seiner *Histoire générale de la navigation du XVe au XXe siècle* gab *F. Marguet* [1931] einen allgemeinen technischen Überblick der Geschichte der Navigationskunst.[226] Er beschreibt darin die verschiedenen astronomischen Techniken und Tafeln, entwickelt nach *Tobias Mayer „culminating in refinements by* P. A. Hansen". *F. Tisserand* widmete in seiner monumentalen *Mécanique Céleste* an verschiedenen Stellen den Arbeiten von *Hansen* breiten Raum.[227]

K. Stumpff[228] nannte *Hansen* einen der bedeutendsten Theoretiker, der mit seinen zum Teil ungewöhnlichen Methoden die Himmelsmechanik auf vielen Gebieten bereicherte. *O. Dziobek*[229] etwa schrieb in seinem Buch *Theorien der Planetenbewegung: „Hansen, welcher überhaupt gern ihm eigenthümliche Wege eingeschlagen hat ..."*

Der Beginn der Weltraumfahrt stellte eine neue Herausforderung an die Himmelsmechanik mit ihrer Erweiterung zur Astrodynamik dar. Sie beschäftigte sich mit vielen neuen Problemen wie einer jetzt nahezu unübersehbaren Schar möglicher Bahnen der Bewegungen künstlicher Himmelskörper. Für die numerische Lösung des Satellitenproblems wurden die *Hansen*'schen Arbeiten zu den speziellen Störungen von *P. Herget* und *P. Musen* herangezogen. Diese Lösungen enthalten nämlich keine Singularitäten und

---

[221] P. A. HANSEN [1838]: *Fundamenta Nova Investigationes Orbitae verae quam Luna perlustrat,* Gotha 1838; (cit. nach: E. W. BROWN [1896/1960], p. 36).

P. A. HANSEN [1862–64]: *Darlegung der in den Mondtafeln angewandten Störungen,* Abhandlungen der K. Sächsischen Gesellschaft der Wissenschaften, Vol. VI, pp. 91–498, Vol. VII, pp. 1–399 (cit. nach: E. W. BROWN [1896/1960], p. 160).

P. A. HANSEN [1838]: *Note sur la théorie des perturbations planétaires,* Astron. Nachr., Vol. XV, Cols. 201–216, (cit. nach: E. W. BROWN [1896/1960], p. 161).

P. A. HANSEN [1838]: *Bemerkungen über die Behandlung der Theorie des Störungen des Mondes,* Astron. Nachr., Vol. XIX, Cols. 33–92, (cit. nach: E. W. BROWN [1896/1960], p. 161).

[222] Siehe P. A. HANSEN [1864].

[223] D. A. VALLADO [2001], p. 565.

[224] Siehe etwa in G. A. CHEBOTAREV [1967], p. 220.

[225] E. W. BROWN [1920]: *The Problem of the Moon's Motion*, Publications of the Astronomical Society of the Pacific, **32,** 93–104 (cit. nach: DE VORKIN, D. H. [1982]. no. 750).

[226] Cit. nach: DE VORKIN, D. H. [1982]. no. 792.

[227] F. TISSERAND [1889–1896], Tome I, ch. XV, pp. 249–261 and ch. XXIX, pp. 461–474; Tome III, ch. XVII, pp. 299–369; Tome IV, ch. XX, XXI, XXII, pp. 323–375.

[228] K. STUMPFF [1974], p. 163 und p. 185.

[229] O. DZIOBEK [1888]: p. 294.

können daher zu großer Genauigkeit getrieben werden. *Musen* hat in zahlreichen Arbeiten die *Hansen*'schen Theorien zur Mondbewegung und den speziellen Störungen an das Satellitenproblem angepasst. Dadurch regte er in der Folge viele weitere Arbeiten zur Verwendung der *Hansen*'schen Theorien an.[230] Aus neuerer Zeit kann etwa auf Arbeiten von *M. Palacios*[231] et al. hingewiesen werden. Bei ihnen geht es um eine Integration in rechtwinkligen Koordinaten mit hochgenauen numerischen Verfahren. Sie können u. a. durch unmittelbaren Rückgriff auf die *Hansen*'schen „idealen Koordinaten" entwickelt werden. Diese letzteren Arbeiten sind sicherlich auf Anregung von *A. Deprit* durchgeführt worden.

Mit den vorstehenden Hinweisen wird umrissen, dass *Hansen*s Nachwirkung vor allem im Zusammenhang mit der Anwendung und numerischen Raffinesse seiner Methoden auf die Planeten- und Mondbahnberechnung zu sehen ist, und damit auch auf Anwendungen in der Astrodynamik. Die Möglichkeit, eine allgemeine theoretische Grundlegung der Himmelsmechanik aus den Arbeiten *Hansen*s herauszukristallisieren, hat bislang nicht die verdiente und nötige Würdigung und Weiterentwicklung erfahren.[232] Dies betrifft in erster Linie den Begriff der *„idealen Koordinaten"*. Diese können jedoch als ein fester und notwendiger Bestandteil der Grundlagen der Himmelsmechanik und damit allgemeiner der Astrodynamik angesehen werden. Auf den Nachweis der Bedeutung dieser idealen Koordinaten und welche Konsequenzen sich aus diesem Sachverhalt ergeben, soll in der vorliegenden Arbeit besonders hingewiesen werden.

2.8.7.2 Die *Hansen*-Bedingung idealer Systeme

Der Begriff „ideale Koordinaten" ist sicherlich nicht ideal, stellt er doch eine für viele lästig erscheinende Herausforderung dar: Warum sollen diese Koordinaten „ideal" sein, was doch irgendwelche anderen Systeme auch sein könnten? Was zeichnet diese „idealen Koordinaten" denn besonders aus? Es gilt also zu untersuchen, ob die von *Hansen* sogenannten „idealen Koordinaten" wirklich etwas Besonderes sind. Können sie tatsächlich durch den Begriff „ideal" ausgezeichnet werden? Oder ist dieser Begriff eben nur ein kennzeichnender Begriff für eine bestimmte Art von Koordinaten? Im letzteren Sinne jedenfalls wurde dieser Begriff in der Folgezeit bis ins 21. Jahrhundert in zahlreichen Arbeiten verwendet.

Durch die Entdeckung der „idealen Koordinaten" hat *Hansen* (wohl unbewusst) eine Alternative bzw. Ergänzung zum Rechnen mit kanonischen Variablen in die theoretische Mechanik eingeführt. Allerdings sind die Arbeiten von *Hansen* in der Folgezeit wegen der numerischen Erfolge seiner Störungsrechnung weitergeführt worden. Die theoretische Entwicklung der Himmelsmechanik und insbesondere der analytischen Störungsrechnung war jedoch zunächst vom Ausbau der Theorie der kanonischen Variablen geprägt worden.

---

230 P. Musen [1958], P. Herget and P. Musen [1958], P. Musen [1959], P. Musen [1961], H. T. Phelan [1962], D. Fisher [1963], W. M. Kaula [1962], W. M. Kaula [1966], N. X. Vinh [1969], Hughes, S. [1981], Giacaglia, G. E. O. [1987]; u. v. a.

231 M. Palacios and C. Calvo [1996], M. Palacios [2000].

232 Über 150 Jahre, siehe die Anmerkung durch Michael Efroimsky [2011].

> *„Ideale Koordinaten eines Planeten, oder Kometen, oder Satelliten nenne ich alle Coordinaten desselben, die die Eigenschaft besitzen, dass nicht nur sie selbst, sondern auch ihre ersten Differentiale in Bezug auf die Zeit in der gestörten Bewegung dieselbe Form haben wie in der ungestörten"*

Abb. 2.35 Die *Hansen*'sche Definition der „idealen Koordinaten"[233]

Hansen führte die von ihm sogenannten „idealen Koordinaten" ein als ein geschicktes Hilfsmittel, um die Störungsgleichungen für die Kleinen Planeten, Kometen und vor allem für den Mond in den Griff zu bekommen. In seiner allgemein als „Darlegung" zitierten Arbeit von 1857 gibt er die in Abb. 2.35 wiedergegebene Definition.

Im Folgenden wird der Inhalt des Begriffes *Hansen*-ideales System mathematisch untersucht. Das System habe die orthonormierten Basisvektoren $\mathbf{q}_j^{(I)}$ (j = 1,2,3). Ohne Beschränkung der Allgemeinheit kann angenommen werden, die Bahnebene werde durch die beiden ersten Richtungsvektoren $\mathbf{q}_1^{(I)}, \mathbf{q}_2^{(I)}$ starr aufgespannt. Ein Ortsvektor habe die kartesischen Koordinaten y^j (j = 1,2,3). Orts- und Geschwindigkeitsvektor lauten

$$\mathbf{r} = y^j \mathbf{q}_j^{(I)}, \quad \dot{\mathbf{r}} = \dot{y}^j \mathbf{q}_j^{(I)} + y^j \dot{\mathbf{q}}_j^{(I)} \quad . \tag{2.242}$$

Der Richtungsvektor $\mathbf{q}_1^{(I)}$ weist zum Anfangspunkt O (von *A. Cayley* als *Departure Point* bezeichnet[234]). Wird diese Anfangsrichtung einmal ausgewählt, muss sie für den gesamten Rechenprozess festgehalten werden.

Ein Fundamentalsystem (etwa das mittlere Äquatorsystem J2000.0) werde ohne Eigenbewegung definiert: $\dot{\mathbf{p}}_{i,\text{Fundamenatl}} \equiv 0 \; [i = 1, 2, 3]$. Ein *Hansen*-ideales System werde im Allgemeinen nicht als ein Fundamentalsystem angenommen, die Variationen der Basisvektoren verschwinden nicht. *Hansen*-ideal bedeutet dann nach der Definition in Abb. 2.35 die Identität der ungestörten und der gestörten Darstellung, daher notwendig das Verschwinden.

$$y^j \, \dot{\mathbf{q}}_j^{(I)} \equiv 0 \Leftrightarrow \mathbf{q}_j^{(I)} - \text{System } Hansen - \text{ideal, wobei } \dot{\mathbf{q}}_j^{(I)} \neq 0 \quad . \tag{2.243}$$

In einem $(\mathbf{r}_0, \mathbf{q}_0, \mathbf{c}_0)-$ *Leibniz*-System[235] haben Ortsvektor, Geschwindigkeitsvektor und Normalenvektor die Darstellung (verallgemeinert nach den Formeln (2.85)) im Rahmen der speziellen *Kepler*-Bewegung

$$\mathbf{r} = r\,\mathbf{r}_0, \; \dot{\mathbf{r}} = \dot{r}\,\mathbf{r}_0 + r\dot{\zeta}\,\mathbf{q}_0 \;, \; \dot{\zeta} := |\dot{\mathbf{r}}_0| \;, \; \mathbf{c} = \mathbf{r} \times \dot{\mathbf{r}} = G\,\mathbf{c}_0 = r^2\,\dot{\zeta} \; = \mathbf{c}_0 \quad . \tag{2.244}$$

[233] Zitiert aus Hansen, P. A. [1857], p. 66.

[234] A. Cayley [1857].

[235] Abschn. 2.5 auf Seite 337, Abschn. 2.6.2 auf Seite 344.

Der Flächenparameter werde durch das Symbol G gekennzeichnet.[236] Als vektoriellen und als skalaren Flächensatz bezeichnen wir die Darstellungen

$$\mathbf{r} \times \dot{\mathbf{r}} = \mathbf{c} = G\,\mathbf{c}_0\,, \qquad r^2\,\dot{\zeta} = G \quad . \tag{2.245}$$

Es soll nun untersucht werden, ob ein vorgegebenes Koordinatensystem ein ideales System ist. Dazu werde ein beliebiges $(\mathbf{q}_1, \mathbf{q}_2, \mathbf{q}_3)$– Koordinatensystem eingeführt. Seine Basisvektoren $(\mathbf{q}_1, \mathbf{q}_2)$ sollen in der Bahnebene liegen. Der Ortsvektor habe die Polarkoordinaten (r, ψ):

$$\mathbf{r} = r\,(\mathbf{q}_1\, \cos\psi + \mathbf{q}_2\, \sin\psi) \quad . \tag{2.246}$$

Der entsprechende Geschwindigkeitsvektor lautet

$$\begin{aligned} \dot{\mathbf{r}} &= \dot{r}\,(\mathbf{q}_1\, \cos\psi + \mathbf{q}_2\, \sin\psi) \;+ r\,\dot{\psi}\,(-\mathbf{q}_1\, \sin\psi + \mathbf{q}_2\, \cos\psi) \;+ r\,(\dot{\mathbf{q}}_1\, \cos\psi + \dot{\mathbf{q}}_2\, \sin\psi) \\ &= \dot{r}\,\mathbf{r}_0 \;+ r\,\dot{\psi}\,\mathbf{q}_0 + r\,(\dot{\mathbf{q}}_1\, \cos\psi + \dot{\mathbf{q}}_2\, \sin\psi). \end{aligned} \tag{2.247}$$

Dieses System ist wegen Bedingung (2.243) dann und nur dann ideal, wenn die Bedingungen

$$\psi = \zeta\,, \quad \dot{\psi} = \dot{\zeta}\,, \quad \dot{\mathbf{q}}_1\, \cos\psi + \dot{\mathbf{q}}_2\, \sin\psi = 0, \quad \mathbf{q}_j = \mathbf{q}_j^{(I)} \tag{2.248}$$

erfüllt sind. Dies führt zu einer zentralen Aussage über die *Hansen*-idealen Systeme:

- *Der Faktor $\dot{\zeta}$ des skalaren Flächensatzes kann* ***notwendig*** *als Variation des Bahnwinkels ζ einem* Hansen-*idealen System zugewiesen werden:*

$$\zeta = \zeta_0 + \int\limits_{t_0}^{t} \frac{G}{r^2} dt \quad . \tag{2.249}$$

Wir bezeichnen den Winkel ζ als *Hansen*'schen Bahnwinkel (genauer als ersten *Hansen*'schen Bahnwinkel). Wird ζ als unabhängiger Bahnwinkel vorgegeben, kann über den Flächensatz $r^2\dot{\zeta} = G$ der Bezug zur Zeit hergestellt werden:

$$t = t_0 + \int\limits_{\zeta_0}^{\zeta} \frac{r^2}{G} d\zeta \quad . \tag{2.250}$$

Die Verknüpfung des mitbewegten $(\mathbf{r}_0, \mathbf{q}_0, \mathbf{c}_0)$– *Leibniz*-Systems mit dem bewegungsbezogenen $\left(\mathbf{q}_1^{(I)}, \mathbf{q}_3^{(I)}, \mathbf{q}_3^{(I)}\right)$– *Hansen*-System geschieht unter Verwendung des *Hansen*'schen Bahnwinkels ζ mit den Transformationsformeln

---

[236] Bezeichnung nach C. DELAUNAY.

$$\begin{aligned} \mathbf{q}_1^{(I)} &= \mathbf{r}_0 \cos\zeta + \mathbf{q}_0 \sin\zeta \quad & \mathbf{r}_0 &= \ \ \mathbf{q}_1^{(I)} \cos\zeta + \mathbf{q}_2^{(I)} \sin\zeta \\ \mathbf{q}_2^{(I)} &= \mathbf{r}_0 \sin\zeta - \mathbf{q}_0 \cos\zeta \quad & \mathbf{q}_0 &= -\mathbf{q}_1^{(I)} \sin\zeta + \mathbf{q}_2^{(I)} \cos\zeta \\ \mathbf{q}_3^{(I)} &= \mathbf{c}_0 = \mathbf{r}_0 \times \mathbf{q}_0 \quad & \mathbf{c}_0 &= \mathbf{q}_3^{(I)} \ . \end{aligned} \tag{2.251}$$

Die *Hansen*-Bedingung lautet dann wegen Bedingung (2.243) in einem $\left(\mathbf{q}_1^{(I)}, \mathbf{q}_3^{(I)}, \mathbf{q}_3^{(I)}\right)-$ *Hansen*-System

$$\dot{\mathbf{q}}_1^{(I)} \cos\zeta + \dot{\mathbf{q}}_2^{(I)} \sin\zeta = 0 \ . \tag{2.252}$$

Die allgemeine Darstellung des Geschwindigkeitsvektors (2.244) in einem beliebigen $(\mathbf{q}_1, \mathbf{q}_2, \mathbf{q}_3)-$ Bahnsystem stellt die Zerlegung in einen Anteil der Bewegung des betrachteten Himmels- (Raumflug-)körpers („Mobil") dar

$$\dot{x}^j\, \mathbf{q}_j = \frac{\partial \mathbf{r}}{\partial t} =: \dot{\mathbf{r}}_q \tag{2.253}$$

und den Anteil der Eigenbewegung des $\mathbf{q}_j-$ Basissystems dar. Hier ist es üblich, den nach *G. Darboux* benannten Vektor $\mathbf{D}_q$ einzuführen.[237] Er kann auch Vektor eines Basissystems als Eigenbewegungsvektor des $\mathbf{q}_j-$ Systems benannt werden.[238] Seine Eigenschaft ist

$$\dot{\mathbf{q}}_j =: \mathbf{D}_q \times \mathbf{q}_j \qquad \langle j = 1, 2, 3 \ . \tag{2.254}$$

Dies führt auf die bekannte Darstellung eines Geschwindigkeitsvektors

$$\dot{\mathbf{r}} = \dot{\mathbf{r}}_q + \mathbf{D}_q \times \mathbf{r} \ . \tag{2.255}$$

Im Falle eines *Hansen*-idealen Systems folgt wegen Bedingung (2.243) notwendig und hinreichend die alternative *Hansen*-Bedingung mit dem Eigenbewegungsvektor $\mathbf{D}_{q^{(I)}}$ des *Hansen*-idealen Systems.

$$\dot{\mathbf{r}} = \dot{\mathbf{r}}_{q^{(I)}} = \dot{y}^j \mathbf{q}_j^{(I)} \Leftrightarrow \mathbf{D}_{q^{(I)}} \times \mathbf{r} = 0, \quad \mathbf{D}_{q^{(I)}} \neq 0 \Leftrightarrow \mathbf{q}_j^{(I)} - \text{System } \mathit{Hansen} - \text{ideal} \tag{2.256}$$

Als interessante Folgerung erkennen wir die wichtige Eigenschaft von *Hansen*-idealen Systemen:

- *Der Eigenbewegungsvektor* $\mathbf{D}_{q^{(I)}}$ *eines* Hansen-*idealen Systems ist notwendig und hinreichend in die radiale Richtung der Bewegung des bewegten Objektes ausgerichtet.*

Dieser Satz war von *Hansen* selbst gefunden worden, siehe Abb. 2.36.

[237] Abschn. 2.8.15 auf Seite 419.

[238] Eine Verwechslung mit der in der Astrometrie bekannten Eigenbewegung von Sternen sollte ausgeschlossen sein.

> *„In jedem auf bewegliche Achsen bezogenen idealen Coordinatensystem fällt die instantane Drehungsachse stets mit dem Radius Vector des Planeten, oder Kometen, oder Satelliten zusammen."*

Abb. 2.36 Der erste Satz von *Hansen* über fundamentale Eigenschaften der „idealen Koordinaten"[239]

Ausgehend von diesem Satz ist es möglich, durch Verwendung der „idealen Koordinaten" eine weitgehende Entkopplung der Bewegungsgleichungen nach Einflüssen in der Bahnebene und senkrecht zur Bahnebene zu erreichen. Dies ist einer der wesentlichen Grundzüge der *Hansen*'schen Störungsrechnung.

Hansen hat als Erster klar erkannt, die wahre Anomalie υ kann nicht als Länge in der Bahn verwendet werden, wenn sie aus dem skalaren Flächensatz berechnet werden soll. Dies bemerkte etwa *M. S. Yarov-Yarovoi* in seiner 1961 in englischer Übersetzung erschienenen Arbeit. Nach seiner Kenntnis hatte bereits *P. S. Laplace,* also vor *Hansen,* auf diese Problematik aufmerksam gemacht.[240]

In den Mondtheorien seit *Clairaut* und *d'Alembert,* dann auch *Laplace* und *Damoiseau* wurde als (unabhängiger) Bahnwinkel die wahre Länge in der Bahn[241] $l = \upsilon + \omega + \Omega$ als unabhängige Variable an Stelle der Zeit verwendet.[242] *Gyldén* benutzte die wahre Anomalie υ, *Hansen* selbst die exzentrische Anomalie E als unabhängige Variable, jedoch nicht den seinen „idealen Koordinaten" entsprechenden allgemeinen Bahnwinkel ζ.

Hansen erweiterte selbst den Begriff der „idealen Parameter" auf alle himmelsmechanischen Größen, *die im „gestörten" wie im „ungestörten" Fall dieselbe Darstellung haben.* Durch diese Verallgemeinerung scheint allerdings die präzise mathematische Begriffsbildung, nämlich dass das mit dem allgemeinen Bahnwinkel verknüpfte System **notwendig** „ideal" ist, verwässert worden zu sein. Jedenfalls scheint in der Originalarbeit von *Hansen* dieser Bezug auf die **Notwendigkeit** des „idealen" Systems nicht zu finden zu sein.

„*Hansen*-ideale Systeme" als solche wurden bis zum heutigen Tag wiederholt herangezogen, um Probleme der Astrodynamik zu untersuchen. Zum Beispiel beschäftigte sich *A. Deprit*[243] im Rahmen von „idealen Systemen" in einigen Arbeiten mit der Transformation mit Hilfe von *Euler*-Parametern, die den drei *Euler*-Winkeln bei einer räumlichen Drehung entsprechen. Dadurch konnte er die idealen Koordinaten in eine *Hamilton*-Form überführen. Auf diese Weise erreichte er eine Verknüpfung der *Hansen*-idealen Koordinaten mit

[239] Zitiert aus HANSEN, P. A. [1857], p. 67.

[240] Bei YAROV-YAROVOI [1961] p. 854, auch der Hinweis auf: P. S. LAPLACE [1799], *Traité de mécanique céleste.*

[241] Das ist der Knickwinkel zusammengesetzt aus dem Argument der Breite längs der oskulierenden Bahn des Himmelskörpers und der Rektaszension des aufsteigenden Knotens in der Äquatorebene bzw. ekliptikale Länge längs der Ekliptik.

[242] Siehe etwa bei F. TISSERAND [1896], tome IV, p. 376.

[243] A. DEPRIT [1975], [1976].

kanonischen Systemen. Weiter schlug er im Rahmen der gestörten *Kepler*-Bewegung die Verwendung „idealer Bahnelemente“ vor.

V. Brumberg[244] wandte die *Euler*-Parameter zur Herleitung der Bewegungsgleichungen der gestörten Bewegung in *Hansen*-idealen Koordinaten an. Dies ist eine Anwendung der *Euler'*schen Identität, was unter bestimmten Umständen auf die Einführung von Quaternionen hinauslaufen kann.[245] Die erhaltenen Formeln entsprechen denen, die *Deprit*[246] mit den *Hansen*-Koordinaten erhalten hat. *V. Brumberg* verwendet in diesem Zusammenhang auch den Begriff „*Hansen*-Koordinaten“ anstelle des Begriffes „ideale Koordinaten“. Dieser Begriff soll auch in der vorliegenden Arbeit vorzugsweise neben den Begriffen „*Hansen*-System“ oder „*Hansen*-ideales System“ verwendet werden.

Nach Abb. 2.37 (auf Seite 391) kann der *Hansen'*sche Bahnwinkel durch den Winkel

$$\zeta = \sigma + u = \sigma + \upsilon + \omega \tag{2.257}$$

beschrieben werden. Die Distanz σ zwischen dem Anfangspunkt O des *Hansen*-Systems und dem aufsteigenden Knoten Ω ist durch die Differentialgleichung

$$\dot{\sigma} = \Omega \cos i + u \tag{2.258}$$

definiert. Damit hat die Variation des *Hansen'*schen Bahnwinkels die Darstellung

$$\dot{\zeta} = \dot{\sigma} + \dot{u} = \dot{\upsilon} + \dot{\omega} + \dot{\Omega} \cos i \quad . \tag{2.259}$$

Neben dem *Hansen'*schen Bahnwinkel ζ werden in verschiedenen Bahntheorien auch andere Bahnwinkel verwendet. Sie ersetzen die Zeit als unabhängige Parameter. Die Relationen dieser Bahnwinkel zur Zeit werden durch differentielle Beziehungen hergestellt. Ein Übersicht ist in Tab. 2.1 zusammengestellt.

2.8.7.3 Die *Frenet'*schen Formeln der Astrodynamik

Der Beschleunigungsvektor kann nach *Gauß* in einem *Leibniz*-System in der Form

$$\ddot{\mathbf{r}} = b_N \, \mathbf{r}_0 + b_T \, \mathbf{q}_0 + b_N \, \mathbf{c}_0 \tag{2.260}$$

angesetzt werden.[247] Die einzelnen Beschleunigungen haben die Zusammenhänge[248] bei „Störbeschleunigungen“ in radialer b_R, transversaler b_T und normaler Richtung b_N

---

[244] V. BRUMBERG [1995], pp. 69–74.

[245] Dies wird zum Beispiel auch in den Arbeiten von M. PALACIOS and C. CALVO [1996] und M. PALACIOS [1996] im Zusammenhang mit einer Regularisierung für hochgenaue numerische Integrationen angewendet.

[246] A. DEPRIT [1976].

[247] Siehe in Formel, Abschn. 2.8.5 auf Seite 385.

[248] Die detaillierte Herleitung und Würdigung kann in E. F. M. JOCHIM [2016-b] Abschn. 4.4, insbesondere Abschn. 4.4.2 nachgelesen werden.

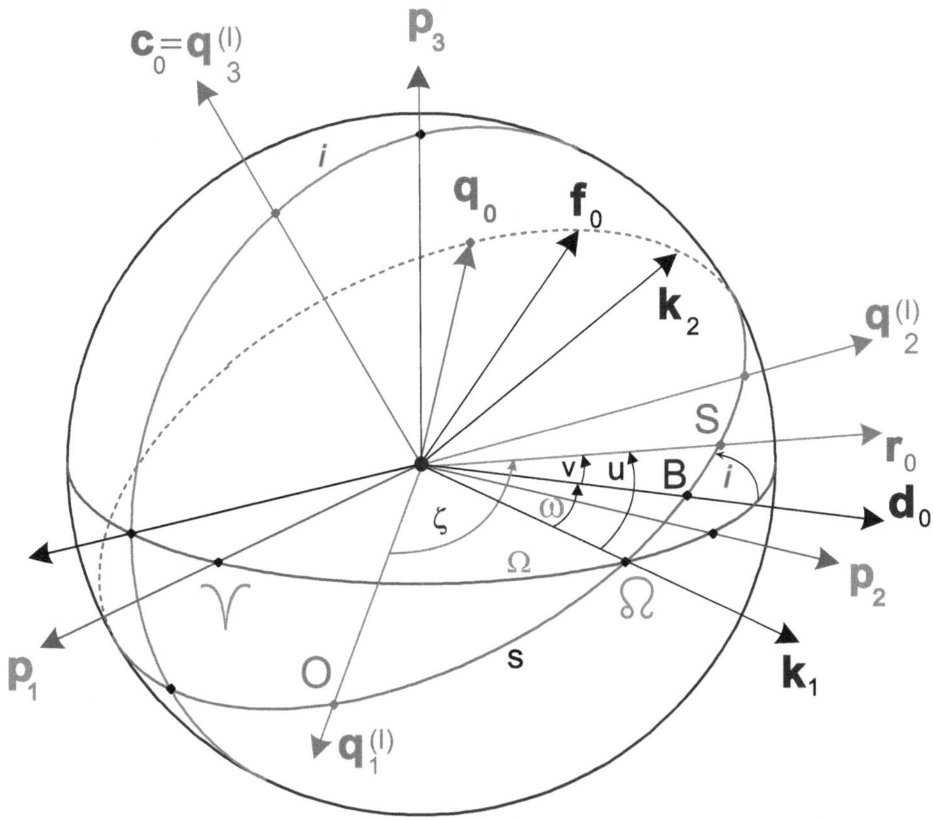

Abb. 2.37 Zur Definition des „idealen Koordinatensystems". $\mathbf{p}_1$, $\mathbf{p}_2$, $\mathbf{p}_3$– bewegungsunabhängiges Fundamentalsystem, $\mathbf{q}_1^{(I)}$, $\mathbf{q}_2^{(I)}$, $\mathbf{q}_3^{(I)}$– bewegungsbezogenes Koordinatensystem, $\mathbf{k}_1$, $\mathbf{k}_2$, $\mathbf{c}_0$– knotenbezogenes Koordinatensystem, $\mathbf{d}_0$, $\mathbf{f}_0$, $\mathbf{c}_0$– apsidenbezogenes Koordinatensystem, ☾ – Frühlingspunkt, O – Bezugspunkt des bewegungsbezogenen Systems (departure point), Ω – aufsteigender Knoten, B – Perizentrum (Perihel, Perigäum), Ω – Rektaszension (Länge) des aufsteigenden Knotens, i – Inklination, σ – Länge in der Bahn des aufsteigenden Knotens, ζ – Bahnwinkel, ω – Argument des Perizentrums, υ – wahre Anomalie, S – Ort des Planeten (Satelliten)

$$b_R = \ddot{r} - r\,\dot{\zeta}^2 = \ddot{r} - \frac{G^2}{r^3}, \quad b_T = 2\,\dot{r}\,\dot{\zeta} + r\,\ddot{\zeta} = \frac{\dot{G}}{r}, \quad b_N = r\,\dot{\zeta}\,\dot{\eta} = \frac{G}{r}\dot{\eta} \ . \tag{2.261}$$

Die erste dieser Gleichungen ist nichts anderes als die verallgemeinerte *Leibniz*-Gleichung[249]

$$\ddot{r} = \frac{G^2}{r^3} + b_R \ . \tag{2.262}$$

[249] Abschn. 2.5 auf Seite 337.

Tab. 2.1 Einige Beispiele zum Ersetzen der Zeit durch eine andere Variable[250]

Neue Variable	Differentielle Beziehung zur Zeit
Mittlere Anomalie $M =$ $n(t-t_0) = \sqrt{\frac{\mu}{a^3}}\,(t-t_0)$	$dM = \left\{\sqrt{\frac{\mu}{a^3}} - \frac{G\sqrt{1-e^2}}{e\,\mu}\left[b_{R2}\left(\frac{2\,r\,e}{p} - \cos\upsilon\right) + b_T\left(1+\frac{r}{p}\right)\sin\upsilon\right]\right\} dt$
Wahre Anomalie υ	$d\upsilon = \left\{\frac{G}{r^2} + \frac{G}{e\,\mu}\left[b_{R2}\cos\upsilon - b_T\,\sin\upsilon\left(1+\frac{r}{p}\right)\right]\right\} dt$
Argument der Breite $u = \upsilon + \omega$	$du = \left[\frac{G}{r^2} - b_N\,\frac{r\sin u\,\cos i}{G\sin i}\right] dt$
Wahre Länge in der Bahn $l = \upsilon + \omega + \Omega$	$dl = \left[\frac{G}{r^2} + b_N\,\frac{r\sin u}{G}\,\tan\frac{i}{2}\right] dt$
Wahre Länge in der Bahn (unter Einschluss von rückläufigen Äquatorbahnen) $l = \sigma_i\,u + \Omega$	$dl = \left[\sigma_i\,\frac{G}{r^2} + b_N\,\frac{r\sin u}{G}\,\sqrt{\frac{1-\sigma_i\,\cos i}{1+\sigma_i\,\cos i}}\right] dt$
Exzentrische Anomalie E	$dE = \left\{\frac{1}{r}\sqrt{\frac{\mu}{a}} + \sqrt{\frac{a}{\mu}}\left[b_{R2}\left(\frac{\cos\upsilon}{e} - 1\right) - b_T\left(1+\frac{r}{a}\right)\frac{\sin\upsilon}{e}\right]\right\} dt$
Sundmann-Stumpff'sche regularisierende Variable τ	$d\tau = \frac{1}{r}\,dt$
Regularisierende Variable Θ bei geradliniger Zweikörperbewegung	$\sqrt{\Theta}\,d\Theta = \sqrt{2}\,dt, \quad t-t_0 = \frac{\sqrt{2}}{3}\sqrt{\Theta^3}$
Bogenlänge s	$ds = \sqrt{\dot{\mathbf{r}}^2}\,dt = V\,dt$
Bahnwinkel ζ im *Hansen*-System	$d\zeta = \sqrt{\dot{\mathbf{r}}_0^2}\,dt = \frac{G}{r^2}\,dt$

Die Variation des Flächenparameters G ist ausschließlich von der transversalen Beschleunigung abhängig

$$\dot{G} = r\,b_T \quad . \tag{2.263}$$

Der Faktor $\dot{\eta}$ ist ausschließlich von der normalen Beschleunigungskomponente abhängig. Er hat also offenbar etwas mit der räumlichen Bewegung zu tun:

$$\dot{\eta} = \frac{r}{G}\,b_N \quad . \tag{2.264}$$

Die Differentiation von $\mathbf{c}_0 = \mathbf{r}_0 \times \mathbf{q}_0$ ergibt $\dot{\mathbf{c}}_0 = \mathbf{r}_0 \times \dot{\mathbf{q}}_0 = \dot{\eta}\,\mathbf{c}_0$.

Damit sind die Variationen der Richtungsvektoren des *Leibniz*-Systems bekannt:

$$\dot{\mathbf{r}}_0 = \dot{\zeta}\,\mathbf{q}_0$$

[250] Herleitung in E. F. M. Jochim [2018]:. 11.13.

$$\begin{aligned}\dot{\mathbf{q}}_0 &= -\dot{\zeta}\,\mathbf{r}_0 4 + \dot{\eta}\,\mathbf{c}_0\\ \dot{\mathbf{c}}_0 &= -\dot{\eta}\,\mathbf{q}_0.\end{aligned} \tag{2.265}$$

Diese Formeln können in Analogie zu den *Frenet*'schen Formeln der Differentialgeometrie als *Frenet*'sche Formel des *Leibniz*-Systems oder auch als die *Frenet*'schen Formeln der Astrodynamik[251] bezeichnet werden.[252] Sie sind von einer speziellen Koordinatendarstellung der Bewegung unabhängig. Der zugehörige Eigenbewegungsvektor[253] (Drehvektor, *Darboux*-Vektor) lautet

$$\mathbf{D}_{q^{(L)}} = \dot{\eta}\,\mathbf{r}_0 + \dot{\zeta}\,\mathbf{c}_0 \quad . \tag{2.266}$$

Diese Formeln zeigen eine enge Beziehung zwischen dem *Leibniz*-System und dem *Hansen*-System. Wird der *Hansen*'sche Bahnwinkel ζ als unabhängiger Bahnwinkel an Stelle der Zeit verwendet, lauten die Gleichungen

$$\begin{aligned}\frac{\partial \mathbf{r}_0}{\partial \zeta} &= \mathbf{q}_0\\ \frac{\partial \mathbf{q}_0}{\partial \zeta} &= -\mathbf{r}_0 + \frac{\partial \eta}{\partial \zeta}\mathbf{c}_0\\ \frac{\partial \mathbf{c}_0}{\partial \zeta} &= -\frac{\partial \eta}{\partial \zeta}\,\mathbf{q}_0\end{aligned} \tag{2.267}$$

mit dem Eigenbewegungsvektor

$$\mathbf{D}_{q^{(L)}} = \dot{\zeta}\left(\frac{\partial \eta}{\partial \zeta}\,\mathbf{r}_0 + \mathbf{c}_0\right) \quad . \tag{2.268}$$

Die Formeln zeigen auch, dass der Rotationswinkel η (zweiter „Bahnwinkel“) eine Funktion des unabhängigen Bahnwinkels ζ ist.

2.8.7.4 Die *Frenet*'schen Formeln des *Hansen*-idealen Systems

Die Transformationsformeln (2.251) werden nach der Zeit differenziert. Mit den *Frenet*-Formeln des *Leibniz*-Systems ergeben sich die *Frenet*'schen Formeln des *Hansen*-idealen Systems:

$$\dot{\mathbf{q}}_1^{(I)} = -\dot{\eta}\,\mathbf{q}_3^{(I)}\,\sin\zeta$$

[251] *Frenet, Jean Frédéric* (* 7. Februar 1816 in Périgueux; † 12. Juni 1900), Formeln entdeckt 1847, publiziert 1852 (LAUGWITZ, D [1960], p. 12, (https://de.wikipedia.org/wiki/Frenetsche_Formeln). Die *Frenet*'schen Formeln können formal auf n Dimensionen erweitert werden (https://www.wikiwand.com/de/Frenetsche_Formeln-/Die_frenetschen_Formeln_in_n_Dimensionen); (https://universal_lexikon.de-academic.com/239921/Frénet-Formeln).

[252] Abschn. 2.8.15 Seite 419.

[253] Formel (2.256).

$$\dot{\mathbf{q}}_2^{(I)} = \dot{\eta}\,\mathbf{q}_3^{(I)}\,\cos\zeta$$

$$\dot{\mathbf{q}}_3^{(I)} = \dot{\eta}\left(\mathbf{q}_1^{(I)}\,\sin\zeta - \mathbf{q}_2^{(I)}\,\cos\zeta\right)\;. \tag{2.269}$$

Folgerungen:

1. Das *Hansen*-ideale System ist unveränderlich fest an die oskulierende Bahnebene gekoppelt. Ist die Anfangsrichtung $\mathbf{q}_1^{(I)}$ einmal festgelegt, kann sie in der Beschreibung eines Bewegungsvorganges nicht geändert werden.
2. Das *Hansen*-ideale Bahnsystem ist das einzige mit der Bahnebene eines Bewegungsvorganges fest verknüpfte Bahnsystem.
3. Das *Hansen*-ideale Bahnsystem hat eine räumliche Bewegung ausschließlich infolge der normalen „Störbeschleunigung“ $b_N = \dot{\eta}\,G/r$.
4. Der Eigenbewegungsvektor des *Hansen*-idealen Systems ist damit ausnahmslos in den radialen Bewegungsanteil orientiert. Die Bewegung der Bahnebene erfolgt ausschließlich um den momentanen Radiusvektor. Er hat als Betrag die Variation $\dot{\eta}$:

$$\mathbf{D}_{q^{(I)}} = \dot{\eta}\,\mathbf{r}_0\;. \tag{2.270}$$

5. Der Parameter $\dot{\eta}$ kann auf Grund dieser Beziehung geometrisch gedeutet werden. Während $\dot{\zeta}$ die Bewegung des Raumflugkörpers in der Bahnebene kontrolliert, ist $\dot{\eta}$ für die räumliche Bewegung der Bahnebene verantwortlich. Veranschaulichung in Abb. 2.38.

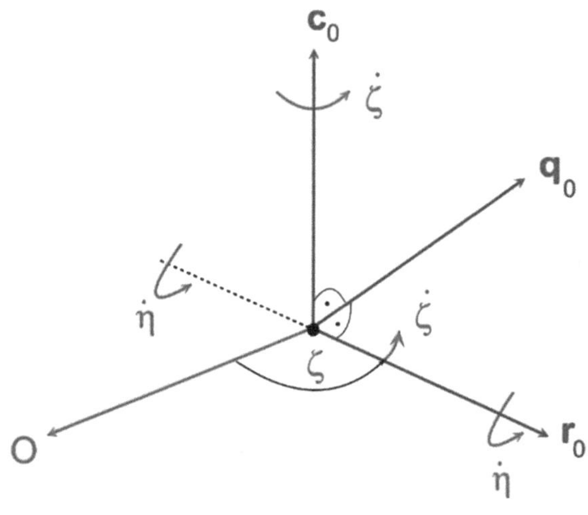

Abb. 2.38 Zur geometrischen Deutung der zweiten Winkelkoordinate η im mitbewegten *Leibniz*-Bahnsystem. O ist der Ursprung des bewegungsbezogenen *Hansen*-Systems (Anfangspunkt, Departure Point). Eine räumliche Veränderung des Bahnsystems erfolgt ausschließlich um den Radiusvektor um den Rotationswinkel η mit der Winkelgeschwindigkeit $\dot{\eta}$

6. Das Integral der Größe $\dot{\eta}$ wollen wir als zweiten *Hansen*'schen Bahnwinkel η bezeichnen.[254]
7. Zwischen den Eigenbewegungsvektoren des *Leibniz*- und des *Hansen*-Systems besteht der Zusammenhang

$$\mathbf{D}_{q^{(L)}} = \mathbf{D}_{q^{(I)}} + \dot{\zeta}\,\mathbf{c}_0 \quad . \tag{2.271}$$

8. Die Orientierung des Eigenbewegungsvektors eines *Hansen*-Systems bestätigt die notwendige und hinreichende Eigenschaft (2.256) eines *Hansen*-Systems:

$$\frac{d\mathbf{r}}{dt} = \frac{\partial \mathbf{r}}{\partial t} \Leftrightarrow \mathbf{D}_{q^{(I)}} \times \mathbf{r} = 0 \quad . \tag{2.272}$$

9. Aus Beziehung (2.271) folgt unmittelbar der Zusammenhang der Eigenbewegungsvektoren des *Leibniz*- und des *Hansen*-Systems

$$\mathbf{D}_{q^{(L)}} \times \mathbf{r}_0 = \dot{\zeta}\,\mathbf{q}_0 \neq 0 \quad . \tag{2.273}$$

10. Da sicher $\dot{\zeta} \neq 0$ vorausgesetzt werden kann, beweist dieser Ausdruck: Das *Leibniz*-System hat nicht die Eigenschaften eines *Hansen*-Systems.

2.8.7.5 Die *Euler*'sche Variation der „Konstanten"

Der Radius der Bahn eines Himmelskörpers werde durch eine radiale Funktion mit den Parametern A_ν beschrieben. Im Beispiel werde der *Hansen*'sche Bahnwinkel ζ als unabhängige Variable gewählt (der formale Prozess ist analog wie mit der Zeit als unabhängige Variable):

$$r =: r(A_\nu; \zeta) \quad . \tag{2.274}$$

Die Parameter A_ν sind zu bestimmen. Dazu sei ein Bewegungsmodell (b_R, b_T, b_N) vorgegeben. Ausgehend von einer Anfangslösung $A_\nu^{(0)}$ kann die Lösung mit Hilfe der *Euler*'schen Methode der Variation der „Konstanten" erhalten werden

$$\frac{dr}{d\zeta} = \frac{\partial r}{\partial \zeta} + \sum_\nu \frac{\partial r}{\partial A_\nu}\frac{dA_\nu}{d\zeta} \quad . \tag{2.275}$$

Die *Hansen*-Bedingung fordert analog Bedingung (2.272)

$$\frac{dr}{d\zeta} = \frac{\partial r}{\partial \zeta} \tag{2.276}$$

Es bleibt die Oskulationsbedingung (*Lagrange* constraint[255])

[254] Achtung: η ist kein unabhängiger Parameter, sondern eine Funktion des ersten *Hansen*'schen Bahnwinkel ζ bzw. der Zeit (oder eines anderen unabhängigen Bahnparameters).

[255] Begriff etwa nach M. EFROIMSKY [2011].

$$\sum_{\nu} \frac{\partial r}{\partial A_\nu} \frac{dA_\nu}{d\zeta} = 0 \quad . \tag{2.277}$$

Die überraschende Folgerung ist[256]:

- *Die Oskulationsbedingung als Ausgangspunkt für die Variation der Parameter ist* ***notwendig*** *auf ein* Hansen-*System mit* Hansen'*schem Bahnwinkel* ζ *bezogen. Die Variation der Parameter (*Euler'*sche Methode der Variation der Konstanten) kann also ohne den Bezug auf ein* Hansen-*System mathematisch nicht sinnvoll begründet werden.*

Michael Efroimsky schrieb[257]:

> „*It is amazing that no one established this link (existing between the* Hansen *Ideal Condition and the variation of constants method) before.* Hansen *himself ought to have noticed this interconnection, but he miraculously failed to pay attention at it. It is good that, eventually, the missing link is being established, even though with a century and a half delay.*"

2.8.7.6 Das allgemeine Abstandsgesetz

Die Verwendung der *Hansen*-idealen Koordinaten kann in manchen bahnmechanischen Aufgabenstellungen eine beeindruckende Erleichterung bringen. Dies wird am Beispiel einer Anpassung einer beliebigen Bewegung mit einer geradlinigen Bewegung gezeigt.[258] Die eine Bewegung beschreibende Kurve mit Radius $r = r(A_\nu; t)$ oder $r = r(B_\nu; \zeta)$ werde mit Hilfe einer Geraden angepasst. Die ungestörte geradlinige Bewegung wird durch die *Leibniz*-Gleichung in Abschn. 2.5 auf Seite 333 beschrieben, wenn die „Störung" durch die radiale Beschleunigung vernachlässigt wird:[259]

$$b_R = 0 \Rightarrow \ddot{r} = \frac{G}{r^3} \quad . \tag{2.278}$$

Ein erstes Integral lautet

$$\dot{r} = \pm\sqrt{C_1^2 - \frac{G^2}{r^2}} \quad . \tag{2.279}$$

Es kann gezeigt werden, dass die Integrationskonstante C_1 die Geschwindigkeit $C_1 = V$ ist.

---

256 JOCHIM, E. F. M. [2011], JOCHIM, E. F. M. [2012].

257 Aus einem Peer-Review von Prof. Dr. *Michael Efroimsky* (USNO – United States Naval Observatory in Washington D.C.) vom 1. Juni 2011 über das Paper JOCHIM, E. F. M. [2012].

258 Die aufwendigen Herleitungen können in JOCHIM, E. F. M. [2016-b], Abschn. 5.2 nachgelesen werden.

259 JOCHIM, E. F. M. [2016-a].

Ein zweites Integral mit zweiter Integrationskonstante C_2 ergibt den Radius einer geradlinigen Bewegung bei Bezug auf den Bezugspunkt (zum Beispiel das Gravitationszentrum oder allgemeiner einen beliebigen „archimedischen Punktes“ außerhalb der Geraden):

$$r = \sqrt{V^2\,t^2 + 2\,C_2\,t + \frac{C_2^2 + G^2}{V^2}} \quad . \tag{2.280}$$

Da der Radius eines Bewegungsvorganges stets als positive Größe angesehen werden kann, ist dieser Ausdruck stets erklärt.

An Stelle der Zeit soll der *Hansen*'sche Bahnwinkel ζ eingeführt werden. Die Hilfsgröße g und ihr Integral

$$g := r\,\dot{r} = \sqrt{r^2V^2 - G^2}, \quad \dot{g} = V^2 \Rightarrow g = V^2\;t + C_2 \tag{2.281}$$

verwendet wieder die Geschwindigkeit V als erste Intergrationskonstante. Mit dem skalaren Flächensatz $r^2\,\dot{\zeta} \;=\; G$ und mit vorgegebenem Flächenparameter G wird nach Integration der *Hansen*'sche Bahnwinkel ζ mit Integrationskonstante ζ_P erhalten:

$$\zeta = \zeta_P + \arctan\left[\frac{1}{G}\,\left(V^2\,t + C_2\right)\right] \Rightarrow \tan(\zeta - \zeta_P) = \frac{1}{G}\,\left(V^2\,t + C_2\right) = \frac{g}{G} = \frac{\sqrt{r^2\,V^2 - G^2}}{G} \quad . \tag{2.282}$$

Der Perigäumwinkel $\zeta_P := \zeta(t = t_P)$ kann auf die Intergrationskonstante C_2 bezogen werden, etwa durch die Zuordnung $\tan[\zeta(t = 0) - \zeta_P] := C_2/G$. Abb. 2.39 zeigt diesen Zusammenhang geometrisch. Auflösung von Formel (2.282) nach dem Radius ergibt die interessante Formel[260]

$$r = \frac{G}{V\,\cos(\zeta\,-\,\zeta_P)} \quad . \tag{2.283}$$

Die von *Kepler* gefundene, Abstandsformel (2.2) gilt nur in den Apsiden. Mit der vorstehenden Formel für den Radius ist die **allgemeingültige Version des Abstandsgesetzes** gefunden.[261] Dazu können die Geschwindigkeit V, der Flächenparameter G und der *Hansen*'sche Perizentrumswinkel ζ_P als von dem Bewegungswinkel ζ abhängige Parameter aufgefasst werden. Damit kann diese Formel als allgemeingültig verstanden werden. Wegen $G \geq\; 0$ und $V >\; 0$ muss auch $\cos(\zeta - \zeta_P) >\; 0$ sein, der Zwischenwinkel $\zeta - \zeta_P$ kommt also nur vor im Bereich

$$-90^\circ < \zeta - \zeta_P < 90^\circ \quad . \tag{2.284}$$

[260] Man vergleiche diese übersichtliche Darstellung mit der aufwändigen Formel (2.280).

[261] JOCHIM, E. F. M. [2011].

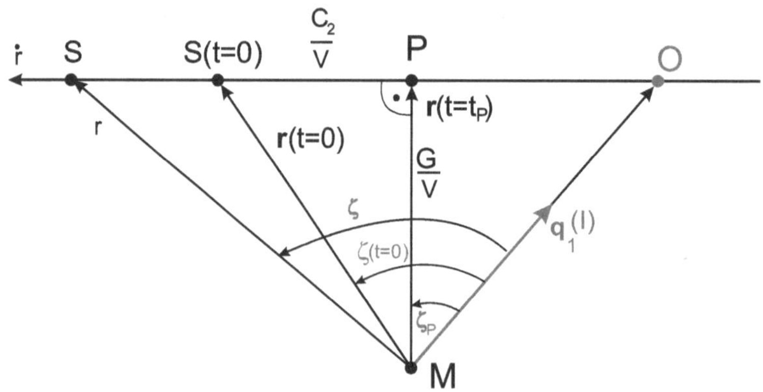

Abb. 2.39 Zur Verknüpfung der Integrationsparameter ζ_P und C_2 *der* geradlinigen Bewegung. O – Anfangspunkt eines *Hansen*-Systems mit Anfangsvektor $\mathbf{q}_1^{(I)}$. P – Perizentrum, S – Position des Raumflugkörpers

Die Singularität $|\zeta - \zeta_P| = 90°$ kann, wie auch geometrisch einsichtig ist, nie erreicht werden. Die Variation des Radius (also die radiale Geschwindigkeit) folgt dann aus Gl. (2.279)

$$\dot{r} = V \sin(\zeta - \zeta_P) \quad . \tag{2.285}$$

Mit dem skalaren Flächensatz $r^2\,\dot{\zeta} = G$ folgt aus dem Radius (2.283) noch

$$r\dot{\zeta} = V \cos(\zeta - \zeta_P) \quad . \tag{2.286}$$

Damit ist es möglich, beliebige Bewegungen durch eine geradlinige Bewegung anzupassen.[262]

Dazu werden die Variationsgleichungen der Parameter benötigt. Sie lauten[263] mit den „Störbeschleunigungen“ $(b_R,\ b_T,\ b_N)$

$$\begin{aligned} \dot{G} &= r\,b_T \\ \dot{V} &= b_R\,\sin(\zeta - \zeta_P) + b_T\,\cos(\zeta - \zeta_P) \\ V\,\dot{\zeta}_P &= -b_R\,\cos(\zeta - \zeta_P) + b_T\,\sin(\zeta - \zeta_P). \end{aligned} \tag{2.287}$$

Entsprechend können auch andere Kurven als Ausgangspunkt für eine Anpassung beliebiger Bewegungsvorgänge gewählt werden.

---

[262] Nähere Beschreibungen und numerische Beispiele finden sich in JOCHIM, E. F. M. [2016-a].

[263] Nach JOCHIM, E. F. M. [2016-b], 5.2.5.2.

Es kann allerdings nachgewiesen werden, dass der Kreis als einzige Kurve nicht für einen Anpassungsvorgang geeignet ist.[264]

2.8.7.7 Einfluss des Weltalls?

Ein Spezialfall eines geradlinigen bewegten Systems ist ein *gleichförmig geradlinig bewegtes System*. Es entsteht, wenn das System sich mit konstanter (bzw. verschwindender) Geschwindigkeit bewegt. Physikalisch gesehen handelt es sich um ein System, auf das keine äußeren Kräfte einwirken. Das System unterliegt als Ganzes dem Trägheitssatz und wird deshalb auch als *inertial* bezeichnet. Das *Mach'sche Prinzip* liefert eine alternative Definition eines inertialen Systems, wie sie für die spezielle Relativitätstheorie von Bedeutung wird:[265]

„Ein System ist inertial, wenn es *gegen den Rest der Welt fest ist.*"

Inertiale Systeme spielen in der *Newton*'schen Mechanik wie in der speziellen Relativitätstheorie eine zentrale Rolle.

In der allgemeinen Relativitätstheorie wird der absolute Charakter der inertialen Systeme gegenstandslos. In ihr können inertiale Systeme nur lokal auftreten.

Die folgenden Überlegungen sind spekulativ. In den vorstehenden Überlegungen wurde implizit der Bezug auf ein festes $\mathbf{p}_i-$ Basissystem angenommen, dessen Eigenbewegungsvektor $\mathbf{D}_P$ der Nullvektor ist. Wird jetzt aber dieses Basissystem als selbst bewegt zugelassen, kann $\mathbf{D}_P \neq 0$ angenommen werden. Es kann nun gezeigt werden,[266] dass das skalare Produkt aus dem Eigenbewegungsvektor $\mathbf{D}_P$ mit der Bahnnormale einen Zusatzeffekt auf die Variation des *Hansen*'schen Bahnwinkels ausüben kann. Es gilt dann die Zerlegung

$$\dot{\zeta} = |\dot{\mathbf{r}}_0| = \dot{\zeta}_B + \mathbf{D}_p \cdot \mathbf{c}_0 =: \dot{\zeta}_B + \dot{\zeta}_P \quad . \tag{2.288}$$

Die Folgerung aus diesem Satz ist überraschend: Wenn es bewegungstechnisch gelingen sollte, die Variation des auf das *Hansen*-ideale System bezogenen Bahnwinkels (aus $\dot{\zeta} = |\dot{\mathbf{r}}_0|$) aus der **transversalen Bewegungskomponente** direkt zu beobachten, sowie unabhängig davon die Variation des auf das $\dot{\mathbf{q}}_j^{(I)}-$ Basissystem bezogenen Winkels (aus $\dot{\zeta}_B := \dot{\upsilon} + \dot{\omega} + \dot{\Omega}\ \cos i$) mit Hilfe einer Bahnbestimmung zu messen, könnte auf eine Eigenbewegung des $\mathbf{D}_p-$ Basissystems geschlossen werden. Damit wäre es möglich, (zumindest teilweise) ein Fundamentalsystem zu überprüfen bzw. nachzuweisen.

---

264 JOCHIM, E. F. M.[2015].

265 Sinngemäß in ERNST MACH [1933/1991], pp. 233–237.

266 Ausführliche Herleitung in JOCHIM, E. F. M. [2012], Kap. 4, Satz 14; in JOCHIM, E. F. M. [2016-b], Abschn. 4.3.16.

In dieser mathematisch orientierten spekulativen Überlegung kann über die physikalisch-technische Realisierung einer solchen Messung keine Aussage gemacht werden. Die Problematik kann etwa dadurch angedeutet werden, dass der Ortsvektor des betrachteten bewegten Objektes einen selber bewegten Ursprung hat. Um aber die Bewegung dieses Objektes mit Hilfe der Bewegung des Ortsvektors absolut messen zu können, wäre der Bezug auf einen absolut fixen Bezugspunkt notwendig. Es muss daher die Bewegung in der Bahnkurve unabhängig vom Ortsvektor gemessen werden können.

2.8.8 Olinde Rodrigues

Benjamin Olinde Rodrigues (Bordeaux 6. Okt. 1795 – Paris 26. Dez. 1850)[267] war ein bedeutender Mathematiker mit vielen Beiträgen zu verschiedenen Gebieten der Mathematik.[268] Unter dem Begriff *Rodrigues*-Formel sind zwei Formeln bekannt: Aus dem Jahre 1815 die Beziehung des Differentials des Normalenvektors auf einer Fläche zum Differential des Radiusvektors der Fläche mit den beiden Hauptkrümmungen. Zum zweiten zur Darstellung orthogonaler Polynome. Die von *Rodrigues* ursprünglich für *Legendre*-Polynome (1816) hergeleitete Beziehung lautet:[269]

$$P_n(x) = \frac{1}{2^n\, n!}\, \frac{d^n}{dx^n}\left(x^2 - 1\right)^n \quad . \tag{2.289}$$

Beide Arbeiten zeigen das anwendungsorientierte Interesse von *Rodrigues* an Differentialgeometrie und Potenzialtheorie. Von besonderer Bedeutung im Zusammenhang mit astrodynamischen Untersuchungen ist seine Arbeit aus dem Jahre 1840 über das Transformationsverhalten fester Körper. Er veröffentlichte sie unter dem Titel *Des lois géométriques qui régissent les déplacements d'un système solide dans l'espace, et la variation des coordonnées provenant de ses déplacements considérés indépendamment des causes qui peuvent les produire.* Der Grundgedanke ist die Bewegung eines festen Körpers zu untersuchen. *Euler* beschrieb eine solche Bewegung durch Zusammensetzung aus Rotation und Translation. Im Gegensatz dazu hatte *Rodrigues* herausgefunden, dass jede Translation fals Rotation um eine Achse gedeutet werden kann. Diese Achse befindet sich senkrecht

---

[267] Das Todesdatum wird in anderen Quellen angegeben mit 17. Dez. 1851 (siehe: ALTMANN, S. L. [1986], p. 307).

[268] RODRIGUES, B. O. [1840], GRAY, J.J. [1980], ALTMANN, S.L. [1986]; siehe auch in ENCYCLOPAEDIA OF MATHEMATICS [1987–1991], sowie unter http://de.wikipedia.org/wiki/Olinde_Rodrigues [2010].

[269] GRAY, J. J. [1980], p. 381.

zur Bewegungsrichtung im Unendlichen.[270] Damit kam *Rodrigues* (vermutlich als Erster[271]) zu einer Additionsregel von Transformationen und damit implizit zur Theorie der Transformationsgruppen. Sein Ziel war, die Regeln für die Kombination von Bewegungen aufzustellen. Somit gab er eine *„vollständige Beschreibung wie die zwei Basisbewegungen, Rotation und Translation, kombiniert werden können“*.[272] Als seine ureigene Entdeckung konnte *Rodrigues* zeigen, dass eine Parametrisierung von Drehungen nur mit halben Winkeln möglich ist. Zu dieser Erkenntnis waren weder *Euler* noch *Hamilton* gelangt.[273] Nach *Rodrigues* kann die endliche Drehung eines starren Körpers um eine in dem Körper fest liegende Achse mit Ortsvektor $\mathbf{Q}$ dargestellt werden, wenn dieser Vektor die Norm[274]

$$|\mathbf{Q}| = \tan\frac{\chi}{2} \tag{2.290}$$

hat. χ bedeutet den Rotationswinkel. Der zugehörige Richtungsvektor sei $\mathbf{Q}_0$. Bei Bezug auf eine orthonormierte Basis $\mathbf{q}_j$ ist die Schreibweise möglich

$$\mathbf{Q} = \tan\frac{\chi}{2}\,\mathbf{Q}_0 = \tan\frac{\chi}{2}\,Q^j\mathbf{q}_j \quad . \tag{2.291}$$

Wird die Drehung durch zwei Teildrehungen um die Achsen $\mathbf{Q_1}, \mathbf{Q_2}$ mit den Drehwinkeln χ_1, χ_2 ersetzt, kann der gesamte Drehwinkel (durch Anwendung des Kosinussatzes der Winkel) aus der Beziehung

$$u_0 := \cos\frac{\chi}{2} = -(\mathbf{Q}_1 \cdot \mathbf{Q}_2)\,\sin\frac{\chi_1}{2}\,\sin\frac{\chi_2}{2} + \cos\frac{\chi_1}{2}\,\cos\frac{\chi_2}{2} \tag{2.292}$$

berechnet werden. Wird diese Beziehung auf den Drehvektor angewendet

$$\cos\frac{\chi}{2}\,\mathbf{Q} = \cos\frac{\chi}{2}\,\mathbf{Q}_0 \tan\frac{\chi}{2} = \mathbf{Q}_0 \sin\frac{\chi}{2} := u^j\,\mathbf{q}_j\,,$$

ergeben sich die hier eingeführten Parameter u_j aus (Abb. 2.40)

$$u_j = \left(\mathbf{Q}_0 \cdot \mathbf{q}_j\right)\,\sin\frac{\chi}{2}\,, \quad (j = 1, 2, 3) \quad . \tag{2.293}$$

Diese Parameter bilden zusammen mit u_0 als vierten Parameter die nach *Rodrigues* benannten *Rodrigues*-Parameter. Sie erfüllen die schon von *Euler* gefundene Bedingung:

---

[270] GRAY, J. J. [1980], p. 377.

[271] Entsprechende Formelsysteme finden sich in anderem Zusammenhang allerdings schon bei *Euler* [1770], siehe in GRAY, J. J. [1980], p. 379.

[272] GRAY, J. J. [1980], p. 382.

[273] ALTMANN, S. L. [1989]: p. 303: Euler n*ever came near them.* Diese Aussage kann allerdings nach O. Volk [1981] nicht akzeptiert werden.

[274] Die hier dargestellte Bezeichnungsweise weicht von der originalen ab (vgl. etwa auch P. MUSEN [1958], A. DEPRIT [1976], V. BRUMBERG [1995], p. 70 ff.).

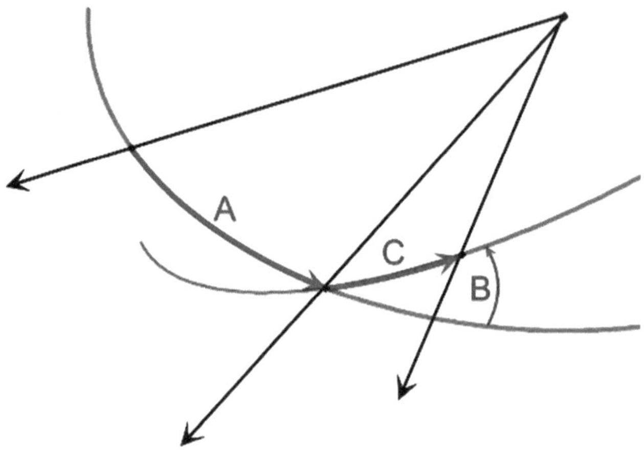

Abb. 2.40 Zur Definition der *Euler'*schen Drehwinkel

Ihre Quadratsumme bildet die Einheit. In der neueren Astrodynamik ist es üblich[275] $u_4 := u_0$ zu schreiben. Dann kann gesetzt werden[276]

$$u^i u_i = 1 \quad . \tag{2.294}$$

Die *Rodrigues*-Parameter können auf die *Euler'*schen Drehwinkel *A, B, C* zurückgeführt werden (vgl. Abb. 2.40 auf Seite 402):

$$\begin{aligned} u_1 &= \sin\frac{B}{2}\cos\frac{A-C}{2} \\ u_2 &= \sin\frac{B}{2}\sin\frac{A-C}{2} \\ u_3 &= \cos\frac{B}{2}\sin\frac{A+C}{2} \\ u_4 &= \cos\frac{B}{2}\cos\frac{A+C}{2}. \end{aligned} \tag{2.295}$$

In diesem (und nur in diesem) Zusammenhang erscheint die häufig gebrauchte Bezeichnung *Euler-Rodrigues*-Parameter oder noch einfacher *Euler*-Parameter gerechtfertigt werden zu können. *Cayley* hatte in einer Arbeit 1845 auf den Zusammenhang der Drehformeln von *Rodrigues* und den Einer-Quaternionen nach *Hamilton* hingewiesen.[277]

[275] Etwa bei V. Brumberg [1995], p. 71.

[276] Diese Bedingung wird gelegentlich als *Euler'sche Identität* bezeichnet. Allerdings wird dieser Begriff in der mathematischen Literatur auch in anderem Zusammenhang verwendet (siehe etwa in *Encyclopaedia of Mathematics,* vol. 3, p. 427).

[277] Zitiert nach J. J. Gray [1980]: A. Cayley: *On certain results relating to quaternions.* Phil. Mag. (**26**) 141–145, - *Coll. Math. Papers* (**1**) 1897, no. 6, 28–35.

Quaternionen sind in der Astronautik von großer Bedeutung zur Darstellung von Drehungen eines Raumflugkörpers. Der Begriff „Quaternion“ wird in der Astrodynamik jedoch grundsätzlich vermieden. Eine Vermengung der Begriff Quaternionen und Vektoren kann nämlich zu fehlerhaften Darstellungen führen. Dagegen werden die originalen Drehformeln von *Rodrigues* neuerdings dazu verwendet, um die Variationsgleichungen der räumlichen Bewegung singularitätenfrei darzustellen. Sie ersetzen die Variationsgleichungen für die *Kepler*'schen Bahnparameter Inklination i, Länge des aufsteigenden Knotens Ω und Argument des Perizentrums ω.

Vermutlich als Erster hat dies *P. Musen* [1958] im Zusammenhang mit einer Adaption der *Hansen*'schen Störungsrechnung auf die Berechnung der Bewegung von Erdsatellitenbahnen getan. Interessanterweise zitiert *Musen* diese Parameter als *Gauß-Rodrigues*-Parameter, womit die Erstleistung von *Gauß* gewürdigt wurde. Eine Referenz für diese Begriffsbildung fehlt. *Musen* bezog in dieser Arbeit die *Rodrigues*-Parameter auf das Perizentrum einer Bahn, als unabhängige Variable verwendete er deshalb die wahre Anomalie.

In späteren Arbeiten, die sich auf die Arbeit von *Musen* berufen, wurde allerdings wieder von *Euler*-Parametern gesprochen. Dies bezieht sich zunächst auf *A. Deprit*. Er würdigte ausführlich die Untersuchungen von *Rodrigues* zu dreidimensionalen Drehungen.[278] *Deprit* verknüpfte die *Rodrigues*-Parameter (die er allerdings wieder nur nach *Euler* benennt) ganz allgemein mit den idealen Räumen von *Hansen* und führt sie als einen Teil von „idealen Elementen“ ein. Dazu bezog *Deprit* die *Rodrigues*-Parameter (erstmals?) auf den Anfangspunkt eines *Hansen*-Systems. Wie *Musen* leitete er die zeitlichen Ableitungen der *Rodrigues*-Parameter her. *Deprit* verwendete den *Hansen*'schen Bahnwinkel als unabhängige Variable an Stelle der wahren Anomalie: daher der Begriff „ideale Elemente“. Die anderen „idealen Elemente“ sind nach *Deprit* der Flächenparameter G sowie die Größen $C = \mu\, e \cos g\ /G$, $S = \mu\, e \sin g\ /G$. Hier ist $g :=\sigma + \omega$ die Länge in der Bahn des Perizentrums bei Bezug auf den Anfangspunkt eines *Hansen*-Systems. $M + g$ ist die mittlere Länge des betrachteten Himmelskörpers bei Bezug auf den Beginn des *Hansen*-Systems.

Die Idee *Deprit*s nahm *V. Brumberg*[279] auf, der die jetzt wieder *Euler*-Parameter genannten *Rodrigues*-Parameter schlicht und einfach als Elemente eines Vierer Vektors definierte, der die Norm 1 hat:

$$\mathbf{u} := u^i \mathbf{q}_i = \sum_{i=1}^{4} u_i\, \mathbf{q}_i\,, \quad |\mathbf{u}| = 1 \quad . \tag{2.296}$$

Auch *Brumberg* bezieht die *Rodrigues*-Parameter auf den Anfangspunkt eines *Hansen*-Systems. Er leitet die (zeitlichen) Variationsgleichungen mit der formalen Unterscheidung zwischen konservativen und nicht konservativen „Störbeschleunigungen“ her. *Brumberg*

278 A. Deprit [1975].

279 V. Brumberg [1995], pp. 69–74.

erhielt mit seinem Vektor **u** eine sehr einfache formale Darstellung der Variationsgleichungen der *Rodrigues*-Parameter in der Form

$$\dot{\mathbf{u}} = \frac{1}{2}\,D\big(\mathbf{D}_{qp}\big)\,\mathbf{u} \quad . \tag{2.297}$$

Hier bedeutet $D(\mathbf{D}_{qp})$ die (schiefsymmetrische) Transformationsmatrix, deren Elemente die Komponenten des entsprechenden relativen Systemeigenbewegungsvektors $\mathbf{D}_{qp}$ sind.[280]

2.8.9 William Rowan Hamilton

William Rowan Hamilton (Dublin 1805–1865) gilt als der bedeutendste irische Mathematiker. Er begründete die Quaternionentheorie im Gegensatz zu *Rodrigues* auf algebraischem Weg als Erweiterung der Theorie der komplexen Zahlen. Auch wenn die Idee der Quaternionen bereits auf *Gauß* zurückgeht und im Rahmen der Drehgruppen von *Rodrigues* erstmals veröffentlicht wurde, stammt der Begriff „Quaternion" von *Hamilton* selbst[281]: Es handelt sich um den Begriff *quaternio,* der eine Übersetzung der pythagoreischen τετρακτύς, „eine Menge von vier", ins Lateinische ist.[282] Eine interessante Anmerkung ist, dass im Zuge der Entdeckung der Quaternionen auch implizit erstmals das skalare und das vektorielle Vektorprodukt im Rahmen des Produktes zweier Quaternionen erscheinen. Den Begriff „Vektor" erfand *Hamilton* 1846 für den nicht skalaren Anteil einer Quaternion. Allerdings wird in der Himmelsmechanik der Begriff Quaternion vermieden, zumal die Kombination der Begriffe Quaternion und Vektor entsprechend der Definition von Quaternionen zu Problemen führen kann.[283]

Im Zusammenhang mit astrodynamischen Problemstellungen von besonderer Wichtigkeit ist *Hamiltons* Theorie der kanonischen Variablen. Mit diesen können manche Probleme der Himmelsmechanik in geschickter Weise bearbeitet werden. Dazu zählen Probleme der Bewegung der Kleinen Planeten bis zur Lösung des „Hauptproblems der künstlichen Erdsatelliten". Dieses tritt bei Untersuchungen der Bewegung eines Erdsatelliten unter Einfluss der Abplattung des Zentralkörpers und weiterer zonaler Effekte eines Gravitationsfeldes auf.

Ein System von Differentialgleichungen wird als kanonisch bezeichnet,[284] wenn es die Form

---

280 Näheres hierzu und Herleitung in JOCHIM, E. F. M.[2016 b] Sectionen 6.3.9 und 6.3.10.

281 ALTMANN, S. L. [1989]: p. 295.

282 Siehe in Abschn. 1.2.31.2.3 auf Seite 2525.

283 ALTMANN, S. L. [1989]: p. 297.

284 Siehe etwa die Herleitung in BROUWER and CLEMENCE [1961], p. 530 ff.; oder in Abschn. 2.8.9 auf Seite 409.

$$\dot{x}_i = \frac{dx_i}{dt} = \frac{\partial H}{\partial y_i}\ , \quad \dot{y}_i = \frac{dy_i}{dt} = -\frac{\partial H}{\partial x_i} \quad (i = 1, 2, 3, \ldots.. , n) \tag{2.298}$$

hat. Hier sind die x_i die Ortskoordinaten, die y_j werden als die zugehörenden kanonisch konjugierten Impulskoordinaten bezeichnet, die Funktion $H = H(x_i, y_i)$ als *Hamilton* Funktion. Das System ist von der Ordnung $2n$. Die Variablen x_i, y_i werden als kanonisch bezeichnet, wenn sie das kanonische Differentialgleichungssystem erfüllen. Ohne Beschränkung der Allgemeinheit kann angenommen werden, dass die Zeit nicht explizit vorkommt, sodass aus

$$\frac{dH}{dt} = \sum_{i=1}^{n} \frac{\partial H}{\partial x_i}\frac{dx_i}{dt} + \sum_{i=1}^{n} \frac{\partial H}{\partial y_i}\frac{dy_i}{dt} = 0 \tag{2.299}$$

das Integral

$$H = \text{const.} \tag{2.300}$$

folgt.

Ein BEISPIEL[285] ist im Rahmen der *Kepler*-Bewegung bei Annahme einer nur ortsabhängigen und eventuell von der Zeit explizit abhängigen „Störfunktion“ W ein kartesisches Koordinatensystem

$$X_i := y_i = \dot{x}_i\ , \quad x_i \quad (i = 1, 2, 3)\ . \tag{2.301}$$

Dann folgt aus der *Kepler*'schen Bewegungsgleichung

$$\ddot{x}_i = -\mu\frac{x_i}{r^3} + \frac{\partial W}{\partial x_i}\ , \quad (i = 1, 2, 3) \tag{2.302}$$

das kanonische Differentialgleichungssystem

$$\dot{X}_i = \frac{\partial H}{\partial x_i}, \quad \dot{x}_i = \frac{\partial H}{\partial X_i} \tag{2.303}$$

mit der *Hamilton*-Funktion

$$H = -\frac{1}{2}\left(X^i X_i\right) + \frac{\mu}{r} + W(t, x_i)\ . \tag{2.304}$$

In diesem Ausdruck wird die Einstein'sche Summenkonvention verwendet:

$$X^i X_i := \sum_i X_i \cdot X_i = \sum_i (X_i)^2 \quad ; \quad \text{allgemein:} \quad x^i y_i := \sum_i x_i \cdot y_i \tag{2.305}$$

Die besondere Bedeutung der kanonischen Systeme besteht in der Durchführung von Transformationen von kanonischen Variablen auf neue wieder kanonische Variable, was

[285] Siehe etwa in BRUMBERG [1995], pp. 148–149.

unter gewissen Regeln möglich ist. Derartige Transformationen werden als „kanonische Transformationen“ bezeichnet. Durch eine geschickte Wahl dieser Transformationen können auch komplizierte Probleme unter Umständen zu relativ einfacher analytischer Lösung gebracht werden. Diese Methodik hat sich mit zunehmender Verfeinerung in der Folgezeit zur Lösung von Problemen in der Untersuchung der Bewegungen des Mondes, der Kleinen Planeten und von künstlichen Satelliten bewährt. Das Prinzip zur Anwendung in der Astrodynamik liegt darin, durch die Transformationen schrittweise kurzperiodische, langperiodische und säkulare Terme zu eliminieren, bis ein lösbarer Ansatz vorliegt.[286] Durch Zurücktransformation kann das Gesamtproblem einer Lösung zugeführt werden. Kritik an diesem Verfahren kann im Zusammenhang mit der Untersuchung von künstlichen und natürlichen Satelliten aufkommen, wenn kurzperiodische, langperiodische und säkulare Bewegungseinflüsse nicht klar separiert werden können. Dies ist in der Tat für häufig geflogene Bahnen von Erdsatelliten etwa im Zusammenhang mit Resonanzen bei natürlichen Satelliten oder bei kreisnahen Bahnen („eingefrorene Bahnen“) der Fall.

2.8.10 Carl Gustav Jacobi

Carl Gustav Jakob Jacobi (1804–1851)[287] gelang in der theoretischen Dynamik «der erste entscheidende Schritt über *Lagrange* und *Hamilton* hinaus“ durch die Einführung der *Hamilton-Jacobi*schen Differentialgleichungen. Sie sind vor allem in der Quantenmechanik von Bedeutung.[288] Die von *Hamilton* und *Jacobi* unabhängig voneinander entwickelte *Hamilton-Jacobi*-Theorie bildet auch ein theoretisches Fundament der Methode der Variation der Parameter.[289]

Im 19. Jahrhundert standen Überlegungen zu einer Lösung des Drei- und N-Körperproblems im Vordergrund des Interesses der Himmelsmechaniker. *Jacobi* entwickelte wesentliche mathematische Hilfsmittel und Sätze, um diese Problematik besser zu verstehen und zu bearbeiten. Dazu gehört etwa der *Jacobische Knotensatz,* allgemein bekannt auch als *Satz von der Elimination der Knoten.* Im relativen Dreikörperproblem werden die Bahnebenen der beiden um den als Bezug angenommenen Hauptkörper sich bewegenden Körper betrachtet. In Bezug auf die unveränderliche Basisebene dieses Systems (etwa die unveränderliche Basisebene des Sonnensystems) konnte *Jacobi* nachweisen, dass sich die Knoten der Bahnebenen dieser beiden Körper unterscheiden

---

[286] Erfolgreiche Beispiele für die Anwendung dieser Methodik sind zum Beispiel die Arbeiten von BROUWER, D. [1959] und GARFINKEL, B. [1959].

[287] *Carl Gustav Jakob Jacobi* (* 10. Dezember 1804 in Potsdam; † 18. Februar 1851 in Berlin); https://de.wikipedia.org/wiki/Carl_Gustav_Jacob_Jacobi.

[288] Nach BELL [1967], p. 324; Herleitung in: LANDAU, L. D. und LIFSCHITZ, E. M. [1963], p. 171 ff.; Untersuchung etwa in K. STUMPFF [1965], pp. 183 ff.; in BOCCALETTI, D. and Pucacco, G. [1996], pp. 61–124,; Beschreibung auch in: http://de.wikipedia.org/wiki/Hamilton-Jacobi-Formalismus.

[289] Siehe etwa in K. STUMPFF [1965], pp. 203 ff.

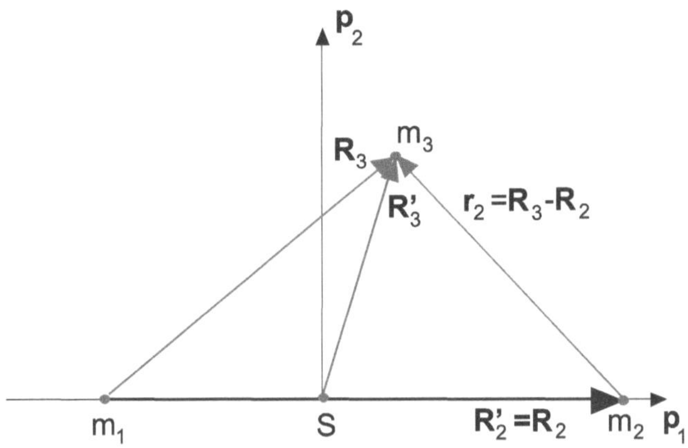

Abb. 2.41 Die *Jacobi*schen Koordinaten im Dreikörperproblem: $\mathbf{R}'_2$, $\mathbf{R}'_3$

um genau 180 Grad[290]

$$\Omega_3 = \Omega_2 + 180^\circ \quad . \tag{2.306}$$

Das relative Dreikörperproblem benötigt zu seiner Lösung 12 Integrale. Von den 18 Integralen des absoluten Dreikörperproblems sind 6 Integrale bereits durch den Schwerpunktsatz erledigt. Mit Hilfe des *Jacobi*schen Knotensatzes werden zur Lösung des relativen Problems dann nur 11 Integrale benötigt.

Im Zusammenhang mit der exakten Herleitung dieses Satzes führte *Jacobi* die nach ihm benannten Koordinaten ein. Seien $\mathbf{R}_2$, $\mathbf{R}_3$ die relativen Ortsvektoren der beiden Körper mit den Massen m_2, m_3, so werden die *Jacobi*schen Koordinaten mit $\mathbf{R}'_2$, $\mathbf{R}'_3$ bezeichnet. Unter den verschiedenen Möglichkeiten, solche Koordinaten zu definieren, ist die für die Praxis effektivste bei Bezug auf den Schwerpunkt S der beiden Körper m_1 und m_2. Dann lauten die *Jacobi*schen Koordinaten (siehe Abb. 2.41):

$$\mathbf{R}'_2 = \mathbf{R}_2 \, , \quad \mathbf{R}'_3 = \mathbf{R}_3 - \frac{m_2}{m_1 + m_2} \mathbf{R}_2 \quad . \tag{2.307}$$

In diesen Koordinaten ist der *Jacobi*sche Knotensatz nichts anderes als eine Übertragung des Satzes von der Erhaltung des Drehimpulses auf *Jacobi*sche Koordinaten.

Die *Jacobi*schen Koordinaten lassen sich entsprechend Abb. 2.42 auf ein N-Körperproblem übertragen: Der Schwerpunkt S_{i} ist Schwerpunkt zwischen dem Körper m_i und dem Schwerpunkt S_{i-1}. Dann ist S_N der Schwerpunkt des Gesamtsystems.

Der Satz von *Jacobi* über die Lösungen des N-Körperproblems besagt, nach Lösung von 6 N-2 Integralen können die noch fehlenden zwei Integrale durch die Integration von bekannten Funktionen gelöst werden. Im Allgemeinen ist das aber nicht möglich.

[290] Herleitung etwa bei K. STUMPFF [1965], p. 42.

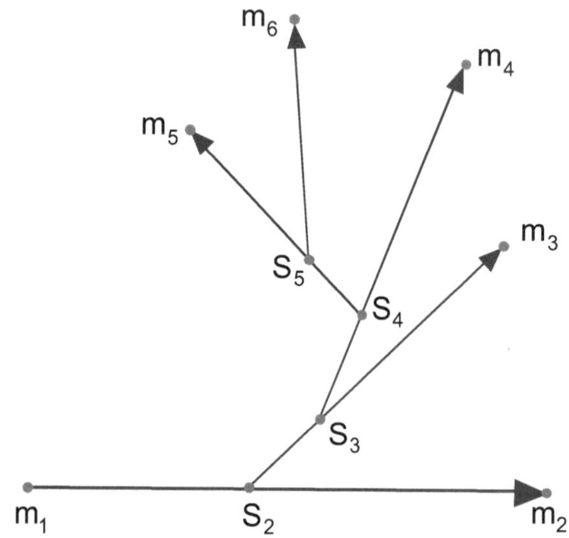

Abb. 2.42 Die *Jacob*ischen Koordinaten im N-Körperproblem: Der jeweilige Schwerpunkt S_i ist der Schwerpunkt des i-Körperproblems

Im eingeschränkten Dreikörperproblem werden zwei der drei Körper mit nicht verschwindenden Massen (z. B. Sonne und Jupiter) auf (bekannten) Kreisbahnen angenommen. Sie bewegen sich gleichförmig um ihren gemeinsamen Schwerpunkt. Der dritte Körper mit vernachlässigbar angenommener Masse (z. B. ein Komet, eine Raumflugsonde) bewegt sich auf einer relativ zur Bewegung der beiden primären Massen geprägten Bahn. Die relative Bewegung des dritten Körpers genügt unter den Voraussetzungen des eingeschränkten Dreikörperproblems den Bewegungsgleichungen (2.216).

Das eingeschränkte Dreikörperproblem[291] ist eine im Sonnensystem näherungsweise vorkommende Erscheinung. Es ist eine Möglichkeit, sich der Problematik der Dreikörperbewegung in diesem in der historischen Entwicklung besonders wichtigen Anwendungsfall erfolgreich zu nähern.

Die Bewegungsgleichung des kleinen Körpers mit als verschwindend angenommener Masse m_3 wird direkt aus der Rotation der Verbindungslinie der beiden Hauptmassen m_1 und m_2 hergeleitet. Das ist nichts anderes als in Bezug auf die gleichförmige Kreisbewegung dieser beiden Körper um ihren gemeinsamen Schwerpunkt S (siehe Abb. 2.43). Ein als fest, also „inertial" angenommenes Bezugssystem, habe die Basisvektoren $\mathbf{p}_i$ mit $\dot{\mathbf{p}}_i \equiv 0$, das mitrotierende System die Basis $\mathbf{q}_j$. Der Drehwinkel $\alpha = n\,(t - t_0)$ habe die konstante mittlere Bewegung n. Es ist $\dot{\alpha} = n$. Das Zeitintervall $t - t_0$ sei auf einen festen Anfangszeitpunkt t_0 bezogen. Die Transformationen zwischen dem festen und dem rotierenden System sind

$$\mathbf{p}_1 = \mathbf{q}_1 \cos\alpha - \mathbf{q}_2 \sin\alpha \qquad \mathbf{q}_1 = \mathbf{p}_1 \cos\alpha + \mathbf{p}_2 \sin\alpha$$

[291] Begriff von *H. Poincaré* (nach K. Stumpff [1965], p. 50).

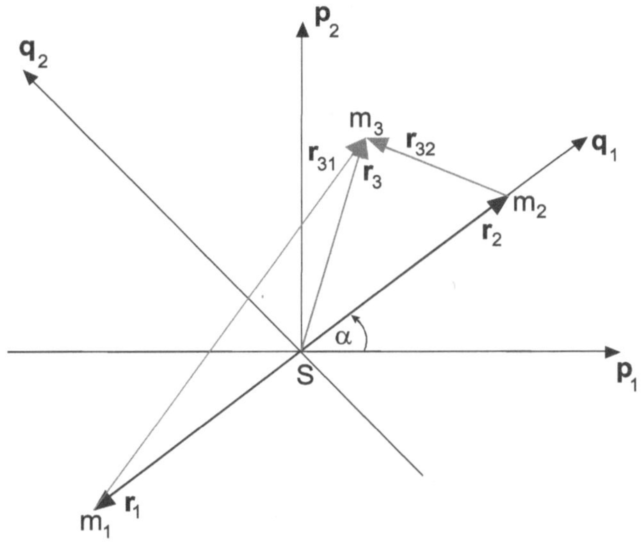

Abb. 2.43 Das eingeschränkte Dreikörperproblem: Das $\mathbf{q}_j-$ System wird gegenüber dem als fest angenommenen $\mathbf{p}_i-$ System um den Winkel $\alpha = n\,\Delta t$ mit der gleichförmigen Winkelgeschwindigkeit n im Zeitintervall Δt gedreht

$$\mathbf{p}_2 = \mathbf{q}_1 \sin\alpha + \mathbf{q}_2 \cos\alpha \qquad \mathbf{q}_2 = -\mathbf{p}_1 \sin\alpha + \mathbf{p}_2 \cos\alpha$$
$$\mathbf{p}_3 = \mathbf{q}_3 \qquad \mathbf{q}_3 = \mathbf{p}_3 . \tag{2.308}$$

Die Basis des rotierenden Systems hat die Variationen

$$\dot{\mathbf{q}}_1 = n\,\mathbf{q}_2 , \quad \dot{\mathbf{q}}_2 = -n\,\mathbf{q}_1 , \quad \dot{\mathbf{q}}_3 = 0 \ . \tag{2.309}$$

Der diesem Fall als absolut aufgefasste zugehörende Eigenbewegungsvektor dieses Systems mit $\dot{\mathbf{q}}_j = \mathbf{D}_q \times \mathbf{q}_j$ lautet $\mathbf{D}_q = n\mathbf{q}_3$. Der dritte Körper hat in Bezug auf den Schwerpunkt S des Systems die kartesischen Darstellungen

$$\mathbf{r}_3 = x^i\,\mathbf{p}_i = y^j\mathbf{q}_j \ . \tag{2.310}$$

Wegen der Basisvariationen (2.309) lautet sein Geschwindigkeitsvektor

$$\dot{\mathbf{r}}_3 = \mathbf{q}_1\,(\dot{y}_1 - y_2\,n) + \mathbf{q}_2\,(\dot{y}_2 + y_1\,n) \ + \ \mathbf{q}_3\,\dot{y}_3 \ . \tag{2.311}$$

Der Beschleunigungsvektor lautet im rotierenden System

$$\ddot{\mathbf{r}}_3 = \mathbf{q}_1\left(\ddot{y}_1 - 2\,\dot{y}_2\,n \ - y_1\,n^2\right) + \mathbf{q}_2\left(\ddot{y}_2 + 2\,\dot{y}_1\,n \ - y_2\,n^2\right) + \mathbf{q}_3\,\ddot{y}_3 \ . \tag{2.312}$$

In einem Dreikörperproblem hat der dritte Körper nach den Ausdrücken (2.152) die Bewegungsgleichung:

$$\ddot{\mathbf{r}}_3 = -\mu_1 \frac{\mathbf{r}_3 - \mathbf{r}_1}{|\mathbf{r}_1 - \mathbf{r}_3|^3} - \mu_2 \frac{\mathbf{r}_3 - \mathbf{r}_2}{|\mathbf{r}_2 - \mathbf{r}_3|^3} \quad . \tag{2.313}$$

Die beiden Hauptkörper sollen sich auf Kreisen $r_1 := |\mathbf{r}_1| = \text{const.}$, $r_2 := |\mathbf{r}_2| = \text{const.}$ bewegen.

Der dritte Körper hat in Bezug auf die beiden Hauptkörper die Beziehungen

$$\begin{aligned} \mathbf{r}_3 - \mathbf{r}_1 &= \mathbf{q}_1\,(y_1 + r_1) + \mathbf{q}_2\,y_2 + \mathbf{q}_3\,y_3 \\ \mathbf{r}_3 - \mathbf{r}_2 &= \mathbf{q}_1\,(y_1 - r_2) + \mathbf{q}_2\,y_2 + \mathbf{q}_3\,y_3 \;. \end{aligned} \tag{2.314}$$

Die jeweiligen Distanzen können berechnet werden aus

$$r_{31}^2 := |\mathbf{r}_3 - \mathbf{r}_1|^2 = (y_1 + r_1)^2 + y_2^2 + y_3^3, \quad r_{32}^2 := |\mathbf{r}_3 - \mathbf{r}_2|^2 = (y_1 - r_2)^2 + y_2^2 + y_3^3 \;. \tag{2.315}$$

Damit wird die Bewegungsgleichung für die relative Bewegung des dritten Körpers in Bezug auf die beiden Hauptkörper im eingeschränkten Dreikörperproblem reduziert auf

$$\ddot{\mathbf{r}}_3 = -\mathbf{q}_1 \left[\frac{\mu_1\,(y_1 + r_1)}{r_{31}^3} + \frac{\mu_2\,(y_1 - r_2)}{r_{32}^3} \right] - \mathbf{q}_2\,y_2 \left[\frac{\mu_1}{r_{31}^3} + \frac{\mu_2}{r_{32}^3} \right] - \mathbf{q}_3\,y_3 \left[\frac{\mu_1}{r_{31}^3} + \frac{\mu_2}{r_{32}^3} \right] \;. \tag{2.316}$$

Wegen Orthonormie der Basis $\mathbf{q}_j$ führt Koeffizientenvergleich zwischen den Gl. (2.312) und (2.316) auf die bekannten skalaren Variationsgleichungen des eingeschränkten Dreikörperproblems

$$\begin{aligned} \ddot{y}_1 - 2\,\dot{y}_2\,n - y_1\,n^2 &= -\left[\frac{\mu_1\,(y_1 + r_1)}{r_{31}^3} + \frac{\mu_2\,(y_1 - r_2)}{r_{32}^3} \right] \\ \ddot{y}_2 + 2\,\dot{y}_1\,n - y_2\,n^2 &= -\,y_2 \left[\frac{\mu_1}{r_{31}^3} + \frac{\mu_2}{r_{32}^3} \right] \\ \ddot{y}_3 &= -\,y_3 \left[\frac{\mu_1}{r_{31}^3} + \frac{\mu_2}{r_{32}^3} \right] \;. \end{aligned} \tag{2.317}$$

Hier lautet die Potenzialfunktion

$$\Phi := \frac{n^2}{2}\left(y_1^2 + y_2^2\right) + \frac{\mu_1}{r_{31}} + \frac{\mu_2}{r_{32}} \tag{2.318}$$

und man erhält die zu den Gl. (2.216) analoge Gleichungen

$$\ddot{y}_1 - 2\,\dot{y}_2\,n = \frac{\partial\Phi}{\partial y_1}\,, \quad \ddot{y}_2 + 2\,\dot{y}_1\,n = \frac{\partial\Phi}{\partial y_2}\,, \quad \ddot{y}_3 = \frac{\partial\Phi}{\partial y_3} \quad . \tag{2.319}$$

In diesem Zusammenhang kann die Funktion Φ nicht als ein Potenzial aufgefasst werden, wie es in der Physik üblich ist. Sie wird in himmelsmechanischem Zusammenhang positiv angesetzt (in der Physik negativ) und wird gelegentlich als ein Pseudopotenzial bezeichnet.[292] Das Gesamtsystem kann unmittelbar integriert werden. Dazu werden die drei Gleichungen jeweils mit $\dot{y}_1, \dot{y}_2, \dot{y}_3$ multipliziert und dann addiert. Man erhält

$$\ddot{y}_1\,\dot{y}_1 + \ddot{y}_2\,\dot{y}_2 + \ddot{y}_3\,\dot{y}_3 = \frac{\partial\Phi}{\partial y_1}\,\dot{y}_1 + \frac{\partial\Phi}{\partial y_2}\,\dot{y}_2 + \frac{\partial\Phi}{\partial y_3}\,\dot{y}_3$$

mit dem Integral

$$2\,\Phi - \left(\dot{y}_1^2 + \dot{y}_2^2 + \dot{y}_3^2\right) = C_J \quad . \tag{2.320}$$

Dies ist das *Jacobische Integral.*[293] Die *Jacobische Konstante* C_J ist eine Konstante der relativen Bewegung. Wegen der Einschränkungen sind im eingeschränkten Dreikörperproblem weder der Energiesatz noch der Satz von der Erhaltung des Drehimpulses gültig. Das *Jacobi*sche Integral ist daher das einzige Integral im kreisförmigen eingeschränkten Dreikörperproblem. Daraus kann gefolgert werden, es gibt keine geschlossene Lösung im allgemeinen Fall.[294] In den Anwendungen wird das *Jacobi*-Integral in „inertialen" Koordinaten benötigt. Dies ist etwa bei der Herleitung des *Tisserand*-Kriteriums[295] und der *Hill'*schen Grenzkurven[296] der Fall.

Mit den Beziehungen (2.308) und (2.310) erhält man für die Transformation der kartesischen Koordinaten vom rotierenden in das inertiale System

$$\begin{aligned} y_1 &= x_1\,\cos\alpha + x_2\,\sin\alpha, & \dot{y}_1 &= \dot{x}_1\,\cos\alpha + \dot{x}_2\,\sin\alpha\, + n\,y_2 \\ y_2 &= -x_1\,\sin\alpha + x_2\,\cos\alpha, & \dot{y}_2 &= -\dot{x}_1\,\sin\alpha + \dot{x}_2\,\cos\alpha - n\,y_1 \\ y_1 &= x_3, & \dot{y}_1 &= \dot{x}_3. \end{aligned} \tag{2.321}$$

Damit wird das *Jacobi*-Integral (2.320) übergeführt in

$$\dot{x}_1^2 + \dot{x}_2^2 + \dot{x}_3^2 + n^2\left(x_1^2 + x_2^2\right) + 2\,n\,(\dot{x}_1\,x_2 - \dot{x}_2 x_1) = 2\,\Phi\, - C_J\,, \tag{2.322}$$

bzw. mit der Funktion Φ aus auch (2.318) (V ist die „absolute" Geschwindigkeit im System der drei Körper)

---

[292] Siehe etwa in MURRAY, C. D. and S. F. DERMOTT [1999], p. 67.

[293] *Comptes rendus de l'Académie des Sciences,* t. III, p. 61, zitiert nach F. TISSERAND [1896], tome IV, p. 204.

[294] MURRAY, C. D. and S. F. DERMOTT [1999], p. 68.

[295] Siehe Abschn. 2.8.19 auf Seite 424.

[296] Hinweis in Abschn. 2.8.17 auf Seite 420.

$$V^2 = \dot{x}_1^2 + \dot{x}_2^2 + \dot{x}_3^2 = 2\,n\,(\dot{x}_2\,x_1 \;-\dot{x}_1\,x_2) + \frac{2\mu_1}{r_{31}} + \frac{2\mu_2}{r_{32}} - C_J \quad . \tag{2.323}$$

2.8.11 Charles-Eugène Delaunay

Charles-Eugène Delaunay (1816–1872)[297] verfeinerte die Theorie von der Bewegung des Mondes in seinem Werk *„Théorie du mouvement de la lune"* (Paris 1860–67) durch Einführung der nach ihm benannten kanonischen Elemente. Diese können als kanonische Entsprechung zu den (nicht kanonischen) *Kepler*-Elementen angesehen werden. Sie lauten (in der originalen Bezeichnungsweise) in Bezug auf die *Kepler*-Elemente:

$$\begin{aligned} L &:= \sqrt{\mu a}, & \mathrm{l} &:= M \\ G &:= \sqrt{\mu p} = L\sqrt{1-e^2}, & g &:= \omega \\ H &:= \sqrt{\mu p}\,\cos i = G\,\cos i, & h &:= \Omega. \end{aligned} \tag{2.324}$$

W sei die „Störungsfunktion" im Hinblick auf das Zweikörperproblem. Die zugehörige *Hamilton*-Funktion[298] ist

$$F = \frac{\mu^2}{2\,L^2} + W(t; \mathrm{l}, g, h, L, G, H) \quad . \tag{2.325}$$

Die entsprechenden kanonischen Differentialgleichungen lauten

$$\begin{aligned} \dot{L} &= \frac{\partial F}{\partial \mathrm{l}}, & \dot{\mathrm{l}} &= -\frac{\partial F}{\partial L} \\ \dot{G} &= \frac{\partial F}{\partial g}, & \dot{g} &= -\frac{\partial F}{\partial G} \\ \dot{H} &= \frac{\partial F}{\partial h}, & \dot{h} &= -\frac{\partial F}{\partial H} \quad . \end{aligned} \tag{2.326}$$

Die *Delaunay*-Variablen sind das Lieblingsinstrument vieler Himmelsmechaniker bis zum heutigen Tage geblieben.[299] Der Nachteil dieser Variablen liegt in der Tatsache, sie weisen wie die ursprünglichen *Kepler*-Elemente für $e \to 0$ und $i \to 0°$ 180°-Singularitäten auf. Das Verfahren besteht darin, eine mit den *Delaunay*-Elementen entwickelte Theorie auf eine andere Theorie mit nicht singulären Elementen zu übertragen. Es muss sehr sorgfältig geprüft werden, ob eine solche Übertragung bzw. Erweiterung

[297] *Charles-Eugène Delaunay* (Lusigny Dép. de l'Aube 1816 – Cherbourg 1872).

[298] Die *Hamilton*-Funktion wird in diesem Zusammenhang mit F bezeichnet, um eine Verwechslung mit einem der *Delaunay*'schen Elemente zu vermeiden.

[299] Etwa D. BROUWER [1959-a], B. GARFINKEL [1959].

gerechtfertigt ist. Denn der neue Fall muss die ursprüngliche Herleitung wieder abdecken können.[300]

2.8.12 D. S. Poisson

Denis Siméon Poisson (1781–1840)[301] hatte unter *Laplace* und *Lagrange* studiert. Er führte deren Werk vor allem im Hinblick auf Anwendungen in verschiedenen Bereichen der Physik weiter. In der Himmelsmechanik erweiterte er deren Untersuchungen zur Stabilität der Planetenbahnen. *Poisson* berechnete die von kugelförmigen und ellipsoidischen Körpern ausgehende Gravitationsanziehung. Dazu stellte er die Gravitationskraft durch die Massenverteilung in diesen Körpern dar. Diese Arbeiten werden im Rahmen der modernen Satellitengeodäsie zur Beschreibung der Erdgestalt (Geoid) verwendet.[302] *Poisson* stellte die nach ihm benannte Differentialgleichung in Verallgemeinerung der *Laplace'*schen Differentialgleichung zunächst für das Gravitationspotenzial auf. Er wurde zu einem Begründer der in verschiedenen Gebieten der Physik bedeutsamen Potenzialtheorie. In der Mathematik beschäftigte er sich unter anderem mit den *Fourier-Re*ihen. Die nach ihm benannten Reihen werden im Rahmen des *Poisson*-Reihen-Prozessors für das automatische algebraische Rechnen zur Erstellung analytischer Theorien zur Beschreibung der Bewegung der Himmelskörper eingesetzt.[303] Bei den *Poisson*-Reihen handelt es sich um Polynom-trigonometrische Reihen, d. h. um eine Kombination aus Polynomen und *Fourier*-Reihen im trigonometrischen System. Sie haben die allgemeine Form

$$
\begin{aligned}
P &:= P(\mathbf{x}, \mathbf{y}) = \\
&= \sum_{\substack{i_1=-\infty \\ i_1 \neq 0}}^{+\infty} \cdots \sum_{\substack{i_m=-\infty \\ i_m \neq 0}}^{+\infty} \sum_{\substack{j_1=-\infty \\ j_1 \neq 0}}^{+\infty} \cdots \sum_{\substack{j_n=-\infty \\ j_n \neq 0}}^{+\infty} x_1^{i_1} \cdots x_m^{i_m} \left[C_{i_1 \cdots i_m}^{j_1 \cdots j_n} \cos(j_1 y_1 + \cdots j_n y_n) + S_{i_1 \cdots i_m}^{j_1 \cdots j_n} \sin(j_1 y_1 + \cdots j_n y_n) \right] .
\end{aligned}
\tag{2.327}
$$

Die Koeffizienten *C, S* sind rationale Zahlen oder Gleitkommazahlen, reelle oder komplexe. Die $\mathbf{x} = (x_1, \cdots, x_m)$ werden als Potenzvariable („Polynom-Variable"), die $\mathbf{y} = (y_1, \ldots, y_n)$ als trigonometrische Variable bezeichnet. Reihen dieser Form werden manchmal auch genauer als (m, n)- *Poisson*-Reihen bezeichnet. Der wichtigste Vorteil dieser Reihen für das Arbeiten mit algebraischen Manipulatorsystemen besteht in der

---

[300] Siehe etwa in K. AKSNES [1972], p. 70 und R. H. LYDDANE [1963].

[301] *Denis Siméon Poisson* (Pithiviers (Dép. Loiret) 1781 – Sceaux (Paris) 1840).

[302] The New Encyclopaedia Britannica [1989], p. 549, MEYERS ENZYKLOPÄDISCHES LEXIKON [1978], p. 827.

[303] V. BRUMBERG [1995], pp. 7–24; The New Encyclopaedia Britannica [1989], p. 549; MEYERS ENZYKLOPÄDISCHES LEXIKON [1978], p. 827; Encyclopaedia of Mathematics [1991], Vol. 7, pp. 201–205; HERGET, P. and O. MUSEN [1959]: *AJ* **64,** No. 1266, 11–16; RICHARDSON, D. L. [1989]: *Celest. Mech.* **45,** 267–274; ROM, A. [1970]: *Cel. Mech.* **1,** 301–319; HENRARD, J. [1989]: *Celest. Mech.* **45,** 245–253.

Tatsache, dass Addition, Subtraktion, Multiplikation, Differentiation und Integration von *Poisson*-Reihen in der Regel mit geringen Ausnahmen wieder auf *Poisson*-Reihen führen.

2.8.13 Hermann Günther Grassmann

Hermann Günther Grassmann[304] (1809 –1877) gab in seinem Werk[305] *„Die Wissenschaft der extensiven Größe oder (lineare) Ausdehnungslehre, eine neue mathematische Disziplin“* (1844)[306] erstmals eine systematische Darstellung der Lehre vom n-dimensionalen euklidischen Raum. Damit begründete *Grassmann* die Vektorrechnung. Er ermöglichte damit auch die Entstehung der Tensorrechnung. *Grassmann* entwickelte in dieser Arbeit die auf *G. W. Leibniz* zurückgehende Idee einer Algebra, mit geometrischen Größen wie etwa Punkten, Kurven und Ebenen, die durch gewisse Symbole, also Vektoren und Tensoren, dargestellt werden, mit bestimmten mathematischen Regeln zu arbeiten. Mit einer solchen Methodik kann in vielen Anwendungen wesentlich eleganter umgegangen werden als mit der klassischen Koordinatengeometrie. Ferner führte *Grassmann* die Koordinatendarstellung eines Unterraumes ein, der in einen N-dimensionalen Vektorraum eingebettet ist (*Grassmann*-Koordinaten in einer *Grassmann*-Mannigfaltigkeit).[307] *Grassmann* gilt neben *Hamilton* und *Boole* deshalb als einer der Pioniere der modernen Algebra. Ohne seine Methoden hätte *Einstein* vermutlich nicht seine allgemeine Relativitätstheorie entwickeln können. Die moderne Astrodynamik ist ohne die Vektorrechnung und in vielen Teilen auch die Tensorrechnung nicht mehr denkbar. Die Tensorrechnung konnte sich allerdings nur sehr langsam, d.h. zum Teil erst im zweiten Drittel des 20. Jahrhunderts, in der modernen Himmelsmechanik etablieren.

2.8.14 Christoffel, Ricci-Curbastro und die Entwicklung der Tensorrechnung

Elwin Bruno Christoffel (1829–1900) gilt als der eigentliche Vater der Tensorrechnung. Ideen dazu gehen schon auf *B. Riemann* und *H. G. Grassmann* zurück. *Christoffels* Hauptarbeitsgebiete lagen in der Analysis, Geometrie, insbesondere der Differentialgeometrie, theoretischen Physik und Geodäsie. Er arbeitete über die Theorie der analytischen Funktionen sowie über die Invarianten- und die Flächentheorie. Die Theorie der krummlinigen

---

[304] *Hermann Günther Grassmann* (Stettin 1809 – Stettin 1877).

[305] The New Encyclopaedia Britannica [1989], Vol. 5, p. 432; Meyers Enzyklopädisches Lexikon [1974], Bd. 10, p. 698; Brockhaus Enzyklopädie [1969], p. 573; weitere Auflagen des Buches: 1862, *Die Ausdehnungslehre von 1844* [1878]; in den gesammelten Werken [1894–1911].

[306] GRASSMANN, HERMANN [1844/1894].

[307] Encyclopaedia of Mathematics [1989], Kluwer Academic Publishers, vol. 4, pp. 314–315.

Koordinaten auf gekrümmten Flächen wird in der Tensorrechnung und damit in der allgemeinen Relativitätstheorie angewandt. Die dazu benötigten Größen führte *Christoffel* 1869 ein. Sie sind als *Christoffel*-Symbole erster und zweiter Art bekannt.[308]

Den Durchbruch der Tensorrechnung brachten erst die Arbeiten von ***Gregorio Ricci-Curbastro*** (1843–1925).[309] Er entwickelte vor allem in den Jahren 1887–1896 seine systematische Theorie der Tensorrechnung. Sie führte zum „absoluten Differentialkalkül", den nach ihm benannten *Ricci*-Kalkül. Sie trägt seinen Namen im *Ricci*-Tensor weiter. Zusammen mit seinem Schüler *Tullio Levi-Cività* veröffentlichte er 1900 die erste systematische Darstellung der Tensorrechnung unter dem Titel *Méthodes de calcul différentiel absolu et leurs applications.*[310]

2.8.15 Kurventheorie: Frénet und Darboux

Der Mathematiker ***Jean Frédéric Frénet*** (1816–1900)[311] beschäftigte sich vor allem mit Problemen der Differentialgeometrie. Nach ihm benannt sind die Differentialgleichungen des begleitenden Dreibeins der Differentialgeometrie. Sie beschreiben die Bewegung längs einer Kurve durch Krümmung und Torsion (= Windung). Diese Gleichungen stellen die Variation des begleitenden Dreibeins als ein mitgeführtes Basissystem dar. Seien $\mathbf{v}_1$, $\mathbf{v}_2$, $\mathbf{v}_3$ die Richtungsvektoren von Tangente, Normale bzw. Binormale einer Raumkurve, lauten mit Krümmung κ und Torsion τ die *Frenet*'schen Formeln

$$\begin{aligned} \frac{d\mathbf{v}_1}{ds} &= \kappa\,\mathbf{v}_2 \\ \frac{d\mathbf{v}_2}{ds} &= -\kappa\,\mathbf{v}_1 + \tau\,\mathbf{v}_3 \\ \frac{d\mathbf{v}_3}{ds} &= -\tau\,\mathbf{v}_2\ . \end{aligned} \tag{2.328}$$

Im Rahmen der Astrodynamik lässt sich ein gleichartiges mitgeführtes Dreibein finden. Es verwendet das von *G. W. Leibniz* eingeführte mitgeführte Koordinatensystem. In gleicher Weise kann auch in Bezug auf das von *P. A. Hansen* entdeckte „ideale" Koordinatensystem ein ähnlich elegantes Differentialgleichungssystem wie die *Frenet*'schen Formeln hergeleitet werden.[312]

---

308 Meyers Enzyklopädisches Lexikon [1978], p. 696; Brockhaus Enzyklopädie [1968], p. 37; Encyclopaedia of Mathematics [1988], Kluwer Academic Publishers, vol. 2, pp. 138–141.

309 *Gregorio Ricci-Curbastro* (Lugo-Ravenna 1853 – Bologna 1925).

310 The New Encyclopaedia Britannica [1989], p. 40 and p. 483; Meyers Enzyklopädisches Lexikon [1979], p. 123–124, Brockhaus Enzyklopädie [1970], pp. 780–781.

311 *Jean Frédéric Frénet* (Périgueux, 7. fév. 1816 – Périgueux, 12. Juni 1900).

312 Abschn. 2.8.7.3 auf Seite 398 und 2.8.7.4 auf Seite 400.

Jean Gaston Darboux (1842–1917)[313] war von breitem mathematischem Interesse. Seine bedeutendsten Beiträge lagen in Differentialgeometrie und Analysis. Er führte die *Frenet*'schen Formeln in die Differentialgeometrie ein. Nach ihm benannt ist der Rotationsvektor **D** des begleitenden Dreibeins, der eine alternative Darstellung der *Frenet*'schen Formeln erlaubt. Dieser Vektor hat die Eigenschaft

$$\dot{\mathbf{v}}_i = \mathbf{D} \times \mathbf{v}_i \qquad \langle i = 1, 2, 3 \tag{2.329}$$

und lautet in Bezug auf die *Frenet*'schen Formeln

$$\mathbf{D} = \tau\, \mathbf{v}_1 + \kappa\, \mathbf{v}_3 \quad . \tag{2.330}$$

Ein ähnlicher Vektor kann in allen orthonormierten Koordinatensystemen eingeführt werden, wenn die Variation einer Basis auf die Basis selbst bezogen werden soll. Derartige Rotationsvektoren können als „allgemeine *Darboux*-Vektoren" bezeichnet werden. Im vorliegenden Bericht wird der allgemeinere Begriff *„Eigenbewegungsvektor eines Systems"* verwendet.

2.8.16 G. V. Schiaparelli

Giovanni Virginio Schiaparelli (1861–1900)[314] war einer der bedeutendsten Astronomen der zweiten Hälfte des 19. Jahrhunderts.[315] In seiner Sternwarte Brera bei Mailand führte er systematische Beobachtungen der Planeten des Sonnensystems durch, beschäftigte sich mit den Rotationen der Planeten. Auf dem Mars entdeckte er erstmalig rinnenartige Strukturen, die er „canali" nannte. Auf die fehlerhafte Übersetzung in andere Sprachen (Kanäle, canals) hatte er keinen Einfluss.[316] Spektakulärer Höhepunkt der durch die Fehlübersetzung verursachten Hysterie war der „Krieg der Sterne". *Orson Welles* trug ihn 1938 als fiktive Radiostory nach dem Science-Fiction-Roman von *H. G. Wells* (erschienen 1898) wie eine echte Reportage vor. Angeblich war eine Massenpanik die Folge.[317]

---

313 *Jean Gaston Darboux* (Nîmes, Languedoc, 14. Aug. 1842 – Paris, 23. Feb. 1917).

314 *Giovanni Virginio Schiaparelli* (Savigliano 14. März 1835 – Mailand 4. Juli 1910).

315 http://phys-astro.sonoma.edu/brucemedalists/giovanni-schiaparelli

316 SCHIAPARELLI, GIOVANNI VIRGINIO [1861–1900], *Manuscripts and drawings of Mars,* with discussion in Italian and a quotation from a letter to P. Lowell in French, 1861–1900, posted by the „Le mani su Marte" project at the Brera Observatory. http://www.merate.mi.astro.it/?page=diari;lingua=inglese; SCHIAPARELLI, G.V. [1882]. SCHIAPARELLI, G.V.[1893], „The Distribution of Land and Water on Mars, followed by commentary by J.M. Schaeberle", *PASP* **5,** 169–73. SCHIAPARELLI, G. [1893, 1895, and 1909.], *La vita sul pianeta Marte: Tre scritti di Schiaparelli su Marte e i „marziani"*. SCHIAPARELLI, G.[1899]: *Observations of the Planet Mars Science* **9,** 633–37. SCHIAPARELLI, G. [1900], *The Rotation and Physical Constitution of the Planet Mercury and the Planet Mars.*

317 https://de.wikipedia.org/wiki/orson_welles

G. V. Schiaparelli hatte großes Interesse an der Geschichte der Astronomie, etwa auf den Einfluss der mesopotamischen in Keilschriften niedergelegten mathematischen Astronomie auf die spätere Himmelsmechanik.[318]

In bahnmechanischem Zusammenhang ist von besonderem Interesse die erstmalige Erkenntnis, dass es sich bei der Darstellung (1.226) des *Kopernikus* von der Bewegung der Planeten um die Sonne um die ersten Glieder *einer Fourier-Entwicklung* handelt.[319] Damit ist der exakte mathematische Beweis erbracht, wie zuverlässig und genial das Modell der Epizykel in der Antike im Rahmen der seinerzeit möglichen Beobachtungsgenauigkeit die Bewegung der Himmelskörper (Sonne, Mond, Planeten) beschrieb.

2.8.17 G. W. Hill

George William Hill (1838–1914)[320] hat vor allem zur Theorie der Mondbewegung und des Dreikörperproblems wesentliche Beiträge geleistet. Im Gegensatz zu seinen Vorläufern *Hansen* und *Delaunay*, die mit Polarkoordinaten arbeiteten, führte *Hill* die Rechnungen im Mondproblem in einem rechtwinkligen Koordinatensystem durch. Dieses System rotiert um die Sonne mit der mittleren Bewegung der Erde um die Sonne.

Hill untersuchte das Mondproblem ausgehend vom eingeschränkten Dreikörperproblem Sonne-Erde-Mond. In diesem System können gegenüber den Bedingungen des eingeschränkten Dreikörperproblems nochmals Vereinfachungen der Gl. (2.317) gemacht werden. Sie sind auch im Rahmen von Bahnanalysen von Konstellationen von Erdsatelliten, etwa bei Formationsflügen von Satellitensystemen, von besonderer Bedeutung. In diesem Zusammenhang stellte er die *Hill*'schen Differentialgleichungen auf und gab ihre Lösung.

Gegenüber den Gl. (2.317) werden zur Herleitung der *Hill*'schen Differentialgleichungen Änderungen und weitere Vereinfachungen durchgeführt. Das Problem wird auf ein ebenes Problem reduziert, der Bezugspunkt wird in den Körper m_2 gelegt, der Körper m_1 wird (wie im Modell des Sonnensystems) als dominant angenommen (vgl. Abb. 2.44). Als Folge davon wandert der Schwerpunkt S nach in den Hauptkörper des Masse m_1:

$$y_1 \to z_1 + r_2, \quad y_2 \to z_2, \quad y_3 \to 0 \ . \tag{2.331}$$

[318] Fleckenstein, J. O. [1973]: *L'importance des textes cunéiformes antiques pour la mécanique céleste moderne et les recherches historiques de G. V. Schiaparelli, Mem. Soc. Astron. Ital.* **43,** 745–750. Schiaparelli, G.V. [1876], *Die Vorläufer des Copernicus im Alterthum: historische Untersuchungen; unter Mitwirkung des Verfassers ins Deutsche übertragen,* Quandt & Händel, Leipzig. Schiaparelli, G. [1905], *Astronomy in the Old Testament.* Schiaparelli, G. V., [1925–1927] *Scritti sulla storia dell'astronomia antica.*

[319] Siehe etwa in Boccaletti and Pucacco [1996, p. 4]. Die *Fourier*entwicklung der elliptischen Bewegung wird explizit in Abschn. 2.3.3, Seite 317, Formeln untersucht.

[320] *George William Hill* (New York 1838 – West-Nyack (N.Y.) 1914).

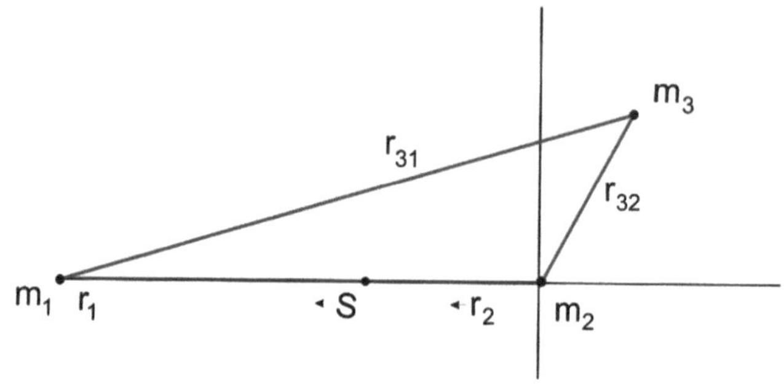

Abb. 2.44 Zur Herleitung der *Hill*'schen Differentialgleichungen

Der Abstand der beiden Hauptkörper wird als konstant angenommen. Deshalb kann die mittlere Bewegung im Hinblick auf die große Masse von m_1 durch

$$n = \sqrt{\frac{\mu_1}{a^3}}, \quad a := r_1 + r_2 \tag{2.332}$$

dargestellt werden. Die Bewegungsgleichungen des eingeschränkten Dreikörperproblems lauten zunächst

$$\begin{aligned} \ddot{z}_1 - 2\,n\,\dot{z}_2 - n^2\,z_1 - n^2\,r_2 &= -\frac{\mu_1\,(z_1 + a)}{r_{31}^3} - \frac{\mu_2\,z_1}{r_{32}^3} \\ \ddot{z}_2 + 2\,n\,\dot{z}_1 - n^2\,z_2 &= -\frac{\mu_1\,z_2}{r_{31}^3} - \frac{\mu_2\,z_1}{r_{32}^3} \\ \ddot{z}_3 &= 0\ . \end{aligned} \tag{2.333}$$

Hier werden nun, ausgehend von den Verhältnissen im Sonnensystem, folgende weitere Vereinfachungen eingeführt. Der Abstand der beiden Hauptkörper m_1 und m_2 wird als sehr groß im Vergleich zum Abstand des Körpers m_3 von m_2 angenommen. Dann kann angenommen werden:

$$r_{31} = \sqrt{(a + z_1)^2 + z_2^2} = a\sqrt{1 + 2\frac{z_1}{a} + \frac{r_{32}^2}{a^2}} \approx a\sqrt{1 + 2\frac{z_1}{a}}\,,$$

somit

$$\frac{a^3}{r_{31}^3} = 1 - 3\,\frac{z_1}{a} + \cdots\,, \qquad \frac{a}{r_{31}^3} = \frac{1}{a^2} - 3\,\frac{z_1}{a^3} + \cdots\,,$$

und mit $r_2 \to a, \quad 1/r_{31}^3 \to 1/a^3$ (siehe Abb. 2.44)

$$\ddot{z}_1 - 2\,n\,\dot{z}_2 = \mu_1 \left[\frac{z_1}{a^3} + \frac{r_2}{a^3} - \frac{z_1}{r_{31}^3} - \frac{a}{r_{31}^3} \right] - \frac{\mu_2\,z_1}{r_{32}^2} =$$

$$\approx \mu_1 \left[\frac{r_2}{a^3} - \frac{1}{a^2} + \frac{3\,z_1}{a^3} \right] - \frac{\mu_2\,z_1}{r_{32}^2} \approx \frac{3\,\mu_1\,z_1}{a^3} - \mu_2\,\frac{z_1}{a^3}$$

$$\ddot{z}_2 + 2\,n\,\dot{z}_1 = z_2 \left[\frac{\mu_1}{a^3} - \frac{\mu_1}{r_{31}^3} \right] - \mu_2\,\frac{z_2}{r_{32}^3} \ .$$

Damit bleibt das System, das als die *Hill*'schen Differentialgleichungen bekannt ist,[321]

$$\ddot{z}_1 - 2\,n\,\dot{z}_2 = \frac{\partial \Phi_H}{\partial z_1}$$
$$\ddot{z}_2 + 2\,n\,\dot{z}_1 = \frac{\partial \Phi_H}{\partial z_2}$$
$$\ddot{z}_3 = 0 \ . \tag{2.334}$$

Das zugehörige Potenzial ist

$$\Phi_H := \frac{3}{2}\,n^2\,z_1^2 + \frac{\mu_2}{r_{32}}\,, \quad r_{32} = \sqrt{z_1^2 + z_2^2} \ . \tag{2.335}$$

Die *Hill*'schen Differentialgleichungen können daher auch in der Form geschrieben werden

$$\ddot{z}_1 - 2\,n\,\dot{z}_2 = \frac{\partial \Phi_H}{\partial z_1}$$
$$\ddot{z}_2 + 2\,n\,\dot{z}_1 = \frac{\partial \Phi_H}{\partial z_2}$$
$$\ddot{z}_3 = 0 \ . \tag{2.336}$$

Die zugehörende Jacobi-Konstante lautet:

$$C_{JH} = 2\,\Phi_H - \left(\dot{z}_1^2 + \dot{z}_2^2 \right) \ . \tag{2.337}$$

Einen interessanten Aspekt erhält man aus der ersten der *Hill*'schen Differentialgleichung, wenn das „Störpotenzial“ verschwindet, wenn also die Gezeitenkraft und die wechselseitige Attraktion im Gleichgewicht stehen.[322] Dieser Effekt tritt längs einer Kreiskurve auf (Man beachte immer: in der *Hill*'schen Näherung!) mit Radius

---

[321] In der Literatur finden sich die *Hill*'schen Differentialgleichungen häufig in Bezug auf andere Dimensionen dargestellt durch Einführung von $a \to 1, n \to 1, \mu_2 \to 1$, manchmal auch $\mu_1 \to 1$. Das führt auf ungeheure Eleganz, die aber im Hinblick auf Anwendungen nur verwirrend sein kann.

[322] Siehe etwa nach MURRAY, C. D. and S. F. DERMOTT [1999], p. 116–117.

$$r_{32H} = \sqrt[3]{\frac{\mu_2}{3\,n^2}} \quad . \tag{2.338}$$

Da die *Hill'*schen Differentialgleichungen für ein mitrotierendes Koordinatensystem gelten, kann dieser Radius als der Radius einer Kugel um m_2 interpretiert werden, die als *Hill'*sche Kugel bekannt ist. Im Rahmen von Untersuchungen über die Attraktionssphären um einen Planeten wird die *Hill'*sche Kugel (*Hill'*sche Sphäre, *Hill'*sche Gravitationssphäre) als äußerste mögliche Attraktionssphäre betrachtet.[323] In Bezug auf die hier berücksichtigten *Hill'*schen Vereinfachungen liegt m_2 genau in der Mitte zwischen den Librationspunkten L_1 und L_2 der geradlinigen exakten Lösungen des Dreikörperproblems. Diese beiden Librationspunkte liegen dann auf der *Hill'*schen Gravitationssphäre.

Hill untersuchte auch die relativen Bewegungen der Kleinen Planeten im eingeschränkten Dreikörperproblem. Er fand zum Beispiel für die Librationsbewegungen der Trojaner um die beiden *Lagrange*schen Librationspunkte L_4 und L_5 die nach ihm benannten Grenzkurven.[324] Sie können für verschiedene Werte der *Jacobi*schen Konstanten C_{JH} gebildet werden. Auch in diesem Zusammenhang spielen die *Hill'*schen Differentialgleichungen eine wichtige und einschränkende Rolle.

Von besonderem Interesse in der theoretischen Entwicklung der Himmelsmechanik ist die Einführung der kanonischen *Hill'*schen Variablen[325]

$$\begin{aligned} R &:= \dot{r}, & & r \\ U &:= \sqrt{\mu a(1-e^2)} = \sqrt{\mu p} = G\,, & & u = \upsilon + \omega \\ H &:= U\;\cos i = G\;\cos i & & h := \Omega \end{aligned} \tag{2.339}$$

mit der *Hamilton*-Funktion

$$F = -\frac{1}{2}\left(R^2 + \frac{U^2}{r^2}\right) + \frac{\mu}{r} + W(t; r, u, h, U, H) \quad . \tag{2.340}$$

Die kanonischen Gleichungen dieses Systems lauten

$$\begin{aligned} \dot{R} &= \frac{\partial F}{\partial r}, & \dot{r} &= -\frac{\partial F}{\partial R} \\ \dot{U} &= \frac{\partial F}{\partial u}, & \dot{u} &= -\frac{\partial F}{\partial U} \\ \dot{H} &= \frac{\partial F}{\partial h}, & \dot{h} &= -\frac{\partial F}{\partial H} \quad . \end{aligned} \tag{2.341}$$

---

323 Siehe hierzu in Jochim, E. F. M. [2018], 12.7.3.

324 Brouwer and Clemence [1961], p. 335 ff.; K. Stumpff II [1965], p. 122 ff., und [1974], p. 462 ff.

325 Hill, G. W. [1913], Brumberg [1995], p. 149.

Die kanonischen *Hill*'schen Variablen werden in der Originalbezeichnung wiedergegeben. Um Verwirrung zu vermeiden, werden sie im vorliegenden Bericht nicht weiter verwendet.

Trotz der äußerlichen Ähnlichkeit mit den *Delaunay*-Elementen stellen die *Hill*'schen Variablen gegenüber den *Delaunay*-Elementen eine wesentliche Neuerung dar: Sie enthalten nicht nur die in der „ungestörten" (d. h. in der Zweikörper-) Bewegung konstanten Parameter. Vielmehr enthalten sie mit den Parametern Radius r, radialer Geschwindigkeit $\dot{r}$ und dem Argument der Breite $u = v + \omega$ sogenannte schnelle Parameter. Diese sind auch in der „ungestörten" Zweikörperbewegung „schnelle", d. h. zeitabhängige Größen. Die Idee, solche Parameter ohne direkten Bezug auf ein spezielles Bewegungsproblem zu verwenden, zeigt sich als fruchtbar (und auch notwendig) bei den Untersuchungen des vorliegenden Berichtes zu einer allgemeineren Betrachtung des Bewegungsproblems.

2.8.18 Otto Dziobek

Otto Dziobek (1856–1919) stellte in seinem Buch *Die mathematischen Theorien der Planetenbewegung* nicht nur die bis dahin bekannten Methoden übersichtlich zusammen. Er entwickelte sie vor allem durch geschickte und vereinfachende Formulierung der Differentialgleichungen im Rahmen der kanonischen Störungstheorie weiter.[326] Sie wurden dann im Zusammenhang mit der Berechnung der Koordinatenstörungen von *D. Brouwer* in Bezug auf die praktische Anwendung weiterentwickelt.[327]

2.8.19 Francois Félix Tisserand

Francois Félix Tisserand (Nuits-St-Georges, Côte d'Or 1845 – Paris 1896) arbeitete zunächst über die *Delaunay*sche Mondtheorie. Er schuf mit seinem vierbändigen Lehrbuch *Traité de Mécanique Céleste* nicht nur eine Weiterführung der *Laplace*'schen Himmelsmechanik, sondern eines der großen Standardwerke der Himmelsmechanik überhaupt.[328] Von besonderem Interesse im Zusammenhang mit den Entwicklungen des vorliegenden Berichtes ist die ausführliche Einführung in die *Hansen*'sche Störungstheorie und der von *Hansen* eingeführten Transformationen.[329] Ferner werden die weiterführenden Arbeiten von *Hugo Gyldén* und dessen Schüler *M. Brendel*[330]dargestellt.

---

326 Dziobek, O. [1888].

327 K. Stumpff [1974], pp. 241–246.

328 The New Encyclopaedia Britannica [1989], p. 798; Meyers Enzyklopädisches Lexikon [1978], p. 525.

329 F. Tisserand [1889], Tome I, pp. 461–474, [1896], Tome IV, pp. 323–375.

330 F. Tisserand [1896], Tome IV, pp. 376–416.

Im Zusammenhang mit Überlegungen zur Raumfahrtbahnmechanik ist das von *Tisserand* gefundene *Tisserand*-Kriterium von besonderem Interesse.[331] Es gilt im Rahmen des eingeschränkten Dreikörperproblems und kann aus dem *Jacobi*-Integral[332] (der *Jacobi*-Konstante) hergeleitet werden. *Tisserand* hatte sich die Aufgabe gestellt zu untersuchen, ob ein beobachteter Komet eventuell identisch mit einem anderen durch einen großen Planeten gestörten ist, insbesondere durch Jupiter. *Tisserand* griff auf das eingeschränkte Dreikörperproblem Sonne-Jupiter-Komet und das *Jacobi*sche Integral (2.323) zurück. Gegenüber den dort gemachten Einschränkungen (die beiden Hauptkörper bewegen sich gleichförmig auf Kreisbahnen, die Masse des dritten Körpers wird vernachlässigt) hat *Tisserand* weitere Vereinfachungen eingeführt. Es werden die Bahndaten von Kometen verglichen, die genügend weit von Jupiter entfernt sind. Dadurch kann dessen gravitativer Einfluss auf die Bahn des Kometen vernachlässigt werden. In Gl. (2.323) wird daher auch $\mu_2 \approx 0$ gesetzt. Die Geschwindigkeit des Kometen wird mit den Formeln des Zweikörperproblems (2.90) angesetzt

$$V^2 = \dot{x}^i \dot{x}_i = \mu_1 \left(\frac{2}{r_{31}} - \frac{1}{a} \right) \; . \tag{2.342}$$

Hier ist μ_1 die heliozentrische Gravitationskonstante, a ist die große Halbachse der Bahn des Kometen. Der Normalenvektor der Bahn ist in kartesischen Koordinaten gegeben aus

$$\begin{aligned} \mathbf{c} = \mathbf{r} \times \dot{\mathbf{r}} &= \mathbf{p}_1 (\dot{x}_3 x_2 - \dot{x}_2 x_3) + \mathbf{p}_1 \, (\dot{x}_1 x_3 - \dot{x}_3 x_1) + \mathbf{p}_3 \, (\dot{x}_2 x_1 - \dot{x}_1 x_2) = \\ &= G \, \mathbf{c}_0 = G \, (\mathbf{p}_1 \, \sin i \, \sin \Omega - \mathbf{p}_2 \, \sin i \, \cos \Omega + \mathbf{p}_3 \, \cos i \,) . \end{aligned} \tag{2.343}$$

i sei die Neigung der Bahn des Kometen in Bezug auf die Bahnebene des zweiten Hauptkörpers (Jupiter) und Ω die in diesem Zusammenhang aber nicht benötigte Länge des aufsteigenden Knotens der Kometenbahn. Für den Flächenparameter G kann im Rahmen des Zweikörperproblems der Zusammenhang mit dem Kegelschnittparameter p bzw. mit den *Kepler*-Elementen a und e aus den Gl. (2.78) und (2.80) hergestellt werden. Es wird

$$\dot{x}_2 x_1 - \dot{x}_1 x_2 = G \, \cos i = \sqrt{\mu_1 p} \, \cos i = \sqrt{\mu_1} \sqrt{a \left(1 - e^2\right)} \, \cos i \; . \tag{2.344}$$

Die mittlere Bewegung n der beiden Hauptkörper kann aus dem dritten *Kepler*'schen Gesetz (2.97) mit der großen Halbachse a_2 des zweiten Körpers (Jupiter) in Bezug auf den ersten (Sonne) dargestellt werden

$$n = \frac{1}{a_2} \sqrt{\frac{\mu_1}{a_2}} \; . \tag{2.345}$$

[331] F. TISSERAND [1896], Tome IV, pp. 198–216; siehe auch in MURRAY, C. D. and S. F. DERMOTT [1999], pp. 71–74.

[332] Vgl. Abschn. 2.8.10 auf Seite 411.

Damit vereinfacht sich das *Jacobi*-Integral (2.323) zu

$$\mu_1 \left(\frac{1}{a} + \frac{\sqrt{a\left(1-e^2\right)}\ \cos i}{a_2 \sqrt{a_2}} \right) = C_J \ . \tag{2.346}$$

Tisserand betrachtet nun die Bahnelemente zweier Kometen zu verschiedenen Zeitpunkten t_1 und t_2 und setzt sie in diese Version des *Jakobi*-Integrals ein. Wegen der Konstanz des Parameters C_J kann er bei numerischer Übereinstimmung der beiden Ausdrücke schließen, ob es sich um ein und denselben Himmelskörper handelt, der bei einem nahen Vorbeiflug am zweiten Hauptkörper (Jupiter) umgelenkt worden ist. Das *Tisserand* Kriterium lautet dann:

$$\frac{1}{a(t_1)} + \frac{2\sqrt{a(t_1)\left(1-e^2(t_1)\right)}\ \cos i(t_1)}{a_2\sqrt{a_2}} \approx \frac{1}{a(t_2)} + \frac{2\sqrt{a(t_2)\left(1-e^2(t_2)\right)}\ \cos i(t_2)}{a_2\sqrt{a_2}} \ . \tag{2.347}$$

Wegen der erheblichen Einschränkungen ist die Aussage dieses Kriteriums nicht hundertprozentig zwingend. Gleichwohl sind die Bedingungen im Sonnensystem sehr gut erfüllt, das Kriterium zeigte seit seiner Entdeckung sehr gute Erfolge.[333]

Beispiel 1

Die Jupitersonde Galileo (Abb. 2.1 auf Seite 296) hatte nach ihrem ersten Fly-by an der Venus ihren zweiten Fly-by an der Erde. Auf dem Weg von der Venus zur Erde lauteten die *Kepler*-Elemente

$$a(t_1) = 147908343.5\,\text{km}, \quad e(t_1) = 0.292702, \quad i(t_1) = 3^\circ.38031 \ .$$

Nach dem Fly-by an der Erde auf dem Weg zum Kleinen Planeten Gaspra

$$a(t_2) = 237\,497331.0\,\text{km}, \quad e(t_2) = 0.4301268, \quad i(t_2) = 4^\circ.5394 \ .$$

Für die Erde als Störkörper werde die astronomische Einheit als Bahnhalbachse gewählt:
$a_2 = 149597870.0$ km. Mit den aus dem *Tisserand*-Kriterium folgenden Zahlenwerten kann auch auf die zu erwartende Genauigkeit geschlossen werden:

$$\text{linke Seite}: 1.945 \times 10^{-8}, \quad \text{rechte Seite}: 1.937 \times 10^{-8} \ .$$

◀

[333] Eine Verfeinerung dieses Kriteriums wurde von *Y. Kozai* gefunden (beschrieben in Abschn. 2.11.3 auf Seite 478).

Beispiel 2

Die europäische Sonnensonde Ulisses wurde durch ein Gravitationsmanöver an Jupiter umgelenkt[334] um nach dem Fly-by nahezu über die Sonnenpole fliegen zu können. Auf dem Weg von der Erde zu Jupiter hatte die Sonde die Bahnelemente

$$a(t_1) = 3.1\,AE, \quad e(t_1) = 0.6026477, \quad i(t_1) = 1^\circ.3,$$

nach dem Fly-by

$$a(t_2) = 3.37\,AE, \quad e(t_2) = 0.677582, \quad i(t_2) = 79^\circ \quad .$$

Wenn für die mittlere Entfernung des Jupiters[335] von der Sonne $a_2 = 5{,}2$ AE angenommen wird, ergeben sich die folgenden Zahlenwerte im *Tisserand*-Kriterium.

$$\text{linke Seite}:\ 0.5595, \quad \text{rechte Seite}:\ 0.3402 \quad .$$

Die Übereinstimmung der beiden Zahlenwerte ist in diesem Beispiel nicht gut. Eine Ursache könnte beim Fly-by ein künstliches Manöver zu einer zusätzlichen Veränderung der Bedingungen des Fly-by sein. Eine andere Ursache könnte sein, dass die (oben erwähnte) Voraussetzung der Gültigkeit des *Tisserand*-Kriteriums nicht erfüllt ist. Danach dürfen nur Zahlenwerte in großem Abstand zu Jupiter verglichen werden.◀

2.8.20 Henri Poincaré

H. Poincaré (1854–1912)[336] leistete bahnbrechende Arbeiten auf vielen mathematischen, physikalischen und vor allem auch astronomischen Gebieten. Er gilt als Begründer der Topologie, entdeckte die automorphen Funktionen und gilt als einer der Väter der Chaostheorie. Für deren Behandlung schuf er mit den *Poincaré*-Schnitten eines der wichtigsten Hilfsmittel. Damit und mit den Arbeiten zur speziellen Relativitätstheorie noch vor *A. Einstein* bereitete *Poincaré* den Weg zu ersten Überlegungen einer neuen, über die klassische Bewegungslehre hinausgehende Bewegungslehre.[337]

In Weiterführung der kanonischen Elemente *Delaunays* kam *Poincaré* zu einem Satz nichts ingulärer kanonischer Bahnelemente. Sie können durch *Delaunay*-Elemente

[334] Siehe hierzu das 2. Beispiel in JOCHIM, E. F. M. [2018]: 12.8.

[335] Mittlere Bahndaten der Planeten in JOCHIM, E. F. M. [2023-B]: 30.2.

[336] *H. Poincaré* (* 29. April 1854 in Nancy; † 17. Juli 1912 in Paris); https://de.wikipedia.org/wiki/Henri_Poincar%C3%A9.

[337] CHENCINER, ALAIN [2012]: *Poincaré and the Three-Body Problem*, Poincaré, 1912–2012, *Séminaire Poincaré* **XVI** (2012) 45–133.

$$\begin{array}{ll} L, & l + g + h \\ \sqrt{2(L-G)}\ \cos(g+h)\,, & -\sqrt{2(L-G)}\ \sin(g+h) \\ \sqrt{2(G-H)}\ \cos h, & -\sqrt{2(G-H)}\ \sin h \end{array} \tag{2.348}$$

oder auch durch *Kepler*-Elemente

$$\begin{array}{ll} \sqrt{\mu a}, & M + \omega + \Omega \\ \dfrac{\sqrt{2\sqrt{\mu a}}}{\sqrt{1+\sqrt{1-e^2}}}\ e\ \cos(\omega+\Omega), & \dfrac{\sqrt{2\sqrt{\mu a}}}{\sqrt{1+\sqrt{1-e^2}}}\ e\ \sin(\omega+\Omega) \\ 2\sqrt{\sqrt{\mu p}}\sin\dfrac{i}{2}\ \cos\Omega, & 2\sqrt{\sqrt{\mu p}}\ \sin\dfrac{i}{2}\ \sin\Omega \end{array} \tag{2.349}$$

ausgedrückt werden.

Poincaré beschäftigte sich auch mit wissenschaftstheoretischen Fragen der Grundlagen der Mathematik als ein führender Vertreter der intuitionistischen Richtung. Danach könne mathematische Erkenntnis eine freie Schöpfung des menschlichen Geistes und somit keine Entdeckung im naturwissenschaftlichen Sinne sein. Diese Ansicht widerspricht der in der vorliegenden Arbeit aus der Gedankenwelt *Platon*s geschlossenen Einsicht, die mathematischen Erkenntnisse seien Entdeckungen aus der platonischen Welt der Urbilder („Ideen"). Aus diesen lässt sich die Eindeutigkeit mathematischer Erkenntnisse ableiten.

Diese Eindeutigkeit ist ein wesentliches Merkmal der mathematischen Methodik. Ohne sie kann auch die in der vorliegenden Arbeit hergeleitete Methodik der Integration der Bewegungsgleichungen der Himmelskörper nicht gerechtfertigt werden. Allerdings sei an dieser Stelle ohne weitere Vertiefung bemerkt, nach *Kurt Gödel* ist die Beweisbarkeit und damit auch die Eindeutigkeit bestimmter mathematischer Sätze zweifelbar (*Gödel'*scher Unvollständigkeitssatz). Eine Übertragung dieser axiomatischen Aussage auf die Anwendung mathematischer Methoden in der Bahnmechanik (und anderer naturwissenschaftlicher Bereiche) ist nicht bekannt.

2.8.21 Edvard Hugo von Zeipel

Edvard Hugo von Zeipel[338] (1873–1959) lehrte in Uppsala. Er beschäftigte sich intensiv mit der Störungsfunktion der Himmelsmechanik.[339] Sein wesentlichster Beitrag zur Himmelsmechanik bestand in einer tiefen Durchdringung der kanonischen Theorie durch

[338] *Edvard Hugo von Zeipel* (8 February 1873–8 June 1959); https://en.wikipedia.org/wiki/Edvard_Hugo_von_Zeipel.

[339] In Enzyklopädie der Mathematik [1905–1923], vol. VI 2, **13 pp.** 557–665.

geschickte Auswahl einer erzeugenden Funktion. Mit dieser kann die Transformationen von einem kanonischen System in ein anderes gesteuert werden.[340] Diese Methodik fand bei Untersuchungen der Bewegung der Kleinen Planeten fruchtbare Anwendung. Insbesondere ermöglichte sie bei der Untersuchung des Hauptproblems der Satellitenbewegung den entscheidenden Durchbruch.[341] Der wesentliche Vorteil dieser Methode liegt in einer Separation der kurzperiodischen und der langperiodischen Anteile der Beschleunigungskomponenten.[342] Dadurch wird eine separate Integration der einzelnen Beschleunigungsanteile möglich. Auf diese Weise werden viele Bewegungsprobleme analytisch lösbar.

2.8.22 Tullio Levi-Civitá

Tullio Levi-Civitá[343] (1873–1941) lehrte ab 1898 in Padua und ab 1918 in Rom.[344] Im Rahmen von Untersuchungen zur Bahnmechanik sind seine Beiträge zum Dreikörper- und zum N-Körperproblem von Interesse sowie seine fundamentalen Beiträge zur Relativitätstheorie. Er führte die nach ihm benannte Transformation vom ebenen physikalischen (x,y)-Raum in einen zweidimensionalen (p,q)-Parameterraum ein:

$$x = p^2 - q^2, \quad y = 2pq \ . \tag{2.350}$$

Diese Transformation kann als eine Anwendung der *Vieta*'schen Identität gedeutet werden.[345] Sie erlaubt eine Regularisierung der Bewegungsgleichungen in der Ebene. Dadurch können Singularitäten bei einem Zusammenstoß zweier Körper bzw. Probleme numerischer Art bei nahen Begegnungen vermieden werden. Die *Levi-Civitá*-Transformation wurde später im Rahmen der KS-Transformation auf den dreidimensionalen Raum erweitert.[346] Im Zusammenhang mit der Flächentheorie ist *Levi-Civitá* im Jahre 1917 die Entdeckung des Begriffes der geodätischen Parallelität gelungen. Damit kann die

---

[340] H. von Zeipel [1916]: *Recherches sur le mouvement des petites planètes,* I-III, Ark. Math. Astron. Fys., **11,** No. 1, 1–58, No. 7, 1–62, **12,** No. 9, 1–89.

[341] D. Brouwer [1959-a].

[342] Ausführliche Beschreibung der Ergebnisse für das Gravitationsfeld mit den Zonalen $J_2 - J_5$ in E. F. M. Jochim [2018], Kapitel 18, 19 und 20.

[343] *Tullio Levi-Civitá* (Padua, 29. März 1873 – Rom, 29.Dez. 1941).

[344] Stumpff, K. [1974], pp. 294–301; http://www.gap-system.org/~history/Biographies/Levi-Civ ita.html.

[345] O. Volk [1981], p. 116, s. a. Abschn. 2.7.4 auf Seite 369, sowie in Jochim, E. F. M. [2018], Kap. 14.

[346] Siehe hierzu Abschn. 2.8.29 auf Seite 433, sowie in Jochim, E. F. M. [2018], Kap. 14.

Parallelität von Vektoren in einer Fläche definiert werden. Dies erlaubt die Bearbeitung einer Parallelverschiebung auf Flächen.[347]

2.8.23 Ernest William Brown

Ernest William Brown[348] (1866–1938) setzte die Untersuchungen *G. W. Hill*s zur Bewegung des Mondes fort. In 30-jähriger Arbeit gelang es ihm, die theoretischen Ansätze *Hill*s auf die praktische Berechnung der Mondbewegung auszuarbeiten. Basierend auf seinen Mondtafeln wurde die Ephemeride des Mondes bis ins Jahr 1959 berechnet. Danach wurden automatische Rechner, allerdings weiter unter Verwendung der *Brown*'schen Theorie angewendet.[349] *Brown* stellte die Bewegung des Mondes durch Reihen in ekliptikaler Länge $\lambda_{☾}$, ekliptikaler Breite $\varphi_{☾}$ und Parallaxe $\pi_{☾}$ bis zu einer Genauigkeit von 0,001 Bogensekunden dar. Die ersten Glieder dieser Reihen lauten[350]

$$\begin{aligned}
\lambda_{☾} &= ☾ + 22639''.550\ \sin g' + P_{S,\lambda}\big(g', g, F, D\big)\ + \\
&\quad + P_{Pl,\lambda}\big(g', g, F, D, ☾, \Omega, T_M, V, J, M, Su\big) + \Delta\psi \\
\varphi_{☾} &= 18461''.400\ \sin F + P_{S,\varphi}\big(g', g, F, D\big)\ + P_{Pl,\varphi}\big(g', g, F, D, ☾, T_M, V, J, M\big) \\
\pi_{☾} &= 3422''.608 + P_{S,\pi}\big(g', g, F, D\big)\ + P_{Pl,\pi}\big(g', g, F, D, ☾, T_M, V, J, M\big)\,. \qquad (2.351)
\end{aligned}$$

Hier bedeuten ☾ die (ekliptikale) mittlere Länge des Mondes, Γ' die mittlere Länge des Mondperigäums, Ω die mittlere Länge des aufsteigenden Knotens der Mondbahn, L die mittlere geometrische Länge der Sonne, Γ die mittlere Länge des Sonnenperigäums, $g' := ☾ - \Gamma'$ die mittlere Anomalie des Mondes, $g := L - \Gamma$ die mittlere Anomalie der Sonne, $D := ☾ - L$ die mittlere Elongation des Mondes zur Sonne und $F := ☾ - \Omega$ das mittlere Argument des Mondes. P_S fasst die periodischen Glieder infolge der Attraktion des Mondes durch die Sonne zusammen, P_{Pl} entsprechend durch die Planeten, wobei „Störglieder" durch die Venus (V), Mars (M), Jupiter (J), Saturn (Su) und die Erde (T_M) verursacht werden. Schließlich ist $\Delta\psi$ die Nutation in Länge.

Die in der Antike bekannten Terme der Bewegung Mittelpunktsgleichung und Evektion sowie die von *Tycho Brahe* entdeckten Terme Variation und jährliche Gleichung sind Bestandteile dieser Reihen ergänzt durch Hunderte neu entdeckter Terme.

---

347 LAUGWITZ, D. [1960], p. 42–45; s. a. in der Veröffentlichung JOCHIM, E. F. M. [2016 b], Abschn. 7.3.13.

348 *Ernest William Brown* (* 29. November 1866 in Hull, Yorkshire (North England); † 22. Juli 1938 in New Haven, Connecticut); https://de.wikipedia.org/wiki/Ernest_William_Brown.

349 BROUWER and CLEMENCE [1961], p. 375.

350 ZfW, **24,** [1974], pp. 101–108.

2.8.24 Albert Einstein

Albert Einstein[351] (1879–1955) leistete indirekt zur Himmelsmechanik Bedeutsames durch den völlig neuartigen Ansatz seiner Relativitätstheorien. Ihm gelang es, die zuvor nicht erklärbaren Anteile der Periheldrehung des Merkur zu deuten. Diese hatte zuvor vielen Himmelsmechanikern wie etwa *Ch. Delaunay* großes Kopfzerbrechen bereitet. Neben *H. Poincaré* darf *Einstein* als weisend in die nachklassische Bewegungslehre aufgefasst werden.[352]

2.8.25 Karl Frithiof Sundmann

Karl Frithiof Sundmann[353] (1873–1949), Professor der Astronomie und Direktor der Sternwarte in Helsinki, veröffentlichte in den Jahren 1907–1912 eine vollständige Lösung des Dreikörperproblems, was zuvor für unmöglich erachtet worden war.[354] *Sundmann* hatte beweisen können, formale Lösungen des Dreikörperproblems existieren durch konvergente Reihen und deren analytische Fortsetzungen („*Sundmann*-Reihen"). Allerdings ist die Konvergenz dieser Reihen sehr schwach. Für die praktische Anwendung sind sie daher normalerweise uninteressant.[355] Diese Arbeiten von *Sundmann* waren durch *J. F. Chazy* (1882–1955) fortgeführt und abgerundet worden.[356] *Sundmann* hatte auch die Arbeiten von *Laplace* zur Stabilität des Sonnensystems im Hinblick auf die säkularen Störungen elliptischer Bahnen vollendet.

Sundmann führte soweit bekannt als Erster mit der Beziehung

$$d\tau = \frac{dt}{r} \tag{2.352}$$

eine regularisierende Variable τ ein.[357] Diese wird manchmal als „fiktive Zeit" bezeichnet. Etwa um 1915 veröffentlichte er Ideen zur Konstruktion einer „Maschine", um die

[351] *Albert Einstein* (* 14. März 1879 in Ulm, Königreich Württemberg; † 18. April 1955 in Princeton, New Jersey); https://de.wikipedia.org/wiki/Albert_Einstein.

[352] Siehe auch die Anmerkungen in Abschn. 3.2.1 auf Seite 516; zur Bewegungslehre im Rahmen der Tensorrechnung siehe in E. F. JOCHIM [2016b]: 7.2.2.

[353] *Karl Frithiof Sundmann* (28. Okt. 1873, Kasko, Vaasa, Finland – 28. Sep. 1949, Helsinki, Finland); https://mathshistory.st-andrews.ac.uk/Biographies/Sundman/.

[354] Nach: G. W. E. BEEKMAN [1986], *Astronomie in Finnland,* SuW 7–8/1986, pp. 370–374.

[355] Siehe etwa in STUMPFF, K. [1965], p. 8.

[356] J. CHAZY [1922]: *Sur l'allure du mouvement dans le problème des trois corps quand le temps croît indefinitement, Ann. Sci. École Norm. Sup.,* **39,** 29–130 (zitiert nach BOCCALETTI, D. and PUCACCO, G. [1996], p. 201); http://serge.mehl.free.fr/chrono/sundman.html.

[357] Siehe etwa in STUMPFF, K. [1965], p. 638: von *K. F. Sundmann* um 1910 eingeführt (nicht mit Torsion zu verwechseln).

Störungen in den Planetenbahnen berechnen zu können. Diese seiner Zeit weit vorauseilenden Gedanken gelten einer Art analogem Computer zur Durchführung der numerischen Integrationen.[358]

2.8.26 Karl Schwarzschild

Karl Schwarzschild (1873–1916)[359] war Professor in Göttingen und Direktor der dortigen Sternwarte, ab 1909 Direktor des astrophysikalischen Observatoriums in Potsdam. Er beschäftigte sich frühzeitig mit Problemen der Bahnbestimmung Kleiner Planeten. Ihm gelangen die ersten exakten Lösungen der Feldgleichungen der allgemeinen Relativitätstheorie. Auch publizierte er grundlegende Arbeiten über klassische schwarze Löcher (*Schwarzschild*-Metrik, *Schwarzschild*-Radius, *Schwarzschild*-Singularität).[360]

2.8.27 Karl Johann Nikolaus Stumpff

Karl Stumpff (1895–1970)[361] führte unabhängig von *K. Sundmann* die „fiktive Zeit" τ durch die differentielle Beziehung[362]

$$d\tau = \frac{dt}{r} \tag{2.353}$$

als regularisierende Variable[363] ein. Sie bewährt sich in vielfältigen Anwendungen.[364] Damit wird die exzentrische Anomalie E, die über die Beziehung

$$\frac{dE}{dt} = \frac{1}{r\sqrt{a}} \tag{2.354}$$

(a ist die große Halbachse einer Ellipse) als die aus dem elliptischen Zweikörperproblem geläufige „Pseudozeit" verwendet werden kann, durch einen allgemeineren Ansatz abgelöst.

358 Einige weitere Arbeiten von *K. Sundmann:* SUNDMANN, K. [1915]; SUNDMANN, K. [1935].

359 *Karl Schwarzschild* (Frankfurt am Main 9. Okt. 1873 – Potsdam 11. Mai 1916).

360 Siehe z. B. in: http://de.wikipedia.org/wiki/Karl_Schwarzschild.

361 *Karl Stumpff* (Schleswig, 17. Mai 1895 – Göttingen, 10. Nov. 1970).

362 STUMPFF, K. [1949]; STUMPFF, K. [1954]; STUMPFF, K. [1959, 1965, 1974]; STUMPFF, K. [1964/1]; STUMPFF, K. [1964/2]; STUMPFF, K. [1964/3]; SCHMIDT-KALER, T. [1996].

363 In den Originalarbeiten von *K. Stumpff* wird diese Variable mit dem Symbol „q" charakterisiert und „τ" steht für die modifizierte Zeitdifferenz. Diese Symbole werden im vorliegenden Buch in anderem Zusammenhang verwendet.

364 Siehe etwa in JOCHIM, E. F. M. [2018], Kapitel 13.

Von besonderem Interesse im Rahmen der Ephemeridenrechnung, aber auch weiterführend in den Grundlagen der allgemeinen Himmelsmechanik, ist seine Entdeckung der *uniformisierten Variablen*. Durch sie wird im Rahmen eines Zweikörperproblems die Unterscheidung nach dem Typus des Kegelschnitts vermieden. *K. Stumpff* führte die c-Funktionen (sie werden mittlerweile als *Stumpff*'sche Funktionen bezeichnet) ein. Mit der Konstanten α^2 lauten sie:

$$c_0 = \cos(\alpha\tau), \quad c_1 = \frac{\sin(\alpha\tau)}{\alpha\tau}, \quad c_2 = \frac{1-\cos(\alpha\tau)}{(\alpha\tau)^2}, \quad c_3 = \frac{\alpha\tau - \sin(\alpha\tau)}{(\alpha\tau)^3}, \quad \cdots \ . \tag{2.355}$$

Sie genügen der Rekursionsformel

$$c_n + (\alpha\tau)^2\, c_{n+2} = \frac{1}{n!} \quad (n = 0, 1, 2, 3, \cdots) \ . \tag{2.356}$$

Mit Hilfe der Reihenentwicklungen der trigonometrischen Funktionen können die *Stumpff*'schen Funktionen als (für jedes $\alpha\tau$) konvergente Reihe dargestellt werden:

$$c_n\big((\alpha\tau)^2\big) = \frac{1}{n!} - \frac{(\alpha\tau)^2}{(n+2)!} + \frac{(\alpha\tau)^4}{(n+4)!} - + \cdots \ . \tag{2.357}$$

In Bezug auf Anfangswerte

$$r_A = r(\tau = 0), \ r'_A := \left.\frac{dr}{d\tau}\right|_{\tau=0}, \quad r''_A := \left.\frac{d^2r}{d\tau^2}\right|_{\tau=0} \tag{2.358}$$

kann damit der Radius einer Bahn in der geschlossenen Form[365] dargestellt werden

$$r = r(\tau) = r_A + c_1\, r'_A\, \tau \ + c_2\, r''_A\, \tau^2 \ . \tag{2.359}$$

Ganz analog werden damit auch die *Lagrange*'schen Funktionen (2.217) in geschlossener Form erhalten:

$$\begin{aligned} F = F(\tau) &= F_A + c_1\, F'_A\, \tau \ + c_2\, F''_A\, \tau^2 \\ G = G(\tau) &= G_A + c_1\, G'_A\, \tau \ + c_2\, G''_A\, \tau^2 \ . \end{aligned} \tag{2.360}$$

Den endgültigen Bezug zur Zeit stellt *K. Stumpff* dann mit der *Kepler*-Gleichung im Fall elliptischer Bewegung analogen „Hauptgleichung" her:

$$\mu\,(t - t_A) = r_A\, \tau + c_2\, r'_A\, \tau^2 \ + c_3\, r''_A\, \tau^3 \ . \tag{2.361}$$

365 Siehe etwa in STUMPFF, K. [1964], pp. 201–208.

Die *Stumpff*'schen Funktionen haben sich auch bei der numerischen Integration von Problemen des Zweikörperproblems bewährt.[366] Neben zahlreichen weiteren Beiträgen *K. Stumpffs* zur Himmelsmechanik ist vor allem seine Verbesserung der Erstbahnbestimmung aus Anfangswerten zu nennen.[367] Eine Erweiterung der *Stumpff*'schen Funktionen geht auf *Pedro Zadunaisky* zurück[368].

2.8.28 Paul E. Kustaanheimo

Paul Edwin Kustaanheimo (1924–1997)[369] knüpfte in seinen himmelsmechanischen Beiträgen an die Arbeiten von *K. Stumpff* an.[370] Unter Verwendung der *Stumpff*'schen c-Funktionen entwickelte er eine Methode der *„Bestimmung der oskulierenden Bahn eines Erdsatelliten"*. Die wesentliche und für die Anwendung zentrale Eigenschaft ist die Unabhängigkeit von der Wahl eines speziellen Kegelschnitts. Auf Grund der seinerzeitigen optischen bzw. azimutalen Radarbeobachtungen von Satelliten musste in den beobachteten Winkelmessungen eine sehr große Streuung in Kauf genommen werden. Infolgedessen konnten die üblichen drei Winkelpaare recht willkürlichen Bahnen mit unterschiedlichen Kegelschnitten zugeordnet werden. Der besondere Vorteil der Methode von *Kustaanheimo* bestand in einer rasch konvergierenden Bahnbestimmung bei Berücksichtigung der Gesamtheit der Beobachtungen, trotz großer Streuung der Einzelmessungen. Diese konnte dann als Ausgangsbahn für eine der üblichen Methoden der Bahnverbesserung verwendet werden. *Kustaanheimo* leistete wesentliche mathematische Beiträge zum Arbeiten mit Formelsystemen im Rahmen der Relativitätstheorie. Wichtige Arbeiten waren der Nutzung von mathematischen Methoden der modernen Physik zur Lösung von himmelsmechanischen Problemen gewidmet. Bekanntestes Beispiel ist seine Einführung von Spinoren in die Himmelsmechanik. Spinoren werden bei der mathematischen Beschreibung der Rotation von Elementarteilchen (ihrem Spin) verwendet.[371] Damit konnte *Kustaanheimo* die Lösung eines Problems in Angriff nehmen, wonach *T. Levi-Civitá* vergeblich gesucht hatte. Dieser hatte durch Einführung der nach ihm benannten Transformation des zweidimensionalen physikalischen Raumes in einen zweidimensionalen Parameterraum eine Regularisierung der *Kepler*'schen Bewegungsgleichungen erreichen

---

[366] GOODYEAR, W. [1965/1]; Goodyear, W. [1965/2]; siehe auch in K. STUMPFF [1974], pp. 327–336.

[367] STUMPFF, K. [1931–1932] (zitiert nach STUMPFF, K. [1959], p. 378).

[368] ZADUNAISKY, PEDRO E. [1970], ZADUNAISKY, PEDRO E. and CLAUDIA M. GIORDANO [1990]; ausführlich untersucht in E. F. JOCHIM [2018] Kap. 13.

[369] *Paul Edwin Kustaanheimo* (Turku (Abo) Finnland 12. April 1924 – Lyngby (Dänemark) 24. Aug. 1997).

[370] KUSTAANHEIMO, P. E. [1961]; KUSTAANHEIMO, P. E. [1964]; KUSTAANHEIMO [1968], P. E., KUSTAANHEIMO, P. E. und E. STIEFEL [1965]; BLEULER, K. und P. E. KUSTAANHEIMO [1968].

[371] Siehe etwa in STUMPFF, K. [1974], p. 301 ff.

können.[372] Eine Übertragung dieser Methodik auf den dreidimensionalen Raum war *Levi-Civitá* nicht gelungen. Die *Levi-Civitá*-Transformation (2.350) kann mit Hilfe von komplexen Zahlen auch in der Form

$$x_1 + i\,x_2 = (u_1 + i\,u_2)^2 \tag{2.362}$$

geschrieben werden.[373] Spinoren können geometrisch als Vektoren in der komplexen Ebene oder algebraisch als Vektoren mit zwei komplexen Koordinaten beschrieben werden. Ein Spinor ist also eine Größe mit vier (reellen) Koordinaten. Damit wird durch die Verwendung von Spinoren eine Transformation vom dreidimensionalen physikalischen Raum in einen vierdimensionalen Parameterraum erreicht. Damit können die von *Levi-Civitá* aufgestellten Bedingungen einer Regularisierung erfüllt werden. Diese Bedingungen können nicht durch eine Transformation in einen dreidimensionalen Parameterraum erfüllt werden. In Zusammenarbeit mit *E. Stiefel* gelang es *Kustaanheimo,* dieser Transformation in einem vierdimensionalen reellen Parameterraum eine allgemeingültige Gestalt zu geben (bekannt unter dem Namen KS-Transformation).

2.8.29 Eduard Stiefel

E. Stiefel (1909–1978)[374] beschäftigte sich neben zahlreichen Beiträgen zu verschiedenen mathematischen Themen insbesondere mit Grundlagen und Anwendungen der Himmelsmechanik.[375] Besonders bedeutsam wurde seine Zusammenarbeit mit *P. Kustaanheimo,* die zur Ausarbeitung und Anwendungsreife der KS-Transformation führte. *V. Brumberg*[376] charakterisierte diese Entwicklung als „einen neuen Zweig der Himmelsmechanik, bekannt als lineare und reguläre Himmelsmechanik“. Die wesentlich früheren Beiträge durch *K. Stumpff* dürfen in diesem Zusammenhang nicht übersehen werden.

Seien die x_i die drei kartesischen Koordinaten in einem physikalischen Raum, so lautet die KS-Transformation[377] auf den Vierervektor u_i:

$$\begin{aligned} x_1 &= u_1^2 - u_2^2 - u_3^2 + u_4^2 \\ x_2 &= 2\,(u_1\,u_2 + u_3 u_4) \\ x_3 &= 2\,(u_1\,u_3 - u_2 u_4) \end{aligned} \tag{2.363}$$

---

[372] Abschn. 2.8.22 auf Seite 428.

[373] Siehe zum Beispiel in Stiefel, E. and Scheifele, G. [1971], pp. 20–23.

[374] *Eduard Stiefel* (Zürich 21. April 1909 – Zürich 25. Nov. 1978).

[375] Stiefel, E. [1964/1]; Stiefel, E. [1964/1]; Kustaanheimo, P. E. und E. Stiefel [1965]; Stiefel, E. (Hrsg.). [1966]; Stiefel, E. and Scheifele, G. [1971]; Scheifele, G. And Stiefel, E. [1972]; Kirchgraber, U. und Stiefel, E. [1978].

[376] V. Brumberg [1995], pp. 65–69.

[377] Siehe etwa Volk, O. [1981], p. 118.

mit der Bedingung

$$r = \sqrt{x_1^2 + x_2^2 + x_3^2} = u_1^2 + u_2^2 + u_3^2 + u_4^2 \ . \tag{2.364}$$

Diese Bedingung ist eine Anwendung der *Euler*'schen Identität.[378] Sie steht damit in enger Verwandtschaft zu den Quaternionen. Allerdings hat die Determinante der zugehörigen Koeffizientenmatrix unterschiedliche Vorzeichen. Deshalb erscheint ein weitreichender in sich konsistenter für Anwendungen besonders geeigneter Formalismus der KS-Transformation sinnvoll. Er vermeidet den Fehler bei der Zurückführung auf Quaternionen.[379] Im Rahmen von kanonischen Theorien hatte *Stiefel* besonderes Augenmerk auf die Verwendung von nicht auf ein Potenzial zurückführbaren Kräften gelegt. Das ist bei der Untersuchung der Bewegung von künstlichen Erdsatelliten etwa bei der Berücksichtigung des Luftwiderstandes erforderlich. Im Rahmen der von *Stiefel*s Schüler *G. Scheifele* entwickelten „TR-Theorie“[380] wird vorzugsweise als unabhängige Variable die Größe τ definiert durch $\dot{\tau} = 1/r^2$ verwendet. Dies ist eine Vereinfachung des auf ein *Hansen*-System bezogenen durch den Flächensatz $r^2 \dot{\zeta} = G$ definierten allgemeinen Bahnwinkels[381] ζ. Der Flächenparameter G muss wieder als Funktion des Bahnwinkels akzeptiert werden.[382]

2.8.30 Viktor Szebehely

V. Szebehely (1921–1997)[383] beschäftigte sich intensiv mit dem eingeschränkten Dreikörperproblem.[384] Diese Untersuchungen wurden insbesondere zur Untersuchung der Bahnbewegung von Erdsatelliten wichtig. In Bezugnahme auf Arbeiten von *Ovenden* und *Roy* [1960], *Kopal* [1956, 1963], *Huang* [1963] und *Brouwer* [1963][385] beschäftigte sich *Szebehely* mit dem elliptischen eingeschränkten Dreikörperproblem. Dieses

[378] Abschn. 2.7.4 auf Seite 369.

[379] Dieser Formalismus wurde in dem Buch STIEFEL, E. and SCHEIFELE, G. [1971] im Detail ausgearbeitet. Siehe in diesem Buch insbesondere zur Diskussion über die Unterschiede zur Quaternionentheorie p. 285 ff.

[380] Eine kurze Darstellung dieser Theorie wird in SCHEIFELE, G. and STIEFEL, E. [1972], pp. 25–150 vorgestellt.

[381] Siehe in Abschn. 2.8.7.2 ab Seite 392.

[382] Die hier definierte Variable τ wird nicht korrekt als die „im wesentlichen wahre Anomalie“ bezeichnet. Sie hat aber größere Verwandtschaft zu dem auf einen *Hansen*-System bezogenen Bahnwinkel, wenn der Flächenparameter G als konstant mit dem Betrag 1 angenommen wird. Siehe hierzu näheres in JOCHIM, E. F. M.[2016 b] Abschn. 4.3.16.

[383] *Viktor Szebehely* (Budapest 21. Aug. 1921 – Austin/Texas 13. Sep. 1997).

[384] SZEBEHELY, V. and G. E. O. GIACAGLIA [1964]; SZEBEHELY, V. [1964]; SZEBEHELY, V. [1967], SZEBEHELY, V. [1988]; Szebehely, V. [1989].

[385] Zitate und Referenzen in SZEBEHELY, V. and G. E. O. GIACAGLIA [1964].

wird gelegentlich auch als „pseudo-eingeschränktes Dreikörperproblem“ bezeichnet. Sein grundlegendes Lehrbuch *Theory of Orbits* [1967] ist den unterschiedlichen Facetten des eingeschränkten Dreikörperproblems gewidmet.

Die inzwischen nach *V. Szebehely* benannte partielle Differentialgleichung berechnet das Potenzial einer gegebenen in einer Ebene liegenden Bahnfamilie.[386] Die Bahnfamilie werde durch die einparametrige Schar

$$u := f(x, y) = \text{const.} \tag{2.365}$$

beschrieben. Mit der Bahngeschwindigkeit V und dem Potenzial $U(x, y)$ ist die Energie

$$E(u) = \frac{1}{2} V^2 - U(x, y) \tag{2.366}$$

gegeben. Diese ist längs einer jeden Bahn der untersuchten Bahnfamilie konstant. Mit den partiellen Ableitungen nach x und y lautet die *Szebehely*-Gleichung

$$f_x U_x + f_y U_y + 2W(U + E) = 0 \ . \tag{2.367}$$

Die Funktion W wird definiert durch den Ausdruck

$$W = \frac{f_{xx} f_y^2 - 2 f_{xy} f_x f_y + f_{yy} f_x^2}{f_x^2 + f_y^2} \ . \tag{2.368}$$

2.8.31 Viktor A. Brumberg

V. Brumberg ist Professor am Institut für Himmelsmechanik Leningrad/St. Petersburg. Er führte die Himmelsmechanik unter konsequenter Verwendung der Ergebnisse der Relativitätstheorie weiter.[387] Dies schließt etwa die präzise Definition der Koordinatensysteme der sphärischen Astronomie und der verwendeten Zeiten ein. Auch die moderne Raumfahrt kann ohne diese Erkenntnisse nicht auskommen. In seinem Buch *Analytical Techniques of Celestial Mechanics* [1995] beschäftigt er sich vor allem mit für automatische Formelmanipulatoren geeignete mathematische Methoden. Diese können im Rahmen von *Computer-Algebra-Systemen* (CAS) das Rechnen in der Astrodynamik wesentlich verändern und vielleicht sogar erleichtern.

386 Szebehely, V. [1974]; Morrison, F. [1977]; Broucke, R. and Lass, H. [1977].

387 Brumberg, V. A. [1991] und [1995].

Brumbergs Schaffen ist geprägt von den beiden Schwerpunkten relativistische Himmelsmechanik und analytische Methoden der Himmelsmechanik. Einige wichtige Arbeiten in diesem Themenbereich (mit denen er für sein Institut einen Führungsanspruch in der weltweiten Gemeinde der Himmelsmechaniker verbindet) sind:[388]

- Correction of lunar motion due to the transition from the *Newton*ian to the Einsteinian gravitation law (1958)
- Absolute perturbations of the elements of artificial satellites (1962)
- Theory of planetary motions of the first order with respect to masses (1966)
- On problems of the interrelation between the motion of rotation and translation of celestial bodies (1968/1970)
- Relativistic Celestial Mechanics (1972)
- Relativistic reduction of astronomical measurements and reference frames (1981)
- Work on relativistic reference systems, together with *S. M. Kopejkin* (1988, 1989)
- General relativistic reference systems and reduction of data (1991)
- Essential relativistic celestial mechanics (1991)
- Analytical Techniques of Celestial Mechanics (1995)

2.9 Wege zur Astronautik

Abseits der großen auf höchstem mathematischen Niveau arbeitenden akademischen Tradition der Himmelsmechanik wurde fast unbemerkt und zaghaft, belächelt oder gänzlich ignoriert mit relativ einfachen mathematischen Hilfsmitteln ein zweiter Weg neben der „offiziellen Himmelsmechanik" geöffnet. Er wies mit grundsätzlich neuen ingenieurmäßigen Ideen die Richtung zur Raumfahrtbahnmechanik. Die physikalisch-technische Entwicklung war weltweit in unterschiedlicher Reife vorangekommen. Unabhängig voneinander konnten daher an verschiedenen Orten die Grundgedanken der Raketentechnik und Weltraumfahrt mit technisch realisierbaren Lösungen Gestalt annehmen. Diese Gedanken waren der öffentlichen Meinung allerdings weit voraus.

Interessanterweise war das Ziel der frühen Raumfahrtutopisten (z. B. *J. Kepler* in seinem posthum veröffentlichten *Somnium* über einen Flug zum Mond, *Jules Verne* u. a.) wie auch der meisten Raumfahrtpioniere bis einschließlich *Wernher von Braun,* den Menschen weg von der Erde zu bringen. Eine Raumwarte (vom Begriff Sternwarte) sollte den Astronomen die Beobachtung des Sternhimmels ohne störende Atmosphäre ermöglichen. Das Ziel der Menschen war als Erstes der Flug zum Mond, dann zum Mars und anderen Planeten. Die Idee, den Blick aus dem Weltraum zurück zur Erde zu richten, um sie und die Vorgänge auf ihr besser verstehen und erforschen zu können, nahm erst viel später nach der Realisierung der Raumfahrt Gestalt an.

[388] Siehe u. a. etwa in ABALAKIN, V. K. [1977], sowie weitere Zitierung späterer Werke.

Das Weltenfahrzeug.

Abb. 2.45 Aus Hermann Ganswindt: Buch *Das jüngste Gericht*, 1899 (Seite 9)[393]

2.9.1 Hermann Ganswindt

Hermann Ganswindt[389] aus Ostpreußen machte sichneben anderen Erfindern wie 1841 *Charles Galightly* in England und *Fedor Kibaltschitsch* in Russland[390] als einer der Ersten, wenn auch noch mit unzureichenden Mitteln, Gedanken über die technisch-realistische Durchführbarkeit der Weltraumfahrt. Aus den *Newton*'schen Axiomen *actio est reactio* und dem Trägheitssatz leitete er das *Rückstoßprinzip* als Möglichkeit zur Fortbewegung im interplanetaren Raum ab.[391] Dies findet sich 1881 in einem Vortrag über das *Weltenfahrzeug* mit dem ältesten bekannten als Konstruktionsvorlage gedachten Entwurf eines Raumfahrtzeuges[392] (Abb. 2.45).

389 *Hermann Ganswindt* (* 12. Juni 1856 in Voigtshof bei Seeburg, Ermland; † 25. Oktober 1934 in Berlin); https://de.wikipedia.org/wiki/Hermann_Ganswindt.

390 Zitiert nach I. SÄNGER-BREDT [1964].

391 Der Begriff *Rückstoßantrieb* tauchte wohl zum ersten Mal 1863 in der *Voyage à Venus* von *Achille Eyraud* auf.

392 Wiedergabe in W. BÜDELER [1979] p. 122.

393 https://upload.wikimedia.org/wikipedia/de/2/2d/Weltenfahrzeug.png; https://de.wikipedia.org/wiki/Datei:Weltenfahrzeug.png; Die Schutzdauer für das von dieser Datei gezeigte Werk ist nach den Maßstäben des deutschen, des österreichischen und des schweizerischen Urheberrechts abgelaufen. Es ist daher gemeinfrei.

Weiter beschäftigte er sich in einem Vortrag am 27. Mai 1891 mit der „*Raumfahrt zum Mars mittels eines durch Dynamitexplosionen beschleunigten Welten-Fahrzeuges*“. Er verstand Rückstoß nur durch Abwerfen von Materie, nicht aber wie später realisiert durch das *Abstoßen* von Explosionsgasen. *Ganswindt* machte sich schon breite Gedanken über eine Raumstation und über durch Seile miteinander verbundene Raumflugkörper (heute bekannt als *tethered satellites*). Er schreibt um 1892:

> „*Um ohne Kraftanstrengung zu fahren, wird man das (Weltraum-) Fahrzeug zweckmäßig in der Bahn der Himmelskörper, z. B. in der eines Kometen, bewegen müssen.*“[394]

Einsicht in das Los eines Erfinders offenbart folgendes Zitat:

> „*... Ferner betone ich nochmals, dass die schwierigsten Aufgaben und Erfindungen, wenn sie erst einmal gelöst sind, nachher sehr einfach und selbstverständlich erscheinen.*“

Diese Einschätzung passt gerade auf die Entwicklung der Raumfahrt. Der Raketenpionier *Rudolf Nebel* schrieb noch 1969, also ein Jahr nach der ersten Mondlandung: Die Ideen der Raumfahrtpioniere werden zunächst verlacht, dann bekämpft und schließlich als selbstverständlich hingenommen.[395]

2.9.2 Konstantin Eduardowitsch Ziolkovsky

Konstantin Eduardowitsch Ziolkovsky[396] (1857–1935), geboren in Ishewskoje (Gouvernemente Rjasan), war Lehrer für Mathematik in Borowsk im Kreis Kaluga in Russland, später bis zu seinem Tod in Kaluga selbst. Er beschäftigte sich ebenfalls mit dem Rückstoßprinzip als möglichen Antrieb im luftleeren Raum. Allerdings war seine Idee zunächst ähnlich unrealistisch wie *H. Ganswindt,* nämlich durch das Abschleudern schwerer Kugeln. Basierend auf Arbeiten aus den Jahren 1878/79 hatte er diese Art von Rückstoß 1883 in der Schrift „*Freier Raum*“ veröffentlicht. Unter anderem findet sich hier schon der Vorschlag, die Stabilisierung des Raumfahrtzeuges durch in Paaren angeordnete Schwungscheiben zu erreichen. Neben zahlreichen Veröffentlichungen, über Flugzeuge aus Ganzmetall, lenkbare Luftschiffe, ferner die Erzählung *Auf dem Mond,* erschien im Jahr 1895 die Arbeit *Träume über Himmel und Erde und die Wirkung der universellen Schwerkraft.* In dieser wurde erstmals das Wort *künstlicher Erdsatellit,* auf Russisch „Sputnik“, verwendet. Angeregt durch eine 1896 erschienene Arbeit von *A. P. Fiodorow* über das Rückstoßprinzip durch abzustrahlendes Gas leitete *Ziolkovsky* als erster

---

394 Zitiert nach W. BÜDELER [1979] p. 122.

395 In SCHMIDT, C.G., SCHERL, A. [1969]: *Propeller, Düsen und Raketen, Vom ersten Motorflug bis zur Mondlandung,* Hoch-Verlag, Düsseldorf.

396 *Konstantin Eduardowitsch Ziolkovsky,* (* Sept. 17, 1857, Izhevskoye, Russia – † Sept. 19, 1935).

die Raketengleichung ab. Sein Hauptwerk mit dem Titel *Die Erforschung des Weltraums mit Rückstoßgeräten* war 1890 im Manuskript fertig, wurde aber erst 1903 in der *Wissenschaftlichen Rundschau* in Moskau veröffentlicht.[397]

Ziolkovsky beschäftigte sich mit „Raketenzügen" bestehend aus Einzelraketen. Damit nahm er das Stufen- und dann auch das Bündelungsprinzip vorweg. Das wurde später in den sowjetischen Raketen verwirklicht.

Ziolkovsky stellte sich 1920 in der Arbeit *Außerhalb der Erde* die Entwicklung der Raumfahrt in folgenden Stufen vor:

- Erdumkreisung durch ein Raumschiff auf einer festen Satellitenbahn in 500 bis 1000 km Bahnhöhe
- Flug zu Nachbarplaneten der Erde unter Benutzung von künstlichen Satelliten als Zwischenstation
- Möglichkeit eines kleinen künstlichen von Menschen bewohnten Planeten

Ziolkovskys Arbeiten fanden zunächst wenig Anerkennung und Verbreitung. Erst allmählich seit 1914, vor allem nach 1926, fand *Ziolkovsky* in Russland Anerkennung. Erst danach wurden seine Ideen auch außerhalb Russlands bekannt. Allerdings waren außerhalb Russlands bis dahin schon viele seiner Erfindungen unabhängig neu gemacht worden.

Zur Untersuchung gesteuerter Bewegungsänderungen liefert die von *K. E. Ziolkowsky* 1896 gefundene *„Raketengleichung"* eine grundlegende Beziehung. Sie beschreibt den idealen Zusammenhang zwischen der Geschwindigkeitsänderung ΔV und der Treibstoffmenge Δm, welche zur Erreichung dieser Geschwindigkeitsänderung mit einem bestimmten Raketentriebwerk benötigt wird.

Eine einfache vektorielle Herleitung der Raketengleichung ergibt sich mit der Kraftbeziehung nach dem 2. *Newton*'schen Axiom[398]: Eine Kraft wird als Variation der Bewegungsgröße $m\,\mathbf{v} = m\,\dot{\mathbf{r}}$ dargestellt:[399]

---

[397] Eine Bibliographie der Arbeiten von *Ziolkovsky* findet sich in K.A. EHRICKE [1960], p. 72: KONSTANTIN E. TSIOLKOVSKY, Collected Works, Izd. Akademii Nauk, SSSR, Moscow: Tompervyi, Vol. I, Aerodynamics, 1951, 266 pp., Vol. II, Reactive Flying Devices, 1954, 456 pp., containing Tsiolkovsky's principal papers: Investigation of World Spaces by Reactive Instruments [1903]; Rocket into Cosmic Space [1903, 1924]; Investigation of World Spaces [1926]; Cosmic Rocket [1927]; Cosmic Reactive Trains [1929]; Goals of Astronavigation [1929]; To Astronavigators [1930]; Reactive Airplane [1930]; Semireactive Stratoplane [1930]; https://www.nasa.gov/audience/foreducators/rocketry/home/konstantin-tsiolkovsky.html http://www.allstar.fiu.edu/aero/tsiolkovsky.htm.

[398] Abschn. 2.4.1.

[399] In der Himmelsmechanik wird die Größe Produkt aus Masse und Geschwindigkeit üblicherweise (d. h. spätestens seit *Aristoteles,* Abschn. 1.5.8, auf Seite 100) als „Bewegungsgröße" bezeichnet. In der Physik hat diese Größe den Namen „Impuls" (in der englischsprachigen Literatur „momentum", siehe etwa in P. GURFIL – P. K. SEIDELMANN [2016]).

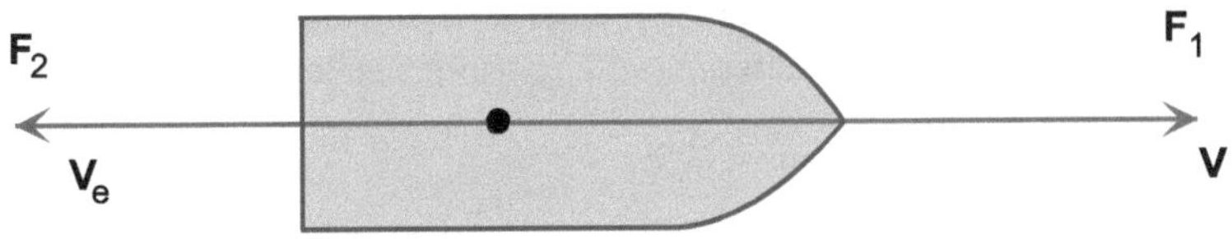

Abb. 2.46 Zur Herleitung der Raketengleichung, V – Geschwindigkeit der Rakete, V_e – Ausstoßgeschwindigkeit („exhaust velocity") des Raketenmotors, F_1 – Kraft in Flugrichtung, F_2 – Kraft entgegengesetzt zur Flugrichtung, V – erreichte Geschwindigkeit der Rakete

$$\mathbf{F} = \frac{d(m\,\dot{\mathbf{r}})}{dt} = \dot{m}\,\dot{\mathbf{r}} + m\,\ddot{\mathbf{r}} \quad . \tag{2.369}$$

Wenn bei einem Raketenmotor die Austrittsgeschwindigkeit der Austrittsgase konstant und auch ihre Richtung konstant ist, wenn also $\ddot{\mathbf{r}} = \dot{\mathbf{v}}_e = 0$ ist, bleibt für die Kraft, die auf die Rakete ausgeübt wird,

$$\mathbf{F}_2 = \dot{m}\mathbf{v}_e \quad . \tag{2.370}$$

Andererseits bewirkt eine Beschleunigung der Rakete der Masse m die Kraft

$$\mathbf{F}_1 = m\ddot{\mathbf{r}} \quad . \tag{2.371}$$

Da im Gesamtsystem (vgl. Abb. 2.46) nach dem 3. *Newton*'schen Axiom (actio est reactio) die Kräfte im Gleichgewicht stehen müssen

$$\mathbf{F}_1 = -\,\mathbf{F}_2\,, \tag{2.372}$$

gilt die differentielle Beziehung

$$d\dot{\mathbf{r}} = -\mathbf{v}_e\,\frac{dm}{m} \quad . \tag{2.373}$$

Integration ergibt die Raketengleichung in ihrer vektoriellen Form

$$\dot{\mathbf{r}} = \dot{\mathbf{r}}_A + \mathbf{v}_e\,\ln\frac{m_A}{m_B} \quad . \tag{2.374}$$

Hier bedeuten $\dot{\mathbf{r}}_A$ die Anfangsgeschwindigkeit vor Zünden des Raketenmotors sowie m_A die Anfangsmasse. Mit $V_e := |\mathbf{v}_e|$ führt diese Gleichung sofort auf die skalare Form der Raketengleichung:

$$\Delta V = V_e\,\ln\frac{m_A}{m_B} \quad . \tag{2.375}$$

Für die praktische Anwendung wird folgende zusammenfassende Formel verwendet, um den einer Geschwindigkeitsänderung ΔV entsprechenden Treibstoffbedarf Δm zu berechnen:

$$\Delta m = m_A \left(1 - e^{-\frac{\Delta V}{V_e}}\right) . \qquad (2.376)$$

2.9.3 Hermann Oberth

Hermann Oberth[400] (1894–1989), geboren in Hermannstadt (Siebenbürgen), beschäftigte sich ab 1907 mit den Grundlagen der Raketentechnik. Er fand unter anderem unabhängig von *Ziolkovsky* die Raketengleichung.[401] Er begründete mathematisch auch das Stufenprinzip. Er fasste seine Ergebnisse in einer Promotionsarbeit zusammen. Diese wurde 1923 vom physikalischen Institut der Universität Heidelberg abgelehnt mit der Begründung: *„Es gibt keine Raumfahrt.“*[402] *Oberth* gelang es jedoch noch 1923, seine Arbeit in Buchform unter dem Titel *Die Rakete zu den Planetenräumen* zu veröffentlichen. 1929 folgte das Buch *Wege zur Raumschifffahrt.* Diese Bücher wurden zur Grundlage der modernen Raketentechnik. Sie wurden geschätzt und verwendet, vor allem unter *Oberths* Schüler, den später lange Jahre das amerikanische Raumfahrtprogramm mitprägenden *Wernher von Braun.*

2.9.4 Robert Hutchings Goddard

Der in Worchester (Mass.) geborene Raketenpionier *Robert Hutchings Goddard*[403] beschäftigte sich seit 1899 mit dem Gedanken eines Fluges zum Mars. Als Vorstufe plante er den Bau einer Rakete zur Erforschung der Erdatmosphäre, um später dann die Rakete auf Fluchtgeschwindigkeit aus dem Anziehungsbereich der Erde zu bringen. 1926 gelang ihm der erste erfolgreiche Start einer Flüssigkeitsrakete. Unabhängig von *H. Oberth* kam er zur mathematischen Erfassung des Stufenprinzips.

[400] *Hermann Oberth* (* June 25, 1894, in Sibiu, Romania, originally called Hermannstadt, Transylvania; † Dec. 29, 1989 in Feucht); https://www.nasa.gov/audience/foreducators/rocketry/home/hermann-oberth.html.

[401] *Oberth, Hermann* [1923/1964], p. 15, ff.

[402] Noch 1927 schreibt *H. Lorenz* über das *Oberth*sche Werk: „*... Um weitere Missverständnisse auszuschließen, bemerke ich, dass die von mir betonte Unausführbarkeit der Rakete mit den errechneten Massenverhältnissen auf wirtschaftlichen und konstruktiven Erwägungen beruht, die jedem Ingenieur ohne weiteres einleuchten ...*“, zitiert nach I. SÄNGER-BREDT [1964], p. 20, ausführlicher bei SCHULZ, W. [1980], DGLR 80–001, pp. 22,23.

[403] *Robert Hutchings Goddard* (* March 16, 1926, at Auburn, Massachusetts; † Aug. 10, 1945 in Baltimore, Maryland) https://www.nasa.gov/centers/goddard/about/history/dr_goddard.html.

2.9.5 Walter Hohmann

Der Bauingenieur *Walter Hohmann*[404] (1880–1945), geboren in Hardheim (Odenwald), legte in den Jahren 1914–1916 seine Gedanken zur Realisierung der Raumfahrt im Allgemeinen und speziell hinsichtlich interplanetarer Missionen nieder. Wegen der Kriegswirren kam es aber nicht zur Veröffentlichung. Ohne Kenntnis von *Oberths* erstem Buch und *Max Valiers* Buch *(Der Vorstoß in den Weltenraum)* reichte er 1925 seine Schrift zur Veröffentlichung unter dem Titel *Die Erreichbarkeit der Himmelskörper, Untersuchungen über das Raumfahrtproblem* ein. Nach Vorschlägen von *H. Oberth* und *M. Valier* hatte er noch vor der Publizierung die Schrift um einige Rechnungen erweitert.[405] *Hohmann* leistete darin den ersten wesentlichen mathematisch fundierten Beitrag zur künftigen Raumflugbahnmechanik. Er beschäftigte sich darin mit Aufstiegs- und Wiedereintrittsbahnen, vor allem mit optimalen und nicht optimalen interplanetaren Trajektorien. Die optimalen Bahnen auf halben Ellipsenbögen wurden später nach *Hohmann* benannt *(Hohmann-Übergangsbahn, Hohmann-Trajektorie, Hohmann-Transfer)*[406]. *Hohmann* hatte das Talent, die mathematische Formulierung so zu vereinfachen, um die physikalisch wesentlichen Aussagen klar erkennen zu können.[407]

Es soll als einfaches Beispiel der Übergang aus einer niedrigen Kreisbahn mit Radius r_1 in eine hohe Kreisbahn mit Radius r_2 untersucht werden (siehe Abb. 2.47). Als Übergangsbahn wird eine Ellipse gewählt, deren Perizentrum auf der niedrigen Bahn, und deren Apozentrum auf der hohen Bahn liegt. Die Übergangsbahn hat somit den Perizentrumradius

$$r_1 = r_P = a\,(1 - e) \tag{2.377}$$

sowie den Apozentrumradius

$$r_2 = r_A = a\,(1 + e), \tag{2.378}$$

woraus die große Halbachse und die Exzentrizität der Übergangsbahn berechnet werden können:

$$a = \frac{r_2 + r_1}{2}, \quad e = \frac{r_2 - r_1}{2a} \quad . \tag{2.379}$$

Die Kreisbahngeschwindigkeit auf der niedrigen Bahn ist

---

404 *Walter Hohmann* (* 18. März 1880 in Hardheim im Odenwald; † 11. März 1945 in Essen); https://de.wikipedia.org/wiki/Walter_Hohmann.

405 HOHMANN, W. [1925].

406 Vgl. etwa W. SCHULZ [1980].

407 Vgl. hierzu auch O. RUPPE, *Raumfahrt: Kepler und Hohmann,* Bericht RT-KB 80/01, Technische Universität München, Lehrstuhl für Raumfahrttechnik, März 1980.

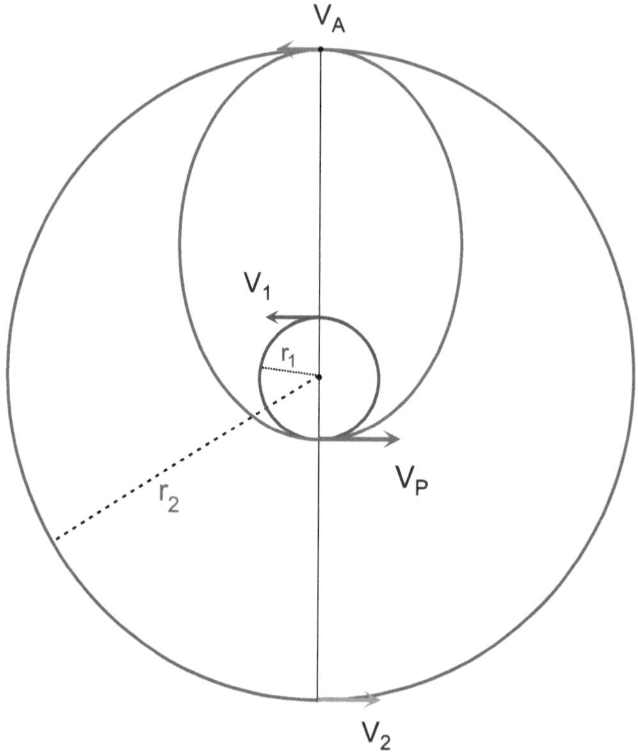

Abb. 2.47 *Hohmann*-Transfer, koplanarer Übergang von Kreisbahn zu Kreisbahn

$$V_{K1} = \sqrt{\frac{\mu}{r_1}}, \tag{2.380}$$

auf der hohen Bahn

$$V_{K2} = \sqrt{\frac{\mu}{r_2}}, \tag{2.381}$$

die Geschwindigkeit im Perizentrum der Übergangsellipse

$$V_P = \sqrt{\frac{\mu}{a}\,\frac{1+e}{1-e}} = \sqrt{\frac{\mu}{a}\,\frac{r_2}{r_1}} \quad = \quad \sqrt{\frac{2\,\mu}{r_1+r_2}\,\frac{r_2}{r_1}}, \tag{2.382}$$

im Apozentrum

$$V_A = \sqrt{\frac{\mu}{a}\,\frac{1-e}{1+e}} = \sqrt{\frac{\mu}{a}\,\frac{r_1}{r_2}} \quad = \quad \sqrt{\frac{2\,\mu}{r_1+r_2}\,\frac{r_1}{r_2}} \quad . \tag{2.383}$$

Das Geschwindigkeitsinkrement zum Erreichen der Übergangsbahn von der niedrigen Bahn aus beträgt

$$\Delta V_1 = V_P - V_{K1} = \sqrt{\frac{\mu}{r_1}}\left(\sqrt{\frac{2\,r_2}{r_1 + r_2}} - 1\right), \tag{2.384}$$

zum Einschuss aus der Übergangsbahn in die hohe Bahn

$$\Delta V_2 = V_{K2} - V_A = \sqrt{\frac{\mu}{r_2}}\left(1 - \sqrt{\frac{2\,r_1}{r_1 + r_2}}\right) . \tag{2.385}$$

Der gesamte Geschwindigkeitsbedarf, der aufgewendet werden muss, um von einer Ursprungsbahn eine Zielbahn zu erreichen, wird gelegentlich als *charakteristische Geschwindigkeit* bezeichnet:[408]

$$\Delta V_{\mathrm{char}} = |\Delta \dot{\mathbf{r}}_1| + |\Delta \dot{\mathbf{r}}_2| \ . \tag{2.386}$$

Im Fall des koplanaren *Hohmann*-Transfers lautet die charakteristische Geschwindigkeit

$$\begin{aligned}\Delta V_{\mathrm{char}} =& \Delta V_1 + \Delta V_2 = \\ =& \sqrt{\frac{\mu}{r_2}}\left(1 - \sqrt{\frac{2\,r_1}{r_1 + r_2}}\right) + \sqrt{\frac{\mu}{r_1}}\left(1 - \sqrt{\frac{2\,r_2}{r_1 + r_2}}\right) .\end{aligned} \tag{2.387}$$

Die Dauer des Übergangsfluges von der Ursprungs- in die Zielbahn ergibt sich mit der *Kepler*'schen Umlaufzeit der Übergangsellipse $P_K = 2\pi\ \sqrt{a^3/\mu}$ näherungsweise zu $\Delta t_{\mathrm{Hoh}} = \pi\ \sqrt{a^3/\mu}$ (Abb. 2.48).

Der Schub zur Bahnänderung von der niedrigen in die hohe Bahn muss im Fall des *Hohmann*-Transfers stets in Bewegungsrichtung angebracht werden. Soll umgekehrt von einer hohen in eine niedrige Bahn geflogen werden, muss der Korrekturschub stets entgegengesetzt zur Bewegungsrichtung angebracht werden. Die charakteristische Geschwindigkeit ist in beiden Fällen gleich.

Eine Verallgemeinerung des gefundenen *Hohmann*-Transfers kann im Rahmen der allgemeinen *Kepler*-Bewegung erfolgen.

Nach *Hohmann* wird das *Hohmannschen Paradoxon* benannt: Ein Raumflugkörper werde aus einer Planetenbahn auf eine Fluchthyperbel aus dem Sonnensystem eingeschossen. Es werde eine asymptotische Geschwindigkeit gewünscht, die dem Betrag nach über der Fluchtgeschwindigkeit aus der betreffenden Planetenbahn liegt. Im Hinblick auf den Energieverbrauch ist es günstiger, statt direkt aus der Planetenbahn in eine Fluchthyperbel

[408] Siehe etwa R. H. GIESE [1966], p. 124.

Abb. 2.48 Mars Express hat nach Start am 2. Juni 2003 die Erde zu einem *Hohmann*-Transfer zum Mars verlassen. Das Bild mit der HRSC-Kamera zurück zur Erde lässt erkennen, dass die Sonde der Erde vorausfliegt mit Perihelgeschwindigkeit größer als die Kreisbahngeschwindigkeit der Erde um die Sonne $V_P > V_{K1}$. Die Sonne steht rechts von der Szene. Von der Erde aus gesehen ist Neumond[409]

einzuschießen (1-Impuls-Verfahren), zunächst auf eine Transferbahn ins Innere des Sonnensystems. Dann wird im sonnennächsten Punkt dieser Bahn mit einem zweiten Impuls in die Fluchthyperbel eingeschossen (2-Impuls-Verfahren). Je näher der sonnennächste Punkt an der Sonne liegt, umso kleiner ist das Gesamtgeschwindigkeitsinkrement. Das Verhältnis der Geschwindigkeitsinkremente im 2-Impuls- zum 1-Impuls-Verfahren variiert und nimmt einen günstigsten Extremalwert an[410] (Abb. 2.49).

2.9.6 Friedrich Artur Zander und die sowjetische Raumfahrt

Der in Riga gebürtige Ingenieur *Friedrich Artur Zander*[411] (1887–1933) hatte bereits 1904 das Werk A. *K. Ziolkovskys* kennen gelernt. Er begann es eigenständig weiter- und umzuentwickeln. Neben intensiver Experimentiertätigkeit versuchte er in vielen Vorträgen die von *Ziolkovsky* und ihm selbst entwickelten Grundgedanken zur Weltraumfahrt populär zu machen. *Zander* beschäftigte sich seit 1921 mit optimalen interplanetaren Übergangsbahnen. 1923/24 stellte er sie in seinen Vorträgen vor. Die *Hohmann*'schen Übergangsbahnen wurden also an verschiedenen Stellen unabhängig voneinander entdeckt. Auf *Zander* geht

[409] HRSC – High Resolution Stereo Camera, Bild © ESA, DLR Institut für Planetenforschung Berlin, Gerhard Neukum FU Berlin.

[410] Ausführliche Herleitung in JOCHIM, E. F. M. [2018], Section. 12.7.3.

[411] *Friedrich Artur Zander* (lettisch Frīdrihs Canders, russisch Фридрих Артурович Цандер, Fridrich Arturowitsch Zander; * 11. August[jul.]/23. August 1887[greg.] in Riga, Gouvernement Livland, Russisches Kaiserreich; † 28. März 1933 in Kislowodsk, Sowjetunion); https://de.wikipedia.org/wiki/Friedrich_Arturowitsch_Zander.

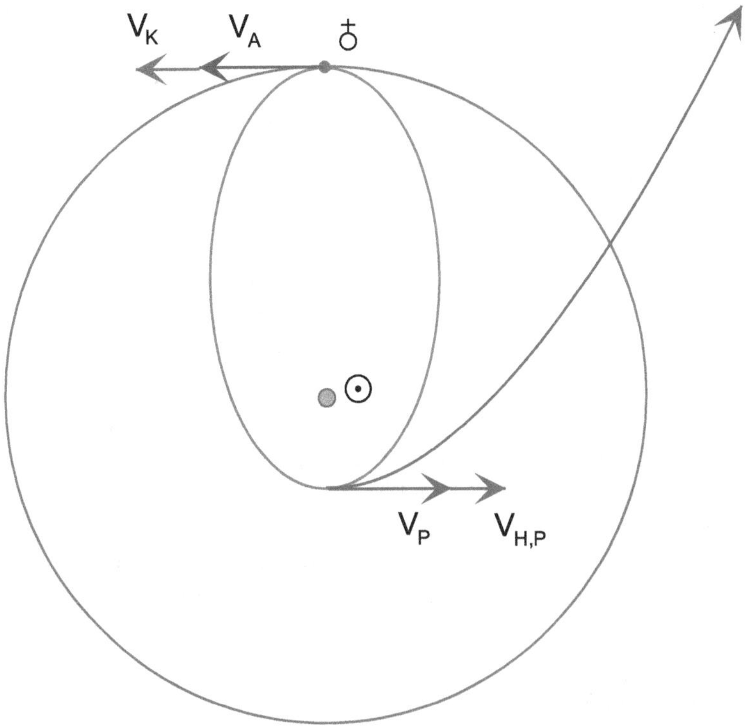

Abb. 2.49 2-Impuls-Verfahren zum Verlassen des Sonnensystems

die Idee der Energiegewinnung mit großen Spiegeln zur Sammlung der Sonnenwärme zurück. Heute wird das mit Solarzellen erreicht. Er beschäftigte sich bereits mit der interplanetaren Navigation mit Hilfe von Sonnensegeln. Dieser Gedanke führte 1992 zu einer Reihe technisch ausgereifter Vorschläge zur Teilnahme einer vom Columbus-Komitee ausgeschriebenen Weltraumregatta zum Mond.[412] Besonders interessant ist seine gründliche Untersuchung der Gravitationsmanöver. Die Änderung der interplanetaren Flugbahn von Raumflugsonden im Gravitationsfeld von Planeten ist in der interplanetaren Navigation unter dem Namen *„Swing-By Effekte"* von großer Bedeutung. *Zanders* Schüler und Mitarbeiter *Sergej Pavlovitsch Koroljov* (1906–1966) war später bis zu seinem Tod der prägende Kristallisationspunkt der sowjetischen Raumfahrt.[413] Der Raumfahrttheoretiker *Nikolai Alexejewitsch Rynin* (1877–1942, seit 1921 Professor in Leningrad) veröffentlichte 1928

[412] M. ODENWALD, *Sonnensegler zum Mond und zum Mars*, SUW, **31,** 1992/2, pp. 95–97.

[413] Siehe ROMANOVSKI, Tomass und SCHIENKE, Horst [1990]: *Vorwärts zum Mars!, Zum Lebenswerk des Raumfahrtpioniers Friedrich A. Zander*, SUW **29,** pp. 314–317. Dort auch einige weiterführende Literatur. Hinweis u. a. auf: RYNIN, N. [1929]: *Raketen und Triebwerke mit direktem Antrieb*, Leningrad.

den ersten Band der zunächst auf 12 Bände geplanten, dann aber neunbändigen Raketenenzyklopädie *Interplanetarer Verkehr* (Interplanetary communications) (1928–1932). Mitarbeiter an dieser Enzyklopädie waren *Ganswindt, Hohmann, Zander* u. a.

2.9.7 Robert Esnault-Pelterie

Der in Paris geborene *Robert Esnault-Pelterie*[414] widmete sich besonders der Erforschung der oberen Atmosphäre mit Raketen und den Möglichkeiten des interplanetaren Raumflugs.[415] Einen Vortrag 1927 zu diesem Thema *(L'exploration par fusées de la très haute atmosphère et de la possibilité des voyages interplanétaires)* veröffentlichte er 1928 in Buchform. Das 1930 in zweiter Auflage 1930 veröffentlichte Buch trug den Titel *Astronautiques.* Damit führte er den später allgemein üblich gewordenen Begriff ***Astronautik*** ein. *R. Esnault-Pelterie*[416] untersuchte wohl als Erster basierend auf Vorarbeiten von *H. Minkowski*[417] (1909), *M. Born* (1909) und *A. Sommerfeld* (1910) die relativistische geradlinige Bewegung einer Rakete bei konstantem Schub. So entdeckte er die grundlegende relativistische Raketengleichung unter der Annahme eines beliebigen Massengesetzes.[418] Die Ideen dazu reichte *Esnault-Pelterie* 1912 bei der Société Française de Physique ein.[419]

2.9.8 Franz O. L. von Hoefft

Der in Wien geborene *Franz O. L. von Hoefft*[420] hatte wohl als Erster 1926/28 einen organischen Plan zur Entwicklung der Weltraumfahrt entwickelt. Er führte von einer

[414] *Robert Esnault-Pelterie* (1881–1957) (* 8. November 1881 in Paris; † 6. Dezember 1957, Ort unklar, vermutlich Paris oder Nizza) https://de.wikipedia.org/wiki/Robert_Esnault-Pelterie

[415] Blosset, Lise [1985].

[416] Esnault-Pelterie, R. [1928]: *Astronautik und Relativitätstheorie, Die Rakete,* **2,** pp. 114–117, 130–134, 146–148, Breslau; auch in: *L'Astronautique,* A. Lahure, Paris, 1930, pp. 229–241 (zitiert nach Krause, H. G. L. [1961b], p. 11–26).

[417] *Herman Minkowski* (22. Juni 1864, Kaunas – 12. Januar 1909, Göttingen], *Max Born* (11. Dez. 1882, Breslau – 5. Jan. 1970, Göttingen); *Arnold Sommerfeld* (5. Dez. 1868, Königsberg – 26. April 1951, München).

[418] Siehe: H. G. L. Krause [1961b], p. **11**–19.

[419] Esnault-Pelterie, R. [1912]: *Considerations Concerning the Results of the Indefinite Lightening of Engines,* erstmals veröffentlicht in: Journal de Physique, ser. 5, vol. 3, March 1913, pp. 218–230; englische Übersetzung in [1958] *Rocketry and Space Exploration,* her. Von Andrew G. Haley, D. Van Nostrand Company, Inc., New York, pp. 293–301 (Zitiert nach: L. Blosset [1985], p. 23).

[420] *Franz O. L. von Hoefft* (* 5. April 1882 Wien, † 13. Dezember 1954 Linz, Pionier der Raketen- und Weltraumforschung) https://www.geschichtewiki.wien.gv.at/Franz_von_Hoefft.

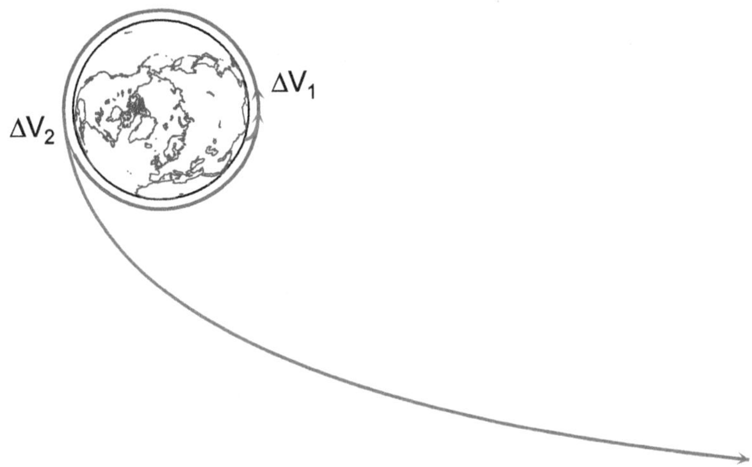

Abb. 2.50 Zum *Pirquet*'schen Paradoxon

einfachen von einem Ballon zu startenden Höhenforschungsrakete bis zum interstellaren Raumfahrtzeug.

2.9.9 Guido Freiherr von Pirquet

Der aus Hirschstetten (in Niederösterreich) stammende *Guido von Pirquet*[421] untersuchte die Bedeutung einer terrestrischen Raumstation für den interplanetaren Raumflug. Er stieß auf das *„kosmonautische Paradoxon"* (auch *„Pirquet*'sches *kosmonautisches Paradoxon"* genannt): (Abb. 2.50)

> *„Es ist vom Treibstoffaufwand her gesehen leichter von einer einmal existierenden terrestrischen Raumstation aus den Mond oder einen Planeten anzusteuern, als von der Erdoberfläche zu dieser Raumstation zu kommen."*

Von Pirquet stellte sich diese Raumstation als *„Zwischenbahnhof"* in 12.760 km Höhe vor. Seine Arbeiten wurden 1928 in dem von *Willi Ley*[422] herausgegebenen Sammelwerk *Die Möglichkeit der Weltraumfahrt* veröffentlicht. *Von Pirquet* berechnete zahlreiche Raumflugbahnen und arbeitete auch ein Konzept für das schrittweise Vordringen zum Raumflug aus: Rakete – Fernrakete – Mondrakete – interplanetare Weltraumrakete.[423]

---

[421] *Guido von Pirquet* (* 30. März 1880 in Hirschstetten bei Wien; † 17. April 1966 in Wien) https://de.wikipedia.org/wiki/Guido_von_Pirquet.

[422] *Willy Ley* (* 2. Oktober 1906 in Berlin; † 24. Juni 1969 in New York) https://de.wikipedia.org/wiki/Willy_Ley.

[423] siehe hierzu auch in JOCHIM, E. F. M. [2018], Section 12.6.2.

Den Nutzen einer Raumstation für interplanetare Missionen hatte übrigens schon *Konstantin Ziolkowsky* betont. Der Grundgedanke von *Pirquets* scheint hier der zu sein: Es ist nicht nötig, direkt von der Erdoberfläche in die interplanetare Bahn einzuschießen. Dies ist vielmehr auch aus einer (vielleicht kreisförmigen) Erdumlaufbahn aus möglich. Der Energiebedarf, d. h. das benötigte Geschwindigkeitsinkrement aus einer solchen Bahn, ist in der Tat wesentlich geringer als bei Start von der Erdoberfläche aus. Dafür können üblicherweise etwa $\Delta V = 10$ km/s veranschlagt werden. Für den Start in eine interplanetare Übergangsbahn ist dann nur die Differenz aus der schon erreichten Kreisbahngeschwindigkeit und der Fluchtgeschwindigkeit aus dem Erdanziehungsbereich aufzuwenden. Entsprechendes gilt auch beim Abflug mit einer höheren hyperbolischen Geschwindigkeit. *Von Pirquet*[424] hatte sich den Flug zur Raumstation oder gleich zu einer „Raketenstation" auf dem Mond mit einer „Hilfsrakete" vorgestellt. Dort würden die Passagiere in das interplanetare Raumfahrzeug umsteigen, um dann mit nur noch relativ geringem Energieaufwand loszufliegen.

2.9.10 Hermann Noordung

Unter den vielen, die sich durch *Oberths* erstes Buch anregen ließen, war der Ingenieur und pensionierte Hauptmann der k.u.k.-Armee *Hermann Potočnik*[425] (1892–1929), geboren in Pola (Österreich-Ungarn). Aus Furcht verlacht zu werden veröffentlichte er seine Überlegungen zu einer künftigen Weltraumfahrt unter dem Pseudonym **Hermann Noordung** 1929 mit dem Titel *Das Problem der Befahrung des Weltraums, Der Raketen-Motor.*

Dieses Buch enthält technisch sehr detaillierte Vorschläge zum Aufbau einer Raumstation. Er gab der Raumstation den Namen *„Raumwarte"*, um den Zweck der Station als Stätte ungestörter Beobachtung des Sternhimmels zu betonen. Als Bahn für eine solche Station empfiehlt *Noordung* diejenige (Abb. 2.51)

> *„ ... freie Umlaufbahn, in der ein Körper die Erde ebenso schnell umkreist, als sie sich selber dreht, nämlich einmal in einem Tage („Stationärer Umlauf").“*[426]

Noordung ist vielleicht der Entdecker und Namensgeber der geostationären Bahn. Allerdings scheint schon *K. Ziolkovsky* mit dem Prinzip der geostationären Bewegung im Zusammenhang mit dem *„Orbitalturm"* vertraut gewesen zu sein.[427] Gleichwohl

---

[424] Enthalten in W. LEY [1928], pp. 284–323.

[425] *Hermann Potočnik* (pseudonym: **Hermann Noordung**; * Pola (jetzt Pula), Istria 22 Dezember 1892 – † Vienna, 27 August 1929) https://en.wikipedia.org/wiki/Herman_Poto%C4%8Dnik.

[426] Zitat aus: H. NOORDUNG [1929], p. 98.

[427] Aus: ECKERT, A. [1992]: *Systemstudie über Tethertechnik,* Teil 1, ZFW **16** [1992], 283–293; in Bezug auf: BEKEY, I. [1986]: *Historical Evolution of Tethers in Space,* AAS 86–202, in: BAINUM, P. M. et al. eds. [1986], *Tethers in Space,* Advances in the Astronautical Sciences, Vol 62.

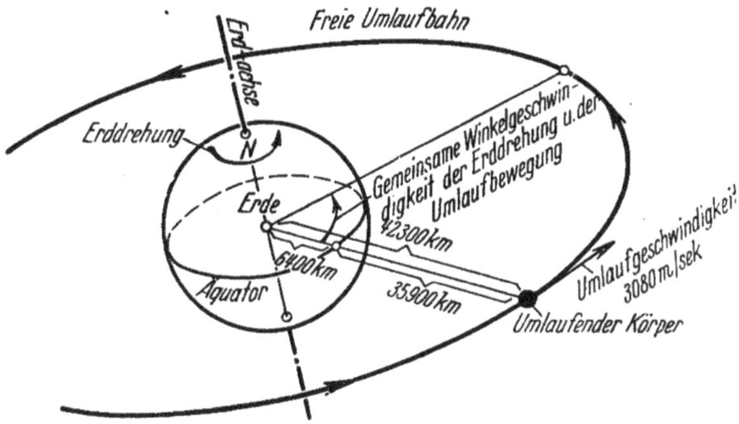

Abb. 2.51 Zur Erklärung der geostationären Bahn aus Abb. 45 in H. NOORDUNG [1929]: *Jeder Körper, der die Erde in der Ebene des Äquators 42.300 km entfernt vom Erdmittelpunkte in kreisförmiger Bahn umläuft, verharrt freischwebend beständig über demselben Punkte über der Erdoberfläche*[428]

scheint *Noordung* als Erster auf die geostationäre *„Freiflugbahn"* hingewiesen zu haben. Er hatte in diesem Buch etwa auch den Einfluss und die Konsequenzen der Schwerelosigkeit zu beschreiben versucht. Auch das Prinzip der Lageregelung für eine 3-Achsen-Stabilisierung seiner Raumwarte wird dort gefunden[429] (Abb. 2.52).

2.9.11 Arthur C. Clarke

Den Gedanken der geostationären Bahn entwickelte der Zukunftsforscher und Science-Fiction-Autor ***Arthur C. Clarke***[430] aus England in einem Memorandum vom 25. Mai 1945 an die British Interplanetary Society und im Oktober 1945 in der Zeitschrift *Wireless World* in einer Arbeit über *Nachrichtensatelliten in der geostationären Bahn* weiter. 1947 veröffentlichte er im *Journal of the British Astronomical Association* über „Stationary Orbits". Dadurch wurde der Nutzen der geostationären Bahnen für Kommunikationszwecke erstmals publik. Zeitweise wurde deshalb die geostationäre Bahn auch als *Clarke-Orbit* bezeichnet.[431] In dieser Arbeit untersuchte *Clarke* auch die Möglichkeit weiterer stationärer Bahnen unter dem Einfluss des Gravitationsfeldes des Mondes und ihrer Stabilität bezüglich der Gravitation der Sonne.

---

428 Reproduktion aus N OORDUNG [1929], p. 98, rechtefrei aus https://foruq.com/books/de/Allgemein/Das-Problem-der-Befahrung-des-Weltraumes-Hermann-Noordung.pdf.

429 H. NOORDUNG [1929], p. 133.

430 *Sir Arthur Charles Clarke* (born December 16, 1917, Minehead, Somerset, England – died March 19, 2008, Colombo, Sri Lanka), https://www.britannica.com/biography/Arthur-C-Clarke.

431 Siehe MIELKE, H. [1986], p. 97.

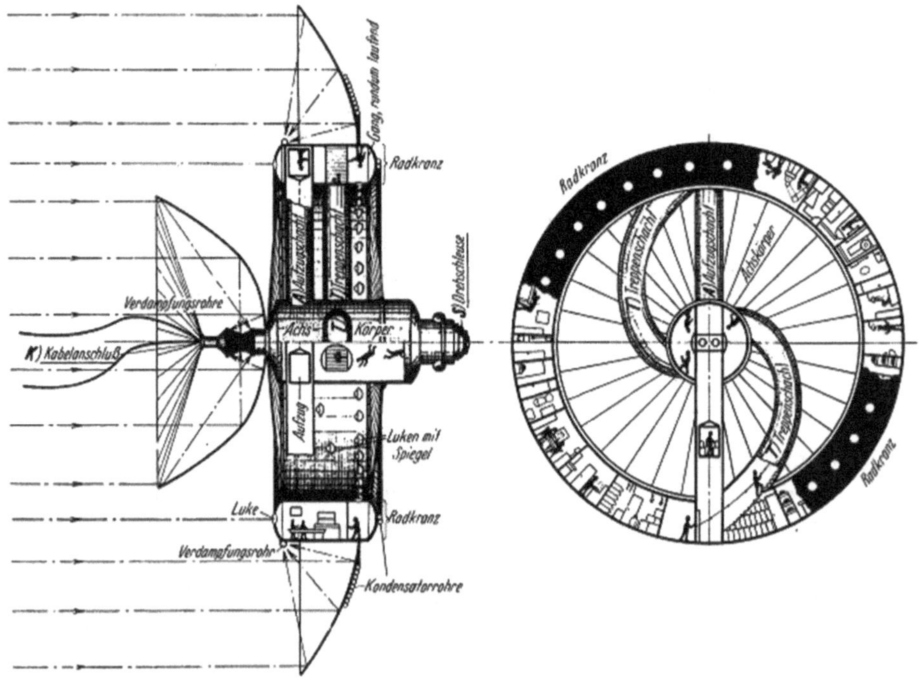

Abb. 2.52 Das Wohnrad aus H. NOORDUNG [1929]: Links: axialer Schnitt. Rechts: Ansicht der der Sonne ständig zugekehrten Seite, ohne Sammelspiegel, teilweise im Schnitt[432]

2.9.12 Wernher von Braun

Von ***Wernher von Braun***[433] selbst ist kein eigenständiger Beitrag zur Raumflugbahnmechanik bekannt. Jedoch förderte er nachhaltig die Entwicklung dieser für die Durchführung einer Raumfahrtmission eminent wichtigen Teilwissenschaft. Eine genaue Aufarbeitung ist für die Durchführbarkeit der Weltraumfahrt unerlässlich. V. *Braun* initiierte das Monumentalwerk *Design Guide for Orbital Flight.*[434] Dieses Buch leistete mit ingenieurmäßigen Hilfsmitteln, Diagrammen und Näherungsformeln für die Bahnauslegung viele Jahre bedeutende Hilfe. Allerdings ist es mittlerweile durch die mit

---

[432] Reproduktion aus H. NOORDUNG [1929], p. 137, rechtefrei aus https://foruq.com/books/de/Allgemein/Das-Problem-der-Befahrung-des-Weltraumes-Hermann-Noordung.pdf.

[433] *Wernher Magnus Maximilian Freiherr von Braun* (* 23. März 1912 in Wirsitz, Provinz Posen, Deutsches Reich; † 16. Juni 1977 in Alexandria, Virginia, USA); https://www.dhm.de/lemo/biografie/wernher-braun; https://www.nasa.gov/centers/marshall/history/vonbraun/bio.html; https://de.wikipedia.org/wiki/Wernher_von_Braun.

[434] JENSEN, J. et al. [1962].

der Entwicklung der Computertechnik einhergehende Fortentwicklung der bahnmechanischen Methodik überholt. Die Vielfalt genutzter Satellitenbahnen geht jetzt weit über den Gegenstand dieses Buches hinaus.

2.9.13 Eugen Sänger, GFW, H. H. Kölle

Erst 1960 wurde die Raumflugtechnik in Deutschland in den akademischen Olymp durch Schaffung des ersten Lehrstuhls zugelassen.[435] Auf ihn war der in Preßnitz geborene ***Eugen Sänger***[436] an der technischen Universität in Berlin berufen worden. *Sänger* hatte die Entwicklung der Raumfahrt von den ersten Versuchen bis zu ihrer Realisierung wie kaum ein anderer durch eine Fülle neuartiger und zur *„alten"* Raketentechnik alternativen Ideen begleitet. Für ihn ist die Rakete kein Raumfahrtzeug, vielmehr das Antriebssystem für ein Raumfahrtzeug. Die Entwicklung der Raumfahrt sieht er in folgenden Schritten: *„Stratosphärenflugzeug – Raumboot – Außenstation – Raumschiff"*. Sein Konzept bestand also darin, weg von der Wegwerfrakete zum wiederverwendbaren Raumboot zu kommen. Das Raumboot ist im Wesentlichen der Raumtransporter, wie er im amerikanischen *Space Shuttle* oder dem sowjetischen *Buran* bis jetzt allerdings nur unvollkommen verwirklicht wurde. Für die Rückkehr zur Erde schlug *Sänger* wie schon *W. Hohmann* den antriebslosen Gleitflug vor. Dieser war vom Space Shuttle erfolgreich realisiert worden. Bereits 1929 ersann er die Photonenrakete, ein mit Lichtquanten als Ausstoßmasse arbeitendes Raketentriebwerk. 1933 erschien sein Buch *Raketenflugtechnik.*[437] Seit Februar 1936 arbeitete *Sänger* bei der Deutschen Versuchsanstalt für Luftfahrt (DVL). Er baute deren Raketenversuchsgelände in Trauen (Lüneburger Heide) auf. Ab 1939 führte er erste Prüfstandsexperimente mit Hochdruckbrennkammern durch. Nach dem Zweiten Weltkrieg arbeitete er zunächst bei der ONERA in Frankreich. Ab Ende 1945 war er am Arsénal de l'Astronautique, später in der Firma Nord-Avion mit der Entwicklung von Staustrahltriebwerken beschäftigt. 1951 gründete er in Frankreich zusammen mit dem französischen Journalisten *Alexandre Ananoff* die Internationale Astronautische Föderation (IAF). *Sänger* war auf dem Kongress 1951 in London als deren erster Präsident gewählt worden. Die Präsidentschaft übte er für zwei Jahre aus.

Ab 1954 baute er in Stuttgart das Forschungsinstitut für Physik der Strahlantriebe (FPS) mit der Außenstelle Lampoldshausen auf. Dieses Institut wird als das erste europäische Raumfahrtforschungszentrum angesehen.[438] Es wurde 1962 als Forschungszentrum Stuttgart in die Deutsche Versuchsanstalt für Luft- und Raumfahrt eingegliedert (DVL,

---

[435] https://www.dlr.de/content/de/artikel/dossier/geschichte-des-dlr/raumfahrtgeschichte.html.

[436] *Eugen Albert Sänger* (* 22.9.1905 Preßnitz bei Komotau (Böhmen), † 10.2.1964 Berlin-Charlottenburg); https://www.deutsche-biographie.de/sfz109535.html.

[437] E. SÄNGER [1933].

[438] Aus: *Raumfahrt in Deutschland – Zeitleiste wichtiger Ereignisse.*

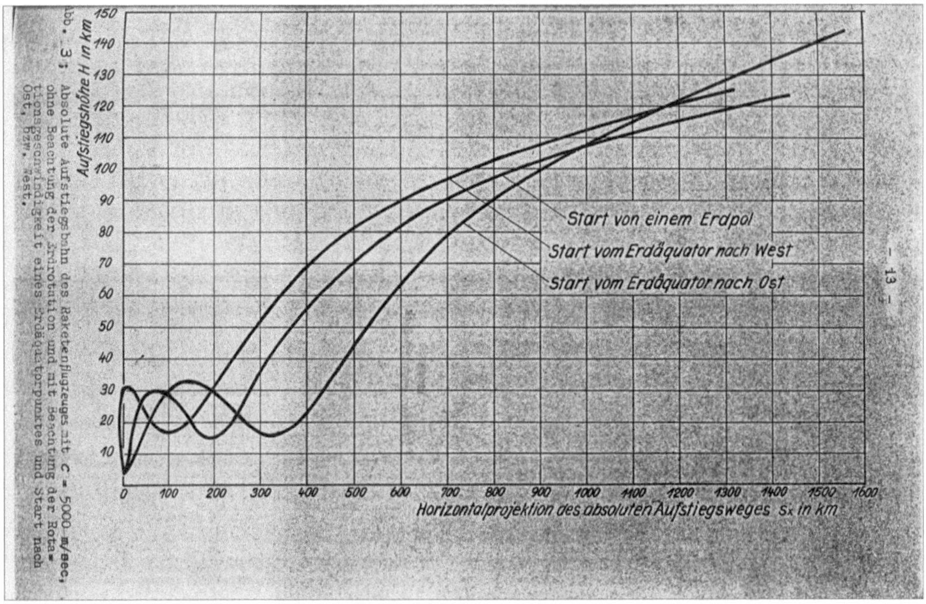

Abb. 2.53 Aus der Untersuchung zu Aufstiegsbahnen von *E. Sänger*[441]

später in die DFVLR integriert, noch später in das DLR umbenannt). In bahnmechanischem Zusammenhang sind seine Arbeit 1949 über *Die Bewegungsgesetze der Raumfahrt,* in der er Probleme des Transports in die Erdumlaufbahn, der natürlichen Lebensdauer künstlicher Satelliten und des Kontakts mit Bodenstationen untersuchte,[439] sowie 1951 sein *Atlas konkreter Bahnen von Raketenflugzeugen bis zur Außenstation und zurück*[440] von Interesse (siehe Abb. 2.53 und 2.54).

Unter der Bezeichnung Gesellschaft für Weltraumforschung (GFW) gab es im Laufe der Geschichte verschiedene Einrichtungen. Erstmals wurde unter dieser Bezeichnung 1935 eine solche Einrichtung gegründet. Vorangetrieben vor allen durch *H. K. Kaiser* und *Krafft A. Ehricke* diente sie als Sammelbecken der Raumfahrtenthusiasten in Deutschland.[442] Sie wurde 1945 aufgelöst. Nach dem Krieg wurden unter der Bezeichnung GFW verschiedene regionale Gruppierungen in den einzelnen westlichen Besatzungszonen

[439] *Les lois de la cinématique spatiale, Interavia,* quatrième année, Juillet 1949, pp. 416–418 (bisweilen auch mit dem englischen Titel zitiert: E. SÄNGER [1949], *The Laws of Motion in Space Travel,* Interavia, vol. IV, Juli 1949).

[440] In: Astronautische Forschungsberichte der deutschen Raketen-Gesellschaft e. V., her. von H. K. Kaiser, Nr. 3. 1957 (Erstveröffentlichung 1951 innerhalb der Forschungsreihe der Nordwestdeutschen Gesellschaft für Weltraumforschung e. V.).

[441] Aus: E. SÄNGER [1951/1955], *Atlas konkreter Bahnen* Abb. 2.53 und 2.54 wurden 2011 von *E. Sängers* Sohn *Hartmut E. Sänger* (11. Mai 1950–2.Okt. 2022) persönlich zur Verfügung gestellt.

[442] Abschn. 2.9.14.

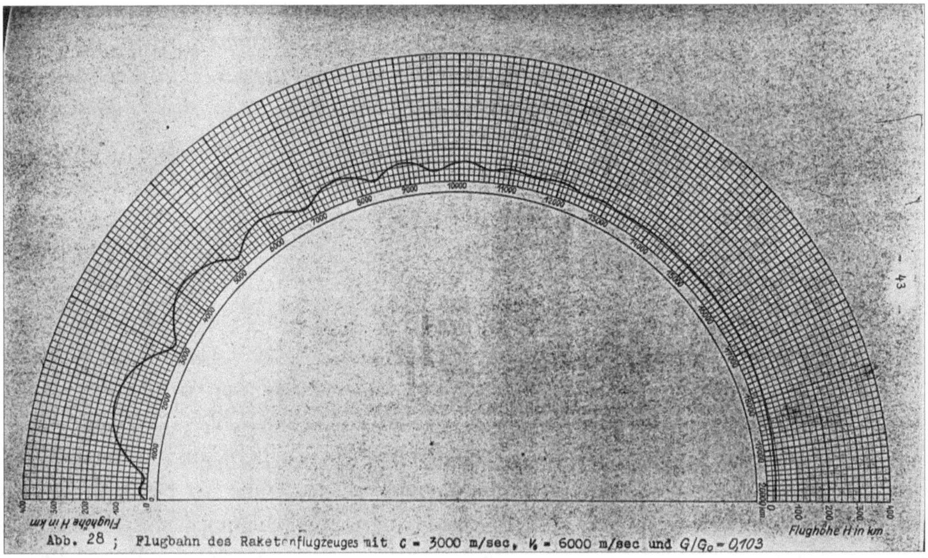

Abb. 2.54 Aus der Untersuchung von Wiedereintrittsbahnen von *E. Sänger*[443]

gegründet. Sie schlossen sich nach Zusammenschluss mit den parallel wiedergegründeten Luftfahrt-wissenschaftlichen Organisationen vor allem durch *Prof. Hermann Blenk* in Braunschweig zur heutigen DGLR zusammen. Auch unter dem Namen GFW war 1962 die offizielle Behörde der deutschen Bundesregierung zur Organisation der deutschen Unterstützung der europäischen Raumfahrtforschung aufgebaut worden. Sie wurde später nach einigen Wechselfällen als DARA neu organisiert. Zur Zeit ist sie in das DLR integriert.

In Stuttgart war bereits unter der Initiative des Studenten *Heinz-Hermann Kölle*[444] 1948 die (regionale) (GFW) gegründet worden[445] mit dem Ziel, die Weltraumforschung neu in Deutschland zu etablieren. Nach seiner Rückkehr aus Frankreich konnte *E. Sänger* zur Mitarbeit in dieser Organisation gewonnen werden, der er dann auch als Vorsitzender dienen konnte. Als Ehrenpräsident war *Hermann Oberth* gewonnen worden. Bereits 1955 war *Heinz Hermann Koelle* von *Wernher von Braun* an das Redstone Arsenal in Huntsville (Alabama) geholt worden. 1965 kehrte *Koelle* nach Deutschland zurück und wurde der Nachfolger des 1964 verstorbenen *Eugen Sänger* auf dem Raumfahrtlehrstuhl an der TU Berlin.

---

[443] Aus: E. SÄNGER [1951/1955], *Atlas konkreter Bahnen* (siehe Abb. 2.53).

[444] *Heinz-Hermann Kölle* (* 22. Juli 1925 in Danzig; † 20. Februar 2011 in Berlin).

[445] Weiteres u. a. in: Anhang zur Satzung der Deutschen Gesellschaft für Luft- und Raumfahrt – Lilienthal-Oberth e. V. (DGLR), in: http://www.dglr.de/die_gesellschaft/dglr_satzung/index.html?type=98; WEYER, JOHANNES, [1993]: Akteurstrategien und strukturelle Eigendynamiken. Raumfahrt in Westdeutschland 1945–1965, Göttingen: OTTO SCHWARTZ; KOELLE, H.-H. [2003].

Inzwischen wurden in Deutschland weitere Raumfahrtlehrstühle gegründet, u. a. an den technischen Universitäten in München (1966 *Harry O. Ruppe*[446]), Braunschweig, Aachen, der Universität Stuttgart (1970), der Universität München der Bundeswehr in Neubiberg. Ein Lehrstuhl für Raumflugdynamik oder speziell Raumflugbahnmechanik, wie ihn der Braunschweiger Honorarprofessor für Satellitenbahnmechanik *W. Schulz*[447] gefordert hatte, ist darunter nur thematisch eingebunden.

2.9.14 Krafft A. Ehricke

Krafft A. Ehricke[448] (24. März 1917, Berlin – 11. Dez. 1984, La Jolla) gilt als einer der großen visionären Raumfahrtingenieure[449] aus dem Umfeld von *Wernher von Braun*. Unter *von Braun* arbeitete er von 1942 bis 1945 in Peenemünde als Antriebsingenieur. Nach 1947 wandert er mit anderen Raketentechnikern in die USA aus im Rahmen des *operation paperclip*. Einige Jahre arbeitete er auch in Huntsville. Er beschäftigte sich mit einer bemannten Mission zum Mars *(Expedition Ares)*. Zusammen mit *Wernher von Braun* verfasste *Krafft A. Ehricke* das Buch *The project Mars,* eine detaillierte Studie über eine Mission zum Mars. In der Industrie war er an der Entwicklung der Atlasrakete beteiligt. Er war Direktor des Centaur-Programms. Daneben beschäftigte er sich auch mit nuklearen Raketenantrieben. In einer systemtechnischen Studie[450] entwickelte er 1956 die Idee des *Satelloiden*. Vielleicht ist dieser Begriff sogar seine Erfindung. Ein solcher Raumflugkörper sollte sich mit ständigem Antrieb auf einer kreisförmigen Bahn in einer Zwischenhöhe bewegen. Gedacht war an Bahnhöhen, die zwischen 110 und 140 km sein sollten. Der Satelloid hatte die Aufgabe, In-situ-Beobachtungen in der dort herrschenden Restatmosphäre zu machen. Diese Beobachtungen sollten von Bedeutung für Wiedereintrittskörper auf Gleitbahnen sein, wie sie später vom Space Shuttle realisiert wurden. Sie waren gedacht als Zwischenstufe zur Entwicklung des bemannten Raumflugs und zur Vorbereitung der Untersuchung von Planetenatmosphären (z. B. der Venus). Viele der hier angedachten Problemstellungen wurden allerdings später mit ballistischen Raketenflügen gelöst. Visionär war *Ehrickes* ungebrochen optimistische philosophische Idee des *extraterrestrischen Imperativs*: Die Menschheit ist verpflichtet, den Raum zu erobern und

[446] *Harry Oskar Ruppe* (* 3. Mai 1929 in Leipzig; † 12. März 2016 in München); https://de.wikipedia.org/wiki/Harry_O._Ruppe.

[447] *Werner Schulz* (1909–1984).

[448] *Krafft Arnold Ehricke* (24. März 1917, Berlin – 11. Dez. 1984, La Jolla); https://www.nytimes.com/1984/12/13/obituaries/krafft-a-ehricke-dies-at-67-rocket-pioneer-and-physicist.html https://de.wikipedia.org/wiki/Krafft_Arnold_Ehricke.

[449] http://en.wikipedia.org/wiki/Krafft_Arnold_Ehricke; http://siris-archives.si.edu/ipac20/ipac.jsp?uri=full=3100001~!239237!0; http://www.cgpublishing.com/Books/9781894959919.html.

[450] EHRICKE, K. A. [1956], Vorstellung dieser Studie auf dem IAF Kongress 1955; siehe hierzu auch: EHRICKE, K. A. [1955]: *On the Descent of Winged Orbital Vehicles, Astronautica Acta,* **1**, 137 (zitiert nach: S. F. SINGER [1956], p. 144).

auszubeuten, z. B. durch Bergwerke auf Mond und Planeten. Da die Erde ein „geschlossenes System“ ist, ist die Erforschung des Weltalls notwendig für die Entwicklung der Menschheit. Deren Kreativität kennt keine Grenzen. Von *Krafft A. Ehricke* stammt auch das monumentale mehrbändige Werk[451] *Space Flight* aus den Jahren 1960–1962.

2.10 Astrodynamik vor Start des ersten Satelliten

Die Entwicklung der Raketentechnik und die offensichtliche Vorbereitung von Satellitenmissionen fanden zunehmend das Interesse der Himmelsmechaniker. Im Vordergrund der Arbeiten vieler Himmelsmechaniker stand jetzt nicht mehr die Bewegung der natürlichen Himmelskörper. Das wissenschaftliche Interesse verlagerte sich auf die Berechnung der Bewegungen möglicher künstlicher Raumfahrtkörper auf ungesteuerten wie auch auf gesteuerten Bahnen. Die Lehre von der Bewegung dieser Körper brachte einen neuen Aufschwung der Himmelsmechanik. Sie führte zu wesentlichen Erweiterungen der klassischen Himmelsmechanik. Diese erweiterte Lehre von der Bewegung natürlicher und künstlicher Himmelskörper wird heute unter dem Begriff ***Astrodynamik*** zusammengefasst.[452] Den Begriff prägte vermutlich *Samuel Herrick.*[453]

Das Beispiel der **Bewegung des Erdmondes** zeigt tausenderlei Einflüsse. Derartige physikalische Einflüsse machen auch die vergleichbare mathematische Beschreibung einer Satellitenbahn bei erhöhten Genauigkeitsanforderungen äußerst kompliziert. Theorien der Mondbahn gehen schon auf *Ptolemäus* zurück. Sie wurden von *Kopernikus* entscheidend verbessert, von *Euler* in zwei Lehrbüchern über die Bewegung des Mondes (1753 und 1772) analytisch ausgebaut,[454] führten über *P. A. Hansen* zu *Ch. E. Delaunay* (*Théorie du mouvement de la lune,* 1858 und 1867)[455] und *George William Hill*[456] zu den fundamentalen Arbeiten von *Ernest W. Brown.*[457] Die *Brown*'schen Arbeiten sind Basis noch für die heutige Erforschung der Mondbewegung. Sie wird auf höchstem wissenschaftlichem Niveau, etwa verbunden mit den Namen *M. Chapront-Touzé, J. Henrard, V. A. Brumberg, A.*

---

451 EHRICKE, K. A. [1960, 1962]: *Space Flight, I. Environment and Celestial Mechanics, II. Dynamics, III. Operations.*

452 Zur Astrodynamik wird heute auch die Stellardynamik großer Sternsysteme gezählt. Diese ist nicht Gegenstand des vorliegenden Buches.

453 Siehe S. HERRICK [1971] *Astrodynamics I,* [1972] *Astrodynamics II;* S. HERRICK, *The Foundations of Astrodynamics,* in: *First Steps Toward Space;* DURANT III, F. C. and JAMES, G. S. ed. [1985], V. SZEBEHELY [1988], *The History and Background of Astrodynamics,* see also in R. H. BATTIN [1987]: *An Introduction to the Mathematics and Methods of Astrodynamics,* p. XXVII.

454 O. VOLK [1983].

455 J. LÉVY [1968], p. 389.

456 Siehe etwa G. W. HILL [1878].

457 Siehe etwa: E. W. BROWN [1896/1960].

Deprit u.v.a.,vorangetrieben[458]. Die Theorie wird vollständiger, jedoch nicht vollständig. Ein Abschluss der Arbeiten ist nicht in Sicht.

Als Hauptproblem der Mondtheorie wird die Untersuchung der Bewegung des Mondes in Bezug auf die Erde verstanden, wenn ausschließlich der zusätzliche („Stör-) Einfluss" der Sonne berücksichtigt wird. Auch bei Erdsatelliten wurde der Begriff *Hauptproblem* der Satellitenbewegung verwendet. Hier wird er auf das zunächst noch ungelöste Problem der Bewegung um einen abgeplatteten Zentralkörper angewandt, im Fall der Erdsatelliten um die Erde.

H. Jeffreys hatte 1929 in seinem Buch *The Earth*[459] die ersten zonalen Koeffizienten des Erdfeldes in ihrer Auswirkung auf das Gravitationsfeld untersucht. Diese Darstellung wurde zum Ausgangspunkt für viele Theorien zur Lösung des Hauptproblems der Satellitenbewegung. Wenn A das Trägheitsmoment der Erde um den als kreisförmig angenommenen Äquator, C um den Polradius bedeutet, $m_{♁}$ die Masse der Erde, R_{E} den mittleren Äquatorradius der Erde, ergibt sich der die Abplattung der Erde beschreibende erste zonale Koeffizient des Gravitationsfeldes der Erde zu

$$J = \frac{3}{2} J_2 = \frac{3}{2} \frac{C - A}{m_D R_E^2} \quad . \tag{2.388}$$

Das Symbol J war (vermutlich) von *Jeffrey* eingeführt worden, das Symbol J_2 hat sich später allgemein durchgesetzt. Aus irdischen Schwerkraftmessungen hatte *Jeffrey* den Wert

$$J = 1.64 \times 10^{-3} \quad \hat{=} \quad J_2 = 1.093333 \times 10^3$$

berechnet. Der später als eine Fundamentalgröße verwendete verbesserte Wert[460]

$$J_2 = 1.08263 \times 10^{-3} \tag{2.389}$$

wurde erst aus Beobachtungen der Bewegung der künstlichen Erdsatelliten abgeleitet.

Die Probleme der Astronautik führen schnell auf sehr komplizierte und unübersichtliche mathematische Formulierungen. Es zeigt sich hier wie häufig in der Mathematik und der mathematischen Physik, dass wesentliche Fortschritte nicht durch Verbesserung von Detaillösungen gemacht werden, sondern durch grundsätzliche relativ einfache überblicksmäßige Aussagen. Diese können dann schnell wieder in unübersichtliche Detailformulierungen führen. Es ist also nötig, sich immer wieder über das Gesamtproblem Gedanken zu machen und von daher weiterführende oder verallgemeinernde

[458] Siehe etwa Cel. Mech. **26** [1982] mit Berichten der Tagung *Analytical Methods and Ephemerides: Theory and Observations of the Moon and Planets,* Namur, Belgium, July 28–31, 1980.

[459] JEFFREY, H. [1929]: *The Earth, Its Origin, History and Physical Constitution,* Cambridge University Press (zitiert nach SPITZER, L. Jr. [1950], p. 136).

[460] Siehe etwa in SEIDELMANN, P. K. ed. [1992]: p. 700.

Lösungen anzustreben. Ein typisches Beispiel ist die Lösung optimaler Übergangsbahnen in der Raumfahrt. Sie waren von *W. Hohmann* unter Missachtung aller fantastischen und hochintellektuellen Fortschritte der himmelsmechanischen Forschung vorgeschlagen worden. Sie werden noch heute in der gesamten Raumfahrt als Ausgangslösung für Übergangsprobleme eingesetzt. Hier den Überblick nicht zu verlieren ist wesentlich, wenn auf analytischem Gebiet gearbeitet werden soll, um auf diese Weise tiefere Einblicke in die Gesamtproblematik Astrodynamik gewinnen zu können.

Nach Ende des Zweiten Weltkriegs konkretisierte sich die Vermutung, eines Tages könnten künstliche Erdsatelliten in eine Umlaufbahn um die Erde eingeschossen werden. So entsandten auch Überlegungen über den wissenschaftlichen Nutzen dieser geplanten Satelliten. In einer Sitzung der Pariser Académie des Sciences im Dezember 1947 präsentierte ***E. Esclangon***[461] Überlegungen, die Bahn eines Satelliten zum Nachweis der Relativitätstheorie durch Beobachtung der jährlichen Apsidenbewegung zu nutzen. *Esclangon* schätzte diese jährliche Apsidendrehung in Anhängigkeit von großer Bahnhalbachse a und Exzentrizität e ab. Er kam zu dem Ausdruck (R_E ist der mittlere Äquatorradius der Erde)

$$N = 16''.38 \sqrt[5]{\left(\frac{R_E}{a\,(1-e)}\right)^2} \; \frac{\sqrt[3]{(1-e)^2}}{1+e} \qquad \left[\frac{\text{arcsec}}{\text{year}}\right] . \tag{2.390}$$

Esclangon sprach auch die Notwendigkeit an, Ungenauigkeiten beim Einschuss des Satelliten in seine Bahn zu korrigieren. Auch wies er auf die schlechte optische Beobachtbarkeit hin. Er empfahl als geeignete Neuerung die Beobachtung eines Satelliten mit Radar. Numerische Abschätzungen dazu und zu Störungen auf Satellitenbahnen machte er nicht.

Noch vor Start des ersten Satelliten ist damit eine neue Herausforderung der Himmelsmechanik und damit allgemeiner der Astrodynamik erwachsen. Die Arbeiten sind äußerst vielfältig und umfangreich geworden, zum Teil (zu Recht oder auch zu Unrecht) vergessen worden. Es wird im Folgenden nicht angestrebt, einen vollständigen Überblick zu geben. Vielmehr geht es um einen einführenden Überblick für die in dem vorliegenden Bericht angeschnittenen Themen. Von besonderem Interesse ist es herauszufinden, was an astrodynamischen Erkenntnissen vor Start des ersten Erdsatelliten 1957 bereits erkannt und erforscht worden ist. Die folgende Aufzählung einiger wichtiger Arbeiten ist keine geschichtliche Aufarbeitung und muss daher als unvollständig und vielleicht sogar willkürlich akzeptiert werden.

---

[461] ESCLANGON, P. [1948].

2.10.1 Dirk Brouwer vor 1957

Bereits vor Start des ersten Satelliten gab es realistische Versuche, die Bewegung eines Satelliten im Gravitationsfeld eines abgeplatteten Planeten zu berechnen. Diese Arbeiten, die aus der Aufgabenstellung der klassischen Himmelsmechanik folgten, bezogen sich auf die Bewegung natürlicher Monde um einen Planeten. ***Dirk Brouwer***[462] hatte die Arbeiten *E. W. Browns*[463] im Hinblick auf die Bewegung der Planeten fortgeführt. Er widmete sich vor allem der Entwicklung geeigneter Störungstheorien in rechtwinkligen Koordinaten.[464] Nach eigener Einschätzung wird die von *Brouwer* geschaffene Methode der Störungsrechnung nur von der *Hansen*schen Methode adäquat erreicht. In diesem Zusammenhang entwickelte er zusammen mit *W. J. Eckert* eine sehr erfolgreiche Methodik der Bahnverbesserung[465] zur Berechnung der Planetenbewegung. Auch war *Brouwer* offenbar der Erste, der genaue Planetenephemeriden mit Hilfe eines Computers berechnete. *Brouwer* führte den Begriff der Ephemeridenzeit ein. Dies ist ein von den Unregelmäßigkeiten der Erdrotation unabhängiges Zeitsystem. *Brouwer* untersuchte bereits in seiner Arbeit[466] von 1946 ähnlich wie im Rahmen des eingeschränkten Dreikörperproblems die Bewegung eines Körpers vernachlässigbarer Masse unter dem Einfluss der Anziehung durch ein Rotationsellipsoid mit dem zweiten und vierten zonalen Koeffizienten. Diese Koeffizienten erhielten in späteren Theorien die allgemein akzeptierten Bezeichnungen J_2 und J_4. *Brouwer* ging von der *Hill-Brown*schen Mondtheorie aus. Er wandte seine Theorie auf Untersuchungen der Bewegung des fünften Jupiter-Mondes an. Diese Arbeit kann als eine bedeutende Vorarbeit zur Bahnmechanik künstlicher Erdsatelliten angesehen werden. *Brouwer* sah in dieser Arbeit auch einen Zusammenhang mit Bewegungen in einem engen Doppelsternsystem. Hierzu konnte er sich auf Arbeiten von *Kopal* abstützen.[467] *Kopal* hatte sich schon im Jahr 1938 der Problematik einer Bewegung um ein Sphäroid zugewandt. Ferner berief sich *Brouwer* auf Untersuchungen von *W. D. MacMillan* aus dem Jahr 1920, in der es um periodische Bewegungen um ein homogen abgeplattetes Sphäroid

---

[462] *Dirk Brouwer* (* 1. September 1902 in Rotterdam; † 31. Januar 1966 in New Haven (Connecticut)); https://de.wikipedia.org/wiki/Dirk_Brouwer; https://phys-astro.sonoma.edu/brucemedalists/dirk-brouwer; https://www.britannica.com/biography/Dirk-Brouwer.

[463] Abschn. 2.8.23 auf Seite 429.

[464] Brouwer, D. [1946], [1959], [1959/2]; Brouwer, D. and Clemence, G. M. [1961]; The New Encyclopaedia Britannica [1989], p. 556.

[465] In der Astronomie wird als „Bahnbestimmung" das erstmalige Berechnen von Bahnelementen bezeichnet, was in der Astrodynamik als „Erstbahnbestimmung" bezeichnet wird. Dort wird als „Bahnbestimmung" bezeichnet, was für die Astronomie „Bahnverbesserung" ist. Die „Bahnbestimmung" in der Astrodynamik (bei künstlichen Satelliten) ist ohne die bereits sehr gute Vorgabe von „Anfangsbahnelementen" häufig hilflos.

[466] Siehe in Abschn. 2.11.1 auf Seite 477.

[467] Kopal [1938], Travaux dédiés à Dr. František Nušl, pp. 8–16 (zitiert nach D. Brouwer [1946]).

ging. Aus diesen Beispielen ist ersichtlich, die Himmelsmechaniker wurden nicht unvorbereitet in die Problematik von Bewegungen um einen nicht sphärischen Zentralkörper wie etwa der Erde gestoßen.

Die Einschränkung der Vernachlässigung der Eigenmasse des begleitenden kleinen Körpers wurde später grundsätzlich bei der Bahnauslegung von Erdsatelliten gemacht. Erst viel später war es nötig geworden, in einem zweiten Schritt auch die Eigenmasse eines Satelliten, z. B. bei einer massereichen Raumstation, zu berücksichtigen. Die Bewegung des von *Brouwer* in seiner Studie numerisch untersuchten 5. Jupiter-Mondes unterliegt in erster Linie der Einwirkung durch die Abplattung des Jupiters und nicht durch das Mehrkörperproblem galileische Monde und Sonne. Das Potenzial eines rotationssymmetrischen Sphäroids wird in der Arbeit von *Brouwer* für einen Ort unter der zentrischen Breite β gegeben durch den Ausdruck

$$U = \frac{\mu}{r}\left\{1 + \frac{k_2}{r^2}(1 - 3\,\sin^2\beta) + \frac{k_4}{r^4}\left(1 - 10\,\sin^2\beta + \frac{35}{3}\sin^4\beta\right) + \cdots\right\} . \tag{2.391}$$

Hier ist r der zentrische Radius. In kartesischen Koordinaten ist daher die Komponente in Richtung zum (nördlichen) Pol durch $z = r\,\sin\beta$ gegeben. Die Koeffizienten k_2 und k_4 sind wesentliche Parameter zur Beschreibung des zur Äquatorebene symmetrischen Gravitationsfeldes des Zentralkörpers. Im Vergleich zu der in späteren Arbeiten verwendeten Nomenklatur ist (vgl. auch Formel (2.388))

$$k_2 = \frac{C - A}{2m} = \frac{1}{3}J\,R_E^2 = \frac{1}{2}\,J_2\,R_E^2\,, \quad k_4 = -\frac{3}{8}\,J_4\,R_E^4\ . \tag{2.392}$$

Wenn a die große Bahnhalbachse des den abgeplatteten Zentralkörper umfliegenden Mondes („Satelliten“) bedeutet, ist $n_0 = \sqrt{\mu/a^3}$ die *Kepler*'sche mittlere Bewegung. Die beobachtbare „siderische“ mittlere Bewegung n ist auf Grund der hier berücksichtigten „Störungen“ durch das Gravitationsfeld des Zentralkörpers durch die für kreisnahe Bewegungen gültige Beziehung

$$n^2\,a^3 = \mu\left(1 + \frac{3\,k_2}{a^2} + \frac{5\,k_4}{a^4}\right), \quad [e \ll 1,\ \sin i \ll 1] \tag{2.393}$$

gegeben. Aus dieser Beziehung kann die große Bahnhalbachse berechnet werden. Ebenfalls für kreisnahe und Äquator-nahe Bahnen fand *Brouwer* Aussagen über die perizentrumsbezogene und die knotenbezogene Eigenbewegung einer Satellitenbahn. Sei $\tilde{\omega} = \omega + \Omega$ die Länge des Perizentrums, Ω die Rektaszension des aufsteigenden Knotens, lautet der Ausdruck für die jeweilige Drift

$$\frac{d\tilde{\omega}}{dt} = n\left(3\,\frac{k_2}{a^2} - \frac{9}{2}\,\frac{k_2^2}{a^4} + 10\,\frac{k_4}{a^4}\right), \quad [e \ll 1,\ \sin i \ll 1]$$

$$\frac{d\Omega}{dt} = n\left(-3\frac{k_2}{a^2} + \frac{27}{2}\frac{k_2^2}{a^4} - 10\frac{k_4}{a^4}\right) . \tag{2.394}$$

Diese Arbeit *D. Brouwer*'s von 1946 wurde sicherlich für die Entwicklung der Satellitenbahnmechanik von zentraler Bedeutung. Wenn auch noch unter der Einschränkung auf kreisnahe und Äquator-nahe Bewegungen, wurden etliche Beziehungen in später verallgemeinerter Form grundlegend für die Untersuchungen von Satellitenbahnen im anomalen Gravitationsfeld eines Zentralkörpers.

2.10.2 R. Engel et al.

Die vermutlich erste konkrete Bahnauslegung ausgewählter Satellitenbahnen wurde von ***Rolf Engel,***[468] ***Uwe T. Bödewadt*** und ***Kurt Hanisch*** 1948 in der Arbeit *Die Außenstation – ein Zukunftsprojekt?* veröffentlicht.[469] Hier ging es um die Auslegung zweier für eine „*Außenstation*" (Raumstation) vermutlich geeigneter Bahnen. Die Auslegung umfasste ingenieurmäßige Details zum Bau der Station und zum Verkehr von Raumschiffen mit der Station. Bahnanalytische Betrachtungen unter Annahme kreisförmiger Bahnen umfassten u. a. bereits Sichtbarkeitsuntersuchungen für den Kontakt mit Bodenstationen, die Darstellung der Subsatellitenbahn sowie die Berechnung von Schattenzeiten zur Optimierung der für die Energiegewinnung der Station benötigten Sonnenstrahlung. Die Studie kann als ein erstes Beispiel einer systemtechnischen Untersuchung des Systems Raumfahrtmission angesehen werden. Sie umfasste die Auslegung des Raketenaufstiegs, die Auswahl geeigneter mehrstufiger Raketen, die Erprobung innovativer Technik und spätere wissenschaftliche Aufgabenstellung, die Rückkehr einer Raumkapsel zur Erde und sogar eine Kostenabschätzung als einen wesentlichen Faktor zur Realisierung einer solchen Mission. In dieser Arbeit konnte ein erstes größenordnungsmäßig realistisches Szenario zur Bahnmechanik der geplanten Erdsatelliten auf der Basis ungestörter *Kepler*-Bahnen gefunden werden. Die Kenntnis der für solche Untersuchungen heute benötigten „Bahnstörungen" konnte in diesem Zusammenhang nicht erwartet werden. An Stelle der Kreisbahngeschwindigkeit in der später üblichen Form

$$V_K = \sqrt{\frac{\mu_D}{r}} \tag{2.395}$$

[468] Rolf Engel (* 10. August 1912 in Menz/Ruppin; † 23. November 1993 in München) https://de.wikipedia.org/wiki/Rolf_Engel; https://airandspace.si.edu/collection-archive/rolf-engel-collection/sova-nasm-xxxx-0856.

[469] Nach der Einschätzung nach I. SÄNGER-BREDT [1964], p. 29. Die zunächst 1948 bei ONERA auf Französisch geschriebene Arbeit wurde 1952 auf Deutsch im Sammelband *Raumfahrtforschung,* herausgegeben von H. GARTHMANN, wiederveröffentlicht. *R. Engel* war ein „Raketenpionier der ersten Tage, der nach 1945 zunächst in Frankreich, dann in Ägypten war" (aus: http://www.technikso ziologie-dortmund.de/Veroeffentlichungen/Files/1993/04_Kapitel-3.pdf).

mit geozentrischer Gravitationskonstante $\mu_D = f_N\, m_D$ (f_{N} die *Newton*'sche Gravitationskonstante, m_D die Masse der Erde), wurde seinerzeit die äquatoriale Erdschwerebeschleunigung

$$g_0 = \frac{f_N\, m_D}{R_E^2} = \frac{\mu_D}{R_E^2} \approx 9.80665 \text{ m/s}^2 \tag{2.396}$$

verwendet ($\mathrm{R_E}$ der mittlere Äquatorradius der Erde). Damit lautet die Kreisbahngeschwindigkeit in der mittleren Bahnhöhe H

$$V_K = \sqrt{\frac{R_E^2\, g_0}{R_E + H}} \left[\frac{\text{km}}{\text{s}}\right] . \tag{2.397}$$

2.10.3 L. Spitzer, Jr.

L. Spitzer, Jr.[470] hatte in einer Arbeit 1950 konkrete und plausible Abschätzungen über zu erwartende Störungen auf eine Erdsatellitenbahn gemacht.[471] Zunächst gab er einfache Abschätzungen über den Einfluss von Sonnen- und Mondstörungen auf eine kreisförmige Satellitenbahn. Für diese (Worst-Case-) Abschätzung nahm er die Position des Satelliten auf der Verbindungslinie Sonne-Erde an. Seien μ_D die geozentrische und $\mu_\odot$ die heliozentrische Gravitationskonstante, $r_\odot$ die geozentrische Distanz der Sonne (Sonnen-Mittelpunkt), r die geozentrische Distanz eines Erdsatelliten, so ist die radiale Beschleunigung auf diesen Satelliten (näherungsweise)

$$\ddot{r} = \frac{\mu_D}{r^2} - \frac{\mu_\odot}{(r_\odot - r)^2} + \frac{\mu_\odot}{r_\odot^2} . \tag{2.398}$$

Hier ist $\mu_\odot / r_\odot^2$ die *Kepler*'sche Beschleunigung der Erde in Bezug auf das Sonnenzentrum, $b_K = \mu_D / r^2$ die *Kepler*'sche Beschleunigung des Satelliten in Bezug auf den Mittelpunkt der kugelförmig angenommenen Erde sowie $\mu_\odot / (r_\odot - r)^2$ die Beschleunigung des Satelliten in Bezug auf die Sonne. Die *Kepler*'sche Bewegung wird also „gestört" durch den, infolge der großen Entfernung der Sonne näherungsweisen, Ausdruck

$$\Delta b := \frac{\mu_\odot}{(r_\odot - r)^2} - \frac{\mu_\odot}{r_\odot^2} = \mu_\odot \left[\frac{1}{r_\odot^2 \left(1 - \frac{r}{r_\odot}\right)^2} - \frac{1}{r_\odot^2} \right] \approx \frac{2\, \mu_\odot\, r}{r_\odot^3} . \tag{2.399}$$

---

[470] *L. Spitzer, Jr.* (* 26. Juni 1914 in Toledo (Ohio); † 31. März 1997 in Princeton (New Jersey)); https://de.wikipedia.org/wiki/Lyman_Spitzer; https://en.wikipedia.org/wiki/Lyman_Spitzer.

[471] SPITZER, L. Jr. [1950]; Hinweis auf: SPITZER, L. Jr. [1947]: *The Terrestrial Atmosphere Above 400 Kilometers,* Symposium on Planetary Atmospheres, Yerkes Observatory (zitiert nach: PETERSEN, N. V. [1956], p. 351).

Der Faktor

$$\psi_{\odot} := \frac{\Delta b}{b_K} = 2\,\frac{\mu_{\odot}}{\mu_{D}}\left(\frac{r}{r_{\odot}}\right)^3 \tag{2.400}$$

kann als ein Maß für „Störung“ des Satelliten durch die Sonnenattraktion genommen werden. Außerhalb der Verbindungslinie Sonne-Erde wird dieser Faktor noch kleiner werden. Dieser Faktor ist bekannt aus der Theorie der Gezeiten auf der Erdoberfläche. Auch für den Einfluss des Mondes auf eine Satellitenbahn kann eine ähnliche Überlegung einen Störfaktor

$$\psi_{☾} := \frac{\Delta b}{b_K} = 2\,\frac{\mu_{☾}}{\mu_{\mathbf{D}}}\left(\frac{r}{r_{☾}}\right)^3 \tag{2.401}$$

ergeben. Es bedeuten $\mu_{☾}$die selenozentrische Gravitationskonstante und die (mittlere) geozentrische Distanz des Mondes von der Erde. Infolge der Theorie der Gezeitenkräfte ist der Einfluss des Mondes etwa doppelt so groß wie der der Sonne. Diese Erfahrung wird auch durch numerische Abschätzungen bei Erdsatelliten bestätigt. Für eine Satellitenbahn in 800 km mittlerer Bahnhöhe erhielt *Spitzer* die Zahlenwerte

$$\psi_{\odot} \approx 0.73 \times 10^{-7}\ , \qquad \psi_{☾} \approx 1.6 \times 10^{-7}\ . \tag{2.402}$$

Der hier verwendete Faktor spielt auch in Untersuchungen über Einflusssphären um einen Planeten eine wichtige Rolle. Wird statt eines Erdsatelliten die Wirkung der Sonne auf den Mond betrachtet, ergibt sich der Wert $\psi_{\odot\,☾} = 1.1 \times 10^{-2}$. Die Bewegung des Mondes unterliegt also einem dominierenden „Störeinfluss“ durch die Sonne. In der Terminologie der Einflusssphären liegt der Erdmond innerhalb der Aktivitätssphäre der Erde, aber schon weit außerhalb der für erdnahe Satellitenbahnen dominanten Attraktionssphäre.[472]

Um eine näherungsweise Abweichung einer durch gravitative Sonnen- und Mondeinflüsse gestörten Satellitenbahn abzuschätzen, griff *Spitzer* auf eine von *Hill*[473] angegebene Formel zurück. Mit den für kreisförmige Bahnen gültigen mittleren Bewegungen (a ist die mittlere Entfernung des Satelliten, also die große Bahnhalbachse, somit hier der Kreisbahnradius)

$$n = \sqrt{\frac{\mu_D}{a^3}}, \quad n_{\odot} = \sqrt{\frac{\mu_{\odot}}{r_{\odot}^3}} \tag{2.403}$$

lautet ein Näherungsausdruck erster Ordnung

[472] Siehe hierzu mehr in JOCHIM, E. F. M. [2018], Kap. 12, 12.7.

[473] HILL, G. W. [1878], Collected Works, Memoir No. 32; also: *American Journal of Mathematics,* **I,** 5, 129, 245 (zitiert nach SPITZER, L. Jr. [1950]).

$$\Delta r \approx a \, \frac{n_\odot^2}{n_D^2} \, \cos\left[2(n - n_\odot)t\right] \quad . \tag{2.404}$$

Mit der Bezeichnung (2.400) wird für die maximal zu erwartende Abweichung

$$\Delta r_{\max,\odot} = \frac{1}{2} \, a \, \psi_\odot \quad . \tag{2.405}$$

In Bezug auf eine kreisförmige Erdsatellitenbahn in 800 km Bahnhöhe ergibt sich der Wert

$$\Delta r_{\max,\odot} \approx 26\,\text{cm} \quad .$$

Auch für den Einfluss des Mondes auf eine Satellitenbahn kann nach *Spitzer* die Abschätzung (2.405) verwendet werden. Man erhält für dieselbe Satellitenbahn, wenn Sonne und Mond auf einer Linie durch den Erdmittelpunkt stehen („Springflut“) schließlich im Fall der 800 km Bahn $\Delta r_{\max} \approx 83$ cm.

Mit ähnlichen Überlegungen konnte *Spitzer* auch die Präzession einer Satellitenbahn in Bezug auf die Ekliptik abschätzen. Dazu griff er auf eine von *E. W. Brown*[474] abgeleitete Formel zurück. Unter Verwendung des Ausdrucks (2.400) beträgt die Winkelgeschwindigkeit der rückläufigen Bewegung der Knoten der Bahn infolge des Einflusses durch die Sonne

$$\dot{\Omega}_\odot \approx \frac{3}{4} \, \frac{n_\odot^2}{n} = \frac{3}{8} \, n \, \psi_\odot \quad . \tag{2.406}$$

Auch wenn die Verhältnisse beim Erdmond komplizierter in ihrer Wechselwirkung mit der Erde sind, kann gleichwohl ein zur Formel (2.406) analoger Ausdruck für den Einfluss des Mondes gefunden werden:

$$\dot{\Omega}_☾ \approx \frac{3}{4} \, \frac{n_☾^2}{n} = \frac{3}{8} \, n \, \psi_☾ . \tag{2.407}$$

Für einen numerischen Vergleich werde wieder die 800 km Kreisbahn betrachtet. Für die Bewegung des Knotens und entsprechend die Umlaufzeit erhält man

$$\dot{\Omega}_\odot \approx 2.7 \times 10^{-11}\,\text{rad/s}, \quad T_\odot = \frac{2\pi}{\dot{\Omega}_\odot} \approx 7400\text{y} \quad .$$

Die gesamten lunisolaren Störungen bewirken Regression und Umlaufzeit

$$\dot{\Omega}_{\odot+☾} \approx 8.7 \times 10^{-11}\,\text{rad/s}\,, \quad T_{\odot+☾} \approx 2300\text{y} \quad .$$

[474] Brown, E. W. [1896]: *An Introductory Treatise on the Lunar Theory*, Cambridge University Press; hier insbesondere p. 130 (zitiert nach Spitzer, L. Jr. [1950]).

Im zweiten Problemkreis wandte sich *Spitzer* dem Einfluss der Abplattung der Erde als Zentralkörper auf die Bewegung eines möglichen Erdsatelliten zu. Er ging zunächst aus von der radialen Beschleunigung in Form der verallgemeinerten *Leibniz*-Gleichung (2.58)

$$\ddot{r} - \frac{G^2}{r^3} = b_R \quad . \tag{2.408}$$

Mit dem konservativen Potenzial 2.391 nach *D. Brouwer* konnte er in erster Ordnung als Folge der Anomalie des Erdschwerefeldes auf einen Erdsatelliten die radiale Beschleunigung berechnen[475]:

$$b_R = \frac{\partial U}{\partial r} = -\frac{\mu_D}{r^2} - 3\,k_2 \frac{\mu_D}{r^4}\,(1 - 3\,\sin\beta) + \cdots = b_{Kep} + b_{k2} + \cdots \quad . \tag{2.409}$$

Als Maß für den „Störeinfluss“ definierte *Spitzer* ähnlich wie im Fall der lunisolaren „Störungen“, unter der Annahme maximaler Störung im Fall des Äquatorüberfluges mit $\beta = 0°$, den Faktor

$$\chi := \frac{b_{k2}}{b_K} = \frac{3\,k_2}{r^2} = \frac{3}{2}\,\frac{J_2\,R_E^2}{r^2} \quad . \tag{2.410}$$

Für eine Kreisbahn in 800 km Bahnhöhe ergibt sich mit den Werten für J_2 aus (2.389) und dem Äquatorradius der Erde R_E= 6378 km die Abschätzung

$$\chi \approx 1.3 \times 10^{-3} \quad . \tag{2.411}$$

Das ist ein um das 10^4 fache größerer Einfluss als durch Sonne und Mondstörungen (2.402). Damit war *Spitzer* einer der ersten, der klar den dominanten Einfluss der Erdabplattung auf die Bewegung erdnaher Satelliten erkannte.

Durch Erweiterung eines Ergebnisses von *D. Brouwer* [1946] um den Einfluss durch die Inklination kam *Spitzer* in erster Ordnung zur säkularen Drift der Schnittpunkte der Bahnebene einer kreisförmigen Satellitenbahn mit der Äquatorebene, den Knoten, mit dem Betrag

$$\dot{\Omega} = -\frac{3}{2}\,\frac{n\,J_2\,R_E^2}{r^2}\,\cos i + \cdots = -n\,\chi\,\cos i + \cdots \quad . \tag{2.412}$$

Da eine Kreisbahn angenommen ist, ist hier der Bahnradius r durch die große Bahnhalbachse zu ersetzen: $r \approx a$.

Anmerkung Es wurde später gezeigt, in dieser Formel erster Ordnung ist, um die Bahnexzentrizität einzubeziehen, statt r der Parameter p eines Kegelschnittes einzusetzen. Damit wird dieser Ausdruck dann allgemeingültig.

---

[475] Abschn. 2.10.1 auf Seite 456.

Um einen numerischen Vergleich zu erlauben, berechnete *Spitzer* die Bahnebenendrift einer kreisnahen Bahn in der Bahnhöhe von 800 km. Er erhielt für die Inklination $i = 0°$ die Drift $\dot{\Omega} \approx -1.3 \times 10^{-6}$ rad/s, entsprechend einer Umlaufperiode des Knotens von etwa 55 Tagen.

Die Bahnebene einer Kreisbahn in der Höhe 800 km hat mit der Inklination $i = 45°$ eine Umlaufzeit von 78 Tagen. Polbahnen haben nach der Näherungsformel (2.412) keine Bahnebenendrift.

Ähnlich wie im Fall der lunisolaren Störungen versuchte *Spitzer* die Abweichung $\Delta r = r - a$ einer durch die Abplattung des Zentralkörpers verursachten Bahn von einer Kreisbahn zu untersuchen. Er beschränkte sich dabei auf den Extremalfall einer exakten Polbahn. In diesem Fall kann der Breitenwinkel dem Bahnwinkel ζ nahezu gleichgesetzt werden: $\beta \approx \zeta$. Die radiale sowie die transversale Beschleunigung auf die Bahn einer durch das Potenzial (2.391) gestörten *Kepler*-Bahn lauten in erster Ordnung (siehe die Formeln (2.261) in Abschn. 2.8.7.3 auf Seite 393):

$$
\begin{aligned}
b_R &= \ddot{r} - r\dot{\zeta}^2 &= \frac{\partial U}{\partial r} &= -\frac{\mu_D}{r^2} - \frac{3\,k_2\,\mu_D}{r^4}\left(1 - 3\,\sin^2\zeta\right) \\
b_T &= 2\,\dot{r}\,\dot{\zeta} + r\,\ddot{\zeta} &= \frac{1}{r}\frac{\partial U}{\partial \zeta} &= -\frac{6\,k_2\,\mu_D}{r^4}\,\sin\zeta\,\cos\zeta \quad [\zeta \approx \beta]
\end{aligned}
\tag{2.413}
$$

Unter Verwendung des Flächenparameters G folgt aus der zweiten dieser Gleichungen[476]

$$
\frac{d}{dt}\left(r^2\,\frac{d\zeta}{dt}\right) = \dot{G} = r\,b_T = -3\,k_2\,\mu_D\,\frac{\sin 2\zeta}{r^3} + \cdots \quad . \tag{2.414}
$$

Diese Gleichung wird näherungsweise integriert unter der Annahme, dass für kreisnahe Bahnen in einer Theorie erster Ordnung $r \approx a$ und wegen der Kreisbewegung $\zeta \approx n\,t$ gesetzt werden kann:

$$
\dot{\zeta} = \frac{\text{const.}}{r^2} + \frac{3\,k_2\,\mu_D}{2\,n\,a^5}\cos(2\,n\,t) + \cdots = \frac{a^2\,n}{r^2} + \frac{3\,k_2\,\mu_D}{2\,n\,a^5}\cos(2\,n\,t) + \cdots \quad . \tag{2.415}
$$

Mit geeigneter Wahl der Integrationskonstante kann im Mittel, also über einen Umlauf, näherungsweise $\dot{\zeta} \approx n$ angenommen werden. Mit diesen Näherungen kam *Spitzer* auf eine Differentialgleichung erster Ordnung für die Störung im Bahnradius

$$
\frac{d^2(\Delta r)}{dt^2} + n^2\,(\Delta r) = -\frac{2\,k_2\,\mu_D}{2\,a^4}\cos(2\,n\,t) + \cdots \quad . \tag{2.416}
$$

Die nur den Anteil des Störeinflusses durch die Abplattung der Erde berücksichtigende Lösung ist

$$
\Delta r = \frac{1}{6}\,\chi\,a\,\cos(2\,n\,t) + \cdots \quad . \tag{2.417}
$$

---

476 Vgl. die Formel auf Seite 312.

Für eine kreisförmige Polbahn in 800 km Bahnhöhe folgt dann der maximale numerische Wert

$$\Delta r_{\max} \approx 1.5\,\mathrm{km} \quad . \tag{2.418}$$

Anmerkung Dieser Wert ist klein im Vergleich zur Differenz vom Äquatorradius zum Polradius von etwa 21,4 km. Auf Grund der Störung ist der Satellit über dem Äquator um etwa 18 km näher an der Erdoberfläche als über den Polen. Die hier wiedergegebene Abschätzung ist ein schönes Beispiel, wie mit relativ übersichtlichen Überlegungen interessante und aussagekräftige Ergebnisse erhalten werden können. Diese können nahezu beliebig mit weiteren Einschränkungen oder Randbedingungen verfeinert werden. Die Notwendigkeit dazu war im Fall der Zeit vor Start des ersten Erdsatelliten im Wesentlichen nicht gegeben. Die Beobachtung der späteren realen Satellitenbewegung zeigt das Gravitationsfeld der Erde als wesentlich komplizierter als das eines Rotationsellipsoids. Infolgedessen weicht das Höhenverhalten einer kreisnahen Satellitenbahn bezüglich der Erdoberfläche infolge des J_3-Einflusses („Birnenform der Erde“) erheblich von dem hier abgeschätzten ab.[477] Die dazu benötigten Zahlenwerte konnten jedoch erst aus den beobachteten Bewegungen von Erdsatelliten ableitet werden.[478]

2.10.4 H. G. L. Krause

Spätestens nach Ende des Zweiten Weltkriegs wurde in den USA ein „Erdsatellitenprogramm“ aufgelegt, um die Weltraumfahrt konkret vorzubereiten und so schnell wie möglich zu realisieren.[479] Das Projekt schloss (vermutlich) an die Peenemünder Ziele an. Die ersten ingenieurmäßig systemtechnisch orientierten Überlegungen zu Problemen möglicher Satellitenbahnen waren durch *R. Engel* u. a. durchgeführt worden.[480] In einem nächsten Schritt wurden auf einer Tagung unter dem Titel[481] „*Hochfrequenztechnik und Weltraumfahrt*“ bereits 1951 konkrete Überlegungen zur Anwendung hochfrequenztechnischer Methoden diskutiert. Diese Methoden sollten vor allem zur Übertragung von Funksignalen von einer Außenstation (AST, „Erdsatellit“) zu einer oder mehreren Bodenstationen durchgeführt werden. Sie sollten aber auch zur Ortung, also einer „Bahnvermessung“ von Satellitenörtern genutzt werden können. Die konkreten Beispiele bezogen sich auf ungestörte Kreisbahnen und schlossen Sichtbarkeitsuntersuchungen in

[477] Abschn. 2.11.10 auf Seite 495, Abb. 2.58 auf Seite 496.

[478] Abschn. 2.11.10 auf Seite 495.

[479] Bekannt gegeben etwa durch einen Vortrag durch *J. Forestall* am 31. Dezember 1948 (zitiert nach MERTEN, R. [1951], p. 92).

[480] Abschn. 2.10.2 auf Seite 458.

[481] MERTEN, R. Her. [1951]: *Hochfrequenztechnik und Weltraumfahrt,* S. Hirzel Verlag, Stuttgart.

Bezug auf eine kugelförmig angenommene Erdoberfläche ein (siehe in MERTEN, R. Her. [1951]). Diese Überlegungen ermöglichten trotz der angewandten Näherungsmethoden und Vernachlässigung der Bahnstörungen durchaus realistische Vorstellungen der zu erwartenden Verhältnisse in der Erdumlaufbahn.

Im Rahmen der Stuttgarter Gesellschaft für Weltraumforschung[482] (GFW) betrieb der Mathematiker ***Helmut G. L. Krause***[483] basierend auf den Methoden der klassischen Himmelsmechanik eine realistische Bahnauslegung unter Berücksichtigung der wichtigsten Störungen auf eine *Kepler*-Bewegung.[484] Die zentralen Arbeiten *Krauses* wurden zum Teil etliche Jahre vor Start des ersten Satelliten durchgeführt. *Krause* darf daher als einer der ersten Pioniere der entstehenden Satellitenbahnmechanik bezeichnet werden. Aus diesem Grund erscheint es gerecht, im vorliegenden Buch auf *Krause* ausführlich hinzuweisen. Die Erinnerung an einen genialen Astrodynamiker soll auf diese Weise wachgehalten werden.

In Stuttgart hatte *Heinz Hermann Koelle* eine GFW aufgebaut.[485] Er beschrieb in seinen Memoiren[486] die Zusammenarbeit mit Krause: *„Ich tat dieses zusammen mit einem Kollegen, der ein hervorragender Ballistiker und Mathematiker war, Dr. H. G. L. Krause."* Bei seinem Wechsel 1955 nach Huntsville nahm *Koelle* seinen *„wichtigsten Mitarbeiter, Dr. Krause"* mit. *Krause* blieb allerdings in Huntsville, nachdem *Koelle* 1965 nach Deutschland zurückgekehrt war, um als Nachfolger von *E. Sänger* dessen Lehrstuhl für Raumfahrttechnik an der TU Berlin zu übernehmen.

Von Seiten der Himmelsmechanik setzten sich im Umfeld der GfW die Professoren *Schaub*[487] und *Schütte*[488] mit Überlegungen zur Bahnmechanik von Satelliten auseinander. Diese Arbeiten konnte *Krause* in seine Untersuchungen einbeziehen, sich kritisch mit ihnen auseinandersetzen und wesentlich weiterführen.[489]

In einem im Jahr 1951 erstellten Bericht erarbeitete in detaillierter und vollständiger Weise weit über die Vorarbeiten von *R. Engel* und *R. Merten* hinausgehend die Grundlagen einer Satellitenbahnanalyse. Damit löste er die bis dato für die Raketentechnik benötigten Begriffe in konsequenter Weise ab. Die Formeln des Zweikörperproblems stellte er in vielerlei Beziehungen dar unter Einschluss der für praktischen Näherungsrechnungen benötigten Reihendarstellungen. Dazu gehörte die Berechnung einer Subsatellitenbahn,

---

[482] Siehe hierzu auch in Abschn. 2.9.13 ab Seite 449.

[483] *Helmut G. L. Krause* < Lebensdaten und Biografie konnten nirgends gefunden werden >

[484] KRAUSE, H. G. L. [1951]; [1952]; [1954]; [1956a]; [1956b].

[485] In Abschn. 2.9.13 ab Seite 449.

[486] Siehe in: KLUB-01-Koelle Erfahrungsbericht.pdf, aus: http://server02.fb12.tu-berlin.de/ILR/koelle/, KOELLE, H. H. [2003], *Erfahrungsbericht eines Professors der Luft- und Raumfahrt an der Technischen Universität Berlin 1965–2000*, Berlin 2003.

[487] Etwa in: SCHAUB, W. [1952].

[488] Etwa in: SCHÜTTE, K. [1953], auch Hinweis auf: SCHÜTTE, K. [1966]: *Einfache Rendezvous-Manöver bei elliptischer Zielbahn*, Astronautik, Heft 6; SCHÜTTE, K. und Escher, P. [1966?].

[489] KRAUSE, H. G. L. [1954].

Sichtbarkeitsrechnungen, die geozentrische und die topozentrische Position eines Satelliten in seiner Bahn, die Berechnung spezieller Bahnpunkte wie die Apsiden, das Geschwindigkeitsinkrement beim Einschuss in eine Umlaufbahn, die Schattenzeiten längs der Bahn im Hinblick auf visuelle Sichtbarkeit, die Berechnung des Sichtbereichs gesehen von einem Satelliten aus und Lebensdaueruntersuchungen auf Grund der abbremsenden Wirkung des Luftwiderstandes. Die erhaltenen Formelsysteme und ihre Querverbindungen stellte *Krause* systematisch in Tabellen zusammen. Da *Krause* später in Huntsville mit *Wernher von Braun* zusammenarbeitete, ist die Vermutung naheliegend, *von Braun* könne zu dem von ihm initiierten Buch[490] *Design Guide for Orbital Flight* durch diese Vorarbeiten von *Krause* angeregt worden zu sein.[491]

Krause berücksichtigte in seiner Arbeit 1952 die säkularen Störeinflüsse, dann 1956 auch die periodischen Einflüsse erster Ordnung infolge des Gravitationsfeldes der Erde. sah sich in der Tradition vor allem der *Brown*'schen Untersuchungen der Mondbewegung sowie zahlreicher Arbeiten aus dem eingeschränkten Dreikörperproblem. Es wurde also im Zusammenhang mit der Satellitenbahnanalyse üblich, die Masse der geplanten Erdsatelliten gegenüber den Massen von Erde, Mond und Sonne als Störkörper zu vernachlässigen.

Das primäre Interesse *Krauses* war allerdings nicht der theoretische Fortschritt oder gar der Aufbau einer neuen Astrodynamik. Vielmehr war er im Rahmen der Stuttgarter Gesellschaft für Weltraumforschung (GfW) an den konkreten Berechnungen des Raketenaufstiegs, der Satellitenbahnanalyse und der Berechnung der Umlaufbahn der geplanten Erdsatelliten und ihrer Beobachtung interessiert. Basierend auf einer fundamentalen Kenntnis der Grundlagen der Himmelsmechanik und physikalischen Dynamik gelang es ihm, viele neue Problemstellungen in Angriff zu nehmen und in souveräner Weise erste weitreichende Lösungen zu erarbeiten.[492]

Ein Beispiel hierzu ist seine Bearbeitung des Hauptproblems der Satellitenbahnmechanik, d. h. der Bewegung eines Erdsatelliten um den als Rotationsellipsoid angenommenen

---

490 JENSEN, J., TOWNSEND, G., KORK, J., KRAFT, D. [1962].

491 Vgl. Abschn. 2.9.12 auf Seite 449.

492 Weitere Arbeiten von *H. Krause* (wie zitiert in H. G. L. KRAUSE [1961a]: p. 7–33).

KRAUSE, H. G. L, M.E. KÜBLER, H.H. KOELLE, H.J. KAPPELER [1953]: *The free Flight Trajectory of Rockets, with Consideration of the Variation of Gravity with Altitude, the Curvature of the Surface of the Earth, and the Influence of the Rotation of the Earth and Air Drag, Astronaut. Research Inst. Rept.* 2, Stuttgart, February 1953, 230 p. (*ASTIA Doc.* AD-86.547).

KRAUSE, H. G. L., H.H. KOELLE, M. E. KÜBLER, H. G. PFAFF [1954]: *An Investigation of Atmospheric Influences on Impact Data of Maximum Range Trajectories for Unwinged Missiles, Astronaut. Research Inst. Rept.* 4, Stuttgart, March 1954, 189 p. (*ASTIA Doc.* AD-115.692).

KRAUSE, H. G. L [1953]: *Strenge Integration der Bewegungsgleichung einer senkrecht aufsteigenden Rakete nach Brennschluss in der Erdatmosphäre (Accurate Integration of the Equation of Motion of a Vertically Ascending Rocket after Cutoff in the Earth's Atmosphere), Proc.4th Intern. Astron. Federation Congr.* (Space Flight Problems], Zürich 1953, pp. 171–180; translation: *John Hopkins Univ.* APL Rept. TG230T114.

Erdkörper.[493] Ausgehend vom Potenzial (2.221) wird das Hauptproblem der Satellitenbahnmechanik durch das „Störpotenzial“ erster Ordnung

$$U_{G0} = -\frac{1}{2}\,\mu\,J_2\,\frac{R_E^2}{r^3}\left(3\,\sin^2\delta - 1\right) + \cdots \tag{2.419}$$

dargestellt. Im Hauptproblem der Satellitenbahnmechanik wird die Erde als Rotationsellipsoid aufgefasst und der Koeffizient $C_{20} := -0.5\,J_2\,R_E^2$ verwendet (hier in aktueller Schreibweise angegeben, die *Krause* in seinen Arbeiten nicht durchweg verwendete). Die Deklination δ kann auf das Argument der Breite u in der Bahnebene unter der Inklination i zurückgeführt werden

$$\sin\delta = \sin i\,\sin u \;\Rightarrow\; 1 - 3\,\sin^2\delta = 1 - \frac{3}{2}\,\sin^2 i + \frac{3}{2}\,\sin^2 i\,\cos(2u)\;. \tag{2.420}$$

Werden nur säkulare Störungen berücksichtigt, kann der Anteil, der das Argument der Breite enthält, vernachlässigt werden. Da die Mittelung über der mittleren Anomalie erfolgen muss, wird die Entwicklung

$$\left(\frac{a}{r}\right)^m = c_0^{(m)} + c_1^{(m)}\,\cos M + c_2^{(m)}\cos(2M) + c_3^{(m)}\cos(3M) + \cdots \tag{2.421}$$

durchgeführt. Hier ist

$$c_0^{(m)} := \overline{\left(\frac{a}{r}\right)^m} = \frac{1}{2\pi}\int\limits_0^{2\pi}\left(\frac{a}{r}\right)^m dM\;. \tag{2.422}$$

Die weiteren Integrale werden im Fall säkularer Störungen nicht benötigt.[494] Es ist (wenn wie üblich mit a die große Bahnhabachse bezeichnet wird)

$$\overline{\left(\frac{a}{r}\right)^3} := \frac{1}{2\pi}\int\limits_0^{2\pi}\left(\frac{a}{r}\right)^3 dM = \frac{1}{\sqrt{\left(1-e^2\right)^3}}\;. \tag{2.423}$$

Somit lautet das Störpotenzial erster Ordnung im Fall säkularer Störungen

$$U_{G0s2} = \frac{1}{2}\mu\,J_2\,R_E^2\,\frac{1}{a^3}\,\frac{1}{\sqrt{\left(1-e^2\right)^3}}\left(1 - \frac{3}{2}\,\sin^2 i\right)\;. \tag{2.424}$$

Da es sich hier um ein konservatives Potenzial handelt, können die *Lagrange*'schen Variationsgleichungen (2.176) bzw. (2.177) verwendet werden, wenn für das Potenzial U der Ausdruck U_{G0s2} eingesetzt wird. Die partiellen Ableitungen lauten

---

[493] KRAUSE, H. G. L. [1952], pp. 162–166.

[494] Die Integrale $c_0^{(m)}$ sind in E. F. M. JOCHIM [2013] Anhang D3 gelöst.

$$\begin{aligned}
\frac{\partial U_{G0s2}}{\partial L} &= \frac{\partial U_{G0s2}}{\partial \tilde{\omega}} = \frac{\partial U_{G0s2}}{\partial \omega} = \frac{\partial U_{G0s2}}{\partial \Omega} = 0 \\
\frac{\partial U_{G0s2}}{\partial i} &= -\frac{3}{2}\,\mu\, J_2\, R_E^2\, \frac{\sin i\ \cos i}{a^3\sqrt{\left(1-e^2\right)^3}} \\
\frac{\partial U_{G0s2}}{\partial e} &= \frac{3}{2}\,\mu\, J_2\, R_E^2\, \frac{e\left(1-\frac{3}{2}\sin^2 i\right)}{a^3\sqrt{\left(1-e^2\right)^5}} \\
\frac{\partial U_{G0s2}}{\partial a} &= -\frac{3}{2}\,\mu\, J_2\, R_E^2\, \frac{\left(1-\frac{3}{2}\sin^2 i\right)}{a^4\sqrt{\left(1-e^2\right)^3}}\ .
\end{aligned} \tag{2.425}$$

Damit ergeben sich die säkularen Störungen erster Ordnung in den *Kepler*-Elementen, wenn mit $n := \sqrt{\mu/a^3}$ die mittlere Bewegung bezeichnet wird:

$$\begin{aligned}
\dot{a}_s &= \dot{e}_s = (\dot{i})_s = 0 \\
\dot{\Omega}_s &= \frac{1}{n\,a^2\sqrt{1-e^2}\,\sin i}\,\frac{\partial U_{Gs02}}{\partial i} + \cdots = -\frac{3}{2}\,\frac{n\,J_2\,R_E^2}{a^2\left(1-e^2\right)^2}\,\cos i + \cdots \\
\dot{\omega}_s &= -\frac{\cos i}{n\,a^2\,\sin i\sqrt{1-e^2}}\,\frac{\partial U_{Gs02}}{\partial i} + \frac{\sqrt{1-e^2}}{n\,a^2\,e}\,\frac{\partial U_{Gs02}}{\partial e} + \cdots = -\frac{3}{4}\,\frac{n\,J_2\,R_E^2}{a^2\left(1-e^2\right)^2}\left(1-5\cos^2 i\right) + \cdots \\
\dot{M} &= n - \frac{1-e^2}{n\,a^2\,e}\,\frac{\partial U_{Gs02}}{\partial e} - \frac{2}{n\,a}\,\frac{\partial U_{Gs02}}{\partial a} + \cdots = n\left[1-\frac{3}{4}\,\frac{J_2\,R_E^2}{a^2\sqrt{\left(1-e^2\right)^3}}\left(1-3\cos^2 i\right) + \cdots\right].
\end{aligned} \tag{2.426}$$

Nach *Krause* werden in erster Näherung weder die Form der Bahn (im Fall einer Kegelschnittbahn die große Halbachse a und die Exzentrizität e) noch die Neigung i der Bahn im Raum durch die Abplattung des Erdkörpers beeinflusst. Der Einfluss erstreckt sich lediglich auf die Orientierung im Raum (dargestellt durch die Rektaszension des aufsteigenden Bahnknotens Ω) und die Lage im Raum (durch das Argument des Perigäums ω). Entsprechend werden das Perigäum und damit die Position des Satelliten in seiner Bahn beeinflusst.

Krause hatte in seiner Arbeit auch die säkularen Einflüsse durch den J_4-Faktor abgeleitet. Allerdings ist dieser von zweiter Größenordnung, wenn etwa $J_4 \approx J_2^2$ angenommen werden darf.[495] Dann müssen aber auch die säkularen Anteile mit dem Faktor J_2^2 für eine vollständige Erfassung der Einflüsse der zweiten Ordnung eingeschlossen werden. Das geht über die Methodik *Krauses* hinaus, da zu diesem Fall eine Mittelung über periodische Störanteile benötigt wird. Dies kann etwa bei *Y. Kozai* [1959] nachgelesen werden. Entsprechende Ergebnisse der zweiten Ordnung finden sich vor allem auch bei *D. Brouwer* [1959 a]. Für die meisten Untersuchungen zu einer Bahnanalyse ist die von gefundene Lösung erster Ordnung nach wie vor völlig ausreichend. Erst für Untersuchungen aktueller

495 Abhängig von einer gewählten Satellitenbahn können Störeinflüsse mit dem Faktor J_2^2 vernachlässigt werden, Anteile mit dem J_4-Faktor können eine entscheidende Rolle spielen. Siehe E. F. M. Jochim [2022].

Satellitenmissionen sind Lösungen höherer Ordnung oder sogleich numerische Berechnungen erforderlich. Derartige Untersuchungen wurden jedoch erst nach Start des ersten Satelliten durchgeführt.[496]

Nach *Krause* weicht die Umlaufzeit eines Satelliten um die Erde infolge der Eigenbewegung der Apside und des aufsteigenden Knotens von der *Kepler*'schen Umlaufzeit $P := U_{Kep} = 2\pi/n$ ab um den Betrag

$$\Delta P = -\frac{1}{n}\left(\dot{\Omega}_s + \dot{\omega}_s + \dot{M}_{0s}\right) P$$

Hierbei handelt es sich um die tropische Umlaufzeit eines Satelliten (den Begriff verwendete *Krause* nicht). *Krause* ergänzte seine Herleitungen durch etliche konkrete numerische Beispiele.

In seiner Arbeit von 1956 berechnete *Krause* auch die kurzperiodischen Störungen durch J_2 für erdnahe Bahnen. Dazu ging er von den *Gauß*'schen Variationsgleichungen (2.228) aus, die er aber in Abhängigkeit von der wahren Anomalie mit Hilfe der Beziehung $r^2\, d\upsilon/dt = \sqrt{\mu\, p}$ angab.[497] Hier wird mit υ die wahre Anomalie bezeichnet (*Krause* verwendete das Symbol ϕ), mit p der Parameter eines Kegelschnittes („semilatus rectum“). Seien b_R, b_T, b_N die Beschleunigungen in radialer, transversaler und normaler Richtung (*Krause* verwendete die in der klassischen Himmelsmechanik üblichen Bezeichnungen *R*, *S*, *W*), lauten die Variationsgleichungen

$$\begin{aligned}
\frac{da}{d\upsilon} &= \frac{2\,a^2\,r^2}{\mu\,p}\left(e\,\sin\upsilon\; b_{R2} \;+\; \frac{p}{r}\; b_T\right)\\
\frac{dp}{d\upsilon} &= \frac{2\,r^3}{\mu}\, b_T\\
\frac{de}{d\upsilon} &= \frac{r^2}{\mu}\left[\sin\upsilon\; b_{R2} \;+\; \frac{1}{e}\left(\frac{p}{r} - \frac{r}{a}\right) b_T\right]\\
\frac{di}{d\upsilon} &= \frac{r^3}{\mu\,p}\quad \cos u\; b_N\\
\frac{d\Omega}{d\upsilon} &= \frac{r^3}{\mu\,p}\;\frac{\sin u}{\sin i}\; b_N\\
\frac{d\omega}{d\upsilon} &= -\frac{r^2}{\mu\,e}\left[\cos\upsilon\; b_{R2} \;-\; \left(\frac{r}{p} + 1\right)\sin\upsilon\; b_T\right] - \cos i\;\frac{d\Omega}{d\upsilon}
\end{aligned}$$

---

[496] Abschn. 2.11 auf Seite 476.

[497] In JOCHIM, E. F. M. [2011], Abschn. 4.3.16 wird gezeigt, dass in dieser Beziehung (manchmal als „Flächensatz“ bezeichnet) die unabhängige Variable im Allgemeinen der *Hansen*'sche Bahnwinkel und nicht die wahre Anomalie ist. Der bei Vernachlässigung dieser Tatsache in Kauf zu nehmende Fehler sollte in einer Theorie erster Ordnung, wie der hier in diesem Abschnitt referierten Methode *Krauses* vernachlässigbar sein.

$$\frac{dM_0}{d\upsilon} = \frac{r^2}{\mu} \frac{\sqrt{1-e^2}}{e} \left[\left(\cos\upsilon - 2\,e\,\frac{r}{p} \right) b_{R2} - \left(1 + \frac{r}{p} \right) b_T \right] . \qquad (2.427)$$

Anmerkungen Zu den Lösungen Krauses[498]:

1. Die Theorie erster Ordnung von *Krause* hat folgende wesentliche Einschränkung: Verwendung der wahren Anomalie an Stelle des *Hansen*'schen Bahnwinkels, daher keine Berücksichtigung von Variationen in den Bahnelementen Argument des Perigäums, Rektaszension des aufsteigenden Knotens, Inklination der Bahn gegenüber dem Erdäquator.
2. Die Theorie erster Ordnung von *Krause* enthält darüber hinaus keine langperiodischen Bewegungseinflüsse. Diese wurden erst in späteren Theorien von *D. Brouwer, Y. Kozai, B. Garfinkel*[499] und anderen einbezogen. Diese Theorien erfassen auch die Bewegungseinflüsse zweiter (und eventuell dritter) Ordnung. Die langperiodischen Einflüsse mit der Ordnung J_3/J_2 und J_4/J_2 können entsprechend den Zahlenwerten des Erdschwerefeldes auch von erster Ordnung sein. Die von *Krause* gefundenen Ausdrücke der kurzperiodischen Variationen in den *Kepler*-Elementen stimmen mit den in den späteren Theorien gefundenen Ausdrücken überein.
3. Da *Krause* die klassischen *Kepler*-Elemente verwendete, wie sie in der Himmelsmechanik vor allem in der Praxis der Bahnbestimmung der Planeten üblich sind, treten die bekannten Singularitäten bei kreisnahen sowie äquatorialen Bahnen auf. Aus diesem Grund übertrug *Kechichian* die Theorie *Krause*s auf eine Singularitäten-freie Darstellung mit Hilfe der *Euler-Hill*-Gleichungen.[500]
4. Die Darstellung der relativen Bewegung mit Hilfe der *Euler-Hill*-Gleichungen ist etwa bei der Berechnung von Rendezvousmanövern, beim Andocken eines aktiven Satelliten an ein passives Objekt (etwa eine Raumstation) von Bedeutung. Diese Manöver werden nach *Kechichian* mit ausreichender Genauigkeit mit der Theorie erster Ordnung nach *Krause* beschrieben.
5. Die Bedeutung analytischer Theorien erster Ordnung wird durch unabhängige Untersuchungen etwa durch *F. M. Perkins* [1958] bestätigt. Dieser wies auf die übersichtmäßige Bedeutung des allgemeinen bahnanalytischen Verhaltens von Satellitenbahnen hin, auf die Darstellung von Bahnfamilien zur Bahnauswahl geeigneter Satellitenbahnen zur Erfüllung spezieller Aufgaben, die Möglichkeit zu raschen (auch billigen) technisch ausreichenden Aussagen über Satellitenbahnen.
6. Der Buchstabe i wird von *Krause* für die Inklination einer Satellitenbahn bezüglich der Ekliptik verwendet.

---

[498] Eine detaillierte Darstellung von *Krause*s Lösungen des Hauptproblems der Satellitenbahnmechanik werden in E. F. M. Jochim [2017], Abschn. 2.9.4 zusammengestellt.

[499] Brouwer, D. [1959a], Garfinkel, B. [1959], Kozai, Y. [1959].

[500] Kechichian, J. A [1990].

Eugen Sänger gilt als der Erfinder der Photonenrakete.[501] Diese Raketen bewegen sich nahezu mit Lichtgeschwindigkeit. Zur Berechnung ihrer Bewegung müssen daher relativistische Effekte berücksichtigt werden. Dazu wurden etliche Arbeiten durchgeführt.[502] *H. Krause,* der im Umfeld von *E. Sänger* in Stuttgart gearbeitet hatte, widmete sich sehr intensiv der Problematik der relativistischen Raketenmechanik[503] mit ersten Ergebnissen 1955. Seine Darstellungen können als eine klare Einführung in die spezielle Relativitätstheorie im Hinblick auf die relativistische Raketenkinematik und darauf aufbauend eine relativistische Raketendynamik aufgefasst werden.[504] Vorgegeben sei der Faktor

$$\alpha := \sqrt{1 - \frac{u^2}{c^2}} (u := |\mathbf{u}| \quad . \tag{2.428}$$

Das Ruhesystem sei etwa im Beobachter auf der Erde, im Gegensatz zur bewegten Rakete angenommen. Es seien m_0 die Masse der Rakete im Ruhesystem, $\boldsymbol{u}$ der Geschwindigkeitsvektor der Rakete in diesem System,$\mathbf{v}_{e0}$ die Ausstoßgeschwindigkeit des Treibstoffs in Bezug auf das Ruhesystem, dm_0 der Massenverlust in Bezug auf das Ruhesystem.

Das Geschwindigkeitsinkrement, die „relativistische Raketengleichung", lautet dann

$$d\mathbf{u} = -\alpha \left[\mathbf{v}_{e0} - (1 - \alpha) \frac{\mathbf{u} \cdot \mathbf{v}_{e0}}{u^2} \mathbf{u} \right] \frac{dm_0}{m_0} \quad . \tag{2.429}$$

Eine spezielle Lösung der relativistischen Raketengleichung war von *J. Ackeret*[505] unter der Annahme gefunden worden, wenn M_0 die Anfangsruhemasse (für t = 0, u = 0) ist:

$$\frac{m_0}{M_0} = \left(\frac{1 - \frac{u}{c}}{1 + \frac{u}{c}} \right)^{\frac{c}{2 v_{e0}}} \quad . \tag{2.430}$$

Unter der Annahme konstanten Schubes ergibt sich die von *R. Esnault-Pelterie* 1928 gefundene Formel[506]

---

501 z. B. in SÄNGER, E. [1953]: *Zur Theorie der Photonenraketen,* Space Flight Problems, *Proc. 4th Intern. Astronaut. Federation Congr.,* Laubscher and Co., Biel-Bienne, Switzerland, pp. 32–44; (zitiert in H. G. L. KRAUSE [1961b]).

SÄNGER, E. [1956]: *Zur Mechanik der Photonen Strahlantriebe,* Oldenbourg Verlag, München.

502 etwa: BADE, W. L. [1953]: *Relativistic Rocket Theory, Am. J. Phys.,* vol. **21,** p. 310; KOOY, J. M. J. [1958]: *On Relativistic Rocket Mechanics, Astronaut. Acta.,* vol. **4,** pp. 31–58.

503 KRAUSE, H. G. L. [1956b] und [1961b].

504 Die von *H. Krause* hergeleiteten Transformationsformeln sind in der Veröffentlichung JOCHIM, E. F. M. [2016 b] Section 8.17 wiedergegeben.

505 J. ACKERET [1946]: Zur Theorie der Raketen, *Helv. Phys. Acta,* **19,** No. 2, pp. 103–112, April 1946; ‚On the Theory of Rockets', *J. Brit. Interplanet. Soc.,* **6,** No. 4, pp. 116–123, March 1947 (zitiert nach H. G. L. KRAUSE [1961b] p. **11**–26).

506 Siehe in Abschn. 2.9.7 auf Seite 445.

$$\frac{m_0}{M_0} = \left(\frac{\alpha}{1+\sqrt{1-\alpha^2}}\right)^{\frac{c}{v_{e0}}} \quad . \tag{2.431}$$

Tabellen mit konkreten Zahlenwerten bei Annahme von konstantem Schub für Ionentriebwerke und Photonenraketen ergänzen die Untersuchungen *Krauses*. Er fügte seinen Überlegungen auch einige Anwendungen der allgemeinen Relativitätstheorie auf Untersuchungen der Bewegung von Erdsatelliten bei.

H. G. L. Krause kann als einer der ersten Satellitenbahnanalytiker und damit auch Astrodynamiker bezeichnet werden. Seine Nachwirkung war nicht so groß, wie sie es nach Meinung vieler Astrodynamiker verdient hätte, kann aber über lange Zeiträume nachverfolgt werden. *Walter Flury*[507], der bei *Eduard Stiefel* in Zürich promoviert wurde, berief sich auf persönlichen Kontakt zu *Krause*. Der hatte ihm neuere und verbesserte Daten für seine Dissertation zur Verfügung gestellt. In den Vereinigten Staaten zitierten vor allem *R. E. Roberson*[508] und *J. V. Breakwell*[509] mit ihren Schulen *H. Krause*. *Roberson* schrieb[510]: „Krause, *in a paper which does not seem to be as well-known as it deserves to be ...*" *J. A. Kechichian*[511] hatte in unmittelbarem Anschluss an die Arbeiten *Krauses* eine modifizierte Lösung für nahezu kreisförmige Bahnen entwickelt. Er schrieb: „*The German astrodynamicist* H. G. L. Krause *was the first to derive the first-order short-period variations of the classical orbital elements due to the second zonal harmonic* J_2."

2.10.5 A. A. Orlov

Alexander A. Orlov[512] veröffentlichte am Sternberg-Institut in Moskau in den Jahren 1953 und 1954 in Erweiterung der *Brouwer*schen Arbeit von 1946 ähnlich wie *H. G. L. Krause* eine allgemeine Lösung des Hauptproblems der Satellitentheorie.[513] Diese Lösung ist abgesehen von Kreis- sowie Äquatorbahnen für alle Inklinationen und beliebige Exzentrizitäten gültig.[514] *Orlov* leitete die benötigten Integrale in rechtwinkligen Koordinaten ab und versuchte periodische Lösungen in der Nähe von kreisförmigen Bahnen zu finden. Damit war er auch auf das Problem der kritischen Neigung gekommen. *Orlov* verwendete

[507] FLURY, W. [1969].

[508] Abschn. 2.10.10 auf Seite 474.

[509] Abschn. 2.11.11 auf Seite 497.

[510] ROBERSON, R. E. [1957].

[511] KECHICHIAN, J. A [1990].

[512] *Alexander A. Orlov* (1915–1986) <der Name *Orlov* ist in Russland mindestens so häufig wie in Deutschland etwa Schmidt. Daher ist es sehr schwierig Näheres über den Astrodynamiker *A. A. Orlov* im Internet zu finden>.

[513] ORLOV, A. A. [1953], [1954].

[514] Die teilweise Übersetzung der beiden *Orlov*'schen Arbeiten wurde dankenswerter Weise von Frau *Tatjana Sömen* (DLR, Oberpfaffenhofen) durchgeführt.

in einer zweiten Arbeit die Exzentrizität in erster Ordnung als Faktor in seinen Entwicklungen. Dazu führte er die ungestörte wahre Länge $l = \upsilon + \omega + \Omega$ als unabhängige Variable ein. Damit war er nahe an die Verwendung des allgemeingültigen Bahnwinkels $\zeta = \upsilon + \omega + \sigma$ nach *Hansen* gekommen. *Brouwer* hatte in einer Arbeit[515] von 1958 die Methodik von *Orlov* weitgehend übernommen und kritisch weiterentwickelt.

2.10.6 Fred L. Whipple und die Arbeiten am SAO

Fred L. Whipple,[516] der Leiter des Smithonian Astrophysical Observatory in Cambridge, Ma, hatte sich in einer 1952 erschienen Arbeit über Dr*uck, Dichte und Temperatur in der oberen Atmosphäre aus Messungen mit Höhenforschungsraketen* beschäftigt, eine wichtige Vorstufe zur Berechnung des Einflusses der Restatmosphäre auf die Bewegung erdnaher Satelliten.[517] Auf Anregung von *Whipple* begann am SAO unmittelbar nach dem Start des ersten Satelliten am 4. Okt. 1957 eine systematische Aufarbeitung der Beobachtungen der Satelliten und die theoretische Bearbeitung durch das aus aller Welt dort zusammengekommene Sternwartepersonal. „Männer der ersten Stunde“ waren etwa *Imre G. Izsak* aus Ungarn,[518] *Pedro E. Zadunaisky*[519] aus Argentinien,[520] *Yoshihide Kozai* aus Japan[521] und viele andere. Die Serie wurde veröffentlicht in der Reihe *Research in Space Science, Special Reports.*

---

515 Brouwer, D. [1958].

516 *Fred Lawrence Whipple* (* 5. November 1906 in Red Oak/Iowa; † 30. August 2004 in Cambridge/Mass.); https://www.nmspacemuseum.org/inductee/fred-l-whipple/; https://de.wikipedia.org/wiki/Fred_Whipple.

517 Whipple, F. L. [1952], *Pressures, Densities and Temperatures in the Upper Atmosphere by the Upper Atmosphere Rocket Panel*, Phys. Rev. Vol. 88, p. 1027 (Dec. 1, 1952) ([zitiert nach H. G. L. Krause [1956/1]).

518 Siehe Abschn. 2.11.5 auf Seite 481, Abb. 2.58 auf Seite 496.

519 *Pedro Elias Zadunaisky* (* 10. Dezember 1917 in Rosario, Argentinien; † 7. Oktober 2009, Buenos Aires), https://de.wikipedia.org/wiki/Pedro_Elias_Zadunaisky;https://www.cosmos-indirekt.de/Physik-chule/Pedro_Elias_Zadunaisky; https://www.gf.org/fellows/all-fellows/pedro-e-zadunaisky/; http://everything.explained.today/Pedro_E._Zadunaisky/; https://upwikilt.top/wiki/Pedro_E._Zadunaisky; https://ewikiid.top/wiki/Pedro_E._Zadunaisky.

520 Pedro E. Zadunaisky [1961 ?]: *A Guide to Celestial Mechanics,* SAO Special Report; Pedro E. Zadunaisky [1970]; Pedro E. Zadunaisky [2000], *Introducción a la Astrodinámica, Teoría y métodos numéricos,* 3 vol., Comisión Nacional de Actividades Espaciales (CONAE], Buenos Aires, República Argentina, 1998, ISBN 987–96.864–0–3; weitere Arbeiten u. a.: Pedro E. Zadunaisky [1970]: *On the Accuracy in the Numerical Computation of Orbits*, in: Giacaglia, G. E. O. ed. [1970], pp. 216–227; Zadunaisky, Pedro E. and Claudia M. Giordano [1990]. Der Kleine Planet 4617 wurde nach *Zadunaisky* benannt.

521 Siehe auch in Abschn. 2.11.3 auf Seite 478.

In einer Arbeit von 1977 hatte [522]*Hiroshi Kinoshita* die analytische Satellitentheorie in Erweiterung der zuvor erfolgten Arbeiten bis zur dritten Ordnung getrieben.[523]

Whipple hatte den offiziellen Auftrag, mit seinem Team wissenschaftliche Grundlagen der Raumfahrt zusammenzustellen. Die Frucht dieser Arbeit sind einige Beiträge[524] im Rahmen des von *Van Allen* (1956) herausgegebenen Buches *Scientific Uses of Earth Satellites.* Im ersten Kapitel geht es um die Bahn von Erdsatelliten in etwa 500 km Bahnhöhe. Diskutiert werden die Einflüsse infolge der Abplattung der Erde mit den zonalen Koeffizienten J_2 und J_4 und durch die Restatmosphäre. In dieser Theorie wurden vor allem die temporalen und zonalen Variationen der Atmosphäre, soweit bekannt, berücksichtigt sowie die vermuteten westwärts gerichteten Winde als Folge der Erdrotation. Weitere Einflüsse, etwa durch Sonnen- und Mondattraktion hervorgerufene *Bernoulli-K*räfte auf einen rotierenden Satellitenkörper, wurden in dieser Arbeit abgeschätzt.

2.10.7 S. F. Singer

Der Flug von Raketen in große Höhen wird wesentlich durch das Verhalten der Atmosphäre beeinflusst. Dies trifft ähnlich für erdnahe Satelliten zu, wie im Übergang von hochfliegenden Raketen zu Satelliten erkannt wurde. Daher beziehen sich erste Überlegungen über die Lebensdauer von Erdsatelliten auf Untersuchungen des Fluges von Raketen.[525] ***S. F. Singer***[526] untersuchte in bahnanalytischem Interesse das Bahnverhalten von Satelliten, die Auswirkung von Einschussfehlern, die Zuverlässigkeit von Näherungsmethoden zur Beschreibung von Satellitenbahnen und insbesondere die Lebensdauer auf erdnahen Satellitenbahnen.[527] Seine Überlegungen stützte er auf den bekannten Ausdruck für die durch den Luftwiderstand auf einen bewegten Körper ausgeübte Kraft ab

$$F_D = \frac{1}{2} c_D A\, V^2 \rho \quad . \tag{2.432}$$

---

[522] *Hiroshi Kinoshita* < University of Hyogo Kobe, Japan > https://www.researchgate.net/profile/Hiroshi-Kinoshita; https://www.iau.org/administration/membership/individual/2711/.

[523] KINOSHITA, HIROSHI [1977-b].

[524] DAVIES, R. J., F. L. WHIPPLE and J. B. ZIRKNER [1956]; VAN ALLEN, J. A. (ed.) [1956].

[525] Etwa E. SAENGER and I. BREDT [1944]: *A Rocket Drive for Long Range Bombers*, German Aviation Research UM 3538, August 1944; später: K. A. EHRICKE [1955]: *On the Descent of Winged Orbital Vehicles*, Astronaut. Acta, **I**, p. 137 (zitiert nach: S. F. SINGER [1956]).

[526] *Siegfried Frederick Singer (S. Fred Singer)* (* Wien, 27. Sep. 1924 – † Rockville, Maryland, U.S, 6. April 2020) https://www.nytimes.com/2020/04/11/climate/s-fred-singer-dead.html; https://en.wikipedia.org/wiki/Fred_Singer.

[527] S. F. SINGER [1956]: *Studies of a Minimum Orbital Unmanned Satellite of the Earth (MOUSE). Part II. Orbits and Lifetimes of Minimum Satellites,* Astronautica Acta, **II**; presented at the Ninth Annual Meeting of the American Rocket Society, New York, N.Y., December 1954; Hinweis auf: S. F. SINGER [1955]: *Studies of a Minimum Orbital Satellite, Part I. Geophysical and Astrophysical Applications*, Astronautica Acta, **I,** 171 (zitiert in: S. F. SINGER [1956]).

Hier ist c_D der dimensionslose Luftwiderstandsbeiwert, $A[m^2]$ die Anströmfläche auf den bewegten Körper (Satelliten), V [km/s] die Geschwindigkeit relativ zur umgebenden Atmosphäre, $\rho[kg/m^3]$ die Luftdichte. Diese ist auch eine Funktion der Höhe.

Die Lebensdauerabschätzungen gehen aus von den Variationsgleichungen

$$\frac{da}{dt} = \frac{2\sqrt{1+e^2-2\,e\,\cos\upsilon}}{n\sqrt{1-e^2}}\,b_V\,, \quad \frac{de}{dt} = \frac{2\sqrt{1-e^2}\,(e-\cos\upsilon)}{n\,a\sqrt{1+e^2-2\,e\,\cos\upsilon}}\,b_V \quad . \tag{2.433}$$

Hier bedeuten a, e die *Kepler*-Elemente große Bahnhalbachse und Exzentrizität, $n = \sqrt{\mu/a^3}$ die mittlere Bewegung mit der zentrischen Gravitationskonstanten μ, υ die wahre Anomalie, b_V die Beschleunigung in tangentialer Richtung infolge des Luftwiderstandes auf den Satelliten.[528] Für die Abnahme des Radius des Perigäums im Zeitintervall Δt kommt *Singer* auf die Näherungsformel

$$\Delta r_P \approx \frac{4\,b_V}{n}\,\Delta t \quad . \tag{2.434}$$

Sei m die Masse des Satelliten, so kann die tangentiale Beschleunigung ausgedrückt werden durch

$$b_V = \left(\frac{A}{m}\right) V\,\rho \quad . \tag{2.435}$$

Das Zeitintervall Δt durch das mit der Geschwindigkeit V in der Zeiteinheit vom Satelliten zurückgelegte Streckenstück Δs ist

$$\Delta t = \frac{\Delta s}{V} \quad . \tag{2.436}$$

Mit diesen relativ einfachen Formeln können bereits brauchbare Abschätzungen erhalten werden.

2.10.8 N. V. Petersen

Die Arbeiten von ***N. V. Petersen*** sind Beispiele für das weit gestreute, nicht nur technologische Interesse an der beginnenden Raumfahrt. Diese wurde in allen Konsequenzen auch theoretisch und wissenschaftlich vorbereitet.[529] Neben einer systematischen Zusammenstellung der grundlegenden Formeln kreisnaher Bahnen lag der Schwerpunkt des Interesses bei *Petersen* auf Untersuchungen des Bahnverhaltens erdnaher Bahnen in der Restatmosphäre. Dabei gelang ihm eine Verbesserung der Aussagen von *S. F. Singer* im Hinblick auf die Lebensdauer auf elliptischen Bahnen.

528 In seiner Originalarbeit verwendete *Singer* die Bezeichnungen T statt b_V, Φ statt υ, ε statt e.

529 PETERSEN, N. V. [1956].

2.10.9 Theodore I. Sterne

Theodore I. Sterne hatte in seiner Anfang 1957 erschienenen Arbeit *Analytical Orbits of Close Satellites of Oblate Planets* versucht, erste Lösungen des allgemeinen Satellitenproblems im Hinblick auf die Abplattung des Erdfeldes, repräsentiert durch den J_2 – Faktor, durch Wahl einer geeigneten *Hamilton*-Funktion zu finden.

2.10.10 Robert E. Roberson

Robert E. Roberson[530] arbeitete zunächst am Naval Research Laboratory in Washington, D.C., um bald darauf zur RAND Corporation zu wechseln. Dort veröffentlichte er bereits 1953 eine Arbeit zur Lageregelung von Erdsatelliten.[531] Schon lange vor Start des ersten Satelliten wurden also intensive und konkrete Vorarbeiten zur Satellitendynamik durchgeführt. Dies kann als Fortsetzung der entsprechenden in Peenemünde zurückgeführten Untersuchungen zur Lagestabilisierung von Raketen gesehen werden. Die Analyse einer Satellitenbahn bezeichnete *Roberson* als eine der zentralen Aufgaben der Weltraumfahrt. Konsequenterweise wandte er sich der Bahnmechanik von Erdsatelliten mit Untersuchungen zur Bewegung im Schwerefeld eines abgeplatteten Zentralkörpers und unter der Einwirkung des Luftwiderstandes zu.[532] Auch diese Arbeiten können bis in das Jahr 1953 zurückverfolgt werden. Sie wurden in der Arbeit von 1957 offenbar im Hinblick auf Vorlesungen ausgearbeitet. Auch *Roberson* vertrat die Ansicht, Lösungen erster Ordnung würden die wesentlichen Eigenschaften einer Satellitenbahn zeigen. Lösungen höherer Ordnung würden nur eine marginale Verbesserung bringen. Er konnte in diesem Zusammenhang auch auf einen Einfluss der Triaxialität des Erdkörpers und damit des Einflusses ungeradzahliger zonaler Koeffizienten wie J_3 hinweisen.

Allerdings war er sich durchaus bewusst, dass durch eine sorgfältige Untersuchung höherer Effekte und vor allem von Querverknüpfungen der Störeffekte die gewonnenen ersten Resultate modifiziert werden könnten. *Roberson* führte seine Untersuchungen vom Standpunkt eines Ingenieurs und nicht eines Himmelsmechanikers durch. Das stellte sich etwa in einer systematischen umfangreichen Tabelle zum Vergleich unterschiedlicher Ausdrücke für die Parameter der elliptischen Bewegung dar.[533] *Roberson* ging von einer strengen Trennung der Störeffekte auf die Bahn eines Satelliten aus. Obgleich die Bahnen

[530] *Robert Errol „Bob" Roberson* (13 Mai 1923 Cincinnati, Hamilton County, Ohio, USA – 27 Dez 1988 (im Alter von 65) San Diego County, California, USA); https://de.findagrave.com/memorial/190843640/robert-errol-roberson.

[531] ROBERSON, R. E.[1953], *Attitude Sensing and Control for a Satellite Vehicle, RAND report* RM 1050, January 1953 (zitiert nach: LIKINS, P. [1988], p. 133).

[532] ROBERSON, R. E. [1957].

[533] wie sie später in dem Werk JENSEN, J., TOWNSEND, G., KORK, J., KRAFT, D. [1962]: *Design Guide for Orbital Flight,* in aller Ausführlichkeit zusammengestellt worden sind, vermutlich nicht ohne Kenntnis der Arbeiten von *Krause* und *Roberson* (und vermutlich anderen).

infolge der Störungen nicht als periodisch erkannt werden konnten, führte *Roberson* die Untersuchungen in einem geeigneten mitrotierenden Koordinatensystem aus. In diesem System konnte die Bewegung als nahezu periodisch dargestellt werden. Allerdings war es nicht möglich, alle Störeffekte in ein und demselben Koordinatensystem zu erfassen. Als ein Lagefachmann untersuchte er auch den möglichen Einfluss von Lageänderungen eines Satelliten auf dessen Bahn. Diesen Einfluss erachtete er für vernachlässigbar. Bemerkenswerterweise erkannte auch *Roberson* grundsätzlich, die Störgleichungen können nicht als Funktion der Zeit als unabhängige Variable bearbeitet werden. Vielmehr sei ein Bahnwinkel als eine geometrische Variable erforderlich. Auch *Roberson* wählte die wahre Anomalie als eine solche Variable.

Roberson führte seine Untersuchungen zur Bahnmechanik allein oder mit Kollegen[534] durch. Später wandte er sich wieder der Lageregelung von Satelliten zu.[535] Diese Thematik erweiternd kam er zu einer Beschäftigung mit Mehrkörpersystemen.[536]

2.10.11 L. Blitzer

L. Blitzer untersuchte mit seinen Mitarbeitern ebenfalls den Einfluss der Erdabplattung auf die Bewegung eines Erdsatelliten.[537] In seinen Arbeiten erscheint offenbar zum ersten Mal der Hinweis, dass es auf Grund der Abplattung keine Kreisbahn um die Erde geben könne außer auf äquatorialen Bahnen. Letzteres gilt jedoch auch nur für Näherungen der ersten Ordnung, wie *Blitzer* abschätzte. Bei *Blitzer* wird auch die Problematik einer Beeinflussung der Umlaufzeit eines Satelliten infolge der Einflüsse durch die Erdabplattung (und damit allgemeiner durch irgendwelche „Störungen") auf eine Erdumlaufbahn konkret angesprochen. Sei

$$P = \frac{2\pi}{n_0} = 2\pi\sqrt{\frac{a^3}{\mu}} \tag{2.437}$$

die *Kepler*'sche Umlaufzeit einer kreisnahen Bahn mit großer Bahnhalbachse a und der (geo-) zentrischen Gravitationskonstante μ sowie dem mittleren Äquatorradius R_E, so hat nach *Blitzer* die drakonitische Umlaufzeit für eine Bahn mit Halbachse a und Inklination i den Betrag

---

[534] ROBERSON, R. E. and D. TATISCHEFF [1956], *The Potenzial energy of a small rigid body in the gravitational field of an oblate spheroid, Jour. Franklin Inst.,* Vol. **262,** p. 209–214 (zitiert nach: LIKINS, P. [1988], p. 133).

[535] ROBERSON, R. E. [1965], *Gravity gradient stabilization,* lecture at the 3rd Winter Institute on Advanced Control at the University of Florida.

[536] ROBERSON, ROBERT E. and RICHARD SCHWERTASSEK [1988], *Dynamics of Multibodysystems,* Springer Verlag, Berlin, ISBN 3–540–17.447–8. ISBN 0–387–17.447–8.

[537] BLITZER, L., M. WEISFELD. and A. D. WHEELON [1956]; BLITZER, L. [1957]; BLITZER, L. and A. D. WHEELON [1957].

$$P_D \approx P\left[1-\frac{3}{2}J_2\,\frac{R_E^2}{a^2}\left(\cos^2 i\,+\,\cos i\,\sin^2 i\,-\,\frac{1}{2}\,\sin^2 i\right)\right]\,. \tag{2.438}$$

Diese Beziehung ist in der Bahnanalyse von Erdbeobachtungssatelliten von großer Wichtigkeit und hat daher in der Folgezeit vor allem durch die Einbeziehung einer Bahnexzentriziät und sogar höherer Ordnungen des Schwerefeldes der Erde (J_4 -Faktor) wesentliche Erweiterungen erfahren.[538] Zur Veranschaulichung trug *Blitzer* für eine kreisnahe Bahn in etwa 450 km Bahnhöhe die Differenz $P_D - P$ über der Inklination für rechtläufige Bahnen auf (siehe die Darstellung in L. BLITZER [1957], p. 405).

2.10.12 Derek F. Lawden

Derek F. Lawden beschäftigte sich seit 1952 in seinen Arbeiten[539] nicht mit bahnmechanischen Fragen von Satelliten, sondern mit Übergangsbahnen von Raketen zwischen zwei koplanaren Kreisbahnen (konkrete Berechnung eines optimalen *Hohmann*-Transfers), mit Fragen der interplanetaren Navigation, mit konkreten Formelsystemen zur Berechnung von Gravitationsmanövern beim Vorbeiflug einer interplanetaren Sonde an einem der großen Planeten des Sonnensystems. Damit betonte er das primäre Interesse der Weltraumfahrt, weg von der Erde zur In-situ-Erforschung des Sonnensystems und zur unmittelbaren Erforschung des Weltalls außerhalb der von der Erdoberfläche aus eingeschränkten Möglichkeiten.

2.11 Astrodynamik nach Start des ersten Erdsatelliten

Mit Start von Sputnik I am 4. Okt. 1957 begann technisch gesehen das Zeitalter der Weltraumfahrt. Damit verschärfte sich der Druck auf die Bahnmechaniker, verbesserte mathematische Modelle zur Beschreibung der jetzt beobachtbaren Bewegung der Satelliten zu erstellen. Vor Start des ersten Satelliten wurde etwa die Meinung vertreten, einige wenige Beobachtungen müssten genügen, die Form der Erde mit hinreichender Genauigkeit beschreiben zu können. Die Beobachtung von Erdsatelliten auf sehr unterschiedlichen

---

[538] Siehe hierzu JOCHIM, E. F. M. [2023-A], Kapitel 23. Eine kritische Betrachtung dieser Formel mit Verbesserung unter Einbeziehung der Exzentrizität findet sich bei KING-HELE, D. G. and MISS D. M. C. GILMORE [1957], pp. 6–8. In der Originalarbeit von L. BLITZER [1957] werden folgende Bezeichnungen verwendet: $T \mathrel{\hat{=}} P_D$, $T_0 \mathrel{\hat{=}} P$, $J \mathrel{\hat{=}} 3/2\,J_2$, $r_0 \mathrel{\hat{=}} a$, $R \mathrel{\hat{=}} R_E$, $GM \mathrel{\hat{=}} \mu$, $v_0 \mathrel{\hat{=}} \sqrt{\mu/a}$.

[539] LAWDEN, D. F. [1954]; LAWDEN, D. F. [1954?]: *Fundamentals of Space Navigation, Journal of the British Interplanetary Society* (JBIS), [Vol. **13,** No. 3], pp. 87–101; LAWDEN, D. F. [1952]: *Inter-Orbital Transfer of a Rocket,* Annual Report B.I.S., pp. 321–333; LAWDEN, D. F. [1952?]: *Stationary Rocket Trajectories,* (zitiert in LAWDEN, D. F. [1954?]).

Bahnen zeigte jedoch, dass die Form der Erde erheblich komplizierter ist als bisher angenommen. Daher werden sehr komplizierte mathematische Modelle der Erde („Geoid") mit entsprechend aufwendigen Bahnmodellen benötigt.[540] Gleichwohl kann im Sinne der Bahnmechanik nicht von einer scharfen Zäsur durch den aktiven Beginn der Weltraumfahrt gesprochen werden. Schon etliche mathematische Modelle der Satellitenbewegung waren vorher gefunden worden. Die Beispiele im vorhergehenden Abschnitt. 2.10 haben dies gezeigt. Diese Modelle konnten jetzt weiterentwickelt und verfeinert werden. Daher ist es in gewissem Sinne willkürlich, den einen Forscher der Zeit vor, einen anderen der Zeit nach Start des ersten Satelliten zuzuordnen. Die hier gewählte Zuordnung richtet sich daher nach dem Datum der entsprechenden Arbeit, auch wenn der Beginn dieser Arbeiten ersichtlich in die Zeit vor dem Start des ersten Erdsatelliten einzuordnen wäre.

Die hier referierten Untersuchungen beziehen sich ausnahmslos auf nicht künstlich gesteuerte Bahnen von Satelliten und Raumsonden, die somit nur den natürlichen Bahneinflüssen unterliegen. Hingewiesen sei jedoch darauf, dass es schon vor Start des ersten Satelliten intensive Untersuchungen für Bahnen mit einem konstanten oder gepulsten Antrieb gegeben hat. Erwähnt seien etwa die Arbeiten von *Ernst Stuhlinger*[541] über elektrische Antriebe von Raumflugkörpern.[542] Hier sind Arbeiten etwa unter dem Titel *Flight Path of an Electrically Propelled Space Ship* zu nennen.

2.11.1 Dirk Brouwer nach 1957

Nach dem Start des ersten Erdsatelliten war *Dirk Brouwer* der wohl erfolgreichste Himmelsmechaniker bei der Lösung des Hauptproblems der Satellitenbahnmechanik. Unter Anwendung des von *von Zeipel* entwickelten Verfahrens zur Lösung der Integration kanonischer Gleichungssysteme gelang es ihm mit *Delaunay*-Elementen unter Trennung säkularer, lang- und kurzperiodischer Beschleunigungsanteile Lösungen für die *Kepler*-Elemente in Abhängigkeit von Störeinflüssen durch die zonalen Koeffizienten des Erdfeldes J_2, J_3, J_4, und J_5 herzuleiten. Damit konnte er die Genauigkeit der analytischen Beschreibung der Satellitenbahnen weiter als alle anderen Versuche treiben.[543] Zunächst werden nach *Brouwer* die säkularen Variationen in den Elementen berechnet, womit die sogenannten mittleren Bahnelemente berechnet werden. Diese werden anschließend als

---

540 Siehe etwa in KOZAI, Y. [1966], p. 818.

541 Ernst Stuhlinger (* 19. Dezember 1913 in Niederrimbach (bei Greglingen); † 25. Mai 2008 in Huntsville, Alabama); https://de.wikipedia.org/wiki/Ernst_Stuhlinger; https://spectrum.ieee.org/ernst-stuhlinger-a-legend-of-the-space-age; https://www.wikiwand.com/de/Ernst_Stuhlinger; https://military-history.fandom.com/wiki/Ernst_Stuhlinger; https://nasa.fandom.com/wiki/Ernst_Stuhlinger; https://lettersofnote.com/2012/08/06/why-explore-space/.

542 Etwa: STUHLINGER, E. [19.556/1956]: *Electrical Propulsion System for Space Ships with Nuclear Power Source, J. Astronautics,* vol **2,** p. 149; vol. **3,** pp. 11, 39; ECKSTEIN, M. C. [1980 a], ECKSTEIN, M. C. [1980 b], ECKSTEIN, M. C. [1985].

543 BROUWER, D. [1959a].

laufende Parameter in die Gleichungen für die langperiodischen Variationen eingesetzt. Die erhaltenen langperiodischen Elemente dienen schließlich als Parameter zur Berechnung der kurzperiodischen Variationen. Die oskulierenden Elemente werden als Summe dieser drei Typen von Elementen erhalten. Diese Methode ist allerdings nur in der gegebenen Genauigkeitsumgebung erlaubt. In der Praxis der Satellitenbahnmechanik ist die scharfe Trennung in kurz-, langperiodische und säkulare Einflüsse nur unscharf oder bei manchen Bahnen auch gar nicht zu trennen, was durch spätere Verfahren zu überwinden getrachtet wird. *Brouwer* selbst entwickelte zwei Jahre nach der ersten bahnbrechenden Arbeit zusammen mit *G. I. Hori* eine weitere Methode, die auch wesentliche Einflüsse des Luftwiderstandes bei erdnahen Bahnen einzubinden gestattet.[544] Während die Methode mit den Einflüssen durch das Erdfeld auch nach vielen Jahren noch weitgehend unverändert in analytischen Satellitentheorien verwendet wird, musste die Methodik unter Einschluss des Luftwiderstandes erheblich weiterentwickelt werden. Die analytischen Formeln zur Beschreibung der Bewegung erdnaher Satelliten in Abhängigkeit der ersten 5 zonalen Koeffizienten des Erdfeldes dienen als Referenzwerte bei der Entwicklung neuer analytischer Verfahren.

Die Einführung der *Von-Zeipel*-Methode in die Satellitenbahnmechanik durch *Dirk Brouwer* hatte eine Fülle von wichtigen Arbeiten zur Weiterentwicklung der Störungstheorie angeregt. Dazu zählen vor allem die Arbeiten von *G. I. Hori* und *A. Deprit*, aber auch viele weitere Arbeiten sind zu nennen, etwa *W. A. Mersman*, *G. E. O. Giacaglia*[545] und viele andere in der Folgezeit.

2.11.2 Boris Garfinkel

Boris Garfinkel[546] hatte die Arbeit *T. I. Sterne*s in einem am 25. Juni 1957 eingereichten Beitrag aufgegriffen[547] und mit einer veränderten *Hamilton*-Funktion versucht, eine Lösung zu finden.[548] Wie *Sterne* war auch *Garfinkel* von der elliptischen Anfangsnäherung ausgegangen. In dieser Arbeit war *Garfinkel* bereits auf das Problem der kritischen Neigung $\cos i = 1/\sqrt{5}$ (i = 63°.435, 116°.565) gestoßen, eine Problematik, die ihn lange nicht mehr losließ. Im Jahr 1959 veröffentlichte er schließlich parallel zu *Brouwer* und

544 BROUWER, D, and HORI, Y. [1961a].

545 MERSMAN, WILLIAM A. [1970]; GIACAGLIA, G. E. O. [1972]: *Perturbation Methods in Non-Linear Systems,* Springer, New York, Heidelberg, Berlin.

546 *Boris Garfinkel* (* 18. Nov. 1904, in Rjev, Russland - † März 1999, West Palm Beach, Florida); https://baas.aas.org/pub/boris-garfinkel-1904-1999/release/1; https://astronomy.yale.edu/events/boris-garfinkel-lectures; https://archives.yale.edu/repositories/12/resources/3495; https://link.springer.com/referenceworkentry/10.1007/978-0-387-30400-7_500?noAccess=true; https://www.iau.org/administration/membership/individual/12884/.

547 *Theodore E. Sterne* (1907–1970); STERNE, THEODORE E. [1957].

548 GARFINKEL, B. [1957]; GARFINKEL, B. [1960]: *On the Motion of a Satellite in the Vicinity of the Critical Inclination,* Astron. Journal **65,** pp. 624–627.

Kozai seine Lösung des Satellitenproblems[549] im Hinblick auf die zonalen Koeffizienten J_2 und J_4. Wie *Brouwer* wandte auch *Garfinkel* die *von Zeipel* Methode auf das Satellitenproblem an. *Garfinkel* nahm das Problem der Resonanzen[550] in vielen Untersuchungen auf. Es spielt sowohl bei künstlichen Satelliten wie in vielen Anwendungen der Himmelsmechanik, vor allem bei den Kleinen Planeten, eine große Rolle.[551]

2.11.3 Yoshihide Kozai

Yoshihide Kozai[552] arbeitete mit einer gegenüber dem Ansatz von *D. Brouwer* und *B. Garfinkel* unabhängigen Methode[553] eine analytische Lösung der Bewegung erdnaher Satelliten unter dem Einfluss der zonalen Koeffizienten J_2, J_3, J_4 des Erdfeldes aus. *Kozai* zerlegte dazu die Störfunktion in einen säkularen Anteil erster Ordnung, einen säkularen Anteil zweiter Ordnung, einen langperiodischen und einen kurzperiodischen Anteil. Er führte die Integration der Variationsgleichungen nach der Methode der Variation der Parameter mit dieser Zerlegung getrennt durch. Dazu wechselte er zur Vereinfachung teilweise direkt auf „schnelle" Parameter wie den Radius und das Argument der Breite. Von praktischer Bedeutung für die Satellitenbahnmechanik ist die Frage, ob die auf unterschiedlichem theoretischem Wege erhaltenen analytischen Theorien von *Brouwer* und *Kozai* auch dieselben numerischen Ergebnisse liefern. Dazu wurden intensive Studien betrieben, die eine Übereinstimmung abgesehen von begrifflichen Unterschieden ergaben. Ein wesentlicher Unterschied besteht in der Definition der mittleren großen Bahnhalbachse. Während *Brouwer* seinen Wert a_B durch Mittelung in Bezug auf die mittlere Anomalie in der Bahn erhielt, kam *Kozai* auf seinen Wert a_K als dem (nahezu) mittleren Wert der geozentrischen Distanz des Satelliten. *Kozai*[554] leitete den Unterschied formelmäßig ab zu

$$a_K = a_B \left[1 - \frac{3}{2} \frac{J_2}{p^2} \left(1 - \frac{3}{2} \sin^2 i \right) \sqrt{1 - e^2} \right] . \tag{2.439}$$

---

549 GARFINKEL, B. [1959].

550 Etwa in: GARFINKEL, B. [1970]: *On the Ideal Resonance Problem.*

551 Siehe hierzu etwa den Übersichtsartikel in GARFINKEL, B. [1982].

552 *Yoshihide Kozai* (japanisch 古在 由秀, *Kozai Yoshihide*; * 1. April 1928 in Komagone, heute Toshima, Präfektur Tokio; † 5. Februar 2018) https://www.wikiwand.com/de/Yoshihide_Kozai; https://baas.aas.org/pub/yoshihide-kozai-1928-2018/release/1; https://en.wikipedia.org/wiki/Kozai_mechanism; https://simple.wikipedia.org/wiki/Yoshihide_Kozai; https://www.planetary.org/articles/0227-yoshihide-kozai-1928-2018; https://www.iau.org/administration/membership/individual/1985/; https://de.wikipedia.org/wiki/Yoshihide_Kozai.

553 KOZAI, Y. [1962], [1969], [1969], [1970], KOZAI, YOSHIHIDE and HIROSHI KINOSHITA [1973].

554 KOZAI, Y. [1966], p. 829.

Hier sind *p, e, i* die mittleren (also nur säkular gestörten) Werte für die Bahnelemente Parameter, Exzentrizität und Inklination.

Von speziellem Interesse ist im Anschluss an *Poisson* der Nachweis, dass es im gegebenen Störmodell keine langperiodischen Variationen in der großen Bahnhalbachse geben kann. *Kozai* machte sich auch Gedanken über das Bewegungsverhalten auf kreisnahen und äquatornahen Bahnen. Im Fall kreisnaher Bahnen entdeckte er die Oszillation des Perigäums um den Wert 90°, also den Fall, der viele Jahre später unter dem Begriff „eingefrorene Bahn" (frozen orbit, frozen eccentricity) wiederentdeckt worden ist. *Kozai* war wie *Garfinkel* und *Brouwer* von der elliptischen *Kepler*-Bewegung ausgegangen, nicht von einer intermediären Bahn, die in vielen parallelen oder späteren Theorien eine zentrale Rolle spielte. *Kozai* erweiterte in einer zweiten Arbeit die von *Brouwer* angewandte Methode zur Lösung des Satellitenproblems mit Hilfe der *von-Zeipel*-Methode auf eine Lösung zweiter Ordnung. *Kozai* bestimmte die Werte der zonalen Koeffizienten aus genauen Beobachtungen von Satellitenbahnen mit der *Baker-Nunn*-Kamera und versuchte [1970] saisonale Variationen des Geopotenzials nachzuweisen. Bereits 1959 hatte sich *Kozai* auch mit dem Einfluss von Sonne- und Mondgravitation auf die Bewegung von Erdsatelliten beschäftigt, 1961 auch mit dem Einfluss des Strahlungsdrucks.[555] Wichtige Beiträge leistete *Kozai* zur Bestimmung des Gravitationsfeldes der Erde. In einer Übersichtsarbeit[556] fasste er seine Überlegungen zusammen und ging detailliert auf die prinzipiellen Unterschiede seiner Theorie der Satellitenbewegung zur *Brouwer*'schen Theorie ein. In der Theorie der Bewegung der Kleinen Planeten im Sonnensystem entdeckte *Kozai* einen interessanten Spezialfall, der in engem Zusammenhang mit dem *Tisserand* Kriterium gesehen werden kann.[557] Dieser Effekt wird als *Kozai* -Effekt bezeichnet und spielt bei der Untersuchung der Bewegung der kleinen Körper im Rahmen des eingeschränkten Dreikörperproblems im Sonnensystem eine wichtige Rolle.

Kozai beschäftigte sich mit der Wirkung der säkularen Störungen durch Jupiter auf die Bewegung der Kleinen Planeten. Abgesehen von nahen Begegnungen und dem damit verbundenem Fly-by unterliegt die große Bahnhalbachse der Kleinen Planeten nach seinen Untersuchungen keinen säkularen Störungen durch Jupiter, wobei dessen Bahn als kreisförmig angenommen wird.

Dagegen sind die Exzentrizität e der Asteroidenbahn und ihre auf die Jupiterbahnebene bezogene Inklination i über die Beziehung[558]

$$H_K := \sqrt{1 - e^2} \cos i \tag{2.440}$$

[555] Kozai, Y. [1959], *On the Effects of the Sun and the Moon upon the Motion of a close Earth Satellite,* Smithsonian Inst. Astrophys. Obs. Special Report 22, 1959, pp. 7–10.

Kozai, Y. [1961], *Effects of Solar Radiation Pressure on the Motion of an Artificial Satellite,* Smithsonian Inst. Astrophys. Obs. Special Report 56, 1961, pp. 25–33.

[556] Kozai, Y. [1966].

[557] Kozai, Y. [1962].

[558] Murray, C. D. and S. F. Dermott [1999], pp. 316–317; http://de.wikipedia.org/wiki/Kozai-Effekt.

gekoppelt. Die Größe H_K ist eine Konstante, während die Bahnelemente e und i säkularen Änderungen unterliegen. Für kleine Werte von e und i gibt es keinen resonanten Austausch zwischen diesen Elementen. Das Perizentrum unterliegt dann einer säkularen Bewegung. Ist jedoch die Inklination relativ groß, kommt es zu einer Resonanz. Diese wirkt sich in einer Librationsbewegung des Perizentrums der Asteroidenbahn aus. Diese Librationsbewegung ist Gegenstand des *Kozai*-Effektes. Geht man von einer kreisförmigen Bahn des Asteroiden aus, so ist die Grenzinklination, die von der Distanz des Planeten (Jupiter) zum Kleinen Planeten abhängt, für große Distanzen durch die Beziehung

$$\cos i_K = \pm\sqrt{\frac{3}{5}} = \pm 0.7746 \Leftrightarrow i_{K/1} = 39^\circ.23\ ,\ i_{K/2} = 140^\circ.77 \tag{2.441}$$

gegeben. Der erste Wert gilt als Minimalwert für rechtläufige, der zweite als Maximalwert für rückläufige Bahnen. Dieser Winkel wird als *Kozai*-Winkel bezeichnet. Dem hier geschätzten Wert der Inklination entspricht die *Kozai*-Konstante $H_K = 0{,}60$. Der Effekt ist von großer praktischer Bedeutung. Wird nämlich bei konstanter Bahnhalbachse die Exzentrizität e sehr groß, führt dies zu einer Verkleinerung der Perizentrumsdistanz und der Kleine Planet kann in die Sonne abstürzen. Ebenso kann infolge dieses Effektes die Bahn eines Kleinen Planeten auch ohne Fly-by an Jupiter geändert werden. In diesem Fall kann er in die Nähe der Erde mit folgender Gefährdung führen („Earth Crazer").

2.11.4 J. P. Vinti

J. P. Vinti[559] führte eine intermediäre Bahn ein, die als Ausgangskurve an Stelle der elliptischen *Kepler*-Bewegung seiner neuen Methodik zugrunde liegt. Das dynamische Problem, das dieser intermediären Bahn zugrunde liegt, wird als *„Vinti's dynamisches Problem"* bezeichnet. *Vinti* hatte den vierten zonalen Koeffizient gegenüber dem dominanten zweiten mit der näherungsweisen Beziehung $J_4 \approx -J_2^2$ als verknüpft angenommen. Dies führt auf ein analytisch integrierbares Integral und damit auf eine intermediäre Bahn. Entsprechende Beziehungen fand *Vinti* auch für höhere zonale Koeffizienten. Als intermediäre Bahn wird hier eine Kurve verstanden, die durch analytische Integration eines bestimmten Bahnmodells erhalten werden kann. Diese Kurve dient als „ungestörte" Ausgangsnäherung für weitere, meist nicht mehr analytisch lösbare Bewegungsprobleme. Allerdings auf Kosten der Anschaulichkeit kann dies zu interessanten Entwicklungen führen. Wenn die *Kepler*-Bewegung als eine „intermediäre Lösung" aufgefasst wird, ist die Anschaulichkeit bekanntlich noch gesichert.

---

559 VINTI, J. P. [1959].

2.11.5 Imre G. Izsak

Imre G. Izsak[560] stützte sich auf die Lösung von *Vinti* ab und führte diese Theorie zu einer Theorie zweiter Ordnung.[561] Als Bahnelemente verwendete er die *Hill*'schen kanonischen Elemente.[562] Diese Arbeiten wurden von *K. Aksnes* fortgeführt.[563] Auch *Kozai*, *Struble*[564] und *Breakwell*[565] hatten versucht, eine Theorie zweiter Ordnung zu finden. Diese allerdings unhandlichen Theorien werden üblicherweise nicht für bahnanalytische Untersuchungen herangezogen.

2.11.6 G. A. Chebotarev und die Bahnmechanik in Russland

Der Beginn der Arbeiten auf dem Gebiet der theoretischen Astronomie in Russland wird auf *Leonhard Euler* zurückgeführt.[566] Es entwickelten sich zwei russische Zentren der himmelsmechanischen Forschungen in St. Petersburg (zeitweise Leningrad genannt) und Moskau. Die Arbeitsgebiete umfassten die gesamte Himmelsmechanik mit Schwerpunkt auf verbesserte Konvergenz der Störungsfunktion, Einführung von regularisierenden Variablen, analytische und numerische Lösung von Störproblemen, Trennung von säkularen und periodischen Effekten und die Untersuchung von periodischen Bahnen. Im Hinblick auf bahnmechanische Probleme der kommenden Raumfahrt besonders interessant sind zahlreiche Untersuchungen ab etwa 1925 zur Bewegung von Körpern mit variabler Masse.[567] Parallel dazu wurden ab etwa 1932 auch schon Untersuchungen zur Bewegung in einem Medium durchgeführt, das bremsend auf den bewegten Körper einwirkt, wobei man sofort an den Luftwiderstand erdnaher Satelliten denken möchte.[568]

---

560 Izsak, I. G. [1960], siehe auch: Izsak, I. G. [1962]: *On the Critical Inclination in Satellite Theory*, Smithonian I.A.O. Special Report No. 90 (March, 1962).

561 http://en.wikipedia.org/wiki/Imre_Izsak.

562 Aksnes, K. [1972].

563 Aksnes, K. [1970].

564 Abschn. 2.11.15 auf Seite 500.

565 Abschn. 2.11.11 auf Seite 497.

566 Abalakin, V. K. [1977].

567 Im Übersichtsartikel von Abalakin, V. K. [1977] werden hierzu ab den Jahren 1925 *G. N. Dubochine, K. N. Savchenko, M. F. Subbotin, A. A. Orlov, A. A. Batyrev*, sowie nach 1956 *V. S. Novosyolov* und *E. P. Filianskaya* genannt. Dort auch die näheren Literaturangaben.

568 Bei Abalakin, V. K. [1977] werden in diesem Zusammenhang die folgenden Namen aufgeführt: *Gerasimovich, G. N. Dubcshine, V. V. Stepanov, A. A. Zamorev.*

Grundlegende Werke zur Himmelsmechanik stammen von *G. N. Dubochine*,[569] *M. F. Subbotin*,[570] *G. A. Chebotarev*,[571] *P. E. El'Yasberg*[572] und *V. A. Brumberg*.[573] *M. F. Subbotin* beschäftigte sich neben seinen Forschungen auch mit geschichtlichen Fragestellungen, etwa einer Zusammenstellung der Arbeiten in der theoretischen Astronomie in der UdSSR in den Jahren 1917–1957[574] sowie etwa eine Arbeit über *Henri Poincaré* [1956].

Von großer Bedeutung für das Interesse russischer Himmelsmechaniker waren Untersuchungen zur relativistischen Himmelsmechanik, wie etwa ein Beitrag von *M. F. Subbotin* aus dem Jahre 1956 zeigt.[575] Das Thema findet sich dann vertieft und allgemeingültig dargestellt bei *V. A. Brumberg*.[576]

G. A. Chebotarev[577] hatte sich 1944 in einer Arbeit über eine Bestätigung der allgemeinen Relativitätstheorie auf Grund der Perihelbewegung des Merkur beschäftigt.[578] Weiterer Schwerpunkt in *Chebotarevs* Interesse war die Theorie der periodischen Bahnen in der Himmelsmechanik [1950] mit Anwendungen auf die Bahnbewegung der Kleinen Planeten [1951], insbesondere der Trojaner [1955].[579]

In Russland, wo in der himmelsmechanischen Forschung mit Start des ersten Satelliten auch die Bahnmechanik künstlicher Himmelskörper Priorität hatte, erschienen bedeutende Arbeiten. Sie wurden zum Teil in rascher englischer Übersetzung verbreitet. Dazu zählen etwa die Arbeiten von *A. A. Orlov*[580] und vor allem die Arbeit von *M. S. Yarov-Yarovoi*, der parallel zu *P. Musen* die Anwendung der idealen Koordinaten von *P. A. Hansen* in der Satellitenbahnmechanik untersuchte.

---

569 G. N. DUBOCHINE [1938]: *Introduction to Celestial Mechanics,* Moscow; G. N. Dubochine [1963]: *Celestial Mechanics,* Moscow; G. N. Dubochine [1964]: *Celestial Mechanics, Analytical and Qualitative Methods,* Moscow.

570 M. F. SUBBOTIN [1947]: *Course in Celestial Mechanics,* Moscow.

571 CHEBOTAREV, G. A. [1967].

572 Abschn. 2.11.9 auf Seite 494.

573 Abschn. 2.8.31 auf Seite 435.

574 M. F. SUBBOTIN [1960]: *Theoretical Astronomy,* in: *Astronomy in the USSR in the 40 years 1917–1957* (zitiert nach CHEBOTAREV, G. A. [1967], p. 320).

575 M. F. SUBBOTIN [1956]: *The Theory of Relativity and Celestial Mechanics,* Astr. Zh. **33,** No3. 3 (zitiert nach CHEBOTAREV, G. A. [1967], p. 320).

576 BRUMBERG, V. A. [1991].

577 *G. A. Chebotarev* (* 1. Aug. 1913 – † 4. Aug. 1975) https://www.scirp.org/(S(czeh2tfqyw2orz553k1w0r45))/reference/referencespapers.aspx?referenceid=214200; https://en.wikipedia.org/wiki/Chebotarev%27s_density_theorem; https://www.iau.org/administration/membership/individual/10268/; https://www.amazon.de/Motion-Evolution-International-Astronomical-Symposia/dp/9401028753.

578 CHEBOTAREV, G. A. [1944]: *The Motion of Mercury's Perihelion: One of the Empirical Verifications of the General Theory of Relativity, Byull. ITA,* No. 52 3 (zitiert nach CHEBOTAREV, G. A. [1967], p. 319).

579 Alle Zitate in CHEBOTAREV, G. A. [1967], pp. 319–323.

580 Abschn. 2.10.5 auf Seite 471.

Aus der Fülle russischer Arbeiten aus der Frühzeit der Satellitenbahnmechanik soll eine Arbeit von *A. I. Lur'e* (aus Leningrad, veröffentlicht 1959) erwähnt werden.[581] Er leitete die Variationsgleichungen bei Bezug auf ein *Leibniz*-System ab. Implizit verwendete er die Relation auf ein *Hansen*-System durch Verwendung der Länge des Perizentrums in der Bahn. Als unabhängige Variable verwendete er aber die wahre Anomalie bzw. das Argument der Breite. Ebenfalls aus Leningrad stammt *Yu. V. Batrakov*.[582] Er berechnete die säkularen Störungen der zweiten Ordnung sowie die langperiodischen Störungen erster Ordnung in den *Kepler*-Elementen bis zum Quadrat in der Exzentrizität, die kurzperiodischen Störungen bis zur fünften Potenz in der Exzentrizität. Er stellte größenordnungsmäßige Übereinstimmung mit den Ergebnissen von *Brouwer* und *Kozai* fest. Mit einer detaillierten Formel erläuterte er die unterschiedliche Berechnung der ungestörten mittleren Bewegung in den verschiedenen Theorien. Von Interesse im Zusammenhang mit bahnmechanischen Untersuchungen kann die Arbeit von *B. A. Tamarov*[583] sein. Er untersuchte die säkularen Störungen dritter Ordnung auf die Bewegung eines Satelliten infolge der sphärischen Harmonischen der Ordnung größer als zwei. Besonders bemerkenswert ist eine sehr ausführliche Arbeit von *M. L. Lidov*.[584] Dieser untersuchte die langfristigen Einflüsse externer Körper auf einen Erdsatelliten vor allem bei hochexzentrischen Bahnen, d. h. im Rahmen eines Mehrkörperproblems.

In der praktischen Anwendung konzentrierten sich die russischen Himmelsmechaniker zunächst auf die analytische Darstellung kreisnaher Satellitenbahnen.[585] Hier kamen die Erfahrungen mit den Arbeiten über die Bewegung der Kleinen Planeten zum Tragen. Die hier entwickelten Formelsysteme erreichen nicht die Allgemeingültigkeit der von *Brouwer, Kozai* u. a. ermittelten Ergebnisse. Sie sind jedoch in der Herleitung durchsichtiger und für viele Fälle einer Satellitenbahnanalyse insbesondere für kreisnahe Erdbeobachtungssatelliten geeignet. Insbesondere aus didaktischen Gründen können sie von besonderem Interesse sein.

Es handelt sich um eine Lösung erster Ordnung im Hauptproblem der Satellitenbahnmechanik, d. h. der Bewegung eines Erdsatelliten unter dem Einfluss der Erdabplattung, dargestellt durch den Koeffizienten J_2. *Chebotarev* verwendete dazu die Reihenentwicklungen des Zweikörperproblems. Damit konnte er allerdings die für diesen Fall allgemeingültige Lösung erster Ordnung durch *H. G. L. Krause* nicht erreichen.[586]

Diese Ergebnisse der Lösung von *Chebotarev* zeigen folgende Einsichten:

---

581 LUR'E, A. I. [1959].

582 BATRAKOV, YU. V. [1963].

583 TAMAROV, B. A. [1985].

584 LIDOV, M. L. [1961].

585 CHEBOTAREV, G. A. [1963]: *The Motion of Artificial Satellites in Orbits of Small Eccentricity, Byull. ITA,* No. 9, No. 1 (zitiert nach CHEBOTAREV, G. A. [1967], p. 322).

586 Abschn. 2.10.4 auf Seite 463. Die Lösung von *Chebotarev* findet sich ausführlich in CHEBOTAREV, G. A. [1967]. Sie wird kritisch diskutiert in E. F. M. Jochim [2017], Abschn. 2.10.6.

1. Sowohl das Potenzial wie auch die Lösungen sind in der Form einer *Fourier*-Reihe dargestellt

$$U_{G2} = \sum A_{jk} \cos(jM + k\omega) \ . \tag{2.442}$$

   Hier sind die Koeffizienten A_{jk} Funktionen der ungestörten Elemente a_0, e_0, … . Die Parameter j und k sind ganzzahlige Parameter. Entsprechende Darstellungen finden sich auch in den allgemeingültigeren Lösungen von *Brouwer* [1959], *Kozai* [1959] u. a., allerdings mit der wahren Anomalie an Stelle der mittleren Anomalie.
2. Die Ergebnisse der Integrationen enthalten unmittelbar auch die säkularen Bewegungseinflüsse, die proportional zu $n_0 t$ erscheinen und von den periodischen Anteilen, die sich mit der mittleren Anomalie M entwickeln, getrennt werden können. Diese treten bei den Elementen Ω, ω (bzw. $\underline{\varpi}$), M_{00} (bzw. L_{00}) auf. Während die periodischen Anteile erster Näherung auch als Näherungsausdrücke bei kreisnahen Bahnen akzeptiert werden können, ist dies bei den säkularen Anteilen, die langfristige Untersuchungen unterstützen müssen, auch für eine Lösung erster Ordnung nicht akzeptabel. Aus diesem Grund hat *Chebotarev* die säkularen Terme (ähnlich wie *Brouwer* [1959], *Kozai* [1959] u. a.) auch für den Fall einer Lösung erster Ordnung separat vollständig bearbeitet, wie dies schon von *H. G. L. Krause* hergeleitet worden war.[587]
3. Die Singularität im Fall kreisförmiger Bahnen ($e_0 = 0$) werden (wie auf Grund ihrer Definition bei Bezug auf das Perizentrum zu erwarten) in den Elementen ω (bzw. $\underline{\varpi}$), M_{00} sichtbar. Aus diesem Grunde hat *Chebotarev* für den Fall kreisnaher Bahnen die entsprechenden Berechnungen (nach *Lagrange*) in den äquinoktialen Elementen $e \sin \omega$, $e \cos \omega$ durchgeführt. An Stelle der mittleren Epoche-Anomalie M_0 verwendete er dazu die mittlere Epoche-Länge $L_0 = M_0 + \omega + \Omega$.

2.11.7 Leonid I. Sedov

Leonid Iwanowitch Sedov[588] (1907–1999) war seit 1937 Professor für Mathematik und Mechanik in Moskau. Er gilt als einer der bedeutendsten Physiker der Sowjetunion vor und im Zeitalter der beginnenden Raumfahrt.[589]

Er arbeitete über Flüssigkeitsraketentriebwerke, verfasste Beiträge zur Strömungslehre, Hydrodynamik, Gasdynamik, zur Theorie der Explosion (die durch die Beobachtung von russischen Atomexplosionen bestätigt wurde), zur Tragflügeltheorie. Er war der erste Vorsitzende des USSR Raumforschungsprogramms, dessen Existenz erst 1955 bekannt

---

587 KRAUSE, H. G. L. [1953].

588 *Leonid Iwanowitch Sedov* (* 14. Nov. 1907, Rostow am Don – † 5. Sep. 1999, in Moskau) https://military-history.fandom.com/wiki/Leonid_I._Sedov; https://de.wikipedia.org/wiki/Leonid_Iwanowitsch_Sedow.

589 MIELKE, H. [1986]: p. 346, http://www.personenlexikon.net/d/sedow-leonid-iwanowitsch/sedow-leonid-iwanowitsch.htm; http://en.wikipedia.org/wiki/Leonid_I._Sedov.

Tab. 2.2 Vergleich der Beobachtungsdaten der ersten drei Sputniks[591]

Anzahl	Radarbeobachtungen	Optische Beobachtungen	Startdatum
Sputnik 1	60.000	400	4. Okt. 1957
Sputnik 2	12.800	2000	1. Nov. 1957
Sputnik 3	52.750	1260	15. Mai 1958

wurde. Er gilt als der Organisator der sowjetischen Raketen- und Raumflugtechnik. Von 1959 bis 1961 war *Sedov* Vorsitzender der IAF.

Bemerkenswert ist (im Gegensatz zu der in der westlichen Welt seinerzeit überwiegend eingesetzten optischen Beobachtung mit Hilfe der Baker-Nunn Kamera[590]) die überwiegende Beobachtung der Bahnen der ersten drei Sputniks mit Radar („radiometrische Beobachtungen“) (siehe Tab. 2.2 auf Seite 482). Die aus den Beobachtungen berechneten Bahnelemente der ersten drei Sputniks sind in Abb. 2.57 wiedergegeben.

Abb. 2.55 zeigt die Bahnen von Luna 3 mit Angabe der besonderen Bahnpunkte, insbesondere zu den Aufnahmen der Mondrückseite. Abb. 2.56 zeigt die Projektion der Bahn von Luna 3 auf die Erdoberfläche als eines Erdsatelliten auf hochexzentrischer Erdumlaufbahn, die den Mond mit einschließt.

L. I. Sedov dokumentierte in einem Beitrag bereits 1959 die ersten Flüge mit den Luna-Sonden zum Mond.[592] Luna 1 („erstes kosmisches Schiff“) war am 2. Januar 1959 gestartet worden, verfehlte aber den Mond und bewegt sich jetzt als ein Kleiner Planet zwischen Erde und Mars. Luna 2 wurde am 12. September 1959 gestartet und landete nach erfolgreich durchgeführten Messungen (etwas unsanft) auf der Mondoberfläche. Sensationell war die am 4. Oktober 1959 gestartete Sonde Luna 3, die erstmals den Mond umrundete und den größten Teil der Mondrückseite fotografierte. Dies zeigt vor allem, dass die Bahnmechaniker in Russland die sehr anspruchsvolle Bahnmechanik eines Transfers zum Mond beherrschten.

2.11.8 I. D. Zhongolovich

Untersuchungen über das Potenzial des Erdgravitationsfeldes begannen in Russland Ende des 19. Jahrhunderts.[593] *A. Sloudsky* berechnete 1888 das Gravitationsfeld bis zur 3. Ordnung basierend auf Messungen von 122 Messstationen für das Schwerefeld. 1937 wurde das Potenzial bis zur 6. Ordnung in den Koeffizienten des Schwerefeldes bei einer Entwicklung mit sphärischen Harmonischen bestimmt. ***I. D. Zhongolovich*** berechnete in den Jahren 1952–1967 durch Auswertung der Beobachtungen an 25.000 gravimetrischen

[590] Siehe etwa in GIESE, R. H. [1966], pp 153–159.

[591] Aus SEDOV, L. I. [1958/59], p. 5 und http://de.wikipedia.org/wiki/Sputnik.

[592] SEDOV, L. I. [1960]; siehe auch http://en.wikipedia.org/wiki/Lunik_1.

[593] Nach: ABALAKIN, V. K. [1977], pp. 172–173.

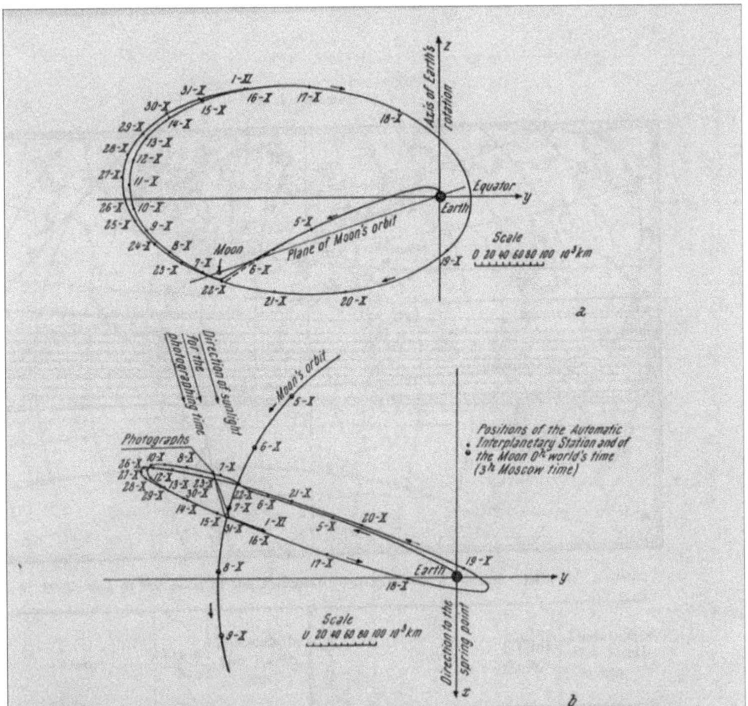

Fig. 7. *a*) View from the spring point side; *b*) Projection on the Earth's equator plane

Characteristic Points of Trajectories

	Date	Moscow time	Distance to the Earth's center (km)	Distance to the Moon's center (km)
Minimal distance to the Moon	6 October 1959	17 h 21 min	368,080	1,940
Moment, taking photographs	7 October 1959	6 h 30 min 7 h 10 min	399,500 400,500	65,500 68,500
Maximal distance to the Earth	11 October 1959	0 h 44 min	480,500	442,000
Minimal distance to the Earth	18 October 1959	19 h 49 min	47,490	363,000
Maximal distance to the Earth for the second revolution	26 October 1959	20 h 59 min	489,000	697,000

Abb. 2.55 Die Bahn von Luna 3 zum Mond und charakteristische Bahnpunkte[594]

594 Kopie aus SEDOV, L. I. [1960], p. 25, *The Orbits of Cosmic Rockets towards the Moon, Astronautica Acta,* **VI,** 1960, Fasc. 1, pp. 14–31 (Originalarbeit war in der persönlichen Bibliothek von Prof. Dr. H. H. Kölle im Rahmen des Instituts für Raumfahrttechnik der TUB. Die Kopien Abb. 1.57, 1.58 und 1.59 wurden angefertigt mit persönlicher Erlaubnis 2011 von Prof. Kölle.).

26 L. I. SEDOV:

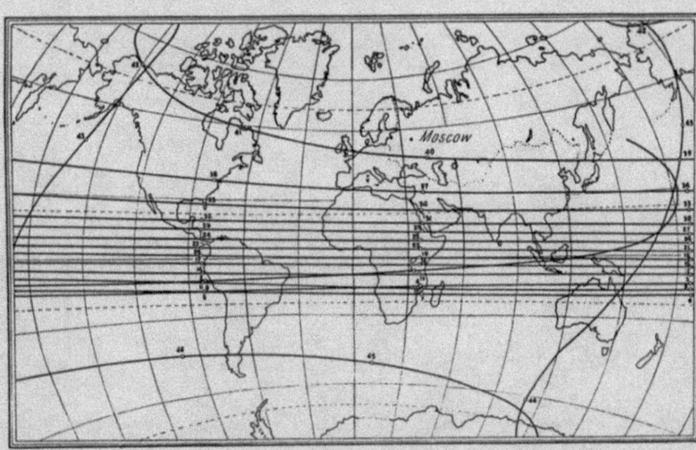

Fig. 8. Projection of the orbit of the Automatic Interplanetary Station on Earth's surface

Number	Date	Time h	Distance to the Earth km	Number	Date	Time h	Distance to the Earth km
1	4 October 1959	16	131,000	24	12 October 1959	06	466,000
2		00	183,000	25		16	459,000
3	5 October 1959	06	216,000	26		00	453,000
4		16	266,000	27	13 October 1959	06	447,000
5		00	300,000	28		16	436,000
6	6 October 1959	06	324,000	29		00	425,000
7		16	361,000	30	14 October 1959	06	416,000
8		00	379,000	31		16	400,000
9	7 October 1959	06	392,000	32		00	384,000
10		16	410,000	33	15 October 1959	06	372,000
11		00	423,000	34		16	349,000
12	8 October 1959	06	432,000	35		00	329,000
13		16	443,000	36	16 October 1959	06	312,000
14		00	452,000	37		16	281,000
15	9 October 1959	06	457,000	38		00	253,000
16		16	464,000	39	17 October 1959	06	230,000
17		00	468,000	40		16	186,000
18	10 October 1959	06	471,000	41		00	148,000
19		16	473,000	42	18 October 1959	06	114,000
20		00	474,000	43		16	52,000
21	11 October 1959	06	474,000	44	19 October 1959	00	55,000
22		16	472,000	45		16	150,000
23	12 October 1959	00	469,000	46	20 October 1959	00	189,000

Numbers are corresponding successive positions of the projection of the motion of the Automatic Interplanetary Station on Earth's surface.

Abb. 2.56 Die Projektion der Bahn der interplanetaren Rakete Luna 3 auf die Erdoberfläche während des Transfers zum Mond mit Markierung charakteristischer Bahnpunkte[595]

[595] Kopie aus SEDOV, L. I. [1960], p. 26, *The Orbits of Cosmic Rockets towards the Moon, Astronautica Acta,* **VI,** 1960, Fasc. 1, pp. 14–31 (Original-Arbeit war in der Bibliothek des Instituts für Raumfahrttechnik der TUB, Siehe Fußnote zu Abb. 2.55).

Abb. 2.57 Die Bahnelemente der ersten drei Sputniks[596]

ТАБЛИЦА №1
ПАРАМЕТРЫ ОРБИТЫ В НАЧАЛЕ ДВИЖЕНИЯ.

	спутник №1	спутник №2	спутник №3
ВРЕМЯ ОБРАЩЕНИЯ ВОКРУГ ЗЕМЛИ T	96,17 МИН.	103,75 МИН.	105,95 МИН.
МИНИМАЛЬНАЯ ВЫСОТА h_{min}	226-228 КМ	225 КМ	226 КМ
МАКСИМАЛЬНАЯ ВЫСОТА h_{max}	947 КМ	1671 КМ	1881 КМ
НАКЛОНЕНИЕ ОРБИТЫ i	65°,129	65°,310	65°,188
СУТОЧНЫЕ УХОДЫ ДОЛГОТЫ ВОСХОДЯЩЕГО УЗЛА $\Delta\Omega$	-3°,157	-2°,663	-2°,528
СУТОЧНЫЕ УХОДЫ РАССТОЯНИЯ ПЕРИГЕЯ ОТ УЗЛА $\Delta\omega$	-0°,432	-0°,407	-0°,326
СУТОЧНЫЙ УХОД ПЕРИОДА ΔT	1,8 СЕК./СУТ.	3,08 СЕК./СУТ.	0,75 СЕК./СУТ.

Punkten die sphärischen Harmonischen bis zur 8. Ordnung.[597] Diese sehr sorgfältigen Berechnungen bildeten dann auch die Grundlage für die Bahnvorhersage der ersten russischen Erdsatelliten.

Die Theorie zur Beschreibung des Gravitationsfeldes der Erde basierte auch in Russland in erster Linie nach *Laplace*[598] auf der Darstellung des Erdschwerefeldes mit sphärischen Harmonischen, in der allgemeinen Darstellung[599]

$$U_S(P) = \frac{\mu}{r} \sum_{n=0}^{\infty} \left(\frac{R_E}{r}\right)^n S_n(\lambda, \delta) \quad . \tag{2.443}$$

Hier bedeutet P ein Punkt außerhalb des Erdkörpers, μ die geozentrische Gravitationskonstante, R_E der mittlere Äquatorradius der Erde, λ die geografische Länge, bezogen auf den Greenwich Meridian, nach Osten gerichtet, δ die Deklination bezogen auf den

596 Kopie aus SEDOV, L. I.. [1958/59], p. 8, Original-Arbeit in der Bibliothek des Instituts für Raumfahrttechnik der TUB (jetzt in DLR Bremen ? Siehe Fußnote zu Abb. 2.55).

597 ZHONGOLOVICH, I. D. [1949], *Bjull. Inst. teor. Astr.* **4**, No. 6; [1959], No. 8;8 [1956], *Trudy Inst. teor. Astr.* **6**; [1957], *Bjull. Inst. teor. Astr.* **6**, No. 8; ZHONGOLOVICH, I. D. [1952], *Trudy Inst. teor. Astr.* **6**; [1967], *Bjull. Inst. teor. Astr.* 6, No. 8.

598 Siehe in Abschn. 2.8.3 auf Seite 381.

599 In der Schreibweise nach WALTER, H. G. [1969], p. 390, dort verwendete Bezeichnungen: $\psi := \lambda$; $\theta := \delta$.

Erdäquator, sowie die Funktion

$$S_n(\lambda, \delta) = \sum_{m=0}^{n} P_n^m(\cos\delta)\,[C_{nm}\cos m\lambda + S_{nm}\sin m\lambda] \qquad (2.444)$$

mit den assoziierten *Legendre*-Polynomen (2.219) vom Grad n und der Ordnung m sowie den sphärischen Gravitationskoeffizienten C_{nm}, S_{nm}.

Anmerkung Neben der Beschreibung des Gravitationsfeldes der Erde mit sphärischen Harmonischen, wozu auch *Zhongolovich* Beiträge leistete, wurde in Russland auch eine alternative Darstellung des Erdschwerefeldes mit ellipsoidalen Harmonischen durch *G. N. Dubochine* mit Hilfe von *Lamé*-Funktionen entwickelt.[600] Das Geopotenzial hat in ellipsoidalen Harmonischen die Darstellung[601]

$$U_E(P) = \mu \sum_{n=0}^{\infty} \frac{V_n(x, y, z)}{r^{2n+1}} \quad . \qquad (2.445)$$

Hier sind *(x, y, z)* die ellipsoidalen Koordinaten eines dreiachsigen Ellipsoids mit den drei Halbachsen *a, b, c* und dem Radius

$$r = \sqrt{x + y + z + a^2 + b^2 + c^2} \quad . \qquad (2.446)$$

Mit E werden die *Lamé*-Funktionen der ersten Ordnung bezeichnet. Seien die G_{ns} die ellipsoidalen Gravitationskoeffizienten, so haben die Potenzialfunktionen V die Gestalt

$$V_n(x, y, z) = \sum_{s=0}^{2n} G_{ns}\, E_n^s(x)\, E_n^s(y)\, E_n^s(z) \quad . \qquad (2.447)$$

Diese Untersuchungen wurden von *H. G. Walter* [1970] unter Verwendung einer Arbeit von *O. Volk* zu *Lamé*-Funktionen[602] fortgeführt, konnten sich aber infolge der recht komplizierten Darstellungen trotz der Programmierung der *Lamé*'schen Funktionen erster Ordnung[603] nicht durchsetzen.

---

[600] G. N. DOUBOCHINE [1966]: *Sur le développement du potentiel de la Terre par les fonctions de Lamé*, in: *Trajectories of Artificial Celestial Bodies* (ed. by J. Kovalevsky), Springer Verlag, Berlin, pp. 68–74 (zitiert nach: WALTER, H. G [1970], p. 397). In diesem Zusammenhang sei hingewiesen auf die Arbeit O. VOLK [1924]: *Über die Entwicklung von Funktionen zweier komplexen Veränderlichen nach Lamé'schen Funktionen*, Reproduktion in: VOLLRATH, H.-J. ed. [1990], pp. 216–229; dort auch Hinweis auf Arbeiten zu diesem Thema von *F. v. Lindemann* und *E. Hilb.*

[601] WALTER, H. G [1969], p. 390.

[602] Benannt nach *Gabriel Lamé* (1795–1870), französischer Mathematiker.

[603] WALTER, H. G [1970]: *Lamé Functions of the First Kind Generated by Computer*, IBM Federal Systems Division, Cambridge, Mass., Final Report, Task No. 0216.

Auf Basis seiner Untersuchungen zum Gravitationsfeld der Erde widmete sich *I. D. Zhongolovich* einigen analytischen Problemstellungen der Bewegung von Erdsatelliten,[604] und zwar (erstmals?) der anomalistischen und der drakonitischen Bewegung. Die beiden Begriffe sind der Mondtheorie entnommen. Unter anomalistischer Bewegung wird die Darstellung einer Bewegung bei Bezug auf das Perizentrum der Bahn verstanden, sofern die Bahn nicht kreisförmig ist, da es dann kein Perizentrum gibt. Im Fall einer *Kepler*-Bewegung ist der auf das Perizentrum bezogene Bahnwinkel die wahre Anomalie υ. Ist die Variation der wahren Anomalie in der Zeit bekannt $d\upsilon/dt$, kann die anomalistische Umlaufzeit, d. h. der Zeitraum zwischen zwei aufeinanderfolgenden Durchgängen durch das Perizentrum, mit dem Integral

$$P_A := \int_{\upsilon=0}^{2\pi} \frac{dt}{d\upsilon} d\upsilon \tag{2.448}$$

berechnet werden. Unter drakonitischer Bewegung wird eine Bewegung bei Bezug auf einen (in der Regel aufsteigenden) Knoten der Bahn verstanden, sofern die Bahn bezüglich einer Bezugsebene geneigt ist. Bei heliozentrischen Bahnen ist diese Bezugsebene die Ekliptik. bzw. die instantane Ebene des Sonnensystems, bei Erdsatelliten die Äquatorebene der Erde, bei Planetenorbitern die Äquatorebene des Planeten. Im Fall einer *Kepler-B*ewegung ist der auf den aufsteigenden Knoten bezogene Bahnwinkel das Argument der Breite $u = \omega + \upsilon$. Ist die Variation der Argumentes der Breite in der Zeit bekannt du/dt, kann die drakonitische Umlaufzeit, das Zeitintervall zwischen zwei aufeinanderfolgenden Durchgängen durch den aufsteigenden Knoten der Bahn, berechnet werden mit dem Integral

$$P_D := \int_{u=0}^{2\pi} \frac{dt}{du} du \quad . \tag{2.449}$$

Die Behandlung der anomalistischen und der drakonitischen Bewegung durch *Zhongolovich* wird im Folgenden kurz referiert, da sie demonstriert, mit welcher Sorgfalt auch bei bahnanalytischen Untersuchungen vorangegangen werden muss.

Zhongolovich geht vom Flächensatz in Bezug auf eine *Kepler*-Bewegung aus, wobei p der Parameter eines Kegelschnittes ist

$$r^2 \left(\dot{\upsilon} + \dot{\omega} + \dot{\Omega} \cos\ i\right) = r^2 \left(\dot{u} + \dot{\Omega} \cos\ i\right) = \sqrt{\mu p} \quad . \tag{2.450}$$

Hier werden die betreffenden Variationen in den *Kepler*-Elementen ω und Ω in der *Gauß*'schen Form (2.228) verwendet. Damit erhält er in einer ersten Linearisierung in erster

---

[604] ZHONGOLOVICH, I. D. [1960]; Hinweis auch auf ZHONGOLOVICH, I. D. [1960b]: *An Attempt to determine certain parameters of the Earth's gravitational field from the results of observations of satellites 1957β2, 1958δ1 and 1958δ2, Bulletin of Stations for Optical Observation of Artificial Earth Satellites,* No. **2,** 1960, pp. 1–24.

Näherung die Differentialgleichungen[605]

$$\frac{dt}{du} = \frac{r^2}{\sqrt{\mu p}} \frac{1}{1 - \frac{r^2}{\sqrt{\mu p}} \dot{\Omega} \cos i} \approx \frac{r^2}{\sqrt{\mu p}} + \left(\frac{r^2}{\sqrt{\mu p}}\right)^2 \dot{\Omega} \cos i + O\big((J_2)^2\big)$$

$$\frac{dt}{dv} = \frac{r^2}{\sqrt{\mu p}} \frac{1}{1 - \frac{r^2}{\sqrt{\mu p}} (\dot{\omega} + \dot{\Omega} \cos i)} \approx \frac{r^2}{\sqrt{\mu p}} + \left(\frac{r^2}{\sqrt{\mu p}}\right)^2 (\dot{\omega} + \dot{\Omega} \cos i) + O\big((J_2)^2\big) \ . \tag{2.451}$$

Die drakonitische Umlaufzeit wird danach berechnet aus

$$P_D = \int_0^{2\pi} \frac{r^2}{\sqrt{\mu p}} du + \int_0^{2\pi} \frac{r^4}{\mu p} (\dot{\Omega} \cos i) du + O\big(J_2^2\big), \tag{2.452}$$

entsprechend die anomalistische Umlaufzeit aus

$$P_A = \int_0^{2\pi} \frac{r^2}{\sqrt{\mu p}} dv + \int_0^{2\pi} \frac{r^4}{\mu p} (\dot{\omega} + \dot{\Omega} \cos i) dv + O\left(\frac{J_2^2}{e^2}\right) \ . \tag{2.453}$$

In diesen beiden Ausdrücken ist das jeweils zweite Integral wegen der Differentialgleichung $\dot{\Omega}$ bzw. $\dot{\omega}$ von erster Ordnung in J_2. Der Integrand des jeweils ersten Integrals enthält Anteile nullter und erster Ordnung. Um diese zu trennen, wird eine zweite Linearisierung benötigt. Im Fall der drakonitischen Bewegung wird der Integrand als eine Funktion der Parameter e, p, ω aufgefasst. Die Entwicklung (nach *Taylor*) ergibt

$$\begin{aligned} \frac{r^2}{\sqrt{\mu p}} = \left.\frac{r^2}{\sqrt{\mu p}}\right|_{p_0,e_0,\omega_0} + \left.\frac{\partial}{\partial p}\left(\frac{r^2}{\sqrt{\mu p}}\right)\right|_{p_0,e_0,\omega_0} (p - p_0) + \\ + \left.\frac{\partial}{\partial e}\left(\frac{r^2}{\sqrt{\mu p}}\right)\right|_{p_0,e_0,\omega_0} (e - e_0) + \left.\frac{\partial}{\partial \omega}\left(\frac{r^2}{\sqrt{\mu p}}\right)\right|_{p_0,e_0,\omega_0} (\omega - \omega_0) + O\big(J_2^2\big) \ . \end{aligned} \tag{2.454}$$

Als Bezugsgrößen e_0, p_0, ω_0 werden die entsprechenden oskulierenden Parameter im aufsteigenden Knoten gewählt, sodass die *Talyor*-Entwicklung um diesen Ort erfolgt. Diese Parameter können als Integrationskonstanten aufgefasst werden der Integrale

[605] In seiner Originalschrift verwendet *Zhongolovich* folgende Symbole: $T_\Omega := P_D$; $T_\pi := P_A$; $\underline{\delta p} := \delta p_A$; $\underline{\delta e} := \delta e_A$; $T' := P_{D0}$; $T'' := P_{A0}$. Zur Angabe der Größenordnung der Näherung verwendet er einen Faktor α, der in der geometrischen Beschreibung der Form des Geoids vorkommt, während hier der dynamische Faktor J_2 gesetzt wird. Wenn auch numerische Abweichungen zwischen diesen Größen zu erwarten sind, wird damit nur die Entwicklung nach einer kleinen Größe angedeutet.

$$p = p_0 + \int\limits_{u=0}^{u} \frac{dp}{du} du =: p_0 + \delta p$$

$$e = e_0 + \int\limits_{u=0}^{u} \frac{de}{du} du =: e_0 + \delta e$$

$$\omega = \omega_0 + \int\limits_{u=0}^{u} \frac{d\omega}{du} du =: \omega_0 + \delta\omega \ . \tag{2.455}$$

Dazu werden die Variationsgleichungen für e, p, ω auf das Argument der Breite u als unabhängige Variable bezogen, entsprechend wie dies in der ersten der Gl.(2.451) durchgeführt wurde. Die Entwicklung (2.454) lautet dann

$$\begin{aligned}
\frac{r^2}{\sqrt{\mu p}} &= \frac{\sqrt{p^3}}{\sqrt{\mu}\,[1 + e\,\cos(u-\omega)]^2} = \frac{\sqrt{p_0^3}}{\sqrt{\mu}\,[1 + e_0\,\cos(u-\omega_0)]^2} + \\
&+ \frac{3}{2}\sqrt{\frac{p_0}{\mu}}\,\frac{1}{[1 + e_0\,\cos(u-\omega_0)]^2}\,\delta p \ - \ 2\sqrt{\frac{p_0^3}{\mu}}\,\frac{\cos(u-\omega_0)}{[1 + e_0\,\cos(u-\omega_0)]^3}\,\delta e \\
&- 2\sqrt{\frac{p_0^3}{\mu}}\,\frac{e\,\sin(u-\omega_0)}{[1 + e_0\,\cos(u-\omega_0)]^3}\,\delta\omega + O\big(J_2^2\big).
\end{aligned} \tag{2.456}$$

Damit kann schließlich die oskulierende drakonitische Umlaufzeit erster Ordnung berechnet werden mit den Integralen

$$\begin{aligned}
P_D &= \frac{\sqrt{p_0^3}}{\sqrt{\mu}} \int\limits_0^{2\pi} \frac{du}{[1 + e_0\,\cos(u-\omega_0)]^2} + \frac{3}{2}\sqrt{\frac{p_0}{\mu}} \int\limits_0^{2\pi} \frac{\delta p}{[1 + e_0\,\cos(u-\omega_0)]^2}\,du - \\
&- 2\sqrt{\frac{p_0^3}{\mu}} \int\limits_0^{2\pi} \frac{\delta e\,\cos(u-\omega_0)}{[1 + e_0\,\cos(u-\omega_0)]^3}\,du \ - \ 2\sqrt{\frac{p_0^3}{\mu}} \int\limits_0^{2\pi} \frac{e\,\delta\omega\,\cos(u-\omega_0)}{[1 + e_0\,\cos(u-\omega_0)]^3}\,du \ + \\
&+ \frac{p_0^3}{\mu} \int\limits_0^{2\pi} \frac{\dot{\Omega}\,\cos\,i}{[1 + e_0\,\cos(u-\omega_0)]^4}\,du + O\big(J_2^2\big).
\end{aligned} \tag{2.457}$$

Die *Kepler*'sche Umlaufzeit wird mit der (oskulierenden) großen Bahnhalbachse a_0 berechnet aus

$$P = \frac{2\pi}{\sqrt{\mu}}\sqrt{a_0^3} \ . \tag{2.458}$$

Das erste Integral werde (nach *Zhongolovich*) mit P_{D0} bezeichnet, kann aber direkt berechnet werden[606] zu

$$P_{D0} = \frac{\sqrt{p_0^3}}{\sqrt{\mu}} \int_0^{2\pi} \frac{du}{[1 + e_0 \cos(u - \omega_0)]^2} = \frac{\sqrt{p_0^3}}{\sqrt{\mu}} \frac{2\pi}{\sqrt{\left(1 - e^2\right)^3}} = 2\pi \frac{\sqrt{a_0^3}}{\sqrt{\mu}} = P \quad . \tag{2.459}$$

Es ist also nichts anderes als die oskulierende *Kepler*'sche Umlaufzeit in Bezug auf den aufsteigenden Knoten.

Werden in die anderen Integrale die entsprechenden Ausdrücke für die Variationen in den Elementen $e,\ p,\ \omega,\ \Omega$ eingesetzt, ergibt sich schließlich nach *Zhongolovich* die Lösung

$$\begin{aligned} P_D = P_{D0} - \frac{3}{2} J_2 P \left(\frac{R_E}{a_0}\right)^2 \Big[& 3 - \frac{5}{2} \sin^2 i - e_0 \cos\omega_0 \left(1 - 5 \sin^2 i_0\right) + \frac{17}{2} e_0^2 \left(1 - \frac{10}{17} \sin^2 i_0\right) + \\ & + \frac{9}{2} e_0^2 \cos 2\omega_0 \left(1 - \frac{5}{6} \sin^2 i_0\right)\Big] \ . \end{aligned} \tag{2.460}$$

In analoger Weise wird die oskulierende anomalistische Umlaufzeit berechnet. Dazu werden die ersten Integrale benötigt aus

$$\begin{aligned} p &= p_{0A} + \int_{\upsilon=0}^{\upsilon} \frac{dp}{d\upsilon} d\upsilon =: p_{0A} + \delta p_A \\ e &= e_{0A} + \int_{\upsilon=0}^{\upsilon} \frac{de}{d\upsilon} d\upsilon =: e_{0A} + \delta e_A \quad . \end{aligned} \tag{2.461}$$

Die Integrationskonstanten e_{0A} , p_{0A} beziehen sich hier auf die Perizentrumspassage als den Beginn eines anomalistischen Umlaufs. Zur zweiten Integration müssen die folgenden Integrale gelöst werden:

$$\begin{aligned} P_A = & \frac{\sqrt{p_{0A}^3}}{\sqrt{\mu}} \int_0^{2\pi} \frac{d\upsilon}{[1 + e_{0A} \cos\upsilon]^2} + \frac{3}{2} \sqrt{\frac{p_{0aA}}{\mu}} \int_0^{2\pi} \frac{\delta p}{[1 + e_{0A} \cos\ \upsilon]^2} d\upsilon - \\ & - 2 \sqrt{\frac{p_{0a}^3}{\mu}} \int_0^{2\pi} \frac{\delta e_a \cos\ \upsilon}{[1 + e_{0A} \cos\ \upsilon]^3} d\upsilon + \\ & + \frac{p_{0A}^3}{\mu} \int_0^{2\pi} \frac{1}{[1 + e_{0A} \cos\ \upsilon]^4} \left(\dot{\omega} + \dot{\Omega} \cos\ i\right) d\upsilon + O\left(J_2^2\right) \ . \end{aligned} \tag{2.462}$$

606 Siehe dazu die Integraltafeln in JOCHIM, E. F. M.[2013], Anhang D2.

Das erste Integral werde mit P_{A0} bezeichnet (und ist mit der oskulierenden *Kepler*'schen Umlaufzeit in Bezug auf das Perizentrum identisch). Werden in die anderen Integrale die entsprechenden Ausdrücke für die Variationen in den Elementen $e,\ p,\ \Omega$ eingesetzt, ergibt sich schließlich nach *Zhongolovich* die Lösung

$$P_A = P_{A0} - \frac{3}{2} J_2 P \left(\frac{R_E}{a_0}\right)^2 \left(1 - 3\,\sin^2 i_{0A}\,\sin^2 \omega_{0A}\right)\left(1 + 3\,e_{0A} + 6\,e_{0A}^2\right) \ . \qquad (2.463)$$

Die Berechnung der drakonitischen und der anomalistischen Umlaufzeit erfordert somit zwei getrennte Integrationsprozesse.

Anmerkung Die oskulierende drakonitische sowie die oskulierenden anomalistische Umlaufzeit wurden in der Folgezeit wiederholt detailliert untersucht. *Ernst Roth*[607] wies in einer sehr detaillierten Studie nach, dass die Ergebnisse von *Zhongolovich* nur für kleine Exzentrizitäten mit einer Genauigkeit von e^2 geeignet sind. Eine allgemeingültige sehr einfache Formel kann in Erweiterung des Ansatzes von *Zhongolovich* hergeleitet werden, die für alle Exzentrizitäten auf elliptischen Bahnen ($e < 1$) gültig ist.

In der genannten Arbeit von 1960 beschäftigte sich *Zhongolovich* ferner mit dem Unterschied zwischen der drakonitischen und der anomalistischen Umlaufzeit und leitete analytische Ausdrücke erster und zweiter Ordnung (teilweise mit den Koeffizienten J_2^2 und J_4) für die Variationen der *Kepler*'schen Elemente $a,\ e,\ i,\ \Omega,\ \omega$ als Funktionen des Argumentes der Breite u bzw. der wahren Anomalie υ her.

2.11.9 P. E. El'Yasberg

Die Standardwerke zur Himmelsmechanik, die im Umfeld der beginnenden Weltraumfahrt geschrieben wurden (*Stumpff, K.* [1959, 1965, 1974], *Brouwer, D. and Clemence, G. M.* [1961], *Chebotarev, G. A.* [1967], u. a.), enthalten nur am Rande spezielle Beiträge zur Lehre des Bewegungsverhaltens von künstlichen Raumflugkörpern, also zur Astrodynamik. ***P. E. El'Yasberg*** nimmt in seiner erstmals 1965 auf Russisch erschienen Monographie *Introduction to the Theory of Flight of Artificial Earth Satellites* für sich in Anspruch, die speziellen Probleme der Bewegung der künstlichen Raumflugkörper dargestellt zu haben.[608] Zentrales Problem ist die Behandlung kreisnaher Bahnen, die in der Frühzeit der sowjetischen Raumfahrt von besonderem Interesse waren. Als wesentliche Aufgabe gegenüber der klassischen Himmelsmechanik bezeichnet *El'Yasberg* die Auswahl optimaler Bahnen, also Aufgaben der Bahnanalyse, die Bahnbestimmung von

---

[607] ROTH, E. [1981], ROTH, E. [1982].

[608] EL'YASBERG, P. E. [1967].

realen Satellitenbahnen sowie die Berechnung von Bahnkorrekturen, also von Bahnmanövern. Als ein besonders wichtiges Verfahren zur Untersuchung der Satellitenbewegung sieht *El'Yasberg* die präzise Trennung von Bewegungseinflüssen an. Hier stützt er sich wesentlich auf die Variationsgleichungen in der *Gauß'*schen Form in Bezug auf ein *Leibniz*-System ab (Zerlegung der Bewegungseinflüsse in einen radialen, transversalen und normalen Anteil). Detailliert untersuchte er die Einflüsse durch das Erdgravitationsfeld, Luftwiderstand getrennt bei kreisnahen und bei elliptischen Bahnen, Einflüsse durch die Attraktion durch Sonne und Mond sowie den Einfluss des Strahlungsdrucks. Mit vielen Detailuntersuchungen und formelmäßigen Darstellungen kann das Werk als eine wichtige Fundgrube insbesondere zur Satellitenbahnanalyse bezeichnet werden.

Anmerkungen Der wissenschaftliche Austausch zwischen Ost und West war stets trotz der seinerzeitigen politischen Grenzen sehr eng und wechselseitig befruchtend. Dies zeigt etwa die rasche Übertragung des Buches von *El'Yasberg* ins Englische, wie schon die des Buches von *G. A. Chebotarev*, wie aber auch von etlichen Einzelarbeiten. Dies erfolgte in beide Richtungen, also auch aus dem englischen Sprachbereich ins Russische, wo die betreffenden Ergebnisse weitergeführt wurden. Weitere spezielle Werke zur Theorie der Satellitenbewegung waren nach *El'Yasberg* etwa die *Astrodynamik* von *Samuel Herrick* [1971/72], das Buch *Introduction to Orbital Mechanics* von *Franz T. Geyling* und *H. Robert Westerman* [1971], das Werk *An Introduction to the Mathematics and Methods of Astrodynamics* von *Richard H. Battin* (erstmals erschienen 1968, dann wesentlich erweitert neu aufgelegt 1987) u. a.[609]

El'Yasberg beschäftigte sich im Rahmen des Instituts zur Erforschung des Kosmos der sowjetischen Akademie der Wissenschaften (IKI) weiter mit anwendungsorientierten Zielen, etwa mit einer Methode zur Bestimmung der Bahnen der Himmelskörper alternativ zur *Gauß'*schen Methodik der kleinsten Quadrate. Dieses Verfahren, das die Bahnbestimmung mit Beobachtungen durchführte, die einer „optimierten Beobachtungsstrategie" entstammen, wurde etwa in Zusammenarbeit mit dem ESOC zur Bahnbestimmung des Kometen Halley erfolgreich angewendet.[610]

2.11.10 D. G. King-Hele und Arbeiten am RAE

Am Royal Aircraft Establishment (RAE) in Farnborough befand sich eine Keimzelle anwendungsorientierter erfolgreicher Bahnmechaniker, unter ihnen *D. G. King-Hele, R. H. Merson, R. H. Gooding, A. H. Cook*.

[609] HERRICK, S. [1971], HERRICK, S. [1972], GEYLING, FRANZ T. and H. ROBERT WESTERMAN [1971]; BATTIN, R. H. [1987].

[610] EL'YASBERG, P. E. & A. A. SUKHANOV, T. MORLEY & F. HECHLER [1984].

Desmond G. King-Hele war gut vorbereitet in das Zeitalter der Raumfahrt gestartet. Schon vor Start des ersten Satelliten hatte er sich intensiv mit bahnmechanischen Problemstellungen auseinandergesetzt und kritisch einige der zuvor erschienenen Arbeiten aufgearbeitet. Das bezieht sich insbesondere auf die Ergebnisse von *L. Blitzer*, dessen Formel zur drakonitischen Umlaufzeit (referiert in Formel (2.438)) er zu verbessern trachtete.[611] Zwei Themenkreise waren das zentrale Anliegen von *King-Hele.* Als einer der ersten Bahnmechaniker nach Start der ersten Satelliten untersuchte er mit seinen RAE-Kollegen die beobachteten Bahnen und berechnete daraus Zahlenwerte für die zonalen Koeffizienten des Erdschwerefeldes, zunächst der geradzahligen Koeffizienten J_2, J_4, J_6.

Sensationell war die Entdeckung der „Birnenform" der Erde, die sich durch den J_3-Faktor ausdrückt. Er war aus ersten Auswertungen der Vanguard-1-Bahn berechnet worden.[612] *King-Hele* konnte den aus diesen Beobachtungen abgeleiteten Zahlenwert bestätigen und nach und nach Zahlenwerte für die ungeradzahligen Koeffizienten J_3 bis J_{17} berechnen.[613] Der zweite parallel zum ersten bearbeitete Themenkreis bezog sich auf die Eigenschaften des Luftwiderstandes. Bereits 1956 hatte *King-Hele* den Absturz eines Satelliten infolge des Luftwiderstandes in der oberen Atmosphäre untersucht. Dieses Thema beschäftigte ihn während seiner gesamten Berufszeit bis zu seinem 1964 erstmals erschienenen grundlegenden Buch über Satellitenbahnen in einer Atmosphäre.[614]

Bemerkenswert ist, dass sich *King-Hele* in der großen historischen Tradition zu *Isaac Newton* sieht, und daher in vielen seiner Arbeiten[615] überblickmäßig den Zusammenhang der aktuellen Untersuchungen mit dessen Überlegungen und Ansätzen darstellt. Somit gehen *King-Hele*s Interessen in sehr gebildeter und faszinierender Weise über den engen technischen Zusammenhang hinaus (Abb. 2.58).

R. H. Merson beschäftigte sich in seinen grundlagenorientierten Arbeiten mit einer speziellen Darstellung der Satellitenbewegung im rotationssymmetrisch angenommenen Gravitationsfeld der Erde unter Berücksichtigung der zonalen Koeffizienten J_2, J_3, J_4, J_5, J_6, J_2^2. Als unabhängige Variable nimmt er das Argument der Breite. Durch Einführung eines Satzes modifizierter „geglätteter" Bahnelemente gelingt es *Merson,* Singularitäten in allen Termen mit J_2 und J_2^2 zu vermeiden, nicht aber in Termen mit den ungeraden Zonalen J_3, J_5. *Merson* ist auch verantwortlich für das dynamische

[611] KING-HELE, D. G. and MISS D. M. C. GILMORE [1957].

[612] KEEFE, J. A., ECKELS, A. and SQUIRES, R. K. [1959]: *Shape of the Earth from Analysis of Vanguard Data,* U.S. National Aeronautics and Space Administration publication (zitiert in: MERSON, R. H. and KING-HELE, D. G. [1958], p. 881).

[613] KING-HELE, D. G. and COOK, G. E. [1974], *Planet. Space. Sci.* **22**, 645; KING-HELE, D. G. [1976]; MERSON, R. H. and KING-HELE, D. G. [1958]; KING-HELE, D. G. and MERSON, R. H. [1959]; KING-HELE, D. G. [1966]: *Observing Earth Satellites,* Macmillan, London.

[614] KING-HELE, D. G. [1987].

[615] Etwa in: KING-HELE, D. G. and D. M. C., WALKER [1987] und vor allem in KING-HELE, D. G. [1992].

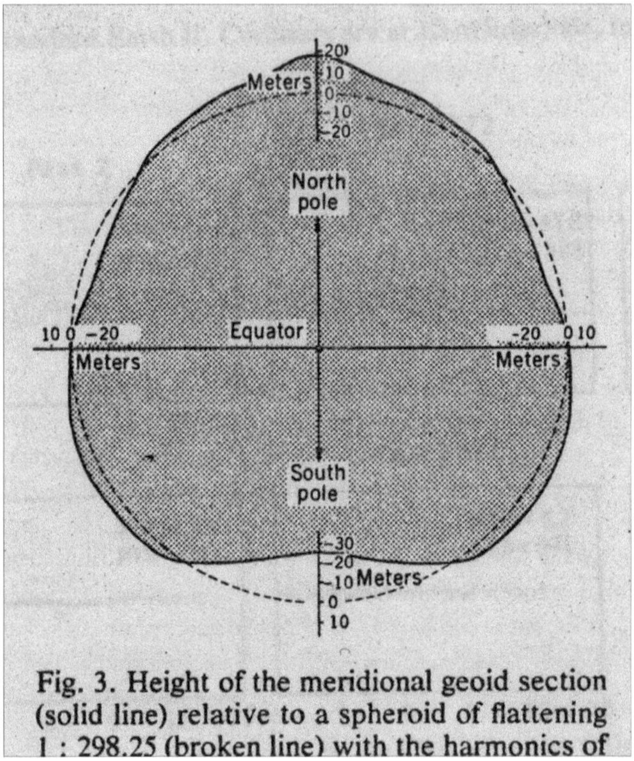

Abb. 2.58 Die „Birnenform" der Erde (Kopie aus: D. KING-HELE [1976] p. 1295)[616]

Modell des Computerprogramms PROP zur verfeinerten Darstellung der Bahnparameter von Erdsatelliten.[617]

Neben den anwendungsorientierten Arbeiten beschäftigte sich ***A. H. Cook*** u. a. mit Resonanzeffekten in den Bahnen künstlicher Satelliten.[618] Das ist eine wichtige Grundlage zur Bestimmung höherer Terme des Erdschwerefeldes.

[616] Das Copyright für dieses Bild wurde freundlicherweise von dem erfolgreichen amerikanischen Start-up-Unternehmen CCC Marketplace am 13. Oktober 2022 für 98,47 € zur Verfügung vermittelt.

[617] MERSON, R.H. [1966]: *The dynamic model of PROP, a computer program for the refinement of the orbital parameters of an Earth satellite, RAE Tech. Rep.* 66.255 (zitiert bei GOODING, R. H. [1983], p. 317].

[618] COOK, A. H. [1961]: *Resonant Orbits of Artificial Satellites and Longitude Terms in the Earth's External Gravitational Potenzial, Geophys. J. Roy. Astron. Soc,* **4,** p. 53 ff.; s. a. COOK, A. H. [1972].

R. H. Gooding widmete sich in zahlreichen basisorientierten Arbeiten[619] etwa der Darstellung der Störungen zweiter Ordnung einer Satellitenbahn infolge der Einflüsse durch die zonalen J_2 und J_3 in sphärischen Polarkoordinaten, in späteren Jahren erweitert auf höhere zonale Koeffizienten.

2.11.11 J. V. Breakwell

John Valentine Breakwell (1918–1991) war seit 1964 Professor für Aeronautik und Astronautik an der Stanford University. Er wird von Astrodynamikern des JPL als deren wichtigster Mentor und Lehrmeister bezeichnet. Darüber hinaus galt er als einer der weltweit führenden Astrodynamiker. Seit 1956 kam *Breakwell* mit der Raketendynamik in Kontakt und beschäftigte sich in Erweiterung und im Anschluss an die Arbeiten von *Krause* und *Roberson* mit der Bewegung von Satelliten in einem rotationssymmetrischen Gravitationsfeld.[620] Besonderes Augenmerk legte er zusammen mit seinem Mitarbeiter in dieser Studie auf das Bahnverhalten in einer nahen Umgebung der kritischen Inklination. Das zentrale Interesse *Breakwell*s als ein studierter Mathematiker waren optimierte Raumflugbahnen.[621] *Van der Ha* fasste in einem Nachruf[622] die wichtigsten Arbeitsgebiete *Breakwell*s zusammen:[623]

- Optimierung von Bahnen
- Zusammenfügen („Matching") interplanetarer Bahnen
- Störungstheorie
- Halo-Bahnen und Stabilität des Dreikörperproblems
- Regelung von verbundenen Satelliten („Control of tethered satellites")
- Theorie und Anwendung von Lenkung und Regelung („Guidance and Control")
- Probleme bei Verfolgung und Ausweichen in Differentialspielen („pursuit and evasion problems in differential games")

Posthum erschien die Arbeit *Synchronous Orbit Accuracy Evaluation.*[624] Hier wird als eine synchrone Satellitenbahn eine Bahn definiert, die periodisch sowohl in Bezug auf eine

---

[619] Zitiert seien etwa die Arbeiten R. H. GOODING [1981], R. H. GOODING [1983], R. H. GOODING [1983], R. H. GOODING [1989a], R. H. GOODING [1989b], R. H. GOODING [1990], R. H. GOODING [1991] mit Hinweisen auf weitere Veröffentlichungen.

[620] BREAKWELL, J. V. [1959a]; PETTY, C. M. and J. V. BREAKWELL [1960].

[621] BREAKWELL, J. V. [1959b]: *The Optimization of trajectories, J. Soc. Indust. Appl. Math.*, **7**, 215–247 (zitiert nach VAN DER HA, JOZEF. [1993], p. 482).

[622] VAN DER HA, JOZEF. [1993].

[623] Siehe hierzu u. a. die Arbeiten: BREAKWELL, J. V. [1959]; BREAKWELL, J. V. [1963].

[624] BREAKWELL, J. V. and MERZ, A.W. [1994].

inertiale wie auf die Erdachse ist. Aus Entfernungsmessungen können die Bahnelemente und ihre Genauigkeit (Kovarianz) abgeschätzt werden.

2.11.12 Russell H. Lyddane

Russell H. Lyddane[625] erweiterte die Arbeit *Brouwer*s auf die nicht singulären Fälle der allgemeinen *Kepler*bewegung. Sein bedeutendster Beitrag ist die Übertragung der *Brouwer'*schen Theorie auf die nichtsingulären *Poincaré*-Elemente und die praktische Verwendung in Form der zum Teil schnellen Parameter

$$\begin{aligned} x_1 &:= a \\ x_2 &:= e \ \sin M \\ x_3 &:= e \ \cos M \\ x_4 &:= \sin\frac{i}{2} \ \sin\Omega \\ x_5 &:= \sin\frac{i}{2} \ \cos\Omega \\ x_6 &:= M + \omega + \Omega \ . \end{aligned} \tag{2.464}$$

Der mühsame Umweg über die *Poincaré*-Elemente war deshalb nötig, weil er unter Einschluss der nicht singulären Fälle mehr aus dem *Brouwer'*schen Ansatz herausholte, als der hineingesteckt hatte. Der wesentliche Unterschied zur originalen Arbeit von *Brouwer* besteht in der Verwendung einer modifizierten erzeugenden Funktion zur Durchführung der kanonischen Transformationen. Damit wurde die Arbeit von *Lyddane* bedeutsam für alle späteren Bahnmodelle unter Verwendung von nicht singulären Bahnelementen. Auch findet sich bei *Lyddane* bereits der für die Bewegung geostationärer Satelliten bedeutsame Fall äquatorialer kreisförmiger Bewegung: Wird nur der „Störeinfluss" durch den größten zonalen Term des Erdfeldes J_2 berücksichtigt, bewegt sich der Satellit stets im Perigäum seiner Bahn, d. h. er nimmt das Perigäum seiner in Wirklichkeit elliptischen oskulierenden Bahn mit. Daher bewegt er sich dann in der Tat, entsprechend dem gewählten Bahnmodell und der dadurch garantierten Genauigkeit, auf einer exakt kreisförmigen Bahn.[626] Dieser Spezialfall wie auch die anderen Ergebnisse der epochalen Arbeit von *Lyddane* wurden in der Folgezeit zunächst nicht beachtet, neu entdeckt und erst viel später in ihrer Priorität zur Kenntnis genommen.[627] *Lyddane* verarbeitete seine Erfahrungen später in dem Computerprogramm GPS (General Perturbation Satellite), das zur

[625] LYDDANE, R. H. [1963], [1984].

[626] Näheres hierzu in JOCHIM, E. F. M. [2023-A], Kapitel 22.

[627] HORI, G. I. [1966]; DEPRIT, A. [1969]; siehe auch: HORI, G. I. [1960]: *The Motion of an Artificial Satellite in the Vicinity of the Critical Inclination,* Astron. Journal, **65**, pp. 291–300.

Integration der Bewegungsgleichungen eines Erdsatelliten unter dem Einfluss der zonalen Harmonischen des Erdgravitationsfeldes sowie der Attraktion durch Sonne und Mond verwendet werden soll.[628]

2.11.13 Gen-Ichiro Hori

D. Brouwer hatte im Anschluss an seine analytische Lösung des Problems der Bewegung eines Erdsatelliten unter dem Einfluss der ersten fünf Zonalen des Erdschwerefeldes den zusätzlichen Einfluss des Luftwiderstandes untersucht.[629] Ziel dieser Arbeit war, das gesamte Bahnmodell mit der Methode der Variation der Parameter in einem einzigen Lösungsschritt zu bearbeiten. Wie schon in der ersten Arbeit verwendete *Brouwer* die kanonischen *Delaunay*-Elemente, da mit ihnen die benötigten Transformationen am einfachsten zu bewältigen seien. Da aber die Störungen durch den Luftwiderstand die Folge nicht gravitativer Kräfte sind, müssen die kanonischen Bewegungsgleichungen in erweiterter Form angesetzt werden:

$$\frac{d\dot{x}_j}{dt} = \frac{\partial F}{\partial x_j} + X_j, \quad \frac{dx_j}{dt} = -\frac{\partial F}{\partial \dot{x}_j}, \quad (j = 1, 2, 3), \tag{2.465}$$

mit

$$F := -\frac{1}{2}\sum_{j=1}^{3} \dot{x}_j^2 + U \quad . \tag{2.466}$$

Hier enthält das Potenzial U den Störeinfluss durch das Gravitationsfeld der Erde, in X_j ist die nicht gravitative Beschleunigung durch den Luftwiderstand enthalten. Die Transformationen zur Elimination der kurzperiodischen und anschließend der langperiodischen Störungen erfordern somit zwei erzeugende Funktionen. Bei den hier benötigten sehr aufwendigen Formelmanipulationen war ***G.-I. Hori***[630] offenbar sehr tief miteingebunden. Hierdurch angeregt, konnte er in den Folgejahren die Störungstheorie entscheidend weiterentwickeln.[631] Durch Verwendung von *Lie*-Reihen konnte *Hori* den Nachteil der originären *Von-Zeipel*-Methode vermeiden, in welcher die erzeugende Funktion mit gemischten Variablen, alten und transformierten Variablen angesetzt werde musste. Der neue Ansatz von *G.-I. Hori* bezog sich in der Arbeit von 1966 zunächst auf kanonische

---

628 Hinweis auch auf: LYDDANE, R. H. and COHEN, C. J. [1962]: *Numerical Comparison Between Brouwer's Theory and Solution by Cowell's Method for the Orbit of an Artificial Satellite,* Astronomical Journal, **67,** pp. 176–177 (zitiert nach LIU, J. J. F. and R. L. ALFORD [1979], p. 11).

629 BROUWER, D. and HORI, G. [1961a], [1961b].

630 *G.-I. Hori* (19. Mai 1930, Japan) https://www.peoplepill.com/people/genichiro-hori/

631 HORI, G. I. [1966], [1973]; HORI, G. I. and KOZAI, Y. [1974].

Systeme und regte eine Reihe von weiterführenden Arbeiten an.[632] In Erweiterung der Zusammenarbeit mit *D. Brouwer* von 1961 und unter Berücksichtigung der inzwischen erfolgten weiteren Arbeiten kam *Hori* 1971 zu einer erweiterten Störungstheorie. Diese lässt sich auch auf nicht kanonische Systeme anwenden.[633]

2.11.14 William M. Kaula

William M. Kaula arbeitete 1966 in seinem Buch *Theory of Satellite Geodesy* (vermutlich erstmals) die Anwendung von Satellitenbahnen für geodätische Anwendungen aus.[634] Insbesondere die Angabe der Inklinations- und Exzentrizitätsfunktionen nach *Cayley* wurde für spätere theoretische und anwendungsorientierte Arbeiten bedeutsam. Bereits 1962 beschäftigte er sich mit dem Einfluss von Sonnen- und Mondstörungen auf die Bewegung von Erdsatelliten. Dies schloss auch den Strahlungsdruck durch die Sonne ein.

2.11.15 R. A. Struble

R. A. Struble[635] geht von der geometrischen Anschauung aus und nimmt die oskulierende Bahnebene wie einen festen Körper rotierend an. Das ist aber im Grunde genommen nichts anderes, als die durch Orts- und Geschwindigkeitsvektor aufgespannte momentane Bahnebene als Bezugsebene zu wählen, wie es schon *Leibniz* und *Hansen* angenommen haben. Unter dieser geometrischen Prämisse eines als starr angenommenen Bahnebenenkörpers kommt *Struble* zur Rotation um den Ortsvektor als Quelle für die räumliche Bewegung der Bahnebene. Damit erhält er die Variationsgleichungen für Inklination i und Länge (bzw. Rektaszension) des aufsteigenden Knotens Ω in Abhängigkeit von der Rotation um den radialen Einheitsvektor, die er mit der Variation eines Drehwinkels η (in der Originalarbeit von *Struble* mit ψ bezeichnet) beschreibt (siehe etwa Abb. 2.37 auf Seite 391). Diese Differentialgleichungen lauten

$$\frac{d\Omega}{dt} = \frac{\sin u}{\sin i}\,\frac{d\eta}{dt}, \quad \frac{di}{dt} = \cos u\,\frac{d\eta}{dt} \quad . \tag{2.467}$$

u ist das Argument der Breite (bei *Struble* $u = 360° - \beta$ zugeordnet). *Struble* leitet eine Theorie zweiter Ordnung in J_2, J_3, J_4 her. Er untersuchte besonders die Drehung der Apsidenlinie und Bahnen in der Umgebung der kritischen Neigung. Eine Verknüpfung mit den *Hansen*-idealen Koordinatensystemen findet sich bei *Struble* nicht. *Geyling* und

[632] Deprit, A. [1969]; Cui, Dou-Xing and Boris Garfinkel [1985]; Fernandes, S. S. and W. Sessin [1989]; Kamel, Osman M. [1989].

[633] Hori, G. I. [1971].

[634] W. M. Kaula [1962], [1966].

[635] Struble, R. A. [1960 a], [1960/1961].

Westerman[636] weisen jedoch in ihrer Beschreibung der Methode von *Hansen* auf diese mögliche Verknüpfung unter Hinweis auf die Arbeit von *Struble* hin.

2.11.16 Samuel Herrick

Wie fast alle der bedeutenden Bahnmechaniker in der Anfangszeit der Raumfahrt kam auch ***Samuel Herrick*** von der Astronomie.[637] Er steuerte mit seiner *Astrodynamik* ein grundlegendes Werk zur mathematischen Bearbeitung von Problemen der Raumfahrt bei. *Herrick* klassifizierte in diesem Zusammenhang die Himmelsmechanik in drei Bereiche, einen mathematischen, einen physikalischen und einen astrodynamischen, womit er den Begriff „Astrodynamik" (offenbar als Erster) spezifizierte.

Unter *„mathematischer Himmelsmechanik"* versteht *Herrick* die (allgemeingültige) mathematische Lösung von wohldefinierten und speziellen Aufgabenstellungen in der Himmelsmechanik. Diese Methoden sind in dem Sinne allgemeingültig und auch auf andere Gebiete der Mechanik anwendbar. Sie können ein weites Feld himmelsmechanischer Aufgabenstellungen bearbeiten, jedoch mit der Tendenz, auf spezielle Typen von Problemstellungen zugeschnitten zu sein.

Unter *„physikalischer Himmelsmechanik"* versteht er die Anwendung der Himmelsmechanik zur Bestimmung physikalischer Konstanten. Diese sind für andere Zweige der Physik wichtig, etwa die Geophysik und die Astrophysik.

„Astrodynamik" ist nach *Herrick* jenes anwendungsorientierte Gebiet innerhalb der Himmelsmechanik, das mit den gefundenen physikalischen Konstanten konkrete Aufgabenstellungen bearbeitet. Ein Beispiel ist die Navigation eines Objektes (Raumflugkörpers) im Raum. Er schloss jedoch auch die Erstellung geeigneter (insbesondere numerischer) Methoden der Bahnintegration unter Einschluss der Bestimmung der Integrationskonstanten, Erarbeitung der zu berücksichtigenden Kräfte, die eine Bewegung formen, Methoden der Bahnbestimmung, der Bahnauswahl, der Bearbeitung der Beobachtungsdaten unter Berücksichtigung der Verfahren der sphärischen Astronomie (Korrekturen durch Präzession, Nutation, Aberration usw.) mit ein.

Ob sich diese Spezifizierung *Herricks* im späteren Sprachgebrauch durchgesetzt hat, darf bezweifelt werden. Jetzt wird Astrodynamik eher als Oberbegriff aufgefasst, der die klassische Himmelsmechanik mit ihren Methoden zur Untersuchung der Planetenbewegung miteinschließt. Als neue Gebiete werden die gesteuerte Bewegung der künstlichen Raumflugkörper sowie die Dynamik stellarer und galaktischer Systeme hinzugenommen. Die Verfahren und Methoden der klassischen Himmelsmechanik mussten und müssen im Hinblick auf diese neuen Arbeitsgebiete wesentlich erweitert bzw. neu geschaffen werden.[638]

---

[636] GEYLING, F. T. and H. R. WESTERMAN [1971], p. 279.

[637] HERRICK, S. [1953]; HERRICK, S. [1971/1972]; HERRICK, S. [1985].

[638] Auf diesen Gedanken wird in Kap. 3 in größerem Zusammenhang hingewiesen.

2.11.17 Paul Herget

Paul Herget[639] (1908–1981) hatte sich in seinem 1948 im Eigenverlag publizierten Werk mit der Bahnbestimmung der Planeten im Sonnensystem beschäftigt.[640] Davon ausgehend untersuchte *Herget* die numerische bzw. halbnumerische Berechnung von Bahnen von erdnahen Satelliten, d. h. unter Berücksichtigung der beiden größten zonalen Koeffizienten J_2 und J_4. In Zusammenarbeit mit *P. Musen* verwendete er die Störungsmethode von *Hansen*. Als unabhängige Variable zur Integration setzte er die oskulierende exzentrische Anomalie ein[641]

$$E = M_0 + n_0\,(t - t_0) + \Delta M\, + e_0\, \sin E, \quad n_0 = \sqrt{\frac{\mu}{a_0^3}}\ . \tag{2.468}$$

Um Singularitäten in der Nähe kreisförmiger Bahnen zu vermeiden, verwendet *Herget* wie *Musen* vektorielle Konstanten an Stelle der *Kepler*'schen Elemente. Diese Konstanten beziehen sich auf ein *Hansen*-System, dessen Ursprung durch den Anfangspunkt („Departure point") definiert ist. *Herget* modifizierte die Mondtheorie von *P. A. Hansen* im Hinblick auf Berechnungen der Bewegung von künstlichen Satelliten.[642] Von besonderem Interesse waren ihm geschickte numerische Untersuchungen mit automatischen Rechenanlagen.[643]

2.11.18 Peter Musen

Ausgangspunkt der Untersuchungen von ***Peter Musen***[644] im Rahmen der Störungstheorien von Planetenbewegungen[645] war die gegenüber früheren Arbeiten weiterführende Darstellung der Bewegungsgleichungen in einer „vektoriell-skalaren Störungstheorie". Als Bahnelemente[646] verwendete er den Normalenvektor $\mathbf{c} = \mathbf{r} \times \dot{\mathbf{r}}$ sowie den Perihelgerichteten Vektor $\mathbf{d} = \dot{\mathbf{r}} \times \mathbf{c} - \mu\, \mathbf{r}_0$. Diese liefern wegen $\mathbf{c} \cdot \mathbf{d} = 0$ nur 5 Bahnelemente, als sechstes Element verwendete er die Perihel-Durchgangszeit t_P. Die Herleitung der

[639] Paul Herget (* 30. Januar 1908 in Cincinnati, Ohio; † 27. August 1981 ebenda); https://de.wikipedia.org/wiki/Paul_Herget; http://www.columbia.edu/cu/computinghistory/herget.html.

[640] HERGET, P. [1948]: *The Computation of Orbits,* published privately by the author, Ann Arbor, Mich.

[641] HERGET, P. [1958], HERGET, P. [1962].

[642] HERGET, P. and P. MUSEN [1958].

[643] HERGET, P. and P. MUSEN [1959].

[644] *Peter Musen* (geb. 1912)

[645] MUSEN, P. [1947].

[646] Es handelt sich um die in der Literatur bisweilen als „Laplace'sche Vektoren" bezeichnete Vektoren, die sich auf *Kepler* und *Hermann* zurückführen lassen (vgl. Abschn. 2.6.2 ab Seite 344).

Variationsgleichungen für diese Elemente konnte er durch Vermeidung der *Lagrange*-Klammern wesentlich vereinfachen. Als unabhängige Variable verwendete er die Zeit. Diese Arbeit war 1947 in deutscher Sprache erschienen. *Musen* wechselte an das Cincinnati Observatory in Ohio, wo seinerzeit das Minor Planet Center unter der Leitung von *Paul Herget* angesiedelt war.[647] Dort nahm *P. Musen* die Idee der vektoriell-skalaren Störungstheorie in einer Arbeit von 1954 auf, in der er bereits mit der Störungstheorie von *P. A. Hansen* in Berührung gekommen war.[648] Dies ist der Beginn einer sehr intensiven und langjährigen Beschäftigung mit der Theorie *Hansen*s über die speziellen Störungen, also geeigneten numerischen Rechnungen, insbesondere im Zusammenhang mit künstlichen Erdsatelliten. *P. Musen* verwendete daher auch als unabhängige Variable zur Durchführung der Integrationen die wahre Länge in der Bahn.[649] Von besonderem Interesse ist die Einführung von „*Euler-Rodrigues*-Parametern" zur Beschreibung der räumlichen Bewegung.[650] Diese Untersuchungen setzte *Musen* auch nach seinem Wechsel an das Goddard Space Flight Center (GSFC) (in Silver Spring, Maryland) fort.[651] Auch hier kam das ursprüngliche Interesse an Untersuchungen der Planetenbewegung in selbständigen Arbeiten bzw. im Zusammenhang mit dem Mehrkörperproblem Erde-Satellit-Mond-Sonne (-Jupiter-Saturn) in verschiedenen seiner zahlreichen Arbeiten zum Ausdruck.[652]

2.11.19 André Deprit

André Deprit[653] (10. April 1926, Saint Servais, Belgien – 7. November 2006) gelang eine Fortführung der Störungstheorie parallel zu *Hori* aber unabhängig von diesem durch geschickte Wahl der Erzeugenden einer kanonischen Transformation. Dadurch wurde die

647 Die Informationen über den Werdegang dieses bedeutenden Himmelsmechanikers sind sehr dürftig.

648 MUSEN, P. [1954].

649 MUSEN, P. [1961].

650 MUSEN, P. [1958]. Bei den *Euler-Rodrigues*-Parametern handelt es sich um Größen, die im Zusammenhang mit Untersuchungen zur Lageregelung unter dem unglücklichen Begriff „Quaternionen" bekannt sind (siehe hierzu auch Abschn. 2.7.4 ab Seite 369).

651 MUSEN, P. [1954]; Herget, P. and P. MUSEN [1958]; HERGET, P. and P. MUSEN [1959]; MUSEN, P. [1959]; MUSEN, P. [1960]; MUSEN, P. [1962]; MUSEN, P. [1963]; MUSEN, P. [1964]; MUSEN, P. [1965]; MUSEN, P. [1966]: *Some Possible Modifications of Brouwer's Theory of the General Perturbations in Rectangular Coordinates,* Journal of Geophysical Research, Vol. **71,** No. 24, pp. 5997–6004; MUSEN, P. [1967]; MUSEN, P. [1968a]; MUSEN, P. [1968b]; MUSEN, P. [1970]; MUSEN, P. [1971]; MUSEN, P. and RONALD ESTES [1972]; MUSEN, P. and THEODORE FELSENTREGER [1973].

652 Etwa in: MUSEN, P., A. BAILIE and E. UPTON [1961]; MUSEN, P. [1961]: *On the long period luni-solar effect in the motion of an artificial satellite,* NASA, Washington DC, Accession Number: AD0260179, July 1961; MUSEN, P. and LLOYD CARPENTER [1963].

653 DEPRIT, A. [1969], [1975], [1976]; ABAD, A., M. PALACIOS and S. SEIN-ECHALUCE [1991].

Abhängigkeit der Erzeugenden von Mischelementen (neue und alte Variable wurden bei *von Zeipel* gemischt in der Erzeugenden verwendet) vermieden. Die Transformationen werden durch fast identische Transformationen mit Hilfe von *Lie*-Reihen durchgeführt. *Deprit* wird zu den fruchtbarsten Himmelsmechanikern in der zweiten Hälfte des 20. Jahrhunderts gezählt.[654] Im Rahmen von idealen Systemen beschäftigte er sich in einigen Arbeiten mit der Transformation mit Hilfe von *Euler*-Parametern. Die idealen Koordinaten führte er in eine *Hamilton*-Form über. Dadurch erreicht er eine Verknüpfung der *Hansen*-idealen Koordinaten mit kanonischen Systemen. In diesem Zusammenhang definierte er „ideale Bahnelemente" im Rahmen der gestörten *Kepler*-Bewegung. Diese Überlegungen können als eine Fortführung des entsprechenden Ansatzes von *P. Musen*[655] angesehen werden. Die Formulierung ist allgemein und nicht an die *Newton*'sche Attraktion gebunden.[656] Die Bearbeitung eines solchen „Störproblems" wird dann folgendermaßen vollzogen: Durch eine erste kanonische Transformation wird die schnelle Variable in den vier Variationsgleichungen eliminiert (in diesem Fall der *Hansen*'sche Bahnwinkel ζ), welche die Bewegung in der Bahnebene beschreiben. Die Rotationsgleichungen des idealen Raumes (des *Hansen*-Systems) werden in einer folgenden zweiten kanonischen Transformation so transformiert, dass auch die Winkel Ω (Rektaszension bzw. ekliptikale Länge des aufsteigenden Knotens) sowie der Winkels σ (Länge in der Bahn des aufsteigenden Knotens bei Bezug auf den Anfangspunkt des *Hansen*-Systems) eliminiert werden. Diese Winkel werden im Rahmen eines gestörten *Kepler*-Problems als langsame Variable betrachtet. Die Bedingung eines *Hansen*-Systems soll bei dieser Transformation erhalten bleiben, d. h. der erhaltene Raum hat bezüglich der Basisebene (Bahnebene) keine Eigenbewegung. Eine solche Transformation wird im Rahmen der vorliegenden Arbeit als *Hansen*-ideal bezeichnet[657] und könnte im Zusammenhang mit den Überlegungen *Deprit*s auch als ideale kanonische Transformation bezeichnet werden.

2.11.20 J. J. F. Liu

Im Anschluss an die Arbeiten von *Brouwer* und *Hori*,[658] den Einfluss des Luftwiderstandes auf die Bewegung eines erdnahen Satelliten zu berücksichtigen, wurden zahlreiche

[654] Nachruf von KYLE. ALFRIEND, SHANNON COFFEY, ANTONIO ELIPE in: *The Journal of the Astronautical Sciences,* Vol. **54,** No. 2, April-June 2006, pp. 125–127, außerdem von J. HENRARD [2007], *Celestial Mechanics and Dynamical Astronomy* **98,** 1–3.

[655] MUSEN, P. [1958].

[656] DEPRIT, A. [1976], p. 259.

[657] JOCHIM, E. F. M. [2016 b]: 6.1.6.

[658] BROUWER, D. and HORI, G. [1961a].

weiterführende Untersuchungen durchgeführt.[659] Während *Brouwer* und *Hori* ein exponentielles Luftwiderstandsmodell verwendeten, war nun das Ziel, ein mehr detailliertes realistisches Luftwiderstandsmodell zu verwenden. Dieses sollte nicht nur eine Höhenabhängigkeit der Luftdichte berücksichtigen, sondern auch die saisonalen, kurzfristigen wie vor allem auch die vom Sonnenzyklus langfristig abhängigen Variationen der Atmosphäre. Referenzcharakter hat das in der Folge mehrfach verbesserte Luftwiderstandsmodell von *L. G. Jacchia* angenommen.[660] Rein analytische Methoden sind zur Bearbeitung dieses Komplexes nicht geeignet, sondern es wurden in der Folgezeit semi-analytische Verfahren entwickelt. Ein typisches Beispiel dafür ist die von ***J. J. L. Liu*** et al. entwickelte Methodik, auf die deshalb hier hingewiesen sein soll. In einer früheren Arbeit verwendete *Liu* in der Folge von *D. Brouwer* die kanonischen *Delaunay*-Elemente, später der besseren Übersichtlichkeit halber *Kepler*-Elemente[661] (wobei allerdings wie zu erwarten kreisnahe Äquatorbahnen ausgeschlossen werden müssen). Die Variationsgleichungen der *Kepler*-Elemente spaltete *Liu* nach den Bewegungseinflüssen auf, um diese unterschiedlich analytisch oder numerisch und unter Berücksichtigung von säkularen, langperiodischen und/oder kurzperiodischen „Störungen“ getrennt zu bearbeiten. Dazu werden zunächst die Variationsgleichungen für die Elemente entsprechend dem Störanteil aufgespalten. Für die Variation der großen Bahnhalbachse wird etwa

$$\dot{a} = (\dot{a})_G + (\dot{a})_D + \cdots \quad . \tag{2.469}$$

Der Index <G> steht für das Gravitationsfeld der Erde (hier nur für die zonalen J_2, J_3, J_4 angenommen) und <D> für den Luftwiderstand. Weitere Störanteile werden zunächst als demgegenüber vernachlässigbar angesehen. Entsprechende Zerlegungen gelten für die übrigen *Kepler*-Elemente und die mittlere Anomalie M.

Mit $B_D = c_D A_m/m$ werde der ballistische Koeffizient bezeichnet (c_D der Luftwiderstandsbeiwert, A_m die der anströmenden Lufthülle ausgesetzte Front des Satelliten und m seine Masse), mit ρ die Luftdichte am Ort des Satelliten, mit V_D seine Geschwindigkeit bezüglich der umgebenden Lufthülle. ω_A bezeichne die Rotationsgeschwindigkeit der Atmosphäre um die Erde, v die wahre Anomalie, E die exzentrische Anomalie, u das Argument der Breite. Dann lauten die Variationsgleichungen der *Kepler*-Elemente in Bezug auf den Luftwiderstand:

---

[659] Als ein Beispiel sei hingewiesen auf die im Rahmen der NORAD-Berechnungen wichtigen Arbeiten: LANE, M. H. [1965]: *The Development of an Artificial Satellite Theory Using a Power-Low Atmospheric Density Representation, AIAA* Paper No. 65–35; Lane, M. H., and CRANFORD, K. H. [1969]: *An Improved Analytical Drag Theory for the Artificial Satellite Problem, AIAA* Paper No. 69–925; H***oots***, F. R. [1981].

[660] JACCHIA, L. G. [1970]: *New Static Models of the Thermosphere and Exosphere with Empirical Temperature Profiles*, SP-313, SAO, May 6, 1970 (zitiert nach: LIU, J. J. F. and R. L. ALFORD [1979], p. 11).

[661] LIU, J. J. F. [1974]; LIU, J. J. F. and R. L. ALFORD [1979]; als ein Beispiel der Anwendung der Methodik von *Liu* siehe in: KLINKRAD, H. [1984].

$$(\dot{a})_D = -B_D\, \rho\, V_D \frac{a}{1-e^2} \left[1 + e^2 + 2\,e \cos\, \upsilon - \omega_A \frac{\sqrt{a^3\left(1-e^2\right)^3} \cos\, i}{\sqrt{\mu}} \right] \tag{2.470}$$

$$(\dot{e})_D = -\frac{1}{2} B_D\, \rho\, V_D \left\{ 2(e + \cos\, \upsilon) - \omega_A \frac{r^2 \cos\, i}{\sqrt{\mu\, a\left(1-e^2\right)}} \left[2(e+\cos\upsilon) - e\, \sin^2 \upsilon\right] \right\} \tag{2.471}$$

$$(\dot{i})_D = -\frac{1}{2} B_D\, \rho\, V_D\, \omega_A \frac{r^2\, \sin i \cos^2 u}{\sqrt{\mu\, a\left(1-e^2\right)}} \tag{2.472}$$

$$\left(\dot{\Omega}\right)_D = \frac{1}{2} B_D\, \rho\, V_D\, \omega_A \frac{r^2\, \sin u\, \cos u}{\sqrt{\mu\, a\left(1-e^2\right)}} \tag{2.473}$$

$$(\dot{\omega})_D = \frac{1}{2} B_D\, \rho\, V_D \frac{\sin \upsilon}{e} \left[2 - \omega_A \frac{r^2\, \cos\, i\,(2 + e\, \cos\, \upsilon)}{\sqrt{\mu\, a\left(1-e^2\right)}} \right] \tag{2.474}$$

$$\left(\dot{M}\right)_D = -\frac{1}{2} B_D\, \rho\, V_D \left[2\,e\, \sin E + \frac{2\, \sin \upsilon \sqrt{1-e^2}}{e} - \omega_A \frac{r^2\, \cos\, i\, \sin \upsilon\, (2 + e\, \cos \upsilon)}{e\sqrt{\mu\, a}} \right] \tag{2.475}$$

Unter der Annahme, dass die Satellitenbewegung periodisch (bzw. quasiperiodisch) abläuft, wird das vorgegebene Störproblem mit der Mittelwertmethode behandelt. In einem ersten Schritt werde über der mittleren Anomalie als Pendant zur Zeit gemittelt. Die auf diese Weise gemittelten Elemente werden mit $\overline{a}$, $\overline{e}$, $\overline{i}$, $\overline{\Omega}$, $\overline{\omega}$, $\overline{M}$ bezeichnet.[662] Die erste Mittelung („Transformation erster Ordnung") werde durch Ausdrücke der folgenden Form wiedergegeben, wobei auf der linken Seite die oskulierenden Elemente stehen:

$$a = \overline{a} + \delta a_k\left(\overline{a},\, \overline{e},\, \overline{i},\, \overline{\Omega},\, \overline{\omega},\, \overline{M}\,\right) \tag{2.476}$$

Entsprechende Ausdrücke werden für die übrigen *Kepler*-Elemente aufgestellt. Explizite Ausdrücke leitete *Liu* für den Bahnradius und das Argument der Breite ab, um geeignete Formeln zur Berechnung der Bahnhöhe sowie für kreisnahe Bahnen zu erhalten (der Index k steht für kurzperiodische Anteile):

$$\begin{aligned} r &= \overline{r} + \delta r_k\left(\overline{a},\, \overline{e},\, \overline{i},\, \overline{\Omega},\, \overline{\omega},\, \overline{M}\right) \\ u &= \overline{u} + \delta u_k\left(\overline{a},\, \overline{e},\, \overline{i},\, \overline{\Omega},\, \overline{\omega},\, \overline{M}\right) \;. \end{aligned} \tag{2.477}$$

[662] In seiner Originalarbeit von 1974 verwendet *Liu* diese Bezeichnungen, in der Arbeit von 1979 jedoch $a_m := \overline{a}$ usw., für die kurzperiodischen Störausdrücke die Bezeichnungen $\delta a_k := a_{sp}$, $\delta e_k := e_{sp}$, usw., für die Mittelung: $< (\dot{a}) > := \overline{(\dot{a})}$ usw.

Die kurzperiodischen Störungen sind somit ausschließlich Funktionen der gemittelten *Kepler*-Elemente. In Bezug auf das Gravitationsfeld der Erde (J_2, J_3, J_4) haben die kurzperiodischen Störungen in einer Theorie erster Ordnung im Gravitationsfeld und zweiter Ordnung im Luftwiderstand eine Darstellung der Form[663]

$$\delta a_k = J_2 \left(\frac{R_E}{\overline{a}}\right)^2 \left\{ \left(\frac{\overline{a}}{\overline{r}}\right)^3 \left[\left(1 - \frac{3}{2}\sin^2\overline{i}\right) + \frac{3}{2}\sin^2\overline{i}\cos 2\overline{u} \right] - \frac{\left(1 - \frac{3}{2}\sin^2\overline{i}\right)}{\sqrt{\left(1-\overline{e}^2\right)^3}} \right\} \tag{2.478}$$

Für die übrigen *Kepler*-Elemente gibt es entsprechende Ausdrücke. *Liu* leitete speziell die kurzperiodischen Störungen im Radius und dem Argument der Breite ab. Mit $p := a\left(1 - e^2\right)$ wird der Kegelschnittparameter bezeichnet, mit υ die wahre Anomalie:

$$\delta r_k = \frac{1}{2} J_2 \left(\frac{R_E^2}{\overline{p}}\right) \left\{ -\left(1 - \frac{3}{2}\sin^2\overline{i}\right) \left[1 + \frac{e\cos\overline{\upsilon}}{1+\sqrt{1-\overline{e}^2}} + \frac{2}{\sqrt{1-\overline{e}^2}} \left(\frac{\overline{a}}{\overline{r}}\right) \right] + \frac{1}{2}\sin^2\overline{i}\cos 2\overline{u} \right\} \tag{2.479}$$

$$\begin{aligned} \delta u_k = & \frac{3}{4} J_2 \left(\frac{R_E}{\overline{p}}\right)^2 \left\{ \left(4 - 5\sin^2\overline{i}\right)\left(\overline{\upsilon} - \overline{M} + \overline{e}\sin\overline{\upsilon}\right) + \right. \\ & + \frac{1}{3}\left(1 - \frac{3}{2}\sin^2\overline{i}\right)\left(1 - \sqrt{1-\overline{e}^2}\right)\left[\frac{2\overline{e}\sin\overline{\upsilon}}{1+\sqrt{1-\overline{e}^2}} + \sin 2\overline{\upsilon}\right] - \\ & \left. - \left(1 - \frac{5}{3}\sin^2\overline{i}\right)\overline{e}\sin(2\overline{\omega}+\overline{\upsilon}) - \left(1 - \frac{7}{6}\sin^2\overline{i}\right)\sin 2\overline{u} - \frac{\overline{e}}{3}\cos^2\overline{i}\sin(2\overline{\omega}+3\overline{\upsilon}) \right\} . \end{aligned} \tag{2.480}$$

Die gemittelten *Kepler*-Elemente haben (im Rahmen des vorgegebenen Bahnmodells) die allgemeinen Variationsgleichungen

$$\begin{aligned} \dot{\overline{a}} &= \overline{(\dot{a})_G} + \overline{(\dot{a})_D} \\ \dot{\overline{e}} &= \overline{(\dot{e})_G} + \overline{(\dot{e})_D} \\ (\overline{i}) &= \overline{((i))_G} + \overline{((i))_D} \\ \dot{\overline{\Omega}} &= \overline{(\dot{\Omega})_G} + \overline{(\dot{\Omega})_D} \\ \dot{\overline{\omega}} &= \overline{(\dot{\omega})_G} + \overline{(\dot{\omega})_D} \\ \dot{\overline{M}} &= \overline{(\dot{M})_G} + \overline{(\dot{M})_D} . \end{aligned} \tag{2.481}$$

Hier führt die Mittelung über das Gravitationsfeld der Erde (J_2, J_3, J_4) auf Gleichungen der Form[664]

$$\begin{aligned} \overline{(\dot{a})_G} &= 0 \\ \overline{(\dot{e})_G} &= -\frac{3}{32}\overline{n} J_2^2 \left(\frac{R_E}{\overline{p}}\right)^4 \sin^2\overline{i}\left(14 - 15\sin^2\overline{i}\right)\overline{e}\left(1-\overline{e}^2\right)\sin 2\omega - \end{aligned}$$

663 LIU, J. J. F. [1974], Gleichung (21).

664 LIU, J. J. F. [1974], Gleichung (18) bzw. referiert in LIU, J. J. F. [1979], Appendix C.

$$- \frac{3}{8}\,\overline{n}\,J_3\left(\frac{R_E}{\overline{p}}\right)^3 \sin\overline{i}\left(4-5\sin^2\overline{i}\right)\left(1-\overline{e}^2\right)\cos\omega\ -$$

$$- \frac{15}{32}\,\overline{n}\,J_4\left(\frac{R_E}{\overline{p}}\right)^4 \sin^2\overline{i}\left(6-7\sin^2\overline{i}\right)\overline{e}\left(1-\overline{e}^2\right)\sin 2\omega\ . \qquad (2.482)$$

Entsprechende Ausdrücke gibt es für die anderen *Kepler*-Elemente. Die Mittelung über die Störgleichungen auf Grund des Luftwiderstandes hat die Form

$$\overline{(\dot a)_D} := \frac{1}{2\pi}\int_0^{2\pi} \dot a_D\left(\overline{a},\,\overline{e},\,\overline{i},\,\overline{\Omega},\,\overline{\omega},\,M\right) dM\ , \qquad (2.483)$$

entsprechendes für die anderen *Kepler*-Elemente. Diese Integrale können je nach verwendetem Luftwiderstandsmodell analytisch oder (etwa im Fall des *Jacchia* Modells) numerisch ausgewertet werden. Im Einzelnen gilt im verwendeten Bahnmodell für erdnahe Satellitenbahnen:

$$\dot{\overline{a}} \approx \overline{(\dot a)_D},\quad \dot{\overline{e}} = \overline{(\dot e)_G} + \overline{(\dot e)_D},\quad (\dot{\overline{i}}) \approx 0,\quad \dot{\overline{\Omega}} \approx \overline{\left(\dot\Omega\right)_G},\quad \dot{\overline{\omega}} \approx \overline{(\dot\omega)_G},\quad \dot{\overline{M}} \approx \overline{\left(\dot M\right)_G}\ . \qquad (2.484)$$

Mit den Variationsgleichungen (2.470) und (2.471) erhält man die Mittelungen über die Störeinflüsse durch den Luftwiderstand

$$\overline{(\dot a)_D} = -\frac{1}{2\pi}\int_0^{2\pi} B_D\,\rho\,V_D\,\frac{\overline{a}}{1-\overline{e}^2}\left[1+\overline{e}^2+2\,\overline{e}\cos\upsilon-\omega_A\cos\overline{i}\sqrt{\frac{\overline{a}^3\left(1-\overline{e}^2\right)^3}{\mu}}\,\right] dM \qquad (2.485)$$

$$\overline{(\dot e)_D} = -\frac{1}{2\pi}\int_0^{2\pi} B_D\,\rho\,V_D\left\{\overline{e}+\cos\upsilon-\omega_A\frac{r^2\cos\overline{i}}{2\sqrt{\mu\overline{a}\left(1-\overline{e}^2\right)}}\left[2(\overline{e}+\cos\upsilon)-\overline{e}\sin^2\upsilon\right]\right\} dM\ . \qquad (2.486)$$

Die Integration dieser Variationsgleichungen erfolgt wie bei derartigen Mittelungen üblich über der wahren Anomalie an Stelle der mittleren Anomalie. Ein Maß für die Einflüsse durch den Luftwiderstand ist speziell das Verhalten der Bahn im Apogäum (mit Radius r_A) sowie im Perigäum (mit Radius r_P), dessen Absinken die Lebensdauer eines Satelliten wesentlich beeinflusst. *Liu* hat deshalb die Variationsgleichungen für diese beiden Parameter speziell hergeleitet:

$$\overline{(\dot r_P)_D} = -\frac{1}{2\pi}\int_0^{2\pi} B_D\,\rho\,V_D\,\frac{\overline{a}\left(1-\overline{e}^2\right)}{(1+\overline{e})^2}\left\{1-\cos\upsilon-\omega_A\frac{r^2\cos\overline{i}}{\sqrt{\mu\overline{a}\left(1-\overline{e}^2\right)}}\left[1-\cos\upsilon+\frac{\overline{e}}{2}\sin^2\upsilon\right]\right\} dM \qquad (2.487)$$

$$\overline{(\dot r_A)_D} = -\frac{1}{2\pi}\int_0^{2\pi} B_D\,\rho\,V_D\,\frac{\overline{a}\left(1-\overline{e}^2\right)}{(1-\overline{e})^2}\left\{1+\cos\upsilon-\omega_A\frac{r^2\cos\overline{i}}{\sqrt{\mu\overline{a}\left(1-\overline{e}^2\right)}}\left[1+\cos\upsilon-\frac{\overline{e}}{2}\sin^2\upsilon\right]\right\} dM\ . \qquad (2.488)$$

2.11.21 M. C. Eckstein

Mit Beginn der Durchführung der Raumfahrt suchte sich die amerikanische Raumfahrtbehörde geeignete Raumfahrtwissenschaftler aus aller Welt, die in verschiedenen Raumfahrtbereichen eingesetzt wurden. Darunter war aus Deutschland ***Martin Christoph Eckstein***, der 1962 von *K. Schütte* in München in Astronomie promoviert worden war.[665] *Schütte* war in den Nachkriegsjahren aktiv in der Stuttgarter Gesellschaft für Weltraumfahrt (GfW) und später Vorsitzender des Kuratoriums der *Hermann-Oberth*-Gesellschaft (HOG). Dadurch war *Eckstein* mit den Problemen der Raumfahrt aus erster Hand in Berührung gekommen. Er erhielt die Gelegenheit, von 1962 bis 1969 in Santa Monica bei der McDonnell Douglas Corporation an anwendungsorientierten Themen der Satellitenbahnmechanik mit einem breiten Spektrum mitzuarbeiten. Nach seiner Rückkehr nach Deutschland wurden ihm diese Erfahrungen von großem Nutzen: analytische Störungstheorie für erdnahe Satelliten, asymptotische Anpassung bei Erde-Mond-Übergangsbahnen, Bahnen mit kleinem Schub, Resonanzen mit rotierendem Geopotenzial.[666]

Eckstein war (vermutlich) einer der ersten, der algebraische Formelmanipulatoren auf Probleme der Bahnmechanik anwandte.[667] Mit der Programmiersprache Formac transformierte er die *Kozai*'sche Lösung des Hauptproblems der Satellitenbahnmechanik auf ein vom ihm entwickeltes System von (weitgehend) singularitätenfreien äquinoktialen Bahnelementen unter Einschluss der zonalen Parameter J_2, J_3, J_4. Diese Lösung enthält allerdings nicht mehr die Zonale J_5, die in der originalen *Brouwer*schen Lösung noch enthalten ist. Die von *Eckstein* verwendeten von ihm als „regulär" bezeichneten Elemente sind

$$\begin{aligned} a^* &:= \frac{a}{R_E} \\ h &:= e\ \sin(\omega + \Omega) \\ 1 &:= e\ \cos(\omega + \Omega) \\ p &:= \sin\frac{i}{2}\ \sin\Omega \end{aligned}$$

665 Eckstein, M. C. [1961]: *Die Hill'schen Grenzkurven in einem besonderen Fall des eingeschränkten Vierkörperproblems bei verschiedenen Werten der endlichen Massen,* Inaugural-Dissertation zur Erlangung der Doktorwürde der Naturwissenschaftlichen Fakultät der Ludwigs-Maximilians-Universität München, Oktober 1961.

666 Eckstein, M. C., Shi, Y., Kevorkian, J. [1964/1966a]; Eckstein, M. C., Shi, Y., Kevorkian, J. [1965]; Kevorkian, J. [1966]; Shi, Yun-Yuan and Martin C. Eckstein [1966]; Eckstein, M. C., Shi, Y., Kevorkian, J. [1966b]; Eckstein, M. C., Shi, Y., Kevorkian, J. [1966c]; Eckstein, M. C., Shi, Y., Kevorkian, J. [1966d]; Eckstein, M. C. and Yun Y. Shi [1967]; Shi, Yun-Yuan and Martin C. Eckstein [1967a]; Shi, Yun-Yuan and Martin C. Eckstein [1967b].

667 Eckstein, M. C. and F. Hechler [1970]; Eckstein, M. C. [1973a]; [1973b]; [1974]; [1976]; [1979]; [1980]; [1983].

$$
\begin{aligned}
q &:= \sin\frac{i}{2}\ \cos\Omega \\
\lambda_0 &:= M_0 + \omega + \Omega \ .
\end{aligned}
\tag{2.489}
$$

R_E ist der mittlere Äquatorradius der Erde. Diese Elemente zeigen sich als vereinfachte und wesentlich leichter zu handhabende Ausgabe der *Poincaré*'schen Elemente (2.349) auf Seite 422, sind aber nicht wie diese kanonisch. Die Kanonizität wird aber in den von *Eckstein* angestrebten Anwendungen auch gar nicht benötigt. Bei der Durchführbarkeit der Transformation von der nicht Singularitäten-freien *Kozai*'schen Lösung zu seiner Singularitäten freien Lösung konnte sich *Eckstein* auf die Untersuchung von *Lyddane*[668] abstützen. In dieser Untersuchung war die Möglichkeit einer solchen Transformation nachgewiesen worden. Mit seinen „regulären Elementen“ konnte *Eckstein* auch die säkularen Störungen durch den Luftwiderstand berechnen und eine Abschätzung für die Lebensdauer erdnaher Satelliten mit großer Genauigkeit entwickeln.[669] Für geostationäre Bahnen verwendet *Eckstein* statt der modifizierten Bahnhalbachse a^* die relative mittlere Bewegung $n_S := \sqrt{\mu/a^3}$ des Satelliten in Bezug auf die (tropische) Rotation n_E der Erde

$$
D := \frac{n_S - n_E}{n_E} \ . \tag{2.490}
$$

Die von *Eckstein* gewählten Elemente sind alle im klassischen Sinne langsame Größen, d. h. im Fall einer (ungestörten) Zweikörperbewegung konstant.[670]

2.11.22 F. R. Hoots

F. R. Hoots[671] transformierte die *Brouwer*'sche Lösung für das Hauptproblem der Satellitenbahnmechanik ähnlich wie *Eckstein* für die zonalen Koeffizienten J_2, J_3, J_4 auf die Singularitäten-freien Elemente

$$
\begin{aligned}
y_1 &:= r \\
y_2 &:= V_R = \dot{r} \\
y_3 &:= V_T = r\,\dot{\zeta} \\
y_4 &:= \sin\frac{i}{2}\ \sin u \\
y_5 &:= \sin\frac{i}{2}\ \cos u
\end{aligned}
$$

668 LYDDANE, R. H. [1963]; Abschn. 2.11.12 auf Seite 498.

669 ECKSTEIN, M. C. [1972].

670 Siehe hierzu die detaillierte Darstellung in JOCHIM, E. F. M. [2018], 11.4.

671 HOOTS, F. R. [1979] und [1981].

$$y_6 := \upsilon + \omega + \Omega = u + \Omega \quad . \tag{2.491}$$

Hoots bezeichnet diese Elemente als „Positionselemente". Es handelt sich hier ähnlich wie schon bei *G. W. Hill* um „schnelle" Elemente. Sie sind also auch im „ungestörten" Fall der *Kepler*-Bewegung nicht konstant. Im Gegensatz zu den *Hill*'schen Elementen sind diese Elemente nicht kanonisch.[672] Basierend auf der Arbeit von *Lyddane*[673] konnte die nicht triviale Transformation auf die „Positionselemente" durchgeführt werden. Im Gegensatz zur ursprünglichen Lösung von *Brouwer* wurden in der neuen Lösung weniger Glieder benötigt. Deswegen konnte eine schnellere Berechnung mit einer höheren Genauigkeit erreicht werden, wie durch Vergleich mit numerischen Rechnungen ermittelt wurde. Erweitert um analytisch erfassbare Einflüsse durch den Luftwiderstand wird die hier entwickelte Software zur Erzeugung der NORAD Bahndaten (SGP4 u. a.) und ihrer Verarbeitung verwendet.[674]

2.11.23 Josef Van der Ha

J. Van der Ha schlug basierend auf dem von *P. A. Hansen* eingeführten idealen Koordinatensystem Variationsgleichungen vor (ohne allerdings auf *Hansen* zu verweisen).[675] Seine Überlegungen weisen in Richtung der in dem vorliegenden Buch vorgestellten Untersuchungen. *Van der Ha* verwendet den *Hansen*'schen Bahnwinkel ζ und die auf den Koordinatenursprung des idealen Systems bezogene Länge σ des aufsteigenden Knotens. Diese Größen bezeichnet er als „Quasi-Winkel". Sie sind die entscheidenden Größen für seine Theorie. An Stelle des *Lagrange*schen Exzentrizitätsvektors verwendet *Van der Ha* die Größen

$$p := e\ \cos(\sigma + \omega), \quad q := e\ \sin(\sigma + \omega) \tag{2.492}$$

und erhält mit den radialen, transversalen und normalen Beschleunigungen b_R, b_T, b_N die Variationsgleichungen

$$\dot{G} = r\, b_T$$

[672] Die kanonischen Elemente werden in Abschnitt 2.8.9 ab Seite 409 eingeführt.

[673] Lyddane, R. H. [1963]; Abschn. 2.11.12 auf Seite 498.

[674] Hoots, F. R. [1979]; Hoots, F. R. [1981]; Hoots, F. R. and R. L. Roehrich [1980]: *Models for Propagation of NORAD Element Sets*, Office of Astrodynamics, ADC/D06, Peterson AFB, Co 80.914, Dec 1980. Weiteres detaillierter zu diesen Parametern findet sich Jochim, E. F. M. [2018], 11.5; Hoots, F. R. and Denise A. Kaya [1985].

[675] Van Der HA, J. [1985]. Um eine unnötige Verwirrung zu vermeiden, werden die Formeln aus der Arbeit von *Van der Ha* in der Terminologie des vorliegenden Buches zitiert. *Van der Ha* bezeichnet den Bahnwinkel ζ mit v, den Winkel in der Bahn σ des aufsteigenden Knotens mit ψ, die Flächenkonstante G mit h, die Beschleunigungen in radialer, transversaler und normaler Richtung b_R, b_T, b_N mit f_x, f_y, f_z.

$$\begin{aligned}
\dot{p} &= \frac{G}{\mu}\left\{b_R \sin\zeta \; + b_T\left[\cos\zeta + r\frac{\mu}{G^2}\,(p + \cos\zeta)\right]\right\} \\
\dot{q} &= \frac{G}{\mu}\left\{-b_R \cos\zeta \; + b_T\left[\sin\zeta + r\frac{\mu}{G^2}\,(q + \sin\zeta)\right]\right\} \\
(i). &= r\,\frac{b_N}{G}\;\cos(\zeta - \sigma) \; = r\,\frac{b_N}{G}\;\cos u \\
\dot{\sigma} &= r\,\frac{b_N}{G}\;\sin(\zeta - \sigma)\; ctgi \\
\dot{\zeta} &= \frac{G}{r^2} \\
&\left(\dot{\Omega} = \frac{\dot{\sigma}}{\cos i}\right) .
\end{aligned} \tag{2.493}$$

Hier handelt es sich bis auf den Bahnwinkel ζ um sogenannte langsame Variable. Die Variationsgleichung für den *Hansen*'schen Bahnwinkel $\dot{\zeta} = G/r^2$ ist nichts anderes als der Flächensatz in der skalaren Form und stellt den Bezug zur Zeit her. Die anderen Variationsgleichungen enthalten als unabhängige Variable den *Hansen*-Bahnwinkel ζ, der auch in der Kegelschnittgleichung für den Radius r eingeführt werden kann. Diese Gleichungen vermeiden die Singularitäten im Fall kreisnaher Bahnen, jedoch nicht für äquatornahe Bahnen. In letzterem Fall schlägt *Van der Ha* an Stelle der Variationsgleichungen für i und σ in Abwandlung des *Lagrange*'schen Inklinationsvektors die Verwendung der Parameter

$$j := \sin i \;\cos\sigma \,, \quad k := \sin i \;\cos\sigma \tag{2.494}$$

vor. Ihre Variationsgleichungen sind

$$(j). = \pm\, r\,\frac{b_N}{G}\;\sqrt{1 - j^2 - k^2}\;\cos\zeta, \quad (k). = \pm\, r\,\frac{b_N}{G}\;\sqrt{1 - j^2 - k^2}\;\sin\zeta \quad . \tag{2.495}$$

Das positive Vorzeichen gilt für rechtläufige, das negative für rückläufige Bahnen. Da der Knoten Ω in diesem Fall nur sehr ungenau definiert ist, kann die zusätzliche Variable

$$\tau := \Omega \mp \sigma \tag{2.496}$$

mit der Variationsgleichung

$$\dot{\tau} = r\;\frac{b_N}{G}\;\frac{j\;\sin\zeta - k\;\cos\zeta}{1 + \sqrt{1 - j^2 - k^2}} \tag{2.497}$$

verwendet werden. Nach Integration kann der Knoten aus der Beziehung $\Omega = \tau \pm \sigma$ berechnet werden. Auch schlägt *Van der Ha* vor, die obigen Variationsgleichungen nicht nach der Zeit, sondern nach dem Bahnwinkel ζ zu entwickeln. Dieser Vorschlag wird als natürlich auch in dem vorliegenden Buch verwendet.

Um die numerische Integration zu erleichtern, schlug *Van der Ha* auch vor, ähnlich wie es *Hansen* in seiner Störungstheorie selbst getan hat, die „gestörte“ Bahn auf eine „ungestörte“ *Kepler*-Bahn zu beziehen. Die so erhaltenen „quasi-langsam“ genannten Bahnelemente werden dann integriert.[676] Zu diesem Zweck führte er die „quasi-langsamen“ Parameter

$$f := e\cos\vartheta := p\cos\zeta + q\ \sin\zeta, \quad g := e\ \sin\vartheta := p\ sin\zeta - q\ \cos\zeta \tag{2.498}$$

ein. Damit erhielt er das Gleichungssystem

$$\begin{aligned}
r &= \frac{G^2}{\mu\,(1+f)}, \quad \dot{G} = r\,b_T \\
\dot{f} &= -g\,\frac{G}{r^2} + 2\,\frac{G}{\mu}\,b_T, \quad \dot{g} = f\,\frac{G}{r^2} + \frac{G}{\mu}\,b_R + g\,\frac{r}{G}\,b_T \\
(j)^{\cdot} &= \pm r\,\frac{b_N}{G}\,\sqrt{1-j^2-k^2}\ \cos\zeta, \quad (k)^{\cdot} = \pm r\,\frac{b_N}{G}\,\sqrt{1-j^2-k^2}\ \sin\zeta. \\
\dot{\zeta} &= \frac{G}{r^2} \\
&\left(\dot{\Omega} = \frac{\dot{\sigma}}{\cos i}\right).
\end{aligned} \tag{2.499}$$

Auch diese Variationsgleichungen können auf den Bahnwinkel ζ als unabhängige Variable an Stelle der Zeit umgeschrieben werden. Im Fall äquatornaher Bahnen kann die Einführung der „quasi-langsamen“ Parameter

$$I := \sin i\ \cos(\zeta - \sigma) = j\ \cos\zeta + k\ \sin\zeta, \quad J := \sin i\ \sin(\zeta - \sigma) = j\ \sin\zeta - k\ \cos\zeta \tag{2.500}$$

mit den Variationsgleichungen

$$(I)^{\cdot} = -J\,\frac{G}{r^2} + K\ r\,\frac{b_N}{G}, \quad (J)^{\cdot} = I\,\frac{G}{r^2} \tag{2.501}$$

von Interesse sein. Sie nehmen bei Bezug auf den (*Hansen*'schen) Bahnwinkel ζ eine elegante einfache Gestalt an.

---

[676] Diese Theorie ursprünglich in: J. VAN DER HA [1979], *Three Dimensional Subsatellite Motion*, XXX Congress International Astronautical Federation, Munich, West Germany, Sep. 16–22, 1979, Preprint IAF 79–188.

Ansätze einer nachklassischen Bewegungslehre

3

3.1 Theorie und Messtechnik

In der antiken Bewegungslehre konnte die Bewegung der Himmelskörper durch Überlagerung gleichförmig durchlaufener Kreisbewegungen mathematisch beschrieben werden. Mit verfeinerter Beobachtungsmethode reichte dieses Modell nicht mehr aus. Die Verknüpfung von Messtechnik und Theorie ist überblicksmäßig in Tab. 3.1 dargestellt. Eine weitere Überlagerung mit Kreisbewegungen war nicht möglich, da die entsprechenden *Fourier*-Entwicklungen keine weiteren Kreisdarstellungen erlauben.[1] Es musste also ein neuer mathematischer Ansatz gefunden werden, den *J. Kepler* in Form der drei nach ihm benannten Gesetze hatte begründen können. Der Weg zur klassischen Bewegungslehre war also geprägt von einer kleinen, aber wesentlichen Verbesserung der Messtechnik, von einer sehr kleinen quantitativen mathematischen Korrektur, den berühmten 8 Bogenminuten *Kepler*s,[2] aber einer gewaltigen geistigen Anstrengung der öffentlichen Vorstellungswelt. Gekoppelt mit der notwendigen Transformation auf das heliozentrische Weltbild verursachte diese neue Entwicklung geistige und philosophische Überforderung. Deshalb ist die antike Vorstellung von der Kreisbewegung teilweise bis heute nicht aus dem Sprachgebrauch verschwunden. Immer noch spricht man von den die Sonne „umkreisenden“ Planeten. Man spricht gerne von den die Erde „umkreisenden“ künstlichen Erdsatelliten, selbst wenn sie sich auf hochelliptischen Bahnen bewegen. Übrigens wird auch einem *Kopernikus* unterstellt, die Bewegung der Planeten auf Kreisen um die Sonne angenommen zu haben. Dies mag philosophisch und wissenschaftshistorisch gesehen relevant zu sein (da kommt es offenbar nicht auf die letzte Genauigkeit an), aber mathematisch

[1] Siehe in Abschn. 2.3.3, insbesondere die Formeln (2.27) auf Seite 320.

[2] Siehe in Abb. 2.5 auf Seite 309.

E. F. M. Jochim, *Der astronomische Bewegungsbegriff*,
https://doi.org/10.1007/978-3-662-71040-1_3

gesehen ist diese Ansicht schlichtweg falsch. Eine solche Aussage wird der ungeheuren geistigen Anstrengung des *Kopernikus* mit seinen hervorragenden mathematischen Kenntnissen und Leistungen in keiner Weise gerecht.[3]

Man beachte, auch die mathematische Beschreibung in der klassischen Bewegungslehre greift durch Verwendung der mittleren Anomalie implizit auf die Kreisbewegung zurück. Hier wird die Zeit als gleichmäßig durchlaufene Variable vorgegeben und in Proportionalität zur mittleren Anomalie gesetzt.

Diese wird anschließend mithilfe von Beziehungen der Zweikörperbewegung in einen Bahnwinkel (wahre oder exzentrische Anomalie oder etwa die wahre Länge) transformiert. In der mathematischen Beschreibung einer Bewegung wird diese Größe dann als Variable verwendet.[4]

Der dritte entscheidende Schritt weg von der antiken Vorstellungswelt der Bewegungen der Himmelskörper ist mit *L. Euler* verknüpft. Durch Einführung seiner Methode der Variation der Parameter ist auch das letzte Argument für die („ewige") Unveränderlichkeit der Bewegungen genommen. Es gibt also (außer einigen physikalischen Fundamentalkonstanten) keine „Konstanten" eines Bewegungsvorganges (interessanterweise hieß die Methode ursprünglich „Variation der Konstanten"), sondern die Bahnen, ihre Formen und ihre räumliche Orientierung sind variabel, „alles ist in Bewegung".

Die Notwendigkeit zu einer Überdenkung der klassischen Bewegungslehre ergab sich wieder durch die Ergebnisse einer verfeinerten Messtechnik in den astronomischen Beobachtungen. Einen Riss bekam das geschlossene Bild der klassischen Bewegungslehre bereits in der zweiten Hälfte des 19. Jahrhunderts durch Beobachtungen des Bewegungsverhaltens des Merkurs um die Sonne. Ein wesentlicher Anteil der Periheldrehung seiner Bahn konnte mit den Methoden der klassischen Bewegungslehre nicht gedeutet werden.

Diese und weitere Beobachtungen können nur mit Methoden der jetzt entstehenden physikalischen und mathematischen Theorien der Relativitätstheorie, Quantenmechanik und der Chaostheorie befriedigend beschrieben werden. Dazu gehören auch die Möglichkeiten weitgehend automatischer, auch formales Rechnen erlaubender Prozessoren. Dadurch wurde bzw. wird auch eine gedankliche Neuorientierung nötig:

1. Die *Kepler*'schen Gesetze werden ihres gesetzmäßigen grundlegenden Charakters entkleidet und auf das Niveau mathematischer Beziehungen reduziert: Das erste Gesetz liefert den Kegelschnitt allenfalls als eine intermediäre Bahn.[5] Eine intermediäre Bahn kann mit Ausnahme des Kreises durch jede beliebige andere Kurve geleistet werden. Wir wissen heute, der Kreis taugt als in sich vollkommene Kurve

[3] Siehe hierzu etwa in Abschn. 1.9.3 ab Seite 227.

[4] Vgl. Tab. 2.1 auf Seite 398.

[5] Ausnahmen sind Satelliten-Äquivalenzbahnen, die durch Kopplung beliebiger Bewegungen mit der (ungestörten) *Kepler*-Bewegung gefunden werden (siehe in Abschn. 3.3.10 auf Seite 527; außerdem in JOCHIM, E. F. M. [2024]).

Tab. 3.1 Die Verzahnung von Beobachtung und Theorie in der Beschreibung von Bewegungen im (platonischen) Spannungsfeld von physikalisch-astronomischer Realität (Beobachtung der Erscheinungen) und mathematisch-hypothetischer Theorie (unvollständige überblicksmäßige Darstellung)

Beobachtung (Erscheinung)		Theorie (Hypothese)	
Beobachter	Genauigkeit	Theoretiker	Theorie
Visuelle Beobachtung	1°–5°	*Anaximander von Milet* (um 580 v. Chr.)	Kreisbewegung
		Platon (um 339 v. Chr.)	Mathematisierung der Bewegung
		Eudoxos (um 320 v. Chr.)	Sphärenmodell
Hipparchos (um 130 v. Chr.)	4'–5'	*Apollonios* (um 200 v. Chr.)	Exzentermodell, Epizykelmodell
			2. Ungleichheit der Mondbewegung
Tycho Brahe (um 1590)	30"	*Ptolemäus* (um 120)	Punctum aequans der Planetenbewegung
			Gesetze der
Fernrohr		*Kepler* (1609/1619)	Planetenbewegung
Bradley (1727)	2"	*Newton* (1687)	Dynamisierung der Bewegung, Mehrkörperbewegung
		Euler (1744)	Variation der
Bessel (1838)	0".7		Bewegungsparameter
Küstner (1900)	0".27	*Poincaré* (um 1900)	Periodische Lösungen in der Mehrkörperbewegung

(Fortsetzung)

Tab. 3.1 (Fortsetzung)

Beobachtung (Erscheinung)		Theorie (Hypothese)	
Michelson (1881)			Chaostheorie
Interferometer	0“.047	*Einstein* (1905/1915)	Relativistische
Astrolab	0“.04		Bewegung
Photographische Platte		*Heisenberg* (1925)	Unschärfe der Bewegung
HIPPARCOS (1993)	0“.002	ab ≈ 1980	Chaotische Bewegung, neuronale Netze

nicht zur mathematischen Anpassung beliebiger Kurven.[6] Das zweite *Kepler*'sche Gesetz liefert aus dem vektoriellen Produkt aus Orts- und Geschwindigkeitsvektor die Bahnnormale und damit den Flächenparameter. Dieser ist nur im Fall einer reinen Zentralbewegung konstant. In der Realität ist er jedoch grundsätzlich ein wichtiger variabler Parameter eines jeden Bewegungsvorganges. Der Flächensatz ist eine differentielle Beziehung zwischen einem Bahnwinkel und der Zeit. Das dritte *Kepler*'sche Gesetz dient als Verknüpfung des ersten und des zweiten *Kepler*'schen Gesetzes. Es kann als eine näherungsweise Merkformel zur Abschätzung der Umlaufzeit von Himmelskörpern umeinander verwendet werden. Die Kepler'schen Bahnelemente wurden schon lange nicht mehr zur Berechnung der Bewegung eines Himmelskörpers verwendet. Sie dienten bisher lediglich zur anschaulichen Beschreibung und Abschätzung einer Bahn. Wie bei der Untersuchung von Äquivalenzbahnen gefunden wurde, können bestimmte Satellitenbahnen durch Äquivalenz mit einer Satellitenbewegung (anomalistische, drakonitische, tropische, meridionale, Sonnen-synodische oder Mond-synodische usw.) auf eine *Kepler*-Bahn ohne ungestörte Kepler-Bewegung gezwungen werden.[7] Diese Besonderheit wurde im Zusammenhang mit Äquivalenzbahnen gefunden: Durch Kopplung der ungestörten *Kepler*-Bewegung mit einer der verschiedenen Satellitenbewegungen können Bahnen gefunden werden, deren Umlaufzeit die ungestörte *Kepler*'sche ist. In diesem Fall ist die große Bahnhalbachse der Bahn nach dem dritten *Kepler*'schen Gesetz exakt mit der *Kepler*'schen Umlaufzeit verknüpft.[8]
2. Das *Newton*'sche Gravitationsgesetz wurde von *A. Einstein* durch eine geometrisch-kinematische Beschreibung mithilfe krummliniger Koordinatensysteme im Rahmen der Tensorrechnung ersetzt.
3. Die *Euler'sche* Methode der Variation der Parameter lässt sich prinzipiell für die Anpassung jeder beliebigen Bewegung verwenden. Dazu müssen jedoch die klassischen Planetengleichungen durch einen geschickten neuen Ansatz ersetzt werden. Die Methode der Variation der Parameter („Konstanten") kann durch Bezug auf die von *P. A. Hansen* eingeführten „idealen" Koordinaten allgemein zurückgeführt werden.[9]
4. Die Zeit kann nicht mehr als gleichmäßig variierende unabhängige Variable zur Integration der Bewegungsgleichungen verwendet werden. An Stelle der Zeit kann zur Beschreibung eines Bewegungsvorganges vornehmlich ein Bahnwinkel eingesetzt werden.

Die neu entwickelten Methoden und Gedankengänge sind vielfältig. Daher können hier nur unvollständige Hinweise gegeben werden.

---

[6] Siehe in E. F. M. JOCHIM [2016b], Abschn. 5.6.; E. F. M. JOCHIM (2015)

[7] E. F. M. JOCHIM [2020]; E. F. M. JOCHIM [2022]; E. F. M. JOCHIM, *Equivalence Orbits, Analysis of orbits combining different motions.* Springer Nature. ISBN 978-3-031-58475-6.

[8] Abschn. 3.3.10 ab Seite 527, Unterabschn. 4.

[9] JOCHIM, E. F. M. [2016b]: Abschn. 4.3, insbesondere 4.3.10–4.3.16, sowie K Abschn. 5.7; auch: E. F. M. JOCHIM [2011] und [2012].

Tab. 3.2 Die Periheldrehung von Merkur, Erde und Mars im Verlauf von 100 (siderischen) Jahren[11]

	$(\delta\omega)_{100}$ Rechnung (nur Einkörperproblem)	$(\delta\omega)_{100}$ Beobachtung, inkl. Alle relevanten physikalischen Einflüsse
Merkur ☿	43".15	42".56
Erde ♁	3".84	4".6
Mars ♂	1".35	

3.2 Physikalische Randbedingungen

Die neuen physikalischen Theorien lösen die Methoden und Gedankengänge der klassischen Physik ab. Sie haben erhebliche Auswirkungen auf das Verständnis der Bewegungslehre.

3.2.1 Bewegung in der Relativitätstheorie

Die Entdeckung der Vakuums Lichtgeschwindigkeit als maximaler Signalgeschwindigkeit erwies diese als einen allgemeingültigen physikalischen Fundamentalparameter. Die Zeit muss in diesem Zusammenhang als eine relative veränderliche physikalische Größe akzeptiert werden. Sie kann daher nicht mehr als eine unabhängige Variable bei der Beschreibung einer Bewegung verstanden werden. Dies hatte sich schon in klassischen Verfahren der Bewegungslehre als mathematisch vorteilhaft angedeutet, wurde jedoch jetzt physikalisch begründet. Die Einführung von krummlinigen Koordinatensystemen im Gegensatz zu den in der klassischen Bewegungslehre verwendeten geradlinigen Systemen führt zu erweiterten Einsichten und Gesetzmäßigkeiten.

Ein bekanntes Beispiel ist die Untersuchung der Perihelbewegung des Merkur. Sie wurde mit den Methoden der klassischen Himmelsmechanik nicht gedeutet. Die Periheldrehung kann durch die Formel[10]

$$\delta\omega = \frac{6\pi\,\mu_\odot}{c^2\,a\left(1-e^2\right)} \tag{3.1}$$

dargestellt werden. Hier ist $\mu_\odot$ die heliozentrische Gravitationskonstante, c die Vakuum-Lichtgeschwindigkeit, a die große Bahnhalbachse und e die Exzentrizität der Planetenbahn. Zur Verdeutlichung des Einflusses der Periheldrehung von einigen Planeten werden in Tab. 3.2 die Werte der Periheldrehung für einige Planeten wiedergegeben.

[10] Herleitung etwa in Bucerius, H; Schneider, M. [1967], pp. 234–239.

[11] Tabelle kopiert aus Bucerius, H; Schneider, M. [1967], p. 239, nach McVittie G. C.[1965].

Relativistische Effekte auf Satellitenbahnen wurden seit Anbeginn der Raumflugbahnmechanik in Erwägung gezogen. Dies findet sich bereits 1947 bei *E. Esclangon*[12]. Ein späteres Beispiel ist die systematische Untersuchung durch *C. F. Martin* et al.[13]

Aus der Methodik der speziellen und vor allem der allgemeinen Relativitätstheorie können gewisse Lösungswege vorteilhaft zur Bearbeitung von Bewegungsproblemen übertragen werden. Ein interessantes Beispiel ist der von *Fritz Gackstätter*[14] beschrittene Weg zur Verwendung von gewählten Metriken u.a. bei der Behandlung von Resonanzproblemen im Sonnensystem und bei Bahnen von Satelliten und Monden. Diese wurden bisher mit den klassischen Methoden bearbeitet. Im Rückgriff auf Methoden aus der Differentialgeometrie legen in dem von *Gackstätter* zusammengestellten Buch etliche Beispiele Zeugnis ab.

3.2.2 Bewegung in der Quantenmechanik

Einen völlig neuen Ansatz brachte *Max Planck* in die physikalischen Überlegungen durch seine Entdeckung der Quantentheorie. Die Quantenmechanik führt notwendig auf eine Quantifizierung der gesamten Natur mit kleinsten Einheiten wie *Planck*-Masse, *Planck*-Länge, *Planck*-Zeit und den abgeleiteten Größen *Planck*-Fläche, *Planck*-Dichte, *Planck*-Temperatur und *Plack*-Energie. Eine Folge der Quantenstruktur ist die von *Werner Heisenberg* entdeckte Unschärferelation. Sie besagt, Ort x und Impuls p eines bewegten Objektes können nicht mit derselben Genauigkeit gemessen werden[15]:

$$\Delta x \cdot \Delta p \geq \frac{\hbar}{2\pi} \quad . \tag{3.2}$$

$\hbar$ ist das *Planck*'sche Wirkungsquantum. Auch wenn diese Aussagen für den Mikrokosmos gültig sind, gibt es doch Auswirkungen auf den Makrokosmos bei der Suche nach einer vereinheitlichten Theorie. Dies zeigt sich etwa in der Suche nach der Quantenstruktur der Raumzeit im Rahmen etwa der Loop-Quanten-Gravitation.[16] Hier sind auch Einflüsse auf eine allgemeine Theorie der Bewegung zu erwarten: Gibt es überhaupt eine kontinuierliche ununterbrochene Bewegung. Die philosophischen Auswirkungen sind beträchtlich. Beispiel: *„Die Modalkategorien erscheinen als Elemente einer durch Erscheinungen der Quantenphysik erzwungenen Verallgemeinerung der klassischen zweiwertigen*

[12] ESCLANGON, P. [1948].

[13] MARTIN, C. F., M. H. TORRENCE, C. W. MISNER [1984].

[14] GACKSTÄTTE, FRITZ [2000]; GACKSTÄTTE, FRITZ [2001].

[15] HEISENBERG, W. [2001]; Siehe etwa auch die allgemeinverständliche Darstellung in: IMGRUND, MAXIMILIAN UND HARALD LESCH [2011]: *Körnige Raumzeit, Die Struktur des Allerkleinsten*, in SuW 12/2011, pp. 36–45

[16] Ein allgemeinverständlicher Artikel hierzu in SuW, Juli 2011 von KRISTINA GIESEL: *Loop-Quanten-Gravitation. Die Quanten der Schwerkraft*, pp. 30–41.

Logik: Neben „wahr" und „falsch" erscheint dann z. B. noch „möglich" oder „unbestimmt" als Prädikator für Aussagen, „um den Abgrund zwischen wahr und falsch zu überbrücken".[17]

3.2.3 Der expandierende Raum

Basierend auf den fundamentalen großen revolutionierenden Theorien der theoretischen Physik, der allgemeinen Relativitätstheorie und der Quantenmechanik sowie durch Auswertung aktueller astronomischer Beobachtungen konnte *Georges Lemaître* den wesentlichen Fortschritt in der Kosmologie entwickeln.[18]

Albert Einstein[19] nahm an, seine Formeln der allgemeinen Relativitätstheorie würde in einem ruhenden, statischen, sich immer gleichbleibenden Universum gelten. Das entsprechende kosmologische Modell wurde von *Willem de Sitter* vorgestellt.[20] *Georges Lemaître* hatte sich kritisch mit *De Sitters* kosmologischem Modell auseinandergesetzt und eine Inkonsistenz wegen des Gebots der Homogenität als Folge eines statischen Weltalls festgestellt.[21]

Alexander Friedmann gelang der Nachweis aus den Formeln der allgemeinen Relativitätstheorie, es könne ein dynamisches Weltall folgen, d. h. ein sich zusammenziehendes oder expandierendes Weltall.[22] Diese Entdeckung wurde unabhängig nochmals von *Georges Lemaître* gefunden. *Lemaître* hatte aber zusätzlich seine Entdeckung mit den seinerzeit besten astronomischen Beobachtungen verknüpft.[23] Daraus entstand der kühne Gedanke des expandierenden Universums. Er entdeckte in dieser Arbeit auch die Beziehung zwischen der auf eine Rotverschiebung gegründete „Fluchtgeschwindigkeit" V und der Entfernung: $V = H\ r$. Dieses Gesetz und die zugehörende Proportionalitätskonstante H sind heute als *Hubble-Lemaître-Gesetz* bzw. (trotz der Erstentdeckung durch *Georges Lemaître*) *Hubble-Konstante* bekannt.[24] Die entsprechenden Beobachtungen waren

[17] Jochim, Hans-Peter [1965], p. 3.

[18] Mitton, Simon A. [2020]; Dieser Abschnitt folgt im Wesentlichen Nussbaumer, Harry [2007-b]. Dort und in Nussbaumer, Harry [2007-a] kann Ergänzendes und Vertiefendes nachgelesen werden.

[19] A. Einstein [1917].

[20] Sitter, Willem de [1917].

[21] Lemaître, Georges [1925], *Georges Lemaître* (1894–1966). Siehe auch, https://www.amnh.org/learn-teach/curriculum-collections/cosmic-horizons-book/georges-lemaitre-big-bang

[22] Friedmann, Alexander [1922].

[23] Georges Lemaître [1927]; Georges Lemaître [1931]: Paper von 1927 in englischer Übertragung.

[24] Die IAU änderte 2018 die zuvor als *Hubble*-Gesetz bezeichnete Beziehung offiziell als *Hubble-Lemaître*-Gesetz. Siehe etwa in: Mitton, Simon A. [2020], https://churchlifejournal.nd.edu/articles/faith-and-the-expanding-universe-of-georges-lemaitre/

die von *Vesto M. Slipher* beobachteten Rotverschiebungen[25] und die von *Edwin Hubble* beobachteten Distanzen der Spiralnebel.[26]

Edwin Hubble[27] hatte die lineare Beziehung zwischen der Rotverschiebung und der Entfernung der entfernten Galaxien in seinen Beobachtungen bestätigt, insbesondere in seinen vorzüglichen Beobachtungen mit *M. Humason.*[28] Zur Expansion des Raumes, wie ihn 1927 Georges Lemaître postuliert hatte, nahm er keine Stellung. Man bekommt den Eindruck, *Hubble* hätte nicht an die Expansion geglaubt.[29] Dies wird bestätigt in einem Aufsatz[30] *Hubbles* aus dem Jahr 1938, in dem er das expandierende Weltall der allgemeinen Relativitätstheorie als theoretisch betrachtet.

Vielmehr hat *Hubble* die von ihm entdeckte Flucht der Galaxien im Rahmen des statischen *De Sitter-Modells* gesehen. [31] *H. Nussbaumer* schreibt: *„Hubble hat nie behauptet, er habe die Expansion des Universums entdeckt. Dieses Attribut hat späterer Heldenkult dazu gedichtet."*

Lemaître muss damit als der Entdecker des „Big Bang" anerkannt werden. Statt Big Bang hatte er zunächst von „der Hypothese des uranfänglichen Atoms", später einfach „der Anfang der Welt" gesprochen.[32]

> *„Lemaître betonte mit Nachdruck, dass die großen Rotverschiebungen nicht als Flucht der Galaxien von uns weg gedeutet werden dürfen, sondern dass sie die Expansion unseres Universums anzeigen."*[33]

Die Distanzen zwischen den Galaxien nehmen infolge der Expansion ständig zu, aber ihr Ort innerhalb der Galaxiengemeinschaft bleibt. Aufgrund der gravitativen Attraktion innerhalb der Galaxien wie auch innerhalb unseres Sonnensystems sowie auch des Lebens auf unserem Planeten ändert sich trotz der Expansion nicht deren Zusammenhalt, Form und Bewegung. Hier spielt vermutlich die dunkle Materie eine wesentlich Rolle, die in einem Halo um eine Galaxis diese zusammenhalten könnte. Siehe hierzu etwa die Arbeiten der amerikanischen Astronomin *Vera Rubin* (1928–2016) zur dunklen Materie (etwa in Rubin, Vera C. (1995)).[34]

---

[25] SLIPHER, VESTO M. [1917].

[26] HUBBLE, EDWIN POWELL [1926].

[27] HUBBLE, EDWIN POWELL [1929]; MITTON, SIMON A. [2020].

[28] HUBBLE, EDWIN POWELL, MITTON L. HUMASON [1931].

[29] NUSSBAUMER, HARRY [2007-a], p. 121.

[30] HUBBLE, EDWIN POWELL [1938], Aufsatz wiedergegeben in J. HAMEL [2004], p. 330.

[31] NUSSBAUMER, HARRY [2007-b], p. 43.

[32] BIEZEN, ALEXANDER FRANCOIS VAN [2014].

[33] NUSSBAUMER, HARRY [2007-b], p. 41.

[34] Vertiefende Aussagen weiter in NUSSBAUMER, HARRY [2007-b], p. 41.

Mit einem Nobel-Preis wurde die Arbeit *Lemaîtres* allerdings nicht ausgezeichnet. Diese Arbeit von *Lemaître* war vermutlich als der mathematischen Astronomie zugehörend beurteilt worden. Und für mathematische Arbeiten gibt es bekanntlich keinen Nobel-Preis.[35]

Bemerkenswert ist die Aussage *Lemaîtres*[36]:

„The Bible knows nothing about physics, and physics knows nothing about God."

Anmerkungen

1. Die Geschwindigkeit V im *Hubble-Lemaître-Gesetz* ist entsprechend den Beobachtungen eine radiale Geschwindigkeit. Daher müsste das Gesetz richtigerweise in der Form $\dot{r} = H \cdot r$ geschrieben werden.
2. Wird das Gesetz in der allgemein üblichen Form mit der Geschwindigkeit V = H r geschrieben, erhält man eine Beziehung zwischen Geschwindigkeit V und Abstand r. *Kepler* hatte auch eine Gesetzmäßigkeit gefunden, in der eine Geschwindigkeit V in einem Verhältnis zur Distanz r gesehen werden kann, dem (näherungsweisen) Abstandsgesetz[37] V = G/r. Gibt es eine allgemeingültige Aussage oder Interpretation über physikalische Relationen zwischen Geschwindigkeit V und Distanz r? Lassen sich Zusammenhänge finden?

3.3 Mathematische Methodik

3.3.1 Parameterräume

Physikalische Vorgänge müssen, um sie mathematisch beschreiben zu können, in einem mathematischen Raum abgebildet werden. Ein solcher mathematischer Raum kann gewöhnlich als ein Parameterraum bezeichnet werden. In ihm werden den physikalischen Beobachtungsgrößen mathematische Symbole, also Parameter, zugeordnet. Diese können mit numerischen Werten belegt werden. Sie können dieselbe Dimension wie der ursprüngliche physikalische Raum haben, also zwei- oder dreidimensional sein. Es gibt jedoch bisweilen auch die Notwendigkeit, höherdimensionale Parameterräume zu konstruieren. Vierdimensionale Räume sind etwa seit *L. Euler* und der von ihm entdeckten *Euler*'schen Identität bekannt, speziell der Raum der Quaternionen und vergleichbare

[35] Blitz, Matt [2014]. Hier wird die Vermutung geäußert, dass die Arbeit als astronomisch und nicht als physikalisch beurteilt wurde. Und astronomische Arbeiten seien seinerzeit nicht als *Nobel-*Preis würdig angesehen worden, da sie nicht physikalisch seien.

[36] Lemaître, Georges [1950], zitiert in: https://www.geniuses.club/genius/georges-lemaitre

[37] Abschn. 2.3.2 (ab Seite 305), Formel (2.2); Abschn. 2.8.7.6 auf Seite 402, Formel (2.283).

Räume. Auch der Raum der KS-Variablen kann auf die *Euler*'sche zurückgeführt werden, unterscheidet sich aber wesentlich von den Quaternionen sowohl in der mathematischen Darstellung wie vor allem in der Handhabung.[38] Der bekannteste vierdimensionale Parameterraum ist das Raum-Zeit-Kontinuum. Im Rahmen der neueren Physik wurden auch manche höherdimensionale Parameterräume konstruiert. Sie müssen nicht notwendig etwas mit der physikalischen „Realität" zu tun haben. Hier handelt es sich ausnahmslos um mathematische Modelle.

3.3.2 Poincaré'sche Schnitte

Eine spezielle Klasse von Parameterräumen sind die Phasenräume, deren Koordinatenachsen räumliche und Geschwindigkeitskomponenten sein können. Der bekannteste Phasenraum ist zweidimensional mit einer räumlichen Achse und der längs der anderen Achse aufgetragenen Geschwindigkeit. *H. Poincaré* nutzte diesen Phasenraum, um ihn durch das Bewegungsmuster komplizierter Bewegungsvorgänge zu legen. Er beobachtete bzw. berechnete die Durchstoßpunkte dieser Bahnen durch diese Ebene. Aus dem Muster dieser Punkte kann auf periodische, quasiperiodische und chaotische Bewegungen geschlossen werden. Diese Durchstoßpunkte entstehen jeweils nach einem „Umlauf" um den zentralen Bezugspunkt der Bewegung, z. B. das Gravitationszentrum. Das Bewegungsverhalten außerhalb ist nicht bekannt bzw. kann vielleicht angenommen werden. Es spielt für die Beurteilung des Bewegungsverhaltens keine Rolle. Die Bewegung wird also blitzartig, „stroboskopisch", betrachtet. Aus dieser Idee hat sich die einige Zeit diskutierte stroboskopische Bewegungslehre entwickelt.[39]

3.3.3 Chaotische Bewegung

Bewegungen, bei denen kleine Änderungen der Anfangsbedingungen große Änderungen des Bewegungsverlaufs verursachen, werden als chaotisch bezeichnet.[40] Bei langfristigen Untersuchungen von Bewegungen, etwa der Planeten des Sonnensystems über mehrere

---

[38] STIEFEl, E. and SCHEIFELE, E. [1971], pp. 285–286.

[39] Z. B. in: ROTH, E. [1979]: *On the Higher-Order Stroboscopic Method*, ZAMP, **30** (2), pp. 315–325; ROTH, E. [1978]: ‚An Application of the Stroboscopic Method', in: V. SZEBEHELY (Ed.), *Dynamics of Planets and Satellites and Theories of Their Motion*, Reidel Dordrecht, pp. 181–188; HALBRITTER, J-P. [1981]: *Study on the Extension of the Stroboscopic Method to the Second Order*, ACM Schänis AG, Switzerland, ESA Report Reference CR(P) 1488, Vol. 2 [1982]: *Perturbations by the Higher Degree Zonal Harmonics,* ESA CR(P) 1658.

[40] Siehe etwa in SZEBEHELY, V. [1991]; LASKAR, J. [1989], [1990]; RICHARDSON, D. L. and T. BARTLER [1995]; FERRAZ- MELLO, S. [1992]: *Chaos, Resonance and Collective Dynamical Phenomena in the Solar System: Proceedings of the 152nd Symposium of the International Astronomical Union*, held in Angra dos Reis, Brazil, 15–19, July 1991, Kluwer Academic Publishers, Dordrecht,

Millionen von Jahren, interessiert, ob zunächst stabile Bewegungen chaotisch ausarten können. Eine Frage ist: Kann ein Planet seine Bahn verlassen und vielleicht sogar das Sonnensystem verlassen?[41] Auch die Schiefe der Äquatorebene eines Planeten in Bezug auf seine Bahnebene um die Sonne kann chaotisches Verhalten aufweisen. Dies konnte zum Beispiel für den Planeten Mars nachgewiesen werden.[42]

Bei Untersuchungen der Bewegung von künstlichen Satelliten spielt die Berücksichtigung möglicher chaotischer Bewegungen keine Rolle, wenn die Satellitenbahnen korrigiert werden können. Falls keine Korrekturen erfolgen, kann chaotische Bewegung durchaus möglich werden. Dies wurde etwa für die langfristige Wirkung des J_{22}-Koeffizienten des Erdschwerefeldes auf das Bewegungsverhalten von Erdsatelliten untersucht.[43]

Bei interplanetaren Bewegungen etwa der Kleinen Planeten wirken sich physikalische, nicht mathematische Effekte aus, wie etwa der von *Y. Kozai* entdeckte *Kozai*-Effekt.[44] Hier können Methoden der Chaostheorie Einsichten liefern. Es gibt verschiedene Untersuchungen, wie auch bekannte „normale" Verfahren wie etwa das *Newton*-Verfahren zur iterativen Lösung von Funktionen der Form $f(x) = 0$ unter Umständen chaotisches Verhalten zeigen können. *Laura Stumpf*[45] wandte das Verfahren zur Lösung der *Kepler*-Gleichung $M = E - e \sin E$ an. Wie sie herausfand, kann für bestimmte Werte großer Exzentrizitäten e und kleiner Werte der mittleren Anomalie M chaotisches Verhalten auftreten. Es ist also prinzipiell erforderlich, derartige Verfahren auf ihre Stabilität und universelle Anwendbarkeit zu überprüfen. Bedingungsloses Vertrauen auch in mathematische Verfahren ist nicht erlaubt.

3.3.4 KAM-Theorie

Im Zusammenhang mit der Untersuchung chaotischer Bewegungen brachte die KAM-Theorie einen entscheidenden Durchbruch. Ein von *Poincaré* herausgefundenes und nach

---

ISBN 0-7923-1781-5 (HB]; WISDOM, J. [1983]: ‚Chaotic Behaviour and the Origin of the 3/1 Kirkwood Gap', *Icarus* **56**, pp.51–74; WISDOM, J. [1985]: ‚Meteorites may follow a chaotic route to E', *Nature* Vol **315**, 27 Jun2 1985, pp. 731–733; DVORAK, R. AND MARTIN KARCH [1988]: ‚Chaos und Himmelsmechanik, Teil 2: Enceladus und Dione', *SuW* 9/1988, pp.525-529; RADONS, G. [1993]: ‚Chaotische Neigungen', *SuW* 10/1993, p.627.

Definition auch in http://de.wikipedia.org/wiki/Bewegung_%28Physik%29#Chaotische_Bewegung

[41] Siehe dazu die Arbeiten von LASKAR u. a., die vor einigen Jahren großes Aufsehen erregten, inzwischen aber umstritten sind. Siehe dazu die Überlegungen zur Unverträglichkeit von Mathematik und Physik in Abschn. 3.4.

[42] BRUCE G. BILLS [1990].

[43] Sansaturio, M. E., I. Vigo-Aguiar and J. M. Ferrándiz [1998].

[44] Siehe in Abschn. 2.10.3 auf Seite 478.

[45] STUMPF, LAURA [1999], dort weitere Literaturangaben und Beispiele mit anderen Funktionen.

ihm benanntes Theorem lautet: Die meisten dynamischen Systeme sind nicht integrabel. Das Theorem hat als eine Folge das „Problem der kleinen Nenner“. Dieses ist auch in der Satellitentheorie bei der analytischen Lösung langperiodischer Bahnstörungen sowie insbesondere bei der Untersuchung von Resonanzen von zentraler Wichtigkeit.

Andrey N. Kolmogorov[46] fand 1954 eine Lösung des Problems der kleinen Nenner. Ausgangspunkt ist die Untersuchung der Stabilität von Bewegungen in konservativen dynamischen Systemen, wenn sie durch kleine Störungen in integrablen *Hamilton*-Systemen beeinflusst werden. Infolgedessen werden diese zu „nahezu“ integrablen Systemen. In Folge können bedingt periodische, also quasiperiodische, Bewegungen und zufällige, also chaotische, Bewegungen sein.[47]

Das Theorem von Kolmogorov wurde 1963 für analytische *Hamilton*-Systeme von ***Vladimir Arnold***[48] bewiesen. Dieses Theorem wurde 1962 von ***Jürgen Moser***[49] für resonante Tori bewiesen. Die Auswirkungen der in der KAM Theorie entwickelten Ideen auf eine allgemeine Bewegungslehre sind bedeutend. In der praktischen Anwendung der Lehre der Satellitenbewegung ist sie jedoch (noch?) nicht relevant.

3.3.5 Computergestützte Algebra (CAS)

Seit etlichen Jahren werden Rechnerprogramme entwickelt (z. B. FORMAC, REDUCE, MATHEMATICA, MAPLE, MAXIM...), die formales Rechnen erlauben. Sie nehmen die mühsame Rechenarbeit etwa bei der Differentiation komplizierter Ausdrücke, der Integration, teilweise auch von Differentialgleichungen, bei Umformungen und Transformationen usw. ab. Eine Zusammenstellung mathematischer sogenannter Prozessoren, wie die systematische Verwendung von Poisson-Reihen, hat *V. A. Brumberg* in seinem grundlegenden Buch *Analytical Techniques of Celestial Mechanics* [1995] erarbeitet. Die Verfahren (Computer Algebra Systems CAS) gehen bis in die früheren 70er-Jahre des letzten Jahrhunderts zurück.[50]

---

[46] *Andrey N. Kolmogorov* (25. April 1903, Tambov/Russland – 20. Oktober 1987, Moskau).

[47] Siehe etwa: BROER, HENK W. [2003]; P ÖSCHEL, J. [2001]. In diesen Arbeiten zahlreiche weitere Literaturhinweise. Weiteres in: http://en.wikipedia.org/wiki/Kolmogorov%E2%80%93Arnold%E2%80%93Moser_theorem; http://www.schlaefendorf.de/literatur/prigogine/node32.html

[48] *Vladimir Arnold* (12. Juni 1937, Odessa – 2. Juni 2010, Paris).

[49] *Jürgen Moser* (4. Juli 1928, Königsberg – 7. Dezember 1999, Schwerzenbach bei Zürich).

[50] Siehe zum Beispiel auf dem Gebiet der Astrodynamik die Arbeiten: ROM, A., [1970]; BROUCKE, R. A. AND CEFOLA, P. J. [1972]; ECKSTEIN, M. C. [1972]; ECKSTEIN, M. C. [1973a]; und andere.

3.3.6 Evolutionäre neuronale Regler

Die moderne Computertechnologie hat ein von der Informationsverarbeitung in biologischen Nervensystemen inspiriertes Berechnungsmodell entwickelt. Es wird als Verfahren der *neuronalen Netze* bezeichnet.[51] Diese arbeiten parallel und analog im Gegensatz zu den seriell und digital arbeitenden konventionellen Rechnern. *Evolutionäre Algorithmen* verwenden hauptsächlich eine der Biologie entnommene Terminologie. Sie werden als Lernverfahren für neuronale Netze angewendet. Diese sind offenbar ein effizientes Verfahren, um die optimale Netzfunktion eines neuronalen Reglers zu finden. Sie werden dann als *evolutionäre neuronale Regler* bezeichnet.

Es gibt bereits viele erfolgreiche Anwendungen der evolutionären neuronalen Regler. Ein interessantes Beispiel im Rahmen der Bahnmechanik im interplanetaren Raum ist die optimale Suche nach optimalen Bahnen von Sonnenseglern.[52] Gegenüber herkömmlichen klassischen Verfahren konnten hier neue optimale Bahnen gefunden werden. Die neuronalen Netze werden im Prinzip als ein „schwarzer Kasten" verwendet. Eine geschickte Anwendung dieser Verfahren könnte künftig für die Berechnung der Bewegung der Himmelskörper von Bedeutung werden.[53]

3.3.7 Anwendungen von KI in der Raumfahrt

Seit vielen Jahren werden Methoden der KI in der Raumfahrt zur Unterstützung bei der Auswertung der riesigen Datenmengen verwendet, die etwa von Erdbeobachtungssatelliten oder durch Wettersatelliten erzeugt werden.[54] Die enorm komplexen Anforderungen, etwa bei der Erstellung von Zeitplanungen (timeline) für die Durchführung der Experimente auf einer Raumstation, lassen sich ohne den Einsatz von KI heutzutage kaum noch bewältigen.[55] Ein faszinierender Einsatz ist die Auswahl geeigneter Landeplätze auf der Mondoberfläche mithilfe von Methoden der KI.[56] Im Rahmen der Auswahl

[51] ROJAS, R. [1996]: *Neural Networks. A Systematic Introduction*, Springer Verlag, Berlin, Heidelberg, New York; ROJAS, R. [1994]: ‚Was können neuronale Netze?' In: R.-H. SCHULZ (Hrsg.), *Mathematische Aspekte der angewandten Informatik*, pp. 55–88, Wissenschaftsverlag Mannheim (zitiert nach B. DACHWALD [2002]).

[52] Dachwald, B., W. Seboldt [2002]; Dachwald, B., W. Seboldt and B. Häusler [2002]; B. Dachwald [2002]; in diesen Arbeiten weitere Hinweise auf relevante Literatur.

[53] Über Anwendungen von neuronalen Netzwerken zur Abschätzung von stochastischen Parametern bzw. zu Anwendungen im Rahmen von Satelliten – Lagebestimmungen siehe etwa in RIOS NETO, ATAIR AND WILSON RIOS NETO, [2000] und CAMARA, VALDEMIR AND ATAIR RIOS NETO, [2000].

[54] Siehe etwa in https://www.astronews.com/news/artikel/2021/02/2102-005.shtml

[55] Siehe etwa in DECANIO, GABRIELE, et al. [2024]: *Development of an actionable AI roadmap for automating mission operations.*

[56] FREEMAN, RONALD H. [2024]: *Landing Site Selection on the Moon: AI Role in Detection of Craters and Lunar Swirls.*

von Satellitenbahnen komplexer Kleinsatellitenkonstellationen kann mit KI-Methoden die Bahnkontrolle zur Vermeidung von Zusammenstößen eingesetzt werden. Auf einen zunehmenden Einsatz von KI im Betrieb und der Auswertung von Raumfahrtunternehmungen soll im Zusammenhang mit den Themen dieses Buches nur hingewiesen werden.

Bei einer Anwendung von Methoden der KI bei astrodynamischen Aufgabenstellungen tritt folgende Problematik auf: Werden Ergebnisse mit einem bestimmten Algorithmus erzeugt, so müssen sie vollständig unabhängig von diesem Algorithmus verifiziert werden können.[57] Wie ist das im Fall von Ergebnissen, die mit KI erzeugt werden? Antwort: Eine unabhängige Kontrolle ist nur mit NI möglich.[58]

3.3.8 Beliebige Ausgangskurven

In konsequenter Weiterführung der Methode der *Euler*'schen Variation der Parameter kann (fast) jede beliebige Kurve als Ausgangskurve zur mathematischen Anpassung in der Beschreibung beliebiger Bewegungsvorgänge benutzt werden. Nur der Kreis kann nicht als Anpassungskurve dienen.[59] Ursächlich ist der enge Zusammenhang der Methode der Variation der Parameter (in Erfüllung der *Lagrange*'schen Bedingung [Lagrange Constraint]) durch ihre Zurückführung auf *Hansen*'sche Systeme.[60] In diesem System kann sogar eine Gerade als Ausgangsnäherung verwendet werden.[61] Mithilfe einer geschickten Darstellung der Bewegungsprobleme können weitgehend formale Rechnersysteme (CAS) eingesetzt werden.

3.3.9 Sonnensegler

Dass der Lichtdruck, also der Strahlungsdruck durch die Sonne, eine beschleunigende Wirkung hat, ist seit alters her bekannt. Den Nutzen für die Raumfahrt, um eine interplanetare Bewegung zu erreichen, hat als Erster *Konstantin Ziolkowsky*[62] erkannt. Er gilt als der Erfinder der Sonnensegler.[63] *Friedrich A. Zander* führte viele der Ideen von *Ziolkowsky*

[57] Diese ist zum Beispiel eine wesentliche Forderung bei der Erzeugung von Äquivalenzbahnen (Abschn. 3.3.10, auf Seite 527).

[58] NI = natürliche Intelligenz (= gesunder Menschenverstand). Persönl. Mitt. *J. Kehr* (20. 6. 2024).

[59] JOCHIM, E. F. M. [2015].

[60] Abschn. 2.8.7.5 ab Seite 401; JOCHIM, E. F. M. [2011]; JOCHIM, E. F. M. [2012].

[61] JOCHIM, E. F. M. [2016-a]; sowie siehe am Ende des *Hansen-Abschn.* 2.8.7 ab Seite 389.

[62] URBANCZYK, Mgr. [1965].

[63] Eine ausführliche detailreiche Übersicht über Prinzipien, Missionen, Projekte findet sich in https://en.wikipedia.org/wiki/Solar_sail

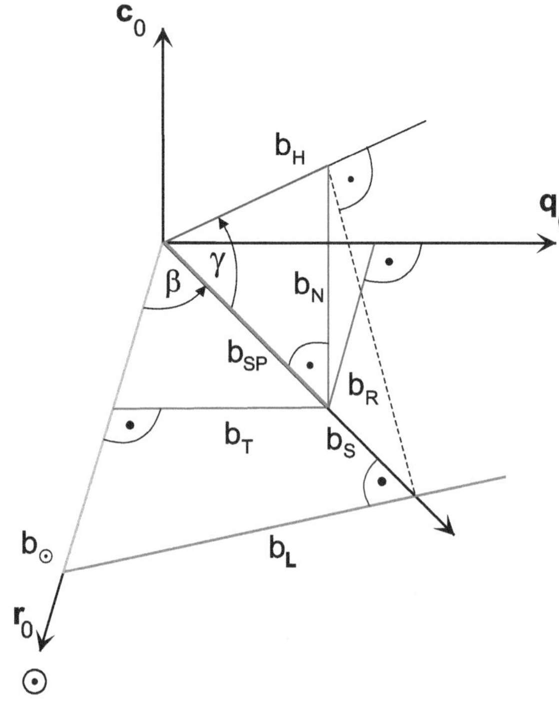

Abb. 3.1 Anstellwinkel eines Sonnensegels zur Erzeugung einer räumlichen Bahn: Winkel-β-Drehung in der Bahnebene, Winkel-γ-Drehung aus der momentanen Bahnebene, Darstellung der Beschleunigungen im *Leibniz*-System. (Zur besseren Übersicht wurde das System in der Grafik zum Beobachter hin geöffnet.)

weiter, so auch die Idee der Sonnensegler mit Untersuchungen zur technischen Realisierung.[64] Eine Fülle von Arbeiten zur Realisierung von Sonnenseglern[65] folgten, u. a. auch mit erfolgreichem Einsatz von evolutionären neuronalen Reglern.[66] Eine erste technische Realisierung ist der am 21. Mai 2010 gestartete japanische Sonnensegler Ikarus[67] (**I**nterplanetary **K**ite-Craft **A**ccelerated by **R**adiation **o**f the **S**un) (Abb. 3.1).

Im Zusammenhang mit der Entwicklung des Bewegungsbegriffs sei ein Beispiel angeführt, wie durch Anwendung einer schrittweisen Anpassung die Bewegung eines Sonnenseglers dargestellt werden kann.[68] Die in diesem Beispiel erforderliche Integration, um die interplanetare Bahn des Seglers zu erhalten, wurde mit dem Formelmanipulator MAPLE als einem CAS-System durchgeführt. Nach Verlassen der Erdbahn hat der Sonnensegler die heliozentrische Bewegungsgleichung

---

[64] ZANDER, F. A. [1925] [F. A. Tsander].

[65] MCINNES, COLIN R. [1999]; LEIPOLD, M. [2000].

[66] Etwa in DACHWALD, BERND AND RALPH KAHLEAND BONG WIE[2006]; Siehe in Abschn. 3.3.6 (Seite 522).

[67] http://www.n24.de/news/newsitem_6074809.html

[68] JOCHIM, E. F. M. [2011], pp. 171–190, Abschn. 4.3: Beispiel einer interplanetaren Sonnensegelbahn mit transversalem und normalem Schub.

$$\ddot{\mathbf{r}} = (b_K + b_\odot)\mathbf{r}_0 + \cdots = -\frac{\mu_\odot}{r^2}\mathbf{r}_0 + P_S\, AE^2\, \frac{c_R A_R}{m} \frac{1}{r^2}\mathbf{r}_0 + \cdots \quad . \tag{3.3}$$

Der erste Term beschreibt das Zweikörperproblem (*Kepler*'sche Beschleunigung) Sonne-Raumflugkörper als konservatives System mit der heliozentrischen Gravitationskonstanten[69]

$$\mu_\odot = 1{,}32712438 \times 10^{20}\, m^3/s^2 \quad . \tag{3.4}$$

$\mathbf{r} = r\,\mathbf{r}_0$ ist der heliozentrische Ortsvektor des Raumflugkörpers. Der zweite Term beschreibt die nicht konservative Beschleunigung $b_\odot$ des Raumflugkörpers durch den Strahlungsdruck[70] der Sonne mit dem auf eine astronomische Einheit AE normierten Wert

$$P_S = 4{,}51 \times 10^{-6}\, \frac{kg}{m\, s^2} = \text{Solardruck in 1 AE} \quad . \tag{3.5}$$

Die von der Sonne herrührende Beschleunigung enthält noch die Größen

- c_R Reflektivitätsfaktor, bei Erdsatelliten üblicherweise zu c_R=1.3 angenommen (der Wert schwankt zwischen 0 ⇔; durchscheinend, d. h. kein Effekt der Strahlung auf den Raumflugkörper, 1.0 ⇔ alle Strahlung wird absorbiert, 2.0 ⇔ alle Strahlung wird reflektiert, somit doppelter Effekt auf den Raumflugkörper),
- A_R Querschnittsfläche [m^2] des Segels des Sonnenseglers; im Fall der Studie hat der untersuchte Raumflugkörper ein Sonnensegel mit der Fläche $A_R \approx 10000\, m^2$,
- m Masse [kg] des Raumflugkörpers, in der Studie angenommen zu $m = 100$ kg,
- AE Astronomische Einheit, 1 AE = $1{,}49597870 \times 10^8$ km.

Um die Bahn (energetisch) in seiner Bahnebene zu ändern, muss der Flächenparameter G geändert werden. Das kann wegen seiner (allgemeingültigen!) Variationsgleichung $\dot{G} = r b_T$ ausschließlich durch eine transversale Beschleunigung b_T erreicht werden.[71]

Es sei mit Zentrum im Schwerpunkt des Sonnenseglers ein *Leibniz*-System mit radialer Komponente $\mathbf{r}_0$ in Sonnenrichtung und transversaler Komponente $\mathbf{q}_0$ in der oskulierenden Bahnebene eingeführt. Die Anstellung des Sonnensegels sei in der ($\mathbf{r}_0$, $\mathbf{q}_0$)− Basisebene gegen die Sonnenrichtung um den Winkel β gedreht, aus der Bahnebene heraus um den Winkel γ. In der Bahnebene kann zunächst die auf das Segel wirkende Beschleunigungskomponente $b_S = b_\odot \cos\beta$ erhalten werden, die Komponente $b_L = b_\odot \sin\beta$ längs des Sonnensegels ist verloren („lost acceleration"). Die Komponente aus der Bahnebene heraus ist $b_H = b_S \cos\gamma$. Damit errechnet sich die normale Beschleunigungskomponente $b_N = b_H \sin\gamma$. Projektion in die Bahnebene gibt $b_{SP} = b_H \cos\gamma$ und damit schließlich

[69] SEIDELMANN, P. K. ed. (1992), p. 696.

[70] Zum Strahlungsdruck siehe etwa in: CAPELLARI, J. O. et al. (1976), pp. 4–60–4–63.

[71] Siehe Formel (2.263) in Abschn. 2.8.7.3 auf Seite 398.

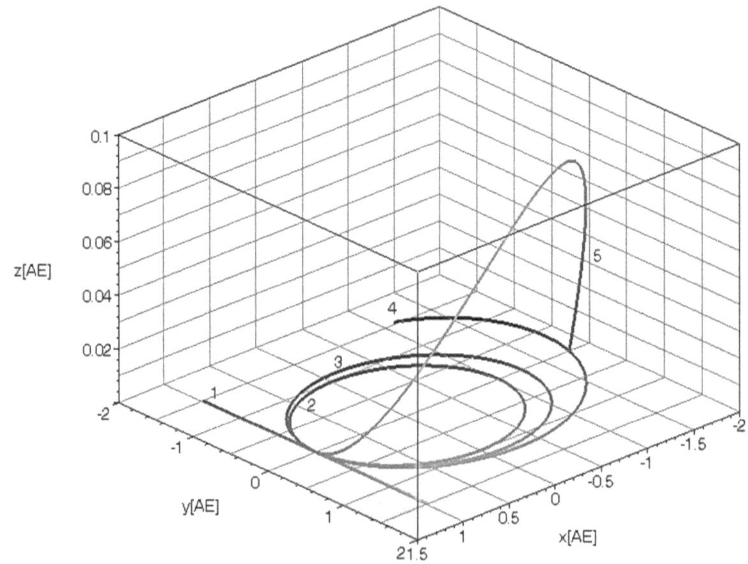

Abb. 3.2 Die fünf Anpassungskurven bei konstantem ebenem (β=30°) und räumlichem (γ=45°) Anstellwinkel des Sonnensegels gegenüber der Richtung der Sonnenstrahlung. Masse des Raumflugkörpers m = 100 kg, Sonnensegel $A_R = 10000\,m^2$. Kurve 1: Gerade, keine Beschleunigung, Kurve 2: Erdbahn: Gravitationsbeschleunigung durch Sonne (Zweikörperbewegung), Kurve 3: radiale Beschleunigung durch Strahlungsdruck, Kurve 4: transversale Beschleunigung durch den Strahlungsdruck, Kurve 5: normale Beschleunigung durch den Strahlungsdruck. Man beachte die starke Überhöhung der z-Achse.[72]

die radiale Beschleunigungskomponente $b_R = b_{SP} \cos \beta$ sowie die gesuchte transversale Komponente $b_T = b_{SP} \sin \beta$. Abb. 3.2 lässt den Anpassungsvorgang bis zur endgültigen räumlichen Bahn des Sonnenseglers erkennen.

In manchen Fällen kann mit konservativen Beschleunigungen keine sonnensynchrone Bahn erhalten werden. Als eine interessante Anwendung von Sonnenseglern gibt es die Möglichkeit, eine sonnensynchrone Bahn um Planeten zu erhalten. Dies ist etwa bei den Planeten Merkur und Venus der Fall. Durch geeignete Stellung des Sonnensegels bezogen auf die Sonne kann eine solche Bahn konstruiert werden.[73] So ist es im Allgemeinen auch möglich, mit Sonnensegeln sowohl in den Außenraum als auch in den Innenraum des Sonnensystems bei Bezug auf die Erdbahn zu gelangen.

[72] Kopie aus JOCHIM, E. F. M. [2011], p. 190, Abb. 4.20. Die hier mit dem Programmsystem MAPLE erzeugte 3D-Darstellung wurde mit freundlicher Unterstützung von Scientific Computers GmbH, Aachen, Herrn Dipl. Math. Thomas Richards nach einer Idee von Dr. Hauke Fiedler erarbeitet.

[73] Etwa in LEIPOLD, M. [2000].

3.3.10 Satelliten-Äquivalenzbahnen

Als Satelliten-Äquivalenzbahnen bezeichnen wir Satellitenbahnen, wenn sie die speziellen Eigenschaften von zwei (oder mehr) verschiedenen Satellitenbewegungen vollständig vereinen.[74] Dadurch können gewisse Familien von Satellitenbahnen gebildet werden. Diese sind zur Bearbeitung bestimmter Aufgabenstellungen besonders interessant.

Das logistische Äquivalenzsymbol $\rightleftharpoons$ ist aus der operativen Logik bekannt. In P. LORENZEN [1969] wird das Symbol $\rightleftharpoons$ für definitorische Gleichheit bzw. Äquivalenz verwendet. Eine Äquivalenz bezeichnet stets eine zweistellige Relation.[75] Präziser: Äquivalenzbahnen werden als Durchschnitt zweier Bewegungsarten A und B erhalten $A \cap B$. Dies trifft im Fall von Satelliten-Äquivalenzbahnen (definitorisch) vorgegeben zu. Aus diesem Grund verwenden wir das aus der Mengenlehre bekannte Symbol für Durchschnitt $\bigcap$.

Im Rahmen der Mengenlehre kann es nötig sein, Äquivalenzen nachzuweisen. Ein Beispiel dafür ist etwa der (schon von *G. Cantor* vermutete) Äquivalenzsatz bei Kardinalzahlen.[76] *Cantor*[77] verwendet den Begriff „Äquivalenz" im Zusammenhang mit der *„gleichen Mächtigkeit wohldefinierter Mannigfaltigkeiten"*, die sich *„Element für Element vollständig einander zuordnen lassen"*. Im Zusammenhang mit Satelliten-Äquivalenzbahnen spielen metamathematische Probleme mit der Äquivalenz von unendlichen Mengen naheliegenderweise keine Rolle.

Da Satelliten-Äquivalenzbahnen im Vergleich zu allen möglichen Satellitenbahnen selten vorkommen können, kann es erforderlich werden, die Äquivalenz zweier Bewegungsarten präzis nachzuweisen. Dies kann mit dem Vergleich der mittleren bzw. der wahren (also zeitabhängigen) Umlaufzeiten durchgeführt werden. Der benötigte Rechenvorgang muss je nachdem mit gewisser oder in vielen Fällen mit extremer Genauigkeit durchgeführt werden (Abb. 3.3).

1. Das seit langer Zeit bekannteste Beispiel von mittleren Äquivalenzbahnen sind die sonnensynchronen Bahnen. Sie können als mittlere $(\overline{P_D} \cap \overline{P_S})-$ Äquivalenzbahnen gedeutet werden, gebildet durch Kopplung von mittlerer drakonitischer und mittlerer Sonnen-synodischer Bewegung. Drakonitische Bewegungen mit der drakonitischen Umlaufzeit P_D sind auf den aufsteigenden einer Bahn ausgerichtet, Sonnen-synodische bei Bezug auf die Bewegung der Sonne. Eine mittlere Sonnen-synodische Bewegung ist auf die fiktive mittlere Sonne bezogen. Diese wird im Erdäquator mit gleichförmiger Bewegung $n_{\odot} = 0{,}017202792\,[\text{rad/d}] + \cdots$ angenommen. Nach einem tropischen

[74] Details in der Monografie JOCHIM, E. F. M. [2024]: *Satellite Equivalence Orbits, Analysis of orbits combining*
different motions. Springer Nature. ISBN 978-3-031-58475-6.

[75] LORENZEN, P. [1958], Formale Logik, p. 45.

[76] In FRAENKEL, A. [1928] p.70.

[77] CANTOR, GEORG [1932], p. 119.

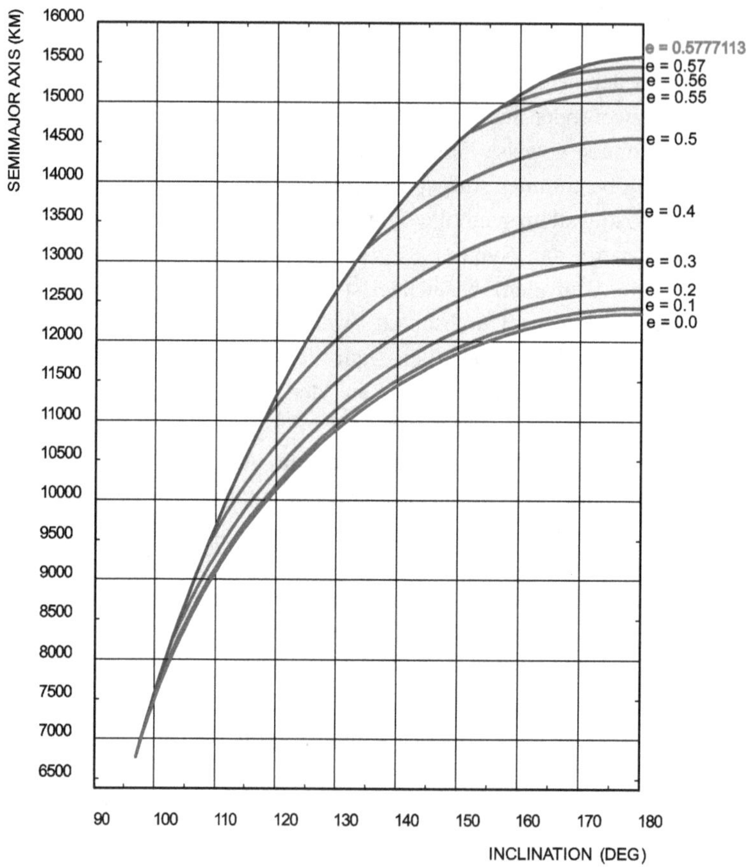

Abb. 3.3 Gesamtübersicht über alle Sonnen-synchronen Bahnfamilien von Erdsatelliten, große Bahnhalbachse über der Inklination, parametrisiert nach der Exzentrizität von $\bar{e}_0 = 0{,}0$ bis zur Grenzexzentrizität $e_B = 0{,}5777113$ (bezogen auf den säkularen Einfluss durch J_2 und J_4), Perigäumshöhe der exzentrischen Bahn angenommen zu $H_P = 200$ km. Man beachte die umkehrbar eindeutige Relation zwischen großer Bahnhalbachse und Inklination bei vorgegebener Exzentrizität

Sonnenjahr $P_{\odot,T} = 365^d.2421896698 + \cdots$ treffen wahre Sonne (längs der Ekliptik) und fiktive mittlere Sonne (längs des Äquators) zusammen.[78] Abb. 3.3 gibt eine Übersicht ALLER Sonnen-synchronen Erdsatellitenbahnen im Zusammenwirken der mittleren *Kepler*-Elemente $(\bar{a}_0, \bar{e}_0, \bar{i}_0)$.

[78] Die hier verwendeten Zahlenwerte werden im Rahmen einer Satelliten-Bahnanalyse als konstant angenommen. Sie sind aber in astronomischem Zusammenhang nicht konstant. Siehe etwa: Fundamental constants (from: AA 1984, pp. S6–S8, IAU (1976) System of Astronomical Constants und IERS TN 3, 1989; WILLIAMS, J. G. et al. [2013]; URBAN, S. E. et. al. (eds.) [2013], Astronomical_Constants_2017.pdf, in AA 2017, ch. K6-K7); see also in GREEN, R. M [1983], pp. 189–190, 192.

2. Eine völlige andere Übersicht über mögliche Äquivalenzbahnen, die durch Kopplung mittlerer anomalistischer Bewegungen (Bezug auf das Perigäum) mit der fiktiven mittleren Sonne gebildet werden, zeigt Abb. 3.4.

   Während sonnensynchrone Bahnen stets rückläufig sind, sind in diesem Zusammenhang rechtläufige und rückläufige Bahnen möglich. Ein eindeutiger Zusammenhang zwischen großer Bahnhalbachse und Inklination ist nicht gegeben. Das Bild wird

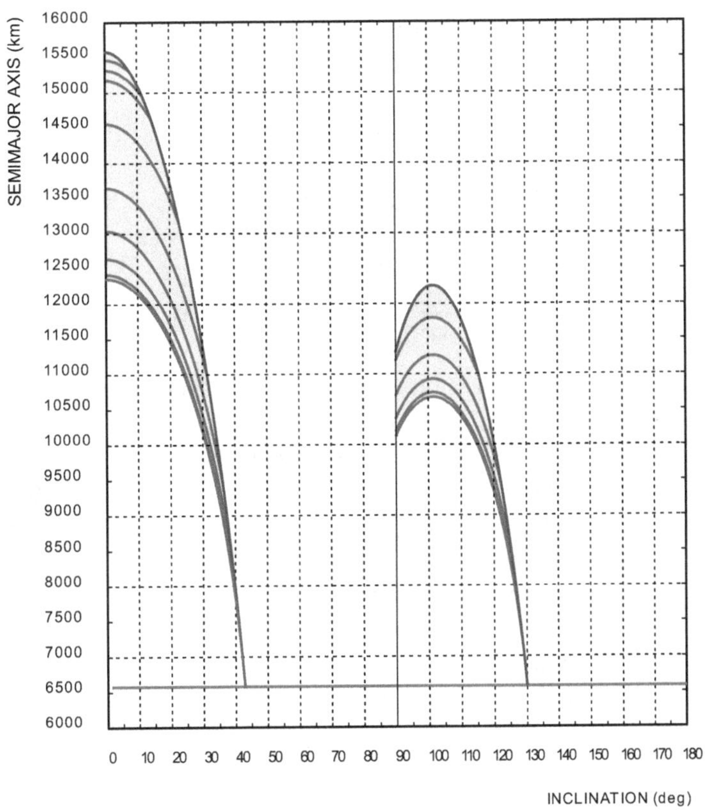

Abb. 3.4 Die Bereiche aller möglichen $(\overline{P_A} \cap \overline{P_S})-$ Äquivalenzbahnen unter Verwendung der mittleren *Kepler*-Elemente $(\bar{a}_0, \bar{e}_0, \bar{i}_0)$. Die blaue Grenzkurve ist auf den minimalen Perigäumsradius $r_P = R_E + 200$ km bezogen. Die roten Kurven sind für rechtläufige Äquivalenzbahnen parametrisiert nach aufsteigenden Exzentrizitäten $\bar{e}_0$= 0,0, 0,1, 0,2, 0,3, 0,4, 0,5, 0,55, 0,56, 0,57, die Grenzexzentrizität beträgt 0,5777781, die maximal mögliche Inklination 42°.86. Die rückläufigen Bahnen werden mit den Exzentrizitäten $\bar{e}_0$=0,0, 0,1, 0,2, 0,3, 0,4 dargestellt, die Grenzexzentrizität beträgt 0,463224. Die rückläufigen Bahnen kommen nur im Bereich $\bar{i}_0 \in (90°, 130°.02)$ vor. Sie zeigen ein Maximum für die Inklination 101°.54. Die grüne Gerade repräsentiert die minimale Perigäumshöhe 200 km

erzeugt durch den Vergleich der mittleren anomalistischen Umlaufzeit $\overline{P_A}$ mit der mittleren Sonnen-synodischen Umlaufzeit $\overline{P_S}$.

3. In einen völlig neuen Bereich von Äquivalenzbahnen kommen wir bei der Kopplung von tropischen, auf den Frühlingspunkt bezogenen Bewegungen mit der mittleren tropischen Umlaufzeit $\overline{P_T}$ und meridionalen, auf einen bestimmten Meridian über der Erdoberfläche bezogenen Bewegung mit der mittleren meridionalen Umlaufzeit $\overline{P_R}$. [79]

Hier ist $\dot{\Theta}$ die tropische Erdrotation, für die der Betrag[80] $\dot{\Theta}$ = 0,72921158573340 $\times 10^{-4}$ /sec verwendet wird.[81] ALLE $\left(\overline{P_T} \cap \overline{P_R}\right)-$ Äquivalenzbahnen haben exakt die Umlaufzeit 2 Sterntage. Sie wird berechnet aus:

$$\overline{P_{QTR}} = \frac{4\pi}{\dot{\Theta}} = 172328.181014\,\text{sec} \mathrel{\hat{=}} 47^h 52^m 08^s.181014 \quad . \tag{3.6}$$

Eine mittlere große Bahnhalbachse kann mit dem dritten *Kepler*'schen Gesetz näherungsweise berechnet werden:

$$\overline{a_{QTR}}_K = \sqrt[3]{4\frac{\mu}{\dot{\Theta}^2}} = 66931.4468893\,\text{km} \quad . \tag{3.7}$$

Die Übersicht in Abb. 3.5 zeigt die Gesamtheit ALLER mittleren $\left(\overline{P_T} \cap \overline{P_R}\right)-$ Äquivalenzbahnen durch das Zusammenwirken der mittleren *Kepler*-Elemente $\left(\bar{a}_0,\ \bar{e}_0,\ \bar{i}_0\right)$. Auffällig ist der Schnittpunkt aller von der Exzentrizität abhängigen (a,i)-Kurven in der Umgebung des „charakteristischen Punktes“ $\left(\bar{a}_{cross} \approx 66931.5\,\text{km},\ \bar{i}_{cross} \approx 49°\right)$. Er kann als Nullstelle der Krümmung der Kurven ($\bar{a}_0$ über $\bar{i}_0$) exakt im Rahmen des verwendeten säkularen Bahnmodells berechnet werden.

Alle mit meridionalen Bewegungen gekoppelten Äquivalenzbahnen sind rechtläufige Bahnen mit einer großen Bahnhalbachse in der Nähe $\overline{a_{QTR}} = 66931.5$ km und Umlaufzeiten nahe 2 Sterntagen. Der Bereich möglicher $\left(\overline{P_T} \cap \overline{P_R}\right)-$ Äquivalenzbahnen ist in allen Fällen in der Form ähnlich zu Abb. 3.5, jedoch mit sehr unterschiedlichen Zahlenwerten und Zahlenbereichen.

[79] Jochim, E. F. M. [2020].

[80] WGS-84 siehe in IERS [1989] (International Earth Rotation Service), https://de.wikipedia.org/wiki/World_Geodetic_System_1984, https://web.archive.org/web/20200729203634/, https://earth-info.nga.mil/GandG/publications/tr8350.2/wgs84fin.pdf

[81] Anmerkung: In der geodätischen Literatur wird für die tropische Erdrotation statt $\dot{\Theta}$ das Symbol  verwendet. Im Rahmen der Bahnmechanik ist jedoch dieses Symbol für das Argument des Perizentrums vergeben.

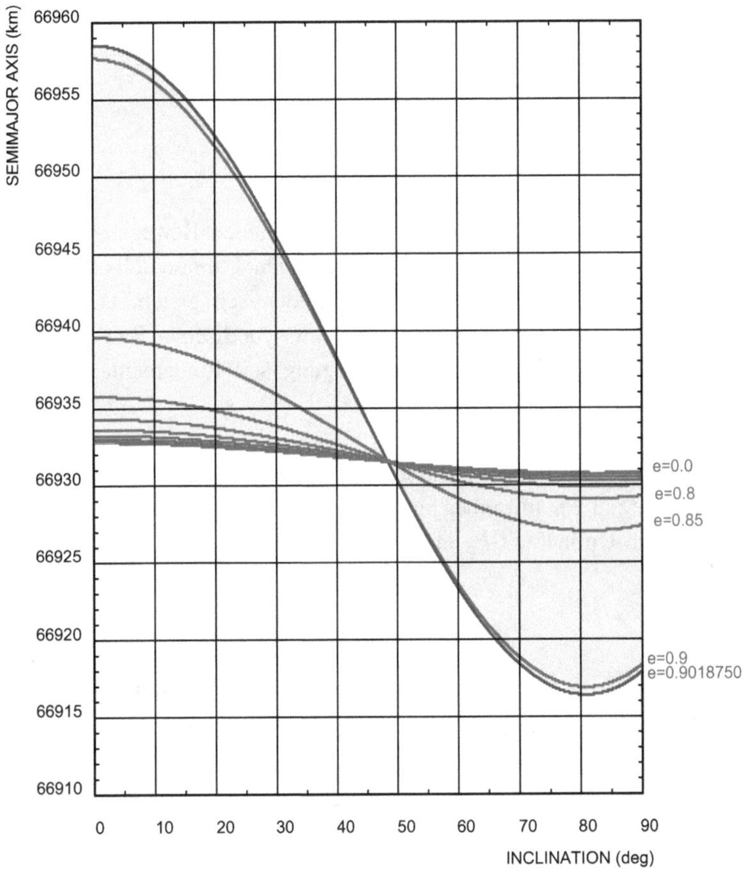

Abb. 3.5 Der (a,i)-Bereich aller möglichen $(\overline{P_T} \cap \overline{P_R})$– Äquivalenzbahnen mit parametrisierten Exzentrizitäten $\bar{e}_0$ ∈[0,0, 0,9016964–0,9018750]. (siehe auch in Jochim, E. F. M. (2024), Fig. 3.1)

4. Vertiefte Untersuchungen von Äquivalenzbahnen zeigen viele Bahnen mit sehr merkwürdigem bahnmechanischen Verhalten.[82] Eine besondere Herausforderung sind Bewegungen auf *Kepler-B*ahnen, wenn sie mit anderen Bewegungsarten gekoppelt werden. Durch die Äquivalenz mit anderen Satellitenbewegungen kann eine reale Bahn erzwungen werden, für die zumindest das dritte *Kepler'*sche Planetengesetz unabhängig von **allen** physikalischen Bahnmodellen uneingeschränkt gültig ist. Es verknüpft

[82] Etwa in JOCHIM, E. F. M. [2024]: Ein besonders merkwürdiges Verhalten tritt bei hybriden Äquivalenzbahnen auf, siehe in dieser Monografie in Abschn. 6.11. Siehe außerdem die Abschnitte von Äquivalenzbahnen bei Kopplung mit der *Kepler*-Bewegung 3.5, 4.7, 5.9, 6.6, 6.10.

die mit noch so kompliziertem Aufwand und mit einem noch so aufwendigen Bahnmodell erhaltene große Bahnhalbachse a in der bekannten Weise mit der *Kepler'*schen Umlaufzeit

$$P_K = 2\pi \sqrt{a^3/\mu} \quad . \tag{3.8}$$

Die mittlere bzw. die wahre Umlaufzeit der koppelnden Bewegungsart mag noch so kompliziert unter Berücksichtigung eines aufwendigen Bahnmodells erhalten sein: Sie ist in allen Fällen der *Kepler'*schen Umlaufzeit identisch gleich. Darüber hinaus gilt folgendes Theorem[83] (außer bei der Kopplung mit synodischen Bewegungen[84]): Wenn B der Index für eine beliebige Satellitenbewegung sei: fundamentale notwendig und hinreichende Beziehung

- Die fundamentale notwendig und hinreichende Beziehung der Äquivalenz der Kepler'schen Umlaufzeit P_K mit einer beliebigen Bewegung der mittleren Umlaufzeit $\overline{P_B}$ sowie der wahren Umlaufzeit P_B lautet

$$P_K = \overline{P_B} = P_B \quad . \tag{3.9}$$

Nachordnung: Der formal-logische Begriff der Äquivalenz ist über den engen Bereich der mathematischen Betrachtungen hinaus von zentraler übergeordneter Bedeutung. Dies wird etwa durch den folgenden Text aus dem Manuskript *Die Evolution des Geistes aus dem Zeichen* von *Manuela Pietraß* veranschaulicht[85]:

> *„Der Stand der Mathematik bei all dem? Sie ist die Unerhörtheit des Geistes, wie die Sprache. Die zwei Systeme, mit denen man alle geistige Evolution vielleicht erklären kann und die nicht von allem sein dürfen, weil sonst könnten sie es ja nicht erklären.“*

3.3.11 Relative Darstellung interplanetarer Bewegungen

Die moderne Astronautik wäre ohne die jahrtausendelange gedanklich mühsam errungene und mathematisch verifizierte Entwicklung der Bahnmechanik nicht denkbar. Ein Beispiel ist die Darstellung der Begegnung der europäischen Kometensonde Giotto mit dem Kometen P/Halley. Abb. 3.6 (auf Seite 528) zeigt in heliozentrischer Darstellung die Bahnen der Sonde Giotto und des Kometen P/Halley bis zum Encounter am 13. März 1986.

[83] JOCHIM, E. F. M. [2024]: section 3.5.1.

[84] Bei Kopplung mit synodischen Bewegungen muss die Relation wie üblich getrennt angesetzt werden: $P_K = \overline{P_B}$ oder. $P_K = P_B$.

[85] PIETRASS, MANUELA [2023].

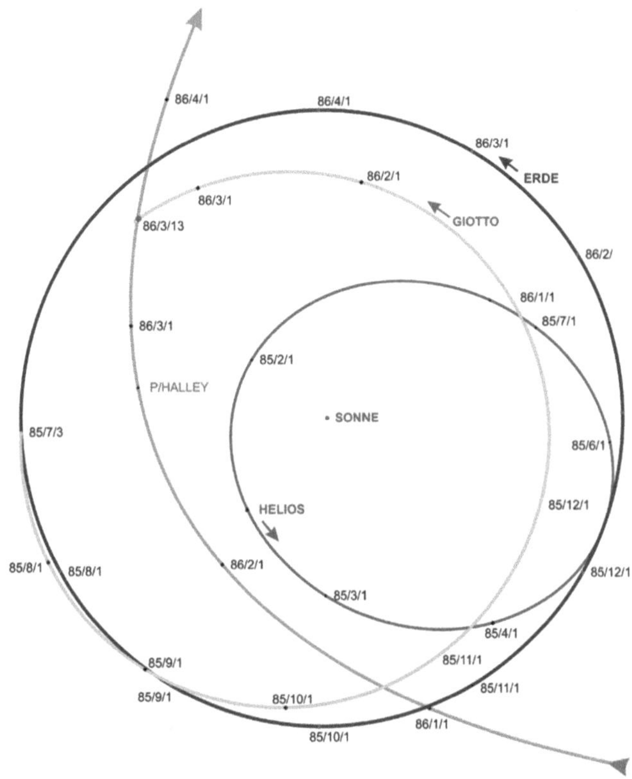

Abb. 3.6 Die heliozentrischen Bahnen der Erde, der ESA-Kometensonde Giotto und des Kometen P/Halley sind bis zum Encounter am 13. März 1986 in realistischen Größenverhältnissen in ekliptikalen Koordinaten dargestellt. Die Bahn der Sonnensonde Helios 1 ist angedeutet. Die Blickrichtung auf die Ebene der Ekliptik erfolgt vom Nordpol der Ekliptik und lässt die extreme Exzentrizität der Kometenbahn ($e = 0{,}967$) und ihre Rückläufigkeit ($i = 162°$) erkennen

Außerdem ist die jährliche Bahn der Erde und ein Umlauf der Sonnensonde Helios-1 zu erkennen (Tab. 3.3).

Die Sonnensonde musste in die Darstellung mit aufgenommen werden, da sie eventuell die Beobachtung der Bewegung des Giotto gestört hätte. Dies lässt sich aus der geozentrischen Darstellung desselben Vorganges in Abb. 3.7 übersichtlich ablesen. Hier ist die wahre jährliche Bahn der Erde als kleine Ellipse um die mittlere Erde zu erkennen.

Auch wenn beide Darstellungen denselben Vorgang beschreiben, erscheinen sie total unterschiedlich: Giotto bewegt sich geozentrisch gesehen nach einem Anfangsschwung fast geradlinig zum Encounter, P/Halley erscheint trotz seiner extremen Exzentrizität von der Erde aus gesehen fast kreisförmig.

Besonders aufregend erscheint die Bahn der Helios-Sonde mit der Abfolge naher und ferner Schleifen. So erschienen den antiken Beobachtern auch die Bewegungen der

Tab. 3.3 Komet P/Halley, heliozentrische ekliptikale *Kepler*-Elemente bezogen auf die Fundamentalepoche J2000.0

Halbachse	a = 2684217919.0000 km
Exzentrizität	e = 0,967279234
Inklination (bzgl. Ekliptik)	i= 162°.239212
eklipt. Länge aufsteig.	l_{Ω} = 58°, 143695
Argument des Perihels	ω =111°.847256
Mittlere Anomalie zur Epoche	M_0 = 0°.0
Epoche t_0: 1986-02-09/23:00:0.00	

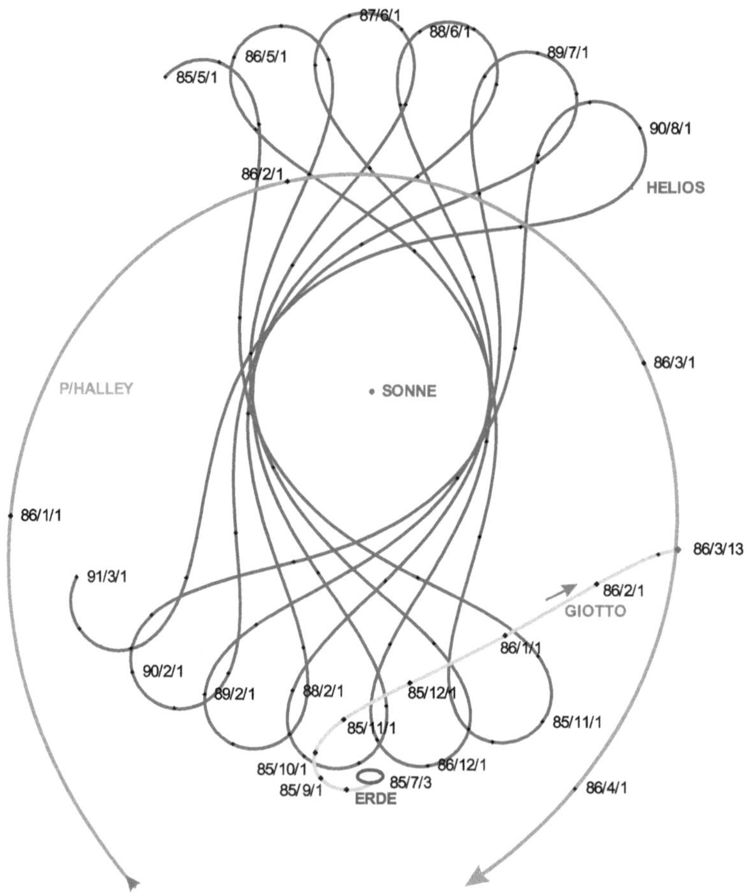

Abb. 3.7 Wie Abb. 3.6, jedoch in geozentrischer Darstellung

Tab. 3.4 Die ekliptikalen *Kepler*'schen Bahnelemente von Giotto und Helios 1, bezogen auf die Fundamentalepoche J2000.0

	Giotto	Helios 1
Halbachse	$a = 131751253.594$ km	$a = 96810322.391$ km
Exzentrizität	e = 0,177302	$e = 0{,}521699686$
Inklination (bzgl. Ekliptik)	i = 2°.0904719	$i = 0°.0249406$
Eklipt. Länge aufst. Knoten	$l_\Omega = 281°.69921851$	$l_\Omega = 79°.5632522981$
Argument des Perihels	$\omega = 204°.66258995$	$\omega = 178°.6312961597$
Mittlere Epocheanomalie	$M_0 = 178°.48627974$	$M_0 = 249°.2098906816$
Epoche t_0	t_0: 1985-07-31/00:00:0.0	t_0: 1982-05-01/00:00:0.0

Planeten. Daraus auf die „wahre" Bewegung zu schließen, dürfte heutzutage auch dem zeitgenössischen Beobachter trotz seines „richtigen" Wissens schwerfallen. Dies bedenkend muss man in größtes Erstaunen über die gewaltige Geisteskraft der Astronomen der früheren Zeiten fallen. Mit genialen mathematischen Methoden konnten sie die durch die Möglichkeiten der damaligen Messtechnik erreichbaren Genauigkeiten zur Beschreibung der Bewegung der Himmelskörper erfüllen. Diese Leistungen können nicht hoch genug gewürdigt werden.[86] Eine überhebliche Besserwisserei verbietet sich nachhaltig.

3.4 Die Unvereinbarkeit von Mathematik und Physik

Der wesentliche und grundsätzliche Unterschied zwischen mathematischem und physikalischem Denken und Arbeiten ist der Begriff des Unendlichen. *Platon*s Satz von der Welt als dem „bewegten Abbild der Ewigkeit"[87] impliziert die Unveränderlichkeit alles Unendlichen. Wenn also etwas unendlich ist, ist es unveränderlich, ewig. Die Unveränderlichkeit ist somit ein Charakteristikum des Unendlichen. Die Mathematik arbeitet mit der Unendlichkeit: mit unendlich vielen Zahlen, mit Zahlen, die durch Dezimalbrüche mit unendlich vielen Stellen dargestellt werden können, mit unveränderlichen Sätzen und Formeln. Nichts von alledem bei der Physik: Sie ist ausschließlich an diese Welt mit ihrer Veränderlichkeit, mit ihrer Bewegung gekoppelt. Das Unendliche ist ihr vollständig verwehrt. Basierend auf der Prämisse *Platon*s ist es daher sehr verdächtig, wenn ein Physiker das Wort „unendlich" im Munde führt.[88]

[86] Es tut weh, wenn noch in dem 2022 erschienen wunderbaren Prachtband SPARROW, GILES [2022]: *Der Himmelsatlas, von Johannes Gabriel Doppelmayr,* z. B. auf S. 29, etwa der als im leeren Fokus einer *Kepler*'schen Ellipse befindliche Äquant des *Ptolemäus* als „abstrus" bezeichnet wird. Solche und viele andere Oberflächlichkeiten im Begleittext dieses Buches sind eine Folge des mangelnden Unterscheidens von mathematischen und physikalischen Modellen.

[87] Siehe in Abschn. 1.3.5 Seite 49.

[88] Zitat eines leider von mir nicht mehr eruierbaren Physikers.

In diesem Zusammenhang kann auch auf die Unvollständigkeitssätze von *Kurt Gödel* hingewiesen werden[89]: Es kann keine vollständigen Theorien geben. Gemeint sind abgeschlossene mathematische Theorien, in denen nach *David Hilbert* jeder wahre mathematische Satz beweisbar sein müsse. Nach *Gödel* jedoch gibt es weder beweisbare noch widerlegbare mathematische Sätze. Dies kann, ganz im platonischen Sinn (*Gödel* selbst bekannte sich als Platoniker), als Hinweis darauf angesehen werden, mathematische Sätze können entdeckt, aber nicht durch den menschlichen Geist erfunden werden. Der interessante Aspekt lautet: Mathematik ist vorgegeben, sie ist „nicht von dieser Welt".

3.4.1 Der physikalische Konstantenbegriff

Physikalische Gesetzmäßigkeiten enthalten üblicherweise einen Proportionalitätsfaktor. Dieser Faktor ist in der Regel eine physikalische Konstante. Diese Konstante wird aus Messungen bestimmt und kann daher nur einige geltende Ziffern haben. Die Messungen sind meistens schwierig, aufwendig, fehlerbehaftet und müssen daher ständig überprüft werden. Am schwierigsten zu bestimmen scheint die Gravitationskonstante[90] $f_N = 6{,}67259 \times 10^{-11}\,\mathrm{m}^3\,\mathrm{kg}^{-1}\,\mathrm{s}^{-2}$. Die relative Genauigkeit ist 10^{-4}, gesichert sind also nur vier geltende Ziffern: 6672. In neueren Messungen steht statt der 2 eine 3. Physikalische „Konstante" müssen stets mit einer Fehlermarge versehen werden. Würde sich eine der physikalischen Fundamentalkonstanten als nicht konstant herausstellen, z. B. die Vakuumlichtgeschwindigkeit als Signalgeschwindigkeit, in großen Entfernungen oder vor langen Zeiträumen, würde der gesamte zugehörige (mathematische) Formelapparat zusammenbrechen und müsste neu konstruiert werden. Es kann hier also keine „absolute" Sicherheit erwartet werden. Vor dem Hintergrund der Endlichkeit wird auch der quantitative Charakter der Zeit verständlich. Wenn es im Rahmen physikalischer Vorgänge keine Unendlichkeit geben kann, kann es auch nicht „unendlich kleine" physikalische Einheiten geben. Es muss also eine kleinste Einheit der Zeit geben, die nicht unterschritten werden kann. Als solche hat die Physik[91] „als kleinste physikalisch noch sinnvolle Zeiteinheit die *Planck*-Zeit definiert":

$$t_{Planck} = \frac{l_{Planck}}{c} = 5{,}4 \times 10^{-44}\,s \ . \tag{3.10}$$

[89] GÖDEL, KURT [1931]; GOLDSTEIN, REBECCA [2006]; STEGMÜLLER, WOLFGANG [1973]. Gute Einführungen gibt es etwa in http://de.wikipedia.org/wiki/G%C3%B6delscher_Unvollst%C3%A4n digkeitssatz und weiteren Artikeln. Siehe hierzu auch einen Zeitungsartikel von KLAUS P. SOMMER UND DANIELA WUENSCH: *Einsteins Impulsgeber, Gleichungen für ein ganzes Jahrhundert: vor 150 Jahren wurde der geniale Mathematiker DavidHilbert geboren*, SZ Nr. 17, 21./22. Januar 2012.

[90] Zahlenwert aus SEIDELMANN, P. K.ED. [1992], p. 693.

[91] Die Formulierungen und die beiden Formeln und Zahlengrößen wurden entnommen dem Artikel: IMGRUND, MAXIMILIAN UND HARALD LESCH [2011]: *Körnige Raumzeit, Die Struktur des Allerkleinsten*, in SuW 12/2011, pp. 36–45.

Hier ist l_{Planck} die *Planck*-Länge als „die kleinste Ausdehnung eines physikalischen Systems, von dem man überhaupt noch irgendeine Information im Sinne einer Beziehung von Ursache und Wirkung erhalten kann“:

$$l_{Planck} = \sqrt{\frac{f_N \hbar}{\pi c^3}} = 1{,}6 \times 10^{-33}\,\text{cm} \ . \tag{3.11}$$

Mit den Fundamentalkonstanten f_{N}, der Vakuumlichtgeschwindigkeit c und $\hbar$, dem Planckschen Wirkungsquantum, sind auch Planck-Länge und *Planck*-Zeit wohldefinierte Naturkonstanten. In Konsequenz darf zumindest im mikrokosmischen Bereich und damit prinzipiell nicht von einer „glatten Bewegung“ gesprochen werden. Man erkennt aus den hier wiedergegebenen Formulierungen, dass der Physiker wesentlich vorsichtiger formulieren muss, als es der grundsätzliche formulierende Philosoph zu tun beliebt.

3.4.2 Der mathematische Konstantenbegriff

Mathematische Konstante sind Größen, die mit bestimmten Rechenprozessen bestimmt werden können. Sie sind in jedem Fall absolut unveränderlich. Sie können endlich oder unendlich viele Stellen haben, sie können rationale, irrationale oder transzendente Zahlen sein. Zu den bekanntesten derartiger transzendenter Zahlen gehört die Basis e der natürlichen Logarithmen, deren Transzendenz von *Charles Hermite*[92] um 1873 bewiesen worden war.[93] Diese häufig als *Euler*'sche Zahl benannte Konstante kann als Grenzwert einer Zahlenfolge dargestellt werden:

$$e = \lim_{n\to\infty}\left(1+\frac{1}{n}\right)^n \quad , \ [= 2,718281828459045235.....] \ \langle n = 0, 1, 2, 3, \cdots \ . \tag{3.12}$$

Die Struktur dieses Beweises verwendete *Carl Louis Ferdinand von Lindemann,*[94] um im Jahre 1882 die Transzendenz der Kreiszahl π zu beweisen. Damit klärte er auch negativ die Frage, ob mithilfe von Zirkel und Lineal die Quadratur des Kreises durchgeführt werden könne. Die Zahl π kann somit durch einen unendlichen, nicht periodischen Dezimalbruch dargestellt werden. Es sind einige Billionen dieser Nachkommastellen bis jetzt

[92] Aus: http://de.wikipedia.org/wiki/Charles_Hermite. *Charles Hermite* (24. Dez. 1822, Dieuze – 14. Jan.1901, Paris).

[93] Die Zahl e wird häufig als „Euler'sche Zahl“ bezeichnet, nicht zu verwechseln mit der *Euler'schen Konstanten* C (die gelegentlich auch als „*Euler-Mascheroni*-Konstante bezeichnet wird). Bezeichnung gelegentlich mit L, auch mit γ [etwa in https://de.wikipedia.org/wiki/Euler-Mascheroni-Kon stante].

[94] LINDEMANN, C. L. F. VON [1882], FRITSCH, R. [1997]. *Carl Louis Ferdinand von Lindemann* (12 April 1852, Hannover – 6. März 1939, München).

berechnet worden.[95] Es wird nie gelingen, alle unendlich vielen Stellen zu berechnen. Die Kreiszahl spielt insbesondere im Zusammenhang mit der Berechnung von Bewegungen, insbesondere periodischen oder quasiperiodischen Bewegungen eine unentbehrliche Rolle. Auch in Formel (3.11) zur Definition der *Planck*-Länge kommt die mathematische Konstante π vor. Interessanterweise ist es in der Mathematik möglich, mit derartigen im Grunde genommen nicht vollständig bekannten Konstanten formal analytisch exakt zu arbeiten. So sind die Darstellungen $\sin\pi = 0$, $\sin\pi/2 = 1$ exakte und vollständige Lösungen.

3.4.3 Die numerische Behandlung physikalischer Problemstellungen

Für die mathematische Beschreibung physikalischer Vorgänge (etwa Bewegungen) gibt es zwei wesentliche Einschränkungen: Zum einen ist es die eingeschränkte Genauigkeit der physikalischen Konstanten. Sie kann durch verbesserte Messmethoden verringert, aber NIE vollständig beseitigt werden. Zum anderen ist es die unvermeidbare Ungenauigkeit der mathematischen Konstanten. Von deren unendlich vielen Stellen (wie zum Beispiel im Fall der Kreiszahl π) können nur endlich viele numerisch verwendet werden. Bei einem automatischen Rechner mit doppelt genauer Stellenzahl sind es meistens 16 geltende Ziffern. Rundungsfehler sind daher unvermeidbar. Langfristige Untersuchungen mit noch so raffinierten und geschickten mathematischen Methoden können niemals absolut sichere Aussagen erlauben.

3.5 Ausblick

Am Ende des Weges durch die Betrachtung der Bewegungen der natürlichen und künstlichen Himmelskörper und damit die Entwicklung des astronomischen Bewegungsbegriffes bis in die moderne Astrodynamik sei auf das Zitat des *Ptolemäus* zurückgegriffen[96]:

> „... Man muss allerdings versuchen, so weit wie möglich die einfacheren Hypothesen den Bewegungen am Himmel anzupassen; erst wenn das nicht gelingt, soll man die jeweils anpassungsfähigen Hypothesen heranziehen..."

[95] Bis zu 10 Mio. Nachkommastellen von π sind wiedergegeben in: http://www.pibel.de/. Der Rekord lag Ende 2011 bei 5 Billionen Stellen (5×10^{12}). Weiteres auch in: http://de.wikipedia.org/wiki/Kreiszahl

[96] Aus: Ptolemaios, Mathematike Syntaxis XIII 2, Teil 2, p. 532; enthalten in: Claudii Ptolemaei opera quae exstant omnia, edidit J. L. Heiberg, Leipzig 1898–1903; zitiert in: F. Krafft [1973], p. 68; auch zitiert in Abschn. 1.7.9 auf Seite 193.

Ptolemäus sah also sehr präzise den ursächlichen Unterschied zwischen „physikalischer Realität“ und „mathematischer Beschreibung“.[97] In dieser Tradition sieht sich auch das vorliegende Buch.

Die Mathematik ist für die Menschheit eine wertvolle Möglichkeit, einen Blick in die Welt der Ideen (die Welt der Urbilder) *Platons* zu werfen. Das heißt nicht, die Welt der Ideen (der Urbilder) sei die Mathematik. Die Mathematik ist wohl nur ein ganz kleiner Teil davon. Aber sie ist ein Teil jener Welt der Urbilder, nicht der hiesigen physikalischen Welt, in der die Menschen leben. Sie ist ein unmittelbar einsehbarer Teil und daher so fundamental wichtig. Die für unsere diesseitige Welt so enorme Wichtigkeit ist eine Folge des transzendierenden Charakters der Mathematik. Sie hilft, da den Urbildern unmittelbar zugeordnet, die Bilder zu verstehen, zu ordnen, mit ihnen umzugehen.

Der transzendierende Charakter der Mathematik hat aber auch eine Konsequenz: Es ist nicht möglich, mathematische Methoden zu erfinden. Man kann sie nur finden, durch Nachdenken Einsichten gewinnen, damit unbekannte Methoden entdecken. (Platonismus gegen Intuitionismus)

Die in diesem Buch in der historischen Tradition formulierten Methoden und Betrachtungen erfolgen vorzugsweise in einem euklidischen Raum. Sie basieren also auf einem geradlinigen Koordinatensystem. Die Einführung eines krummlinigen Koordinatensystems, wie es in der Tensorrechnung verwendet wird, brachte *A. Einstein* und seine Nachfolger auf entscheidende neue Einsichten. Sie konnten mit dieser neuen Methode zuvor unbekannte physikalische Verhältnisse deuten und fordern. In diesem Zusammenhang ist die aktuelle Diskussion der Kosmologie von besonderem Interesse, ob nämlich der Raum gekrümmt oder flach sei. Neueste Beobachtungen[98] deuten auf ein flaches Universum entsprechend einem einfachen *Friedmann Modell* hin. Allerdings ist die Frage nach der dunklen Materie und der dunklen Energie, die mit elektromagnetischen Wellen nicht wechselwirken, noch völlig offen.

Das Rechnen mit krummlinigen Koordinaten im Rahmen der Tensorrechnung hat wesentliche Einschränkungen. Tensoren sind von einem Koordinatensystem unabhängige Größen. Sie sind durch ihr Transformationsverhalten definiert. Diese Transformationen sind **lineare** Transformationen.[99] Wäre es dann nicht vorstellbar, von einem Koordinatensystem unabhängige durch nicht lineare Transformationen definierte Größen zu überlegen? Alle Tangentialräume an durch krummlinige Koordinaten beschriebenen Räume sind als euklidisch bekannt. Sie können also durch geradlinige Koordinatensysteme beschrieben werden. Könnten noch allgemeinere Koordinatensysteme definiert werden? Könnten

[97] Was selbst zu Beginn des 21. Jahrhunderts noch vielen „Gelehrten“ „unendliches“ Kopfzerbrechen bereitet.

[98] Siehe etwa: BARTELMANN, M.: Das Standardmodell der Kosmologie, *SuW* [2007/9], pp. 36–44 (Inflation als Zeichen für die Flachheit des Raumes).

[99] JOCHIM, E. F. M. [2016 b]: Kap. 7.

noch allgemeinere Aussagen erfahrbar werden, als sie mit den Methoden der Tensorrechnung zu erhalten sind? Könnten auch noch weitreichendere physikalische Inhalte denkerisch erfasst werden?

Im Zusammenhang mit der Quantisierung der Natur können auch die Paradoxa des *Zenon*[100] in neuem Licht gesehen werden. Die Widerlegung durch transfinite Zahlen ist mathematisch, nicht physikalisch, da es in der Physik nichts Unendliches geben kann. *Zenon* jedoch führt seine Überlegungen auf unendliche Folgen immer kleiner werdender Strecken zurück. Diese kann es in der physikalischen Welt nicht geben.[101] Wenn es stimmt, dass *Zenon* zum Ziel hatte, *„die Vorstellung der Lächerlichkeit preisgeben zu wollen, dass Raum und Zeit unendlich teilbar seien“,*[102] so war er in seinem Denken seiner Zeit um Jahrtausende voraus. Eine Antwort fand sich erst im Rahmen der Quantentheorie.

Der Mensch wird in seinen Fragestellungen nie an ein Ende kommen können, weil er die Frage nach dem Unendlichen nie wird beantworten können. Wie oft schon haben Menschen behauptet, jetzt seien alle Fragen beantwortet (*Aristoteles*). Manchmal klingt es auch sehr bescheiden: „*Fast* alle Fragen sind beantwortet, aber der Rest wird auch absehbar bald gelöst sein: Wie die Welt aufgebaut ist, wie sie entstanden ist, wie sie wirkt, welches ihre Gesetze sind, welches ihre Zukunft ist.“ Aber *Platon*s wesentlicher Beitrag zur Wissenschaftsgeschichte ist die klare Unterscheidung der „Hier-Welt“ und die ganz andere „Urwelt“. Diese kann nur ohne Bewegung gedacht werden. Nur ohne Bewegung lässt sich das Unendliche denken. Jede Bewegung hat einen Anfang und ein Ende. Das Unendliche muss daher unbewegt sein. Das Unendliche ist.

Dies also sei mein bescheidener Beitrag zu dem das gesamte Weltall durchwehenden homerischen Gelächter. E.F.M.J.

[100] Siehe Abschn. 1.1.9.

[101] Vgl. Abschn. 3.2.2.

[102] Aus: PAPINEAU„ DAVID, (Hrsg.) [2011]: p. 41.

Literatur[1]

ABAD, A., M. PALACIOS AND S. SEIN-ECHALUCE [1991]: ‚An efficient formulation for numerical orbit computation', *Proc. of the 3rd Int. Symp. on Spacecraft Flight Dynamics,* 30. Sep.–4.Oct.1991, Darmstadt, ESA SP-326, pp. 65–72

ABALAKIN, V. K. [1977]: ‚The Development of Theoretical Astronomy in the U. S. S. R.', *Vistas in Astronomy 19*, 163–177

AITON, E. J. [1955]: ‚The Contributions of Newton, Bernoulli and Euler to the Theory of the Tides', *Annals of Science, 11*, No. 3, 206–233

AITON, E. J. [1960]: ‚The Celestial Mechanics of Leibniz', *Annals of Science, 16*, No. 2, 65–82, [published August 1962]

AITON, E. J. [1964]: ‚The Celestial Mechanics of Leibniz in The Light of Newtonian Criticism', *Annals of Science, 18*, 31–41

AITON, E. J. [1965]: ‚The Celestial Mechanics of Leibniz: A New Interpretation', *Annals of Science, 18*, 111–123

AITON, E. J. [1966]: ‚An Imagery Error in the Celestial Mechanics of Leibniz', *Annals of Science, 21*, 169–173

AITON, E. J. [1969]: ‚Kepler's Second Law of Planetary Motion', *Isis 60*, 75–90

AITON, E. J. [1976]: ‚Johannes Kepler and the astronomy without hypothesis', *Japanese studies in the history of science. XIV*, 49–71

AITON, E. J. [1978]: ‚Kepler's Path to the Construction and Rejection of His First Oval Orbit for Mars', *Annals of Science, 35* (2), 173–190

AITON, E. J. [1981]: ‚Celestial Spheres and Circles', *Hist. Sci. XIX*, 75–113

AITON, E. J. [1991]: *Gottfried Wilhelm Leibniz, Eine Biographie,* Insel Verlag, Frankfurt am Main und Leipzig; Übersetzung aus dem Englischen: *Leibniz. A Biography*, © Adam Hilger Ltd. 1985

AKADEMIE AKTUELL, Zeitschrift der Bayerischen Akademie der Wissenschaften, Ausgabe 03/2013, ISSN 1436-753X

AKSENOV, E. P. [1986]: ‚Tisserand's polynomials and inclination functions in the theory artificial earth satellites', *P. K. Shternberg State Astronomical Institute, Astron. Zh. 63*, pp. 365–370

[1] In diesem Literaturverzeichnis sind Basiswerke, weiterführende, ergänzende, vertiefende Literatur aufgenommen. Einige weitere Einzelreferenzen und Hinweise auf ergänzende Literatur sind in direktem Bezug in den fortlaufenden Text eingefügt.

E. F. M. Jochim, *Der astronomische Bewegungsbegriff*,
https://doi.org/10.1007/978-3-662-71040-1

ALBANI, MATTHIAS [2014]: ‚Sterne/Sternbilder/Sterndeutung, Der Sternenhimmel in Mesopotamien, Ägypten und Israel', https://www.bibelwissenschaft.de/wibilex/das-bibellexikon/lexikon/sachwort/anzeigen/details/sterne-sternbilder-sterndeutung/ch/5f6215ca4a3ea6b9a89fdc2ecd0 8bd40/

ALESSANDRO DE IACO VERIS [2018] : *Practical Astrodynamics*, ISSN 1869-1730, ISSN 1869-1749 (electronic), Springer Aerospace Technology. ISBN 978-3-319-622189-4, ISBN 978-3-319-62220-0-(eBook), ISBN 331962220X, https://doi.org/10.1007/978-3-319-62220-0., Library of Congress Control Number: 2017945255, https://www.scribd.com/document/384155364/Practical-Astrodynamics-Gnv64, Springer International Publishing AG 2018

ALEXANDER VON HUMBOLDT [1845–1859/2004] : *Kosmos, Entwurf einer physischen Weltanschauung*, Ediert und mit einem Nachwort versehen von Ottmar Ette und Oliver Lubrich, Eichborn Verlag Frankfurt am Main 2004, ISBN 3-8218-4549-X, www.humboldt-portal.de

ALTMANN, SIMON L. [1989]: ‚Hamilton, Rodrigues, and the Quaternion Scandal', *Mathematics Magazine 62*, No. 5 [Dec., 1989], pp. 291–308

AOKI, A., GUINOT, B., KAPLAN, G. H., KINOSHITA, H., MCCARTHY, D. D., SEIDELMANN, P. K. [1982]: ‚The New Definition of Universal Time', *Astronomy and Astrophysics 105*, 359–361

APOLLONIOS [1990]: *Conics, Book V to VII, The Arabic Translation of the Lost Greek Original in the Version of the Banū Mūsā*, Vol. 1 and Vol. 2, edited with Translation and Commentary by G. J. TOOMER, Sources in the History of Mathematics and Physical Sciences 9, Springer Verlag, New York, Berlin, Heidelberg, London, Paris, Tokyo, Hong Kong, ISBN 0-387-97216-1

ARATOS [2009]: *Phainomena, Sternbilder und Wetterzeichen,* Griechisch und deutsch, Herausgegeben und übersetzt von MANFRED ERREN, Artemis und Winkler Verlag, Düsseldorf, Sammlung Tusculum, ISBN 978-3-538-03517-1

ARISTOTELES [1983]: *Vom Himmel, von der Seele, von der Dichtkunst*, eingeleitet und neu übertragen von OLOF GIGON, 1950 Artemis Verlag, Zürich und München, 2. Auflage 1983, ISBN 3-7608-3525-2

ARISTOTELES [1986]: in 23 volumes, Vol. VI *On the Heavens*, with an English translation by W. K. C. GUTHRIE, Loeb Classical Library, Cambridge Mass., Harvard University Press, London, William Heinemann Ltd.

ARISTOTELES [1989]: in 23 volumes, Vol. XVII *Metaphysics I–IX*, with an English translation by HUGH TREDENNICK, Loeb Classical Library, Cambridge Mass., Harvard University Press, London, William Heinemann Ltd.

ARISTOTELES [1990]: in 23 volumes, Vol. XVIII *Metaphysics X–XIV, Oeconomica, Magna Moralia*, translated by HUGH TREDENNICK, Loeb Classical Library, Cambridge Mass., Harvard University Press, London, William Heinemann Ltd.

ARISTOTELES [1991]: *Metaphysik, Schriften zur ersten Philosophie*, übersetzt und herausgegeben von Franz W. Schwarz, Philipp Reclam Jun., Stuttgart, ISBN-3-15-007913-6

ARNOLD, UWE [1965]: *Die Entelechie, Systematik bei Platon und Aristoteles,* Überlieferung und Aufgabe, Abhandlungen zur Geschichte und Systematik der Europäischen Philosophie, II, herausgegeben von ERICH HEINTEL, Verlag R. Oldenbourg Wien und München

BAKER, Robert M. L. Jr. [1967]: *Astrodynamics, Application and Advanced Topics*, Computer Sciences Coproration and University of California, Los Angeles, California, AP Academic Press, New York and London

BAKER, Robert M. L. Jr. and MAUD W. MAKEMSON [1962]: *An Introduction to Astrodynamics, Application and Advanced Topics*, Computer Sciences Coproration and University of California, Los Angeles, California, AP Academic Press, TL1050 B3 1962, OL17137333M, New York and London

BARNES, J. A. [1974]: ‚Basics Concepts of Precise Time and Frequency‘, in: Blair, B. R. ed., *Time and Frequency: Theory and Fundamentals*, U. S. Department of Commerce, National Bureau of Standards, Boulder, CO 80302, Issue May 1974

BASTIAN, U. [1987]: ‚HIPPARCOS – Der 100000-Sterne-Satellit‘, *Sterne u. Weltraum 10*, 524–529

BATE, ROGER R.; MUELLER, DONALD D.; WHITE, JERRY E.: [1971]: *Fundamentals of Astrodynamics,* Dover Books on Aeronautical Engineering, ISBN-10: 0,486,600,610 ISBN-13 :978-0486600611, Dover Publications

BATE, ROGER R.; MUELLER, DONALD D.; WHITE, JERRY E.; SAYLOR, WILLIAM W. [2020]: *Fundamentals of Astrodynamics*, second edition, ISBN-13: 9780486497044, Dover Publications

BATRAKOV, Yu. V. [1963]: ‚Perturbations in the motion of a satellite due to the second zonal harmonic of the Earth's potential‘, in: ROY, M.. ed., *Dynamics of Satellites*, International Union of Theoretical and Applied Mechanics, Symposium Paris, May 28–30, 1962, Springer Verlag, Berlin/Göttingen/Heidelberg, pp. 74–82

BATTIN, R. H. [1987]: *An Introduction to the Mathematics and Methods of Astrodynamics*, AIAA Education Series, J. S. Przemieniecki/Series Editor-in-Chief, New York

BAUSCHINGER, J. [1928]: *Die Bahnbestimmung der Himmelskörper*, Zweite Auflage, Verlag von Wilhelm Engelmann, Leipzig

BELL, E. T. [1967]: *Die großen Mathematiker*, Econ Verlag, Düsseldorf, Wien

BERMAN, Arthur I. [1961]: *The physical principles of Astronautics, fundamentals of dynamical astronomy and space flight*, New York, London, John Wiley and Sons, Inc., Library of Congress Catalog Card Number: 61–11514

BERTOTTI, BRUNO AND PAOLO FARINELLA [1990]: *Physics of the Earth and the Solar System, Dynamics and Evolution, Space Navigation, Space-Time*, Kluwer Academic Publishers, Dordrecht/ Boston/London, ISBN 0-7923-0535-3

BESSEL, F. W. [1818]: ‚Analytische Auflösung der Keplerschen Aufgabe‘, *Abhandlungen der Berliner Akademie der Wissenschaften math. Cl.* 1816–1817, p.49; auch in: *Bessel's Abhandlungen,* 1. Band, pp. 17–20 [1875]

BESSEL, F. W. [1836]: ‚Bemerkungen über mögliche Unzulänglichkeiten der die Anziehungen allein berücksichtigenden Theorie der Cometen‘, *Astron. Nachr. 13*, pp. 345–350; auch in: *Bessel's Abhandlungen*, 1. Band, pp. 80–83 [1875]

BESSEL, F. W. [1875]: *Abhandlungen von Friedrich Wilhelm Bessel,* herausgegeben von Rudolf Engelmann in drei Bänden, erster Band: I. Bewegungen der Körper im Sonnensystem. II. Sphärische Astronomie; Leipzig, Verlag von Wilhelm Engelmann, 1875

BIALAS, VOLKER [1971]: ‚Die Bedeutung des dritten Planetengesetzes für das Werk von Johannes Kepler‘, *Philosophia Naturalis 13*, 42–55

BIALAS, VOLKER [1973]: ‚Die Planetenbeobachtungen des Copernikus. Zur Genauigkeit der Beobachtungen und ihrer Funktion in seinem Weltbild‘, *Philosophia Naturalis. 14,* Verlag Anton Hain – Meisenheim/Glan, 1973, Heft 3/4, 328–352

BIALAS, VOLKER [1982]: *Erdgestalt, Kosmologie und Weltanschauung. Die Geschichte der Geodäsie als Teil der Kulturgeschichte der Menschheit.* Verlag Konrad Wittwer, Stuttgart, 1982, : ISBN 9783879191352 (365 S., br., 59,- DM)

BIALAS, VOLKER [1998]: *Vom Himmelsmythos zum Weltgesetz – Eine Kulturgeschichte der Astronomie,* Ibera Verlag, Wien, ISBN 3 900436 52 5

BIALAS, VOLKER [2004]: *Johannes Kepler,* Beck'sche Reihe Denker, Verlag C. H. Beck oHG, München, ISBN 3 406 51085

BIALAS, VOLKER [2005]: persönliche Mitteilung, November 2005

BIEN, R. [1988]: ‚Kalenderkunst und Kalendergeschichte‘ , *Sterne und Weltraum 12*(88), 710–713

BIEZEN, ALEXANDER FRANCOIS VAN [2014]: ‚Between Religion and Science. Georges Lemaître, Pope Pius XII and the Big Bang Theory‘, Conference Paper, https://www.researchgate/publication/269695632

BILL, BRUCE G. [1990]: ‚The Rigid Body Obliquity of Mars‘, *Journal of Geophysical Research*, Vol. **95**, No. B9, pp. 14,137–14,153

BLANCHARD, R. C. AND P. R. ZADUNAISKY [1968]: ‚A Numerical Solution of Kepler's Problem in Unified Variables‘, *AAS/AIAA Astrodynamics Specialist Conference*, Jackson, Wyoming / September 3–5, 1968, AAS Paper No. 68–100

BLEULER, K. UND P. E. KUSTAANHEIMO [1968]: ‚Vektorielle Methoden in der Quantenmechanik I, Vektorielle Lösung einiger Bewegungsprobleme der klassischen Mechanik‘, *Annales Academiae Scientiarum Fennicae,* Series A, VI. Physica 258; [auch: Publications of the Dept. Appl. Mathematics, University Helsinki, Finland]

BLITZ, MATT [2014], ‚Georges Lemaître, the greatest scientist you've never heard off‘, https://gizmodo.com/georges-lemaitre-the-greatest-scientist-you-ve-never-h-1519769080, TodayIFoundOut.com

BLITZER, L. [1957]: ‚Effect of Earth's Oblateness on the Period of a Satellite‘, *Jet Propulsion,* Vol. **27**, pp. 405–406

BLITZER, L. [1964]: ‚Nodal Period of an Earth Satellite‘, *AIAA Journal* 2(8), 1459–1460

BLITZER, L. AND A. D. WHEELON [1957]: ‚Perturbations of a Satellite's Orbit Due to the Earth's Oblateness‘, *J. Appl. Phys.,* Vol. **27**, No. 10, pp. 1141–1149

BLITZER, L., M. WEISFELD AND A. D. WHEELON [1956]: ‚Oblateness Perturbations of Elliptical Satellite Orbits‘, *J. Appl. Phys.,* Vol. **27**, No. 10, p. 279

BLOSSET, LISE [1968]: ‚Robert Esnault-Pelterie: Space Pioneer‘, in: Durant III, F.C. and James, G.S. ed. [1985]: pp. 5–31

BOCCALETTI, D. AND PUCACCO, G. [1996]: *Theory of Orbits, Volume 1: Integrable Systems and Non-perturbative Methods,* ISBN 3-540-58963-5 Springer Verlag, Berlin, Heidelberg, New York,

BOCCALETTI, D. AND PUCACCO, G. [1998]: *Theory of Orbits, Volume 2: Perturbative and Geometrical Methods,* ISSN 0941-7834, ISBN 3-540-60355-7 Springer Verlag, Berlin, Heidelberg, New York

BOCHEŃSKI, JOSEPH M. [1956,2015]: FORMALE LOGIK, Alber Studienausgabe, Orbis Academicus, 6. unveränderte Auflage, Verlag Karl Alber in der Verlag Herder GmbH, Freiburg/München, ISBN 978-3-495-48779-2

BOCKEMÜLLER, E. A. UND W. KLEINSCHMIDT [1970]: ‚Analytische Lösungen für Übergangsbahnen bei Horizontalschub‘, DFVLR, Forschungszentrum Braunschweig, XXI. Internationaler Astronautischer Kongress, Konstanz, 4. bis 10. Oktober 1970

BOLL F. [1901]. ‚Die Sternkataloge des Hipparch und des Ptolemaios‘. *Bibliotheca mathematica.* 3 rd ser. 2: pp. 185–195

BÖHME, GERNOT [2000]: *Platons theoretische Philosophie,* J. B. Metzlersche Verlagsbuchhandlung und Carl Ernst Poeschel Verlag GmbH Stuttgart, Lizenzausgabe für die Wissenschaftliche Buchgesellschaft

BÖHNARDT, H., H. RUEDER, M. SCHNEIDER [1981]: ‚Modelle des Strahlungsdrucks für die Theorie der Satellitenbahnen‘, *Deutsche Geodätische Kommission bei der Bayerischen Akademie der Wissenschaften Astronomy,* Reihe **A**, Theoretische Geodäsie, Heft Nr. **93**; ISBN 3-7696-81754

BOHRMANN, A. [1963]: *Bahnen künstlicher Satelliten,* BI Hochschultaschenbücher Nr. 40, Mannheim; zweite Auflage 1966

BREAKWELL, J. V. [1959]: ‚On the Anomalies in the Movement of the Perigee due to Oblateness and Air Drag for Critical Values of the Inclination‘, *Proceedings of the NASA Conference on Orbit and Space Trajectory Determination*

BREAKWELL, J. V. [1963]: ‚Trajectories Launched Normal to the Ecliptic', *XIVth International Astronautical Congress*, Palais de l'Unesco, Paris, 25 Septembre – 1er Octobre 1963, No. **67**

BREAKWELL, J. V. AND MERZ, A.W. [1994]: ‚Synchronous Orbit Accuracy Evaluation', *Dynamics and Control 4*, 407–427

BRENDEL, MARTIN [1905]: ‚Theorie des Mondes', *Astronomische Mittheilungen der Königlichen Sternwarte zu Göttingen*, Achter Theil, her. von K. Schwarzschild [Aus den Abhandlungen der Königl. Gesellschaft der Wissenschaften zu Göttingen. Mathematisch-physikalische Klasse. Neue Folge. Band III. No. 4.]

BRENSKE, H.- B. [1973]: ‚Die Entdeckungen des Copernikus, Zur 500. Wiederkehr seines Geburtstages', *Sterne u. Weltraum 12*(2), 36–39

BRESSANIN, G. [1970]: 'Errors in Orbit Determination', *Celest. Mech. 2*, 77–87

BRETAGNON, P. and G. FRANCOU [1988]: ‚Planetary theories in rectangular and spherical variables. VSOP87 solutions', *Astronomy and Astrophysics 202*, 309–315

BRILLOUIN, L. [1960]: ‚Poincaré and the Shortcomings of the Hamilton-Jacobi Method for Classical and Quantized Mechanics', *Archive for Rational Mechanics and Analysis V*, 5, pp. 76–94

BROER, HENK W. [2003]: ‚KAM Theory: the legacy of Kolmogorov's 1954 paper', *University of Groningen, Department of Mathematics and Computing Science,* Blauwborgje 3 NL-9747 AC, Groningen, Email: broer@math.rug.nl, December 30, 2003

BRONSTEIN, I. N., K. A. SEMENDJAJEW, G. MUSIOL, H. MÜHLIG [1993]: *Taschenbuch der Mathematik*, Verlag Harri Deutsch, Thun, Frankfurt am Main, ISBN 3-8171-2011-X

BROUCKE, R. [1980]: 'Expansion of the Third Body Disturbing Function', *AIAA 18th Aerospace Sciences Meeting*, AIAA-80-0056

BROUCKE, R. [1995]: 'Long-Term Lunar Effects on Orbits of Earth Satellites', AAS 95-406, p. 1745

BROUCKE, R. A. AND CEFOLA, P. J. [1972]: ‚A Programming System for Analytical Series Expansions on a Computer', *Celest. Mech. 1*, 271–284

BROUCKE, R. AND GARTHWAITE, K. [1969]: ‚On Szebehely's equation for the potential of a prescribed family of orbital Elements', *Celest. Mech. 16*, 215–225

BROUCKE, R. AND LASS, H. [1977]: ‚On Szebehely's equation for the potential of a prescribed family of orbits Orbit Elements', *Celest. Mech. 16*, 215–225

BROUWER, D. [1944]: ‚Integration of the Equations of General Planetary Theory in Rectangular Coordinates', *Astronomical Journal 51*, pp. 73–43

BROUWER, D. [1946]: ‚The Motion of a Particle with Negligible Mass under the Gravitational Influence of a Spheroid', *Astronomical Journal 51*, 1156, pp. 223–231

BROUWER, D. [1958]: ‚Outlines of General Theories of the Hill-Brown and Delaunay Types for Orbits of Artificial Satellites', *Astronomical Journal 63*, No. 1264, 433–438

BROUWER, D. [1959 a]: ‚Solution of the Problem of Artificial Satellite Theory without Drag', *Astronomical Journal 64*, 378–397

BROUWER, D. [1959 b]: ‚Comments on General Theories of Planetary Orbits', *Proceedings of Symposia in Applied Mathematics, Orbit Theory*, American Mathematical Society, Vol IX, pp. 152–166

BROUWER, D. AND CLEMENCE, G. M. [1961]: *Methods of Celestial Mechanics*, Academic Press

BROUWER, D. AND HORI, G. [1961 a]: ‚Theoretical Evaluation of Atmospheric Drag Effects in the Motion of an Artificial Satellite, *Astronomical Journal 66*, No. 6, pp. 264–265

BROUWER, D. AND HORI, G. [1961 b]: ‚Appendix to Theoretical Evaluation of Atmospheric Drag Effects in the Motion of an Artificial Satellite, *Astronomical Journal 66*, No.5, pp. 193–225

BROWN, E. W. [1896]: *An Introductory Treatise on The Lunar Theory*, Reprint: 1960, Dover Publications, Inc., New York

BROWN, E. W. [1936]: ‚On the Calculation of the Principal Parts of the Motions of the Lunar Perigee and Node', *Astronomical Journal*, **45**, No. 1044, pp. 84–88

BROWN, E. W. [1936/1937]: "The Stellar Problem of Three Bodies, I. Application of Satellite" Theory, M.N. Vol. 97, pp. 56–61 [1936], – II. "The Equations of Motion with a Simplified Solution", M.N. Vol. 97, pp. 62–66 [1936], – III. "The Motions of the Apse and Node with Application to the Moon", M.N. Vol. 97, pp.116–127 [1936], IV. "Perturbations in the System Ursae Majoris", M.N. Vol. 97, pp. 388–397, p. 704 [1937]

BROWN, E. W. AND SHOOK, C. A. [1933]: *Planetary Theory*, Cambridge, At the University Press, London, New York, Toronto, Bombay, Calcutta, Madras, Tokyo

BRÜNNOW, F. [1881]: *Lehrbuch der sphärischen Astronomie*, F. Dümmler's Verlagsbuchhandlung, Berlin, American Elsevier Publishing Company, Inc., New York

BRUGGENCATE, P. TEN [1943]: ‚Zum 400. Todestag von Niklaus Coppernicus', *Vierteljahresschrift der Astronomischen Gesellschaft 78, 1943*, 6–17

BRUMBERG, V. A. [1991]: *Essential Relativistic Celestial Mechanics*, Adam Hilger, Bristol, Philadelphia and New York

BRUMBERG, V. A. [1992 ?]: ‚General Planetary Theory revisited with the Aid of Elliptic Functions', NAO Tokyo, Japan

BRUMBERG, V. A. [1994]: ‚General Planetary Theory in Elliptic Functions', *Celest. Mech and Dynamical Astronomy 59,* 1–36

BRUMBERG, V. A. [1995]: *Analytical Techniques of Celestial Mechanics*, Springer-Verlag, Berlin, Heidelberg, New York

BRUMBERG, V. A. AND J. KOVALEVSKY [1986]: ‚Unresolved Problems of Celestial Mechanics', *Celest. Mech. 39,* 133–140

BSCHORR, O.; JOCHIM, E. F.; FREUND, J. [1979]: ‚Computer-Generated Pictures of Comets'. *Acta Astronautica* ***6***, May–June 1979, pp. 657–667

BÜDELER, W. [1979]: *Geschichte der Raumfahrt*, Sigloch Edition Künzelsau, Thalwil, Straßburg, Salzburg

BUCERIUS, H. [1966]: *Himmelsmechanik I*, BI Hochschultaschenbücher, 143/143a, Bibliographisches Institut Mannheim

BUCERIUS, H., SCHNEIDER, M. [1968]: *Himmelsmechanik II*, BI Hochschultaschenbücher, 144/144a, Bibliographisches Institut Mannheim

BURSA, M. [1987]: 'Secular Deceleration of the Moon and of the Earth's Rotation and Variation in the Zonal Geopotential Harmonic', Bull. Astron. Inst. Czechosl., Vol. **38**, Nr. 5, 309–313

BURSA, M. [1989 ?]: 'The Variation in J_2 and the Moments of Inertia: Satellite Results and Consequences for the Angular Momentum Budget of the Earth-Moon-Sun System', Astronomical Institute, Czechoslovask Academy of Sciences, Prague ČSFR

CAMARA, VALDEMIR AND ATAIR RIOS NETO [2000]: ‚Satellite Attitude Acquisition Using Neural Network Controller', in: Prado, Antonio Fernando Bertachini de Almeida, ed.[2000], pp. 272–282

CAMPBELL, J. A. [1972]: 'An Exercise in Symbolic Programming: Computation of General Normalized Inclination Functions', *Celestial Mechanics*, **6,** 187–197

CAMPBELL, J.A., JEFFERYS, W.H. [1970], ‚Equivalence of the perturbation theories of Hori and Deprit'. *Celestial Mechanics* **2,** 467–473 (1970), https://doi.org/10.1007/BF01625278

CANTOR, GEORG [1932]: *Gesammelte Abhandlungen mathematischen und philosophischen Inhalts,* Mit erläuternden Anmerkungen sowie mit Ergänzungen aus dem Briefwechsel Cantor-Dedekind. hg.v. *E. Zermelo.* Springer-Verlag Berlin Heidelberg GmbH 1932. ISBN 978-3-662-00254-4, ISBN 978-3-662-00274-2 (e-book), https://doi.org/10.1007/978-3-662-00244-2

CAPDEROU, MICHEL [2003]: *Satellites, Orbites et Missions ,* Springer-Verlag France, ISBN 2-287-59772-7

CAPELLARI, J. O., VELEZ, C. E. AND FUCHS, A. J. [1976]: *Mathematical Theory of the Goddard Trajectory Determination System*, Goddard Space Flight Center, Greenbelt, Md., X-582-76-77

CARNAP, RUDOLF (1968): Logische Syntax der Sprache, 2. Auflage, Springer Verlag, Wien, ISBN 978-3-668-23331-3, ISBN 978-3-668-25378-2 (eBook), DOI 10.1007/978-3-668-25378-2

CAYLEY, A. [1857]: ‚On Hansen's Lunar Theory', *Quarterly. Mathematical Journal*, Vol. **1**, pp. 112–125 (or in: *Coll. Works*, Vol. III, 1890)

CAYLEY, A. [1897]: ‚On certain results relating to quaternions'. Phil. Mag. (**26**) 141–145, – *Coll. Math. Papers* (**1**) 1897, no. 6, 28–35

CEFOLA, P. J. [1972]: ‚Equinoctial Orbit Elements – Application to Artificial Satellite Orbits', AIAA/ AAS Astrodynamics Conference, Palo Alto, Calif., September 11–12, 1972, Preprint AIAA 72–937

CEFOLA, P. J. [1975]: ‚On the Formulation of the Gravitational Potential in Terms of Equinoctial Variables', AIAA Aerospace Sciences Meeting, January 1975, N76-10169

CHEBOTAREV, G. S. [1967]: *Analytical and Numerical Methods of Celestial Mechanics*, USSR Academy of Sciences, Translation from Russian, translated by Scripta Technica, Inc., Translation Editor: Ludwig Oster, University of Colorado, American Elsevier Publishing Company, Inc., New York

CHEBOTAREV, G. S. ed. [1972/2013]: „*The Motion, Evolution of Orbits, and Origin of Comets*" (International Astronomical Union Symposia, 45, Band 45), Springer; Softcover reprint of the original 1st ed. 1972 Edition (4. Oktober 2013) Taschenbuch , ISBN-10 : 9401028753, ISBN-13 : 978-9401028752; https://www.amazon.de/Motion-Evolution-International-Astronomical-Symposia/dp/9401028753

CHENCINER, ALAIN [2012]: 'Poincaré and the Three-Body Problem', Poincaré, 1912–2012, *Séminaire Poincaré* **XVI** (2012) 45–133

CHERNIACK, J. B. and GAPOSCHKIN, E. M. [1969 ?]: 'Computer Derivation of Short-Period Lunar Perturbations', *NASA*, NGR 09-015-002

CLARKE, A. C. [1945]: ‚Extra-terrestrial Relays', *Wireless World*, October 1945

CLARKE, A. C. [1947]: ‚Stationary Orbits', *Journal of the British Astronomical Association*

CLAUS, A. J. AND LUBOWE, A. G. [1963]: ‚A High Accuracy Perturbation Method with Direct Application to Communication Satellite Orbit Prediction', *Astronautica Acta*, Vol. **IX** Fasc. 5–6, 275–301

CLEOMEDES [1891]. *De motu circulari corporum caelestium*. Leipzig: Teubner.

CLOHESSY, W. H. AND WILTSHIRE, R. S. [1960]: ‚Terminal Guidance System for Satellite Rendezvous', *Journal of the Aerospace Sciences*, **27** (9), 653–674

COHEN, B. I. [1960]: ‚Newton in the Light of Recent Scholarship', *Isis*, **51**, 489–514

COHEN, B. I. [1989 und 1990]: ‚Newtons Gravitationsgesetz – aus Formeln wird eine Idee', in: *Newtons Universum, Materialien zur Geschichte des Kraftbegriffs*, Verständliche Forschung, Spektrum der Wissenschaft, Heidelberg, 1990, 124–135, auch in Gravitation, Raum-Zeit-Struktur und Wechselwirkung, Einführung, J. Ehlers und G. Börner, Forschung, Spektrum der Wissenschaft, Heidelberg, 1989, 12–23

Colloquia Copernicana IV [1975]: ‚Conférence de la théorie héliocentrique Copernic et le développement des sciences exactes et sciences humaines', Torun 1973, Polska Akademia Nauk – Zaklad Historii Nauk i Techniki, Studia Copernicana XIV, Wroclaw, Warszawa, Krakow, Gdansk, Zaklad Naradowy Imienia Ossolinskich Wydawnictwo Polskiej Akademii Nauk, 1975

COK, DAVID R. [1978]: 'On the Perturbations of a Close-Earth Satellite due to Lunar Inequalities', *Celestial Mechanics*, **16,** 459–479

COOK, A. H. [1972]: ‚Basic Theory for PROD, a Program for Computing the Development of Satellite Orbits', *Celestial Mechanics*, **7**, pp. 301–314

COOK, G. E. [1988]: *The Motion of the Moon*, Adam Hilger, Bristol and Philadelphia

COOK, RICHARD A.; ANDREY B. SERGEYEVSKY; EDWARD A. BELBRUNO and THEODORE H. SWEETSER [1990]: ‚Return to the Moon: the lunar observer mission', AIAA-90-2888-CP

COPERNICUS, N. [1949]: *Nicolai Copernici Thorunensis De Revolutionibus Orbium Coelestium Libri Sex*, Hanc editionem curaverunt Farnciscus Zeller, Carolus Zeller, MDCCCCIL, in aedibus R. Oldenbourg Monachii

COPERNICUS, NICOLAUS [2006]: *Das neue Weltbild*, Drei Texte, Commentariolus, Brief gegen Werner, De revolutionibus I, Im Anhang eine Auswahl aus der Narratio prima des G. J. Rheticus, Lateinisch-Deutsch, Übersetzt und herausgegeben von Hans Günter Zekl, Felix Meiner Verlag, Sonderausgabe der Reihe „Philosophische Bibliothek" (Band 300), Felix Meiner Verlag, Hamburg,

CUI, DOU- XING AND BORIS GARFINKEL [1985]: ‚A Variant of the Hori-Lie Series Method', *Celest. Mech. 35,* 89–94

CUSANUS: siehe NICOLAUS CUSANUS

DE CANIO, GABRIELE; JAMES EGGLESTON; JORGE FAUSTE; ARTUR M. PALOWSKI; MARIELLE SPADA [2023]: ‚Development of an actionable AI roadmap for automating mission operations', 17th International Conference on Space Operations, Dubai, United Arab Emirates, 6–10 March 2023, "Copyright 2023 by European Space Agency. Published by the Mohamed Bin Rashid Space Centre (MBRSC) on behalf of SpaceOps, with permission and released to the MBRSC to publish in all forms". SpaceOps-2023, ID # 303

DACHWALD, B. [2002]: ‚Verwendung eines neuronalen Reglers und evolutionärer Algorithmen zur Berechnung optimaler interplanetarer Sonnenseglerbahnen', *Deutscher Luft- und Raumfahrtkongress, 2002,* Stuttgart, Germany, 23–26 September 2002

DACHWALD, B., W. SEBOLDT [2002]: ‚Optimization of Interplanetary Rendezvous Trajectories for Solar Sailcraft using a Neurocontroller', *AIAA/AAS Astrodynamics Specialist Conference,* Monterey, AIAA 2002-4989

DACHWALD, B., W. SEBOLDT AND B. HÄUSLER [2002]: ‚Performance Requirements for Near-Term Interplanetary Solar Sailcraft Missions', *6th International Symposium on Propulsion for Space Transportation of the XXIst Century,* Versailles, France, 14–16 May 2002

DACHWALD, B. [2004]: *Low-Thrust Trajectory Optimization and Interplanetary Mission Analysis Using Evolutionary Neurocontrol,* Doctoral Thesis, Universität der Bundeswehr München, Fakultät für Luft- und Raumfahrttechnik

DACHWALD, B. [2004]: ‚Optimization of Interplanetary Solar Sailcraft Trajectories Using Evolutionary Neurocontrol', *Journal of Guidance, Control, and Dynamics,* Vol. **27**, No. 1, pp. 66–72

DACHWALD, B. [2005]: ‚Optimization of Very-Low-Thrust Trajectories Using Evolutionary Neurocontrol', *Acta Astronautica,* Vol. **57**, No. 2–8, pp. 175–185

DACHWALD, B. [2005]: ‚Optimal Solar Sail Trajectories for Missions to the Outer Solar System', *Journal of Guidance, Control, and Dynamics,* Vol. **28**, No.6, pp. 1187–1193

DACHWALD, BERND AND BONG WIE. [2005], ‚Solar Sail Trajectory Optimization for Intercepting, Impacting, and Deflecting Near-Earth Asteroids', *AIAA Guidance, Navigation, and Control Conference,* San Francisco, USA, August 2005, AIAA Paper 2005-6176, also submitted to the Journal of Spacecraft and Rockets

DACHWALD, BERND AND RALPH KAHLE AND BONG WIE [2006]: ‚Solar Sailing Kinetic Energy Impactor (KEI) Mission Design Tradeoffs for Impacting and Deflecting Asteroid 99942 Apophis', *AIAA/AAS Astrodynamics Specialist Conference and Exhibit,* Keystone, Colorado, 21-24 August 2006

DANJON, A. [1980]: *Astronomie Générale, Astronomie Sphérique et éléments de Mécanique Céleste,* Seconde Edition, revue et corrigée, Librairie Scientifique et Technique Albert Blanchard, 9, Rue de Médicis, 75006 Paris

DAVIES, R. J., F. L. WHIPPLE AND J. B. ZIRKNER [1956]: ‚The Orbit of a Small Earth Satellite', Abschnitt 1 in: VAN ALLEN, J. A. [Hrsg.] [1956]: *Scientific Uses of Earth Satellites,* Chapman & Hall

DAVIES, M. E., ABALAKIN, V. K., BURSA, M., LEDERLE, T., LIESKE, J. H., RAPP, R. H., SEIDELMAN, P. K., SINCLAIR, A. T., TEIFEL, V. G., TJUFLIN, Y. S. [1986]: ‚Report of the IAU/IAG/COSPAR Working Group on Cartographic Coordinates and Rotational Elements of the Planets and Satellites: 1985‘, *Celest. Mech. 39.*, 103–113

DAVOYAN, ARTUR [2021] : ‚Extreme Solar Sailing for Breakthrough Space Exploration‘, University of California, Los Angeles, https://www.nasa.gov/directorates/spacetech/niac/2021_Phase_I/Extreme_Solar_Sailing_for_Breakthrough_Space_Exploration/

DEGEN, C. F. [1817/18]: ‚Adumbratio Demonstrationis Theorematis Arithmetici Maxime Universalis‘, *Mémoires de l'Académie Impériale des Sciences de St. Pètersbourg,* Tome **VIII,** avec l'Histoire de l'Académie pour les années 1817 et 1818, St. Pètersbourg de l'Imprimerie de l'Académie Impériale des Sciences, 1822, pp. 207-219

DEPRIT, A. [1969]: ‚Canonical Transformations Depending on a small Parameter‘, *Celest. Mech. 1,* 12–30

DEPRIT, A. [1975]: ‚Ideal Elements for Perturbed Keplerian Motions‘, *Journal of Research of the National Bureau of Standards – B. Mathematical Sciences. 79B* , Nos. 1 and 2, January–June 1975, pp. 1–15

DEPRIT, A. [1976]: ‚Ideal Frames for Perturbed Keplerian Motion‘, *Celest. Mech. 13,* 253–263

DEPRIT, A. AND DEPRIT- BARTHOLOMÉ, A [1976]: ‚Conversion from geocentric to geodetic Coordinates‘, *Celest. Mech. 12,* 489–493

DE VORKIN, D. H. [1982]: *The History of Modern Astronomy and Astrophysics,* A Selected, Annotated Bibliography, Garland Publishing, Inc., New York & London

DICKS, D. R. [1970]: *Early Greek Astronomy to Aristotle,* Cornell University Press, Ithaca, N.Y.

DICK, W. R., CHRISTIAN STERKEN (Hg./Eds.) (2018): *In memoriam Hilmar Duerbeck,* Acta Historica Astronomiae Vol. 64, im Auftrag des Arbeitskreises Astronomiegeschichte in der Astronomischen Gesellschaft, AVA Akademische Verlagsanstalt, Leipzig, ISBN 978-3-944913-56-8, ISSN 1422-8521

DIELS, N. [1957]: *Die Fragmente der Vorsokratiker,* rowohlts Klassiker Nr. 10, Hamburg

DIRLMEIER, F. [1938]: ‚Der Satz des Anaximandros von Milet‘, *Rheinisches Museum für Philologie,* **87,** Frankfurt/Main, pp. 376-382

DIRLMEIER, F. [1940]: „Nochmals Anaximandros von Milet“, *Hermes* Vol. **75**, No. 3 [1940], pp. 329–331 , Published by: Franz Steiner Verlag, [article consists of 3 pages] , [Stable URL: http://www.jstor.org/stable/4474625]

DOBLER, H. R. [2002]. ‚The dating of Ptolemy's star catalogue‘. JHA. **33**(3): 265-277.

DRAKE, STILLMAN [1990]: ‚Newtons Apfel und Galileis „Dialog“‘ in: *Newtons Universum, Materialien zur Geschichte des Kraftbegriffs,* Verständliche Forschung, Spektrum der Wissenschaft, Heidelberg, 1990, 116–123

DREYER, J. L. E. [1906/1953]: *A History of Astronomy from Thales to Kepler,* Dover Publ., New York

DREYER, J. L. E. [1913-1929]: *Tycho Brahi Dani opera omnia,* Copenhagen

DREYER, J. L. E. [1917] and [1918]. ‚On the origin of Ptolemy's catalogue of stars‘. MNRAS. 77: 528-539 and 78 : 343-349

DUERBECK, HILMAR und WALTRAUT SEITTER [2000]: ‚In Edwin Hubbles Schatten: Frühe Arbeiten zur Expansion des Universums‘. *Beiträge zur Astronomiegeschichte,* Bd. 3

DUKE, D. W. [2002]. ‚Hipparchus' coordinate system‘. AHES. **56**(5): 427-433.

DUKE, D. W. [2002]. ‚Associations between the ancient star catalogues‘. AHES. **56**(5): 435-450.

DUKE, D. W. [2002]. ‚Dating the Almagest star catalogue using proper motion: a reconsideration‘. JHA. **33**(1): 45-55.

DUKE, D. W. [2003]. ‚The depth of association between the ancient star catalogues‘. JHA. **34**(2): 227-230

DU MONT, BERNHARD [2002]: ‚Ulugh Beg, Astronom und Herrscher in Samarkand', *Sterne und Weltraum 9–10/*2002, 38–46

DURANT III, F.C. AND JAMES, G.S. ed. [1985]: *First Steps Toward Space,* proceedings of the first and second History Symposia of the International Academy of Astronautics at Belgrade, Yugoslavia, 26 September 1967, and New York, U.S.A., 16 October 1968 ; AAS History Series, Volume **6**, IAA History Series, Volume **1**, San Diego, Calif. : AAS Publications. : 1985, AAS Publication Office, P.O. Box 28130, San Diego, California 92128; originally published: Washington: Smithsonian Institution Press, 1974. [Smithsonian annals of flight ; no. 10], ISBN 0-87703-244-0 [pbk.]

DURIEZ, L. [1988]: ‚Long-Term Evolution of the Orbits of Natural Satellites', *Celestial Mechanics* **43**, pp. 331–348

DVORAK, R. [1982]: 'A Direct Method of Computing Small Divisors in Planetary Theory', *Astronomy and Astrophysics*, **108**, 14–18

DZIOBEK, O. [1888]: *Die mathematischen Theorien der Planetenbewegung*, Johann Ambrosius Barth, Leipzig [Reprint: *Mathematical Theories of Planetary Motion*, Dover Publications, New York, 1962]

ECKHARDT, DONALD H. [1982]: 'Planetary and Earth Figure Perturbations in the Libration of the Moon', in *High-Precision Earth Rotation and Earth-Moon Dynamics*, O. Calame ed., (Reidel, Dordrecht, Holland), pp. 193–198

ECKSTEIN, M. C. [1961]: ‚Die Hillschen Grenzkurven in einem besonderen Fall des eingeschränkten Vierkörperproblems bei verschiedenen Werten der endlichen Massen', Inaugural-Dissertation zur Erlangung der Doktorwürde der Naturwissenschaftlichen Fakultät der Ludwigs-Maximilians-Universität München, Oktober 1961

ECKSTEIN, M. C. [1972]: ‚Säkulare Bahnstörungen durch den Luftwiderstand', DFVLR IB 013-72/4

ECKSTEIN, M. C. [1973a]: ‚Ein Satellitenbahnmodell ohne Singularitäten', DLR-FB 73–67, ‚A Satellite Model without Singularities', ESRO TT-102, Oct. 1974

ECKSTEIN, M. C. [1973b]: ‚Konvergenzverbesserung bei der Bahnbestimmung künstlicher Satelliten', DLR-FB 73-95

ECKSTEIN, M. C. [1974]: ‚Ein Satellitenbahnmodell mit Schubphase', DLR-IB 552-74/9

ECKSTEIN, M. C. [1976]: 'An Approximate Semi-Analytical Solution for Orbit- and Attitude Manoeuvres of Spin-Stabilized Satellites', *Cel. Mech.* **14**, pp. 307–320

ECKSTEIN, M. C. [1979]: 'Ein Verfahren zur Herstellung analytischer Bahnmodelle für geostationäre Satelliten', *DFVLR*-FB 79-16

ECKSTEIN, M. C. [1980a]: 'Optimal Station Keeping by Electric Propulsion with Thrust Operation Constraints', *Cel. Mech.* **21**, pp. 129–147

ECKSTEIN, M. C. [1980b]: 'Positionshaltung Geostationärer Satelliten mit elektrischen Triebwerken', Deutsche Gesellschaft für Luft- und Raumfahrt, Walter-Hohmann-Symposium über Raumflugmechanik, Cologne, West Germany, March 12,13, 1980, *DGLR PAPER* 80-009, pages 1–43

ECKSTEIN, M. C. [1983]: ‚Approximate TV-SAT Orbit Injection Optimization by Means of Impulsive Hohmann Transfers', DFVLR-FB 83-02

ECKSTEIN, M. C. [1985]: 'Station Keeping of Geostationary Satellites by Electric Propulsion', NASA Technical Memorandum, *NASA TM*-77820, N85-24337. National Aeronautics and Space Administration, Washington D.C. 20546, April 1985, pp. 1–44

ECKSTEIN, M. C. AND F. HECHLER [1970]: 'A Reliable Derivation of the Perturbations due to any Zonal and Tesseral Harmonics of the Geopotential for Nearly-Circular Orbits', Scientific Report, *ESRO* SR-13, June 1970, 11 pages

ECKSTEIN, M. C. AND YUN Y. SHI [1967]: 'Low-Thrust Elliptic Spiral Trajectories of a Satellite of Variable Mass', *AIAA Journal*, **5**, pp.1491–1494

ECKSTEIN, M. C. , SHI, Y., KEVORKIAN, J. [1964/1966a]: 'Satellite Motion for all Inclinations Around an Oblate Planet', *Douglas Paper* No. 3078, August 1964; Reprint from International Astronomical Union, Symposium No. 25, pp. 291–322

ECKSTEIN, M. C. , SHI, Y., KEVORKIAN, J. [1965]: 'The Time History of a Satellite Around an Oblate Planet', *Douglas Paper* No. 3529, February 1965

ECKSTEIN, M. C. , SHI, Y., KEVORKIAN, J. [1966b]: 'Satellite Motion for Arbitrary Eccentricity and Inclination Around the Smaller Primary in the Restricted Three-Body Problem', *The Astronomical Journal*, Vol. **71**, No. 4, pp. 248–263

ECKSTEIN, M. C., SHI, Y., KEVORKIAN, J. [1966c]: 'A Uniformly Valid Asymptotic Representation of Satellite Motion Around the Smaller Primary in the Restricted Three-Body Problem', *Progress in Astronautics*, Vol. **17**, pp. 183–198

ECKSTEIN, M. C., SHI, Y., KEVORKIAN, J. [1966d]: 'Use of the Energy Integral to Evaluate Higher-Order Terms in the Time History of Satellite Motion', *The Astronomical Journal*, Vol. **71**, No. 5, pp. 301–305

ECKSTEIN, M.C., JOCHIM, E.F., LEIBOLD, A.F., LORENZ, J.K., PIETRASS, A.E. [1983]: „Design and Navigation Accuracy Assessment of an Ion Drive Asteroids Flyby and Rendezvous Mission, Launched by Ariane 4 APEX Demonstration Flight", Internal Report GSOC 83-1, DFVLR Oberpfaffenhofen

EFROIMSKY, M. [2005]: ‚Gauge Freedom in Orbital Mechanics', *Annals of the New York Academy of Sciences*, Vol. **1065**, New Trends in Astrodynamics and Applications, pp. 346–374, Dec. 2005

EFROIMSKY, M. and ALBERTO ESCAPA [2007]: ‚The theory of canonical perturbations applied to attitude dynamics and to the Earth rotation. Osculating and nonosculating Andoyer variables. *Celestial Mech. Dyn. Astr* (2007) 98: 251–284. https://doi.org/10.10007/s10569-007-9080-y

EFROIMSKY, M. [2011]: Referee (June 1, 2011) for JOCHIM, E. F. M. [2012]

EHRICKE, K. A. [1956]: ‚The Satelloid', *Astronautica Acta*, Vol. **II**, Fasc. 2, pp. 63–100

EHRICKE, K. A. [1960, 1962]: *Space Flight, I. Environment and Celestial Mechanics, II. Dynamics, III. Operations*, D. van Nostrand Company, Inc., Princeton New Jersey, Toronto, New York, London

EHRICKE, K. A. [1961]: 'Powered Flight', ch. 6 in: H. H. Koelle, ed. *Handbook of Astronautical Engineering*, McGraw-Hill Book Company, Inc., New York, Toronto, London

EICHHORN, H. [1988]: ‚Physical Time and Astronomical Time', *Celest. Mech. 43*, 237–241

EINSTEIN, A. [1917]: ‚Kosmologische Betrachtungen zur Allgemeinen Relativitätstheorie', *Sitzungsberichte der Königlich-Preussischen Akademie der Wissenschaften*, Berlin, pp. 142–152

EINSTEIN, A. [1956]: *Grundzüge der Relativitätstheorie* , WTB Bd. **59**, Akademie Verlag, Berlin, Pergamon Press, Oxford, Friedr. Vieweg & Sohn, Braunschweig

EINSTEIN, A. [1969]: *Über spezielle und allgemeine Relativitätstheorie* , Wissenschaftliche Taschenbücher, Bd. 59, Akademie Verlag, Berlin, Pergamon Press, Oxford, Vieweg & Sohn, Braunschweig

EKSCHMITT, W. [1989]: *Weltmodelle*, Griechische Weltbilder von Thales bis Ptolemäus, Philipp von Zabern, Mainz am Rhein, ISBN 3-8053-1092-7, Reihe: Kulturgeschichte der antiken Welt, Band 43 [leider vergisst diese Arbeit *Alkmaion von Kroton*, der ein unverzichtbares Zwischenglied in der Bewegungstheorie der Himmelskörper zwischen *Anaximander* und *Platon* ist. Außerdem übernimmt diese Arbeit unreflektiert die unsägliche Verurteilung des *Ptolemäus* als Plagiator]

ELSÄSSER, MICHAEL [1994]: *Friedrich Schlegels Kritik am Ding*, Mit einem Geleitwort herausgegeben von Werner Beierwaltes , ISBN 978-3-7873-1163-7, ISBN eBook: 978-3-7873-2741-6, © Felix Meiner Verlag GmbH, Hamburg 1994. (Arbeit abgeschlossen 1979). https://meiner.de/reading/web/?isbn=9783787311637

EL'YASBERG, P. E. [1967]: *Introduction to the Theory of Flight of Artificial Earth Satellites* , [*V vedenie v teoriyu poleta iskusst vennykh sputnikov Zemli*], translated from Russian, Moskva 1965, Series: Mechanics of Space Flight, Israel Program for Scientific Translations, Jerusalem

EL'YASBERG, P. E. & A. A. SUKHANOV, T. MORLEY & F. HECHLER [1984]: ‚Orbit Determination for Comet Halley by means of Optimally Selected Observations', ESA Journal 1984, Vol. **8**, pp. 8–25

Encyclopaedia of Mathematics [1987–1991], An updated and annotated translation of the Soviet "Mathematical Encyclopaedia", by: I. M. Vinogradov, Editor-in-Chief; Kluwer Academic Publishers, Dordrecht/Boston/London, ISBN 1-55608-010-7 [set] and ISBN 1-55608-006-9 [v.9]

ENDERLE, WERNER; HAUKE FIEDLER; SERGIO DE FLORIO; GERHARD KRIEGER; FRIEDRICH JOCHIM; SIMONE D'AMICO; SHANNON DAWSON; WILLIAM KELLAR [2006]: 'Next Generation GNSS for Navigation of Future SAR Constellations', IAC-06-C1.8.06

ENGEL, R., U.T. BÖDEWADT UND K. HANISCH [1949]: ‚Die Aussenstation – ein Zukunftsprojekt?', Paris, Office National d'Etudes et de Recherches Aéronautiques, 1. Sep. 1949, 96 S.; oder Arch. Orig. Centre de Documentation Nr. 314, 3. Mai 1950, 54 . – ‚Die Aussenstation'. Kap. 3, pp.117-154 in Raumfahrtforschung [herausgegeben von Heinz Gartmann], München, R. Oldenbourg Verlag [1952]

ESCLANGON, P. [1948]: „Sur l'avance du périgée dans l'Orbite des satellites artificiels de la Terre", Comptes Rendus de l'Académie des Sciences du Ja. 5, 1948, Tome **226,** no. 1 pp. 23–25

ESCOBAL, P. R. [1965]: *Methods of Orbit Determination*, John Wiley & Sons, Inc., New York, London. 463 pp, Diagrams 135 s. Published online by Cambridge University Press: 04 July 2016

ESCOBAL, P. R. [1968]: *Methods of Astrodynamics*, John Wiley, London, 350 pp. Illustrated. 140s. Published online by Cambridge University Press: 04 July 2016

EULER, L. [1780]: ‚De Variis Motuum Generibus, qui in Satellitibus Planetarum Locum habere possunt', *Acta Academica sci. Imp. Petrop, Euler Gesammelte Werke: E548, pp. 297 …*

EVANS, GODFREY [1970]: ‚The Astronomy of Heracleides Ponticus', *Classical Quarterly 20*, 102–111, ISN 1471-6844, ZDB-ID 20602996, Oxford Univ. Press, Oxford-New York, http://www3.oup.co.uk/clquaj/

EVANS, JAMES [1987]: ‚On the Origin of the Ptolemaic Star Catalogue: Part 1', *Journal of the History of Astronomy, xviii*, Part 3, No. 54, August 1987, pp.155–172; Science History Publications Ltd., 0021-8286/87/1803-0155, ‚On the Origin of the Ptolemaic Star Catalogue: Part 2', JHA, **xviii** [1987], pp. 233–278

EVANS, JAMES [1993-a]: "very few historians of astronomy have accepted Newton's conclusions in their entirety", *Journal of the History of Astronomy,* Vol**. 24,** Parts ½, February/May, 1993, pp. 145–146. (disagreeing with *R. R. Newton*: zitiert nach JONNSON, C. O. [2000])

EVANS, JAMES [1993-b]: ‚On Ptolemy Indicted Again', Book Review of: ROBERT R. NEWTON 1985] *The Origins of Ptolemy's Astronomical Tables* (Technical Publication No. 5; The center for Archeoastronomy, University of Maryland, and the John Hopkins University Applied Physics Laboratory, Baltimore, Pp. XII + 265. Review in *Journal of the History of Astronomy*

EVANS, JAMES [1993-c]: Book Review: Dynamics from Aristotle to Newton: *Absolute or Relative Motion?* A Study from a Machian Point of View of the Discovery and the Structure of Dynamical Theories, i: The Discovery of Dynamics, *Journal of the History of Astronomy, 24*, issue 2, pp. 229–230, https://doi.org/10.1177/002182869302400308

EVANS, JAMES [1998]: *The History and Practice of Ancient Astronomy*, Oxford University Press, New York, 1998, ISBN 0-195-09539-1

EVANS, JAMES [2002]: Book Review: New Light on Babylon, Ancient Astronomy and Celestial Divination, *Journal of the History of Astronomy, 33*, issue 1, pp. 75–76, https://doi.org/10.1177/002182860203300109

EVANS, JAMES and J. LENNART BERGGREN [2006]: *Geminos's Introduction to the Phenomena. A Translation and Study of a Hellenistic Survey of Astronomy.* Princeton University Press, Princeton 2006, ISBN 0-691-12339-X

EVANS, JAMES and Alan S. Thorndike (edt.) [2006]: *Quantum Mechanics at the Crossroads: New Perspectives from History, Philosophy and Physics,* Springer-Verlag, Heidelberg, 2006, ISBN 978-3-540-32663-2

EVANS, JAMES [2012]: Book Review: *The Phaenomena of Aratus, Journal of the History of Astronomy, 43,* issue 3, https://doi.org/10.1177/002182861204300313

EXPLANATORY SUPPLEMENT [1962] *to the Astronomical Ephemeris and the American Ephemeris and Nautical Almanac,* prepared jointly by the Nautical Almanac Offices of the United Kingdom and the United States of America, London, Her Majesty's Stationary Office, Reprinted with corrections 1962

FARQUHAR, R. W.; DUNHAM, D. W. [1986]: 'Orbital Acrobatics in the Sun-Earth-Moon System', Proceedings of the Second International Symposium on Spacecraft Dynamics, Darmstadt, 20–23 October 1986, ESA SP-255, 191–198

FAUVEL, J.; FLOOD, R.; SHORTLAND, M.; WILSON, R. ed. [1993]: *Newtons Werk, Die Begründung der modernen Naturwissenschaft,* Birkhäuser Verlag, Basel – Boston – Berlin, ISBN 3-7643-2890-8

FEKETE, THOMAS A., LESTER L. SACKETT and ANDREAS H. VON FLOTOW [1992]: ‚Trajectory design for solar sailing from low-Earth orbit to the Moon', AAS 92–184

FERNANDES, S. S. AND W. SESSIN [1989]: ‚The Generalized Canonical Form of Horis's Method for Non-Canonical Systems', *Celestial Mechanics and Dynamical Astronomy. 46,* 49–57

FERRAZ- MELLO, SYLVIO AND WAGNER SESSIN, ed. [1985]: *Resonances in the Motion of Planets, Satellites and Asteroids,* Universidade de São Paulo, Instituto Astronômico e Geofísico, Mathematical and Dynamical Astronomy Series, volume **3**, ISBN 85-85047-03-8

FERRAZ- MELLO, SYLVIO [2007]: *Canonical Perturbation Theories, Degenerate Systems and Resonance,* Springer Science+Business Media, LLC, ISBN-10: 0-387-38900-8; ISBN-13: 978-0-387-38900-4ISBN-10: 0-387-38900-8; ISBN-13: 978-0-387-38900-4

FIRNEIS, M. AND FIRNEIS, F. [1986]: ‚On the Use of Quaternions in Spherical and Positional Astronomy', *The Astronomical Journal. 91,* Number 1, 177–178

FISHER, D. [1963]: ‚Comparison of the von Zeipel and Modified Hansen Methods Applied to Artificial Satellites', *The Astronomical Journal. 68,* Number 9, 718–723

FITZPATRICK, PHILIP, M. [1970]: *Principles of Celestial Mechanics,* Academic Press, New York and London

FITZPATRICK, RICHARD [2012]: *An Introduction to Celestial Mechanics,* Cambridge, ISBN: 978-110-702-381-9, https://farside.ph.utexas.edu/cv.pdf

FLECKENSTEIN, J. O. [1946]: ‚Johann I Bernoulli als Kritiker der „Principia" Newtons', *Elemente der Mathematik,* **I**, pp. 100–108

FLECKENSTEIN, J. O. [1948]: ‚Pierre Varignon und die mathematischen Wissenschaften im Zeitalter des Cartesianismus', *Archive internationale d'Histoire des Sciences Nouv. Sér. D'Archeion* **23**, Paris, No. **5**, pp. 76–138

FLECKENSTEIN, J. O. [1973]: "L'importance des textes cunéiformes antiques pour la mécanique céleste moderne et les recherches historiques de G. V. Schiaparelli," *Mem. Soc. Astron. Ital.* **43**, 745–750 (1973).

FLURY, W. [1969]: ‚Integrationstheorie von Krylow-Bogoljubow und gestörte Keplerbewegung', Abhandlung zur Erlangung der Würde eines Doktors der Mathematik der Eidgenössischen Technischen Hochschule Zürich, Juris Druck – Verlag Zürich; eth-33370-01.pdf

FLURY, W. [1973]: 'Station Keeping of a Geostationary Satellite', ELDO-CECLES/ESRO-CERS Scient. And Techn. Rev. **5**, 131–156

FLURY, W. [1976]: 'The Drift of a Near-Geostationary Satellite', ESOC, IHD.M.A.D. Working Paper No. 12

FRAENKEL, ADOLF [1928]: *Einleitung in die Mengenlehre,* Die Grundlehren der Mathematischen Wissenschaften in Einzeldarstellungen, Band IX, Dritte Auflage, Springer-Verlag Berlin Heidelberg GmbH,, ISBN 978-3-662-41971-7, https://doi.org/10.1007/978-3-662-42029-4

FRAENKEL, ABRAHAM A. [1953]: *Abstract Set Theory*, Amsterdam

FRAENKEL, ABRAHAM A. [1959]: *Philosophie der Mathematik*, in: HEINEMANN, FRITZ, hg. [1959], pp. 334–359

FREEMAN, RONALD H. [2024]: ‚Landing Site Selection on the Moon: AI Role in Detection of Craters and Lunar Swirls', *Journal of Space Operations and Communicator*, Vol. **20**, Issue 2, ISSN 2410-0005, Year 2024

FRIEDMANN, ALEXANDER [1922]: ‚Über die Krümmung des Raumes', *Zeitschrift für Physik* **10**, 377–386

FRITSCH, R. [1997]: *Ferdinand Lindemann aus Hannover, der Bezwinger von π*, Vortrag im Rahmen des Festkolloquiums der Universität Hannover zu Ehren von Carl Louis Ferdinand von Lindemann aus Anlass der Einweihung eines Gedenksteines an der Stelle des Geburtshauses von Lindemann am 6. Mai 1997; veröffentlicht vom Mathematischen Institut der Ludwigs Maximilians Universität München, erhältlich als pdf-file unter lindemann.pdf von: http://www.mathematik.uni-muenchen.de/~fritsch/lindemann.pdf

GABBARD, TAYLOR JR. AND EUGENE LEVIN [1963]: ‚Astrodynamics, A Bibliography of General Perturbation Solutions of Earth-Satellite Motion', *Astronautics and Aerospace Engineering,* November 1963, pp.121–125

GACKSTÄTTER, FRITZ [2000]: *Von den Monden der Planeten im Sonnensystem, über die Kommensurabilitätsphänomene in Saturnring und Planetoidengürtel zu den Gravitationswellen. Beiträge zu Keplers Neuer Astronomie und Weltharmonik, zur Newtonschen Himmelsmechanik und zur Einstein'schen Relativitätstheorie mit Methoden der Differentialgeometrie*, 1. mathematisches Institut der Freien Universität, Berlin [Eigenverlag]

GACKSTÄTTER, FRITZ [2001]: ‚Commensurability phenomena in the system of rings of Saturn and in the belt of planetoids', *Proceedings of the Third Meeting on Celestial Mechanics* [Celmec III] Tagung, Villa Mondragone [Monte Porzio Catone, Roma, Italy] from 18 to 22 June 2001.

GALIANA, TH. DE [1968]: *Concise Encyclopaedia of Astronautics,* introduced by Willy Ley, Collins, Glasgow; Follet, Chicago

GARFINKEL, B. [1957]: ‚On the Motion of a Satellite of an Oblate Planet', *Astronomical Journal 63*, No. 1257, pp. 88–96

GARFINKEL, B. [1959]: ‚The Orbit of a Satellite of an Oblate Planet', *Astronomical Journal 64*, 353-- 367

GARFINKEL, BORIS [1960]: ‚On the Motion of a Satellite in the Vicinity of the Critical Inclination', *Astronomical Journal*, **65**, 624

GARFINKEL, B. [1982]: ‚On Resonance in Celestial Mechanics, [A survey]', *Celestial Mechanics 28*, 275–290

GARTMAN, H. ed. [1952]: *Raumfahrtforschung*, Verlag von R. Oldenbourg, München

GAUSS, C. F. [1809/1906]: *Theoria Motus Corporum Coelestium in Sectionibus Conicis Solem Ambientium,* Hamburgi sumtibus Frid. Perthes et I. H. Besser; reprint in: C. F. GAUSS [1906], Werke

GAUSS, C. F. [1810/1906]: ‚Exposition d'une nouvelle méthode de calculer les perturbations planétaires avec l'application au calcul numérique des perturbations du mouvement de Pallas', *Werke, Band VII,* pp. 439–472

GAUSS, C. F. [1857/1963]: *Theory of the Motion of the Heavenly Bodies Moving about the Sun in Conic Sections*, A Translation of *Theoria Motus*, Translated and with an Appendix by Charles Henry Davis, Republication by Dover Publications, Inc., New York

GAUSS, C. F. [1906]: *Werke,* herausgegeben von der königlichen Akademie der Wissenschaften, Göttingen

GERLACH, W. UND LIST, M. [1980]: *Johannes Kepler, Leben und Werk*, Serie Piper, München

GEYLING, FRANZ T. AND H. ROBERT WESTERMAN [1971]: *Introduction to Orbital Mechanics*, Addison-Wesley Publishing Company, Reading, Massachusetts, Mento Park, Ca., Don Mills, Ontario, Library of Congress Catalog Card No. 77-109512

GIACAGLIA, G. E. O. ed. [1970]: *Periodic Orbits, Stability and Resonances* Proceedings of a symposium by the University of São Paulo, the Technical Institute of Aeronautics of São Josè dos Campos, and the National Observatory of Rio de Janeiro, at the University of São Paulo, São Paulo, Brazil, 4–12 September, 1969, D. Reidel Publishing Company, Dordrecht –Holland, SBN Number 90 277 01 709

GIACAGLIA, G. E. O. [1977]: ‚The Equation of Motion of an Artificial Satellite in Nonsingular Variables', *Celest. Mech. 15*, 191–215

GIACAGLIA, G. E. O. [1978]: ‚Hansen Coefficients and Generalized Spherical Harmonics', *Publ. Astron. Soc. Japan,* **39**, pp.171–178

GIESE, R. H. [1966]: *Weltraumforschung I*, Bibliographisches Institut, Mannheim, Hochschultaschenbücher 107/107a

GINGERICH, OWEN J.[1980/81]: *The Great Copernicus Chase and other adventures in astronomical history*, Sky Publishing Corporation, Cambridge, Massachusetts and Cambridge University Press, ISBN 0 521 32688 5

GINGERICH, OWEN J. [1992]: Article with rebuttal by *R. R. Newton* in: *Quarterly Journal of the Royal Astronomical Society*, Vol. **21**, 1980, pp. 253–266, 388–399, response by O. GINGERICH in Vol. **22**, 1981, pp. 40–44. (disagreeing with *R. R. Newton* ("crime of Ptolemy", zitiert nach JONNSON, C. O. [2000])

GÖDEL, KURT [1931/reprint 2006]: ‚Über formal unentscheidbare Sätze der Principia Mathematica und verwandter Systeme I', *Monatshefte für Mathematik und Physik* **38**, 1931, S. 173–198, https://doi.org/10.1007/BF01700692. Zentralblatt MATH.

GÖDEL, KURT [1947]: ‚What is Cantor's continuum problem', Amer. Math. Monthly 54, pp.525 ff.

GOLDSTEIN, B. [1967]: ‚The Arabic Version of Ptolemy's Hypothesis', *Transactions of the American Philosophical Society.* **57,** pp 3–12

GOLDSTEIN, BERNARD R. [1978]: *Science,* February 24, 1978, p. 872 : disagreeing with *R. R. Newton* ("crime of Ptolemy"): "are marred by all manner of distortions" (zitiert nach JONNSON, C. O. [2000])

GOLDSTEIN, REBECCA [2006]: *Kurt Gödel, Jahrhundertmathematiker und großer Entdecker,* Piper, München, ISBN-13: 978-3-492-04884-2; ISBN-10: 3-492-04884-6. Originalausgabe: *Incompleteness – The Proof and Paradox of Kurt Gödel*, Atlas Books/W.W. Norton & Company, New York London, 2005

GOODING, R. H. [1981]: ‚A second-order satellite orbit theory, with compact results in cylindrical coordinates', *Phil Trans. Roy. Soc.,* **A299**, pp. 425–474

GOODING, R. H. [1983]: ‚Complete second-order satellite perturbations due to J_2 and J_3, compactly expressed in spherical-polar coordinates', *Acta Astronautica,* **10**, No. 5–6, pp. 309–317

GOODING, R. H. [1984]: ‚An introduction to satellite orbits', *RAE*, Tech. Memo. Space 344

GOODING, R. H. [1986]: ‚A Cowell-Based Semianalytical Procedure for Generating Orbits of low Eccentricity', *Adv. Space Res.* Vol. **6**, No.9, pp. 119–133

GOODING, R. H. [1989a]: ‚Satellite motion in an axi-symmetric gravitational field, part 2: perturbations due to an arbitrary J_l', *RAE Technical Report* 89022, 101 pages

GOODING, R. H. [1989b]: ‚Perturbations, untruncated in eccentricity, for an orbit in an axi-symmetric gravitational field', *AAS* 89–451

GOODING, R. H. [1990]: ‚Untruncated perturbation analysis for a satellite orbiting in a non-rotating gravitational field', *AIAA* 90-2884-0

GOODING, R. H. [1991]: ‚Orbit perturbations due to an axi-symmetric gravitational field, analyzed over extended periods of time', *AAS* 91–466

GOODING, R. H. [1992]: ‚Untruncated Satellite Perturbations in a Nonrotating Gravitational Field', *Journal of Guidance, Control and Dynamics*, Vol. 15, No. 6, November-December 1992, pp. 1397–1405

GOODING, R. H. AND D. G. KING- HELE [1989]: ‚Explicit forms of some functions arising in the analysis of resonant satellite orbits', *Proc.R. Soc. Lond., A 422,* pp. 241–259

GOODYEAR, W. [1965 a]: ‚Completely general closed-form solution for coordinates and partial derivatives of the two-body problem', *Astronomical Journal 70*, 189

GOODYEAR, W. [1965 b]: ‚A general method of variation of parameters for numerical integration', *Astronomical Journal 70*, 524

GRASSHOFF, GERD [1990]: *The History of Ptolemy's Star Catalog*, Springer Verlag, London, Paris, Tokyo, Hong Kong, Studies in the History of Mathematics and Physical Sciences (HISTORY, volume 14). On pp. 79–91. "He concludes that *Newton's* arguments against *Ptolemy* are "superficial" and "unjustified". : (disagreeing with *R. R. Newton's* "crime of Ptolemy"", zitiert nach JONNSON, C. O. [2000])

GRASSHOFF, GERD [1999]: ‚Normal Star Observation in Late Astronomical Babylonian Diaries'. In: SWERDLOW, NOEL M. (Hrsg.): *Ancient Astronomy and Celestial Divination.* MIT Press, 1999, pp. 97–147.

GRASSMANN, HERMANN [1844/1894]: *Die Wissenschaft der extensiven Größe oder die Ausdehnungslehre, eine neue mathematische Disciplin dargestellt und durch Anwendungen erläutert. Erster Theil, die lineale Ausdehnungslehre enthaltend. – Die lineale Ausdehnungslehre ein neuer Zweig der Mathematik dargestellt und durch Anwendungen auf die übrigen Zweige der Mathematik wie auch die Statik, Mechanik, die Lehre vom Magnetismus und die Krystallonomie erläutert.* Enthalten in: Hermann Grassmanns gesammelte mathematische und physikalische Werke, auf Veranlassung der mathematisch-physikalischen Klasse der kgl. Sächsischen Gesellschaft der Wissenschaften herausgegeben von Friedrich Engel, Leipzig, Druck und Verlag von B.G. Teubner, 1894. Digitales Exemplar, Google, scanned by Images Digitales, Nogales, AZ

GRAY, JEREMY J, [1980]: ‚Olinde Rodrigues' Paper of 1840 on Transformation Groups', Archive for History of Exact Sciences, **21,** Springer Verlag, pp. 375–385

GREEN, R.M. [1985]: *Spherical Astronomy*, Cambridge University Press, Cambridge, London, New York, New Rochelle, Melbourne, Sydney, ISBN 0 521 23988 5 and ISBN 0 521 31779-7, Library of Congress catalogue card number: 84-29208

GURFIL, PINI ED. [2006]: MODERN ASTRODYNAMICS, Astronomy and Space Sciences, Elsevier Astrodynamics Series, ISBN: 9780080464916, Elsevier Science

GURFIL, PINI; VALÉRY LAINEY; MICHAEL EFROIMSKY [2008]: L ONG- TERM EVOLUTION OF ORBITS ABOUT A PRECESSING OBLATE PLANET: 3. A SEMIANALYTICAL AND PURELY NUMERICAL APPROACH, arXiv:astro-ph/0607350v4 7 Dec 2007

GURFIL, PINI AND M. LARA [2013]: ‚Motion near frozen orbits as a means for mitigating SATELLITE RELATIVE DRIFT', *Celestial Mechanics Dyn Astr 116*, 213–227, https://doi.org/10.1007/s10569-013-9486-7, © Springer Science+Business Media Dordrecht 2013

GURFIL, PINI AND P. KENNETH SEIDELMANN [2016]: *Celestial Mechanics and Astrodynamics, Theory and Practice*, Astrophysics and Space Science Library 436, ISBN 978-3-662-50370-6 5 , ISBN 978-3-662-50370-6 (eBook), https://doi.org/10.1007/9783-662-50370-6, Library of Congress Control Number: 2016943837, Springer Verlag Berlin Heidelberg

GUTZWILLER, M. C. AND SCHMIDT D. S. [1986]: 'The Motion of the Moon as Computed by the Method of Hill, Brown, and Eckert', Astronomical Papers prepared for the use of the American Ephemeris and Nautical Almanac, Vol. XXIII, Part I, U. S. Government Printing Office, Washington

HAGIHARA, YUSUKE [1961]: ‚Libration of an Earth Satellite with Critical Inclination', Smithonian Astrophysical Observatory, Smithian Institution, Cambridge, Massachusetts, Provided by the NASA Astrophysics Data System

HAGIHARA, YUSUKE [1970]: *Celestial Mechanics*, The MIT Press, Cambridge, Massachusetts, and London, England

HAMEL, JÜRGEN [2004]: *Geschichte der Astronomie, in Texten von Hesiod bis Hubble*, Magnus Verlag, ISBN 3-88400-421-2. [sehr lesenswerte Geschichte der Astronomie in Originaltexten. Ausführliches Literaturverzeichnis zur Geschichte der Astronomie, Bemerkenswert ist die Übersicht über die chinesische Astronomie. Wichtige Namen wie etwa *G. W. Leibniz, G. Lemaître* fehlen]

HANSEN, P. A. [1857]: ‚Auseinandersetzung einer zweckmäßigen Methode zur Berechnung der absoluten Störungen der Kleinen Planeten, erste Abhandlung', Abhandlungen der mathematisch-physischen Classe der königlich sächsischen Gesellschaft der Wissenschaften, dritter Band, bei S. Hirzel, Leipzig; dritte Abhandlung im fünften Band [1861]

HANSEN, P. A. [1864]: ‚Darlegung der theoretischen Berechnung der in den Mondtafeln angewandten Störungen, erste, zweite Abhandlung', Abhandlungen der mathematisch-physischen Classe der königlich sächsischen Gesellschaft der Wissenschaften, sechster Band und siebenter Band [1865], bei S. Hirzel, Leipzig

HANSELMEIER, ARNOLD [2020]: *Einführung in Astronomie und Astrophysik*, Springer Spektrum, Springer Verlag GmbH, DE, Springer Nature, 4. Auflage, ISBN 978-2-662-60412-0 , ISBN 978-2-662-60412-0 (eBook), https://doi.org/10.1997/978-3-662-60413-7

HARTL, PH. [1973]: ‚Die Bedeutung der Doppler- und Laufzeitmessung für erdferne Raumfahrt-Missionen', DLR-FB 73–104

HAYN, FRIEDRICH [1902]: ‚Selenographische Koordinaten', I. Abhandlung, Des XXVII. Bandes der Abhandlungen der mathematisch-physikalischen Klasse der Königl. Sächsischen Gesellschaft der Wissenschaften, No. IX, Leipzig bei B. G. Teubner

HAWKING, S. W. AND ISRAEL, W. edts. [1987]: *Three hundred years of gravitation*, Cambridge University Press, Cambridge, New York, New Rochelle, Melbourne, Sydney

HEINEMANN, FRITZ, Herausgeber [1959]: *Die Philosophie im XX. Jahrhundert, Eine enzyklopädische Darstellung ihrer Geschichte, Disziplinen und Aufgaben*, Ernst Klett Verlag, Stuttgart

HEISENBERG, WERNER [2001]: *Die physikalischen Prinzipien der Quantentheorie*, Original [1930] © by S. Hirzel Verlag, Stuttgart [1958]; 2. Unveränderter Nachdruck Heidelberg – Berlin : Spektrum Akademischer Verlag [2001] (Spektrum Hochschultaschenbuch), ISBN 3-86025-608-4

HEMENWAY, PRIYA [2008]: *Der Geheime Code, Die rätselhafte Formel, die Kunst, Natur und Wissenschaft bestimmt*, Übersetzung aus dem Amerikanischen: Divine Proportion, Φ Phi in Art, Nature and Science, © 2008 EVERGREEN GmbH, Köln, © SPRINGWOOD SA, Lugano, Switzerland, ISBN 978-3-8365-0708-0

HENRARD, JACQUES [1974]: ‚Virtual Singularities in the Artificial Satellite Theory', *Celestial Mechanics, 10*, 437–449

HENRARD, JACQUES AND ANNE LEMAÎTRE [1986]: ‚A Perturbation Method for Problems with two Critical Arguments', *Celestial Mechanics, 39*, 213–238

HERGET, P. [1948]: *The Computation of Orbits*, (Selbstverlag), Ann Arbor

HERGET, P. [1959]: ‚General Theory of Oblateness Perturbations', *Proceedings of Symposia in Applied Mathematics, Orbit Theory*, American Mathematical Society, Vol IX, pp. 29–35

HERGET, P. [1962]: ‚On the Variation of Arbitrary Vectorial Constants', *The Astronomical Journal,* Vol **67**, No. 1, Feb. 1962, pp. 16–18

HERGET, P. AND P. MUSEN [1958]: ‚A modified Hansen Lunar Theory for Artificial Satellites', *Astronomical Journal 63*, No. 1264, 430–433

HERGET, P. AND P. MUSEN [1959]: ‚The Calculation of Literal Expansions', *Astronomical Journal 64*, No. 1266, 11–16

HERMANN, J. [1710]: ‚Metodo d'investigare l'Orbite de' Pianeti, nell' ipotesi che le forze centrali o pure le gravitá degli stessi Pianeti sono in ragione reciproca de ‚quadrati delle distanze, che i medesimi tengono dal Centro, a cui si dirigono le forze stesse', *Giornale de Letterati d' Italia, 2,* Venecia 1710. #2 – Giornale de' letterati d'Italia. v.2 1710. – Full View | HathiTrust Digital Library. Articolo XV [#473 (p. 447) bis #495 (p. 467)]

HERMANN, J. [1716]: *Phoronomia, sive de Viribus et Motibus corporum solidorum et fluidorum libri duo.* Rod. & Gerh. Wetstenios H. FF, Amsterdam 1716. (Digital verfügbar unter: https://archive.org/details/b30410368. In einer englischen Übersetzung von Ian Bruce, 2016: http://www.17centurymaths.com/contents/hermanphoronomia.htm; http://www.17centurymaths.com/contents/hermanphoronomia.htm , Zugriff: 17. Dezember 2021) (Kopie aus: https://de.wikipedia.org/wiki/Jakob_Hermann_(Mathematiker))

HERRICK, S. [1953]: ‚Icarus and the Variation of Parameters', *Astronomical Journal,* **58**, No. 1210, pp. 156–164

HERRICK, S. [1971]: *Astrodynamics, Volume 1 Orbit determination, Space Navigation, Celestial Mechanics,* London, Van Nostrand Reinhold, ISBN 0-442-03370-2

HERRICK, S. [1972]: *Astrodynamics, Volume 2 Orbit correction, perturbation theory, integration,* London, Van Nostrand, ISBN 0-442-03371-0

HERRICK, S. [1985]: ‚The Foundations of Astrodynamics', in: *First Steps Toward Space* Durant III, F.C. and James, G.S. ed. [1985]

HILB, E. [1903]: ‚Beiträge zur Theorie der Lamé'schen Funktionen'. Diss. München

HILL, G. W. [1878]: ‚Researches in the Lunar Theory', *American Journal of Mathematics, Pure and Applied. 1*, 5–26

HILL, G. W. [1881], ‚Note on Hansen's Theory of Perturbations', *Am. J. Math.*, **4**, 256–259 [or in: *Coll. Math. Works* **1**, 348]

HILL, G. W. [1886], ‚On the Part of the Motion of the Lunar Perigee which is a Function of the Mean Motions of the Sun and Moon' *Acta Math.*, **8**, 1 [or in: *Coll. Math. Works* **1**, 243] [first separately published in 1877, Cambridge, Mass.]

HILL, G. W. [1896]: ‚Remarks on the Progress of Celestial Mechanics Since the Middle of the Century', Bulletin of the American Mathematical Society, Series **2**, 125–136

HILL, G. W. [1900], ‚On the Extension of Delaunay's Method in the Lunar Theory to the General Problem of Planetary Motion', *Trans. Amer. Math.* Soc., **1**, pp. 205–242 [or in: *Coll. Math. Works* **4**, 169]

HILL, G. W. [1913]: ‚Motion of a System of Material Points under the Action of Gravitation', *The Astronomical Journal XXVII*, nos. 646–647, pp. 171–182

HOFFMANN, DIRK W. [2017]: *Die Gödel'schen Unvollständigkeitssätze,* Springer Spektrum, Springer Nature, Berlin, 2013, zweite Auflage 2017, ISBN 978-3-662-54299-6; eBook ISBN 978-3-662-54300-9, https://doi.org/10.1007/978-3-662-54300-9

HOFSTADTER, DOUGLAS R. [2023]: *Gödel, Escher, Bach,* ein Endloses Geflochtenes Band, Deutsche Übersetzung, siebte Auflage, Verlag Klett-Cotta, Stuttgart, ISBN 978-3-698-94906-3

HOHMANN, W. [1925]: *Die Erreichbarkeit der Himmelskörper, Untersuchungen über das Raumfahrtproblem,* Druck und Verlag R. Oldenbourg, München und Berlin, 1925, Unveränderter Neudruck bei Dr. M. Sändig oHG, 6229 Walluf bei Wiesbaden, ISBN 3 500 26620 7, 1973

HOHMANN, W. [1928]: *Fahrtrouten, Fahrzeiten, Landungsmöglichkeiten,* Din: Ley, W. [ed.] [1928], pp. 177–215

HOOTS, F. R. [1979]: ‚A Nonsingular Reformulation of the Brouwer Geopotential Theory', AAS/AIAA Astrodynamics Specialist Conference, Provincetown, Mass., June 25–27, 1979, AAS Paper 79–137; see also: 1981, ‚Reformulation of the Brouwer Geopotential Theory for Improved Computational Efficiency', *Celest. Mech. 24,* 367–375

HOOTS, F. R. [1981]: ‚Theory of the Motion of an Artificial Satellite', *Celest. Mech. 23,* 307–363

HOOTS, F. R. AND DENISE A. KAYA [1985]: ‚Recent Extensions of Hamilton's law of varying Action – Mathematical Insights', in: V. G. Szebehely [ed]: *Stability of the Solar System and Its Minor Natural and Artificial Bodies,* pp. 233–240

HOOTS, F. R. AND RICHARD G. FRANCE [1987]: ‚An Analytic Theory Using Gravity and a Dynamic Atmosphere', *Celest. Mech. 40,* pp. 1–18

HOPF, H. [1931]: ‚Über die Abbildung der dreidimensionalen Sphäre auf die Kugelfläche', *Math. Ann. 104,* Reprinted in „Selecta Heinz Hopf", pp. 38–63, Berlin-Heidelberg-New York: Springer 1964

HORI, GEN- ICHIRO [1960]: ‚The Motion of an Artificial Satellite in the Vicinity of the Critical Inclination', *AFCCDD-TN-60-52,* Space Track, United States Air Force, pp. 291–300

HORI, G. I. [1966]: ‚Theory of General Perturbations with Unspecified Canonical Variables', *Publ. Astr. Soc. Japan 18,* 287–296

HORI, G. I [1971]: ‚Theory of General Perturbations for Non-Canonical Systems', *Publ. Astr. Soc. Japan 23, No. 4,* 567–587

HORI, G. I. [1973]: ‚Theory of General Perturbations', in: Tapley, B. D. and Szebehely, V., ed. [1973]: *Recent Advances in Dynamical Astronomy*

HORI, G. I. AND KOZAI, Y. [1974]: ‚Analytical Theories of the Motion of Artificial Satellites', in: Giacaglia, G. O. ed. [1975]: *Satellite Dynamics,* COSPAR-IAU-IUTAM, Symposium São Paulo, Brazil, June 19–21, 1974, Springer Verlag, Berlin-Heidelberg-New York

HOSCHEK, J. [1969]: *Mathematische Grundlagen der Kartographie,* BI Bibliographisches Institut Mannheim/Zürich, Hochschultaschenbücher Verlag, Nr. 443/443a, 1969

HOWELL, K.C. AND R.W. FARQUHAR [1993]: ‚John Breakwell, the Restricted Problem, and Halo Orbits', *Acta Astronautica 29,* No. 6, pp. 485–488

HOYER, U. [1976]: ‚Über die Unvereinbarkeit der drei Keplerschen Gesetze mit der aristotelischen Mechanik', *Centaurus,* Vol. **20**, 196–209

HOYER, U. [1979]: ‚Kepler's Celestial Mechanics', *Vistas in Astronomy,* Vol. **23**, pp. 69–74, Pergamon Press Ltd., Great Britain

HUBBLE, EDWIN POWELL [1925]: ‚Cepheids in Spiral Nebulae', *Popular Astronomy,* Vol. **33**, pp. 252–255; and in: *Observatory* **48** (1925), 139–142

HUBBLE, EDWIN POWELL [1926]: ‚Extra-Galactic Nebulae', *Astrophysical Journal,* Vol. **64**, pp. 321–369

HUBBLE, EDWIN POWELL [1928–1929]: ‚The Exploration of Space', Given in winter of 1928–1929 at Carnegie Institution of Washington; published in abbreviated form in *Harper's magazine,* 1929

HUBBLE, EDWIN POWELL [1929]: ‚A relation between radial velocity among extra-galactic nebulae', Proc. Nat. Acad. Sci. **15**, 168–173

HUBBLE, EDWIN POWELL AND MILTON L. HUMASON [1931]: ‚The velocity-distance relation among extra-galactic nebulae', Astrophysical Journal **74**, 43–80

HUBBLE, EDWIN POWELL [1938]: ‚Das Reich der Nebel', Die Wissenschaft 91, Braunschweig (zitiert nach J. HAMEL [2004] pp. 325–330

HUGHES, S. [1981]: ‚The Computation of Tables of Hansen Coefficients', *Celestial Mechanics,* **29**, pp. 101–197

HUGHES, S. and A. J. MEADOWS [1977]: 'A Study of near-circular satellite orbits with an application to luni-soar perturbations', *Proc. R. Soc. Lond.* A. **355**, 131–140

HUMBOLDT, ALEXANDER VON siehe: ALEXANDER VON HUMBOLDT

HURWITZ, A. [1898]: ‚Über die Komposition der quadratischen Formen von beliebig vielen Variablen', *Nachrichten der Gesellschaft der Wissenschaften in Göttingen,* Klasse 1898, pp. 309–316

HURWITZ, A. [1923]: ‚Über die Komposition der quadratischen Formen', *Math. Annalen* **88** Periodical Issue, pp. 1–25

IACO VERIS, ALESSANDRO DE [2018] : *Practical Astrodynamics*, ISSN 1869-1730, ISSN 1869-1749 (electronic), Springer Aerospace Technology. ISBN 978-3-319-622189-4, ISBN 978-3-319-62220-0-(eBook), ISBN 331962220X, https://doi.org/10.1007/978-3-319-62220-0., Library of Congress Control Number: 2017945255, https://www.scribd.com/document/384155364/Practical-Astrodynamics-Gnv64, Springer International Publishing AG 2018

IERS [1989]: ‚IERS Standards 1989, IERS Technical Note 3', Central Bureau of IERS, Observatoire de Paris, 61, avenue de l'observatoire, F-75014 Paris, France

ISAYEV, Y. N. and A. L. KUNITSYN [1972]: 'To the Problem of Satellite's Perturbed Motion Under the Influence of Solar Radiation Pressure', *Celest. Mech. 6*, 44–51

IZSAK, I. G [1960]: ‚A Theory of Satellite Motion About an Oblate Planet. I. A Second-Order Solution of Vinti's Dynamical Problem', *SAO Special Report No. 52*, Smithsonian Institution, Astrophysical Observatory, Cambridge 38, Massachusetts, November 21, 1960

IZSAK, I. G. [1962]: ‚On the Critical Inclination in Satellite Theory', Smithonian I.A.O. Special Report No. 90 (March, 1962)

IZSAK, I. G [1963]: ‚A Note on Perturbation Theory', *Astronomical Journal,* **68**, No. 8, pp. 559–561

JANIN, G. [1981]: 'The stability of eccentric polar orbits around the Moon', *Acta Astronautica*, vol. **9**, pp. 421–423

JANLE, P. [2006]: ‚Das Bild des Planetensystems im Wandel der Zeiten, Teil 1: Vom Altertum bis zur Mitte des 19. Jahrhunderts', *SuW 45*, 1/2006, pp. 34–44

JENSEN, J., TOWNSEND, G., KORK, J., KRAFT, D. [1962]: *Design Guide to Orbital Flight,* McGraw-Hill Book Company, Inc., New York, Toronto, London

JEZEWSKI, D. J. [1988]: ‚An Ideal Reference Frame for Perturbed Orbital Motion', AIAA 88-4218-CP

JOCHIM, E. F. [1980] ‚Zur Begriffsbildung in der Bahnmechanik für Erdbeobachtungssatelliten', DGLR Walter-Hohmann-Symposium Raumflugmechanik, 12. und 13. März 1980. DGLR 80-014 in DLR-Mitt. 80-01

JOCHIM, E. F. [1983]:‚The Synodic Motion of Satellites Related to Sun'. *Proceedings of AAS/AIAA Astrodynamics Conference*, Lake Placid, New York, August, 22–25, 1983. AAS 83-334

JOCHIM, E. F. M. [2009]: 'On One-Way Doppler Measurements of Space Craft and Celestial Objects', *Acta Astronautica,* AA3598, (AA-D-09-00290)

JOCHIM, E. F. M. [2011]: Die Verwendung von Hansen-Systemen in Himmelsmechanik und Astronautik', ISSN 1434-8454, ISRN DLR-FB 2011-04

JOCHIM, E. F. M. [2012]: 'The Significance of the Hansen Ideal Space frame', Astr. Nachr./AN **333**, No. 8, 774–783 (2012)/https://doi.org/10.1002/asna.202222711

JOCHIM, E. F. M. [2013]: SATELLITENBEWEGUNG, BAND V, BEWEGUNG UND BEOBACHTUNGSGEOMETRIE, ISRN DLR FB 2013-12, ISSN 1434-8454

JOCHIM, E. F. M. [2015]: 'The Circle will Now be Closed, finally (On the Inability to Adapt Circular Motions)', *Journal of Space Operations and Communicator*, April 02, 2015, Vol. 12 Issue 2, ISSN 2410-0005

JOCHIM, E. F. M. [2016- a]: 'Rectilinear Motion: A Basis for the Adaptation of Arbitrary Motion', *Journal of Space Operations and Communicator (*ISSN 2410-0005*)*, Vol. 13 Issue 2, 2016

JOCHIM, E. F. M. [2016- b]: SATELLITENBEWEGUNG, BAND II, BEWEGUNG IN RAUM UND ZEIT, ISRN DLR FB 2012-13, ISSN 1434-8454

JOCHIM, E. F. M. [2017]: SATELLITENBEWEGUNG, BAND I, DER BEWEGUNGSBEGRIFF, ISRN DLR FB 2012-12, ISSN 1434-8454

JOCHIM, E. F. M. [2018]: SATELLITENBEWEGUNG, BAND III, NATÜRLICHE UND GESTEUERTE BEWEGUNG, ISRN DLR FB 2014-36, ISSN 1434-8454

JOCHIM, E. F. M. [2020]: 'Satellite Equivalence Orbits', *Acta Astronautica* 179 (2021), 213–227 (https://doi.org/10.1016/j.actaastro.2020.10.045, Available online 1 November 2020, 0094-5765/ 2020 Published by Elsevier Ltd on behalf of IAA

JOCHIM, E. F. M. [2022]: 'Hybrid-Equivalences while Coupling Anomalistic with Draconitic Satellite Motions', *Journal of Space Operations & Communicator* (ISSN 2410-0005), Vol **18**, Nr. 3, Year 2022

JOCHIM, E. F. M. [2023- A]: SATELLITENBEWEGUNG, BAND IV-A, ZENTRALKÖRPER BEZOGENE BEWEGUNGEN(Satellite Orbital Motion, Vol. IV-A.: Satellite orbits related to the central body), ISRN DLR FB 2022-20, ISSN 1434-8454, Year of publication 2023, https://doi.org/10.57676/ 8397-yn90

JOCHIM, E. F. M. [2023- B]: SATELLITENBEWEGUNG, BAND IV-B, SYNODISCHE BEWEGUNGEN(Satellite Motion, Vol. IV-B.: Synodical Motions), ISRN DLR FB 2023-17, ISSN 1434-8454, https://doi.org/10.57676/6way-xg45

JOCHIM, E. F. M. [2024]: SATELLITE EQUIVALENCE ORBITS, ANALYSIS OF ORBITS COMBINING DIFFERENT MOTIONS, Springer Nature, Springer Nature Switzerland, Springer Cham, Space Technology Library 42. ISBN 978-3-031-58475-6; eBook ISBN 978-3-031-58476-3, Series 0924-4263;

JOCHIM, E. F.; SLIWINSKI, P.*) [1976] *) DFVLR Inst. Flugfunk und Mikrowellen, Oberpfaffenhofen, ‚Bestimmung elevationsabhängiger Korrekturen für die Hauptstrahlrichtung der 30-m-Antenne der HELIOS-Kommandostation mit Hilfe der ALSEP-Sender auf dem Mond'. *ZfW* ***24***, Heft 2, pp.101–108, 1976, überarbeitete Fassung in DGLR-Jahrbuch 1976 nach Vortrag auf der 9. Jahrestagung der DGLR, München, 15. Sep. 1976 unter Nr. DGLR 76-174, ‚Bestimmung elevationsabhängiger Korrekturen für die Haupt- Strahlrichtung der 30m-Helios-Kommando-Antenne'. *Nachrichten-Elektronik* **31**, August 1977

JOCHIM, HANS- PETER [1965]: ‚Modalkategorien physikalischer Begriffe', Vortrag auf II. Internationaler Kant-Kongress, Bonn – Düsseldorf, 25. – 30. Juli 1965

JOCHIM, HANS- PETER [1966-a]: ‚Phänomenologie und Modalität, Mach und Kant', Internationales Ernst-Mach-Symposium, Freiburg/Br., 10.–12. März 1966

JOCHIM, HANS- PETER [1966-b]: *Kantstudien* **56**, p. 452

JOCHIM, HANS- PETER [1982]: ‚Was heißt in Euklids Geometrie möglich? Historische Marginalien zur Semantik der Modalausdrücke in mathematischen Texten', für Prof. O. Volk (Würzburg) zu seinem 90. Geburtstag

JONSSON, CARL OLOF [2000]: ‚Professor *Robert R. Newton* and "The Crime of *Claudius Ptolemy*', Göteborg, Sweden, adapted from the second edition of the book The Gentile Times Reconsidered (Published in 1983 and 1986), pp. 44–48, http://www.607v587.com/webpage10.htm

JUPP, ALAN H. AND ALI Y. ABDULLA [1983]: ‚The critical Inclination Problem with Small Eccentricity', *Celestial Mechanics* **30**, pp. 297–308 ; 0008-8714/83/0303-0297

LEVI- CIVITÀ, T. [1906]: ‚Sur la résolution qualitative du problème restreint des trois corps', *Acta math.* **30**, pp. 305–327 ; *Opere mat.* [Bologna], *2*, 411 [1956]

LEVI- CIVITÀ, T. [1918]: ‚Sur la régularisation du problème des trois corps', *Acta math.* **42**, pp. 99–144

KAHLE, R., HAHN, G., AND KÜHRT, E. [2006], ‚Optimal Deflection of NEOs in Route of Collision with the Earth', *Icarus*, Vol. **182**, 2006, pp. 482–488

KAIFU, NORIO [2001]: ‚Japanese Astronomy', *Encyclopaedia of Astronomy and Astrophysics*, Nature Publishing Group, RG21 6XS, UK Registered No. 785998

KAMEL, A. A. [1978/1982]: 'Geosynchronous Satellite Perturbations Due to Earth's Triaxiality and Luni-Solar Effects', *J. Guidance 5, No. 2,* March-April 1982, pp. 189–193 (and: AIAA 78-1441R)

KAMEL, OSMAN M. [1989]: ‚Application of Hori Technique in General Planetary Theory', *Earth, Moon, and Planets,* **44**, 275–289

KAMLAH, A. [1971]: ‚Kepler im Lichte der modernen Wissenschaftstheorie', *Philosophia Naturalis. 13,* Verlag Anton Hain – Meisenheim/Glan, 1971, 56–73

KANT, IMMANUEL [1925]: *Die Kant-Laplace'sche Theorie, Ideen zur Weltentstehung*, Kröners Taschenausgabe Band 46, Alfred Kröner Verlag, Leipzig

KANT, IMMANUEL [ohne Jahr, 1938?]: *Die drei Kriterien*, Mit verbindendem Test zusammengefasst von Dr. Raymund Schmidt, Kröners Taschenausgabe Band 104, Alfred Kröner Verlag, Leipzig

KAUFMANN, BERNARD [1981]: 'First order semianalytic satellite theory with recovery of the short period terms due to third body and zonal perturbations', *Acta Astronautica,* Vol. **8**, No. 5–6, pp. 611–623

KAUFMANN, B. , K. T. ALFRIEND and R. R. DASENBROCK [1978]: 'Luni-Solar perturbation in the extended phase space representation of the Vinti problem', *Acta Astronautica,* Vol. **5**, pp. 727–744

KAULA, W. M. [1962]: ‚A Development of the Lunar and Solar Disturbing Functions for a close Satellite', *NASA Technical Note* , D-1126, NASA, Washington, January 1962

KAULA, W. M. [1966]: *Theory of Satellite Geodesy, Applications of Satellites to Geodesy*, Blaisdell Publishing Company, Waltham, Mass. – Toronto – London

KECHICHIAN, J. A [1988]: 'Closed Form Solution of Perturbed Motion in Near-Circular Orbit due to Luni-Solar Gravity in Rotating and Inertial Cartesian Frames', AAS/AIAA Astrodynamics Specialist Conference, Paper AIAA 88-4295-CP

KECHICHIAN, J. A. [1990]: ‚A Comparison Between Krause's First Order Analytic Orbit Theory and a new Solution for Small Eccentricity Orbits', 28th Aerospace Sciences Meeting, January 8–11, 1990/Reno/Nevada, Paper AIAA-90-0472

KECHICHIAN, J. A. [1991]: ‚Trajectory Optimization with a Modified Set of Equinoctial Orbit Elements', AAS/AIAA Astrodynamics Specialist Conference, Durango, Colorado, August, 19–22, 1991, Paper AAS 91-524

KENYON, I. R. [1990]: *General Relativity,* Oxford Science Publications, Oxford University Press, Oxford, New York, Tokyo

KEPLER J. [1610]: *Dissertatio cum nuncio sidereo.* Prague: Sedesan.

KEPLER J. [1619]: *Ad vitellionem parali pomena*, Frankfurt; (1619); *De cometis liballi tres*, Augsburg

KEPLER, J. [1953]: *Epitome Astronomiae Copernicanae,* Johannes Kepler, Gesammelte Werke, herausgegeben von Max Caspar, Band VII, C. H. Beck'sche Verlagsbuchhandlung, München, MCMLIII

KEVORKIAN, J. [1966]: ‚A Two Variable Expansion Procedure for the Approximate Solution of Certain Nonlinear Differential Equations', reprinted from *Lectures in Applied Mathematics*, Volume 7, *Space Mathematics*, Part III, © American Mathematical Society

KHOLSHEVNIKOV, K. V. and KUZNETSOV, E. D. [2006]: 'Planetary Three-Body Problem with Poisson Series Processor', (Sobolev Astronomical Institute, St. Petersburg State University, Russia; Astronomical Observatory, Ural State University, Russia. Keine Jahrgangsangabe, ≈ 2008 oder später)

KING- HELE, D. G. [1976]: ‚The Shape of the Earth', *Science 192., No. 4246*, 1293–1300, 25 June 1976

KING- HELE, D. G. [1987]: *Satellite Orbits in an Atmosphere: Theory and Application*, Blackie and Son Ltd., Glasgow and London, ISBN 978-0-216-92252-5 , Published: 31 August 1987, Springer Dordrecht, book 9780216922525

KING- HELE, D. G. [1992]: A TAPESTRY OF ORBITS, Cambridge University Press, ISBN 0- 521-39323 X

KING-HELE, D. G. AND MISS D. M. C. GILMORE [1957]: ‚The Effect of the Earth's Oblateness on the Orbit of a Near Satellite', Royal Aircraft Establishment [Farnborough], Technical Note No. G.W. 475, October 1957 [U.D.C. No. 523.4 : 525 : 531.112]

KING-HELE, D. G. AND MERSON, R. H. [1959]: ‚A New Value for the Earth's Flattening, Derived from Measurements of Satellite Orbits', *Nature 183., No. 4665*, 881–882, March 28, 1959

KING-HELE, D. G. AND D. M. C. WALKER [1987]: ‚The Effect of Air Drag on Satellite Orbits: Advances in 1687 and 1987', *Vistas in Astronomy 30,* pp. 269–289

KING-HELE, D. G. AND DOREEN M. C. WALKER [1989]: ‚Evaluation of 15th and 30th-Orde Geopotential Harmonic Coefficients from 26 Resonant Satellite Orbits', *Planet. Space Sci.*, Vol. *37,* pp. 805–823

KINOSHITA, HIROSHI [1977a]: ‚Theory of the Rotation of the Rigid Earth', *Celest. Mech. 15*, 227–326

KINOSHITA, HIROSHI [1977b]: ‚Third Order Solution of an Artificial Satellite Theory', *Smithonian Astrophysical Observatory*, Research in Space Science, Special Report 379 [NASA -CR-154509, N78-10184]

KIPPENHAHN, RUDOLF (2005): ‚Der sanfte Druck des Lichtes' , SuW, September 2005, pp. 46–47

KIRCHGRABER, U. UND STIEFEL, E. [1978]: *Methoden der analytischen Störungsrechnung und ihre Anwendungen*, B. G. Teubner, Stuttgart

KIRCHHOFF, JOCHEN [1980]: *Giordano Bruno mit Selbstzeugnissen und Bilddokumenten*, Rowohlt Taschenbuch Verlag, Reinbek bei Hamburg

KIRCHHOFF, JOCHEN [2000]: *„Giordano Bruno und die Kosmologie der Unendlichkeit"*, SuW 2–3, 2000, pp. 134–141

KLEINBERG, A., C. MARX, E. KNOBLOCH, D. LELGEMANN [2011]: *Germania und die Insel Thule, Die Entschlüsselung von Ptolemais' „Atlas der Oikumene"*, WBG Darmstadt, ISBN 978-3-534-24525-3

KLINKRAD, H. [1984]: ‚Analytische Berechnung erdnaher Satellitenbahnen unter Verwendung eines realistischen Luftwiderstandsmodells', Dissertation [Dr. Ing.], Fakultät für Maschinenbau und Elektrotechnik der Technischen Universität Carolo-Wilhelmina zu Braunschweig

KLINKRAD, H. [1987]: ‚A Semi-analytical Theory for Precise Single Orbit Predictions of ERS-1', *Mission Analysis Section*, ESA/ESOC/SPSD, Darmstadt; also: ESA/ESTEC/ORM, Technical Note ER-RP-ESA-SY-0004, Mar. 1987

KLINKRAD, H. [2066]: *Space Debris, Models and Risk Analysis*, ISBN 3-540-25448-X, Springer Praxis, Springer Verlag, Berlin Heidelberg, New York

KLIONER, SERGEI A. [1994 ?]: ‚Some Typical Algorithms of the Perturbation Theory within *MATHEMATICA* and their Analysis', NAO, Mitaka, Tokyo

KOELLE, H. H. ed. [1961]: *Handbook of Astronautical Engineering*, McGraw-Hill Book Company, Inc., New York, Toronto, London

KOELLE, H. H. [2003], ‚Erfahrungsbericht eines Professors der Luft- und Raumfahrt an der Technischen Universität Berlin 1965–2000', Berlin 2003

KOPERNIKUS, N. [1543/1944]: *Nikolaus Kopernikus Gesamtausgabe,* Band 1, *Opus de Revolutionibus Coelestibus, Manu Propria,* Faksimile Wiedergabe, Verlag R. Oldenbourg/München und Berlin

KOWALEWSKI, G. [1939]: *Große Mathematiker, Eine Wanderung durch die Geschichte der Mathematik vom Altertum bis zur Neuzeit*, J. F. Lehmanns Verlag, München, Berlin

KOWALEWSKY, J. [1967]: *Introduction to Celestial Mechanics*, D. Reidel Publishing Company, Dordrecht-Holland

KOZAI, Y. [1959]: ‚The Motion of a Close Earth Satellite', *Astronomical Journal 64*, 367–377

KOZAI, Y. [1962]: ‚Second-Order Solution of Artificial Satellite Theory without Drag', *Astronomical Journal 67*, 446–461

KOZAI, Y. [1966]: ‚The Earth Gravitational Potential Derived from Satellite Motion‘, *Space Science Reviews*, **5**, 818–879

KOZAI, Y. [1969]: ‚Revised Values for Coefficients of Zonal Harmonics in the Geopotential‘, *Dynamics of Satellites*, Morando, B. ed. [1970], COSPAR-IAU-IAG-IUTAM, Proceedings of the Symposium held in Prague, May 10–24, 1969, Springer Verlag, Berlin-Heidelberg-New York

KOZAI, Y. [1970]: ‚Seasonal Variations of the Geopotential‘, *Smithsonian Astrophysical Observatory*, Special Report 312

KOZAI, YOSHIHIDE AND HIROSHI KINOSHITA [1973]: ‚Effects of Motion of the Equatorial Plane on the Orbital Elements of an Earth Satellite‘, *Celestial Mechanics 7*, 356–366

KRAFFT, F. [1971]: *Geschichte der Naturwissenschaft,* Bd. I, ‚Die Begründung einer Wissenschaft von der Natur durch die Griechen‘, rombach hochschul paperback, Verlag Rombach Freiburg, Verlags Nr. 943

KRAFFT, F. [1972]: ‚Anaximandros‘, in: Fassmann, K. [her.], *Die Großen der Weltgeschichte*, Bd. I, verlegt bei Kindler, Zürich, pp. 285–305

KRAFFT, F. [1972]: ‚Ptolemäus‘, in: Fassmann, K. [her.], *Die Großen der Weltgeschichte*, Bd. II, verlegt bei Kindler, Zürich, pp. 418–467

KRAFFT, F. [1973]: ‚Keplers Beitrag zur Himmelsphysik‘, in: Krafft et al. ed.: Internationales Kepler Symposium, Weil der Stadt 1971, 55–139

KRAFFT, F. [1974]: ‚Tycho Brahe‘, in: Fassmann, K. [her.], *Die Großen der Weltgeschichte*, Bd. V, verlegt bei Kindler, Zürich

KRAFFT, F. [1975]: ‚Copernicus Retroversus II. Gravitation und Kohäsionstheorie‘, in: Colloquia Copernicana IV [1975], 65–78

KRAFFT, F., MEYER, K., STICKER, B., ed. [1973]: *Internationales Kepler Symposium,* Weil der Stadt 1971, Referate und Diskussionen, Verlag Dr. H. A. Gerstenberg, Hildesheim

KRAMER, H. J. [2002]: *Observation of the Earth and Its Environment, Survey of Missions and Sensors*, Springer, ISBN 3-540-42388-5

KRAUSE, H. G. L. [1951]: ‚Die Kinematik einer Aussenstation in einer zur Äquatorebene geneigten elliptischen Bahn‘, *Gesellschaft für Weltraumforschung,* Forschungsbericht Nr. 10., Stuttgart, 31 Seiten

KRAUSE, H. G. L. [1952]: ‚Die Säkularstörungen einer Aussenstationsbahn‘, *Proc. of the 3rd International Astronautical Congress*, Koelle, H. H. ed., Stuttgart, pp. 162–173

KRAUSE, H. G. L. [1954]: ‚Zum Problem: „Die Bahnbestimmung aus dem Vektor der Bahngeschwindigkeit und der Einfluss einer Änderung desselben auf die Bahnelemente“‘ *Weltraumfahrt 1954*

KRAUSE, H. G. L. [1956a]: ‚Die säkularen und periodischen Störungen der Bahn eines künstlichen Erdsatelliten‘, *Associazione Italiana Razzi,* Bericht über den VII. Internationalen Astronautischen Congress, Roma, 17–22 Settembre 1956, pp. 523–585

KRAUSE, H. G. L. [1956b]: ‚Relativistische Raketenmechanik‘, *Astronautica Acta 2*, 30–47

KRAUSE, H. G. L. [1961a]: ‚Free-Flight Trajectories close to Celestial Bodies‘, in: Koelle, H. H. ed. [1961], 7-1–7-34

KRAUSE, H. G. L. [1961b]: ‚Relativistic Rocket Mechanics‘, in: Koelle, H. H. ed. [1961], 11-1–11-26

KRETSKA, K. [1958]: *Platon, Der Staat*, Übersetzung und Erklärung, Reclam, Stuttgart

KROTSCHECK, E., KUNDT, W. [1983]: 'Das Himmelsmechanik Experiment (E 11) von HELIOS', Luft- und Raumfahrt, Weltraumforschung/Weltraumtechnologie, BMFT-FB-W 83-016, August 1983

KUSTAANHEIMO, P. E. [1961]: ‚Über die Bestimmung der oskulierenden Bahn eines künstlichen Erdsatelliten‘, *Soc. Sci. Fennicae, Comm. Phys.-Math.* **26**, 1.

KUSTAANHEIMO, P. E. [1964]: ‚Die Spinordarstellung der energetischen Identitäten der Keplerbewegung‘, in: Stiefel, E. her. [1966], pp. 333–340

KUSTAANHEIMO, P. E. [1968]: ‚Darstellung der klassischen hyperbolischen Raumgeometrie durch relativistische Motoren', *Abhandlungen aus dem mathematischen Seminar der Universität Hamburg,* Band *32,* Heft 1/2, 89–96; [zugleich: Publications of the Dept. Appl. Mathematics, University Helsinki, Finland]

KUSTAANHEIMO, P. E. UND E. STIEFEL [1965]: ‚Perturbation Theory of Kepler Motion based on Spinor Regularization', *Journal für die reine und angewandte Mathematik*, **218**, pp. 204–219

KWOK, J. [1991]: 'A Doubly Averaging Method for Third Body Perturbations in Planet Equator Coordinates', AAS/AIAA Astrodynamics Specialist Conference, 91–464, Durango, Colorado, August 19–22, 1991

LANDAU, L. D. UND LIFSCHITZ, E. M. [1963]: *Lehrbuch der theoretischen Physik, Band I, Mechanik*, Akademie Verlag, Berlin; Übersetzung der russischen Originalausgabe, erschienen im Staatsverlag für physikalisch-mathematische Literatur, Moskau 1958

LANDAU, L. D. UND LIFSCHITZ, E. M. [1992]: *Lehrbuch der theoretischen Physik, Band II, Klassische Feldtheorie*, Akademie Verlag, Berlin; ISBN 3-05-500063-3, ISBN 3-05-0501550-9

LANE, MARK T. [1989]: 'On Analytic Modeling of Lunar Perturbations of Artificial Satellites of the Earth', *Celestial Mechanics and Dynamical Astronomy, 46*, 287–305

LANGE, LUDWIG [1886]: *Die Geschichtliche Entwicklung des Bewegungsbegriffs*, Leipzig Verlag von Wilhelm Engelmann

LAPLACE, P. S. [1796]. *Exposition du sistème du monde.* Paris: Imprimerie du cercle-social

LASKAR, J. [1989]: ‚A numerical experiment on the chaotic behavior of the Solar System', *Nature,* Vol 338, 16 March 1989, pp. 237–238

LASKAR, J. [1990]: ‚The Chaotic Motion of the Solar System: A Numerical Estimate of the Size of the Chaotic Zones', *Icarus, 88*, pp. 266–291

LAUGWITZ, D. [1960]: DIFFERENTIALGEOMETRIE, B. G. Teubner Verlagsgesellschaft, Stuttgart

LAWDEN, D. F. [1954]: ‚Perturbation Manoeuvres', *Journal of the British Interplanetary Society*, Vol. **13**, No. 3, pp. 329–334

LEIBNIZ, G. W. [1689]: ‚Tentamen de Motuum Coelestium Causis', *Acta Eruditorum,* Feb. 1689, pp. 82–96. Acta eruditorum. 1689 : Acta eruditorum. : Free Download, Borrow, and Streaming : Internet Archive

LEIPOLD, M. [2000]: ‚Solar Sail Mission Design', Dissertation, Lehrstuhl für Flugmechanik und Flugregelung, Technische Universität München, 19. Januar 2000

LELGEMANN, D. [2010]: Die ERFINDUNG DER MESSKUNST, ANGEWANDTE MATHEMATIK IM ANTIKEN GRIECHENLAND, WBG [Wissenschaftliche Buchgesellschaft], Darmstadt, ISBN 978-3-534-23118-8

LELGEMANN, D. [2011]: *Gauß und die Messkunst,* WBG [Wissenschaftliche Buchgesellschaft], Darmstadt, ISBN 978-3-89678-710-1

LEMAÎTRE, GEORGES [1925]: ‚Note on de Sitter's universe', J. Math. Phys. **4,** 188–192

LEMAÎTRE, GEORGES [1927]: ‚Un univers homogène de masse constante et de rayon croissant, rendant compte de la vitesse radiale des nébuleuses extragalactiques', *Annales de la Société Scientifique de Bruxelles,* Série A, **47**, p. 49–59, Bibcode 1927ASSB...47...49L

LEMAÎTRE, GEORGES [1929]: ‚La grandeur de l'espace', Rev. Quest. Sci. **15**, 189–216

LEMAÎTRE, GEORGES [1931]: ‚A homogeneous universe of constant mass and increasing radius', Mon. Not. R. Astron. Soc. **91**, 483–490; reprint in: J. Gen. Rel. Gravit. 45,1635–1646 [2013]

LEMAÎTRE, GEORGES [1931]: ‚L'expansion de l'espace'. Rev. Quest. Sci. **17**, 391–410

LEMAÎTRE, GEORGES [1931]: ‚The expanding universe'. Mon. Not. R. Astron. Soc. **91**, 490–501

LEMAÎTRE, GEORGES [1931]: ‚The beginning of the world from the point of view of quantum theory'. Nature **127**, 706

LEMAÎTRE, GEORGES [1933]: ‚L'univers en expansion'. Ann. Soc. Scient. Bruxelles. A **53**, 51–85

LEMAÎTRE, GEORGES [1934]: ‚Evolution of the expanding universe'. Proc. Natl. Acad. Sci. **20**, 12–17

LEMAÎTRE, GEORGES [1949]: ‚Cosmological applications of relativity'. Rev. Mod. Phys. **20**, 357–366

LEMAÎTRE, GEORGES [1950], *The Primeval Atom. An Essay on Cosmology.* Van Nostrand, New York

LEMAÎTRE, GEORGES [1958]: ‚Rencontres avec A. Einstein', Rev. Quest. Sci. **19**, 129–132

LENDERING, JONA [2016], ‚Kidinnu and Babylonian Astronomy', http://www.livius.org/k/kidinnu/kidinnu.htm, Kidinnu and ancient Babylonian astronomy (arizona.edu)

LENSE, J. [1940]: ‚Die sphärische Trigonometrie in der sphärischen Astronomie', *Astronomische Nachrichten 271*, 121–132

LÉVY, J. [1968]: ‚Trois Siècles de Mécanique Céleste à l'Observatoire de Paris', *l'Astronomie et Bulletin de la Société Astronomique de France*, **82**, Octobre 1968, pp. 381–393

LEY, W. ed. [1928]: *Die Möglichkeit der Weltraumfahrt. Allgemeinverständliche Beiträge zum Raumschiffahrtsproblem*, Verlag von Hachmeister & Thal in Leipzig

Lexikon der Alten Welt [1928/1995]: 3 Bände, Weltbild Verlag , Augsburg, ISBN 3-89350-960-7. © 1990 Artemis Verlag Zürich und München, Redaktion Klaus Bartels und Ludwig Huber, Tübingen und Zürich

Lexikon der Astronomie [1989/1990], Die große Enzyklopädie der Weltraumforschung, in zwei Bänden, Herder, Freiburg, Basel, Wien, ISBN 3-451-21491-1 (Band 1), ISBN 3-451-21751-3 (Band 2), ISBN 3-451-21632-9 (Gesamtwerk)

LICHTENBERG, HEINER [1994]: ‚Die Struktur der gregorianischen Kalenders, anhand der Schwankungen des Osterdatums entschlüsselt', *Sterne und Weltraum 3/94*, 194–201

LICHTENBERG, HEINER, GERHARDS, L., GRASSL, A., ZEMANEK, H. [1998]: ‚Die Struktur des gregorianischen Kalenders, anhand einer Verallgemeinerung der Gaußschen Osterformel dargestellt', *Sterne und Weltraum 4/98*, 326–332

LIDOV, M. L. [1961]: ‚The Evolution of Orbits of Artificial Satellites of Planets under the Action of Gravitational Perturbations of external Bodies', *Planet. Space Sci. 9,* pp. 719–759, Pergamon Press Ltd., translated by H. F. Cleaves from *Iskusstvennye Sputniki Zemli,* No. 8, p. 5

LIKINS, P. [1989]: ‚Robert E. Roberson: A Personal Tribute', *Mech. Struct.& Mach., 17* [2], 131–133

LINDEMANN, C. F. L. VON [1881]: ‚Entwicklung der Funktionen einer komplexen Veränderlichen nach Laméschen Funktionen und nach Zugeordneten der Kugelfunktionen', in: *Mathematische Annalen* **19**, S. 323–386

LINDEMANN, C. F. L. VON [1882]: ‚Über die Zahl π', in: *Mathematische Annalen* **20**, S. 213–225

LIST, M. [1971]: ‚Kleine Kepler Biographie', in: Preuss, E. ed. [1971], pp. 266–273

LIU, J. J. F. [1974]: ‚Satellite Motion about an Oblate Earth', *AIAA Journal,* **12,** No. 11, pp. 1511–1516

LIU, J. J. F. AND R. L. ALFORD [1979]: ‚A Semi-analytic Theory for the Motion of a Close-Earth Artificial Satellite with Drag', 17th Aerospace Sciences Meeting, New Orleans, La./ January 15–17, 1979, Paper AIAA 79-0123, 13 pages

LOMBARDI, A. M. [2000]: *Johannes Kepler, Einsichten in die himmlischen Harmonie*, Spektrum der Wissenschaften, Biografie 4/2000, Heidelberg

LONG, ANNE C. et al. [1989]: 'Goddard Trajectory Determination System (GTDS), Mathematical Theory (Revision 1)', FDD/552-89/001 and CSC/TR-89/6001, Goddard Space Flight Center, NASA

LONG, ROBERT S. [1965]: 'Quasilinearization and Orbit Determination', *AIAA Journal*, Vol. **3**, No. 10, October 1965, pp. 1937–1940

LONGUSKI ,JAMES M.; FELIX R. HOOTS & GEORGE E. POLLOCK IV [2022]: *Introduction to Orbital Perturbations,* Springer Nature, Springer Nature Switzerland, Springer Cham, Space Technology Library 40. ISBN 978-3-030-09757-4, eBook ISBN 978-3-030-89758-1, Series 0924-4263; https://doi.org/10.1007/978-3-030-89758-1

LORENZEN, PAUL [1958]: *Formale Logik,* Sammlung Göschen, Band 1176/1176a, Walther de Gruyter & Co. Berlin 1958, Archiv-Nr. 11 11 76

LORENZEN, PAUL [1978]: *Theorie der technischen und politischen Vernunft,* Philipp Reclam jun. Stuttgart, Universal-Bibliothek Nr. 9867 [2], ISBN 3-15-009867-X

LORENZEN, PAUL [1969]: *Einführung in die operative Logik und Mathematik,* Springer Verlag, Berlin Göttingen, Heidelberg, New York, Die Grundlehren der mathematischen Wissenschaften in Einzeldarstellungen, Band 78, ISBN 978-3-642-86519-0, https://doi.org/10.1007/978-3-642-865 19-0

LUR'E, A. I. [1959]: ‚Equations of Perturbed Motion in the Kepler Problem [Uravneniia vozmushchennogo dvizheniia v zadache Keplera]', *PMM*, Vol. **23**. No. 2, pp. 412–413, translation by J. S. pp. 588–591

LYDDANE, R. H. [1963]: ‚Small Eccentricities or Inclinations in the Brouwer Theory of the Artificial Satellite', *Astronomical Journal 68*, 555–558

LYDDANE, R. H. [1984]: ‚General Perturbation Satellite Theory', prepared for Space and Surface Systems Division, Strategic Systems Department, Naval Surface Weapons Center, Dahlgren, Virginia 22448, Silver Spring Maryland, AD-A158469, NSWC TR 84-26

MACH, ERNST [1933]: *Die Mechanik in ihrer Entwicklung*, Reprographischer Nachdruck 1991 der 9. Auflage, Leipzig 1933 [1. Auflage 1883], wissenschaftliche Buchgesellschaft, Darmstadt, mit Vorwort zum Nachdruck 1988

MADELUNG, E. [1964]: *Die mathematischen Hilfsmittel des Physikers*, 7. Auflage, Springer-Verlag, Berlin, Göttingen, Heidelberg

MANITIUS K. [1894]. *Hipparchi in Arati et Eudoxi phaenomena commentariorum libri tres.* Leipzig: Teubner.

MANSFELD, J. [1987]: *Die Vorsokratiker*, Griechisch/Deutsch, Auswahl der Fragmente, Übersetzung und Erläuterungen, Philipp Reclam Jun., Stuttgart

MAREC, J.- P. [1993]: ‚John V. Breakwell and Optimization', *Acta Astronautica 29*, No. 6, pp. 489–496

MARTIN, C. F., M. H. TORRENCE, C. W. MISNER [1984]: ‚Relativistic Effects on an Earth Orbiting Satellite in the Barycenter Coordinate System', *Planetary Sciences Department*, WASC TR-W41-0001 (84), EG&G, Washington Analytical Services Center, Inc. Space and Ocean Physics Directorate

MCINNES, COLIN R. [1999]: *Solar Sailing, Technology, Dynamics and Mission Applications*, Springer–Praxis Series in Space Science and Technology, Praxis Publishing Ltd, Chichester, UK, ISBN 1-85233-102-X

MCLAUGHLIN, W.I. [2000]: ‚Walter Hohmann's Road in Space', *JSMA [Journal of Space Architecture],* **2**, Center for Space Mission Architecture and Design, Jet Propulsion Laboratory, California Institute of Technology, Pasadena, California, JPL 410-57-2, NASA, , Issue 2, fall 2000, pp.114

MCVITTIE, G. C. [1956]: *General Relativity and Cosmology,* London

MENGE - - GÜTHLING [1991]: *Langenscheidts Großwörterbuch Griechisch*, unter Berücksichtigung der Ethymologie von Prof. Dr. Hermann Menge, 27. Auflage 1991, Copyright 1913 by Langenscheidts Verlagsbuchhandlung, Langenscheidt KG, Berlin und München, ISBN 3-468-02030-9

MERSMAN, WILLIAM A. [1970]: ‚A Unified Treatment of Lunar Theory and Artificial Satellite Theory', in: Giacaglia, G. E. O. ed. [1970]: pp. 232–258

MERSON, R. H. [1961]: ‚The Motion of a Satellite in an Axi-symmetric Gravitational Field', *Geophysical Journal of the Royal Astronomical Society 4*, 17–52

MERSON, R. H. [1963]: ‚The Perturbations of a Satellite Orbit in an Axi-symmetric Gravitational Field', *Technical Note*, No. Space 26, Royal Aircraft Establishment [Farnborough], U.D.C No. 629.195.077.3:531.261

MERSON, R. H. AND KING- HELE, D. G. [1958]: ‚Use of Artificial Satellites to Explore the Earth's Gravitational Field: Results from Sputnik 2 [1957]', *Nature 182, No. 4636*, 640–641, September 6, 1958

MERTEN, R. (Hrsg). [1951]: *Hochfrequenztechnik und Weltraumfahrt,* S. Hirzel Verlag, Stuttgart

MERTEN, R. [1951]: ‚Funkverbindungen mit der Außenstation', *Hochfrequenztechnik und Weltraumfahrt* in: Merten, R. her. [1951], pp. 92–101

MIELKE, H. [1986]: *Lexikon der Raumfahrt und Weltraumforschung*, transpress, VEB Verlag für Verkehrswesen, Berlin

MITTELSTRASS, J. [1973]: ‚Wissenschaftstheoretische Elemente der Keplerschen Astronomie', *Internationales Kepler-Symposium* in: Krafft, F. et al. her. [1973], pp. 3–28

MITTON, SIMON A. [2020]: ‚Georges Lemaître and the foundations of the Big Bang cosmology', *The Antiquarian Astronomer* **14** (June 2020), 2–20 ,(sam11@cam.ac.uk) , St. Edmund's College, Cambridge CB3 OBN, United Kingdom

MONROE, M. Willis [2022]: ‚Astronomical and Astrological Diagrams from cuneiform sources', *Journal of the History of Astronomy, 53*, issue 3, pp. 338–361, https://doi.org/10.1177/002182 86221110919

MORANDO, B. [1974]: *Mouvement d'un satellite artificiel de la terre*, Gordon & Beach, Paris, London, New York

MORBIDELLI, A. [2002]: *Modern Celestial Mechanics, Aspects of Solar System Dynamics,* ISBN 0-415-27939-9, Taylor & Francis, London

MORRISON, F. [1977]: ‚Modification of an equation of Szebehely', *Celest. Mech. 16*, 39–40

MOULTON, F. R. [1914]: *An Introduction to Celestial Mechanics*, The MacMillan Company, New York, Sixteenth Printing 1964

MURRAY, C. D. AND S. F. DERMOTT [1999]: *Solar System Dynamics*, Cambridge University Press, Cambridge UK, New York, Melbourne, Madrid

MUSEN, P. [1947]: ‚Über die vektoriell-skalaren Gleichungen der astronomischen Störungstheorie', *Zeitschrift für Naturforschung,* Band **2a**, Heft 7, pp. 365–369

MUSEN, P. [1954]: ‚Special Perturbations of the Vectorial Elements', *The Astronomical Journal, 59*, No. 1219, 262–267

MUSEN, P. [1958]: ‚Modified Formulae for Hansen's Special Perturbations', *Astronomical Journal 63*, No. 1264, 426–429

MUSEN, P. [1959]: ‚Application of Hansen's Theory to the Motion of an Artificial Satellite in the Gravitational Field of the Earth', *Journal of Geophys. Research*, **64**, No. 12, 2271–2279

MUSEN, P. [1961]: ‚The Theory of Artificial Satellite in Terms of the Orbital True Longitude', *Journal of Geophysical Research,* **66,** No. 2, pp. 403–409

MUSEN, P. [1963]: ‚On a Modification of Hansen's Lunar Theory', *Journal of Geophysical Research,* **68,** No. 5, 1439–1456

MUSEN, P. [1964]: ‚On the Application of Pfaff's Method in the Theory of Variation of Astronomical Constants', Technical Note NASA TN D-2301, Washington D.C., April 1964

MUSEN, P. [1965]: ‚On the High Order Effects in the Method of Krylov-Bogoliubov and Poincaré', *The Journal of the Astronautical Sciences*, Vol. **XII**, No.4, pp. 129–134

MUSEN, P. [1967]: ‚A Numerical Theory of Satellites in Brendel's Coordinates', NASA TN D-4002, Washington D.C., June 1967

MUSEN, P. [1968 a]: ‚On Some Possible Simplifications and Changes in Hansen's Lunar Theory', *The Journal of the Astronautical Sciences ,* Vol. **XV**, No. 3, pp. 124–135

MUSEN, P. [1968 b]: ‚Investigations in Hansen's Planetary Theory', [NASA TN D-4169, 19 pages], *Bulletin Astronomique,* Série 3, **3,** Fascicule 3, 253–263

MUSEN, P. [1969]: ‚A Discussion of Hill's Method of Secular Perturbations and its Application to the Determination of the Zero-Rank Effects in Non-Singular Vectorial Elements of a Planetary Motion‘, *Celestial Mechanics,* **2**, pp. 41–59

MUSEN, P. [1971]: ‚The Influence of the Great Inequality on the Secular Disturbing Function of the Planetary System‘, *Celestial Mechanics,* **4**, pp. 378–396

MUSEN, P., A. BAILIE AND E. UPTON [1961]: ‚Development of the Lunar and Solar Perturbations in the Motion of an Artificial Satellite‘, Technical Note NASA TN D-494, Washington D.C., January 1961

MUSEN, P. AND ANN E. BAILIE [1962]: ‚On the Motion of a 24 hour Satellite‘, *Journal of Geophysical Research,* **67**, 1123

MUSEN, P. AND LLOYD CARPENTER [1963]: ‚On the General Planetary Perturbations in Rectangular Coordinates‘, *Journal of Geophysical Research,* **68,** No. 9, 2727–2734

MUSEN, PETER AND RONALD ESTES [1972]: ‚On the Tidal Effects in the Motion of Artificial Satellites‘, *Celestial Mechanics,* **6**, pp. 4–21

MUSEN, PETER AND THEODORE FELSENTREGER [1973]: ‚On the Determination of the Long Period Tidal Perturbations in the Elements of Artificial Earth Satellites‘, *Celestial Mechanics,* **7**, pp. 256–279

NEUFFER, JULIA [1979]: ‚Ptolemy's Canon‘ Debunked? *Andrews University Seminary Studies,* Vol. **XVII**, No. 1, pp. 39–46. (disagreeing with *R. R. Newton*: zitiert nach JONNSON, C. O. [2000])

NEUGEBAUER, O. [1968]: ‚On the Planetary Theory of Copernicus‘, *Vistas in Astronomy 10*, 89–103

NEUGEBAUER O. [1969]. *The exact sciences in antiquity*. New York: Dover

NEUGEBAUER, O. [1975]: *A History of Ancient Mathematical Astronomy*, 3 Vol., Springer, Heidelberg

NEUSER, W. [1994]: 'Infinitas infinitatis et finitas finitatis, Zur Logik der Argumentation im Werk Giordano Brunos', in: G. Wolfschmidt [Hrsg.] [1994], pp. 181 – 189

NEWCOMB, S. [1898]: ‚Tables of the motion of the Earth on its Axis and around the Sun‘, Astronomical Papers of the American Ephemeris **VI/1**,1–170, Washington

NEWCOMB, S. [1906]: *A Compendium of Spherical Astronomy*, The MacMillan Company, New York, London

NEWTON, I. [1739/1740]: *Philosophiae Naturalis Principia Mathematica, Auctore Isaaco Newtono, Eq. Aurato, Perpetuis Commentaris illutrata, communi studio. PP. Thoma Le Seur & Francisci Jacquier, Ec Gallicana Minimorum Familia, Matheseos Professorum,* Tomus Primus MDCCXXXIX, Tomus secundus MDCCXL, Genevae, Typis Barrillot & Filii Bibliop. & Typogr. [first published London, 1687]

NEWTON, ROBERT R. [1968]: 'A Satellite Determination of Tidal Parameters and Earth Deceleration', *Geophysical Journal of the Royal Astronomical Society 14*, 505–539

NEWTON, ROBERT R. [1977]. *The crime of Claudius Ptolemy*. Baltimora: Johns Hopkins University Press

NEWTON, ROBERT R. [1979-a]: *The Moon's Acceleration and Its Physical Origins* [MAPO], Vol. I, Baltimore and London: The John Hopkins University Press

NEWTON, ROBERT R. [1979-b]. On the fractions of degrees in an ancient star catalogue. QJRAS. 20: 383–394

NIETO, M. M. [1972]: *The Titius-Bode Law of Planetary Distances: Its History and Theory*, Pergamon Press, Oxford, New York, Toronto, Sydney, Braunschweig

NICOLAUS CUSANUS [2005]: *Philosophische und theologische Schriften,* Studienausgabe, herausgegeben und eingeleitet von Eberhard Döring, neu gesetzt und überarbeitet nach der Ausgabe Freiburg 1862, Marix Verlag, Wiesbaden, ISBN 3-86539-009-9

Noordung, H. [1929]: *Das Problem der Befahrung des Weltraums, der Raketenmotor*, Richard Carl Schmidt & Co., Berlin W 62; http://bhaak.net/buchscans/noordung.html; https://foruq.com/books/de/Allgemein/Das-Problem-der-Befahrung-des-Weltraumes-Hermann-Noordung.pdf; English Translation [1995] published by NASA [2013]: https://ntrs.nasa.gov/citations/19950015477

Nussbaumer, Harry [2007-a]: *Das Weltbild der Astronomie.* © v/dlf, VDF Hochschulverlag AG an der ETH Zürich, 2. Erweiterte und aktualisierte Auflage 2007, ISBN-13: 978-3-7281-3106-5, ISBN-10: 3-7281-3106-7

Nussbaumer, Harry [2007-b]: ‚Achtzig Jahre expandierendes Universum. Wer entdeckte die kosmische Expansion?' ‚*Sterne und Weltraum*, Juni 2007

Nussbaumer, Harry and Lydia Bieri [2009]: *Discovering the Expanding Universe*, Cambridge University Press, ISBN 978-0-521-51484-2

Oberth, H. [1923]: *Die Rakete zu den Planetenräumen*, Druck und Verlag R. Oldenbourg, München und Berlin, 1923, Reproduktionsdruck von Uni-Verlag, Nürnberg 1960/1964

Ody, Hermann Joseph [1955]: *Grundlegung der Philosophie*, Peter Hanstein Verlag, Bonn

Oesterwinter, C. and C. J. Cohen [1972]: New orbital elements for Moon and Planets. Celestial Mech. **5**, pp. 317–395

Orlov, A. A. [1953]: ‚Ob integrirovanii differenzialnyh uravneniy vozmuzhennogo dvischenija v prjamougolnyh koordinatah po sposobu malogo parametra [Die Integration von Differentialgleichungen der gestörten Bewegung in rechtwinkligen Koordinaten durch das Verfahren von kleinen Parametern]', *Comm. Astron. Instit. Sternberg,* No. 88–89, 3 [Available as NRL Translation No. 519]

Orlov, A. A. [1954]: ‚O potschti perioditscheskih dvischenijah materialnoi totschki v pole tjagotenija sferoida [Über fast periodische Bewegungen eines Teilchens im Gravitationsfeld eines Sphäroids]', *Mem. Astr. Inst. Sternberg,* **24**, 139

Parrot, Andre [1983]: *Sumer und Akkad*, Universum der Kunst, Band 1, C. H. Beck'scheVerlagsbuchhandlung (Oskar Beck), München, ISBN 3-406-08999-2

Palacios, M. [2000]: ‚Simplistic versus other Propagators in the Ideal Formulation of the Earth Satellite Problem', *Internat. Symp. Space Dynamics, CNES,* June 26–30, 2000, Biarritz

Palacios, M, and C. Calvo [1996]: ‚Ideal Frames and Regularization in Numerical Orbit Computation', *The Journal of the Astronautical Sciences,* **44,** No. 1, January–March, pp. 63–77

Perkins, F. M. [1958]: ‚An Analytical Solution for Flight Time of Satellites in Eccentric and Circular Orbits', Astronautica Acta, **IV**, Fasc. 2

Peroli, Enrico [2023]: *Nikolaus von Kues, Ein Handbuch zu Leben und Werk*, Felix Meiner Verlag, Hamburg, ISBN 978-3-7873-4408-6

Petersen, N. V. [1956]: ‚Lifetimes of Satellites in Near-Circular and Elliptic Orbits', JPL, Vol. **26**, part 5.1, May 1956, pp. 341–351, 368

Peterson, I. [1994]: *Was Newton nicht wusste, Chaos im Sonnensystem*, Birkhäuser Verlag, Basel, Boston, Berlin, ISBN 3-7643-2978-5

Petty, C. M. and J. V. Breakwell [1960]: ‚Satellite Orbits about a Planet with Rotational Symmetry', *Journal of The Franklin Institute, Devoted to Science and the Mechanic Arts,* **270**, No.4, October 1960, pp. 259–282

Phelan, Howard T. [1962]: ‚Computation of Satellite Orbits by the Hansen Method as modified by Musen', *NASA,* NASA TR R-147, Goddard Space Flight Center

Pickover, Clifford A. [2020]: *Das Mathebuch*, Librero IBP, 5330 AB Kerkdriel Niederlande, ISBN 978-94-6359-516-2, Die originale Ausgabe in Englisch 2009

Pieper, J. [1965]: *Über die platonischen Mythen*, Kösel Verlag, München

PIETRASS, MANUELA [2003]: *Bild und Wirklichkeit. Zur Unterscheidung von Realität und Fiktion bei der Medienrezeption.* © Leske + Budrich, Opladenhtes Manuskript, ISBN 978-3-8100-3636-0, ISBN 978-3-322-93448-2 (e-book), https://doi.org/10.1007/978-3-322-93448-2

PIETRASS, MANUELA [2023]: *Die Evolution des Geistes aus dem Zeichen.* Unveröffentlichtes Manuskript.

PLATON [2005]: *Edition Opera Platonis,* Alle Dialoge Platons in Griechisch, Lateinisch, Deutsch. http://www.opera-platonis.de/platon.html.

Textfassung: die hier wiedergegebenen Texte gehen vor allem auf Friedrich Ernst D. Schleiermacher zurück; zur Ergänzung wurden Übersetzungen von Ludwig Georgii, Franz Susemihl, Wilhelm S. Teufel und Wilhelm Wiegand aufgenommen.

Als griechische und lateinische Quellen wurden Digitalisate der Bayerischen Staatsbibliothek und der Bibliotheque nationale der France benützt, von:

Platonis Opera. Ex recensione R. B. Hirschig, vol. prim., ex recensionem C. E. Ch. Schneider. Vol. sec. Editore Ambrosio Firmin Didot, Parisiis, 1852,

Platonis Opera. Graece ad editionem Henrici Stephani accurate expressa. Lateinische Übersetzung des Marsiliu Ficinus, 11 Bände, Ex Typographia Societatis, Henri Estienne, Biponti. 1781–1787.

Das Werk ist zitierbar nach dem Exemplar der Deutschen Nationalbibliothek: http://d-nb.info/105 6922311/

PLATON [1991]: *Sämtliche Werke*, Griechisch und Deutsch, Bände I–X, it 1401–1410, Insel Verlag, Frankfurt am Main und Leipzig, Menon, Kratylos it 1403, Timaios, Kritias it1408, Nomoi it 1409, Briefe Unechtes it 1410

PLATON [1992]: *Timaios*, Griechisch und Deutsch, herausgegeben, übersetzt, mit einer Einleitung und mit Anmerkungen versehen von *Hans Günther Zekl*, Meiner, Philosophische Bibliothek, Felix Meiner Verlag, Hamburg, ISBN 3-7673-1040-1

PLATON [1911–1919/1998]: *Sämtliche Dialoge*, in Verbindung mit Kurt Hildebrandt, Constantin Ritter und Gustav Schneider herausgegeben und mit Einleitungen, Literaturübersichten, Anmerkungen und Registern versehen von Otto Appelt, unveränderter Nachdruck der Ausgaben von 1911 ff., Meiner, Philosophische Bibliothek, Felix Meiner Verlag, Hamburg,

Band I: Protagoras, Laches und Eutyphron, Apologie und Kriton, Gorgias

Band II: Menon, Kratylos, Phaidon, Phaidros

Band III: Euthydemos, Hippias I/II und Ion, Alkibiades I/II, Gastmahl, Charmides, Lysis, Menxenos

Band IV: Theaitetos, Parmenides, Philebos

Band V: Der Staat

Band VI: Timaios und Kritias, Sophistes, Politikos, Briefe

Band VII: Gesetze

PLATON [2011]: *Gorgias*, oder Wie man leben soll, Griechisch und Deutsch, übersetzt und herausgegeben von Michael Erler, Kommentiert und mit einem Nachwort versehen von Theo Kobusch, Reclams Universal-Bibliothek Nr.18896, 2011 Philipp Reclam jun. Verlag GmbH, ISBN 978-3-15-018896-5, www.reclam.de

PLATON [2022]: *Theaitetos*, Griechisch und Deutsch, übersetzt und herausgegeben von Ekkehard Martens, Reclams Universal-Bibliothek Nr.14014, 1981, 2022 Philipp Reclam jun. Verlag GmbH, ISBN 978-3-15-014014-7, www.reclam.de

PLATON [2023]: *Politeia (der Staat)*, Griechisch und Deutsch, herausgegeben und übersetzt von Gernot Krapinger, Reclams Universal-Bibliothek Nr.14373, 2023 Philipp Reclam jun. Verlag GmbH, ISBN 978-3-15-014373-5, www.reclam.de

PÖSCHEL, J. [2001]: ‚A Lecture on the Classical KAM Theory', *Proc. Symp. Pure Math. 69*, pp. 707–732; Version 1.2, Dec. 2000

POINCARÉ, H. [1892–1899]: *Les méthodes nouvelles de la mécanique céleste,* Tome I à Tome III, Paris; Reprint: Dover Publications [1960], New York

Popper, Karl R. [1998/2005]: *Die Welt des Parmenides, Der Ursprung des europäischen Denkens,* Ungekürzte Taschenbuchausgabe März 2005. 2001 Piper Verlag GmbH München, ISBN 3-492-24071-2

Popper, Karl R. [1935/2005]: *Logik der Forschung*, Gesammelte Werke in deutscher Sprache, Bd. 3, 11. Auflage, herausgegeben von Herbert Keuth, Verlag Mohr Siebeck, Tübingen, bibliographische Daten abrufbar über http://dnb.ddb.de, ISBN 3-16-148111-9, ISBN 3-16-148410-X

Prado, Antonio Fernando Bertachini de Almeida, ed.[2000]: *Advances in Space Dynamics,* São José dos Campos

Prechtel, Robert [1947]: *Giordano Bruno und Galilei,* Prozesse um ein Weltbild, in der Reihe Kurt Pfister Prozesse der Weltgeschichte, Band III, Verlag Kurt Desch, München

Press, W. H.; Flannery, B. P.; Teukolsky, S. A.; Vetterling, W. T. [1986]: Numerical Recipes, T he Art of Scientific Computing, Cambridge University Press, Cambridge, London, New York, New Rochelle, Melbourne, Sydney

Preuss, E. ed. [1971]: *Kepler Festschrift 1971, Zur Erinnerung an seinen Geburtstag vor 400 Jahren,* Herausgeber: Naturwissenschaftlicher Verein Regensburg, Acta Albertina Ratisbonensia, Band 32 – 1971, Regensburg

Prussing, John E., Conway, Bruce A. [1993]: *Orbital Mechanics,* Oxford University Press, New York, Oxford, ISBN 0-19-507834-9

Raushenbakh, B. V. and Yu. V. Biryukov [1968]: "S. P. Korolyev and the Development of Soviet Rocket Engineering to 1939", in: Durant III, F. C. and James, G. S. ed. [1985], pp. 203–207

Reichardt, H., (Hrsg.) [1957]: *C. F. Gauß, Gedenkband anlässlich seines 100. Todestages am 23. Februar 1955,* B. G. Teubner Verlagsgesellschaft, Leipzig

Reigber, C.; Balmino, G.; Müller, H.; Bosch, W.; Moynot, B. [1985]: ‚GRIM Gravity Model Improvement Using LAGEOS [GRIM3-L1]', *Journal of Geophysical Research 90, No. B11,* 9285–9299

Renn, J. [2008]: ‚Galileis Revolution und die Transformation des Wissens', *Sterne u. Weltraum 48,* Nov. 2008, 32–42

Richardson, D. L. [1989]: ‚PARSEC: An Interactive Poisson Series Processor for Personal Computing Systems', *Celestial Mechanics 45*, 267–274

Richardson, D. L. and T. Bartler [1995]: ‚Chaos in Artificial Satellite Motion due to Third-Body Effects', *AAS* 95–407

Rimrott, F. P. J. [1989]: *Introductory Orbit Dynamics*, Friedr. Vieweg & Sohn, Braunschweig, Wiesbaden, ISBN 3-528-06344-0

Rios Neto, Atair and Wilson Rios Neto [2000]: ‚A Neural Network Analogy and a Stochastic Parameter Estimation Approach in the Parallel Solution of Linear Algebraic Systems of Equations', in: Prado, Antonio Fernando Bertachini de Almeida, ed.[2000], pp. 262–271

Roberson, R. E. [1957], ‚Orbital Behaviour of Earth Satellites', Part I, *Jour. Franklin Inst.*, Vol. **264**, No. 3, Sep. 1957, pp.181–201; Part II, *Jour. Franklin Inst.*, Vol. **264**, No. 4, Oct. 1957, pp. 269–285

Roberts, V. [1957]: ‚The solar and lunar theory of Ibn ash- Shātīr, a Pre-Copernican Copernican model', *Isis 48*, 428–432

Rodrigues, O. [1840]: ‚Des lois géométriques qui régissent les déplacements d'un système solide dans l'espace, et la variation des coordonnées provenant de ses déplacements considérés indépendamment des causes qui peuvent les produire', *Journal de Mathématiques Pures et Appliquées, 5*, 380–440 [verbreitet ist auch der Kurztitel der Arbeit: ‚Théorie des rotations d'un solide']

Rom, A., [1970]: ‚Mechanized Algebraic Operations [MAO]', *Celestial Mechanics 1*, 301–319

Roth, E. [1981]: ‚On the perturbation of the anomalistic Period of a highly eccentric Satellite due to the Zonal Harmonics', *Celestial Mechanics, 23*, pp. 83–87

ROTH, E. [1982]: ‚On the nodal Period of a Satellite Orbit perturbed by the Earth Oblateness [J2]‘, *ESOC Mission Analysis Office*, M.A.O. Working paper No. 167, April 1982

ROMANOWSKI, T., SCHIENKE, H. [1990]: ‚Vorwärts zum Mars, Zum Lebenswerk des Raumfahrtpioniers Friedrich A. Zander‘, *Sterne u. Weltraum 29*, 5, 314–317

ROY, A. E. [1969]: ‘Luni-Solar Perturbations of an Earth Satellite’, *Astrophysics and Space Science*, **4**, 375–386

ROY, A. E. [1982]: *Orbital Motion,* Adam Hilger Ltd, Bristol, ISBN -85274-462-5Rubin, Vera C. [1995]: A Century of Galaxy Spectroscopy, The Astrophysical Journal, 451: 419-428, 1995 October 1, Russell Prize Lecture, delivered 1995 January 9 at the 185th meeting of the AAS in Tucson Arizona

RUBINCAM, D. P. [1977]: ‚General Relativity and Satellite Orbits: The Motion of a Test Particle in the Schwarzschild Metric‘, *Celest. Mech. 15*, 21–33

RUDOLPH, ENNO [1996] (Hrsg.), *Polis und Kosmos, Naturphilosophie und politische Philosophie bei Platon,* Wissenschaftliche Buchgesellschaft, Darmstadt, 1996

RUPPE, HARRY O. [1966/1967]: *Introduction to Astronautics*, Vol. 1, 1966, Vol. 2, 1967, Academic Press, New York and London, Library of Congress Catalog Card Number: 66-14469

RUSSO, LUCIO [1994]. ‚The astronomy of Hipparchus and his time: a study based on preptolemaic sources‘. VA. 38: 207–48

RUSSO, LUCIO [1996]. *La rivoluzione dimenticata.* Milan: Feltrinelli.

RUSSO, LUCIO [2005]: *Die vergessene Revolution,* ISBN-10 3-540-20938-7 Springer Berlin Heidelberg New York, ISBN-13 978-3-540-20938-6 Springer Berlin Heidelberg New York (Erstauflage auf Italienisch, Milano, 1996)

SÄNGER, EUGEN [1933]: *Raketenflugtechnik*, Verlag von R. Oldenbourg, München und Berlin

SÄNGER, EUGEN [1949]: ‚Les lois de la cinématique spatiale‘, *Interavia*, quatrième année, Juillet 1949, pp. 416–418; deutsche Ausgabe: ‚Bewegungsgesetze der Raumfahrt‘, *Interavia*, 4. Jahrgang, Juli 1949, pp. 416–418

SÄNGER, EUGEN [1951/57]: *Atlas konkreter Bahnen von Raketenfahrzeugen bis zur Außenstation und zurück*, in: Astronautische Forschungsberichte der deutschen Raketen-Gesellschaft e.V., her. von H. K. Kaiser, Nr. 3. 1957 [Erstveröffentlichung 1951 innerhalb der Forschungsreihe der Nordwestdeutschen Gesellschaft für Weltraumforschung e.V.]

SÄNGER, EUGEN [1956]: *Die Erreichbarkeit der Fixsterne*, Skript Forschungsinstitut für Physik der Strahlenantriebe, Stuttgart-Flughafen, kopiert in Bibliothek Hans-Hermann Koelle, TU Berlin

SÄNGER, HARTMUT E. [2006]: *Ein Leben für die Raumfahrt*, Verlag: [Stedinger Verlag, Lemwerder] , Kellner Verlag, Bremen, www.kellnerverlag.de, ISBN: 3-927 697-42-7 ,ISBN-10 : 3927697427 , ISBN-13 : 978-3927697423 [1. Feb. 2006]

SÄNGER- BREDT, I. [1964]: *Entwicklungsgesetze der Raumfahrt, Mythos, Wunschbild, Wirklichkeit*, Krausskopf-Flugwelt Verlag, Mainz

SANSATURIO, M. E., I. VIGO- AGUIAR AND J. M. FERRÁNDIZ [1998]: ‚Non-Integrability and Chaos in Satellite Orbital Dynamics‘, *AAS 98-131*

SANSO, F. AND RUMMEL, R., [Eds.] [1989]: *Theory of Satellite Geodesy and Gravity Field Determination*, Springer-Verlag, Berlin, Heidelberg, New York, London, Paris, Tokyo, Hong Kong

SALIDA, G. [2004]: ‚Der schwierige Weg von Ptolemäus zu Kopernikus‘, *Spektrum der Wissenschaft,* Sept. 2004, 76–82

SAYLOR, WILLIAM W. [2021]: *Learning Fundamentals of Astrodynamics*, with MATLAB and STK, ISBN 13: 9780486838595, ISBN-10: 0486838595, Dover Publications

SCHÄFER, CH. (Hrsg.). [2007]: *Platon Lexikon, Begriffswörterbuch zu Platon und der platonischen Tradition*, Wissenschaftliche Buchgesellschaft, Darmstadt, ISBN 978-3-534-17434-8

SCHAUB, W. [1952]: 'Die himmelsmechanischen Grundlagen der Raumfahrt, das Zweikörperproblem und die lösbaren Fälle des Dreikörperproblems', in: Gartmann, H., her.: *Raumfahrtforschung*, Verlag von R. Oldenbourg, München 1952, pp. 27–115.

SCHEIFELE, G.; STIEFEL, E. [1972]: ‚Canonical Satellite Theory, Based on Independent Variables Different from Time', Report to ESRO, ESOC – Contract No. 219/70/AR

SCHIAPARELLI, GIOVANNI VIRGINIO [1861- - 1900], "Manuscripts and drawings of Mars", with discussion in Italian and a quotation from a letter to P. Lowell in French, 1861–1900, posted by the "Le mani su Marte" project at the Brera Observatory. http://www.merate.mi.astro.it/?page=diari; lingua=inglese

SCHIAPARELLI, G.V. [1871], *Entwurf einer astronomischen Theorie der Sternschnuppen,* Th. v. d. Nahmer, Stettin, 1871.

SCHIAPARELLI, G.V. [1876], *Die Vorläufer des Copernicus im Alterthum: historische Untersuchungen; unter Mitwirkung des Verfassers ins Deutsche übertragen*, Quandt & Händel, Leipzig, 1876.

SCHIAPARELLI, G.V. [1882], "On Some Observations of Saturn and Mars," *Observatory* **5**, 221–24 (1882).

SCHIAPARELLI, G.V. [1893], "The Distribution of Land and Water on Mars, followed by commentary by J.M. Schaeberle," *PASP* **5**, 169–73 (1893).

SCHIAPARELLI, G. [1893, 1895, and 1909.], *La vita sul pianeta Marte: Tre scritti di Schiaparelli su Marte e i „marziani"* (Mimesis, 1998) [reprints of three articles (in Italian) first published in *Natura ed Arte* in 1893, 1895, and 1909. They are also available free from Project Gutenberg.]

SCHIAPARELLI, G.[1899]: "Observations of the Planet Mars" *Science* **9**, 633–37 (1899).

SCHIAPARELLI, G. [1900], "The Rotation and Physical Constitution of the Planet Mercury and the Planet Mars", in *Essays in Astronomy* , D. Appleton, NY, 1900.

SCHIAPARELLI, G. [1905], *Astronomy in the Old Testament*, Clarendon Press, Oxford, UK.

SCHIAPARELLI, GIOVANNI VIRGINIO, [1925–1927] *Scritti sulla storia dell'astronomia antica.* 3 vols. (Nicola Zanichelli, Bologna, 1925–27) [review by Basello Gian Pietro, in Italian].

SCHMIDT- KALER, T. [1996]: ‚Karl Stumpff [17. Mai 1895 bis 10. November 1970]', SUW, 5. 1996, p. 364

SCHNEIDER, M. [1971]: ‚Theorie der Satellitenbahnen III', BMBW-FB W 71–36

SCHNEIDER, M. [ohne Jahrgang, vermutlich 1978]: 'Moderne Verfahren der Himmelsmechanik',

SCHNEIDER, M. [1981]: *Himmelsmechanik*, Grundlagen I, Lehrstuhl für Astronomische und Physikalische Geodäsie, Technische Universität München, Mitteilung Nr. 126

SCHNEIDER, M. [1981]: *Himmelsmechanik*, BI-Wissenschaftsverlag, Mannheim/Wien/Zürich, ISBN 3-411-01619-1

SCHNEIDER, M. [1992]: *Himmelsmechanik, Band I: Grundlagen, Determinierung*, BI-Wissenschaftsverlag, Bibliographisches Institut & D. A. Brockhaus AG, Mannheim/Leipzig/ Wien/Zürich, ISBN 3-411-15223-0

SCHNEIDER, M. [1993]: *Himmelsmechanik, Band II: Systemmodelle*, BI-Wissenschaftsverlag, Bibliographisches Institut & D. A. Brockhaus AG, Mannheim/Leipzig/Wien/Zürich, ISBN 3-411-15981-2

SCHNEIDER, M. [1996]: *Himmelsmechanik, Band III: Gravitationstheorie,* Spektrum Akademischer Verlag, Heidelberg – Berlin, ISBN-10: 3860257188 , ISBN-13: 978-3860257180

SCHNEIDER, M. [1999]: *Himmelsmechanik, Band IV: Theorie der Satellitenbewegung, Bahnbestimmung,* Spektrum Akademischer Verlag, Heidelberg – Berlin, ISBN 3-8274-0484-3, ISBN-13: 978-3827404848

SCHNEIDER, M. [2002/2005]: *Beiträge zur Gravitationsfeldbestimmung mit Erdsatelliten,* SIAPG/ FESG No.21, Institut für Astronomisch und Physikalische Geodäsie, Forschungseinrichtung Satellitengeodäsie, München 2005, ISSN 1437-8280, ISBN 3-934205-20-8

SCHÜTTE, K. [1953]: ‚Die Bahnbestimmung aus dem Vektor der Bahngeschwindigkeit und der Einfluß einer Änderung desselben auf die Bahnelemente‘, Forschungsbericht der Gesellschaft für Weltraumforschung, Nr.13, 20 Seiten

SCHÜTTE, K. UND ESCHER, P. [1966?]: ‚Numerische Untersuchungen und Vorausberechnungen für einfache Rendezvous-Manöver bei elliptischer Zielbahn‘, Universität München [keine näheren Angaben]

SCHULZ, W. [1977]: ‚Über Einflußbereiche von Himmelskörpern‘, *Z. Flugwiss. Weltraumforsch. 1*, 365–375

SCHULZ, W. [1978]: ‚From Celestial Mechanics to Space Flight Dynamics, Historical Notes on the Development of Astrodynamics‘, IAF-78-A-2, ‚Bemerkungen zur Entwicklung der Raumflugmechanik, von der Himmelsmechanik zur Raumflugmechanik‘, DGLR-Vorabdruck 78–206

SCHULZ, W. [1979]: ‚Walter Hohmann's Contributions toward Space Flight: An Appreciation on the Occasion of the Centenary of his Birthday‘, IAF-79-A-47, XXX Congress international Astronautical Federation, Munich F.R.G., September 17–22,1979. Pergamon Press Oxford – New York – Toronto – Sydney – Paris – Frankfurt

SCHULZ, W. (Hrsg.) [1980]: ‚Vorträge auf dem Walter-Hohmann-Symposium der DGLR über Raumflugmechanik‘, Köln, 12. und 13. März 1980, DLR-Mitt. 80-01

SCHULZ, W. [1983]: ‚Leonhard Eulers Bedeutung für die Luft- und Raumfahrtwissenschaften‘, DGLR-Vortrag 83–125

SEDOV, L. I. [1958/59]: ‚Dynamic Effects on the Motion of Earth Sputniks‘, Skriptum aus H. H. Koelle Bibliothek des Instituts für Raumfahrttechnik, TU Berlin

SEDOV, L. I. [1960]: ‚The Orbits of Cosmic Rockets towards the Moon‘, *Astronautica Acta*, **VI**, 1960, Fasc. 1, pp. 14–31

SEEBER, GÜNTER [1989]: *Satellitengeodäsie, Grundlagen, Methoden und Anwendungen,* Walter de Gruyter, Berlin – New York, ISBN 3-11-010082-7

SEHNAL, L. [1981]: 'Effects of the Terrestrial Infrared Radiation Pressure on the Motion of an Artificial Satellite', *Celestial Mechanics*, **25**, pp. 169–179

SEHNAL, L. , D. VOKROUHLICKÝ, J. STRAKA[1991]: 'Orbital Perturbations due to the Albedo Effect', *Proc. of the 3rd Int. Symp. on Spacecraft Flight Dynamics,*30. Sep. – 4. Oct. 1991, Darmstadt, ESA SP-326, pp. 61-6469-179

SEIDELMANN, P. K. [1982]: ‚1980 IAU Theory of Nutation: The Final Report of the IAU Working Group on Nutation‘, *Celest. Mech. 27*, 79–106

SEIDELMANN, P. K. ed. [1992]: *Explanatory Supplement to the Astronomical Almanac*, A Revision to the Explanatory Supplement to the Astronomical Ephemeris and the American Ephemeris and Nautical Almanac, Prepared by the Nautical Almanac Office, U. S. Naval Observatory with Contributions from H. M. Nautical Almanac Office, Royal Greenwich Observatory, Jet Propulsion Laboratory, Bureau des Longitudes, and the Time Service and Astrometry Departments, U. S. Naval Observatory, University Science Books, Mill Valley, California [ISBN 0-935702-68-7]

SEIDELMANN, P. K. AND FUKUSHIMA, T. [1992]: ‚Why new time scales?‘, *Astronomy and Astrophysics 265*, 833–838

SHEFER, V. A. [2002]: 'Osculating and Superosculating Intermediate Orbits and Their Applications', *Celestial Mechanics and Dynamical Astronomy. 82*, pp. 19–59

SHEYNIN, O. [1993]: ‚The Treatment of Observations in Early Astronomy‘, in C. Treusdell (ed.), *Archive for History of Exact Sciences,* Vol. 47:2, pp. 153–192

SHIOMI, T., S. NAGAI. S. KOZONO, Y. ARIMOTO and M. ISOGAI [1986]: 'Differential Interferometry for Precise Tracking of a Geosynchronous Satellite', *J. Guidance,* Vol. **9**, No. 2, March–April 1986, pp. 143–148

SHRIVASTAVA, S. K. and C. K. RAJASINGH [1975]: 'Optimum Orbital Control Using Solar Radiation Pressure', *Journal of Spacecraft and Rockets* , vol. **12**, No. 8, pp. 502–504

SKEMP, J. B. [1942]: *The Theory of Motion in Plato's Later Dialogues,* Cambridge at the University Press

SHEA, W. [2003]: *Nikolaus Kopernikus, Der Begründer des modernen Weltbilds,* Biographie, Spektrum der Wissenschaften, Biografie /2003, Heidelberg

SHELUS, P. J. AND JEFFERYS III, W. H. [1975]: ‚A Note on an Attempt at More Efficient Poisson Series Evaluation', *Celest. Mech. 11,* 75–78

SHI, YUN- YUAN AND MARTIN C. ECKSTEIN [1966]: ‚Ascent or Descent from Satellite Orbit by Low Thrust', *AIAA Journal, 4,* No.12, pp. 2203–2209; Douglas Paper No. 3856

SHI, YUN- YUAN AND MARTIN C. ECKSTEIN [1967a]: ‚An Approximate Solution for Ascending Low-Thrust Trajectories without Singularity', *AIAA Journal, 5,* 170–172; Douglas Paper No. 4078

SHI, YUN- YUAN AND MARTIN C. ECKSTEIN [1967b]: ‚Uniformly Valid Asymptotic Solution of Nonplanar Earth-to-Moon Trajectories in the Restricted Four-Body Problem' *Astronomical Journal, 72,* No. 6, pp. 685–701; Douglas Paper No. 4353

SINGER, S. F. [1956]: ‚Studies of a Minimum Orbital Unmanned Satellite of the Earth [MOUSE], Part II. Orbits and Lifetimes of Minimum Satellites', *Astronautica Acta 2,* pp.125–144

SITTER, WILLEM DE [1903]: ‚Über eine kleine Modifikation der Formeln zur Berechnung der speziellen Störungen der Elemente für kleine Excentricitäten und Neigungen', *A.N.* **163,** 106–107

SITTER, WILLEM DE [1917]: ‚On Einstein's theory of gravitation and its astronomical consequences', *MNRAS 78,* 3–28

SLIPHER, VESTO M. [1917]: ‚Nebulae', *Proceedings American Philosophical Society, 56,* 403–409

SMART, W. M. [1962]: *Text-Book on Spherical Astronomy,* Cambridge at the University Press

SOFA [2010/1]: *Standards of Fundamental Astronomy, SOFA Tools for Earth Attitude,* International Astronomical Union, Software version 4, Document revision 1.2, Version for Fortran programming language, 2010 September 5, http://www.iausofa.org

SOFA [2010/2]: *Standards of Fundamental Astronomy, SOFA Time Scale and Calendar Tools,* International Astronomical Union, Software version 1, Document revision 1.0, Version for Fortran programming language, 2010 August 27, http://www.iausofa.org

SOFFEL M. H. [1988/89]: *Satellitentheorie, Theorie der Bewegung künstlicher Erdsatelliten,* Vorlesungsmanuskript, WS 1988/1989, Universität Tübingen

SOFFEL M. H. [1989]: *Relativity in Astrometry, Celestial Mechanics and Geodesy,* ISBN 3-540-18906-8 Springer-Verlag, Berlin, Heidelberg, New York, London, Tokyo

SOKOLSKY, V. N. [1968]: "Some new Data on Early Work of the Soviet Scientist-Pioneers in Rocket Engineering", in: Durant III, F.C. and James, G.S. ed. [1985], pp. 269–276

SOOP, E. M. [1983/2010]: *Introduction to Geostationary Orbits,* ESA SP-1053; revised edition: *Handbook of Geostationary Orbits,* SpTL No 3, Springer Dordrecht, Softcover ISBN978-90-481-4453-2, Published: 07 December 2010

SPARROW, GILES [2022]: *Der Himmelsatlas, von Johannes Gabriel Doppelmayr,* wbg-Edition, © 2022 Wissenschaftliche Buchgesellschaft, Darmstadt, ISBN 978-3-534-27532-8. Wunderschöne künstlerische Darstellungen der Himmelskörper und ihrer Bewegungen. Allerdings wird die epizyklische Bewegung als notwendig zur Beschreibung der geozentrischen Bewegung der Planeten betrachtet. Dass es sich aber um ein mathematisches Modell handelt, das auch die heliozentrische Bewegung mathematisch beschreiben kann, wie es *Kopernikus* tat, wird auch in der Kritik im Vermächtnis dieses Buches übersehen. Nicht akzeptabel ist die inzwischen weithin akzeptierte Annahme, dass *Georges Lemaître,* der gar nicht erwähnt wird, die Expansion des Weltalls entdeckte, *G. Hubble* die Flucht der Galaxien, nicht die Expansion. .

SPITZER, L. JR. [1950]: "Perturbations of a Satellite Orbit", Journal of the British Interplanetary Society, Vol. 9, pp.131–136, [1950], No.3

STANEK, B. [1983]: *Raumfahrtlexikon,* Hallwag Verlag, Bern und Stuttgart

STEGMÜLLER, WOLFGANG [1973]: *Unvollständigkeit und Unentscheidbarkeit. Die metamathematischen Resultate von Gödel, Church, Kleene, Rosser und ihre erkenntnistheoretische Bedeutung.* 3. Auflage, Springer-Verlag, Wien, New York, ISBN 3-211-81208-3. 116 S

STEGMÜLLER, WOLFGANG [1978/1989]: *Hauptströmungen der Gegenwartsphilosophie.* 1. Auflage Humboldt-Verlag, Wien, Stuttgart 1952. Zweite neubearbeitete und erweiterte Auflage 1960 bei Kröner, Stuttgart mit weiteren, teilw. wesentlich erweiterten Auflagen bis zur vierbändigen Ausgabe 1989 ISBN 3-520-30807-X

STEPHENSON, B. [1987]: *Kepler's Physical Astronomy*, Springer-Verlag, New York, Berlin, Heidelberg, London, Paris, Tokyo

STERNE, THEODORE E. [1957]: ‚Analytical Orbits of Close Satellites of Oblate Planets', Abstract in: *Astronomical Journal 62*, No.1247, p. 96

STIEFEL, E. [1964/1]: ‚Koordinatenstörung in regularisierten Variablen', in: Stiefel, E. her. [1966], pp. 87–96

STIEFEL, E. [1964/2]: ‚Expansion of spherical harmonics on a satellite orbit based on Spinor algebra', in: Stiefel, E. her. [1966], pp. 341–350

STIEFEL, E. (Hrsg.) [1966]: *Mathematische Methoden der Himmelsmechanik und Astronautik*, Berichte aus dem mathematischen Forschungsinstitut Oberwolfach, Heft 1, Bericht einer Tagung des mathematischen Forschungsinstituts Oberwolfach, 15. – 21. März 1964, Bibliographisches Institut Mannheim

STIEFEL, E. [1970]: ‚Remarks on Numerical Integration of Keplerian Orbits', *Celestial Mechanics*, **2**, pp. 274–281

STIEFEL, E. AND SCHEIFELE, G. [1971]: *Linear and Regular Celestial Mechanics*, Springer-Verlag, Berlin, Heidelberg, New York

STRÖMGREN, E. UND STRÖMGREN, B. [1933]: *Lehrbuch der Astronomie*, Springer-Verlag, Berlin

STRUBLE, R. A. [1960/1]: ‚A Geometrical Derivation of the Satellite Equations', *Journal of Mathematical Analysis and Applications,* **1**, 300–307

STRUBLE, R. A. [1960/2]: ‚The Geometry of the Orbits of Artificial Satellites', North Carolina State College, Raleigh, NC, June 1, 1960; and: *Arch. Rational Mech. Anal.,* [1961] *7*, 87–104

STRUBLE, R. A. [1961]: ‚An Application of the Method of Averaging in the Theory of Satellite Motion', *Journal of Mathematical Analysis and Applications,* **10**, No.5, 691–704

STRUIK, DIRK J. [1967]: ABRISS DER GESCHICHTE DER MATHEMATIK, VEB Deutscher Verlag der Wissenschaften, Berlin, Lizenz Nr.: 206 435/92/67, Übersetzung der englischen Ausgabe mit Titel: „A concise History of Mathematics", Copyright 1948 Dover Publications, Inc.

STRUMPF, M. [1992]: ‚Die Gothaer Sternwarten', *SuW*, **31,** Heft 10, pp.608–613

STRUVE, O. [1963]: *Astronomie, Einführung in ihre Grundlagen*, Walter de Gruyter Verlag, Berlin

STUMPF, LAURA [1999]: ‚Chaotic Behaviour in the Newton Iterative Function Associated with Kepler's Equation', *Celestial Mechanics and Dynamical Astronomy*, **74**, pp. 95–109

STUMPFF, K. [1931–1932]: ‚Über ein kurze Methode der Bahnbestimmung aus drei oder mehr Beobachtungen', *Astron. Nachrichten*, **243**, p. 317 ff; **244**, p. 4334 ff.

STUMPFF, K. [1949]: ‚Neue Theorie und Methode der Ephemeridenrechnung', *Abh. Deutsche Akad. D. Wiss.,* Berlin

STUMPFF, K. [1954]: ‚Neue Wege zur Bahnberechnung der Himmelskörper', *Fortschr. d. Physik,* **1,** 557

STUMPFF, K. [1959, 1965, 1974]: *Himmelsmechanik I* [1959]; *Himmelsmechanik II* [1965]; *Himmelsmechanik III* [1974], DVW Berlin

STUMPFF, K. [1964/1]: ‚Einheitliche Lösung des Wurfproblems', in: Stiefel, E. her. [1966], pp. 9–19

STUMPFF, K. [1964/2]: ‚Neue Untersuchungen über das Hillsche Mondproblem', in: Stiefel, E. her. [1966], pp. 51–74

STUMPFF, K. [1964/3]: ‚Resonanzbewegungen eines stationären Satelliten', in: Stiefel, E. her. [1966], pp. 113–124

STUMPFF, P. [1981]: ‚The Motion of the Earth-Moon System between 1700 and 2100 in Newcomb's Theory and in JPL-Ephemerides', *Astronomy and Astrophysics 101*, 52–71

STUMPFF, P. AND LIESKE, J. H. [1984]: ‚The Motion of the Earth-Moon System in modern tabular ephemerides', *Astronomy and Astrophysics 130*, 211–226

SUNDMANN, K. [1915]: ‚Theorie der Planeten, Kapitel III: Koordinatenstörungen', *Enzyklopädie der Mathematik VI*, 2, **15**

SUNDMANN, K. [1935]: ‚Über die Bestimmung geradliniger Bahnen', *Vierteljahresschrift der Astron. Ges. 70*, 318

SWENSON, B. I. [1971]: ‚Orbit Selection Considerations for Earth Resources Observations', Office of Advanced Research and Technology, Mission Analysis Division, Moffett Field, Calif., 94035, *Report No .NASA TM X-2156*, Performing Organisation Report No. a-3640, Work Unit No. 130-06-13-15, National Aeronautics and Space Administration, Washington, D.C. 20546, February 1971

SWERDLOW, NOEL M. ; THOREN, VICTOR E., GINGERICH, OWEN J. [1979]: *Scientific American*, March 1979, p. 93, American edition. Disagreeing with R. R. Newton ("Crime of Ptolemy"): his case collapses because "it is based on faulty statistical analysis and a disregard for the methods of early astronomy" (zitiert nach JONNSON, C. O. [2000])

SWERDLOW, NOEL M. [1979]: ‚Ptolemy on Trial', *The American Scholar*, Autumn 1979, pp. 523–531 (zitiert nach JONNSON, C. O. [2000])

SWERDLOW, NOEL M. (Hrsg.) [1999]: *Ancient Astronomy and Celestial Divination.* MIT Press

SWERDLOW, NOEL M. [2013]: *Ptolemäische Astronomie in der Renaissance,* Akademie Aktuell, Zeitschrift der Bayerischen Akademie der Wissenschaften, Ausgabe 03/2013, ISSN 1436-753X, pp. 37–41

SWERDLOW, NOEL M. and OTTO NEUGEBAUER [1984]: *Mathematical Astronomy in Copernicus's De Revolutionibus*, 2 Vol., Studies in the History of Mathematics and Physical Sciences **10**, Springer-Verlag, New York, Berlin, Heidelberg, Tokyo

SZABÓ, ÁRPÁD [1984]: ‚Anfänge der Astronomie bei den Griechen', *SuW*, **23,** Heft 10, pp.498–501

SZEBEHELY, V. [1964]: ‚Libration in the Elliptic Restricted Problem of Three Bodies', in: Stiefel, E. her. [1966], pp.21–32

SZEBEHELY, V. [1967]: *Theory of Orbits, The Restricted Problem of Three Bodies*, New York and London, Academic Press

SZEBEHELY, V. [1974]: ‚On the Determination of the Potential by Satellite Observations', in: E. Proverbio [ed.], *Proceedings of the International Meeting on Earth's Rotations by Satellite Observations*, The University of Cagliari, Bologna, Italy

SZEBEHELY, V. [1988]: ‚The History and Background of Astrodynamics', 39th Congress of the International Astronautical Federation, October 8–15, 1988/Bangalore, India, IAF-88-297

SZEBEHELY, V. [1989]: *Adventures in Celestial Mechanics*, A first Course in the Theory of Orbits, University of Texas Press, Austin

SZEBEHELY, V. [1991]: ‚Introductory Remarks on Chaoticity in Dynamics and Orbit Mechanics', AAS 91-383

SZEBEHELY, V. AND G. E. O. GIACAGLIA [1964]: *Astronomical Journal,* **69** , 230

SZEBEHELY, V. AND B. TAPLEY [1981]: ‚Current Research Activities at the Texas Center for Orbital Mechanics', *AIAA 19th Aerospace Sciences Meeting,* January 12–15, 1981/St. Louis, Missouri , AIAA-paper-81-0023

TAMAROV, B. A. [1985]: ‚Secular Perturbations of the Third Order in the Motion of a Satellite of a nonspherical Planet', [in Russisch], AЖ, Tom. 62, BbIII. 2.

TAPLEY, B. D. AND SZEBEHELY, V., ed. [1973]: *Recent Advances in Dynamical Astronomy*, Proceedings of the NATO Advanced Study Institute in Dynamical Astronomy Held in Cortina D'Ampezzo, Italy, August 9–21, 1972, D. Reidel Publishing Co., Dordrecht-Holland, Boston-U.S.A.

TISSERAND, F. [1889–1896]: *Traité de Mécanique Céleste*, Tome I – Tome IV, Gauthiers-Villars, Paris

TOOMER, G. J. [1980]. ‚Hipparchus'. In: *Dictionary of scientific biography*, vol. XV, suppl. I. New York: Scribner's sons, p. 204–227.

TOOMER, G. J. [1998]. *Ptolemy's Almagest.* Princeton: Princeton University Press

TOUMA, JIHAD AND JACK WISDOM [1993]: ‚The Chaotic Obliquity of Mars', *Science*, Vol. **259**, 26. Feb. 1993

TREDER, H. J. [1968]: *Relativität und Kosmos*, WTB Bd. 52, Akademie Verlag, Berlin

TREDER, H. J. [1975]: *Die Dynamik der Kreisbewegungen der Himmelskörper und des freien Falls bei Aristoteles, Copernicus, Kepler und Descartes*, in: Colloquia Copernicana IV, 105–150

UEBERSCHAER, FRANK [2006], ‚Seleukos-Seleukiden', https://www.bibelwissenschaft.de/stichwort/11427/

UNSÖLD, A. [1977]: *The New Cosmos*, Springer-Verlag, Berlin, Heidelberg, New York

URBANCZYK, MGR. [1965], „Solar Sails-A Realistic Propulsion for Space Craft", Translation Branch Redstone Scientific Information Center Research and Development Directorate U.S. Army Missile Command Redstone Arsenal, Alabama, 1965. (Hinweis zu Ziolkowsky aus https://en.wikipedia.org/wiki/Solar_sail

VALLADO, DAVID A. [2001]: *Fundamentals of Astrodynamics and Applications*, with contributions by Wayne D. McClain, Second Edition, Space Technology Library, Microcosm Press El Segundo, California, Kluwer Academic Publishers Dordrecht/Boston/London

VALLADO, DAVID A. and JAMES WERTZ [2013]: *Fundamentals of Astrodynamics and Applications*, with contributions by Wayne D. McClain, Fourth Edition, Space Technology Library, March 29, 2013, Microcosm Press El Segundo, California, ISBN-10 : 1881883191, ISBN-13 : 978-1881883197, Kluwer Academic Publishers Dordrecht/Boston/London

VAN DER HA, JOZEF [1978/1979]: *Generalized Averaging in Satellite Theory*, Part I: Theory, ESOC, IHD/MAD, Working Paper No. 83, December 1978; Part II: Applications, ESOC, IHD/MAD, Working Paper No. 84, January 1979

VAN DER HA, JOZEF [1985]: ‚Non-Singular and Non-Conventional Orbit Perturbation Equations', *Z. Flugwiss. Weltraumforschung 9*, Heft 9, 217–224

VAN DER HA, JOZEF. [1993]: ‚John. V. Breakwell: Astrodynamicist and Friend', *Acta Astronautica 29*, No. 6, pp. 481–483

VAN DER HA, J. C. and V. J. MODI [1978]: ‚Orbital Perturbations and Control by Solar Radiation Forces', *J. Spacecraft*, Vol. *15*, No. 2, March–April 1978, 105–110

VANIN, GABRIELE [2022-a], *An Astronomical Analysis of Hipparchus' Commentaries,* (rheticus@tiscali.it) Independent scholar [2. April 2022]

VANIN, GABRIELE [2022-b], *On Simon Mayr's (Marius) alleged discovery of Jupiter's satellites,* (rheticus@tiscali.it) Independent scholar [preprint: 22. April 2022]

VANIN, GABRIELE [2022-c], *The beginnings of celestial navigation: early techniques and instruments,* (rheticus@tiscali.it) Independent scholar [6. Sep. 2022]

VERA C. Rubin:_A Century of Galaxy Spectroscopy, *The Astrophysical Journal*, **451**: 419–428, 1995 October 1, Russell Prize Lecture, delivered 1995 January 9 at the 185th meeting of the AAS in Tucson Arizona

VILHENA, RODOLPHO, DE MORAES. [1981]: 'Combined Solar Radiation Pressure and Drag Effects on the Orbits of Artificial Satellites', *Celest. Mech. 25*, 281–292

VINCENT, M. A. [1991], ‚Eccentricity and Argument of Perigee Control for Orbits with Repeat Ground Tracks', AAS/AIAA Astrodynamics Specialist Conference, Durango, Colorado, August 19–22, 1991, Paper AAS 91-516

VINH, N. X. [1970]: ‚Recurrence Formulae for the Hansen's Developments', *Celest. Mech. 2*, 64–76

VINTI, J. P. [1959]: ‚New Method of Solution for Unretarded Satellite Orbits', *Journal of Research of the National Bureau of Standards* – B. Mathematics and Mathematical Physics, Vol. **62B**, No. 2, October–December 1959, 105–116

VINTI, J. P. [1960]: ‚Mean Motions in Conditionally Periodic Separable Systems', *Journal of Research of the National Bureau of Standards* – B. Mathematics and Mathematical Physics, Vol. **65B**, No. 2, April–June 1961, 131–135

VINTI, J. P. [1961]: ‚Formulae for an Accurate Intermediary Orbit of an Artificial Satellite', *The Astronomical Journal*, **66**, No. 9, 514–516

VINTI, J. P. [1963]: ‚The Spheroidal Method for Satellite Orbits', *Proceedings of the First International Symposium on the Use of Artificial Satellites for Geodesy*, 12–16

VINTI, J. P. [1964]: ‚The spheroidal method in the theory of the orbit of an artificial satellite', in: STIEFEL, E. /Hrsg.) [1966], pp. 97–111

VINTI, J. P. [1966]: ‚Inclusion of the Third Zonal Harmonic in an Accurate Reference Orbit of an Artificial Satellite', *Journal of Research of the National Bureau of Standards* – B. Mathematics and Mathematical Physics, Vol. **70B**, No. 1, January-March 1966, 17–46, Paper 70B1-166

VOGT, H. [1925], ‚Versuch einer Wiederherstellung von Hipparchs Fixsternverzeichnis', A.N. **224**, Nr. 5354–5355

VOLK, O. [1922 a]: Über die Reihe „Sitzungsberichte der Bayerischen Akademie der Wissenschaften, Mathematisch-Physikalische Klasse", vorgelegt von F. Lindemann am 14. Januar 1922

VOLK, O. [1922 b]: ‚Über die Entwicklung von Funktionen einer komplexen Veränderlichen nach Funktionen, die einer linearen Differentialgleichung zweiter Ordnung mit einem Parameter genügen', *Mathematische Annalen*, Bd. **86**, Heft ¾, Berlin, Verlag von Julius Springer

VOLK, O. [1923]: ‚Über die Entwicklung komplexer Funktionen nach den Hermiteschen und Laguerreschen Funktionen', Lietuvos Univeriteto Matematikos Gamtos Fakulteto Darbai 1923, Mémoires de la Faculté des Sciences de l'Université de Lithuanie 1923, Kaunas

VOLK, O. [1925]: ‚Über die Entwicklung von Funktionen zweier komplexen Veränderlichen nach Laméschen Funktionen', Lietuvos Univeriteto Matematikos Gamtos Fakulteto Darbai 1925, Mémoires de la Faculté des Sciences de l'Université de Lithuanie 1925, Kaunas

VOLK, O. [1957]: ‚Astronomie und Geodäsie bei C. F. Gauß', in: Reichardt, her. [1957], 205–231

VOLK, O. [1960 a]: ‚Tatsachen und Überlegungen zur Mondfrage', Sonderdruck aus Berichte der Physikalisch-Medizinischen Gesellschaft zu Würzburg, Neue Folge, Bd. 70 (1960–1961)

VOLK, O. [1960 b]: ‚E. W. v. Tschirnhaus als Mathematiker und Physiker', Sonderdruck aus: *Tschirnhaus und die Frühaufklärung in Mittel- und Osteuropa*, in: Quellen und Studien zur Geschichte Osteuropas, Band VIII, erschienen im Akademie-Verlag, Berlin

VOLK, O. [1963]: ‚Über Keplers Manuskripte und ihren Ankauf durch Katharina II.', *Jahrbuch für Geschichte der UDSSR und der volksdemokratischen Länder Europas*, Band 7, Rütten & Loening – Berlin, 381–388

VOLK, O. [1967]: ‚Die Albertus-Universität in Königsberg und die exakten Naturwissenschaften im 18. und 19. Jahrhundert, In memoriam', *Staat und Gesellschaft,* Festgabe für Günther Küchenhoff zum 60. Geburtstag am 21. August 1967, Verlag Otto Schwarz & Co., Göttingen

VOLK, O. [1970]: ‚Bemerkungen zur Geschichte der Himmelsmechanik', *Celest. Mech. 2*, 398–423; englische Übersetzung: ‚Remarks about the History of Celestial Mechanics', *Celest. Mech. 2*, 423–434

VOLK, O. [1973a]: ‚Kepleriana', *Celest. Mech. 8*, 283–289

VOLK, O. [1973b]: ‚Concerning the Derivation of the KS-Transformation', *Celest. Mech. 8*, 297–305

VOLK, O. [1975]: ‚Zur Geschichte der Himmelsmechanik: Johannes Kepler, Leonhard Euler und die Regularisierung‘, Mathematisches Institut der Universität Würzburg, Preprint No. 4

VOLK, O. [1976]: ‚Miscellania from the History of Celestial Mechanics‘, *Celest. Mech. 14, 365–382*

VOLK, O. [1977]: ‚Die Würzburger Sternwarten, die Errichtung des Lehrstuhls für Astronomie, In memoriam Hans Haffner (1912–1977)‘ Berichte der Physikalisch-Medizinischen Gesellschaft zu Würzburg, Neue Folge, Band 85, Würzburg

VOLK, O. [1979]: ‚Über rhombische Netzeinteilung auf Flächen‘, *Zeitschrift für angewandte Mathematik und Physik [ZAMP] 30*, 374–387

VOLK, O. [1980]: ‚Johann Heinrich Lambert and the Determination of Orbits for Planets and Comets‘, *Celest. Mech. 21*, 237–250

VOLK, O. [1981]: ‚Franciscus Vieta und die Eulersche Identität [Quaternionen]‘ *Elemente der Mathematik*, **36**, pp.115–121

VOLK, O. [1982 a]: ‚Mathematik, Astronomie und Physik in der Vergangenheit der Universität Würzburg‘,

VOLK, O. [1982 b]: ‚400 Jahre Mathematik und Astronomie an der Universität Würzburg: Alma Julia Herbipolensis 1582–1982‘, *Celest. Mech. 28*, 243–250

VOLK, O. [1983]: ‚Eulers Beiträge zur Theorie der Bewegungen der Himmelskörper‘, in: *Leonhard Euler 1707–1783, Beiträge zu Leben und Werk, Gedenkband des Kantons Basel-Stadt*, 1983 Birkhäuser Verlag Basel, 345–362

VOLK, O. [1995]: *Mathematik und Erkenntnis*, Litauische Aufsätze, Hrsg. v. Hans-Joachim Vollrath, Verlag Königshausen & Neumann, Würzburg 1995 [ISBN 3-8260-1100-7]

VOLLRATH, H.- J. (Hrsg.) [1990]: *Otto Volk, Gesammelte Abhandlungen*, Fakultät für Mathematik der Julius-Maximilians-Universität Würzburg

VOLLRATH, H.- J. (Hrsg.) [2014]: *Kaspar Schotts Netzwerk, Briefe 1661–1666,* von Hans-Joachim Vollrath, in Zusammenarbeit mit Thomas E. Conlon und Alban Müller, Verlag Königshausen & Neumann, Würzburg, ISBN 978-3-8260-5405-1

VORLÄNDER, K. [1967]: *Philosophie des Altertums, Geschichte der Philosophie I*, rde 183/184, rowohlt, Hamburg

VAN DER WAERDEN, B. L. [1988]: *Die Astronomie der Griechen*, Wissenschaftliche Buchgesellschaft, Darmstadt (zitiert nach D. LELGEMANN [2010], p. 264)

WALTER, H. G. [1967 ?]: ‘Die Genauigkeit der Bahnelemente eines Satelliten in Abhängigkeit von den Beobachtungsdaten’, ESRO-ESDAC, Darmstadt

WALTER, H. G. [1967]: ‘Conversion of Osculating Elements into Mean Elements’, *Astronomical Journal 72, No. 8,* 994–997

WALTER, H. G. [1970]: ‘Association of Spherical and Ellipsoidal Gravity Coefficients of The Earth’s Potential’, *Celest. Mech. 2*, 389–397

WALTER, H. G. [1972]: ‘The Importance of Partial Derivatives in Space Dynamics’, in ESRO [1972], pp. 129–142

WALTER, H. G. and I. M. WALES [1967]: ‘The Differential Correction of Close-Earth Satellite Orbits, Part I: Theory and Principles’, *Scientific Report, ESRO SR-7 (ESDAC),* European Space Data Center, October 1967

WALTER, H. G. AND WALES, I. M. [1967]: ‚The Differential Correction of Close-Earth satellite Orbits, Part I: Theory and Principles‘, *ESRO*, SR-7 (ESDAC), Darmstadt, October 1967

WALTER, H. G. AND SOVERS, O. S. [2000]: *Astrometry of Fundamental Catalogues,* The Evolution from Optical to Radio Reference Frames, Springer-Verlag, Berlin, Heidelberg, New York, ISBN 3-540-67436-5

WALTER, U. [2008]: *Astronautics*, Wiley-VCH Verlag GmbH&Co. KGaA, Weinheim, ISBN 978-3-527-40685-2

WEINBERG, S. [1972]: *Gravitation and Cosmology: Principles and Applications of the General Theory of Relativity*, John Wiley & Sons, New York – Chichester – Brisbane – Toronto – Singapore

WEYER, JOHANNES, [1993]: Akteurstrategien und strukturelle Eigendynamiken. Raumfahrt in Westdeutschland 1945–1965, Göttingen: Otto Schwartz

WEIZSÄCKER, C. F. VON [1981]: *Ein Blick auf Platon*, Ideenlehre, Logik und Physik, Universal Bibliothek Nr. 7731, Philipp Reclam Jun., Stuttgart

WERTZ, JAMES R. and WILEY J. LARSON (ed.) [1999]: SPACE MISSION ANALYSIS AND DESIGN, Space Technology Library, Microcosm Press, Hawthorne, Ca., Springer, New York, ISBN 978-1881883-10-4

WERTZ, JAMES R. [2001]: MISSION GEOMETRY; ORBIT AND CONSTELLATION DESIGN AND MANAGEMENT, Space Technology Library, Microcosm Press, El Segundo, California, Kluwer Academic Publishers, Dordrecht, ISBN 0-7923-6903-3

WILLIAMS, J. G., D. H. BOGGS, and W. M. FOLKNER [2008]: DE421 Lunar Orbit, Physical Librations, and Surface Coordinates. *JPL IOM 335-JW, DB, WF-20080314-001*

WILLIAMS, J. G., D. H. BOGGS, and W. M. FOLKNER [2013]: DE430 Lunar Orbit, Physical Librations, and Surface Coordinates. *JPL IOM 335-JW, DB, WF-20130722-016*

WILSON, C. [1968]: ‚Kepler's Derivation of the Elliptical Path', *Isis*, **59**, pp. 5–25

WILSON, C. [1980]: ‚Perturbations and Solar Tables from Lacaille to Delambre: The Rapprochement of Observation and Theory', *Archive for History of Exact Sciences*, **22**, part I, pp. 53–188, part II, pp. 189–304, Springer Verlag

WILSON, C. [1990]: ‚Keplers Entdeckung der ersten beiden Planetengesetze', in: Newtons Universum, Materialien zur Geschichte des Kraftbegriffs, Verständliche Forschung, *Spektrum der Wissenschaft*, Heidelberg, 1990, 60–73

WIRTZ, CARL [1924]: ‚De Sitter's Kosmologie und die Radialbewegungen der Spiralnebel', *Astronomische Nachrichten*, **222**, 22–26

WOOLARD, E. W. AND CLEMENCE, G. M. [1966]: *Spherical Astronomy*, Academic Press, New York and London

WOLF, RUDOLF [1890, 1892/1973]: *Handbuch der Astronomie, ihrer Geschichte und Literatur*, erster Band, Zürich 1890, zweiter Band, Zürich 1892, reprint: Meridian Publishing Co. Amsterdam, 1973

WOLF, WALTHER [1962]: *Die Welt der Ägypter*, J. G. Gotta'sche Buchhandlung Nachfolger, Stuttgart, © 1954

WOLFSCHMIDT, GUDRUN, [Hrsg.] [1994]: *Nicolaus Copernicus, Revolutionär wider Willen*, Begleitbuch zur Copernicus- Ausstellung; Ausstellung vom 22. Juli bis 19. Oktober 1994 im Zeiss – Grossplanetarium in Berlin, Verlag für Naturwissenschaften und Technik, Stuttgart

YAROV- YAROVOI, M. S. [1961] [M. S. JAROV-JAROVOI]: ‚The application of Hansen's ideal coordinates', *Soviet Astronomy – AJ*, vol. **4**, No.5, March–April 1961; translated from Astronomicheskii Zhurnal, UdSSR, Vol. **37**. No.5, pp.908–917 [1960]; P. K. Shternberg State Astronomical Institute

YODER, C. F., WILLIAMS, J. G., DICKEY, J. O., SCHUTZ, B. E., EANES, R. J., TAPLEY, B. D. [1983]: 'Secular variation of Earth's gravitational harmonic J2 coefficient from Lageos and nontidal acceleration of Earth rotation', *Nature 303*, 757–762

ZADUNAISKY, PEDRO E. [1970], ‚On the Accuracy in the Numerical Computation of Orbits', in: Giacaglia, G. E. O. ed. [1970]: pp. 216–227

ZADUNAISKY, PEDRO E. [1998], *Introdución a la Astrodinámica, Teoría y métodos numéricos*, Comision Nacional de Actividades Espaciales, Buenos Aires, República Argentina, 1998, ISBN 987-96864-0-3

ZADUNAISKY, PEDRO E. [2003], ,Small Perturbations on Artificial Satellites as an Inverse Problem', *IEE Transactions on Aerospace and Electronic Systems,* **39**, No. 4, Oct. 2003, pp. 1270–1276

ZADUNAISKY, PEDRO E. AND CLAUDIA M. GIORDANO [1990]: ,Universal Formulation for the Perturbed Two-Body Problem', *J. Guidance,* **13**, No. 6, Nov.–Dec. 1990, pp. 1095–1116

ZANARDI, M. CECÍLIA and R. VILHENA DE MORAES [2000]: 'Analytical and Semi-analytical Analysis of an Artificial Satellite's rotational Motion', *Celest. Mech. and Dynamical Astronomy 75*, 227–250, 1999

ZANDER, F. A. [1925] [F. A. Tsander]: ,Problems of flight jet propulsion: interplanetary flights', see NASA Technical Translation F-147 (1964)

ZANDER, F. A. [1967/9] [F. A. Tsander]: ,From a scientific heritage by F. A. Tsander', NASA Technical Translation NASA TT F-541, Translation of „Iz Nauchnogo Naslediya", „Nauka" Press, Moscow, 1967, NASA Washington, D. C., May 1967

ZANKL, HEINRICH [2010], *e der Wissenschaft,* Hinterhältiges Genie: Newtons Attacken auf Leibniz, Wiley-VCH Verlag GmbH & Co. KGaA, Weinheim, ISBN 978-3-527-32579-5

ZEIPEL, H. VON [1905–1923]: ,Entwicklung der Störungsfunktion', *Enzyklopädie der mathematischen Wissenschaften,* **VI,2**, pp. 562–665

ZEIPEL, H. VON [1916]: ,Recherches sur le Mouvement des Petites Planètes', *EArkiv för Matematik, Astronomi och Fysik,* Band **11**, No.1, pp.1–58, Band **11**, No.7, pp.1–62, Band **12**, No.9, pp.1–89, Band **13**, No.3, pp.1–93,

ZERMELO, E. [1908]: ,Untersuchungen über die Grundlagen der Mengenlehre, I. ,, *Math. Annalen* **65**, p. 261 ff.

ZHONGOLOVITCH, I. D. [1960]: ,Nekotorye formuly otonosyashchiesya k dvizheniyu material'noi tochki i pole tyagoteniya urovennogo ellipsoida vrashcheniya', [Quelques formules qui ont lieu dans le mouvement d'un point matériel dans le champ d'attraction d'une ellipsoide de niveau à deux axes] [Einige Formeln zur Bewegung eines Teilchens im Gravitationsfeld eines Rotations-Ellipsoids], *Bjull. ITA 7*, 521–536

ZINNER, E. [1943]: ,Entstehung und Ausbreitung der Coppernicanischen Lehre', Zum 200jährigen Jubiläum der Friedrich-Alexander-Universität zu Erlangen: Sitzungsberichte der Physikalisch-medizinischen Sozietät zu Erlangen. **74**. Band, XII+594 S. Mit zahlreichen Abbn. und Tafeln 8°. Erlangen 1943, Komm.-Verlag Max Mencke

ZIOK, HERMANN [1961]: *Ägypten,* Kurt Schroeders Reiseführer, Verlagsnummer 335

Das *Kopernikus* Manuskript konnte dank freundlicher Unterstützung von *Dr. R. Häfner* in der Bibliothek des astronomischen Instituts der Ludwig Maximilian Universität München kopiert werden

Der griechische Text wurde unter Verwendung der TrueType Schrift „Symbol Accentuated" von *Reinhold Kainhofer* [1996] geschrieben.

Ausführliche aktuelle Sammlung von Bahn- und Beobachtungsprogrammen

https://www.orekit.org/

Hinweis auf verwendete und weiterführende Websites

https://www.alaturka.info/de/geschichte/altertum/5390-das-seleukidenreich-folgestaat-auf-das-alexanderreich
https://www.amnh.org/learn-teach/curriculum-collections/cosmic-horizons-book/georges-lemaitre-big-bang
https://www.astro.com/astrowiki/de/Chald%C3%A4er
https://www.astronews.com/news/artikel/2021/02/2102-005.shtml
https://www.bibelwissenschaft.de/stichwort/11427/
https://www.bibelwissenschaft.de/wibilex/das-bibellexikon/lexikon/sachwort/anzeigen/details/sterne-sternbilder-sterndeutung/ch/5f6215ca4a3ea6b9a89fdc2ecd08bd40/
https://www.ecosia.org/search?q=Chald%C3%A4er&addon=chromegpo
https://explorable.com/mesopotamian-astronomy
Spätbabylonische mathematische Astronomie | Universität Tübingen (uni-tuebingen.de)
babylonische Mathematik – Lexikon der Mathematik (spektrum.de)
DFG – GEPRIS – Spätbabylonische mathematische Astronomie
https://gepris.dfg.de/gepris/projekt/20967937/ergebnisse?context=projekt&task=showDetail&id=20967937&selectedSubTab=2&
https://gizmodo.com/georges-lemaitre-the-greatest-scientist-you-ve-never-h-1519769080
https://history.uchicago.edu/news/noel-swerdlow-1941-2021
http://ircamera.as.arizona.edu/Astr2016/text/babylonian.htm (Kidinnu)
https://ixtheo.de/Record/716074354
https://ixtheo.de/Record/1107777526 Beschreibung: Babylonische mathematische Astronomie (ixtheo.de)
https://katholischglauben.info/lexikon/seleukiden/
https://www.livius.org/articles/person/kidinnu-the-chaldaeans-and-babylonian-astronomy/
http://www.livius.org/k/kidinnu/kidinnu.htm
https://www.nasa.gov/directorates/spacetech/niac/2021_Phase_I/Extreme_Solar_Sailing_for_Breakthrough_Space_Exploration/
https://www.nationalgeographic.de/geschichte-und-kultur/wer-war-hammurabi
http://www.neu.inkrit.de/mediadaten/archivargument/DA154/DA154.pdf [2022]
https://www.opsjournal.org/DocumentLibrary/Uploads/Saenger_Gliding.pdf
http://www.perseus.tufts.edu/hopper/collection?collection=Perseus:collection:Greco-Roman&redirect=true
http://phys-astro.sonoma.edu/brucemedalists/giovanni-schiaparelli
http://podaac.jpl.nasa.gov/grace/data_access.html#Level2
https://www.scinexx.de/dossierartikel/eine-stille-revolution/
https://skybrary.aero/articles/world-geodetic-system-1984-wgs84
https://skybrary.aero/sites/default/files/bookshelf/5854.pdf
https://meiner.de/reading/web/?isbn=9783787311637
http://skyweek.wordpress.com/2010/06/16/das-erste-sonnensegel-im-weltraum-aufgenommen-direkt-von-oben/
https://spatialreference.org/ref/epsg/wgs-84/ [2007]
https://www.spektrum.de/lexikon/mathematik/babylonische-mathematik/2212
http://maia.usno.navy.mil/NSFA/NSFA_cbe.html
https://www.usno.navy.mil/USNO
https://www.usno.navy.mil/astronomy
https://www.usno.navy.mil/USNO/astronomical-applications/software-products

https://de.wikipedia.org/wiki/Geschichte_der_Astronomie–Mesopotamien
https://de.wikipedia.org/wiki/Kidinnu
https://en.wikipedia.org/wiki/Heinz-Hermann_Koelle
https://de.wikipedia.org/wiki/Heinz_Hermann_Koelle
https://en.wikipedia.org/wiki/Solar_sail
https://de.wikipedia.org/wiki/National_Geospatial-Intelligence_Agency [2022]
https://www.rheinische-geschichte.lvr.de/Epochen-und-Themen/Themen/nikolaus-cusanus---philosophische-grundgedanken/DE-2086/lido/57d1225a917845.06989268
https://de.wikipedia.org/wiki/Orson_Welles
https://www.raumfahrt-concret.de/.cm4all/mediadb/RC-91/RC-Nachruf.pdf
https://sf-fan.de/artikel-und-news/winfried-petri-1914-2000.html
https://opsjournal.org/DocumentLibrary/Uploads/Development%20of%20an%20actionable%20AI%20roadmap%20for%20automating%20mission%20operations.pdf
https://www.opsjournal.org/DocumentLibrary/ploads/JSOC_QTR2_Manuscript_RHFreeman.pdf
https://en.wikipedia.org/wiki/Leonid_Sedov
https://en.wikipedia.org/wiki/Sexagesimal
https://de.wikipedia.org/wiki/Sexagesimalsystem
https://en.wikipedia.org/wiki/Solar_sail
https://de.wikipedia.org/wiki/Sumer
https://de.wikipedia.org/wiki/World_Geodetic_System_1984 [2022]
Die historische Entwicklung der Astronomiegeschichte wird ständig in *Journal of the History of Astronomy* weitergeschrieben: https://journals.sagepub.com/doi/org/10.1177/002182860203300109

Stichwortverzeichnis

E. F. M. Jochim, *Der astronomische Bewegungsbegriff*,
https://doi.org/10.1007/978-3-662-71040-1

F

L

N

Q

R

Zeitfracht Medien GmbH
Ferdinand-Jühlke-Straße 7
99095 Erfurt, Deutschland
produktsicherheit@kolibri360.de